AF552147

DELIUS KLASING

Dr. Etzold
Diplom-Ingenieur für Fahrzeugtechnik

So wird's gemacht

pflegen – warten – reparieren

Band 157

VW PASSAT VII
Limousine/VARIANT

Benziner
1,4 l/ 90 kW (122 PS) 11/10 – 10/14
1,4 l/110 kW (150 PS) 11/10 – 9/12
1,4 l/118 kW (160 PS) 11/10 – 10/14
1,8 l/118 kW (160 PS) 11/10 – 10/12
2,0 l/155 kW (211 PS) 1/11 – 10/14
3,6 l/220 kW (300 PS) 11/10 – 10/14

Diesel
1,6 l/ 77 kW (105 PS) 11/10 – 10/14
2,0 l/103 kW (140 PS) 11/10 – 10/14
2,0 l/125 kW (170 PS) 11/10 – 10/14
2,0 l/130 kW (177 PS) 11/12 – 10/14

Delius Klasing Verlag

Redaktion: Günter Skrobanek (Text)
Christine Etzold (Bild)

Bibliografische Information der Deutschen Nationalbibliothek
Die Deutsche Nationalbibliothek verzeichnet diese Publikation in der Deutschen Nationalbibliografie; detaillierte bibliografische Daten sind im Internet über http://dnb.dnb.de abrufbar.

3. Auflage / A
ISBN 978-3-667-10132-7

Alle Angaben ohne Gewähr
Druck: Print Consult, München
Printed in Czech Republic 2021

Delius Klasing Verlag, Siekerwall 21, D-33602 Bielefeld
Tel.: 0521/559-0, Fax: 0521/559-115
E-Mail: info@delius-klasing.de
www.delius-klasing.de
http://sowirdsgemacht.com

Lieber Leser,

die Automobile werden von Modellgeneration zu Modellgeneration technisch immer aufwändiger und komplizierter. Ohne eine Anleitung kann man mitunter nicht einmal mehr die Glühlampe eines Scheinwerfers auswechseln. Und so wird verständlich, dass von Jahr zu Jahr immer mehr Heimwerker zum »So wird´s gemacht«-Handbuch greifen.

Doch auch der kundige Hobbymonteur sollte bedenken, dass der Fachmann viel Erfahrung hat und durch die Weiterschulung und den ständigen Erfahrungsaustausch über den neuesten Technikstand verfügt. Mithin kann es für die Überwachung und Erhaltung der Betriebs- und Verkehrssicherheit des eigenen Fahrzeugs sinnvoll sein, in regelmäßigen Abständen eine Fachwerkstatt aufzusuchen.

Grundsätzlich muss sich der Heimwerker natürlich darüber im Klaren sein, dass man mithilfe eines Handbuches nicht automatisch zum Kfz-Mechaniker wird. Auch deshalb sollten Sie nur solche Arbeiten durchführen, die Sie sich zutrauen. Das gilt insbesondere für jene Arbeiten, die die Verkehrssicherheit des Fahrzeugs beeinträchtigen können. Gerade in diesem Punkt sorgt das »So wird´s gemacht«-Handbuch jedoch für praktizierte Verkehrssicherheit. Durch die Beschreibung der Arbeitsschritte und den Hinweis, die Sicherheitsaspekte nicht außer Acht zu lassen, wird der Heimwerker vor der Arbeit entsprechend sensibilisiert und informiert. Auch wird darauf hingewiesen, im Zweifelsfall die Arbeit lieber von einem Fachmann ausführen zu lassen.

Sicherheitshinweis
Auf verschiedenen Seiten dieses Buches stehen »Sicherheitshinweise«. Bevor Sie mit der Arbeit anfangen, lesen Sie bitte diese Sicherheitshinweise aufmerksam durch und halten Sie sich strikt an die dort gegebenen Anweisungen.

Vor jedem Arbeitsgang empfiehlt sich ein Blick in das vorliegende Buch. Dadurch werden Umfang und Schwierigkeitsgrad der Reparatur offenbar. Außerdem wird deutlich, welche Ersatz- oder Verschleißteile eingekauft werden müssen und ob unter Umständen die Arbeit nur mithilfe von Spezialwerkzeug durchgeführt werden kann. **Besonders empfehlenswert: Wenn Sie eine elektronische Kamera zur Hand haben, dann sollten Sie komplizierte Arbeitsschritte für den Wiedereinbau fotografisch dokumentieren.**

Für die meisten Schraubverbindungen ist das Anzugsdrehmoment angegeben. Bei Schraubverbindungen, die in jedem Fall mit einem Drehmomentschlüssel angezogen werden müssen (Zylinderkopf, Achsverbindungen usw.), ist der Wert **fett** gedruckt. Nach Möglichkeit sollte man generell jede Schraubverbindung mit einem Drehmomentschlüssel anziehen. Übrigens: Für viele Schraubverbindungen sind Innen- oder Außen-Torxschlüssel erforderlich.

Als ich Anfang der siebziger Jahre den ersten Band der »So wird´s gemacht«-Buchreihe auf den Markt brachte wurden im Automobilbau nur ganz wenige elektronische Bauteile eingesetzt. Inzwischen ist das elektronische Management allgegenwärtig; ob bei der Steuerung der Zündung, des Fahrwerks oder der Gemischaufbereitung. Die Elektronik sorgt auch dafür, dass es in verschiedenen Bereichen keine Verschleißteile mehr gibt. Das Überprüfen elektronischer Bauteile ist wiederum nur noch mit teuren und speziell auf das Fahrzeugmodell abgestimmten Prüfgeräten möglich, die dem Heimwerker in der Regel nicht zur Verfügung stehen. Wenn also verschiedene Reparaturschritte nicht mehr beschrieben werden, so liegt das ganz einfach am vermehrten Einsatz von elektronischen Bauteilen.

Das vorliegende Buch kann nicht auf jedes technische Fahrzeug-Problem eingehen. Dennoch hoffe ich, dass Sie mithilfe der Beschreibungen viele Arbeiten am Fahrzeug durchführen können. Eines sollten Sie jedoch bei Ihren Arbeiten am eigenen Auto beachten: Ständig werden am aktuellen Modell Änderungen in der Produktion durchgeführt, so dass sich die im Buch veröffentlichten Arbeitsanweisungen und Einstelldaten für Ihr spezielles Modell geändert haben könnten. Sollten Zweifel auftreten, erfragen Sie bitte den aktuellen Stand beim Kundendienst des Automobilherstellers.

Rüdiger Etzold

Inhaltsverzeichnis

PASSAT VII

Aus dem Inhalt:

- **Modellvarianten**
- **Fahrzeugidentifizierung**
- **Motordaten**

Im November 2010 präsentierte Volkswagen die siebte Modell-Generation des VW PASSAT.

Der PASSAT (B7, Typ 3C) ist 4,769 Meter lang, 1,82 Meter breit und hat einen Radstand von 2,712 Meter. Mithin haben sich die Außenabmessungen wie auch der Radstand gegenüber dem Vorgängermodell nur minimal verändert.

Für den PASSAT stehen in Leistung, Hubraum und Bauart unterschiedliche Benzin- und Dieselmotoren zur Verfügung, so dass je nach persönlicher Anforderung zwischen sehr wirtschaftlicher und sportlicher Motorisierung ausgewählt werden kann. Traditionell wird beim Passat die Antriebskraft auf die Vorderräder übertragen. Beim PASSAT-Modell »4Motion« werden alle vier Räder angetrieben.

Der PASSAT verfügt über umfangreiche Sicherheitseinrichtungen. Dazu zählen Fahrer-, Beifahrer-, Seiten- und Kopf-Airbags sowie ein Knie-Airbag auf der Fahrerseite. Serienmäßig wird der PASSAT mit Klimaanlage, Start-Stopp-Automatik und Bremsenergie-Rückgewinnung angeboten. Als Zusatzausstattung ist unter anderem der »Park Assistent« erhältlich, der Parklücken von ausreichender Größe erkennt und das Fahrzeug selbsttätig einparkt.

Passat VII, Modell 2011

Die PASSAT-Benzinmotoren verfügen über eine Leistung von 90 bis 220 kW (122 – 300 PS), das Leistungspektrum der Dieselmotoren reicht von 77 bis 130 kW (105 – 177 PS).

Die PASSAT-Limousine verfügt über einen 565 – 1.011 Liter großen Kofferraum.

VARIANT

Das Kofferraumvolumen des PASSAT VARIANT lässt sich durch Umlegen der Rücksitzlehne von 603 Liter auf 1.731 Liter erweitern.

Die große Heckklappe des PASSAT VARIANT schwenkt auf Wunsch mit elektrischer Motorkaft nach oben.

Fahrzeug- und Motoridentifizierung

Die **Fahrgestellnummer** oder **Fahrzeug-Identifizierungs-Nummer** (VIN = Vehicle Identification Number) befindet sich an folgenden Positionen:

- Die Fahrzeug-Identifizierungsnummer (Fahrgestellnummer) lässt sich von außen durch ein Sichtfenster –1– in der Frontscheibe ablesen. Das Sichtfenster befindet sich unterhalb vom linken Scheibenwischer.

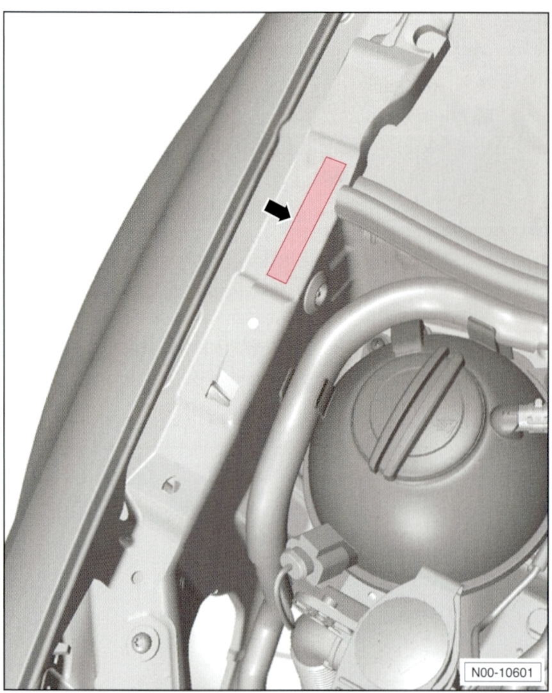

- Die Fahrgestellnummer –Pfeil– ist auch auf der Verlängerung des Längsträgers eingeschlagen.

Aufschlüsselung der Fahrgestellnummer:

WVW	ZZZ	3C	Z	E	E	021 321
①	②	③	④	⑤	⑥	⑦

① Herstellerzeichen: WVW = Volkswagen AG
② Füllzeichen
③ 2-stellige Typenkurzbezeichnung: 3C = PASSAT VII
④ Weiteres Füllzeichen
⑤ Angabe des Modelljahres: B = 2011, C = 2012 D = 2013, E = 2014 usw.
⑥ Produktionsstätte, zum Beispiel: W – Wolfsburg, E – Emden, H – Hannover, S – Salzgitter, P – Mosel (Sachsen)
⑦ Laufende Nummerierung

Motornummer

Die Motornummer besteht aus 4 Motor-Kennbuchstaben und einer fortlaufenden, sechsstelligen Nummer. Ältere Motor-Grundmuster haben 3 Kennbuchstaben.

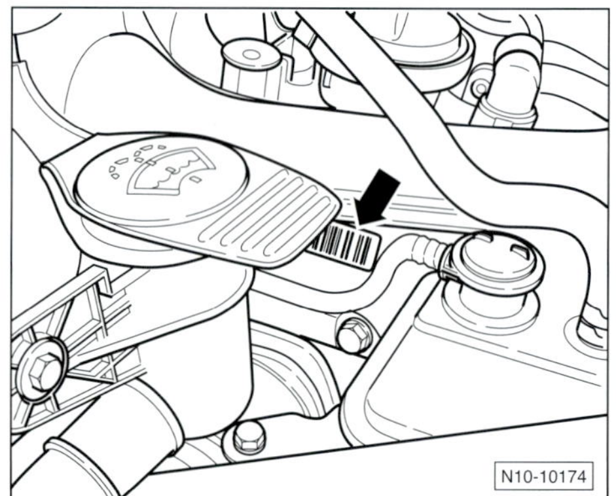

- 1,4-l-Benzinmotor: Motorkennbuchstaben und Motornummer befinden sich auf einem Aufkleber –Pfeil– am Steuergehäuse. Damit sie zugänglich werden muss der Schlauch vom Aktivkohlebehälter am Befestigungsclip ausgehängt werden.
- Beim 3,6-l-Benzinmotor ist die Motornummer neben dem Schwingungsdämpfer (Kurbelwellen-Riemenscheibe) auf dem Motorblock eingeschlagen.

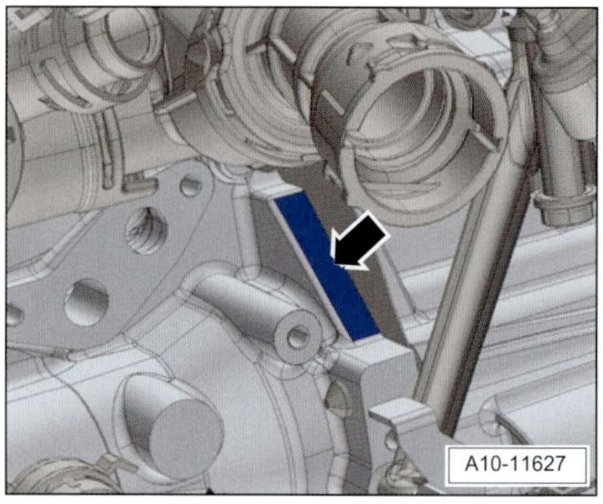

- 1,8-/2,0-l-Benzinmotor/Dieselmotor: Motorkennbuchstaben und Motornummer –Pfeil– befinden sich an der Trennfuge Motor/Getriebe.

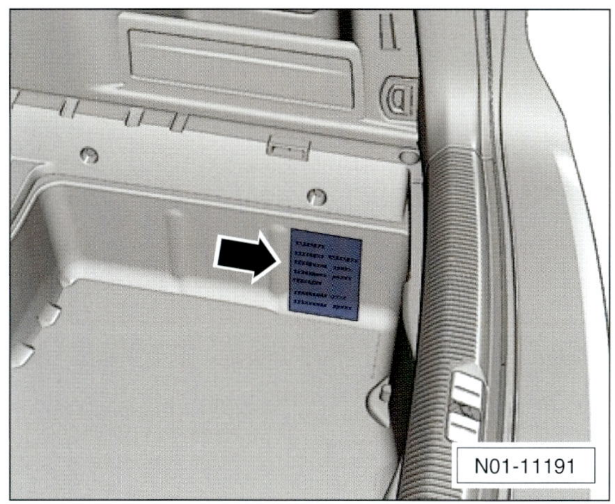

- Motorkennbuchstaben und Motornummer sowie die Fahrgestellnummer stehen ebenfalls auf dem Fahrzeugdatenträger –Pfeil– im Kofferraum an der Reserveradmulde rechts. Der Fahrzeugdatenträger befindet sich auch im Serviceplan des Fahrzeugs.

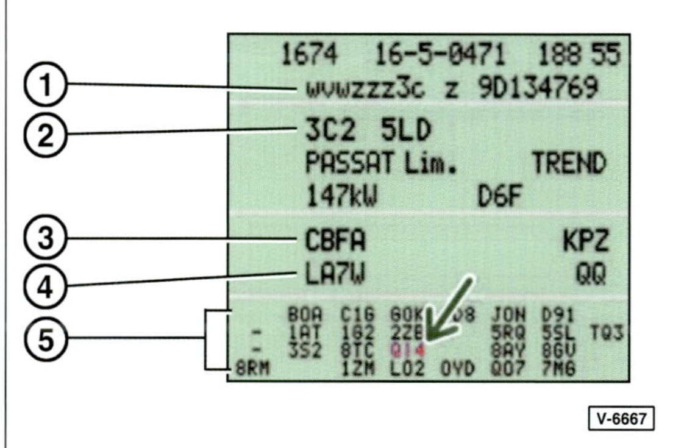

Der Fahrzeugdatenträger enthält folgende Fahrzeugdaten:

1 – Fahrzeug-Identifizierungsnummer (Fahrgestellnummer)
2 – Fahrzeugtyp, Motorleistung, Getriebe
3 – Motor- und Getriebekennbuchstaben, Innenausstattung
4 – Lacknummer
5 – Mehrausstattungs-Kennnummern, PR-Nummern
Pfeil: Wartungs-PR-Nummer

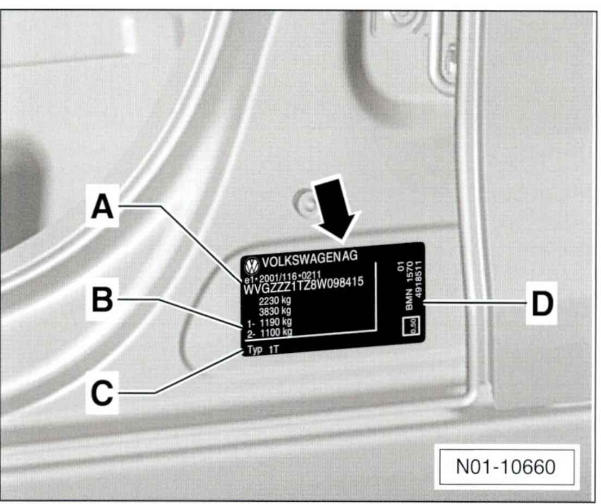

- Fahrgestellnummer und Motorkennbuchstaben stehen ebenfalls auf dem Typschild –Pfeil–. Das Typschild ist im unteren Bereich der linken B-Säule aufgeklebt und nach Öffnen der Fahrertür sichtbar.

A – Fahrzeug-Identifizierungsnummer (Fahrgestellnummer)
B – Angaben zu Achslasten, zulässigem Gesamtgewicht und zulässigem Zuggewicht
C – Typ-Kennnummer
D – Motorkennbuchstaben

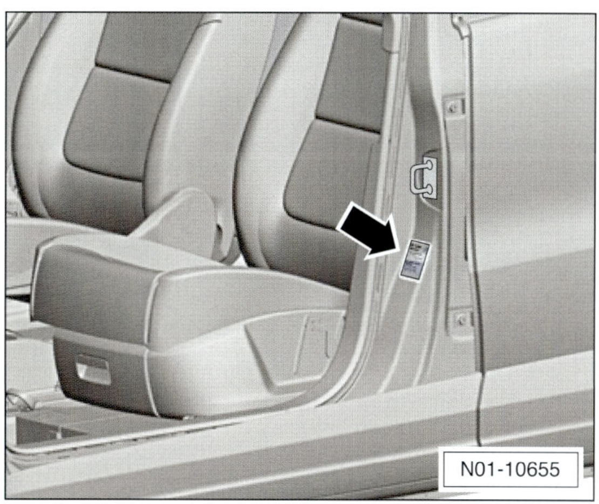

- Der Service-Aufkleber –Pfeil– befindet sich an der linken B-Säule unterhalb des Türschließbügels und ist nach Öffnen der Fahrertür sichtbar.

Motordaten

Motor/Modell	1.4 TSI	1.4 TSI EcoFuel	1.4 TSI	1,8 TSI	2.0 TSI	3.6 FSI
Motor-Kennbuchstaben	CAXA	CDGA	CTHD/CKMA	CDAA	CCZB	BWS
Fertigung von – bis	11/10 – 10/14	11/10 – 9/12	11/10 – 10/14	11/10 – 10/12	1/11 – 10/14	11/10 – 10/14
Hubraum cm^3	1390	1390	1390	1798	1984	3597
Leistung kW bei 1/min PS bei 1/min	90/5000 122/5000	110/5500 150/5500	118/5500 160/5500	118/4500 160/4500	155/5300 211/5300	220/6500 300/6500
Drehmoment Nm bei 1/min	200/1500	220/1500	240/1500	250/1500	280/1700	350/2400
Bohrung ∅ mm	76,5	76,5	74,5	82,5	82,5	89,0
Hub mm	75,6	75,6	75,6	84,2	92,8	96,3
Verdichtung	10,0	10,0	10,0	9,8	9,8	11,4
Zylinder/Ventile pro Zylinder	4/4	4/4	4/4	4/4	4/4	6/4
Motormanagement	MED 17.5	MED 17.1	MED 17.1	MED 17.5	MED 17.5	MED 9.1
Kraftstoff (ROZ)	Super 95	95 u. Erdgas	Super 95	Super 95	Super 95	Super 98
Wechselmengen Motoröl Liter Kühlflüssigkeit Liter	 3,6 5,6	 3,6 5,6	 3,6 5,6	 4,7 8,0	 4,7 8,0	 5,5 9,0

Motor/Modell	1.6 TDI	2.0 TDI	2.0 TDI	2.0 TDI	2.0 TDI
Motor-Kennbuchstaben	CAYC	CFFA	CFFB	CFGB	CFGC
Fertigung von – bis	11/10 – 10/14	11/10 – 10/14	11/10 – 10/14	11/10 – 10/14	11/12 – 10/14
Hubraum cm^3	1598	1968	1968	1968	1968
Leistung kW bei 1/min PS bei 1/min	77/4400 105/4400	100/4200 136/4200	103/4200 140/4200	125/4200 170/4200	130/4200 177/4200
Drehmoment Nm bei 1/min	250/1500	320/1750	320/1750	350/1750	380/1750
Bohrung ∅ mm	79,5	81,0	81,0	81,0	81,0
Hub mm	80,5	95,5	95,5	95,5	95,5
Verdichtung	16,5	16,5	16,0	16,0	16,0
Zylinder/Ventile pro Zylinder	4/4	4/4	4/4	4/4	4/4
Motormanagement	CR	CR	CR	CR	CR
Kraftstoff (ROZ)	Diesel	Diesel	Diesel	Diesel	Diesel
Wechselmengen Motoröl Liter Kühlflüssigkeit Liter	 4,3 7,0	 4,3 8,0	 4,3 8,0	 4,3 8,0	 4,3 8,0

Achtung: Die Füllmengen sind ungefähre Angaben. Flüssigkeitsstände unbedingt mit dem Ölmessstab beziehungsweise anhand der Markierungen auf dem Kühlmittel-Ausgleichbehälter überprüfen. Die Kühlmittelfüllmenge kann je nach Ausstattung abweichen.

Abkürzungen:
TSI (1,4-l-90-kW/1,8-l-118-kW/2,0-l-155-kW-Motor): **T**urbo **S**tratified **I**njection = Turbo-Benzin-Direkteinspritzer.
TSI (1,4-l-110/118-kW-Motor): **T**wincharged **S**tratified **I**njection = Doppelt aufgeladener Benzin-Direkteinspritzer (Kompressor/Turbo).
CR-TDI = **C**ommon **R**ail - **T**urbo **D**irect **I**njektion = Diesel-Direkteinspritzer mit Abgasturbolader und Common-Rail-System.
Motormanagement **MED** = BOSCH-**M**otronic mit **E**lektrischer Gasbetätigung und Benzin-**D**irekteinspritzung.

Wartung

Aus dem Inhalt:

- **Wartungsplan**
- **Wartungsarbeiten**
- **Serviceanzeige nach der Wartung zurückstellen**
- **Werkzeugausrüstung**
- **Motorstarthilfe**
- **Fahrzeug aufbocken**

Der **PASSAT** kann nach unterschiedlichen Wartungssystemen gewartet werden.

Fahrzeuge mit der PR-Nummer »QI6« (bis MJ2012: QG1) werden nach dem Longlife-Service-System mit flexiblen Wartungsintervallen gewartet.

Fahrzeuge mit der PR-Nummer »QI1« bis »QI4« und »QI7« (bis MJ2012: QG0/2/3) werden nach festen Wartungsintervallen gewartet.

Die PR-Nummer steht auf dem Fahrzeugdatenträger, siehe Seite 13.

PR-Nummer = Produktions-Steuerungs-Nummer. Damit werden während der Produktion Ausstattungen, Mehrausstattungen oder länderspezifische Abweichungen gekennzeichnet.

Longlife-Service

Normalerweise wird der **PASSAT** nach dem »Longlife-Service«-System gewartet. Die Motoren sind ab Werk mit einem alterungsbeständigen Longlifeöl befüllt. Dadurch sind je nach Motorbelastung lange Wartungsintervalle möglich.

> Inspektion
> in 5400 km / 350 Tag(en)
>
> Ölwechsel-Service
> in 2300 km / 120 Tag(en)

Der Zeitpunkt für die Wartung wird dem Fahrer über die »**Flexible Service-Intervall-Anzeige**« nach dem Einschalten der Zündung im Display des Kombiinstruments angezeigt.

Steht eine Wartung an, erscheint nach dem Einschalten der Zündung im Display des Kombiinstruments die Laufleistung in Kilometer beziehungsweise die Anzahl der Tage bis zur nächsten Inspektion oder dem nächsten Ölwechsel-Service.

Bei Erreichen der vom Steuergerät berechneten Intervalldauer ertönt beim Einschalten der Zündung ein akustisches Signal und für einige Sekunden erscheint das blinkende Schraubenschlüssel-Symbol 🔧. Im Display des Kombiinstruments wird die Meldung »**Ölwechsel jetzt!**« oder »**Inspektion jetzt!**« angezeigt. Die Wartung sollte dann umgehend durchgeführt werden.

Nach einigen Sekunden oder nachdem der Motor gestartet wurde erlischt die Serviceanzeige. Sie kann auch durch mehrfaches Drücken der Stelltaste für die Uhr im Kombiinstrument oder über das Menü »Einstellungen« durch Auswählen des Untermenüs »Service« und den Menüpunkt »Info« angezeigt werden.

Hinweis: Eine überfällige Wartung wird durch ein Minuszeichen vor der Kilometer- oder Tagesangabe angezeigt.

Nach einer durchgeführten Wartung muss die Service-Intervallanzeige zurückgesetzt werden. Die Fachwerkstatt verwendet dazu das VW-Diagnosegerät. Eine auf »feste Wartungsintervalle« eingestellte Serviceanzeige kann auch mit den verschiedenen Fahrzeugtasten zurückgestellt werden. Werden »flexible Wartungsintervalle« mit den Fahrzeugtasten zurückgestellt, dann wird die Serviceanzeige automatisch auf »feste Wartungsintervalle« umgestellt.

Wird im Rahmen einer Wartung oder Reparatur **kein** Longlife-Motoröl nach VW-Norm eingefüllt, dann muss das System von »flexiblen« auf »feste« Service-Intervalle umgestellt werden. In diesem Fall ist alle 15.000 km oder 12 Monate ein Ölwechsel-Service erforderlich.

Hinweis: Die Fachwerkstätten fragen bei jeder Inspektion mit Hilfe des Fehlerauslesegerätes die Fehlerspeicher der elektronischen Steuergeräte von Motor, ABS, Airbag und Wegfahrsicherung ab. Es kann daher sinnvoll sein, in regelmäßigen Abständen eine Fachwerkstatt aufzusuchen, auch wenn die Wartung in Eigenregie durchgeführt wird. Die Abfrage der Fehlerspeicher wird am Diagnoseanschluss vorgenommen. Bei dieser Gelegenheit kann auf Wunsch auch die Intervallanzeige zurückgestellt werden.

Feste Wartungsintervalle

Die Service-Intervall-Anzeige kann, falls kein Longlife-Öl verwendet wird, von den »flexiblen« Service-Intervallen (Longlife-Service) auf »feste« Service-Intervalle umgestellt werden. Dazu muss die Service-Intervall-Anzeige nach einer durchgeführten Wartung mit dem Fahrzeug-Diagnosegerät umgestellt oder mit den verschiedenen Fahrzeugtasten zurückgestellt werden, siehe Seite 60.

Als Maßstab für die Anzeige der Wartungszyklen in der Service-Intervall-Anzeige werden die Zeit seit dem letzten Zurücksetzen der Anzeige beziehungsweise die gefahrenen Kilometer berechnet. Bei abgeklemmter Fahrzeugbatterie bleiben die Werte der Service-Anzeige erhalten.

Ölwechsel-Service

Der Ölwechsel-Service ist entsprechend der Service-Intervall-Anzeige in folgenden Intervallen durchzuführen:

Bei **festen Service-Intervallen und der PR-Nr. QI4** oder bei der PR-Nr. QI6 (QG1), wenn **kein Longlife-Öl** eingefüllt ist, ist der Ölwechsel **alle 15.000 km** oder **nach 1 Jahr** durchzuführen, je nachdem was zuerst eintritt. **Hinweis:** Abweichende Ölservice-Intervalle entsprechend der PR-Nummer, siehe in der Tabelle unten auf der Seite.

Achtung: Bei erschwerten Betriebsbedingungen, wie überwiegend Stadt- und Kurzstreckenverkehr, häufigen Gebirgsfahrten, Anhängerbetrieb und staubigen Straßenverhältnissen, Ölwechsel-Service öfters durchführen.

- ● Motor: Öl wechseln, Ölfilter ersetzen.
- ● Scheibenbremsbeläge vorn und hinten: Dicke prüfen.
- ● Service-Intervallanzeige zurücksetzen (Werkstattarbeit).
- ● Blue-TDI: Falls erforderlich, Reduktionsmittel AdBlue nachfüllen.

Wartungsplan

Die Wartung ist in folgenden Abständen durchzuführen:

Bei Fahrzeugen mit **Longlife-Service** beziehungsweise mit **flexiblen Service-Intervallen:** Entsprechend der Service-Intervallanzeige sind die mit ● und ■ gekennzeichneten Wartungsarbeiten durchzuführen.

Bei festen Service-Intervallen: Entsprechend der Service-Intervallanzeige. Auf jeden Fall **alle 2 Jahre** oder 30.000 km nach der letzten Wartung die mit ● gekennzeichneten Wartungsarbeiten durchführen.

Erstmalig nach 3 Jahren und 60.000 km, dann alle 2 Jahre und 60.000 km, sind die mit ■ gekennzeichneten Wartungsarbeiten durchzuführen (VW-Vorschrift). Es empfiehlt sich allerdings im Rahmen jeder Wartung sowohl die mit ● wie auch die mit ■ gekennzeichneten Wartungsarbeiten durchzuführen.

Flexible und feste Service-Intervalle: Im Rahmen der Wartung sind ebenfalls die zusätzlichen, mit ◆ gekennzeichneten, Wartungsarbeiten entsprechend den angegebenen Intervallen durchzuführen.

Achtung: Bei häufigen Fahrten in staubiger Umgebung Wechselintervall für Motor-Luftfilter und Pollenfilter halbieren.

Motor

- ● Motor: Öl wechseln, Ölfilter erneuern.
- ● Motor/Motorraum: Sichtprüfung auf Undichtigkeiten.
- ● Kühl- und Heizsystem: Flüssigkeitsstand prüfen, Konzentration des Frostschutzmittels prüfen. Sichtprüfung auf Undichtigkeiten und äußere Verschmutzung des Kühlers.
- ● Blue-TDI: Reduktionsmittel AdBlue nachfüllen.
- ■ Motor: Ölstand prüfen.
- ■ Abgasanlage: Auf Beschädigungen, Undichtigkeiten und lockere Befestigung sichtprüfen.
- ■ Keilrippenriemen: Zustand prüfen, bei Verschleißspuren wechseln.

Getriebe/Achsantrieb

- ■ Getriebe/Achsantrieb: Auf Undichtigkeiten und Beschädigungen sichtprüfen.

Abweichende Ölservice-Intervalle in Abhängigkeit von der PR-Nr.

PR-Nr.	QI1	QI2	QI3	QI4 (QG0/2/3)	QI6 (QG1)	QI7
Fester Ölwechsel-Service jedes Jahr oder alle...	5.000 km	7.500 km	10.000 km	15.000 km	–	10.000 Meilen
Flexibler Ölwechsel-Service spätestens nach 2 Jahren oder alle ...	–	–	–	–	30.000 km	–

Hinweis: Die PR-Nummern QI-1/2/3/4/6/7 gelten für Fahrzeuge ab Modelljahr 2013, die PR-Nummern QG0/1/2/3 gelten für Fahrzeuge bis Modelljahr 2012.

Vorderachse/Lenkung

- ■ Stoßdämpfer: Sichtprüfung auf Undichtigkeiten.
- ■ Schraubenfedern und Anschlagpuffer: Sichtprüfung auf Beschädigungen.
- ■ Spurstangenköpfe: Spiel und Befestigung prüfen, Staubkappen prüfen.
- ■ Achsgelenke: Staubkappen prüfen.
- ■ Manschetten der Antriebswellen: Auf Undichtigkeiten und Beschädigungen sichtprüfen.

Bremsen/Reifen/Räder

- ● Bremsen: Belagstärke der vorderen und hinteren Bremsbeläge prüfen.
- ● Bremsflüssigkeitsstand: Prüfen.
- ● Bereifung: Profiltiefe und Reifenfülldruck (einschließlich Reserverad) prüfen; Reifen auf Verschleiß und Beschädigungen prüfen.
- ■ Bremsanlage: Leitungen, Schläuche, Bremszylinder und Anschlüsse auf Undichtigkeiten und Beschädigungen prüfen.
- ■ Reifenreparatur-Set, falls vorhanden: Haltbarkeitsdatum überprüfen, gegebenenfalls Dichtmittelflasche ersetzen.

Karosserie/Innenausstattung

- ● Verbandkasten: Haltbarkeitsdatum überprüfen, gegebenenfalls Verbandkasten ersetzen.
- ■ Sicherheitsgurte: Auf Beschädigungen sichtprüfen.
- ■ Beifahrerairbag: Schlüsselschaltung kontrollieren.
- ■ Türfeststeller: Befestigungsbolzen schmieren.
- ■ Motorhaube: Fanghaken schmieren.
- ■ Wasserkasten und Wasserablauföffnungen sichtprüfen und reinigen.
- ■ Schiebedach: Abläufe auf Durchfluss prüfen, gegebenenfalls reinigen.
- ■ Karosserie: Auf sichtbare Korossion prüfen.
- ■ Unterbodenschutz: Auf Beschädigungen sichtprüfen.

Elektrische Anlage

- ● Batterie: Prüfen.
- ● Eigendiagnose: Fehlerspeicher auslesen (Werkstattarbeit).
- ● Service-Intervallanzeige: Zurücksetzen.
- ■ Front- und Heckbeleuchtung, Blinkanlage, Warnblinkanlage, automatische Fahrlichtsteuerung: Funktion prüfen.
- ■ Sämtliche Stromverbraucher/Bedienelemente/Anzeigen/Innenbeleuchtung/Hupe: Funktion prüfen.
- ■ Scheibenwischerblätter: Wischergummis auf Verschleiß prüfen.
- ■ Scheibenwaschanlage: Funktion prüfen, Düsenstellung kontrollieren, Flüssigkeit nachfüllen, Scheinwerfer-Waschanlage prüfen.
- ■ Scheinwerfer: Einstellung prüfen (Werkstattarbeit).

Folgende Arbeiten zusätzlich durchführen:

Erstmalig nach 3 Jahren, dann alle 2 Jahre

- ◆ Bremsflüssigkeit: Erneuern.
- ◆ Abgasuntersuchung (AU): Leerlaufdrehzahl, CO-Gehalt, Zündzeitpunkt prüfen; Fehlerspeicher abfragen (Werkstattarbeit).
- ◆ PASSAT EcoFuel: Sichtprüfung des Erdgas-Kraftstoffbehälters auf Korrosion. Dichtheitsprüfung durchführen (Werkstattarbeit).
- ◆ PASSAT EcoFuel: Zustand des Erdgaseinfüllstutzens und des Verschlussdeckels prüfen, gegebenenfalls reinigen und Dichtring prüfen (Werkstattarbeit).

Alle 60.000 km

- ◆ Direktschaltgetriebe DSG (02E): Öl und Filter wechseln. **Hinweis:** Dieser Wartungspunkt gilt nicht für das 7-Gang-DSG-Getriebe 0AM.

Alle 60.000 km oder 2 Jahre

- ◆ Lüftung/Heizung: Staub-/Pollenfilter-Einsatz erneuern, Gehäuse reinigen.

Erstmalig nach 60.000 km oder 3 Jahren, danach alle 60.000 km oder 2 Jahre

- ◆ Panorama-Ausstell-Schiebedach mit Panoramadach hinten: Funktion prüfen, Führungsschienen reinigen und fetten. Windabweiser reinigen.

Alle 3 Jahre

- ◆ Allradantrieb 4MOTION: Öl für Haldexkupplung wechseln.

Alle 4 Jahre bei weniger als 15.000 km in 4 Jahren

- ◆ Blue-TDI: Reduktionsmittel AdBlue wechseln.

Alle 60.000 km oder 4 Jahre

- ◆ 1,4-l-Benzinmotor: Zündkerzen erneuern.

Alle 90.000 km

- ◆ Dieselmotor: Kraftstofffilter erneuern.

Alle 90.000 km oder 6 Jahre

- ◆ Motor-Luftfilter: Filtereinsatz erneuern, Filtergehäuse reinigen.
- ◆ 1,8-/2,0-/3,6-l-Benzinmotor: Zündkerzen erneuern.

Erstmalig nach 180.000 km, dann alle 30.000 km

- ◆ Dieselmotor: Partikelfilter prüfen (Werkstattarbeit).

Alle 210.000 km

- ◆ Dieselmotor: Zahnriemen und Zahnriemen-Spannrolle ersetzen (Werkstattarbeit).

Alle 20 Jahre

- ◆ PASSAT EcoFuel: Erdgas-Kraftstoffbehälter ersetzen (Werkstattarbeit).

Wartungsarbeiten

Hier werden, nach den verschiedenen Baugruppen des Fahrzeugs aufgeteilt, alle Wartungsarbeiten beschrieben, die gemäß dem Wartungsplan durchgeführt werden müssen. Auf die erforderlichen Verschleißteile sowie das möglicherweise benötigte Sonderwerkzeug wird jeweils hingewiesen.

Es empfiehlt sich Reifendruck, Motorölstand und Flüssigkeitsstände für Kühlung, Wisch-/Waschanlage etc. mindestens alle 4 bis 6 Wochen zu prüfen und gegebenenfalls zu ergänzen.

Achtung: Beim **Einkauf von Ersatzteilen** ist zur Identifizierung des Fahrzeuges unbedingt die **Fahrzeug-Ident-Nummer** (Fahrgestellnummer) beziehungsweise der **KFZ-Schein** mitzunehmen. Sonst ist eine genaue Zuordnung der Ersatzteile oftmals nicht möglich.

Um ganz sicher zu sein, dass man die richtigen Ersatzteile erhalten hat, empfiehlt es sich nach Möglichkeit, das Altteil auszubauen und zum Ersatzteilhändler mitzunehmen. Dort kann man es mit dem Neuteil vergleichen.

Motor und Abgasanlage

Folgende Wartungspunkte müssen nach dem Wartungsplan in unterschiedlichen Intervallen durchgeführt werden:

- Motor/Motorraum: Sichtprüfung auf Undichtigkeiten.
- Motor: Ölstand prüfen, Motoröl auffüllen.
- Motor: Öl wechseln, Ölfilter erneuern.
- Kühl- und Heizsystem: Flüssigkeitsstand prüfen, Konzentration des Frostschutzmittels prüfen. Sichtprüfung auf Undichtigkeiten und äußere Verschmutzung des Kühlers.
- Dieselmotor: Kraftstofffilter ersetzen.
- Motor-Luftfilter: Filtereinsatz erneuern, Filtergehäuse reinigen.
- Keilrippenriemen: Zustand prüfen, bei Verschleißspuren wechseln.
- Abgasanlage: Auf Beschädigungen, Undichtigkeiten und lockere Befestigung sichtprüfen.
- Zündkerzen: Erneuern.
- Dieselmotor: Partikelfilter prüfen (Werkstattarbeit).
- Dieselmotor: Zahnriemen und Zahnriemen-Spannrolle ersetzen (Werkstattarbeit).
- Abgasuntersuchung (AU) durchführen; Fehlerspeicher abfragen (Werkstattarbeit).
- Blue-TDI: Reduktionsmittel AdBlue nachfüllen.
- Blue-TDI: Reduktionsmittel AdBlue wechseln (Werkstattarbeit).
- PASSAT EcoFuel: Sichtprüfung des Erdgas-Kraftstoffbehälters auf Korrosion. Dichtheitsprüfung (Werkstattarbeit).
- PASSAT EcoFuel: Zustand des Erdgaseinfüllstutzens und des Verschlussdeckels prüfen, gegebenenfalls reinigen und Dichtring prüfen (Werkstattarbeit).
- PASSAT EcoFuel: Erdgas-Kraftstoffbehälter ersetzen (Werkstattarbeit).

Motor/Motorraum: Sichtprüfung auf Undichtigkeiten

Spezialwerkzeug ist nicht erforderlich.

- Obere Motorabdeckung ausclipsen und abnehmen, siehe Seite 236.
- Untere Motorraumabdeckung ausbauen, siehe Seite 331.
- Leitungen, Schläuche und Anschlüsse der
  - Kraftstoffanlage,
  - des Kühl- und Heizungssystems,
  - der Bremsanlage

  auf Undichtigkeiten, Scheuerstellen, Porosität und Brüchigkeit sichtprüfen.

Ölundichtigkeit suchen

Bei ölverschmiertem Motor und hohem Ölverbrauch überprüfen, wo das Öl austritt. Dazu folgende Stellen überprüfen:

- Öleinfülldeckel öffnen und Dichtung auf Porosität oder Beschädigung prüfen.
- Kurbelgehäuse-Entlüftung: Zum Beispiel Belüftungsschlauch vom Zylinderkopfdeckel zum Luftansaugschlauch.
- Zylinderkopfdeckel-Dichtung.
- Zylinderkopf-Dichtung.
- Ölablassschraube (Dichtring).
- Ölfilterdichtung: Ölfilter am Ölfilterflansch.
- Ölwannendichtung.
- Wellendichtringe links und rechts für Nockenwellen und Kurbelwelle.

Da sich bei Undichtigkeiten das Öl meistens über eine größere Motorfläche verteilt, ist der Austritt des Öls nicht auf den ersten Blick zu erkennen. Bei der Suche geht man zweckmäßigerweise wie folgt vor:

- Motorwäsche durchführen: Generator mit Plastiktüte abdecken. Motor mit handelsüblichem Kaltreiniger einsprühen und nach einer kurzen Einwirkungszeit an einer Autowaschanlage mit Wasser abspritzen.
- Trennstellen und Dichtungen am Motor von außen mit Talkumpuder bestäuben.
- Ölstand kontrollieren, gegebenenfalls auffüllen.
- Probefahrt durchführen. Da das Öl bei heißem Motor dünnflüssig wird und dadurch schneller an den Leckstellen austreten kann, sollte die Probefahrt über eine Strecke von ca. 30 km auf einer Schnellstraße durchgeführt werden.
- Anschließend Motor mit Lampe anstrahlen, undichte Stelle lokalisieren und Fehler beheben.

Kühlsystem prüfen

- Kühlmittelschläuche durch Zusammendrücken und Verbiegen auf poröse Stellen untersuchen, hart gewordene und aufgequollene Schläuche erneuern.
- Die Schläuche dürfen nicht zu kurz auf den Anschlussstutzen sitzen.
- Festen Sitz der Schlauchschellen kontrollieren, gegebenenfalls Schellen erneuern.
- Dichtung des Verschlussdeckels für den Ausgleichbehälter auf Beschädigungen überprüfen.

Achtung: Ein zu niedriger Kühlmittelstand kann auch von einem nicht richtig aufgeschraubten Verschlussdeckel herrühren.

- Deutlicher Kühlmittelverlust und/oder Öl in der Kühlflüssigkeit sowie weiße Abgaswolken bei warmem Motor deuten auf eine defekte Zylinderkopfdichtung hin.

Achtung: Mitunter ist es schwierig, die Leckstelle ausfindig zu machen. Dann empfiehlt sich eine Druckprüfung durch die Werkstatt (Spezialgerät erforderlich). Hierbei kann ebenfalls das Überdruckventil des Verschlussdeckels geprüft werden.

- Obere Motorabdeckung einbauen, siehe Seite 236.
- Motorraumabdeckung unten einbauen, siehe Seite 331.

Das richtige Motoröl

Für die Motor-Schmierung sind **Mehrbereichsöle** vorgeschrieben, so dass ein jahreszeitbedingter Ölwechsel (Sommer/Winter) nicht erforderlich ist. Mehrbereichsöle bauen auf einem dünnflüssigen Einbereichsöl auf (zum Beispiel: 10 W) und werden durch so genannte »Viskositätsindexverbesserer« im heißen Zustand stabilisiert. Dadurch ist sowohl für den kalten wie auch für den heißen Motor die richtige Schmierfähigkeit gegeben.

Die SAE-Bezeichnung gibt die Viskosität des Motoröls an. **SAE** = **S**ociety of **A**utomotive **E**ngineers.

Beispiel: SAE 10 W 40:
10 – Viskosität des Öls in kaltem Zustand. Je kleiner die Zahl, desto dünnflüssiger ist das kalte Motoröl.
W – Das Motoröl ist wintertauglich.
40 – Viskosität des Öls in heißem Zustand. Je größer die Zahl, desto dickflüssiger ist das heiße Motoröl.

Longlife-Motoröl

Die Motoren sind werksseitig mit Longlife-Motoröl befüllt. Das Longlife-Motoröl ist ein Mehrbereichsöl, das durch spezielle Zusätze auf hohe Alterungsbeständigkeit und daher für lange Motoröl-Wechselintervalle ausgelegt ist. Beim Nachfüllen von Motoröl und beim Ölwechsel darf nur Longlife-Motoröl nach VW-Norm verwendet werden, damit die 2-Jahres-Wartungsintervalle eingehalten werden können.

Für den Benzinmotor kann auch handelsübliches Motoröl nach VW-Norm verwendet werden. Allerdings müssen dann die Wartungsintervalle auf 12 Monate/15.000 km umgestellt werden. Dazu muss die Service-Intervall-Anzeige nach einer durchgeführten Wartung mit dem Fahrzeug-Diagnosegerät umgestellt oder mit den verschiedenen Fahrzeugtasten zurückgestellt werden, siehe Seite 60.

Ölspezifikation bei Longlife-Service:
Benzinmotor: VW-504 00
Dieselmotor: VW-507 00

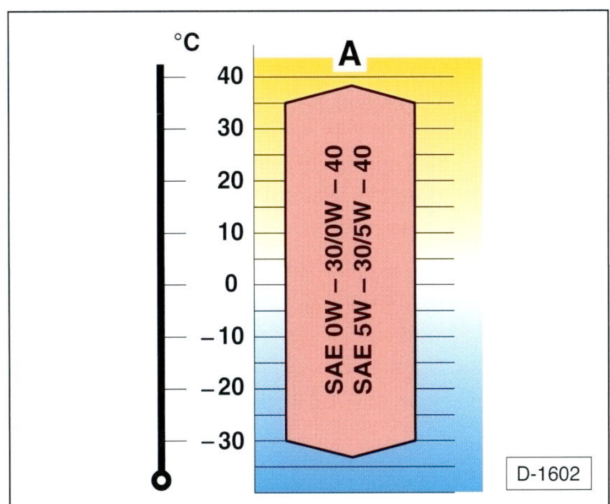

A – Longlifeöle gemäß VW-Norm.

Hinweis: Bei Fahrzeugen **mit** Longlife-Service empfiehlt es sich, für längere Fahrten oder Fahrten ins Ausland das vorgeschriebene Motoröl mitzuführen.

Handelsübliches Mehrbereichs-Leichtlauföl

Dieses Öl ist nur für Benzinmotoren zulässig, wenn auf »feste« Wartungsintervalle von 12 Monaten oder 15.000 km umgestellt wurde.

Bei Dieselmotoren darf nur das Longlife-Motoröl verwendet werden, sonst kann es zu Beeinträchtigungen des Diesel-Partikelfilters kommen.

Ölspezifikation bei festen Wartungsintervallen:
Benzinmotor : VW-502 00

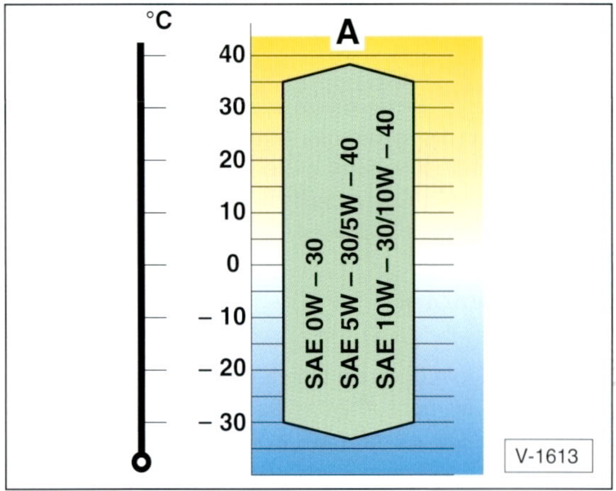

Benzinmotoren:

A – Mehrbereichs-Leichtlauföle gemäß VW-Norm.

Motorölstand prüfen/Motoröl auffüllen

Der Motor soll auf einer Fahrstrecke von ca. 1.000 km nicht mehr als 0,5 Liter Öl verbrauchen. Mehrverbrauch ist ein Anzeichen für verschlissene Ventilschaftabdichtungen und/oder Kolbenringe beziehungsweise Öldichtungen.

Spezialwerkzeug ist nicht erforderlich.

Erforderliche Betriebsmittel/Verschleißteile:

- Nur ein von VW freigegebenes Motoröl verwenden.
  Ölspezifikation:
  Benzinmotor mit Longlife-Service: VW-504 00
  Benzinmotor mit festen Wartungsintervallen: VW-502 00
  Dieselmotor: VW-507 00

Hinweis: Wenn die aufgeführten Motoröle nicht verfügbar sind, darf im Notfall maximal 0,5 Liter des folgenden Motoröls nachgefüllt werden:

- Benzinmotor: Norm ACEA-A3/B4 oder API-SN (API-SM).
- Dieselmotor: Norm ACEA-C3 oder API-CJ-4.

Prüfen

- Motor warm fahren und auf einer ebenen, waagerechten Fläche abstellen.
- Nach Abstellen des Motors mindestens 3 Minuten lang warten, damit sich das Öl in der Ölwanne sammelt.

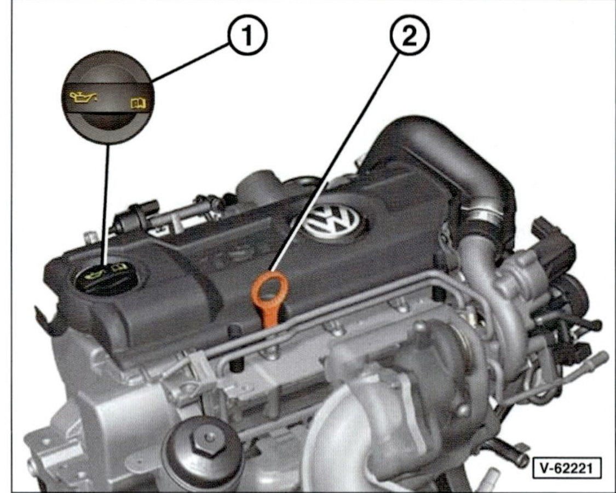

- Ölmessstab –2– herausziehen und mit einem sauberen Lappen abwischen. 1 – Öleinfülldeckel.
- Anschließend Messstab bis zum Anschlag einführen und wieder herausziehen.

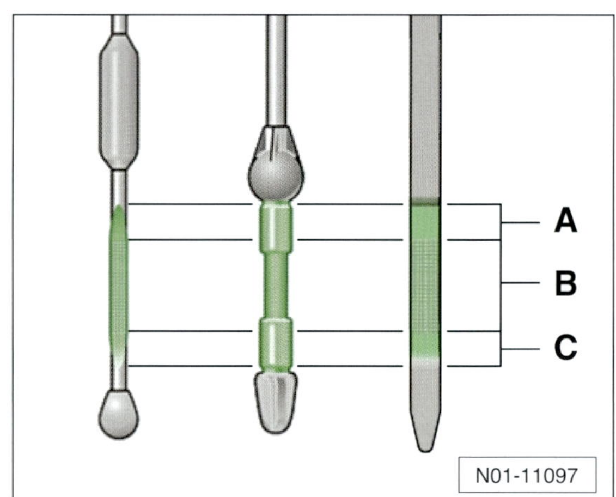

- Der Ölstand ist in Ordnung, wenn er im Bereich –B– liegt. Allerdings kann Öl bis zum Bereich –A– nachgefüllt werden.
  Liegt der Ölstand im Bereich –C–, muss Öl bis zum Bereich –B–, möglichst bis zum oberen Drittel von –B–, nachgefüllt werden.
  Bei einem Ölstand im Bereich –A– darf kein Motoröl nachgefüllt werden.

Achtung: Zu viel eingefülltes Motoröl (oberhalb von Bereich –A–) muss wieder abgesaugt werden, da sonst die Motordichtungen beziehungsweise der Katalysator beschädigt werden können.

- Bei hoher Motorbeanspruchung wie zum Beispiel längeren Autobahnfahrten im Sommer und bei Anhängerbetrieb oder Gebirgsfahrten sollte der Ölstand im oberen Teil von Bereich –B– liegen.
- Nachgefüllt wird am Verschluss des Zylinderkopfdeckels. Beim Nachfüllen richtige Ölsorte verwenden, keine Ölzusätze verwenden, siehe auch Kapitel »Motor-Schmierung«.
- Ölmessstab einsetzen, Einfülldeckel aufschrauben.

Motoröl wechseln/Ölfilter ersetzen

Erforderliches Spezialwerkzeug:

- Benzinmotor: Zum Lösen der Filterpatrone Ölfilterschlüssel HAZET 2169 oder handelsüblichen Spannbandschlüssel, zum Beispiel HAZET 2171-1, verwenden.
- Dieselmotor: Stecknuss SW 32 oder HAZET 2169-32 zum Lösen des Ölfilterdeckels.
- 6-Zylinder-Benzinlmotor: Stecknuss SW 36 oder HAZET 2169-36 zum Lösen des Ölfilterdeckels.

Wenn das Motoröl abgesaugt wird:

- Ölabsauggerät. **Hinweis:** Darauf achten, dass die Sonde in das Führungsrohr des Ölmessstabes passt.
- Ölauffangbehälter.

Wenn das Motoröl abgelassen wird:

- Grube oder hydraulischer Wagenheber mit Unterstellböcken.
- Ölauffangwanne, die je nach Motor bis zu 6 Liter Öl fasst.

Achtung: Bei Fahrzeugen mit Abgasturbolader muss nach dem Ölwechsel beim ersten Motorstart Folgendes beachtet werden:

- Solange die Kontrollleuchte für Öldruck im Kombiinstrument leuchtet, darf der Motor nur im Leerlauf laufen.
- Kein Gas geben!
- Erst wenn die Kontrollleuchte erlischt, ist der volle Öldruck erreicht, und es darf Gas gegeben werden.

Achtung: Bei Gasstößen kann der Turbolader geschädigt werden oder total ausfallen. Da der Turbolader mit sehr hohen Drehzahlen läuft, können bei unzureichender Schmierung die Lager innerhalb weniger Sekunden beschädigt werden.

Sollten Öllecks, Vibrationen oder unnatürliche Geräuschentwicklung des Turboladers auftreten, Motor sofort abstellen.

Erforderliche Betriebsmittel/Verschleißteile:

- Je nach Motor 4 bis 6 Liter Motoröl. Dabei nur ein von VW freigegebenes Motoröl verwenden.
  Ölspezifikation:
  Benzinmotor mit Longlife-Service: VW-504 00
  Benzinmotor mit festen Wartungsintervallen: VW-502 00
  Dieselmotor: VW-507 00
- Je nach Motor Ölfiltereinsatz oder Ölfilterpatrone.
- **Neue(n)** Dichtring(e) für Ölfilterdeckel.
- Nur wenn Öl abgelassen wird: **Neue** Ölablassschraube mit **neuem** Dichtring.

Hinweis: Die Öl-Verkaufsstellen nehmen die entsprechende Menge Altöl kostenlos entgegen, daher beim Ölkauf Quittung und Ölkanister für spätere Altölrückgabe aufbewahren! **Um Umweltschäden zu vermeiden, keinesfalls Altöl einfach wegschütten oder dem Hausmüll mitgeben.**

Die Werte für die **Ölwechselmenge** mit Filterwechsel stehen in der Tabelle »Motordaten« auf Seite 14.

Hinweis: Die dort angegebenen Ölwechselmengen sind ungefähre Mengenangaben. Auf jeden Fall nach dem Ölwechsel den Ölstand mit dem Ölmessstab prüfen und gegebenenfalls korrigieren.

Das Motoröl kann entweder durch das Ölmessstab-Führungsrohr abgesaugt werden oder aus der Ölwanne abgelassen werden. Zum Absaugen ist eine geeignete Absaugpumpe erforderlich, dabei darauf achten, dass der Absaugschlauch in das Ölmessstab-Führungsrohr passt.

Motoröl ablassen/Filter wechseln

- Motor warm fahren.
- Steht das Ölabsauggerät nicht zur Verfügung, Motoröl ablassen. Dazu Fahrzeug waagerecht aufbocken oder über eine Montagegrube fahren.

Sicherheitshinweis
Beim Aufbocken des Fahrzeugs besteht Unfallgefahr! Deshalb vorher das Kapitel »Fahrzeug aufbocken« durchlesen.

- Untere Motorraumabdeckung ausbauen, siehe Seite 331.

Achtung: Benutzte Ölfilter oder Filtereinsätze muss der Öl- und Filterverkäufer zurücknehmen und entsorgen.

1,4-l-Benzinmotor

- Altöl-Auffangwanne unter den Ölfilter stellen.

Achtung: Beim Ausbau der Ölfilterpatrone darauf achten, dass kein Motoröl auf den Keilrippenriemen oder den Generator tropft. Bauteile mit Putzlappen abdecken.

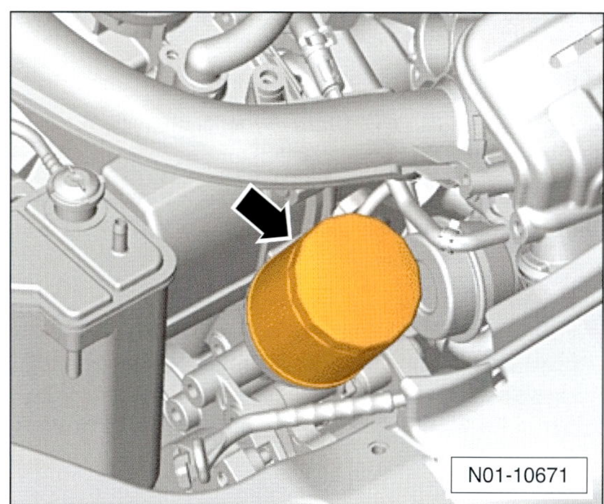

- Ölfilterpatrone –Pfeil– mit HAZET-2169 oder handelsüblichem Spannbandschlüssel, zum Beispiel HAZET 2171-1, lösen.

- Ein paar Minuten warten, damit das Motoröl aus dem Filter in den Motor zurückfließen kann.
- Filterpatrone abschrauben.
- Dichtfläche des Ölfilters am Steuergehäuse reinigen. Eventuell kleben gebliebene Dichtung abnehmen.
- Gummidichtung am neuen Filter dünn mit sauberem Motoröl einölen, dadurch wird eine bessere Abdichtung beim Anziehen des Filters erzielt.
- **Neuen** Ölfilter nur mit der Hand festschrauben, bis die Filterdichtung am Motorblock anliegt. Anschließend Filter noch um ½ Umdrehung weiterdrehen. Falls vorhanden, Hinweise auf dem Ölfilter beachten. Falls der HAZET-Schlüssel 2169 verwendet wird, Ölfilter mit **20 Nm** festziehen.

1,8-/2,0-l-Benzinmotor

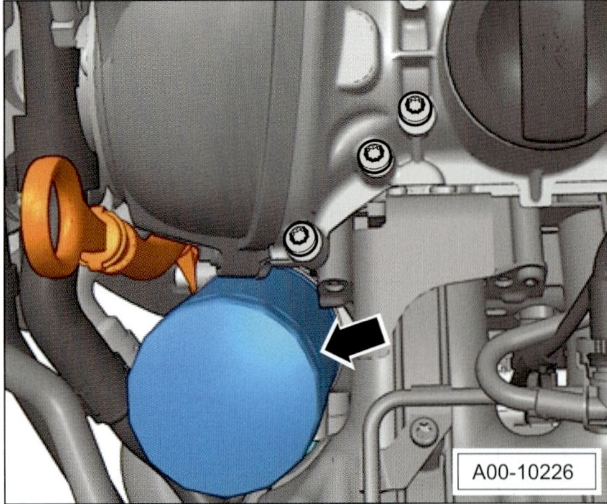

- Ölfilterpatrone –Pfeil– mit HAZET-2169 oder handelsüblichem Spannbandschlüssel, zum Beispiel HAZET 2171-1, lösen.
- Ein paar Minuten warten, damit das Motoröl aus dem Filter in den Motor zurückfließen kann.
- Filterpatrone abschrauben.
- Dichtfläche des Ölfilters am Steuergehäuse reinigen. Eventuell kleben gebliebene Dichtung abnehmen.
- Gummidichtung am neuen Filter dünn mit sauberem Motoröl einölen, dadurch wird eine bessere Abdichtung beim Anziehen des Filters erzielt.
- **Neuen** Ölfilter nur mit der Hand festschrauben, bis die Filterdichtung am Motorblock anliegt. Anschließend Filter noch um ½ Umdrehung weiterdrehen. Falls vorhanden, Hinweise auf dem Ölfilter beachten. Falls der HAZET-Schlüssel 2169 verwendet wird, Ölfilter mit **22 Nm** festziehen.

3,6-l-Benzinmotor

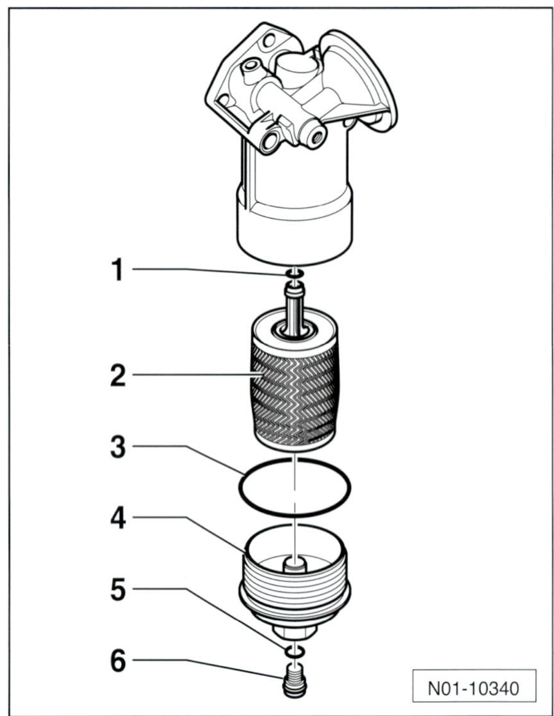

- Altöl-Auffangwanne unter den Ölfilter stellen.
- Ölablassschraube –6– mit einer Stecknuss SW-36 oder HAZET 2169-36 abschrauben und Ölfiltergehäuse leerlaufen lassen.
- Filterdeckel –4– abschrauben.
- Ölfiltereinsatz –2– aus dem Deckel herausnehmen.
- Dichtflächen am Filterdeckel und am Ölfiltergehäuse mit Kaltreiniger oder Kraftstoff und einem Lappen reinigen.
- **Neue** Dichtringe –1–, –3– und –5– mit sauberem Motoröl einölen und einsetzen.
- **Neuen** Ölfiltereinsatz einsetzen.
- Deckel –4– einschrauben und mit **25 Nm** festziehen.
- Ölablassschraube –6– einschrauben und mit **10 Nm** festziehen.

Dieselmotor

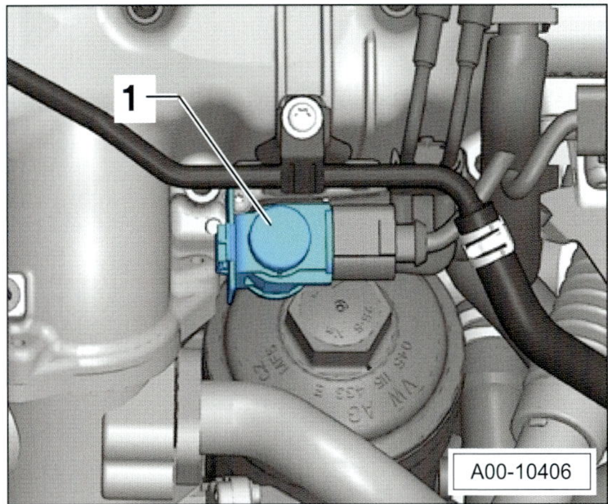

- Magnetumschaltventil –1– ausclipsen.

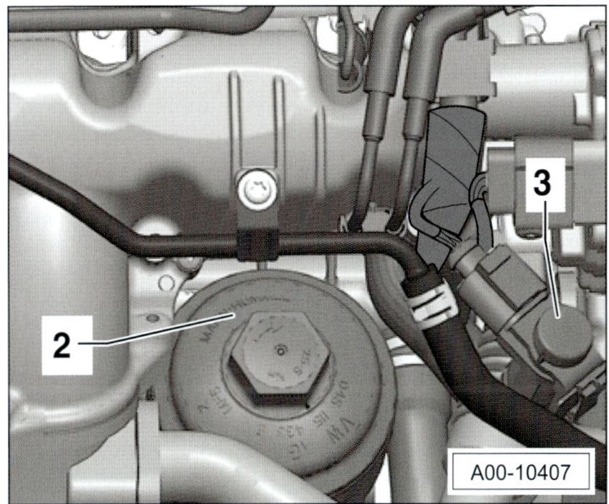

- Ölfilterdeckel –2– mit einer Stecknuss SW-32 oder HAZET 2169-32 abschrauben. 3 – Magnetumschaltventil.
- Dichtflächen am Filterdeckel und am Ölfiltergehäuse mit Kaltreiniger oder Kraftstoff und einem Lappen reinigen.

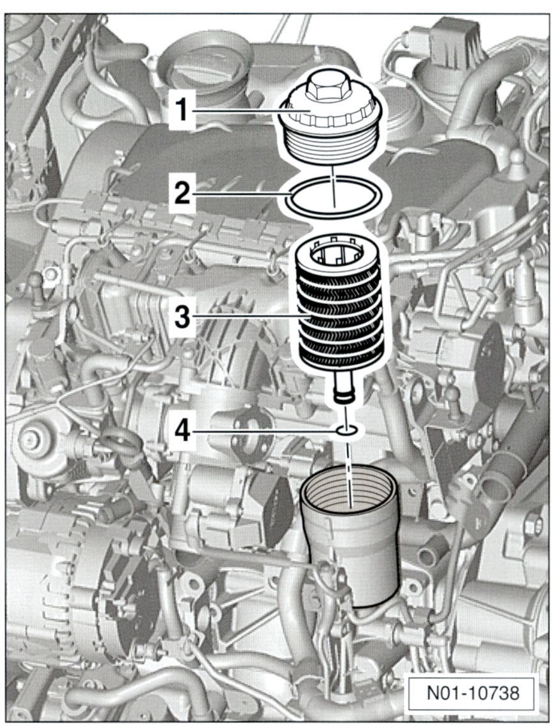

- O-Ringe –2– und –4– sowie Filtereinsatz –3– ersetzen.
- Filterdeckel –1– aufschrauben und mit **25 Nm** festziehen.
- Magnetumschaltventil ansetzen und hörbar einrasten.

Alle Motoren

- Altöl-Auffangwanne unter die Ölablassschraube der Ölwanne stellen.

Sicherheitshinweis
Darauf achten, dass beim Herausdrehen der Ölablassschraube das heiße Motoröl nicht über die Hand läuft. Deshalb beim Abschrauben mit den Fingern den Arm waagerecht halten.

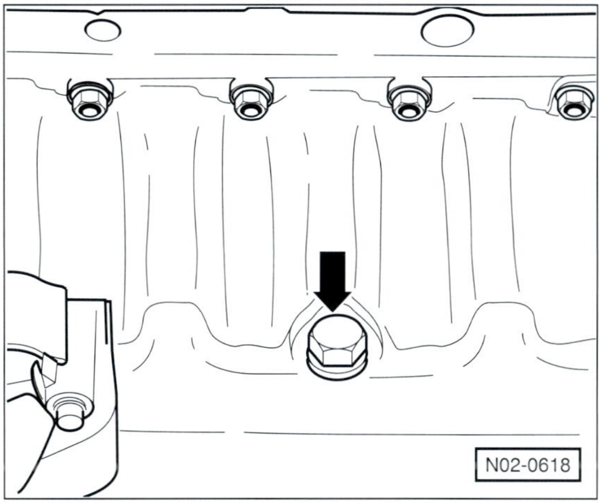

- Ölablassschraube –Pfeil– aus der Ölwanne herausdrehen und Altöl ganz ablassen.

Achtung: Werden im Motoröl Metallspäne und Abrieb in größeren Mengen festgestellt, deutet dies auf Fressschäden hin, zum Beispiel Kurbelwellen- oder Pleuellagerschäden. Um Folgeschäden nach erfolgter Reparatur zu vermeiden, ist die sorgfältige Reinigung von Ölkanälen und Ölschläuchen und das Erneuern des Ölkühlers unerlässlich.

- Anschließend **neue** Ölablassschraube einschrauben und festziehen.

  Anzugsdrehmoment für Ablassschraube M14 . **30 Nm**
  Ablassschraube M24 . **50 Nm**

- Untere Motorraumabdeckung einbauen, siehe Seite 331.
- Fahrzeug ablassen.

Motoröl auffüllen

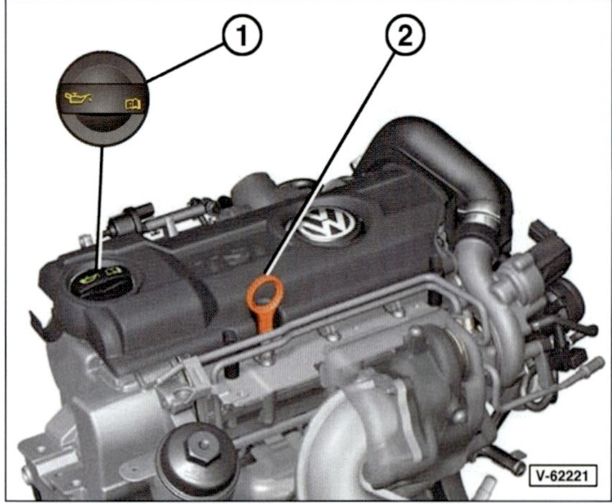

- Verschlussdeckel –1– öffnen und neues Öl am Einfüllstutzen des Zylinderkopfdeckels einfüllen. 2 – Ölmessstab.

Achtung: Grundsätzlich empfiehlt es sich, zunächst ½ Liter Motoröl weniger einzufüllen, den Motor warm laufen zu lassen und nach einigen Minuten den Ölstand mit dem Messstab zu kontrollieren und gegebenenfalls zu ergänzen. Zu viel eingefülltes Motoröl muss wieder abgesaugt werden, da sonst die Motordichtungen beziehungsweise der Katalysator beschädigt werden können.

- Nach ca. 5 Minuten den Ölstand mit dem Ölmessstab kontrollieren.

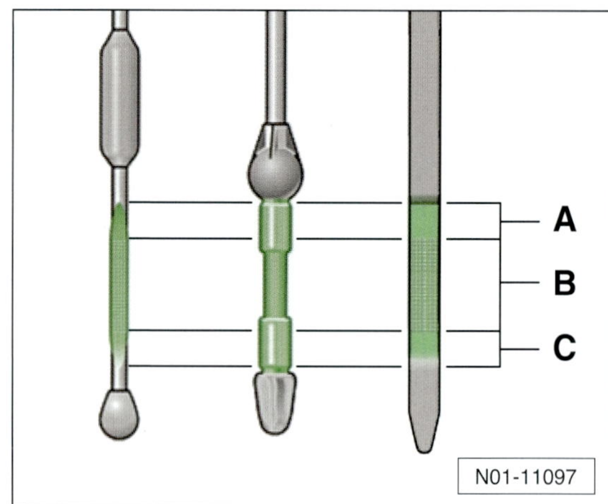

- Der Ölstand ist in Ordnung, wenn er im Bereich –B– liegt. Allerdings kann Öl bis zum Bereich –A– nachgefüllt werden.
- Bei einem Ölstand im Bereich –A– darf kein Motoröl nachgefüllt werden.

Achtung: Zu viel eingefülltes Motoröl (oberhalb von Bereich –A–) muss wieder abgesaugt werden, da sonst die Motordichtungen beziehungsweise der Katalysator beschädigt werden können.

- Bei einem Ölstand im Bereich –C– oder darunter Motoröl bis in den Bereich –B– nachfüllen.
- Bei hoher Motorbeanspruchung wie zum Beispiel längeren Autobahnfahrten im Sommer und bei Anhängerbetrieb oder Gebirgsfahrten sollte der Ölstand im oberen Teil von Bereich –B– beziehungsweise im Bereich –A– liegen.
- Ölmessstab einsetzen, Einfülldeckel aufschrauben.
- Nach Probefahrt Dichtigkeit der Ablassschraube und des Ölfilters überprüfen, gegebenenfalls vorsichtig nachziehen.
- Ölstand ca. 3 Minuten nach Abstellen des Motors nochmals prüfen, gegebenenfalls korrigieren.

Kühlmittelstand prüfen/ Kühlmittel nachfüllen

Ein zu niedriger Kühlmittelstand wird im Display des Kombiinstruments angezeigt. Vor jeder größeren Fahrt sollte dennoch grundsätzlich der Kühlmittelstand geprüft werden.

Spezialwerkzeug ist nicht erforderlich.

Erforderliche Betriebsmittel zum Nachfüllen:

- VW-Kühlerfrost- und Korrosionsschutzmittel »**G13**«, Farbe lila, oder ein anderes Kühlkonzentrat mit dem Vermerk »gemäß VW/AUDI-TL-774-**J**«, zum Beispiel »Glysantin GG 40« oder »MAINTAIN FRICOFIN V«.
  Hinweis: G13 ist mischbar mit dem älteren, ebenfalls lilafarbenen G12++ oder G12+.
- Destilliertes Wasser.

Prüfen/Nachfüllen

Sicherheitshinweis
Verschlussdeckel bei heißem Motor vorsichtig öffnen. **Verbrühungsgefahr!** Beim Öffnen Lappen über den Verschlussdeckel legen. Verschlussdeckel nur bei einer Kühlmitteltemperatur unter +90° C öffnen.

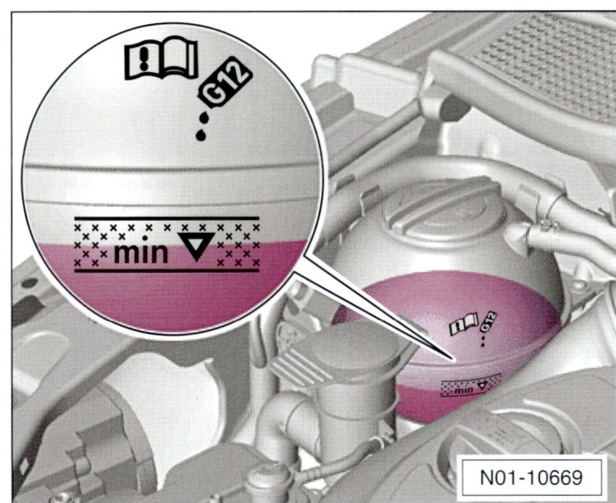

- Der Kühlmittelstand soll bei kaltem Motor (Kühlmitteltemperatur ca. +20° C) zwischen der MAX- und der MIN-Markierung (gerasterter Bereich) am Ausgleichbehälter liegen. Bei warmem Motor darf der Kühlmittelstand etwas über der MAX-Markierung stehen.
- Größere Mengen **kaltes** Kühlmittel nur bei **kaltem Motor** nachfüllen, um Motorschäden zu vermeiden.
- Verschlussdeckel beim Öffnen zuerst etwas aufdrehen und Überdruck entweichen lassen. Danach Deckel weiterdrehen und abnehmen.
- Sichtprüfung auf Dichtheit durchführen, wenn der Kühlmittelstand in kurzer Zeit absinkt.

Frostschutz prüfen/korrigieren

Regelmäßig vor Winterbeginn sollte sicherheitshalber die Konzentration des Frostschutzmittels geprüft werden, insbesondere wenn zwischendurch reines Wasser nachgefüllt wurde.

Erforderliches Spezialwerkzeug:

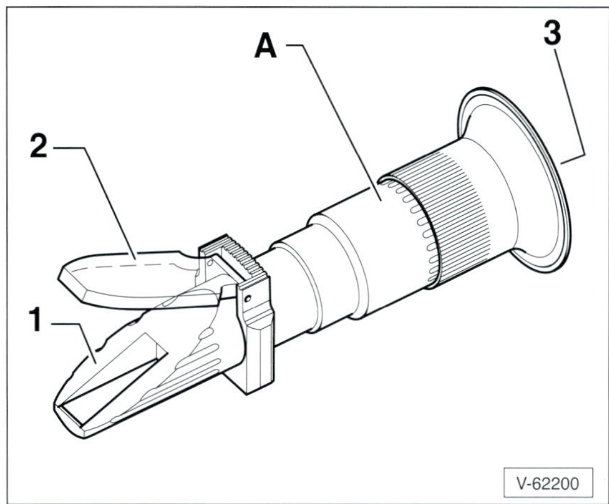

- Prüfspindel zum Messen des Frostschutzanteils beziehungsweise ein Refraktometer –A–, zum Beispiel HAZET 4810-C oder VW-T10007A. Mit dem Refraktometer können Kühlmittel- oder Scheibenwasch-Frostschutzanteil gemessen werden. **Hinweis:** Für die Messung mit einem Refraktometer wird der Umstand ausgenutzt, dass sich der Lichtbrechungsindex der Flüssigkeit abhängig von der Konzentration des gelösten Stoffes ändert.
  1 – Messprisma, 2 – Deckel, 3 – Einblick-Okular.

Erforderliche Betriebsmittel zum Nachfüllen:

- VW-Kühlerfrost- und Korrosionsschutzmittel »**G13**«, Farbe lila, oder ein anderes Kühlkonzentrat mit dem Vermerk »gemäß VW/AUDI-TL-774-**J**«, zum Beispiel »Glysantin GG 40« oder »MAINTAIN FRICOFIN V«.
  Hinweis: G13 ist mischbar mit dem älteren, ebenfalls lilafarbenen G12++ oder G12+.
- Destilliertes Wasser.

Prüfen

- Motor kurz warm fahren bis der obere Kühlmittelschlauch zum Kühler etwa handwarm ist. Bei der Frostschutzmessung soll die Kühlflüssigkeitstemperatur ca. +20° C betragen.

Sicherheitshinweis
Verschlussdeckel bei heißem Motor vorsichtig öffnen. **Verbrühungsgefahr!** Beim Öffnen Lappen über den Verschlussdeckel legen. Verschlussdeckel nur bei einer Kühlmitteltemperatur unter +90° C öffnen.

- Verschlussdeckel am Ausgleichbehälter vorsichtig öffnen.

Prüfung mit einer Prüfspindel:

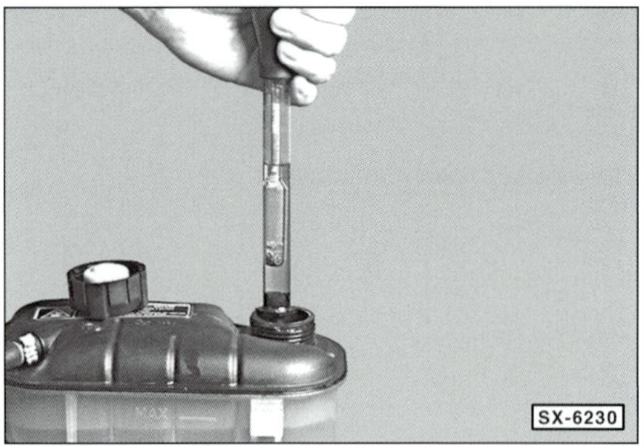

- Mit der Prüfspindel Kühlflüssigkeit ansaugen und am Schwimmer die Kühlmitteldichte ablesen. **Hinweis:** Die Abbildung zeigt nicht den PASSAT-Ausgleichbehälter.

Hinweis: Eventuell ist es erforderlich, die **Prüfspindel zu eichen.** Dabei ist folgendermaßen vorzugehen: 50 ml Kühlkonzentrat mit 50 ml Trinkwasser mischen. Diese Mischung hat einen Frostschutz von –36° C. Frostschutz mit der Prüfspindel messen und eventuelle Abweichung zum Sollwert von –36° C notieren. **Beispiel:** Die Prüfspindel zeigt –31° C an. Die Abweichung beträgt also –5° C. Wird dann am Fahrzeug ein Wert von –15° C gemessen, dann beträgt der tatsächliche Frostschutz (–15°) + (–5°) = –20° C.

- Der Frostschutz soll in unseren Breiten bis –25° C reichen, bei extrem kaltem Klima bis –36° C.

Prüfung mit einem Refraktometer

- Mit einer Pipette ein wenig Kühlflüssigkeit auf das Messprisma –1– des Refraktometers –A– auftragen und Deckel –2– zuklappen, siehe Abbildung V-62200.

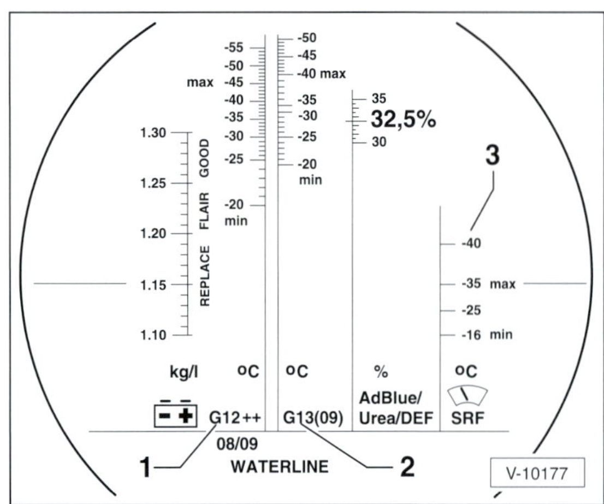

- Durch das Einblick-Okular schauen und an der Skala –2– den Frostschutzanteil ablesen. **Hinweis:** Die Skala –1– bezieht sich auf die Kühlmittelzusätze G12, G12Plus, G12PlusPlus.

  2 – Skala für das Frostschutzmittel G13.

  3 – Skala zur Kontrolle des VW-Scheibenreinigungskonzentrats G 052 164.

Kühlkonzentrat ergänzen

Bei einem Frostschutz bis –25° C muss der Anteil an Frostschutzmittel in der Kühlflüssigkeit 40 % betragen. Soll der Frostschutz bis –36° C reichen, müssen Wasser und Kühlkonzentrat im Verhältnis 1:1 gemischt werden.

Achtung: Ist ein stärkerer Frostschutz erforderlich, kann bis auf maximal 55 % Frostschutzmittelanteil erhöht werden, dann reicht der Frostschutz bis –48° C. Wird mehr Frostschutzmittel (Kühlkonzentrat) zugegeben, verringert sich der Frostschutz wieder, außerdem verschlechtert sich die Kühlwirkung.

Die folgende Tabelle zeigt, wie viel Frostschutzmittel zugegeben werden muss, damit die gewünschte Konzentration erreicht wird. Es handelt sich nur um Richtwerte, da die Füllmengen der Kühlflüssigkeit je nach Motor und Ausstattung unterschiedlich sind.

Frostschutz bis		Differenzmenge in l			
Istwert	Sollwert	1-4-l-Benz.	1,6-l-TDI	1,8-/2,0-l-Benz. 2,0-l-TDI	3,6-l-Benz.
0°	–25°	2,2	2,8	3,2	3,6
0°	–36°	2,8	3,5	4,0	4,5
– 5°	–25°	1,9	2,4	2,8	3,1
– 5°	–36°	2,4	3,0	3,4	3,9
–10°	–25°	1,6	2,0	2,3	2,6
–10°	–36°	2,0	2,6	2,9	3,3
– 15°	–25°	1,3	1,7	1,9	2,1
– 15°	–36°	1,7	2,1	2,4	2,7
– 20°	–25°	1,0	1,3	1,5	1,7
– 20°	–36°	1,3	1,6	1,8	2,1
–25°	–36°	0,9	1,1	1,3	1,4
–30°	–36°	0,5	0,7	0,8	0,9
–36°	–48°	0,4	0,5	0,6	0,7
Füllmenge in l		5,6	7,0	8,0	9,0

Beispiel: Die Frostschutz-Messung ergibt beim 1,4-l-Benzinmotor einen Frostschutz bis –10° C. In diesem Fall aus dem Kühlsystem 1,6 l Kühlflüssigkeit ablassen und dafür 1,6 l reines VW/AUDI-Frostschutzkonzentrat auffüllen. Der Frostschutz reicht dann bis –25° C. Um einen Frostschutz von –36° C zu erreichen, müssen 2,0 l Flüssigkeit ausgetauscht werden.

- Verschlussdeckel am Kühler verschließen und nach Probefahrt Frostschutz erneut überprüfen.

Kraftstofffilter ersetzen

Dieselmotor

Sicherheitsmaßnahmen bei Arbeiten am Kraftstoffsystem

- Beim **Dieselmotor** kann die Temperatur der Kraftstoffleitungen beziehungsweise des Kraftstoffes im Extremfall bis zu +100° C betragen. Vor dem Öffnen von Leitungsverbindungen Kraftstoff abkühlen lassen, da akute Verbrühungsgefahr besteht.
- **Das Kraftstoffsystem steht unter hohem Druck!** Um den Druck abzubauen, sauberen Lappen um die Verbindungsstelle legen und Verbindung vorsichtig lösen.
- Darauf achten, dass kein Dieselkraftstoff auf andere Bauteile im Motorraum gelangt. Auslaufender Dieselkraftstoff muss besonders von Gummiteilen, wie beispielsweise Kühlmittelschläuchen, sofort abgewischt werden, sonst werden die Gummiteile im Lauf der Zeit zerstört.
- **Kein offenes Feuer, nicht rauchen, keine glühenden oder sehr heißen Teile in die Nähe des Arbeitsplatzes bringen. Unfallgefahr! Feuerlöscher bereitstellen.**
- **Unbedingt für gute Belüftung des Arbeitsplatzes sorgen. Kraftstoffdämpfe sind giftig.**
- Schutzhandschuhe tragen.
- Schutzbrille tragen.

Achtung: Dieselkraftstoff ist ein Problemstoff und darf auf keinen Fall einfach weggeschüttet oder dem Hausmüll mitgegeben werden. Gemeinde- und Stadtverwaltungen informieren darüber, wo sich die nächste Problemstoff-Sammelstelle befindet.

Benötigte Spezialwerkzeuge:

- Dieselsauger
- Winkelschraubendreher

Erforderliche Verschleißteile:

- O-Ringe.
- Filtereinsatz.

Ausbau

Achtung: Unbedingt vermeiden, dass Dieselkraftstoff auf andere Bauteile im Motorraum gelangt. Gegebenenfalls sofort reinigen!

- Obere Motorabdeckung ausbauen, siehe Seite 236.

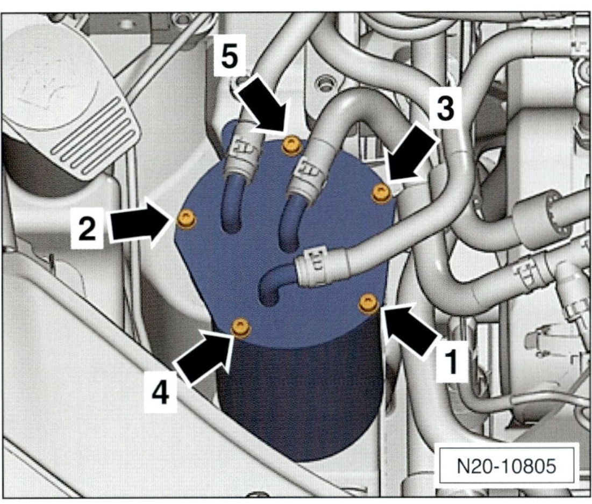

- Schrauben in der Reihenfolge von –1– bis –5– herausdrehen.

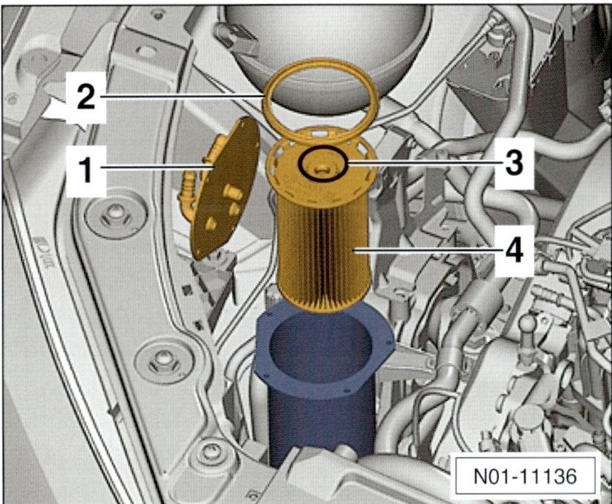

- Filteroberteil –1– mit den angeschlossenen Kraftstoffleitungen abnehmen.
- Filtereinsatz –4– aus dem Filtergehäuse herausziehen. Dabei abtropfenden Kraftstoff mit einem Putzlappen auffangen. Dichtringe –2– und –3– abnehmen.
- Alle Diesel-, Schmutz- und Wasserrückstände aus dem Filtergehäuse mit einem handelsüblichen Dieselsauger heraussaugen.

Einbau

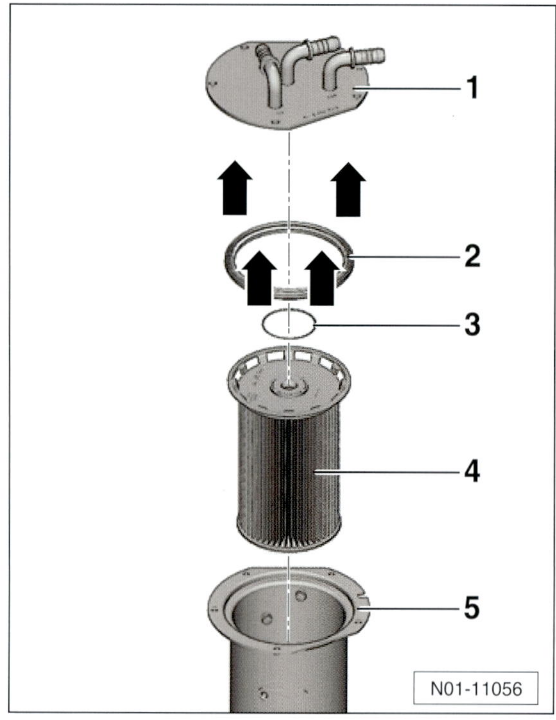

- Dichtungen –2– und –3– sowie Dieselkraftstoff-Filtereinsatz –4– grundsätzlich erneuern.
- **Neuen** Filtereinsatz –4– mit leichter Drehung bis zum Anschlag in das Filtergehäuse –5– einsetzen.
- Filtergehäuse vollständig mit sauberem Dieselkraftstoff befüllen. Dadurch wird der Entlüftungsvorgang des Kraftstoffsystems erleichtert.
- **Neuen** Dichtring –2– vor dem Einbau unbedingt mit etwas Dieselkraftstoff benetzen, um spätere Funktionsstörungen zu vermeiden.
- Filteroberteil –1– mit Dichtung –2– auf das Filtergehäuse –5– aufsetzen.
- Schrauben ansetzen und etwa eine Umdrehung einschrauben.

Achtung: Richtige Einbaulage des Filteroberteils zum Filtergehäuse nochmals prüfen.

- Schrauben –Pfeile– in der Reihenfolge von –1– bis –5– mit **5 Nm** festdrehen, siehe Abbildung N20-10805.

Kraftstoffsystem entlüften

Achtung: Die Hochdruckpumpe darf auf keinen Fall trockenlaufen, sonst wird sie beschädigt. Im Kraftstofftank muss genügend Dieselkraftstoff vorhanden sein um eine einwandfreie Entlüftung zu gewährleisten.

Hinweis: Die folgenden beiden Abbildungen zeigen nicht den Kraftstofffilter im PASSAT.

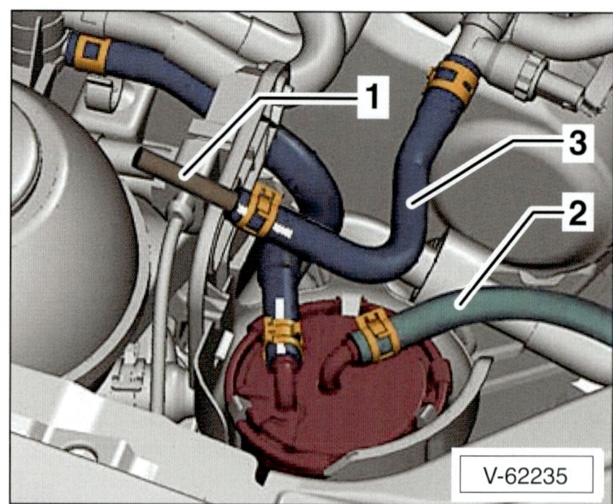

- Kraftstoffleitung –3– zur Hochdruckpumpe am Kraftstofffilterausgang abziehen und mit einem geeigneten, sauberen Stopfen –1– verschließen.

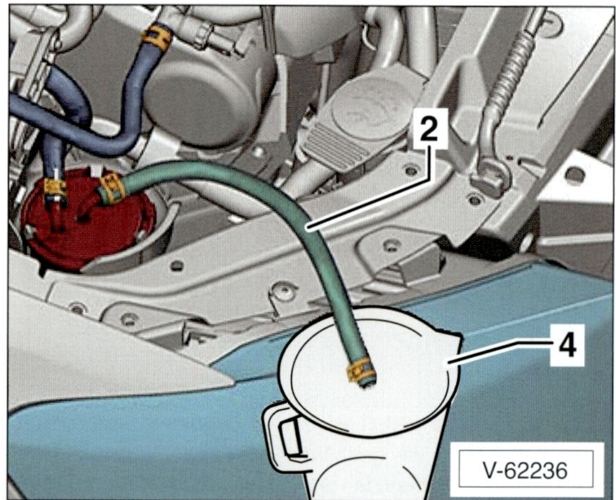

- Geeigneten Hilfsschlauch –2– am Kraftstofffilterausgang anschließen und in einen Auffangbehälter –4– führen.
- Zündung einschalten. Dadurch läuft die elektrische Kraftstoffpumpe kurzzeitig an und fördert Kraftstoff aus dem Tank in den Filter und dann in den Auffangbehälter.
- Diesen Vorgang mehrmals wiederholen, bis Kraftstoff aus dem Filter austritt und im Auffangbehälter aufgefangen wird.

Hinweis: In der Fachwerkstatt wird zur Entlüftung die Kraftstoffpumpe mit dem Fahrzeugdiagnosetester angesteuert.

- Hilfsschlauch –2– vom Kraftstofffilter trennen.
- Stopfen aus der Kraftstoffleitung zur Hochdruckpumpe herausnehmen.
- Kraftstoffleitung zur Hochdruckpumpe am Kraftstofffilterausgang anschließen.
- Zündung mehrmals ein- und ausschalten, um die Kraftstoffanlage vollends zu entlüften.
- Motor starten und einige Minuten bei mittlerer Drehzahl laufen lassen.
- Kraftstoffsystem (Anschlüsse) auf Dichtigkeit sichtprüfen.

- Motor abstellen.
- Fehlerspeicher abfragen und gegebenenfalls löschen lassen (Werkstattarbeit).

Motor-Luftfilter: Filtereinsatz erneuern

Spezialwerkzeug ist nicht erforderlich.

Erforderliche Betriebsmittel/Verschleißteile:

- Luftfiltereinsatz.

1,4-/1,8-/2,0-l-Benzinmotor/Dieselmotor

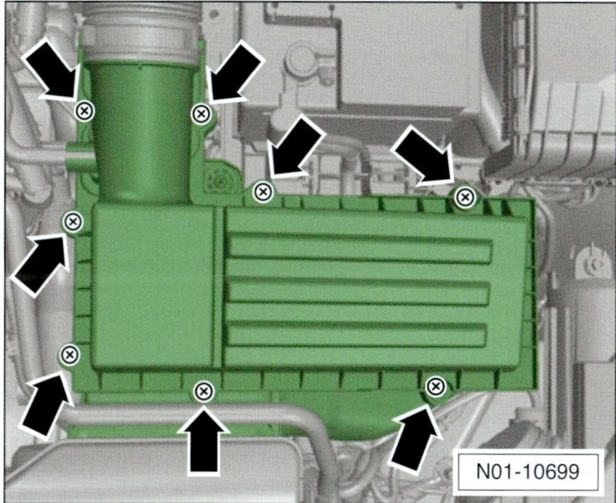

- Schrauben –Pfeile– herausdrehen.
- Unterdruckschlauch am Luftfiltergehäuse abziehen.

Achtung: Um Beschädigungen am Anschlussstutzen und am Unterdruckschlauch zu vermeiden, keine scharfkantigen Werkzeuge zum Abziehen des Schlauchs verwenden.

- Gegebenenfalls den Stecker vom Luftmassenmesser abziehen.

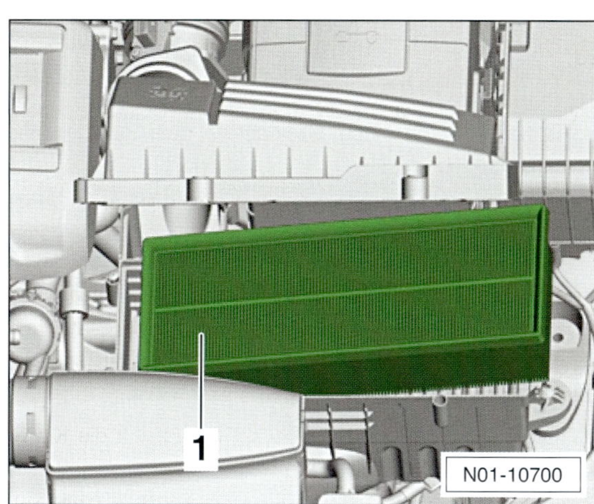

- Luftfilterdeckel abnehmen und Filtereinsatz –1– herausnehmen.

Einbau

Hinweis: Durch starke Verschmutzung oder Nässe im Bereich des Luftmassenmessers kann der Luftmassenwert verfälscht werden. Dies führt zu Leistungsmangel, da eine geringere Einspritzmenge berechnet wird.

- Luftmassenmesser und Ansaugschlauch (Reinluftseite) auf Salzrückstände, Schmutz und Blätter prüfen, gegebenenfalls mit einem Lappen reinigen.
- Wasserablaufschlauch im Luftfilterunterteil auf Schmutz und Verklebungen prüfen, gegebenenfalls mit einem Lappen reinigen.
- Luftfiltergehäuse (Ober- und Unterteil) von Salzrückständen, Schmutz oder Blättern mit einem Lappen reinigen.
- Neuen Luftfiltereinsatz einsetzen und Filterdeckel aufsetzen.
- Schrauben mit **1,6 Nm** festschrauben.
- Den Unterdruckschlauch am Luftfiltergehäuse aufstecken.
- Gegebenenfalls den Stecker am Luftmassenmesser aufstecken.

3,6-l-Benzinmotor

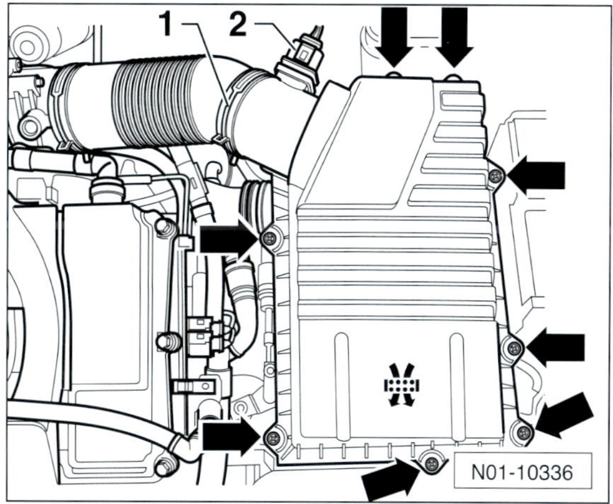

- Stecker –2– abziehen.
- Schelle –1– mit einer Schlauchschellenzange entspannen und zurückschieben.
- 8 Schrauben –Pfeile– vollständig lösen.

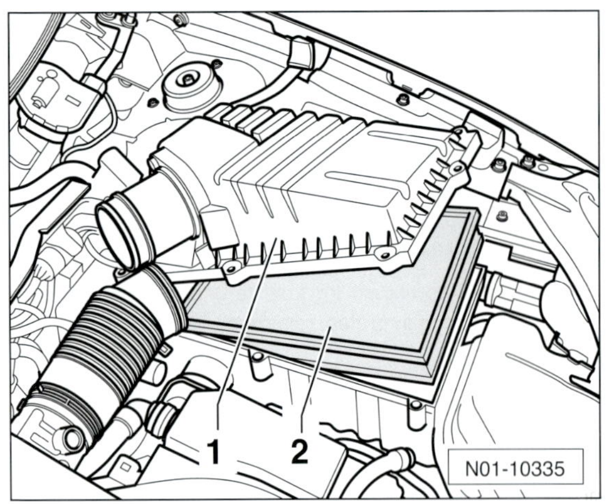

- Luftfilterdeckel –1– abnehmen.
- Luftfiltereinsatz –2– aus dem Filtergehäuse herausnehmen.

Einbau

- Luftfiltergehäuse reinigen, siehe unter »Einbau« beim 1,4-/1,8-/2,0-l-Benzinmotor.
- Neuen Filtereinsatz in das Gehäuse einsetzen.
- Luftfilterdeckel aufsetzen und Schrauben mit **1,6 ± 0,2 Nm** festziehen.
- Luftschlauch am Filterdeckel aufschieben, Schlauchschelle aufschieben und festziehen.
- Stecker für Luftmassenmesser aufstecken und einrasten.

Keilrippenriemen prüfen

Der Keilrippenriemen muss nicht nachgespannt werden, da eine automatische Spannrolle die Riemenspannung konstant hält. Im Rahmen der Wartung muss der Keilrippenriemen auf Beschädigungen geprüft, gegebenenfalls erneuert werden.

Spezialwerkzeug ist nicht erforderlich.

Erforderliche Betriebsmittel/Verschleißteile bei defektem Keilrippenriemen:

- Keilrippenriemen für die jeweilige Motorausführung.

Prüfen

- Getriebe in Leerlaufstellung bringen.

Sicherheitshinweis
Beim Aufbocken des Fahrzeugs besteht Unfallgefahr! Deshalb vorher das Kapitel »Fahrzeug aufbocken« durchlesen.

- Fahrzeug aufbocken.
- Motorraumabdeckung unten ausbauen, siehe Seite 331.
- Falls vorhanden, Abdeckkappe für Keilrippenriemenscheibe ausbauen.

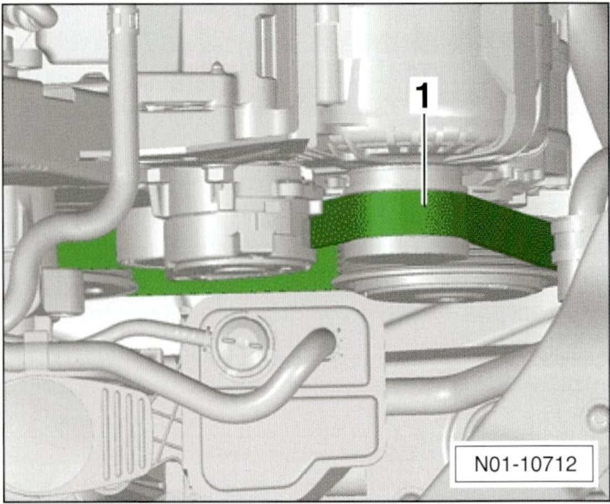

- Riemen –1– mit einem Kreidestrich quer zum Riemen markieren.
- Von der Fahrzeugunterseite her den Motor mit einer Stecknuss an der Kurbelwellen-Riemenscheibe in Motordrehrichtung, also im Uhrzeigersinn, jeweils ein Stück weiterdrehen, bis die Kreidemarkierung wieder sichtbar wird. Dabei Keilrippenriemen Stück für Stück sichtprüfen.

Keilrippenriemen auf folgende Beschädigungen prüfen:

- Öl- und Fettspuren.
- Richtige Spannung.

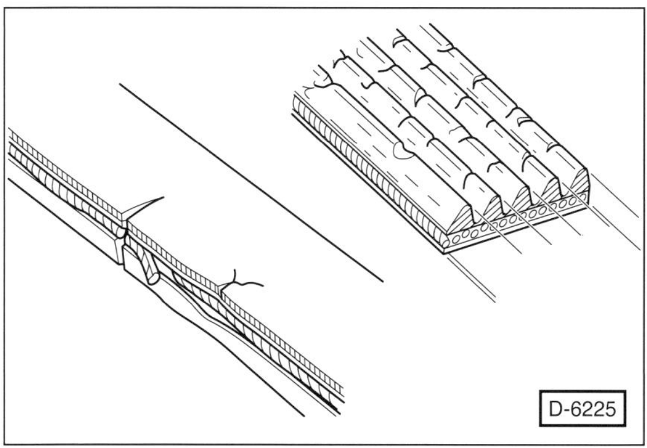

- Flankenverschleiß: Rippen laufen spitz zu, neu sind sie trapezförmig.
- Flankenverhärtungen, glasige Flanken.
- Querrisse auf der Rückseite des Riemens.
- Einzelne Rippen lösen sich ab.
- Ausfransungen der äußeren Zugstränge. Zugstrang seitlich herausgerissen. Querrisse in mehreren Rippen. Ausbruch am Unterbau.
- Rippenbrüche, einzelne Rippenquerrisse. Einlagerung von Schmutz, Steinen zwischen den Rippen. Gummiknollen im Rippengrund.

- Wenn eine oder mehrere dieser Beschädigungen vorhanden sind, Keilrippenriemen **unbedingt** ersetzen, siehe Seite 245.
- Falls vorhanden, Abdeckkappe für Keilrippenriemenscheibe einbauen.
- Motorraumabdeckung unten einbauen, siehe Seite 331.

Sichtprüfung der Abgasanlage

Sicherheitshinweis
Beim Aufbocken des Fahrzeugs besteht Unfallgefahr! Deshalb vorher das Kapitel »Fahrzeug aufbocken« durchlesen.

- Fahrzeug aufbocken.
- Befestigungsschellen auf festen Sitz prüfen.
- Abgasanlage mit Lampe anstrahlen und auf Löcher, durchgerostete Teile sowie Scheuerstellen absuchen.
- Stark gequetschte Abgasrohre ersetzen.
- Gummihalterungen durch Drehen und Dehnen auf Porosität überprüfen und gegebenenfalls austauschen.
- Fahrzeug ablassen.

Reduktionsmittel AdBlue nachfüllen

Nur Blue-TDI

Spezialwerkzeug ist nicht erforderlich.

Erforderliche Betriebsmittel/Verschleißteile:

- Von VW freigegebenes Reduktionsmittel AdBlue.

Das AdBlue-Reduktionsmittel befindet sich in einem separaten Tank im Kofferraum des Fahrzeugs unter dem Reserverad. Die AdBlue-Tankfüllmenge beträgt etwa 17 Liter.

Bei dem Reduktionsmittel AdBlue handelt es sich um eine 32,5 %ige Harnstofflösung zur Abgasnachbehandlung.

Achtung: AdBlue darf **nicht** in den Kraftstofftank gelangen und dem Dieselkraftstoff beigemischt werden.

Ab einer Restreichweite von etwa 2.400 km erfolgt eine Aufforderung im Kombiinstrument, dass AdBlue nachgefüllt werden muss. Ab einer Restreichweite von etwa 1.000 km erfolgt eine Aufforderung im Kombiinstrument, dass AdBlue nachgefüllt werden muss, sonst ist nach 1.000 km kein Motorstart mehr möglich.

Um einen erneuten Motorstart zu ermöglichen, müssen mindestens 3 Flaschen zu je 1,9 l (5,7 l) Reduktionsmittel AdBlue aufgefüllt werden.

Sicherheitsmaßnahmen bei Arbeiten mit dem Reduktionsmittel AdBlue

- Nur das von VW ausdrücklich freigegebene AdBlue verwenden. Die Verwendung eines anderen AdBlue kann einen Motorschaden verursachen!
- Niemals Wasser oder Zusatzstoffe dem AdBlue® beimischen.
- Niemals AdBlue in den Diesel-Kraftstoffbehälter füllen. Andernfalls kann ein Motorschaden die Folge sein.
- Nachfüllflasche nicht permanent im Fahrzeug mitführen. Durch Temperaturschwankungen und Beschädigungen kann die Flasche undicht werden und das AdBlue den Fahrzeuginnenraum beschädigen.
- Das Reduktionsmittel AdBlue kann Haut, Augen und Atmungsorgane reizen. Bei Hautkontakt die Flüssigkeit sofort mit viel Wasser abwaschen.
- Hände durch Handschuhe schützen.
- Falls AdBlue auf Karosserie- oder Verkleidungsteile gelangt, sofort mit klarem Wasser und einem Baumwolltuch abwaschen. Falls AdBlue bereits kristalliert hat, warmes Wasser und einen Schwamm verwenden.

AdBlue nachfüllen

Hinweis: AdBlue gibt es in 1,9-l-Flaschen und in 5- oder 10-l-Kanistern. Für die Verwendung der Kanister wird ein geeigneter Befüllschlauch benötigt. Hier wird nur das Befüllen mit der 1,9-l-Flasche beschrieben. Das Befüllen mit Kanister und Befüllschlauch erfolgt auf ähnliche Weise.

- Fahrzeug auf einer ebenen Fläche abstellen. Wenn das Fahrzeug nicht eben steht, kann das dazu führen, dass die Füllstandsanzeige die Nachfüllmenge nicht erkennt.
- Heckklappe öffnen.

- Bodenbelag –1– im Kofferraum anheben.
- Falls vorhanden, Reserverad –2– ausbauen. Dazu Flügelmutter –3– abschrauben.
- Bei Fahrzeugen ohne Reserverad, Schaumstoffeinlage herausnehmen.

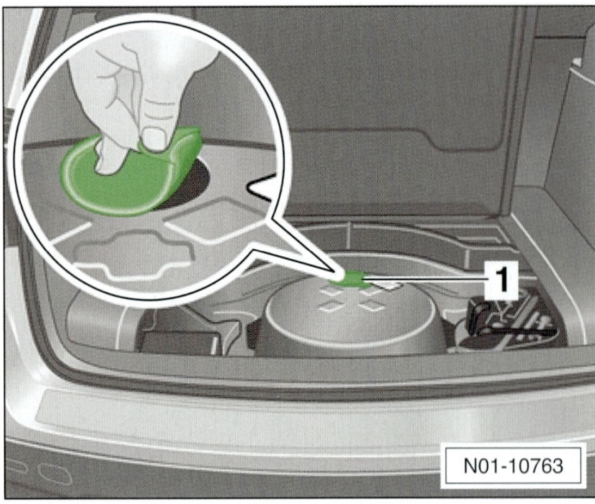

- Verschlussstopfen vom Tankeinfüllstutzen abziehen.

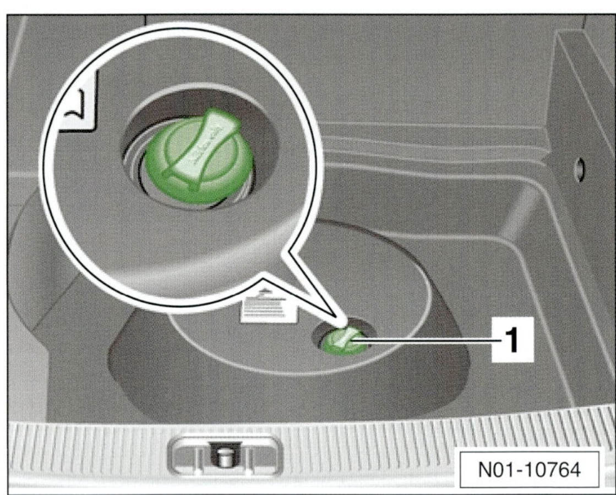

- Verschlussdeckel –1– entgegen dem Uhrzeigersinn abschrauben.
- Einfüllstutzen mit einem wassergetränkten, fusselfreien Baumwolltuch reinigen.
- Verschluss der Nachfüllflasche abdrehen. Das Reduktionsmittel muss von VW freigegebenen sein und der Norm ISO 22241-1 entsprechen.

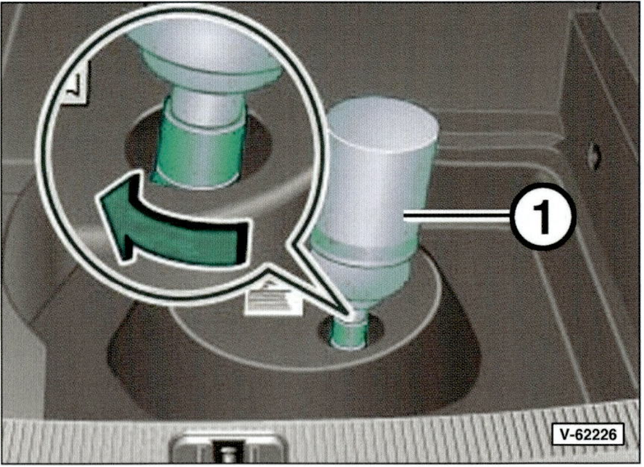

- Nachfüllflasche –1– senkrecht mit dem Flaschenhals nach unten auf den Tankeinfüllstutzen aufsetzen und handfest im Uhrzeigersinn –Pfeil– festdrehen.
- Nachfüllflasche in Richtung Tankeinfüllstutzen drücken und gedrückt halten. Dadurch wird ein Ventil in der Flasche geöffnet und der Inhalt kann in den Tank fließen.
- Warten, bis der Inhalt der Nachfüllflasche in den AdBlue-Tank geflossen ist. Nachfüllflasche nicht zusammendrücken oder beschädigen.
- Nachfüllflasche entgegen dem Uhrzeigersinn abschrauben und vorsichtig nach oben herausnehmen.

Hinweis: Ein vollständig gefüllter AdBlue-Tank ist daran zu erkennen, dass kein AdBlue mehr aus der Nachfüllflasche fließt.

- Verschluss des Tankeinfüllstutzens im Uhrzeigersinn hineindrehen und einrasten.
- Verschlussstopfen sorgfältig einsetzen.
- Falls vorhanden, Schaumstoffteil einsetzen oder Reserverad montieren.

- Bodenbelag nach unten klappen und Heckklappe/Kofferraumdeckel schließen.

Falls der Motor aufgrund von AdBlue-Mangel nicht mehr angesprungen ist:

- Nach dem Auffüllen **nur die Zündung einschalten**, Motor **nicht** starten.
- Zündung mindestens 30 Sekunden eingeschaltet lassen, damit die Nachbetankung vom System erkannt wird.
- Erst nach Ablauf der 30 Sekunden den Motor starten.

Zündkerzen erneuern

Erforderliches Spezialwerkzeug:

- Zündkerzenschlüssel, zum Beispiel HAZET 4766-1.
- 1,4-l-TSI-Benzinmotor: Abzieher HAZET 1849-7 oder VW-T10094A.
- 1,8-/2,0-l-TSI-Benzinmotor: Abzieher HAZET 1849-10 oder VW-T40049.
- 3,6-l-FSI-Benzinmotor: Abzieher HAZET 1849-8 oder VW-T10095A.
- 1,4-/3,6-l-Benzinmotor: Haken VW-T10118.

Erforderliche Verschleißteile:

- 4 oder 6 Zündkerzen. Die vorgeschriebene Zündkerze, siehe Seite 37.

Achtung: Zündkerzen nur bei kaltem oder handwarmem Motor wechseln. Wenn die Zündkerzen bei heißem Motor herausgedreht werden, kann das Zündkerzengewinde des Leichtmetall-Zylinderkopfes ausreißen.

1,4-l-TSI-Benzinmotor CAXA 90 kW

Ausbau

- Obere Motorabdeckung ausbauen und mit der Oberseite auf eine weiche Unterlage legen, um Kratzer zu vermeiden, siehe Seite 236.

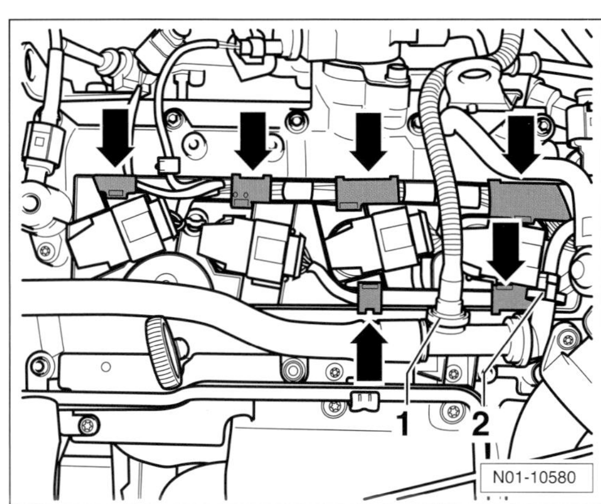

- Clips der Leitungsführung –Pfeile– ausrasten.
- Schläuche –1– und –2– abziehen.

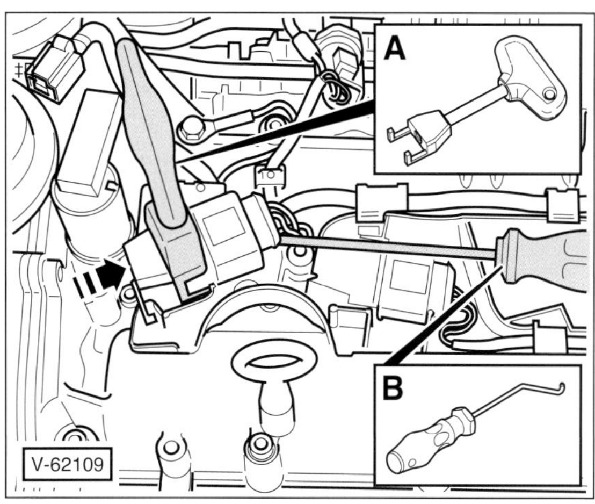

- Zündspulen mit geeignetem Abzieher –A– etwas nach oben ziehen, zum Beispiel mit HAZET-1849-7 oder VW-T10094A.

Hinweis: Beim Herausziehen der Zündspulen können die Leitungen beziehungsweise die Stecker der Zündspulen angeschlossen bleiben. Einbaulage der Zündspulen für den Wiedereinbau merken. Darauf achten, dass die Leitungen nicht geknickt oder beschädigt werden.

- Falls eine oder mehrere Zündspulen ersetzt werden: Stecker mit Haken –B– entriegeln und abziehen, zum Beispiel mit VW-T10118.
- Zündspulen nach oben herausnehmen.
- Zündkerzen mit Zündkerzenschlüssel, zum Beispiel HAZET 4766-1 oder VW-3122B, herausdrehen.

Einbau

- Neue Zündkerzen vorsichtig einschrauben und mit **25 Nm** festziehen.
- Kerzenstecker nachfetten, siehe Abschnitt am Ende des Kapitels.

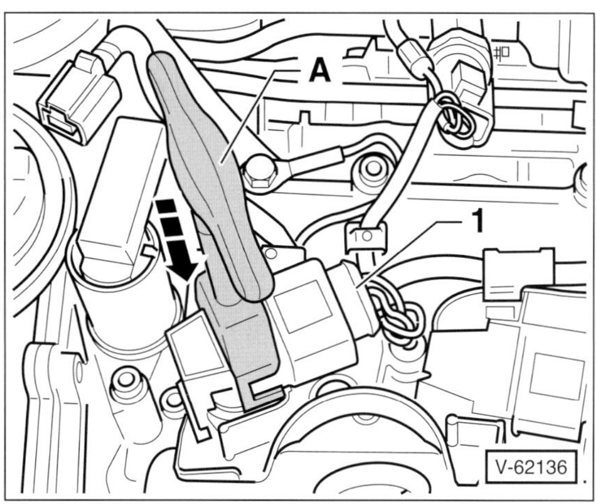

- Abzieher –A–, zum Beispiel HAZET-1849-7 oder VW-T10094A, auf eine Zündspule aufstecken und Zündspule über der entsprechenden Zündkerze ansetzen.

- Stecker –1– auf die Zündspule aufstecken und einrasten.
- Zündspule mit dem Abzieher in den Aussparungen des Zylinderkopfdeckels ausrichten und fest nach unten drücken –Pfeil–.
- Restliche Zündspulen auf die gleiche Weise einbauen.
- Beide Schläuche aufschieben und einrasten. 6 Clips der Leitungsführung einrasten.
- Obere Motorabdeckung einbauen, siehe Seite 236.

1,4-l-TSI-Benzinmotor CDGA/CTHD/CKMA 110/118 kW

Ausbau

- Obere Motorabdeckung ausbauen und mit der Oberseite auf eine weiche Unterlage legen, um Kratzer zu vermeiden, siehe Seite 236.

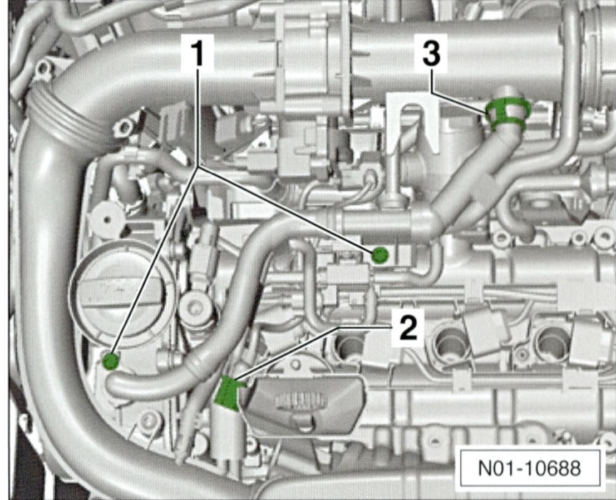

- Stecker –2– abziehen.
- Schlauchenden –3– zusammendrücken, dadurch entriegeln, und abziehen.
- Schrauben –1– herausdrehen.
- Schlauch mit Halter und Magnetventil für Ladedruckbegrenzung anheben und zur Seite legen.

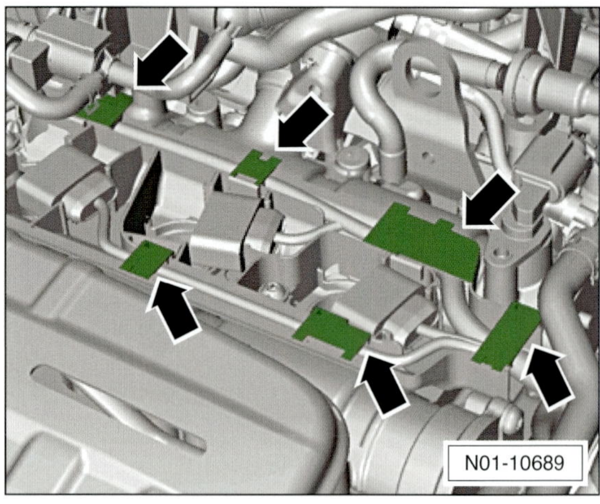

- Leitungsführung ausclipsen –Pfeile–.

Achtung: Einbaulage der Zündspulen markieren.

Hinweis: Beim Herausziehen der Zündspulen können die Leitungen beziehungsweise die Stecker der Zündspulen angeschlossen bleiben. **Achtung:** Die Leitungen dürfen nicht geknickt oder beschädigt werden.

- Der weitere Ausbau erfolgt wie beim 1,4-l-Benzinmotor CAXA mit 90 kW.

Einbau

- Neue Zündkerzen vorsichtig einschrauben und mit **25 Nm** festziehen.
- Kerzenstecker nachfetten, siehe Abschnitt am Ende des Kapitels.
- Der Einbau der Zündspulen/Zündkerzenstecker erfolgt wie beim 1,4-l-Benzinmotor CAXA mit 90 kW.
- Kabel in der Kabelführung wie vor dem Ausbau verlegen.
- Leitungsführung einclipsen.
- Schlauch mit Halter und Magnetventil für Ladedruckbegrenzung in die ursprüngliche Einbaulage bringen.

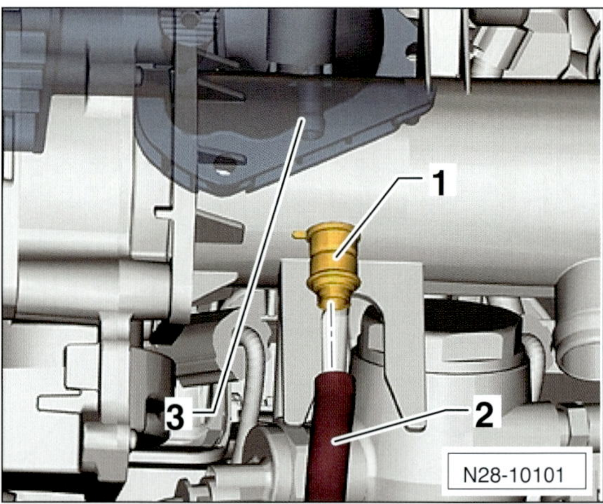

- Gummitülle –1– in den Schlauch –2– schieben.
- Schlauch –2– auf den Saugrohrstutzen –3– aufschieben.

- Der weitere Einbau erfolgt in umgekehrter Ausbaureihenfolge. Schrauben für Anschlussstutzen der Kurbelgehäuseentlüftung und Rückschlagventil mit **10 Nm** anziehen.
- Obere Motorabdeckung einbauen, siehe Seite 236.

1,8-/2,0-l-TSI-Benzinmotor CDAA/CCZB 118/155 kW

Ausbau

- Obere Motorabdeckung ausbauen und mit der Oberseite auf eine weiche Unterlage legen, um Kratzer zu vermeiden, siehe Seite 236.

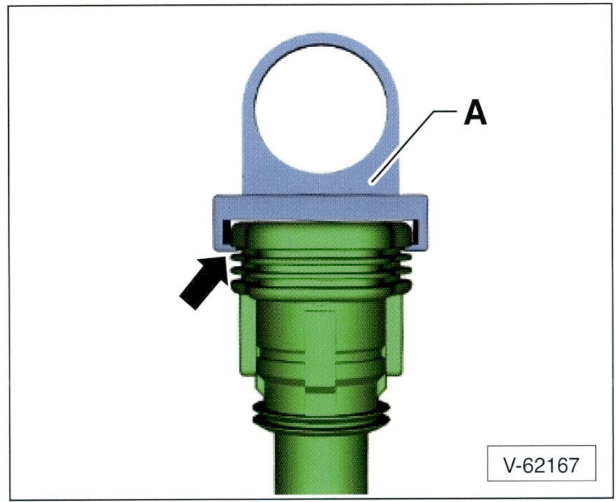

Hinweis: Zum Abziehen der Zündspulen wird der Abzieher –A– benötigt, zum Beispiel HAZET 1849-10 oder VW-T40039. Dabei Abzieher nur an der obersten dicken Rippe –Pfeil– ansetzen. Die unteren Rippen sind zu schwach und können beim Abziehen beschädigt werden.

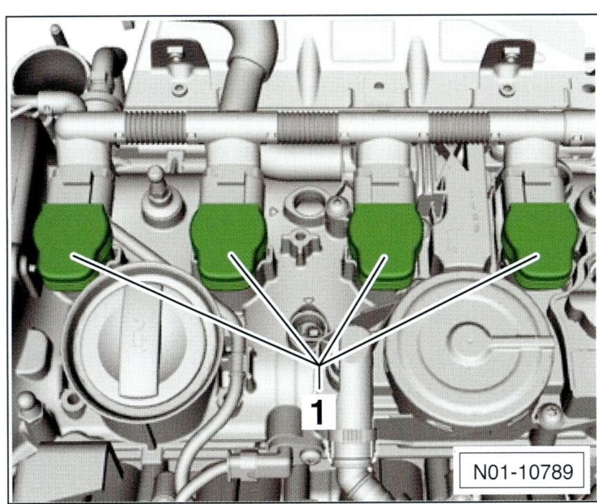

- Einbaulage der Zündspulen –1– prüfen und merken.

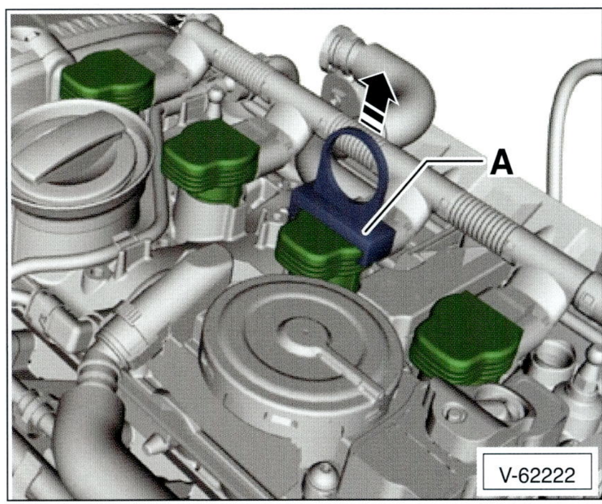

- Zündspulen mit dem Abzieher –A–, zum Beispiel HAZET 1849-10 oder VW-T40039 , ca. 30 mm aus dem Zylinderkopf herausziehen –Pfeil–.

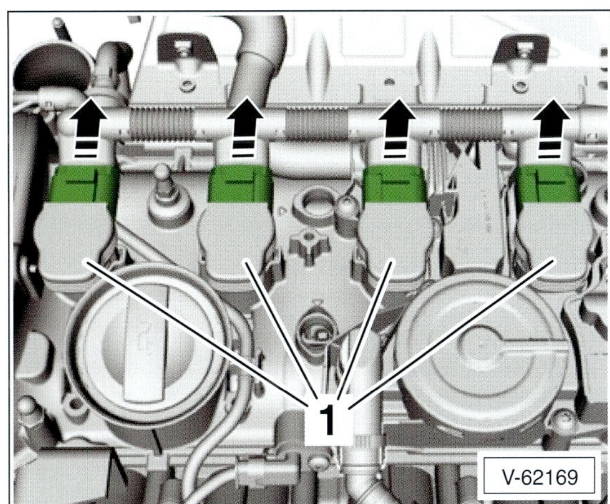

- Stecker der Zündspulen nacheinander in Richtung Zündspulen –1– drücken, von Hand auf die Verriegelung drücken und Stecker in Pfeilrichtung etwas abziehen. Anschließend alle 4 Stecker gleichzeitig abziehen.
- Zündspulen nach oben aus dem Zylinderkopf herausziehen.

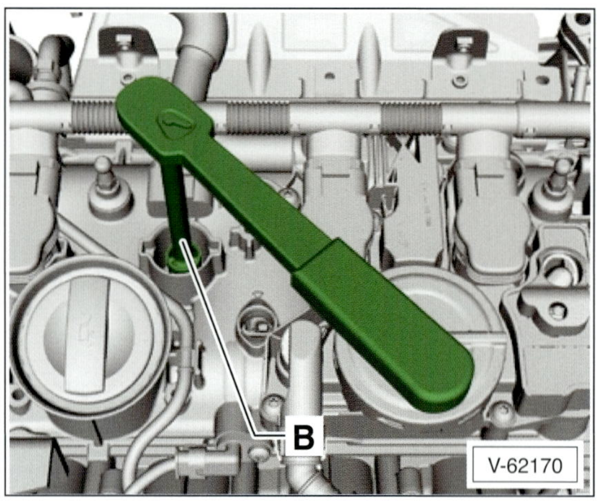

- Zündkerzen mit Zündkerzenschlüssel –B–, zum Beispiel HAZET 4766-1 oder VW-3122B, herausdrehen.

Einbau

- Neue Zündkerzen vorsichtig einschrauben und dann mit **25 Nm** festziehen.
- Kerzenstecker nachfetten, siehe Abschnitt am Ende des Kapitels.
- Zündspulen locker in den Zündkerzenschacht stecken.
- Alle Zündspulen zu den abgezogenen Zündspulensteckern ausrichten.
- Stecker auf die Zündspulen aufstecken und einrasten.
- Zündkerzenstecker der Zündspulen von Hand auf die Zündkerzen aufdrücken. **Achtung:** Die Zündkerzenstecker müssen spürbar einrasten.
- Obere Motorabdeckung einbauen, siehe Seite 236.

3,6-l-FSI-Benzinmotor BWS 220 kW

Ausbau

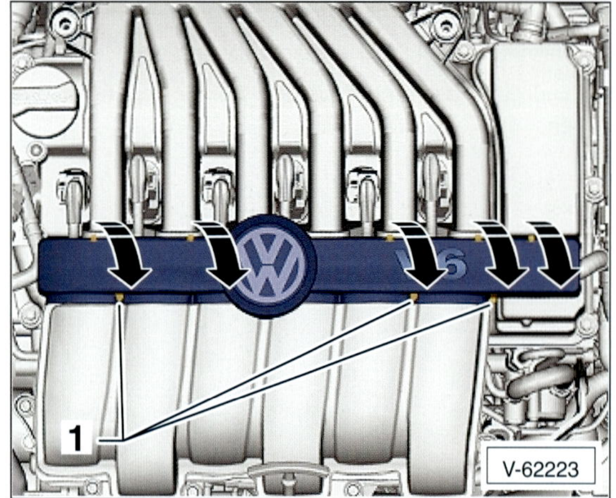

- Abdeckleiste für Zündleitungsstrang ausclipsen –Pfeile– und nach vorn –Pfeile– von den Haltenasen –1– abnehmen.

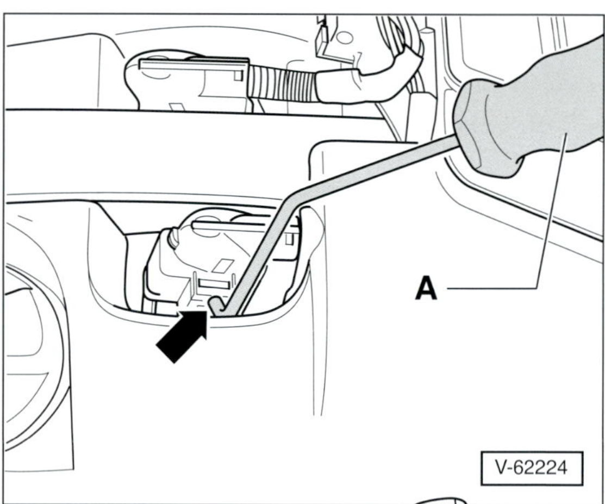

- Montagehaken –A–, zum Beispiel VW-T10118, an der Verriegelungstaste –Pfeil– ansetzen und den Stecker vorsichtig herunterziehen.

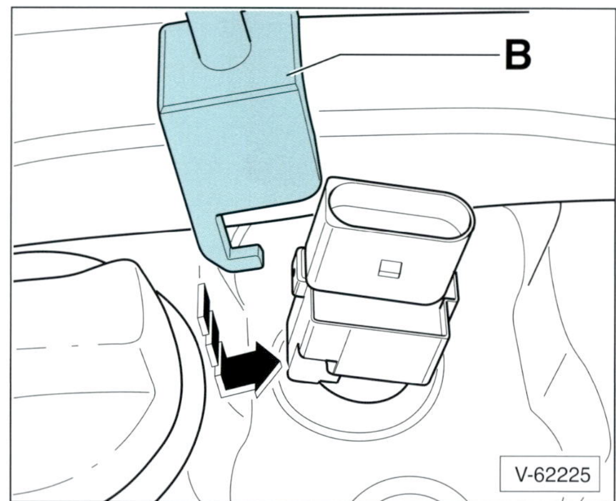

- Abzieher –B–, zum Beispiel HAZET 1849-8 oder VW-T10095A, von der geraden Steckerseite aus in Pfeilrichtung aufschieben und die Zündspule herausziehen.
- Zündkerzen mit Zündkerzenschlüssel –B–, zum Beispiel HAZET 4766-1 oder VW-3122B , herausdrehen, siehe Abbildung V-62170.

Einbau

- Neue Zündkerzen vorsichtig in den Zylinderkopf einschrauben und mit **18 Nm** festziehen.
- Kerzenstecker nachfetten, siehe Abschnitt am Ende des Kapitels.

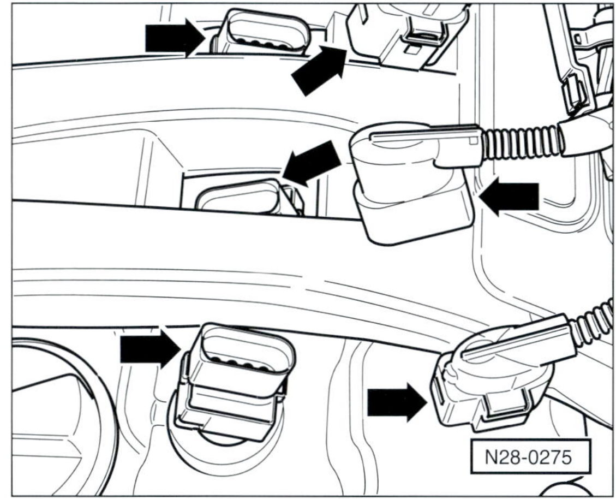

- Zündspulen so in den jeweiligen Zündkerzenschacht einsetzen, dass die geraden Steckerseiten zueinander passen –Pfeile–.
- Abzieher –B– von der geraden Steckerseite aus in Pfeilrichtung aufschieben und die Zündspule auf die Zündkerze aufdrücken, siehe Abbildung V-62225.
- Stecker auf die Zündspulen aufstecken und einrasten.

Zündkerzengewinde erneuern

Hinweis: Falls festgestellt wird, dass das Zündkerzengewinde beschädigt ist, muss dieses erneuert werden. Dazu gibt es unter anderem von BERU einen entsprechenden Werkzeug- und Reparatursatz. Mit einem Spezialbohrer wird das alte Gewinde herausgeschält; der Zylinderkopf muss dazu nicht ausgebaut werden. Anschließend wird ein neues Gewinde in den Zylinderkopf geschnitten und die Zündkerze mit einem speziellen Gewindeeinsatz eingeschraubt. Nachträglich eingebaute Zündkerzen-Gewindeeinsätze sitzen sicher und sind kompressionsdicht.

Zündkerzenstecker nachfetten

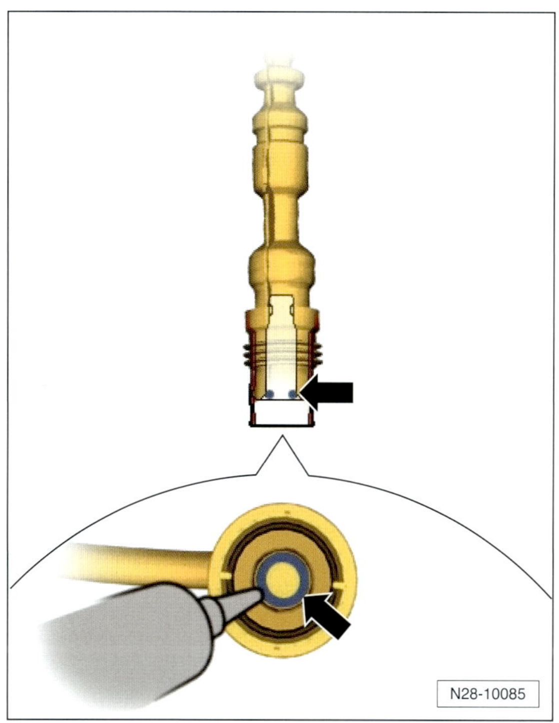

- Zündkerzenstecker mit Kerzensteckerfett, zum Beispiel VW-G.052.141.A2 nachfetten. Dazu eine dünne Raupe Kerzensteckerfett umlaufend auf den Dichtschlauch des Zündkerzensteckers auftragen –Pfeile–. Die Fettraupe muss 1 – 2 mm dick sein.

Hinweis: Neue Zündkerzenstecker sind bereits mit Fett versehen und müssen beim Ersteinbau nicht gefettet werden. Zündkerzenstecker nur beim Einbau neuer Zündkerzen nachfetten. Dadurch wird verhindert, dass der Dichtschlauch des Zündkerzensteckers an der Zündkerze festklebt. Die Schmierpaste muss sich beim Aufstecken des Zündkerzensteckers auf der Zündkerze verteilen.

Zündkerzenwerte für VW PASSAT-Motoren

Achtung: Die technische Entwicklung geht ständig weiter. Es kann sein, dass inzwischen für einzelne Motoren andere Zündkerzenwerte gelten und daher die Tabelle möglicherweise nicht auf dem neuesten Stand ist. Um die aktuelle Zündkerze für Ihren Fahrzeugmotor zu ermitteln, benötigt der Fachhandel die **Fahrzeug-Ident-Nummer** (FIN) sowie die **3 Schlüsselnummern** aus dem Kfz-Schein. Diese Nummern sollten beim Kauf von Zündkerzen angegeben werden.

Motor	Motor-Kennbuchstaben	VW	EA*	NGK	EA*	BOSCH	EA*	Anzugsdrehmoment
1.4 TSI	CAXA	101 905 626 B	0,8 - 0,9	PZFR6R	0,9	FR 6 HI 332	0,8	**25 Nm**
1.4 TSI	CTHD	03C 905 601 B	0,7 - 0,8	SIZFR6B8EG	–	–	–	**25 Nm**
1.4 TSI	CKMA/CDGA	101 905 626 A	0,5 - 0,6	SIZFR6A6D	–	–	–	**25 Nm**
1.8/2.0 TSI	CDAA/CCZB	06H 905 611	1,0 - 1,1	PFR7S8EG	0,8	F 5 KPP 332 SBN	0,7 - 0,8	**25 Nm**
3.6 FSI	BWS	101 905 622 A	0,7 - 0,8	ILZKR 8A	0,7 - 0,8	–	–	**18 Nm**

*) EA = Elektrodenabstand

Getriebe/Achsantrieb

Folgende Wartungspunkte müssen nach dem Wartungsplan in unterschiedlichen Intervallen durchgeführt werden:

- Getriebe/Achsantrieb: Auf Undichtigkeiten und Beschädigungen sichtprüfen.
- 6-Gang-Direktschaltgetriebe DSG: Öl und Ölfilter wechseln.
- Allradantrieb 4MOTION: Öl für Haldexkupplung wechseln.

Getriebe-Sichtprüfung auf Dichtheit

Spezialwerkzeug ist nicht erforderlich.

Folgende Leckstellen sind möglich:

- Trennstelle zwischen Motorblock und Getriebe (Schwungraddichtung/Wellendichtung-Getriebe).
- Antriebswelle an Getriebe.
- Öleinfüllschraube.
- Ölablassschraube.

Bei ölverschmiertem Getriebe und Ölverlust überprüfen, wo das Öl austritt. Bei der Suche nach der Leckstelle folgendermaßen vorgehen:

- Getriebegehäuse mit Kaltreiniger reinigen.
- Mögliche Leckstellen mit Kalk oder Talkumpuder bestäuben.
- Probefahrt durchführen. Damit das Öl besonders dünnflüssig wird, sollte die Probefahrt auf einer Schnellstraße über eine Entfernung von ca. 30 km durchgeführt werden.

Sicherheitshinweis
Beim Aufbocken des Fahrzeugs besteht Unfallgefahr! Deshalb vorher das Kapitel »Fahrzeug aufbocken« durchlesen.

- Fahrzeug aufbocken und Getriebe mit einer Lampe anstrahlen und nach der Leckstelle absuchen.
- Leckstelle umgehend beseitigen. Anschließend Getriebeöl auffüllen.

1,4-l-Benzinmotor 90 kW, 6-Gang-Getriebe 0AJ

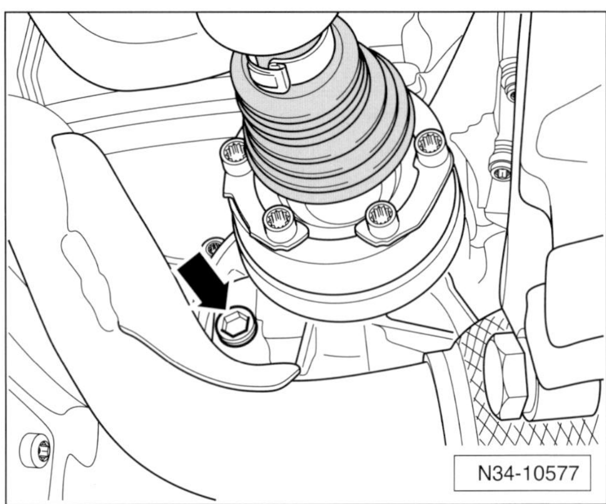

Falls erforderlich, Getriebeöl durch die Kontrollbohrung für Getriebeölstand auffüllen. Dazu Innensechskant- beziehungsweise Innenvielzahn-Verschlussschraube –Pfeil– seitlich am Getriebe herausdrehen. Der Ölstand muss bis zur Unterkante der Kontrollbohrung reichen. Innensechskant-Verschlussschraube mit **30 Nm**, Innenvielzahnschraube mit **25 Nm** festziehen.

1,4-l-Benzinmotor 110/118 kW, 1,8-l-Benzinmotor 118 kW, 1,6-l-Dieselmotor 77 kW, mit 6-Gang-Getriebe 02S

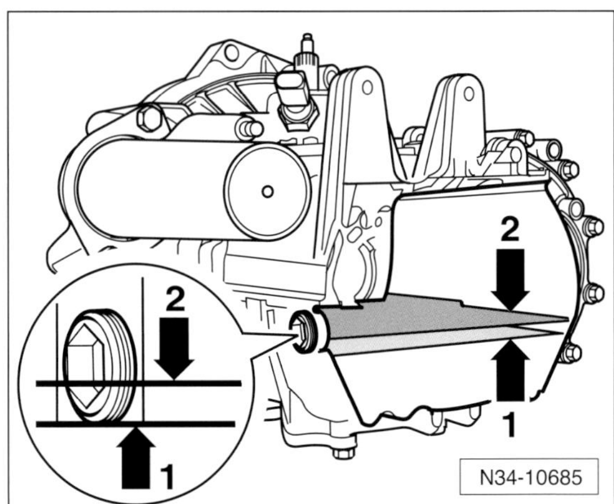

- Wegen der Neigung der Motor-Getriebe-Einheit befindet sich die Unterkante der Einfüllbohrung –Pfeil 1– unterhalb des Ölspiegels –Pfeil 2–. Der Ölstand des Getriebeöls kann daher nur durch völliges Ablassen und anschließendem wieder Auffüllen geprüft werden. **Auf keinen Fall Ölkontrollschraube herausdrehen.**

1,8-/2,0-l-Benzinmotor, 6-Gang-Getriebe 0BB/02Q
2,0-l-Dieselmotor, 6-Gang-Getriebe 02Q

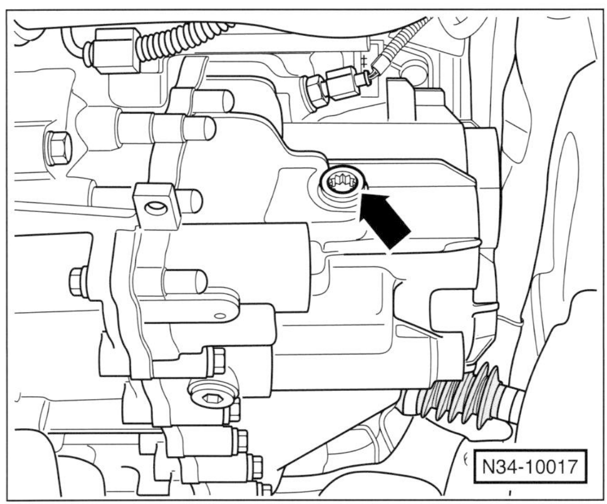

Falls erforderlich, Getrieböl durch die Kontrollbohrung für Getriebeölstand auffüllen. Dazu Innensechskant- beziehungsweise Innenvielzahn-Verschlussschraube –Pfeil– vorn am Getriebe herausdrehen. Der Ölstand muss bis zur Unterkante der Kontrollbohrung reichen. Innensechskant-Verschlussschraube mit **30 Nm**, Innenvielzahnschraube mit **45 Nm** festziehen.

6-Gang-Direktschaltgetriebe: Öl und Ölfilter wechseln

Getriebe 02E

Hinweis: Das 7-Gang-DSG-Getriebe (0AM) hat eine Lebensdauerfüllung. Der Getriebeölstand muss daher bei diesem Getriebe im Rahmen der Wartung nicht geprüft sowie das Getriebeöl nicht gewechselt werden.

Erforderliches Spezialwerkzeug

- Adapter zur Ölbefüllung, zum Beispiel VW-VAS-6262A.
- Ölfilterschlüssel, zum Beispiel HAZET 2169-24.
- Auffangwanne für Getriebeöl.
- Geeignetes Öltemperatur-Messgerät.
- Auffahr-Hebebühne oder Arbeitsgrube.

Erforderliche Betriebsmittel/Verschleißteile

- Ca. 5,2 l DSG-Öl gemäß VW-Spezifikation.
- Dichtringe für Ablass- und Kontrollschrauben.

Ölfilter wechseln

- Wählhebel in Stellung »P« bringen.
- Luftfilter ausbauen, siehe Seite 283.
- Batterie und Batterieträger ausbauen, siehe Seite 80/82.
- Zu Beginn der Arbeit darf die Öltemperatur nicht höher als +45° C sein.
- Motor ist ausgeschaltet.

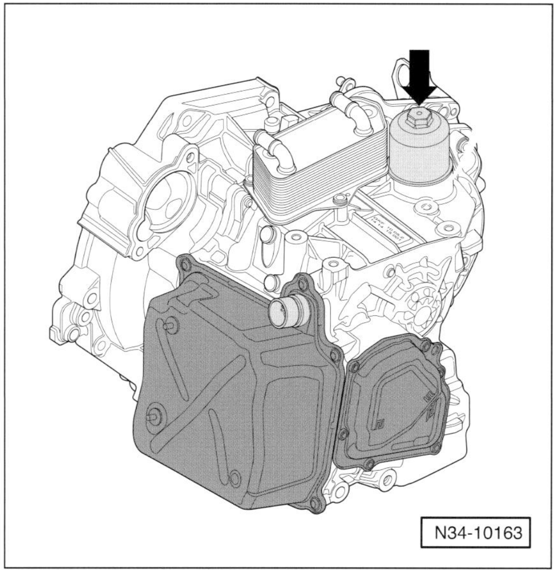

Hinweis: Es bleibt immer eine Restmenge Öl im Filter zurück, das beim Abschrauben des Filters ausläuft. Daher vor dem Abschrauben des Ölfilters den Bereich um den Ölfilter mit ausreichend vielen Lappen abdecken und das herausfließendes Öl auffangen.

- Filtergehäuse etwa 7 Umdrehungen lösen, dazu Ölfilterschlüssel am Sechskant –Pfeil– des Filters ansetzen. Dadurch öffnet das Rücklaufventil und das Öl kann aus dem Filtergehäuse in das Getriebe zurücklaufen.
- Nach ca. 10 Sekunden Filtergehäuse und Filter abschrauben und abnehmen.

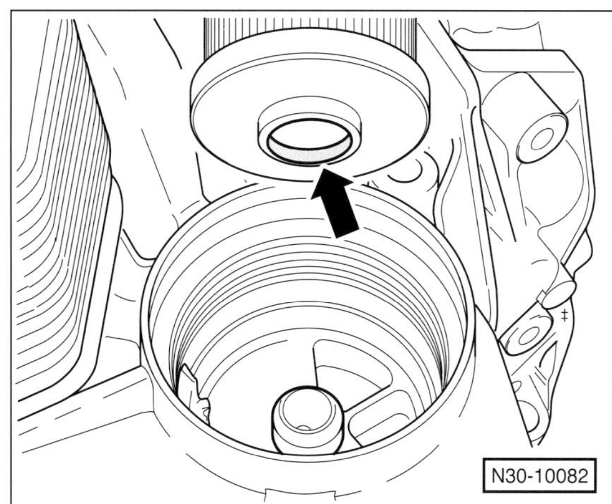

- Neuen Filter mit dem Bund nach unten –Pfeil– einsetzen.
- Filtergehäuse mit **neuem** Dichtring ansetzen und mit **20 Nm** festschrauben.

Getriebeöl ablassen

Sicherheitshinweis
Beim Aufbocken des Fahrzeugs besteht Unfallgefahr! Deshalb die Hinweise im Kapitel »Fahrzeug aufbocken« beachten.

- Fahrzeug waagerecht aufbocken oder über Grube schieben.
- Untere Motorraumabdeckung ausbauen, siehe Seite 331.
- Auffangwanne für Altöl unter das Getriebe stellen.

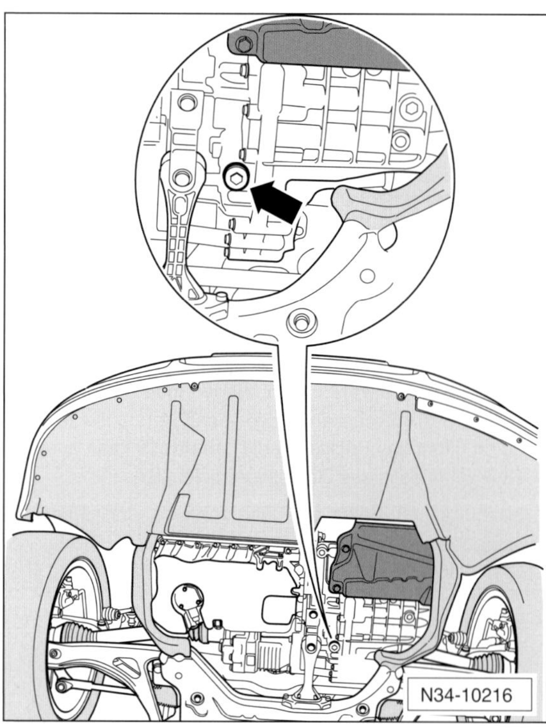

- Ablass- und Kontrollschraube –Pfeil– herausdrehen.

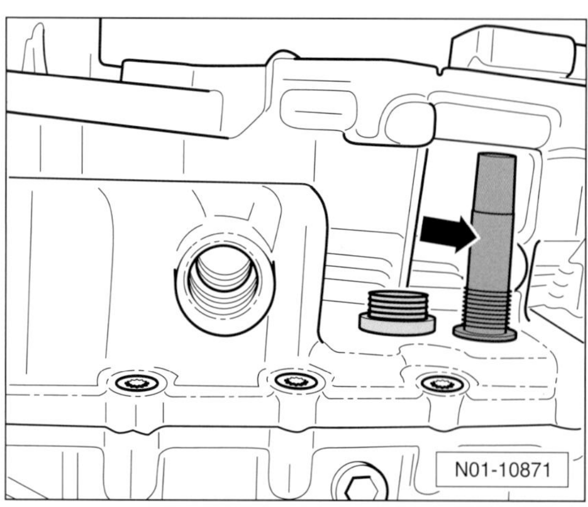

- Schwarzes Kunststoff-Überlaufrohr –Pfeil– mit einem Innensechskantschlüssel SW-8 aus der Kontrollbohrung herausschrauben. **Hinweis:** Die Länge des Überlaufrohres bestimmt den Ölstand im Getriebe.
- Getriebeöl in die Auffangwanne abfließen lassen. Dabei laufen etwa 5 Liter Öl heraus.
- Anschließend Überlaufrohr einschrauben und mit **3 Nm** festziehen.

Getriebeöl auffüllen

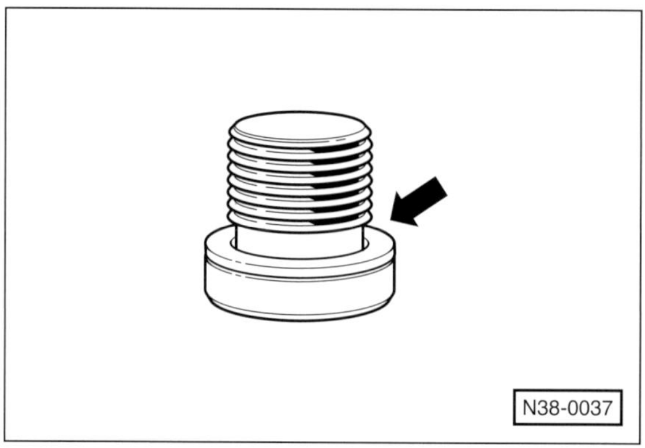

- Dichtring –Pfeil– an der Verschlussschraube durchschneiden und ersetzen.

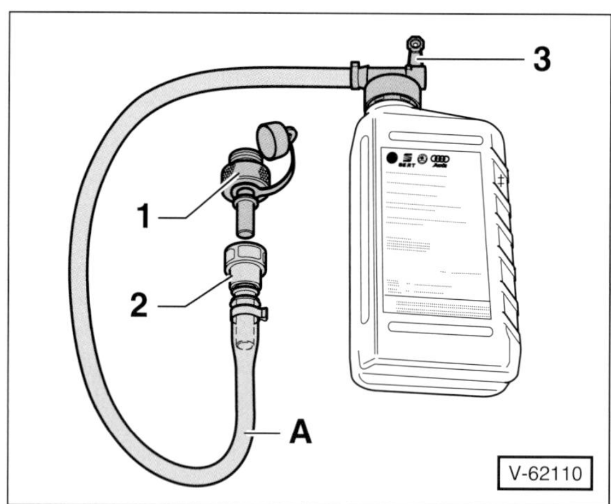

- Adapter –1– der Einfüllvorrichtung VAS-6262A –A– handfest in die Kontrollbohrung einschrauben. Zulaufschlauch mit der Schnellkupplung –2– an den Adapter anschließen.
- Über den Zulaufschlauch 5,5 Liter DSG-Öl einfüllen. **Achtung:** Die Öldosen vor dem Öffnen schütteln. Zum Öldosenwechsel den Dreiwegehahn –3– schließen oder den Schlauch mit dem Dosenanschluss höher als das Getriebe halten.
- Motor starten und im Leerlauf laufen lassen.
- Bremse treten und jede Wählhebelstellung für ca. 3 Sekunden einlegen. Anschließend Wählhebel wieder auf »P« stellen.
- Motor weiter laufen lassen, bis eine Getriebeöltemperatur von +35° bis +45° C angezeigt wird.
- Sicherstellen, dass das ATF-Auffanggefäß untergestellt ist.

- Nach Erreichen der vorgeschriebenen Getriebeöltemperatur bei laufendem Motor die Schnellkupplung –2– der Einfüllvorrichtung –A– vom Adapter –1– trennen. Überschüssiges Öl ablaufen lassen.
- Sobald das Öl abgelaufen ist und es nur noch aus der Öffnung tropft, Adapter herausdrehen und Verschlussschraube mit **neuem** Dichtring einschrauben und mit **45 Nm** festziehen.
- Motor abstellen.

Achtung: Das herausgelaufene Öl darf nicht wieder verwendet werden, sondern muss entsorgt werden.

- Untere Motorraumabdeckung einbauen, siehe Seite 331.
- Gegebenenfalls Fahrzeug ablassen.

Allradantrieb: Öl für Haldex-Kupplung wechseln

Erforderliche Betriebsmittel/Verschleißteile:

- 0,4 l Hochleistungsöl für Haldex-Kupplung (Wechselmenge). **Hinweis:** Die Gesamtfüllmenge beträgt 0,6 l.
- Neue Ablass- und Einfüllschrauben für Haldex-Kupplung.

Erforderliches Sonderwerkzeug:

- Auffangwanne für Getriebeöl.
- VW-Befüllvorrichtung VAS-6291A oder handelsübliche Befüllflasche.

Öl wechseln

Sicherheitshinweis
Beim Aufbocken des Fahrzeugs besteht Unfallgefahr! Deshalb die Hinweise im Kapitel »Fahrzeug aufbocken« beachten.

- Fahrzeug waagerecht aufbocken.
- Auffangwanne unter die Haldex-Kupplung stellen.

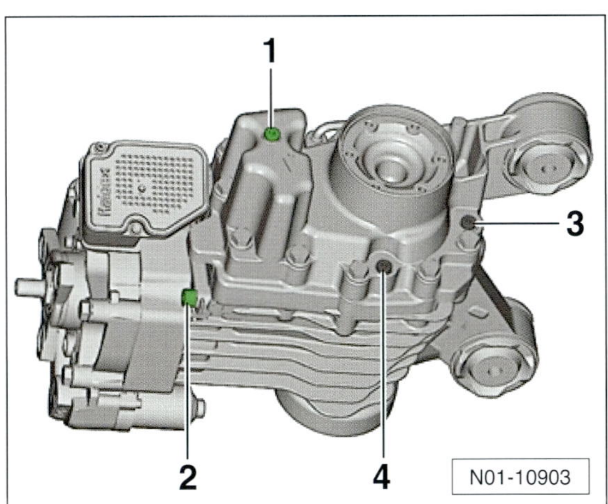

- Ablassschraube –2– unten am Kupplungsgehäuse herausschrauben, Öl ablassen und auffangen.
- **Neue** Ablassschraube mit **neuem** Dichtring einschrauben und mit **30 Nm** festziehen.
- Öleinfüllschraube –1– herausschrauben.

Achtung: Ablass- und Einfüllschrauben für Haldexkupplung –2/1– nicht mit den Ablass- und Einfüllschrauben –4/3– für den im selben Gehäuse untergebrachten Achsantrieb verwechseln. Eine Verwechslung kann zum Ausfall der Haldexkupplung oder des Achsantriebs führen.

Auffüllen mit Befüllvorrichtung, zum Beispiel VAS-6291A

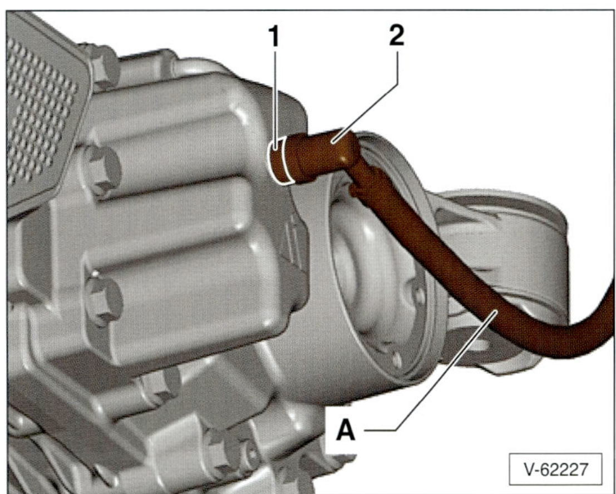

- Winkelstück –2– vom Adapter –1– abclipsen.
- Adapter –1– vollständig in die Öleinfüllöffnung einschrauben.
- Winkelstück –2– wieder aufstecken und einrasten.
- Schlauch –A– der Befüllvorrichtung oberhalb der Gelenkwelle und des linken Hinterrads vom Fahrzeug heraus verlegen. Darauf achten, dass der Schlauch nicht durchhängt.
- Auffangwanne unter den Achsantrieb stellen.

Achtung: Der Temperaturbereich des Öls soll bei der Ölstandsmessung zwischen +20 °C bis +40 °C liegen.

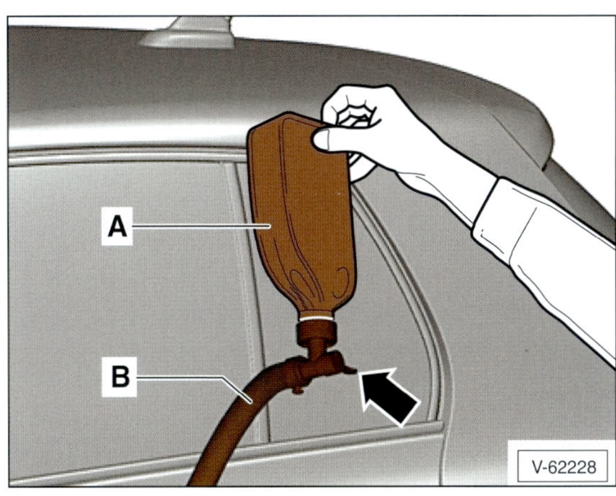

- Ölbehälter –A– bei geschlossenem Ventil –Pfeil– auf die Befüllvorrichtung –B– für Haldexkupplung (VAS 6291A) aufschrauben.
- Ventil –Pfeil– öffnen und Ölbehälter –A– wie in der Abbildung dargestellt halten.

- Auf diese Weise so viel Öl auffüllen, bis es zwischen dem Adapter und dem Getriebegehäuse herausläuft.
- Befüllvorrichtung am Adapter ausclipsen und abnehmen.
- Adapter aus der Öleinfüllöffnung herausschrauben.
- Gegebenenfalls überschüssiges Öl so lange ausfließen lassen, bis es nur noch tropft.
- Der Ölstand ist korrekt, wenn das Öl aus der Öleinfüllöffnung tropft.

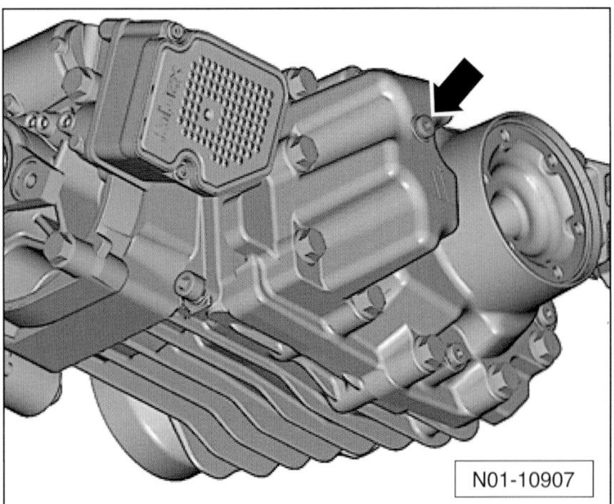

- **Neue** Öleinfüllschraube –Pfeil– mit unverlierbarem Dichtring einschrauben und mit **15 Nm** festziehen.
- Fahrzeug ablassen.

Hinweis: Wenn beim Auffüllen eine Öltemperatur zwischen +20 °C bis +40 °C nicht gewährleistet werden konnte, muss die Temperatur durch Warmfahren oder Abkühlen erreicht werden. Anschließend Ölstand prüfen, gegebenenfalls auffüllen.

Alternativ: Auffüllen mit Befüllflasche

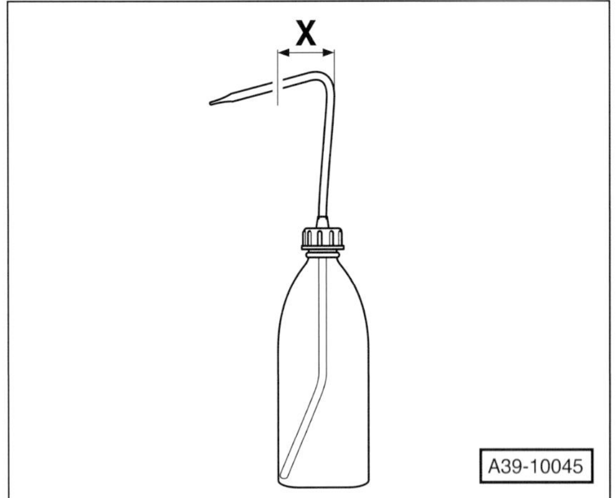

- Bei Bedarf das Einfüllrohr einer handelsüblichen Befüllflasche auf X = 50 mm kürzen.

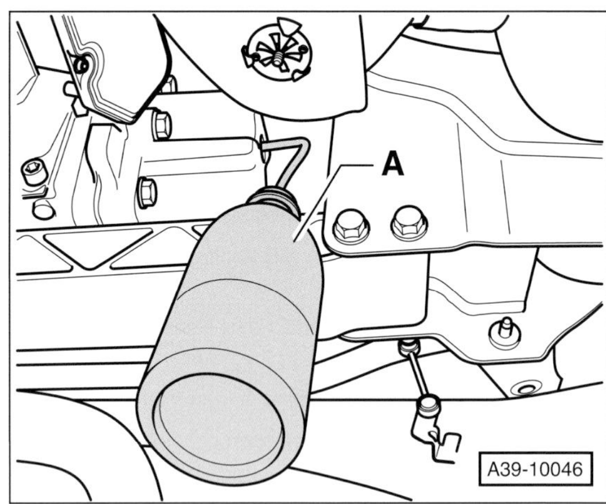

- Hochleistungsöl für Haldex-Kupplung mit der Befüllflasche –A– bis zur Unterkante der Einfüllöffnung einfüllen.
- Der Ölstand ist in Ordnung, wenn bei einer Öltemperatur zwischen +20° und +40° C das Öl bis zur Unterkante der Einfüllöffnung reicht und etwas heraustropft. **Hinweis:** Gegebenenfalls Öltemperatur mit einem handelsüblichen Temperaturmessgerät prüfen.
- **Neue** Öleinfüllschraube mit unverlierbarem Dichtring einschrauben und mit **15 Nm** festziehen.
- Fahrzeug ablassen.

Vorderachse/Lenkung

Folgende Wartungspunkte müssen nach dem Wartungsplan in unterschiedlichen Intervallen durchgeführt werden:

- Spurstangenköpfe: Spiel und Befestigung prüfen, Staubkappen prüfen.
- Achsgelenke/Achslager: Auf Beschädigung prüfen.
- Dichtungsbälge der Koppelstangen/Stabilisatorlager: Auf Beschädigung prüfen.
- Manschetten der Antriebswellen: Auf Undichtigkeiten und Beschädigungen sichtprüfen.

Achsgelenke/Achslager/Dichtungsbälge der Koppelstangen/Stabilisatorlager sowie Spurstangenköpfe prüfen/ersetzen

Erforderliches Spezialwerkzeug:

- Werkstattwagenheber.
- Lampe.

Sicherheitshinweis
Beim Aufbocken des Fahrzeugs besteht Unfallgefahr! Deshalb vorher das Kapitel »Fahrzeug aufbocken« durchlesen.

- Fahrzeug vorn aufbocken, die Räder müssen frei hängen.

Achsgelenke:

Staubkappen prüfen

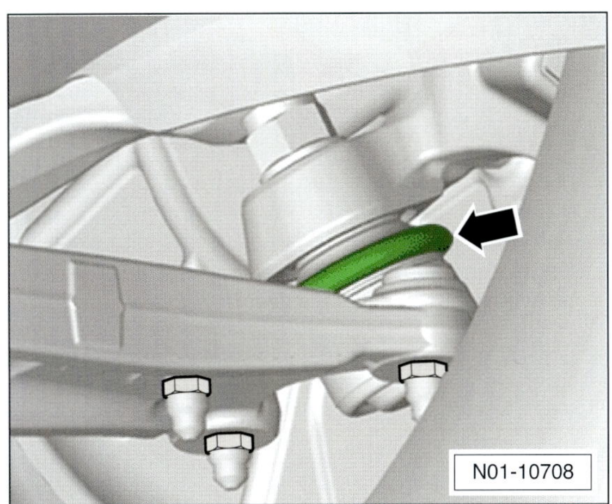

- Staubkappen –Pfeil– für untere Achsgelenke links und rechts mit Lampe anstrahlen und auf Beschädigungen und Undichtigkeit überprüfen.

Spiel prüfen

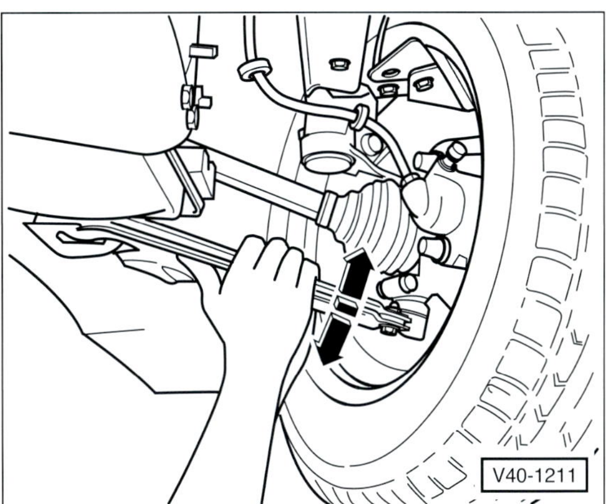

- Querlenker kräftig nach oben drücken und nach unten ziehen –Pfeile–, dabei das Achsgelenk beobachten.
- Rad unten kräftig nach außen und innen drücken, dabei das Achsgelenk beobachten.
- Bei beiden Prüfungen darf kein fühlbares und sichtbares Spiel im Achsgelenk vorhanden sein.

Hinweis: Eventuell vorhandenes Radlagerspiel oder Spiel im Federbeinlager oben berücksichtigen.

Ersetzen

- Gelenkwelle aus der Radnabe herausziehen, siehe Seite 192.
- Einbaulage der 3 Muttern am Querlenker mit Reißnadel kennzeichnen und Muttern abschrauben.

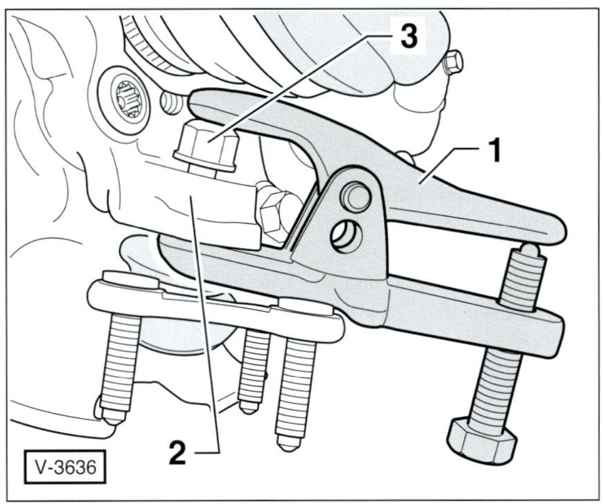

- Mutter –3– am Achslenker lösen, siehe Abbildung.

- Querlenker nach unten abziehen und Achsgelenk mit Kugelgelenkabzieher –1–, zum Beispiel HAZET 1790-7, aus dem Achsschenkel –2– herausdrücken.

Hinweis: Beim Abdrücken die Mutter –3– zum Schutz des Gewindes einige Gewindegänge auf dem Achsgelenk belassen.

Achtung: Einbaulage des Achsgelenkes beachten. Bei falscher Einbaulage ändert sich der Nachlauf.

- Achsgelenk in den Achsschenkel einsetzen und mit **neuer, selbstsichernder Mutter** handfest anschrauben.
- Gelenkwelle in Radlager einschieben.
- Achsgelenk festziehen. Dabei Gelenk-Kugelbolzen mit Innentorxschlüssel gegenhalten. Anzugsdrehmoment siehe Seite 185.
- Achsgelenk in den Querlenker einsetzen, Dichtungsbalg des Achsgelenks dabei nicht verdrillen oder beschädigen. **Neue selbstsichernde Muttern** aufschrauben und festziehen. Anzugsdrehmoment siehe Seite 185.
- Nabenschraube einbauen, siehe Seite 196.
- Reifen-Laufrichtung beachten, Rad über Kreuz mit **30 Nm** anschrauben, Fahrzeug ablassen, erst dann Radschrauben über Kreuz mit **120 Nm** festziehen. **Achtung:** Unbedingt Hinweise im Kapitel »Rad aus- und einbauen« beachten.

Achslager:

Prüfen

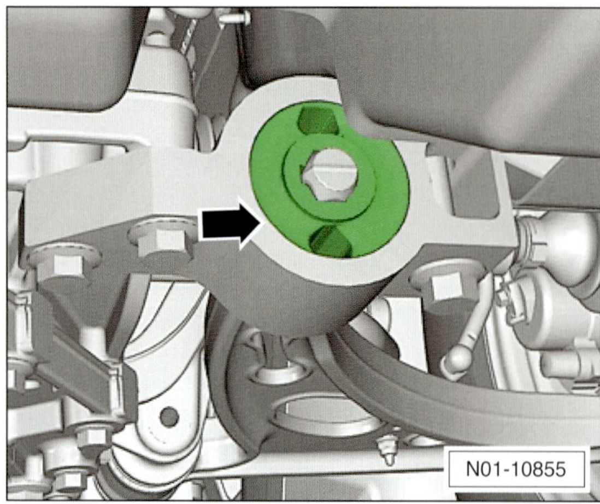

- Achslager –Pfeil– links und rechts mit Lampe anstrahlen und auf Beschädigungen sichtprüfen. Es darf kein Spiel vorhanden sein. Das vulkanisierte Gummilager darf keine Risse und poröse Stellen aufweisen. Gegebenenfalls Achslager ersetzen lassen (Werkstattarbeit).

Dichtungsbälge der Koppelstangen:

Prüfen

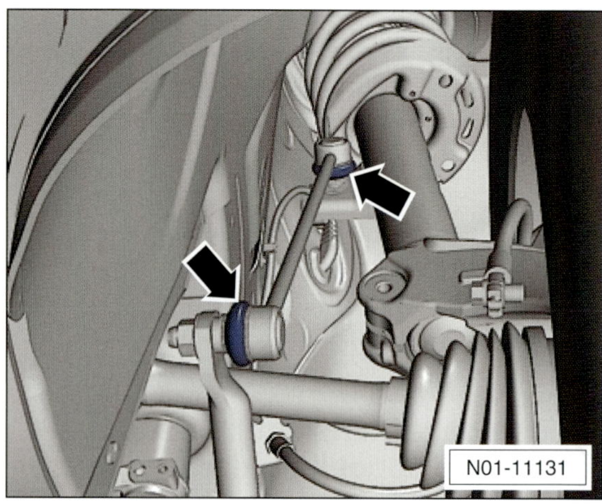

- Dichtungsbälge der Koppelstangen –Pfeile– links und rechts mit Lampe anstrahlen und auf Beschädigungen sichtprüfen. Gegebenenfalls Koppelstange ersetzen.

Stabilisatorlager:

Prüfen

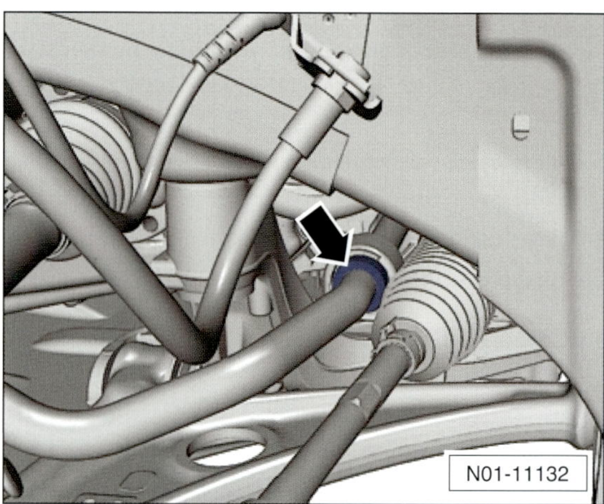

- Stabilisatorlager –Pfeil– links und rechts mit Lampe anstrahlen und auf Beschädigungen sichtprüfen. Gegebenenfalls Stabilisatorlager ersetzen.

Spurstangenköpfe/Lenkmanschetten:

Staubkappen und Manschetten prüfen

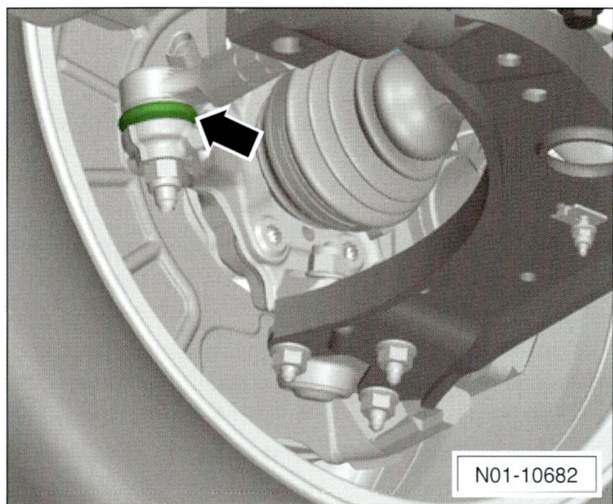
N01-10682

- Staubkappe –Pfeil– für Kugelgelenk der Spurstange links und rechts mit Lampe anstrahlen und auf Beschädigungen überprüfen.
- Bei beschädigter Staubkappe sicherheitshalber entsprechendes Gelenk mit Schutzkappe auswechseln. Eingedrungener Schmutz zerstört mit Sicherheit das Gelenk. Spurstangenkopf ersetzen, siehe Seite 208.
- Spurstange links und rechts kräftig von Hand hin- und herbewegen. Das jeweilige Kugelgelenk darf kein Spiel aufweisen, andernfalls Spurstangenkopf ersetzen, siehe Seite 208.
- Festsitz der Kontermutter am Spurstangenkopf und Befestigungsmutter des Kugelgelenks prüfen, ohne sie dabei zu verdrehen.
- Manschetten am Lenkgetriebe auf Beschädigung prüfen, gegebenenfalls erneuern.

Manschetten der Antriebswellen prüfen

Erforderliches Spezialwerkzeug:

- Werkstattwagenheber.
- Lampe.

Prüfen

Sicherheitshinweis
Beim Aufbocken des Fahrzeugs besteht Unfallgefahr! Deshalb vorher das Kapitel »Fahrzeug aufbocken« durchlesen.

- Fahrzeug aufbocken.

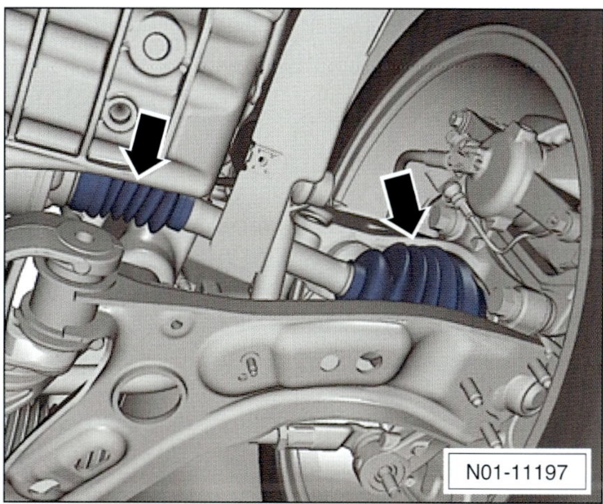
N01-11197

- Manschetten –Pfeile– mit Lampe anstrahlen und auf Porosität und Risse untersuchen. Eingerissene Manschetten umgehend erneuern.
- Manschetten an der anderen Fahrzeugseite auf die gleiche Weise prüfen.
- Sollte eine Manschette durch Unterdruck im Gelenk nach innen gezogen oder defekt sein, so ist sie umgehend auszutauschen.
- Auf sichtbare Fettspuren an den Manschetten und in deren Umgebung achten.
- Festen Sitz der Klemmschellen prüfen.
- Fahrzeug ablassen.

Bremsen/Reifen/Räder

Folgende Wartungspunkte müssen nach dem Wartungsplan in unterschiedlichen Intervallen durchgeführt werden:

- Bremsflüssigkeitsstand: Prüfen.
- Belagstärke der vorderen und hinteren Bremsbeläge prüfen.
- Sichtprüfung von Bremsleitungen, -schläuchen und Anschlüssen auf Undichtigkeiten und Beschädigungen.
- Bremsflüssigkeit: Erneuern.
- Bereifung (einschließlich Reserverad): Profiltiefe, Reifenfülldruck und Reifenventil prüfen; Reifen auf Verschleiß und Beschädigungen prüfen.
- Reifenreparaturset, falls vorhanden: Haltbarkeitsdatum prüfen, gegebenenfalls Reifenreparaturset ersetzen.

Bremsflüssigkeitsstand prüfen

Spezialwerkzeug ist nicht erforderlich.

Erforderliche Betriebsmittel/Verschleißteile zum Nachfüllen:

- Bremsflüssigkeit der Spezifikation **VW-501 14.**

Der Vorratsbehälter für die Bremsflüssigkeit befindet sich im Motorraum.

Der Vorratsbehälter ist durchscheinend, so dass der Bremsflüssigkeitsstand von außen überprüft werden kann. Außerdem wird ein zu niedriger Bremsflüssigkeitsstand durch eine Warnleuchte im Kombiinstrument signalisiert. Dennoch ist es ratsam, bei der regelmäßigen Motor-Ölstandkontrolle auch einen Blick auf den Vorratsbehälter für Bremsflüssigkeit zu werfen.

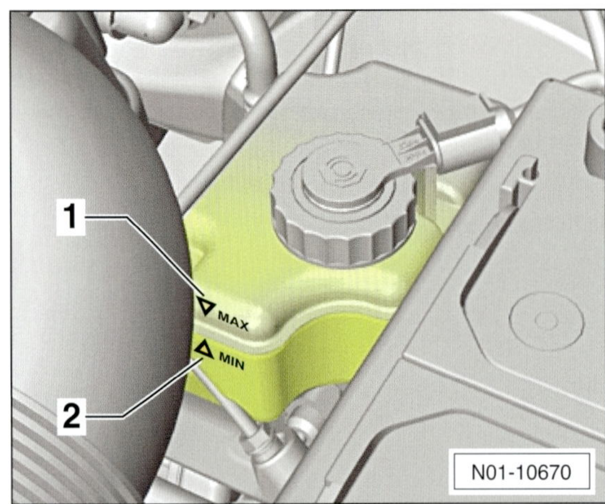

- Der Bremsflüssigkeitsstand soll zwischen der MAX- –1– und der MIN-Marke –2– liegen.
- Bei Bedarf nur **neue** Bremsflüssigkeit der VW-Spezifikation **501 14** einfüllen.

Achtung: Durch Abnutzung der Scheibenbremsbeläge entsteht ein geringfügiges Absinken der Bremsflüssigkeit. Das ist normal. Es muss keine Bremsflüssigkeit nachgefüllt werden. Beispielsweise kann die Bremsflüssigkeit bis zur MIN-Marke absinken, wenn die Bremsbeläge annähernd die Verschleißgrenze erreicht haben. In diesem Fall **keine** Bremsflüssigkeit nachfüllen.

- Sinkt die Bremsflüssigkeit jedoch innerhalb kurzer Zeit stark ab oder liegt der Flüssigkeitsspiegel unter der MIN-Marke, ist das ein Zeichen für Bremsflüssigkeitsverlust.
- Bei Bremsflüssigkeitsverlust muss die Leckstelle sofort ausfindig gemacht werden. Sicherheitshalber sollte die Überprüfung und Reparatur der Anlage von einer Fachwerkstatt durchgeführt werden.

Bremsbelagdicke prüfen

Erforderliches Spezialwerkzeug:

- Taschenlampe und Spiegel.
- Schieblehre.

Prüfvoraussetzung

Hinweis: Durch Schmutzpartikel am Fahrbahnrand ist der Belagverschleiß auf der Beifahrerseite erfahrungsgemäß minimal größer als auf der Fahrerseite. Daher ist es sinnvoll, das vordere Rad auf der Beifahrerseite abzunehmen.

Sicherheitshinweis
Beim Aufbocken des Fahrzeugs besteht Unfallgefahr! Deshalb vorher das Kapitel »Fahrzeug aufbocken« durchlesen.

- Reifen-Laufrichtung mit Pfeil am Reifen markieren. Radschrauben lösen. Fahrzeug aufbocken und Räder abnehmen. **Achtung:** Unbedingt Hinweise im Kapitel »Rad aus- und einbauen« beachten.

Achtung: Bei der Belagkontrolle gleichzeitig auf verschmierte Beläge achten. In diesem Fall Bremsbeläge umgehend erneuern und Defekt beseitigen.

Vorderrad-Scheibenbremse

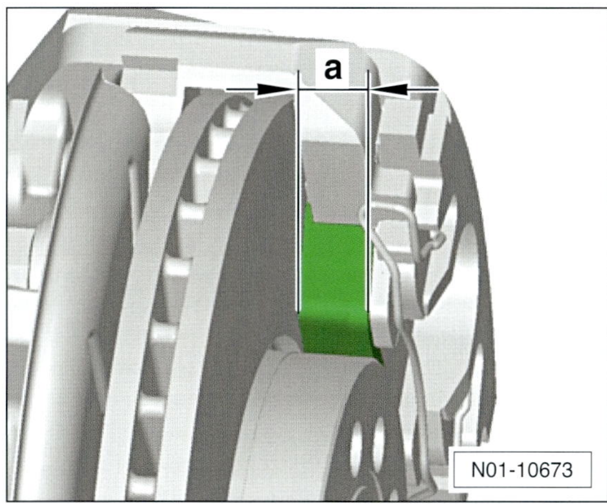

- Belagdicke –a–, ohne Metall-Trägerplatte, mit einer Schieblehre messen.
- Die Verschleißgrenze der vorderen Scheibenbremsbeläge ist erreicht, wenn ein Belag nur noch eine Dicke –a– von **2 mm** (ohne Metall-Trägerplatte) aufweist. In diesem Fall Bremsbeläge an der Vorderachse wechseln, siehe Seite 218/223.

Hinweis: Wenn die Bremsbeläge ersetzt werden, Bremsscheiben auf Verschleiß prüfen, siehe Seite 230.

- Reifen-Laufrichtung beachten, Räder anschrauben, Fahrzeug ablassen, erst dann Radschrauben über Kreuz mit **120 Nm** festziehen. **Achtung:** Unbedingt Hinweise im Kapitel »Rad aus- und einbauen« beachten.

Hinweis: Nach einer Faustregel entspricht 1 mm Bremsbelag einer Fahrleistung von mindestens 1.000 km. Diese Faustregel gilt unter ungünstigen Bedingungen.

Hinterrad-Scheibenbremse

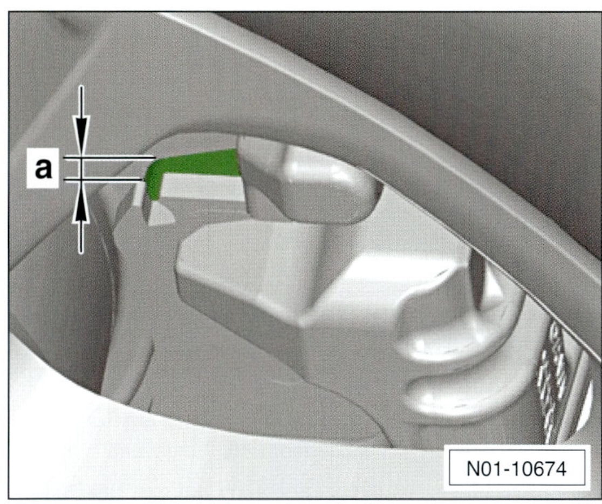

- Dicke der äußeren Bremsbeläge –a– durch einen Durchbruch im Scheibenrad prüfen, falls erforderlich, Lampe verwenden. Das Rad muss nicht abgenommen werden. Falls vorhanden, Radvollblende abziehen.
- Inneren Belag mit Hilfe einer Lampe und eines Spiegels sichtprüfen.
- Die Verschleißgrenze der Scheibenbremsbeläge ist erreicht, wenn ein Belag ohne Metall-Trägerplatte nur noch eine Dicke von a = **2 mm** aufweist.

Sichtprüfung der Bremsleitungen

Spezialwerkzeug ist nicht erforderlich.

Sicherheitshinweis
Beim Aufbocken des Fahrzeugs besteht Unfallgefahr! Deshalb vorher das Kapitel »Fahrzeug aufbocken« durchlesen.

- Fahrzeug aufbocken.
- Verschmutzte Bremsleitungen reinigen.

Achtung: Die Bremsleitungen sind zum Schutz gegen Korrosion mit einer Kunststoffschicht überzogen. Wird diese Schutzschicht beschädigt, kann es zur Korrosion der Leitungen kommen. Daher dürfen Bremsleitungen nicht mit Drahtbürste oder Schmirgelleinen gereinigt werden.

- Bremsleitungen vom Hauptbremszylinder zur ABS-Hydraulikeinheit und den einzelnen Radbremsen mit Lampe anstrahlen und überprüfen. Der Hauptbremszylinder sitzt im Motorraum unter dem Vorratsbehälter für Bremsflüssigkeit.
- Bremsleitungen dürfen weder geknickt noch gequetscht sein. Auch dürfen sie keine Rostnarben oder Scheuerstellen aufweisen. Andernfalls Leitung bis zur nächsten Trennstelle ersetzen.
- Bremsschläuche verbinden die Bremsleitungen mit den Radbremszylindern an den beweglichen Teilen des Fahrzeugs. Sie bestehen aus hochdruckfestem Material, können aber mit der Zeit porös werden, aufquellen oder durch scharfe Gegenstände angeschnitten werden. In einem solchen Fall sind die Bremsschläuche sofort zu ersetzen.

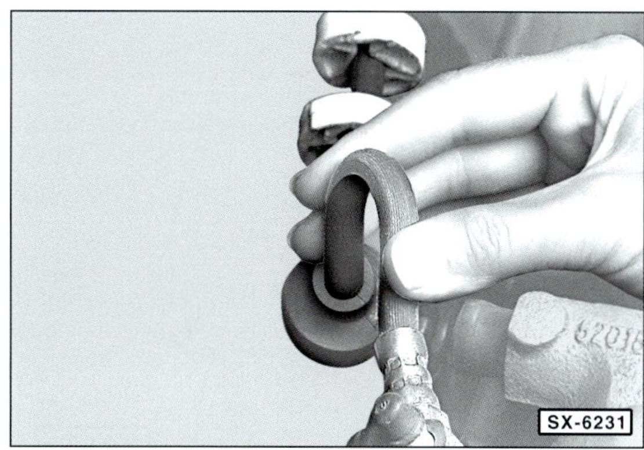

- Bremsschläuche mit der Hand hin- und herbiegen, um brüchige Stellen und Beschädigungen festzustellen. Die Schläuche dürfen nicht verdreht sein. Farbige Kennlinie beachten, falls vorhanden!
- Anschlussstellen von Bremsleitungen und -schläuchen dürfen nicht durch ausgetretene Flüssigkeit feucht sein.

- Lenkrad nach links und rechts bis zum Anschlag drehen. Die Bremsschläuche dürfen dabei in keiner Stellung Fahrzeugteile berühren.
- Fahrzeug ablassen.
- Lenkrad nochmals nach links und rechts bis zum Anschlag drehen und sicherstellen, dass die Bremsschläuche in keiner Stellung Fahrzeugteile berühren.

Bremsflüssigkeit wechseln

Erforderliches Spezialwerkzeug:

- Ringschlüssel für Entlüftungsschrauben.
- Durchsichtiger Kunststoffschlauch und Auffangflasche.

Erforderliches Betriebsmittel:

- **1,15 l** Bremsflüssigkeit der Spezifikation VW-501 14 bei Fahrzeugen mit **Schaltgetriebe**. Bei Fahrzeugen mit **DSG-/Automatik-Getriebe** werden **1,0 l** Bremsflüssigkeit benötigt.

Bremsflüssigkeit nimmt durch die Poren der Bremsschläuche sowie durch die Entlüftungsöffnung des Vorratsbehälters Luftfeuchtigkeit auf. Dadurch sinkt im Laufe der Betriebszeit der Siedepunkt der Bremsflüssigkeit. Bei starker Beanspruchung der Bremse kann es deshalb zu Dampfblasenbildung in den Bremsleitungen kommen, wodurch die Funktion der Bremsanlage stark beeinträchtigt wird.

Die Bremsflüssigkeit soll alle 2 Jahre, möglichst im Frühjahr, erneuert werden. Bei vielen Gebirgsfahrten, Bremsflüssigkeit in kürzeren Abständen wechseln.

Achtung: Die Arbeitsschritte zum Wechseln der Bremsflüssigkeit sind weitgehend gleich wie beim Entlüften der Bremsanlage. In der folgenden Beschreibung wird nur auf die Unterschiede eingegangen, daher muss auf jeden Fall auch das Kapitel »Bremsanlage entlüften« durchgelesen werden, siehe Seite 232.

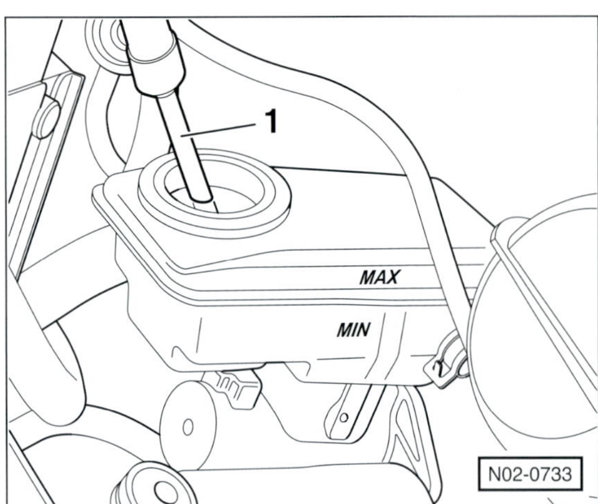

- Bremsflüssigkeitsstand auf dem Vorratsbehälter mit Filzstift markieren. Nach Erneuern der Bremsflüssigkeit ursprünglichen Flüssigkeitsstand wieder herstellen. Dadurch wird ein Überlaufen des Bremsflüssigkeitsbehälters beim Wechsel der Bremsbeläge vermieden.
- Mit einer Absaugflasche –1– aus dem Bremsflüssigkeitsbehälter so viel wie möglich Bremsflüssigkeit absaugen, maximal aber bis zu einem Stand von ca. 10 mm.

Achtung: Das Sieb im Bremsflüssigkeitsbehälter darf nicht entfernt werden. Abgesaugte Bremsflüssigkeit auf keinen Fall wieder verwenden.

- Vorratsbehälter bis zur MAX-Marke mit **neuer** Bremsflüssigkeit füllen.
- Alte Bremsflüssigkeit nacheinander aus den Bremssätteln herauspumpen. Die abfließende Bremsflüssigkeit muss in jedem Fall klar und blasenfrei sein. An den **vorderen** Bremssätteln jeweils ca. **200 cm^3**, an den **hinteren** Bremssätteln jeweils **300 cm^3** Bremsflüssigkeit herauspumpen. Dabei am vorderen linken Bremssattel beginnen, dann in der Reihenfolge vorn rechts, hinten links und hinten rechts fortfahren.

Achtung: Vorratsbehälter zwischendurch immer mit **neuer** Bremsflüssigkeit auffüllen. Er darf nie ganz leer sein, sonst gelangt Luft in das Bremssystem. **Falls der Bremsflüssigkeitsbehälter dennoch leer läuft, Bremsanlage in der Fachwerkstatt entlüften lassen, da für die Entlüftung der ABS-Hydraulik das Werkstatt-Diagnosegerät erforderlich ist.**

- Nach dem Bremsflüssigkeitswechsel das Bremspedal betätigen und Leerweg prüfen. Der Leerweg darf maximal ⅓ des gesamten Pedalwegs betragen.

Bremsflüssigkeit aus der Kupplungsbetätigung herausdrücken (Fahrzeuge mit Schaltgetriebe)

Da die Kupplungsbetätigung ebenfalls mit Bremsflüssigkeit arbeitet, muss auch die Bremsflüssigkeit des Kupplungssystems ersetzt werden.

- Luftfilter ausbauen, siehe Seite 283.

- Staubkappe –Pfeil– vom Entlüftungsventil am Kupplungs-Nehmerzylinder –1– abziehen. Entlüftungsventil reinigen.
- Durchsichtigen, sauberen Schlauch auf das Entlüftungsventil aufschieben.
- Freies Schlauchende in eine mit Bremsflüssigkeit halbvoll gefüllte Flasche stecken. Einen geeigneten Schlauch und ein passendes Gefäß gibt es im Autozubehör-Handel.

- Entlüftungsschraube lösen und durch Helfer Kupplungspedal betätigen lassen. Dabei 100 cm^3 Bremsflüssigkeit herausfließen lassen.
- Kupplungspedal in gedrückter Stellung halten lassen und Entlüftungsschraube vorsichtig festziehen.
- Kupplungspedal zurücknehmen lassen.
- Kupplungspedal 10- bis 15-mal schnell hintereinander bis zum Anschlag durchtreten und loslassen.
- Entlüftungsschraube lösen und durch Helfer Kupplungspedal betätigen lassen. Dabei 50 cm^3 beziehungsweise 50 ml Bremsflüssigkeit herausfließen lassen.
- Kupplungspedal in gedrückter Stellung halten lassen und Entlüftungsschraube festziehen.
- Staubkappe aufstecken.
- Kupplungspedal zurücknehmen lassen.
- Kupplungspedal mehrmals bis Anschlag durchtreten und loslassen.
- Entlüftungsschlauch abziehen und mit Auffanggefäß zur Seite stellen.
- Luftfilter einbauen, siehe Seite 283.

- Bremsflüssigkeit im Vorratsbehälter bis zum markierten Stand vor dem Bremsflüssigkeitswechsel auffüllen.
- Verschlussdeckel am Behälter aufschrauben.

Achtung, Sicherheitskontrolle durchführen:

- ◆ Sind die Entlüftungsschrauben angezogen?
- ◆ Ist genügend Bremsflüssigkeit eingefüllt?
- ◆ Bei laufendem Motor Dichtheitskontrolle durchführen. Hierzu Bremspedal mit 200 bis 300 N (entspricht 20 bis 30 kg) etwa 10 Sekunden betätigen. Das Bremspedal darf nicht nachgeben. Sämtliche Anschlüsse auf Dichtheit kontrollieren.

- Anschließend einige Bremsungen auf einer Straße ohne Verkehr durchführen. Dabei auch mindestens eine Vollbremsung vornehmen, bei der die ABS-Regelung einsetzt, beispielsweise auf losem Untergrund. Die ABS-Regelung ist am Pulsieren des Bremspedals spürbar.

Reifenprofil prüfen

Spezialwerkzeug ist nicht erforderlich.

Die Reifen ausgewuchteter Räder nutzen sich bei gewissenhaftem Einhalten des vorgeschriebenen Fülldrucks und bei fehlerfreier Radeinstellung und Stoßdämpferfunktion auf der gesamten Lauffläche annähernd gleichmäßig ab. Bei ungleichmäßiger Abnutzung können verschiedene Fehler vorliegen, siehe Kapitel »Räder und Reifen«. Im Übrigen lässt sich keine generelle Aussage über die Lebensdauer bestimmter Reifenfabrikate machen, denn die Lebensdauer hängt von unterschiedlichen Faktoren ab:

- ■ Fahrbahnoberfläche
- ■ Reifenfülldruck
- ■ Fahrweise
- ■ Witterung

Vor allem sportliche Fahrweise, scharfes Anfahren und starkes Bremsen fördern den schnellen Reifenverschleiß.

Achtung: Die Rechtsprechung verlangt, dass Reifen lediglich bis zu einer Profiltiefe von 1,6 mm abgefahren werden dürfen, und zwar müssen die Profilrillen auf der gesamten Lauffläche noch mindestens 1,6 mm Tiefe aufweisen. Es empfiehlt sich jedoch, sicherheitshalber die Reifen bereits bei einer Mindestprofiltiefe von 2 mm auszutauschen.

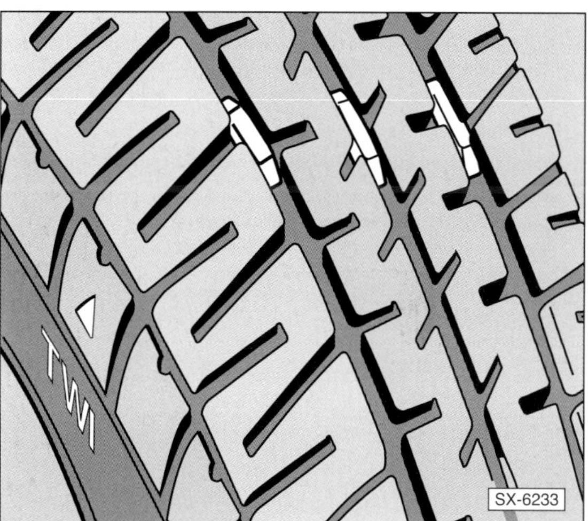

Nähert sich die Profiltiefe der gesetzlich zulässigen Mindestprofiltiefe, das heißt, weist der mehrmals am Reifenumfang angeordnete 1,6 mm hohe Verschleißanzeiger kein Profil mehr auf, müssen die Reifen gewechselt werden.

Achtung: »M+S«-Reifen haben auf Matsch und Schnee nur den gewünschten Grip, wenn ihr Profil noch mindestens 4 mm tief ist.

Achtung: Reifen auf Schnittstellen untersuchen und mit kleinem Schraubendreher Tiefe der Schnitte feststellen. Wenn die Schnitte bis zur Karkasse reichen, korrodiert durch eindringendes Wasser der Stahlgürtel. Dadurch löst sich unter Umständen die Lauffläche von der Karkasse, der Reifen platzt. Deshalb: Bei tiefen Einschnitten im Profil aus Sicherheitsgründen Reifen austauschen.

Reifenfülldruck prüfen

Erforderliches Spezialwerkzeug:

- Reifenfüllgerät an der Tankstelle.

Prüfen

- Reifenfülldruck nur am kalten Reifen prüfen.
- Ventilkappe abschrauben.

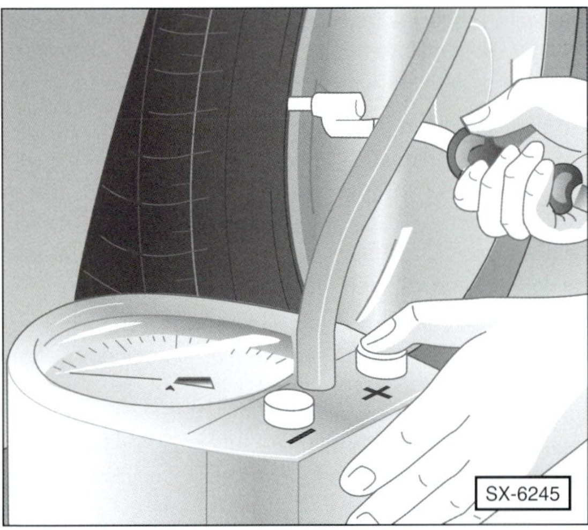

SX-6245

- Reifenfülldruck einmal im Monat sowie im Rahmen der Wartung (einschließlich Reserverad, falls vorhanden) prüfen.
- Zusätzlich sollte der Fülldruck vor längeren Autobahnfahrten kontrolliert werden, da hierbei die Temperaturbelastung für den Reifen am größten ist.

V-62103

- Der richtige Fülldruck steht auf einem Aufkleber an der Innenseite der Tankklappe und gilt für Sommer- und Winterreifen.
- Falls ein **Reserverad** vorhanden ist, entspricht der richtige Fülldruck dem der hinteren Reifen bei höchster Beladung.

Reifenventil prüfen

Erforderliches Spezialwerkzeug:

- Ventil-Metallschutzkappe oder HAZET 666-1.

Prüfen

- Staubschutzkappe vom Ventil abschrauben.

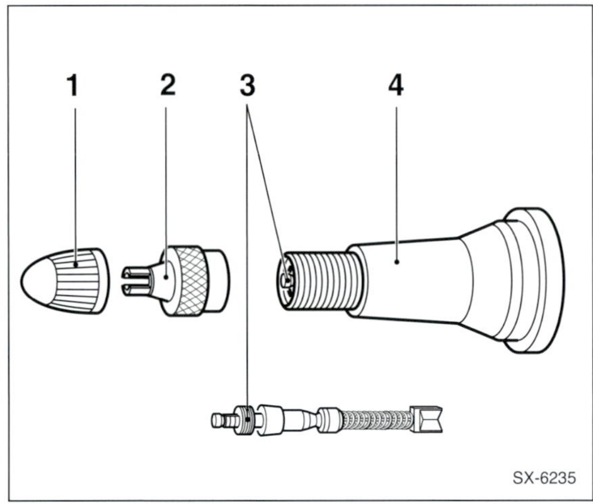

SX-6235

- Etwas Seifenwasser oder Speichel auf das Ventil geben. Wenn sich eine Blase bildet, Ventileinsatz –3– mit umgedrehter Metallschutzkappe –2– festdrehen.

Achtung: Zum Anziehen des Ventileinsatzes kann nur eine Metallschutzkappe –2– verwendet werden. Metallschutzkappen sind an der Tankstelle erhältlich. 1 – Gummischutzkappe, 4 – Ventil.

SX-6247

Hinweis: Anstelle der Metallschutzkappe kann auch das Werkzeug HAZET 666-1 –5– verwendet werden. 4 – Ventil.

- Ventil erneut prüfen. Falls sich wieder Blasen bilden oder das Ventil sich nicht weiter anziehen lässt, Ventileinsatz erneuern.
- Grundsätzlich Staubschutzkappe wieder aufschrauben.

Reifenreparatur-Set prüfen/ersetzen

Spezialwerkzeug ist nicht erforderlich.

Prüfen/Ersetzen

Das Reifenpannen-Set befindet sich im Kofferraum in der Reserveradmulde.

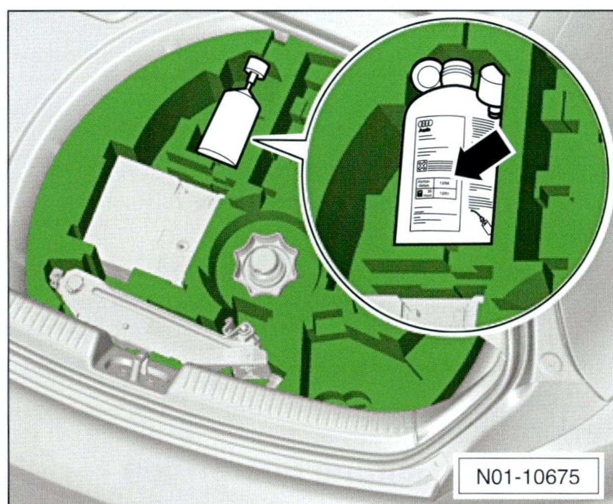

- Haltbarkeitsdatum –Pfeil– überprüfen. Bei Ablauf des Verfalldatums Flasche erneuern. In der Regel ist das Reifenpannen-Set alle 3 Jahre zu erneuern. Das Reifendichtungsmittel darf nicht älter als 4 Jahre sein.
- Nach Benutzung muss das Reifendichtungsmittel grundsätzlich ersetzt werden.

Karosserie/Innenausstattung

Folgende Wartungspunkte müssen nach dem Wartungsplan in unterschiedlichen Intervallen durchgeführt werden:

- Sicherheitsgurte: Auf Beschädigungen sichtprüfen.
- Beifahrerairbag: Schlüsselschaltung kontrollieren.
- Verbandkasten: Haltbarkeitsdatum überprüfen, gegebenenfalls Verbandkasten ersetzen.
- Lüftung/Heizung: Staub-/Pollenfilter-Einsatz erneuern, Gehäuse reinigen.
- Türfeststeller: Schmieren.
- Panorama-Ausstell-Schiebedach mit Panoramadach hinten: Funktion prüfen, Führungsschienen reinigen und fetten. Windabweiser reinigen.
- Schiebedach: Funktion prüfen, Führungsschienen reinigen und fetten. Windabweiser reinigen.
- Motorhaube: Fanghaken schmieren.
- Wasserkasten und Wasserablauföffnungen sichtprüfen und reinigen.
- Karosserie: Bei geöffneten Türen und Klappen auf sichtbare Korossion prüfen.
- Unterbodenschutz: Auf Beschädigungen sichtprüfen.

Sicherheitsgurte sichtprüfen

Spezialwerkzeug und Verschleißteile/Betriebsmittel sind nicht erforderlich.

Achtung: Geräusche, die beim Aufrollen des Gurtbandes entstehen, sind funktionsbedingt. Auf keinen Fall darf zur Behebung von Geräuschen Öl oder Fett verwendet werden. Der Aufroll- und Gurtstrafferautomat darf aus Sicherheitsgründen nicht zerlegt werden.

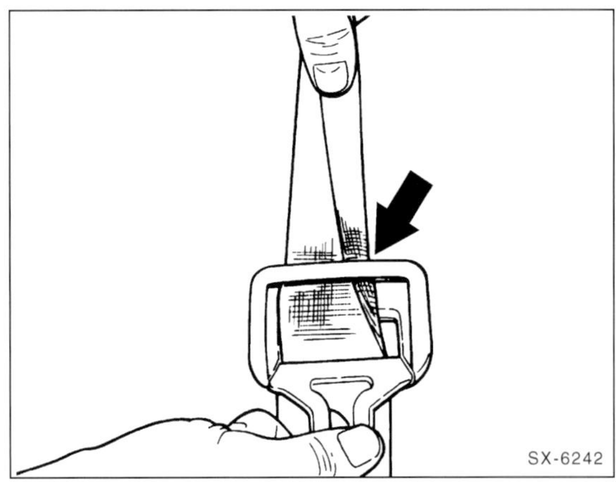

- Sicherheitsgurt ganz herausziehen und Gurtband auf durchtrennte Fasern prüfen.
- Beschädigungen können zum Beispiel durch Einklemmen des Gurtes oder durch brennende Zigaretten entstehen. In diesem Fall Gurt austauschen.
- Sind Scheuerstellen vorhanden, ohne dass Fasern durchtrennt sind, braucht der Gurt nicht ausgewechselt zu werden.
- Schwer gängigen Gurt auf Verdrehungen prüfen –Pfeil–, gegebenenfalls Verkleidung an der Mittelsäule ausbauen.
- Wenn die Aufrollautomatik nicht mehr funktioniert, Gurt auswechseln (Werkstattarbeit).
- Gurtbänder nur mit Seife und Wasser reinigen, keinesfalls Lösungsmittel oder chemische Reinigungsmittel verwenden.

Beifahrerairbag: Schüsselschaltung überprüfen

Die Betätigung für »Airbag ON/OFF« befindet sich im Handschuhfach.

Funktion prüfen

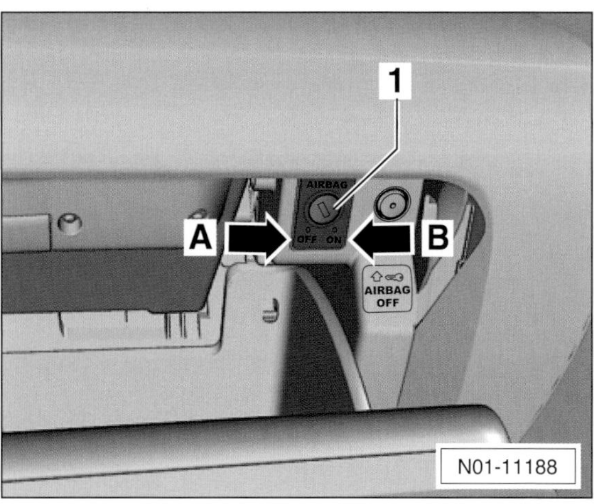

- Schlüsselschalter –1– mit dem Fahrzeugschlüssel in die Position »AIRBAG OFF« –Pfeil A– drehen.

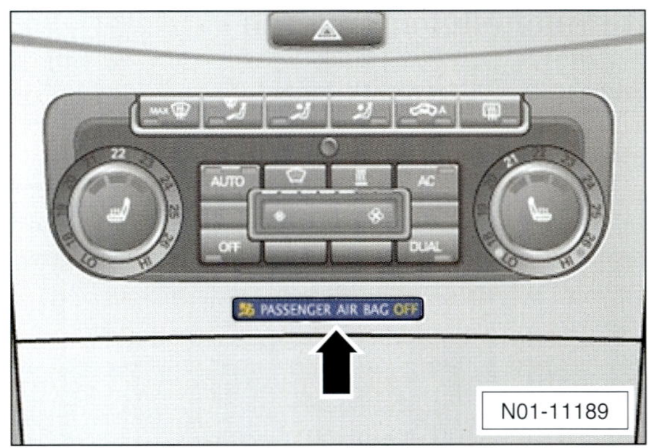

- Zündung einschalten. Die Kontrolllampe »PASSENGER AIRBAG OFF« –Pfeil– muss auch nach dem Selbstcheck leuchten. Das bedeutet, dass der Beifahrerairbag deaktiviert ist.
- Zündung ausschalten.
- Schlüsselschalter mit dem Fahrzeugschlüssel in die Position »AIRBAG ON« drehen, siehe –Pfeil B– in Abbildung N01-11188.
- Zündung einschalten. Die Kontrollanzeige »PASSENGER AIRBAG OFF« erlischt nach dem Selbstcheck. Das bedeutet, der Beifahrerairbag ist aktiviert.
- Zündung ausschalten.

Motorhaube: Fanghaken schmieren

Spezialwerkzeug ist nicht erforderlich.

Erforderliche Betriebsmittel/Verschleißteile:

- Universalöl-Spray, zum Beispiel VW-G 000 115 A2.

Schmieren

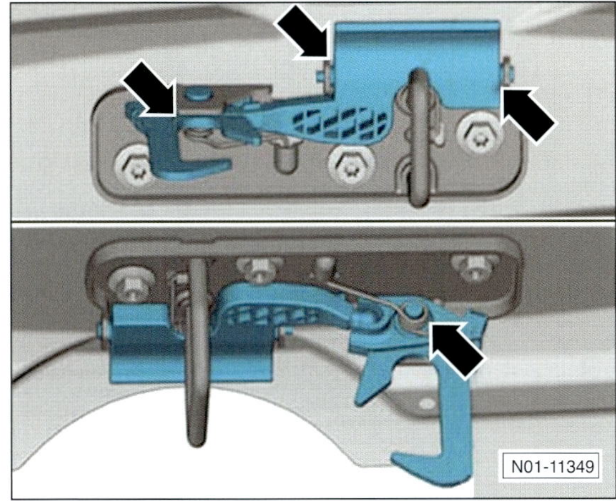

- Motorhaubenfanghaken an den gekennzeichneten Stellen –Pfeile– schmieren.
- Bewegliche Teile mehrmals betätigen, damit dass Universalöl einkriechen kann.
- Überschüssiges Schmiermittel mit einem fusselfreien Lappen entfernen.

Staub-/Pollenfilter-Einsatz erneuern

Spezialwerkzeug ist nicht erforderlich.

Erforderliche Betriebsmittel/Verschleißteile:

- Staub-/Pollenfilter.

Der Filter befindet sich hinter dem Beifahrerfußraum.

Ausbau

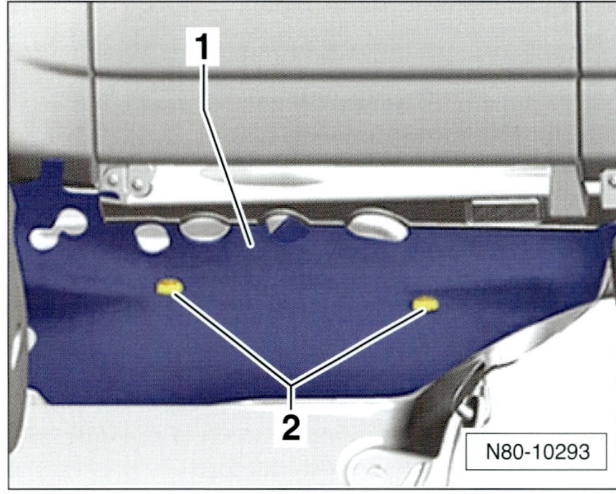

- Abdeckung –1– unter dem Handschuhfach ausbauen. Dazu 2 Schraubclips –2– herausdrehen. **Hinweis:** Es reicht auch, die Abdeckung nach dem Abschrauben herunterzuklappen.

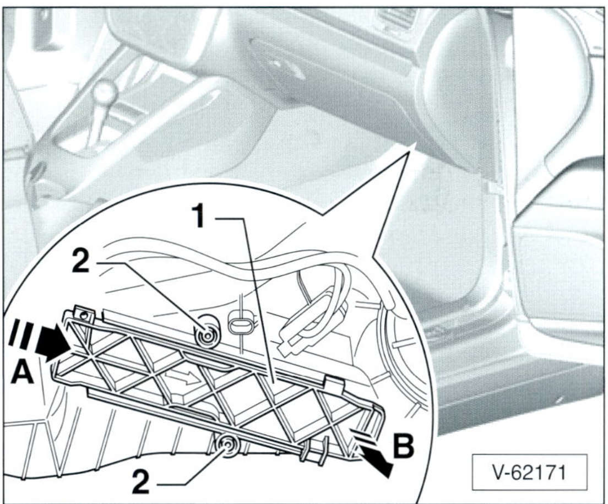

- Falls vorhanden, die Schrauben –2– herausdrehen. **Achtung:** Die Schrauben –2– sind nicht bei allen Fahrzeugen vorhanden. Die Schrauben sichern den Deckel –1–, falls die Verrastungen nicht mehr halten.
- Deckel –1– in Pfeilrichtung –A– schieben und in Pfeilrichtung –B– abnehmen.

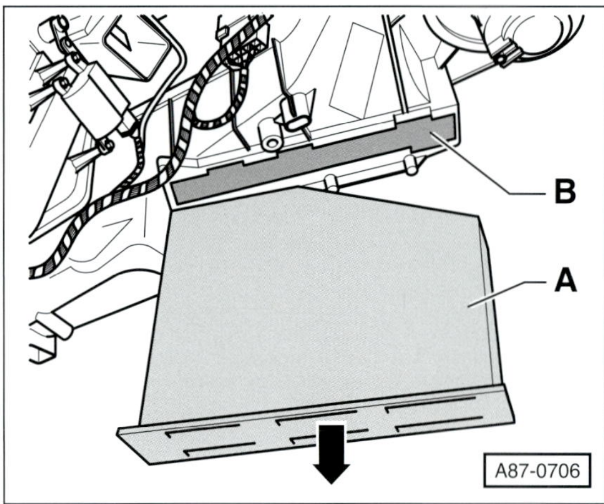

- Filtereinsatz –A– aus dem Schacht –B– des Klimagerätes herausnehmen.
- Schacht –B– mit einem Staubsauger aussaugen.

Einbau

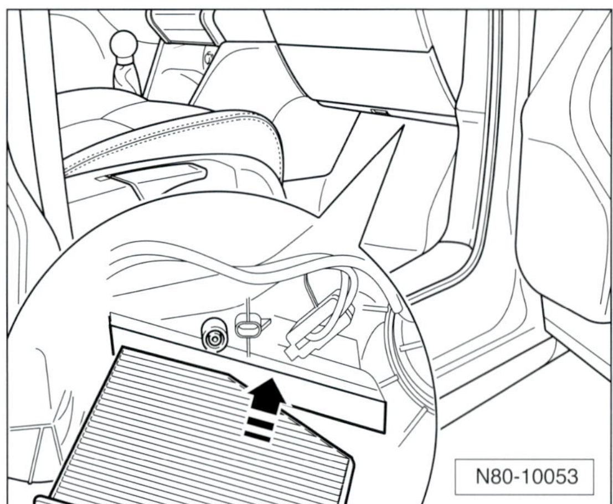

- Filtereinsatz in Pfeilrichtung in den Einbauschacht einsetzen, dabei auf richtige Einbaulage achten, siehe Abbildung.
- Der weitere Einbau erfolgt in umgekehrter Ausbaureihenfolge.

Türfeststeller schmieren

Spezialwerkzeug ist nicht erforderlich.

Erforderliches Betriebsmittel:

- Spezialfett VW-G 000 150.

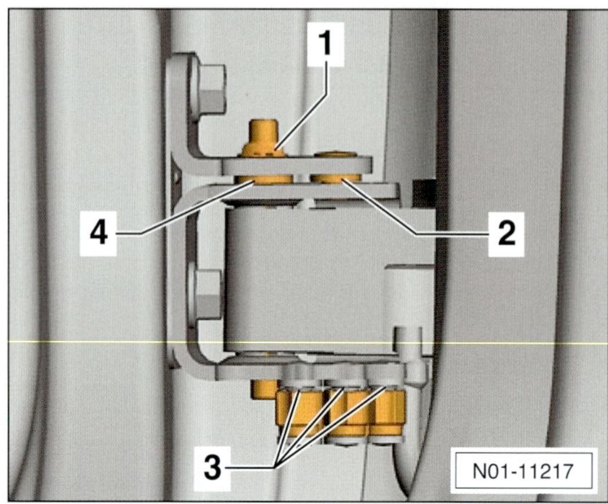

- Türfeststeller an den Stellen –1– bis –4– mit dem Universalöl-Spray VW-G 000 115 A2 schmieren.
- Tür mehrmals in Auf- und Zu-Stellung bewegen, damit sich das Öl gleichmäßig verteilt.

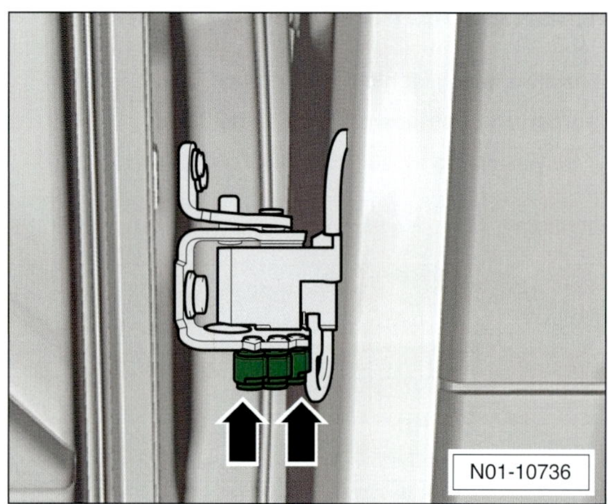

- Überschüssiges Öl mit einem Lappen abwischen.
- Anschließend Türfeststeller an den mit Pfeilen gekennzeichneten Stellen auf den Rollen mit Festschmierstoffpaste VW-G 000 150 schmieren.

Panorama-Ausstell-Schiebedach: Funktion prüfen, Führungsschienen reinigen und schmieren/Windabweiser reinigen

Spezialwerkzeug:

- Nass- und Trockensauger.

Erforderliches Betriebsmittel:

- Fusselfreier Lappen.
- Festschmierstoffpaste VW-G 060 751 A2.
- Die Fachwerkstatt verwendet das Reinigungs- und Fettwerkzeug VAS-6621

Prüfen

- Panorama-Schiebedach öffnen und schließen, dabei auf Geräusche und starke Verschmutzung achten.

Reinigen

- Schiebedach komplett öffnen.
- Alle zu schmierenden Teile mit einem fusselfreien Lappen und einem Nass- und Trockensauger vorab reinigen.

Achtung: Um Verschmutzungen im Fahrzeuginnenraum zu vermeiden, jeweils einen Lappen unter die zu reinigende Stelle halten.

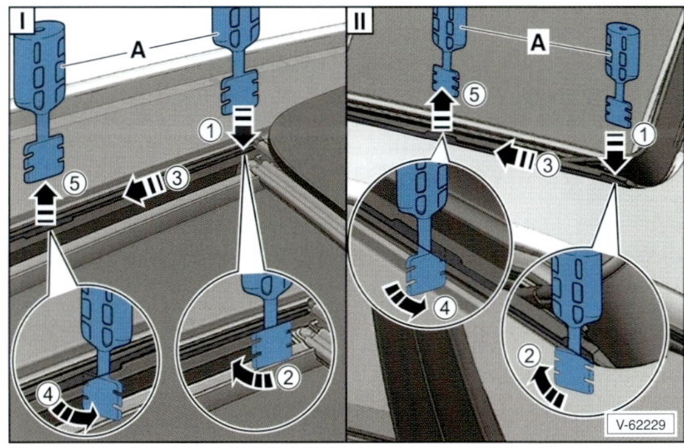

Linke Abbildung I:

- Reinigungswerkzeug –A– im hinteren Bereich der Führungsschiene einsetzen –1– und um 90° verdrehen –2–.
- Reinigungswerkzeug –A– bis in die Mitte der Führungsschienenöffnung fahren –Pfeilrichtung 3–.
- Reinigungswerkzeug –A– um 90° verdrehen –4– und Werkzeug entnehmen –5–.
- Gesammelte Fett- und Schmutzreste jeweils in der Mitte der Führungsschiene mit einem fusselfreien Lappen entfernen. Gegebenenfalls Sand und feinen Staub mit einem Nass- und Trockensauger aus der Führungsschiene entfernen.
- Je nach Verschmutzung Vorgang mehrmals durchführen.

Rechte Abbildung II:

- Reinigungswerkzeug –A– im vorderen Bereich der Führungsschiene, neben dem Windabweiser, einsetzen –1– und um 90° verdrehen –2–.
- Reinigungswerkzeug –A– bis in die Mitte der Führungsschienenöffnung fahren –Pfeilrichtung 3–.
- Reinigungswerkzeug –A– um 90° verdrehen –4– und Werkzeug entnehmen –5–.
- Gesammelte Fett- und Schmutzreste jeweils in der Mitte der Führungsschiene mit einem fusselfreien Lappen entfernen. Gegebenenfalls Sand und feinen Staub mit einem Nass- und Trockensauger aus der Führungsschiene entfernen.
- Je nach Verschmutzung Vorgang mehrmals durchführen.
- Den Vorgang auf der gegenüberliegenden Fahrzeugseite wiederholen.

Fetten

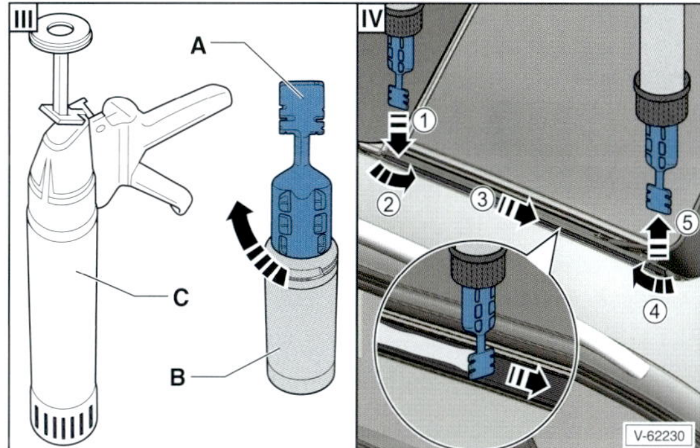

Linke Abbildung III:

- Reinigungswerkzeug –A– auf das Gewinde des Behälters –B– für das Schmiermittel VW-G 060 751 A2 in Pfeilrichtung drehen.
- Beide Teile in die Handkartuschenpistole –C–, zum Beispiel V.A.G 1628 einsetzen.

Rechte Abbildung IV:

- Handkartuschenpistole –C– mit dem Reinigungswerkzeug –A– am hinteren Ende der Führungsschiene –1– einsetzen und um 90° verdrehen –2–.
- Mit der Handkartuschenpistole das Schmiermittel für Führungsschienen zum vorderen Bereich der Führungsschiene in Pfeilrichtung –3– auftragen, dabei Handkartuschenpistole gleichmäßig betätigen.
- Handkartuschenpistole mit dem Reinigungswerkzeug um 90° verdrehen –4– und herausnehmen –5–.
- Überschüssiges Fett an den Führungsschienen mit einem fusselfreien Lappen abwischen.
- Vorgang auf der gegenüberliegenden Fahrzeugseite wiederholen.

Achtung: Werden Beschädigungen am Schiebedach festgestellt, diese in der Fachwerkstatt beseitigen lassen.

Windabweiser reinigen

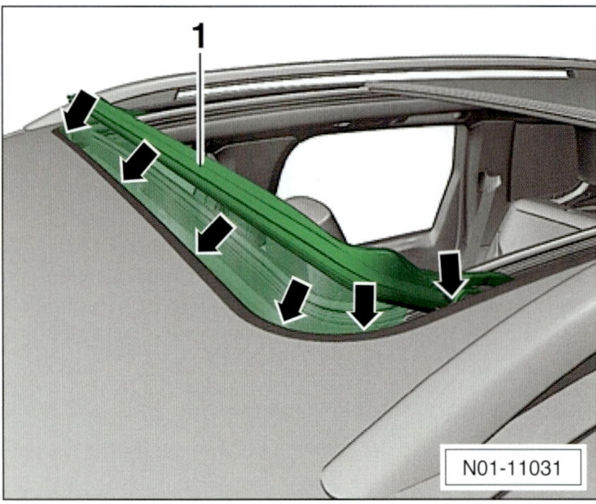

- Windabweiser –1– auf Verschmutzungen prüfen. Dabei besonders auf Schmutzablagerungen im unteren Bereich des Windabweisers –Pfeile– achten.
- Schmutzablagerungen mit einem Nass- und Trockensauger entfernen.
- Festsitzende Insekten und Partikel aus dem Netz und vom Windabweiserrahmen mit einem Schwamm und Seifenlauge lösen. Dazu eine Seifenlauge mit einem Mischungsverhältnis von 3 Tropfen Spülmittel auf 1 Liter Wasser herstellen.

Hinweis: Keinen handelsüblichen Insektenentferner oder andere Löser verwenden, da diese Produkte das Netz beschädigen können.

- Anschließend die losen Insekten und Partikel mit einem Nass- und Trockensauger und einer geeigneten Saugerdüse aufsaugen.

Achtung: Eine für den Windabweiser geeignete Düse benutzen, damit das Netz nicht beschädigt wird! Darauf achten, dass kein Schmutz in den Fahrzeuginnenraum fällt.

Schiebedach: Führungsschienen reinigen/schmieren

Spezialwerkzeug ist nicht erforderlich.

Erforderliches Betriebsmittel:

- Fusselfreier Lappen.
- Festschmierstoffpaste VW-G 060 751 A2.

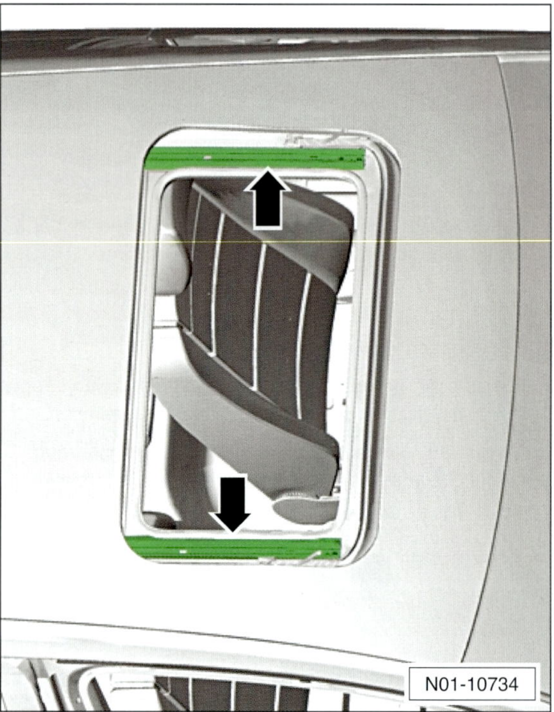

- Schiebedach öffnen und die sichtbar werdenden, blanken Führungsschienen –Pfeile– abwischen.

Achtung: Angrenzende Karosserieteile mit Zeitungspapier abdecken. Schmiermittel nicht auf den Autolack bringen, andernfalls sofort wieder abwischen.

- Führungsschienen mit dem Spezialfett VW-G 052 147 schmieren.
- Dringt bei Regen oder der Fahrzeugwäsche Wasser über das Schiebedach in den Innenraum, Undichtigkeiten von einer Fachwerkstatt beheben lassen.

Schiebedachabläufe: Auf Durchfluss prüfen/reinigen

Spezialwerkzeug:

- Biegsame Welle oder VW-Reinigungswerkzeug VAS-6620.

Betriebsmittel: nicht erforderlich.

Prüfen

- Schiebedach öffnen.

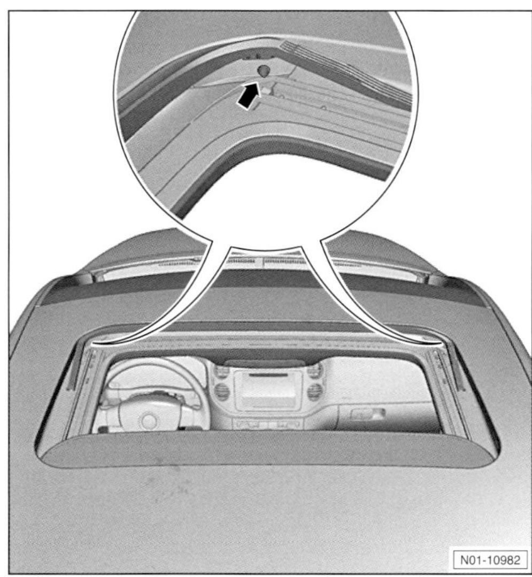

- Ablauflöcher –Pfeil– auf Schmutz prüfen. Gegebenenfalls Verschmutzung entfernen.
- Leitungswasser in die Schiebedachabläufe fließen lassen und prüfen, ob das Wasser in annähernd gleicher Menge vorn im Wasserkasten und im Bereich der vorderen Radhäuser austritt. Hinten sollte das Wasser aus den hinteren äußeren Bodenblechen herauslaufen.
- Sollte nur wenig oder gar kein Wasser austreten, Abläufe reinigen.

Reinigen

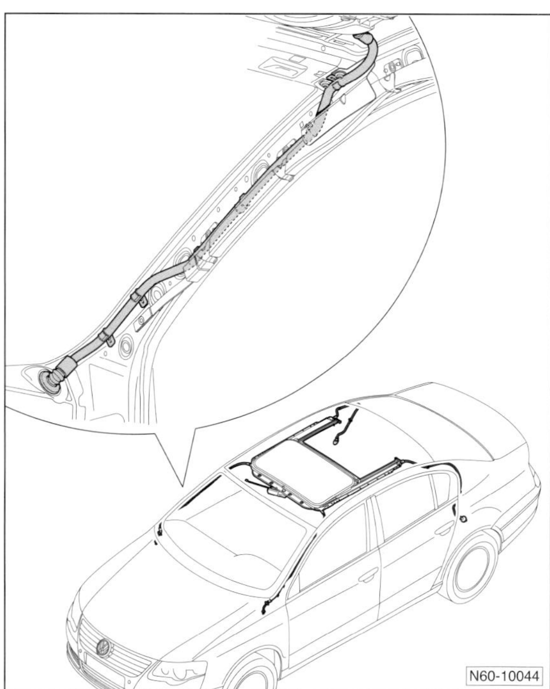

Die vorderen Wasserablaufschläuche verlaufen in den A-Säulen und enden im Wasserkasten.

- Die Reinigung erfolgt von der unteren Ablauftülle aus mit der Reinigungs- und Einziehhilfe VW-VAS 6620 oder einer geeigneten biegsamen Welle.

Wasserablauf hinten

Die hinteren Wasserablaufschläuche verlaufen in den C-Säulen und enden in den hinteren Radhäusern.

- Die Reinigung erfolgt von der unteren Ablauftülle aus mit der Reinigungs- und Einziehhilfe VW-VAS 6620 oder einer geeigneten biegsamen Welle.

Wasserkasten und Wasserablauföffnungen sichtprüfen und reinigen

Spezialwerkzeug und Verschleißteile/Betriebsmittel sind nicht erforderlich.

Reinigen

- Sämtliche Verschmutzungen, beispielsweise Blätter, aus dem Wasserkasten entfernen. Gegebenenfalls mit einem handelsüblichen, flexiblen Greifwerkzeug herausnehmen.
- Gummitüllen der Wasserabläufe links und rechts reinigen und auf freien Durchgang prüfen.
- Feine Verschmutzungen mit einem dünnen Wasserstrahl und mit einer flexiblen Nylonsonde reinigen.

Elektrische Anlage

Folgende Wartungsarbeiten müssen nach dem Wartungsplan in unterschiedlichen Intervallen durchgeführt werden:

- Alle Stromverbraucher: Funktion prüfen.
- Scheibenwischerblätter: Wischergummis auf Verschleiß sichtprüfen.
- Scheibenwaschanlage, Scheinwerfer-Waschanlage: Flüssigkeitsstand, Frostschutz und Funktion prüfen, Düsenstellung kontrollieren, siehe Kapitel »Scheibenwischeranlage«.
- Batterie: Prüfen.
- Front- und Heckbeleuchtung, Blinkanlage, Warnblinkanlage: Funktion prüfen.
- Automatisches Fahrlicht und statische Kurvenlicht prüfen.
- Service-Intervall-Anzeige zurücksetzen.
- Scheinwerfer: Einstellung prüfen (Werkstattarbeit).

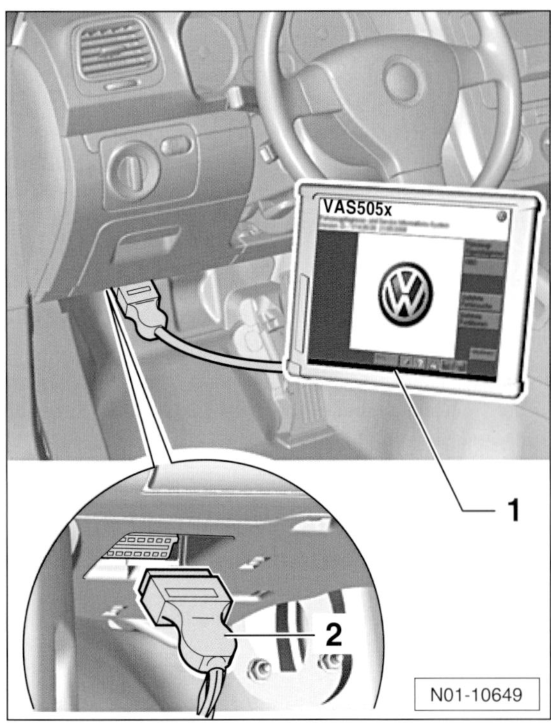

- Eigendiagnose: Fehlerspeicher auslesen (Werkstattarbeit). Dazu wird ein geeignetes Fahrzeugdiagnosegerät –1–, zum Beispiel VW-VAS-5052 mit einem passenden Verbindungskabel –2–, zum Beispiel VAS-5052/3, benötigt. Diagnosegerät bei ausgeschalteter Zündung an den Diagnoseanschluss im Fahrerfußraum unter der Armaturentafel anschließen.
- Service-Intervallanzeige zurücksetzen: Die Serviceanzeige wird mit dem Diagnosegerät zurückgesetzt beziehungsweise von »flexiblen Wartungsintervallen« auf »feste Wartungsintervalle« umgestellt.
- Eine auf »feste Wartungsintervalle« eingestellte Serviceanzeige kann auch mit den verschiedenen Fahrzeugtasten zurückgestellt werden. **Achtung:** Werden »flexible Wartungsintervalle« mit den Fahrzeugtasten zurückgestellt, dann wird die Serviceanzeige automatisch auf »feste Wartungsintervalle« umgestellt.

Stromverbraucher prüfen

Spezialwerkzeug ist nicht erforderlich.

Folgende Funktionen prüfen, gegebenenfalls Fehler beheben. **Hinweis:** Je nach Ausstattung sind im Fahrzeug nicht alle hier aufgeführten Verbraucher vorhanden.

- Beleuchtung, Scheinwerfer, Nebellampen, Blinkleuchten, Warnblinkanlage, Schlussleuchten, Nebelschlussleuchten, Rückfahrleuchten, Bremsleuchten, Parklichtschaltung.
- Innen- und Leseleuchten (Abschaltautomatik für Innenleuchten vorn), beleuchtetes Handschuhfach, beleuchteter Ascher, Kofferraumbeleuchtung.
- Warnsummer für nicht ausgeschaltetes Licht und/oder Radio.
- Alle Schalter in der Armaturentafel beziehungsweise Mittelkonsole.
- Kombiinstrument (Schalttafeleinsatz) mit allen Anzeigen, Zählern, Leuchten und Beleuchtung.
- Hupe.
- Scheibenwisch-/Scheibenwaschanlage, Scheinwerferreinigungsanlage.
- Zigarettenanzünder.
- Elektrische Außenspiegel (beheizbar, einstellbar, anklappbar, Beifahrerspiegelabsenkung), Seitenblinker und Einstiegbeleuchtung.
- Elektrische Fensterheber.
- Elektrisches Schiebe-/Ausstelldach.
- Zentralverriegelung, Funkfernbedienung, Komfortschließung.
- Elektrische Sitzverstellung, Gurthöhenverstellung.
- Beheizbare Sitze.
- Radio.

Automatische Fahrlichtsteuerung/ statisches Kurvenlicht prüfen

Spezialwerkzeug ist nicht erforderlich.

- Prüfvoraussetzung: Fahrzeug muss sich im Tageslicht befinden.

Prüfen

- Zündung einschalten.
- Lichtschalter in Stellung 2 »AUTO« drehen. Die Scheinwerfer dürfen nicht leuchten.
- Zündung bleibt eingeschaltet und Lichtschalter steht weiterhin auf »AUTO«.

- Befestigungsbereich des Innenspiegels –Pfeil– außen an der Windschutzscheibe mit der Hand oder einem geeigneten Gegenstand abdecken. Daraufhin erkennt der Sensor für Regen- und Lichterkennung am Halter des Innenspiegels eine Helligkeitsabnahme und schaltet die Scheinwerfer ein.
- Lichtschalter in Stellung »0« drehen und Zündung ausschalten.

Statisches Kurvenlicht prüfen

Das statische Kurvenlicht ist im Nebelscheinwerfer integriert.

- Motor starten und im Leerlauf drehen lassen. Schaltung in Leerlaufstellung, Handbremse angezogen.
- Abblendlicht einschalten.
- Blinklicht einschalten.
- Prüfen, ob auf dieser Seite das Kurvenlicht angeht.
- Anschließend Prüfung auf der anderen Seite wiederholen.
- Motor abstellen.

Batterie prüfen

Batterie sichtprüfen

- Gehäuse der Batterie auf Beschädigungen sichtprüfen. Bei beschädigtem Gehäuse kann Batteriesäure auslaufen und die umliegenden Bauteile beschädigen. Bei beschädigtem Gehäuse Batterie schnellstmöglich ersetzen.

Batterie/-klemmen auf festen Sitz prüfen

Eine lockere Batterie hat eine verkürzte Lebensdauer durch Rüttelschäden. Lockere Batterieanschlüsse können einen Kabelbrand oder Funktionsstörungen in der elektrischen Anlage nach sich ziehen und die Crash-Sicherheit des Fahrzeuges vermindern.

Batterie im Motorraum

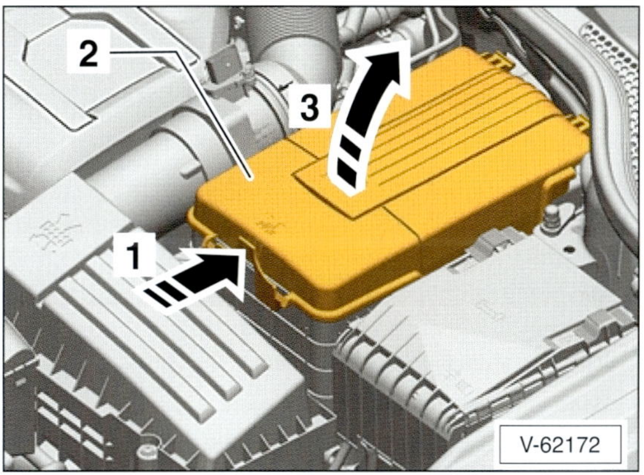

- Falls ein Batteriedeckel vorhanden ist, Verschluss –Pfeil 1– drücken, Deckel –2– hochschwenken –Pfeil 3–. Deckel hinten aushängen und abnehmen.
- Batterie kräftig hin- und herbewegen.
- Sitzt die Batterie lose, Batterie-Halteplatte mit **20 Nm** festziehen, siehe Kapitel »Batterie aus- und einbauen« auf Seite 80.

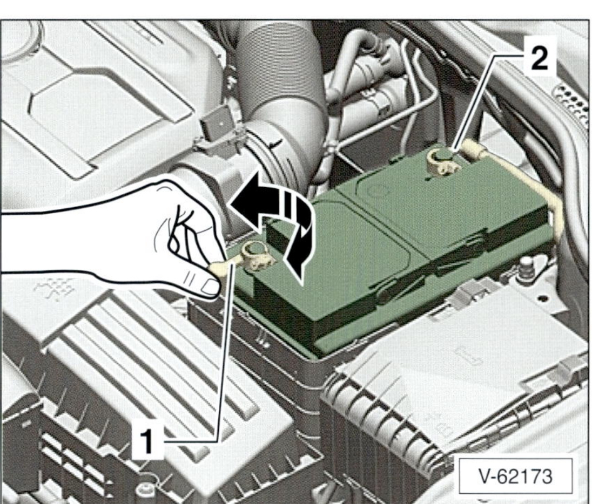

- Batterieklemmen –1– und –2– hin- und herbewegen und festen Sitz prüfen, gegebenenfalls Befestigungsmuttern nachziehen. Anzugsdrehmoment: **6 Nm**.

Achtung: Falls die Batterie-Plusklemme (+) locker ist, muss vor dem Festziehen der Plusklemme wegen Kurzschlussgefahr die Masseklemme (–) an der Batterie abgeklemmt werden. Nachdem die Plusklemme festgezogen ist, Massekabel wieder anklemmen. Batterie-Massekabel abklemmen, siehe Seite 79.

- Gegebenenfalls Batteriedeckel zurückklappen und einrasten.

Batterie im Kofferraum

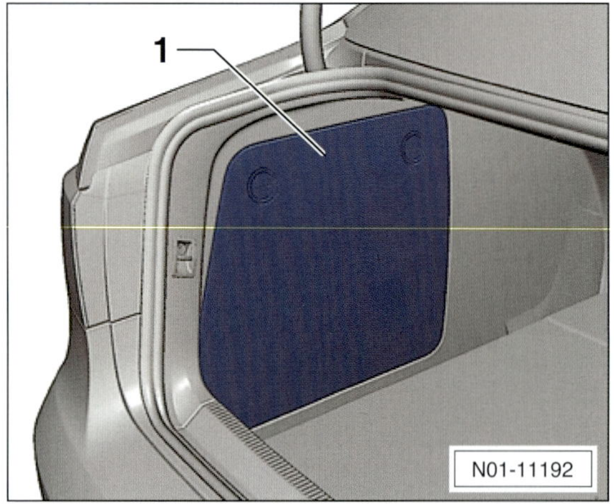

- Im Kofferraum die linke Abdeckung –1– öffnen.
- Batterie kräftig hin- und herbewegen.
- Sitzt die Batterie lose, Batterie-Halteplatte mit **20 Nm** festziehen, siehe Kapitel »Batterie aus- und einbauen« auf Seite 80.
- Batterieklemmen auf die gleiche Weise prüfen wie bei der Batterie im Motorraum.
- Seitliche Kofferraumabdeckung schließen.

Service-Intervall-Anzeige zurücksetzen

Die Service-Intervallanzeige (SIA) kann auf zwei verschiedene Arten zurückgesetzt werden: In der Werkstatt wird dazu das Fehlerauslesegerät an den Diagnoseanschluss angeschlossen. Das Zurücksetzen kann auch mit den Tasten am Kombiinstrument oder am Scheibenwischerschalter erfolgen. Dadurch wird allerdings bei Fahrzeugen mit »Longlife-Service« die »flexible« Service-Intervallanzeige auf »feste Service-Intervalle« umgeschaltet.

Die **Service-Intervall-Anzeige** kann nur zurückgesetzt werden, wenn vorher im Display des Schalttafeleinsatzes die Servicemeldung oder wenigstens eine Vorwarnung angezeigt wurde.

Achtung: Bei Fahrzeugen mit Longlife-Service, bei denen die Longlife-Service-Intervalle beibehalten werden sollen, darf die Service-Intervallanzeige **nicht** mit den Einstelltasten im Kombiinstrument zurückgesetzt werden. Auch ein Zurückstellen von festen Wartungsintervallen auf flexible Wartungsintervalle ist nur mit dem Diagnosegerät möglich.

Bis ca. 10/2013 (Modelljahr 2013)

Mit der Wippe am Scheibenwischerhebel

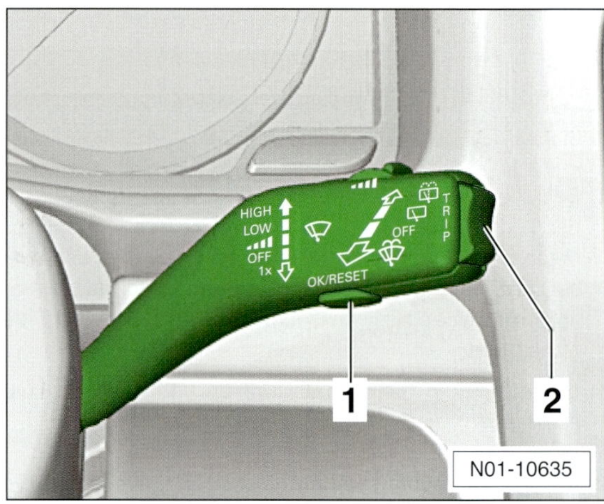

- Wippe –2– am Scheibenwischerhebel so oft betätigen, bis in der Multifunktionsanzeige das Menü »Einstellungen« angezeigt wird.
- Zunächst das Untermenü »Service« aufrufen, dann den Menüpunkt »Reset« markieren.
- »OK«-Taste –1– drücken und dadurch die Service-Intervall-Anzeige zurücksetzen.
- Anschließende Sicherheitsabfrage durch Drücken der »OK«-Taste bestätigen.

Mit den Tasten am Multifunktionslenkrad

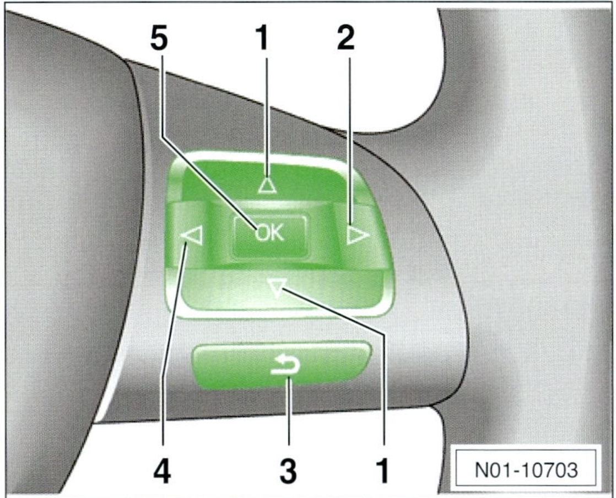

- Mit den Tasten –1– bis –4– am Multifunktionslenkrad das Menü »Einstellungen« aufrufen.
- Zunächst das Untermenü »Service« auswählen, dann den Menüpunkt »Reset« markieren.
- »OK«-Taste –5– drücken und dadurch die Service-Intervall-Anzeige zurücksetzen.
- Anschließende Sicherheitsabfrage durch Drücken der »OK«-Taste bestätigen.

Mit den Bedientasten am Kombiinstrument (Schalttafeleinsatz)

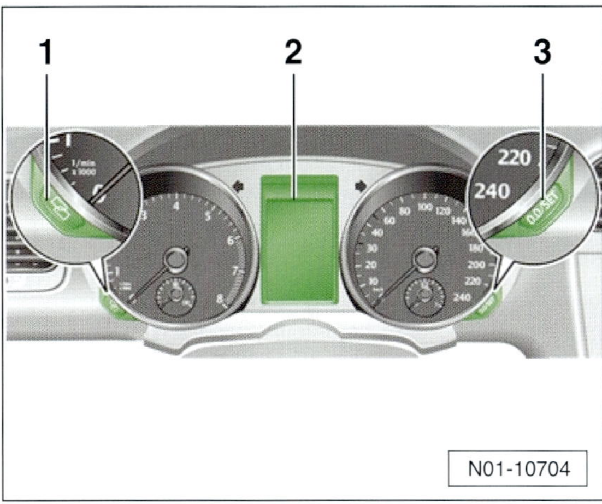

- Bei ausgeschalteter Zündung den Taster –3– drücken und halten.
- Zündung einschalten.
- Taster –3– loslassen.
- Stelltaste für die Uhr –1– einmal kurz drücken. Dadurch wird die Service-Intervall-Anzeige in den Rückstellmodus geschaltet. Nach kurzer Zeit schaltet das Display –2– in die Normalanzeige zurück. Die Service-Intervall-Anzeige ist damit zurückgesetzt.

Ab 11/2013 (Modelljahr 2014)

Ölwechsel-Service zurücksetzen.

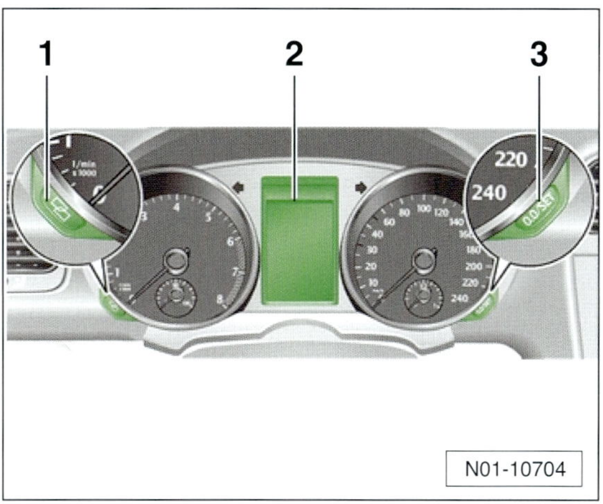

- Bei ausgeschalteter Zündung den Taster –3– drücken und halten.
- Zündung einschalten.
- Taster –3– loslassen. Dadurch wird die Service-Intervall-Anzeige in den Rückstellmodus geschaltet.
- OK-Taste –5– am Multifunktionslenkrad (Abb. N01-10703) oder OK-Taste –1– am Scheibenwischerhebel (Abb. N01-10635) drücken und dadurch den Ölwechsel-Service zurücksetzen. Nach kurzer Zeit schaltet das Display –2– in die Normalanzeige zurück.

Inspektions-Service zurücksetzen.

- Warnblinkanlage einschalten.
- Rücksetzvorgang auf die gleiche Weise durchführen, wie beim Zurücksetzen des »Ölwechsel-Service«.

Wagenpflege

Aus dem Inhalt:

- **Fahrzeug waschen**
- **Lackierung pflegen**
- **Unterbodenschutz/ Hohlraumkonservierung**
- **Polster reinigen**
- **Lackschäden ausbessern**

Fahrzeug waschen

Aus Umweltschutzgründen ist es in den meisten Gemeinden verboten, Fahrzeuge auf öffentlichen Plätzen zu waschen. Wird das Auto sehr oft in einer automatischen Waschanlage gewaschen, hinterlassen die rotierenden Waschbürsten Schleifspuren auf dem Lack. Diese lassen sich verhindern, wenn man den Wagen von Hand in einer entsprechenden Waschanlage wäscht.

- Vogelkot, Insekten, Baumharze, Teer- und Fettflecken, Streusalz und andere aggressive Ablagerungen sofort abwaschen, da sie ätzende Bestandteile enthalten, die Lackschäden verursachen.
- Bedienungshinweise für den Hochdruckreiniger bezüglich Druck und Düsenabstand des Sprühkopfes befolgen.
- Beim Waschen reichlich Wasser verwenden. Mit einem Schwamm oder Waschhandschuh beziehungsweise einer weichen Bürste mit dem Reinigen des Fahrzeugdachs beginnen; Schwamm oft ausspülen.
- Waschmittel nur bei hartnäckiger Verschmutzung verwenden. Mit klarem Wasser gründlich nachspülen, um die Reste des Waschmittels zu entfernen. Bei regelmäßiger Benutzung von Waschmitteln muss öfter konserviert werden. Dem Waschwasser kann ein Konservierungsmittel beigegeben werden.
- Darauf achten, dass kein Wasser in die Eintrittsöffnungen für die Innenraumbelüftung eindringt. Hochdruckdüse nicht gegen den Kühler oder schadhafte Lackflächen des Fahrzeugs richten.
- Zum Abtrocknen sauberes Leder verwenden. Verschiedene Reinigungsleder für Lack- und Fensterflächen verwenden, da Konservierungsmittelrückstände auf den Scheiben zu Sichtbehinderungen führen.
- Durch Streusalz besonders gefährdet sind alle innen liegenden Falze, Flansche und Fugen an Türen und Hauben. Diese Stellen müssen deshalb bei jeder Wagenwäsche – auch nach der Wäsche in automatischen Waschstraßen – mit einem Schwamm gründlich gereinigt und anschließend abgespült und abgeledert werden.
- Wagen niemals in der Sonne waschen oder trocknen. Wasserflecken sind sonst unvermeidlich.

Achtung: Nach der Wagenwäsche Bremspedal während der Fahrt leicht antippen, um den Wasserfilm abzubremsen.

Lackierung pflegen

Konservieren: Die gewaschene und getrocknete Lackierung möglichst oft mit einem Konservierungsmittel behandeln, um die Oberfläche durch eine Poren schließende und Wasser abweisende Wachsschicht gegen Witterungseinflüsse zu schützen. Auch wenn beim Waschen regelmäßig Waschkonservierer verwendet werden, empfiehlt es sich, den Lack mindestens zweimal im Jahr mit Hartwachs zu schützen.

Sofern Kraftstoff, Öl, Fett oder Bremsflüssigkeit auf den Lack gelangt, diese Flüssigkeiten **sofort entfernen,** sonst kommt es zu Lackverfärbungen.

Spätestens dann, wenn Wasser nicht mehr deutlich vom Lack abperlt, muss konserviert werden. Der Lack trocknet sonst aus.

Polieren: Das Polieren des Lackes ist nur dann erforderlich, wenn dieser infolge mangelhafter Pflege beziehungsweise unter der Einwirkung von Umwelteinflüssen unansehnlich geworden ist und sich durch eine Behandlung mit Konservierungsmitteln kein Glanz mehr erzielen lässt. Zu warnen ist vor stark schleifenden oder chemisch stark angreifenden Poliermitteln, auch wenn der erste Versuch damit noch so sehr zu überzeugen scheint.

Vor jedem Polieren muss der Wagen sauber gewaschen und sorgfältig abgetrocknet werden. Im Übrigen ist nach der Gebrauchsanweisung für das Poliermittel zu verfahren.

Die Bearbeitung soll in nicht zu großen Flächen erfolgen, um ein vorzeitiges Eintrocknen der Politur zu vermeiden. Bei manchen Poliermitteln muss anschließend noch konserviert werden. Nicht in der prallen Sonne polieren!

Kunststoffteile und matt lackierte Teile dürfen nicht mit Konservierungs- oder Poliermitteln behandelt werden, da sich sonst Flecken bilden.

Teerflecke entfernen: Frische Teerflecke können mit einem in Waschbenzin getränkten weichen Lappen entfernt werden oder mit speziellen Teerfleck-Entfernern. Notfalls kann auch Petroleum oder Terpentinöl verwendet werden. Sehr gut gegen Teerflecke eignet sich auch ein Lackkonservierer. Bei Verwendung dieses Mittels kann auf ein Nachwaschen verzichtet werden.

Insekten entfernen: Insekten enthalten aggressive Stoffe, die den Lackfilm beschädigen können. Sie müssen deshalb umgehend mit lauwarmer Seifen- oder Waschmittellösung abgewaschen werden. Es gibt auch spezielle Insekten-Entferner.

Außenbeleuchtung: Leuchten- und Scheinwerferabdeckungen sind aus Kunststoff. Verunreinigungen nur mit einem feuchten, weichen Tuch entfernen. Scheinwerferabdeckungen auf keinen Fall mit einem trockenen oder scheuernden Tuch reinigen. Keine Eiskratzer verwenden und nicht mit Reinigungs- oder Lösungsmitteln säubern.

Kunststoffteile pflegen: Kunststoffteile, Kunstledersitze, Himmel, Leuchtengläser sowie mattschwarz gespritzte Teile mit Wasser und Flüssigseife säubern. Fahrzeughimmel nicht durchfeuchten. Kunststoffteile gegebenenfalls mit Kunststoffreiniger behandeln.

Scheiben reinigen: Schnee und Eis von Scheiben und Spiegeln nur mit einem Kunststoffschaber entfernen. Um Kratzer durch Schmutz zu vermeiden, sollte der Schaber nicht nach vorn und dann zurückbewegt, sondern nur geschoben werden. Fensterscheiben innen und außen mit sauberem, weichem Lappen abreiben. Bei starker Verschmutzung helfen Spiritus oder Salmiakgeist und lauwarmes Wasser oder auch ein spezieller Scheibenreiniger. Beim Reinigen der Windschutzscheibe Scheibenwischerarme nach vorn klappen. Bei der Reinigung der Windschutzscheibe auch die Wischerblätter säubern.

Achtung: Bei Verwendung silikonhaltiger Mittel dürfen die zur Reinigung der Lackierung verwendeten Waschbürsten, Schwämme, Lederlappen und Tücher nicht für die Scheiben verwendet werden. Beim Einsprühen der Lackierung mit silikonhaltigen Pflegemitteln sollten die Scheiben mit Pappe oder anderem Material abgedeckt werden.

Gummidichtungen pflegen: Gummidichtungen durch Einpudern der Dicht- und Gleitflächen mit Talkum oder Besprühen mit Silikonspray geschmeidig halten. So werden auch quietschende oder knarrende Geräusche beim Schließen der Türen vermieden. Auch das Einreiben der betreffenden Flächen mit Schmierseife beseitigt die Geräusche.

Reifen reinigen: Reifen nicht mit einem Dampfstrahlgerät reinigen. Wird die Düse des Dampfstrahlers zu nahe an den Reifen gehalten, wird dessen Gummischicht innerhalb weniger Sekunden irreparabel zerstört, selbst bei Verwendung von kaltem Wasser. Ein auf diese Weise gereinigter Reifen sollte sicherheitshalber ersetzt werden.

Leichtmetall-Scheibenräder mit Felgenreiniger und Bürste reinigen, jedoch keine aggressiven, säurehaltigen, stark alkalischen und rauen Reinigungsmittel oder Dampfstrahler über +60° C verwenden.

Sicherheitsgurte nur mit milder Seifenlauge im eingebauten Zustand säubern, nicht chemisch reinigen, da dadurch das Gewebe zerstört werden kann. Automatikgurte nur in trockenem Zustand aufrollen.

Unterbodenschutz/ Hohlraumkonservierung

Die Unterbodenverkleidung ist aus Kunststoff und schützt den hinteren Bereich des Fahrzeugunterbodens. Die besonders stark gefährdeten Bereiche in den Radläufen sind zusätzlich mit Kunststoffschalen gegen Steinschlag geschützt. Vor der kalten Jahreszeit und nach einer Unterbodenwäsche sollte der Unterbodenschutz kontrolliert und gegebenenfalls ausgebessert werden.

Im Schleuderbereich des Unterbaues können sich Staub, Lehm und Sand ablagern. Den angesammelten Schmutz entfernen, zumal er während der Winterzeit auch noch mit Streusalz angereichert sein kann.

Polsterbezüge pflegen/reinigen

Textilbezüge: Polsterbezüge mit Staubsauger und Bürste reinigen. Flecken mit Flüssigseife, 25-prozentiger Ammoniaklösung oder Branntweinessig entfernen.

Fett- und Ölflecke mit Reinigungsbenzin oder Fleckenwasser behandeln. Das Reinigungsmittel darf aber nicht unmittelbar auf den Stoff gegossen werden, da sich sonst unweigerlich Ränder bilden. Fleck durch kreisförmiges Reiben von außen nach innen bearbeiten. Andere Verschmutzungen lassen sich meistens mit lauwarmem Seifenwasser entfernen.

Lederbezüge: Bei starker Sonneneinstrahlung und längerer Standzeit Sitze abdecken, damit sie nicht ausbleichen.

Trikot- oder Wolllappen mit Wasser leicht anfeuchten und Lederflächen säubern, ohne das Leder oder die Nahtstellen zu durchfeuchten. Anschließend das getrocknete Leder mit einem sauberen und weichen Tuch nachreiben.

Stärker verschmutzte Lederflächen mit einem milden Feinwaschmittel ohne Aufheller (2 Esslöffel auf 1 Liter Wasser) oder Flüssigseife reinigen. Fett- und Ölflecke ohne zu reiben vorsichtig mit Reinigungsbenzin abtupfen.

Lackierte Lederpolster sollten nach dem Reinigen mit einem handelsüblichen Pflegemittel für Lederflächen behandelt werden. Das Mittel vor Gebrauch gut schütteln und mit einem weichen Lappen dünn auftragen. Nach dem Eintrocknen mit einem sauberen und weichen Tuch nachreiben. Diese Behandlung empfiehlt sich bei normaler Beanspruchung alle 6 Monate.

Steinschlagschäden ausbessern

Ausbeul- und Lackierarbeiten an der Autokarosserie setzen Erfahrung über den Werkstoff und dessen Bearbeitung voraus. Derartige Fertigkeiten werden in der Regel erst durch eine langjährige Praxis erreicht. Aus diesem Grund wird hier nur das Ausbessern von kleineren Lackschäden erläutert.

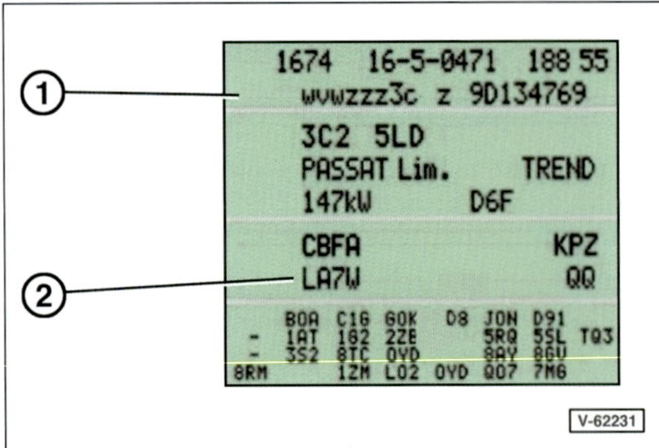

Zum Nachlackieren wird unbedingt dieselbe Lackfarbe benötigt, denn selbst kleinste Farbunterschiede fallen nach Abschluss der Arbeiten sofort ins Auge. Der jeweilige Fahrzeug-Farbton wird vom Hersteller durch die Lacknummer gekennzeichnet. Die Lacknummer –2– steht auf dem Fahrzeugdatenträger –1–. Der Fahrzeugdatenträger ist sowohl im Kofferraum an der Reserveradmulde rechts sowie im Serviceheft aufgeklebt.

Treten dennoch Differenzen zwischen dem Originallack und dem Reparaturlack auf, dann liegt das daran, dass sich Fahrzeug-Lackierungen durch Alterung, ultraviolette Sonnenbestrahlung, extreme Temperaturdifferenzen, Witterungsbedingungen und chemische Einflüsse wie beispielsweise Industrieabgase mit der Zeit verändern. Außerdem können Oberflächenschäden, Farbveränderungen und Ausbleichen des Lackes eintreten, wenn Reinigung und Lackpflege mit ungeeigneten Mitteln durchgeführt wurden.

Die Metallic-Lackierung besteht aus 2 Schichten, dem Metallic-Grundlack und der farblosen Decklackierung. Beim Lackieren wird der Klarlack über den feuchten Grundlack gespritzt. Die Gefahr von Farbdifferenzen bei der nachträglichen Metallic-Lackierung ist besonders groß, da hier schon die unterschiedliche Viskosität des Reparaturlackes gegenüber dem Originallack zu Farbverschiebungen führt.

Es lohnt sich, auch kleinste Lackschäden regelmäßig zu beseitigen, da auf diese Weise Rostschäden und größere Reparaturen vermieden werden.

Für kleine Kratzer und Steinschläge, die lediglich den Decklack abgesplittert haben, also nicht bis aufs blanke Blech vorgedrungen sind, genügt im allgemeinen der Lackstift oder Tupflack. Dabei handelt es sich um eine kleine Lackdose, in deren Deckel ein Pinsel integriert ist. Der Lackstift wird im Auto-Zubehörhandel angeboten.

- Tiefere Steinschlagschäden, die schon kleine Rostnarben gebildet haben, mit einem »Rostradierer« beziehungsweise einem Messer oder einem kleinen Schraubendreher auskratzen, bis das blanke Blech erscheint. Wichtig ist, dass keine auch noch so kleine Roststelle mehr sichtbar ist. Bei »Rostradierern« handelt es sich um kleine Kunststoffhülsen, die zum Auskratzen des Rostes kurze Drahtborsten besitzen.
- Die blanken Stellen müssen einwandfrei trocken und fettfrei sein. Dazu Reparaturstelle sowie den umgebenden Lack mit Silikonentferner reinigen.
- Auf die blanke Metallfläche mit einem dünnen Pinsel etwas Lackgrundierung (»Primer«) auftragen. Da das Grundiermittel meist in Sprühdosen erhältlich ist, etwas Grundiermittel in den Deckel der Dose sprühen.
- Nachdem die Grundierung trocken ist, Stelle mit Tupflack ausbessern. Bei den Tupflackdosen ist ein Pinsel bereits im Deckel integriert. Falls nur eine Spraydose mit der entsprechenden Farbe zur Verfügung steht, etwas Farbe in den Deckel der Dose sprühen und Lack mit einem dünnen Wasserfarbenpinsel auftragen. Dabei in einem Arbeitsgang immer nur eine dünne Lackschicht anbringen, damit der Lack nicht herunterlaufen kann. Anschließend Farbe gut trocknen lassen. Vorgang so oft wiederholen, bis der Krater ausgefüllt ist und die ausgebesserte Stelle gegenüber der umgebenden Lackfläche keine Vertiefung mehr bildet.

Werkzeugausrüstung

Langfristig zahlt es sich immer aus, wenn man qualitativ hochwertiges Werkzeug kauft. Neben einer Grundausstattung mit Maul- und Ringschlüsseln in den gängigen Größen und verschiedenen Torxschraubendrehern sowie einem Satz Steckschlüssel empfiehlt sich auch der Kauf eines Drehmomentschlüssels. Darüber hinaus ist bei manchen Arbeitsgängen der Einsatz von Spezialwerkzeug zwingend erforderlich.

Gutes und stabiles Werkzeug wird von der Firma HAZET (42804 Remscheid, Postfach 100461) angeboten. In den Tabellen sind die Werkzeuge mit der HAZET-Bestellnummer aufgeführt. Vertrieben wird das Werkzeug über den Fachhandel.

Abb.	Werkzeug	Hazet-Nr.
1	Kugelgelenk-Abzieher	1790-7
2	Zange für Sicherungsring am Tripodegelenk der Gelenkwelle	1846 c
3	Spannzange für Edelstahlklammern der Gelenkwellenmanschetten	1847
4	Zündspulen-Abzieher 1,4-l-Benzinmotor	1849-7
5	Zündspulen-Abzieher 3,6-l-Benzinmotor	1849-8
6	Zündspulen-Abzieher 1,8-/2,0-Benzinmotor	1849-10
7	Montagekeil	1965-20/-21
8	Ölfilterschlüssel	2169
9	Gelenkschlüssel für Glühkerzen	2530
10	Vielzahnadapter für Freilauf der Keilrippen-Riemenscheibe am Generator	2592
11	Abklemmzangen-Satz	4590/3
12	Kombiwerkzeug für Radio-Ausbau	4655-1
13	Ketten-Abgasrohrschneider	4682/-1
14	Zange für Glühkerzenstecker	4760-5
15	Zündkerzenschlüssel	4766-1
16	Befüllgerät für Motor-Kühlsystem	4801-1/-2/-3

Abb.	Werkzeug	Hazet-Nr.
17	Messgerät für Frostschutzanteil	4810 C
18	Einsteller für Scheibenwaschdüse hinten	4850-1
19	Abziehkopf mit Spindel für Scheibenwischerarme vorn	4855-1/-8
20	Federspanner für Stoßdämpfer-/ Schraubenfeder vorn	4900-2A
21	Spannplatten für Stoßdämpfer-/ Schraubenfeder vorn	4900-11
22	Werkzeugsatz für Stoßdämpfer-/ Schraubenfeder vorn	4910-1/-7 u. 4910-21
23	Spreizer für den Federbeinausbau	4912-1
24	Bremsscheiben-Messschieber	4956-1
25	Bremssattelfeile	4968-1
26	Bremssatteldrahtbürste	4968-3
27	Brems-Entlüftungsschlüssel (Satz)	4968/5
28	Kolbenrücksetzvorrichtung für Scheibenbremse vorn	4971-1
29	Drehmomentschlüssel 1 – 6 Nm	6003 CT
30	Drehmomentschlüssel 4 – 40 Nm	6109-2 CT
31	Drehmomentschlüssel 40 – 200 Nm	6122–1CT
32	Winkelscheibe für drehwinkelgesteuerten Schraubenanzug	6690

Motorstarthilfe

Sicherheitshinweise
Werden die vorgeschriebenen Anschlusshinweise nicht genau eingehalten, besteht die Gefahr der Verätzung durch austretende Batteriesäure. Außerdem können Verletzungen oder Schäden durch eine Batterieexplosion entstehen oder Defekte an der Fahrzeugelektrik auftreten.

- Batterieflüssigkeit von Augen, Haut, Gewebe und lackierten Flächen fern halten. Die Flüssigkeit ist ätzend. Säurespritzer sofort mit klarem Wasser gründlich abspülen. Gegebenenfalls einen Arzt aufsuchen.
- Keine Funken oder offenen Flammen in Batterienähe, da aus der Batterie brennbare Gase austreten können.
- Augenschutz tragen.
- Darauf achten, dass die Starthilfekabel nicht durch drehende Teile wie zum Beispiel den Kühlerventilator beschädigt werden.

Achung: Wenn bei der Empfängerbatterie das **magische Auge farblos oder hellgelb** anzeigt, darf **keine Starthilfe** gegeben werden. **Es besteht Explosionsgefahr!**

- Die Starthilfekabel sollten beim Benzinmotor einen Leitungsquerschnitt von mindestens 25 mm^2, beim Dieselmotor mindestens 35 mm^2 aufweisen und mit isolierten Kabelzangen ausgestattet sein. In der Regel ist der Leitungsquerschnitt auf der Packung der Starthilfekabel angegeben.
- Bei beiden Batterien muss die Spannung 12 Volt betragen. Die Kapazität der stromgebenden Batterie darf nicht wesentlich unter der der entladenen Batterie liegen.
- Eine entladene Batterie kann bereits bei –10° C gefrieren. Vor Anschluss der Starthilfekabel muss eine gefrorene Batterie unbedingt aufgetaut werden. Zweckmäßigerweise die gefrorene Batterie durch eine geladene Batterie ersetzen.
- Das Sichtfenster der entladenen Fahrzeugbatterie prüfen, gegebenenfalls Taschenlampe benutzen. Ist es hellgelb oder farblos, keine Starthilfe durchführen, sondern Batterie ersetzen.
- Die entladene Batterie muss ordnungsgemäß am Bordnetz angeklemmt sein.
- Fahrzeuge so weit auseinander stellen, dass kein metallischer Kontakt besteht. Andernfalls könnte bereits beim Verbinden der Pluspole ein Strom fließen.
- Bei beiden Fahrzeugen Handbremse anziehen. Schaltgetriebe in Leerlaufstellung, automatisches Getriebe in Parkstellung »P« schalten.
- Alle Stromverbraucher, auch das Autotelefon, ausschalten.

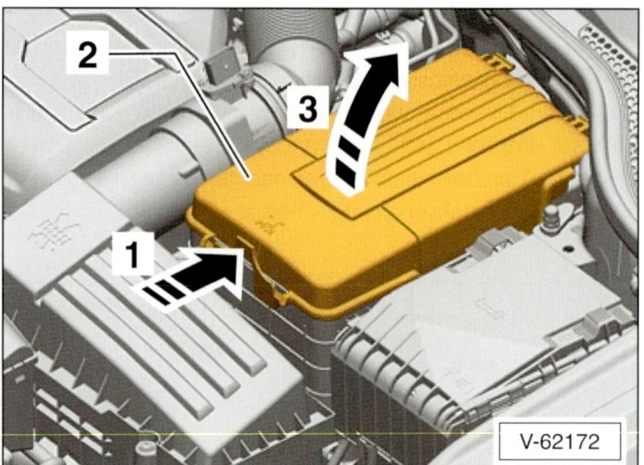

- Falls ein Batteriedeckel vorhanden ist, Verschluss –Pfeil 1– drücken, Deckel –2– hochschwenken –Pfeil 3–. Deckel hinten aushängen und abnehmen.
- Abdeckung über dem Pluspol hochklappen.

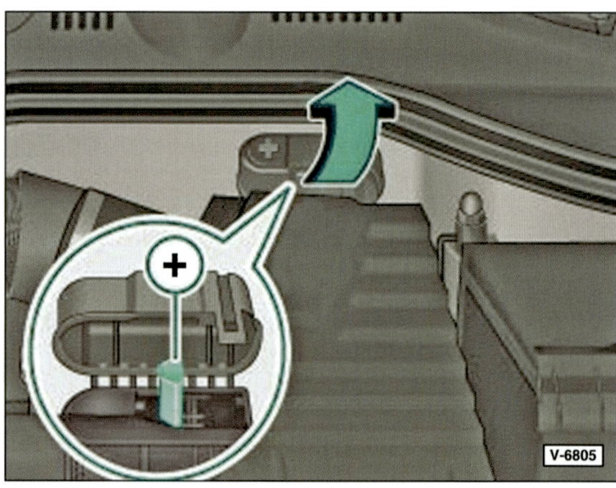

- Wenn sich die Fahrzeugbatterie im Kofferraum befindet, Abdeckung über dem Plusabgriff im Motorraum hochklappen
- Grundsätzlich Motor des Spenderfahrzeuges ca. 1 Minute vor dem Startvorgang und während des Startvorganges mit Leerlaufdrehzahl drehen lassen. Dadurch wird eine Beschädigung des Generators durch Spannungsspitzen beim Startvorgang vermieden.

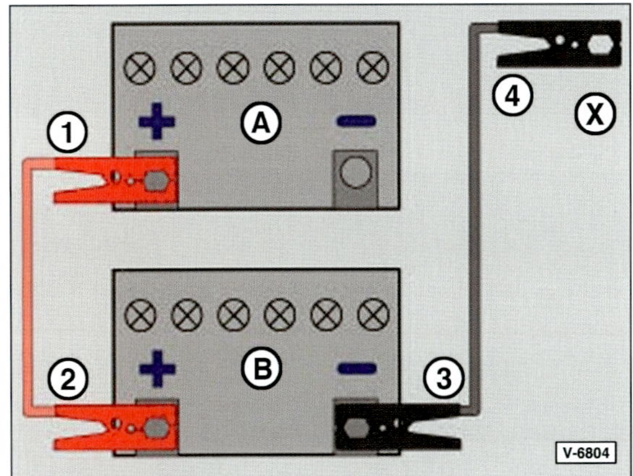

- Starthilfekabel in folgender Reihenfolge anschließen:

  1. Rotes Kabel –1– an den Pluspol (+) der entladenen Batterie –A– anklemmen.

  2. Das andere Ende des roten Kabels –2– an den Pluspol (+) der Strom gebenden Batterie –B– anklemmen.

  3. Fahrzeuge *ohne* Start-Stopp-System: Schwarzes Kabel –3– an den Minuspol (–) der Strom gebenden Batterie anklemmen.

  3. Fahrzeuge *mit* Start-Stopp-System (Benzinmotor BWS/CCZB/CDAA/CKMA)**:** Schwarzes Kabel –3– an eine gute Massestelle anklemmen, **nicht** an den Minuspol der Batterie.

  Auf diese Weise wird sichergestellt, dass der Batteriesensor nicht überbrückt wird. Andernfalls stimmen die abgespeicherten Werte zum Batteriezustand nicht mehr mit den tatsächlichen Werten der Batterie überein.

  4. Das andere Ende des schwarzen Kabels –4– an eine gute Massestelle –X– des Empfängerfahrzeuges anschließen. **Achtung: Nicht an den Minuspol (–) der leeren Batterie oder in dessen Nähe anschließen.** Am besten eignet sich ein mit dem Motorblock verschraubtes Metallteil. Unter ungünstigen Umständen könnte beim Anschließen des Kabels an den Minuspol der leeren Batterie, durch Funkenbildung und Knallgasentwicklung, die Batterie explodieren.

Achtung: Die Klemmen der Starthilfekabel dürfen bei angeschlossenen Kabeln nicht in Kontakt miteinander kommen, beziehungsweise die Plusklemmen dürfen keine Massestellen (Karosserie oder Rahmen) berühren – Kurzschlussgefahr!

- Motor des Empfängerfahrzeuges (leere Batterie) starten und laufen lassen. Beim Starten Anlasser nicht länger als 10 Sekunden ununterbrochen betätigen, da sich durch die hohe Stromaufnahme Polzangen und Kabel erwärmen. Deshalb zwischendurch eine »Abkühlpause« von mindestens ½ Minute einlegen.
- Bei Startschwierigkeiten nicht unnötig lange den Anlasser betätigen. Während des Anlassens wird permanent Kraftstoff eingespritzt. Fehlerursache ermitteln und beseitigen.
- Nach erfolgreichem Start beide Fahrzeuge mit der »Strombrücke« noch 3 Minuten laufen lassen.
- Vor dem Abklemmen der Starthilfekabel das Abblendlicht ausschalten, falls eingeschaltet. Glühlampen brennen bei Überspannung durch.
- Um Spannungsspitzen beim Trennen abzubauen, im Fahrzeug mit der leeren Batterie Heizgebläse und Heckscheibenheizung einschalten.
- **Nach der Starthilfe** Kabel in **umgekehrter** Reihenfolge abklemmen: Zuerst schwarzes Kabel –4– (–) am Empfängerfahrzeug, dann am stromgebenden Fahrzeug abklemmen. Rotes Kabel –2– zuerst am stromgebenden und dann am Empfängerfahrzeug abklemmen.
- Abdeckung für Plusabgriff beziehungsweise Pluspol herunterklappen.
- Falls vorhanden Batterieabdeckung einsetzen.

Fahrzeug aufbocken

Bei Arbeiten unter dem Fahrzeug muss dieses, falls es nicht auf einer Hebebühne steht, auf zwei oder vier stabilen Unterstellböcken stehen.

Sicherheitshinweis
Wenn unter dem Fahrzeug gearbeitet werden soll, muss es mit geeigneten Unterstellböcken sicher abgestützt werden. Abstützen nur mit dem Wagenheber ist unzureichend. **Lebensgefahr!**

- Das Fahrzeug nur in unbeladenem Zustand auf ebener, fester Fläche aufbocken.
- Bei Arbeiten unter dem Fahrzeug, dieses zusätzlich mit Unterstellböcken so abstützen, dass jeweils ein Bein seitlich nach außen zeigt. Unterstellböcke an den Aufbockpunkten oder direkt daneben anordnen.

Aufnahmepunkte für Hebebühne und Werkstattwagenheber

Achtung: Um Beschädigungen am Unterbau zu vermeiden, geeignete Gummi- oder Holzzwischenlage verwenden. Der Wagen darf keinesfalls am Antriebsaggregat, der Motorölwanne oder an Vorder- oder Hinterachse angehoben werden, da dadurch große Schäden entstehen können.

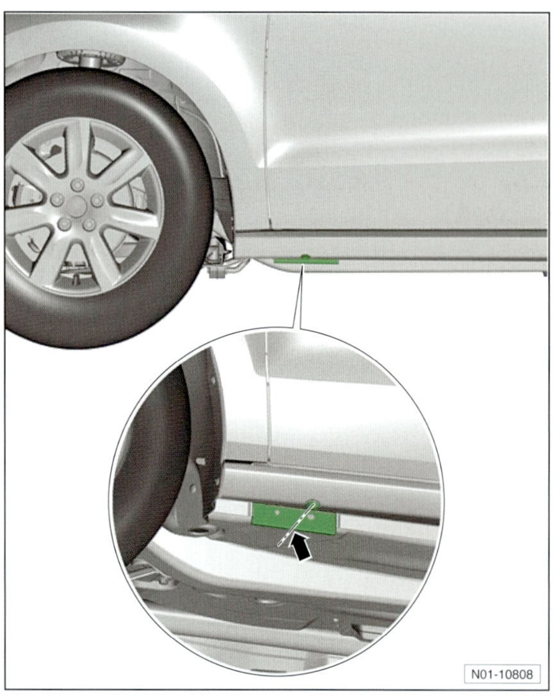

- Vorderer Aufnahmepunkt an der senkrechten Versteifung –Pfeil– des Bodenblechs unterhalb der Einprägung am Unterholm.

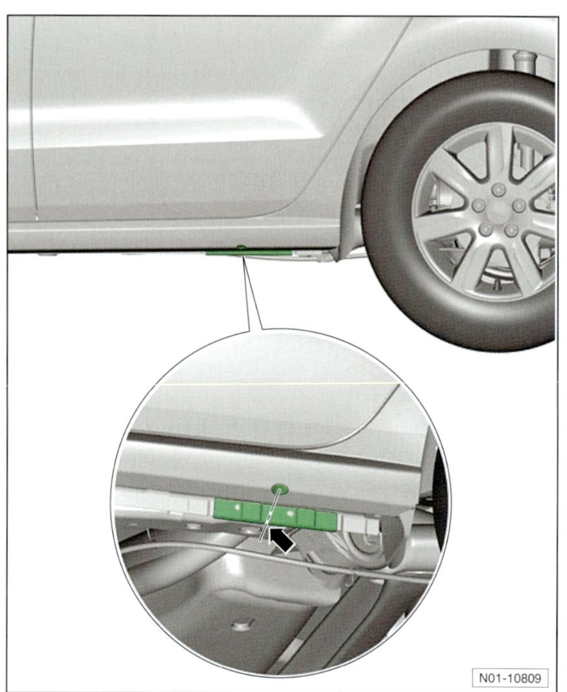

- Hinterer Aufnahmepunkt an der senkrechten Versteifung –Pfeil– des Bodenblechs unterhalb der Einprägung am Unterholm.
- Mit einem Werkstatt-Wagenheber oder einer Hebebühne darf das Fahrzeug nur an diesen Aufbockpunkten angehoben werden. Dabei muss die Versteifung mittig auf dem Aufnahmeteller von Hebebühne/Werkstattwagenheber aufliegen –Pfeil–.
- Die Räder, die beim Anheben auf dem Boden stehen bleiben, mit Keilen gegen Vor- oder Zurückrollen sichern. Nicht nur auf die Feststellbremse verlassen, diese muss bei einigen Reparaturarbeiten gelöst werden.

Achtung: Niemals bei angehobenem Fahrzeug den Motor anlassen und einen Gang einlegen, solange auch nur ein Rad noch den Boden berührt.

Achtung: Bevor die Schwerpunktlage des Fahrzeugs durch Demontagen erheblich verändert wird, muss das Fahrzeug auf der Hebebühne befestigt werden, zum Beispiel mit entsprechenden Gurten und Spannern.

Elektrische Anlage

Aus dem Inhalt:

- Sicherungen auswechseln
- Batterie ausbauen
- Generator prüfen
- Anlasser ausbauen
- Scheibenwischer
- Beleuchtungsanlage
- Armaturen/Schalter

Steckverbinder trennen

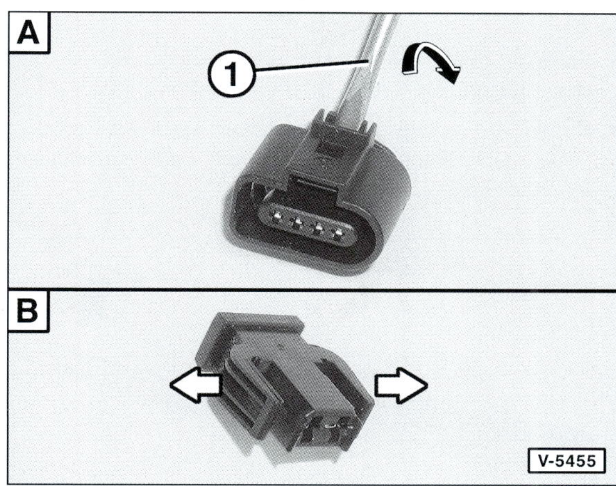

- –A–: Lasche mit einem Schraubendreher –1– herunterdrücken –Pfeil–, Stecker dabei ziehen und Verbindung trennen. Stecker beim Aufschieben hörbar einrasten lassen. **Hinweis:** An schwer zugänglichen Stellen zum Entriegeln der Lasche einen abgewinkelten Schraubendreher verwenden.
- –B–: 2 Laschen nach außen spreizen –Pfeile– und Steckverbindung trennen.

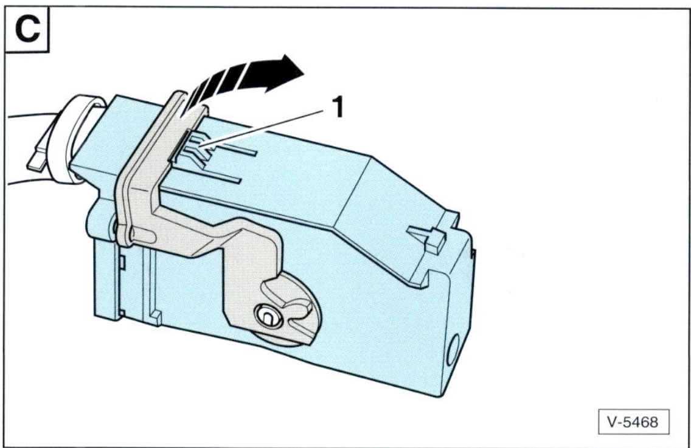

- –C–: Sicherungsraste –1– drücken, Haltebügel in Pfeilrichtung drehen und Stecker abziehen.

Lichtwellenleiter

Als Steuerleitungen kommen zum Teil Lichtwellenleiter zum Einsatz, die sich durch verlustarme Datenübertragung sowie eine hohe Bandbreite auszeichnen.

Sicherheitshinweise im Umgang mit Lichtwellenleitern beachten:

- Steckverbindungen für Lichtwellenleiter vorsichtig trennen.
- Die Übergangsstellen des Lichtwellenleiters dürfen nicht verschmutzt oder verkratzt werden.
- Lichtwellenleiter nicht knicken, strecken oder quetschen.
- **Kontaktstellen mit Abdeckkappen und Stopfen schützen**.

Signalhorn aus- und einbauen

Das Hochton- und das Tieftonhorn sind rechts und links hinter dem Stoßfänger an einem Halter befestigt.

Hinweis: Betätigt werden die Signalhörner über die federnd gelagerte Abdeckung in der Lenkradmitte. Je nach Ausstattung ist die Betätigung der Signalhörner entweder Bestandteil des Lenkrads oder in die Fahrer-Airbag-Einheit integriert und kann nicht einzeln gewechselt werden. Im Fall einer defekten Signalhornbetätigung ist die Airbag-Einheit auf der Fahrerseite oder das Lenkrad auszuwechseln.

Ausbau

Hinweis: Der Aus- und Einbau des linken und des rechten Signalhorns erfolgt auf die gleiche Weise.

- Zündung und alle elektrischen Verbraucher ausschalten.
- Zündschlüssel in Position 0 stellen.
- Untere Motorraumabdeckung ausbauen, siehe Seite 331.

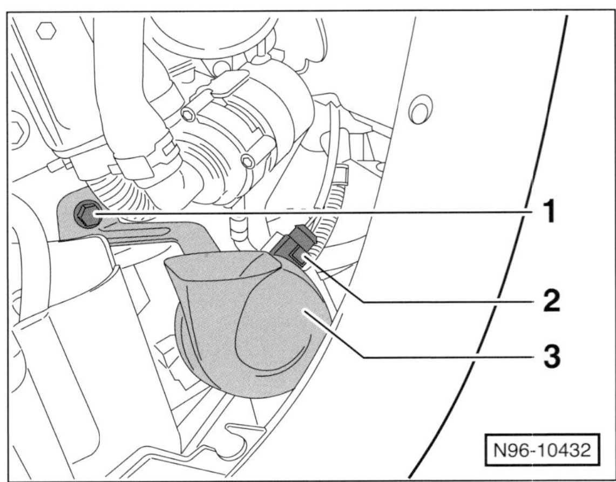

- Stecker –2– am Signalhorn –3– entriegeln und abziehen.
- Schraube –1– herausdrehen und Signalhorn –3– mit dem Halter abnehmen.

Einbau

- Der Einbau erfolgt in umgekehrter Ausbaureihenfolge. Mutter mit **20 Nm** anziehen.

Batterien für Schlüssel mit Funkfernbedienung aus- und einbauen

Ausbau

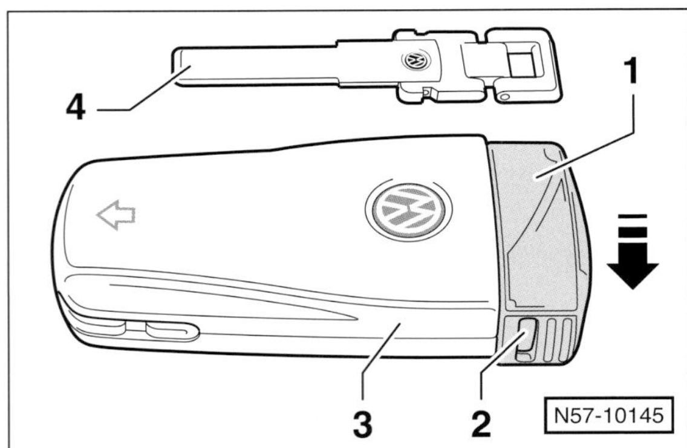

- Seitliche Taste –2– drücken und Notschlüssel –4– aus dem Fahrzeugschlüssel –3– herausziehen.
- Kappe –1– kräftig in Richtung der Taste –2– drücken –Pfeil– und entriegeln. Kappe vom Fahrzeugschlüssel –3– abziehen.

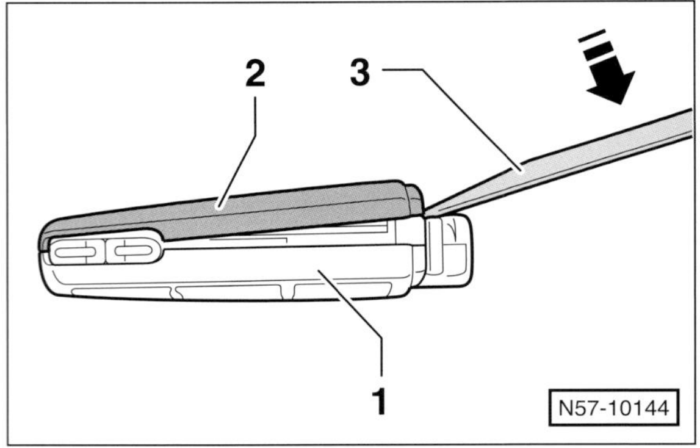

- Mit einem Schraubendreher –3– Deckel –2– vom Sendergehäuse –1– abheben –Pfeil–.

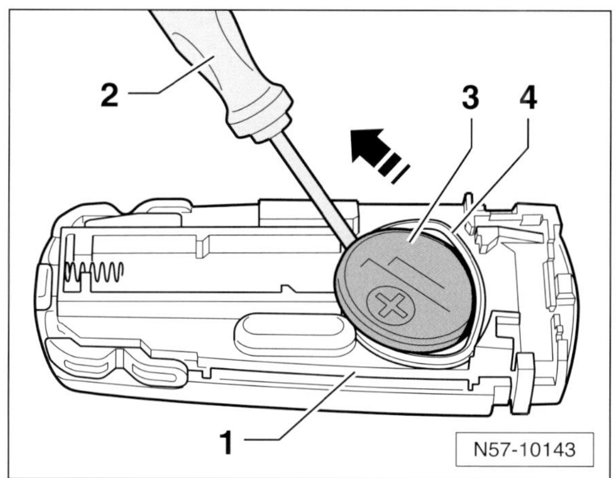

- Mit einem Schraubendreher –2– die Batterie –3– aus der Halterung –4– im Sendergehäuse –1– heraushebeln. **Achtung:** Auf die Einbaulage der Batterie achten; der Pluspol zeigt nach oben.

Einbau

- Batterie schräg in die Halterung des Sendergehäuses einlegen und mit leichtem Druck einrasten lassen. Der Pluspol der Batterie zeigt dabei nach oben.
- Deckel am Sendergehäuse auflegen und einrasten, dabei darauf achten, dass die Dichtung nicht beschädigt wird.
- Kappe am Fahrzeugschlüssel aufsetzen, an der Tastenseite kräftig andrücken und hörbar einrasten.
- Notschlüssel in den Fahrzeugschlüssel schieben.
- Funktion der Fernbedienung überprüfen. Wenn sich das Fahrzeug nicht auf- und zuschließen lässt, muss der Schlüssel in einer Fachwerkstatt mit einem Diagnosegerät an die Wegfahrsperre angepasst werden.

Sensoren für Einparkhilfe aus- und einbauen

Die Sensoren sind in der vorderen und hinteren Stoßfängerabdeckung eingesetzt.

Ausbau

- Batterie-Massekabel (–) abklemmen, siehe Seite 79.

Hinweis: Für den Ausbau der beiden vorderen, seitlichen Geber muss die Stoßfängerabdeckung nicht ausgebaut werden.

- Stoßfängerabdeckung ausbauen, siehe Seite 336.

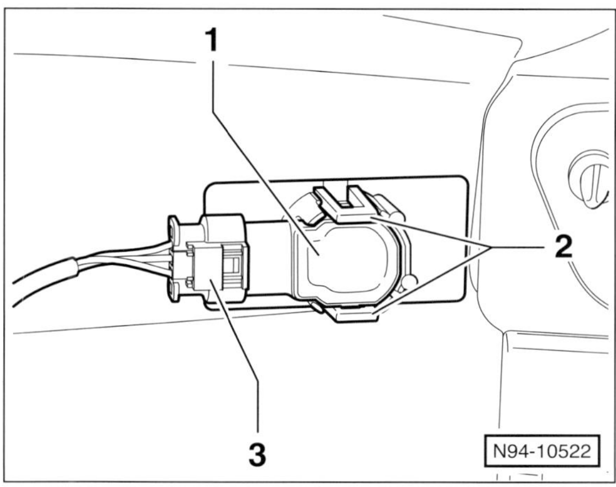

- Haltelaschen –2– auseinanderdrücken und Sensor –1– mit angeschlossenem Stecker nach hinten aus der Halterung herausziehen.

Hinweis: Schwarzen Silikonring mit herausziehen.

- Stecker –3– entriegeln und vom Sensor abziehen.

Einbau

- Darauf achten, dass der Silikonring korrekt auf dem Kopf des Sensors sitzt.
- Sensor in Halterung stecken und hörbar einrasten lassen.
- Der weitere Einbau erfolgt in umgekehrter Ausbaureihenfolge.

Sicherungen auswechseln

Um Kurzschluss- und Überlastungsschäden an den Leitungen und Verbrauchern der elektrischen Anlage zu verhindern, sind die einzelnen Stromkreise durch Schmelzsicherungen geschützt.

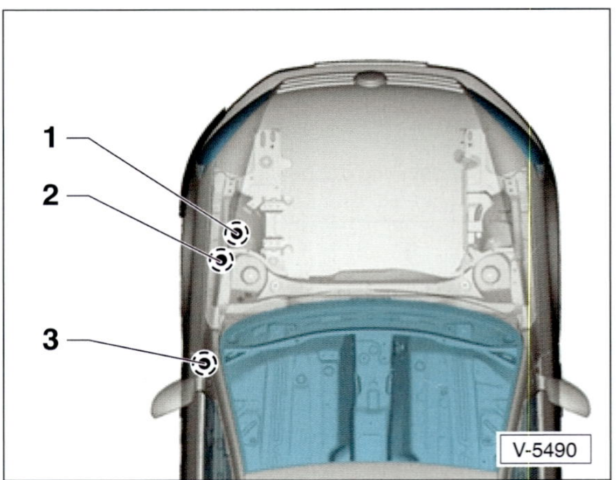

1 – **Sicherungshalter A**
Hinweis: Sicherungen in Tabellen und Stromlaufplänen weisen oftmals das Kürzel »SA« auf.

2 – **Sicherungshalter B**
Hinweis: Sicherungen in Tabellen und Stromlaufplänen weisen oftmals das Kürzel »SB« auf.

3 – **Sicherungshalter C**
Hinweis: Sicherungen in Tabellen und Stromlaufplänen weisen oftmals das Kürzel »SC« auf.

Sicherungskasten links in der Armaturententafel öffnen

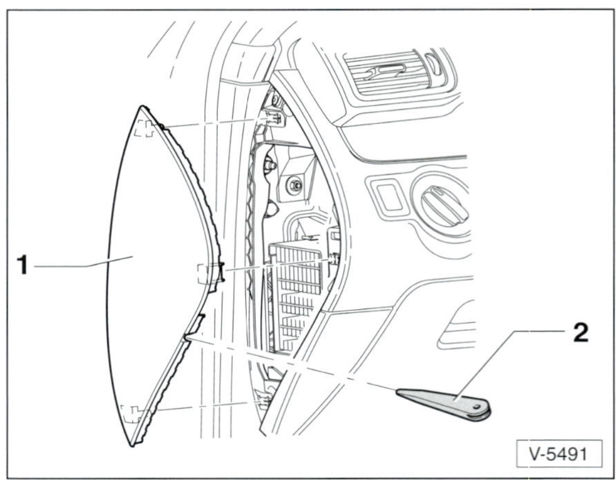

- Mit einem Schraubendreher oder einem Kunststoffkeil –2–, zum Beispiel HAZET 1965-20, seitliche Klappe –1– aus der Armaturentafel heraushebeln. Dazu Keil, wie in der Abbildung gezeigt, an der Nut der Abdeckung ansetzen. Beim Einbau den Deckel mit den Haltenasen über den Klammern ansetzen, andrücken und einrasten.

Sicherungskasten im Motorraum öffnen

- Motorhaube öffnen.

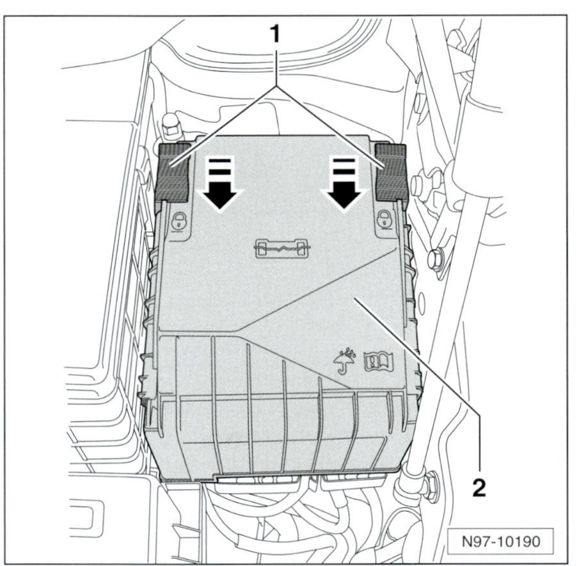

- Verriegelungsschieber –1– nach vorn schieben –Pfeile– und Deckel –2– nach oben vom Sicherungskasten abnehmen. Beim Einbau den Deckel auf den Sicherungskasten setzen, andrücken und dabei die Schieber zum Verriegeln nach hinten drücken.

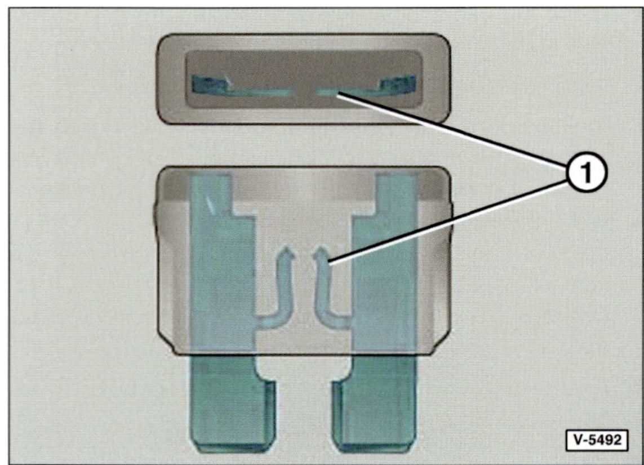

- Eine durchgebrannte Sicherung erkennt man am durchgeschmolzenen Metallstreifen –1–.

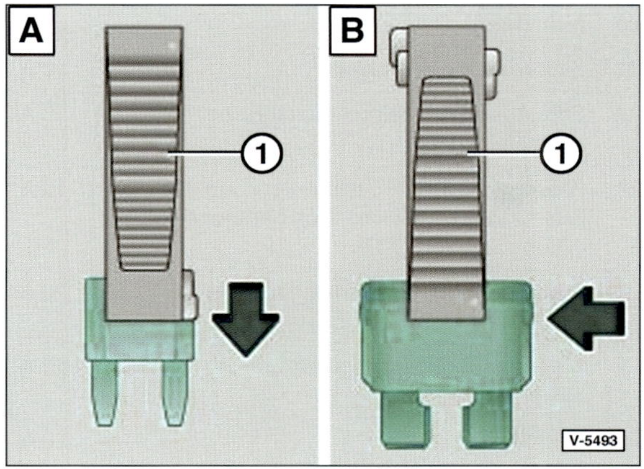

- Defekte Sicherung mit einer Kunststoffklammer –1– herausziehen. Die Kunststoffklammer befindet sich an der Rückseite des Deckels vom Sicherungskasten.
  A– kleine Flachstecksicherung, B– Standard-Flachstecksicherung.

Nennstromstärke in Ampere	Kennfarbe
5	hellbraun
7,5	braun
10	rot
15	blau
20	gelb
25	weiß oder klar
30	grün
40	orange

- Neue Sicherung **gleicher Sicherungsstärke** einsetzen. Die Nennstromstärke der Sicherung ist auf der Rückseite des Sicherungsgriffes aufgedruckt. Außerdem hat der Griff der Sicherungen eine Kennfarbe, an der ebenfalls die Nennstromstärke zu erkennen ist.
- Es empfiehlt sich, stets einige Ersatzsicherungen im Wagen mitzuführen.
- Brennt eine neu eingesetzte Sicherung nach kurzer Zeit wieder durch, muss der entsprechende Stromkreis überprüft werden.
- Auf keinen Fall Sicherung durch Draht oder ähnliche Hilfsmittel ersetzen, weil dadurch ernste Schäden an der elektrischen Anlage auftreten können.

Sicherungsbelegung links in der Armaturentafel – Sicherungshalter C

Hinweis: Die Sicherungsbelegung ist abhängig von der Ausstattung und vom Baujahr des Fahrzeugs. Die Belegung im aktuellen Fahrzeug kann von der hier aufgeführten Liste abweichen.

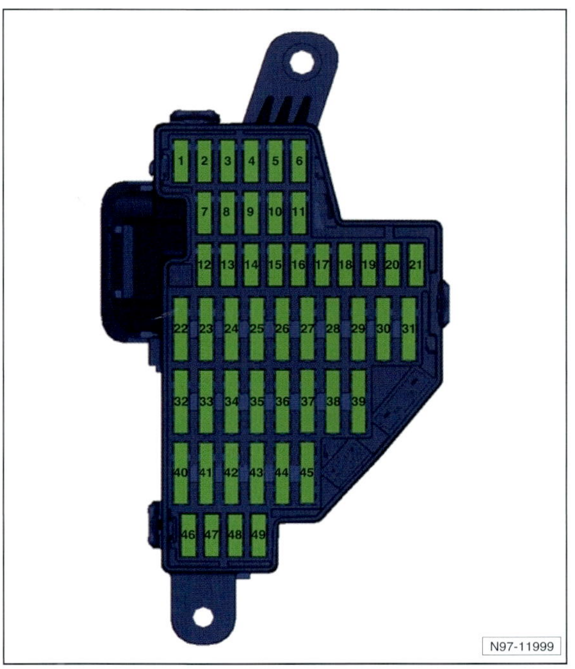

Nr.	Benennung	Stärke
1	Hochdruckgeber Sensor für Luftgüte Ölstands- und Öltemperaturgeber Relais für Frischluftgebläse Wechselrichter mit Steckdose, 12 V / 230 V automatisch abblendbarer Innenspiegel Schalter mit Regulierung des beheizbaren Rücksitzes links und rechts	10 A
2	Lichtschalter Taster für ASR und ESP Taster für AUTO HOLD Steuergerät für ABS Steuergerät für Lenkhilfe Steuergerät für elektromechanische Feststellbremse	5 A
3	Stromversorgungsrelais Heizwiderstand für Kurbelgehäuseentlüftung Gaseinblasventil 1 Gaseinblasventil 2 Gaseinblasventil 3 Gaseinblasventil 4	10 A

4	Heckrolloschalter Taster für Start-Stopp-Betrieb Steuergerät für elektronisch geregelte Dämpfung Steuergerät für Abstandsregelung Steuergerät für Einparkhilfe Steuergerät für Anhängererkennung Steuergerät für Parklenkassistent Frontkamera für Fahrerassistenzsysteme Diagnose-Anschluss	10 A
5	Einsteller für Leuchtweitenregelung Stellmotor links für Leuchtweitenregelung Stellmotor rechts für Leuchtweitenregelung	10 A
6	Steuergerät für Allradantrieb	10 A
7	Steuergerät im Kombiinstrument Diagnose-Interface für Datenbus	5 A
8	Scheinwerfer vorn rechts (nur Xenon)	10 A
9	Steuergerät für Airbag Kontrollleuchte für Airbag Beifahrerseite aus	10 A
10	Luftmassenmesser Spannungsstabilisator Steuergerät für Kraftstoffpumpe Motorsteuergerät Relais für Spannungsversorgung, Kl. 50 Relais 2 für Spannungsversorgung Starterrelais 1 Starterrelais 2	10 A
11	nicht belegt	–
12	Zentralsteuergerät für Komfortsystem	20 A
13	Lichtschalter Wählhebel Steuergerät für ABS Kontrollleuchte für Feststellbremse Diagnose-Anschluss Steuergerät für ABS	10 A
14	Sende- und Empfangsmodul 1 für Innenraumüberwachung Alarmhorn	10 A
15	Sensor für Regen- und Lichterkennung Relais für beheizbare Heckscheibe Relais für beheizbare Frontscheibe Steuergerät für Climatronic Steuergerät für Klimaanlage Steuergerät für Rückfahrkamerasystem Steuergerät für Klemmen- und Motorstartsteuerung Funkempfänger für Zusatzwasserheizung Steuergerät für Reifendruckkontrolle	10 A
16	Elektronisches Zündschloss Steuergerät für ELV Steuergerät für Klemmen- und Motorstartsteuerung	10 A
17	nicht belegt	–
18	Bordnetzsteuergerät Spannungsstabilisator Motorsteuergerät Relais 2 für Spannungsversorgung	3 A
19	nicht belegt	–

20	nicht belegt	–
21	Steuergerät für Heckrollo	10 A
22	Steuergerät für elektromechanische Feststellbremse	20 A
23	Steuergerät für Anhängererkennung Steuergerät für elektronisch geregelte Dämpfung [4]	15 A
24	Steuergerät für elektromechanische Feststellbremse	20 A
25	Steuergerät für Anhängererkennung Taster für Notruf	15 A
26	Innenleuchte vorn Steuergerät für Schiebedach [4]	20 A
27	Steuergerät für Kraftstoffpumpe [1] Kraftstoffpumpenrelais [2]	15A [1] 20A [2]
28	Türsteuergerät Fahrerseite	30 A
29	Steuergerät für beheizbare Rücksitze	20 A
30	Steuergerät für Schiebedach	20 A
31	Wechselrichter mit Steckdose, 12 V-230 V	30 A
32	beheizbare Heckscheibe	30 A
33	Relais für Scheinwerferreinigungsanlage Pumpe für Scheinwerferreinigungsanlage	30 A
34	Steuergerät für beheizbare Vordersitze	25 A
35	Schalter für Verstellung der Lendenwirbelstütze des Fahrersitzes	15 A
36	Relais für Spannungsversorgung Anhänger	15 A
37	Steuergerät für Anhängererkennung Steuergerät 2 für Heckklappe [4]	20 A
38	Relais für Frischluftgebläse Steuergerät für Frischluftgebläse (Climatronic) Steuergerät für Klimaanlage (Climatic)	40 A
39	Wählhebel Schalter für Rückfahrleuchten Mechatronik für Doppelkupplungsgetriebe	5 A
40	Bordnetzsteuergerät Motor für Heckscheibenwischer Frontscheibenwasch- und Heckscheibenwaschpumpe	15 A
41	Bordnetzsteuergerät Zigarettenanzünder [2] Zigarettenanzünder hinten [2]	20 A
42	12-V-Steckdose	15 A
43	Steuergerät für Zusatzheizung (nur bei Zweitbatterie)	20 A
44	Türsteuergerät Beifahrerseite	30 A
45	Relais für Standheizbetrieb (nur bei Zweitbatterie)	20 A
46	nicht belegt	–
47	Analoguhr [3], TV-Tuner [3]	k.A.

48	Steuergerät im Schalttafeleinsatz (Kombiinstrument) [3]	5 A
49	nicht belegt	–

[1]) nur bei Benzinmotor

[2]) nur bei Dieselmotor

[3]) nur Fahrzeuge mit Start-Stopp-Anlage

[4]) nur Fahrzeuge mit Rechtslenker

Hinweis: Im Stromlaufplan werden die Sicherungen mit SC1 bis SC49 bezeichnet. SC = Sicherung im Sicherungshalter »C«.

Sicherungs- und Relaisbelegung Motorraum

Hinweis: Die Sicherungs- und Relaisbelegung ist abhängig von der Ausstattung und vom Baujahr des Fahrzeugs.

Sicherungsbelegung bei Ausstattung »Low«

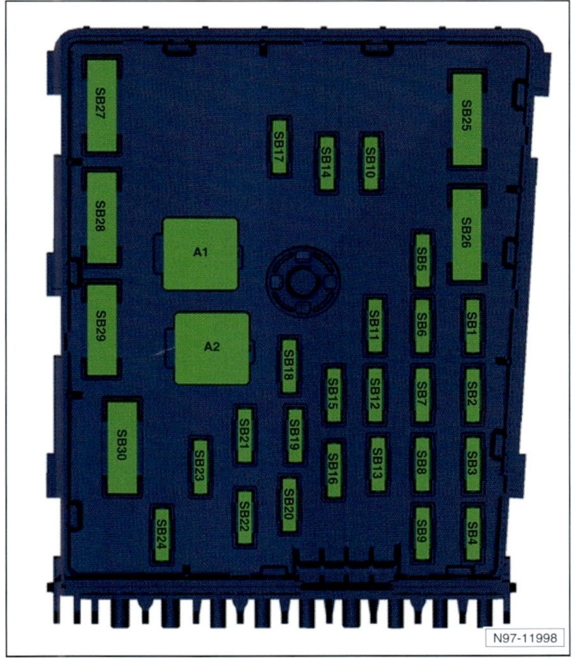

Nr.	Benennung	Stärke
1	nicht belegt	–
2	Steuergerät für ABS	30 A
3	Hochtonhorn Tieftonhorn Relais für Doppeltonhorn	20 A
4	Steuergerät für Anhängererkennung	20 A
5	Steuergerät für Batterieüberwachung Bordnetzsteuergerät	5 A
6	Mechatronik für Doppelkupplungsgetriebe	15 A
7	Radio Steuergerät mit Anzeigeeinheit für Radio und Navigationssystem Spannungsstabilisator	15 A 20 A 30 A
8	Mechatronik für Doppelkupplungsgetriebe	30 A
9	Steuergerät für Lenksäulenelektronik	5 A
10	Zündspulen mit Leistungsendstufen (Zylinder 1 – 4) Regelventil für Kraftstoffdruck Ventil für Kraftstoffdosierung	20 A
11	Steuergerät im Schalttafeleinsatz (Kombiinstrument) [1]	5 A
12	TV-Tuner	5 A

13	Stromversorgungsrelais für Motronic Relais für Spannungsversorgung der Kl. 30 Motorsteuergerät	10 A
14	Motorsteuergerät [2)] Motorsteuergerät [3)]	30 A 25 A
15	Diagnose-Interface für Datenbus	5 A
16	Magnetventil für Ladedruckbegrenzung [2)] Umschaltventil für Kühler der Abgasrückführung Magnetkupplung für Kompressor [3)] Relais für Kühlmittelnachlauf [3)] Pumpe für Kühlmittelnachlauf [3)] Pumpe 2 für Kühlmittelumlauf	10 A
17	Regelventil für Kraftstoffdruck Ventil 1 für Tankabsperrung Ventil 2 für Tankabsperrung Ventil 3 für Tankabsperrung Pumpe für Kühlmittelumlauf Relais für kleine Heizleistung	10 A 40 A
18	Geber für Kraftstoffqualität Hochdruckventil für Gasbetrieb	10 A
19	Verstärker	
20	Bremslichtschalter Kupplungspositionsgeber Relais für kleine Heizleistung Relais für große Heizleistung Stromversorgungsrelais für Motorkomponenten Regelventil für Kraftstoffdruck	10 A
21	Steuergerät für Zusatzheizung	20 A
22	Steuergerät für Wischermotor	30 A
23	Bremslichtschalter Luftmassenmesser Kupplungspositionsgeber Kraftstoffpumpenrelais Steuergerät für Glühzeitautomatik Steuergerät für Kühlerlüfter Relais für Kühlmittelzusatzpumpe Magnetventil für Ladedruckbegrenzung Magnetventil 1 für Aktivkohlebehälter Ventil 1 für Nockenwellenverstellung Umluftventil für Turbolader Ventil für Saugrohrklappe Ventil für Öldruckregelung	10 A
24	Heizung für Lambdasonde Heizung für Lambdasonde 1 nach Katalysator	10A [4)] 15A [4)]
25	Bordnetzsteuergerät	40 A
26	Bordnetzsteuergerät	40 A
27	beheizbare Frontscheibe	60 A
28	Steuergerät für Glühzeitautomatik [2)]	50 A
29	Bordnetzsteuergerät Entlastungsrelais für X-Kontakt	50 A
30	Relais für Spannungsversorgung der Kl. 15 Bordnetzsteuergerät	50 A

[1)] nur Fahrzeuge mit Start-Stopp-Anlage

[2)] nur bei Dieselmotor

[3)] nur bei Benzinmotor

[4)] ausstattungsabhängig

Hinweis: Im Stromlaufplan werden die Sicherungen mit SB1 bis SB30 bezeichnet.
SB = Sicherung im Sicherungshalter »B«.

Relaisbelegung auf der E-Box Low im Motorraum

Nr.	Benennung	SLP-Bez.
A1	Stromversorgungsrelais für Motorkomponenten	J757
A2	Dieselmotor: Relais für Spannungsversorgung der Klemme 30	J317
A2 -	Benzinmotor: Stromversorgungsrelais für Motronic	J271

Sicherungsbelegung bei Ausstattung »High«

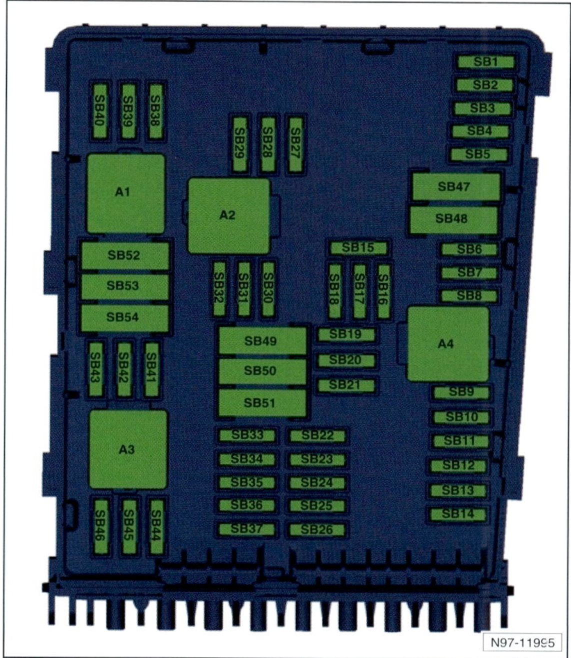

Nr.	Benennung	Stärke
1	nicht belegt	–
2	Steuergerät für ABS	30 A
3	Steuergerät für Anhängererkennung	20 A
4	nicht belegt	–
5	Hochtonhorn Tieftonhorn Relais für Doppeltonhorn	20 A
6	Zündspulen mit Leistungsendstufen	20 A
7	Regelventil für Kraftstoffdruck	15 A
8	Bremslichtschalter Relais für Kühlmittelnachlauf Steuergerät für Kühlerlüfter Magnetventil 1 für Aktivkohlebehälter Ventil 1 für Nockenwellenverstellung Ventil 1 für Nockenwellenverstellung im Auslass	10 A
9	Relais für Umwälzpumpe	5 A
10	Stromversorgungsrelais 2 für Motronic	10 A
11	Motorsteuergerät	25A
12	Analoguhr	10 A
13	nicht belegt	–
14	nicht belegt	–
15	Pumpe für Kühlmittelnachlauf	10 A
16	Steuergerät für Lenksäulenelektronik	5 A
17	Steuergerät im Schalttafeleinsatz (Kombiinstrument)	5 A
18	nicht belegt	–
19	Radio Steuergerät mit Anzeigeeinheit für Radio und Navigationssystem	15A
20	Analoguhr TV-Tuner	5 A
21	nicht belegt	–
22	nicht belegt	–
23	nicht belegt	–
24	Diagnose-Interface für Datenbus	5 A
25	nicht belegt	–
26	Stromversorgungsrelais für Motronic Motorsteuergerät	10 A
27	nicht belegt	–
28	nicht belegt	–
29	nicht belegt	–
30	Steuergerät für Zusatzheizung	20 A
31	Steuergerät für Wischermotor	30 A
32	nicht belegt	–
33	Heizung für Lambdasonde Heizung für Lambdasonde 2	15 A
34	nicht belegt	–
35	Relais für Standheizbetrieb	20 A
36	nicht belegt	–
37	nicht belegt	–
38	nicht belegt	–
39	nicht belegt	–
40	nicht belegt	–
41	nicht belegt	–
42	nicht belegt	–
43	nicht belegt	–
44	nicht belegt	–
45	Heizung für Lambdasonde 1 nach Katalysator Heizung für Lambdasonde 2 nach Katalysator	10 A
46	nicht belegt	–
47	Bordnetzsteuergerät	40 A
48	Bordnetzsteuergerät	40 A
49	Relais für Spannungsversorgung der Kl. 15	50 A
50	nicht belegt	–
51	nicht belegt	–
52	beheizbare Frontscheibe	60 A
53	Entlastungsrelais für X-Kontakt	50A

Relaisbelegung »High« auf der E-Box im Motorraum

Nr.	Benennung	SLP-Bez.
A1	Strombrücke Relais für Gasabsperrventile	– J908
A2	Relais für Kühlmittelnachlauf	J151
A3	nicht belegt	–
A4	Hauptrelais	J271

Zusätzliche Sicherungen und Relais

Einige Sicherungen sind einzeln an verschiedenen Stellen im Fahrzeug untergebracht.

- Die Sicherung für das Bordnetzsteuergerät und das Steuergerät für Batterieüberwachung hat eine Stärke von 5 A und befindet sich hinten links im Kofferraum.
- Das Relais für die beheizbare Frontscheibe sitzt im Wasserkasten neben dem Motorsteuergerät.

Zusatz-Relaisträger links unter der Armaturentafel

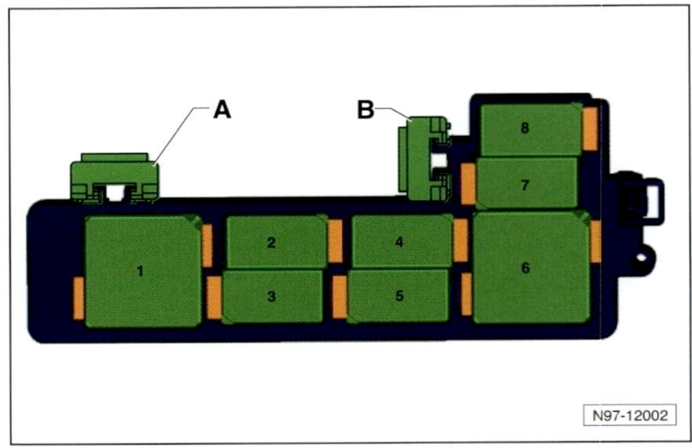

Nr.	Benennung	SLP-Bez.
1	Relais für Frischluftgebläse (Climatic mit Standheizung)	J13
2	Relais für Standheizbetrieb (Climatic mit Standheizung)	J485
3	Relais für Standheizbetrieb (Dieselmotor mit Standheizung)	J485
4	nicht belegt	–
5	Relais für Kühlmittelnachlauf (nur 1,8-/2,0-l-Benzinmotor)	J151
5	Stromversorgungsrelais	J17
6	Relais für Spannungsversorgung, Kl. 50 (nicht für Fahrzeuge mit Start-Stopp-System)	J682
7/8	Relais 2 für Spannungsversorgung (nicht für Fahrzeuge mit Start-Stopp-System)	J710

- Die Thermosicherung 1 –A– für die Fahrersitzverstellung sitzt auf einem Träger unter der Armaturentafel auf der Fahrerseite. Sicherungsplatz –B– ist nicht belegt.

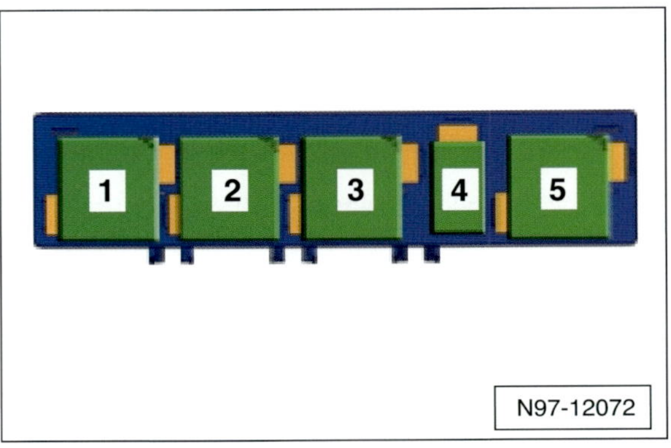

Nr.	Benennung	SLP-Bez.
1	Relais für beheizbare Heckscheibe	J9
2	Relais für Spannungsversorgung der Kl. 15	J329
3	Relais für Doppeltonhorn Relais für Scheinwerferreinigungsanlage	J4 J39
4	Relais für Spannungsversorgung des Anhängers (ab Mai 2012)	J941
4	nicht belegt	–
5	Entlastungsrelais für X-Kontakt	J59

Batterie-Massekabel ab- und anklemmen

Achtung: Bei Arbeiten an **pyrotechnischen Bauteilen** (beispielsweise Airbag, Gurtstraffer) Sicherheitshinweise und **abweichende Maßnahmen** für das **Ab- und Anklemmen der Batterie beachten.**

Hinweis: Um die elektrische Anlage des Fahrzeuges stromlos zu schalten genügt es in der Regel, das Batterie-Massekabel abzuklemmen. Das Abschrauben des Batterie-Pluskabels ist normalerweise nur für den Ausbau der Batterie erforderlich.

Achtung: Durch das Abklemmen der Batterie werden einige elektronische Speicher gelöscht:

- Nach dem Anklemmen der Batterie die elektrischen Fensterheber neu aktivieren:
  - Alle Türen schließen.
  - Alle Fenster ganz öffnen und wieder schließen.
  - Bei geschlossenen Fenstern für jedes Fenster den Fensterheberschalter mindestens 2 Sekunden lang ziehen und so Fenster in Schließstellung halten.
  - Gesamten Vorgang ein zweites Mal durchführen.

Hinweis: Zum Abklemmen der Batterie muss die Diebstahlwarnanlage deaktiviert sein.

Abklemmen

Je nach Ausstattung kann die Starterbatterie im Motorraum oder im Kofferraum eingebaut sein.

- Zündung und alle elektrischen Verbraucher ausschalten.
- Den Zündschlüssel in Position 0 stellen.

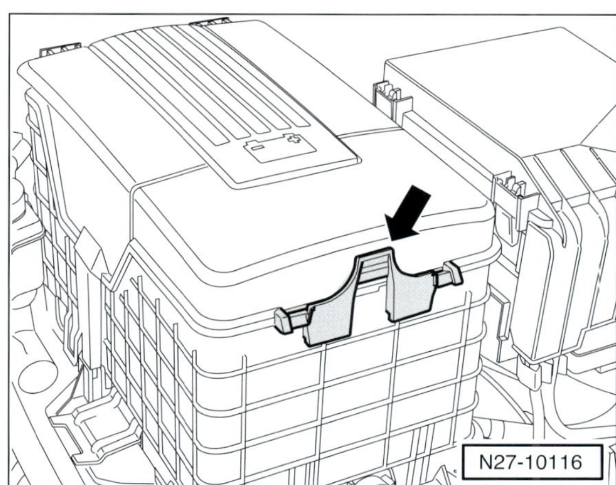

- Fahrzeuge mit Batteriekasten im Motorraum: Verriegelung –Pfeil– öffnen und den Deckel des Batteriegehäuses abnehmen.

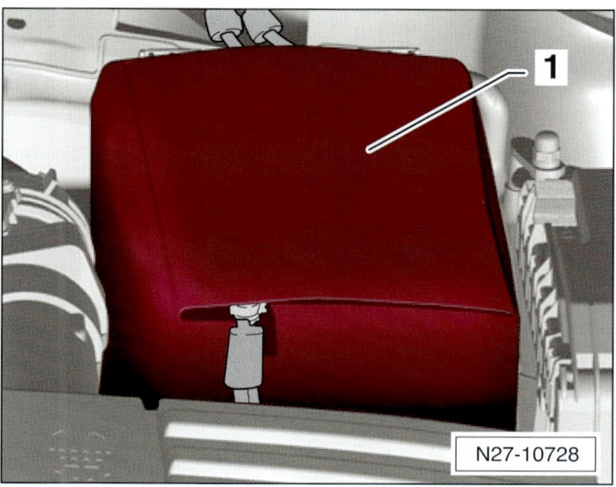

- Fahrzeuge mit Batterieschutzhülle im Motorraum: Abdecklasche –1– der Batterieschutzhülle öffnen.
- Fahrzeuge mit Batterie im Kofferraum: Abdeckung in der linken Seitenverkleidung im Kofferraum öffnen und das Ablagefach herausnehmen.

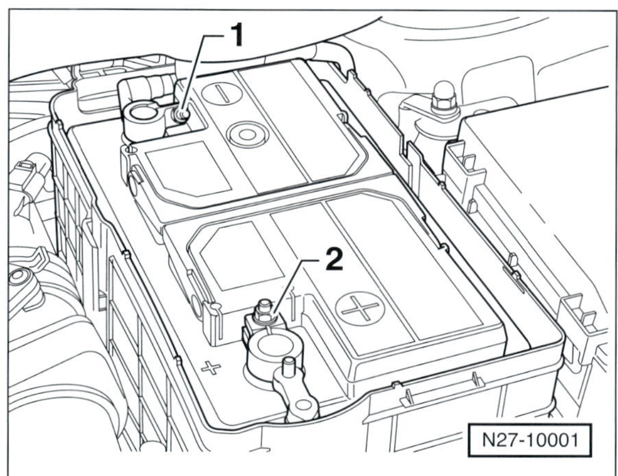

- Falls vorhanden, Abdeckung über dem Batterie-Minuspol (–) öffnen.
- Mutter –1– einige Umdrehungen lösen und Batteriepolklemme der Masseleitung vom Batteriepol abziehen.

  2 – Klemmmutter für Pluspol-Klemme.

Anklemmen

Achtung: Nach Arbeiten an **pyrotechnischen Bauteilen** Sicherheitshinweise und **abweichende Maßnahmen** beim **Anklemmen** der Batterie **beachten.**

- Batteriepolklemme der Masseleitung von Hand auf den Batterie-Minuspol (–) aufstecken.
- Klemmmutter mit **6 Nm** festziehen.
- Zündung mit dem Zündschlüssel einschalten und wieder ausschalten.
- Fehlerspeicher sämtlicher Steuergeräte mit einem Fahrzeugdiagnosetester abfragen und eventuell den Fehler »Unterspannung« löschen.
- Zündung einschalten.
- Uhrzeit prüfen, gegebenenfalls einstellen.
- Fenster jeweils bis Endanschlag öffnen und schließen. Nachdem das Fenster geschlossen ist, den Fensterheberschalter ziehen, bis das Relais hörbar schaltet.
- Komfortschaltung der Fensterheber prüfen: Das jeweilige Fenster muss bei betätigter Komfortschaltung, ohne Halten des Fensterheberschalters, schließen.

Hinweis: Nach Wiederanschließen der Spannungsversorgung leuchten in der Regel die ESP- und ASR-Warnleuchte sowie Kontrollleuchte für elektromechanische Servolenkung dauerhaft. Die Kontrollleuchten erlöschen automatisch, wenn mit 15 bis 20 km/h eine Wegstrecke geradeaus gefahren wird. Dadurch wird der Geber für Lenkwinkel wieder aktiviert. ESP = Elektronisches Stabilisierungsprogramm, ASR = Anti-Schlupf-Regelung.

- Fahrzeuge mit Batteriekasten im Motorraum: Deckel hinten am Batteriegehäuses einhängen, vorn herunterklappen und einrasten.
- Fahrzeuge mit Batterieschutzhülle im Motorraum: Abdecklasche der Batterieschutzhülle schließen.
- Fahrzeuge mit Batterie im Kofferraum: Ablagefach über der Batterie einsetzen und Abdeckung in der linken Seitenverkleidung im Kofferraum schließen.

Batterie aus- und einbauen

Je nach Ausstattung kann die Starterbatterie im Motorraum oder im Kofferraum eingebaut sein.

Hinweis: Wird die Autobatterie ersetzt, unbedingt die Altbatterie zum Händler mitnehmen und zurückgeben. Sonst muss Pfand für die neue Batterie bezahlt werden.

Hinweis: Bei Ersatz einer AGM- oder Vlies-Batterie beziehungsweise einer EFB-Batterie unbedingt wieder eine Batterie gleicher Ausführung einbauen. AGM- oder EFB-Batterien werden in der Regel bei Fahrzeugen mit Start-Stopp-System verwendet.

AGM = Absorbent Glass Mat (Vliesbatterie)

EFB = Enhanced Flooded Battery (verstärkte Nassbatterie)

Achtung: Durch das Abklemmen der Batterie werden einige elektronische Speicher gelöscht.

Achtung: Bei Fahrzeugen mit Batterieüberwachung muss nach dem Einbau einer neuen Starterbatterie die Sensoreinstellung mit dem Fahrzeug-Diagnosetester aktualisiert werden.

Batterie im Motorraum

Ausbau

- Batterie-Massekabel (–) abklemmen, siehe entsprechendes Kapitel.
- Batterie-Pluskabel (+) auf die gleiche Weise abklemmen, siehe Position –2– in Abbildung N27-10001.
- Dieselmotor: Luftfilter ausbauen, siehe Seite 283.

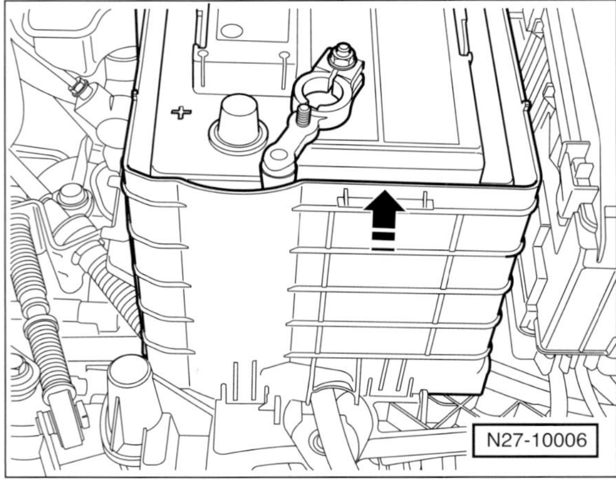

- Je nach Ausstattung, entweder die Wand des Batteriekastens oder die Vliestasche in Pfeilrichtung nach oben von der Batterie abziehen.

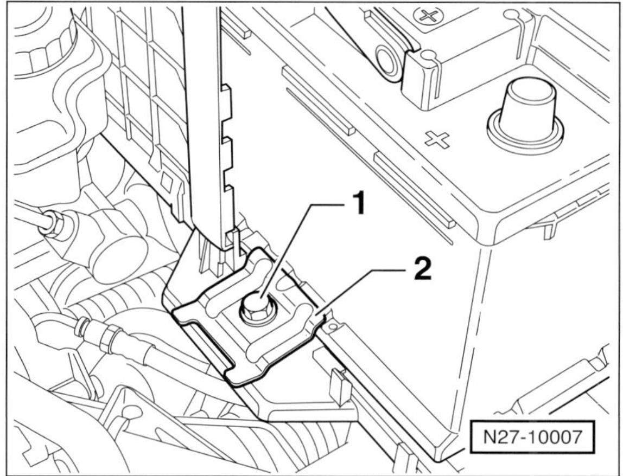

- Befestigungsschraube –1– herausschrauben und den Haltebügel –2– abnehmen.

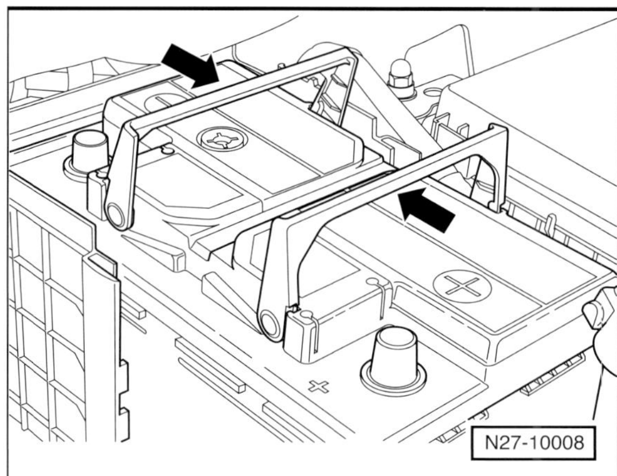

- Falls vorhanden, Griffe –Pfeile– nach oben klappen und die Batterie herausnehmen.

Einbau

- Der Einbau erfolgt in umgekehrter Ausbaureihenfolge, dabei Folgendes beachten:
- ■ Darauf achten, dass die Batterie einen passenden Bodenleisten-Adapter zur Anpassung an die Klemmleiste des Batterieträgers besitzt.

Achtung: Bei einer lose montierten Batterie bestehen folgende Gefahren:

- ■ Verkürzte Lebensdauer durch Rüttelschäden (Explosionsgefahr).
- ■ Bei nicht sachgemäßer Befestigung der Batterie kommt es zu Beschädigungen der Gitterplatten in der Batterie.
- ■ Beschädigung des Batteriegehäuses durch den Befestigungsbügel/Klemmplatte (möglicher Säureaustritt, hohe Folgekosten).
- ■ Mangelhafte Crash-Sicherheit.
- Haltebügel mit **20 Nm** anschrauben.
- Batterie nach dem Einbau auf festen Sitz prüfen.
- Batterie anklemmen, siehe entsprechendes Kapitel. Zuerst Pluskabel (+), dann Massekabel (–). Klemmmuttern mit **6 Nm** festziehen.

Batterie im Kofferraum

Fahrzeuge mit Starterbatterie im Kofferraum besitzen zur Erhöhung der Crashsicherheit eine Batterieabtrennung. Im Falle eines Unfalls wird durch das Airbag-Steuergerät eine Sprengung ausgelöst, die die Zuleitung zum Anlasser unterbricht. Die Batterieabtrennung erfolgt pyrotechnisch mit einer sehr kleinen Sprengladung. Um bei Arbeiten an der Batterie oder der Batterieabtrennung die Zündung nicht versehentlich auszulösen, muss unbedingt zuerst die Minuspolklemme abgeklemmt werden.

Die pyrotechnische Batterieabtrennung ist in die Hauptsicherungsbox, links über der Batterie, integriert.

Ausbau

- Batterie-Massekabel (–) abklemmen, siehe entsprechendes Kapitel.

Achtung: Vor dem Berühren der Batterieabtrennung eventuell vorhandene elektrostatische Aufladung abbauen. Dazu Heckklappenschloss oder ein anderes mit der Karosserie verbundenes, blankes Metallteil anfassen.

- Batterie-Pluskabel (+) auf die gleiche Weise abklemmen, siehe Position –2– in Abbildung N27-10001.

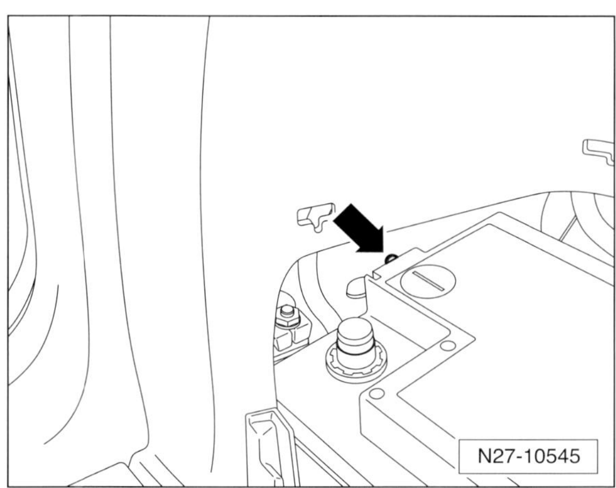

- Schlauch für Zentralentgasung –Pfeil– von der Batterie abziehen.

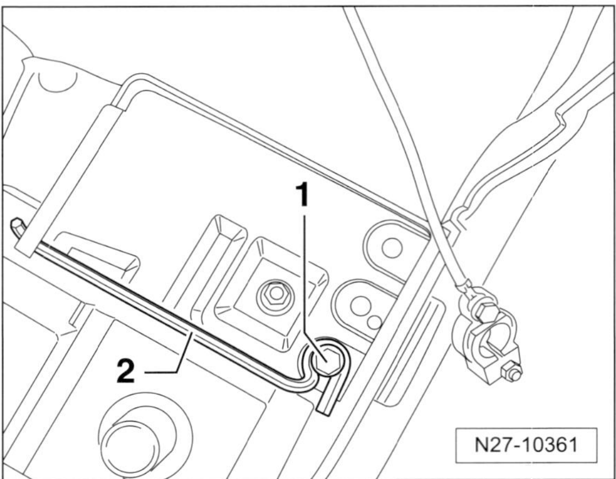

- Befestigungsschraube –1– abschrauben und den Befestigungsbügel –2– herausnehmen.
- Falls vorhanden, Griffe nach oben klappen und die Batterie herausnehmen.

Einbau

- Der Einbau erfolgt in umgekehrter Ausbaureihenfolge, dabei Folgendes beachten:
- ■ Sicherheitshinweise befolgen, siehe Abschnitt über die Batterie im Motorraum.
- Haltebügel mit **20 Nm** anschrauben.
- Batterie nach dem Einbau auf festen Sitz prüfen.
- Batterie anklemmen, siehe entsprechendes Kapitel. Zuerst Pluskabel (+), dann Massekabel (–). Klemmmuttern mit **6 Nm** festziehen.

Achtung: Bei Batterien mit Schlauch für die Zentralentgasung ist darauf zu achten, dass der Schlauch bei der Montage nicht abgeklemmt wird. Nur so kann die Batterie frei entgasen.

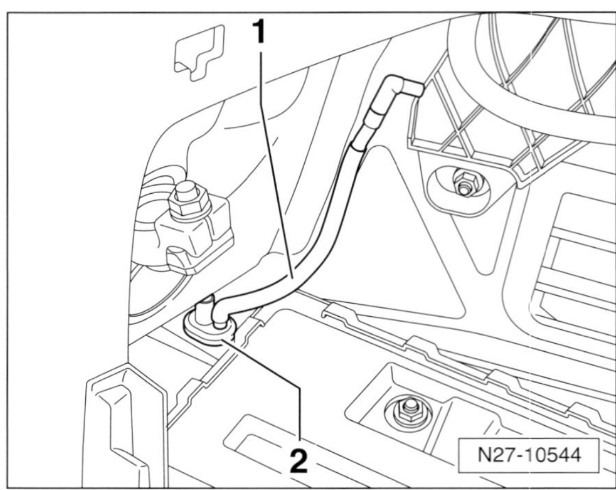

- ■ Darauf achten, dass der Schlauch für Zentralentgasung –1– in die Gummitülle –2– eingesteckt ist.
- ■ Bei Batterien ohne Schlauch für die Zentralentgasung ist darauf zu achten, dass die Öffnung an der oberen Deckelseite der Batterie nicht verstopft ist.

Batterieträger aus- und einbauen

Batterie im Motorraum

Ausbau

- Batterie ausbauen, siehe entsprechendes Kapitel.

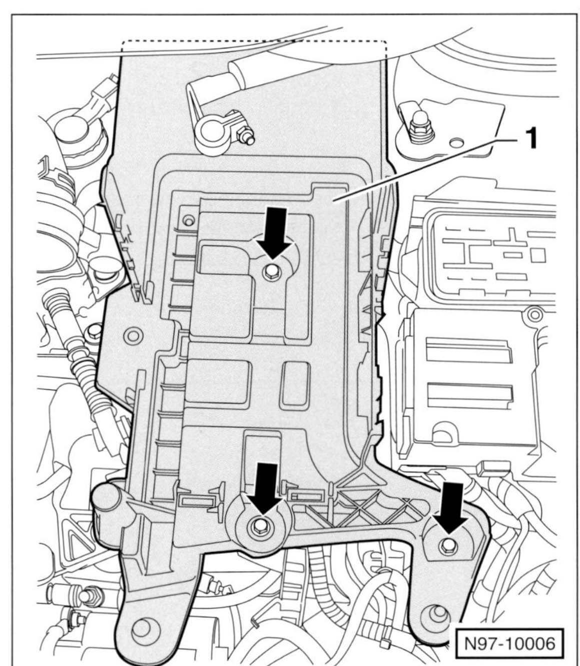

- Schrauben –Pfeile– herausdrehen und Batterieträger –1– aus dem Motorraum herausziehen.

Einbau

- Der Einbau erfolgt in umgekehrter Ausbaureihenfolge.

Batterie prüfen

Mechanische Prüfung

- Batterie sichtprüfen sowie Batterie beziehungsweise Batterieklemmen auf festen Sitz prüfen, siehe Seite 59.

Ladezustand und Säurestand prüfen

Vor Beginn des Winters sollte die Batterie unbedingt überprüft werden. Bei großer Kälte sinkt die Batteriespannung einer nur mäßig geladenen Batterie während des Anlassvorgangs stark ab.

Serienmäßig ist eine wartungsfreie Batterie eingebaut bei der kein destilliertes Wasser nachgefüllt werden kann. Zur Ermittlung des Ladezustandes dient ein »magisches Auge« auf der Oberseite der Batterie.

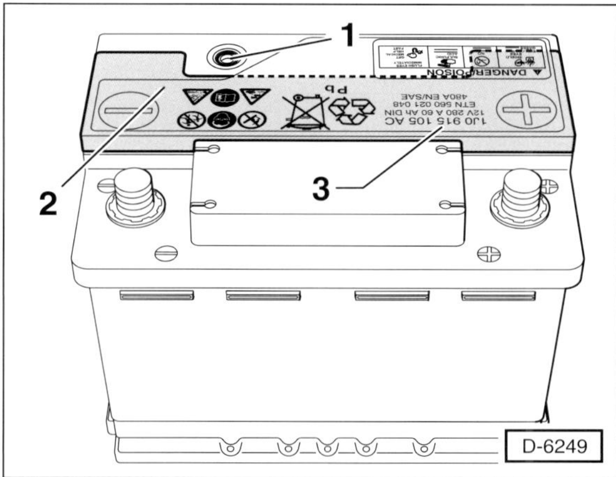

Das magische Auge –1– sitzt oben auf der Batterie. Die Position des magischen Auges ist je nach Batterieausführung unterschiedlich. Die Zellöffnungen sind mit einer Abdeckung –2– verschlossen. 3 – Kennnummer der Batterie.

Hinweis: Die Abdeckung –2– dient nur zur Befüllung in der Produktion. **Die Abdeckung darf auf keinen Fall abgenommen werden, sonst wird die Batterie unbrauchbar und muss ersetzt werden.**

Magisches Auge prüfen

Anhand der Farbe des magischen Auges können der Säurestand und damit der Ladezustand der Batterie abgelesen werden. Da sich das magische Auge nur in einer Batteriezelle befindet, ist die Anzeige auch nur für diese Zelle gültig. Eine exakte Beurteilung des Batteriezustandes ist nur durch eine Belastungsprüfung möglich (Werkstattarbeit).

Hinweis: Je nach Baujahr des Fahrzeuges gibt es 2 unterschiedlichen Ausführungen des magischen Auges. Ältere Batterien besitzen ein magisches Auge mit **3-farbiger** Anzeige, bei neueren Batterien ist die Anzeige **2-farbig**. Die jeweilige Ausführung des magischen Auges ist an der Batterie-Kennnummer –3– erkennbar.

3-farbige Anzeige: Die Batterie-Kennnummer beginnt mit »1J0«, »7N0« oder »3B0«. Eine Ersatzteil-Batterie hat die Kennnummer »000 915 105 Ax«, wobei »x« für einen beliebigen Buchstaben stehen kann.

2-farbige Anzeige: Die Batterie-Kennnummer beginnt mit »5K0«. Eine Ersatzteil-Batterie hat die Kennnummer »000 915 105 Dx«, wobei »x« für einen beliebigen Buchstaben stehen kann.

- Magisches Auge mit einer Taschenlampe anleuchten und Farbanzeige prüfen. **Hinweis:** Durch Luftblasen unter dem magischen Auge kann die Farbanzeige verfälscht werden. Daher bei der Prüfung mit einem Schraubendrehergriff leicht auf das Batteriegehäuse klopfen.
- Magisches Auge mit **3-farbiger** Anzeige beurteilen:
  - ◆ Grün – die Batterie ist ausreichend geladen, der Säurestand ist in Ordnung.
  - ◆ Schwarz – die Batterie ist zu gering geladen oder entladen. Batterie laden.
  - ◆ Farblos oder gelb – der Säurestand ist zu niedrig. Die Batterie muss ersetzt werden.
- Magisches Auge mit **2-farbiger** Anzeige beurteilen:
  - ◆ Schwarz – der Säurestand ist in Ordnung. Der Ladezustand kann nur mit einer Batterie-Belastungsprüfung festgestellt werden.
  - ◆ Farblos oder gelb – der Säurestand ist zu niedrig. Die Batterie muss ersetzt werden.

Achung: Batterien, bei denen das magische Auge farblos oder hellgelb anzeigt, dürfen nicht unter Belastung geprüft oder geladen werden. Es darf auch keine Starthilfe gegeben werden. Beim Prüfen, Laden oder bei der Starthilfe besteht Explosionsgefahr!

Ruhespannung messen

- Zündung ausschalten. Alle elektrischen Verbraucher ausschalten. Zündschlüssel abziehen.
- Batterie-Massekabel abklemmen, siehe entsprechendes Kapitel.
- Bis zum Messen der Ruhespannung mindestens 2 Stunden warten. Die Batterie darf in diesem Zeitraum weder geladen noch entladen werden.

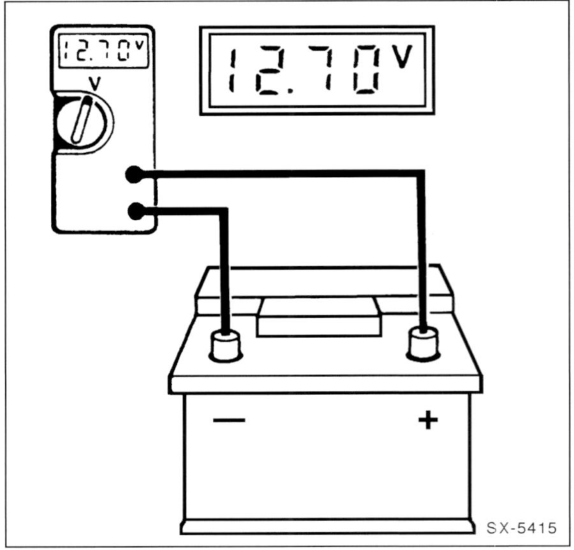

- Multimeter zwischen den beiden Batteriepole anschließen und Spannung messen.
- **Beurteilung des Spannungsmesswertes:**
  12,7 Volt oder darüber: Batterie in gutem Zustand.
  11,6 – 12,6 Volt: Batterie laden.
  unter 11,6 Volt: Batterie tiefentladen, Batterie laden oder ersetzen.
- Falls die Batterie geladen wurde, nach einer Wartezeit von 2 Stunden Ruhespannung erneut prüfen. Liegt der Messwert abermals unter 12,7 Volt, empfiehlt es sich die Batterie zu ersetzen.

Batterie unter Belastung prüfen

Achung: Wenn das **magische Auge farblos** oder **hellgelb** anzeigt, darf die Batterie **nicht geprüft** werden. **Explosionsgefahr!**

- Voltmeter an den Batteriepole anschließen. Anschlusskabel **nicht** abklemmen.
- Motor starten und Spannung ablesen.
- Während des Startvorganges darf bei einer **vollen** Batterie die Spannung nicht unter 10 Volt (bei einer Säuretemperatur von ca. +20° C) abfallen.
- Bricht die Spannung sogar zusammen, dann ist die Batterie defekt.

Batterie laden

Sicherheitshinweise

- Batterie **nicht** bei laufendem Motor abklemmen.
- Batterie **niemals kurzschließen,** das heißt Plus- (+) und Minuspol (–) dürfen nicht verbunden werden. Bei Kurzschluss erhitzt sich die Batterie und kann platzen.
- Wenn das **magische Auge farblos** oder **hellgelb** anzeigt, darf die Batterie **nicht geprüft** werden. **Explosionsgefahr!**
- Gefrorene Batterie vor dem Laden auftauen. Eine geladene Batterie gefriert bei ca. –65° C, eine halbentladene bei ca. –30° C und eine entladene bei ca. –12° C. Aufgetaute Batterie vor dem Laden auf Gehäuserisse prüfen, gegebenenfalls ersetzen. Die von der ausgelaufenen Säure betroffenen Fahrzeugteile müssen umgehend mit Seifenlauge behandelt oder ausgetauscht werden. VW empfiehlt eine einmal gefrorene Batterie grundsätzlich zu ersetzen.
- Batterie nur in gut belüftetem Raum oder im Freien laden. Beim Laden der eingebauten Batterie Motorhaube geöffnet lassen.

Zum Laden der Batterie nur ein elektronisch gesteuertes Ladegerät verwenden.

Beim Laden muss die Batterie eine Temperatur von mindestens +10° C aufweisen.

Laden

- Bei ausgeschaltetem Ladegerät Pluskabel (+) des Ladegerätes an den Pluspol (+) der Batterie anschließen. Minuskabel (–) des Ladegerätes mit dem Minuspol (–) der Batterie verbinden.
- Netzstecker des Ladegerätes in die Steckdose stecken. Falls erforderlich, Ladegerät einschalten.
- Nach dem Laden der Batterie Ladegerät ausschalten (wenn möglich) und Netzstecker des Ladegerätes ziehen.
- Anschlusskabel des Ladegerätes von der Batterie abklemmen.
- Geladene Batterie prüfen, siehe entsprechendes Kapitel.

Batterie lagern

Wird das Fahrzeug länger als 2 Monate stillgelegt, Batterie ausbauen und im aufgeladenen Zustand lagern. Die günstigste Lagertemperatur liegt zwischen 0° C und +27° C. Bei diesen Temperaturen hat die Batterie die günstigste Selbstentladungsrate. Spätestens nach 2 Monaten Batterie erneut aufladen, da sie sonst unbrauchbar wird.

Batteriepole reinigen

Batteriepole auf Korrosion überprüfen. Korrosion an den Batteriepolen zeigt sich in Form von weißen oder gelblichen pulverartigen Ablagerungen.

- Batterie ausbauen, siehe entsprechendes Kapitel.
- Zur Entfernung von Korrosion Batteriepole mit einer Lösung aus Wasser und Soda bestreichen. Es kommt zu einer chemischen Reaktion mit Blasenbildung und einer braunen Verfärbung an den Polen.
- Gegebenenfalls Batteriepole mit einem Polreiniger oder einer Drahtbürste von Korrosionsrückständen reinigen.
- Nach Abklingen dieser Reaktion Batteriepole und Batterie mit klarem Wasser abwaschen und Batterie abtrocknen.
- Batterie einbauen, siehe entsprechendes Kapitel.

Zentralentgasung

Bei der Zentralentgasung tritt das Gas an einer definierten Stelle aus der Batterie aus. Mit Hilfe eines Entgasungsschlauches kann die Ableitung des Gases gezielt zu einer unkritischen Seite erfolgen. Je nach Einbau kann die Batterie von einer unterschiedlichen Seite entgasen.

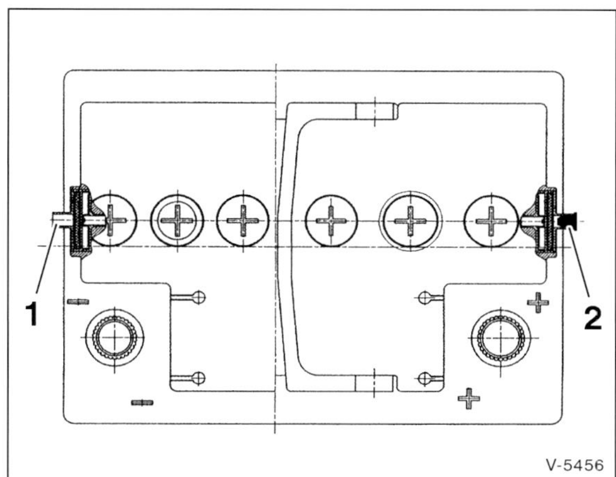

In der Regel sind Original-VW-Batterien mit jeweils einer Entgasungsöffnung –1/2– an jeder Polseite versehen. Von diesen beiden Öffnungen muss eine immer verschlossen sein –2–. Damit ist sichergestellt, dass die Entgasung nur gezielt über den angeschlossenen Schlauch erfolgt. Sollten beide Öffnungen verschlossen sein, unbedingt einen Stopfen aus der Entgasungsöffnung gemäß der Einbauanleitung der Batterie entfernen.

Batterietypen

Je nach Modell und Ausstattung können technisch recht unterschiedliche Batterietypen im Fahrzeug eingebaut sein. .

Nass-Batterie

Eine Batterie mit flüssigem Elektrolyt wird als Nass-Batterie bezeichnet. Diese Batterie besitzt ein magisches Auge zur Kontrolle von Ladezustand und Säurestand. Es darf kein destilliertes Wasser nachgefüllt werden, wie bei früheren Ausführungen der Nass-Batterie. Wenn der Säurestand zu niedrig ist, muss die Batterie ersetzt werden. Die Nassbatterie ist nicht für Fahrzeuge mit Start-Stopp-System geeignet.

EFB-Batterie

EFB = Enhanced **F**looded **B**attery. Die EFB-Batterie ist eine Weiterentwicklung der Standard-Nass-Batterie und kann auch für Fahrzeuge mit Start-Stopp-System verwendet werden. Allerdings nur, wenn der Fahrzeughersteller nicht ausdrücklich eine AGM-Stromquelle vorschreibt.

AGM-Batterie (Vlies-Batterie)

AGM = Absorbent-**G**lass-**M**att-Battery. Bei der AGM-Batterie ist der Elektrolyt in einem Mikroglasvlies festgelegt; sie gilt dadurch als auslaufsicher. Die Batterie ist mit einem Batteriedeckel verschlossen, Zellverschluss-Stopfen und Entgasungskanal sind im Deckel integriert. Die AGM-Batterie hat kein magisches Auge und bietet folgende Vorteile: hohe Zyklenfähigkeit (Zyklus = abwechselnder Lade- und Entladevorgang), Auslaufsicherheit, wartungsarm, geringe Gasung und gute Kaltstarteigenschaften. Wird häufig bei Fahrzeugen mit Start-Stopp-System verwendet. **Hinweis:** Bei Ersatz einer AGM- oder Vlies-Batterie unbedingt wieder eine Vlies-Batterie einbauen.

VRLA-Batterie

Bei der **V**alve-**R**egulated-**L**ead-**A**cid-Batterie (VRLA) handelt es sich um einen wartungsfreien Stromspeicher mit festgelegtem Elektrolyt. Die Zellverschluss-Stopfen lassen sich nicht herausschrauben. Wird die Batterie überladen, werden die entstehenden Wasserstoff- und Sauerstoffgase innerhalb der jeweiligen Zelle wieder zu Wasser zurückgewandelt. Bei zu starker Ladung tritt das überschüssige Gas über ein Entspannungsventil aus. Da diese Flüssigkeitsmengen nicht wieder ersetzt werden können, ist eine nachhaltige Beschädigung der Batterie möglich. Deshalb muss beim Laden unbedingt ein Batterieladegerät mit einer Ladebegrenzung von 14,4 Volt eingesetzt werden.

Gel-Batterie

Bei der Gel-Batterie ist der Elektrolyt durch die Zugabe von Kieselsäure zur Schwefelsäure in einer gelartigen Masse eingebunden. Entsprechend ihrem Entgasungsprinzip zählt die Gel-Batterie zu den VRLA-Batterien. Dieser Batterietyp zeichnet sich durch eine hohe Zyklenfestigkeit aus, die Batterie kann also öfters ent- und geladen werden. Eine Gel-Batterie hat kein magisches Auge. Sie ist wartungsfrei und auslaufsicher. Da die Batterie nicht hochtemperaturfähig ist, eignet sie sich nicht für den Einbau im Motorraum.

Batterie entlädt sich selbstständig

Je nach Fahrzeugausstattung addiert sich zur natürlichen Selbstentladung der Batterie auch die Stromaufnahme der verschiedenen Stromverbraucher im Ruhezustand. Daher sollte die Batterie in einem abgestellten Fahrzeug alle 6 Wochen nachgeladen werden. Wenn der Verdacht auf Kriechströme besteht, Bordnetz nach folgender Anleitung prüfen:

- Zur Prüfung eine geladene Batterie verwenden.

Achtung: Da für diese Prüfung ein Ruhestrom-Erhaltungsgerät nicht angeschlossen werden kann, vorher mit der Fachwerkstatt klären, welche Speicher eventuell vor der Prüfung auszulesen und später wieder einzulesen sind.

- Am Amperemeter den höchsten Messbereich einstellen.
- Batterie-Massekabel (–) abklemmen, siehe Seite 79.
- Amperemeter zwischen Batterie-Minuspol (–) und Massekabel schalten: Amperemeter-Plus-Anschluss (+) an Massekabel und Minus-Anschluss (–) an Batterie-Minuspol (–).

Achtung: Die Prüfung kann auch mit einer Prüflampe durchgeführt werden. Leuchtet die Lampe zwischen Massekabel und Minuspol der Batterie jedoch nicht auf, ist auf jeden Fall ein Amperemeter zu verwenden.

- Alle Verbraucher ausschalten, vorhandene Zeituhr (und andere Dauerverbraucher) abklemmen, Türen schließen.
- Vom Amperebereich solange auf den Milliamperebereich zurückschalten bis eine ablesbare Anzeige erfolgt (1–3 mA sind zulässig).
- Durch Herausnehmen der Sicherungen nacheinander die verschiedenen Stromkreise unterbrechen. Geht bei einem unterbrochenen Stromkreis die Anzeige auf Null zurück, ist hier die Fehlerquelle zu suchen.
- Fehler können sein: korrodierte und verschmutzte Kontakte, durchgescheuerte Leitungen, interner Kurzschluss in Aggregaten.
- Wird in den abgesicherten Stromkreisen kein Fehler gefunden, so sind die Leitungen an den nicht abgesicherten Aggregaten, wie Generator und Anlasser, abzuziehen.
- Geht beim Abklemmen von einem der ungesicherten Aggregate die Anzeige auf Null zurück, betreffendes Bauteil überholen oder austauschen. Bei Stromverlust in der Anlasser- oder Zündanlage immer auch den Zünd-Anlassschalter nach Stromlaufplan prüfen.
- Batterie-Massekabel (–) anklemmen, siehe Seite 79.

Spannungsstabilisator aus- und einbauen

Der Spannungsstabilisator ist im linken, vorderen Radkasten eingebaut. Er hat die Aufgabe, die durch den Start-Stopp-Betrieb entstehenden hohen Spannungsschwankungen für das Bordnetz auf 12 Volt zu stabilisieren.

Ist der Spannungsstabilisator defekt, werden folgende Geräte einen Reset durchführen, wenn die eigene Spannungsversorgung durch die Betätigung des Anlassers nicht ausreichend ist.

- Radio
- Radio-Navigation
- Telefon

Fallen im Start-Stopp-Betrieb die genannten Geräte durch einen Reset bei jedem Motorstart aus, weist dies auf einen defekten Spannungsstabilisator hin. Ein direkter Eintrag zu einer Fehlfunktion des Spannungsstabilisators, zum Beispiel in den Fehlerspeicher von Diagnoseinterface oder Bordnetzsteuergerät, findet nicht statt. Sind die Geräte Radio, Radio-Navigation und Telefon zusammen ausgefallen, zuerst die Sicherung des Spannungsstabilisators prüfen.

Ausbau

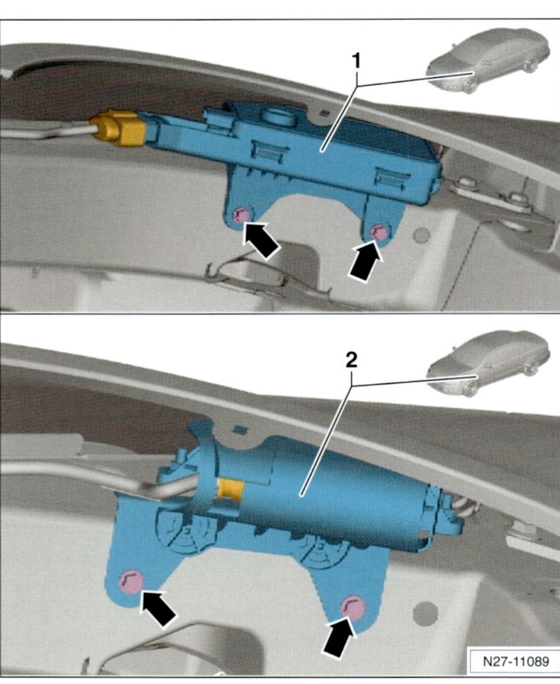

Hinweis: Es werden 2 Varianten des Spannungsstabilisators –1– oder –2– verwendet.

- Innenkotflügel ausbauen, siehe Seite 341.

Variante 1:

- Schrauben –Pfeile– herausdrehen und Spannungsstabilisator abnehmen.
- Steckverbindung entriegeln und abziehen.

Variante 2:

- Schrauben –Pfeile– für den Halter herausdrehen und Halter abnehmen.
- Steckverbindung entriegeln und abziehen.
- Spannungsstabilisator vom Halter abschrauben.

Einbau

Der Einbau erfolgt in umgekehrter Ausbaureihenfolge.

Generator aus- und einbauen/ Generator-Ladespannung prüfen

Je nach Modell und Ausstattung können Generatoren mit unterschiedlicher Leistung eingebaut sein. **Achtung:** Wenn nachträglich elektrisches Zubehör mit hohem Stromverbrauch in das Fahrzeug eingebaut wird, sollte überprüft werden, ob die bisherige Generatorleistung noch ausreicht; gegebenenfalls stärkeren Generator einbauen.

Ladespannung prüfen

Wenn die Batterie nicht ausreichend geladen wird, Generatorspannung prüfen:

- Voltmeter zwischen Plus- und Minuspol der Batterie anschließen.
- Motor starten. Die Spannung darf beim Startvorgang bis etwa 8 Volt (bei + 20° C Außentemperatur) absinken.
- Motordrehzahl auf 3.000/min erhöhen. Die Spannung soll dann 13 bis 14,5 Volt betragen. Dies ist ein Beweis, dass Generator und Regler arbeiten. Die Generatorspannung (Bordspannung) muss höher als die Batteriespannung sein, damit die Batterie im Fahrbetrieb wieder aufgeladen wird.
- Regelstabilität prüfen. Dazu Fernlicht einschalten und Messung bei 3.000/min wiederholen. Die gemessene Spannung darf nicht mehr als 0,4 Volt über dem vorher gemessenen Wert liegen.
- Liegen die gemessenen Werte außerhalb der Sollwerte, Generator und Regler von Fachwerkstatt überprüfen lassen.

Sicherheitshinweise

Bei Arbeiten an der elektrischen Anlage im Motorraum grundsätzlich die Batterie abklemmen. **Achtung:** Dadurch werden elektronische Speicher gelöscht, wie zum Beispiel die Daten im Motor-Fehlerspeicher.

- Batterie oder Spannungsregler **nicht** bei laufendem Motor abklemmen.
- Generator **nicht** bei angeschlossener Batterie ausbauen.
- Beim Elektroschweißen Batterie grundsätzlich vom Bordnetz abklemmen.

Generator für 1,4-/3,6-l-Benzinmotor; Dieselmotor

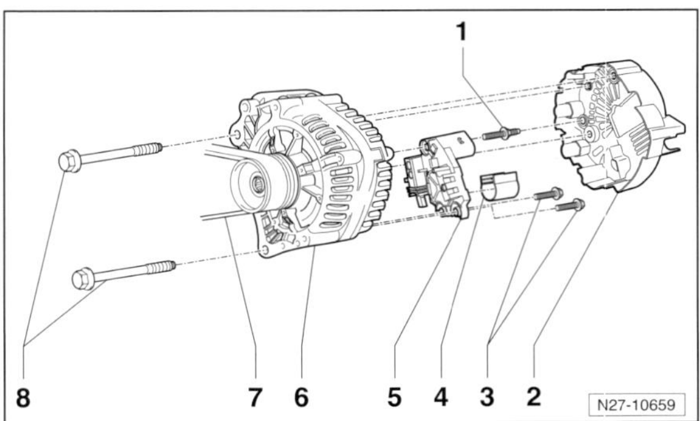

1 – **Sechskantschraube, 2 Nm**
Mit Scheibe und Gewindestück. M4 x 20, M4 x 15.

2 – **Schutzkappe für Drehstromgenerator**
M5-Befestigungsmutter für Leitungshalter, **3,2 Nm.**

3 – **Kreuzschlitzschrauben, 2 Nm**
Größe: M4 x 20.

4 – **Schutzkappe für Kohlebürsten**

5 – **Spannungsregler**

6 – **Drehstromgenerator mit Spannungsregler**

7 – **Keilrippenriemen**

8 – **Sechskantbundschrauben, 20 Nm**
Größe: M8 x 90.

Generator für 1,8-/2,0-l-Benzinmotor

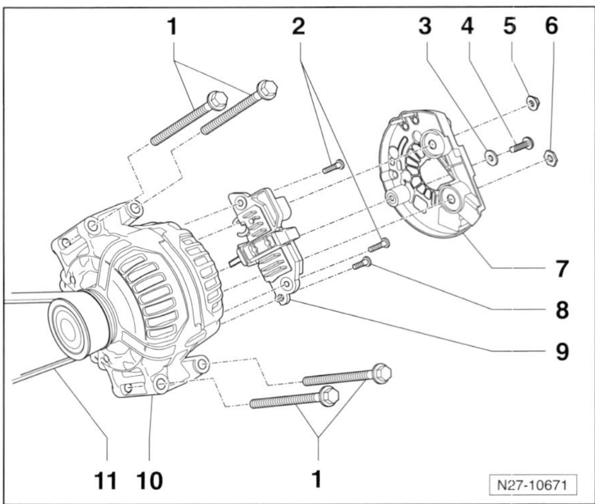

1 – **Sechskantbundschraube, 20 Nm**
Größe: M8x110.

2 – **Kreuzschlitzschrauben, 2 Nm**
Größe: M4x19.

3 – **Unterlegscheibe**

4 – **Kreuzschlitzschraube, 4,5 Nm**
Größe: M5x21.

5 – **Sechskantmutter, 15 Nm**

6 – **Sechskantmutter, flach**

7 – **Schutzkappe für Drehstromgenerator**

8 – **Kreuzschlitzschraube, 2 Nm**
Größe: M4x13.

9 – **Spannungsregler**

10 – **Drehstromgenerator mit Spannungsregler**

11 – **Keilrippenriemen**

1,4-l-Benzinmotor

Ausbau

- Batterie-Massekabel abklemmen, siehe entsprechendes Kapitel.
- Keilrippenriemen ausbauen, siehe Seite 245.

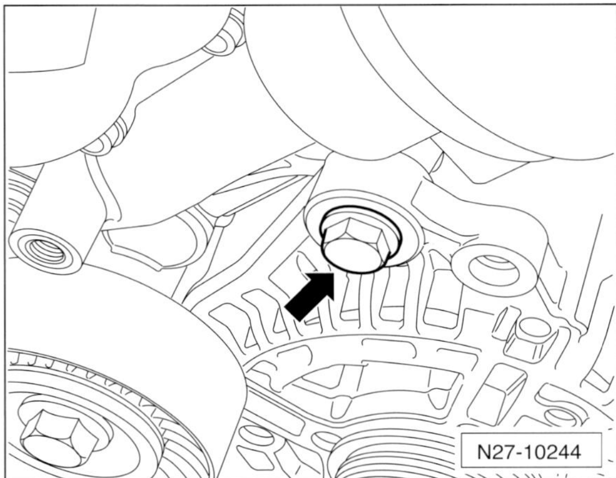

- Obere Befestigungsschraube für Generator –Pfeil– herausschrauben.
- Untere Motorabdeckung ausbauen, siehe Seite 331.

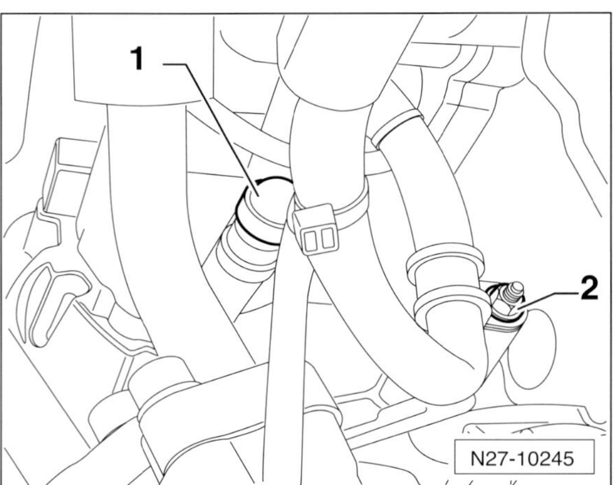

- Leitungshalter –2– abschrauben und Schutzkappe –1– abziehen.

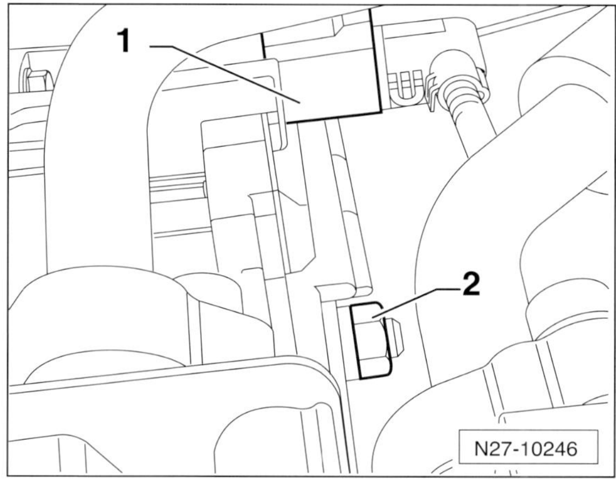

- Steckverbindung –1– entriegeln und abziehen.
- Befestigungsmutter –2– abschrauben und die darunterliegende B+-Leitung vom Anschlussgewinde abziehen.

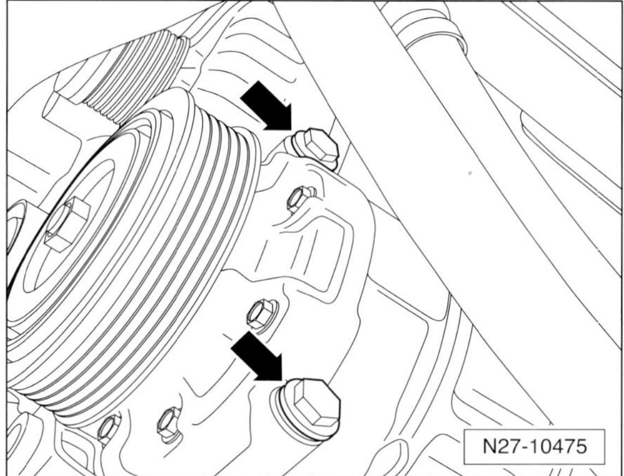

- Befestigungsschrauben für Klimakompressor –Pfeile– herausschrauben.

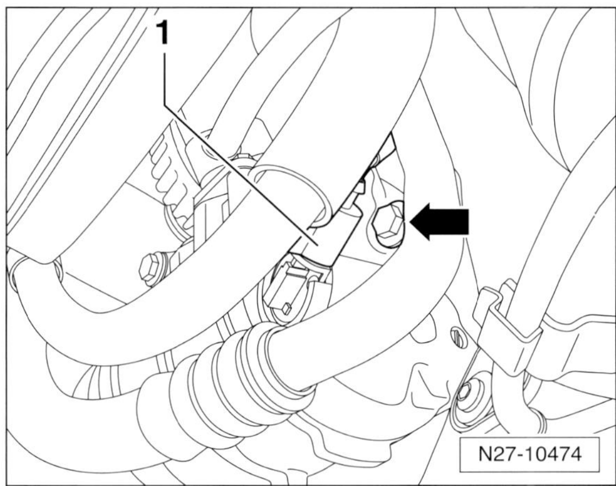

- Steckverbindung –1– entriegeln und abziehen.
- Dritte Befestigungsschraube für Klimakompressor –Pfeil– herausschrauben und den Klimakompressor vom Halter abnehmen.

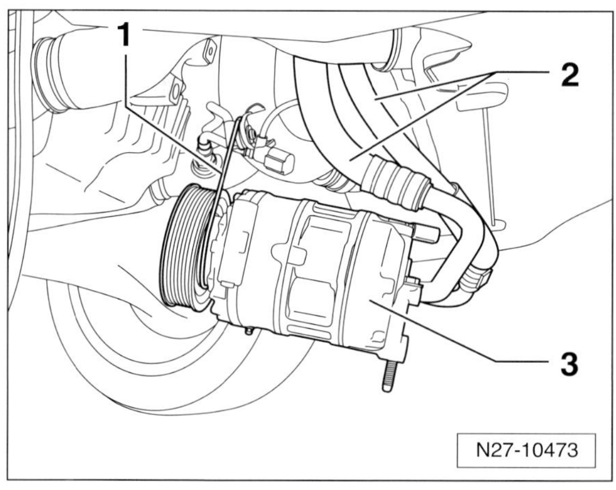

- Klimakompressor –3– bis zum Wiedereinbau mit einem Bindedraht –1– an geeigneter Stelle unter das Fahrzeug hängen. Die Schläuche am Klimakompressor bleiben angeschlossen. Darauf achten, dass die Schläuche –2– dabei nicht gezogen oder geknickt werden. **Achtung: Der Kältemittelkreislauf darf nicht geöffnet werden.**

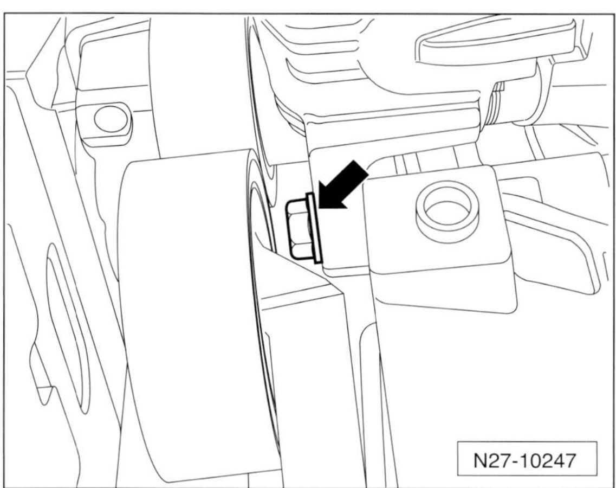

- Untere Befestigungsschraube für Generator –Pfeil– herausschrauben.
- Den Generator nach unten aus dem Fahrzeug nehmen.

Einbau

- Der Einbau erfolgt in umgekehrter Ausbaureihenfolge, dabei ist Folgendes zu beachten:

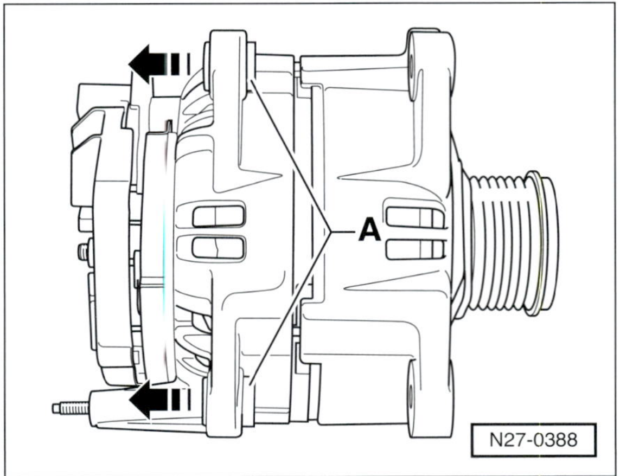

- Zum leichteren Ansetzen des Generators die Gewindebuchsen –A– etwa 4 mm in Pfeilrichtung aus dem Gehäuse des Generators heraustreiben.

Hinweis: Schwergängige Schiebebuchsen der Generatorbefestigung müssen gängig gemacht werden, da sonst die Klemmkraft der Schiebebuchsen trotz richtigem Drehmoment zu gering ist.

- Generator mit **20 Nm** anschrauben.
- Klimakompressor mit **23 Nm** anschrauben.
- B+-Kabel anklemmen, Mutter unbedingt mit **15 Nm** festziehen. **Achtung:** Auf guten Kontakt und festen Sitz des B+-Kabels achten.

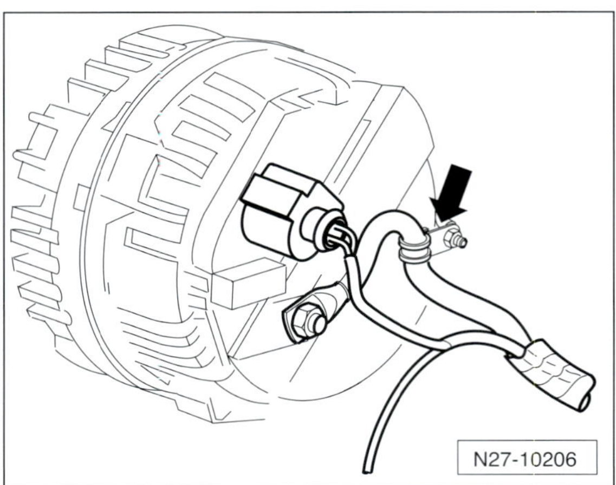

- Leitungshalter –Pfeil– an der Rückseite des Generators in 9 Uhr-Stellung festschrauben, Mutter mit **3** bis **3,2 Nm** anziehen.
- Batterie-Massekabel anklemmen, siehe Seite 79.
- Keilrippenriemen einbauen und einwandfreien Riemenlauf sichtprüfen, siehe Seite 245.

1,8-l-Benzinmotor

Ausbau

- Die Batterie-Massekabel abklemmen, siehe entsprechendes Kapitel.
- Keilrippenriemen ausbauen, siehe Seite 245.

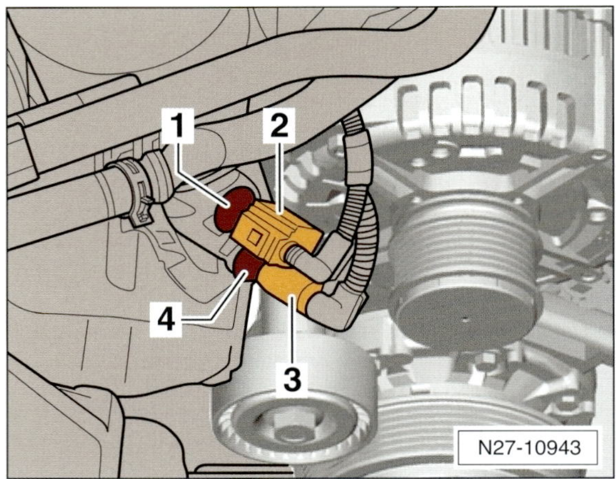

- Stecker –2– und –3– entriegeln und abziehen.
- Öldruckschalter –1– und –4– herausschrauben.

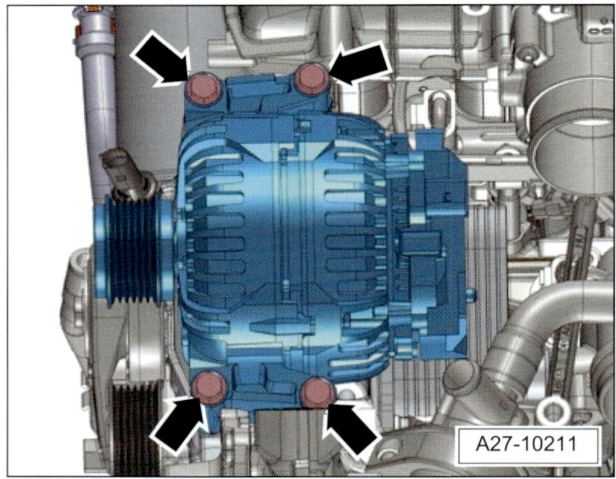

- Die 4 Befestigungsschrauben des Generators –Pfeile– herausschrauben.
- Generator etwas nach links schwenken, um Zugang zu den Anschlüssen auf der Generatorrückseite zu erhalten.

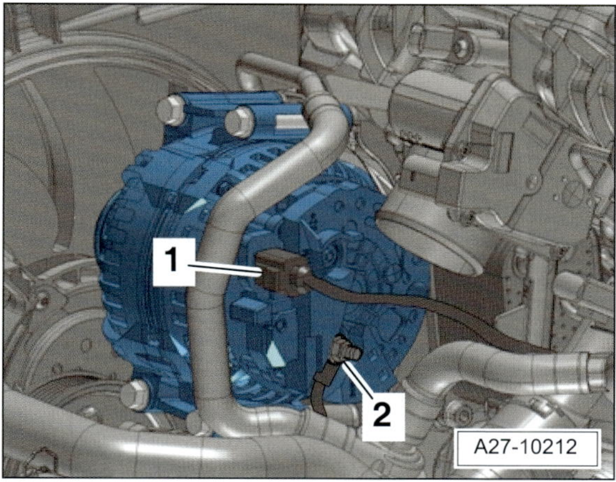

- Steckverbindung –1– entriegeln und abziehen.
- Schutzkappe abhebeln und Befestigungsmutter –2– abschrauben und die darunterliegende B+-Leitung vom Anschlussgewinde des Generators abnehmen.

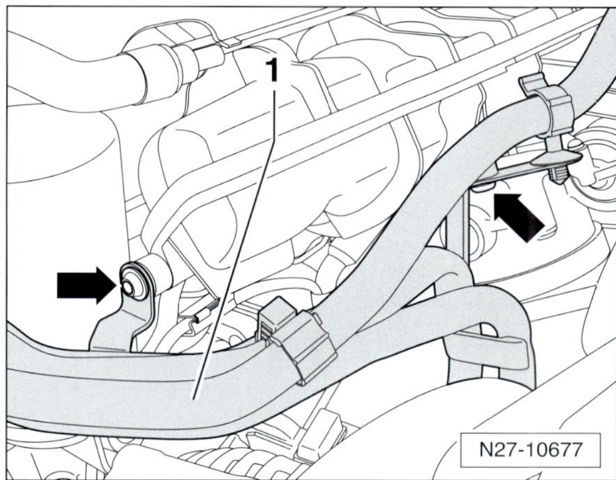

- Die beiden Befestigungsschrauben –Pfeile– herausschrauben und die Rohrleitungen und den Schlauch –1– hochlegen, um Platz für den Ausbau des Generators zu schaffen. **Hinweis:** Die Rohrleitungen und der Schlauch bleiben dabei angeschlossen.
- Den Generator nach oben aus dem Fahrzeug nehmen.

Einbau

- Der Einbau erfolgt in umgekehrter Ausbaureihenfolge, dabei ist Folgendes zu beachten:
- Generator mit **20 Nm** anschrauben.
- B+-Kabel anklemmen, Mutter unbedingt mit **15 Nm** festziehen. **Achtung:** Auf guten Kontakt und festen Sitz des B+-Kabels achten.
- Batterie-Massekabel anklemmen, siehe Seite 79.
- Keilrippenriemen einbauen und einwandfreien Riemenlauf sichtprüfen, siehe Seite 245.

2,0-l-Benzinmotor

Ausbau

- Batterie-Massekabel abklemmen, siehe entsprechendes Kapitel.

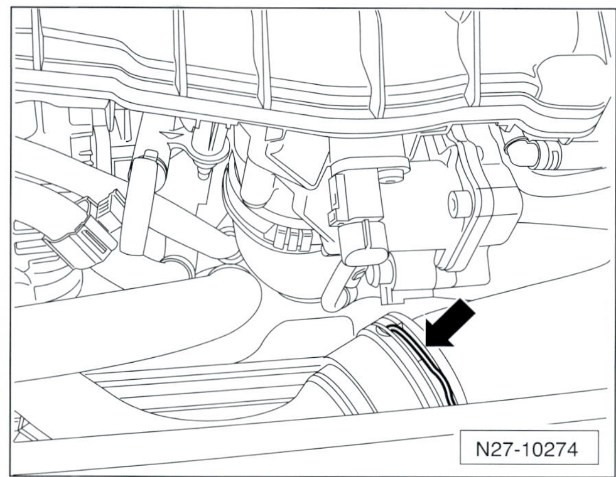

- Steckkupplung –Pfeil– trennen.

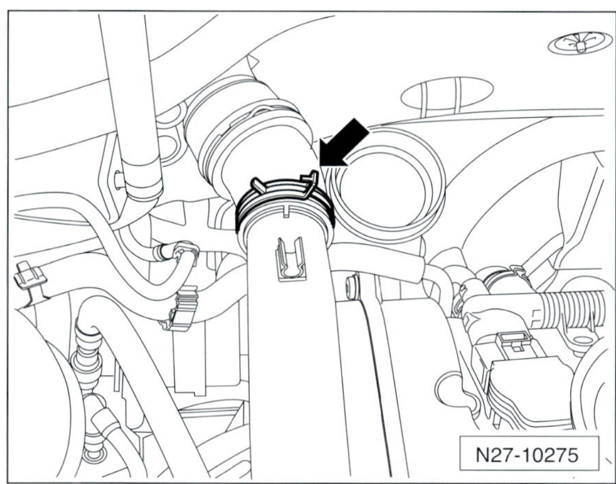

- Federbandschelle –Pfeil– mit geeigneter Zange öffnen und zurückschieben.

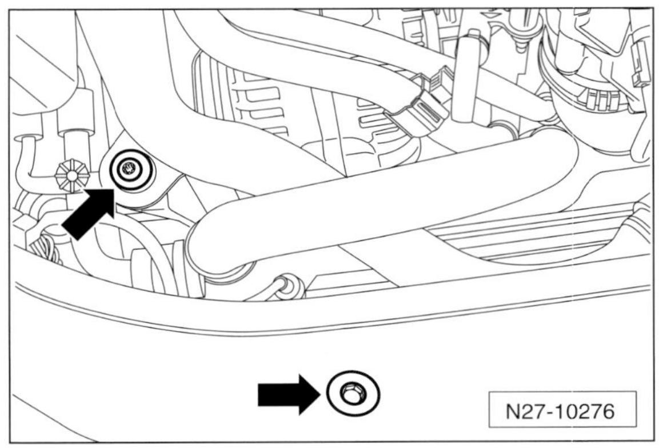

- Befestigungsschrauben –Pfeile– herausdrehen und Ladeluftschlauch aus dem Fahrzeug herausnehmen.

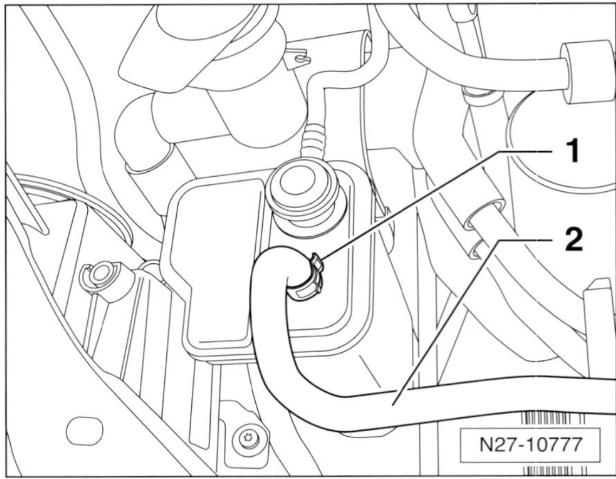

- Schelle –1– mit geeigneter Zange öffnen und zurückschieben. Schlauch –2– vom Aktivkohlefilter abziehen.

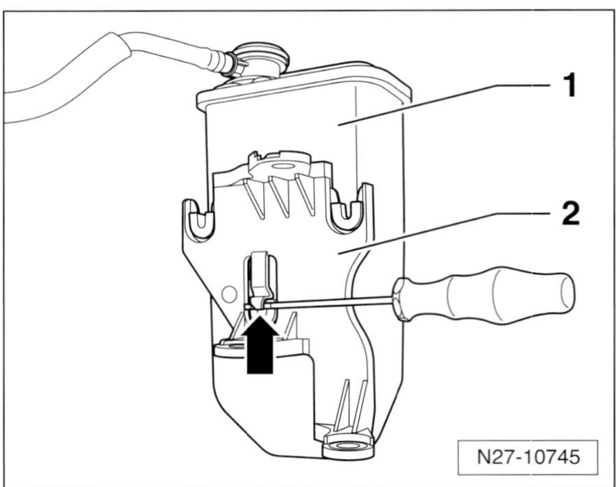

- Die Rastnase an der Halterrückseite –Pfeil– mit einem geeigneten Schraubendreher etwas anheben.

Hinweis: Zur besseren Übersicht ist der Halter des Aktivkohlefilters in abgebautem Zustand dargestellt. Für das Entriegeln des Filters muss der Halter nicht abgebaut werden.

- Behälter des Aktivkohlefilters –1– nach oben aus dem Halter –2– herausziehen.
- Aktivkohlebehälter –1– mit angeschlossenem Schlauch zur Seite legen.
- Keilrippenriemen ausbauen, siehe Seite 245.

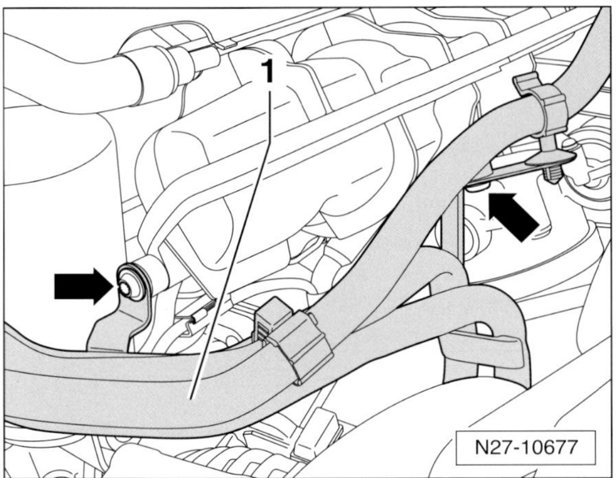

- Die beiden Befestigungsschrauben –Pfeile– herausschrauben und Rohrleitungen sowie Schlauch –1– hochlegen, um Platz für den Ausbau des Generators zu schaffen. **Hinweis:** Die Rohrleitungen und der Schlauch bleiben dabei angeschlossen.
- Untere Motorabeckung ausbauen, siehe Seite 331.

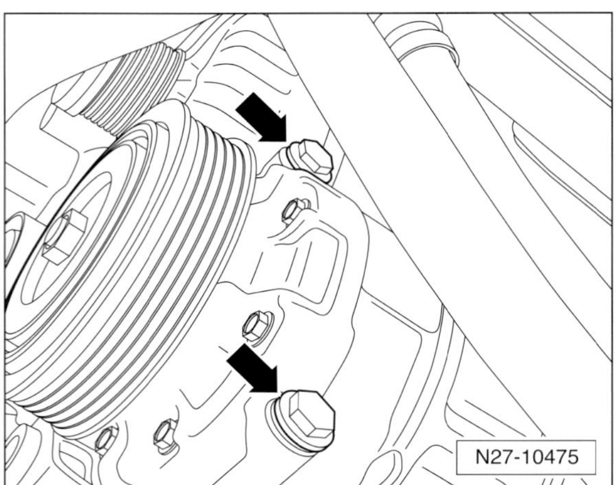

- Befestigungsschrauben für Klimakompressor –Pfeile– herausdrehen.

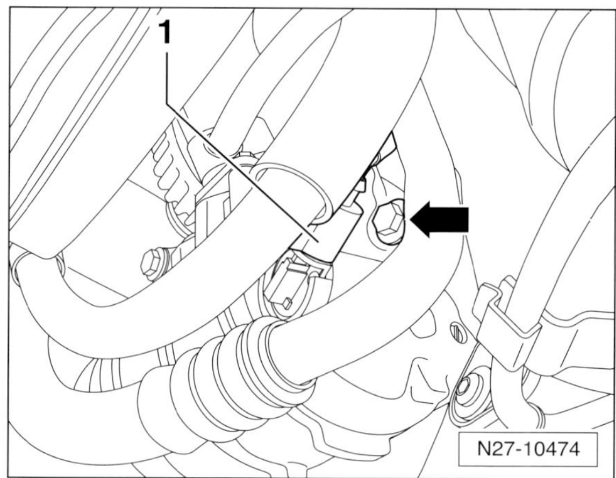

- Steckverbindung –1– entriegeln und abziehen.
- Die dritte Befestigungsschraube für Klimakompressor –Pfeil– herausschrauben und den Klimakompressor vom Halter abnehmen.
- Klimakompressor bis zum Wiedereinbau mit einem Bindedraht an geeigneter Stelle unter das Fahrzeug hängen. Die Schläuche am Klimakompressor bleiben angeschlossen. Darauf achten, dass die Schläuche dabei nicht gezogen oder geknickt werden. **Achtung: Der Kältemittelkreislauf darf nicht geöffnet werden.**

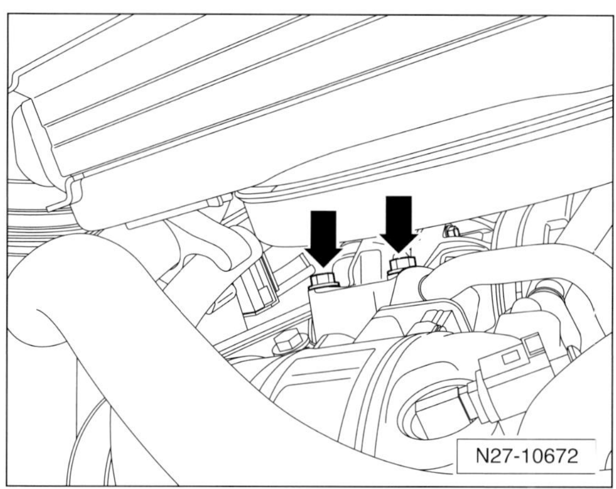

- 2 untere Befestigungsschrauben für Generator –Pfeile– von unten herausdrehen.

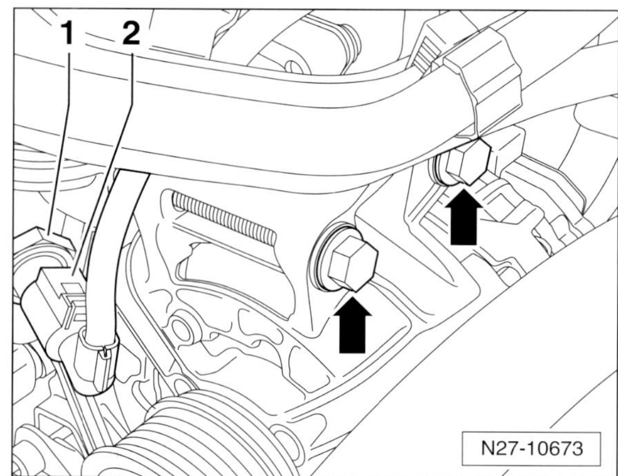

- Steckverbindung –2– entriegeln und abziehen.
- 2 obere Befestigungsschrauben für Generator –Pfeile– herausdrehen.
- Generator etwas nach links schwenken, um Zugang zu den Anschlüssen auf der Generatorrückseite zu erhalten.
- Die Steckverbindung der DF-Leitung entriegeln und trennen.
- Die Schutzkappe vom Anschluss der B+-Leitung abheben.
- Die Befestigungsmutter abschrauben und darunterliegende B+-Leitung vom Anschlussgewinde des Generators abnehmen.
- Generator nach oben aus dem Fahrzeug herausnehmen.

Einbau

- Der Einbau erfolgt in umgekehrter Ausbaureihenfolge, dabei ist Folgendes zu beachten:
- Generator mit **20 Nm** anschrauben.
- B+-Kabel anklemmen, Mutter unbedingt mit **15 Nm** festziehen. **Achtung:** Auf guten Kontakt und festen Sitz des B+-Kabels achten.
- Batterie-Massekabel anklemmen, siehe Seite 79.
- Keilrippenriemen einbauen und einwandfreien Riemenlauf sichtprüfen, siehe Seite 245.

3,6-l-Benzinmotor

Ausbau

- Die Batterie-Massekabel abklemmen, siehe entsprechendes Kapitel.
- Untere Motorraumabdeckung ausbauen, siehe Seite 331.
- Vorderteil des rechten Innenkotflügels ausbauen, siehe Seite 341.
- Keilrippenriemen ausbauen, siehe Seite 245.
- Klimakompressor abschrauben und bis zum Wiedereinbau mit einem Bindedraht an geeigneter Stelle unter das Fahrzeug hängen. Die Schläuche am Klimakompressor bleiben angeschlossen. Darauf achten, dass die Schläuche dabei nicht gezogen oder geknickt werden. **Achtung: Der Kältemittelkreislauf darf nicht geöffnet werden.**

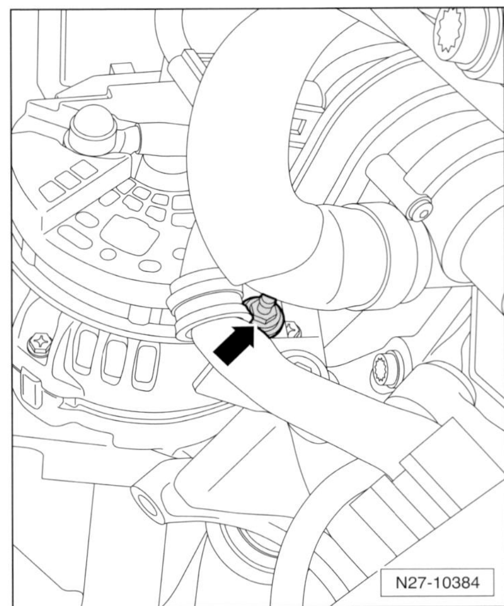

- Befestigungsmutter –Pfeil– des Leitungshalters abschrauben.

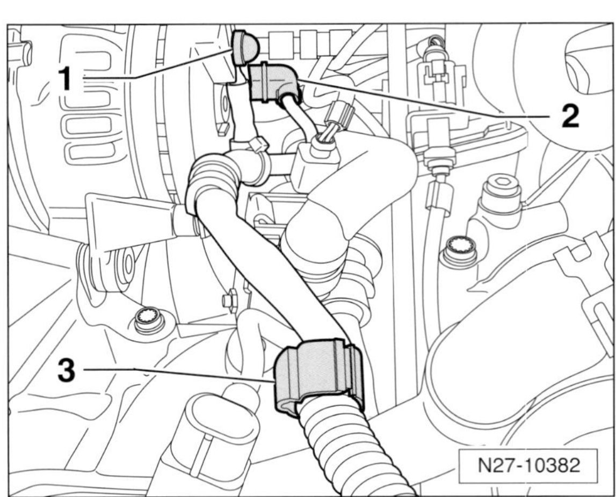

- Stecker –2– für Klemme 61 entriegeln und trennen.
- Schutzkappe –1– abziehen.
- Verschluss –3– aufclipsen und die Leitung aus dem Verschluss lösen.
- Befestigungsmutter der dicken B+-Leitung vom Generator abschrauben und zur Seite legen.

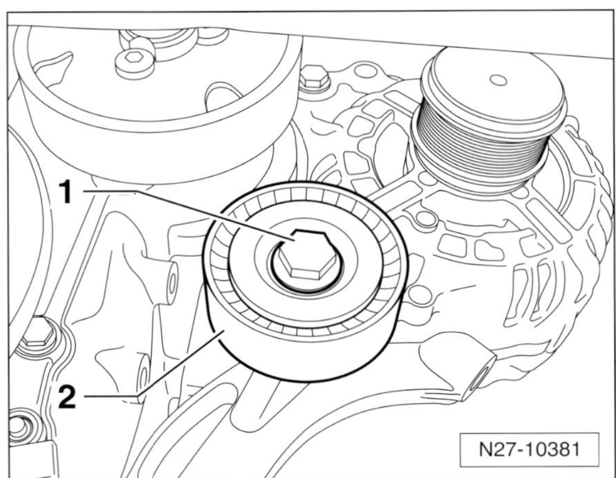

- Befestigungsschraube –1– der Spannrolle –2– herausschrauben und die Spannrolle abnehmen.

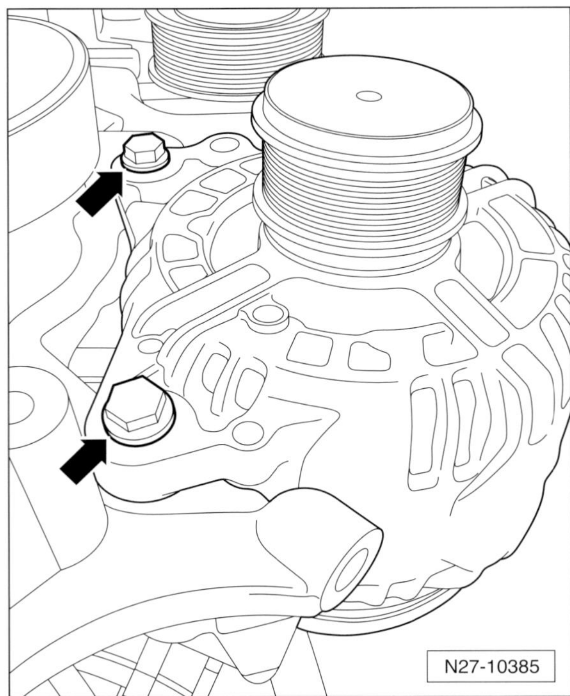

- Befestigungsschrauben des Generators –Pfeile– herausschrauben.
- Generator nach unten aus dem Fahrzeug herausnehmen.

Einbau

- Der Einbau erfolgt in umgekehrter Ausbaureihenfolge, dabei sind dieselben Punkte zu beachten wie beim 1,4-l-Benzinmotor.

1,6-l-Dieselmotor

Ausbau

- Batterie abklemmen, siehe entsprechendes Kapitel.
- Obere Motorabdeckung ausbauen, siehe Seite 236.
- Schlossträger in die Servicestellung bringen, siehe Seite 335.
- Keilrippenriemen ausbauen, siehe Seite 245.

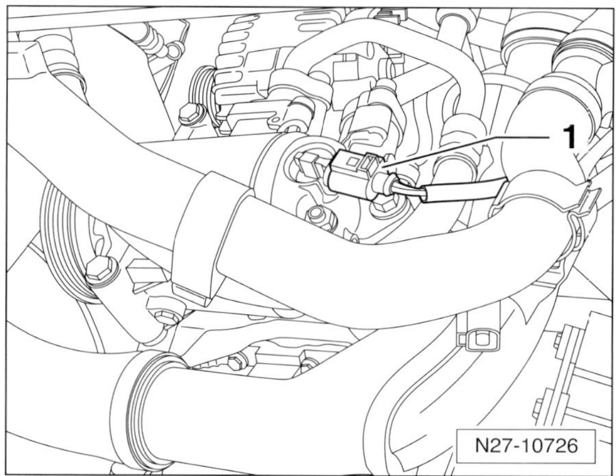

- Steckverbindung –1– entriegeln und trennen.

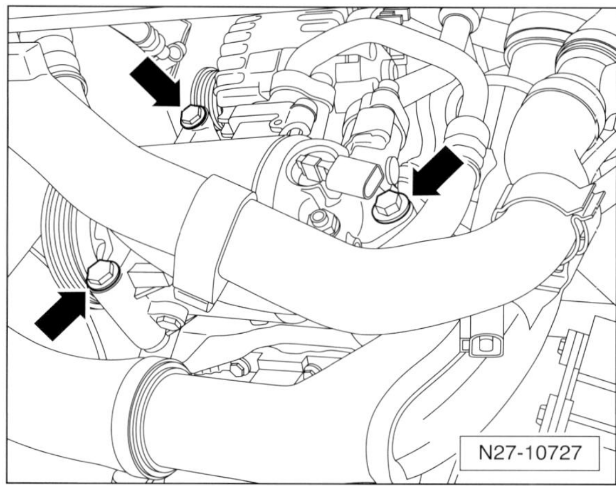

- Befestigungsschrauben für Klimakompressor –Pfeile– herausschrauben.
- Klimakompressor bis zum Wiedereinbau mit einem Bindedraht an geeigneter Stelle unter das Fahrzeug hängen. Die Schläuche am Klimakompressor bleiben angeschlossen. Darauf achten, dass die Schläuche –2– dabei nicht gezogen oder geknickt werden. **Achtung: Der Kältemittelkreislauf darf nicht geöffnet werden.**

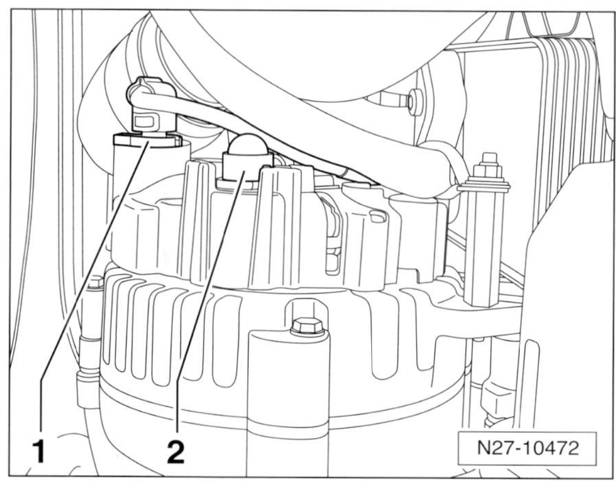

- Steckverbindung der DF-Leitung –1– entriegeln und abziehen.
- Schutzkappe –2– abhebeln.

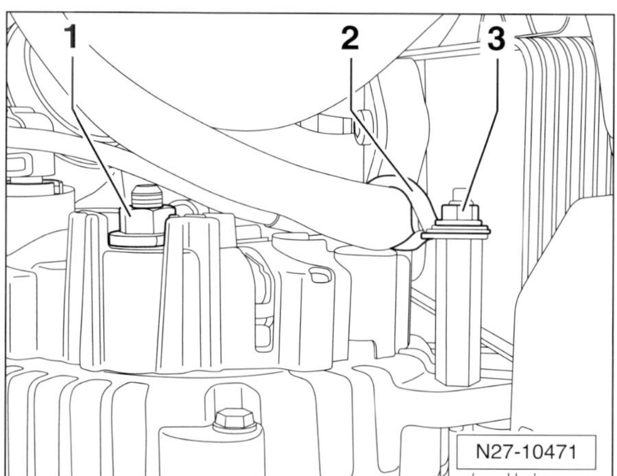

- Befestigungsmutter –1– abschrauben und die darunterliegende B+-Leitung vom Anschlussgewinde des Generators abnehmen.
- Befestigungsmutter –3– abschrauben und den Leitungshalter –2– vom Generator abnehmen.

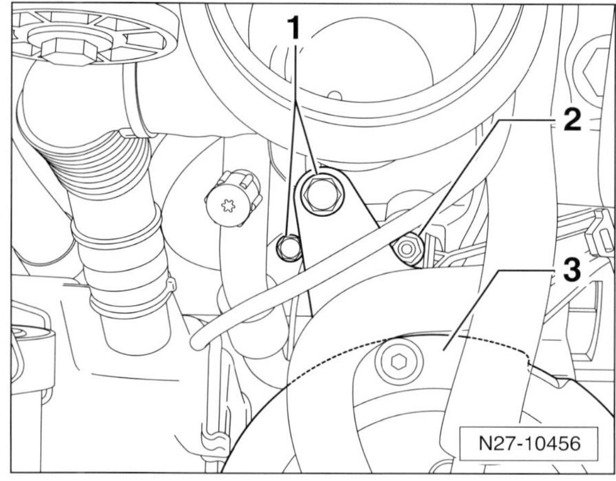

- 2 Befestigungsschrauben –1– herausschrauben.

● Befestigungsmutter –2– abschrauben und den Kraftstofffilter –3– mit angeschlossenen Kraftstoffschläuchen zur Seite legen.

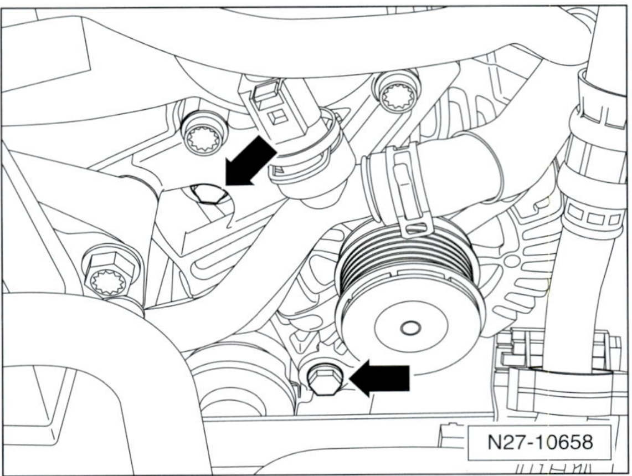

● Die beiden Befestigungsschrauben –Pfeile– des Generators herausschrauben.

● Generator nach oben aus dem Fahrzeug herausnehmen.

Einbau

● Der Einbau erfolgt in umgekehrter Ausbaureihenfolge, dabei sind dieselben Punkte zu beachten wie beim 1,4-l-Benzinmotor.

2,0-l-Dieselmotor

Ausbau

● Batterie abklemmen, siehe entsprechendes Kapitel.

● Obere Motorabdeckung ausbauen, siehe Seite 236.

● Schlossträger in die Servicestellung bringen, siehe Seite 335.

● Keilrippenriemen ausbauen, siehe Seite 245.

● Untere Motorraumabdeckung ausbauen, siehe Seite 331.

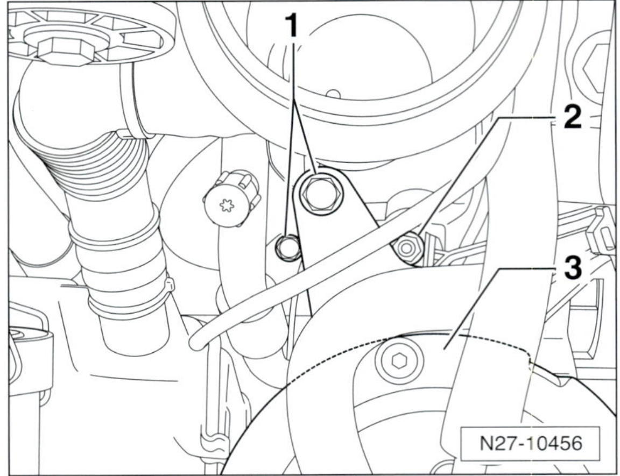

● 2 Befestigungsschrauben –1– herausschrauben.

● Befestigungsmutter –2– abschrauben und den Kraftstofffilter –3– mit angeschlossenen Kraftstoffschläuchen zur Seite legen.

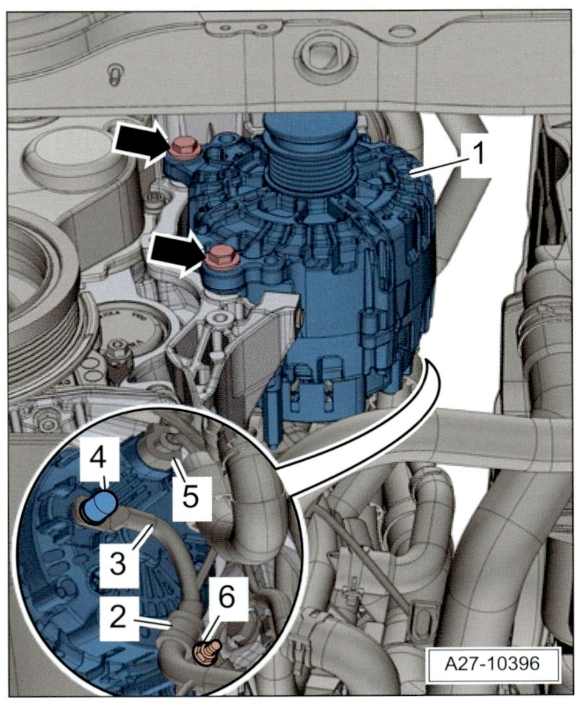

● Schrauben –Pfeile– herausschrauben.

Hinweis: Wenn der Drehstromgenerator –1– in seinem Halter klemmt, Schrauben wieder bis auf 2 Umdrehungen eindrehen. Vorsichtig mit der flachen Hammerseite auf die Schraubenköpfe schlagen, damit sich die Schiebebuchsen der Generatorbefestigung lösen.

● Drehstromgenerator –1– mit angeschlossenen elektrischen Leitungen aus dem Halter herausnehmen.

● Elektrische Steckverbindung –5– trennen.

● Abdeckkappe –4– abhebeln.

● Mutter abschrauben und Klemme 30/B+ –3– abnehmen.

● Mutter –6– abschrauben und Leitungsschelle –2– abziehen.

● Drehstromgenerator –1– nach oben aus dem Fahrzeug herausnehmen.

Einbau

● Der Einbau erfolgt in umgekehrter Ausbaureihenfolge, dabei sind dieselben Punkte zu beachten wie beim 1,4-l-Benzinmotor.

Keilrippenriemenscheibe mit Freilauf aus- und einbauen

Ausbau

- Drehstromgenerator ausbauen, siehe Seite 87.
- Drehstromgenerator an den Befestigungspunkten in einen Schraubstock spannen.
- Abdeckkappe von der Keilrippenriemenscheibe abhebeln.

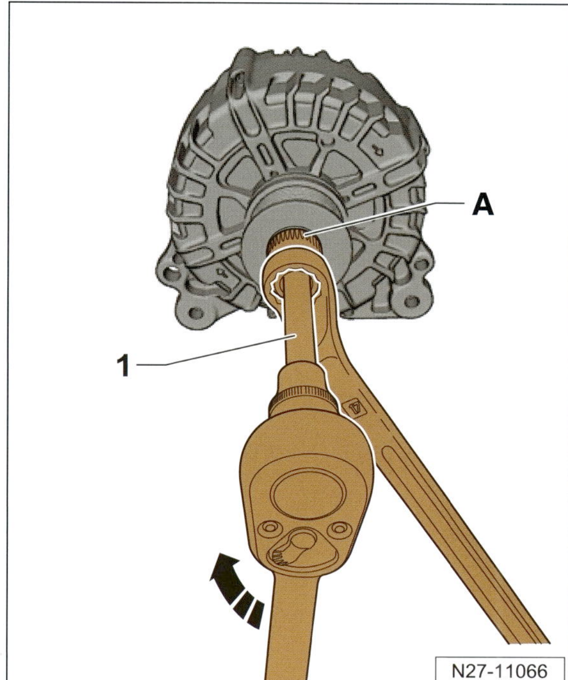

- Vielzahnadapter –A–, zum Beispiel HAZET 2592, mit Ringschlüssel (Schlüsselweite 17) in die Keilrippenriemenscheibe einsetzen.
- **BOSCH-Generator:** Vielzahn–Steckeinsatz M10 –1– in die Generatorwelle einsetzen und Schraubverbindung durch Rechtsdrehen –Pfeilrichtung– lösen. Dabei mit dem Ringschlüssel dagegen halten.
- **VALEO-Generator:** TORX–Schraubendrehereinsatz –1– in die Generatorwelle einsetzen und Schraubverbindung durch Rechtsdrehen –Pfeilrichtung– lösen. Dabei mit dem Ringschlüssel dagegen halten.
- Keilrippenriemenscheibe mit der Hand festhalten.
- Generatorwelle drehen, bis die Keilrippenriemenscheibe angenommen werden kann.

Einbau

- Der Einbau erfolgt in umgekehrter Ausbaureihenfolge, dabei Folgendes beachten:
- Keilrippenriemenscheibe mit der Hand bis zum Anschlag auf die Generatorwelle schrauben.
- Drehrichtung des Drehmomentschlüssels auf links stellen.
- Vielzahn–Steckeinsatz M10 –1– in die Generatorwelle einsetzen.
- Vielzahnadapter mit Ringschlüssel (Schlüsselweite 17) gegenhalten.
- Keilrippenriemenscheibe durch Linksdrehen der Generatorwelle mit dem Drehmomentschlüssel und **80 Nm** festziehen.

Spannungsregler aus- und einbauen

Der Spannungsregler ist immer dann zu ersetzen, wenn die Fahrzeugbatterie zu schwach oder zu stark geladen wird. Ist die Ladespannung zu hoch führt das zu einer Überladung und kann, je nachdem wie oft es geschieht, zum Ausfall der Batterie führen. Eine stark gasende Batterie beziehungsweise der Geruch nach faulen Eiern in der Nähe der Batterie kurz nach dem Abstellen des Motors kann auf einen defekten Spannungsregler hindeuten.

BOSCH-Generator

Ausbau

- Generator ausbauen, siehe entsprechendes Kapitel.

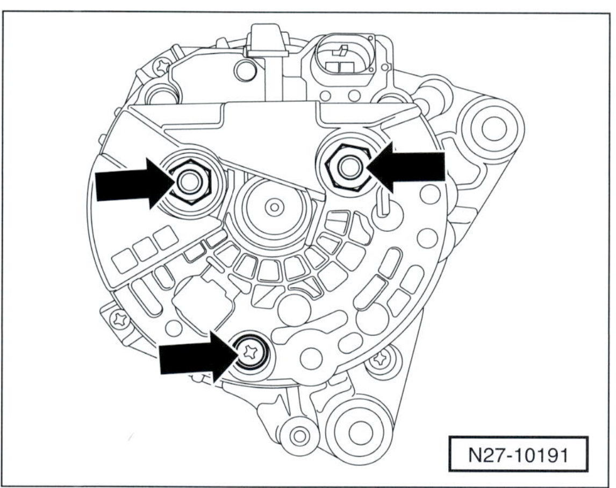

- Befestigungsschraube sowie die beiden Muttern –Pfeile– herausdrehen und Schutzkappe an der Rückseite des Generators abnehmen.

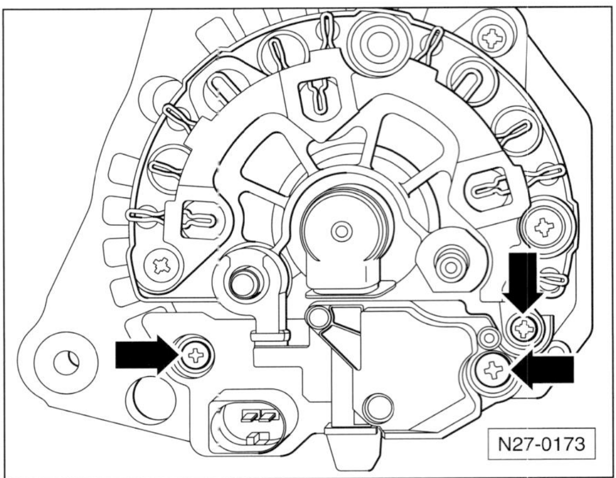
N27-0173

- Spannungsregler abschrauben –Pfeile– und abnehmen.

Einbau

- Spannungsregler einsetzen. Dabei darauf achten, dass die Kohlebürsten korrekt auf den Schleifbahnen aufliegen.
- Spannungsregler mit **2 Nm** festschrauben.
- Nach dem Einbau neue Kohlebürsten auf leichten Lauf in den Bürstenhaltern prüfen.
- Schutzabdeckung am Generator mit **4,5 Nm** anschrauben.
- Generator einbauen, siehe entsprechendes Kapitel.

VALEO-Generator

Ausbau

- Generator ausbauen, siehe entsprechendes Kapitel.

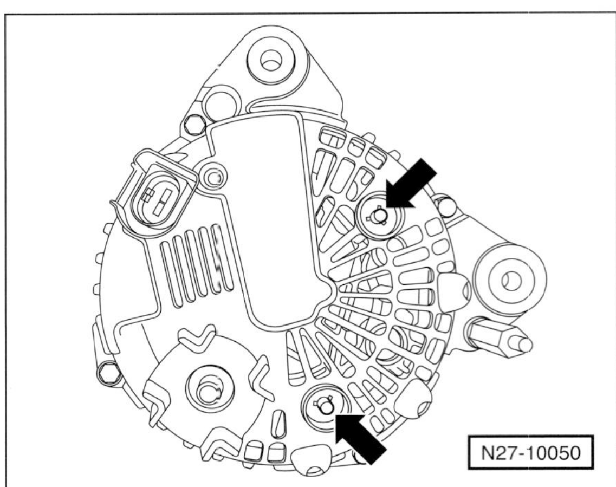
N27-10050

- Klemmringe –Pfeile– ausbauen und Schutzkappe an der Rückseite des Generators abnehmen.

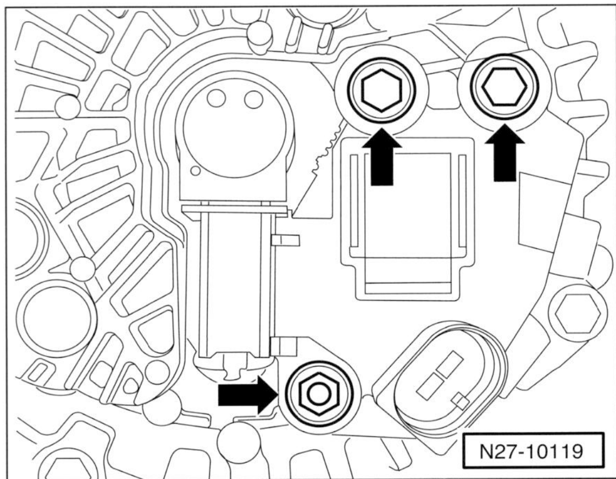
N27-10119

- Befestigungsschrauben des Spannungsreglers –Pfeile– abschrauben.
- Spannungsregler aus dem Generator herausnehmen.

Einbau

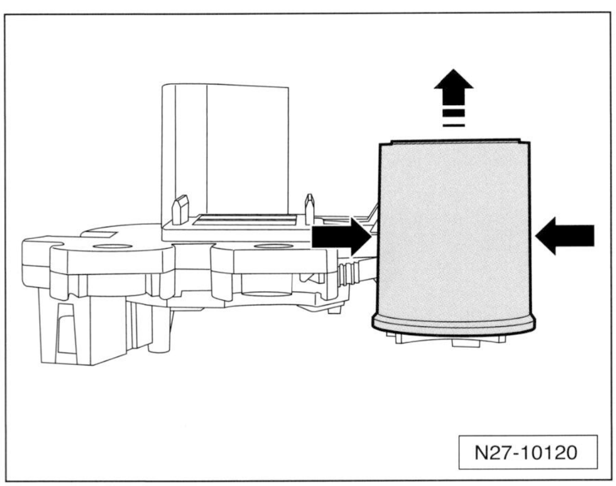
N27-10120

- Rastnasen –Pfeile– entriegeln und Schutzkappe vom Spannungsregler abziehen –Pfeil oben–.
- Kohlebürsten in das Gehäuse des Spannungsreglers drücken und Spannungsregler in den Generator einsetzen. Dabei darauf achten, dass die Kohlebürsten korrekt auf den Schleifbahnen aufliegen.
- Spannungsregler mit **2 Nm** festschrauben.
- Schutzabdeckung in die Führungsschienen am Generator einsetzen und hörbar einrasten.
- Generator einbauen, siehe entsprechendes Kapitel.

Anlasser aus- und einbauen

Zum Starten des Verbrennungsmotors ist ein elektrischer Motor erforderlich, der Anlasser. Damit der Motor überhaupt anspringen kann, muss der Anlasser den Verbrennungsmotor auf eine Drehzahl von mindestens 300 Umdrehungen in der Minute beschleunigen. Das funktioniert aber nur, wenn der Anlasser einwandfrei arbeitet und die Batterie hinreichend geladen ist.

Da zum Starten eine hohe Stromaufnahme erforderlich ist, ist im Rahmen der Wartung auf eine einwandfreie Kabelverbindung zu achten. Korrodierte Anschlüsse säubern und **nach dem Verbinden** mit Polschutzfett einstreichen.

Hinweis: Bei Fahrzeugen mit Start-Stopp-System ist ein Anlasser mit verstärktem Anlasserzahnkranz eingebaut, der sich äußerlich nicht vom herkömmlichen Anlasser unterscheidet, daher bei Ersatz auf richtige Zuordnung (Ersatzteilnummer) achten.

1,4-l-Benzinmotor

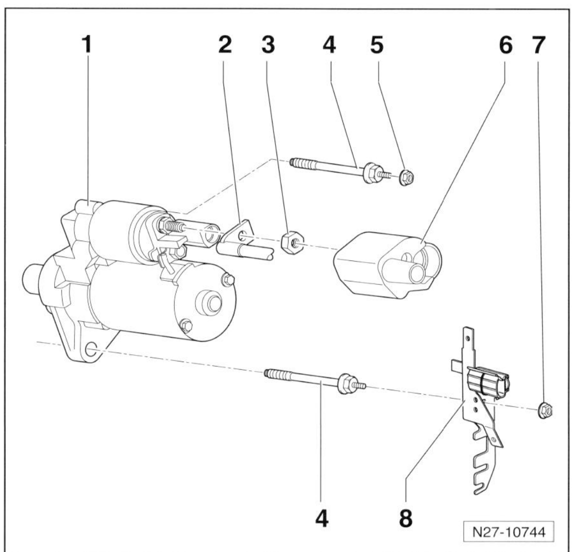

1 – **Anlasser**

2 – **Anschluss B+-Leitung an Anlasser**

3 – **Befestigungsmutter, 20 Nm**
Für B+-Leitung an Anlasser-

4 – **Befestigungsschrauben, 75 Nm**
Größe M12.

5 – **Befestigungsmutter, 20 Nm**
Für Masseleitung. Größe M8.

6 – **Abschirmkappe**

7 – **Befestigungsmutter, 20 Nm**
Für Leitungshalter. Größe M8.

8 – **Leitungshalter**

Ohne Abbildung:

■ Befestigungsschraube Luftfiltergehäuse an Karosserie, **10 Nm.**

Ausbau

Hinweis: Beschreibung und Abbildungen beziehen sich auf den **1,4-l-Benzinmotor mit 90 kW**. Abweichungen für die anderen Motoren stehen am Ende des Kapitels.

- Batterie-Massekabel abklemmen, siehe entsprechendes Kapitel.
- Luftfiltergehäuse ausbauen, siehe Seite 283.

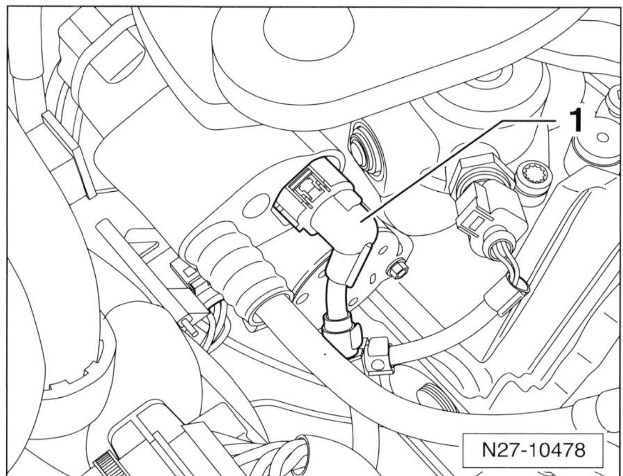

- Steckverbindung –1– entriegeln und trennen.

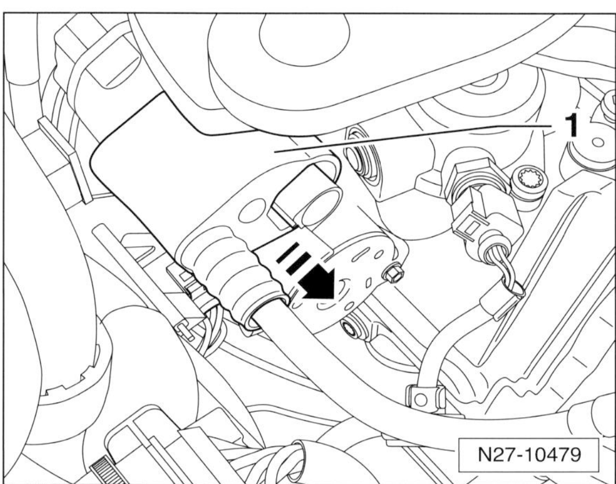

- Abschirmkappe –1– in Pfeilrichtung vom Magnetschalter herunterschieben.

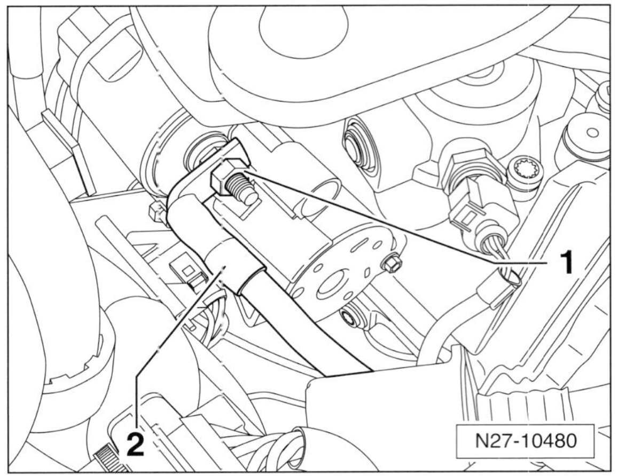

- Befestigungsmutter –1– abschrauben und die Plusleitung –2– vom Anschlussgewinde des Magnetschalters abnehmen.

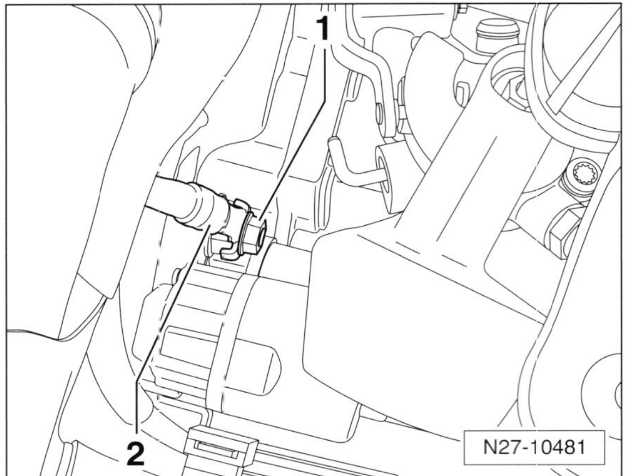

- Mutter –1– von der oberen Befestigungsschraube des Anlassers abschrauben und Masseleitung –2– abnehmen.
- Die dahinterliegende, obere Befestigungsschraube des Anlassers herausschrauben.
- Untere Motorabdeckung ausbauen, siehe Seite 331.

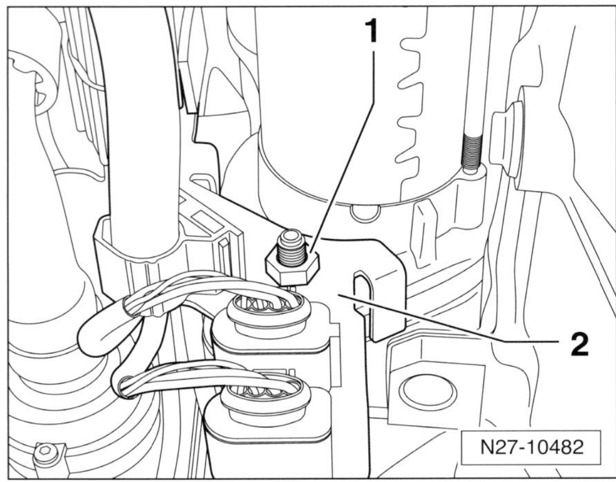

- Mutter –1– abschrauben und Leitungshalter –2– abnehmen.

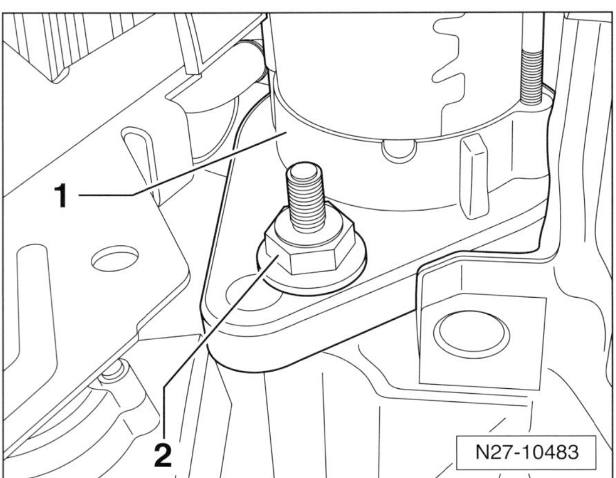

- Untere Befestigungsschraube –2– des Anlassers herausschrauben.
- Anlasser –1– nach unten herausnehmen.

Einbau

- Der Einbau erfolgt in umgekehrter Ausbaureihenfolge, dabei ist Folgendes zu beachten:
- Anlasser mit **75 Nm** festschrauben.
- Muttern für B+-Leitung, Masseleitung und Leitungshalter mit **20 Nm** festziehen.
- Luftfiltergehäuse mit **10 Nm** an der Karosserie anschrauben.

1,8-l-Benzinmotor/Dieselmotor

- Anlasser mit **75 Nm** festschrauben.
- Mutter für B+-Leitung mit **15 Nm** festziehen.
- Mutter für Leitungshalter mit **23 Nm** festziehen.
- Luftfiltergehäuse mit **10 Nm** an der Karosserie anschrauben.

2,0-l-Benzinmotor

Ausbau

- Batterie-Massekabel abklemmen, siehe entsprechendes Kapitel.

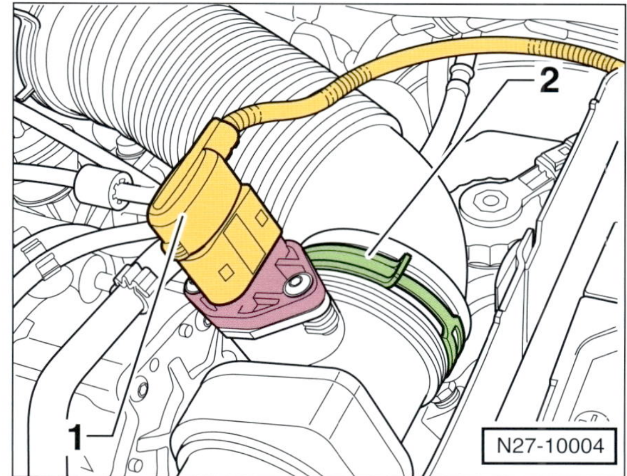

- Stecker –1– entriegeln und vom Luftmassenmesser abziehen.
- Federbandschelle –2– mit geeigneter Zange öffnen und zurückschieben.

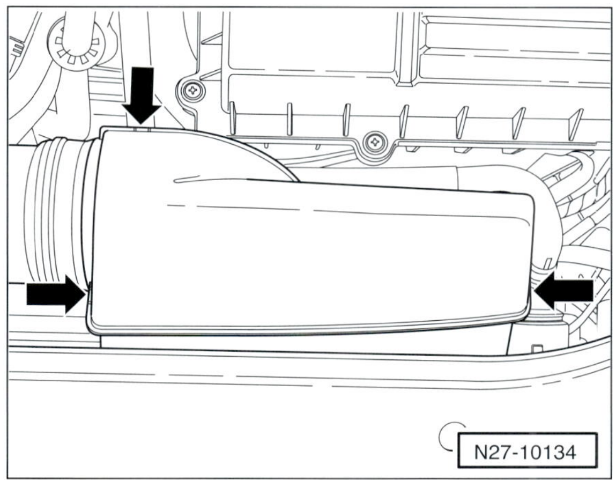

- Rastnasen –Pfeile– entriegeln und die Abdeckung für Luftführung abnehmen.

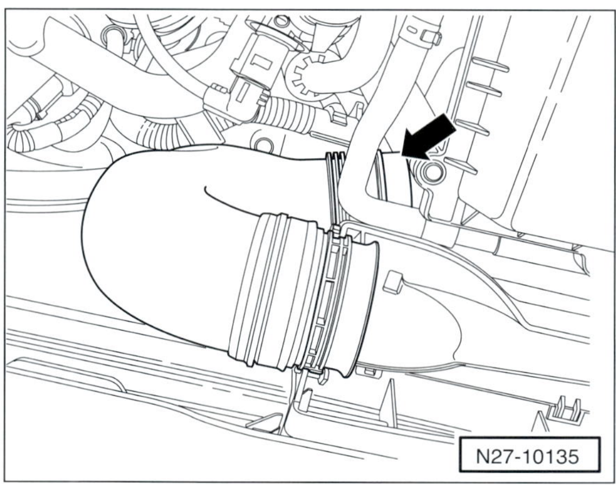

- Schlauch –Pfeil– vom Luftfiltergehäuse abziehen und herausnehmen.

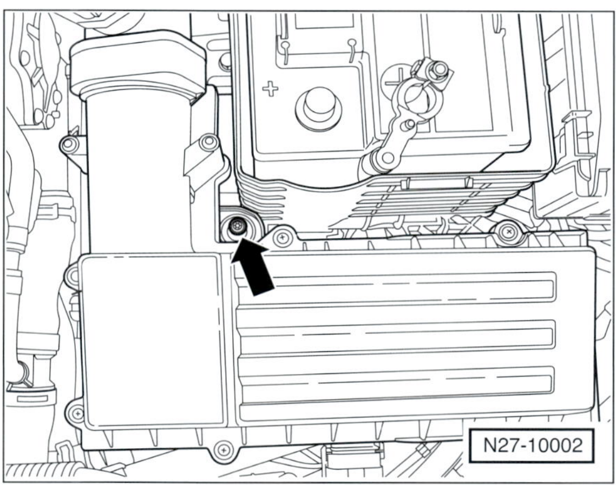

- Befestigungsschraube für Luftfiltergehäuse –Pfeil– herausschrauben.
- Luftfiltergehäuse nach oben aus seinen Gummilagerungen herausziehen und aus dem Fahrzeug nehmen.
- Der weitere Ausbau erfolgt wie beim 1,4-l-Benzinmotor.
- Den Anlasser nach unten aus dem Fahrzeug herausnehmen.

Einbau

- Der Einbau erfolgt in umgekehrter Ausbaureihenfolge, dabei ist Folgendes zu beachten:
- Anlasser mit **80 Nm** festschrauben.
- Muttern für B+-Leitung, Masseleitung und Leitungshalter mit **20 Nm** festziehen.
- Luftfiltergehäuse mit **10 Nm** an der Karosserie anschrauben.

3,6-l-Benzinmotor

Ausbau

- Batterie-Massekabel abklemmen, siehe entsprechendes Kapitel.

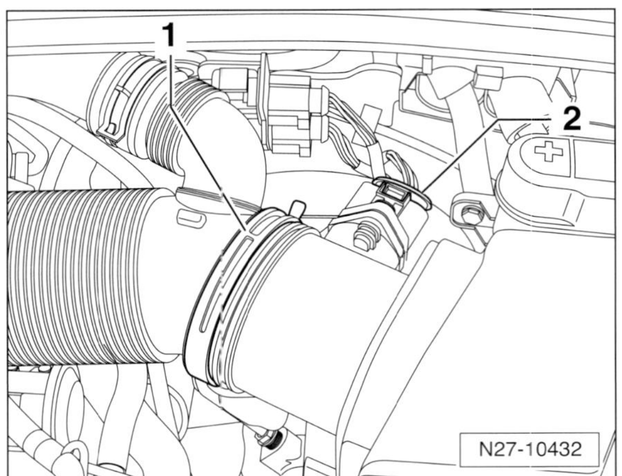

- Federbandschelle –1– mit geeigneter Zange öffnen und zurückschieben.
- Stecker –2– entriegeln und vom Luftmassenmesser abziehen.

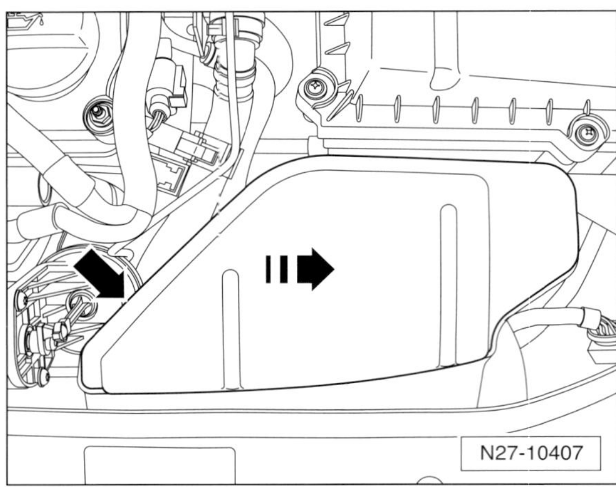

- Rastnase –Pfeil links– entriegeln und den Deckel für Luftführung in Pfeilrichtung abnehmen.

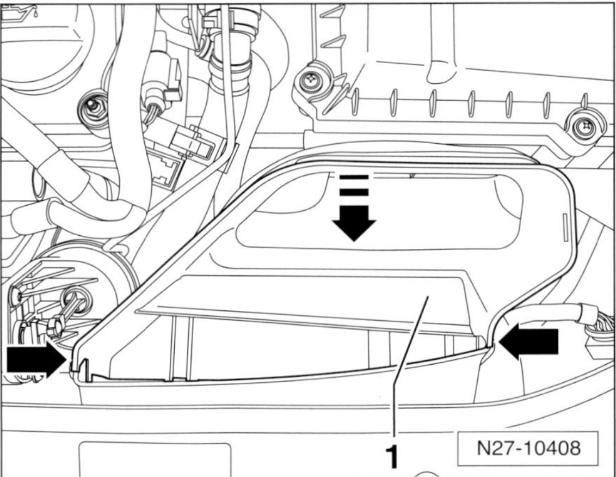

- Die Rastnasen –Pfeile links und rechts– entriegeln und die Luftführung nach vorn in Pfeilrichtung aus der Halterung herausziehen.

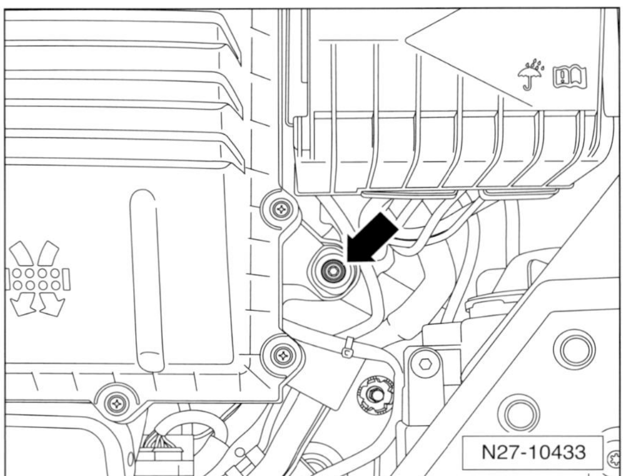

- Befestigungsschraube für Luftfiltergehäuse –Pfeil– herausschrauben.
- Luftfiltergehäuse nach oben aus der Gummilagerung herausziehen und herausnehmen.

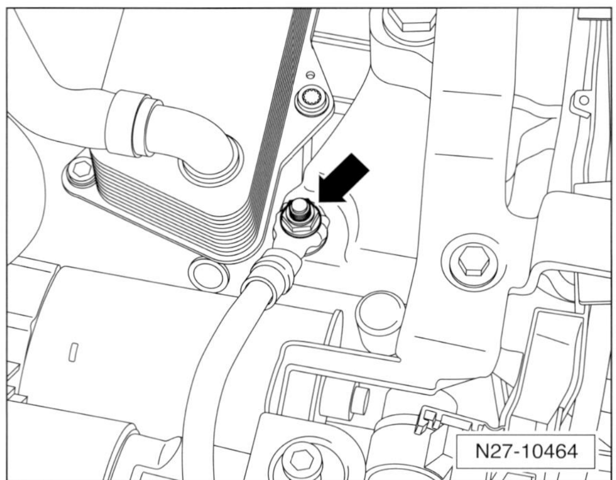

- Masseleitung –Pfeil– vom Getriebe abschrauben und zur Seite legen.

Achtung: Um Korrosionsschäden zu vermeiden, Masseleitung nicht vom Massepunkt an der Karosserie lösen.

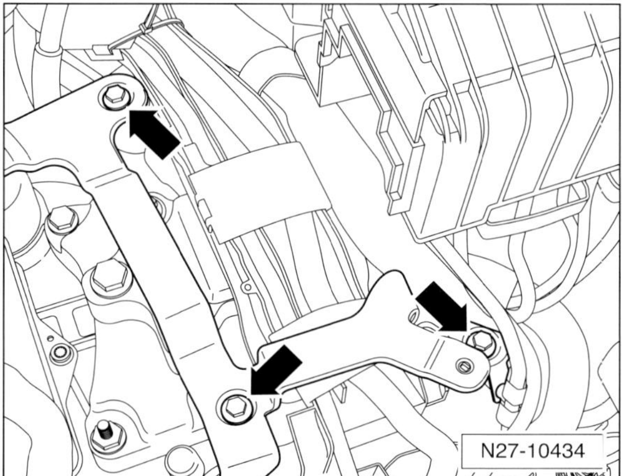

- Befestigungsschrauben des Halters für das Luftfiltergehäuse –Pfeile– herausschrauben.
- Halter für Luftfiltergehäuse herausnehmen.
- Untere Motorabdeckung ausbauen, siehe Seite 331.
- Der weitere Ausbau erfolgt wie beim 1,4-l-Benzinmotor.
- Anlasser nach oben aus dem Fahrzeug herausnehmen.

Einbau

- Der Einbau erfolgt in umgekehrter Ausbaureihenfolge, dabei ist Folgendes zu beachten:
- Anlasser mit **75 Nm** festschrauben.
- Muttern für B+-Leitung mit **15 Nm** festziehen.
- Masseleitung am Getriebegehäuse mit **15 Nm** festziehen.
- Luftfiltergehäuse mit **10 Nm** an der Karosserie anschrauben.

Scheibenwischanlage

Sicherheitshinweis
Bei Wartungs- und Reparaturarbeiten an der Scheibenwischanlage besteht Verletzungsgefahr der Hände durch Klemmen oder Quetschen. Im Extremfall durch Abscheren von Gliedmaßen bei Eingriffen in die Scheibenwischermechanik. Vor jeglichen Reparaturarbeiten ist stets der Zündschlüssel abzuziehen.

Scheibenwischanlage vorn – Detailübersicht

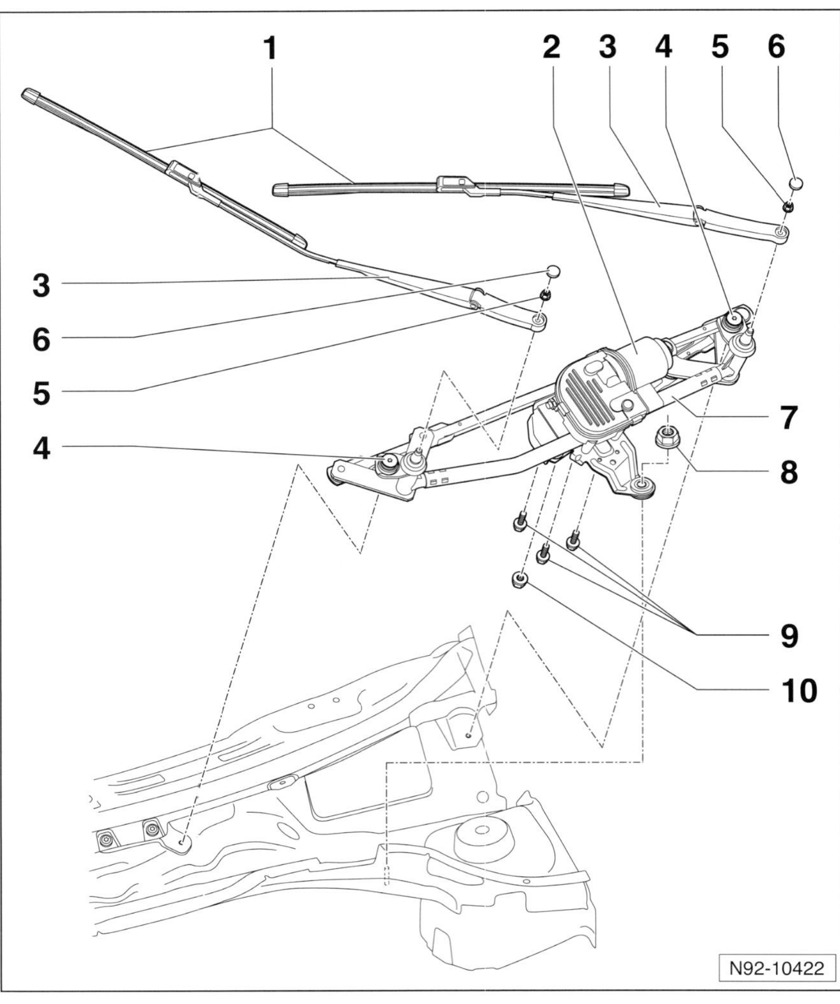

1 – **Gelenkfreie Wischerblätter**

2 – **Scheibenwischermotor**
Mit Steuergerät für Wischermotor.

3 – **Wischerarme**

4 – **Befestigungsschrauben, 8 Nm**
Für Wischerrahmen mit Gestänge an Karosserie.

5 – **Befestigungsmuttern, 20 Nm**
Für Wischerarm an Gestänge.

6 – **Abdeckkappen**

7 – **Wischerrahmen mit Gestänge**

8 – **Befestigungsmutter, 5 Nm**
Für Wischerrahmen an Karosserie.

9 – **Befestigungsschrauben, 12 Nm**
Für Wischermotor an Wischerrahmen mit Gestänge.

10 – **Befestigungsmutter, 17 Nm**
Für Motorkurbel auf Welle des Wischermotors.

Scheibenwischergummi vorn aus- und einbauen

Frontscheibe

Ausbau

- Wischerblatt ausbauen, siehe entsprechendes Kapitel.

Achtung: Beim Ersetzen des Wischergummis ist auf die Unterscheidungsmerkmale der unterschiedlichen Wischerblätter zu achten, siehe Abschnitt am Ende des Kapitels »Wischerblatt vorn aus- und einbauen«.

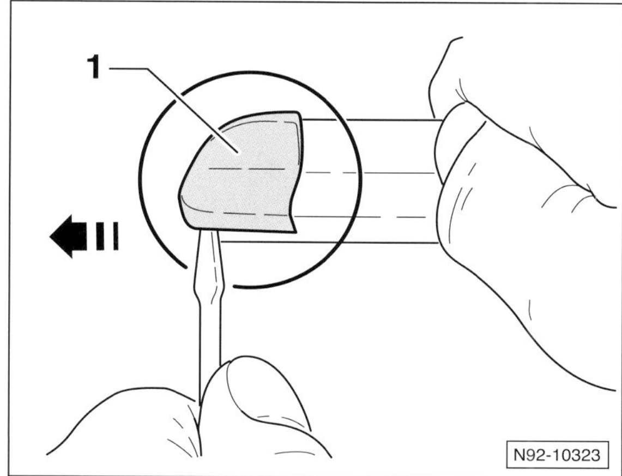

- Prüfen, an welcher Seite sich das Wischergummi nicht in der Führung verschieben lässt.
- Auf dieser Seite die Kappe –1– vorsichtig in Pfeilrichtung abhebeln.

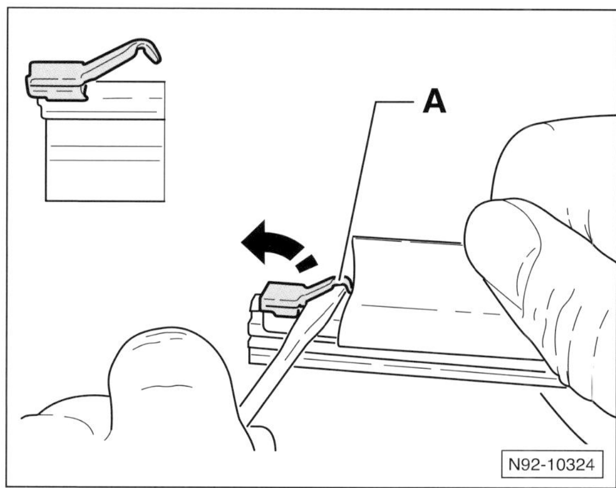

- Mit einem Schraubendreher die Wischergummiarretierung –A– aufbiegen –Pfeil–.
- Wischergummi herausziehen.

Einbau

- Neues Wischergummi einsetzen. Dabei auf richtigen Sitz in den Führungen des Wischerblattes achten.

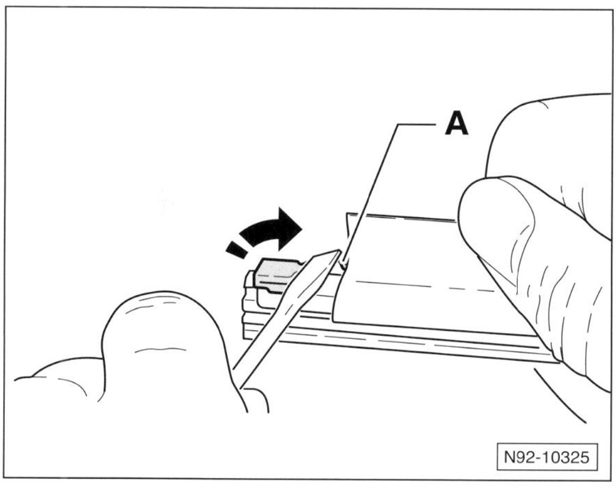

- Arretierung –A– mit einem Schraubendreher herunterdrücken –Pfeil–, bis sich das Wischergummi in der Führung nicht mehr verschieben lässt.

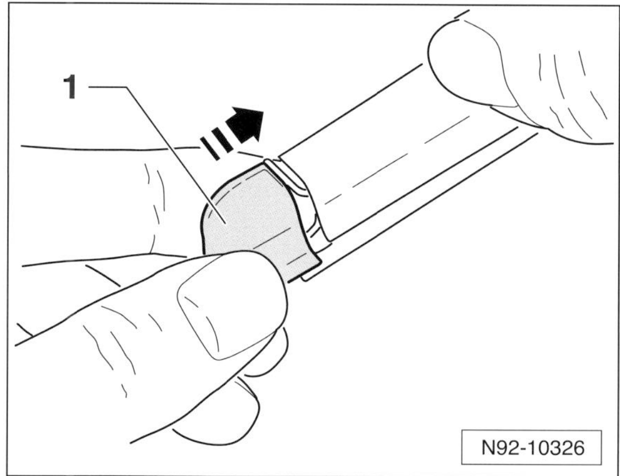

- Neue Kappe in Pfeilrichtung aufschieben und einrasten. Durch Ziehen an der Kappe deren festen Sitz prüfen.
- Wischerblatt einbauen.
- Anschließend Funktion des Scheiberwischers prüfen.

Wischerblatt vorn aus- und einbauen

Ausbau

Achtung: Es werden Wischerblätter der Firmen BOSCH und FEDERAL MOGUL verwendet. Beim Ersetzen der Wischerblätter darau achten, dass das neue Wischerblatt vom gleichen Hersteller ist.

- Wischerarme in die »Servicestellung« fahren.
- Zündschlüssel abziehen.
- Wischerarm von der Frontscheibe wegklappen. Dabei nur den Wischerarm oder das Wischerblatt im Bereich der Befestigung anfassen.

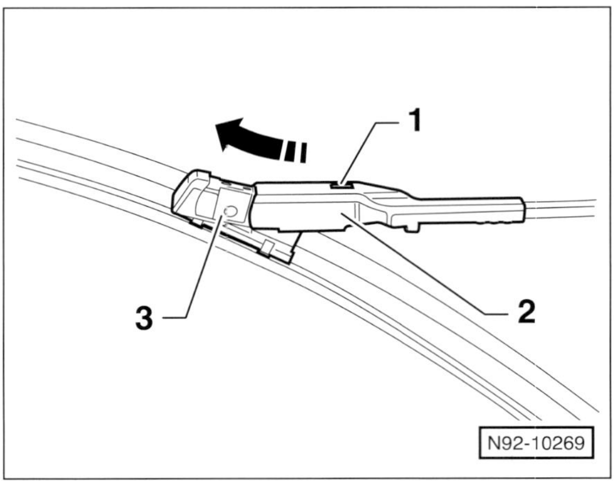

- Verriegelungstaste –1– drücken und Aufnahme –3– am Wischerblatt in Pfeilrichtung vom Wischerarm –2– abziehen.
- Zweites Wischerblatt auf die gleiche Weise ausbauen.

Einbau

Achtung: Das längere Wischerblatt wird auf der Fahrerseite eingesetzt.

- Aufnahme –3– am Wischerblatt bis zum Anschlag in den Wischerarm –2– einschieben. Die Verriegelungstaste –1– muss dabei sicher einrasten.
- Wischerarm vorsichtig zurückklappen.
- Zweites Wischerblatt auf die gleiche Weise einbauen.

Unterscheidungsmerkmale der eingebauten, gelenkfreien Wischerblätter

Beim Ersetzen der Wischergummis beziehungsweise der Wischerblätter müssen Ersatzteile vom selben Hersteller verwendet werden.

Die Wischerblätter können anhand der Befestigung für den Wischerarm identifiziert werden.

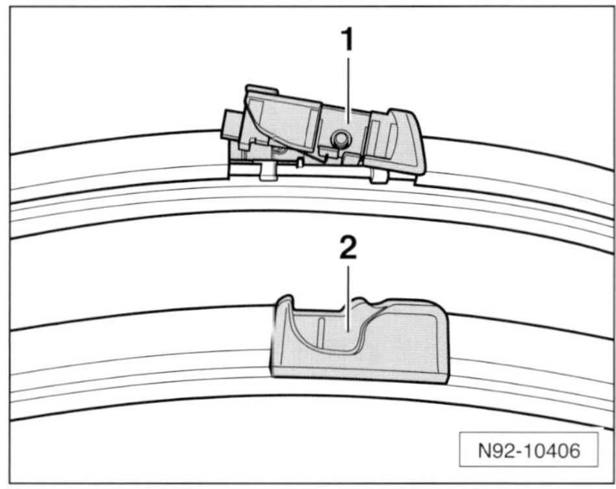

Wischerblätter der Firma Bosch –1– und –2–.

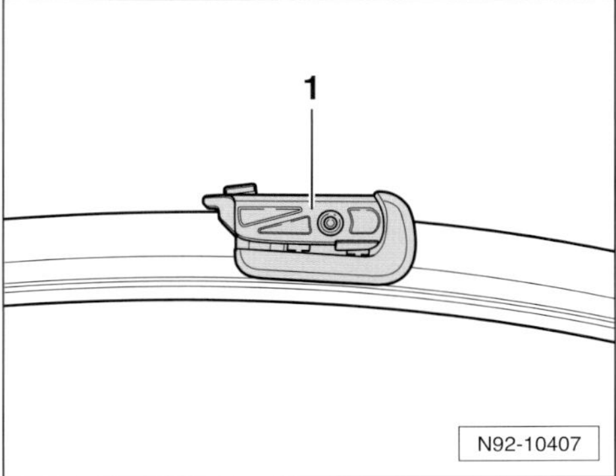

Wischerblatt der Firma Federal Mogul –1–:

Scheibenwischer vorn in Servicestellung bringen

Sicherheitshinweise

- Beschädigungsgefahr der Motorhaube durch Zurückfahren der Scheibenwischer in Grundstellung.
- Fahrzeug mit abgeklappten Scheibenwischerarmen nicht rangieren.
- Beim Betätigen des Schalters für Scheibenwischer oder ab einer Geschwindigkeit von 6 km/h fahren die Scheibenwischer automatisch in die Grundstellung zurück.
- Wenn innerhalb des Arbeitsablaufs der Scheibenwischermotor laufen soll, muss die Motorhaube vollständig geschlossen sein, da andernfalls die Spannungsversorgung des Scheibenwischermotors unterbrochen ist.

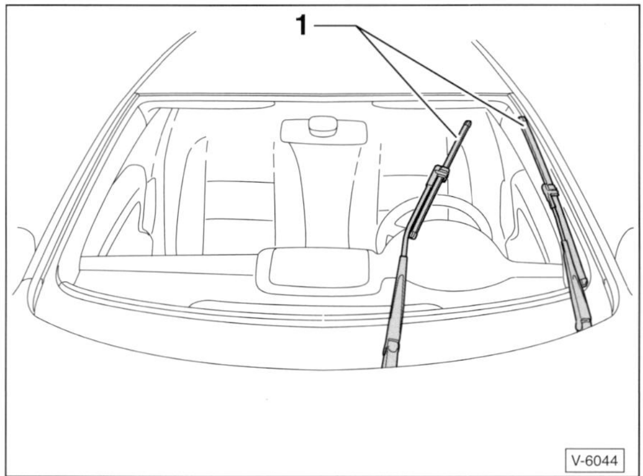

- Zündung kurz ein- und wieder ausschalten.
- Nach dem Ausschalten innerhalb von 10 Sekunden Wischerschalter kurz nach unten drücken beziehungsweise antippen. **Hinweis:** Die Motorhaube muss dabei geschlossen sein.
- Die Scheibenwischer –1– laufen in die „Servicestellung“.

Scheibenwischerarme vorn aus- und einbauen

Ausbau

Hinweis: Zum Abziehen kann das VW-Werkzeug T10369/1 oder die Spindel HAZET 4855-8 mit Abziehkopf 4855-1 verwendet werden.

- Wischermotor in die Endstellung fahren.
- Dazu die Zündung einschalten und den Lenkstockschalter 1x kurz nach unten drücken (Tippwischen).
- Nachdem der Wischermotor in Endstellung gefahren ist, die Zündung ausschalten und den Zündschlüssel abziehen.
- Stellung der Wischergummis auf der Frontscheibe markieren. Dazu Klebeband neben den Wischergummis auf die Scheibe kleben.
- Motorhaube öffnen.

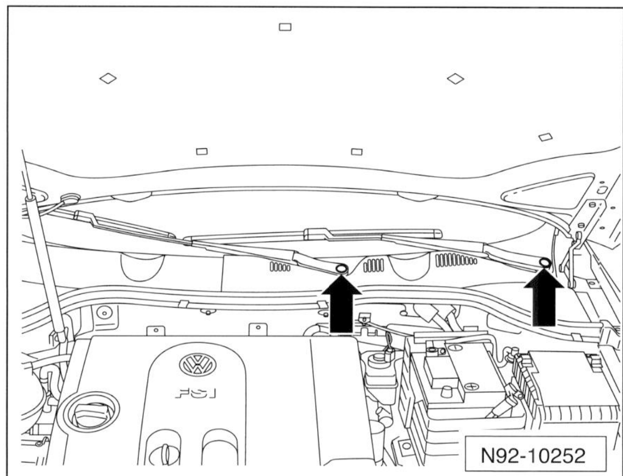
N92-10252

- Abdeckkappen –Pfeile– mit einem geeigneten Schraubendreher abhebeln.

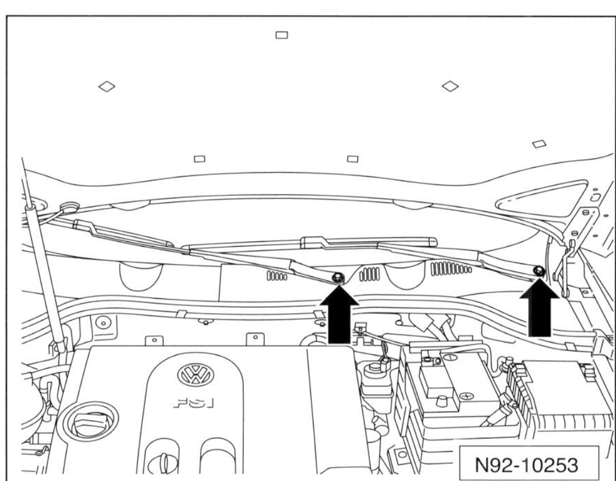
N92-10253

- Darunter liegende Muttern –Pfeile– lösen.
- Wischerarm leicht hin und her bewegen, bis er sich von der Wischerwelle löst. Mutter ganz abschrauben und Wischerarm von der Welle abziehen. **Achtung:** Dabei kann unter Umständen der Lack an der Motorhaube beschädigt werden. Um das zu verhindern, empfiehlt es sich, die Motorhaube im Arbeitsbereich mit einem Klebeband abzukleben.

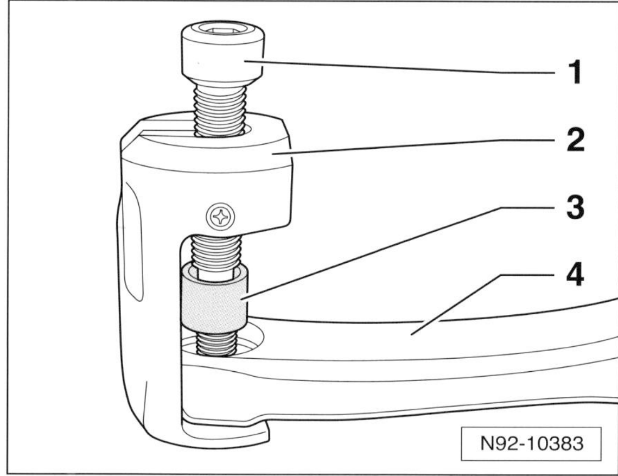

N92-10383

- Läßt sich der Wischerarm auf diese Weise nicht lösen, muss ein geeignetes Abziehwerkzeug verwendet werden. Dabei die Arme des Abziehers –2– unter den Wischerarm –4– schieben.

Achtung: Vorsichtig vorgehen, damit die Wischerwelle nicht beschädigt wird. Grundsätzlich geeignetes Druckstück –3– verwenden.

- Druckschraube –1– des Abziehers im Uhrzeigersinn drehen, bis das Druckstück –3– auf der Welle aufliegt.
- Druckschraube –1– mit einem Innensechskantschlüssel, Schlüsselweite 6 mm, im Uhrzeigersinn drehen, bis sich der Wischerarm –4– von der Welle löst.
- Abzieher und Wischerarm abnehmen.
- Wischerarm auf der Beifahrerseite auf die gleiche Weise ausbauen.

Einbau

- Der Einbau erfolgt in umgekehrter Ausbaureihenfolge, dabei ist Folgendes zu beachten:

Hinweis: Die Befestigungsmuttern der Wischerarme werden erst nach dem Einstellen der Scheibenwischerblätter-Endablage mit Drehmoment festgezogen.

- Wischermotor in die Endstellung fahren.
- Dazu die Zündung einschalten und den Lenkstockschalter 1x kurz nach unten drücken (Tippwischen).
- Nachdem der Wischermotor in Endstellung gefahren ist, die Zündung wieder ausschalten und den Zündschlüssel abziehen.
- Wischerarme entsprechend der Klebebandmarkierungen auf die Wischerarmwellen aufstecken.
- Befestigungsmuttern handfest aufschrauben.

- Scheibenwischerbätter-Endablage einstellen, siehe entsprechendes Kapitel.
- Muttern für Wischerarme mit **20 Nm** festziehen.
- Abdeckkappen aufdrücken.

Endablage der Wischerblätter vorn prüfen/einstellen

Hinweis: Die Scheibenwischeranlage ist mit der so genannten **APS**-Funktion ausgestattet. Sie bewirkt, dass der Wischer nach jedem 2. Abschalten entweder in der Endstellung zum Stillstand kommt, oder aus der Endstellung in die »**a**lternierende **P**ark**s**tellung« vorgeschoben wird.

Prüfen

- Frontscheibe mit Wasser benetzen, Scheibenwischer kurze Zeit laufen lassen und über den Wischerschalter abschalten. Dadurch läuft der Wischer nach jedem 2. Abschalten in die Endstellung; Wischer dabei beobachten. Die Endstellung ist die untere Stellung der Wischerblätter.
- Zündung ausschalten.

Fahrerseite

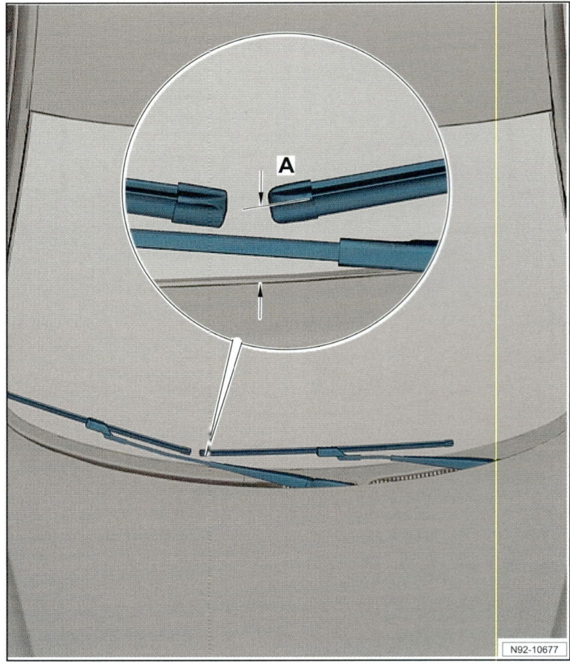

- Der Abstand –A– zwischen Mitte Wischergummi und Unterkante Frontscheibe muss 39 mm betragen.
- Die Scheibenwischerblätter-Endablage gegebenenfalls durch Versetzen des Wischerarms einstellen, siehe »Scheibenwischerarme an der Frontscheibe aus- und einbauen«.

Beifahrerseite

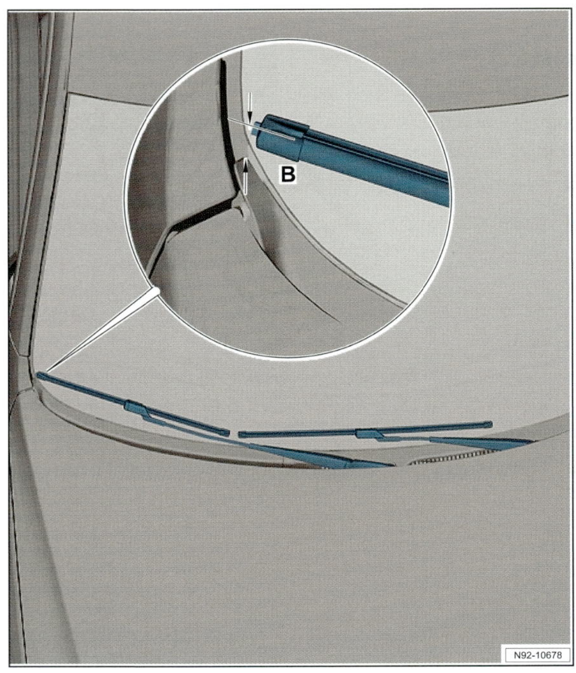

- Der Abstand –B– zwischen Wischergummi und Oberkante der Wasserkastenabdeckung muss 14 mm betragen.
- Die Scheibenwischerblätter-Endablage gegebenenfalls durch Versetzen des Wischerarms einstellen, siehe »Scheibenwischerarme an der Frontscheibe aus- und einbauen«.

Wischergestänge aus- und einbauen

Ausbau

- Wischermotor in die Endstellung fahren, siehe »Endablage der Wischerblätter vorn prüfen/einstellen«.
- Nachdem der Wischermotor in Endstellung gefahren ist, die Zündung ausschalten.
- Batterie-Massekabel abklemmen, siehe Seite 79.
- Wischerarme ausbauen, siehe entsprechendes Kapitel.
- Wasserkastenabdeckung ausbauen, siehe Seite 333.

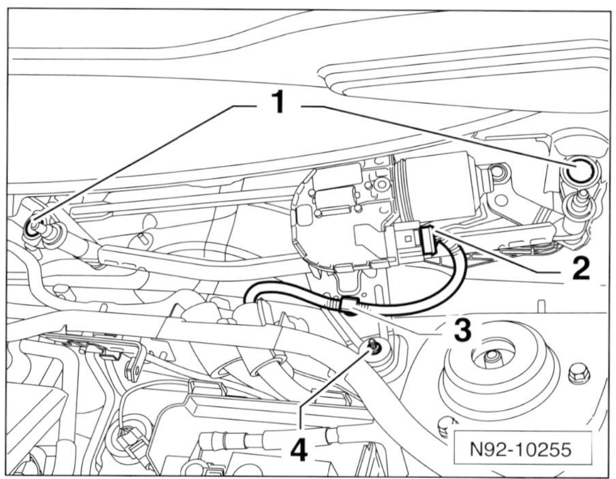

- Steckverbindung –2– entriegeln und trennen.
- Leitungshalter –3– aus dem Halteblech des Wischerrahmens ausclipsen.
- Befestigungsmutter –4– abschrauben und mit Scheibe abnehmen.
- Befestigungsschrauben –1– herausschrauben.
- Wischerrahmen mit Gestänge und Wischermotor aus dem Fahrzeug herausnehmen.

Einbau

- Der Einbau erfolgt in umgekehrter Ausbaureihenfolge, dabei ist Folgendes zu beachten:
- Wischermotor mit Rahmen und Gestänge in das Fahrzeug einsetzen.
- Befestigungsschrauben –1– einschrauben, nicht festziehen.
- Befestigungsmutter mit Scheibe –4– aufschrauben und mit **5 Nm** festziehen.
- Befestigungsschrauben –1– mit **8 Nm** festziehen.
- Stecker –2– auf den Anschluss des Wischermotors stecken, bis er verrastet.
- Leitungshalter –3– in die Bohrung des Halteblechs einclipsen.
- Die Wasserkastenabdeckung und die Dichtung des Wasserkastens in umgekehrter Reihenfolge einbauen.
- Batterie anklemmen, siehe Seite 79.
- Wischerarme einbauen, siehe entsprechendes Kapitel.

Scheibenwischermotor vorn aus- und einbauen

Ausbau

- Wischergestänge ausbauen, siehe entsrpechendes Kapitel.

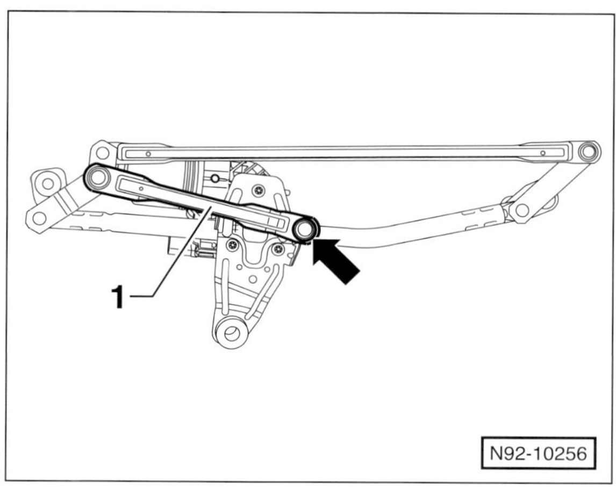

- Kugelkopf –Pfeil– des Gestänges –1– mit dem VW-Abdrückhebel 80-200 oder einem großen Schraubendreher von der Kurbel des Scheibenwischermotors abhebeln.

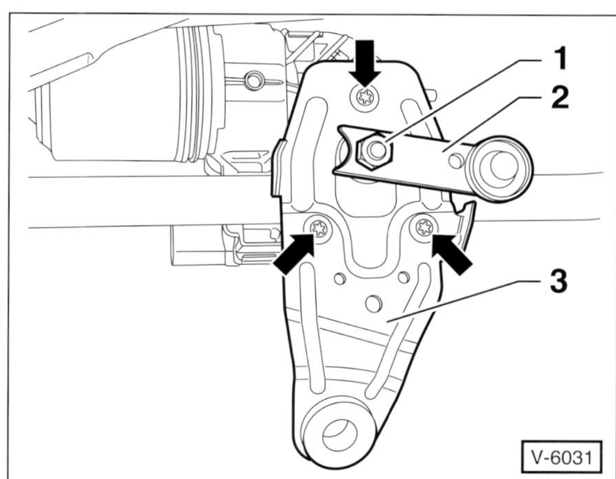

- Mutter –1– abschrauben und Kurbel –2– von der Motorwelle abnehmen.
- 3 Schrauben –Pfeile– herausdrehen und Halteblech –3– des Scheibenwischermotors abnehmen.
- Scheibenwischermotor mit Steuergerät nach unten aus dem Wischerrahmen herausnehmen. **Hinweis:** Steuergerät für Wischermotor und der Scheibenwischermotor sind zu einer Baueinheit zusammengefasst.

Einbau

- Der Einbau erfolgt in umgekehrter Ausbaureihenfolge, dabei ist Folgendes zu beachten:

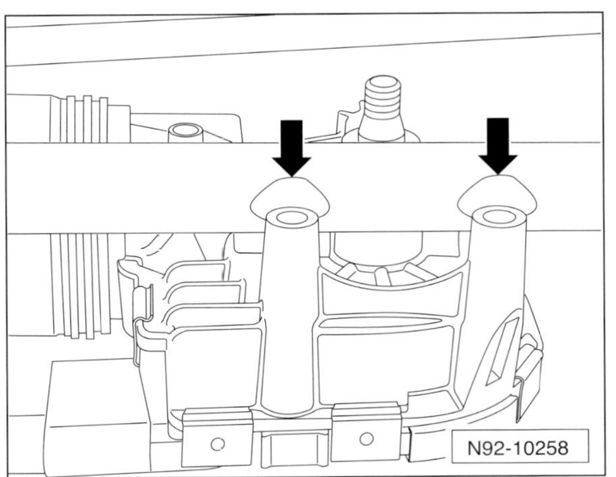

- Wischermotor mit Steuergerät zu den Aussparungen am Gestänge –Pfeile– ausrichten und in den Wischerrahmen einsetzen.

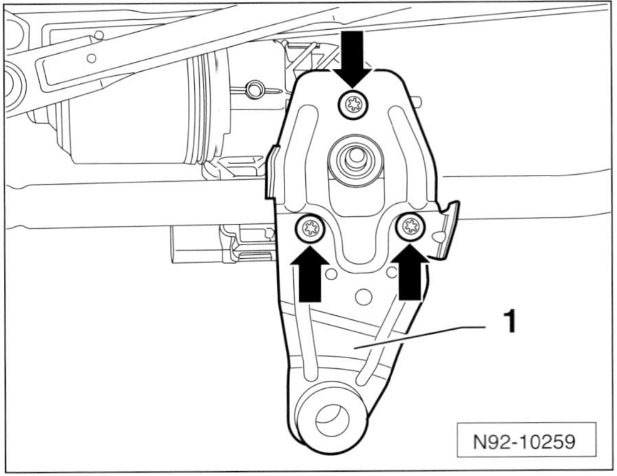

- Halteblech –1– auflegen und die Befestigungsschrauben –Pfeile– bis zur Anlage einschrauben.
- Schrauben mit **12 Nm** festziehen.

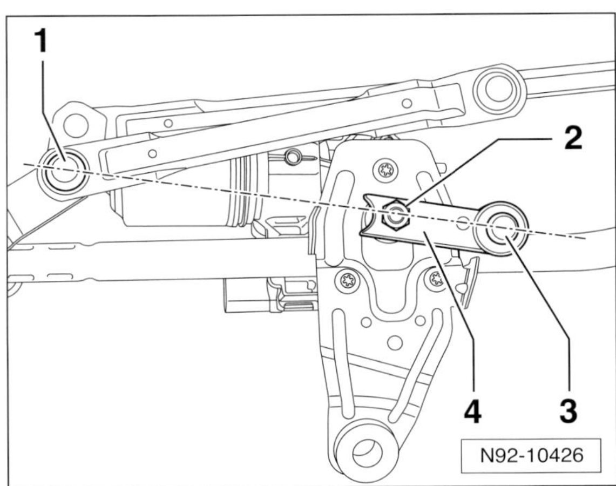

- Motorkurbel –4– so auf die Welle des Wischermotors –2– aufsetzen, dass die 3 abgebildeten Punkte –1–, –2– und –3– in einer Linie liegen.

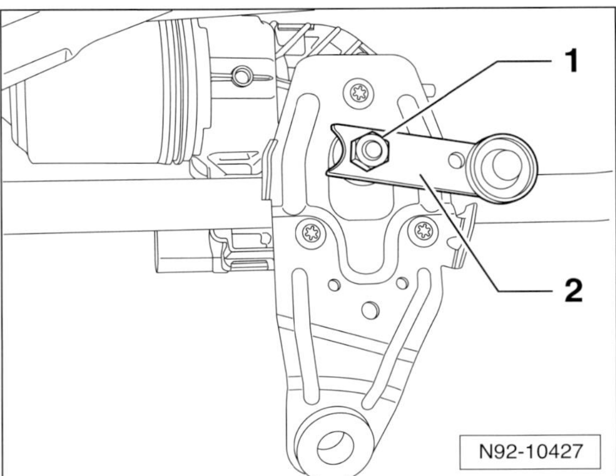

- Motorkurbel –2– auf der Welle des Wischermotors mit der Befestigungsmutter –1– und **17 Nm** festschrauben.
- Den Kugelkopf –Pfeil– des Gestänges –1– auf die Motorkurbel aufdrücken, siehe Abbildung N92-10256.
- Scheibenwischergestänge einbauen, siehe entsprechendes Kapitel.

Sensor für Regen- und Lichterkennung aus- und einbauen

Ausbau

- Zündung ausschalten und Zündschlüssel abziehen.
- Innenspiegel ausbauen, siehe Seite 296.
- Abdeckung für die elektrische Leitung ausclipsen.

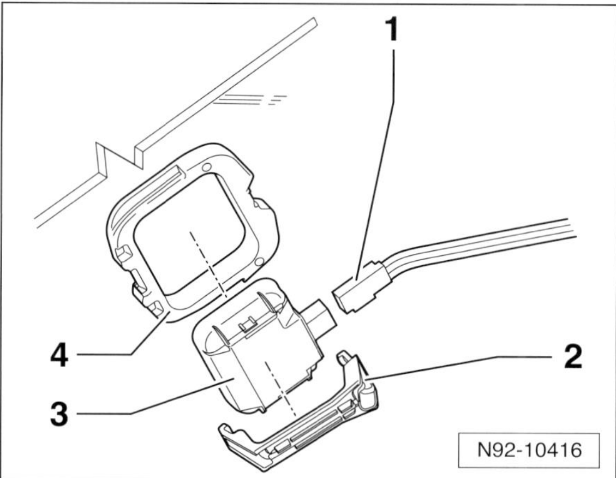

- Leitungsabdeckung –2– ausclipsen.
- Steckverbindung –1– vom Sensor für Regen- und Lichterkennung –3– abziehen.
- Sensor für Regen- und Lichterkennung –1– mit einem Schlitzschraubendreher aus der Halteplatte –4– an der Frontscheibe heraushebeln. Dabei darauf achten, dass der komplette Sensor und nicht nur die Oberschale des Sensors abgehebelt wird.

Einbau

- Der Einbau erfolgt in umgekehrter Reihenfolge, dabei ist Folgendes zu beachten:
- Frontscheibe innerhalb der Halteplatte gründlich mit Isopropanol (technischer Alkohol) reinigen.
- Gegebenenfalls Schutzkappe vom neuen Sensor entfernen.
- Darauf achten, dass die Oberfläche (Koppelkissen) des Sensors beim Einbau nicht verschmutzt ist. Gegebenenfalls kann sie eventuell durch »Aufkleben« und anschließendes »Abziehen« eines oder mehrerer Klebestreifen gereinigt werden.
- Sensor in die Halteplatte an der Frontscheibe einsetzen und festdrücken.

Achtung: Nach dem Einbau dürfen keine Luftblasen zwischen der Frontscheibe und dem Koppelkissen des Sensors vorhanden sein.

- Steckverbindung anschließen.
- Regensensor durch den Einbau der Leitungsabdeckung und des Innenspiegels sichern.
- In der Fachwerkstatt kann der Sensor für Regen- und Lichterkennung mit dem Fahrzeugdiagnosetester geprüft und codiert werden.

Scheibenwischanlage hinten – Detailübersicht

PASSAT VARIANT

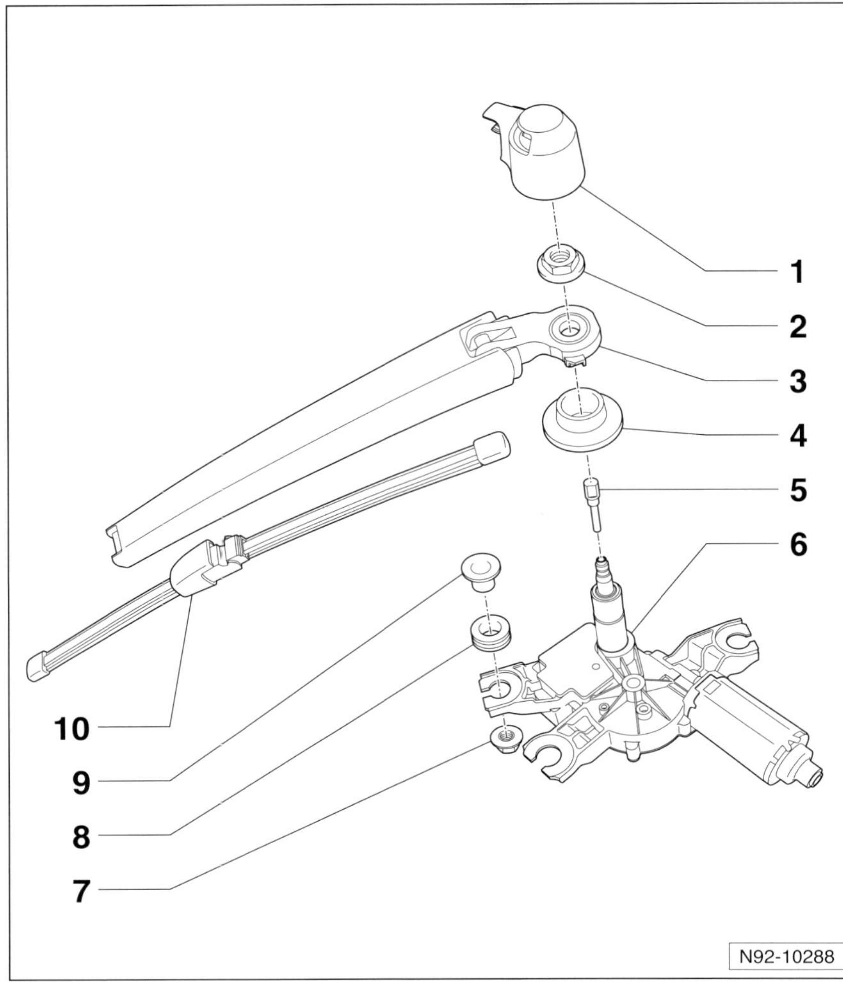

1 – **Abdeckkappe**

2 – **Sechskantbundmutter, 12 Nm**
Schlüsselweite 13mm.

3 – **Wischerarm**

4 – **Abdichtung**

5 – **Spritzdüse**

6 – **Motor für Heckscheibenwischer**

7 – **Sechskantmutter M6 mit Scheibe, 8 Nm**

8 – **Gummiring**

9 – **Distanzstück**

10 – **Wischerblatt**
Aeroscheibenwischer.

Wischerblatt hinten aus- und einbauen

Ausbau

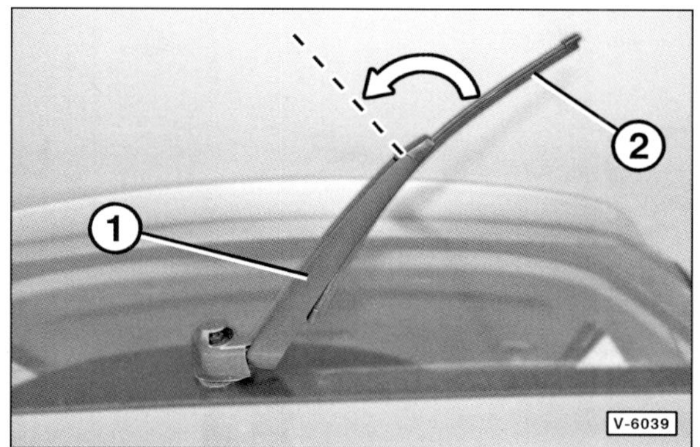

- Wischerarm –1– von der Scheibe wegklappen.
- Wischerblatt –2– rechtwinklig zum Wischerarm stellen. Dabei geringen Widerstand überwinden. Dadurch wird der Befestigungsclip etwas verschoben.
- Wischerblatt entgegen der Pfeilrichtung zurückschwenken.

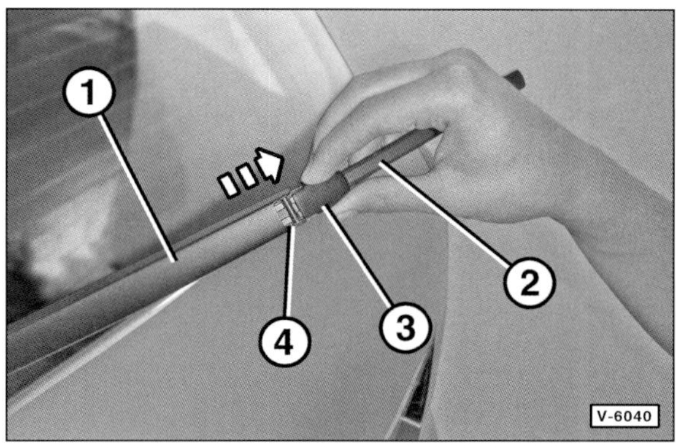

- Befestigungsclip –3– in Pfeilrichtung schieben, bis die Achse –4– des Wischerarms –1– frei liegt.
- Wischerblatt –2– abnehmen.

Einbau

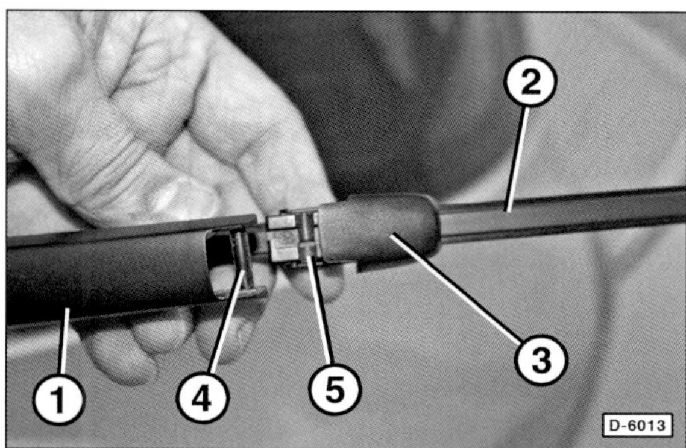

- Wischerblatt –2– mit der Aufnahme –5– des Befestigungsclips an der Achse –4– des Wischerarms ansetzen.
- Befestigungsclip –3– gegen den Wischerarm –1– schieben und einrasten.
- Wischerarm mit Wischerblatt vorsichtig auf die Heckscheibe zurückklappen.

Wischerarm hinten aus- und einbauen

Ausbau

- Heckscheibe mit Wasser benetzen.
- Heckscheibenwischer kurze Zeit laufen lassen und über den Scheibenwischerschalter abschalten. Dadurch läuft der Wischer in die Endstellung.
- Stellung des Wischergummis auf der Heckscheibe markieren. Dazu Klebeband neben dem Wischergummi auf die Scheibe kleben.

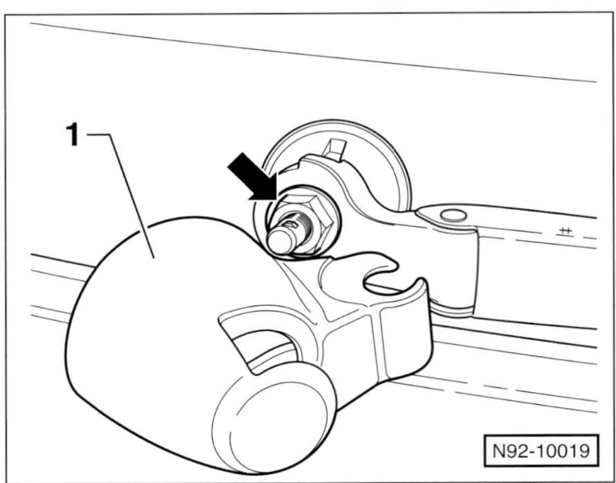

- Abdeckkappe –1– hochklappen und vom Wischerarm abziehen.
- Mutter –Pfeil– um ca. 2 Umdrehungen lockern.
- Wischerarm hochklappen und seitlich hin- und herbewegen. Dadurch wird der Wischerarm vom Konus der Wischerwelle gelöst.
- Mutter abschrauben und Wischerarm abnehmen.

Einbau

- Sicherstellen, dass der Scheibenwischermotor in Endstellung steht. Gegebenenfalls Motor kurz laufen lassen und mit Wischerschalter abschalten.
- Wischerarm anhand der beim Ausbau angebrachten Klebeband-Markierung ausrichten und auf die Wischerwelle aufsetzen.
- Mutter aufschrauben und mit **12 Nm** festziehen.
- Abdeckkappe einclipsen, zurückklappen und hörbar einrasten.
- Heckscheibe mit Wasser benetzen.
- Heckscheibenwischer kurze Zeit laufen lassen und über den Scheibenwischerschalter abschalten. Stellung des Wischerarms kontrollieren, gegebenenfalls korrigieren, siehe entsprechendes Kapitel.

Wischerarm hinten prüfen/einstellen

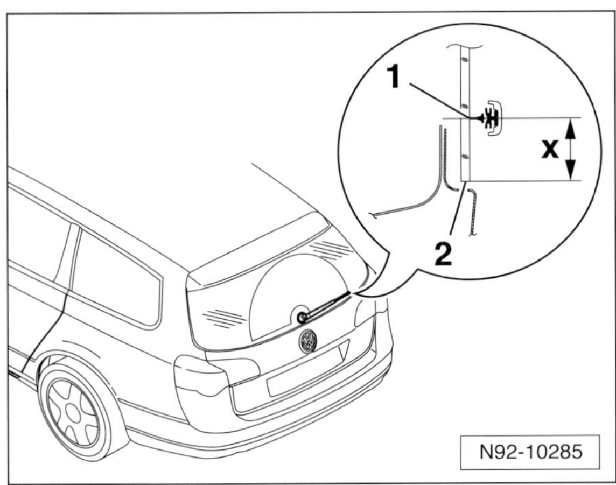

- **Prüfen:** Der Abstand –x– zwischen der Blattspitze des Wischergummis –1– und der Scheibenunterkante –2– muss 25 mm betragen.
- **Einstellen:** Die Heckscheibenwischer-Endablage gegebenenfalls durch Versetzen des Wischerarms einstellen.

Wischermotor hinten aus- und einbauen

Ausbau

- Wischerarm ausbauen, siehe entsprechendes Kapitel.
- Batterie-Massekabel abklemmen, siehe Seite 79.
- Untere Verkleidung der Heckklappe ausbauen, siehe Seite 320.

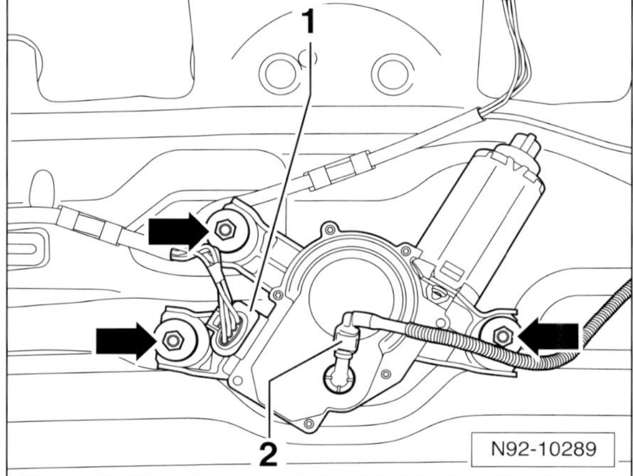

- Steckverbindung –1– entriegeln und trennen.
- Schlauchanschluss –2– durch Hochziehen des Sicherungsrings entriegeln und vom Anschluss am Heckwischermotor abziehen.
- Sechskantmuttern –Pfeile– abschrauben.
- Motor vorsichtig von der Heckklappe abziehen.

Einbau

Achtung: Vor dem Einbau prüfen, ob sich der Wischermotor in Endstellung befindet. Dazu kurzzeitig Anschlussstecker aufschieben und Batterie anschließen. Motor kurz laufen lassen und anschließend mit Wischerschalter ausschalten, damit der Motor in Endstellung stehen bleibt.

- Innenseite der Dichtung in der Heckscheibe mit gummi- und kunststoffverträglichem Gleitmittel (Polyethylenglykol) bestreichen, damit sich der Wischermotor leichter einsetzen lässt.

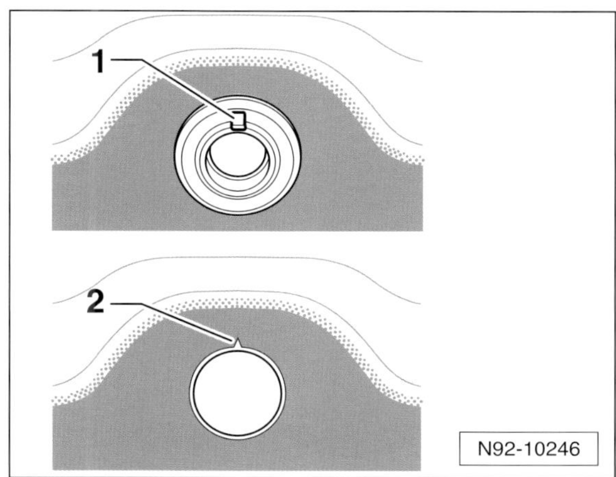

- Wischermotor vorsichtig durch die Öffnung in der Heckscheibe einsetzen. Dabei auf richtigen Sitz der Dichtung achten. Die Markierung –1– auf der Dichtung muss mit der Markierung –2– auf der Heckscheibe übereinstimmen.
- Wischermotor mit **8 Nm** anschrauben.
- Der weitere Einbau erfolgt in umgekehrter Ausbaureihenfolge. Einstellung des Wischerarms überprüfen.

Scheibenwaschanlage vorn – Detailübersicht

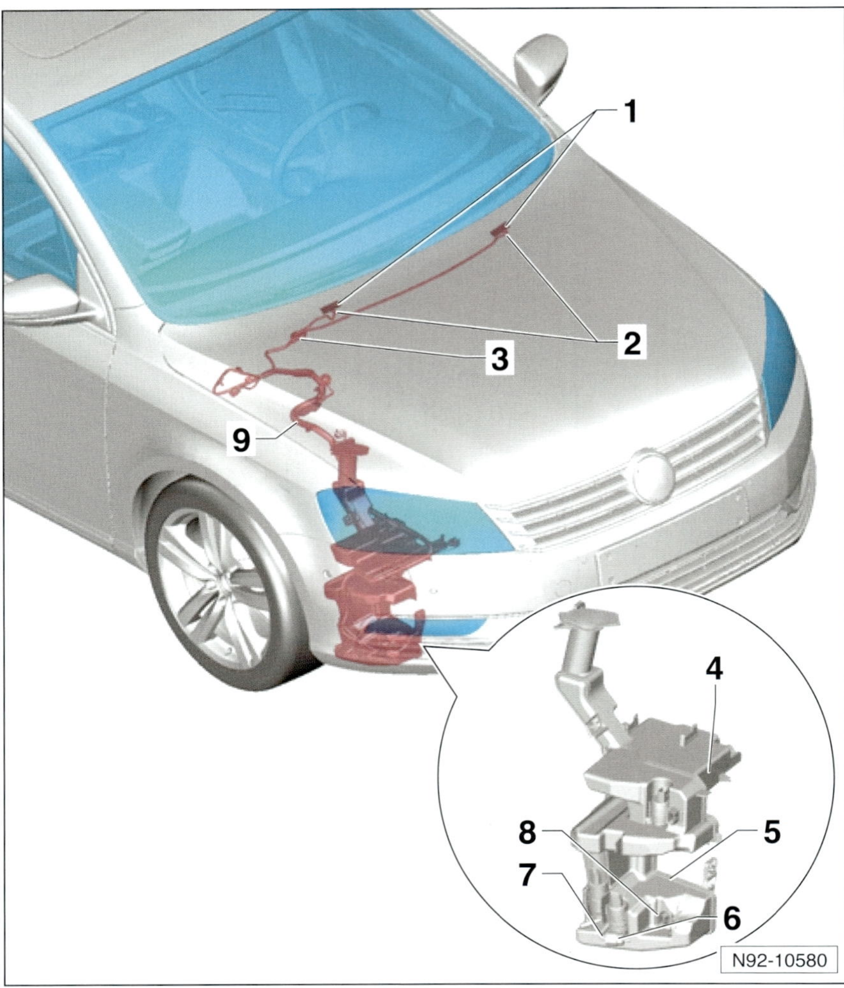

Hinweis: Bei Fahrzeugen ohne Scheinwerferreinigungsanlage ist ein einteiliger Waschwasserbehälter, bei Fahrzeugen mit Scheinwerferreinigungsanlage ist ein zweiteiliger Waschwasserbehälter eingebaut.
In der Abbildung ist die zweiteilige Ausführung des Waschwasserbehälters dargestellt.

1 – **Spritzdüsen**

2 – **Winkelanschlussstücke**
Für den Anschluss der Waschwasserleitungen an die Spritzdüsen.

3 – **Y–Stück**
Für die Verteilung der Waschwasserleitung zu den Spritzdüsen.

4 – **Behälteroberteil**
Beziehungsweise einteiliger Behälter der Scheibenwaschanlage.

5 – **Behälterunterteil**

6 – **Scheibenwaschpumpe**
Für Frontscheibe und beim VARIANT für Front- und Heckscheibe.

7 – **Winkelanschlussstück**
Für den Anschluss der Waschwasserleitung an die Scheibenwaschpumpe.

8 – **Geber für Waschwasserstand**

9 – **Schlauch**

Scheibenwaschdüse vorn aus- und einbauen/einstellen

Ausbau

- Motorhaube öffnen.

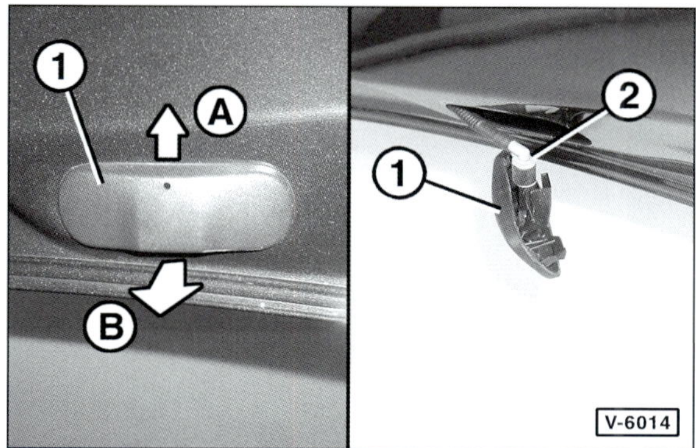

- Scheibenwaschdüse –1– nach oben drücken –Pfeil A– und unten aus der Motorhaube herausziehen –Pfeil B–.
- Sicherungsring am Schlauchanschluss –2– zum Entriegeln verdrehen und Wasserschlauch abziehen.
- Gegebenenfalls Stecker für Düsenbeheizung abziehen.

Einbau

- Der Einbau erfolgt in umgekehrter Ausbaureihenfolge, dabei Folgendes beachten:
- Beim Aufstecken der Waschwasserleitung muss die Sicherungsklammer hörbar in den Anschluss einrasten.
- Scheibenwaschdüse, in die Einbauöffnung stecken, bis sie hörbar verrastet. Dabei oben beginnen.
- Scheibenwaschdüse einstellen, siehe folgenden Abschnitt.

Scheibenwaschdüse einstellen

Achtung: Keine Gegenstände zum Reinigen der Scheibenwaschdüsen verwenden!

Falls das Spritzfeld infolge von Verunreinigungen ungleichmäßig ist, Scheibenwaschdüse ausbauen und entgegen der Spritzrichtung mit Wasser durchspülen. **Achtung:** Das anschließende Durchblasen entgegen der Spritzrichtung mit Druckluft ist zulässig.

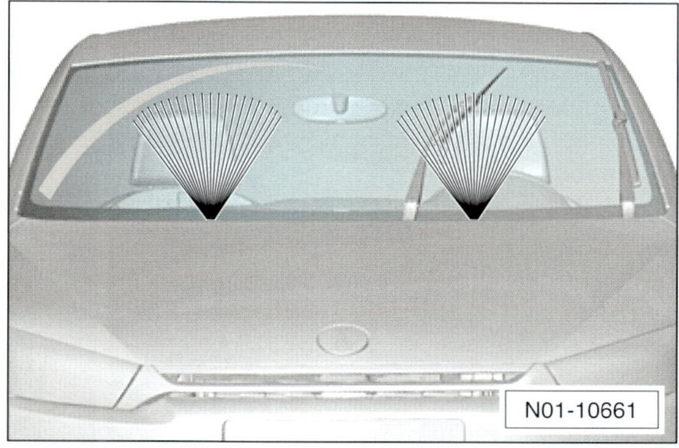

Hinweis: Die Scheibenwaschdüsen sind voreingestellt. Es können nur kleine Höhenunterschiede ausgeglichen werden.

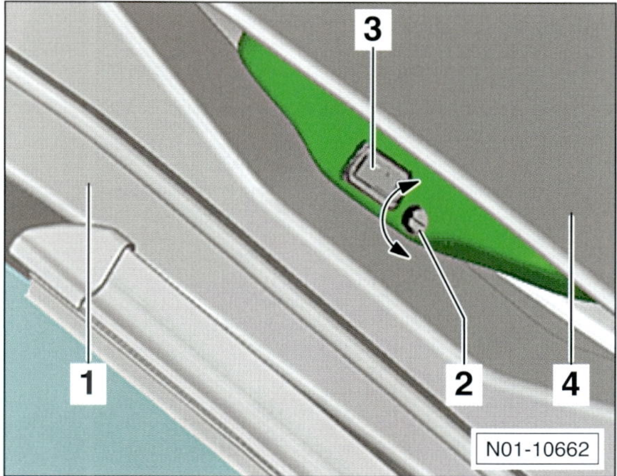

1 – Windlaufgrill **3 – Fächerdüse**
2 – Einsteller Torx-T8 **4 – Motorhaube**

- Mit einem Torx-Schraubendreher T8 die Spritzrichtung durch Drehen am Einsteller –2– verstellen. **Hinweis:** Drehen im Uhrzeigersinn bewirkt eine Verstellung nach unten; gegen den Uhrzeigersinn ergibt eine Verstellung nach oben.

Waschwasserbehälter aus- und einbauen

Hinweis: Bei Fahrzeugen ohne Scheinwerferreinigungsanlage ist ein einteiliger Waschwasserbehälter, bei Fahrzeugen mit Scheinwerferreinigungsanlage ist ein zweiteiliger Waschwasserbehälter eingebaut.

Einteiliger Waschwasserbehälter

Hinweis: In der folgenden Abbildung ist der Waschwasserbehälter beim VARIANT mit Front- und Heckscheibenwaschpumpe dargestellt. Bei der Limousine ist an dieser Stelle eine Scheibenwaschpumpe mit nur einem Schlauchanschluss vorhanden.

Die Anschlüsse an der Pumpe und die Verriegelungsclips an den Schlauchanschlussstücken sind farblich codiert. Dadurch wird das Anschließen der Waschwasserleitungen an die Front- und Heckscheibenwaschpumpe erleichtert. Die Schlauchanschlussstücke sind beim Einbau jeweils auf die farblich entsprechenden Pumpenanschlüsse zu stecken.

Ausbau

- Zündung und alle elektrischen Verbraucher ausschalten. Zündschlüssel abziehen.
- Vordere Stoßfängerabdeckung ausbauen, siehe Seite 336.
- Rechten Scheinwerfer ausbauen, siehe Seite 132.
- Auffangbehälter für ausfließende Scheibenwaschflüssigkeit unterstellen.

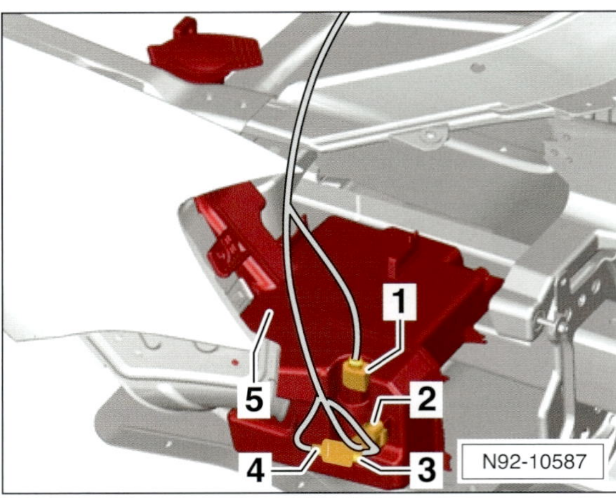

- Alle aufgesteckten Leitungen vom Scheibenwaschbehälter –5– abclipsen und Scheibenwaschflüssigkeit ablaufen lassen.
- Steckverbindungen –1– und –2– entriegeln und abziehen.
- Schlauchanschlüsse –3– und –4– entriegeln und von der Front- und Heckscheibenwaschpumpe abziehen. Eventuell ablaufendes Waschwasser im Auffanggefäß auffangen.

Hinweis: Damit die Schraube –2– zugänglich wird, müssen gegebenenfalls die Leitungshalter der darüber verlaufenden Rohrleitungen gelöst werden.

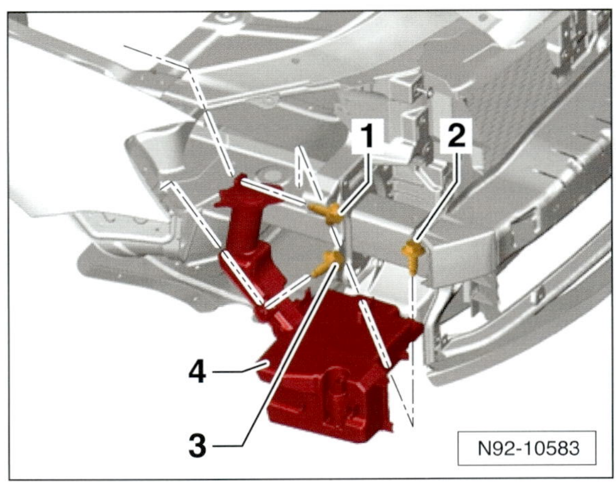

- Befestigungsschrauben –1–, –2– und –3– herausschrauben.
- Scheibenwaschbehälter –4– nach vorn aus dem Fahrzeug herausnehmen.

Einbau

- Der Einbau erfolgt in umgekehrter Ausbaureihenfolge, dabei ist Folgendes zu beachten:
- Beim Einbau des Scheibenwaschbehälter darauf achten, dass die umliegenden Leitungen nicht gequetscht werden. Alle Leitungen müssen wieder in ihrer ursprünglichen Lage an den Behälter angeclipst werden.
- Schrauben mit **8 Nm** festziehen.

Zweiteiliger Waschwasserbehälter

Ausbau Behälteroberteil

- Zündung und alle elektrischen Verbraucher ausschalten. Zündschlüssel abziehen.
- Vordere Stoßfängerabdeckung ausbauen, siehe Seite 336.
- Rechten Scheinwerfer ausbauen, siehe Seite 132.
- Auffangbehälter für ausfließende Scheibenwaschflüssigkeit unterstellen.

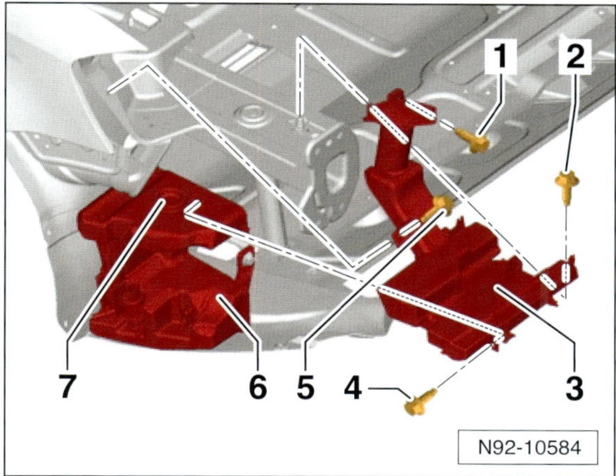

- Alle aufgesteckten Leitungen vom Behälteroberteil –3– abclipsen.

Hinweis: Damit die Schraube –2– zugänglich wird, müssen gegebenenfalls die Leitungshalter der darüber verlaufenden Rohrleitungen gelöst werden.

- Befestigungsschrauben –1–, –2– und –5– herausschrauben.
- Spreizniet –4– lösen und herausziehen.
- Behälteroberteil –3– senkrecht nach oben aus der Gummitülle –7– des Behälterunterteils –6– herausziehen.
- Behälteroberteil –3– nach vorn aus dem Fahrzeug herausnehmen.

Ausbau Behälterunterteil

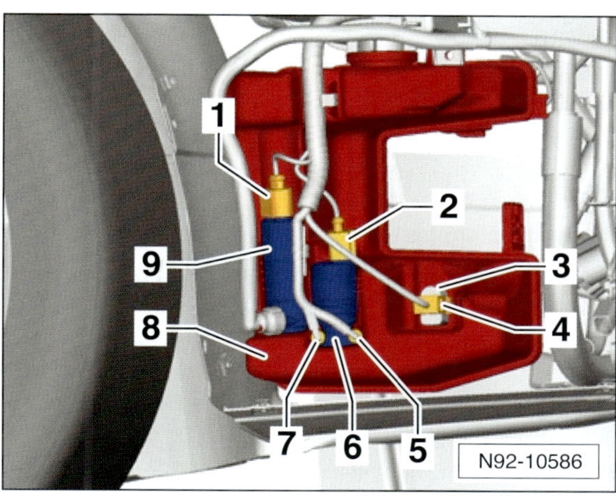

- Alle aufgesteckten Leitungen vom Behälterunterteil –8– abclipsen.
- Steckverbindung –1– der Pumpe für Scheinwerferreinigungsanlage –9– entriegeln und abziehen.
- Steckverbindung –2– der Waschwasserpumpe –6– entriegeln und abziehen.
- Stecker –4– vom Geber für Waschwasserstand entriegeln und abziehen.
- Die Schlauchanschlüsse –5– und –7– entriegeln und von der Scheibenwaschpumpe –6– abziehen.
- Eventuell ablaufendes Waschwasser im Auffanggefäß auffangen.

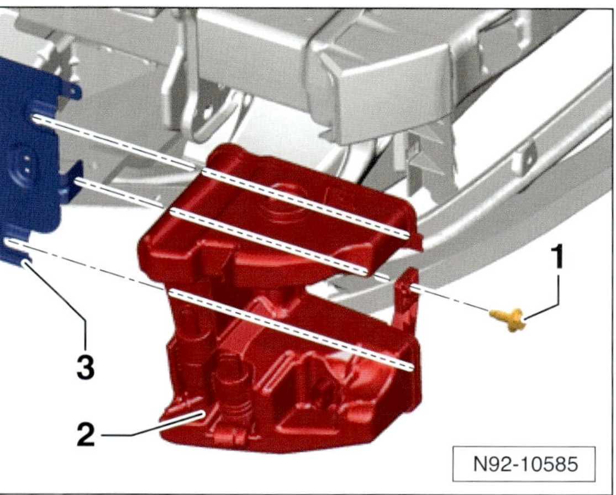

- Befestigungsschraube –1– herausschrauben.
- Behälterunterteil –2– nach vorn aus den Nuten des Halteblechs –3– herausziehen.

Einbau Behälterunterteil

- Der Einbau erfolgt in umgekehrter Ausbaureihenfolge, dabei ist Folgendes zu beachten:
- Behälterunterteil –2– mit den Führungen auf der Innenseite in die Nuten des Halters –3– am Fahrzeug einstecken.
- Schraube –1– mit **8 Nm** anschrauben.

Einbau Behälteroberteil

- Der Einbau erfolgt in umgekehrter Ausbaureihenfolge, dabei ist Folgendes zu beachten:
- Zur Erleichtung beim Zusammenstecken der beiden Behälterhälften die Gummitülle –7– mit einem gummi- und kunststoffverträglichen Gleitmittel, zum Beispiel Polyethylenglykol, benetzen.
- Darauf achten, dass beim Einbau des Behälteroberteils die umliegenden Leitungen nicht gequetscht werden. Leitungen wieder in ihrer ursprünglichen Lage an den Behälter anclipsen.
- Das Behälteroberteil –3– senkrecht von oben in die Gummitülle –7– des Behälterunterteils –6– einsetzen, siehe Abbildung N92-10584.
- Schrauben einschrauben und mit **8 Nm** festziehen.
- Nach dem Einbau die Scheinwerferreinigungsanlage entlüften, siehe Seite 124.

Geber für Waschwasserstand aus- und einbauen

Der Geber ist am Scheibenwaschbehälter vorn vor dem rechten Radhaus eingebaut.

Ausbau

- Zündung und alle elektrischen Verbraucher ausschalten. Zündschlüssel abziehen.
- Vordere Stoßfängerabdeckung ausbauen, siehe Seite 336.

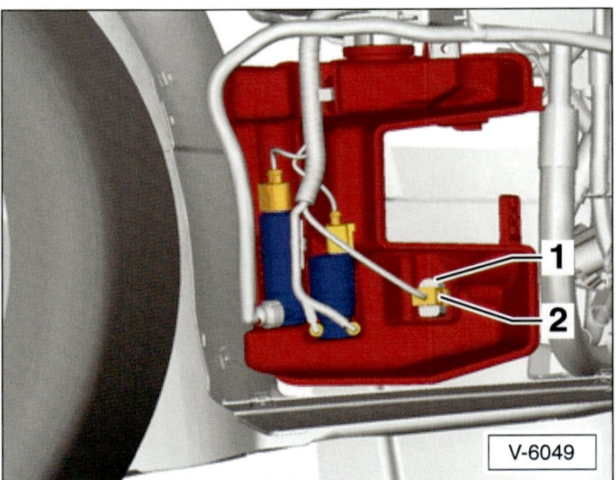

- Steckverbindung –2– entriegeln und abziehen.
- Geber –1– aus seiner Gummidichtung herausziehen.

Einbau

- Der Einbau erfolgt in umgekehrter Ausbaureihenfolge, dabei ist Folgendes zu beachten:
- Nach dem Einbau die Scheinwerferreinigungsanlage entlüften, siehe Seite 124.

Scheibenwaschpumpe/ Scheinwerferreinigungspumpe aus- und einbauen

Ausbau

- Zündung und alle elektrischen Verbraucher ausschalten. Zündschlüssel abziehen.
- Vordere Stoßfängerabdeckung ausbauen, siehe Seite 336.
- Auffanggefäß für Scheibenwaschflüssigkeit unter den Scheibenwaschwasserbehälter stellen.

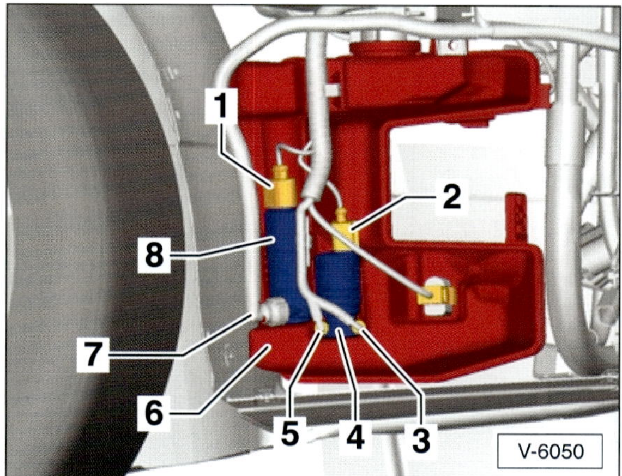

- Schlauchanschlüsse –3– und –5– entriegeln und von der Scheibenwaschpumpe –4– abziehen. Ablaufende Flüssigkeit auffangen. **Hinweis:** In der Abbildung ist die Ausführung für den VARIANT dargestellt. Bei der Ausführung für die Limousine ist nur ein Schlauchanschluss vorhandne.
- Scheibenwaschpumpe –4– nach oben aus dem Behälter –6– herausziehen.
- Steckverbindung –2– entriegeln und abziehen.

Speziell Scheinwerferreinigungspumpe

- Schlauchanschluss –7– entriegeln und von der Scheinwerferreinigungspumpe –8– abziehen. Ablaufende Flüssigkeit auffangen.
- Scheinwerferreinigungspumpe –8– nach oben aus dem Behälter –6– herausziehen.
- Steckverbindung –1– entriegeln und abziehen.

Einbau

- Der Einbau erfolgt in umgekehrter Ausbaureihenfolge. Anschließend muss die Scheinwerferreinigungsanlage, wenn vorhanden, entlüftet werden, siehe Seite 124.

Wasserschlauchverbindungen lösen

Beim Anschluss der Schläuche an Pumpen und Spritzdüsen werden verschiedene Sicherungsarten verwendet.

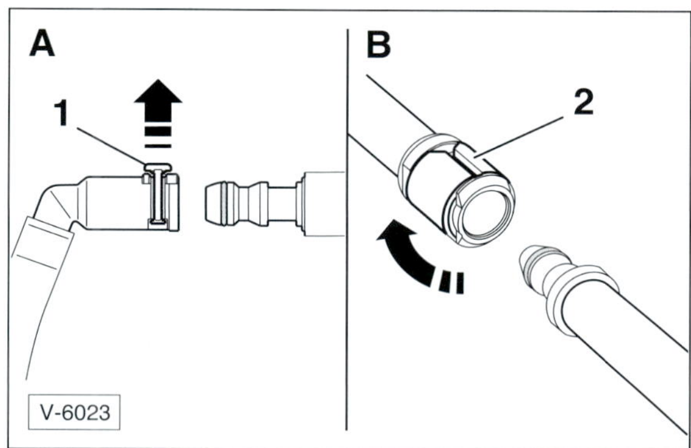

- Sicherungsclip –1– etwa 1 mm hochziehen –Pfeil A– und Schlauchanschluss abziehen. Zum Verbinden Schlauchanschluss aufstecken, Sicherungsclip eindrücken und einrasten.
- Sicherungsring –2– um 90° verdrehen –Pfeil B– und Schlauchanschluss abziehen. Zum Verbinden Schlauchanschluss aufstecken, dabei Sicherungsring verdrehen, und einrasten.

Scheibenwaschanlage hinten – Detailübersicht

PASSAT VARIANT

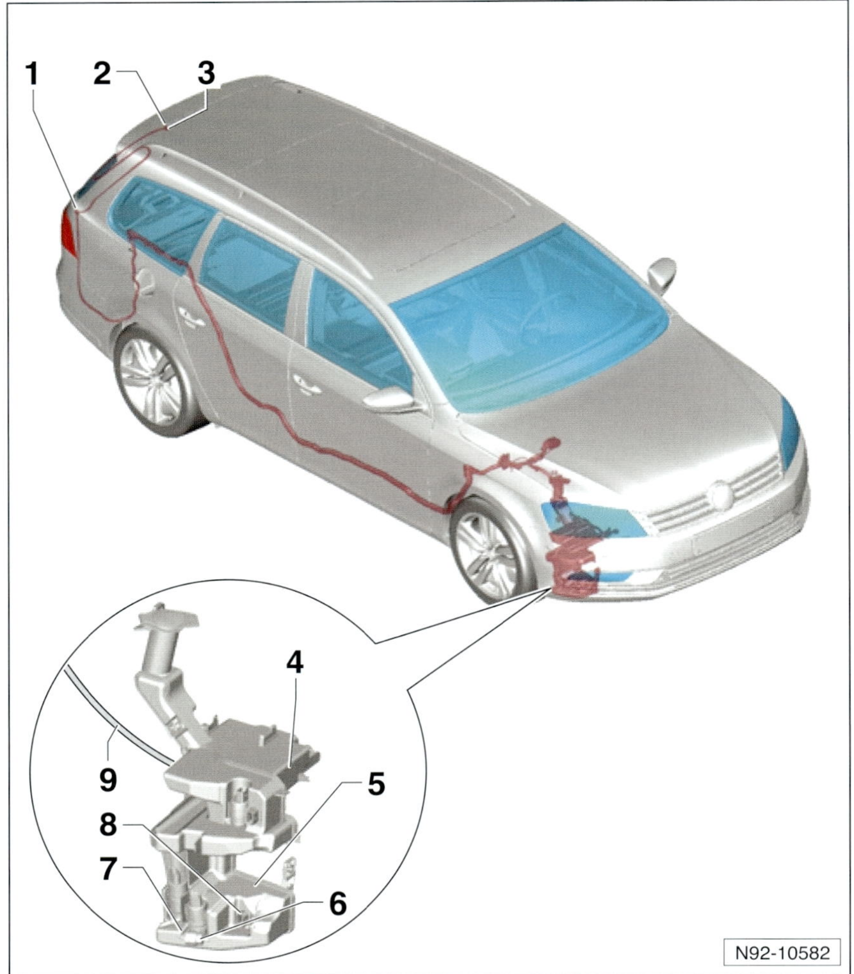

1 – **Winkelanschlussstück**
Trennstelle vom elektrischen Leitungsstrang »Innenraum« zum elektrischen Leitungsstrang »Heckklappe«.

2 – **Spritzdüse für Heckscheibenwaschanlage**

3 – **Winkelanschlussstück**
Anschluss an Spritzdüse für Heckscheibenwaschanlage.

4 – **Behälteroberteil**
Für Scheibenwasch- und Scheinwerferreinigungsanlage.

5 – **Behälterunterteil**
Für Scheibenwasch- und Scheinwerferreinigungsanlage.

6 – **Winkelanschlussstück**
Anschluss an Frontscheiben- und Heckscheibenwaschpumpe.

7 – **Frontscheiben- und Heckscheibenwaschpumpe**

8 – **Geber für Waschwasserstand**

9 – **Schlauch**

Scheibenwaschdüse hinten aus- und einbauen/einstellen

Ausbau

- Heckwischer in Endstellung laufen lassen. Dazu Heckscheibe mit Wasser benetzen, Heckwischer kurze Zeit laufen lassen und mit dem Wischerschalter ausschalten.
- Zündung ausschalten. Zündschlüssel abziehen.

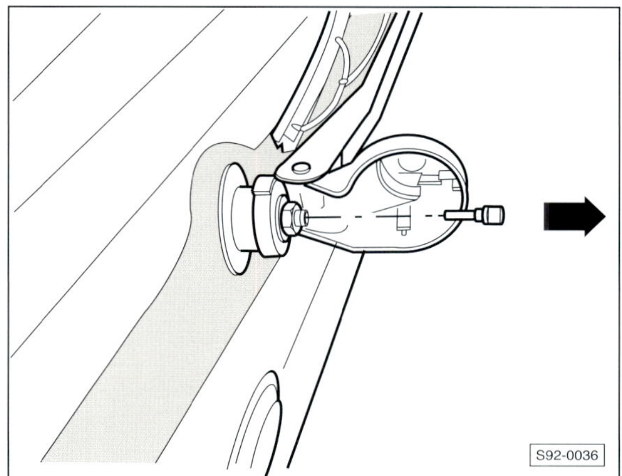

- Abdeckkappe am Wischerarm abklappen.
- Scheibenwaschdüse mit einer Spitzzange vorsichtig in Pfeilrichtung herausziehen.

Einbau

- Waschdüse bis zum Anschlag so in die Wischerwelle einschieben, dass die Spritzdüsenöffnung senkrecht nach oben zeigt.

Scheibenwaschdüse einstellen

- Spritzrichtung der Düse mit einem Dorn, ∅ 0,8 mm, zum Beispiel HAZET 4850-1, einstellen. Dazu Dorn in die Waschdüse einführen und Zielpunkt des Spritzstrahls auf der Scheibe anpeilen.

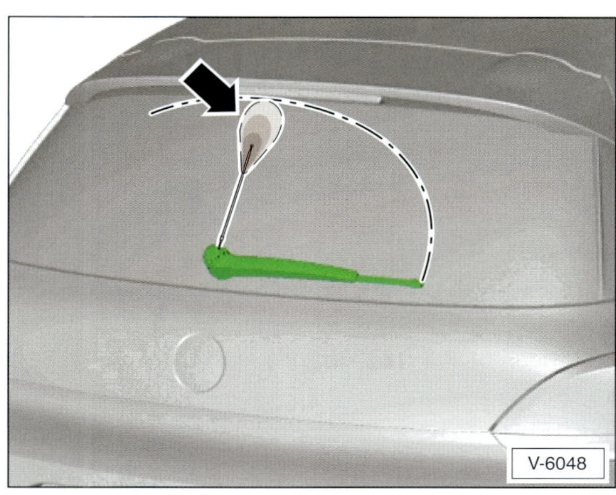

- Die Spritzstrahlen sollen bei stehendem Fahrzeug im oberen Drittel auf die Heckscheibe auftreffen –Pfeil–.
- Abdeckkappe zurückklappen.

Spritzdüsen/Hubzylinder der Scheinwerferreinigungsanlage aus- und einbauen

Spritzdüsen und Hubzylinder sind ein Bauteil und können bei einem Defekt nur gemeinsam ersetzt werden.

Ausbau

- Zündung und alle elektrischen Verbraucher ausschalten. Zündschlüssel abziehen.
- Vordere Stoßfängerabdeckung ausbauen, siehe Seite 336.

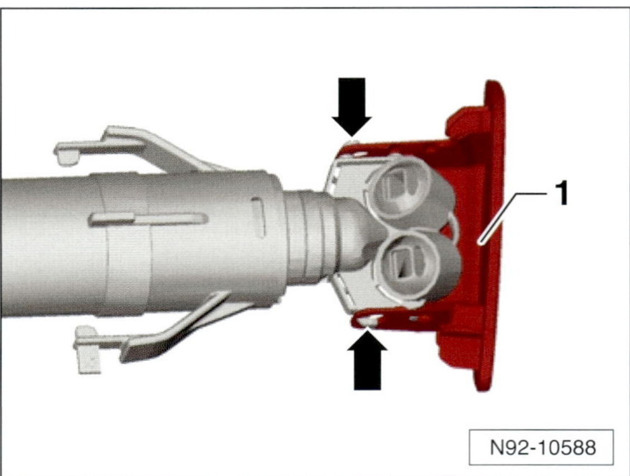

- Spritzdüsen mit der Abdeckkappe –1– bis zum Anschlag aus der Stoßfängerabdeckung herausziehen.
- Abdeckkappe –1– auf beiden Seiten –Pfeile– aus den Lagerungen am Spritzdüsenhalter ausclipsen.

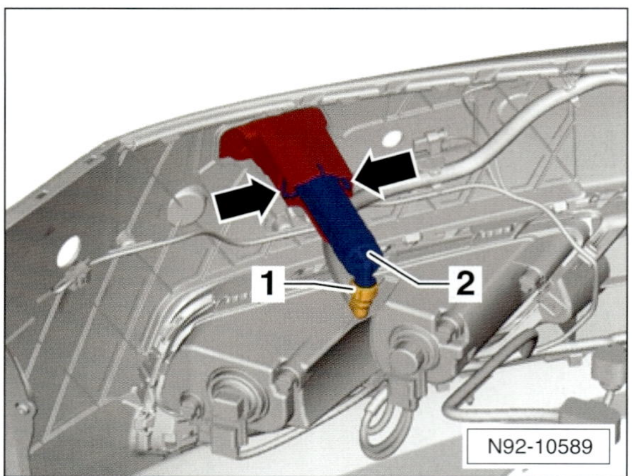

- Schlauchanschluss –1– entriegeln und vom Hubzylinder –2– abziehen.
- Verrastungen –Pfeile– auf beiden Seiten hineindrücken und den Hubzylinder –2– nach hinten aus der Aufnahme herausziehen.

Einbau

- Der Einbau erfolgt in umgekehrter Ausbaureihenfolge. Scheinwerferreinigungsanlage entlüften.

Scheinwerferreinigungsanlage entlüften

Entlüften

- Behälter für Scheibenwaschanlage auffüllen.
- Handbremse anziehen, Getriebe in Leerlaufstellung bringen.
- Motor starten und im Leerlauf laufen lassen.
- Scheinwerfer einschalten.
- Hebel für Scheinwerferreinigungsanlage mehrmals drücken, 3 bis 5 Impulse für je 3 Sekunden Dauer. Dadurch wird die Anlage entlüftet.
- Falls erforderlich, den Entlüftungsvorgang wiederholen, bis Hubzylinder und Spritzdüsen einwandfrei funktionieren.

Beleuchtungsanlage

Lampentabelle

Glühlampe für	Typ	Leistung
Abblendlicht (Halogen-Scheinwerfer)	H7	55 W
Fernlicht (Halogen-Scheinwerfer)	H7	55 W
Standlicht (Halogen-Scheinwerfer)	W	5 W
Blinklicht (Halogen-Scheinwerfer)	PY	21 W
Abblend-/Fernlicht (Xenon-Scheinwerfer)	D3S	35 W
Blinklicht (Xenon-Scheinwerfer)	PSY	24 W
Standlicht/Tagesfahrlicht (Xenon-Sch.)	LED	–
Nebelscheinwerfer	H8	35 W
Einstiegsleuchte	W	6 W
Blinkleuchte seitlich	LED	–
Dritte Bremsleuchte	LED	–
Brems- und Schlusslicht im Seitenteil	P	21 W
Blinklicht hinten	PY	21 W
Nebelschlusslicht	LED	–
Rückfahrlicht	W	16 W
Schlusslicht (Kofferraumdeckel/Heckklappe)	W	5 W
Kennzeichenlicht	W	5 W
Innenleuchte vorn	C	10 W
Handschuhfachleuchte	W	5 W
Einstiegsleuchte	W	5 W
Leuchte für Make-Up-Spiegel	W	5 W
Innenleuchte hinten	W	5 W
Leseleuchte hinten Limousine	W	5 W
Leseleuchte hinten VARIANT	C	5 W

Hinweis: C: Soffitte; H: Halogenlampe; P: Bajonett-Sockel; W: Glassockel; Y: Leuchtenfarbe orange; LED: Licht emittierende Diode. LEDs können nicht einzeln ersetzt werden.

Hinweis: Glühlampen grundsätzlich nur durch solche gleicher Ausführung ersetzen. Vor einem Lampenwechsel sicherstellen, dass der betreffende Schalter ausgeschaltet ist.

Achtung: Den Glaskolben einer leistungsstarken Glühlampe nicht mit bloßen Fingern berühren. Dies gilt insbesondere für die Haupt- und Nebelscheinwerfer. Am besten ein sauberes Stofftuch dazwischen legen oder Baumwollhandschuhe anziehen. Versehentlich entstandene Berührungsflecken auf dem Glaskolben mit einem sauberen, nicht fasernden Tuch und etwas Spiritus abwischen.

Achtung: Die mit einem Schutzlack beschichteten Kunststoffscheiben der Hauptscheinwerfer dürfen auf keinen Fall mit einem trockenen oder gar scheuernden Lappen gesäubert werden. Es dürfen auch keine Reinigungs- oder Lösungsmittel benutzt werden. Die Scheiben nur mit einem weichen, feuchten Tuch reinigen.

Glühlampen für Außenbeleuchtung vorn auswechseln

Beim Hauptscheinwerfer kommen neben **Halogenlampen** auch **Bi-Xenonlampen mit Kurvenlicht** zum Einsatz.

Achtung: Halogen- und Xenon-Lampen stehen unter Druck und können platzen. Deshalb beim Lampenwechsel Schutzbrille und Handschuhe tragen. Xenon-Lampen sind Sondermüll, da sie Quecksilber und Spuren von Thallium enthalten. Hautkontakt mit zerstörten Lampen vermeiden.

Sicherheitshinweis/Xenon-Scheinwerfer
Vorsicht beim Lampenwechsel an Xenon-Scheinwerfern. Verletzungsgefahr durch Hochspannung! Personen mit Herzschrittmacher dürfen keine Arbeiten an Xenon-Scheinwerfern vornehmen. **Auf jeden Fall Scheinwerfer ausschalten und Zündschlüssel abziehen.** Anschließend Scheinwerferschalter kurz ein- und wieder ausschalten, um **Restspannungen abzubauen.** Sicherheitshalber Schutzbrille, Handschuhe sowie Schuhe mit Gummisohlen tragen.

- Das Steuergerät der Xenonlampe darf nicht ohne Lampe betrieben werden.
- Die Xenonlampe darf aufgrund der hohen Spannungen (über 28.000 Volt beim Zünden) nur im Scheinwerfergehäuse betrieben werden.
- Der Glaskolben der Xenonlampe steht unter Druck; bei kalter Lampe mit ca. 7 bar, bei heißer Lampe mit bis zu 100 bar. Am heißen Glaskolben können bis zu +700° C erreicht werden.
- Nicht direkt in den gebündelten Lichtstrahl sehen, die UV-Strahlung der Gasentladungslampe ist etwa 2,5-mal höher als bei herkömmlichem Halogenlicht.

Allgemeine Hinweise zum Lampenwechsel

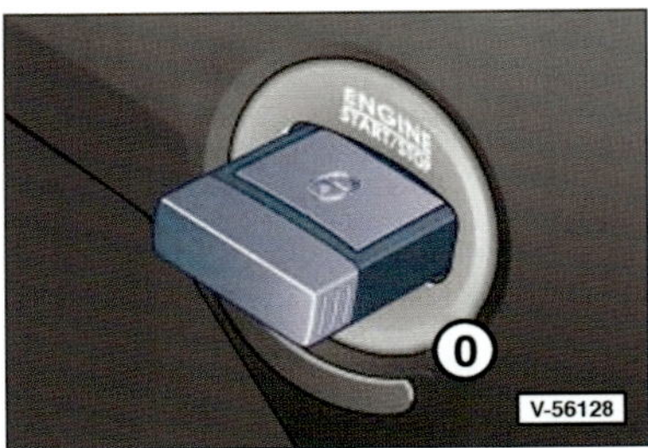

- Grundsätzlich Lichtschalter ausschalten, Zündung und alle elektrischen Verbraucher ausschalten. Zündschlüssel in Position 0 ausrasten.
- Bei Arbeiten an **Xenon-Scheinwerfern** die **Sicherheitshinweise** im grauen Kasten beachten.
- Bei Arbeiten am **Scheinwerfer** während des Aus- und Einbaus den Zündschlüssel der Funkfernbedienung in den Innenraum des Fahrzeugs legen. So wird das Verriegeln der Türen und eine gegebenenfalls selbstständige Aktivierung der Funktionen »Coming Home / Leaving Home« verhindert.
- Gegebenenfalls Motorhaube öffnen.
- Beim Einbau darauf achten, dass die Steckverbindungen richtig einrasten und fest sitzen.
- Nach dem Einbau neue Glühlampe auf Funktion überprüfen. Gegebenenfalls Scheinwerfer-Einstellung von einer Werkstatt kontrollieren und einstellen lassen.
- Zum Wechseln der Lampen am **Scheinwerfer** muss der Scheinwerfer nicht ausgebaut werden. In den folgenden Abbildungen werden die Arbeitsschritte der Übersichtlichkeit wegen teilweise am ausgebauten Scheinwerfer dargestellt.
- Sicherstellen, dass die Abdeckkappe hinten am Scheinwerfer fest sitzt. Bei undichter oder nicht richtig sitzender Abdeckkappe wird der Scheinwerfer durch Wassereintritt beschädigt.

Abblendlicht (H7-Scheinwerfer)

Ausbau

- Allgemeine Hinweise zum Lampenwechsel durchlesen und beachten.

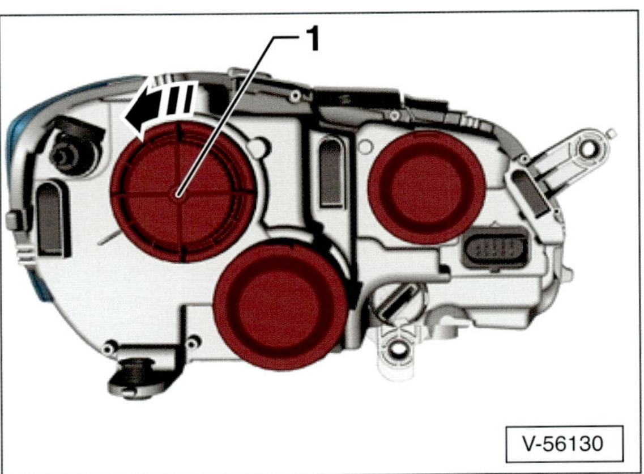

- Auf der Rückseite des Scheinwerfers Abdeckkappe –1– in Pfeilrichtung drehen und abnehmen.

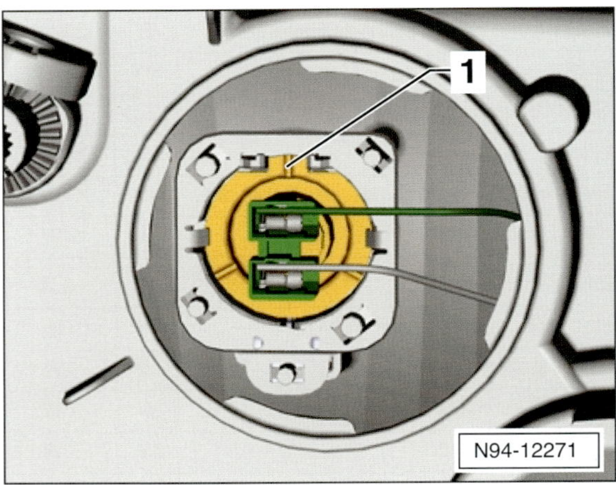

- Lampenfassung nach oben drücken und zusammen mit der Lampe –1– aus dem Reflektor herausschwenken.

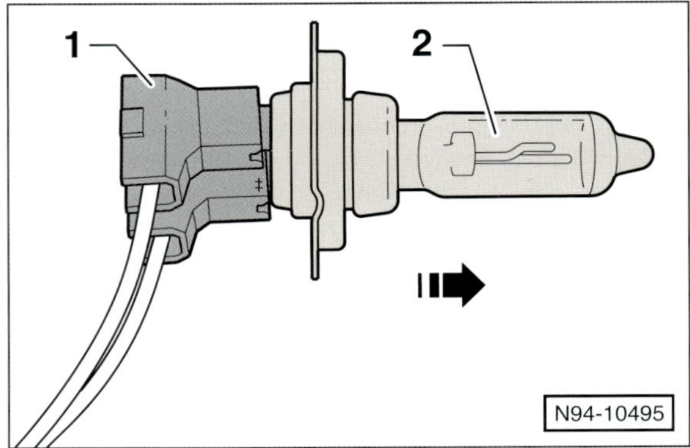

- Abblendlichtlampe –2– in Pfeilrichtung gerade aus der Lampenfassung –1– herausziehen.

Einbau

- Abblendlichtlampe zuerst mit dem Zapfen nach oben in die Aussparung im Reflektor einsetzen.
- Anschließend die Lampe mit der Fassung an der Unterseite einschwenken, bis sie einrastet.
- Abdeckkappe aufschrauben.
- Funktionsprüfung durchführen.
- Scheinwerfereinstellung prüfen lassen (Werkstattarbeit).

Fernlicht (H7-Scheinwerfer)

Ausbau

- Allgemeine Hinweise zum Lampenwechsel durchlesen und beachten.

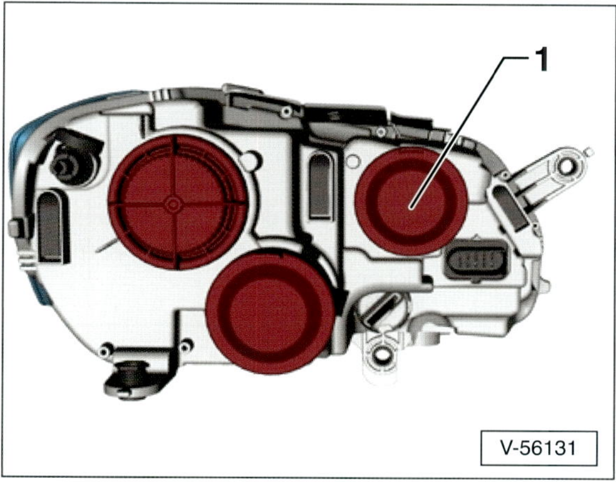

- Auf der Rückseite des Scheinwerfers Abdeckkappe –1– abziehen.

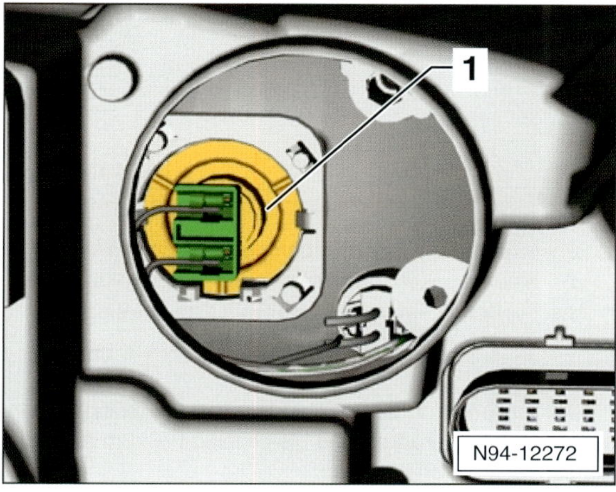

- Lampenfassung nach unten drücken und zusammen mit der Lampe –1– aus dem Reflektor herausschwenken.

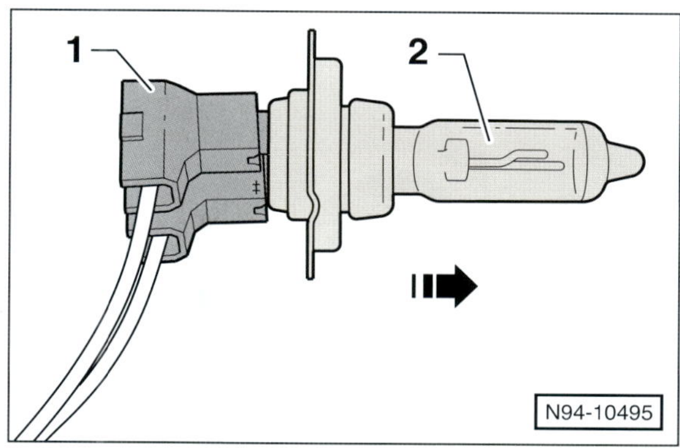

- Fernlichtlampe –2– in Pfeilrichtung gerade aus der Lampenfassung –1– herausziehen.

Einbau

- Die Fernlichtlampe zuerst mit dem Zapfen nach unten in die Aussparung im Reflektor einsetzen.
- Anschließend die Lampe mit der Fassung an der Oberseite einschwenken, bis sie einrastet.
- Abdeckkappe aufstecken.
- Funktionsprüfung durchführen.
- Scheinwerfereinstellung prüfen lassen (Werkstattarbeit).

Standlicht (H7-Scheinwerfer)

Ausbau

- Allgemeine Hinweise zum Lampenwechsel durchlesen und beachten.

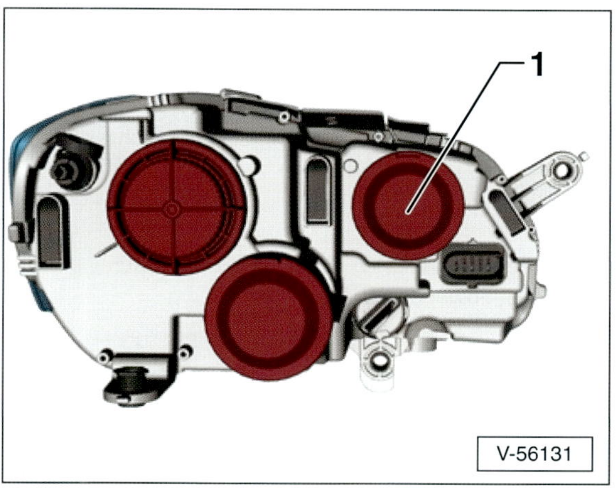

- Auf der Rückseite des Scheinwerfers Abdeckkappe –1– abziehen.

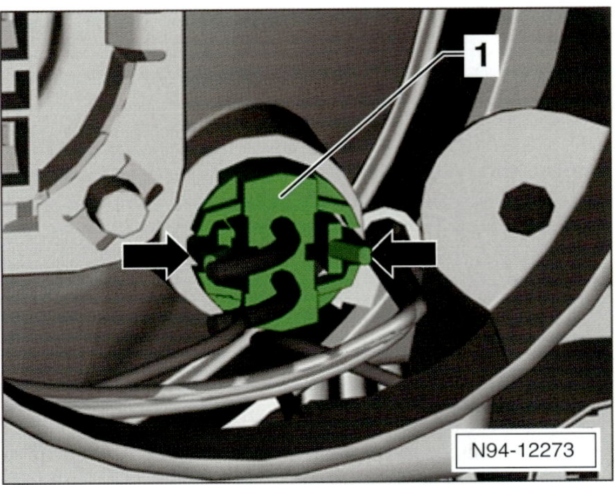

- Beide Verriegelungstasten –Pfeile– zusammendrücken und die Lampenfassung –1– zusammen mit der Standlichtlampe nach hinten aus dem Reflektor herausziehen.

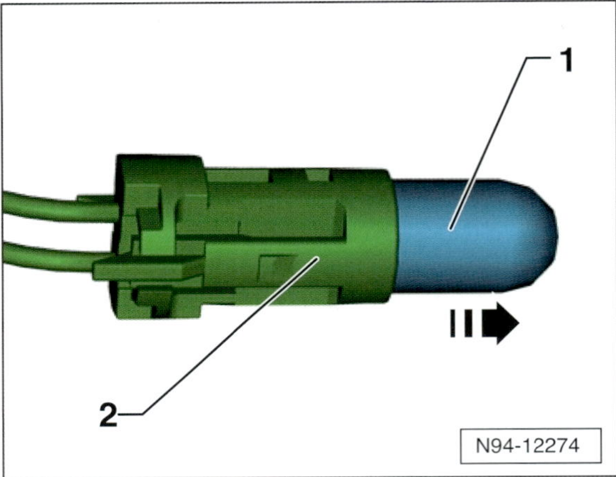

- Standlichtlampe –1– in Pfeilrichtung gerade aus der Lampenfassung –2– herausziehen.

Einbau

- Der Einbau erfolgt in umgekehrter Ausbaureihenfolge, dabei ist Folgendes zu beachten:
- Standlichtlampe in die Lampenfassung einsetzen.
- Lampenfassung mit Standlichtlampe in den Reflektor einsetzen, hineindrücken und einrasten.
- Abdeckkappe aufstecken.

Blinklicht (H7-Scheinwerfer)

Ausbau

- Allgemeine Hinweise zum Lampenwechsel durchlesen und beachten.

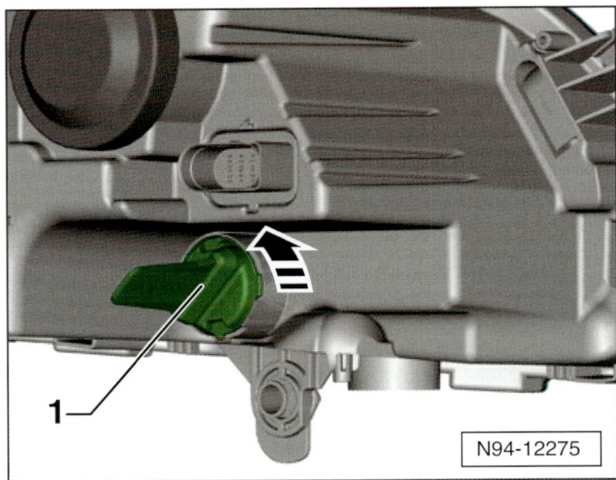

- Griffstück –1– in Pfeilrichtung drehen und zusammen mit der Blinklichtlampe nach hinten aus dem Scheinwerfergehäuse herausziehen.

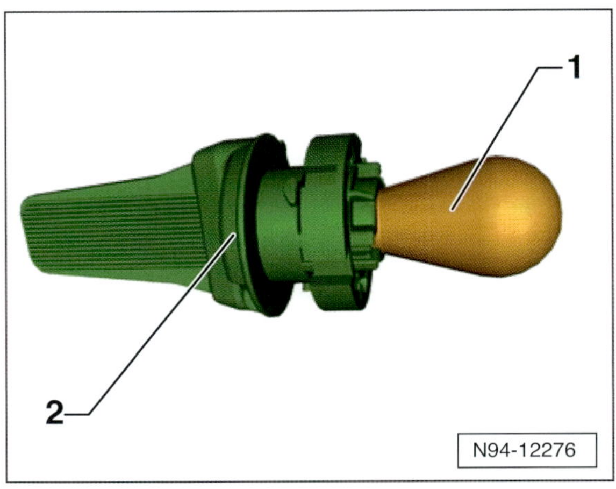

- Blinklichtlampe –1– in die Lampenfassung am Griffstück –2– hineindrücken und gleichzeitig nach links drehen. Anschließend Lampe aus dem Griffstück herausziehen.

Einbau

- Blinklichtlampe in die Lampenfassung am Griffstück einsetzen, hineindrücken und gleichzeitig bis zum Anschlag nach rechts drehen.
- Lampenfassung hinten in das Scheinwerfergehäuse einsetzen. Griffstück bis zum Anschlag nach rechts drehen.

Abblend-/Fernlicht (Xenon-Scheinwerfer)

Achtung: Lebensgefahr durch Hochspannung, Verletzungsgefahr und Umweltverschmutzungsgefahr.

Anwendungs- und Sicherheitshinweise für Gasentladungslampen beachten, siehe Seite 125.

Ausbau

- Allgemeine Hinweise zum Lampenwechsel durchlesen und beachten.

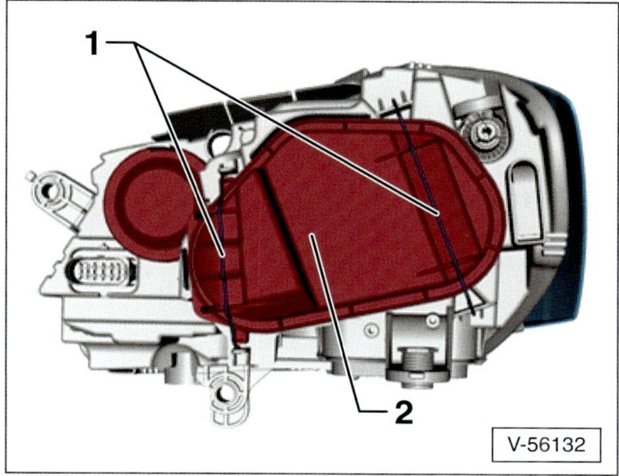

- Auf der Rückseite des Scheinwerfers beide Drahtbügel –1– mit einem Schraubendreher nach außen drücken und Abdeckkappe –2– abnehmen.

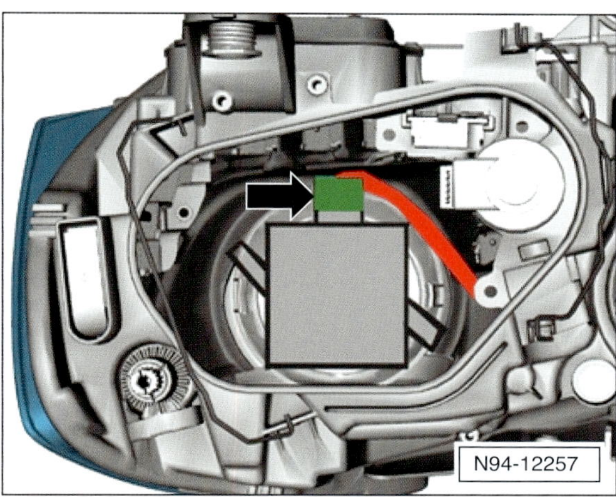

- Steckverbindung –Pfeil– entriegeln und trennen.

Achtung: Im Glaskolben der Xenonlampe herrschen Drücke von 7 bar (kalt) bis 100 bar (heiß). Am heißen Glaskolben werden Temperaturen bis zu 700 Grad Celsius erreicht. Der Glaskolben kann explodieren und es besteht Verbrennungsgefahr. Daher zum Aus- und Einbau der Xenonlampe unbedingt Schutzbrille und Handschuhe benutzen.

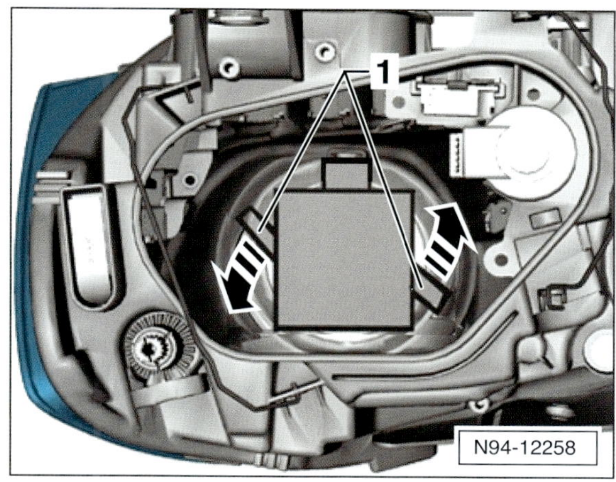

- Verriegelungsring an den beiden Griffstücken –1– in Pfeilrichtung bis zum Anschlag nach links drehen und die Xenonlampe gerade nach hinten aus dem Reflektor herausziehen.

Achtung: Xenonlampen enthalten metallisches Quecksilber (Hg) und Spuren von Thallium. Sie dürfen daher nicht zerstört werden. Xenonlampen grundsätzlich als Sondermüll und nie über den Hausmüll entsorgen.

Einbau

Achtung: Anwendungs- und Sicherheitshinweise für Gasentladungslampen beachten, siehe Seite 125.

- Der Einbau erfolgt in umgekehrter Ausbaureihenfolge, dabei ist Folgendes zu beachten:
- Neue Xenonlampe einsetzen und verriegeln.

Achtung: Beim Einsetzen der neuen Xenonlampe darauf achten, dass die Aufnahmespangen am Reflektor nicht verbogen werden.

- Stecker aufstecken und einrasten.
- Abdeckkappe aufsetzen und mit den beiden Drahtbügeln sichern.
- Funktionsprüfung durchführen.
- Scheinwerfereinstellung prüfen lassen (Werkstattarbeit).

Standlicht (Xenon-Scheinwerfer)

Die Funktion des Standlichts wird bei Scheinwerfern mit Xenonlampe von den LEDs für das Tagfahrlicht ausgeführt. Die LEDs für das Tagfahrlicht können nicht einzeln ersetzt werden. Bei einem Defekt muss der komplette Scheinwerfer erneuert werden.

Blinklicht (Xenon-Scheinwerfer)

Ausbau

- Allgemeine Hinweise zum Lampenwechsel durchlesen und beachten.

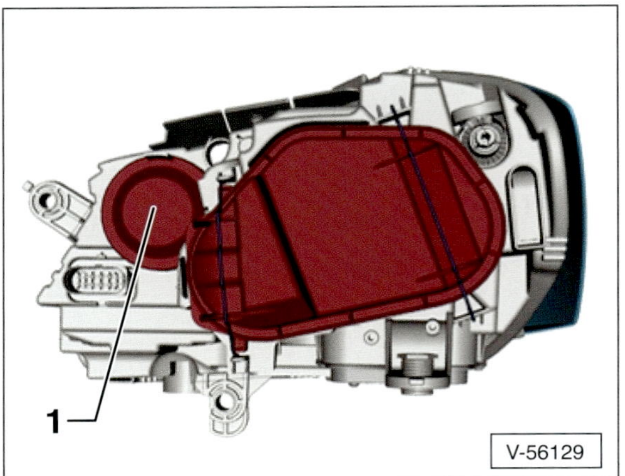

- Abdeckkappe –1– vom Scheinwerfergehäuse abziehen.

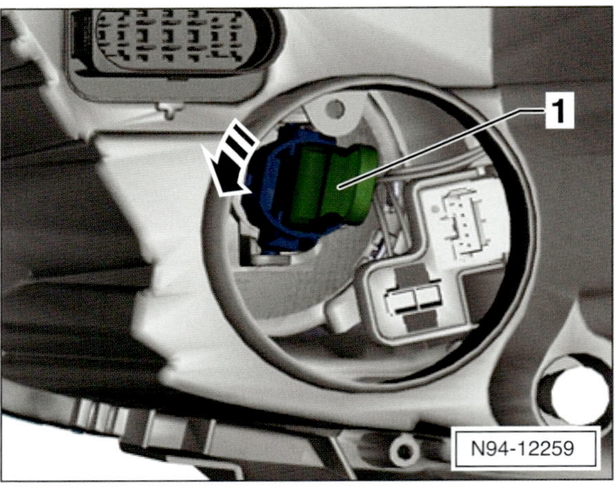

- Griffstück –1– in Pfeilrichtung nach links drehen und zusammen mit der Blinklichtlampe aus dem Scheinwerfer herausnehmen.

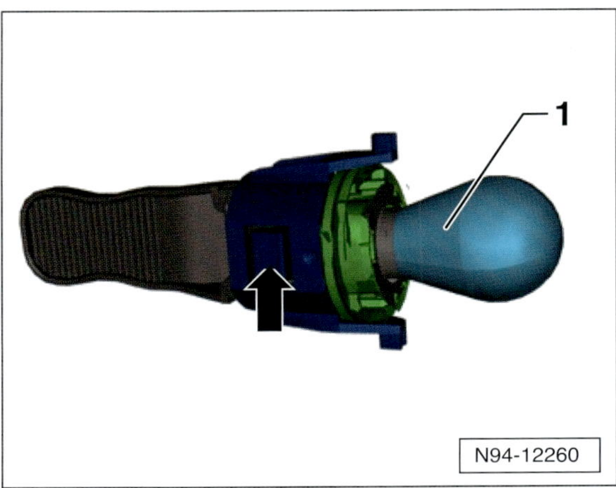

- Rastnase –Pfeil– am Griffstück hineindrücken und die Blinklichtlampe –1– gerade nach vorn abziehen.

Einbau

- Der Einbau erfolgt in umgekehrter Ausbaureihenfolge, dabei ist Folgendes zu beachten:

Achtung: Beim Einbau der Abdeckkappe auf den richtigen Sitz der Dichtung achten. Sonst kann Wasser in den Scheinwerfer eindringen, wodurch dieser zerstört wird.

Scheinwerfer – Detailübersicht

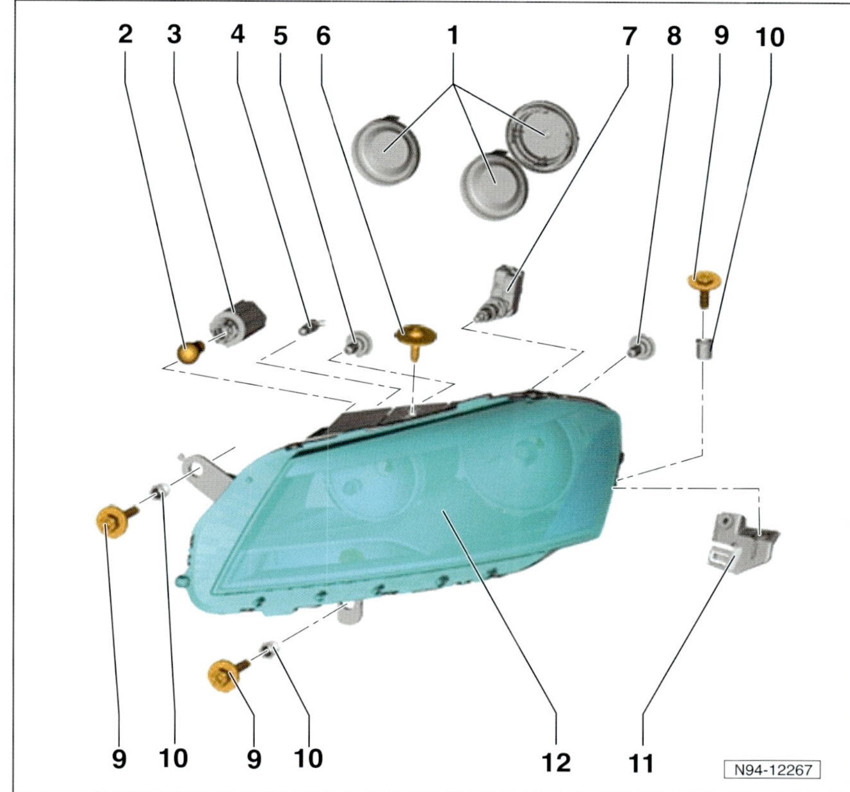

H7-Halogen-Scheinwerfer

- **1 – Abdeckkappen**
- **2 – Lampe für Blinklicht**
- **3 – Griffstück mit Lampenfassung**
  Für Blinklichtlampe.
- **4 – Lampe für Standlicht**
  Glassockellampe 12V, W5W.
- **5 – Lampe für Fernlichtscheinwerfer**
  Typ H7, 12V, 55W.
- **6 – Befestigungsschraube oben, 2 Nm**
- **7 – Stellmotor für Leuchtweitenregelung**
- **8 – Lampe für Abblendlicht**
  Typ H7, 12V, 55W.
- **9 – Befestigungsschrauben, 6 Nm**
- **10 – Einstellbuchsen**
  Zum korrigieren der Scheinwerfer-Einbaulage.
- **11 – Scheinwerferhalter**
- **12 – Scheinwerfer**

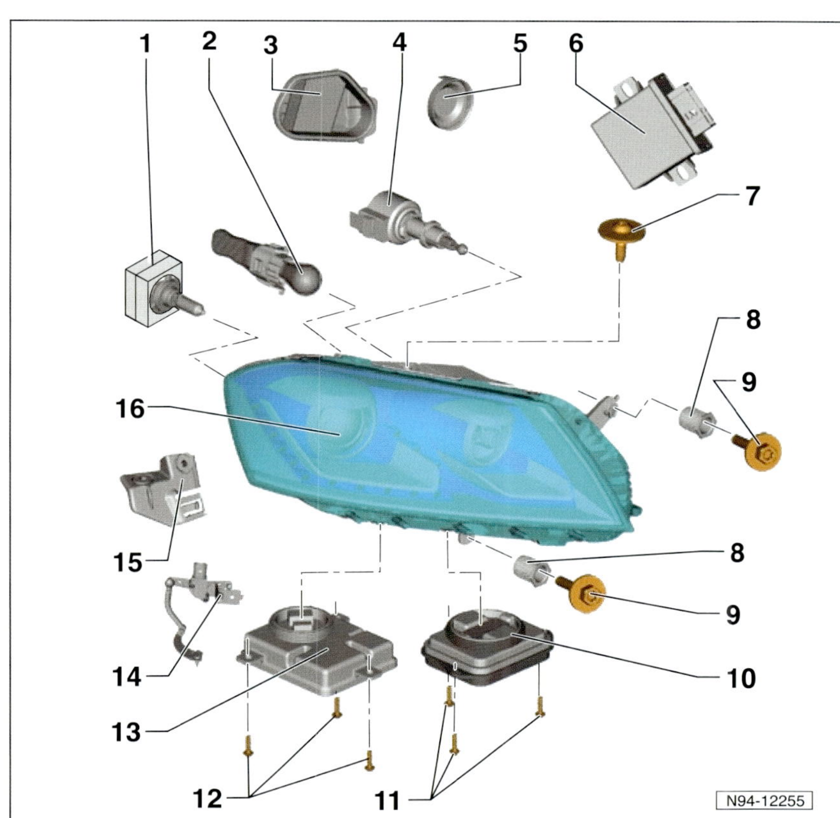

Xenon-Scheinwerfer (Gasentladungsscheinwerfer)

- **1 – Bi-Xenon-Lampe**
  Typ D3S, 35W.
- **2 – Lampe für Blinklicht**
- **3 – Abdeckkappe**
- **4 – Stellmotor Leuchtweitenregelung**
- **5 – Abdeckkappe**
- **6 – Steuergerät für Kurvenlicht und Leuchtweitenregelung**
  Hinweis: Wird das Steuergerät für Kurvenlicht und Leuchtweitenregelung neu codiert, muss anschließend eine Grundeinstellung der Scheinwerfer durchgeführt werden.
- **7 – Befestigungsschraube oben, 2 Nm**
- **8 – Einstellbuchsen**
  Zum korrigieren der Scheinwerfer-Einbaulage.
- **9 – Befestigungsschrauben, 6 Nm**
- **10 – Leistungsmodul für Scheinwerfer**
  Hinweis: Nach dem Einbau eines neuen Leistungsmoduls muss das Steuergerät für Kurvenlicht und Leuchtweitenregelung neu codiert werden. Anschließend ist eine Grundeinstellung der Scheinwerfer erforderlich.
- **11 – Befestigungsschrauben, 2 Nm**
- **12 – Befestigungsschrauben, 2 Nm**
- **13 – Steuergerät für Bi-Xenon-Lampe**
- **14 – Geber für Fahrzeugniveau**
- **15 – Scheinwerferhalter**
- **16 – Scheinwerfer**

Scheinwerfer aus- und einbauen

Ausbau

H7- und Xenon-Scheinwerfer werden auf die gleiche Weise aus- und eingebaut.

- Allgemeine Hinweise zum Lampenwechsel durchlesen und beachten.
- Eventuelle Restspannung abbauen. Dazu Scheinwerfer am Lichtschalter ein- und wieder ausschalten.

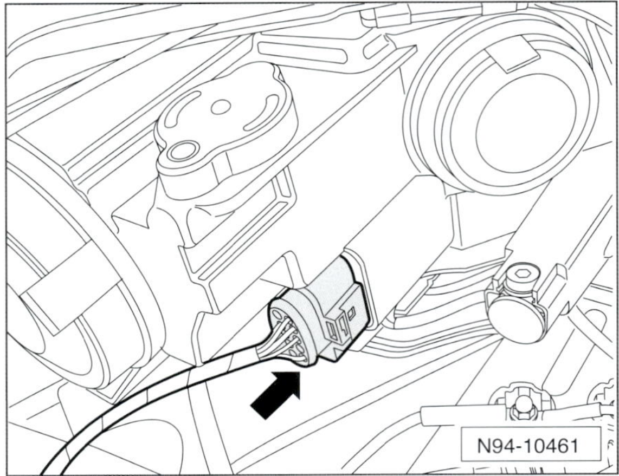

- Stecker an der Scheinwerferrückseite –Pfeil– entriegeln und abziehen.
- Kühlergrill ausbauen, siehe Seite 341.
- Vordere Stoßfängerabdeckung ausbauen, siehe Seite 336.

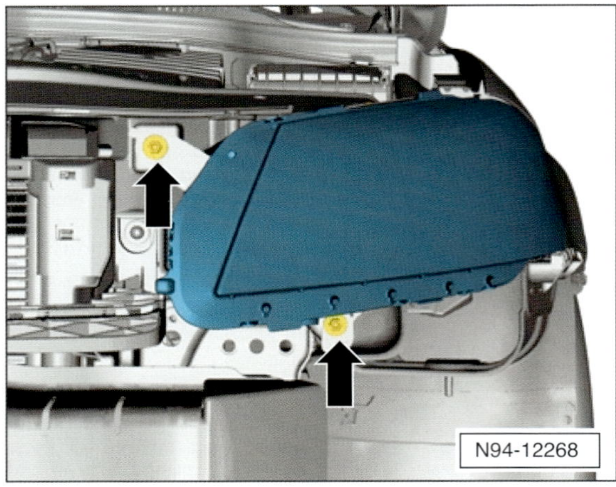

- 2 Schrauben –Pfeile– am Scheinwerfer unten und innen herausschrauben.

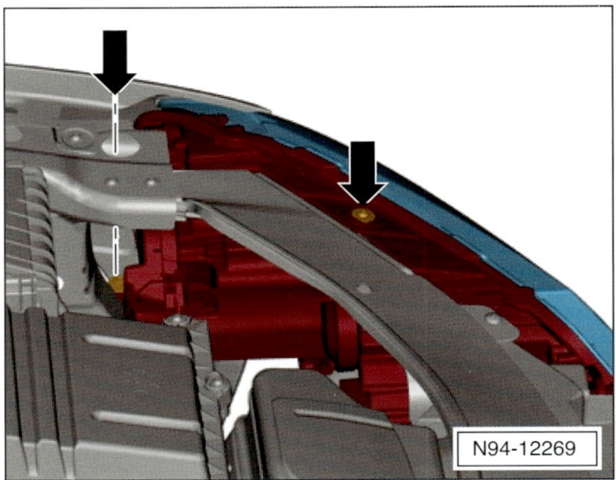

- 2 Schrauben –Pfeile– am Scheinwerfer oben und hinten herausschrauben.

Hinweis: Die hintere Befestigungsschraube ist mit einem Torx-Schraubendreher T25 durch einen Durchbruch im Karosserieblech zugänglich.

- Scheinwerfer nach vorn aus dem Karosserieausschnitt herausnehmen.

Einbau

- Der Einbau erfolgt in umgekehrter Ausbaureihenfolge, dabei ist Folgendes zu beachten:
- Befestigungsschrauben bis zur Anlage einschrauben, nicht festziehen.

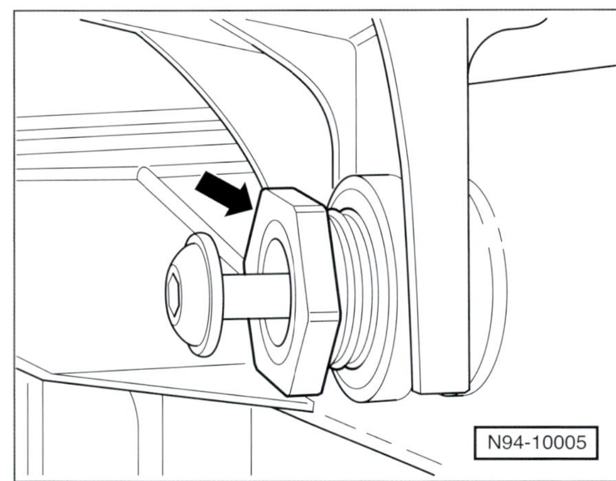

- Bündigkeit des Scheinwerfers zur Karosserie sowie Spaltmaße sichtprüfen und gegebenenfalls durch Hinein- oder Herausdrehen der Einstellbuchsen am Scheinwerfer –Pfeil– anpassen.
- Die Schraube vorn oben mit **2 Nm**, die anderen Schrauben mit **6 Nm** festziehen.
- Nach dem Einbau Funktionsprüfung durchführen.
- Einbaulage des Scheinwerfers auf gleichmäßige Spaltmaße kontrollieren, gegebenenfalls einstellen.
- Scheinwerfereinstellung prüfen lassen (Werkstattarbeit).

Stellmotor für Leuchtweitenregelung aus- und einbauen

H7-Scheinwerfer

Ausbau

- Allgemeine Hinweise zum Lampenwechsel durchlesen und beachten.

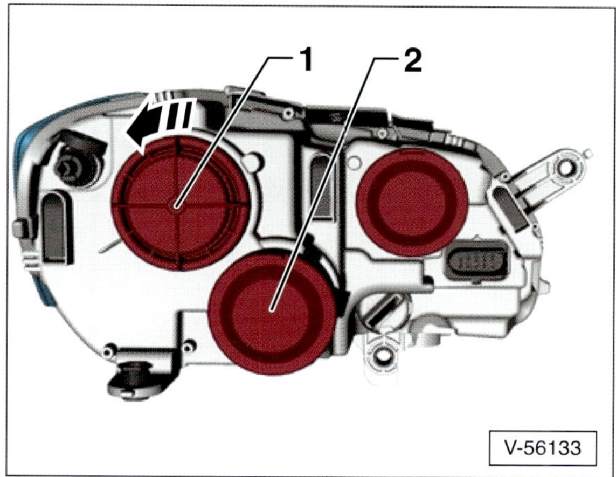

- Abdeckkappe –1– in Pfeilrichtung abschrauben, Abdeckkappe –2– abziehen.

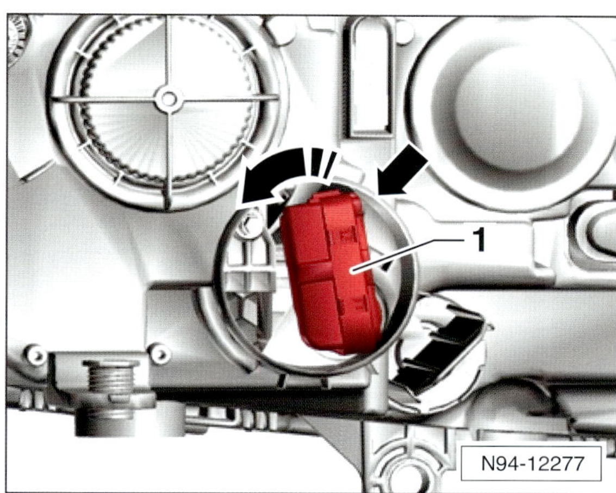

- Einsteller –Pfeil– aus dem Scheinwerfergehäuse herausziehen.
- Stellmotor für Leuchtweitenregelung –1– in Pfeilrichtung bis zum Anschlag drehen.

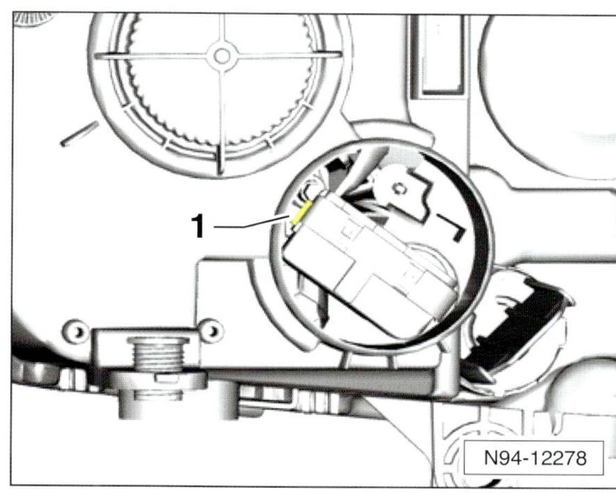

- Steckverbindung –1– vom Stellmotor abziehen.

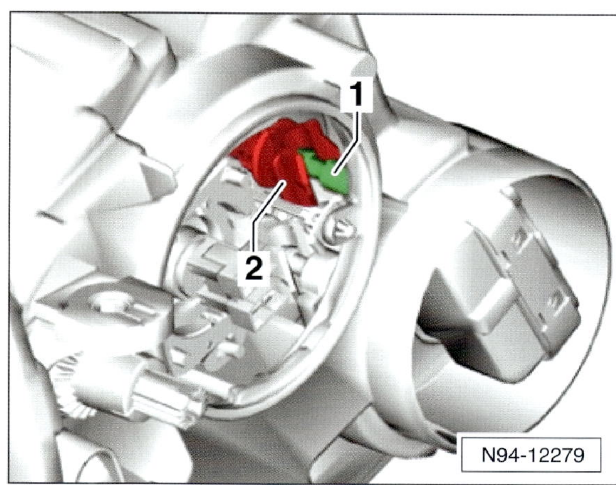

- Kugelkopf vom Stellmotor –1– nach oben aus der Aufnahme im Scheinwerfer –2– herausschwenken und Stellmotor aus dem Scheinwerfergehäuse herausnehmen.

Einbau

- Der Einbau erfolgt in umgekehrter Ausbaureihenfolge, dabei ist Folgendes zu beachten:
- Stellmotor für Leuchtweitenregelung in den Scheinwerfer einsetzen und die Steckverbindung aufstecken.
- Reflektor nach hinten ziehen.
- Kugelkopf des Stellmotors für Leuchtweitenregelung –1– von oben in die Aufnahme –2– hineinschwenken.
- Stellmotor in seine Aufnahme einsetzen, bis zum Anschlag nach rechts drehen und verriegeln.
- Einsteller in das Scheinwerfergehäuse einstecken.
- Abdeckkappen einbauen.

Achtung: Beim Einbau der Abdeckkappe auf den richtigen Sitz achten. Durch Wassereintritt in den Scheinwerfer wird dieser zerstört.

- Funktionsprüfung durchführen.
- Scheinwerfereinstellung prüfen lassen (Werkstattarbeit).

Xenon-Scheinwerfer

Ausbau

- Allgemeine Hinweise zum Lampenwechsel durchlesen und beachten.

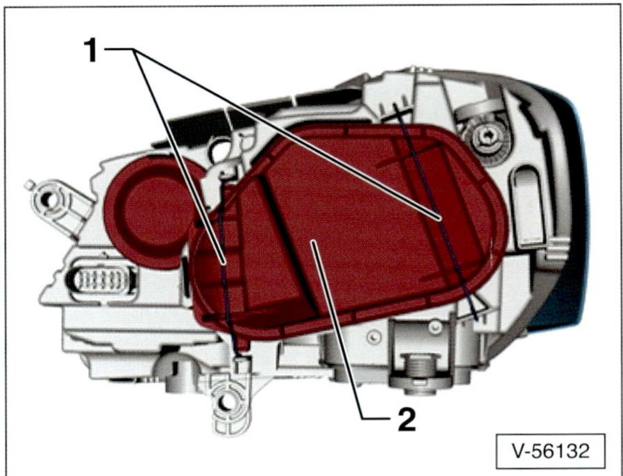

- Die Drahtbügel –1– nach außen drücken und die Abdeckkappe –2– abnehmen.

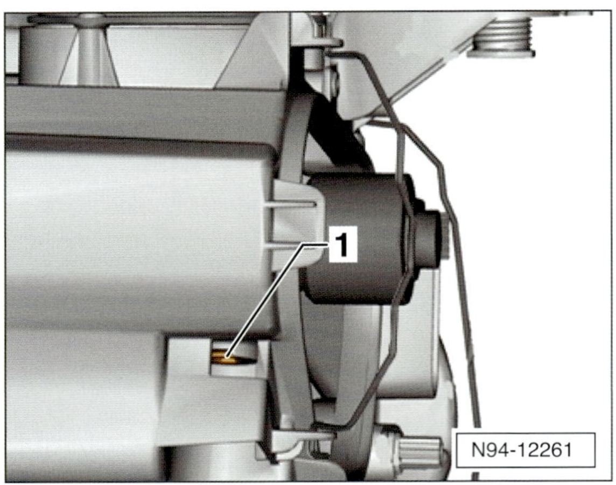

- Einsteller –1– nach unten aus dem Scheinwerfergehäuse herausziehen.

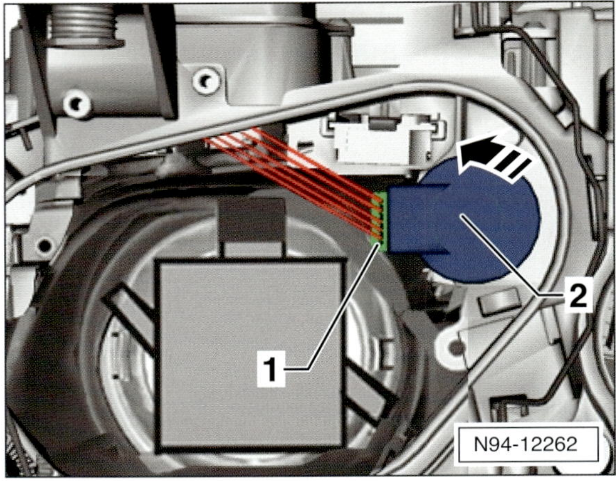

- Steckverbindung –1– abziehen.
- Stellmotor für Leuchtweitenregelung –2– in Pfeilrichtung nach links bis zum Anschlag drehen.

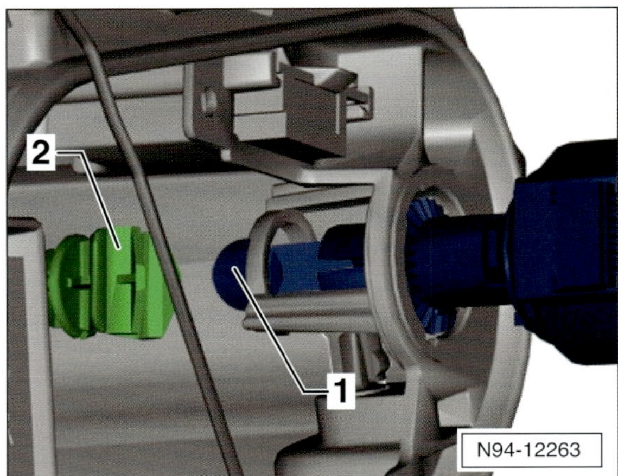

- Kugelkopf des Stellmotors –1– nach unten aus der Aufnahme am Reflektor –2– herausschwenken.
- Stellmotor für Leuchtweitenregelung abnehmen.

Einbau

- Reflektor nach hinten ziehen.
- Stellmotor für Leuchtweitenregelung in das Scheinwerfergehäuse einsetzen.
- Kugelkopf des Stellmotors –1– von unten in die Aufnahme am Reflektor –2– einschwenken.
- Stellmotor in seine Aufnahme einsetzen, bis zum Anschlag nach rechts drehen und verriegeln.

Achtung: Beim Einbau der Abdeckkappe auf den richtigen Sitz achten. Durch Wassereintritt in den Scheinwerfer wird dieser zerstört.

- Funktionsprüfung durchführen.
- Scheinwerfereinstellung prüfen lassen (Werkstattarbeit).

Nebelscheinwerfer – Detailübersicht

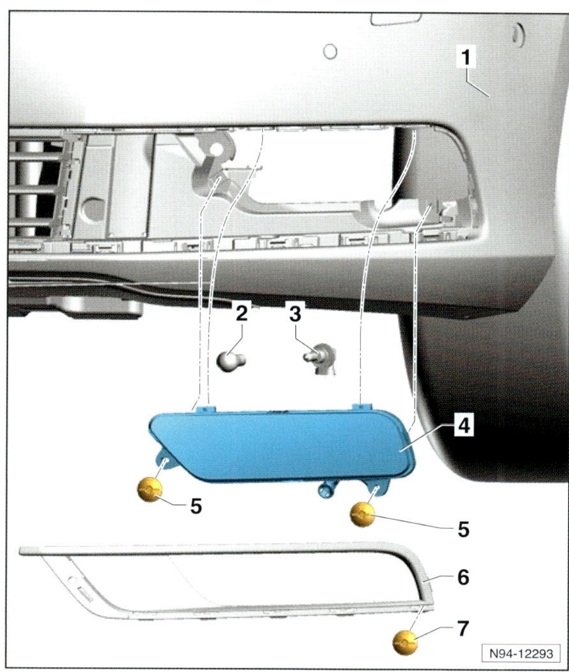

1 – Stoßfänger vorn

2 – Lampe 1 für Nebelscheinwerfer
Statisches Kurvenlicht.

3 – Lampe 2 für Nebelscheinwerfer
Nebellicht und Tagfahrlicht.

4 – Nebelscheinwerfergehäuse

5 – Befestigungsschrauben, 1,5 Nm

6 – Abdeckung

7 – Befestigungsschraube, 1,5 Nm
Für Abdeckrahmen.

Nebelscheinwerfer aus- und einbauen

Die beiden Scheinwerfer im Nebelscheinwerfergehäuse übernehmen ausstattungsabhängig unterschiedliche Funktionen.

Bei Fahrzeugen mit Halogenscheinwerfern:

- Innerer Scheinwerfer: statisches Kurvenlicht
- Äußerer Scheinwerfer: Nebelscheinwerfer und Tagfahrlicht

Bei Fahrzeugen mit Xenonscheinwerfern:

- Innerer Scheinwerfer: statisches Kurvenlicht
- Äußerer Scheinwerfer: Nebelscheinwerfer

Ausbau

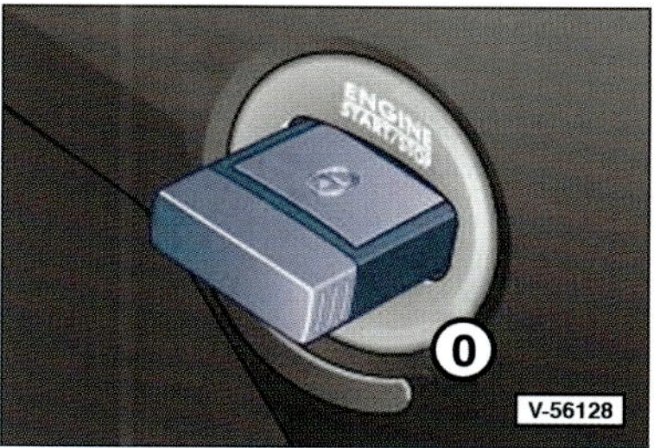

- Zündung und alle elektrischen Verbraucher ausschalten. Zündschlüssel in Position 0 ausrasten.

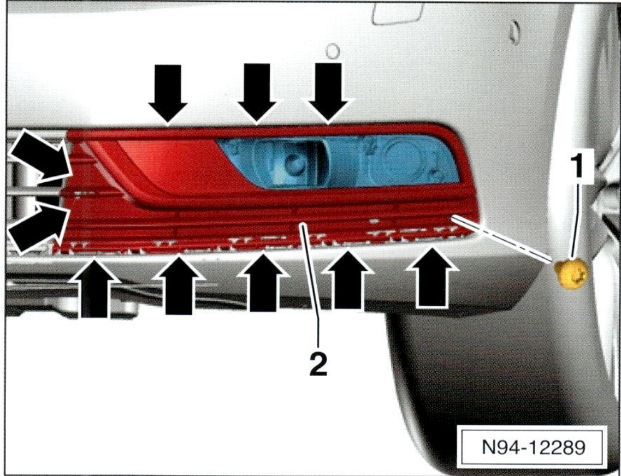

- Befestigungsschraube –1– herausschrauben.
- Abdeckung –2– an den Verrastungen –Pfeile– aus der Stoßfängerabdeckung ausclipsen, dabei innen beginnen.

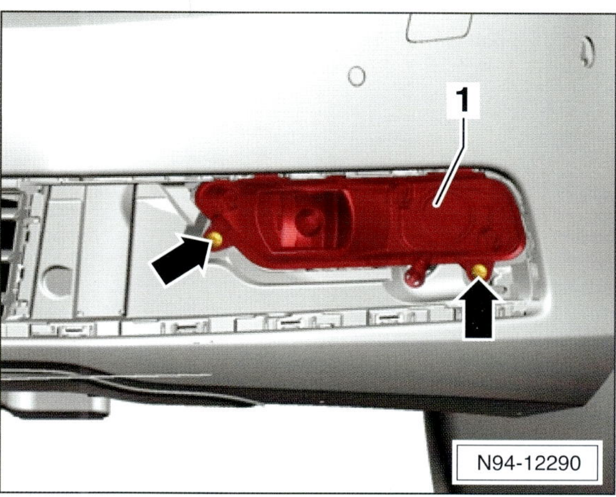

- Befestigungsschrauben –Pfeile– herausschrauben.
- Nebelscheinwerfergehäuse –1– aus dem Stoßfänger herausschwenken.

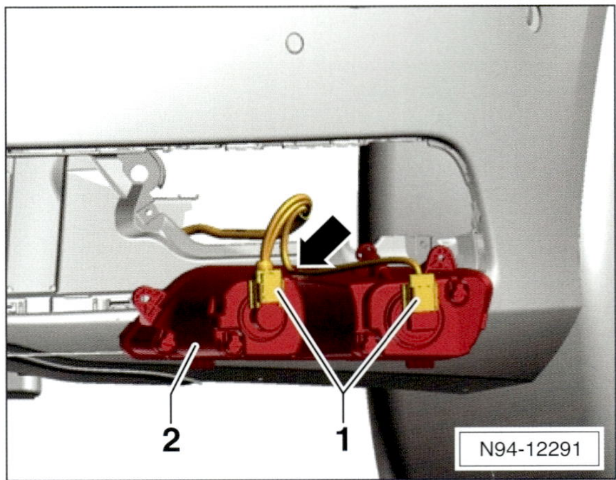

- Stecker –1– entriegeln und abziehen.
- Elektrischen Leitungsstrang aus der Leitungssicherung –Pfeil– ausclipsen und Nebelscheinwerfergehäuse –2– abnehmen.

Einbau

- Der Einbau erfolgt in umgekehrter Ausbaureihenfolge, dabei ist Folgendes zu beachten:

Hinweis:

- Darauf achten, dass die Steckverbindung mit dem längeren elektrischen Leitungsstrang auf die äußere Lampe aufgesteckt wird.
- Elektrischen Leitungsstrang an der umwickelten Markierung wieder in die Leitungssicherung an der Rückseite des Nebelscheinwerfergehäuses einclipsen.

- Schrauben mit **1,5 Nm** anziehen.
- Funktionsprüfung durchführen.
- Nebelscheinwerfereinstellung prüfen lassen (Werkstattarbeit).

Lampe für Nebelscheinwerfer/ Kurvenlicht/Tagesfahrlicht aus- und einbauen

Ausbau

- Nebelscheinwerfer ausbauen, siehe Seite 135.

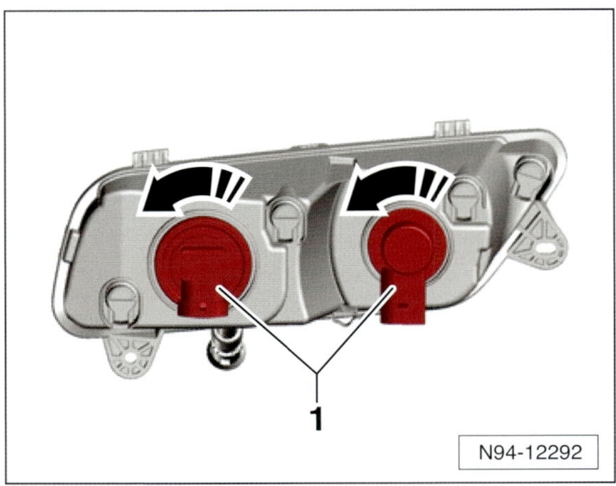

- Jeweilige Lampe –1– in Pfeilrichtung drehen und aus dem Nebelscheinwerfergehäuse herausnehmen.

Hinweis: Die Lampen für Nebelscheinwerfer sind jeweils mit der Lampenfassung fest verbunden und können nicht einzeln ersetzt werden.

Einbau

- Der Einbau erfolgt in umgekehrter Ausbaureihenfolge.

Blinkleuchte/Einstiegsleuchte im Außenspiegel aus- und einbauen

Ausbau

- Lampen im Außenspiegel ausbauen, siehe Seite 369.

Einbau

- Der Einbau erfolgt in umgekehrter Ausbaureihenfolge.

Glühlampen für Außenbeleuchtung hinten auswechseln

Die Heckleuchte ist zweigeteilt, der äußere Teil sitzt im hinteren Seitenteil der Karosserie, der innere Teil befindet sich in der Heckklappe.

Die Nebelschlussleuchte auf der Fahrerseite besteht aus einer LED (Licht emittierende Diode). Da eine defekte LED nicht ersetzt werden kann, muss in diesem Fall die komplette Leuchte erneuert werden. Die übrige Beleuchtung der Heckleuchten besteht aus austauschbaren Glühlampen.

Bei der LED-Heckleuchte bestehen auch Brems- und Schlusslicht aus LEDs. Das Nebelschlusslicht beinhaltet bei dieser Ausführung mehrere LEDs.

Brems- und Schlusslicht/Rückfahrlicht/ Blinklicht im Seitenteil

Ausbau, Limousine

- Heckleuchte im Seitenteil ausbauen, siehe Seite 140.

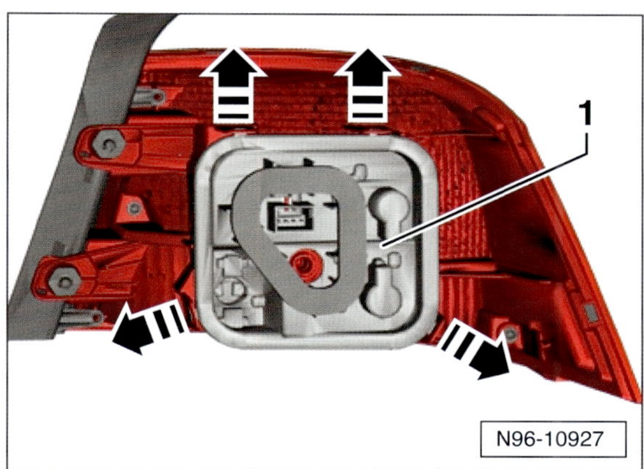

- 4 Verriegelungen in –Pfeilrichtung– nach außen drücken und Lampenträger –1– aus dem Heckleuchtengehäuse nehmen.

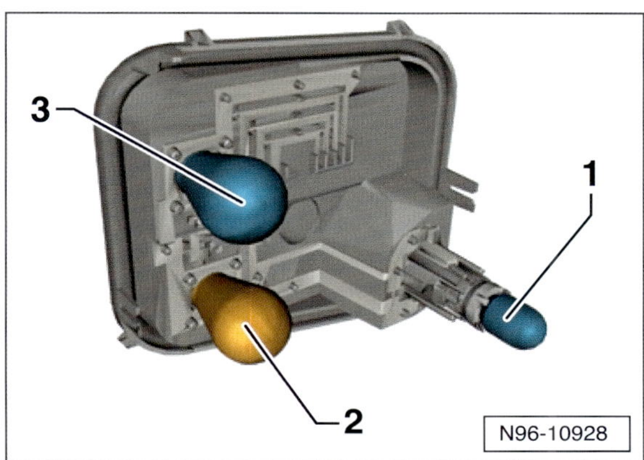

- Lampe für Rückfahrlicht –1– gerade aus dem Lampenträger herausziehen.
- Lampe für Blinklicht –2– in die Fassung drücken, nach links drehen und aus dem Lampenträger herausziehen.
- Lampe für Brems- und Schlusslicht –3– in die Fassung drücken, nach links drehen und aus dem Lampenträger herausziehen.

Einbau

- Der Einbau erfolgt in umgekehrter Ausbaureihenfolge, dabei ist Folgendes zu beachten:
- Beim Einsetzen des Lampenträgers in das Schlussleuchtengehäuse auf sicheres Verrasten aller Verriegelungen achten.

Ausbau, VARIANT

- Heckleuchte im Seitenteil ausbauen, siehe Seite 140.

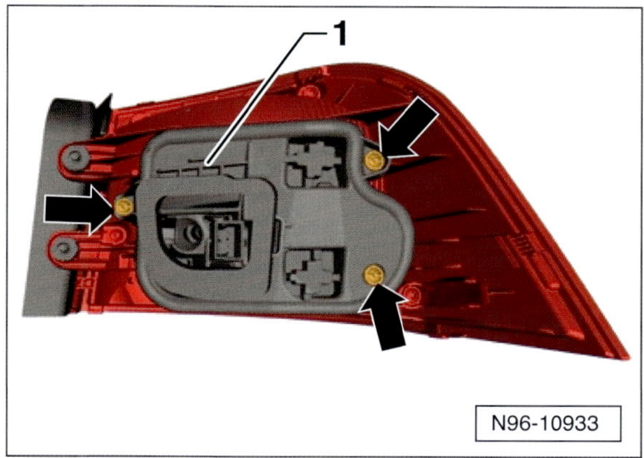

- Befestigungsschrauben –Pfeile– herausdrehen und Lampenträger –1– aus dem Heckleuchtengehäuse herausnehmen.

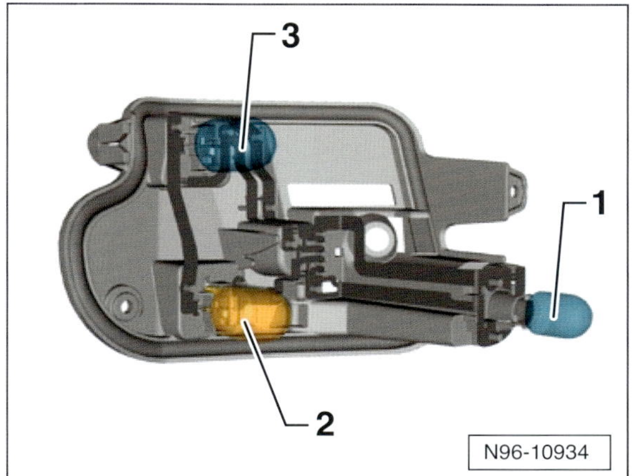

- Lampe für Rückfahrlicht –1– gerade aus der Fassung im Lampenträger herausziehen.
- Lampe für Blinklicht –2– in die Fassung drücken, nach links drehen und aus dem Lampenträger herausziehen.
- Lampe für Brems- und Schlusslicht –3– in die Fassung drücken, nach links drehen und aus dem Lampenträger herausziehen.

Einbau

Der Einbau erfolgt in umgekehrter Ausbaureihenfolge.

Schlusslich im Kofferraumdeckel/ in der Heckklappe

Ausbau, Limousine

- Servicedeckel aus der Seitenverkleidung ausclipsen.
- Verriegelung herausziehen und Stecker abziehen.

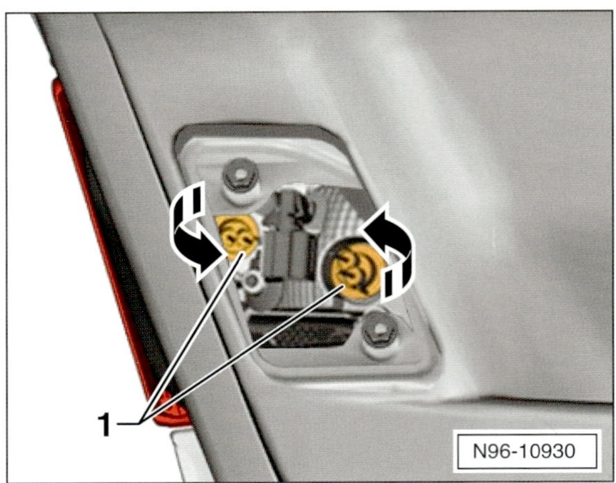

- Lampenfassung –1– in Pfeilrichtung drehen und zusammen mit der Lampe für Schlusslicht aus dem Heckleuchtengehäuse ziehen.

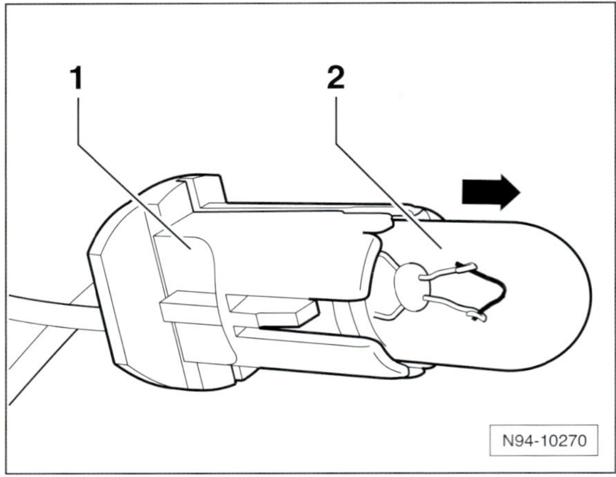

- Lampe für Schlusslicht –2– in Pfeilrichtung gerade aus der Lampenfassung –1– herausziehen.

Einbau

- Der Einbau erfolgt in umgekehrter Ausbaureihenfolge, dabei ist Folgendes zu beachten:
- Steckverbindung hörbar einrasten und Verriegelung einschieben.
- Funktionsprüfung durchführen.

Ausbau, VARIANT

- Servicedeckel aus der Seitenverkleidung ausclipsen.

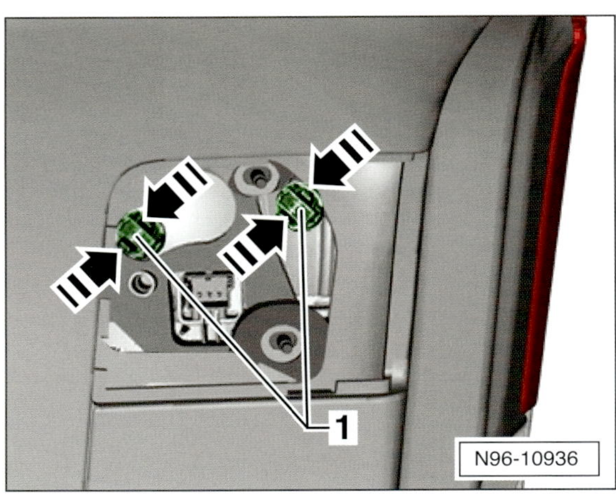

- Verriegelungen an der Lampenfassung beidseitig eindrücken –Pfeile– und die Lampenfassung –1– zusammen mit der Lampe für Schlusslicht aus dem Heckleuchtengehäuse herausziehen.

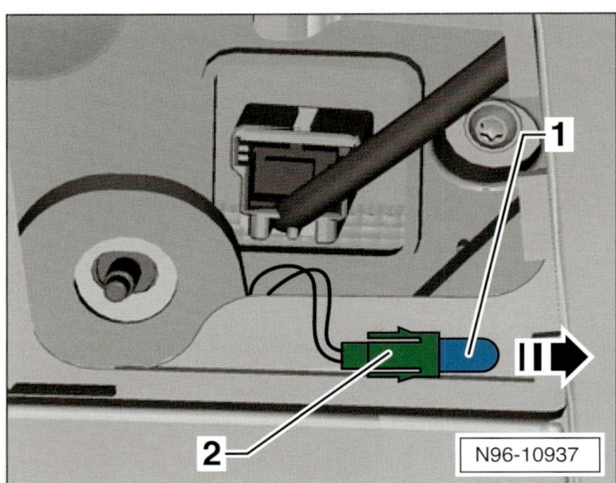

- Lampe für Schlusslicht –1– in Pfeilrichtung gerade aus der Lampenfassung –2– herausziehen.

Einbau

- Der Einbau erfolgt in umgekehrter Ausbaureihenfolge.
- Funktionsprüfung durchführen.

Einbau

- Der Einbau erfolgt in umgekehrter Ausbaureihenfolge, dabei ist Folgendes zu beachten:
- Heckleuchte in den Ausschnitt der Heckklappe einlegen.
- Heckleuchte nach oben und Richtung Fahrzeugmitte drücken.
- Zuerst die äußere und anschließend die innere der Befestigungsmuttern –1– mit **3 Nm** anziehen.
- Steckverbindung hörbar verrasten und Verriegelung einschieben.
- Nach dem Einbau der Heckleuchte die Spaltmaße zur Karosserie kontrollieren.
- Funktionsprüfung durchführen.

Hochgesetzte Bremsleuchte aus- und einbauen

Die hochgesetzte Bremsleuchte ist mit LEDs (Licht emittierende Dioden) bestückt. Dabei sind die LEDs in Gruppen zu 4 LEDs zusammengefasst und werden gruppenweise mit Strom versorgt.

Wenn mehr als 4 Einzel-LEDs ausfallen, muss die hochgesetzte Bremsleuchte komplett ersetzt werden.

- Allgemeine Hinweise zum Lampenwechsel durchlesen und beachten.

Limousine

Ausbau

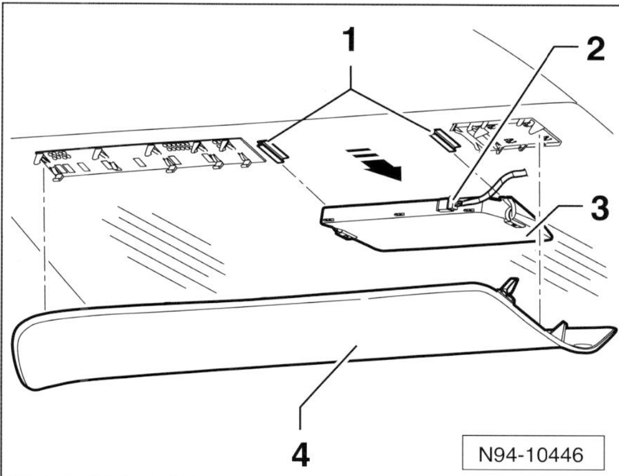

- Abschlussleiste –4– des Dachhimmels nach unten abclipsen.
- Hochgesetzte Bremsleuchte –3– vorsichtig in Pfeilrichtung nach hinten aus den Halteleisten –1– herausdrücken.
- Steckverbindung –2– entriegeln und trennen.
- Hochgesetzte Bremsleuchte aus dem Fahrzeug herausnehmen.

Einbau

- Der Einbau erfolgt in umgekehrter Ausbaureihenfolge.
- Funktionsprüfung durchführen.

VARIANT

Ausbau

- Den Lackbereich am Dachkantenspoiler oberhalb der hochgesetzten Bremsleuchte mit handelsüblichem Klebeband abkleben, um Lackschäden zu vermeiden.

Achtung: Beim Ausbau der hochgesetzten Bremsleuchte darauf achten, dass die umlaufende Dichtung nicht beschädigt wird.

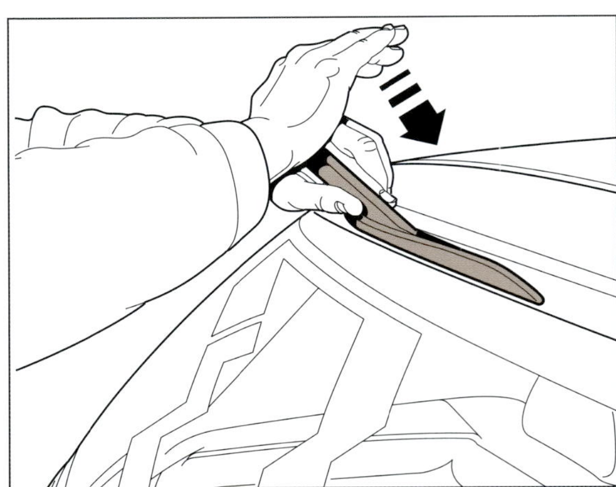

- Kunststoffkeil, wie in der Abbildung gezeigt, zwischen die Oberkante der hochgesetzten Bremsleuchte und den Dachkantenspoiler stecken.
- Bremsleuchte mit dem Keil nach unten drücken und die oberen Rastnasen der Bremsleuchte nach hinten ausrasten.
- Hochgesetzte Bremsleuchte nach hinten aus der Einbauöffnung im Dachkantenspoiler herausnehmen.

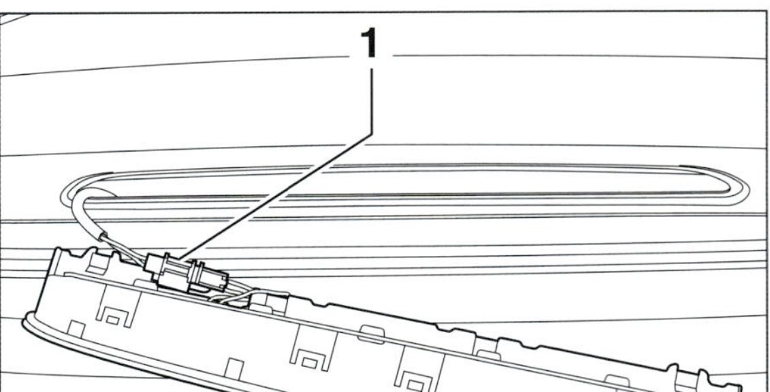

Einbau

Hinweis: Beim Einbau der hochgesetzten Bremsleuchte auf den richtigen Sitz der Dichtung achten. Die Dichtung darf keine Schlaufen werfen und nicht beschädigt sein.

- Stecker auf die Bremsleuchte stecken.
- Bremsleuchte in den Dachkantenspoiler einclipsen, dabei mit der unteren Kante beginnen.
- Funktionsprüfung durchführen.

Kennzeichenleuchte aus- und einbauen

Limousine

Ausbau

- Allgemeine Hinweise zum Lampenwechsel durchlesen und beachten.

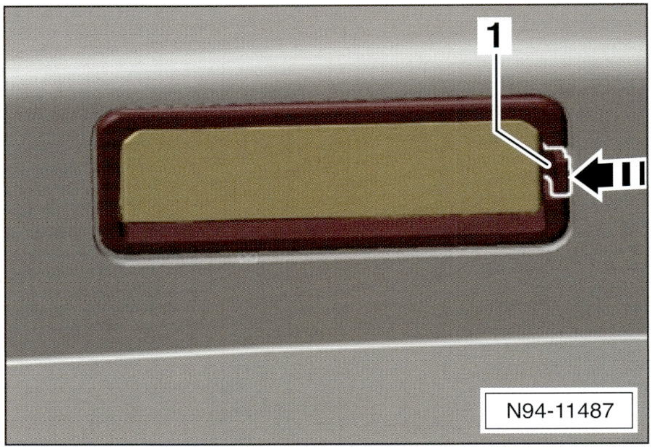

- Haltenase –1– mit einem kleinen Schraubendreher in Pfeilrichtung zur Kennzeichenleuchte drücken, Kennzeichenleuchte etwas anheben und herausschwenken.

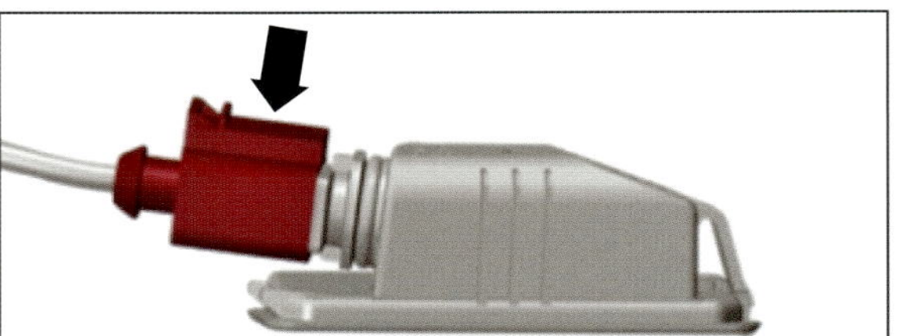

Lampe ersetzen

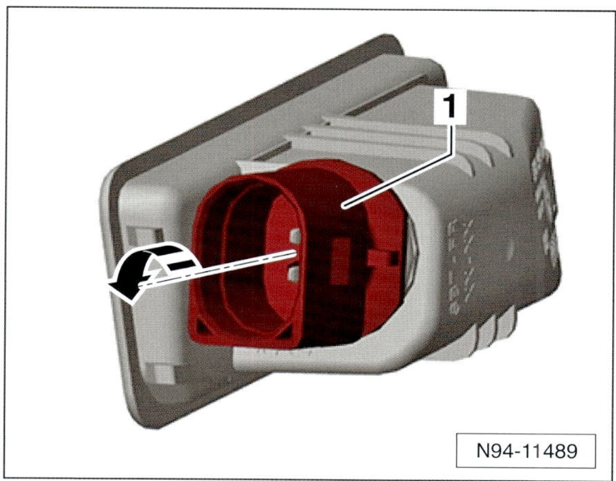

- Lampenfassung –1– zum Entriegeln in Pfeilrichtung drehen und aus der Kennzeichenleuchte herausziehen.

Einbau

- Der Einbau erfolgt in umgekehrter Ausbaureihenfolge, dabei Folgendes beachten:
- Die Kennzeichenleuchte so in die Stoßfängerabdeckung einsetzen, dass die Steckverbindung zur linken Fahrzeugseite zeigt.

VARIANT

Ausbau

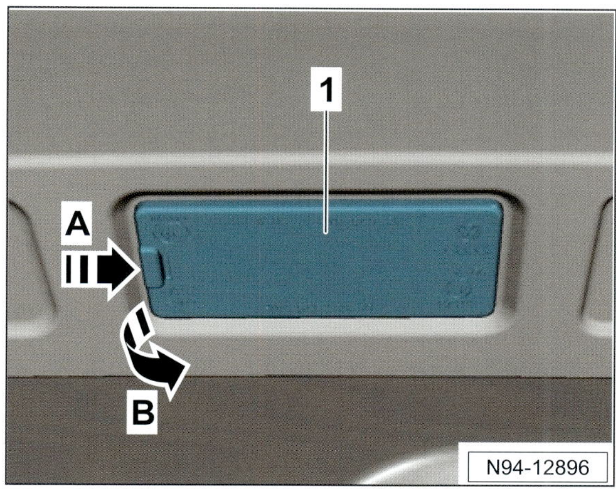

- Mit einem kleinen Schraubendreher die Kennzeichenleuchte links in Pfeilrichtung –A– drücken.
- Kennzeichenleuchte links in Pfeilrichtung –B– aus der Heckklappe herausklappen.

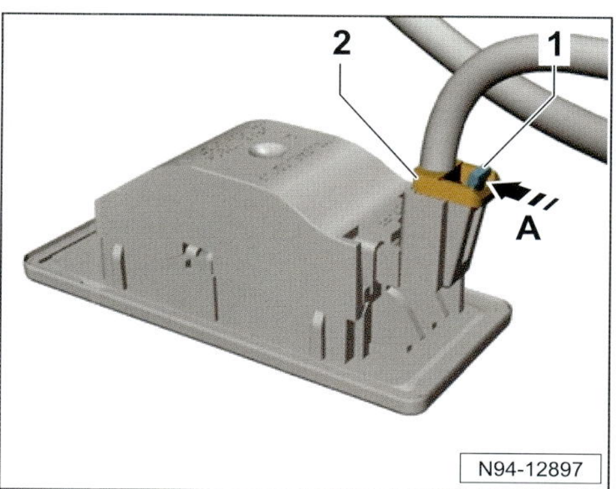

- Steckerverriegelung –1– in Pfeilrichtung –A– drücken und Stecker –2– abziehen.

Lampe ersetzen

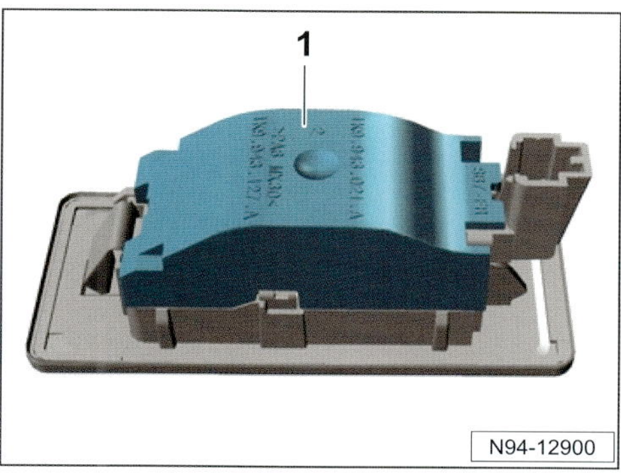

- Falls vorhanden, Abdeckung –1– für die Glassockellampe von der Kennzeichenleuchte abnehmen.

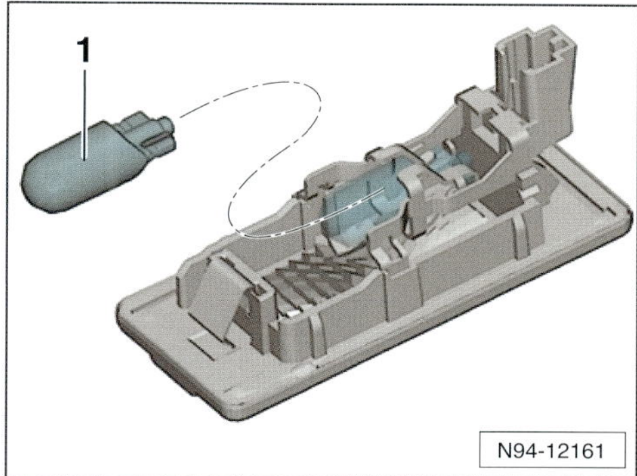

- Glassockellampe –1– aus der Fassung herausziehen und durch eine neue Lampe ersetzen.

Achtung: Glaskolben der Glühlampe nicht mit bloßen Fingern anfassen. Zum Einsetzen der Glühlampen beispielsweise saubere Stoffhandschuhe verwenden.

Einbau

- Der Einbau erfolgt in umgekehrter Ausbaureihenfolge, dabei Folgendes beachten:
- Kennzeichenleuchte links so in die Heckklappe einsetzen, dass die Steckverbindung zur rechten Fahrzeugseite zeigt.

Glühlampen für Innenleuchten auswechseln

- Zündung und Schalter der Leuchte ausschalten. Zündschlüssel abziehen.

Achtung: Die Stelle, an der ein Schraubendreher für den Ausbau der Leuchte angesetzt wird, zum Schutz mit Klebeband abdecken.

Hinweis: Nach dem Einbau die neue Glühlampe auf Funktion überprüfen.

Handschuhfachleuchte

Ausbau

- Allgemeine Hinweise zum Lampenwechsel durchlesen und beachten.

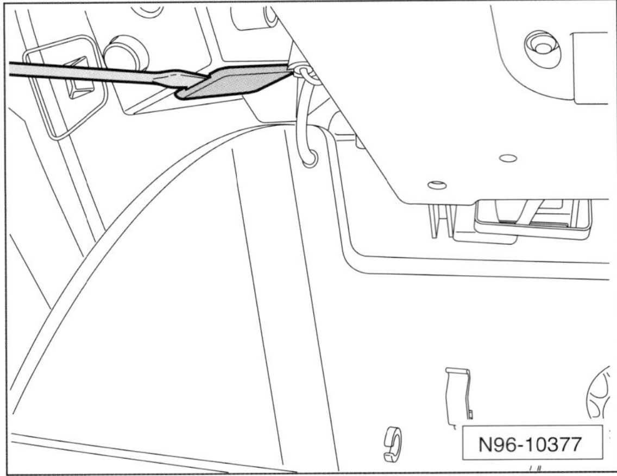

- Handschuhfachleuchte vorsichtig mit einem Kunststoffkeil oder einem Schraubendreher heraushebeln.

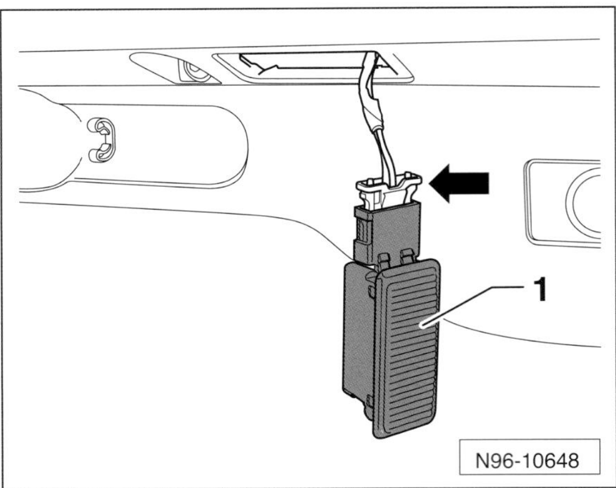

- Steckverbindung –Pfeil– entriegeln und trennen.
- Handschuhfachleuchte –1– abnehmen.

Lampe ersetzen

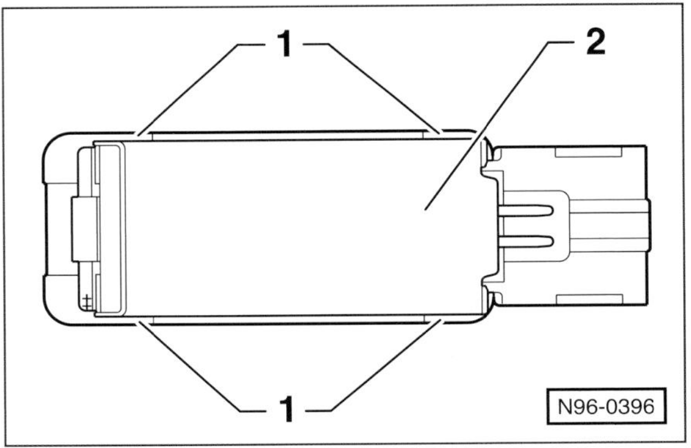

- Rastnasen –1– entriegeln und Wärmeschutzblech –2– von der Streuscheibe der Leuchte abnehmen.

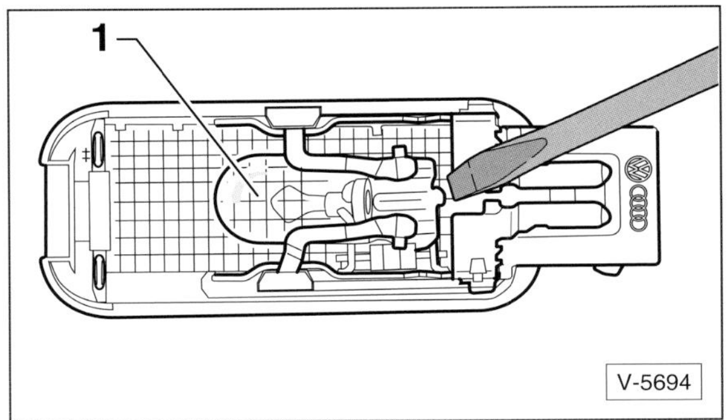

- Mit einem Schraubendreher die Glühlampe –1– vorsichtig aus der Fassung herausdrücken, herausnehmen und ersetzen.

Einbau

- Der Einbau erfolgt in umgekehrter Ausbaureihenfolge.Dabei Leuchte an der Steckerseite einsetzen, in die Öffnung schwenken und einrasten.

Fußraumleuchte

Die Fußraumleuchten befinden sich in der Verkleidung unterhalb der Armaturentafel und sind mit LEDs (Licht emittierende Dioden) bestückt. Bei einem Defekt muss die gesamte Fußraumleuchte ausgewechselt werden.

Ausbau

- Allgemeine Hinweise zum Lampenwechsel durchlesen und beachten.

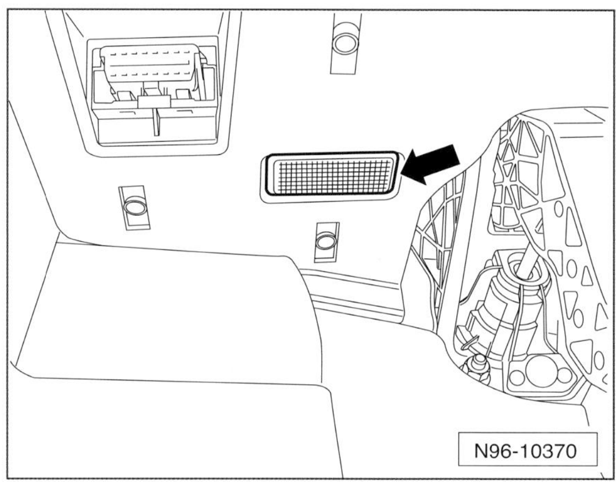

- Fußraumleuchte vorsichtig mit einem Kunststoffkeil oder einem Schraubendreher aus der Verkleidung unterhalb der Armaturentafel heraushebeln.

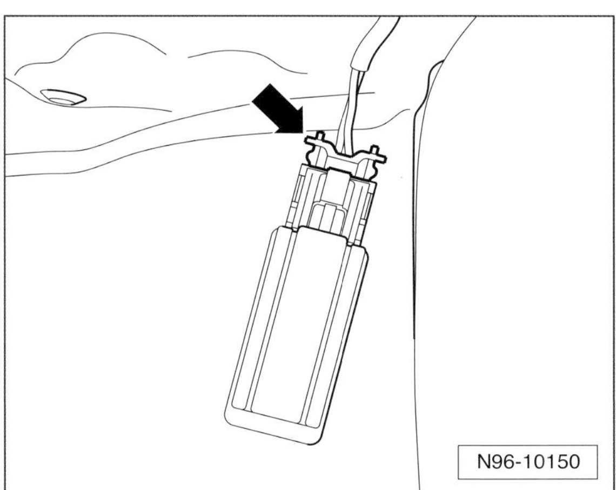

- Stecker entriegeln –Pfeil– und abziehen. Fußraumleuchte abnehmen.

Einbau

- Der Einbau erfolgt in umgekehrter Ausbaureihenfolge.

Einstiegsleuchte

Ausbau

- Allgemeine Hinweise zum Lampenwechsel durchlesen und beachten.

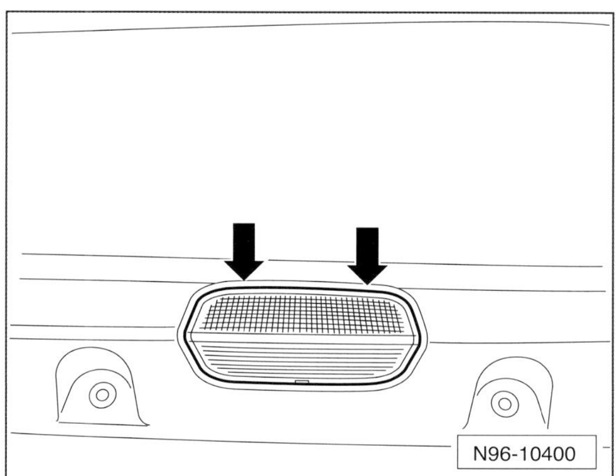

- Die Leuchte vorsichtig mit dem Kunststoffkeil oder einem Schraubendreher heraushebeln. Um Beschädigungen zu vermeiden, den Bereich wo das Hebelwerkzeug angesetzt wird –Pfeile–, mit handelsüblichem Klebeband abkleben.
- Steckverbindung entriegeln und trennen.
- Leuchte abnehmen.

Lampe ersetzen

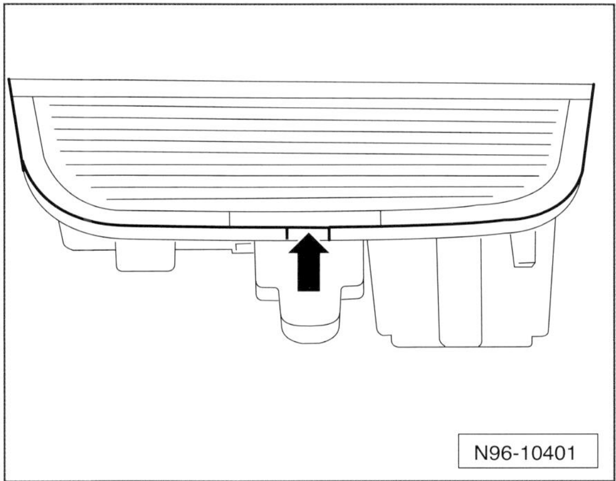

- Streuscheibe vorsichtig vom Gehäuse abhebeln. Dazu kleinen Schraubendreher an der Nut –Pfeil– ansetzen.

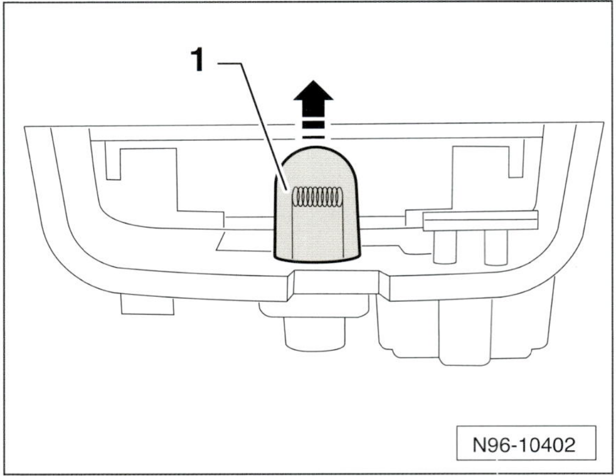

- Glühlampe –1– gerade nach oben aus der Fassung ziehen –Pfeil–.

Einbau

- Der Einbau erfolgt in umgekehrter Ausbaureihenfolge.

Kofferraumleuchte

Limousine

Ausbau

- Allgemeine Hinweise zum Lampenwechsel durchlesen und beachten.

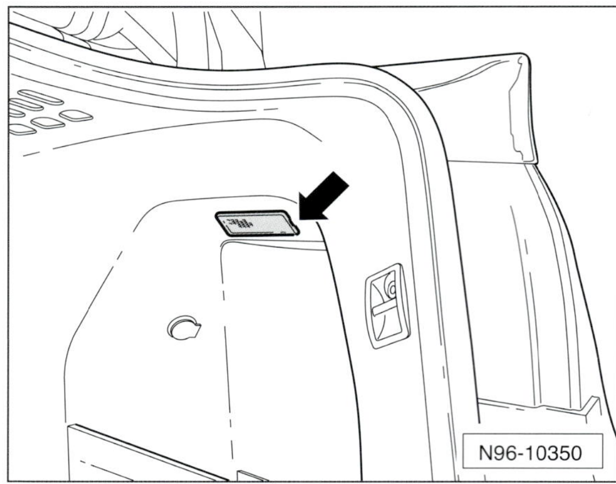

- Die Kofferraumleuchte –Pfeil– vorsichtig mit dem Kunststoffkeil oder einem Schraubendreher aus der Seitenverkleidung heraushebeln.
- Stecker entriegeln und abziehen.
- Kofferraumleuchte abnehmen.

Einbau

- Der Einbau erfolgt in umgekehrter Ausbaureihenfolge.

Laderaumleuchte

VARIANT

Die Laderraumleuchte ist mittig über dem Laderaum in den Dachhimmel eingebaut.

Ausbau

- Allgemeine Hinweise zum Lampenwechsel durchlesen und beachten.

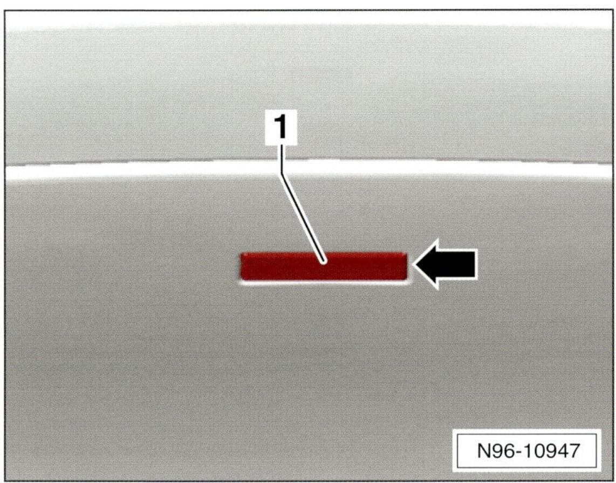

- Die Laderaumleuchte –1– vorsichtig mit einem Kunststoffkeil oder einem Schraubendreher aus der Dachverkleidung heraushebeln –Pfeil–.
- Stecker entriegeln und abziehen.
- Laderaumleuchte abnehmen.

Lampe ersetzen

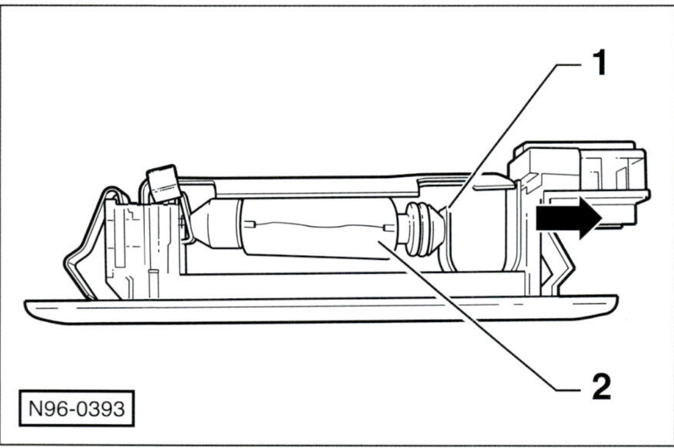

- Kontaktblech –1– in Pfeilrichtung drücken und Soffittenlampe –2– aus der Halterung herausnehmen.
- Neue Soffittenlampe in die Halterung einsetzen.

Einbau

- Der Einbau erfolgt in umgekehrter Ausbaureihenfolge.

Innenleuchte vorn

Hinweis: Folgende Bauteile können, je nach Ausstattung, in die Innenleuchte integriert sein:

- Taster für Innenleuchte vorn
- Taster für Leselicht Fahrerseite
- Taster für Leselicht Beifahrerseite
- Innenleuchte vorn
- Leseleuchte Mitte links
- Leseleuchte Mitte rechts
- Schalter für Schiebedach
- Lampe für Beleuchtung des Schiebedachschalters
- Mikrofon für Telefon

Ausbau

- Allgemeine Hinweise zum Lampenwechsel durchlesen und beachten.

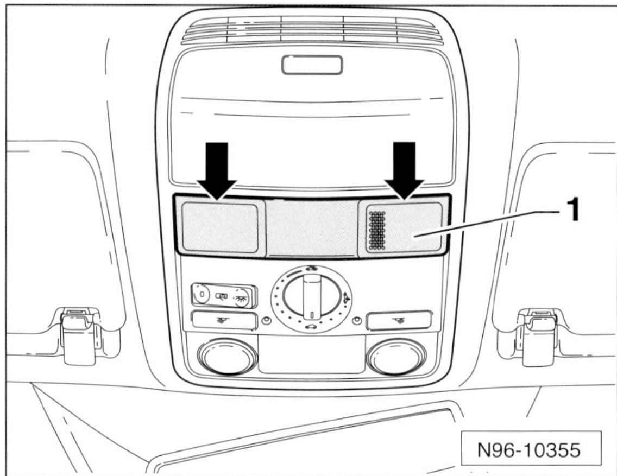

- Blende –1– vorsichtig abhebeln.

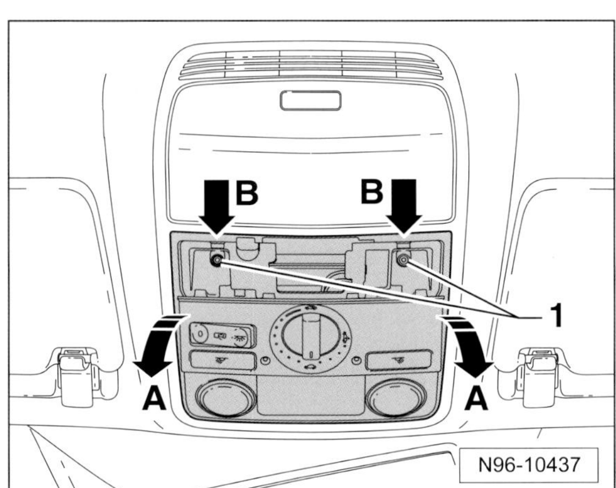

- Schrauben –1– herausschrauben, Rastnasen –Pfeile B– entriegeln und die Innenleuchte in Pfeilrichtung –A– vorsichtig aus dem Dachhimmel herausnehmen. Dabei die elektrischen Leitungen nicht auf Zug beanspruchen.

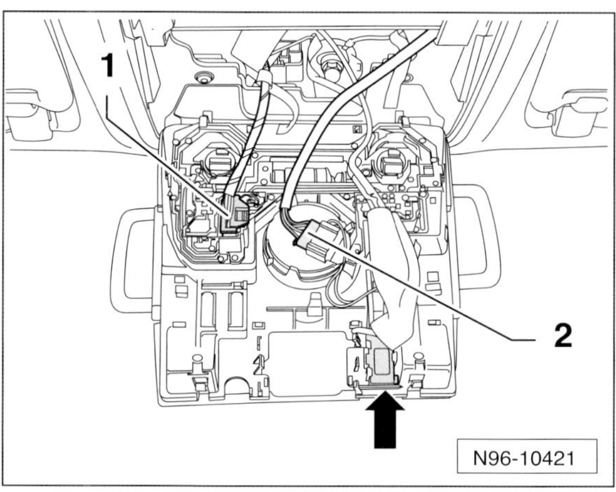

- Stecker –1– und –2– entriegeln und abziehen.
- Bei Fahrzeugen mit Freisprecheinrichtung das Mikrofon für das Telefon –Pfeil– ausclipsen.
- Innenleuchte vorn herausnehmen.

Lampen für Innenleuchte ersetzen

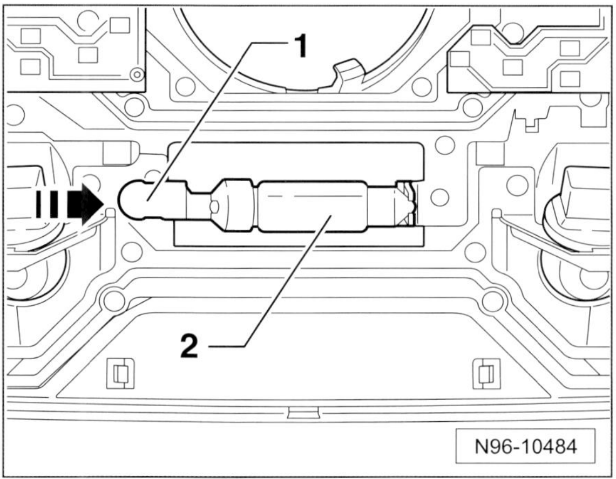

- Kontaktblech –1– der Innenleuchte in Pfeilrichtung drücken und die Soffittenlampe –2– zusammen mit dem Kontaktblech aus der Aufnahme herausnehmen.
- Neue Soffittenlampe zusammen mit dem Kontaktblech in die Aufnahme der Leuchte einsetzen.

Lampen für Leseleuchte ersetzen

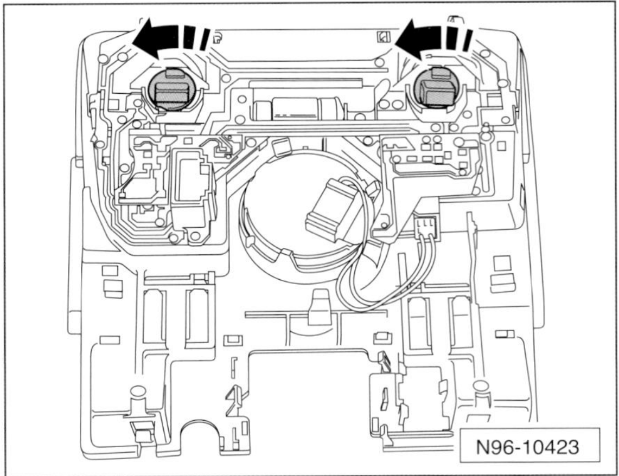

- Fassung der jeweiligen Glühlampe in Pfeilrichtung drehen und herausnehmen.

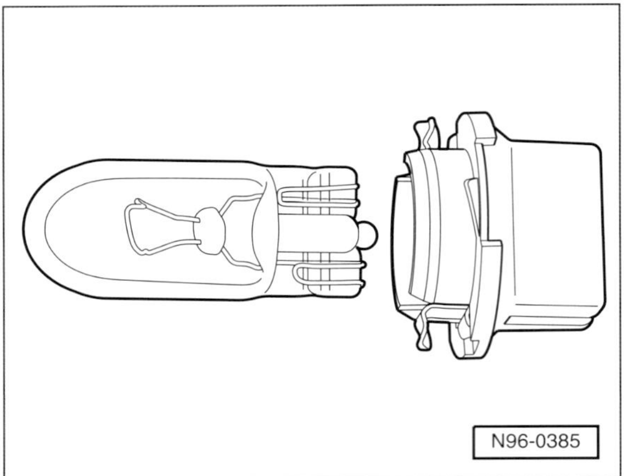

- Glühlampe vorsichtig gerade aus der Fassung herausziehen.
- Lampe ersetzen.

Einbau

- Der Einbau erfolgt in umgekehrter Ausbaureihenfolge.

Beleuchteter Make-up-Spiegel

Die Leuchten für den Make-up-Spiegel sind in die Dachverkleidung hinter den Sonnenblenden eingebaut und werden über das Verschieben der Make-up-Spiegel-Blende an- und ausgeschaltet.

Ausbau

- Allgemeine Hinweise zum Lampenwechsel durchlesen und beachten.
- Sonnenblende nach vorn schwenken.

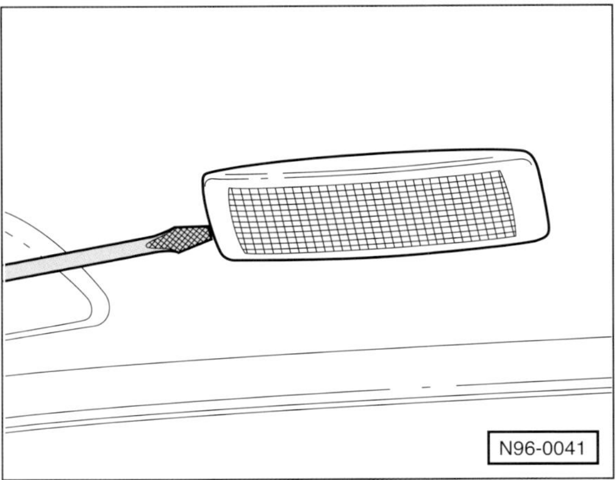

- Leuchte mit einem Kunststoffkeil oder einem geeigneten Schraubendreher aus der Dachverkleidung heraushebeln.
- Stecker entriegeln und abziehen.
- Leuchte abnehmen.

Lampe ersetzen

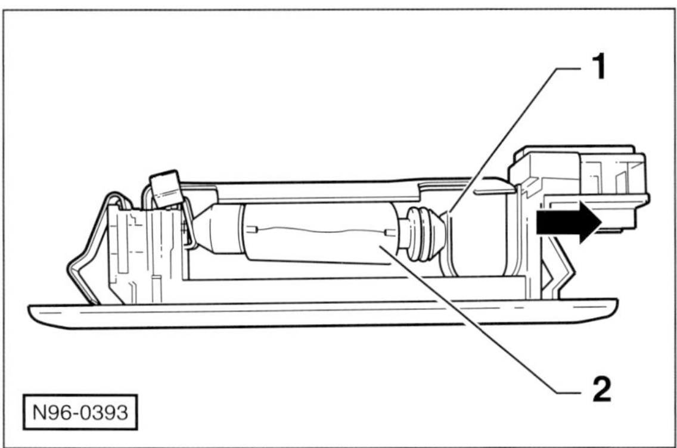

- Kontaktblech –1– in Pfeilrichtung drücken und Soffittenlampe –2– aus der Halterung herausnehmen.
- Neue Soffittenlampe in die Halterung einsetzen.

Einbau

- Der Einbau erfolgt in umgekehrter Ausbaureihenfolge.

Innenleuchte hinten

Limousine

Hinweis: Folgende Bauteile können, je nach Ausstattung, in die Innenleuchte integriert sein:

- Taster für Leselicht hinten links
- Taster für Leselicht hinten rechts
- Leseleuchte hinten links
- Leseleuchte hinten rechts
- Innenleuchte hinten

Hinweis: Die Taster können nicht einzeln ersetzt werden. Bei einem Defekt muss die komplette Innenleuchte erneuert werden.

Ausbau

- Allgemeine Hinweise zum Lampenwechsel durchlesen und beachten.

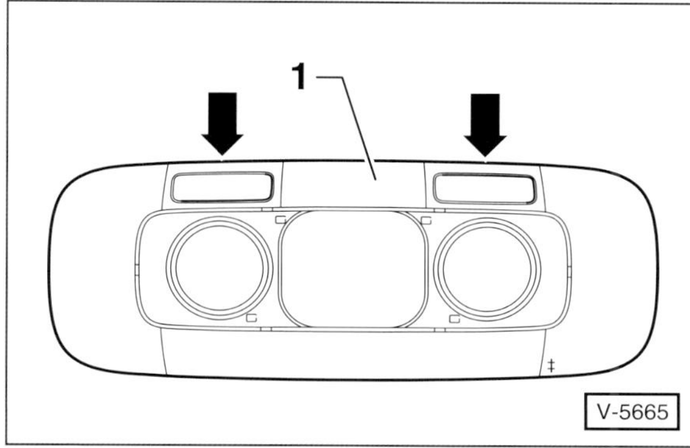

- Mit einem Kunststoffkeil, zum Beispiel HAZET 1965-20, Rasthaken entriegeln und Blende –1– mit Leuchtenglas und Reflektoren von der Deckenleuchte abhebeln –Pfeile–.

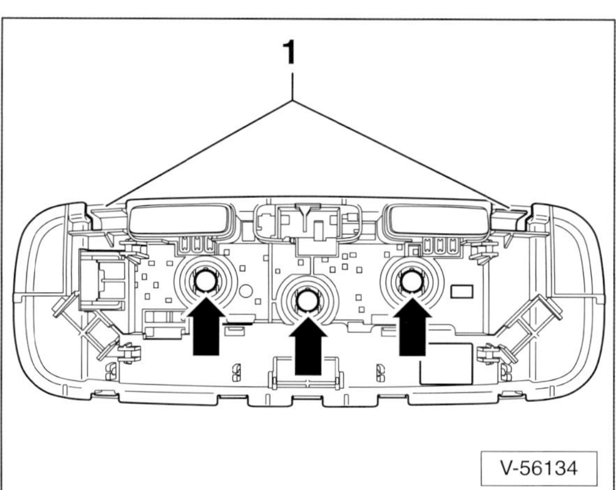

- Defekte Glühlampe –Pfeile– vorsichtig aus der Fassung herausziehen und ersetzen.

- Soll die Innenleuchte ausgebaut werden, müssen nach Abnehmen der Leuchtenblende 2 Rasthaken –1– entriegelt werden. Anschließend Leuchte aus dem Dachhimmel herausziehen.

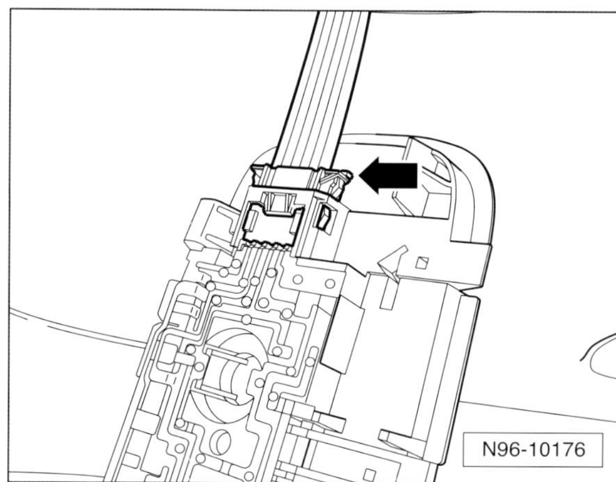

- Steckverbindung –Pfeil– entriegeln und trennen.
- Innenleuchte abnehmen.

Einbau

- Der Einbau erfolgt in umgekehrter Ausbaureihenfolge.

Leseleuchte hinten

VARIANT

Ausbau

- Allgemeine Hinweise zum Lampenwechsel durchlesen und beachten.

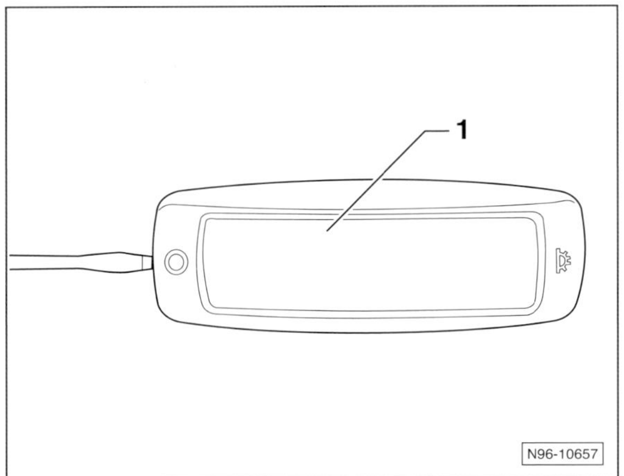

- Kleinen Schraubendreher, wie in der Abbildung gezeigt, seitlich an der Aussparung unter die Leuchte –1– schieben. Leuchte entriegeln und herausschwenken.

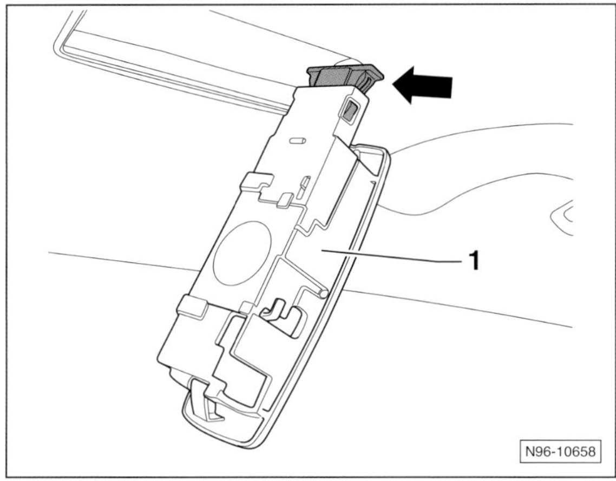

- Stecker –Pfeil– entriegeln und abziehen.
- Leseleuchte –1– abnehmen.

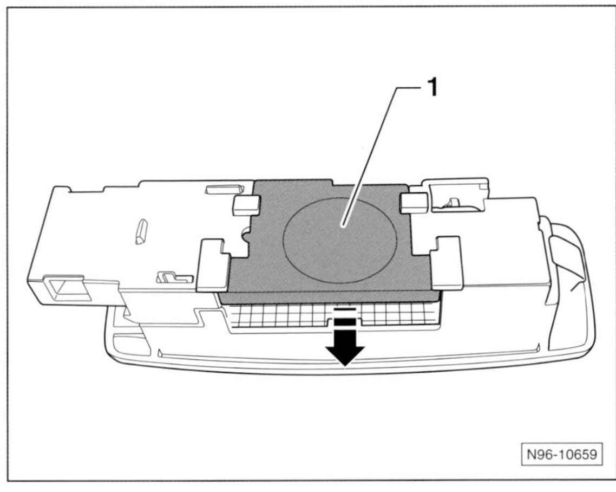

- Abdeckung –1– in Pfeilrichtung herausschieben.

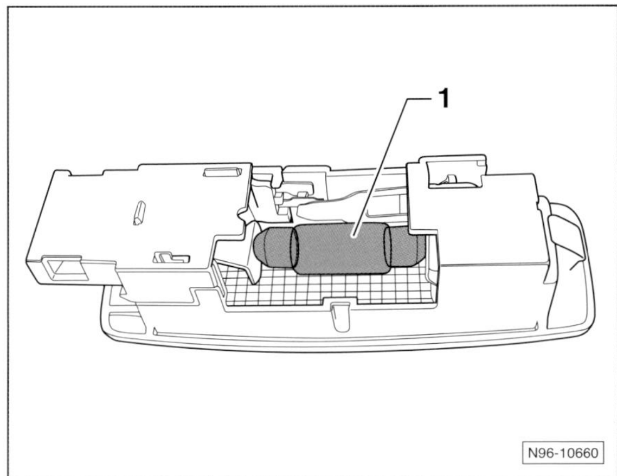

- Kontaktzunge leicht zurückbiegen, Soffittenlampe –1– herausnehmen und ersetzen.

Einbau

- Der Einbau erfolgt in umgekehrter Ausbaureihenfolge.

Armaturen/Schalter/Radioanlage

Kombiinstrument aus- und einbauen

Hinweis: Bei den Kontrollleuchten des Kombiinstrumentes handelt es sich um Leuchtdioden (LEDs). Defekte Leuchtdioden lassen sich nicht einzeln ersetzen. In diesem Fall muss das Kombiinstrument komplett ausgetauscht werden.

Beim Ersetzten des Kombiinstruments müssen die Daten für Kilometerstand sowie verschiedene Ausstattungsmerkmale auf das neue Exemplar übertragen werden. Außerdem muss die Wegfahrsicherung an das Motorsteuergerät angepasst werden. Dazu ist das VW-Diagnosegerät erforderlich.

Ausbau

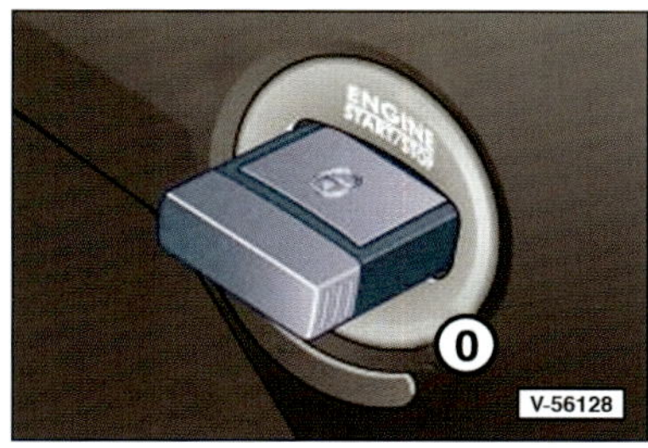

- Zündung und alle elektrischen Verbraucher ausschalten. Zündschlüssel in Position 0 ausrasten.
- Verkleidung der Armaturentafel auf der Fahrerseite ausbauen, siehe Seite 303.
- Lenkrad so weit wie möglich nach hinten unten stellen.
- Blende vor dem Kombiinstrument ausbauen, siehe Seite 302.

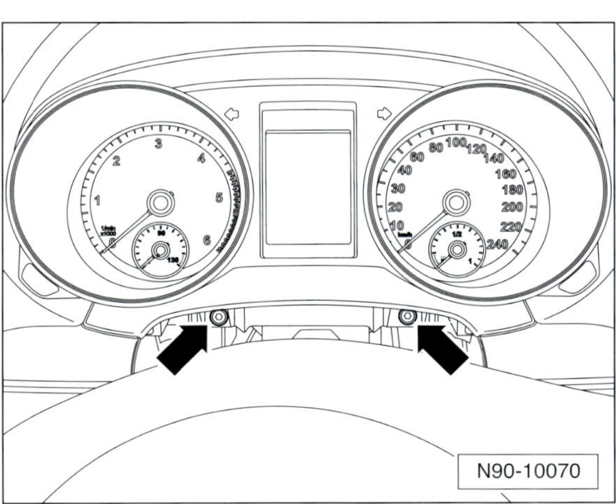

- Befestigungsschrauben –Pfeile– am Kombiinstrument herausdrehen.

Hinweis: Das Lenkrad ist in der Abbildung nur zur Verdeutlichung weggelasson worden. Der Ausbau des Lenkrads ist nicht erforderlich.

- Kombiinstrument gerade nach hinten aus der Armaturentafel herausziehen. Dabei darauf achten, dass die elektrischen Leitungen nicht auf Zug beansprucht werden.

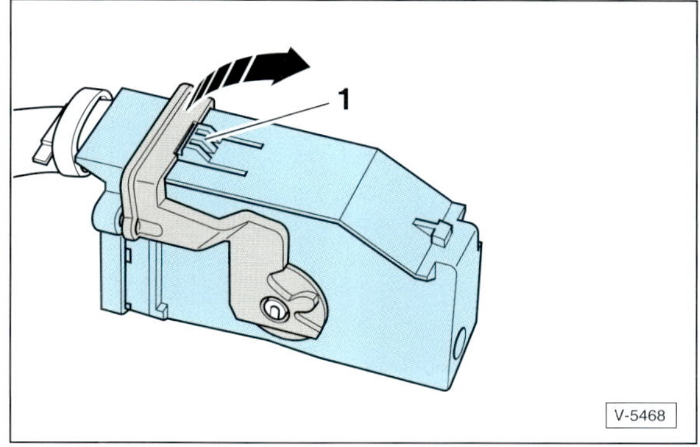

- Elektrische Steckverbindung trennen, dazu Sicherungsraste –1– drücken.
- Haltebügel in Pfeilrichtung schwenken und Stecker abziehen.
- Kombiinstrument herausnehmen.

Einbau

- Der Einbau erfolgt in umgekehrter Ausbaureihenfolge.

Lichtschalter aus- und einbauen

Ausbau

- Zündung und alle elektrischen Verbraucher ausschalten. Zündschlüssel in Position »0« (Vorraste) ausrasten.
- Den Drehgriff des Lichtschalters in Stellung »0« drehen.

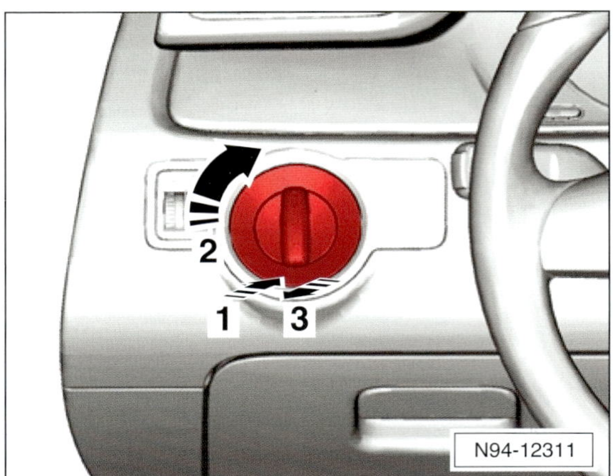

- Drehgriff des Lichtschalters hineindrücken –Pfeil 1– und nach rechts drehen –Pfeil 2–.
- Drehgriff in dieser Stellung halten und den gesamten Lichtschalter am Drehgriff aus der Armaturentafel herausziehen –Pfeil 3–.

- Stecker –Pfeil– entriegeln und abziehen.
- Lichtschalter abnehmen.

Einbau

- Stecker am Lichtschalter aufstecken und einrasten.

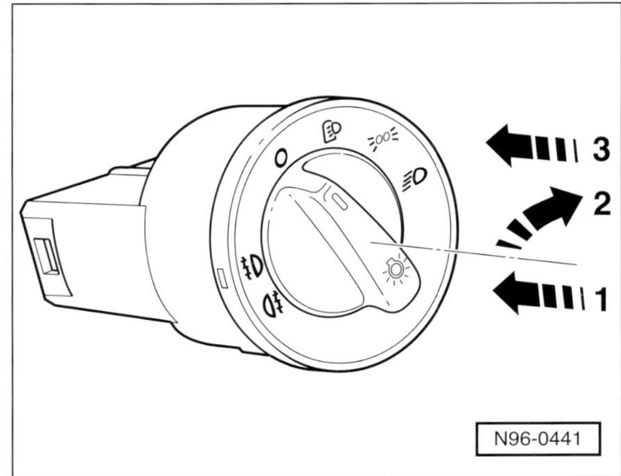

- Zum Einbau Lichtschalter festhalten, Drehgriff für Lichtschalter fest hineindrücken –Pfeil 1– und gleichzeitig nach rechts drehen –Pfeil 2–. Dadurch werden die beiden Verriegelungshaken des Schalters versenkt.
- Drehgriff in dieser Stellung halten und Lichtschalter in die Öffnung der Armaturentafel eindrücken –Pfeil 3–.
- Drehgriff in Stellung »0« drehen und Schalter einrasten.
- Sämtliche Positionen des Schalters durchschalten und festen Sitz des Schalters prüfen.

Regler für Schalter- und Instrumentenbeleuchtung sowie Einsteller für Leuchtweitenregelung aus- und einbauen

Ausbau

- Zündung und alle elektrischen Verbraucher ausschalten. Zündschlüssel in Position 0 (Vorraste) ausrasten.

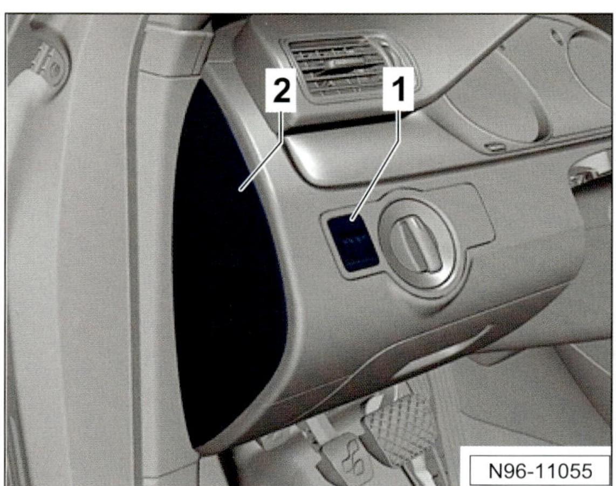

- Abdeckung –2– öffnen und abnehmen. Dabei Abdeckung mit einem Kunststoffkeil abhebeln.
- Durch diese Öffnung hinter den Regler –1– greifen und diesen von innen aus der Armaturentafel herausdrücken.

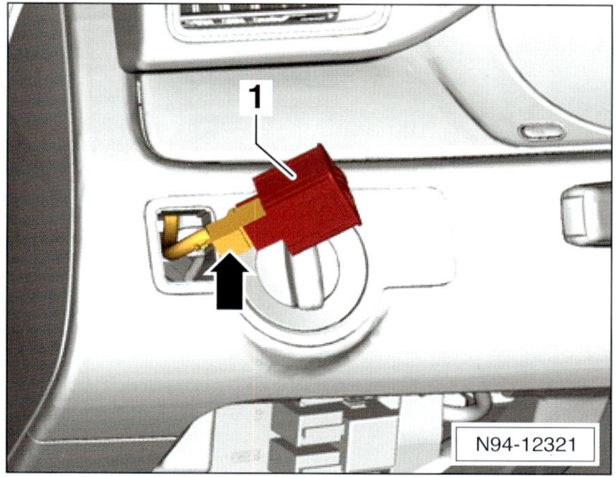

- Stecker –Pfeil– entriegeln und abziehen.
- Regler –1– abnehmen.

Einbau

- Der Einbau erfolgt in umgekehrter Ausbaureihenfolge.

Schalter im Lenkrad aus- und einbauen

Ausbau

> **Sicherheitshinweis**
> Unbedingt Airbag-Sicherheitshinweise befolgen, siehe Seite 204.

- Airbageinheit am Lenkrad ausbauen, siehe Seite 205.

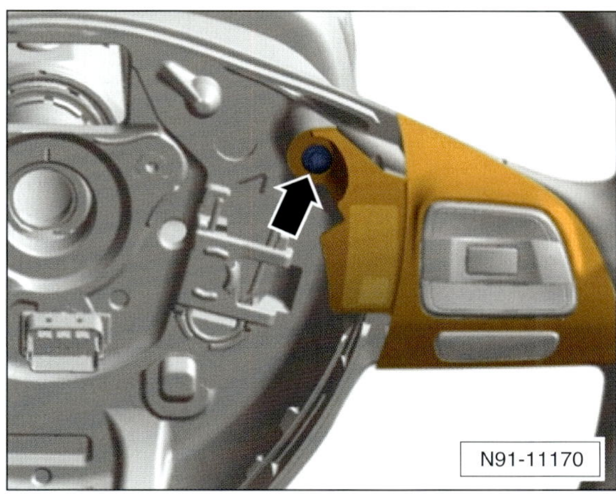

- Schraube –Pfeil– herausdrehen.
- Tastenblock herausnehmen.

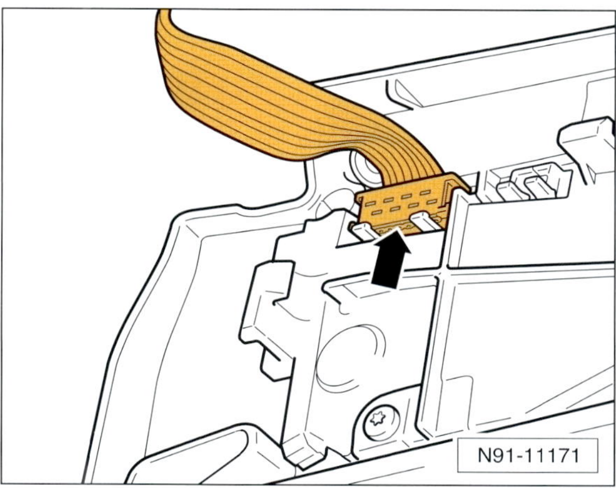

- Steckverbindung –Pfeil – am Tastenblock trennen.

Einbau

- Der Einbau erfolgt in umgekehrter Ausbaureihenfolge, dabei ist Folgendes zu beachten:

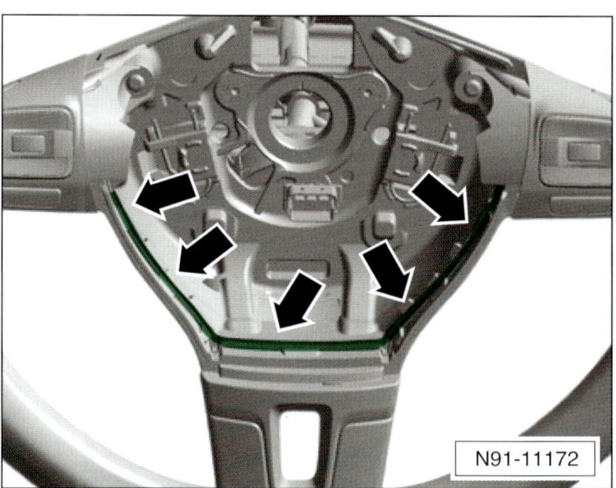

■ Darauf achten, dass die Leitungsverlegung zwischen den beiden Tastaturblöcken im Lenkrad so verläuft, wie der Abbildung dargestellt –Pfeile–.

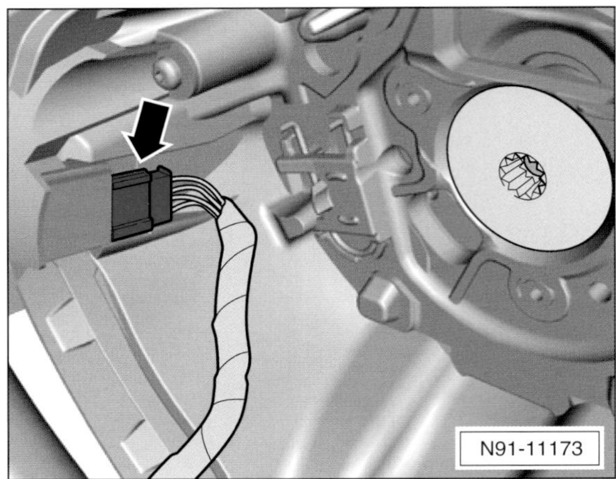

■ Darauf achten, dass die schwarze Steckverbindung am linken Tastaturblock –Pfeil– aufgesteckt ist.

● Falls erforderlich, Steuergerät für Lenksäulenelektronik neu codieren (Werkstattarbeit).

Steuergerät für Lenksäulenelektronik aus- und einbauen

Im Steuergerät für Lernksäulenelektronik ist die Wickelfeder für Airbag und der Rückstellring mit Schleifring integriert. Zum Ersetzen des Steuergeräts wird das VW-Diagnosegerät benötigt.

Ausbau

● Vorderräder in Geradeausstellung bringen, die Speichen des Lenkrades stehen dann parallel.

● Lenkrad so weit wie möglich nach hinten unten stellen. Hierzu den vollen Verstellbereich der Lenksäulenverstellung nutzen.

● Lenkrad ausbauen, siehe Seite 206.

● Lenksäulenverkleidung ausbauen, siehe Seite 300.

Achtung: Vor dem Trennen der elektrischen Steckverbindungen eventuelle elektrostatische Aufladung entladen; dazu beispielsweise Schließkeil für Tür kurz anfassen. Andernfalls können elektronischer Bauteile durch statische Entladung beschädigt werden.

Ausfürung Firma VALEO

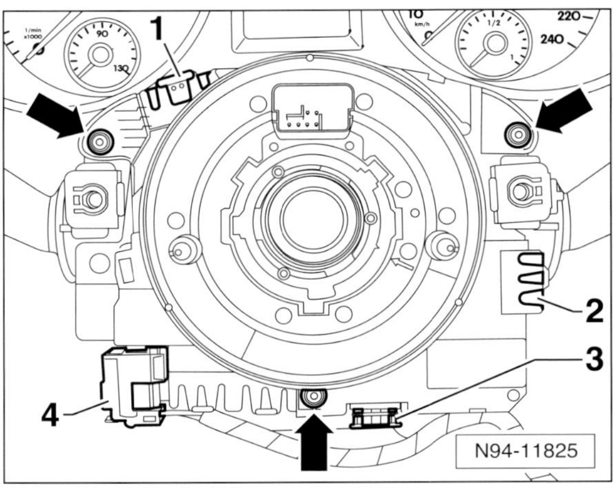

● Stecker –1– bis –4– entriegeln und abziehen.

Achtung: Die Wickelfeder am Steuergerät für Lenksäulenelektronik darf beim Ausbau nicht aus der Mittelstellung verdreht werden. Die Vorderräder müssen sich in »Geradeausfahrstellung« befinden.

● 3 Schrauben –Pfeile– herausdrehen.

● Steuergerät nach hinten vom Lenkstockschalter abziehen.

Ausführung Firma KOSTAL

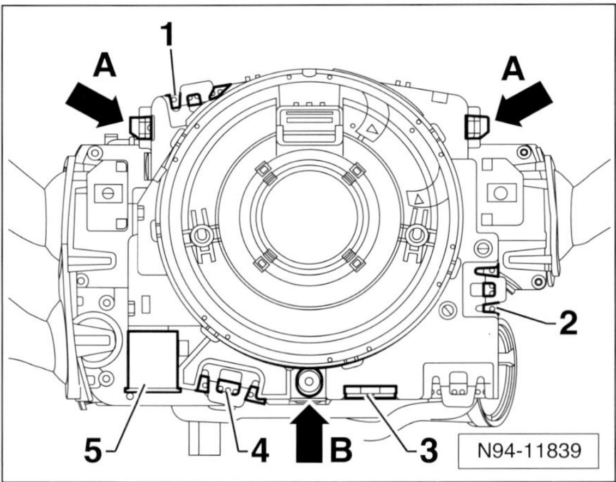

● Stecker –1– bis –5– entriegeln und abziehen.

Achtung: Die Wickelfeder am Steuergerät für Lenksäulenelektronik darf beim Ausbau nicht aus der Mittelstellung verdreht werden. Die Vorderräder müssen sich in »Geradeausfahrstellung« befinden.

● Schraube –B– herausdrehen.

● 2 Verrastungen –Pfeile A– entriegeln und Steuergerät nach hinten vom Lenkstockschalter abziehen.

Einbau

- Der Einbau erfolgt in umgekehrter Ausbaureihenfolge. Dabei ist Folgendes zu beachten:

Achtung: Beim Einbau des Steuergeräts muss der Blinkerhebel in der 0-Stellung stehen, damit der Rücksstellhebel nicht ausgefahren ist. Andernfalls kann der Rückstellhebell des Blinkerschalters beim Einbau des Steuergeräts abbrechen.

- Steuergerät gerade auf den Lenkstockschalter aufschieben.
- Schraube(n) mit **1,5 Nm** anziehen.

Blinklichtschalter/Scheibenwischerschalter aus- und einbauen

Achtung: Blinklichtschalter, Schalter für Geschwindigkeitsregelanlage und Scheibenwischerschalter für Intervallbetrieb bilden zusammen den Lenkstockschalter.

Die Schalter können nicht getrennt werden.

Bei einem Defekt eines einzelnen Schalters muss der Lenkstockschalter komplett ersetzt werden.

Ausbau

Achtung: Bei ausgebautem Lenkwinkelsensor darf das Fahrzeug nicht bewegt werden, da es sonst zu Beschädigungen am Lenkgetriebe kommen kann.

- Steuergerät für Lenksäulenelektronik ausbauen, siehe Seite 154.

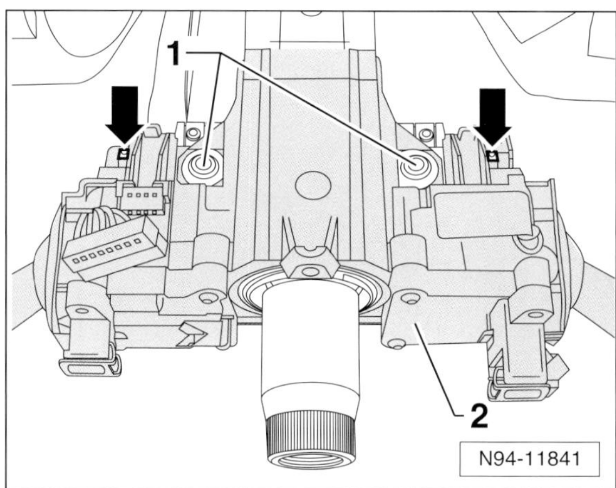

- **VALEO:** 2 Schrauben –1– herausdrehen.

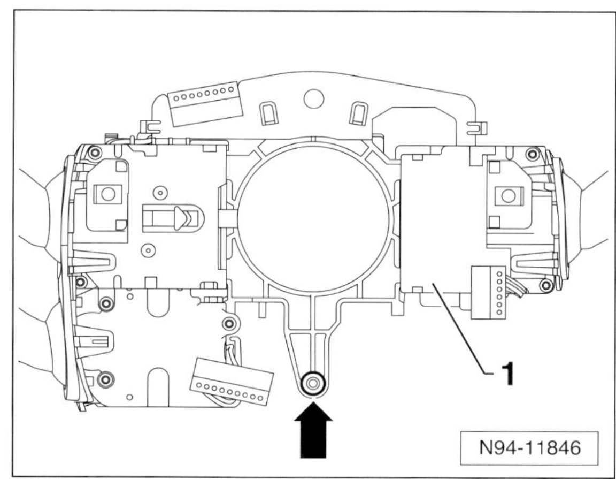

- **KOSTAL:** Befestigungsschraube –Pfeil– herausdrehen.
- Kompletten Lenkstockschalter gerade nach hinten vom Grundträger abziehen.

Einbau

- Lenkstockschalter gerade auf die Führungen am Grundträger aufschieben, bis er sicher verrastet.
- Lenkstockschalter mit **1,5 Nm** anschrauben.
- Der weitere Einbau erfolgt in umgekehrter Ausbaureihenfolge.

Schaltermodul in der Mittelkonsole aus- und einbauen

Ausbau

- Zündung und alle elektrischen Verbraucher ausschalten. Den Zündschlüssel in Position 0 (Vorraste) ausrasten.
- Schalthebelmanschette nach oben aus der Mittelkonsole ausclipsen und über den Schalthebelknopf stülpen.

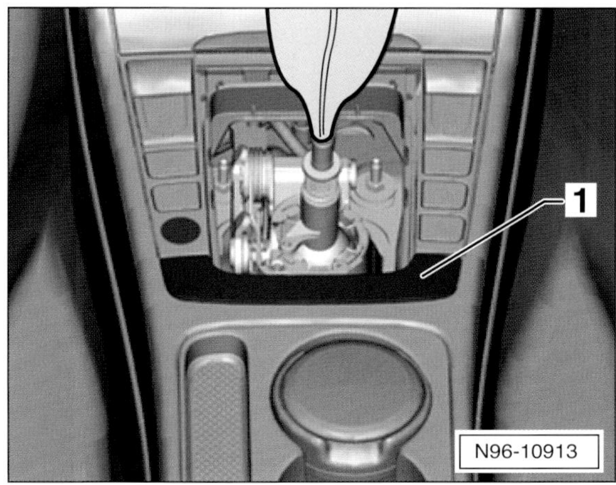

- Blende –1– vorsichtig nach oben abhebeln.

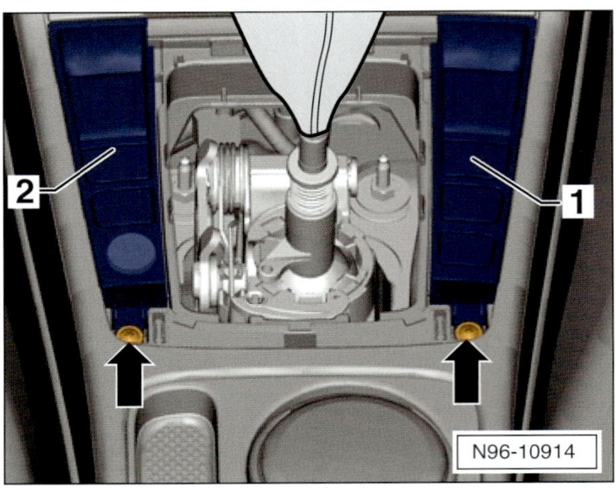

- Befestigungsschrauben –Pfeile– herausdrehen.
- Schaltermodul auf der Beifahrerseite –1– beziehungsweise auf der Fahrerseite –2– nach oben aus der Mittelkonsole herausheben.

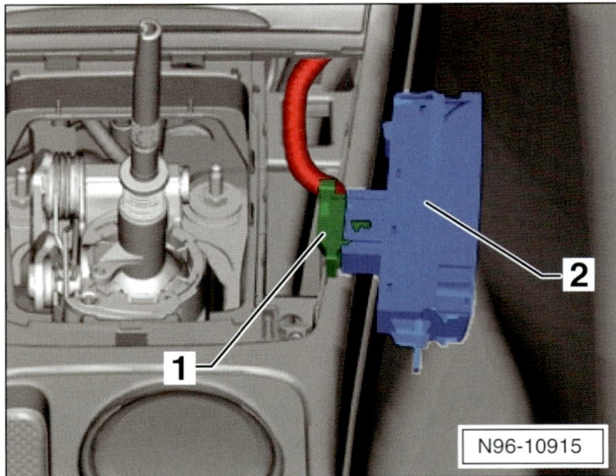

- Stecker –1– entriegeln und abziehen.
- Schaltermodul –2– abnehmen.

Einbau

- Der Einbau erfolgt in umgekehrter Ausbaureihenfolge.

Warnlichtschalter aus- und einbauen

Ausbau

- Zündung und alle elektrischen Verbraucher ausschalten. Den Zündschlüssel in Position 0 (Vorraste) ausrasten.

Achtung: Bereiche, an denen ein Kunststoffkeil oder ein Schraubendreher angesetzt wird, zum Schutz vor Beschädigung mit Klebeband abkleben.

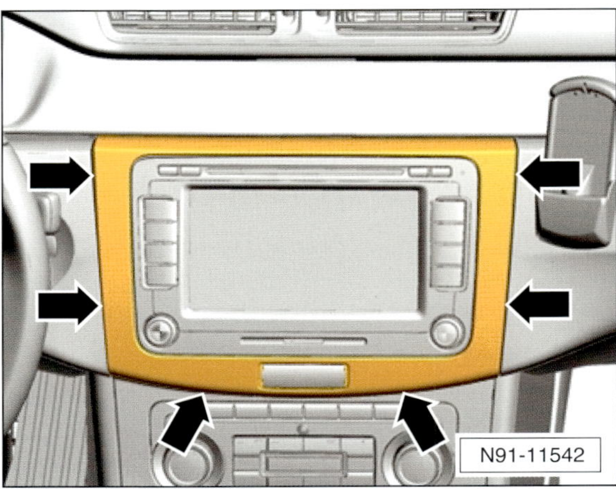

- Radioblende an den mit –Pfeilen– gekennzeichneten Stellen ausclipsen.

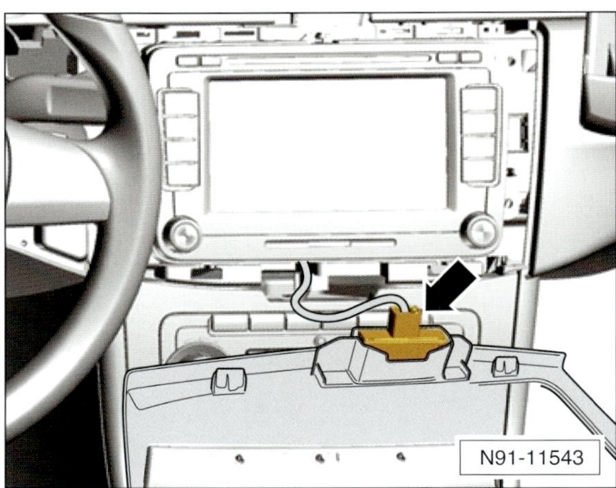

- Stecker –Pfeil– entriegeln und abziehen.

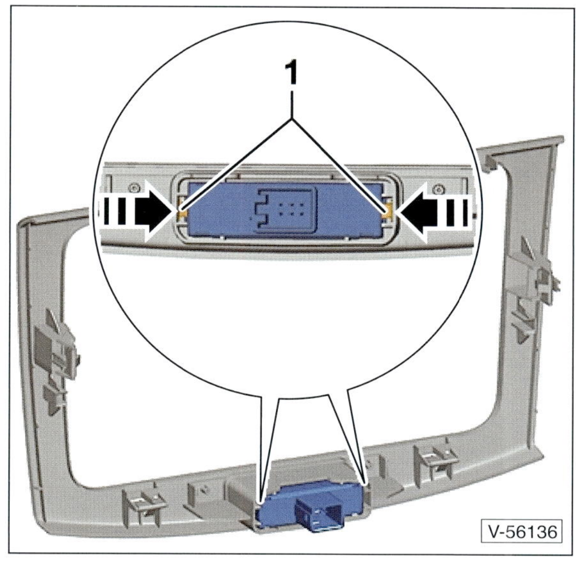

- Verriegelungen –1– mit einem geeigneten Schraubendreher in Pfeilrichtung drücken.
- Warnlichtschalter von innen nach außen aus der Blende herausschieben und abnehmen.

Einbau

- Der Einbau erfolgt in umgekehrter Ausbaureihenfolge.

Schalter für Handschuhfachleuchte aus- und einbauen

Ausbau

- Zündung und alle elektrischen Verbraucher ausschalten. Den Zündschlüssel in Position 0 (Vorraste) ausrasten.

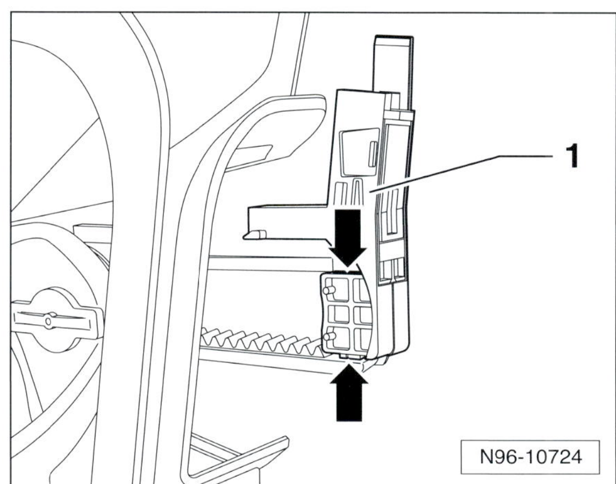

- Schalter für Handschuhfachleuchte –1– ausclipsen. Dazu die Rastnasen –Pfeile– zusammendrücken.
- Stecker entriegeln und abziehen.
- Schalter für Handschuhfachleuchte abnehmen.

Einbau

- Der Einbau erfolgt in umgekehrter Ausbaureihenfolge.

Schalter für Spiegelverstellung aus- und einbauen

Ausbau

- Zündung und alle elektrischen Verbraucher ausschalten. Den Zündschlüssel in Position 0 (Vorraste) ausrasten.

Achtung: Bereiche, an denen ein Kunststoffkeil oder ein Schraubendreher angesetzt wird, zum Schutz vor Beschädigung mit Klebeband abkleben.

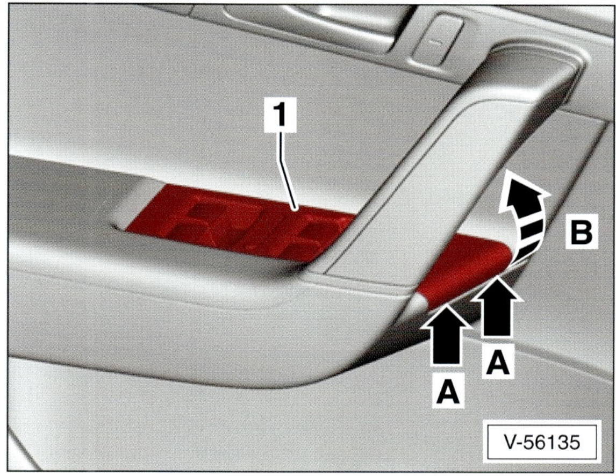

- Griffblende –1– an der Vorderseite mit einem Kunststoffkeil an den Rastnasen –Pfeile A– entriegeln und vorsichtig in Pfeilrichtung –B– nach oben aus der Türverkleidung schwenken.

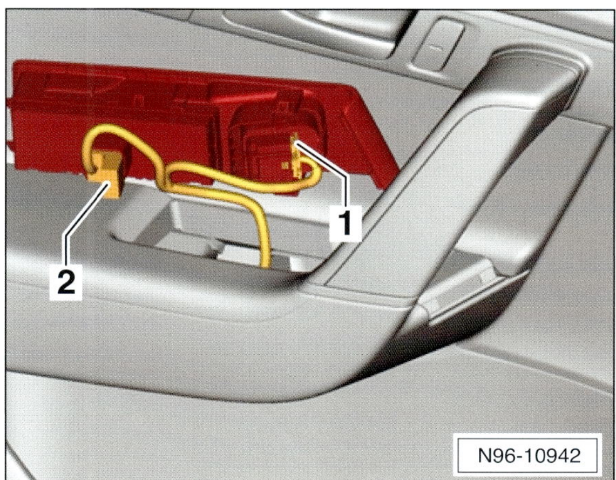

- An der Rückseite die Stecker –1– und –2– entriegeln und abziehen.
- Griffblende abnehmen.

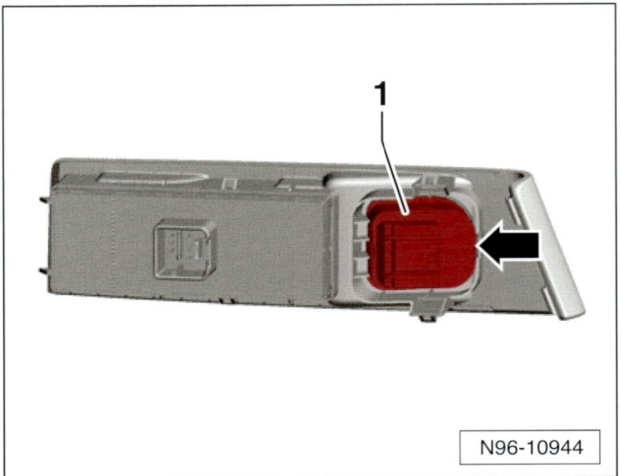

- Rastnase –Pfeil– entriegeln und Schalter für Spiegelverstellung –1– aus der Griffblende herausnehmen.

Einbau

- Der Einbau erfolgt in umgekehrter Ausbaureihenfolge.

Schalter für Innenverriegelung aus- und einbauen

Ausbau

- Zündung und alle elektrischen Verbraucher ausschalten. Den Zündschlüssel in Position 0 (Vorraste) ausrasten.
- Türverkleidung ausbauen, siehe Seite 317.

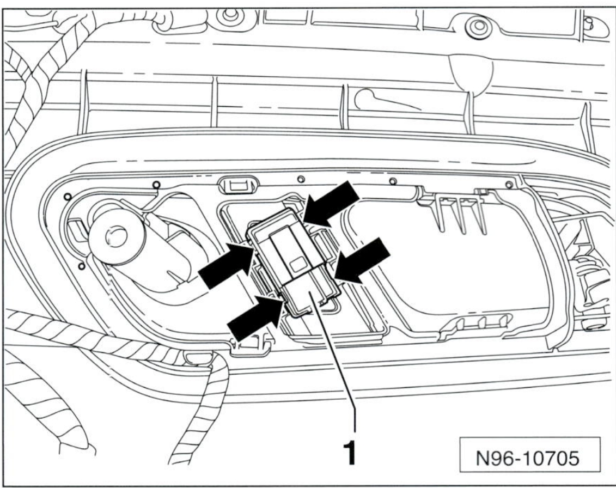

- Stecker am Schalter für Innenverriegelung –1– entriegeln und abziehen.
- 4 Rastnasen –Pfeile– entriegeln.
- Schalter für Innenverriegelung –1– nach hinten aus der Türverkleidung herausnehmen.

Einbau

- Der Einbau erfolgt in umgekehrter Ausbaureihenfolge.

Schalter für Fernentriegelung der Heckklappe aus- und einbauen

Ausbau

- Zündung und alle elektrischen Verbraucher ausschalten. Den Zündschlüssel in Position 0 (Vorraste) ausrasten.
- Türverkleidung der Fahrertür ausbauen, siehe Seite 317.

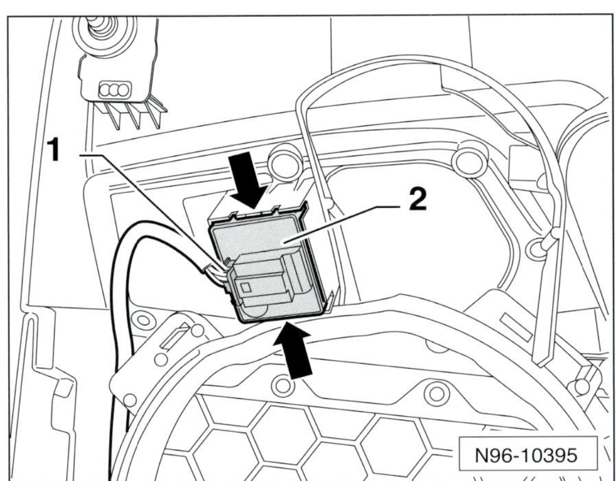

- Steckverbindung –1– entriegeln und trennen.
- 4 Rastnasen –Pfeile– entriegeln.
- Schalter für Fernentriegelung der Heckklappe –2– aus der Türverkleidung herausnehmen.

Einbau

- Der Einbau erfolgt in umgekehrter Ausbaureihenfolge.

Wechselrichter mit Steckdose aus- und einbauen

Achtung: Im Gehäuse vom Wechselrichter mit Steckdose, befinden sich Kondensatoren, die mit einer Restspannung geladen sein können. Es besteht die Gefahr von Stromschlägen. Das Gehäuse vom Wechselrichter mit Steckdose darf auf keinen Fall geöffnet werden. Es dürfen keine Reparaturen an der Steckverbindung, an den Leitungen und der 230-V-Steckdose durchgeführt werden. Sollte ein Defekt an der Steckverbindung, an den Leitungen, an der 230-V-Steckdose oder im Wechselrichter vorliegen, ist immer die komplette Einheit zu ersetzen.

Ausbau

- Zündung und alle elektrischen Verbraucher ausschalten. Den Zündschlüssel in Position 0 (Vorraste) ausrasten.

Achtung: Bereiche, an denen ein Kunststoffkeil oder ein Schraubendreher angesetzt wird, zum Schutz vor Beschädigung mit Klebeband abkleben.

- Blende –1– hinten an der Mittelkonsole mit einem Kunststoffkeil vorsichtig abhebeln, siehe Abbildung N68-10159 auf Seite 307.

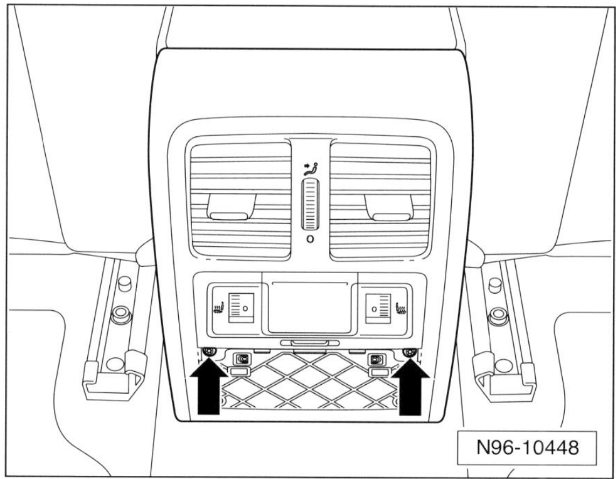

- Schrauben –Pfeile– herausdrehen.

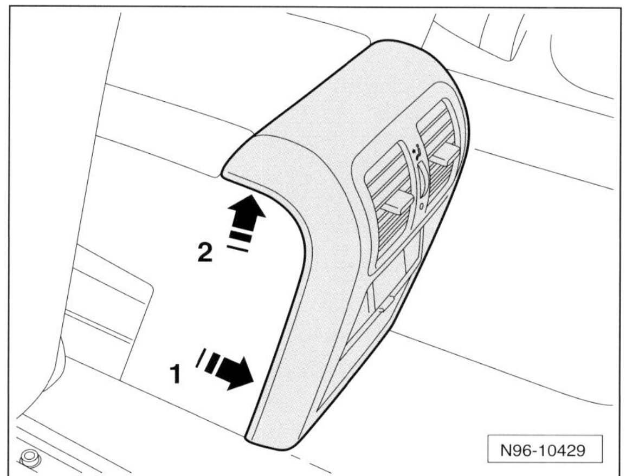

- Hintere Blende von der Mittelkonsole zuerst unten in Pfeilrichtung –1– nach hinten ziehen und anschließend in Pfeilrichtung –2– nach oben abnehmen.
- Auf der Rückseite der Blende Steckverbindung entriegeln und trennen.
- Bei Fahrzeugen mit beheizbaren Rücksitzen die Schalter für die Regulierung des beheizbaren Rücksitzes aus der Blende ausclipsen.

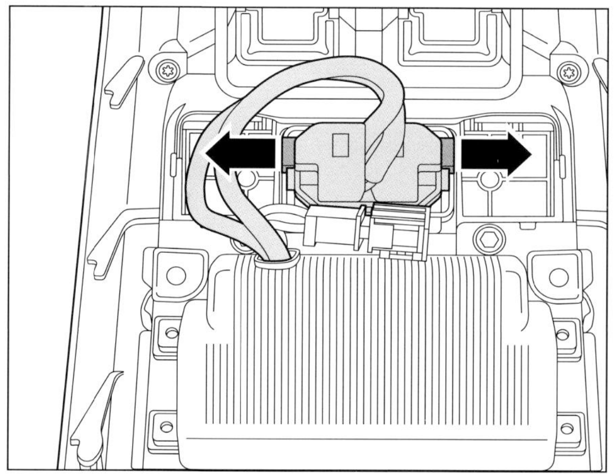

- Steckdose an den Rastnasen –Pfeile– entriegeln und aus der Blende herausziehen.

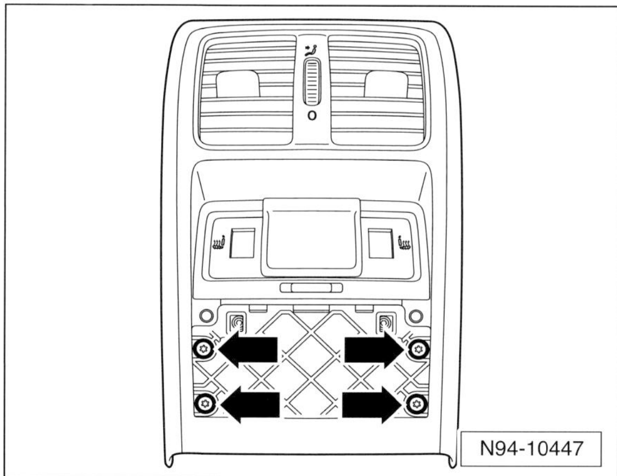

- 4 Befestigungsschrauben –Pfeile– herausdrehen.
- Wechselrichter mit Steckdose herausnehmen.

Einbau

- Der Einbau erfolgt in umgekehrter Ausbaureihenfolge.

Schalter für elektrisch schwenkbare Anhängevorrichtung aus- und einbauen

Der Schalter für die elektrisch schwenkbare Anhängevorrichtung ist in die Seitenverkleidung im Kofferraum rechts eingebaut.

Ausbau

- Zündung und alle elektrischen Verbraucher ausschalten. Den Zündschlüssel in Position 0 (Vorraste) ausrasten.
- Kofferraumleuchte in der Seitenverkleidung im Kofferraum rechts ausbauen, siehe Seite 144.

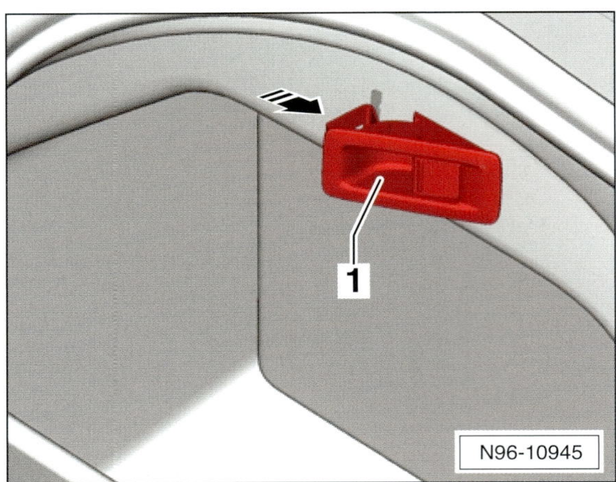

- Mit den Fingern durch die Einbauöffnung der Kofferraumleuchte greifen.
- Verrastung am Taster für elektrisch schwenkbare Anhängevorrichtung in Pfeilrichtung drücken.
- Schalter –1– aus der Verkleidung schwenken. Dabei auf der linken Seite beginnen.

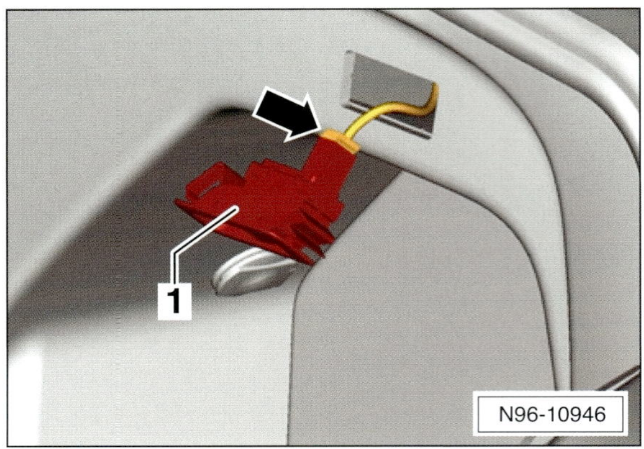

- Stecker –Pfeil– entriegeln und abziehen.
- Schalter herausnehmen.

Einbau

- Der Einbau erfolgt in umgekehrter Ausbaureihenfolge.

Radio/Radio-Navigationssystem aus- und einbauen

Serienmäßig ist ein Radio mit **Anti-Diebstahl-Codierung** eingebaut. Diese verhindert die unbefugte Inbetriebnahme des Gerätes, wenn die Stromversorgung unterbrochen wurde. Die Stromversorgung ist beispielsweise unterbrochen beim Abklemmen der Batterie, beim Ausbau des Radios oder wenn die Radiosicherung durchgebrannt ist.

Die VW-Radioanlagen werden über das Werkstatt-Diagnosegerät auf das Fahrzeug abgestimmt. Daher ist beim Trennen und Wiederanschließen der Stromversorgung, beziehungsweise beim Aus- und Einbau desselben Radios keine Codeeingabe erforderlich.

Beim Einbau eines **neuen** Radios oder bei einem Defekt muss das Radio in der Fachwerkstatt auf das Fahrzeug angepasst und codiert werden.

Achtung: Bei einem nachträglich eingebauten Radio muss der Diebstahlcode vor dem Abklemmen der Batterie oder dem Ausbau des Radios festgestellt werden. Ansonsten kann das Radio nur durch den Hersteller wieder in Betrieb genommen werden. Die Code-Nummer ist in der Radio-Bedienungsanleitung angegeben. Sie sollte nicht im Fahrzeug aufbewahrt werden.

Ausbau

- Prüfen, ob sich eine CD im Abspieler befindet, gegebenenfalls herausnehmen.
- Zündung und alle elektrischen Verbraucher ausschalten. Den Zündschlüssel in Position 0 (Vorraste) ausrasten.

Achtung: Bereiche, an denen ein Kunststoffkeil oder ein Schraubendreher angesetzt wird, zum Schutz vor Beschädigung mit Klebeband abkleben.

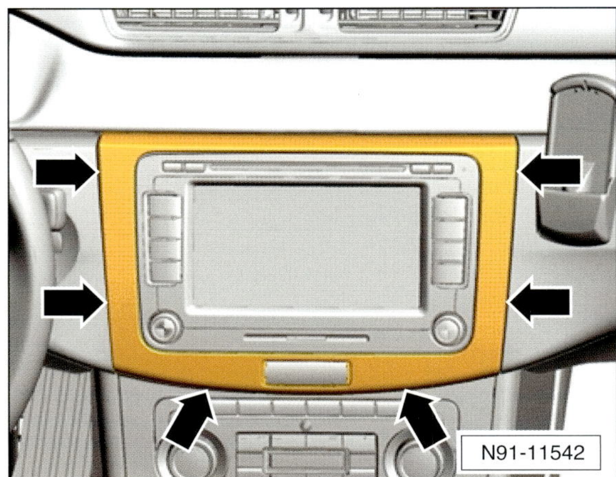

- Mit einem Kunststoffkeil die Abdeckung der Mittelkonsole ringsum –Pfeile– vorsichtig abheben.
- Abdeckung abnehmen.

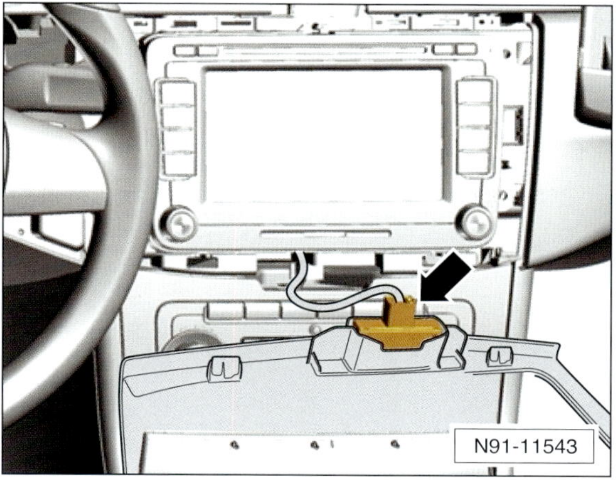

- Stecker –Pfeil– entriegeln und abziehen.

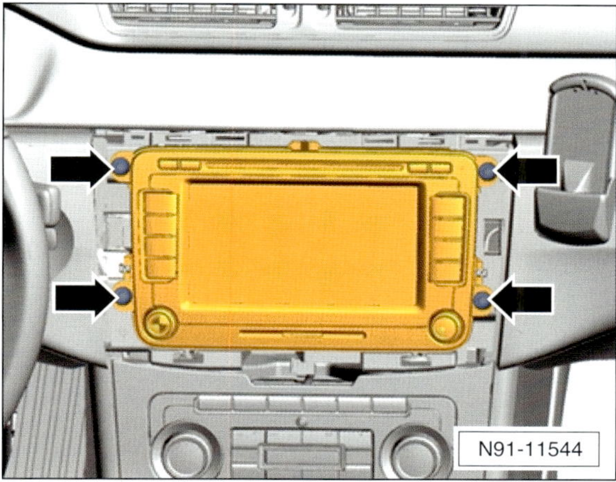

- Schrauben –Pfeile– herausdrehen.

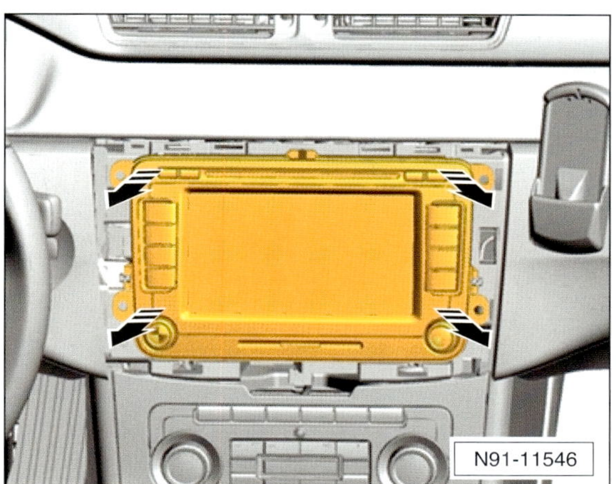

- Radio in Pfeilrichtung so weit aus dem Einbauschacht herausziehen, bis die Steckverbindungen auf der Rückseite des Radio/Radio-Navigationssystems erreichbar sind.

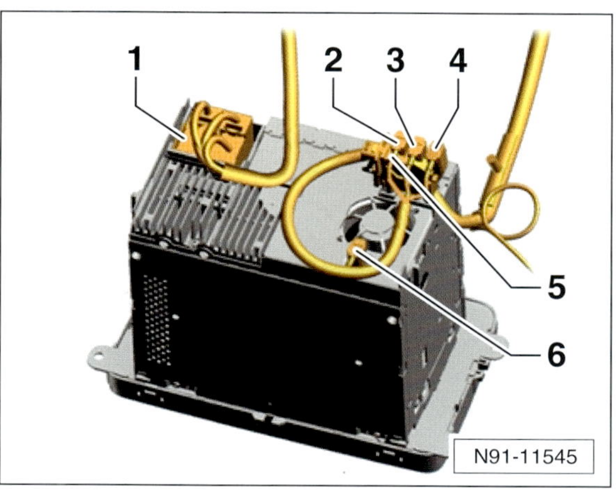

- Steckverbindungen –1– bis –6– entriegeln und abziehen, siehe auch folgenden Abschnitt.
  1 – Mehrfachsteckverbindung, Quadblock
  2 – Steckverbindung Antenne für Navigation
  3 – Steckverbindung Antenne für Radio
  4 – Steckverbindung Antenne für Radio
  5 – Mehrfachsteckverbindung für Videosignale
  6 – Steckverbindung für Videosignal der Rückfahrkamera

Hinweis: Die Anzahl und der Einbauort der Anschlüsse am Gerät kann je nach eingebautem Radio unterschielich sein.

Steckverbindungen trennen

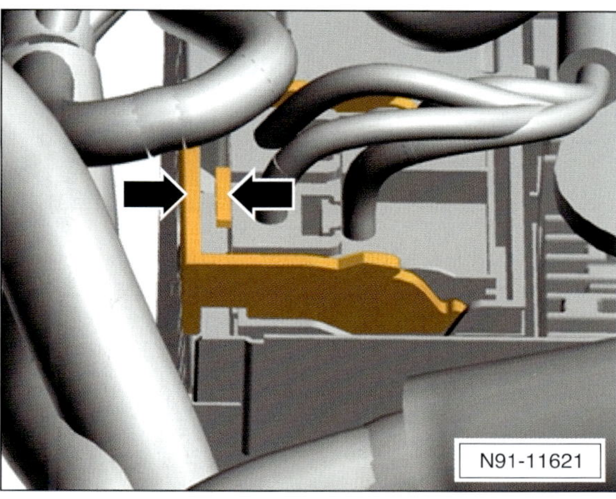

- Mehrfachstecker: Sicherungsrasten zusammendrücken –Pfeile– und Verriegelungsbügel entriegeln.

- Verriegelungsbügel in Pfeilrichtung schwenken. Dadurch wird die Steckverbindung herausgedrückt und kann abgezogen werden.

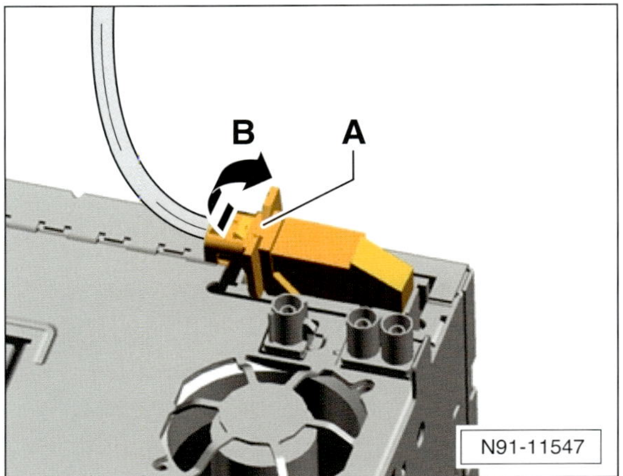

- An der Steckverbindung für Audio/Video Sicherung –A– drücken und Bügel in Richtung –B– schwenken. Dadurch wird die Steckverbindung herausgedrückt und kann abgezogen werden.

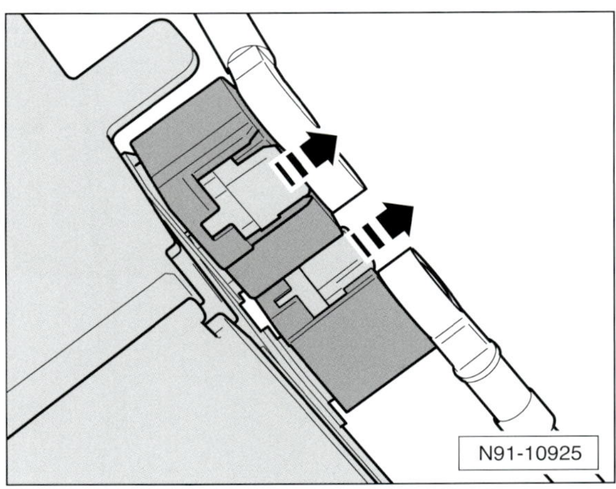

- An den Antennenanschlüssen die Sicherungsrasten in Pfeilrichtung entriegeln und die Steckverbindungen herausziehen.

Einbau

- Steckverbindungen am Radio/Radio-Navigationssystem aufstecken und verriegeln.
- Radio/Radio-Navigationssystem gerade in die Öffnung der Armaturentafel einschieben.

Achtung: Um Beschädigungen zu vermeiden, beim Einschieben des Radio/Radio-Navigationssystems keinesfalls auf das Display oder die Bedientasten drücken.

- Der weitere Einbau erfolgt in umgekehrter Ausbaureihenfolge.

Verstärker aus- und einbauen

Ausbau

- Zündung und alle elektrischen Verbraucher ausschalten.
- Vordersitz ganz nach oben und nach hinten stellen.

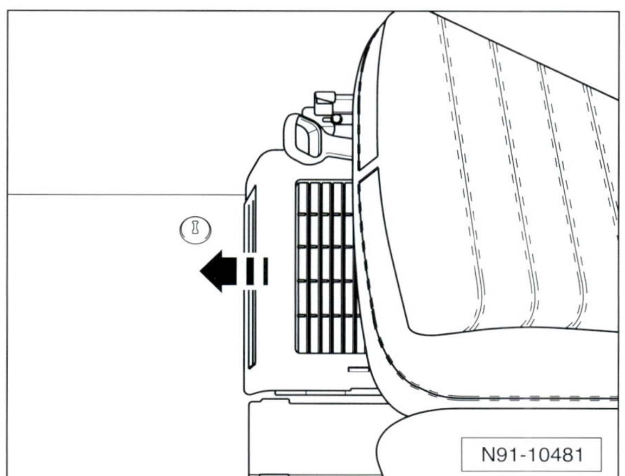
N91-10481

- Abdeckung in Pfeilrichtung unten am Sitz ausclipsen.

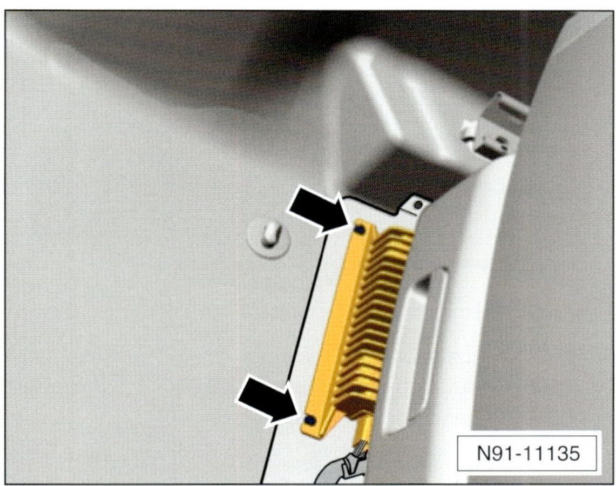
N91-11135

- Schrauben –Pfeile – am Verstärker herausdrehen.
- Verstärker so weit herausnehmen, bis die Steckverbindung am Verstärker erreichbar ist.

N91-11136

- Mehrfachstecker entriegeln, dazu Befestigungsbügel in Pfeilrichtung schwenken. Anschließend Stecker vom Verstärker abziehen.

Hinweis: Die Steckverbindungen können in der Anzahl und der Art und Weise der Demontage je nach Verstärkerausführungen unterschiedlich sein.

- Verstärker herausnehmen.

Einbau

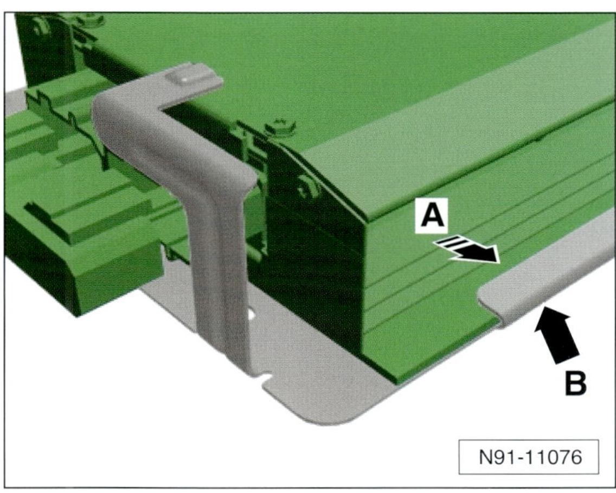

N91-11076

- Verstärker in Pfeilrichtung –A– in den Falz –B– der Halterung hineinschieben.
- Der weitere Einbau erfolgt in umgekehrter Ausbaureihenfolge.

CD-Wechsler aus- und einbauen

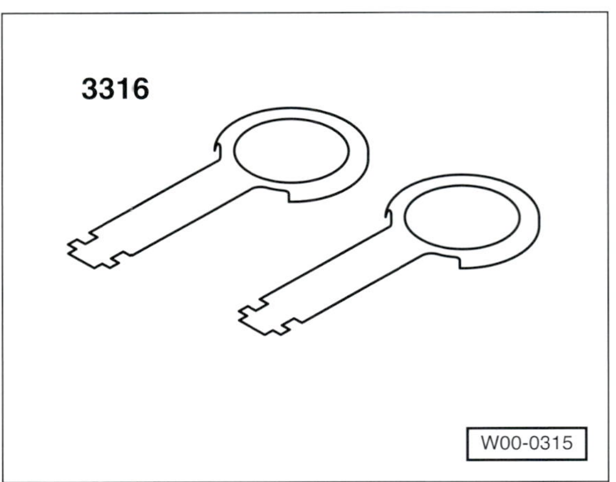

Für den Ausbau des CD-Wechslers werden 2 Entriegelungsschlüssel VW-3316 benötigt. Es kann auch das HAZET-Kombiwerkzeug 4655-1 verwendet werden.

Ausbau

- Zündung und alle elektrischen Verbraucher ausschalten.
- Falls im CD-Wechsler eine CD ist, diese herausnehmen.
- Handschuhkasten mit dem eingebauten CD-Wechsler aus der Armaturentafel herausnehmen, siehe Seite 301.

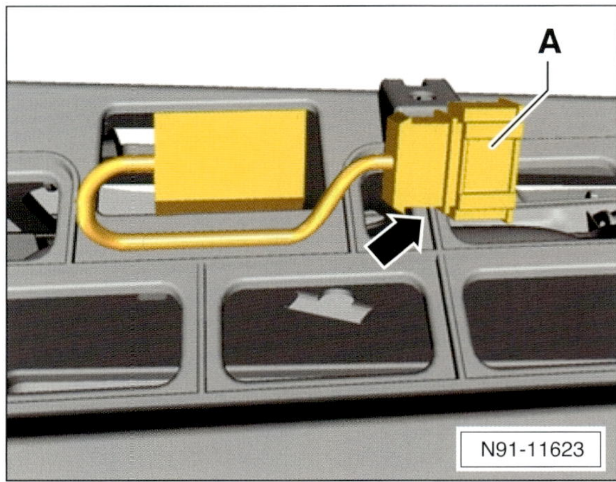

- Steckverbindung –A– auf dem Handschuhkasten trennen, dazu den Kabelbinder –Pfeil– öffnen.

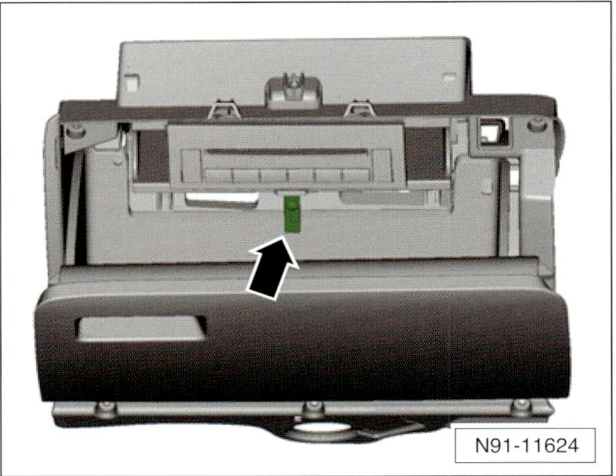

- An der Lasche –A– ziehen damit sich der CD-Wechsler absenkt.

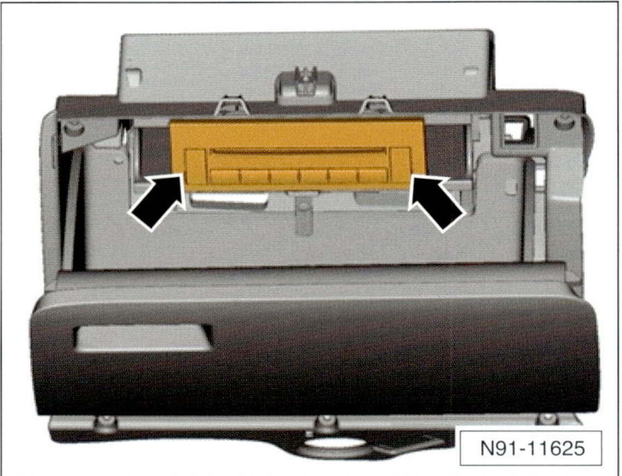

- Entriegelungswerkzeuge in die dafür vorgesehenen Schlitze links und rechts am CD-Wechsler einstecken –Pfeile– und hörbar einrasten.

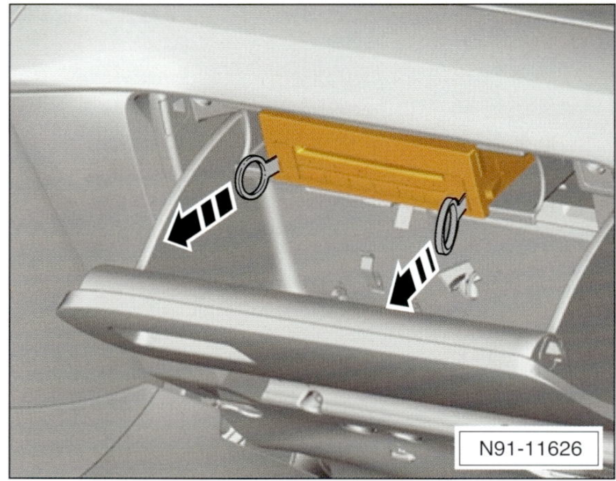

- CD-Wechsler an den Entriegelungswerkzeugen in Pfeilrichtung aus der Halterung herausziehen.

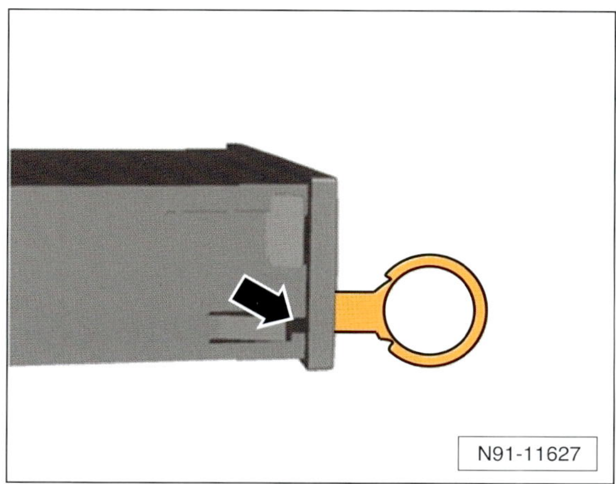

- Die Rastklammer –Pfeil– eindrücken und dadurch die Entriegelungswerkzeuge entriegeln. Entriegelungswerkzeuge aus dem Gerät herausziehen.

Einbau

- Steckergehäuse der Leitungsverbindung am CD-Wechsler abclipsen.
- CD-Wechsler in den Einbaurahmen des Handschuhfachs einschieben und dabei die Leitungsverbindung durch die Öffnung im Handschuhkasten nach oben durchstecken.
- CD-Wechsler weiter einschieben, bis er hörbar einrastet.
- Steckverbindung –A– oben auf dem Handschuhkasten mit einem neuen Kabelbinder –Pfeil– befestigen. Darauf achten, dass keine Klappergeräusche auftreten können. Die Überlänge des Kabelbinders abschneiden, siehe Abbildung N91-11623.
- Steckverbindung zusammenstecken.
- Handschuhkasten einbauen, siehe Seite 301.

Multimedia-Interface aus- und einbauen

Durch das Interface für externe Multimediageräte können über den AUX-IN-Eingang analoge sowie über den USB-/iPod-Eingang digitale Audioinhalte über das Radio beziehungsweise Radio-Navigationssystem abgespielt werden.

Das Interface für externe Multimediageräte befindet sich im Handschuhfach.

Ausbau

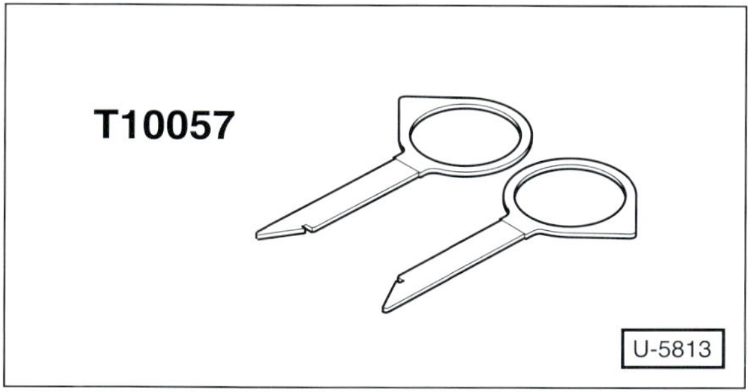

Für den Ausbau des Interface werden 2 Entriegelungsschlüssel VW-T10057 benötigt. Es kann auch das HAZET-Kombiwerkzeug 4655-1 verwendet werden.

- Zündung und alle elektrischen Verbraucher ausschalten.

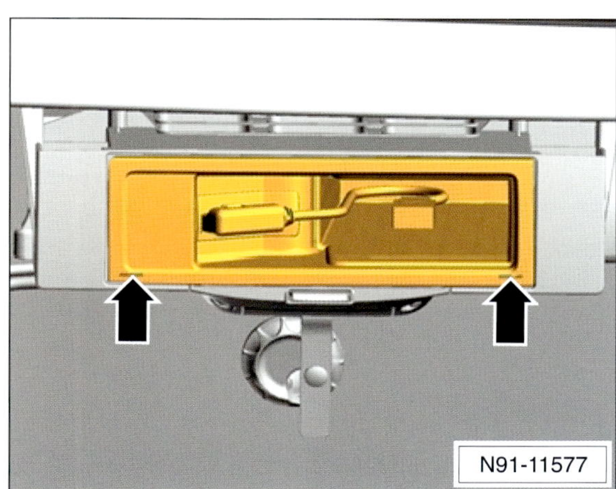

- Radio-Entriegelungswerkzeug in die Schlitze –Pfeile– einstecken, bis sie einrasten.

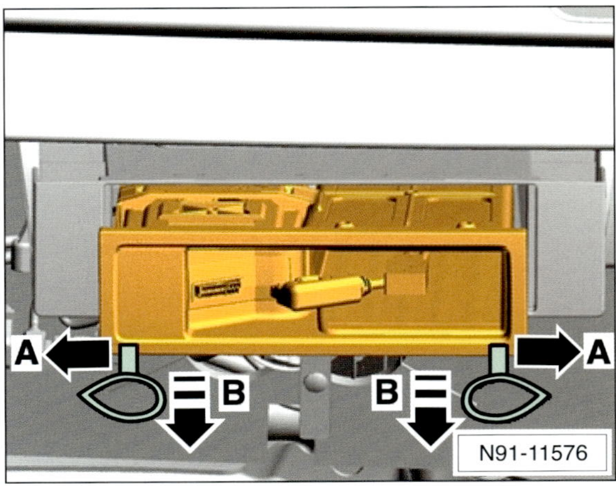

- Werkzeuge in Richtung –A– drücken und das Interface in Richtung –B– herausziehen.

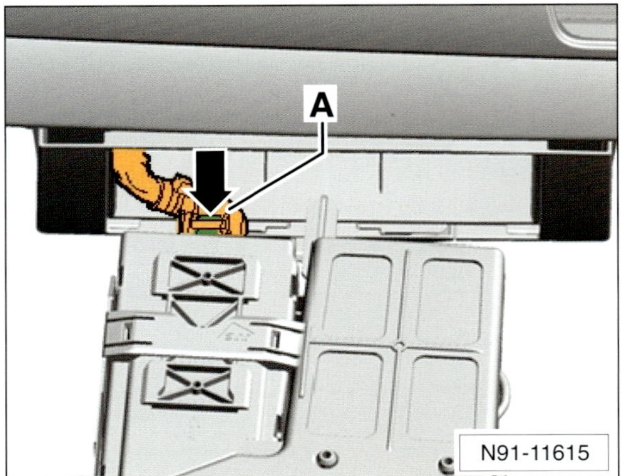

- Steckverbindung –A– am Steuergerät entriegeln –Pfeil– und abziehen.

Einbau

- Der Einbau erfolgt in umgekehrter Ausbaureihenfolge.

Lautsprecher aus- und einbauen

Tieftonlautsprecher

Ausbau

- Zündung und alle elektrischen Verbraucher ausschalten.
- Türverkleidung ausbauen, siehe Seite 317.

Tiefton- und Mitteltonlautsprecher vorn

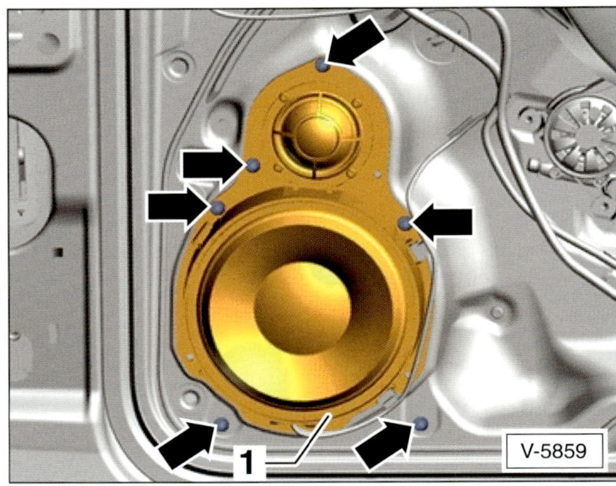

Tieftonlautsprecher hinten

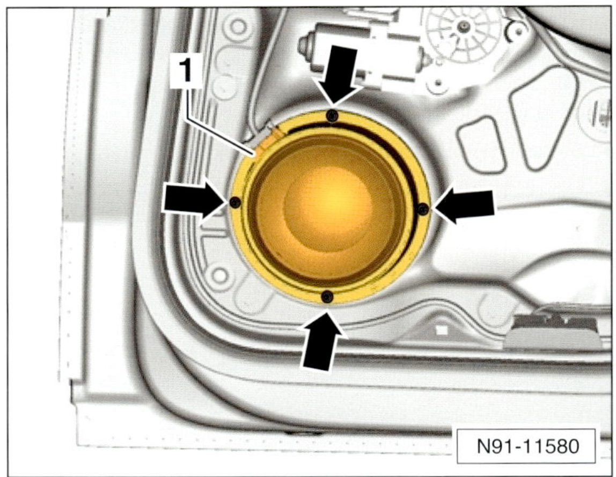

- Verriegelung der Steckverbindung –1– lösen und Stecker herausziehen.
- Nieten –Pfeile– mit einem geeigneten Bohrer ausbohren und den Lautsprecher abnehmen.

Achtung: Unbedingt alle Bohrspäne aus der Tür entfernen, da sonst Korrosionsschäden die Folge sind. Wenn durch das Ausbohren der Nieten Lackschäden entstanden sind, diese sofort beseitigen.

Einbau

- Beim Einbau den neuen Lautsprecher mit speziellen Blindnieten befestigen.
- Der weitere Einbau erfolgt sinngemäß in umgekehrter Reihenfolge.

Hochtonlautsprecher vorn

Ausbau

- Zündung und alle elektrischen Verbraucher ausschalten.
- Türverkleidung ausbauen, siehe Seite 317.
- Steckverbindung in der Leitung zum Lautsprecher entriegeln und trennen.

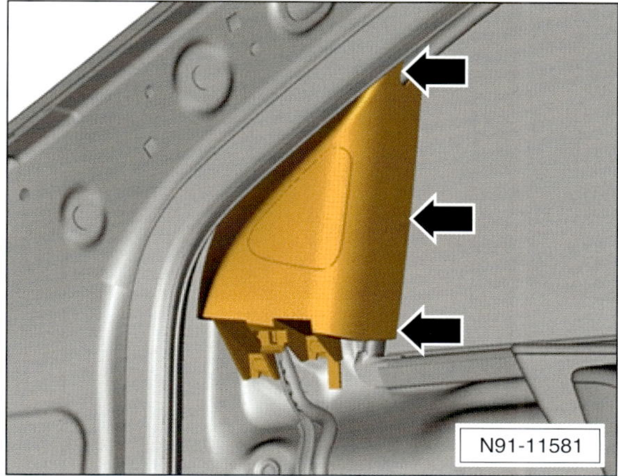
N91-11581

- Verkleidung mit dem Lautsprecher zusammen abclipsen –Pfeile–.

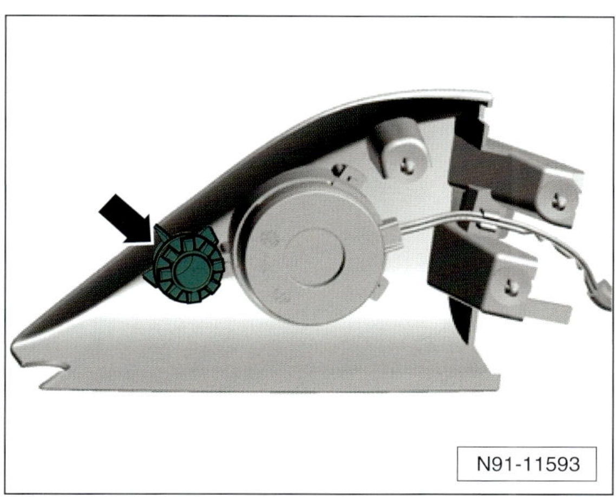
N91-11593

- Falls nach dem Ausbau der Plastikclip –Pfeil– an der Verkleidung geblieben ist, diesen abnehmen und an der Tür einstecken. Andernfalls kann die Verkleidung des Spiegeldreiecks nicht mehr korrekt eingebaut werden. **Hinweis:** Der Lautsprecher kann nur in Verbindung mit der Verkleidung des Spiegeldreiecks ersetzt werden.

Einbau

- Der Einbau erfolgt in umgekehrter Ausbaureihenfolge.

Hochtonlautsprecher hinten

Ausbau

- Zündung und alle elektrischen Verbraucher ausschalten.
- Türverkleidung ausbauen, siehe Seite 317.
- Steckverbindung am Lautsprecher herausziehen.

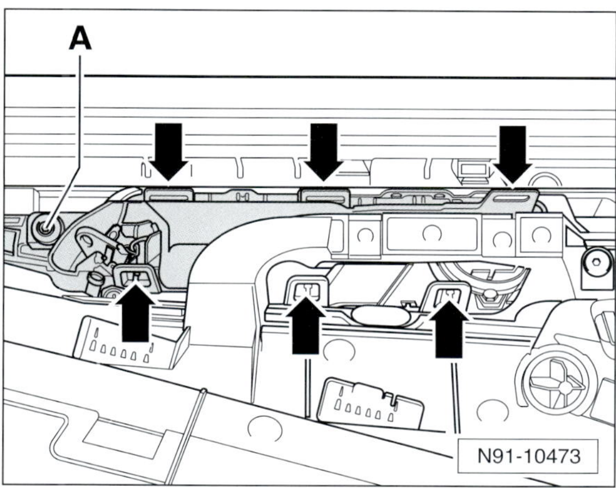

N91-10473

- Schraube –A– herausdrehen.
- Türinnengriffbetätigung ausclipsen –Pfeile–.

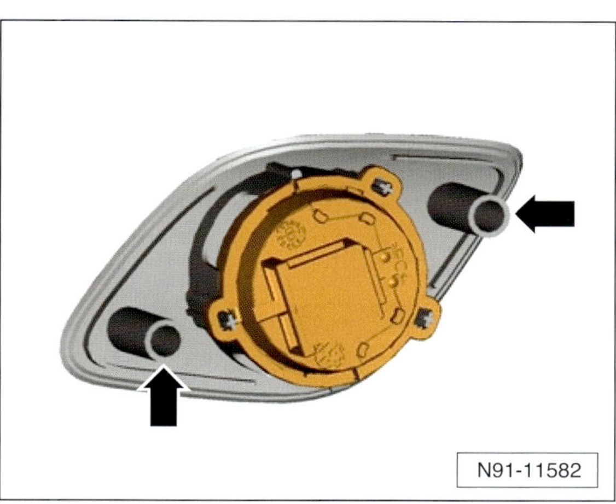
N91-11582

- Verschweißung –Pfeile– der Lautsprecherblende mit einem handelsüblichen Lötkolben entfernen. Alternativ kann die Verschweißung auch abgeschnitten werden.
- Wenn der Lautsprecher ersetzt werden soll, muss auch die Lautsprecherblende ersetzt werden.

Einbau

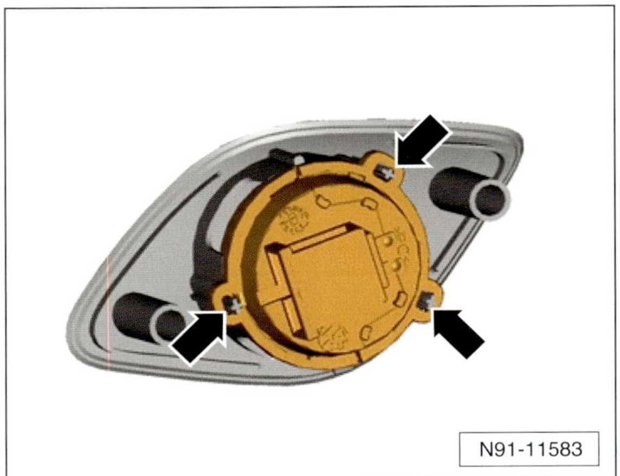
N91-11583

- Lautsprecher auf die 3 Kunststoffclips –Pfeile– der Lautsprecherblende aufstecken.
- Kunststoffclips der Lautsprecherblende mit einem handelsüblichen Lötkolben verschweißen.
- Der weitere Einbau erfolgt in umgekehrter Ausbaureihenfolge.

Anschluss für externe Audioquellen aus- und einbauen

Ausbau

- Zündung und alle elektrischen Verbraucher ausschalten.
- Verlängerung der Mittelkonsole ausbauen, siehe Seite 308.

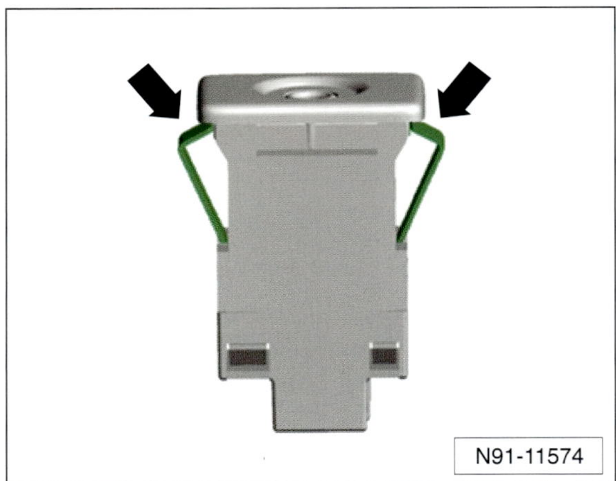
N91-11574

- Klammern –Pfeile– am Anschluss für externe Audioquellen »AUX-IN« jeweils mit einem Kunststoffkeil eindrücken und dabei den AUX-IN-Anschluss nach oben herausschieben.
- Steckverbindung von AUX-IN-Anschluss abziehen.

Einbau

- Der Einbau erfolgt in umgekehrter Ausbaureihenfolge.

Dachantenne aus- und einbauen

VARIANT

Ausbau

- Dachabschlussleiste und die beiden Verkleidungen der D-Säulen ausbauen, siehe Seite 315/317.
- Dachhimmel im hinteren Bereich vorsichtig ein wenig absenken.

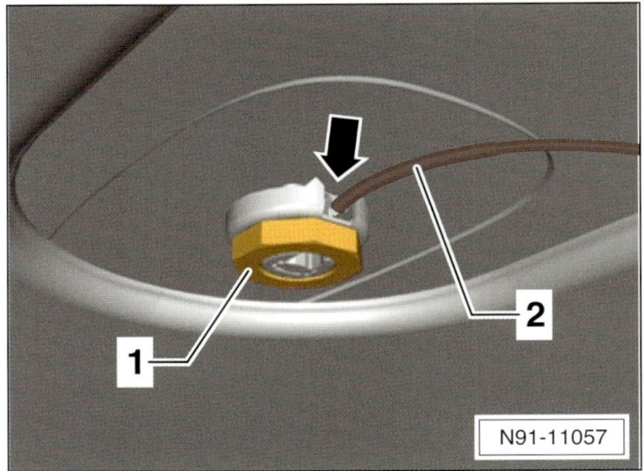

N91-11057

- Mutter –1– herausdrehen.
- Steckverbindungen der Antennenleitungen am Dachspriegel entriegeln und abziehen.
- Antenne von außen vom Dach nehmen und Leitungsverbindungen durch den Karosserieausschnitt nach außen führen.

Einbau

- Der Einbau erfolgt in umgekehrter Ausbaureihenfolge, dabei ist Folgendes zu beachten:

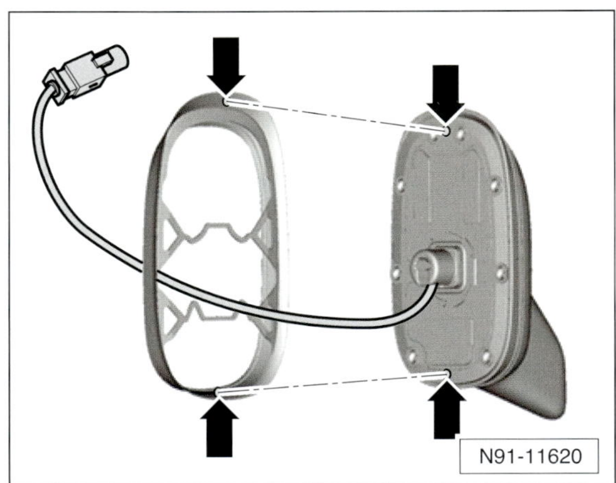
N91-11620

- Beim Einsetzen der Antenne auf einwandfreien Sitz der Dichtung achten. Die beiden Führungsnoppen der Dichtung müssen in den vorgesehenen Bohrungen –Pfeile– im Antennenfuß sitzen.
- Außerdem auf die korrekte Verlegung der Antennenleitung –2– durch den Leitungsdurchlass in der Befestigungsmutter –Pfeil– achten.

Heizung/Klimatisierung

Aus dem Inhalt:

- **Klimaanlage**
- **Frischluft-/Heizgebläse**
- **Luftaustrittsdüsen**
- **Bedieneinheit**
- **Vorwiderstand**
- **Außentemperaturfühler**

Die Frischluft für Heizung und Klimaanlage wird von einem elektrischen Gebläse angesaugt. Bevor die Luft in den Innenraum gelangt wird sie von einem Staub- und Pollenfilter gereinigt.

Erwärmt wird die Luft für den Fahrzeuginnenraum über den Wärmetauscher oder sie wird, je nach Bedarf, im Verdampfer der Klimaanlage abgekühlt und dann auf die Luftaustrittsdüsen im Fahrzeuginnenraum verteilt.

Der Wärmetauscher wird ständig von der heißen Motorkühlflüssigkeit durchströmt, so dass er die Wärme für den Fahrzeuginnenraum schnell an die vorbeiströmende Frischluft abgibt. Um den Luftdurchsatz im Fahrzeuginnenraum zu erhö-

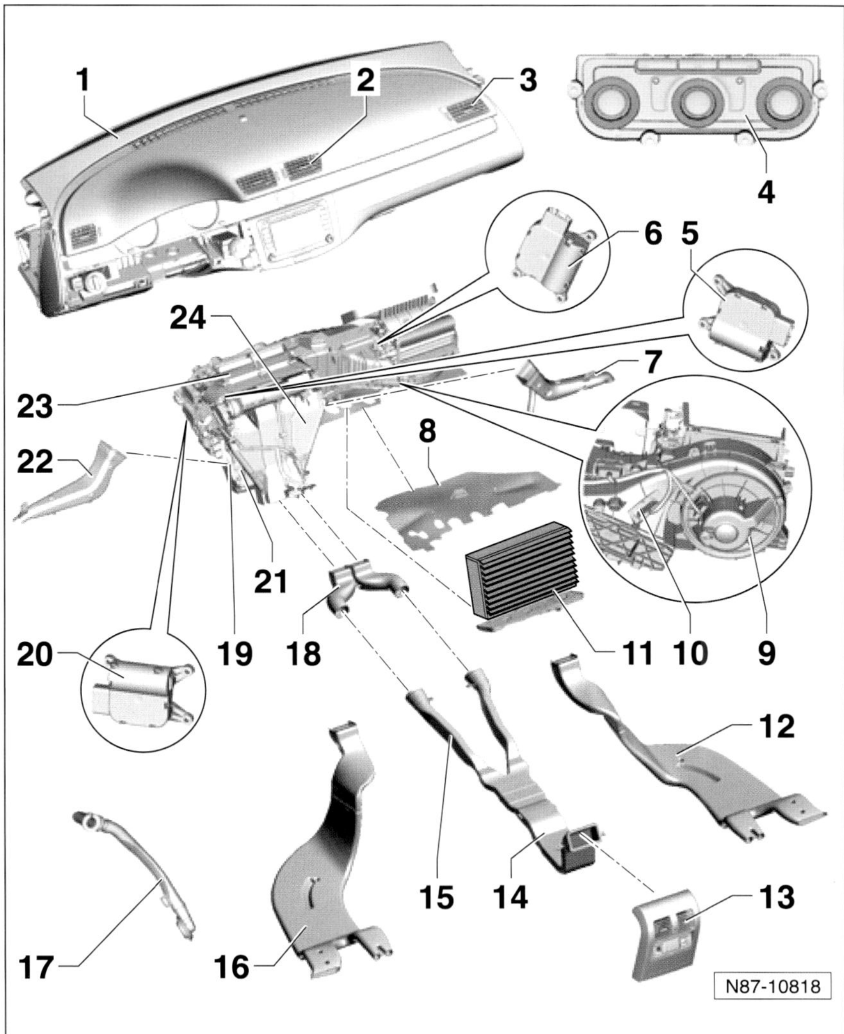

Manuell geregelte Klimaanlage

1 – **Armaturentafel**
2 – **Mittenausströmer**
3 – **Seitenausströmer**
4 – **Bedienungs- und Anzeigeeinheit für Klimaanlage**
Mit Steuergerät für Klimaanlage.
5 – **Stellmotor für Luftverteilerklappe***
6 – **Stellmotor für Umluftklappe***
7 – **Fußraumausströmer rechts**
8 – **Fußraumverkleidung rechts**
9 – **Frischluftgebläse**
10 – **Vorwiderstand für Gebläse**
Mit Überhitzungssicherung.
11 – **Staub- und Pollenfilter**
12 – **Luftführungskanäle**
Für Fußraumausströmer rechts.
13 – **Fondausströmer**
14 – **Luftführungskanal hinten für Fondausströmer**
15 – **Luftführungskanal vorn für Fondausströmer**
16 – **Luftführungskanäle für Fußraumausströmer links**
17 – **Kondenswasserablaufschlauch mit Ventil**
18 – **Verbindungsstück Heizgerät**
Im Luftführungskanal für Fondausströmer. Bei Fahrzeugen ohne Fondausströmer sind die Kanäle mit einem Deckel verschlossen.
19 – **Wärmetauscher**
20 – **Stellmotor für Temperaturklappe***
21 – **Heizelement Luftzusatzheizung**
22 – **Fußraumausströmer Fahrerseite**
23 – **Heiz- und Klimagerät**
24 – **Temperaturfühler für Verdampfer**

*) Mit Potentiometer für die Stellung von Motor beziehungsweise Klappe.

hen, kann das integrierte Frischluftgebläse in mehreren Leistungsstufen betrieben werden.

Soll keine Frischluft von außen angesaugt werden, zum Beispiel bei schlechter Außenluft, kann auf Umluftbetrieb umgeschaltet werden. In dieser Betriebsart wird nur die im Fahrzeug befindliche Luft umgewälzt. Geschieht das über einen längeren Zeitraum, können die Scheiben innen beschlagen.

Bei Fahrzeugen mit Dieselmotor ist zusätzlich ein **PTC-Zuheizelement** (**P**ositive **T**emperature **C**oefficient) vorhanden, um bei tiefen Außentemperaturen das Heizungsdefizit zu verbessern. Die Zusatzheizung ist im Heizgerät hinter dem Wärmetauscher eingebaut. Nach dem Start des Motors erwärmt sich der elektrische PTC-Zuheizer in Abhängigkeit von der Außentemperatur und gibt innerhalb von Sekunden die Wärme an die vorbeiströmende kalte Luft ab.

Tritt ein Fehler in der Heizungs- oder Klimaanlage auf, wird er in einem elektronischen Speicher abgelegt. Über ein Fehlerauslesegerät kann der entsprechende Speicher ausgelesen werden. Eine exakte Fehlerdiagnose ohne Auslesegerät ist nicht möglich.

Klimaanlage

Manuell gesteuerte Klimaanlage (»Climatic«)

Die Klimaanlage ist eine kombinierte Kühl- und Heizanlage. Im Kühlbetrieb arbeitet die Klimaanlage im Prinzip wie ein Kühlschrank. Der Kompressor verdichtet das dampfförmige FCKW-freie Kältemittel R 134 A. Dieses erhitzt sich dabei und wird in den Kondensator geleitet. Dort wird das Kältemittel abgekühlt und verflüssigt sich. Über das Expansionsventil wird das Kältemittel entspannt und in den Verdampfer eingespritzt, wo es auf Grund seines niedrigen Druckes verdampft. Es kühlt dabei stark ab.

Durch diesen Verdampfungs- und Abkühlungsprozess wird der von außen vorbeistreichenden Luft Wärme entzogen. Die Luft kühlt sich ab und mitgeführte Luftfeuchtigkeit wird zu Kondenswasser, das ins Freie geleitet wird. Die Intensität der Kühlung ist abhängig von der eingestellten Temperatur und von der Gebläseschalterstellung.

Sicherheitshinweis
Der **Kältemittelkreislauf der Klimaanlage darf nicht geöffnet** werden, da das Kältemittel bei Hautberührung Erfrierungen hervorrufen kann.
Bei versehentlichem Hautkontakt betroffene Stelle sofort mindestens 15 Minuten lang mit kaltem Wasser spülen. Kältemittel ist farb- und geruchlos sowie schwerer als Luft. Bei austretendem Kältemittel besteht am Boden beziehungsweise in unteren Räumen Erstickungsgefahr. Das Kältemittelgas ist nicht wahrnehmbar.

Durch das Abschalten der Kühlanlage läuft der Klimakompressor nicht mit, so dass Kraftstoff eingespart wird. Bei Dieselfahrzeugen wird außerdem die Zusatzheizung abgeschaltet. Auch diese Maßnahme dient der Kraftstoffeinsparung.

Hinweis: Die Klimaanlage sollte, vor allem in der kalten Jahreszeit, einmal im Monat für einige Zeit bei höchster Gebläsestufe eingeschaltet werden, und zwar bei normaler und gleichmäßiger Fahrzeuggeschwindigkeit und bei betriebswarmem Motor. Dadurch wird sichergestellt, dass das im Kältemittel enthaltene Schmieröl in Umlauf gebracht wird, die beweglichen Teile der Klimaanlage regelmäßig geschmiert werden und die Dichtungen nicht porös werden.

Achtung: Arbeiten an der Klimaanlage dürfen nur von einer Fachwerkstatt durchgeführt werden. Deshalb werden Reparaturen an der Klimaanlage nicht beschrieben.

Neben der manuell gesteuerten Klimaanlage (»Climatic«) ist auf Wunsch auch eine **elektronisch gesteuerte Klimaanlage (»Climatronic«)** erhältlich. Der Automatikmodus sorgt für konstante Temperaturen im Innenraum und entfeuchtet die Luft im Fahrzeuginnern, so dass die Scheiben nicht beschlagen. Außerdem werden Lufttemperatur, Luftmenge und Luftverteilung automatisch geregelt und Schwankungen der Außentemperatur ausgeglichen. Durch Drücken der AC-Taste kann die Kühlanlage separat ein- und ausgeschaltet werden; dennoch wird die Heizungs- und Belüftungsanlage weiterhin automatisch geregelt.

Luftausströmer aus- und einbauen

Seitenausströmer

Ausbau

- Seitenverkleidung der Armaturentafel ausbauen, siehe Seite 299.
- Steckverbindung für die Beleuchtung des Seitenausströmers trennen.

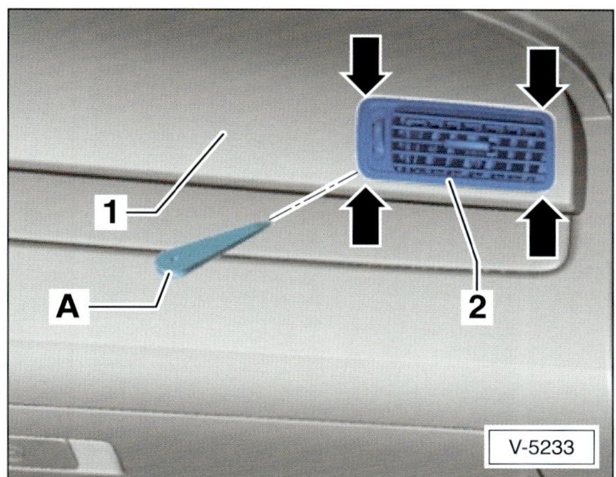

- Seitenausströmer –2– mit einem Kunststoffkeil –A– an den Außenseiten –Pfeile– ausclipsen.
- Seitenausströmer –2– aus der Armaturentafel –1– herausziehen.

Einbau

- Der Einbau erfolgt in umgekehrter Ausbaureihenfolge. Dabei Kabel für die Beleuchtung wie vor dem Ausbau verlegen.

Mittenausströmer

Ausbau

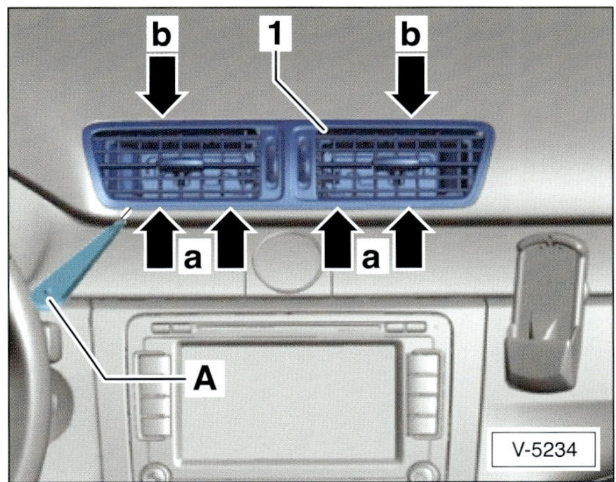

- Mittenausströmer –1– mit einem Kunststoffkeil –A– erst unten –Pfeile a–, dann oben –Pfeile b– aus der Armaturentafel ausclipsen.
- Steckverbindung für die Beleuchtung des Mittenausströmers trennen.

Einbau

- Der Einbau erfolgt in umgekehrter Ausbaureihenfolge, dabei ist Folgendes zu beachten:
- Kabel für die Beleuchtung wie vor dem Ausbau verlegen.

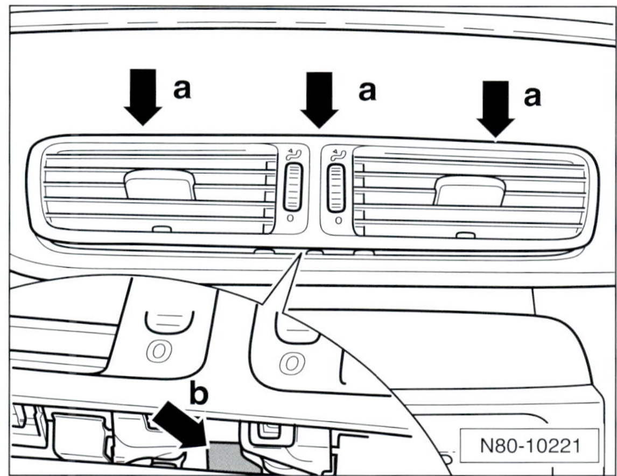

- Mittenausströmer zuerst oben –Pfeile a– in die Armaturentafel einsetzen.
- Beim Einclipsen des Mittenausströmers die Justierung –Pfeil b– an der Armaturentafel beachten.

Fondausströmer

Ausbau

- Hintere Blende der Mittelkonsole ausbauen, siehe Seite 307.

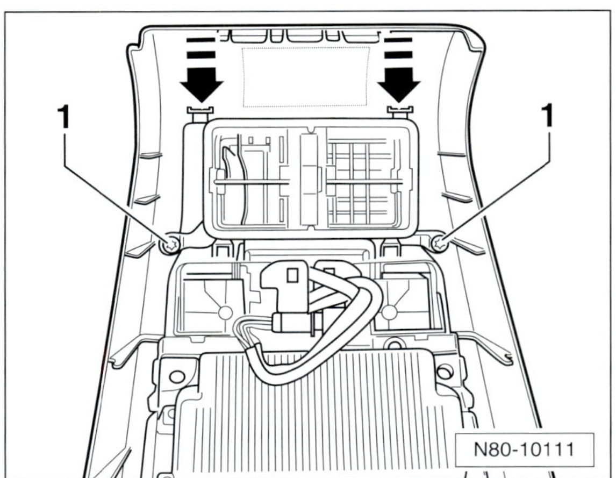

- Schrauben –1– herausdrehen und Fondausströmer aushaken –Pfeile–.

Einbau

- Ausströmer in die Laschen der Blende einführen –Pfeile–.
- Schrauben –1– leicht anziehen.

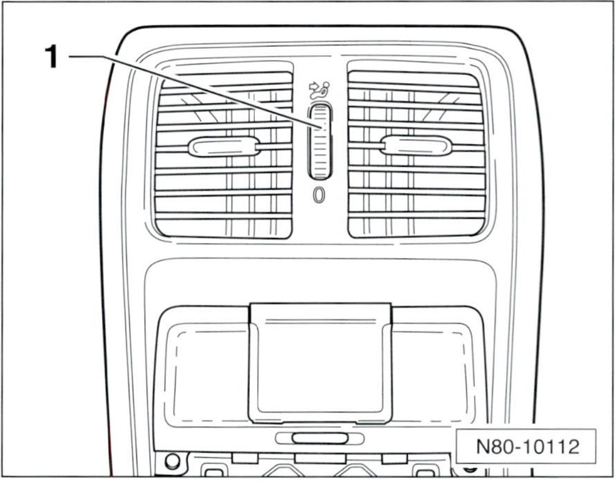

- Funktion des Regulierungsrades –1– prüfen. Wenn das Regulierungsrad einwandfrei funktioniert, Schrauben –1– mit **1,5 Nm** festziehen.
- Andernfalls Schrauben nochmals lösen und Ausströmer ausrichten, bis das Regulierungsrad einwandfrei betätigt werden kann.
- Anschließend Schrauben mit **1,5 Nm** festziehen.
- Hintere Blende der Mittelkonsole einbauen, siehe Seite 307.

Fußraumausströmer Fahrerseite

Ausbau

- Fußraumverkleidung auf der Fahrerseite ausbauen, siehe Seite 303.

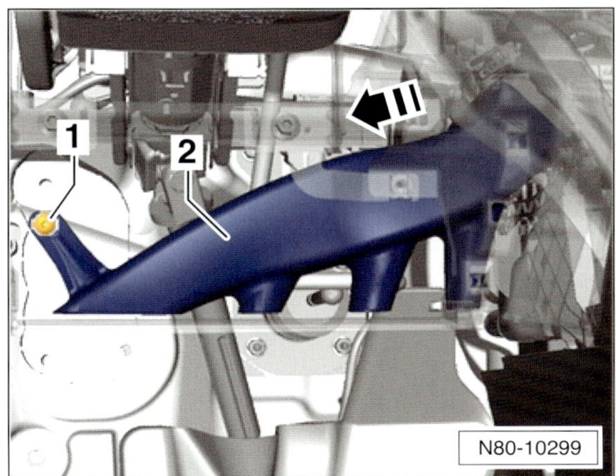

- Schraube –1– herausdrehen.
- Fußraumausströmer –2– in Pfeilrichtung vom Heiz- und Klimagerät abziehen.

Einbau

- Fußraumausströmer am Heiz- und Klimagerät aufstecken, dabei auf den richtigen Sitz achten.
- Fußraumausströmer mit **1,5 Nm** anschrauben.
- Fußraumverkleidung auf der Fahrerseite einbauen, siehe Seite 303.

Fußraumausströmer Beifahrerseite

Ausbau

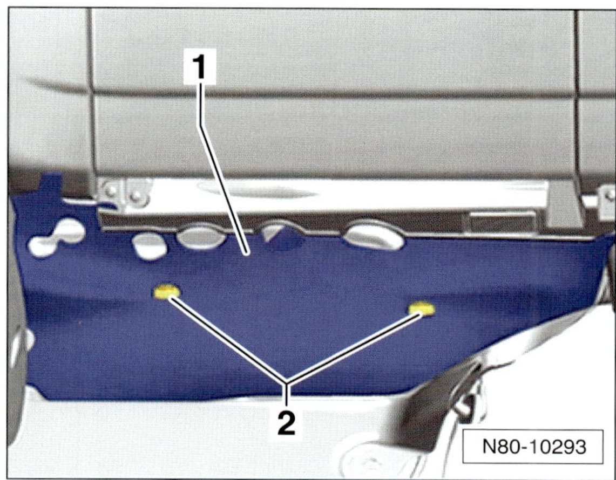

- 2 Kunststoffschrauben –2– herausdrehen und Fußraumverkleidung –1– auf der Beifahrerseite abnehmen.
- Handschuhfach ausbauen, siehe Seite 301.
- Rechte Verkleidung von der MIttelkonsole ausbauen, siehe Seite 304.

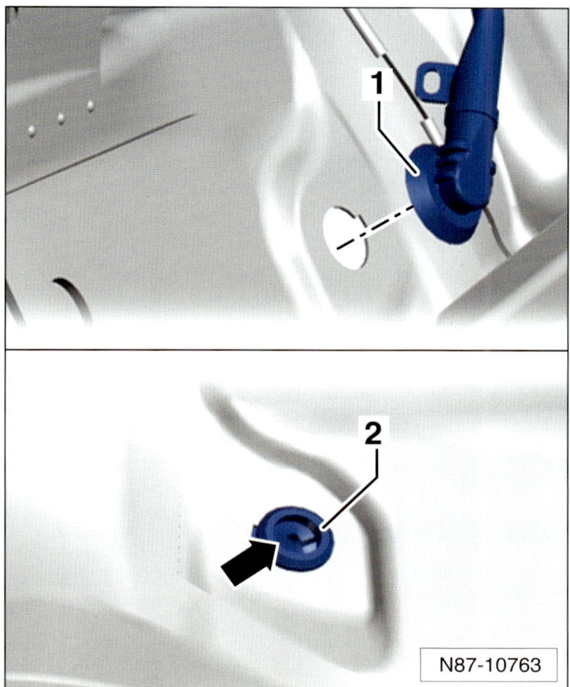

- Bodenteppich im rechten Fußraum lösen und so weit vorziehen, bis der Kondenswasser-Ablaufschlauch –1– zu sehen ist.
- Ablaufschlauch vom Heiz- und Klimagerät und der Karosserie abziehen.
- Schlauch für Handschuhfachkühlung vom Heiz- und Klimagerät abziehen.

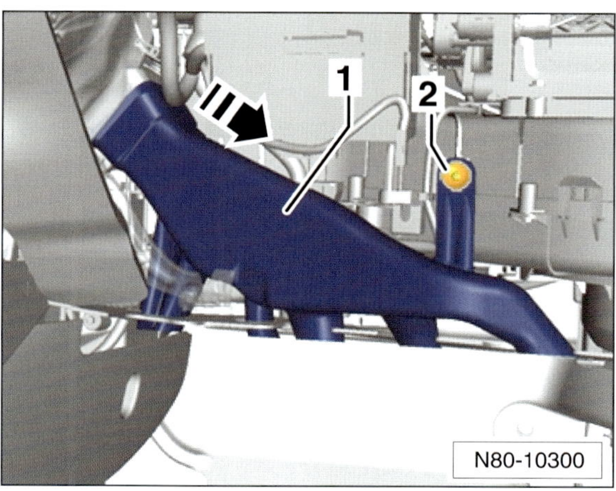

- Schraube –2– herausdrehen.
- Fußraumausströmer –1– in Pfeilrichtung vom Heiz- und Klimagerät abziehen.

Einbau

- Der Einbau erfolgt in umgekehrter Ausbaureihenfolge. Dabei auf den richtigen Sitz des Fußraumausströmers am Heiz- und Klimagerät achten.
- Fußraumausströmer mit **1,5 Nm** anzschrauben.
- Kondenswasser-Ablaufschlauch ohne Vorspannung auf das Heiz- und Klimagerät aufstecken. Durch Zurückziehen festen Sitz prüfen.
- Kondenswasser-Ablaufschlauch so an der Karosserie einsetzen, dass die Tülle –2– ringsum gleichmäßig durchgedrückt ist. Der Schlauch darf auf keinen Fall geknickt oder gequetscht werden –Pfeil–, siehe Abbildung N87-10763.

Seitenscheibenausströmer

Die Seitenscheibenausströmer sind in die A-Säulen-Verkleidung integriert und lassen sich nicht einzeln tauschen. Bei einer Beschädigung muss die A-Säulen-Verkleidung ersetzt werden.

Temperaturgeber für seitliche Ausströmer aus- und einbauen

Ausströmtemperaturgeber sind nur bei Fahrzeugen mit Climatronic vorhanden. Bei Fahrzeugen mit manuell geregelter Klimaanlage sind die entsprechenden Öffnungen in den Luftführungskanälen mit Verschlussstopfen verschlossen.

Linker Geber

Ausbau

- Kombiinstrument ausbauen, siehe Seite 151.

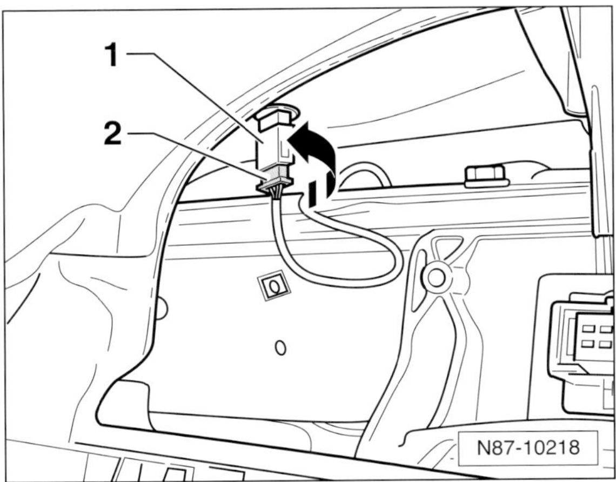

- Stecker –2– vom linken Geber abziehen.
- Geber –1– um 90° in Pfeilrichtung drehen und aus dem Luftführungskanal ziehen.

Einbau

- Der Einbau erfolgt in umgekehrter Ausbaureihenfolge.

Rechter Geber

Ausbau

- Handschuhfach ausbauen, siehe Seite 301.

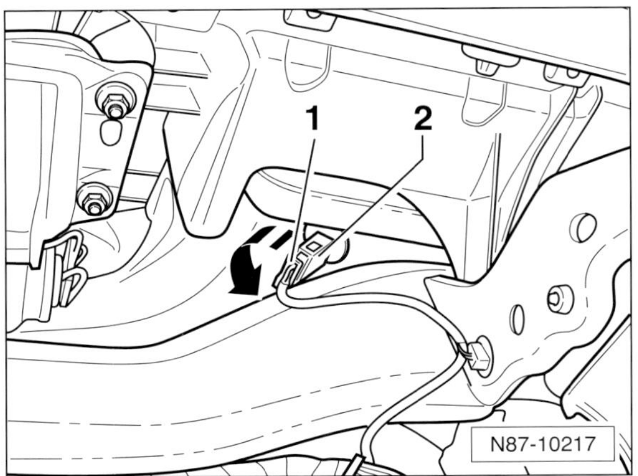

- Stecker –1– vom rechten Geber abziehen.
- Geber –2– um 90° in Pfeilrichtung drehen und aus dem Luftführungskanal ziehen.

Einbau

- Der Einbau erfolgt in umgekehrter Ausbaureihenfolge.

Hinweis: In den Fußraum-Ausströmern befinden sich ebenfalls Temperaturgeber.

Frischluftansaugung/Sensor für Luftgüte aus- und einbauen

Ausbau

- Rechte Wasserkastenabdeckung ausbauen, siehe Seite 333.

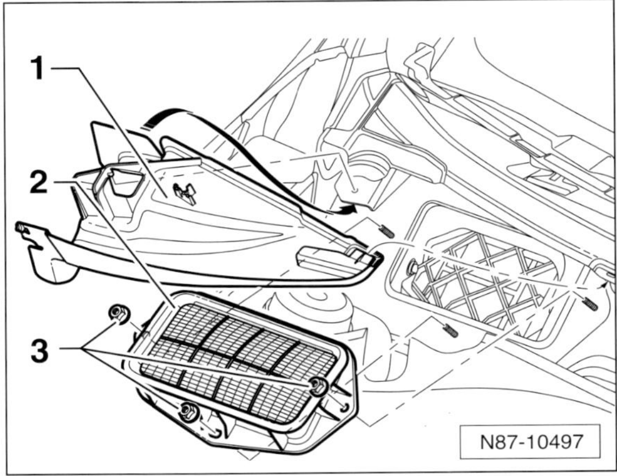

- Abdeckung –1– abnehmen.
- Falls vorhanden, Sensor für Luftgüte ausbauen. Der Sensor für Luftgüte ist in Fahrtrichtung vorn rechts am Luftansauggitter im Wasserkasten eingebaut. Zum Ausbau rechte Wasserkastenabdeckung ausbauen. Stecker vom Sensor abziehen, Sensor um 90° drehen und aus dem Halter herausnehmen.

Achtung: Der Sensor für Luftgüte ist ein empfindliches Bauteil, daher unbedingt dafür sorgen, dass der ausgebaute Sensor nicht mit Lösungsmitteln oder Kraftstoffen in Berührung kommt und auch nicht verschmutzen kann.

- Muttern –3– herausschrauben und Ansaugschacht –2– nach oben abnehmen.

Einbau

- Der Einbau erfolgt in umgekehrter Ausbaureihenfolge. Dabei auf korrekten Sitz der Dichtung am Ansaugschacht achten.

Achtung: Der Dichtring am Lüftungsgitter muss bündig sitzen. Wenn das Gitter für Frischluftansaugung beschädigt oder nicht korrekt angebaut ist, kann Wasser in die Frischluftansaugung gelangen. Dadurch können unangenehme Gerüche aus der Heizung/Klimaanlage und/oder Feuchtigkeit in den Fahrgastraum kommen. Ebenfalls auf einwandfreien Zustand der Abdeckung für Frischluftansaugung und der Wasserkastenabdeckung achten, gegebenenfalls ersetzen.

- Muttern mit **2,5 Nm** anschrauben.

Vorwiderstand für Frischluftgebläse aus- und einbauen

Ausbau

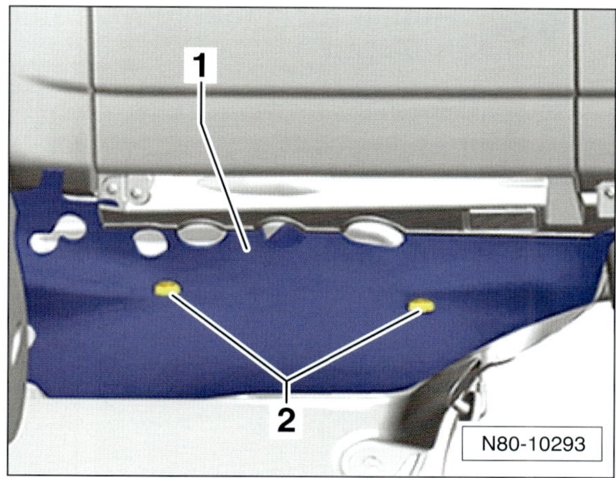

- 2 Kunststoffschrauben –2– herausdrehen und Fußraumverkleidung –1– auf der Beifahrerseite abnehmen.

Achtung: Wenn das Gebläse vor dem Ausbau in Betrieb gewesen war, kann der Vorwiderstand sehr heiß sein. Verbrennungsgefahr! Vor dem Ausbau den Vorwiderstand ausreichend abkühlen lassen.

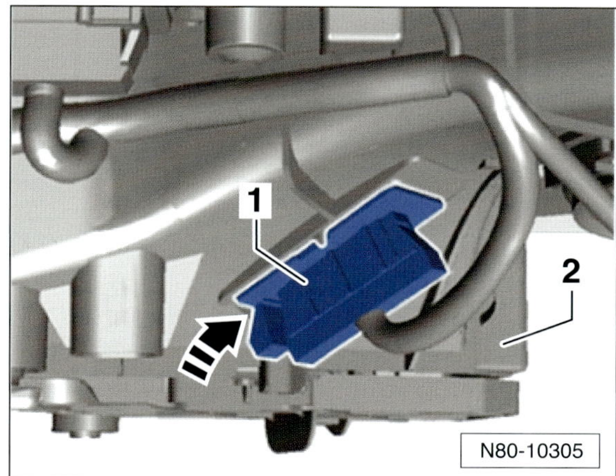

- Steckverbindung –1– vom Vorwiderstand abziehen.
- Verrastung in Pfeilrichtung drücken und Vorwiderstand aus dem Heiz- und Klimagerät –2– herausziehen.

Einbau

- Der Einbau erfolgt in umgekehrter Ausbaureihenfolge.

Frischluftgebläse aus- und einbauen

Ausbau

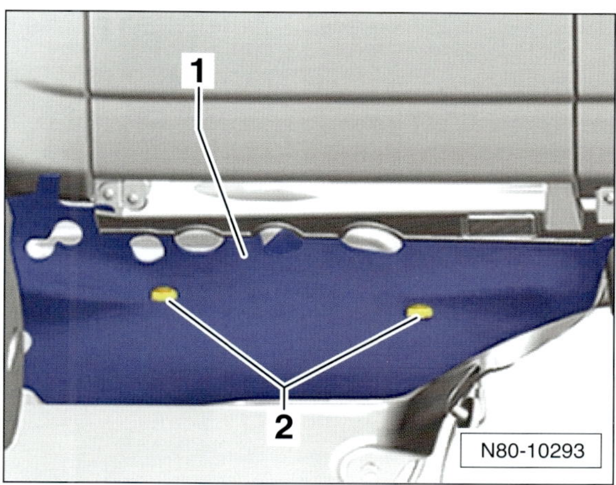

- 2 Kunststoffschrauben –2– herausdrehen und Fußraumverkleidung –1– auf der Beifahrerseite abnehmen.
- Handschuhfach ausbauen, siehe Seite 301.

Achtung: Wenn das Frischluftgebläse vor dem Ausbau in Betrieb gewesen war, kann es heiß sein. Verbrennungsgefahr! Vor dem Ausbau das Gebläse ausreichend abkühlen lassen.

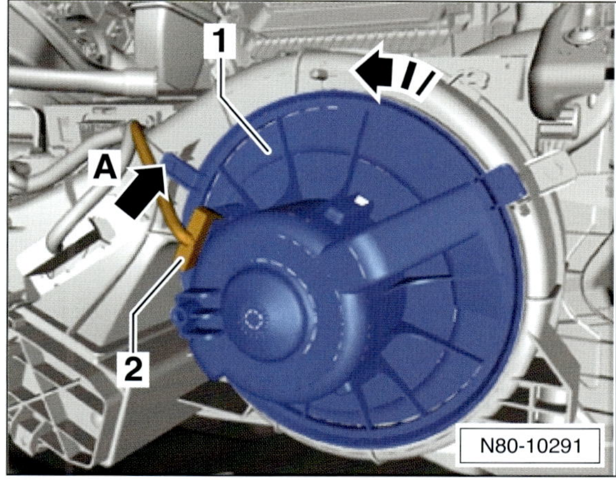

- Stecker –2– entriegeln und abziehen.
- Verrastung –Pfeil A– entriegeln, Gebläse –1– in Pfeilrichtung drehen und aus dem Gehäuse herausnehmen.

Achtung: Lüfterrad des Frischluftgebläses nicht anfassen, Krafteinwirkung auf das Lüfterrad oder Verschieben der am Lüfterrad angebrachten Auswuchtgewichte können zu Unwucht und damit zu Geräuschen im Betrieb führen. Frischluftgebläse so ablegen, dass das Lüfterrad freiliegt.

Einbau

- Der Einbau erfolgt in umgekehrter Ausbaureihenfolge. Dabei darauf achten, dass das Kabel wie vor dem Ausbau verlegt wird.

Bedieneinheit der Klimaanlage aus- und einbauen

Hinweis: Wird die Bedieneinheit der Klimaanlage mit integriertem Steuergerät erneuert, dann muss sie mit dem Fahrzeug-Diagnosetester angepasst werden.

Ausbau

Hinweis: In den Abbildungen ist die Bedieneinheit der manuell geregelten Klimaanlage dargestellt.

- Radioblende ausbauen, siehe Seite 306.

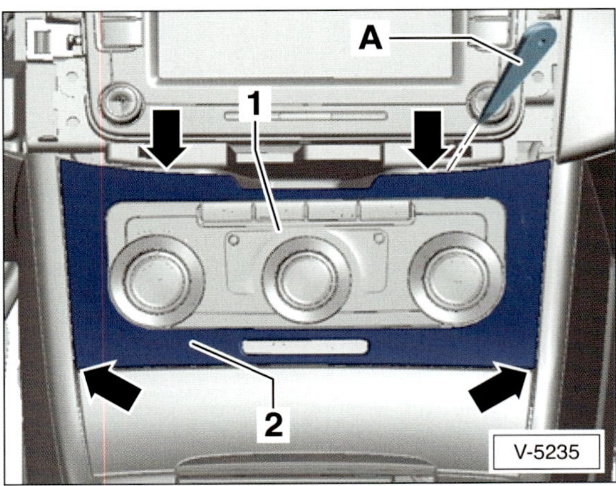

- Blende –2– von der Bedieneinheit für Klimaanlage –1– abdrücken. Dabei Kunststoffkeil –A– an den gezeigten Stellen –Pfeile – ansetzen. Um Beschädigungen zu vermeiden einen Lappen unterlegen oder angrenzende Bauteile abkleben.
- Stecker für Airbag-Kontrollleuchte abziehen.

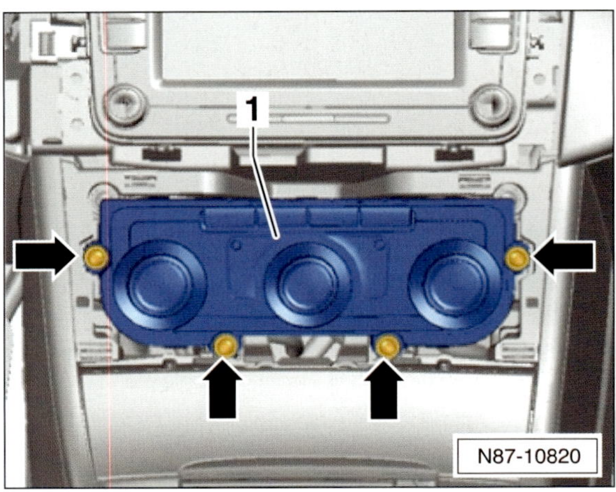

- Schrauben –Pfeile– herausdrehen und Bedieneinheit –1– etwas aus der Mittelkonsole herausziehen.
- Auf der Rückseite Stecker von der Bedieneinheit –1– abziehen.
- Bedieneinheit abnehmen.

Einbau

- Der Einbau erfolgt in umgekehrter Ausbaureihenfolge. Schrauben mit **1,5 Nm** festziehen.

Temperaturfühler für Außentemperatur aus- und einbauen

Der Temperaturfühler für Außentemperatur befindet sich hinter dem mittleren Lüftungsgitter des vorderen Stoßfängers.

Ausbau

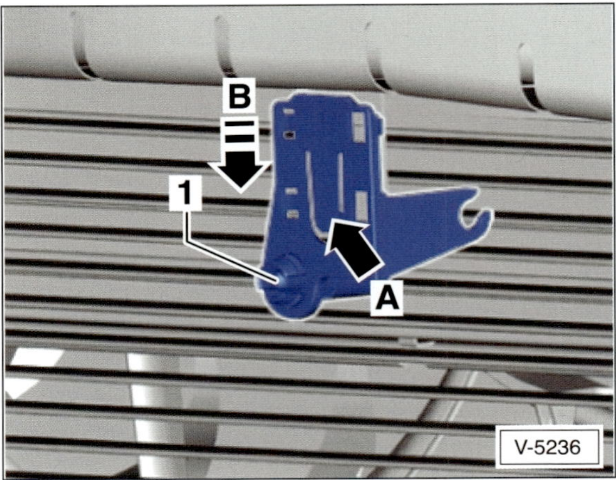

- Haltenase –Pfeil A– vom Halter aushaken.
- Temperaturfühler –1– nach unten Pfeilrichtung –B– vom Halter abziehen.
- Temperaturfühler nach vorn durch das Lüftungsgitter herausnehmen. **Hinweis:** Das Lüftungsgitter wird nicht ausgebaut.
- Stecker abziehen.

Einbau

- Der Einbau erfolgt in umgekehrter Ausbaureihenfolge. Dabei ist Folgendes zu beachten:

Achtung: Auf den richtigen Sitz der elektrischen Steckverbindung achten. Durch das Eintreten von Spritzwasser kann es zu fehlerhaften Signalen des Außentemperaturfühlers kommen.

Fahrwerk

Aus dem Inhalt:

- **Vorderachse**
- **Hinterachse**
- **Federbein**
- **Stoßdämpfer**
- **Schraubenfeder**
- **Achswellen**
- **Lenkung/Airbag**
- **Räder und Reifen**

Die wichtigsten Komponenten des Fahrwerks sind die McPherson-Vorderachse und die Vierlenker-Hinterachse. Sämtliche Achskomponenten von Vorder- und Hinterachse sind jeweils an einem Hilfsrahmen befestigt.

Die Übertragung der Motor-Antriebskraft erfolgt beim Frontantrieb über zwei Gelenkwellen auf die Vorderräder.

Sicherheitshinweis
Schweiß- und Richtarbeiten an tragenden und radführenden Bauteilen der Vorder- und Hinterradaufhängung **sind nicht zulässig. Selbstsichernde Schrauben/Muttern** sowie korrodierte Schrauben/Muttern sind im Reparaturfall **immer zu ersetzen.**

Optimale Fahreigenschaften und geringster Reifenverschleiß sind nur dann zu erzielen, wenn die Stellung der Räder einwandfrei ist. Bei unnormaler Reifenabnutzung sowie mangelhafter Straßenlage sollte die Werkstatt aufgesucht werden, um den Wagen optisch vermessen zu lassen. Die Fahrwerkvermessung kann ohne eine entsprechende Messanlage nicht durchgeführt werden.

Achseinstellwert für die Gesamtspur
vorn und **hinten** bei vorgeschriebenem Sturz: . . +10' ± 10'

Aggregateträger/Stabilisator/Federbein/Radlagergehäuse

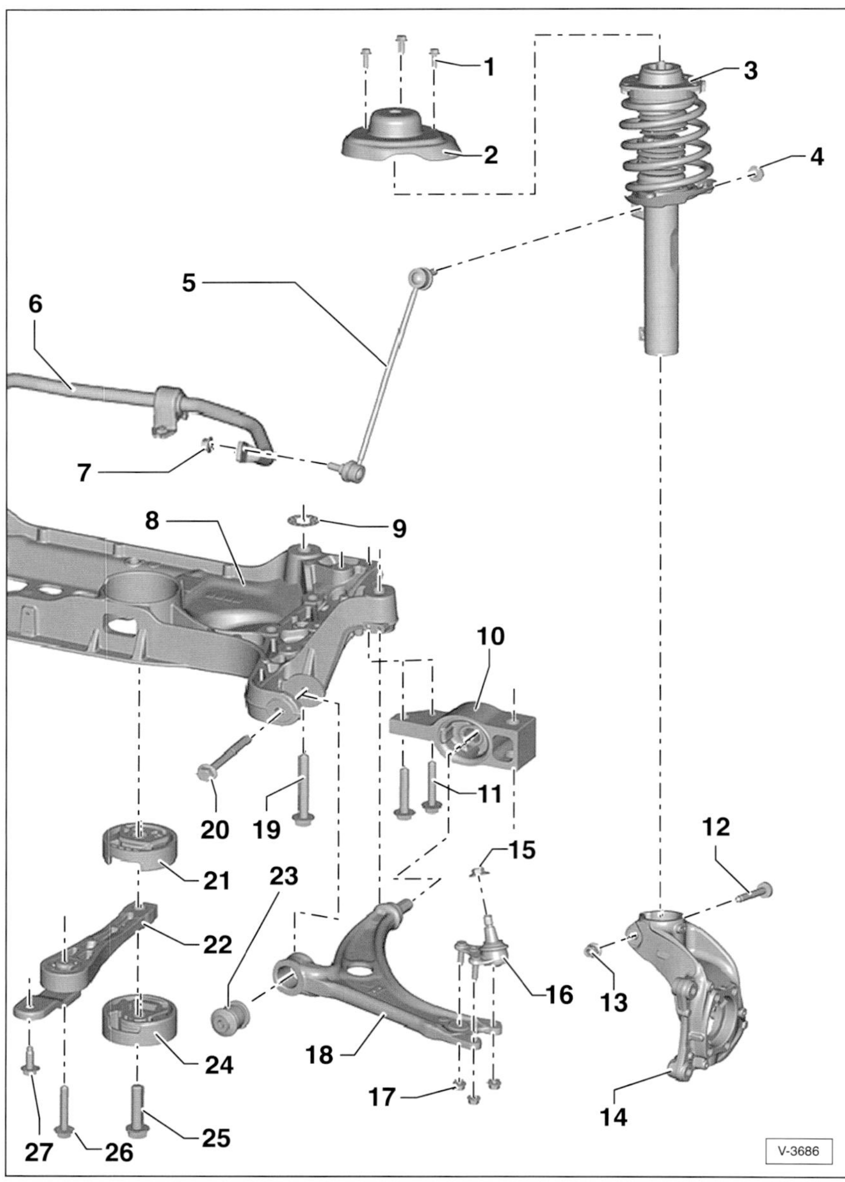

1 – **Schraube*, 15 Nm + 90°**

2 – **Karosserie vorn**

3 – **Federbein**

4 – **Mutter, 65 Nm**

5 – **Koppelstange**

6 – **Stabilisator**

7 – **Mutter, 65 Nm**

8 – **Aggregateträger**

9 – **Zwischenplatte**

10 – **Lagerbock**
Mit Gummimetalllager.

11 – **Schraube*, 50 Nm + 90°**
Größe M10 x 70.

12 – **Innenvielzahnschraube**
Spitze der Schraube muss in Fahrtrichtung zeigen.

13 – **Mutter*, 70 Nm + 90°**

14 – **Radlagergehäuse**
Nach dem Ersetzen Fahrzeug anschließend vermessen lassen.

15 – **Mutter*, 20 Nm + 90°**
Selbstsichernd.

16 – **Achsgelenk**
Bei Beschädigung des Achslenkers mit ersetzen.

17 – **Mutter***
Bei Stahlgussachslenker: **60 Nm.**
Bei Stahlblech- und Aluminium-Schmiede-Achslenker: **100 Nm.**
Selbstsichernd.

18 – **Achslenker**
Bei Beschädigung Achsgelenk mit ersetzen.
Je nach Ausführung aus Stahlguss, Stahlblech oder Aluminium.
Hinweis: Rechts und links immer Achslenker gleicher Bauart/Material verwenden.

19 – **Schraube*, 70 Nm + 180°**
Größe M12 x 1,5 x 100.

20 – **Schraube*, 70 Nm + 180°**
Größe M12 x 1,5 x 110.

21 – **Gummimetalllager oben**
Für Pendelstütze.

22 – **Pendelstütze**
Erst am Getriebe dann am Aggregateträger verschrauben.

23 – **Gummimetalllager**

24 – **Gummimetalllager unten**
Für Pendelstütze.

25 – **Schraube*, 100 Nm + 90°**
Größe M14 x 1,5 x 70.
Erst festziehen, wenn die Pendelstütze am Getriebe verschraubt ist.

26 – **Schraube***
Anzugsmethode:
M10 x 75 . . . . **50 Nm + 90°.**
M12 x 1,5 x 85 . . . . **60 Nm + 90°.**

27 – **Schraube***
Anzugsmethode:
M10 x 35 . . . . **50 Nm + 90°.**
M12 x 1,5 x 50 . . . . **60 Nm + 90°.**

*) Nach jeder Demontage ersetzen.

Federbein aus- und einbauen

Ausbau

- Schraube für Gelenkwelle an der Radnabe lösen, siehe Seite 196.

Achtung: Bei loser radseitiger Gelenkwellenverschraubung dürfen die Radlager nicht belastet werden.

Werden die Radlager durch das Eigengewicht des Fahrzeugs belastet, wird das Radlager vorgeschädigt. Die Radlagerlebensdauer ist dadurch geringer.

Die Schraube für Gelenkwelle darf maximal 90° gelöst werden, wenn das Fahrzeug auf den Rädern steht.

Fahrzeuge ohne Gelenkwelle dürfen nicht bewegt werden, da sonst das Radlager beschädigt wird. Soll ein Fahrzeug trotzdem bewegt werden, ist anstelle der Gelenkwelle ein Außengelenk einzubauen und mit **120 Nm** festzuziehen.

- Radschrauben lösen.
- Fahrzeug anheben.
- Rad abbauen.
- Koppelstange vom Federbein abschrauben.
- **Fahrzeuge mit adaptiver Fahrwerksregelung DCC:** Leitung für den Drehzahlfühler am Federbein aushängen.

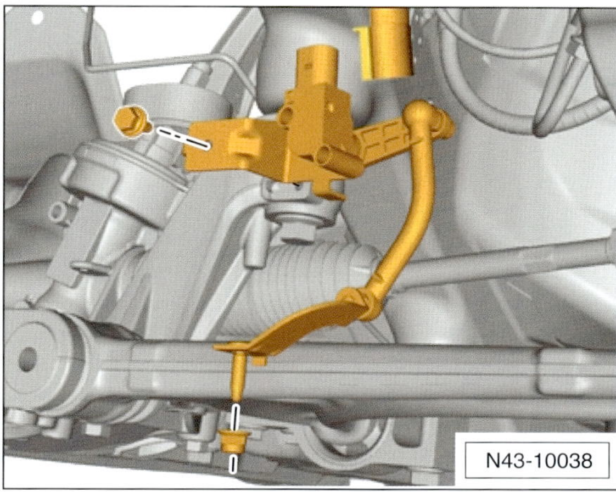

- **Fahrzeuge mit adaptiver Fahrwerksregelung DCC:** Geber für Fahrzeugniveau vom Achslenker abschrauben.

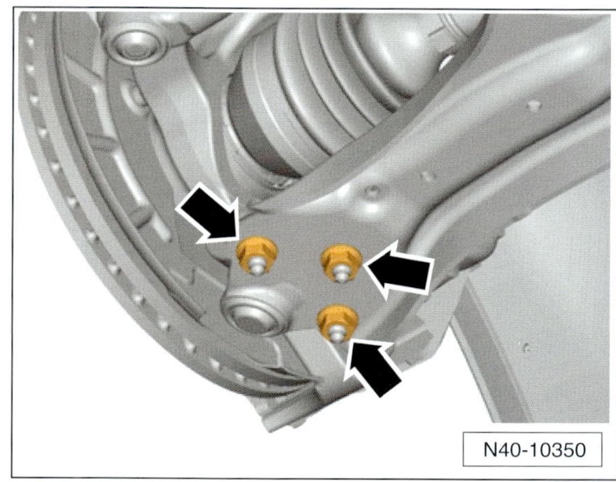

- Muttern –Pfeile– abschrauben.
- Radlagergehäuse mit Achsgelenk aus dem Achslenker herausziehen.
- Außengelenk der Gelenkwelle aus der Radnabe ziehen.
- Gelenkwelle mit Bindedraht am Aufbau befestigen.

Achtung: Die Gelenkwelle darf nicht herunterhängen, sonst wird das Innengelenk durch Überbeugen beschädigt.

- Achsgelenk wieder mit Achslenker verschrauben.

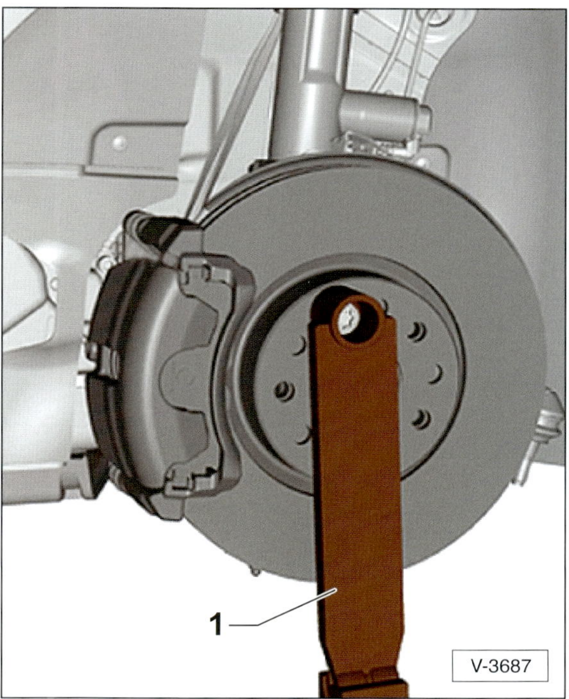

- Radaufhängung etwas anheben und dadurch Federbein entspannen. Die Fachwerkstatt verwendet dazu den Motor- und Getriebeheber V.A.G 1383 A zusammen mit der Aufnahme T10149 –1–. Dazu Aufnahme mit einer Radschraube an der Radnabe befestigen.

- Steht das Spezialwerkzeug nicht zur Verfügung kann auch ein Werkstattwagenheber mit Holzzwischenlage verwendet werden.

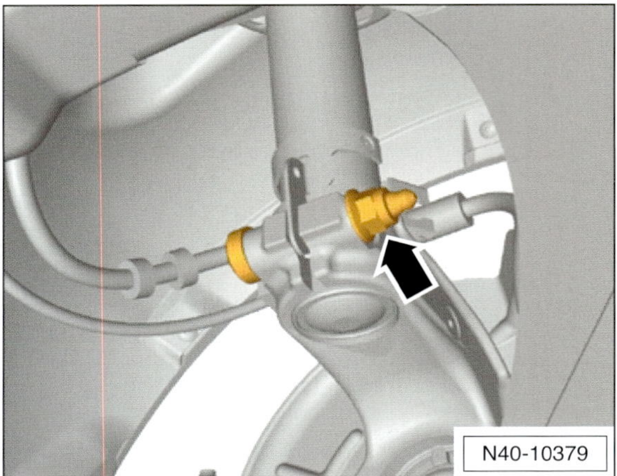
N40-10379

- Mutter –Pfeil– der Schraubverbindung Radlagergehäuse/Federbein abschrauben, Schraube herausziehen.

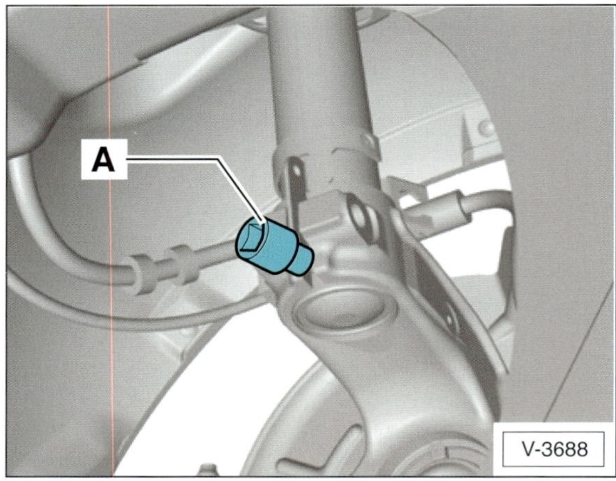

V-3688

- Spreizer –A–, zum Beispiel HAZET 4912-1, in den Schlitz am Radlagergehäuse einsetzen.

Achtung: Darauf achten, dass der Spreizer nur in das Radlagergehäuse eingesetzt wird. Nur so weit hineinstecken, da sonst die Blechlasche des Federbeins beschädigt werden kann.

- Spreizer mit Knarre um 90° drehen, dabei Bremsscheibe mit der Hand in Richtung Federbein drücken. Sonst kann sich das Stoßdämpferrohr in der Bohrung des Radlagergehäuses verkanten
- Anschließend Knarre vom Spreizer abziehen. Der Spreizer verbleibt im Radlagergehäuse.
- Radlagergehäuse mit Motor- und Getriebeheber/Werkstattwagenheber absenken. Dabei Radlagergehäuse nach unten vom Stoßdämpferrohr abziehen, bis das Stoßdämpferrohr frei hängt.
- Radlagergehäuse am Aggregateträger festbinden.
- Motor- und Getriebeheber/Wagenheber wegnehmen.

Achtung: Motor- und Getriebeheber/Werkstattwagenheber nicht länger als erforderlich unter dem Fahrzeug stehen lassen.

- Scheibenwischermotor ausbauen, siehe Seite 109.

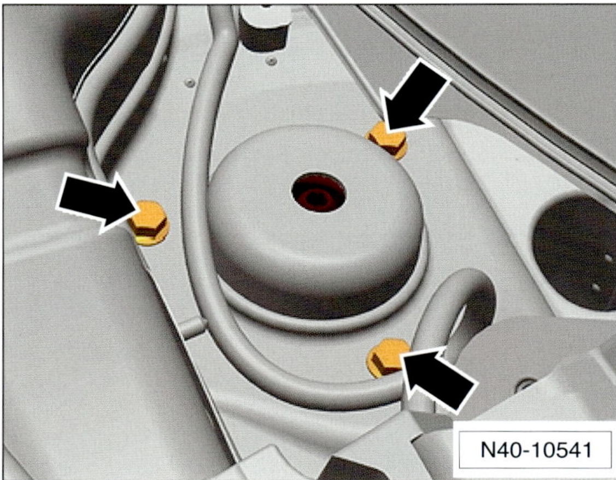
N40-10541

- Schrauben –Pfeile– für obere Dämpferbefestigung abschrauben. Dabei darauf achten, dass das Federbein nicht herunterfällt.
- Federbein herausnehmen.

Einbau

- Radlagergehäuse mit Motor- und Getriebeheber beziehungsweise Werkstattwagenheber abstützen.
- Federbein-Stützrohr in das Radlagergehäuse einschieben, bis die Schraube für die Federbeinbefestigung eingesetzt werden kann. **Hinweis:** Schraube so einsetzen, dass deren Spitze in Fahrtrichtung zeigt.
- **Neue Mutter** für die Federbeinbefestigung am Radlagergehäuse anschrauben, aber noch nicht festziehen. Spreizer zurückdrehen und aus dem Schlitz herausnehmen.

Fahrzeuge mit adaptiver Fahrwerksregelung DCC

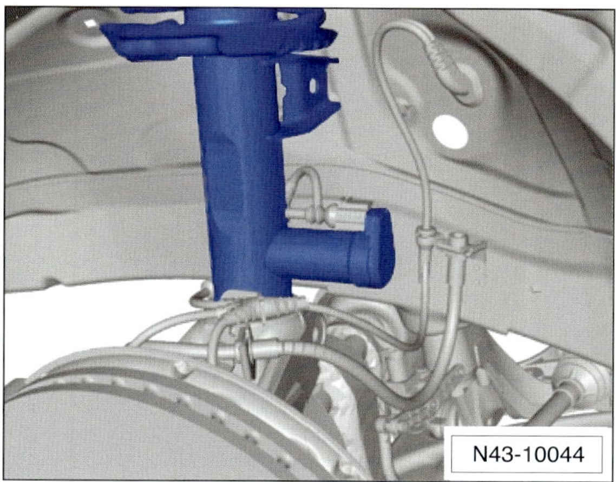

- **Linkes Federbein:** Federbein so einsetzen, dass das Ventil für Dämpfungsverstellung vorn links, in Fahrtrichtung gesehen, nach hinten zeigt.

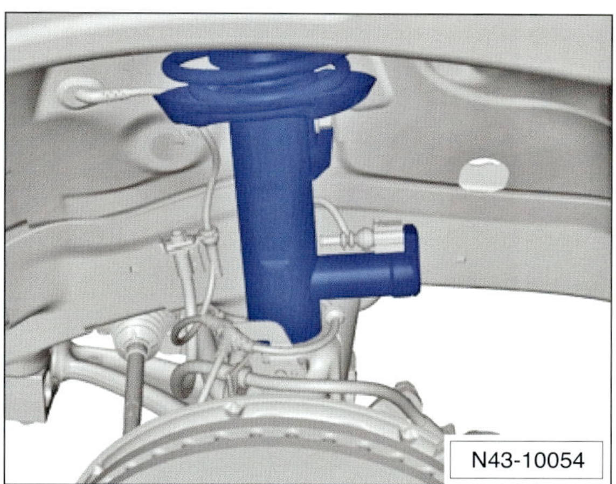

- **Rechtes Federbein:** Federbein so einsetzen, dass das Ventil für Dämpfungsverstellung vorn rechts in Fahrtrichtung zeigt.

Fortsetzung für beide Seiten

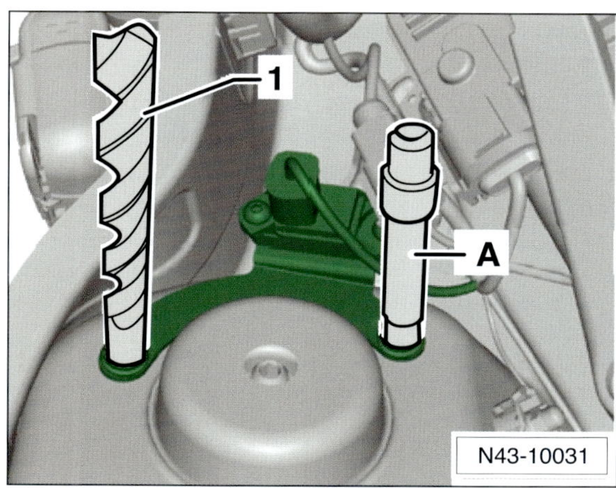

- Einbaulage des Halters für Karosseriebeschleunigungsgeber vorn links/rechts kontrollieren. Dazu einen Bohrer mit 11mm ∅ –1– und den Dorn VW-222A, wie in der Abbildung gezeigt, einsetzen. Dabei müssen die Bohrungen im Halter mit den Bohrungen im Stoßdämpferdom fluchten. Hinweise zur Einbaulage siehe auch im Abschnitt am Ende des Kapitels.

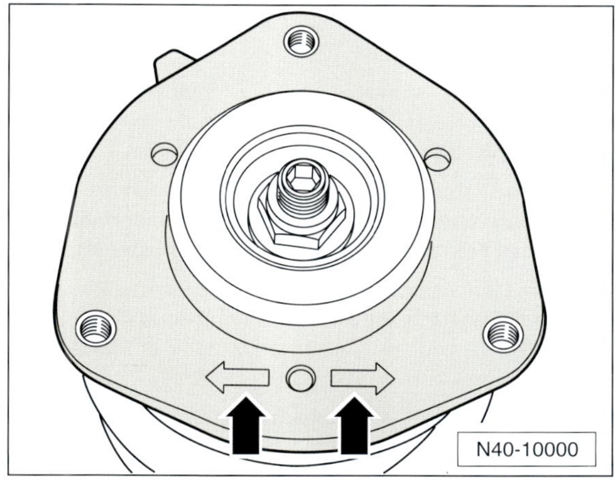

- Radlagergehäuse losbinden und mit Montageheber vorsichtig anheben. Federbein vorsichtig in den Radkasten einführen, bis die Schrauben am Federbeindom eingesetzt werden können. Dabei darauf achten, dass eine der beiden Pfeilmarkierungen –Pfeile– auf dem oberen Federbein-Lagerteller in Fahrtrichtung zeigt.
- Federbein oben am Federbeindom mit **neuen selbstsichernden Schrauben** befestigen. Schrauben in 2 Stufen festziehen:

  1. Stufe: . . mit Drehmomentschlüssel **15 Nm** anziehen.

  2. Stufe: . . . . mit starrem Schlüssel **90°** weiterdrehen.

Hinweis: Um die Winkelgrade beim Anziehen einzuhalten, ist es sinnvoll, aus Pappe eine Winkelscheibe auszuschneiden oder die Winkelscheibe HAZET 6690 zu verwenden.

- Motor- und Getriebeheber/Wagenheber entfernen.

- Untere Schraubverbindung für Radlagergehäuse/Federbein in **2 Stufen** festziehen:

  1. Stufe: . . mit Drehmomentschlüssel **70 Nm** anziehen.

  2. Stufe: . . . . mit starrem Schlüssel **90°** weiterdrehen.
- 3 Muttern für Achsgelenk herausdrehen und Achsgelenk aus dem Querlenker herausziehen.
- Gelenkwelle in das Radlager einsetzen. Dabei auf beschädigungsfreie und nicht verdrillte Manschette achten.
- Radlagergehäuse mit Achsgelenk in den Querlenker einsetzen und mit **neuen** Muttern anschrauben. Dabei Staubkappe des Achsgelenks nicht verdrillen oder beschädigen.
  Achtung: Unterschiedliche Anzugsdrehmomente je nach eingebautem Achslenker:
  Stahlgussachslenker . . . . **60 Nm**
  Stahlblech- beziehungsweise
  Aluminium-Schmiede-Achslenker . . . . **100 Nm**
- **Fahrzeuge mit adaptiver Fahrwerksregelung DCC:** Geber für Fahrzeugniveau am Achslenker so ansetzen, dass der Hebel des Gebers zur Fahrzeugaußenseite zeigt. Das Gewinde des Gebers muss mit der vorderen Bohrung des Achslenkers fluchten und die Haltenase des Gebers in der hinteren Bohrung einrasten, um die richtige Einbaulage zu gewährleisten. Geber mit **9 Nm** anschrauben.
- **Fahrzeuge mit adaptiver Fahrwerksregelung DCC:** Stecker auf das Ventil für Dämpfungsverstellung vorn aufstecken.
- Koppelstange mit **neuer** Mutter und **65 Nm** am Federbein-Stützrohr festschrauben. Dabei Gelenk-Kugelbolzen mit Innenvielzahnschlüssel M6 gegenhalten.
- Nabenschraube einbauen, siehe entsprechendes Kapitel. **Achtung: Beim ersten Anziehen der Nabenschraube darf das Fahrzeug nicht auf dem Boden stehen.**
- Reifen-Laufrichtung beachten, Rad anschrauben, Fahrzeug ablassen, erst dann Radschrauben über Kreuz mit **120 Nm** festziehen. **Achtung:** Unbedingt Hinweise im Kapitel »Rad aus- und einbauen« beachten.
- Scheibenwischermotor einbauen, siehe Seite 109.

Einbaulage des Karosseriebeschleunigungsgebers

Vorn links

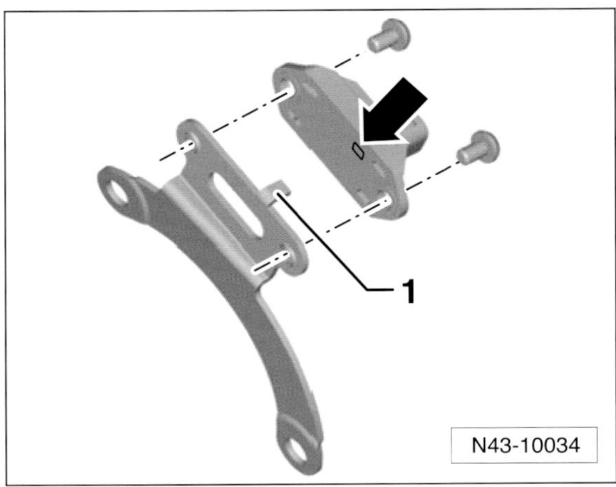

- Die Haltenase –1– muss in die Vertiefung des Karosseriebeschleunigungsgebers eingreifen. Darauf achten, dass der richtige Halter verwendet wird. Auf dem linken Halter ist ein »L« eingestanzt.

Vorn rechts

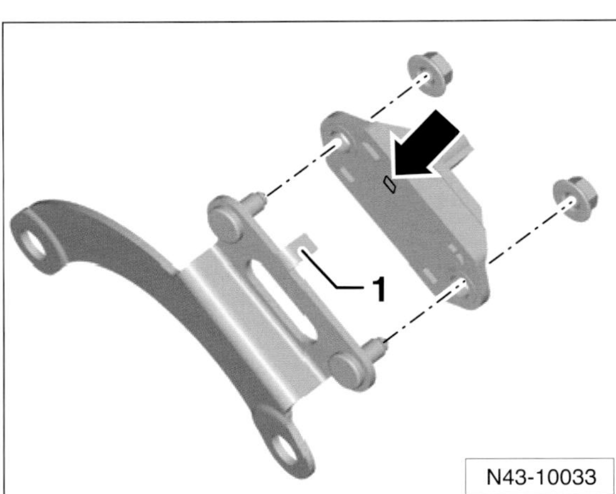

- Die Haltenase –1– muss in die Vertiefung des Karosseriebeschleunigungsgebers eingreifen. Darauf achten, dass der richtige Halter verwendet wird. Auf dem rechten Halter ist ein »R« eingestanzt.

Federbein – Detailübersicht

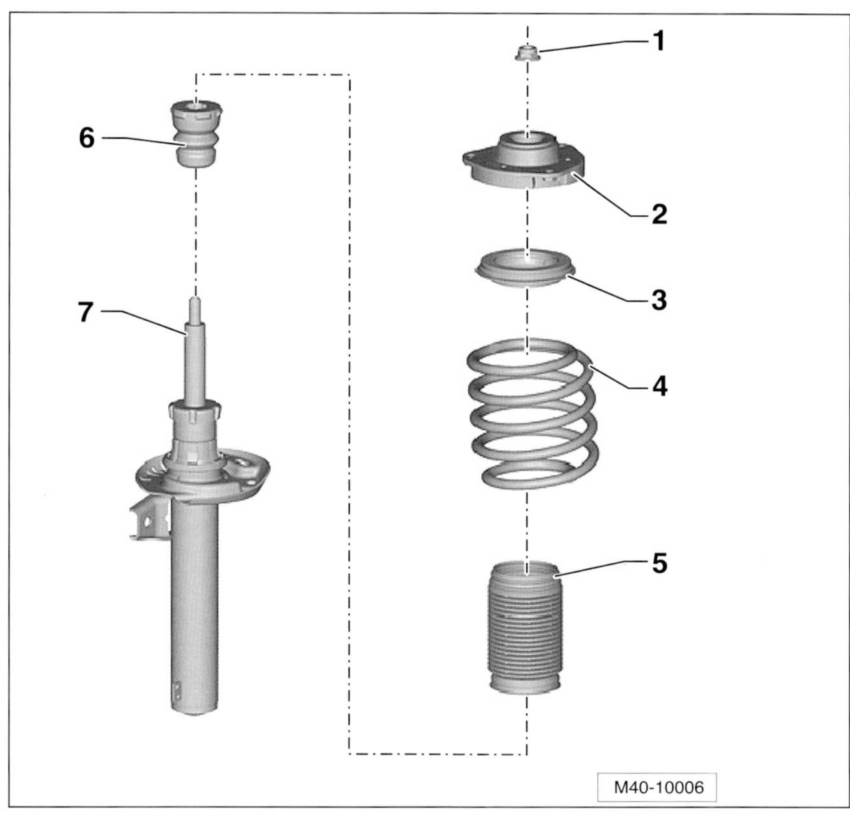

Basis-Fahrwerk

1 – Mutter, 60 Nm
Selbstsichernd, nach jeder Demontage ersetzen

2 – Federbeinlager

3 – Axialrillenkugellager

4 – Schraubenfeder
Auf Farbkennzeichnung achten. Die Oberfläche der Federwindung darf nicht beschädigt werden

5 – Schutzhülle

6 – Anschlagpuffer

7 – Dämpfer
Einzeln austauschbar.

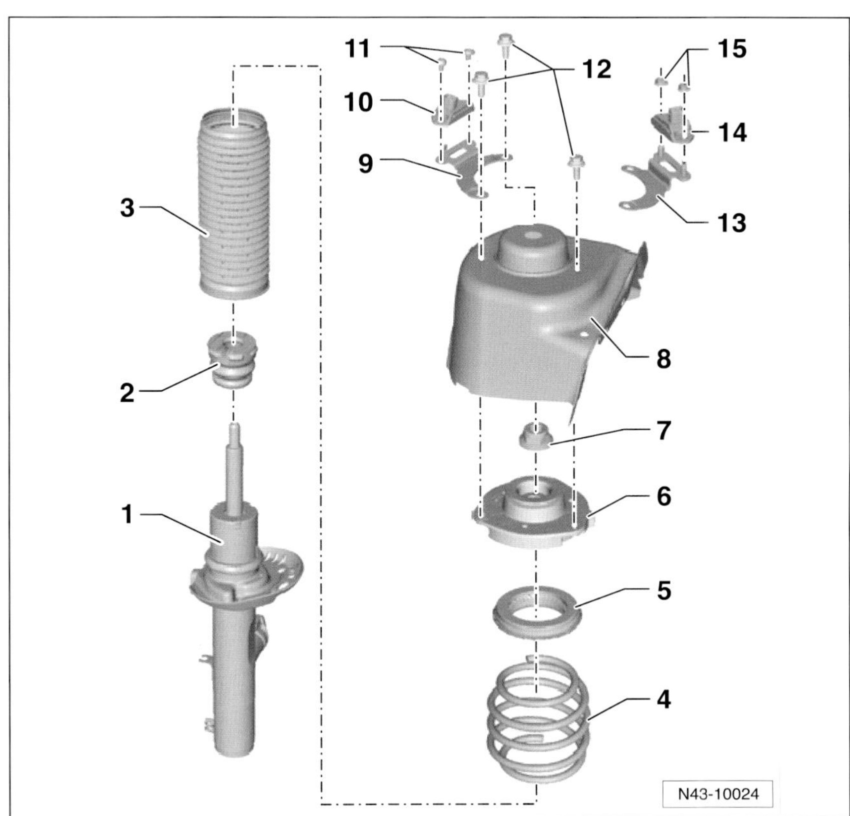

Fahrwerk mit adaptiver Fahrwerksregelung DCC

1 – Stoßdämpfer
Mit Ventil für Dämpfungsverstellung vorn links.
Einzeln austauschbar.

2 – Anschlagpuffer

3 – Schutzhülle

4 – Schraubenfeder
Auf Farbkennzeichnung achten. Die Oberfläche der Federwindung darf nicht beschädigt werden.

5 – Axialrillenkugellager

6 – Federbeinlager

7 – Sechskantmutter*, 60 Nm
Selbstsichernd.

8 – Federbeindom

9 – Halter
Für Karosseriebeschleunigungsgeber vorn links.
Auf dem Halter ist ein »L« eingestanzt.
Hinweis: Darauf achten, dass der richtige Halter verwendet wird.

10 – Karosseriebeschleunigungsgeber vorn links
Einbaulage auf dem Halter, siehe Abbildung N43-10034.

11 – Schraube*, 5 Nm

12 – Schraube*, 15 Nm + 90°

13 – Halter
Für Karosseriebeschleunigungsgeber vorn rechts.
Auf dem Halter ist ein »R« eingestanzt.

14 – Karosseriebeschleunigungsgeber vorn rechts
Einbaulage auf dem Halter, siehe Abbildung N43-10033.

15 – Mutter*, 5 Nm

---

*) Nach jeder Demontage ersetzen.

Federbein zerlegen/Stoßdämpfer/ Schraubenfeder aus- und einbauen

Ausbau

- Federbein ausbauen, siehe entsprechendes Kapitel.

Achtung: Die Schraubenfeder steht unter hoher Spannung. Um den Stoßdämpfer ausbauen zu können, **muss die Schraubenfeder mit einem geeigneten Federspanner zusammengedrückt werden**.

Sicherheitshinweis
Auf keinen Fall Stoßdämpfermutter lösen, wenn die Feder nicht einwandfrei und sicher gespannt ist. Darauf achten, dass die Federwindungen sicher von den Spannplatten umfasst werden und der Federspanner nicht abrutschen kann. Nur stabiles Werkzeug verwenden. Keinesfalls Feder mit Draht zusammenbinden. Unfallgefahr!

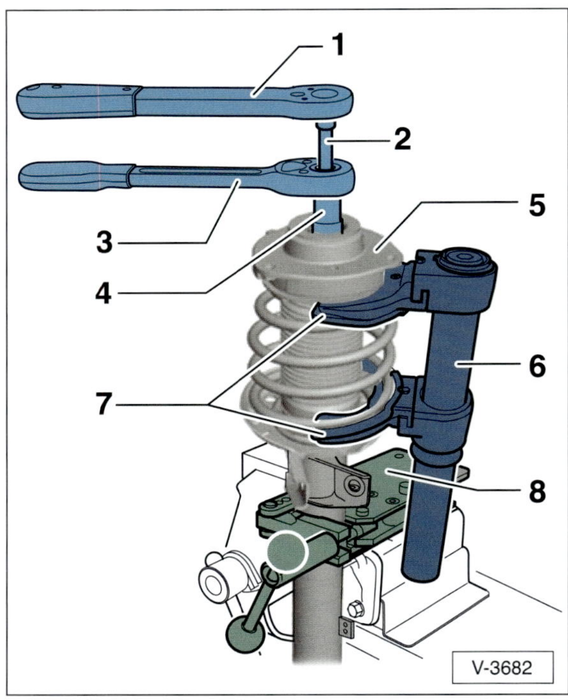

1 – **Drehmomentschlüssel**
2 – **Steckeinsatz**
VW-T10001/8 oder HAZET-4910-7
3 – **Knarre**
VW-T10001/11 oder HAZET-4910-1
4 – **Steckeinsatz**
VW-T10001/5 oder HAZET-4910-21
5 – **Federbein-Lagerteller**
6 – **Federspanner**
V.A.G-1752/1 oder HAZET-4900-2A
7 – **Spannplatten**
V.A.G-1752/4 oder HAZET-4900-11
8 – **Spannbock für Federbein**
Hier: V.A.G 1752/20.

- Federbein in geeigneten Federspanner –6– mit Spannplattenpaar –7– einsetzen. Spannvorrichtung selbst in einen Schraubstock einspannen.

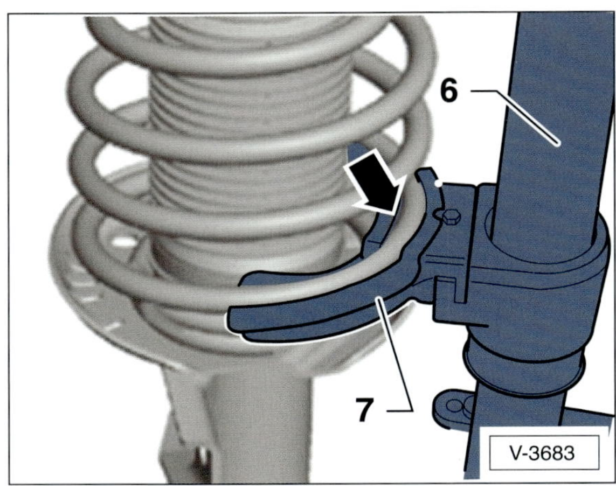

- Federspanner –6– mit Spannplatten –7– so in die Windungen der Schraubenfeder einsetzen, dass mindestens 3 Windungen der Feder eingespannt werden. Auf richtigen Sitz der Schraubenfeder in den Spannplatten achten –Pfeil–.
- Schraubenfeder so weit vorspannen, bis der obere Federbein-Lagerteller –5– entlastet ist, siehe Abbildung V-3682.
- Stoßdämfer gegen Herunterfallen sichern und Mutter am Federbein mit dem Steckschlüsseleinsatz –6– von der Kolbenstange abschrauben, dabei mit einem Inbusschlüsseleinsatz –2– gegenhalten, siehe Abbildung V-3682.

Achtung: Die obere Mutter darf nur dann gelöst werden, wenn die Feder sicher gespannt ist.

- Federbein-Lagerteller und Stützlager abziehen. Staubmanschette und Anschlagpuffer von der Kolbenstange des Stoßdämpfers abziehen.
- Stoßdämpfer aus der Schraubenfeder herausnehmen.
- Federspanner mit Schraubenfeder aus dem Schraubstock herausnehmen.
- Stoßdämpfer gegebenenfalls prüfen lassen (Werkstattarbeit).
- Alle Einzelteile des Federbeins auf Risse, Verschleiß, Korrosion und Alterungserscheinungen sichtprüfen. Beschädigte beziehungsweise verschlissene Teile erneuern.
- Falls die Schraubenfeder ausgewechselt werden soll, **Federspanner langsam entspannen** und Schraubenfeder herausnehmen.

Einbau

Schraubenfedern immer paarweise austauschen, also an beiden Fahrzeugseiten. Beim Einbau neuer Federn darauf achten, dass je nach Motorisierung/Fahrzeugausstattung unterschiedliche Federn eingebaut sein können. Nur gleiche Federn an einer Achse verwenden. Die Kennzeichnung der Federn erfolgt durch Farbmarkierungen an einer Windung.

Hinweis: Neue Schraubenfedern sind gegen Korrosion mit einem Schutzlack versehen. Die Oberfläche darf nicht beschädigt sein.

- Wenn die Schraubenfeder ausgebaut war, Schraubenfeder in den Federspanner einsetzen und zusammendrücken.
- Federspanner in den Schraubstock einspannen.
- Anschlagpuffer und Staubmanschette auf die Kolbenstange aufschieben.

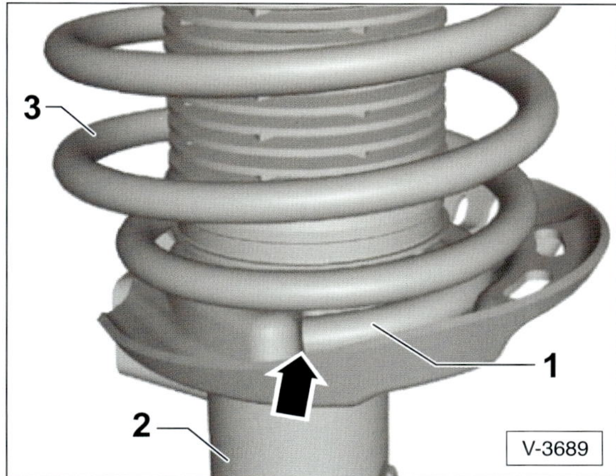

- Stoßdämpfer –2– in die vorgespannte Schraubenfeder –3– so einsetzen, dass das Ende der Federwindung am Anschlag des unteren Federtellers anliegt –Pfeil– anliegt; Stoßdämpfer gegebenenfalls entsprechend drehen.
- Stützlager mit Federbein-Lagerteller aufschieben, dabei auf richtige Einbaulage achten.
- **Neue selbstsichernde Mutter** auf die Kolbenstange aufschrauben und mit **60 Nm** anziehen. Kolbenstange dabei mit Inbusschlüssel gegenhalten.
- Schraubenfeder langsam entspannen, dabei auf richtigen Sitz der Feder am oberen Federbein-Lagerteller und an der unteren Federlagerung achten.
- Federbein aus der Spannvorrichtung herausnehmen.
- Federbein einbauen, siehe entsprechendes Kapitel.

Achsgelenk aus- und einbauen

Ausbau

- Schraube für Gelenkwelle an der Radnabe lösen, siehe Seite 196.

Achtung: Bei loser radseitiger Gelenkwellenverschraubung dürfen die Radlager nicht belastet werden.

Werden die Radlager durch das Eigengewicht des Fahrzeugs belastet, wird das Radlager vorgeschädigt. Die Radlagerlebensdauer ist dadurch geringer.

Die Schraube für Gelenkwelle darf maximal 90° gelöst werden, wenn das Fahrzeug auf den Rädern steht.

Fahrzeuge ohne Gelenkwelle dürfen nicht bewegt werden, da sonst das Radlager beschädigt wird. Soll ein Fahrzeug trotzdem bewegt werden, ist anstelle der Gelenkwelle ein Außengelenk einzubauen und mit **120 Nm** festzuziehen.

- Radschrauben lösen.
- Fahrzeug anheben.
- Rad abbauen.

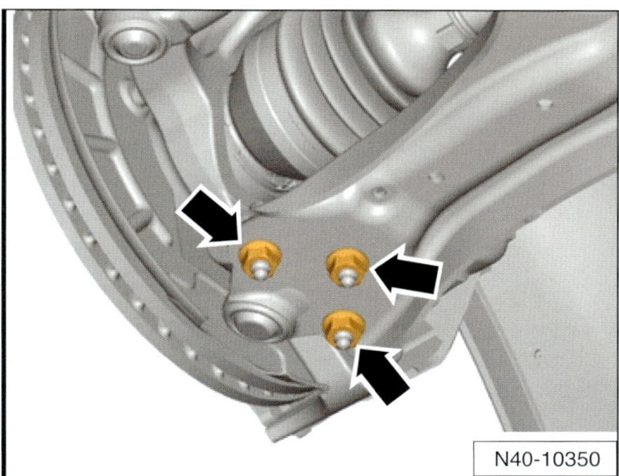

- Muttern –Pfeile– abschrauben.
- Gelenkwelle etwas aus der Radnabe ziehen.
- Achslenker aus dem Achsgelenk herausziehen. Dabei Achslenker so weit wie erforderlich nach unten beugen.

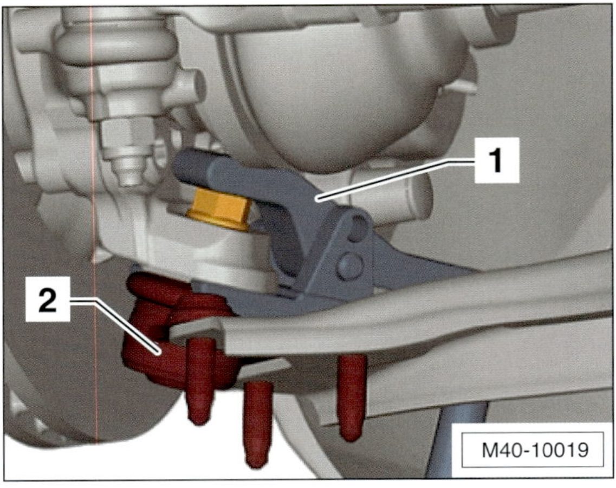

- Mutter vom Achsgelenk –2– lösen, aber noch nicht abschrauben. Dabei am Gelenkzapfen mit einem Innentorxschlüssel T40 gegenhalten.

Achtung: Mutter zum Schutz des Gewindes einige Umdrehungen auf dem Zapfen lassen.

- Achsgelenk mit Kugelgelenkabzieher –1– vom Radlagergehäuse abdrücken, Mutter abschrauben und Achsgelenk –2– herausnehmen.

Einbau

- Der Einbau erfolgt in umgekehrter Ausbaureihenfolge, dabei ist Folgendes zu beachten:
- Achsgelenk in Radlagergehäuse einsetzen.
- Gelenkwelle in Radnabe einsetzen.
- **Neue** selbstsichernde Mutter aufschrauben, noch nicht festziehen. Dabei am Gelenkzapfen mit einem Innentorxschlüssel T40 gegenhalten.
- Achslenker am Achsgelenk mit **neuen** Muttern –Pfeile– anschrauben, siehe Abbildung N40-10350.
  Achtung: Unterschiedliche Anzugsdrehmomente je nach eingebautem Achslenker:
  Stahlgussachslenker . . . . **60 Nm**
  Stahlblech- beziehungsweise
  Aluminium-Schmiede-Achslenker . . . . **100 Nm**
- Rad anbauen.
- Schraube für Gelenkwelle an Radnabe anziehen, siehe Seite 196.

Achtung: Dabei darf das Fahrzeug nicht auf den Rädern stehen, da sonst das Radlager beschädigt wird.

- Mutter für Achsgelenk bei auf den Rädern stehendem Fahrzeug festziehen, dabei am Gelenkzapfen mit einem Innentorxschlüssel T40 gegenhalten.
  1. Stufe: . . mit Drehmomentschlüssel **20 Nm** anziehen.
  2. Stufe: . . . . mit starrem Schlüssel **90°** weiterdrehen.
- Bei Fahrzeugen mit Geber für Fahrzeugniveau eine Grundeinstellung der Raddämpfungselektronik durchführen lassen (Werkstattarbeit).

Radlagerung – Detailübersicht

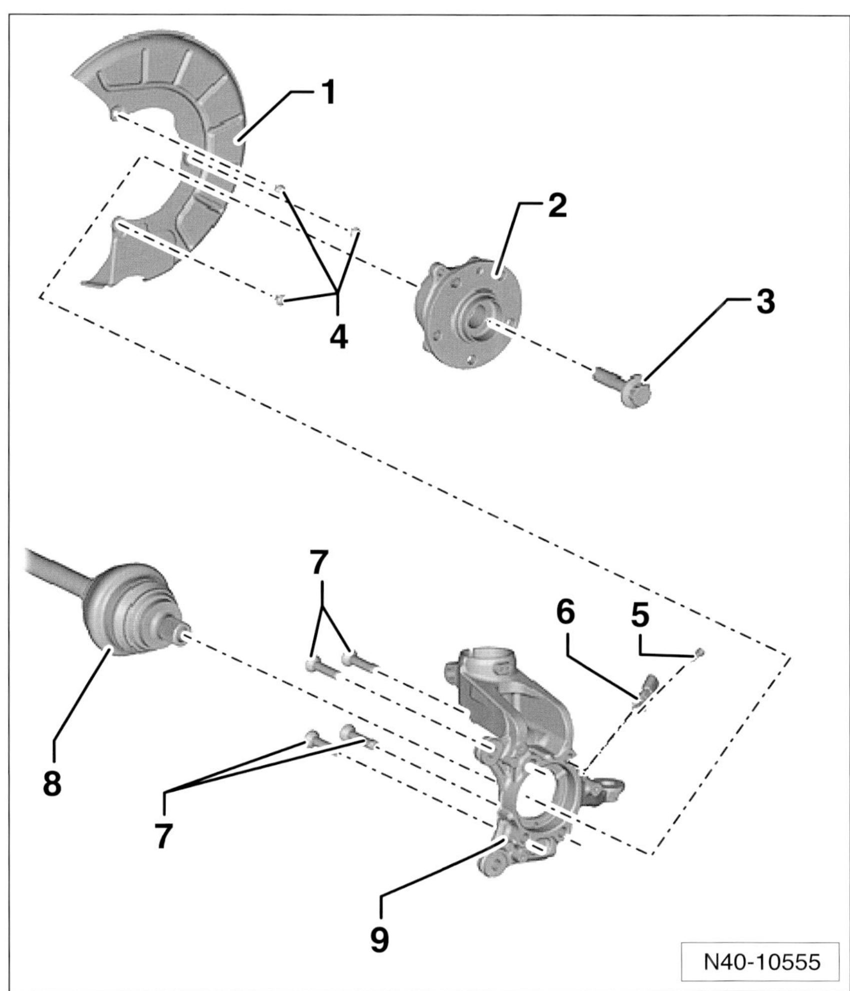

1 – **Abdeckblech**

2 – **Radnabe mit Radlager**
Der Sensorring für das ABS ist in die Radnabe integriert.

3 – **Schraube**
Es gibt 2 Arten der Zwölfkantschraube, mit oder ohne Verrippung am Schraubenkopf. Schraube nach jeder Demontage ersetzen.
Anzugsmethode siehe Seite 196.

4 – **Schraube, 12 Nm**

5 – **Schraube, 8 Nm**

6 – **ABS-Drehzahlfühler**
Vor dem Einsetzen des Drehzahlführers die Innenfläche der Bohrung reinigen und mit Festschmierstoffpaste VW-G 000 650 oder Heißschraubenpaste VW-G 052 112 A3 bestreichen.

7 – **Innenvielzahnschraube, 70 Nm + 90°**
Nach jeder Demontage ersetzen

8 – **Gelenkwelle**

9 – **Radlagergehäuse**
Nach dem Ersetzen des Radlagergehäuses, muss das Fahrzeug anschließend vermessen werden (Werkstattarbeit).

Radlagereinheit aus- und einbauen

Ausbau

- Schraube für Gelenkwelle herausschrauben, siehe Seite 196.
- Radschrauben lösen.
- Fahrzeug anheben.
- Rad abbauen.
- Bremssattel abbauen und mit Draht am Aufbau aufhängen, siehe Seite 220.
- Stecker vom ABS-Drehzahlfühler –6– am Radlagergehäuse abziehen. Innensechskantschraube am Halter herausdrehen und Drehzahlfühler aus dem Radlagergehäuse herausziehen, siehe Abbildung N40-10555.
- Bremsscheibe ausbauen, siehe Seite 230.

Nur Fahrzeuge mit Gelenkwelle VL 100

- Gelenkwelle so weit wie möglich aus der Radnabe, in Richtung Getriebe, herausdrücken.

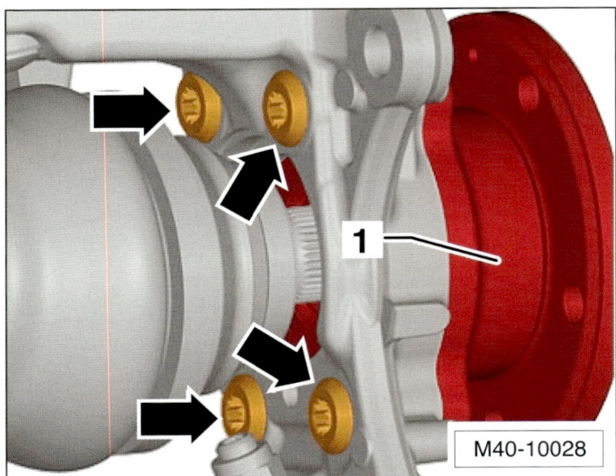

M40-10028

- Schrauben –Pfeile– herausdrehen.
- Radlagereinheit –1– aus dem Radlagergehäuse herausnehmen.

Alle Fahrzeuge

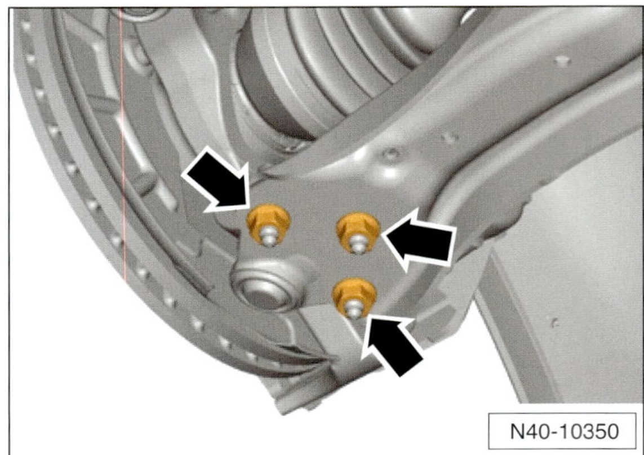

N40-10350

- Muttern –Pfeile– abschrauben.
- Achslenker aus dem Achsgelenk herausziehen.
- Außengelenk der Gelenkwelle aus der Radnabe ziehen.
- Gelenkwelle mit Bindedraht am Aufbau befestigen.
- Achsgelenk wieder mit Achslenker verschrauben –Pfeile–.

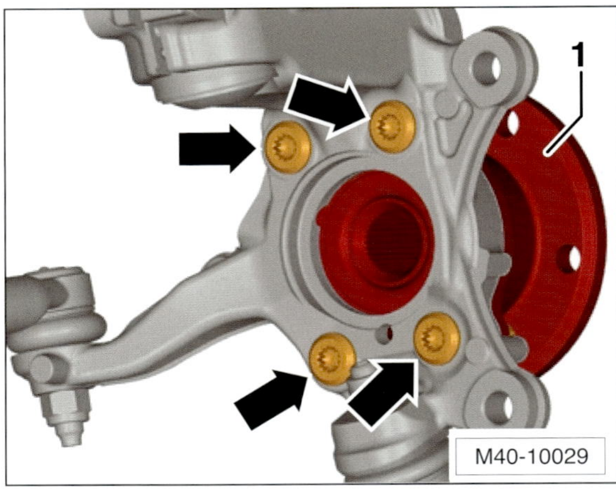

M40-10029

- Schrauben –Pfeile– herausdrehen.
- Radlagereinheit –1– aus dem Radlagergehäuse herausnehmen.

Achtung: Beim Abnehmen und Lagern der Radlagereinheit darauf achten, dass sie nicht verschmutzt und die Dichtung nicht beschädigt wird.

Einbau

- Der Einbau erfolgt in umgekehrter Ausbaureihenfolge, dabei ist Folgendes zu beachten:
- Vor Einsetzen des ABS-Drehzahlfühlers die Innenfläche der Bohrung am Radlagergehäuse reinigen und den Drehzahlfühler ringsum mit Heißschraubenpaste, zum Beispiel VW-G 052 112 A3, bestreichen. Innensechskantschraube mit **8 Nm** festziehen.

Hinweis: Alle Schrauben und Muttern, bis auf die Radschrauben, grundsätzlich erneuern.

Weitere Anzugsdrehmomente:

Schrauben für Radlagereinheit . . . . **70 Nm + 90°**
Muttern für Achsgelenk bei
◆ Stahlguss-Achslenker . . . . **60 Nm**
◆ Stahlblech- beziehungsweise Aluminium-Schmiede-Achslenker . . . . **100 Nm**
Radschrauben . . . . **120 Nm**

Anzugsmethode für Radnabenschraube, siehe Seite 196.

Gelenkwelle mit Gleichlaufgelenk VL100

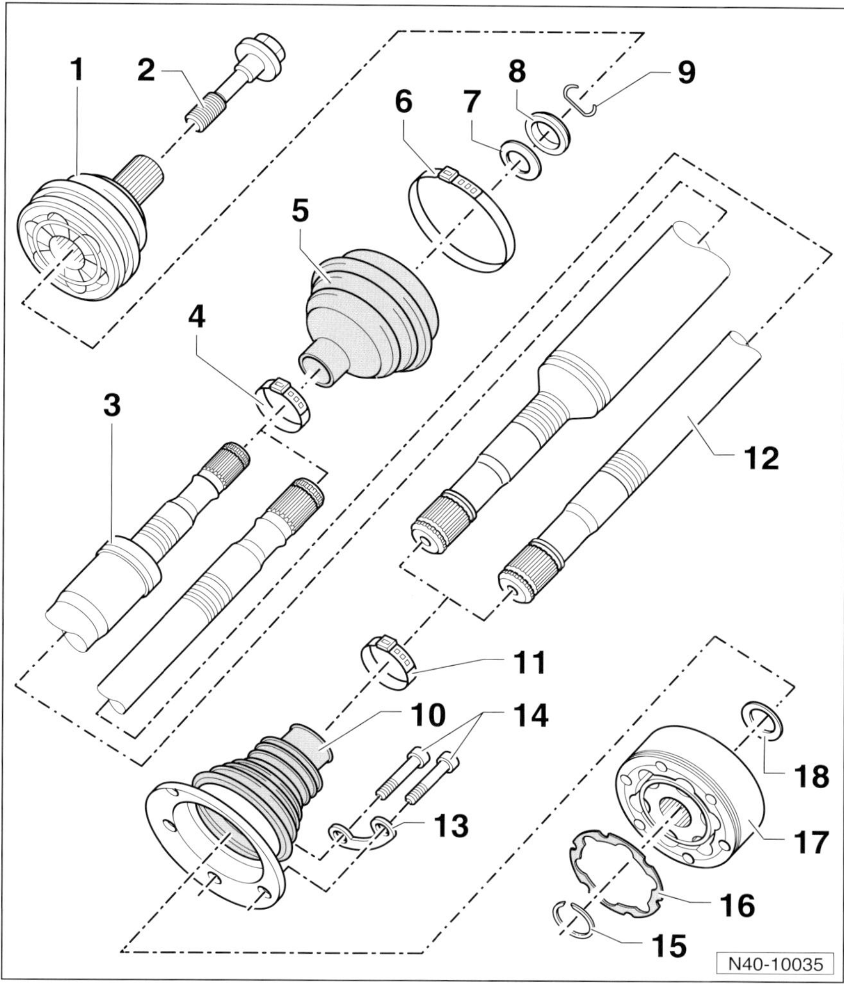

1 – **Gleichlaufgelenk außen**
Nur komplett ersetzen.
Einbau: Mit Kunststoffhammer auf die Welle bis Anschlag auftreiben.

2 – **Schraube***
Es gibt 2 Arten der Zwölfkantschraube, mit oder ohne Verrippung am Schraubenkopf. Schraube nach jeder Demontage ersetzen.
Anzugsmethode siehe Seite 196.

3 – **Gelenkwelle, rechts**

4 – **Klemmschelle***

5 – **Gelenkschutzhülle**
Auf Risse und Scheuerstellen prüfen. Werkstoff: Hytrel (Polyelastomere).

6 – **Klemmschelle***

7 – **Tellerfeder**
Einbaulage beachten.

8 – **Anlaufring**
Einbaulage beachten.

9 – **Sicherungsring***
In die Nut der Welle einsetzen.

10 – **Gelenkschutzhülle für Gleichlaufgelenk**
Werkstoff: Hytrel (Polyelastomere). Ohne Belüftungsbohrung. Auf Risse und Scheuerstellen prüfen. Mit Dorn vom Gleichlaufgelenk abtreiben. Vor dem Anbau an das Gleichlaufgelenk die Dichtfläche dünn mit VW-D 454 300 A2 bestreichen.

11 – **Klemmschelle***

12 – **Gelenkwelle, links**

13 – **Unterlegplatte**

14 – **Innenvielzahnschraube***
Unterschiedlicher Gewindedurchmesser.
Anzugsmethode: Erst über Kreuz mit **10 Nm** voranziehen, dann über Kreuz mit folgendem Anzugsdrehmoment festziehen:
Schraube M8 . . . . **40 Nm;**
Schraube M10 . . . . **70 Nm.**

15 – **Sicherungsring**

16 – **Dichtung**
Klebefläche am Gleichlaufgelenk muss frei von Fett und Öl sein!

17 – **Gleichlaufgelenk innen**
Nur komplett ersetzen.

18 – **Tellerfeder**
Einbaulage beachten.

*) Nach jeder Demontage ersetzen.

Gelenkwelle mit Gleichlaufgelenk VL107

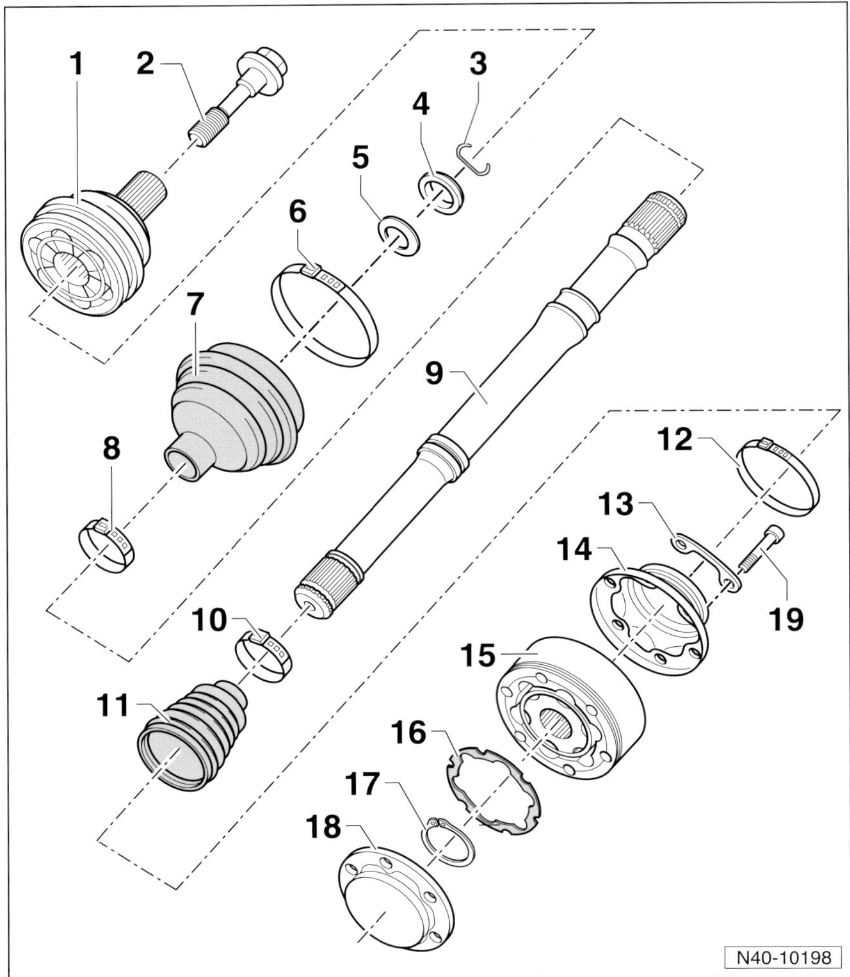

1 – Radnabenschraube *
Es gibt 2 Arten der Zwölfkantschraube, mit oder ohne Verrippung am Schraubenkopf. Schraube nach jeder Demontage ersetzen.
Anzugsmethode siehe Seite 196.

2 – Gleichlaufgelenk außen
Nur komplett ersetzen.

3 – Sicherungsring *
In die Nut der Welle einsetzen.

4 – Anlaufring
Einbaulage: Konkave Seite (großer Durchmesser) zur Tellerfeder gerichtet.

5 – Tellerfeder
Einbaulage: Konkave Seite (großer Durchmesser) zum Gelenk gerichtet.

6 – Klemmschelle *

7 – Manschette außen
Auf Schadstellen prüfen.

8 – Klemmschelle *

9 – Gelenkwelle

10 – Klemmschelle *

11 – Manschette innen
Auf Schadstellen prüfen.

12 – Klemmschelle *

13 – Unterlegplatte

14 – Kappe
Mit Dorn vorsichtig abtreiben. Vor Anbau an das Gelenk Innenfläche mit Dichtmasse bestreichen. Klebefläche muss sauber und frei von Fett sein.

15 – Gleichlaufgelenk innen
Nur komplett ersetzen.

16 – Dichtung
Klebefläche am Gleichlaufgelenk muss sauber und frei von Fett sein.

17 – Sicherungsring *
In die Nut der Welle einsetzen.

18 – Deckel *
Mit Dorn vom Gleichlaufgelenk abtreiben.

19 – Schraube *
Größe: M10x52.
Über Kreuz mit **10 Nm** voranziehen, danach über Kreuz mit **70 Nm** festziehen.

---

*) Nach jeder Demontage ersetzen.

Gelenkwelle mit Tripodegelenk AAR3300i

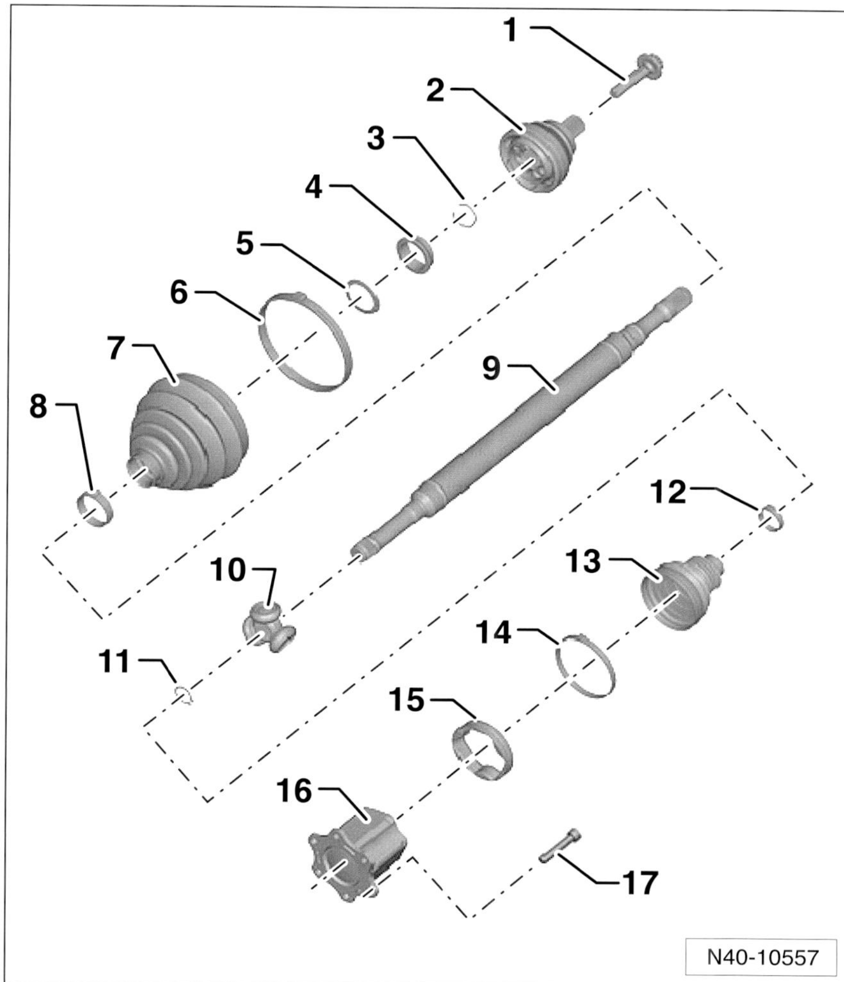

1 – **Schraube***
Es gibt 2 Arten der Zwölfkantschraube, mit oder ohne Verrippung am Schraubenkopf. Schraube nach jeder Demontage ersetzen. Anzugsmethode siehe Seite 196.

2 – **Gleichlaufgelenk außen**
Nur komplett ersetzen.
Einbau: Mit Kunststoffhammer auf die Welle auftreiben, bis der eingefederte Sicherungsring ausfedert.

3 – **Sicherungsring***
In die Nut der Welle einsetzen.

4 – **Anlaufring**

5 – **Tellerfeder**

6 – **Klemmschelle***

7 – **Gelenkschutzhülle für Gleichlaufgelenk**
Werkstoff: Hytrel (Polyelastomere). Auf Risse und Scheuerstellen prüfen.

8 – **Klemmschelle***

9 – **Gelenkwelle**

10 – **Tripodestern mit Rollen**
Die Fase zeigt zur Verzahnung der Gelenkwelle.

11 – **Sicherungsring***
In die Nut der Welle einsetzen.

12 – **Klemmschelle***
Nach jeder Demontage ersetzen.

13 – **Gelenkschutzhülle für Tripodegelenk**
Auf Risse und Scheuerstellen prüfen.

14 – **Klemmschelle***

15 – **Adapter**

16 – **Gelenkstück**

17 – **Innenvielzahnschraube**
Größe: M10 x 23.
Anzugsmethode: Erst über Kreuz mit **10 Nm** voranziehen, dann über Kreuz mit **70 Nm** festziehen

*) Nach jeder Demontage ersetzen.

Gelenkwelle aus- und einbauen

Achtung: Beim Ausbau und bei Montagearbeiten am Fahrzeug dürfen die Gelenkwellen nicht lose herunterhängen. Durch Überbeugen zum Anschlag können die Gelenke beschädigt werden. Daher die Gelenkwelle bei einseitigem Ausbau mit Draht hochbinden. Außerdem Gelenkwelle beim Abschrauben gegen Herunterfallen sichern.

Ausbau

Hinweis: Der Ausbau erfolgt am Beispiel der linken Gelenkwelle.

- Nabenschraube für Gelenkwelle lösen und nach dem Aufbocken herausdrehen, siehe Seite 196.
- Radschrauben lösen.
- Fahrzeug anheben.
- Rad abbauen.
- Untere Motorraumabdeckung ausbauen, siehe Seite 331.

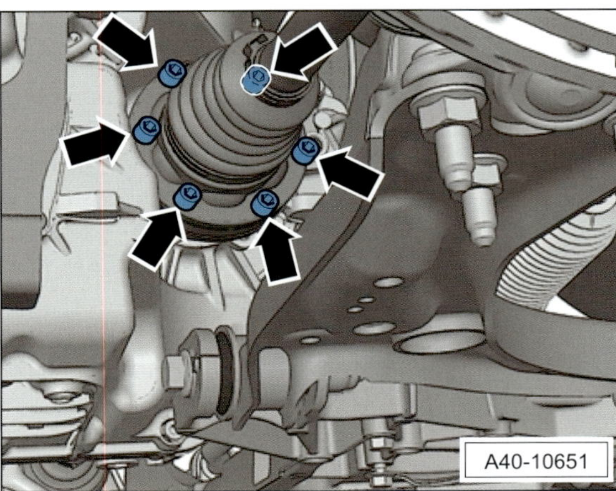
A40-10651

- Gelenkwelle von der Flanschwelle am Getriebe abschrauben –Pfeile–.
- Außengelenk von Hand aus der Radnabe schieben.
- Muttern für Achsgelenk an Achslenker herausdrehen, siehe »Federbein aus- und einbauen«.
- Radlagergehäuse mit Achsgelenk aus dem Achslenker herausziehen.
- Gelenkwelle aus der Radnabe ziehen und abnehmen.

Einbau

- Der Einbau erfolgt in umgekehrter Ausbaureihenfolge, dabei ist Folgendes zu beachten:
- ■ Eventuell vorhandene Lackrückstände und/oder Korrosion vom Gewinde oder der Verzahnung des Außengelenks entfernen.
- Innengelenk der Gelenkwelle ansetzen und mit **neuen** Schrauben in **2 Stufen über Kreuz** anziehen.
  1. Stufe: . . . . **10 Nm**
  2. Stufe, M8-Innenvielzahnschrauben: . . . . . . **40 Nm**
  M10-Innenvielzahnschrauben: . . . . . **70 Nm**
- Nabenschraube einbauen, siehe Seite 196.

Gelenkwelle zerlegen/ Manschette erneuern

Achtung: Je nach Motor-/Getriebekombination ist das innere Gelenk als Gleichlauf-Kugelgelenk oder als Tripode-Gelenk ausgelegt. Das Tripodegelenk hat anstelle der 6 Kugeln 3 Rollen, die um 120° versetzt auf einem Tripodestern angeordnet sind.

- Gelenkwelle ausbauen, siehe entsprechendes Kapitel.
- Gelenkwelle mit Schutzbacken in Schraubstock einspannen.
- Einbaulage der Manschetten (Gelenkschutzhüllen) auf der Welle markieren, damit die neuen Manschetten in gleicher Lage eingebaut werden können. Beim Markieren auf keinen Fall den Lack der Gelenkwelle beschädigen.
- Klemmschellen an beiden Manschetten mit Seitenschneider aufschneiden und abnehmen. Manschette zurückschieben, wenn nötig mit einem Dorn vom Gelenk abtreiben.

Gelenk außen

Ausbau

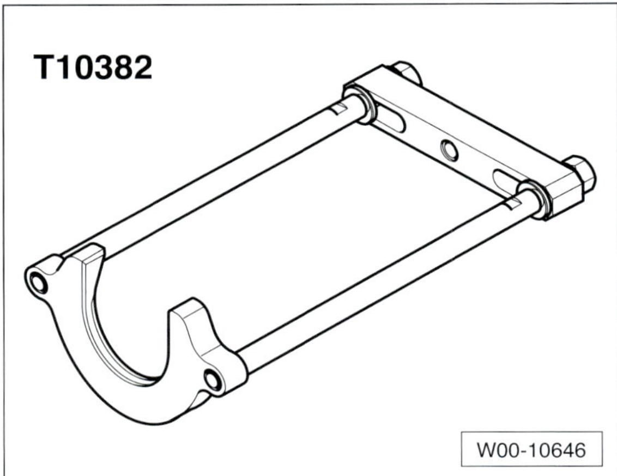

W00-10646

- Zum Abziehen des Außengelenks verwendet die Fachwerkstatt die Abziehvorrichtung VW-T10382 zusammen mit einem Schlagauszieher.

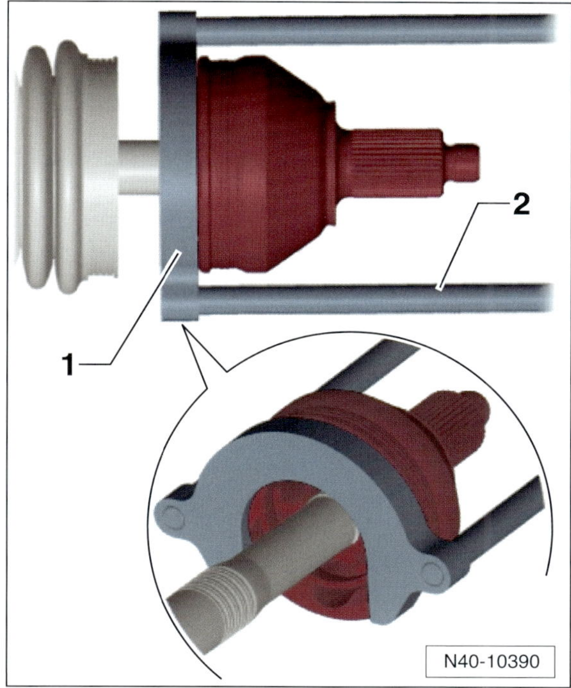

1 – Abziehplatte –T10382/1–
Die glatte Seite der Abziehplatte muss zu der Spindel zeigen.

2 – Spindeln –T10382/2–

- Gleichlaufgelenk mit der Abziehvorrichtung VW-T10382 von der Gelenkwelle abziehen.

Einbau

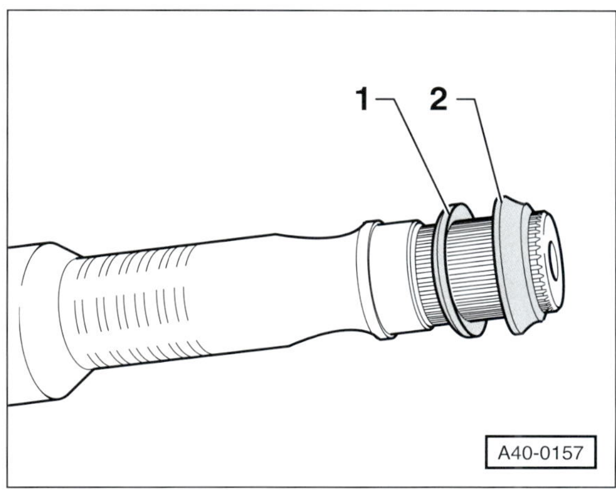

- Tellerfeder und Anlaufring auf die Gelenkwelle schieben. Die Tellerfeder –1– am Außengelenk zeigt mit dem großen Durchmesser nach außen, der Anlaufring –2– mit dem kleinen Durchmesser nach außen.
- **Neuen** Sicherungsring in die Nut der Welle einsetzen.
- Außengelenk mit einem Kunststoffhammer bis zum Anschlag auf die Gelenkwelle treiben, bis der Sicherungsring einrastet.
- Gelenk mit Spezialfett aus dem Reparatursatz schmieren. Halbe Fettmenge in der Manschette verteilen, die andere Hälfte ins Gelenk eindrücken.
- Manschette über das Gelenk ziehen und mit **neuen** Klemmschellen befestigen.

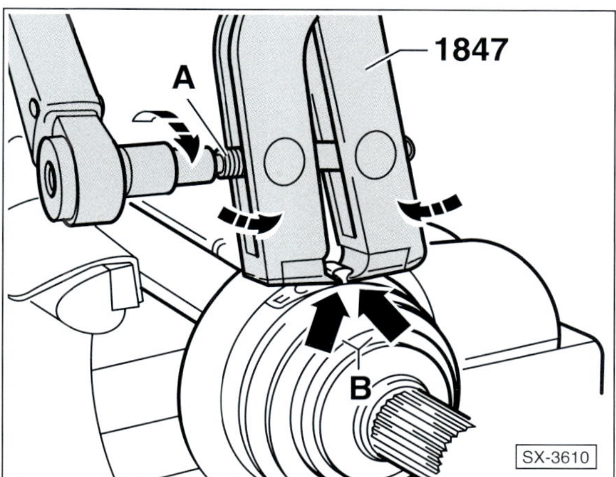

- Zum Spannen der Klemmschellen muss eine Spezialzange verwendet werden, zum Beispiel HAZET 1847, sonst wird die erforderliche Spannkraft nicht erreicht. Die Schneiden der Zange müssen beim Ansetzen in den Ecken –Pfeile B– anliegen. In dieser Stellung Schraube –A– mit Drehmomentschlüssel und **25 Nm** anziehen und dadurch Klemmschelle spannen.

Achtung: Das Gewinde der Zange muss leichtgängig sein, gegebenenfalls vorher mit MoS_2-Fett schmieren. Bei Schwergängigkeit, zum Beispiel durch Verschmutzung, wird die erforderliche Spannkraft der Klemmschelle bei dem vorgegebenen Anzugsdrehmoment nicht erreicht.

- Gelenkwelle einbauen, siehe entsprechendes Kapitel.

Gleichlaufgelenk innen VL100, VL107

Hinweis: Die Zahl hinter der Bezeichnung »VL« gibt jeweils den Durchmesser des Innengelenks in mm an.

Ausbau

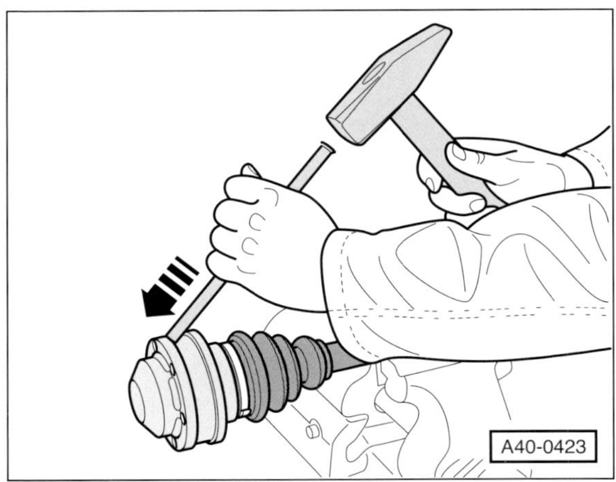

- **Gleichlaufgelenk VL 107 (geschraubt):** Deckel mit geeignetem Dorn vom Gelenk abtreiben.
- **Gleichlaufgelenk VL 107 (geschraubt):** Sicherungsring –17– mit geeigneter Zange, zum Beispiel HAZET 1847-61, vom Gelenk abziehen, siehe Abbildung N40-10198 auf Seite 190.

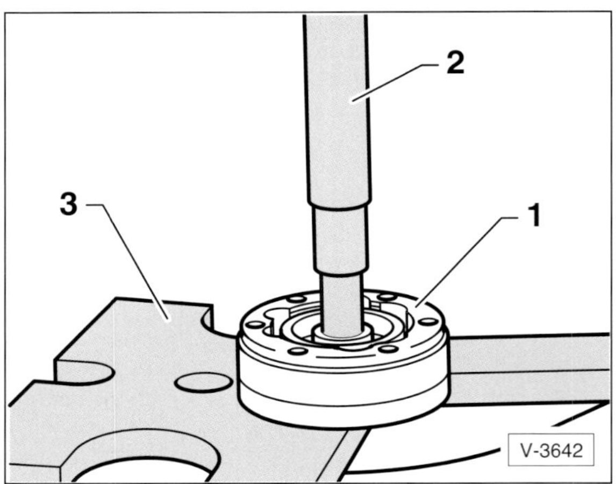

- Innengelenk –1– mit geeigneter Presse –2– von der Gelenkwelle abpressen, dabei die Kugelnabe mit Auflageplatten –3– abstützen.
- Manschette von der Gelenkwelle herunterziehen.

Einbau

- **Neue** kleine Klemmschelle auf die Gelenkwelle schieben.
- Spröde oder beschädigte Manschette ersetzen und auf die Gelenkwelle schieben.

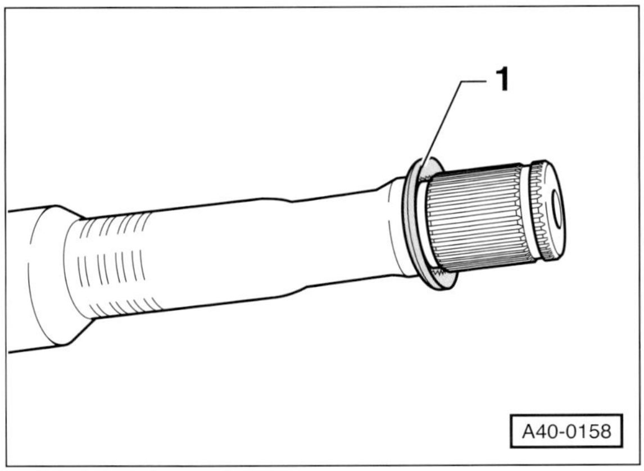

- **Gleichlaufgelenk VL 100:** Tellerfeder –1– auf die Welle schieben. Der große Durchmesser der Tellerfeder stützt sich dabei am Gelenk ab.

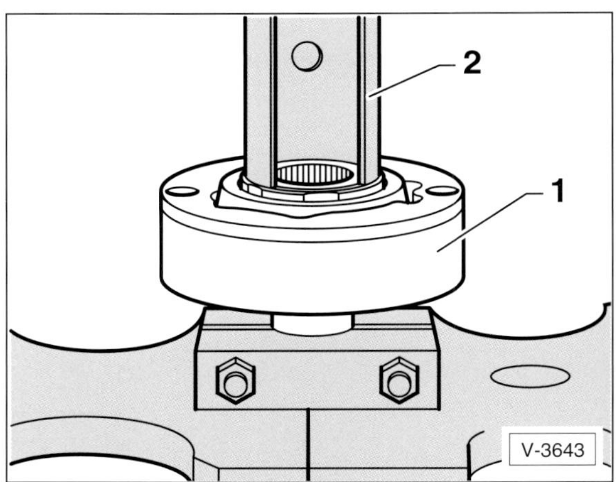

- Innengelenk –1– mit geeigneter Presse –2– bis zum Anschlag aufpressen. **Achtung:** Die abgeschrägte Kante (Fase) am Innendurchmesser der Kugelnabe (Verzahnung) muss zum Anlagebund der Gelenkwelle zeigen.
- **Neuen** Sicherungsring mit Sprengringzange HAZET 1847-61 in das Gelenk einfedern.
- Gelenk mit Spezialfett aus dem Reparatursatz schmieren. Halbe Fettmenge in der Manschette verteilen, die andere Hälfte ins Gelenk eindrücken.
- Manschette über das Gelenk ziehen, vorher die Dichtfläche mit VW-Dichtungsmittel D 454 300 A2 bestreichen.
- Manschette mit **neuen** Klemmschellen befestigen. Klemmschellen mit Spezialzange, zum Beispiel HAZET 1847, spannen, siehe Abschnitt »Gelenk außen«.

Deckel für inneres Gleichlaufgelenk VL 107 (geschraubt) einbauen

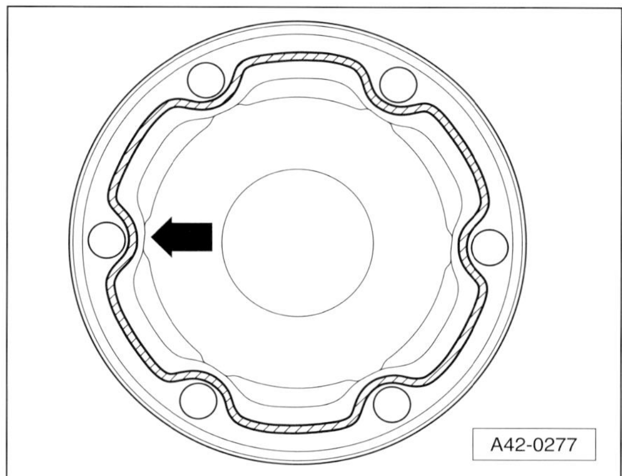

- Dichtfläche des Deckels mit dem Dichtmittel VW-D 454 300 A2 bestreichen. Dabei Dichtmittelraupe ununterbrochen mit einem Durchmesser von 2 bis 3 mm im Bereich der Bohrungen innen –Pfeil– auf die saubere Fläche des Deckels auftragen.

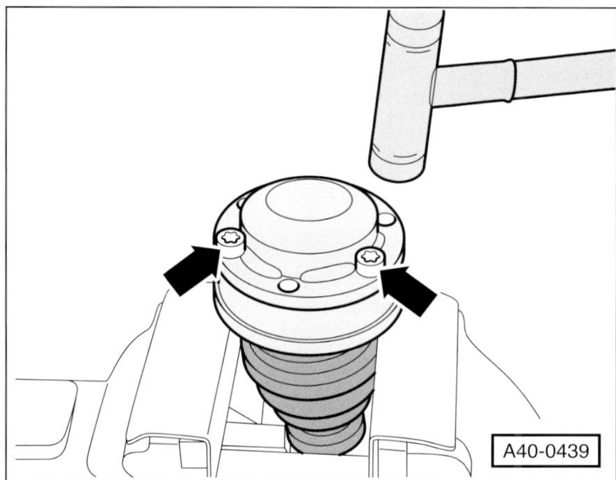

- Neuen Deckel mit Schrauben –Pfeile– zu den Schraubenlöchern ausrichten. **Achtung:** Der Deckel muss sehr genau ausgerichtet werden, da nach dem Auftreiben kein Ausrichten mehr möglich ist.
- Deckel mit einem Kunstoffhammer auftreiben.
- Herausquellendes Dichtmittel abwischen.

Tripodegelenk innen

Ausbau

- Gelenkgehäuse –16– von der Gelenkwelle und den Tripoderollen ziehen, siehe Abbildung N40-10557 auf Seite 191.

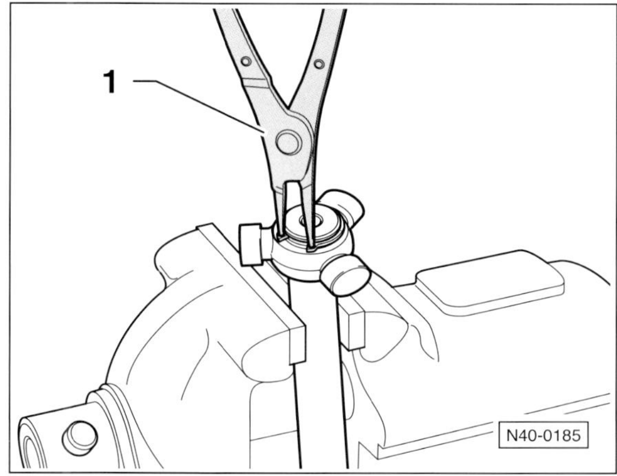

- Sicherungsring mit geeigneter Zange –1–, zum Beispiel HAZET 1846 c, an der Verzahnung von der Gelenkwelle abbauen.
- Tripodestern mit geeigneter Presse von der Gelenkwelle abpressen.
- Manschette von der Gelenkwelle herunterziehen.

Einbau

- Welle, Gelenkstück und Nut für Dichtring reinigen.
- **Neue** kleine Klemmschelle auf die Gelenkwelle schieben.
- Spröde oder beschädigte Manschette ersetzen und auf die Gelenkwelle schieben.
- Gelenkgehäuse auf die Gelenkwelle schieben.
- Verzahnung von Gelenkwelle und Tripodestern mit Festschmierstoffpaste VW-G 052 142 A2 bestreichen.
- Tripodestern mit der abgeschrägten Kante (falls vorhanden) auf die Gelenkwelle aufstecken und mit geeigneter Presse bis zum Anschlag aufpressen. **Achtung:** Der Aufpressdruck darf 3,0 t nicht übersteigen.
- **Neuen** Sicherungsring einsetzen.
- Die Hälfte Gelenkwellenfett aus dem Reparatursatz in das Gelenk drücken und Gelenkgehäuse über die Tripoderollen schieben.
- Restliche Fettmenge aus dem Reparatursatz in die Rückseite des Tripodegelenks drücken.
- Manschette über das Gelenk ziehen.

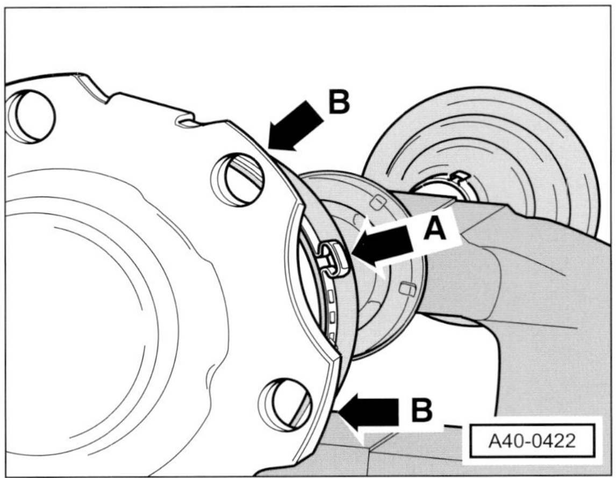

- Große Klemmschelle so ausrichten, dass keine Bohrung –B– für die Getriebeflansch-Schrauben vom Klemmohr –A– der Schelle verdeckt wird.
- Große und kleine Klemmschelle mit Spezialzange, zum Beispiel HAZET 1847, spannen, siehe Abschnitt »Gelenk außen«.
- Gelenkwelle einbauen, siehe entsprechendes Kapitel.

Nabenschraube aus- und einbauen

Ausbau

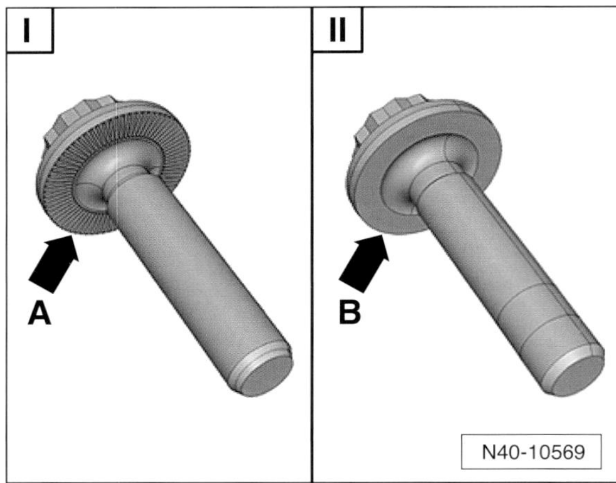

Als Nabenschraube kann eine Zwölfkantschraube **mit** Verrippung –Pfeil A– an der Anlagefläche des Schraubenkopfs oder eine Zwölfkantschraube **ohne** Verrippung –Pfeil B– eingebaut sein. Nach dem Ausbau der Nabenschraube muss diese **grundsätzlich erneuert** werden. Dabei darf **nur eine Schraube gleicher Ausführung** verwendet werden. **Achtung:** Die Schrauben werden mit unterschiedlichem Anzugsdrehmoment festgezogen.

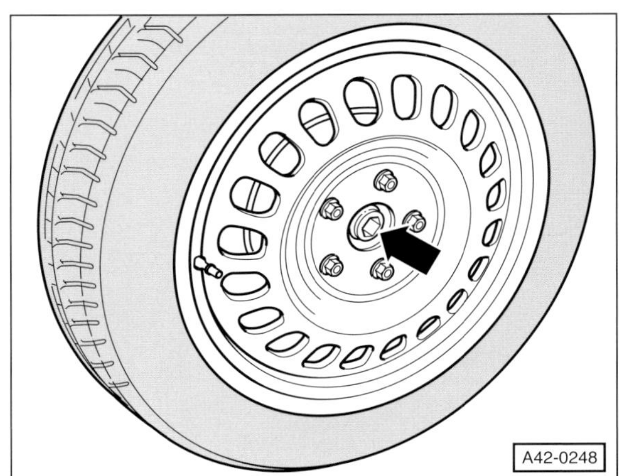

- Nabenschraube –Pfeil– bei auf den Rädern stehendem Fahrzeug lösen. Dabei durch Helfer Bremse treten lassen. Zum Lösen wird ein Zwölfkant-Steckschlüssel einsatz SW-24 benötigt. **Hinweis:** In der Abbildung ist nicht die Nabenschraube beim PASSAT dargestellt.

Achtung: Die Nabenschraube darf bei auf den Rädern stehendem Fahrzeug nur **maximal 90°** (¼ Umdrehung) gelöst werden, sonst wird das Radlager vorgeschädigt.

- Radschrauben bei auf dem Boden stehenden Rädern lösen.

Sicherheitshinweis
Beim Aufbocken des Fahrzeugs besteht Unfallgefahr! Hinweise im Kapitel »Fahrzeug aufbocken« beachten.

- Fahrzeug so weit aufbocken, bis die Räder frei hängen.
- Fußbremse durch einen Helfer betätigen lassen und Nabenschraube herausdrehen.

Einbau

- **Neue** Nabenschraube bis zur Anlage einschrauben und anziehen. **Achtung:** Dabei durch Helfer die Fußbremse betätigen lassen.
  Anzugsdrehmoment:
  Rippschraube . . . . **70 Nm**
  Schraube ohne Verrippung . . . . **200 Nm**

Achtung: Beim ersten Anziehen der Nabenschraube dürfen die Räder den Boden nicht berühren, sonst wird das Radlager vorgeschädigt.

- Rad anschrauben, Fahrzeug ablassen.
- Anschließend Nabenschraube mit einem starren Schlüssel um einen Drehwinkel weiterdrehen.
  Drehwinkel:
  Rippschraube . . . . **90°** (¼ Umdrehung)
  Schraube ohne Verrippung . . . . **180°** (½ Umdrehung)
- Radschrauben über Kreuz mit **120 Nm** anziehen.

Fahrzeug in Leergewichtslage bringen

Alle Schrauben an Fahrwerksteilen mit Gummimetalllagern müssen grundsätzlich in »Leergewichtslage« festgezogen werden.

Das liegt daran, dass Gumimetalllager einen begrenzten Verdrehbereich haben. Achsbauteile mit Gummimetalllagern müssen deshalb vor dem Festziehen in eine Position gebracht werden, die der Position im Fahrbetrieb entspricht. Diese Position nennt man »Leergewichtslage«. Andernfalls wird das Gummimetalllager verspannt, was eine geringere Lebensdauer zur Folge hat.

Die Position der Leergewichtslage wird durch Anheben der Radaufhängung beim angehobenen Fahrzeug erreicht. Dabei besteht die **Gefahr, dass das Fahrzeug von der Hebebühne oder von den Böcken rutscht.**

Aus diesem Grund Fahrzeug **auf der Hebebühne unbedingt vorher festzurren**.

Auf keinen Fall versuchen, ein aufgebocktes Fahrzeug in Leergewichtslage zu bringen. In diesem Fall das auf den Rädern stehende Fahrzeug auf eine Rampe oder über eine Grube fahren. Schrauben der Fahrwerksteile bei auf dem Boden stehenden Rädern festziehen.

Leergewichtslage einstellen

Achtung: Die Einstellhinweise gelten nur für Fahrzeuge, die sich auf einer Hebebühne befinden. Auf der Hebebühne muss das Fahrzeug an den Tragarmen festgezurrt sein, damit es nicht herunterrutschen kann.

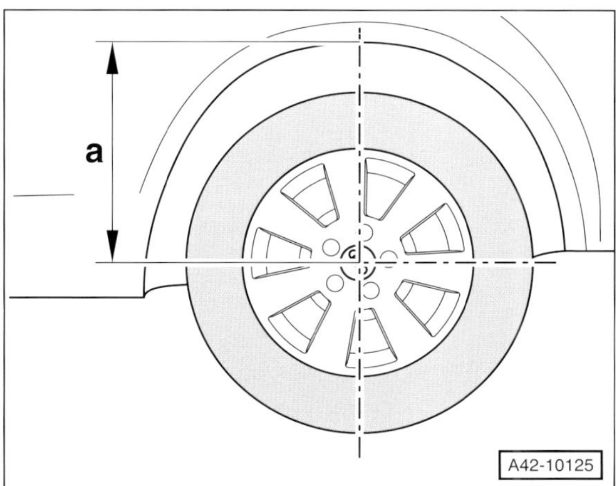

- Am unbeladenen, auf dem Boden stehenden Fahrzeug das Maß –a– messen.
- Radschrauben lösen.

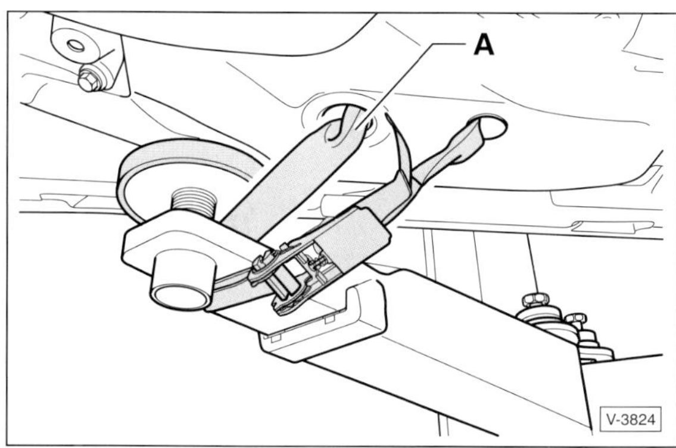

- Fahrzeug mit einer Hebebühne anheben und mit Spanngurten –A– an den Tragarmen der Hebebühne verzurren.
- Radschrauben herausdrehen und Rad abnehmen.
- Radnabe so drehen, bis eine Radschraubenbohrung oben steht.

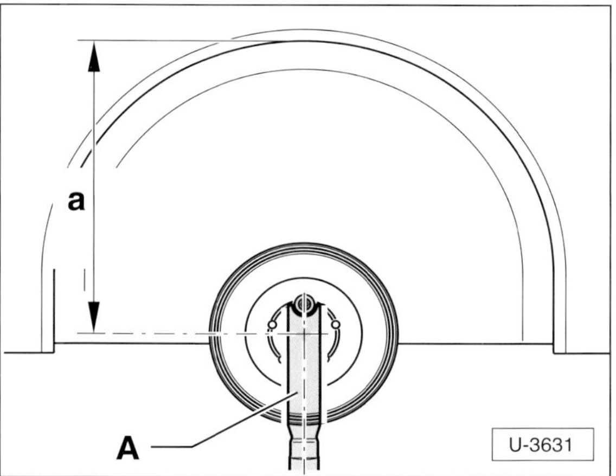

- Aufnahme –A–, zum Beispiel VW/AUDI-T10149, an der Radnabe anschrauben.
- Radlagergehäuse mit Motor- und Getriebeheber und Aufnahme –A– so weit anheben, bis das vorher gemessene Maß –a– erreicht ist.
- Betroffene Schrauben am Fahrwerk festziehen.
- Radlagergehäuse ablassen. Motor- und Getriebeheber wegziehen und Aufnahme abbauen.
- Rad einbauen, siehe Seite 211.

Sollwerte für die Standhöhe –a–

Fahrwerk	Standhöhe –a–
Basisfahrwerk (G02/G07/G11/G12/G15)	383 ± 10 mm
Basisfahrwerk mit adaptiver Fahrwerksregelung DCC (G41)	373 ± 10 mm
Schlechtwegefahrwerk (G04/G09)	403 ± 10 mm
Komfort Schlechtwegefahrwerk (G05/G10/G16)	393 ± 10 mm
Sportfahrwerk (G03/G08/G23/G28), BlueMotion (G37/G38)	368 ± 10 mm
R36 (G36/G46)	358 ± 10 mm
Hochstandsfahrwerk (G19/G50/G51/G52)	398 ± 10 mm
Passat Alltrack (G42/G43)	403 ± 10 mm

Das Fahrwerk kann anhand der in Klammern stehenden PR-Nummer identifiziert werden. Die PR-Nummer steht auf dem Fahrzeug-Datenträger, siehe Seite 13.

Hinterachse

Schraubenfeder, Stoßdämpfer, Querlenker, Radlagergehäuse

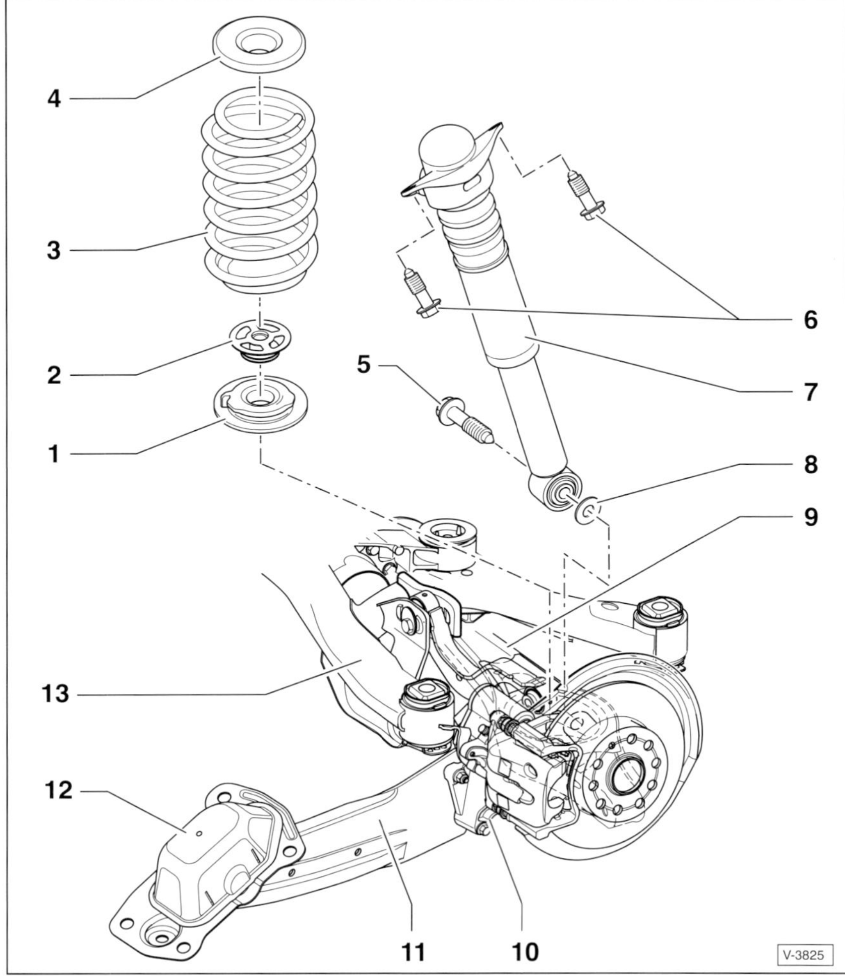

1 – **Federauflage unten**

2 – **Montagehilfe**
Für den Serieneinbau. Muss nach dem Ausbau nicht wiederverwendet werden.

3 – **Schraubenfeder**

4 – **Federauflage oben**

5 – **Schraube*, 180 Nm**

6 – **Schrauben*, 50 Nm + 45°**

7 – **Stoßdämpfer**

8 – **Scheibe**

9 – **Querlenker unten**

10 – **Radlagergehäuse**

11 – **Längslenker**

12 – **Lagerbock für Längslenker**

13 – **Hinterachsträger**

---

*) Nach jeder Demontage ersetzen.

Hinweis: In der Abbildung ist die Ausführung für Allradfahrzeuge dargestellt.

Schraubenfeder an der Hinterachse aus- und einbauen

Hinweis: Grundsätzlich beide Schraubenfedern an einer Achse erneuern und auf Farbkennzeichnung achten. An einer Achse nur Schraubenfedern gleicher Hersteller verwenden.

Ausbau

- Radschrauben lösen.
- Fahrzeug anheben.
- Rad abbauen.

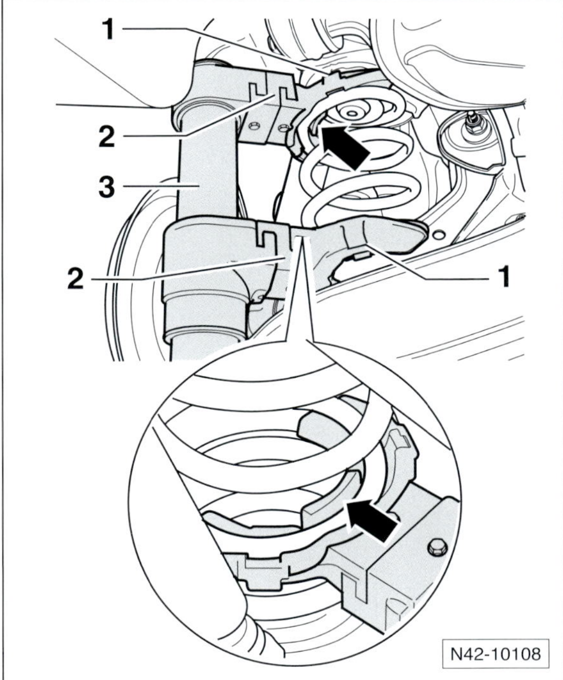

- Geeigneten Federspanner –3– von hinten an der Schraubenfeder ansetzen und möglichst nah an den Federwindungen anlegen, dabei mindestens 3 Windungen umgreifen.

Hinweis: Die Fachwerkstatt benutzt den Federspanner VAG 1752/1 mit den Spannplatten VAG 1752/3A und der Verlängerung –2– VAG 1752/9.

Achtung: Während des Spannvorgangs auf korrekten Sitz der Spannplatten –1– in den Federwindungen achten –Pfeile–.

- Schraubenfeder so weit spannen, bis diese herausnehmbar ist. Federspanner mit Schraubenfeder aus dem Radkasten herausziehen.
- **Federspanner langsam entspannen** und Schraubenfeder zusammen mit oberer und unterer Federauflage herausnehmen.

Einbau

- Schraubenfeder in den Federspanner einsetzen und zusammendrücken.

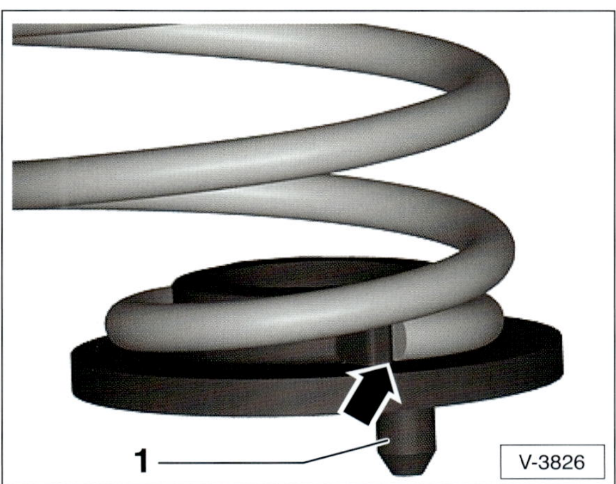

- Untere Federauflage so in die Schraubenfeder einsetzen, dass der Federanfang –Pfeil– am Anschlag der Federauflage anliegt. 1 – Zapfen.

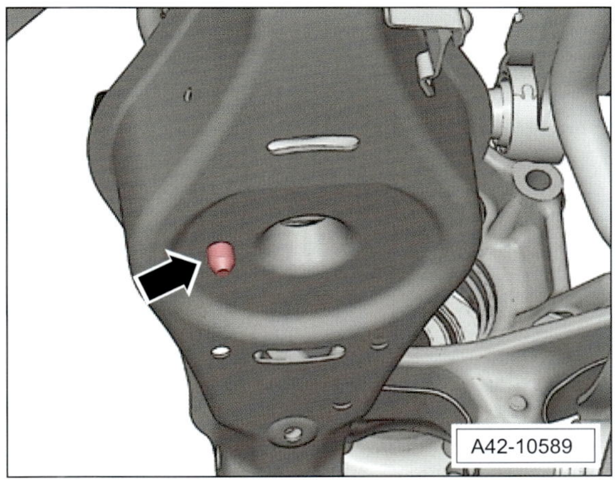

- Gespannte Schraubenfeder zusammen mit der unteren Federauflage einsetzen. Dabei muss der Zapfen der Federauflage in die Bohrung –Pfeil– im Querlenker eingesetzt werden.

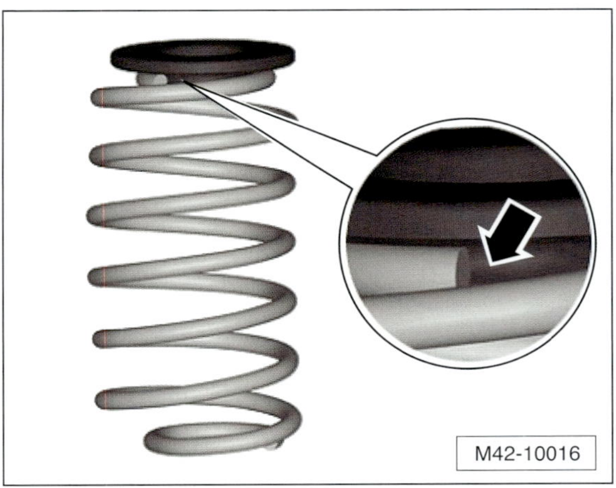

- Die Federauflage oben in das obere Federende so einsetzen, dass der Wulst der Federauflage –Pfeil– richtig an der Schraubenfeder anliegt.
- Schraubenfeder langsam entspannen, dabei die obere Federauflage auf die Nase der Karosserie aufsetzen.
- Federspanner herausnehmen.

Stoßdämpfer aus- und einbauen

Ausbau

- Radschrauben lösen.
- Fahrzeug anheben.
- Rad abbauen.
- Hinteren Innenkotflügel ausbauen, siehe Seite 341.

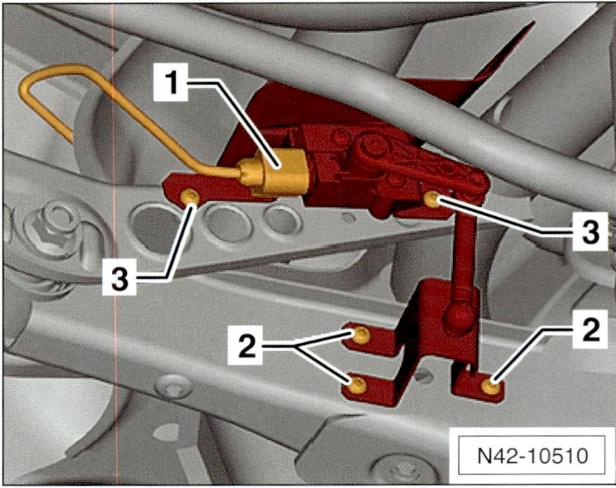

- **Linker Stoßdämpfer:** Geber für Fahrzeugniveau hinten links vom Querlenker unten abschrauben –2–. 1 – Elektrische Steckverbindung, 3 – Obere Befestigungsschrauben,
- Schraubenfeder ausbauen, siehe entsprechendes Kapitel.

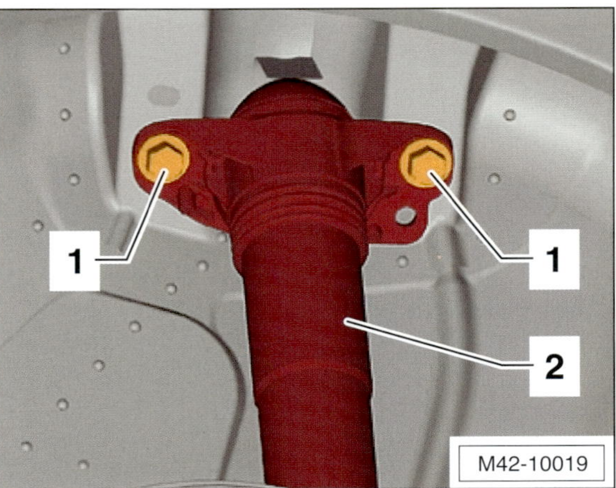

- **Basis-Stoßdämpfer:** Obere Schrauben –1– für Stoßdämpfer –2– herausdrehen.

Adaptive Fahrwerksregelung DCC

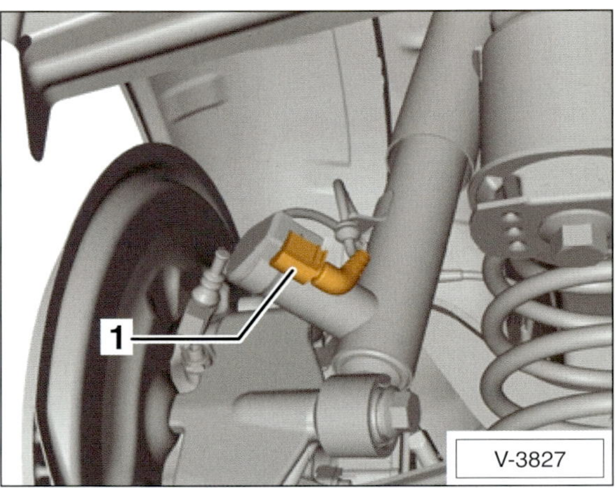

- Stecker –1– vom Stoßdämpfer abziehen.

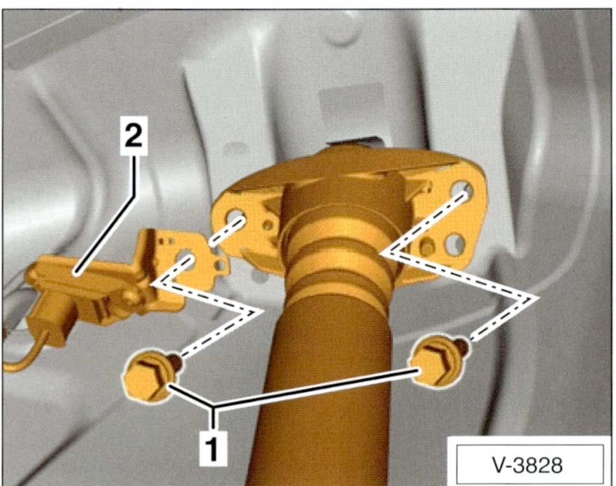

- Schrauben –1– oben am Stoßdämpfer herausdrehen.
- **Linker Stoßdämpfer:** Karosseriebeschleunigungsgeber hinten –2– vom Stoßdämpferlager abziehen.

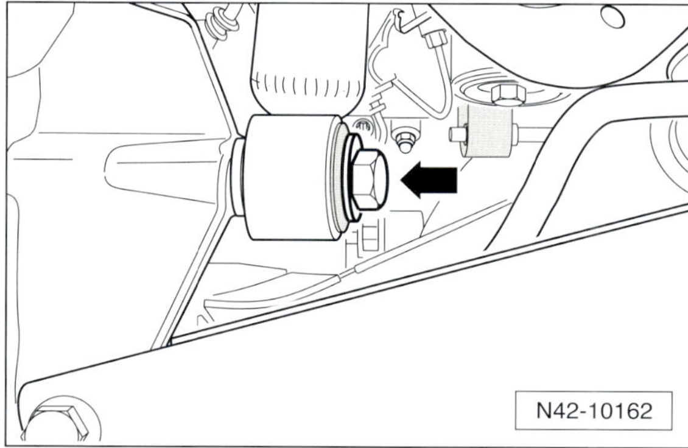

- Untere Befestigungsschraube für Stoßdämpfer –Pfeil– aus dem Achsschenkel herausdrehen.
- Stoßdämpfer aus dem Radkasten herausziehen.

Einbau

- Stoßdämpfer einsetzen und unten anschrauben. **Achtung:** Schraube **nicht festziehen.** Die untere Verschraubung des Stoßdämpfers am Radlagergehäuse darf erst festgezogen werden, wenn sich das Fahrzeug in Leergewichtslage befindet oder mit den Rädern auf dem Boden steht. Leergewichtslage, siehe Seite 197.

Adaptive Fahrwerksregelung DCC

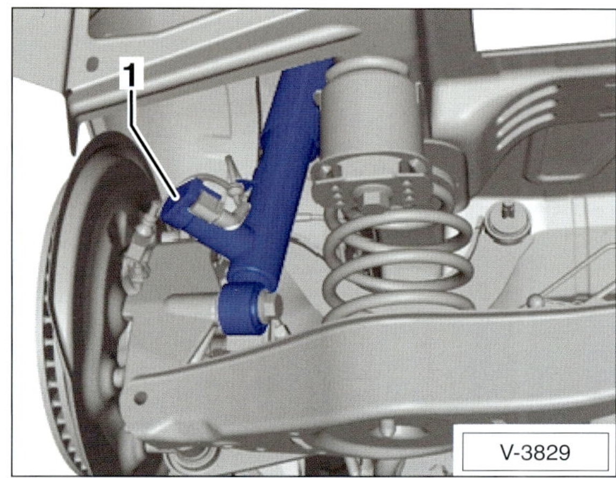

- Einbaulage des Stoßdämpfers beachten. Das Ventil für Dämpfungsverstellung –1– muss nach hinten außen zum Rad zeigen.

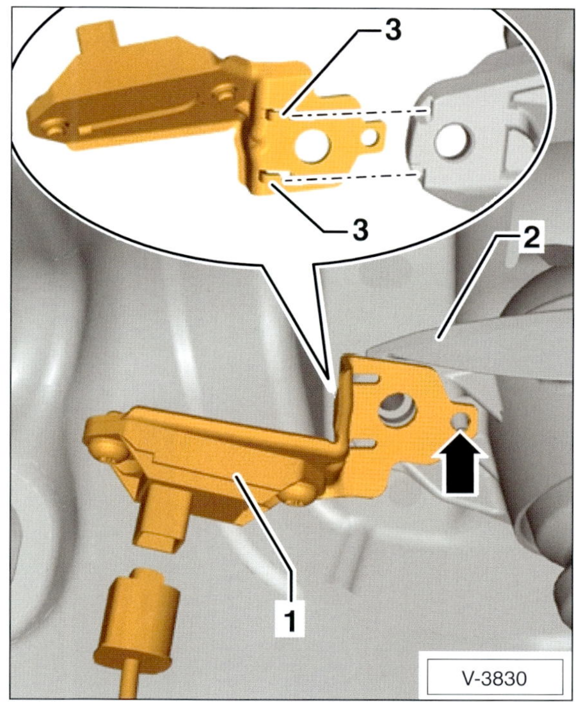

- **Linker Stoßdämpfer:** Karosseriebeschleunigungsgeber –1– auf das Stoßdämpferlager –2– aufsetzen. Dabei den Halter von hinten so auf das Dämpferlager setzen, dass die Haltenasen –3– in die Vertiefungen am Stoßdämpferlager eingreifen.
- Halter nach vorn drehen, damit er am Stoßdämpferlager zur Anlage kommt. Die Nase –Pfeil– dient zur Justierung des Halters für Karosseriebeschleunigungsgeber.

- Neue obere Schrauben für Stoßdämpfer einschrauben und in 2 Stufen festziehen.
  1. Stufe: . . . . **50 Nm**
  2. Stufe: . . . . **45° weiterdrehen**
- **Adaptive Fahrwerksregelung DCC:** Stecker am Ventil für Dämpfungsverstellung aufstecken.
- **Adaptive Fahrwerksregelung DCC, linker Stoßdämpfer:** Geber für Fahrzeugniveau hinten links am Querlenker unten mit **5 Nm** anschrauben.
- Hinteren Innenkotflügel einbauen, siehe Seite 341.
- Rad einbauen, siehe Seite 211.
- Untere Stoßdämpferschraube mit **180 Nm** festziehen. **Achtung:** Dabei muss das Fahrzeug mit den Rädern auf dem Boden stehen.

Stoßdämpfer zerlegen und zusammenbauen

Basis-Fahrwerk

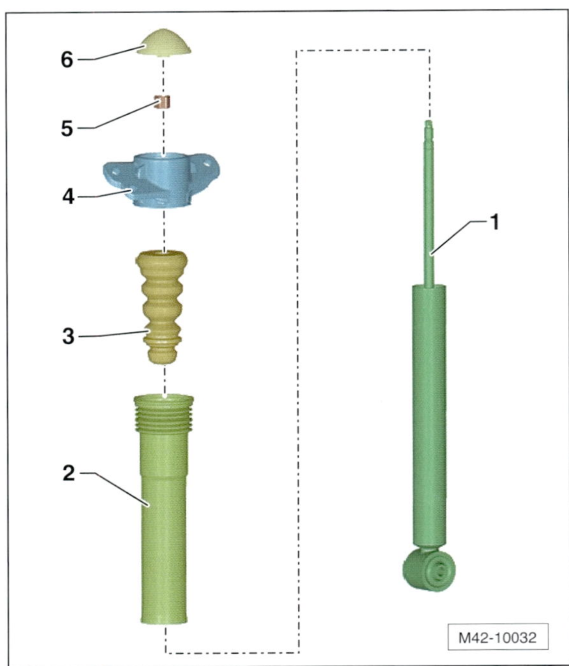

1 – **Stoßdämpfer**
2 – **Schutzrohr**
3 – **Anschlagpuffer**
4 – **Dämpferlager**
5 – **Mutter, 25 Nm**
Nach jeder Demontage ersetzen.
6 – **Abdeckung**

Adaptive Fahrwerksregelung DCC, Frontantrieb

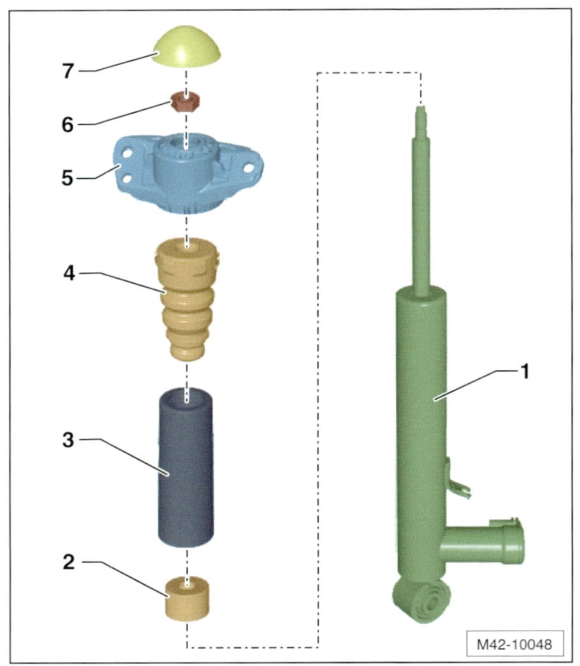

1 – **Stoßdämpfer mit Ventil für Dämpfungsverstellung**
2 – **Abschirmkappe**
3 – **Schutzrohr**
4 – **Anschlagpuffer**
5 – **Dämpferlager**
6 – **Mutter, 25 Nm**
Nach jeder Demontage ersetzen.
7 – **Abdeckung**

Verschraubung für Dämpferlager lösen und festziehen

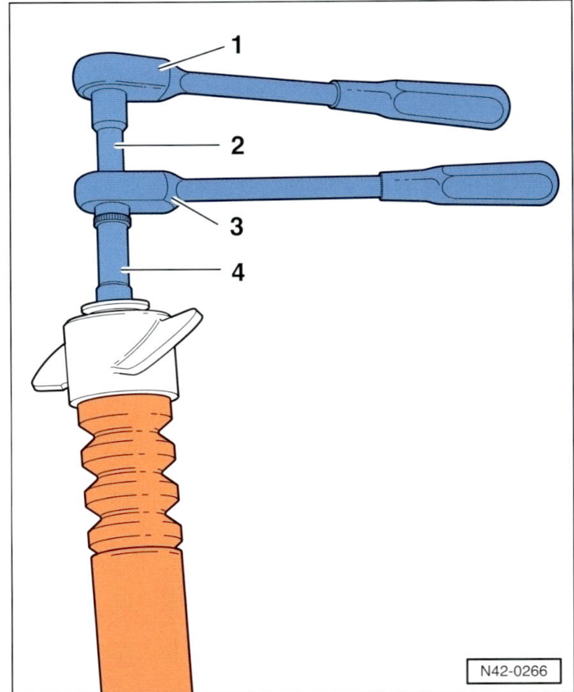

1 – **Knarre handelsüblich**
2 – **Einsteckwerkzeug VW-T10001/9**
3 – **Knarre VW-T10001/11**
4 – **Einsteckwerkzeug VW-T10001/1**

Hinweis: Für die Montagearbeiten kann auch der Werkzeugsatz HAZET 4910/13 verwendet werden.

Lenkung/Airbag

Die Lenkung besteht im Wesentlichen aus dem Lenkrad mit der Lenksäule, dem Zahnstangen-Lenkgetriebe und den Spurstangen. Die Lenksäule überträgt die Lenkbewegungen auf das Lenkgetriebe. Über eine Verzahnung im Lenkgetriebe wird die Zahnstange entsprechend dem Lenkradeinschlag nach links oder rechts bewegt. Spurstangen übertragen die Lenkkräfte über Spurstangengelenke (Spurstangenköpfe) und Radlagergehäuse auf die Räder.

Die Zahnstangenlenkung ist spielfrei von Anschlag zu Anschlag sowie wartungsfrei, nur die Lenkmanschetten und Staubkappen der Spurstangenköpfe müssen im Rahmen der Wartung auf einwandfreien Zustand geprüft werden.

Der Kraftaufwand beim Einschlagen der Räder, insbesondere bei stehendem Fahrzeug, wird durch eine elektro-mechanische Lenkhilfe (Servolenkung) verringert. Die Lenkhilfe besteht aus Elektromotor, Zahnriemen und Kugelspindelgetriebe. Die Kraft des Elektromotors wird über einen Zahnriemen auf das Kugelspindelgetriebe übertragen. Von diesem wird die Drehbewegung in eine Längsbewegung umgewandelt und auf die Zahnstange übertragen und unterstützt dadurch die Lenkbewegungen.

Sicherheitshinweis
Schweiß- und Richtarbeiten an Bauteilen der Lenkung **sind nicht zulässig. Selbstsichernde Schrauben/Muttern** sowie korrodierte Schrauben/Muttern im Reparaturfall **immer ersetzen.**

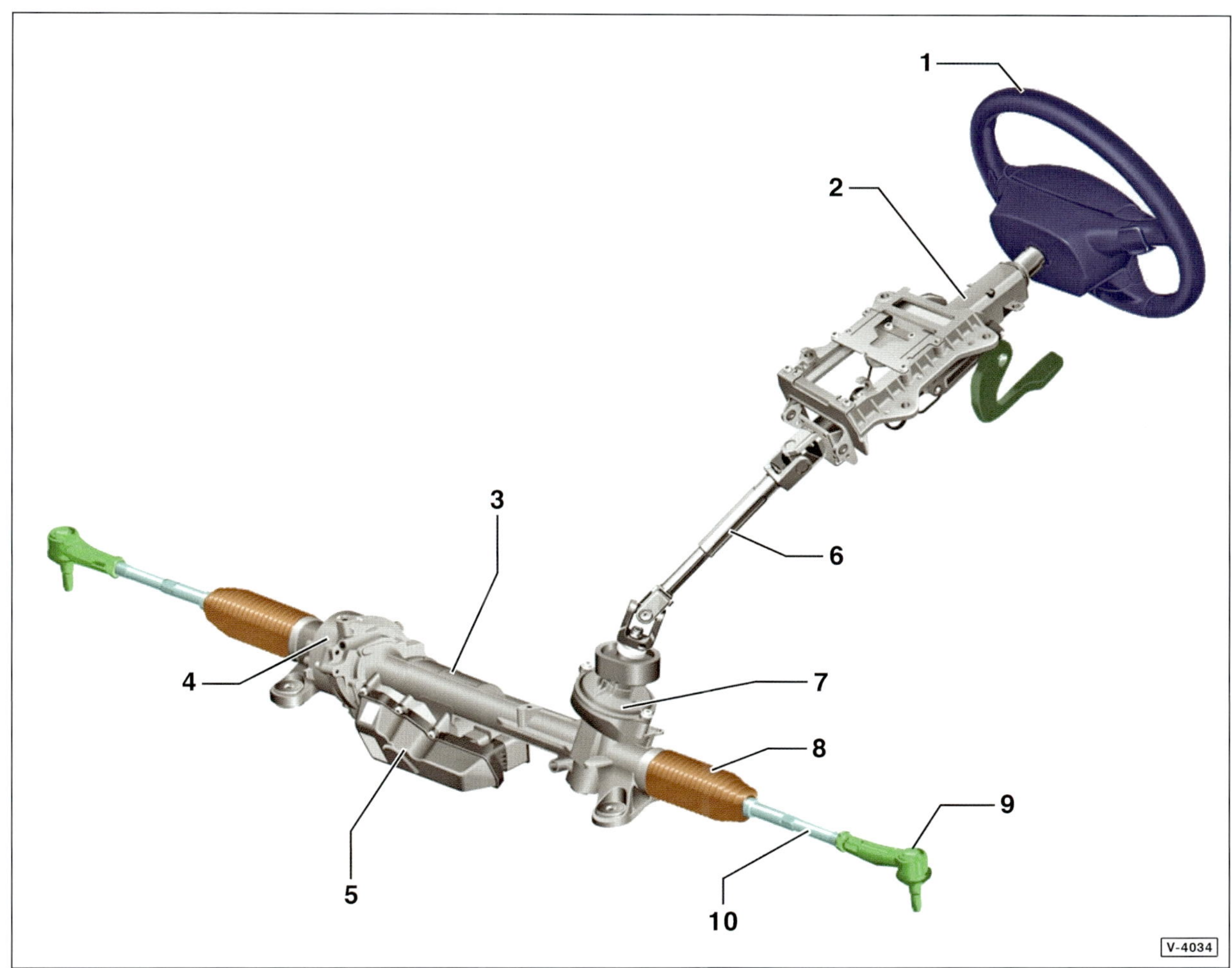

1 – **Lenkrad**
2 – **Lenksäule**
3 – **Elektromotor für Servolenkung**
4 – **Lenkgetriebe**
Mit Kugelspindelgetriebe und Zahnstange.
5 – **Steuergerät für Servolenkung**
6 – **Kreuzgelenkwelle**
7 – **Lenkmomentgeber**
8 – **Lenkmanschette**
9 – **Spurstangenkopf**
10 – **Spurstange**

Achtung: Die angegebenen Anzugsdrehmomente sind unbedingt einzuhalten. Bei mangelnder Erfahrung sollten Arbeiten an der Lenkung von einer Fachwerkstatt durchgeführt werden.

Im Lenkrad ist der Fahrer-**Airbag** untergebracht. Der Airbag ist ein zusammengefalteter Luftsack, der im Fall einer Frontalkollision aufgeblasen wird und dadurch Oberkörper und Kopf des Fahrers vor einem Aufprall auf das Lenkrad schützt. Bei einer entsprechend starken Frontalkollision wird über ein Steuergerät eine kleine Sprengladung im Gasgenerator der Airbag-Einheit gezündet. Es entstehen Explosionsgase, die den Luftsack innerhalb weniger Millisekunden aufblasen. Diese Zeit reicht aus, um den Aufprall des nach vorn schnellenden Fahrer-Oberkörpers zu dämpfen. Der Airbag fällt anschließend innerhalb weniger Sekunden wieder in sich zusammen, da die Gase durch Austrittsöffnungen entweichen.

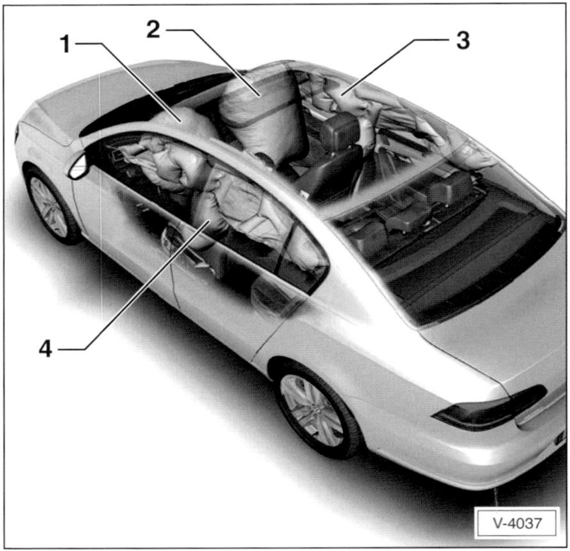

1 – Fahrer-Airbag
2 – Beifahrer-Airbag
3 – Kopf-Airbag
4 – Seiten-Airbag

Airbag-Sicherheitshinweise

Das Airbag-System besteht aus dem Aufprallsensor, dem Gasgenerator, dem Steuergerät und dem Airbag. Das Aufblasen des Airbags wird elektrisch ausgelöst.

Je nach Ausstattung ist das Fahrzeug mit Front-, Seiten-, Knie- und Kopf-Airbags sowie Gurtstraffern ausgestattet. Es handelt sich dabei um pyrotechnische Bauteile, für die dieselben Sicherheitsvorschriften gelten.

Auf dem Beifahrersitz darf kein gegen die Fahrtrichtung angeordneter Babysitz montiert werden, wenn der Beifahrer-Airbag aktiviert ist; ausgenommen ist ein spezieller Kindersitz in Zusammenhang mit der automatischen Kindersitzerkennung.

Achtung: Aus Sicherheitsgründen keine Arbeiten an Teilen des Airbag- oder Gurtstraffer-Systems durchführen.

Vor Aus- und Einbau der Fahrer-Airbag-Einheit folgende Hinweise unbedingt befolgen:

- **Batterie-Massekabel (–) bei eingeschalteter Zündung *abklemmen*. Anschließend Minuspol isolieren, um einen versehentlichen Kontakt zu vermeiden. Nach dem Abklemmen ist keine Wartezeit erforderlich, bis weitere Arbeiten begonnen werden. Achtung: Hinweise im Kapitel »Batterie aus- und einbauen« durchlesen und unbedingt umsetzen.**
- **Batterie-Massekabel (–) nur bei eingeschalteter Zündung *anklemmen*. Achtung: Beim Anklemmen der Batterie darf sich keine Person im Innenraum des Fahrzeuges aufhalten. Befindet sich die Batterie im Innenraum, darf sich niemand im Wirkungsbereich von Airbags und Gurtstraffern aufhalten.**
- **Räder in Geradeausstellung, Lenkrad in Mittelstellung bringen.**
- **Vor dem Berühren der elektrischen Steckverbindungen und dem Abnehmen der Airbag-Einheit elektrostatische Aufladung abbauen. Dazu kurz den Schließkeil der Tür oder die Karosserie anfassen.**

Allgemeine Hinweise:

- Für Airbageinheiten gibt es keine Wechselintervalle.
- Niemals Airbag-Komponenten eines anderen Fahrzeugs oder ein anderes Lenkrad einbauen. Beim Austausch stets neue Teile verwenden.
- Selbst nach einem leichten Unfall, der nicht zum Auslösen des Airbags führte, Airbag- und Gurtstraffer-System von einer Fachwerkstatt überprüfen lassen.
- Das Airbag-System darf nur in der Fachwerkstatt geprüft werden. Keinesfalls mit Prüflampe, Voltmeter oder Ohmmeter prüfen.
- Airbag-Komponenten, die auf eine harte Unterlage herabgefallen sind, müssen grundsätzlich ersetzt werden.
- Airbag-Komponenten vor großer Hitze und direkter Flammeneinwirkung schützen und keinen Temperaturen über +100° C aussetzen, auch nicht kurzfristig.

- Airbag-Komponenten vor Kontakt mit Wasser, Fett oder Öl schützen. Sofort mit einem trockenen Lappen abwischen.
- Die Airbag-Einheit ist im ausgebauten Zustand immer so abzulegen, dass das Lenkradpolster nach oben zeigt. Bei umgekehrter Lagerung besteht die Gefahr, dass bei eventueller Zündung der Gasgenerator nach oben geschleudert wird. Dadurch erhöht sich die Verletzungsgefahr.
- Bei Arbeitsunterbrechung die Airbag-Einheit nicht unbeaufsichtigt liegen lassen.
- Airbag-Einheit oder Gurtstraffer dürfen nicht zerlegt werden, bei einem Defekt sind sie immer komplett zu ersetzen. Da die Airbag-Einheit Explosivstoffe enthält, ist sie unter Verschluss oder geeigneter Aufsicht aufzubewahren.
- Vor Verschrotten des Fahrzeugs müssen die Airbag-Einheiten entsorgt werden. Die Entsorgung erfolgt nur durch eine Fachwerkstatt.
- Lenkrad, Armaturentafel und Vordersitzlehnen im Bereich der Airbag-Einheit nicht bekleben und von Gegenständen freihalten.
- Die Airbag-Kontrolllampe im Kombiinstrument muss beim Einschalten der Zündung aufleuchten und nach etwa 4 Sekunden erlöschen. Andernfalls liegt eine Störung vor.

Speziell beim Seitenairbag ist Folgendes zu beachten:

- Es dürfen nur original Sitzbezüge und Rücksitzbezüge verbaut werden, die für Seitenairbags freigegeben sind (erkennbar am Airbag-Annäher auf dem Bezug).
- Die Rückenlehnen dürfen nicht mit Schonbezügen überzogen werden, da dadurch die Funktion des Seitenairbags beeinflusst wird.
- Sitzplatzauflagen, -matten oder Ähnliches, die die Funktion der Sitzbelegungserkennung und der Airbags beeinträchtigen, sind nicht zulässig.
- Bei Beschädigung des Bezuges (durch Risse, Brandlöcher usw.) im Bereich des Seitenairbags ist aus Sicherheitsgründen immer der Bezug zu wechseln, da sich sonst der Seitenairbag nicht richtig entfaltet.
- Nicht mit der Polsternadel oder ähnlich spitzen Gegenständen im Bereich Airbag und Sensormatte in den Bezug stechen.

Speziell beim Kopfairbag ist Folgendes zu beachten:

- Kopfairbag nicht knicken oder verdrehen.
- Beschädigte Verkleidungen an den Fahrzeugsäulen immer ersetzen, nie reparieren.

Airbag auf der Fahrerseite aus- und einbauen

Ausbau

- Zündung einschalten.
- Lenksäulenverstellung entriegeln. Lenksäule ganz herausziehen und in tiefster Position verriegeln.

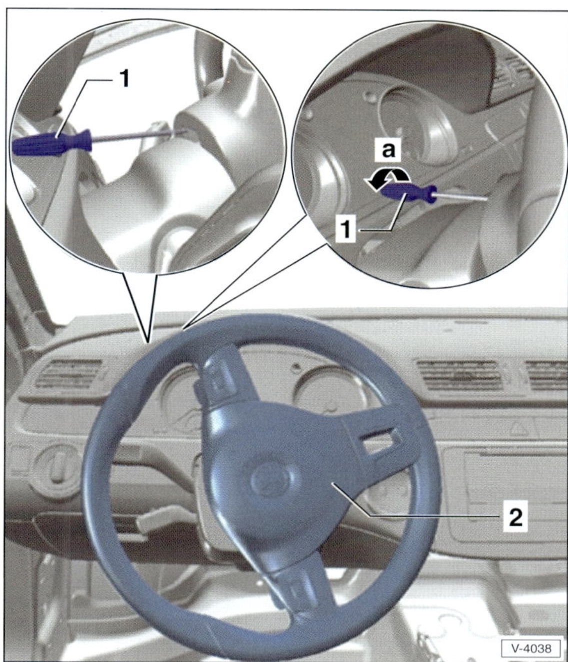

- Lenkrad ¼ Umdrehung gegen den Uhrzeigersinn drehen, bis die seitlichen Lenkradspeichen senkrecht stehen.
- Einen etwa 7 mm breiten und 18 cm langen Schraubendreher –1– bis zum Anschlag (ca. 8 mm) in die Bohrung an der Rückseite des Lenkrads stecken.
- Schraubendreher in Pfeilrichtung –a– drehen. Dadurch wird die Airbag-Einheit –2– entriegelt und springt ein Stück aus dem Lenkrad.
- Lenkrad um 180° (½ Umdrehung) zurückdrehen und zweite Verrastung an der gegenüberliegenden Seite auf die gleiche weise entriegeln.
- Lenkrad um 90° (¼ Umdrehung) auf die Mittelstellung zurückdrehen, die Räder stehen dann geradeaus.
- **Airbag-Sicherheitshinweise durchlesen und befolgen.**
- **Batterie-Massekabel (–) bei eingeschalteter Zündung abgeklemmen, siehe Seite 79.**
- **Minuspol** der Batterie **isolieren**, um einen versehentlichen Kontakt zu vermeiden.

Achtung: Vor dem Abnehmen der Airbag-Einheit beziehungsweise dem Trennen von elektrischen Leitungen eine eventuelle **elektrostatische Aufladung** abbauen. Dazu kurz den **Schließkeil der Tür** oder **die Karosserie anfassen.**

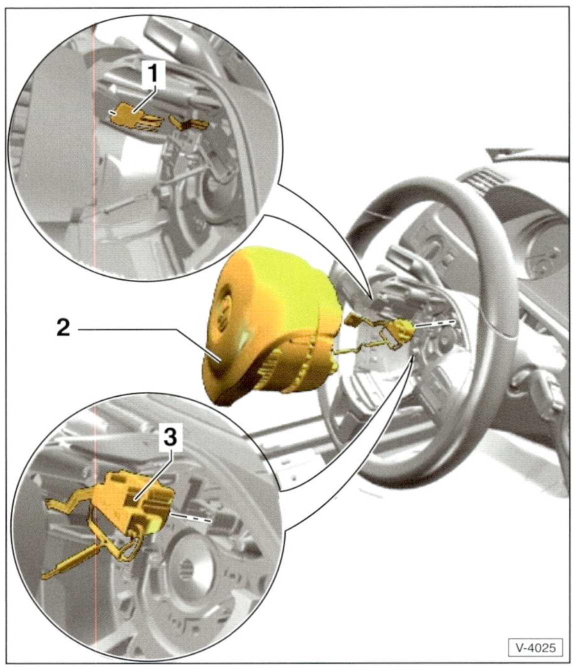

- Airbag-Einheit –2– vorsichtig ein Stück vom Lenkrad abnehmen.
- Airbagstecker –1– und –3– entriegeln und abziehen.
- Airbag-Einheit –2– vom Lenkrad abnehmen.
- Airbag-Einheit so ablegen, dass das Prallpolster nach oben zeigt.

Einbau

Achtung: Vor dem Ansetzen der Airbag-Einheit beziehungsweise dem Verbinden von elektrischen Leitungen eine eventuelle **elektrostatische Aufladung** abbauen. Dazu kurz den **Schließkeil der Tür** oder **die Karosserie anfassen.**

- Airbagstecker jeweils an der Steckerkupplung aufstecken. Die Airbagstecker müssen hörbar einrasten.
- Airbag-Einheit ins Lenkrad einsetzen und über den Befestigungspunkten ausrichten. Airbag-Einheit rechts und links eindrücken und hörbar einrasten.
- Durch hin- und herbewegen überprüfen, ob die Airbag-Einheit korrekt im Lenkrad verrastet ist.
- **Zündung einschalten.**

Achtung: Beim Anklemmen der Batterie darf sich keine Person im Fahrzeug-Innenraum befinden!

- Isolierband am Minuspol der Batterie entfernen und Massekabel (–) an der Batterie anklemmen, siehe Seite 79.

Achtung: Wenn nach dem Wiederanklemmen der Batterie die Zündung nicht eingeschaltet ist (Kontrollleuchten im Kombiinstrument leuchten nicht) darf die Zündung (Schlüssel/Taster) nur auf dem Fahrersitz sitzend, in der hintersten Position eingeschaltet werden.

- Fehlerspeicher des Steuergeräts für Airbag abfragen und löschen, da durch das Trennen der elektrischen Steckverbindungen Fehler abgespeichert sein können (Werkstattarbeit).

Lenkrad aus- und einbauen

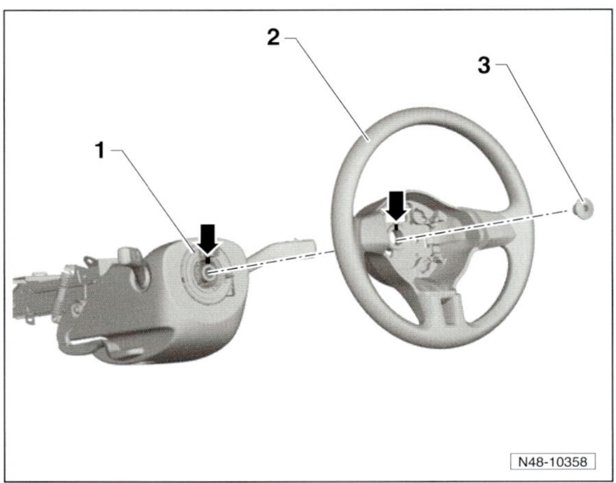

1 – Lenksäule
Die Körnerpunkte –Pfeile– auf dem Lenkrad und der Lenksäule müssen beim Aufsetzen des Lenkrades übereinander stehen. Einige Lenksäulen sind ab Werk nicht mit einem Körnerpunkt versehen. Bei diesen Lenksäulen muss vor dem Abnehmen des Lenkrads ein entsprechender Körnerpunkt gesetzt werden.

2 – Lenkrad

3 – Schraube, 30 Nm +90°
Nach jeder Demontage ersetzen.

Ausbau

- Räder in Geradeausstellung, Lenkrad in Mittelstellung bringen.
- Airbag-Einheit ausbauen, siehe Seite 205.
- Lenksäule in mittlere Höhenposition stellen.

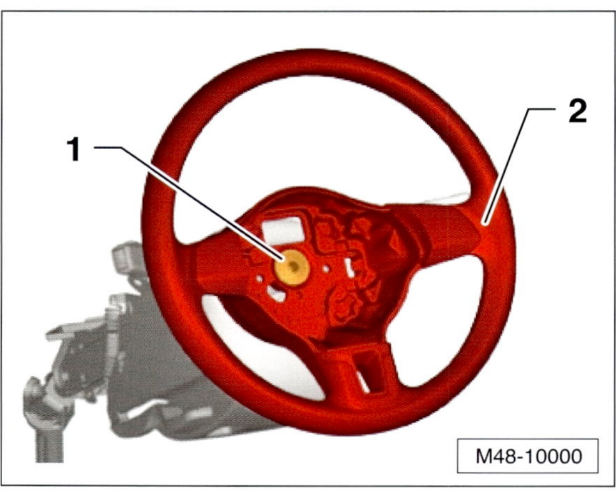

- Schraube –1– herausdrehen.
- Prüfen, ob die Lenksäule mit einem Körnerpunkt auf Höhe der Markierung Lenksäule versehen ist.
- Ist das nicht der Fall, dann muss die Stellung von Lenkrad zu Lenksäule markiert werden. Dazu mit einem Filzstift eine Linie über beide Bauteile ziehen.
- Lenkrad –2– von der Lenksäule abziehen.

Einbau

- Der Einbau erfolgt in umgekehrter Ausbaureihenfolge. Dabei ist Folgendes zu beachten:
- Sicherstellen, dass sich die Räder in Geradeausstellung befinden, bevor das Lenkrad aufgesetzt wird.
- Bei Einbau des ausgebauten Lenkrads: Darauf achten, dass die Markierungen auf Lenksäule/Lenkrad zueinanderstehen.
- Bei Einbau eines neuen Lenkrads ohne Markierung: Lenkrad in Mittelstellung aufsetzen. Die Lenkradspeiche muss waagerecht stehen und Räder müssen sich in Geradeausstellung befinden.
- Lenkrad mit neuer Schraube und **30 Nm** anziehen. Anschließen Befestigungsschraube um **90°** weiterdrehen.
- Airbag-Einheit einbauen, siehe Seite 205.
- Probefahrt durchführen.
- Steht das Lenkrad schief, muss das Lenkrad wieder ausgebaut und auf der Verzahnung der Lenksäule umgesetzt werden.

Lenkmanschette aus- und einbauen

Bei defektem Faltenbalg dringen Feuchtigkeit und Schmutz in das Lenkgetriebe. Im Bereich der Verzahnung auf der Zahnstange muss ein fühlbarer Schmierfilm vorhanden sein. Ist der Schmierfilm nicht vorhanden, dann muss das Lenkgetriebe ersetzt werden.

Ausbau

- Lenkrad in Mittelstellung drehen, die Vorderräder befinden sich dann in Geradeausstellung.
- Radschrauben lösen.
- Fahrzeug anheben.
- Rad abbauen.
- Position der Kontermutter auf der Spurstange mit einem Filzstift markieren.
- Spurstangenkopf ausbauen, siehe Seite 208.
- Lenkgetriebe außen im Bereich des Faltenbalgs reinigen. **Achtung:** Dabei darf kein Schmutz durch den defekten Faltenbalg in das Lenkgetriebe gelangen.
- Klemmschellen öffnen.
- Faltenbalg vom Lenkgetriebegehäuse und der Spurstange abziehen.

Achtung: Wenn Korrosion, Beschädigung, Abnutzung oder Ansätze von Verschmutzung auf der Zahnstange zu sehen sind beziehungsweise wenn kein Schmierfilm auf der Zahnstange sichtbar ist, muss das Lenkgetriebe komplett ersetzt werden (Werkstattarbeit).

Einbau

Achtung: Die Zahnstange darf nicht gefettet werden.

- Lenkrad in Geradeausfahrt drehen.
- **Neue** Schellen und Faltenbalg auf die Spurstange auffädeln.
- Dichtfläche Faltenbalg zur Spurstange mit Fett aus dem Reparatursatz leicht fetten.

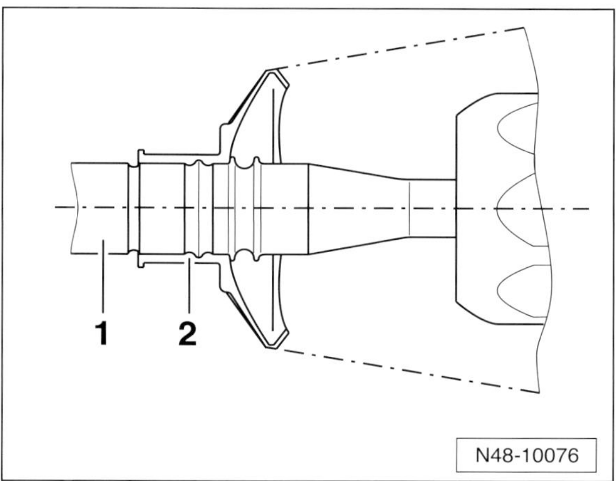

- Faltenbalg –2–, wie in der Abbildung dargestellt, auf die Spurstange –1– schieben.
- Federbandschelle auf Faltenbalg mit Schlauchbinderzange befestigen.
- Dichtfläche vom Faltenbalg zum Lenkgetriebegehäuse mit Fett aus dem Reparatursatz leicht fetten.
- Faltenbalg bis Anschlag auf das Lenkgetriebegehäuse schieben.

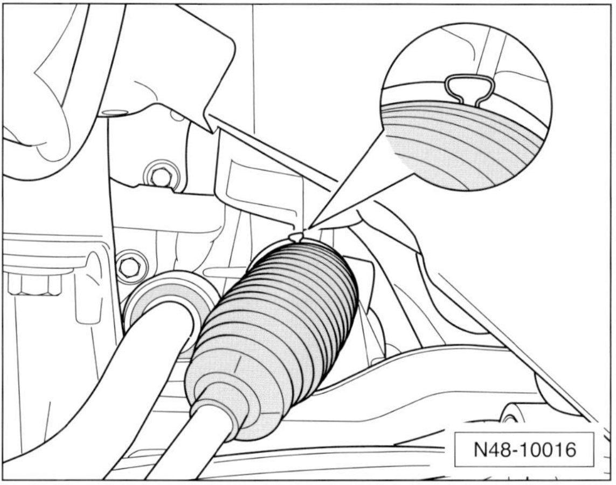

- Neue Klemmschelle mit Klemmzange für Lenkgetriebe so weit wie in der Abbildung gezeigt klemmen.
- Spurstangenkopf bis zu der beim Ausbau gesetzten Markierung aufschrauben und einbauen, siehe Seite 208.
- Rad vorn anbauen und festziehen, siehe Seite 211.
- Fahrzeug vermessen lassen (Werkstattarbeit).

Spurstangenkopf aus- und einbauen

Ausbau

- Radschrauben lösen.
- Fahrzeug anheben.
- Rad abbauen.

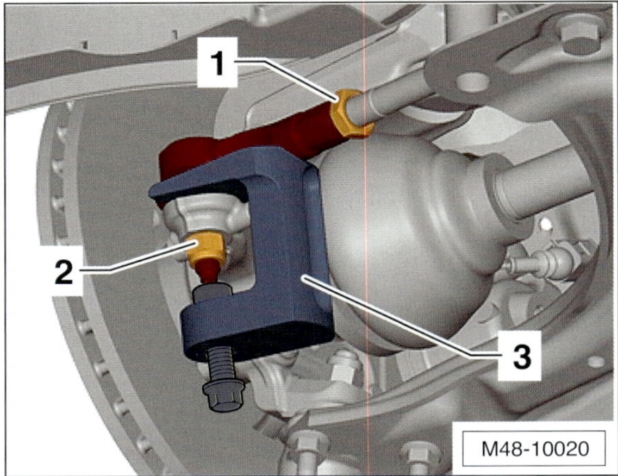

- Mutter –1– lösen.
- Position des Spurstangenkopfs auf der Spurstange kennzeichnen. Dazu einen Strich über beide Bauteile ziehen.
- Mutter –2– vom Spurstangenkopf lösen, aber noch nicht ganz abschrauben.

Achtung: Mutter zum Schutz des Gewindes einige Umdrehungen auf dem Zapfen lassen.

- Spurstangenkopf mit einem Kugelgelenkabdrücker –3– vom Radlagergehäuse abdrücken.
- Abdrücker abnehmen und Mutter ganz abschrauben.
- Spurstangenkopf von der Spurstange abdrehen. Dabei Umdrehungen zählen und notieren, damit der Spurstangenkopf in gleicher Position wieder eingebaut werden kann.

Einbau

- Der Einbau erfolgt in umgekehrter Ausbaureihenfolge. Dabei ist Folgendes zu beachten:

Hinweis: Die Angaben »rechts« und »links« sind in Fahrtrichtung gesehen.

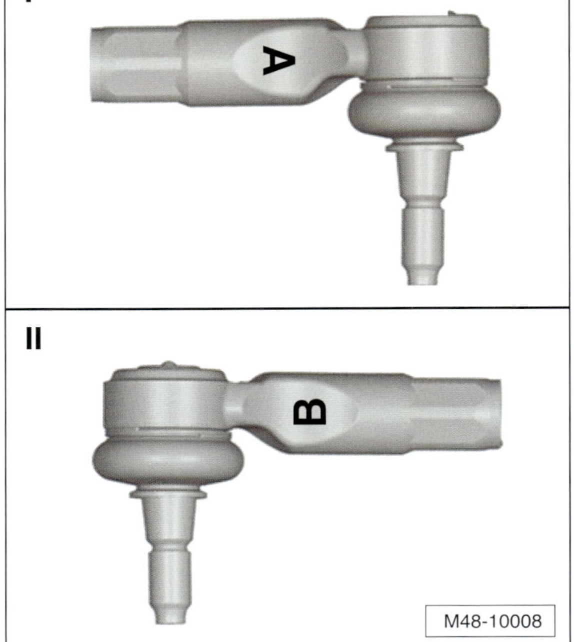

- Darauf achten, dass der richtige Spurstangenkopf je Seite eingebaut wird.
  I – Der Spurstangenkopf rechts, in Fahrtrichtung gesehen, ist mit einem »A« gekennzeichnet.
  II – Der Spurstangenkopf links, in Fahrtrichtung gesehen, ist mit einem »B« gekennzeichnet.

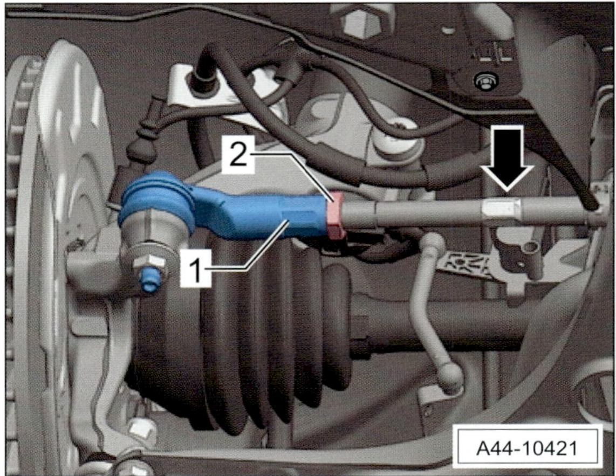

- Spurstangenkopf –1– mit gleicher Umdrehungsanzahl bis zur vorher angebrachten Markierung auf die Spurstange drehen und mit der Kontermutter –2– sichern. Kontermutter mit **70 Nm** festziehen, dabei am Spurstangenkopf gegenhalten. Pfeil – Sechskant an der Spurstange.
- Spurstangenkopf in das Radlagergehäuse einsetzen.
- Spurstangenkopf mit **neuer** Mutter und **100 Nm** vorانziehen, dann **180° lösen** und wieder mit **100 Nm** festziehen.
- Rad anbauen, Fahrzeug ablassen und Radschrauben mit **120 Nm** über Kreuz festziehen.
- Fahrzeug vermessen lassen (Werkstattarbeit).

Räder und Reifen

Der PASSAT ist je nach Modell und Ausstattung mit Rädern unterschiedlicher Größe ausgerüstet. Sofern Reifen montiert sind, deren Größe nicht in den Fahrzeugpapieren vermerkt ist, muss diese in der EG-Übereinstimmungsbescheinigung **CoC** (**C**ertification **o**f **C**onformity) für das Fahrzeug aufgeführt sein. Diese Bescheinigung oder eine Kopie davon ist dann grundsätzlich im Fahrzeug mitzuführen.

Neben der Felgenbreite und dem Felgendurchmesser sind bei einem Wechsel der Felge auch die Einpresstiefe und der Lochkreisdurchmesser zu beachten. Die Einpresstiefe ist das Maß von der Felgenmitte (= Mitte der Reifenspur) bis zur Anlagefläche der Radschüssel an die Radnabe/Bremsscheibe. Der Lochkreisdurchmesser gibt den Durchmesser des Kreises an, an dem die Radschrauben angeordnet sind.

Alle Scheibenräder sind als Hump-Felgen ausgelegt. Der Hump ist ein in die Felgenschulter eingepresster Wulst, der auch bei extrem scharfer Kurvenfahrt nicht zulässt, dass der schlauchlose Reifen von der Felge gedrückt wird. **Achtung:** In schlauchlose Reifen darf kein Schlauch eingezogen werden.

Reifenfülldruck

Der Reifenfülldruck wird vom Automobilhersteller in Abhängigkeit verschiedener Parameter festgelegt. Dazu zählen unter anderem die Zuladung und die Höchstgeschwindigkeit des Fahrzeugs. Vom Werk sind für den PASSAT unterschiedliche Reifendimensionen und Felgengrößen zugelassen.

Hinweis: Eine komplette Liste aller zugelassenen Reifen und Felgen hat jede VW-Fachwerkstatt.

Für die Lebensdauer der Reifen und die Fahrzeugsicherheit ist das Einhalten des Reifenfülldrucks von großer Wichtigkeit. Reifenfülldruck deshalb alle 4 Wochen und vor jeder längeren Fahrt prüfen (auch am Reserverad).

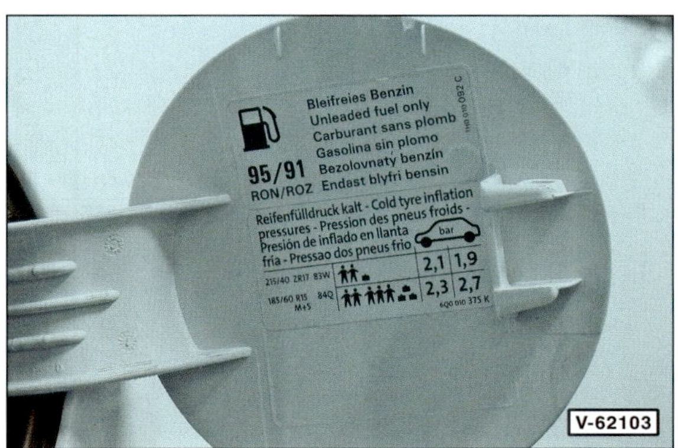

V-62103

Die **Reifenfülldruckwerte** stehen auf einem Aufkleber an der **Innenseite der Tankklappe**.

- Reifenfülldruckangaben beziehen sich auf **kalte** Reifen. Der sich bei längerer Fahrt einstellende und um ca. 0,2 bis 0,4 bar höhere Überdruck darf nicht reduziert werden. **Winterreifen** (Bezeichnung M+S) können mit einem um **0,2 bar höheren Überdruck** als Sommerreifen gefahren werden. Auf jeden Fall müssen die Reifenfülldrücke bei Winterreifen entsprechend den Vorgaben des Reifenherstellers eingehalten werden. Unterliegen die Winterreifen einer Geschwindigkeitsbeschränkung, muss ein Hinweis im Blickfeld des Fahrers angebracht werden (§ 36, Absatz 1 StVZO).
- Bei **Anhängerbetrieb** Reifenfülldruck auf den unter »volle Zuladung« angegebenen Wert erhöhen. Reifenfülldruck der Anhängerbereifung ebenfalls kontrollieren.
- Der Reifenfülldruck für das **Reserverad** entspricht dem höchsten für das Fahrzeug vorgesehenen Fülldruck.
- Der Reifenfülldruck für das **Notrad** ist auf der Reifenflanke angegeben und liegt bei 4,2 bar.

Reifen- und Scheibenrad-Bezeichnungen/Herstellungsdatum

Reifen-Bezeichnungen

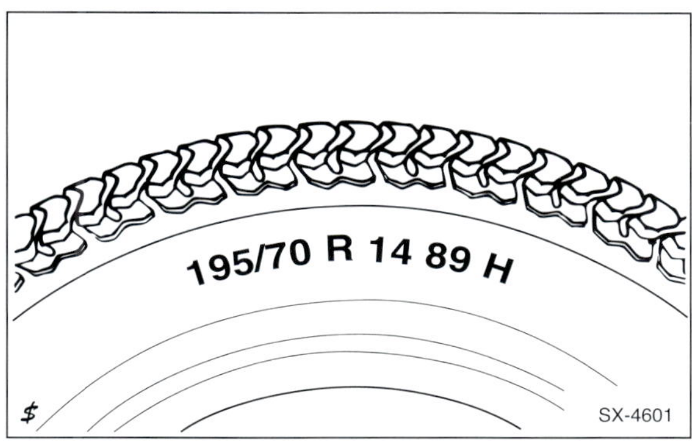

SX-4601

195 = Reifenbreite in mm.
/70 = Verhältnis Höhe zu Breite (die Höhe des Reifenquerschnitts beträgt 70 % von der Breite).

Fehlt eine Angabe des Querschnittverhältnisses (zum Beispiel 155 R 13), so handelt es sich um das »normale« Höhen-Breiten-Verhältnis. Es beträgt bei Gürtelreifen 82 %.

R = Radial-Bauart (= Gürtelreifen).
14 = Felgendurchmesser in Zoll.
89 = Tragfähigkeits-Kennzahl.
H = Kennbuchstabe für zulässige Höchstgeschwindigkeit, H: bis 210 km/h. Der Geschwindigkeitsbuchstabe steht hinter der Reifengröße und gilt sowohl für Sommer- als auch für Winterreifen.
M+S = Winterreifen (M+S = Matsch und Schnee).
(Alpine-Symbol) = Nur mit diesem »Alpine-Symbol«, ein Bergpiktogramm mit Schneeflocke, sind die Reifen in der EU als Winterreifen zugelassen.

Geschwindigkeits-Kennbuchstabe

Kennbuchstabe	Zulässige Höchstgeschwindigkeit
Q	160 km/h
S	180 km/h
T	190 km/h
H	210 km/h
V	240 km/h
W	270 km/h
Y	300 km/h

Achtung: Steht hinter der Reifenbezeichnung das Wort »reinforced«, handelt es sich um einen Reifen in verstärkter Ausführung, beispielsweise für Vans und Transporter.

Reifen-Herstellungsdatum

Das Herstellungsdatum steht auf dem Reifen im Hersteller-Code.

Beispiel: DOT CUL2 UM8 1015 TUBELESS.

DOT = Department of Transportation (US-Verkehrsministerium).
CU = Kürzel für Reifenhersteller.
L2 = Reifengröße.
UM8 = Reifenausführung.
1015 = Herstellungsdatum = 10. Produktionswoche 2015
TUBELESS = schlauchlos (TUBETYPE = Schlauchreifen).

Achtung: Neureifen müssen seit 10/98 zusätzlich mit einer ECE-Prüfnummer an der Reifenflanke versehen sein. Diese Prüfnummer weist nach, dass der Reifen dem ECE-Standard entspricht. Reifen seit 10/98 **ohne** ECE-Prüfnummer haben keine Allgemeine Betriebserlaubnis (ABE).

Scheibenrad-Bezeichnungen

Beispiel : 5½ J x 15 H2, ET 38, LK 5/112.

5½ = Maulweite (Innenbreite) der Felge in Zoll.
J = Kennbuchstabe für Höhe und Kontur des Felgenhorns (B = niedrigere Hornform).
x = Kennzeichen für einteilige Tiefbettfelge.
15 = Felgen-Durchmesser in Zoll.
H2 = Felgenprofil an Außen- und Innenseite mit Hump-Schulter (Hump = Sicherheitswulst, damit der Reifen nicht von der Felge rutscht).
ET 38 = Einpresstiefe: 38 mm. Das Maß gibt in mm an, wie weit die Felgenanschraubfläche von der Felgenmitte entfernt ist.
LK 5 = Die Felge ist in diesem Beispiel mit 5 Schrauben befestigt.
/112 = Der Lochkreisdurchmesser, auf dem die Schrauben angeordnet sind, beträgt 112 mm.

Profiltiefe messen

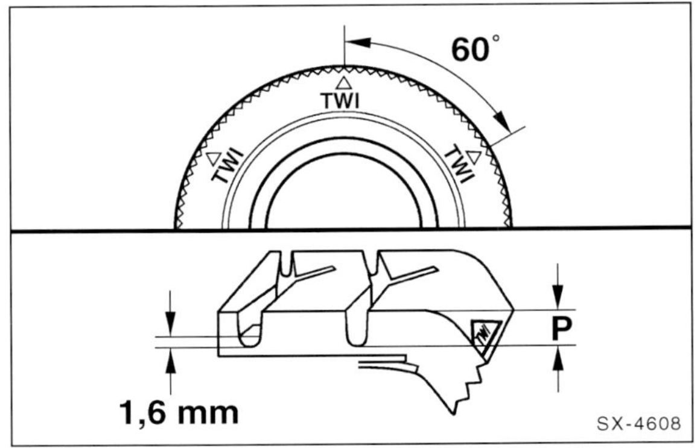

Reifen dürfen aufgrund gesetzlicher Vorschriften bis zu einer Profiltiefe von 1,6 mm abgefahren werden, und zwar an der gesamten Reifenlauffläche gemessen. Aus Sicherheitsgründen empfiehlt es sich, die Sommerreifen bereits bei einer Profiltiefe von **2 mm** und die Winterreifen bei einer Profiltiefe von **4 mm** auszutauschen.

Die Tiefe des Reifenprofils an den Hauptprofilrillen mit dem stärksten Verschleiß messen. Im Profilgrund der Originalbereifung sind Abnutzungsindikatoren vorhanden. An den Reifenflanken kennzeichnen Buchstaben (TWI = **T**read **W**ear **I**ndicator) oder Dreiecksymbole die Lage der Verschleißanzeiger. Die Flächen der Abnutzungsindikatoren haben eine Höhe von 1,6 mm. Sie dürfen nicht in die Messung mit einbezogen werden. Für die Messwerte entscheidend ist das Maß an der Stelle mit der geringsten Profiltiefe –P–.

Schneeketten

Schneeketten sind nur an den **Vorderrädern** zulässig. Aus technischen Gründen ist die Verwendung von Schneeketten nur mit bestimmten Reifen-/Felgenkombinationen zulässig, siehe Bedienungsanleitung. Auf dem Notrad keine Schneeketten auflegen. Um Beschädigungen an den Radvollblenden zu vermeiden, sollten diese bei Schneekettenbetrieb abgenommen werden. Nach Entfernen der Schneeketten, Radvollblenden wieder montieren.

Achtung: Nur feingliedrige Schneeketten aufziehen, die an der Lauffläche und an den Reifeninnenseiten inklusive Schloss maximal 15 mm auftragen.

Mit Schneeketten darf in Deutschland nicht schneller als **50 km/h** gefahren werden. Auf schnee- und eisfreien Straßen Schneeketten abnehmen.

Rad aus- und einbauen

Ausbau

Hinweis: Leichtmetallfelgen sind durch einen Klarlacküberzug gegen Korrosion geschützt. Beim Radwechsel darauf achten, dass die Schutzschicht nicht beschädigt wird, andernfalls mit Klarlack ausbessern.

- Reifen-Laufrichtung mit Kreide durch einen Pfeil am Reifen markieren.
- Fahrzeug gegen Wegrollen sichern. Dazu Handbremse anziehen, Rückwärtsgang oder 1. Gang einlegen. Bei Fahrzeugen mit Automatikgetriebe Wählhebel in Stellung »P« legen. Außerdem einen Keil hinter das diagonal gegenüberliegende Rad legen. Dabei Keil immer an der von der Aufbockstelle weg zeigenden Seite unterlegen.

- **Räder mit Radvollblende:** Drahtbügel aus dem Bordwerkzeug in eine Aussparung der Radvollblende einhängen, Radschlüssel durchschieben und Blende abziehen.

- **Räder mit Mittenabdeckung:** Mittenabdeckung mit dem Drahtbügel aus dem Bordwerkzeug abziehen.

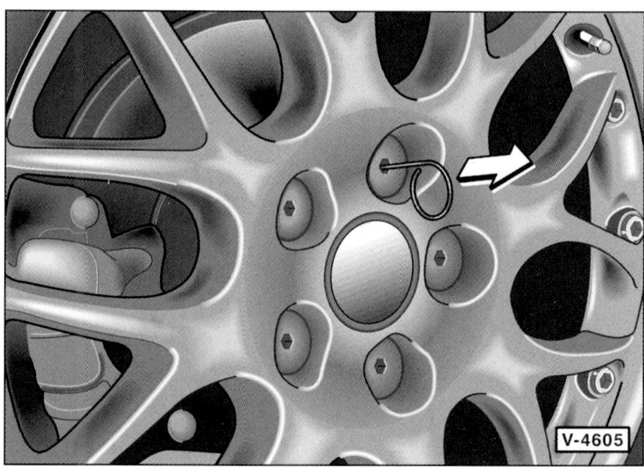

- **Radschrauben mit Abdeckkappen:** Mit dem Drahtbügel aus dem Bordwerkzeug Abdeckkappen von den Radschrauben abziehen.

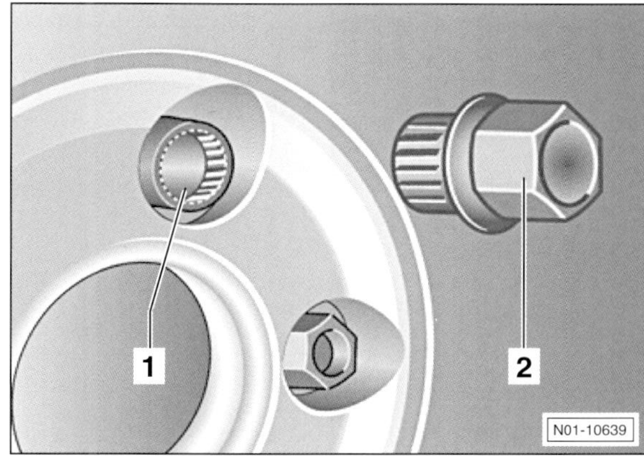

- **Radschraube mit Diebstahlsicherung –1–:** Adapter –2– aus dem Bordwerkzeug nehmen und bis zum Anschlag in die Radschraube einschieben. **Hinweis:** An der Stirnseite des Adapters ist eine Code-Nummer eingeschlagen. Nummer notieren und sicher aufbewahren, damit ein verloren gegangener Adapter wiederbeschafft werden kann.
- **Radschrauben ½ Umdrehung** lockern, nicht abschrauben. **Achtung:** Dabei muss das Fahrzeug auf dem Boden stehen, ein Gang eingelegt und die Handbremse angezogen sein. Zum Lösen keinen Drehmomentschlüssel verwenden.

Sicherheitshinweis
Beim Aufbocken des Fahrzeugs besteht Unfallgefahr! Deshalb vorher das Kapitel »Fahrzeug aufbocken« durchlesen.

- Fahrzeug mit dem Wagenheber so weit anheben, bis das Rad vom Boden abgehoben hat.
- Radschrauben herausdrehen und Rad abnehmen.

Einbau

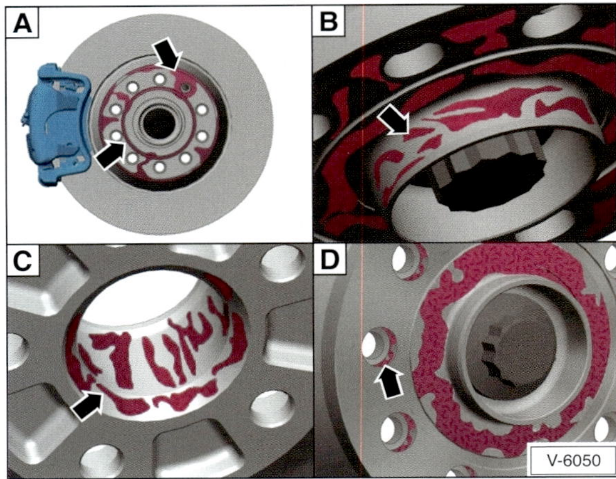

- Vor dem Einbau des Rades prüfen, ob folgende Stellen frei von Korrosion, Schmutz, Öl oder Fett sind. Gegebenenfalls reinigen:
  - A – Anlageflächen –Pfeile– an der Bremsscheibe.
  - B – Anlagefläche –Pfeil– vom Zentriersitz der Bremsscheibe.
  - C – Anlagefläche –Pfeil– an der Radinnenseite (Felge) sowie der Zentriersitz in der Felge.
  - D – Die Kalotten (schräge Flächen) –Pfeil– in den Bohrungen für die Radschrauben der Räder und die Gewinde der Radschrauben.

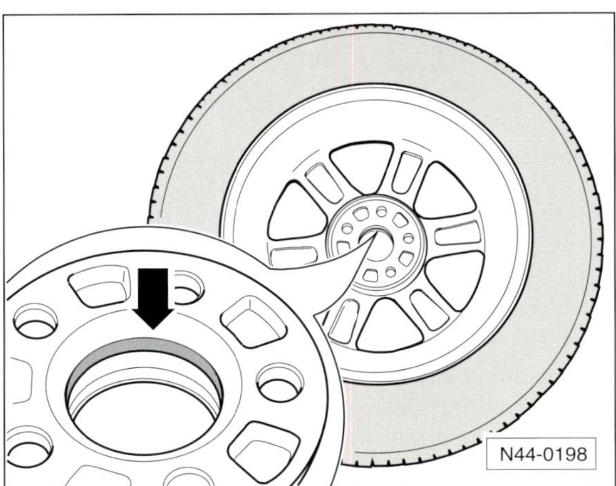

- Zum Schutz gegen das Festrosten des Rades den Zentriersitz der Felge –Pfeil– an der Radnabe vorn und hinten vor jeder Montage des jeweiligen Rades dünn mit Wachsspray VW-D322000A2 und einem Pinsel bestreichen.

Achtung: Anlageflächen von Rad/Radnabe, Bremsscheibe und Gewinde in der Radnabe dürfen nicht gewachst werden.

- Verschmutzte Schrauben und Gewinde reinigen. Gewinde der Radschrauben **nicht** fetten oder ölen.

Achtung: Korrodierte oder schwergängige Schrauben umgehend erneuern. Bis dahin vorsichtshalber nur mit mäßiger Geschwindigkeit fahren.

- Rad entsprechend der beim Ausbau angebrachten Laufrichtungs-Markierung ansetzen.

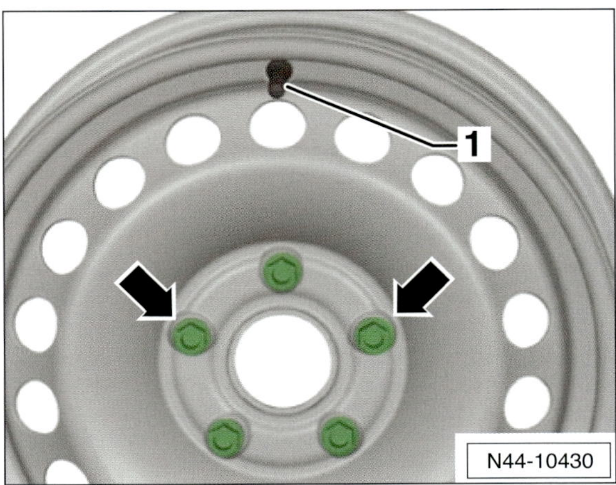

- Radschrauben ansetzen und von Hand einschrauben. **Achtung:** Die diebstahlhemmende Radschraube, falls vorhanden, darf bei Stahlrädern nur rechts oder links –Pfeile– vom Ventil –1– montiert werden. Andernfalls ist die sichere Montage der Radzierkappe auf dem Stahlrad nicht möglich.
- Radschrauben leicht, mit etwa **30 Nm,** über Kreuz anziehen.
- Fahrzeug absenken und Wagenheber entfernen.
- Radschrauben über Kreuz mit einem Drehmomentschlüssel festziehen. **Das Anzugsdrehmoment für die Radschrauben beträgt für Stahl- und Leichtmetallfelgen 120 Nm.**

Achtung: Wurden die Radschrauben nicht mit einem Drehmomentschlüssel festgezogen, ist es zwingend erforderlich, umgehend das Anzugsdrehmoment in einer Werkstatt kontrollieren zu lassen. Durch einseitiges oder unterschiedlich starkes Anziehen der Radschrauben können das Rad und/oder die Radnabe verspannt werden.

- **Fahrzeuge mit Radvollblenden:** Radvollblende zuerst im Bereich des Ventilausschnittes aufdrücken und anschließend gesamte Blende vollständig einrasten lassen. Blende gegebenenfalls mit dem Handballen aufschlagen.
- **Fahrzeuge mit Mittenabdeckung:** Mittenabdeckung einsetzen und einrasten lassen. Dabei darauf achten, dass die Nase an der Abdeckung in die Aussparung in der Felge eingreift, siehe Abbildung V-4603.
- **Radschrauben mit Abdeckkappen:** Kappen auf die Schraubenköpfe drücken.

Achtung: Felgen und Radschrauben sind aufeinander abgestimmt. Bei der Umrüstung von Leichtmetallfelgen auf Stahlfelgen, zum Beispiel beim Wechsel auf Winterbereifung mit Stahlfelgen, müssen deshalb die dazugehörigen Radschrauben mit der richtigen Länge und Kalottenform verwendet werden. Der Festsitz der Räder und die Funktion der Bremsanlage hängen davon ab.

- Nach dem Reifenwechsel unbedingt Reifenfülldruck prüfen und gegebenenfalls korrigieren.

- Nach einer Fahrstrecke von ca. 50 km alle Radschrauben nochmals über Kreuz mit einem Drehmomentschlüssel nachziehen (nackknicken).

Auswuchten von Rädern

Die serienmäßigen Räder werden im Werk ausgewuchtet. Das Auswuchten ist notwendig, um unterschiedliche Gewichtsverteilung und Materialungenauigkeiten auszugleichen. Im Fahrbetrieb macht sich die Unwucht durch Trampel- und Flattererscheinungen bemerkbar. Das Lenkrad beginnt dann bei höherem Tempo zu zittern. In der Regel tritt dieses Zittern nur in einem bestimmten Geschwindigkeitsbereich auf und verschwindet wieder bei niedrigerer oder höherer Geschwindigkeit. Solche Unwuchterscheinungen können mit der Zeit zu Schäden an Achsgelenken, Lenkgetriebe und Stoßdämpfern sowie am Reifenprofil führen.

Räder nach jeder Reifenreparatur und nach jeder Montage eines neuen Reifens auswuchten lassen, da sich durch Abnutzung und Reparatur die Gewichts- und Materialverteilung am Reifen ändert.

Austauschen der Räder/Laufrichtung

Sicherheitshinweise
Reifen nicht einzeln, sondern mindestens achsweise ersetzen. Reifen mit der größeren Profiltiefe **vorn** montieren. Am Fahrzeug dürfen nur Reifen gleicher Bauart verwendet werden. An einer Achse dürfen nur Reifen desselben Herstellers und mit der selben Profilausführung eingebaut werden. Reifen, die älter als 6 Jahre sind, nur im Notfall und bei vorsichtiger Fahrweise verwenden. Keine gebrauchten Reifen verwenden, deren Ursprung nicht bekannt ist. Beim Erneuern von Felge oder Reifen grundsätzlich das Gummiventil ersetzen.

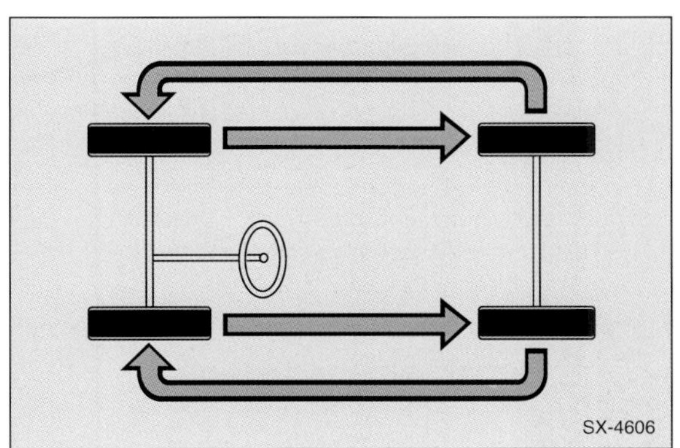

- Bei größerem Verschleiß der vorderen Reifen, die Vorderräder gegen die Hinterräder tauschen. Dadurch haben alle 4 Reifen etwa die gleiche Lebensdauer.

Hinweis: Es ist nicht zweckmäßig, bei einem Austausch der Räder die Drehrichtung der Reifen zu ändern, da sich die Reifen nur unter vorübergehend stärkerem Verschleiß der veränderten Drehrichtung anpassen.

- Bei Reifen **mit laufrichtungsgebundenem Profil,** erkennbar an Pfeilen auf der Reifenflanke in Laufrichtung, **muss** die Laufrichtung des Reifens **unbedingt** eingehalten werden. Dadurch werden optimale Laufeigenschaften bezüglich Aquaplaning, Haftvermögen, Geräusch und Abrieb sichergestellt.

Hinweis: Laufrichtungsgebundenes Reserverad bei einer Reifenpanne nur vorübergehend entgegen der Laufrichtung montieren. Insbesondere bei Nässe empfiehlt es sich, die Geschwindigkeit den Fahrbahnverhältnissen anzupassen.

Reifenkontrolle

Der PASSAT verfügt als Sonderausstattung über ein Reifen-Überwachungssystem zur Erkennung von langsamen Reifendruckverlusten. Anhand der Raddrehzahlwerte, die über den ABS-Radsensor erhalten werden, wird in Abhängigkeit der Reifengröße der Abrollumfang jedes Reifens ermittelt. Eine Veränderung des Abrollumfangs wird als Absinken des Fülldrucks interpretiert und im Kombiinstrument angezeigt.

Ein anderes Reifendruck-Kontrollsystem wird am Markt angeboten. Hierbei erfolgt die Überwachung über Sensoren in den Reifen, wodurch eine Vielzahl von Reifen-Daten zur Auswertung bereitgestellt wird.

Im Handel werden auch **RFT-Reifen** (**R**un **F**lat **T**yre) mit einer Notlauf-Eigenschaft angeboten. Diese Reifen weisen eine spezielle Verstärkung der Seitenwände auf, wodurch das Fahrzeug bei plötzlichem Reifendruckverlust weiterhin sicher gesteuert werden kann. Bei einer Höchstgeschwindigkeit von etwa 80 km/h können mit den Reifen noch bis zu 250 Kilometer zurückgelegt werden. RFT-Reifen dürfen nur bei Fahrzeugen mit einem Reifendruck-Kontrollsystem eingesetzt werden. Zudem muss das Fahrzeug vom Hersteller speziell für den Einsatz von Run-Flat-Reifen zugelassen sein.

Der PASSAT kann auch mit einem speziellen **Mobilitätsreifen** mit der Bezeichnung »**Conti Seal**« ausgestattet sein. Dringen bei diesem Reifen Fremdkörper durch die Lauffläche ein, werden sie von einer viskosen Dichtmasse umschlossen. Löcher bis zu 5 mm Durchmesser, die nach Entfernen der Fremdkörper entstehen, werden sicher abgedichtet. Die Dichtfunktion bleibt über Lebensdauer erhalten.

Reifenpflegetipps

Reifen haben ein »Gedächtnis«. Unsachgemäße Behandlung – und dazu zählt beispielsweise auch schon schnelles oder häufiges Überfahren von Bordstein- oder Schienenkanten – führt deshalb zu Reifenpannen, mitunter sogar erst nach längerer Laufleistung.

Reifen reinigen

- Reifen generell **nicht** mit einem Dampfstrahlgerät reinigen. Wird die Düse des Dampfstrahlers zu nahe an den Reifen gehalten, dann wird die Gummischicht innerhalb weniger Sekunden irreparabel zerstört, selbst bei Verwendung von kaltem Wasser. Ein auf diese Weise gereinigter Reifen sollte sicherheitshalber ersetzt werden.
- Ersetzt werden sollte auch ein Reifen, der über längere Zeit mit Öl, Fett oder Kraftstoff in Berührung kam. Der Reifen quillt an den betreffenden Stellen zunächst auf, nimmt jedoch später wieder seine normale Form an und sieht äußerlich unbeschädigt aus. Die Belastungsfähigkeit des Reifens nimmt aber ab.

Reifen lagern

- Reifen sollten kühl, dunkel und trocken aufbewahrt werden. Sie dürfen nicht mit Fett, Öl oder Kraftstoff in Berührung kommen.
- Räder liegend oder an den Felgen aufgehängt in der Garage oder im Keller lagern. Reifen, die nicht auf einer Felge montiert sind, sollten stehend aufbewahrt werden.
- Bevor die Räder abmontiert werden, Reifenfülldruck etwas erhöhen (ca. 0,3 – 0,5 bar).

Hinweis: Für Winterreifen eigene Felgen verwenden; das Ummontieren der Reifen lohnt sich aus Kostengründen nicht.

Reifen einfahren

Neue Reifen haben vom Produktionsprozess her eine besonders glatte Oberfläche. Deshalb müssen neue Reifen – das gilt auch für das neue Ersatzrad – etwa **300 Kilometer** mit mäßiger Geschwindigkeit und vorsichtiger Fahrweise eingefahren werden; speziell auf regennasser Fahrbahn muss vorsichtig gefahren werden. Bei diesem Einfahren raut sich durch die beginnende Abnutzung die glatte Oberfläche auf, das Haftvermögen des Reifens verbessert sich.

Fehlerhafte Reifenabnutzung

- In erster Linie ist auf vorschriftsmäßigen Reifenfülldruck zu achten, wobei alle 4 Wochen und vor jeder längeren Fahrt sowie bei hoher Zuladung eine Prüfung vorgenommen werden sollte.
- Reifenfülldruck nur bei kühlen Reifen prüfen. Der Reifenfülldruck steigt nämlich mit zunehmender Erhitzung bei schneller Fahrt an. Dennoch ist es völlig falsch, aus erhitzten Reifen Luft abzulassen.

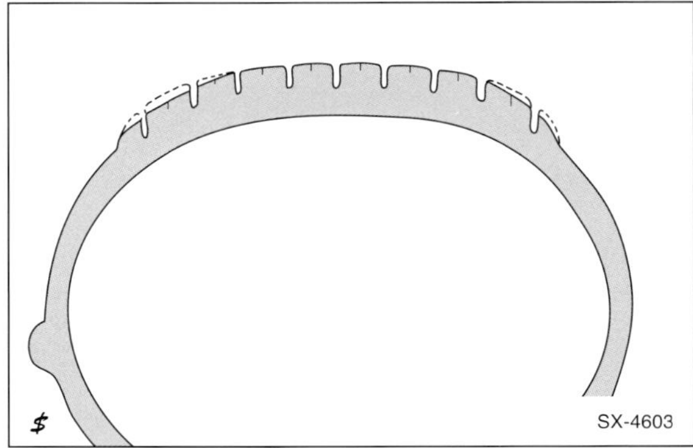

SX-4603

- An den Vorderrädern ist eine etwas größere Abnutzung der Reifenschultern gegenüber der Laufflächenmitte normal, wobei aufgrund der Straßenneigung die Abnutzung der zur Straßenmitte zeigenden Reifenschulter (linkes Rad: außen, rechtes Rad: innen) deutlicher ausgeprägt sein kann.
- Ungleichmäßiger Reifenverschleiß ist zumeist die Folge zu geringen oder zu hohen Reifenfülldrucks. Er kann auch auf Fehler in der Radeinstellung oder der Radauswuchtung sowie auf mangelhafte Stoßdämpfer oder Felgen zurückzuführen sein.
- Bei zu hohem Reifenfülldruck wird die Laufflächenmitte mehr abgenutzt, da der Reifen an der Lauffläche durch den hohen Innendruck mehr gewölbt ist.
- Bei zu niedrigem Reifenfülldruck liegt die Lauffläche an den Reifenschultern stärker auf, und die Laufflächenmitte wölbt sich nach innen durch. Dadurch ergibt sich ein stärkerer Reifenverschleiß der Reifenschultern.

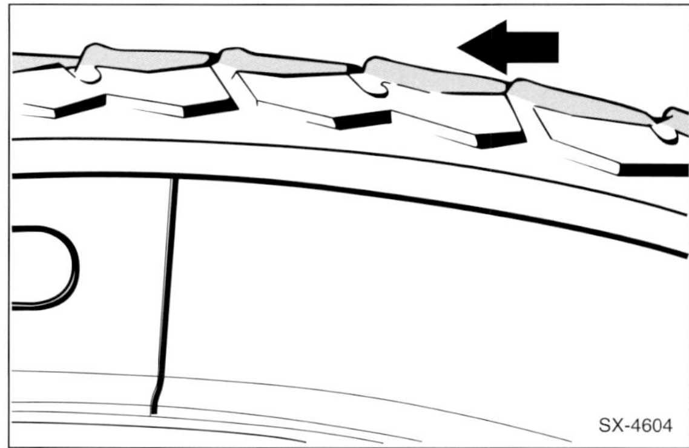

SX-4604

- Sägezahnförmige Abnutzung des Profils ist in der Regel auf eine Überbelastung des Fahrzeugs zurückzuführen.

Bremsanlage

Aus dem Inhalt:

- **Bremsbeläge wechseln**
- **Bremsscheibe wechseln**
- **ABS/EBV/EDS/ASR/ESP**
- **Bremsscheibe prüfen**
- **Bremse entlüften**
- **Bremslichtschalter**

Das Arbeiten an der Bremsanlage erfordert peinliche Sauberkeit und exakte Arbeitsweise. Falls die nötige Arbeitserfahrung fehlt, sollten Reparaturarbeiten an der Bremsanlage von einer Fachwerkstatt durchgeführt werden.

Das Bremssystem besteht aus dem Hauptbremszylinder, dem Bremskraftverstärker und den **Scheibenbremsen** für die Vorder- und Hinterräder. Das hydraulische Bremssystem ist in zwei Kreise aufgeteilt, die diagonal wirken. Ein Bremskreis ist mit den Bremssätteln vorn rechts/hinten links verbunden, der zweite mit den Bremssätteln vorn links/hinten rechts. Dadurch kann bei Ausfall eines Bremskreises, zum Beispiel durch ein Leck, das Fahrzeug über den anderen Bremskreis zum Stehen gebracht werden. Der Druck für beide Bremskreise wird im Tandem-Hauptbremszylinder über das Bremspedal aufgebaut.

Der **Bremsflüssigkeitsbehälter** befindet sich im Motorraum über dem Hauptbremszylinder. Er versorgt das Bremssystem wie auch das hydraulische Kupplungssystem mit Bremsflüssigkeit.

Der **Bremskraftverstärker** speichert den von einer **Vakuumpumpe** erzeugten Unterdruck. Beim Betätigen des Bremspedals wird dann die Pedalkraft durch den Unterdruck verstärkt. Die Vakuumpumpe sitzt an der linken Stirnseite am Zylinderkopf und wird über die Nockenwelle angetrieben.

Der PASSAT ist mit einer **elektromechanischen Feststellbremse** ausgestattet. Dazu ist an den Bremssätteln der Hinterachse jeweils ein Motor vorhanden, der die Bremskolben nach Betätigen des Feststellschalters gegen die Bremsbeläge drückt.

Die **Bremsbeläge** sind Bestandteil der Allgemeinen Betriebserlaubnis (ABE), außerdem sind sie vom Werk auf das jeweilige Fahrzeugmodell abgestimmt. Es dürfen deshalb nur die vom Automobilhersteller beziehungsweise vom Kraftfahrtbundesamt (KBA) freigegebenen Bremsbeläge verwendet werden. Diese Bremsbeläge haben eine KBA-Freigabenummer.

Sicherheitshinweis
Beim Reinigen der Bremsanlage fällt Bremsstaub an, der zu gesundheitlichen Schäden führen kann. Beim Reinigen der Bremsanlage Bremsstaub nicht einatmen. Bremsanlage nicht mit Druckluft ausblasen.

ABS/HBA/EBV/EDS/ASR/ESP

Grundsätzlich dürfen Arbeiten an den elektronisch gesteuerten Brems- und Fahrwerkskomponenten nur in der Fachwerkstatt ausgeführt werden.

ABS: Das **A**nti-**B**lockier-**S**ystem verhindert bei scharfem Abbremsen das Blockieren der Räder, dadurch bleibt das Fahrzeug lenkbar.

HBA: Der **h**ydraulische **B**rems**a**ssistent erkennt aufgrund der Geschwindigkeit und der Kraft, mit der das Bremspedal heruntergedrückt wird, ob eine Notbremssituation gegeben ist. In diesem Fall erhöht der Bremsassistent innerhalb von Millisekunden automatisch den Bremsdruck über den vom Fahrer vorgegebenen Wert, bis die ABS-Regelung einsetzt. Dadurch wird der Bremsweg verkürzt.

EBV: Die **E**lektronische **B**remskraft**v**erteilung verteilt mittels ABS-Hydraulik die Bremskraft an die Hinterräder. Bei Geradeausfahrt wird die Hinterradbremse voll an der Bremsleistung beteiligt. Über die ABS-Drehzahlsensoren erkennt die EBV, ob das Fahrzeug geradeaus oder durch eine Kurve fährt. Bei Kurvenfahrt wird der Bremsdruck für die Hinterräder reduziert. Dadurch können die Hinterräder die maximale Seitenführungskraft aufbringen und ein Schleudern des Fahrzeugs beim Bremsen in der Kurve wird verhindert.

EDS: Die **E**lektronische **D**ifferenzial**s**perre bremst ein durchdrehendes Antriebsrad ab und lenkt dadurch das Antriebsdrehmoment auf das andere, greifende Rad um. Die EDS ist beim Anfahren und bis zu einer Geschwindigkeit von etwa 40 km/h voll wirksam. Danach lässt die EDS-Regelung allmählich nach. Die EDS ist ebenfalls bei Rückwärtsfahrt aktiv.

ASR: Die elektronische **A**ntriebs-**S**chlupf-**R**egelung verhindert beim Beschleunigen den Schlupf der zum Durchdrehen neigenden Räder. Dies wird durch das Abbremsen der Räder und die Reduzierung der Motorleistung erreicht. Die ASR- beziehungsweise die ESP-Warnleuchte im Kombiinstrument blinkt, wenn ein Rad die Schlupfgrenze erreicht hat. Die Antriebs-Schlupf-Regelung lässt sich über den ASR- beziehungsweise ESP-Schalter in der Mittelkonsole abschalten, dann leuchtet die Warnleuchte im Kombiinstrument.

Hinweis: Bei Fahrbahnen mit Sand, Kies oder im Tiefschnee sowie bei Schneekettenbetrieb kann es von Vorteil sein, ASR abzuschalten, um mit höherem Antriebsschlupf und ohne elektronischen Motoreingriff fahren zu können.

ESP: Über die ABS-Funktionen hinaus verringert das **E**lektronische **S**tabilitäts-**P**rogramm das Schleuderrisiko des Fahrzeugs. Im ESP sind die Funktionen der Traktionskontrolle (EDS, ASR) integriert. In schnell durchfahrenen Kurven oder bei abrupten Ausweichmanövern erkennt ESP, ob das Fahrzeug auszubrechen droht. Über Sensoren erfasst ESP den Lenkwinkel und die Drehgeschwindigkeit des Fahrzeugs um die Hochachse. Unstabile Fahrzustände werden sofort erkannt. Durch das Abbremsen einzelner Räder und die Regulierung der Motorleistung wird das Fahrzeug bestmöglichst auf dem gewünschten Kurs gehalten.

Achtung: Damit ESP ohne Störungen funktionieren kann, müssen an allen 4 Rädern die gleichen Reifen montiert sein.

Ist die ESP-Regelung aktiv, wird dies durch Blinken der ESP-Warnleuchte im Kombiinstrument signalisiert. Die Fahrweise sollte dann den Straßenverhältnissen angepasst werden, sonst besteht Unfallgefahr.

Hinweise zum ABS/ESP/EDS

Eine Sicherheitsschaltung im elektronischen Steuergerät sorgt dafür, dass sich die Anlage bei einem **Defekt** (zum Beispiel Kabelbruch) oder bei zu niedriger Betriebsspannung (Batteriespannung unter 10 Volt) selbst abschaltet. Angezeigt wird dies durch das Aufleuchten der Kontrolllampen im Kombiinstrument. Die herkömmliche Bremsanlage bleibt dabei in Betrieb. Das Fahrzeug verhält sich dann beispielsweise beim Bremsen so, als ob keine ABS/ESP/EDS-Anlage eingebaut wäre.

Sicherheitshinweis
Wenn während der Fahrt die Kontrollleuchten für das ABS und für die Bremsanlage leuchten, können bei starkem Abbremsen die Hinterräder blockieren, da die Bremskraftverteilung ausgefallen ist.

Leuchten während der Fahrt eine oder mehrerer **Kontrolllampen** im Kombiinstrument auf, folgende Punkte beachten:

- Fahrzeug kurz anhalten, Motor abstellen und wieder starten.
- Batteriespannung prüfen. Wenn die Spannung unter 10,5 Volt liegt, Batterie laden.

Achtung: Wenn die Kontrolllampen am Anfang einer Fahrt aufleuchten und nach einiger Zeit wieder erlöschen, deutet das darauf hin, dass die Batteriespannung zunächst zu gering war, bis sie sich während der Fahrt durch Ladung über den Generator wieder erhöht hat.

- Prüfen, ob die Batterieklemmen richtig festgezogen sind und einwandfreien Kontakt haben.
- Fahrzeug aufbocken, Räder abnehmen, elektrische Leitungen zu den Drehzahlfühlern auf äußere Beschädigungen (Scheuerstellen) prüfen. Weitere Prüfungen der ABS/ESP/EDS-Anlage sollten von einer Fachwerkstatt durchgeführt werden.

Achtung: Vor Schweißarbeiten mit einem elektrischen Schweißgerät muss der Stecker von der ABS-Steuereinheit im Motorraum abgezogen werden. Stecker nur bei ausgeschalteter Zündung abziehen. Bei **Lackierarbeiten** darf das Steuergerät kurzzeitig mit max. +95° C und langzeitig (max. 2 Std.) mit +85° C belastet werden.

Zuordnung der Bremsanlage

Anhand der **PR-Nummer** auf dem Fahrzeugdatenträger kann festgestellt werden, welche Bremsanlage im Fahrzeug eingebaut ist. Der Fahrzeugdatenträger befindet sich im Kofferraum an der Reserveradmulde rechts und im Serviceplan.

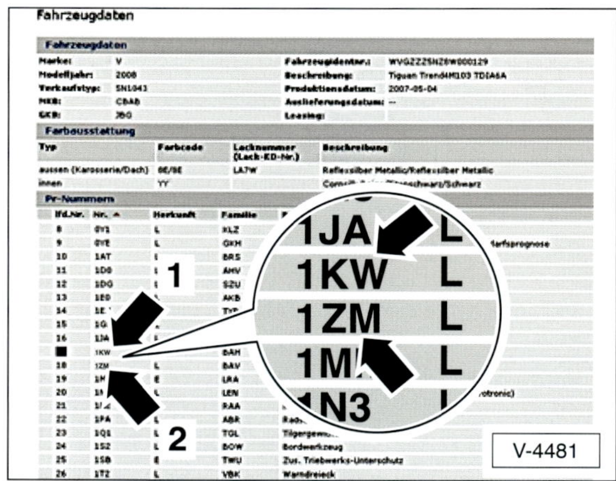

Pfeil 1 = Hinterradbremse PR-Nr. 1KW.
Pfeil 2 = Vorderradbremse PR-Nr. 1ZM.

Technische Daten Bremsanlage

Scheibenbremse	vorn		hinten	
PR-Nummer	1ZM/1ZG	1LA/1LB	1KW	2EA
Motor	90 – 155 kW	220 kW	90 – 155 kW	220 kW
Bremssattelbezeichnung	FN3 (16")	C60 (17")	C II 38 (16")	C II 41 (17")
Bremsbelagdicke – neu (ohne Rückenplatte)	14	13	11	11
Bremsbelagdicke – Verschleißgrenze (ohne Rückenplatte)	2	2	2	2
Bremsscheibe	312	340	286	310
Bremsscheibendicke – neu	25	30	12	22
Bremsscheibendicke – Verschleißgrenze	22	27	10	20

Vorderrad-Scheibenbremse FN-3 – Detailübersicht

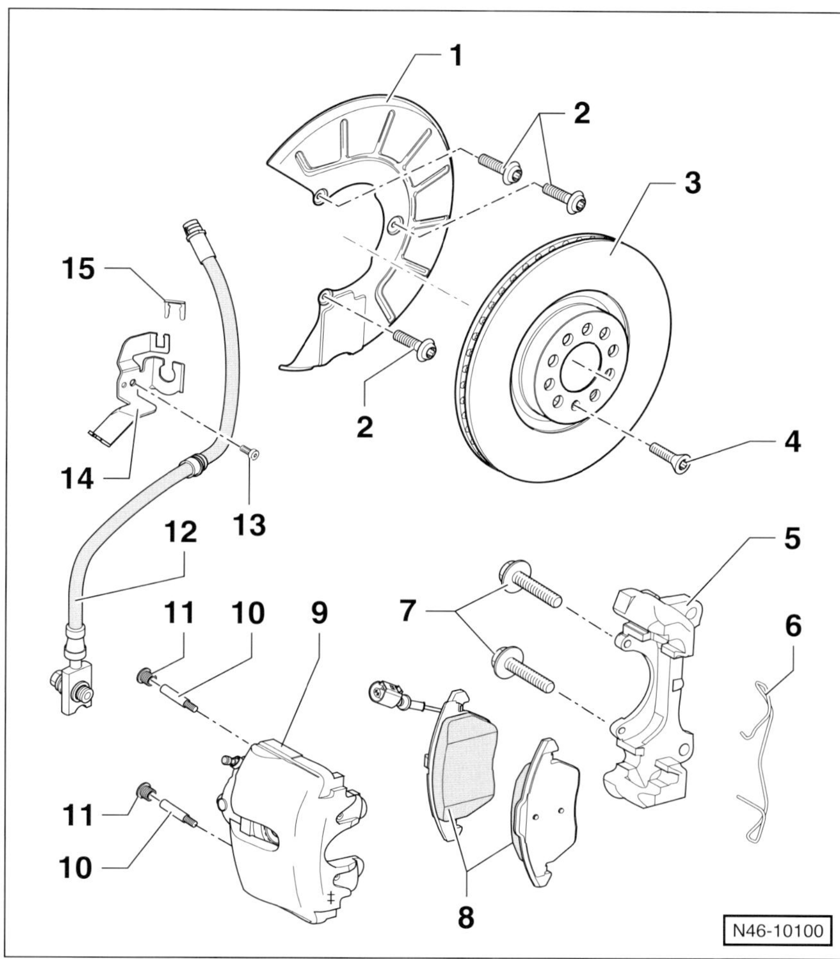

1 – **Abdeckblech**

2 – **Torx-Schrauben, 12 Nm**

3 – **Bremsscheibe**
Innen belüftet. Grundsätzlich achsweise ersetzen. Zum Ausbau vorher Bremsträger und Bremssattel abschrauben.

4 – **Sicherungsschraube, 4 Nm**
Für Bremsscheibe.

5 – **Bremsträger**
Am Radlagergehäuse angeschraubt. Die Belagführungsflächen mit Lithium-Schmierfett G 052150 A2 leicht fetten. Darauf achten, dass kein Schmierfett auf Bremsbeläge gelangt.

6 – **Haltefeder**
In beide Bohrungen des Bremssattels einsetzen.

7 – **Rippschrauben, 200 Nm**
Für Bremsträger.
Bei Wiederverwendung reinigen.

8 – **Bremsbeläge**
Mit Verschleißanzeige vorne links. Grundsätzlich achsweise ersetzen.

9 – **Bremssattel**

10 – **Führungsbolzen, 30 Nm**

11 – **Abdeckkappen**

12 – **Bremsschlauch**
Mit Ringstutzen und Hohlschraube, **35 Nm**.

13 – **Schraube, 8 Nm**

14 – **Halterung**
Für Leitung Verschleißanzeige, ABS-Sensor und Bremsschlauch.

15 – **Halteklammer**

Bremsbeläge vorn aus- und einbauen

Scheibenbremse FN-3

Ausbau

Achtung: Bremsbeläge sind Bestandteil der Allgemeinen Betriebserlaubnis (ABE) und vom Werk auf das jeweilige Modell abgestimmt. Es dürfen deshalb nur die vom Automobilhersteller freigegebenen Bremsbeläge verwendet werden.

Achtung: Sollen die Bremsbeläge wieder verwendet werden, müssen sie beim Ausbau gekennzeichnet werden. Ein Wechsel der Beläge von der Außen- zur Innenseite oder vom rechten zum linken Rad ist nicht zulässig.

Achtung: Grundsätzlich alle Scheibenbremsbeläge einer Achse gleichzeitig ersetzen, auch wenn nur ein Belag die Verschleißgrenze erreicht hat.

- Radschrauben lösen. Fahrzeug vorne aufbocken und Räder abnehmen. **Achtung:** Unbedingt Hinweise im Kapitel »Rad aus- und einbauen« beachten.

Sicherheitshinweis
Beim Aufbocken des Fahrzeugs besteht Unfallgefahr! Hinweise im Kapitel »Fahrzeug aufbocken« beachten.

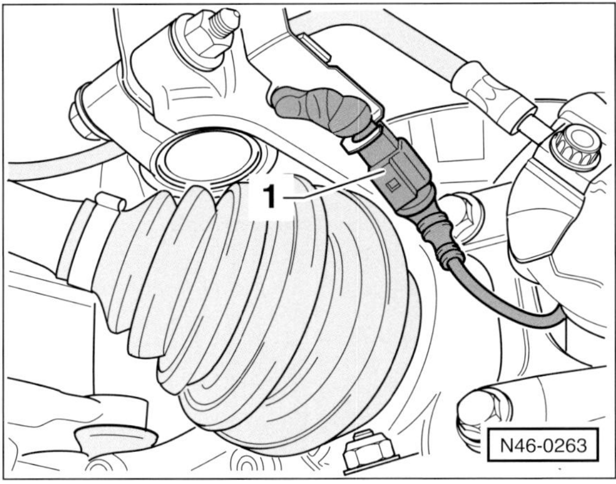

- Wo vorhanden, Steckverbindung –1– für Bremsbelagverschleißanzeige trennen. Dazu Fixierlasche am Steckerunterteil mit kleinem Schraubedreher etwas anheben und gleichzeitig Steckverbindung um 90° (¼ Umdrehung) drehen.
- Steckverbindung aus dem Halter herausnehmen, mit kleinem Schraubendreher entriegeln und trennen.

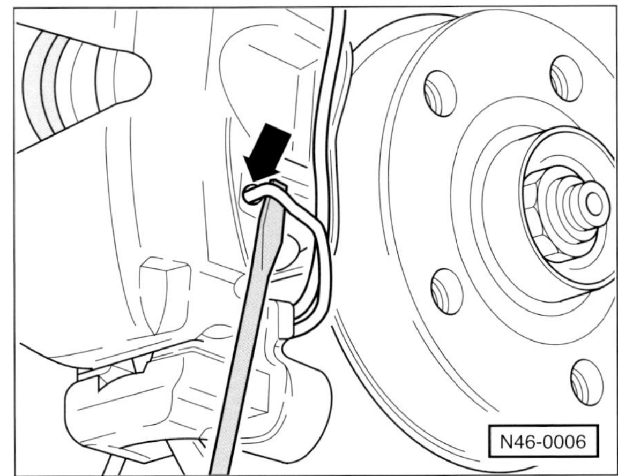

- Haltefeder für Bremsbeläge mit einem Schraubendreher aus den Bohrungen –Pfeil– heraushebeln und abnehmen. **Achtung:** Unfallgefahr! Haltefeder kann dabei unkontrolliert wegspringen. Deshalb Arbeitshandschuhe tragen und Haltefeder mit einer Hand abdecken.

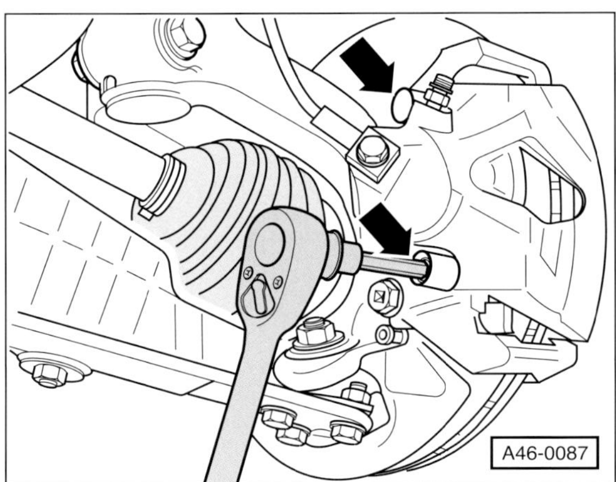

- Abdeckkappen von den Lagerbuchsen des Bremssattels abziehen und beide Führungsbolzen –Pfeile– aus dem Bremssattel herausdrehen.
- Bremssattel vom Bremsträger abnehmen und mit Draht am Aufbau aufhängen. **Achtung:** Bremssattel nicht einfach nach unten hängen lassen; der Bremsschlauch darf nicht auf Zug beansprucht oder verdreht werden.
- Bremsbeläge herausziehen.

Einbau

Achtung: Bei ausgebauten Bremsbelägen nicht auf das Bremspedal treten, sonst wird der Kolben aus dem Gehäuse herausgedrückt. In diesem Fall Bremssattel komplett ausbauen und Kolben in der Werkstatt einsetzen lassen.

- Vor Einbau der Beläge die Bremsscheibe durch Abtasten mit den Fingern auf Riefen untersuchen. Riefige Bremsscheiben können abgedreht werden (Werkstattarbeit), sofern sie noch eine ausreichende Dicke aufweisen. Grundsätzlich beide Bremsscheiben einer Achse auf gleiches Maß abdrehen lassen.
- Bremsscheibendicke messen, bei Erreichen der Verschleißgrenze Bremsscheibe ersetzen, siehe entsprechendes Kapitel.
- Anlageflächen sowie Belagführungsflächen mit einer Weichmetallbürste oder einer alten Zahnbürste reinigen. Anschließend mit einem Lappen und Spiritus reinigen.

Achtung: Zum Reinigen der Bremse **ausschließlich** Spiritus verwenden. Keine scharfkantigen Werkzeuge verwenden. Staubmanschette nicht beschädigen

- Beide Führungsbolzen für Bremssattel säubern.
- Staubkappe für Bremskolben auf Anrisse prüfen. Eine beschädigte Staubkappe umgehend ersetzen lassen, da eingedrungener Schmutz schnell zu Undichtigkeiten des Bremssattels führt. Der Bremssattel muss hierzu zerlegt werden (Werkstattarbeit).
- Bei hohem Bremsbelagverschleiß Leichtgängigkeit des Kolbens prüfen. Dazu einen Holzklotz in den Bremssattel einsetzen und durch Helfer langsam auf das Bremspedal treten lassen. Der Bremskolben muss sich leicht heraus- und hineindrücken lassen. Zur Prüfung muss der andere Bremssattel eingebaut sein. Darauf achten, dass der Bremskolben nicht ganz herausgedrückt wird. Angerosteten Bremskolben nur mit Bremsflüssigkeit oder Spiritus reinigen. Bei schwergängigem Kolben Bremssattel ersetzen.

Achtung: Beim Zurückdrücken des Kolbens wird Bremsflüssigkeit aus dem Bremszylinder in den Bremsflüssigkeitsbehälter gedrückt; daher Deckel des Bremsflüssigkeitsbehälters abschrauben. Flüssigkeit im Behälter beobachten, eventuell Bremsflüssigkeit mit einem Saugheber absaugen.

Sicherheitshinweis
Zum Absaugen eine Entlüfter- oder Plastikflasche verwenden, die nur mit Bremsflüssigkeit in Berührung kommt. Keine Trinkflaschen verwenden! **Bremsflüssigkeit ist giftig und darf auf gar keinen Fall mit dem Mund über einen Schlauch abgesaugt werden. Saugheber verwenden.** Auch nach dem Belagwechsel darf die MAX-Marke am Bremsflüssigkeitsbehälter nicht überschritten werden, da sich die Flüssigkeit bei Erwärmung ausdehnt. Ausgelaufene Bremsflüssigkeit läuft am Hauptbremszylinder herunter, zerstört den Lack und führt zur Rostbildung.

- Deckel des Bremsflüssigkeitsbehälters aufschrauben.

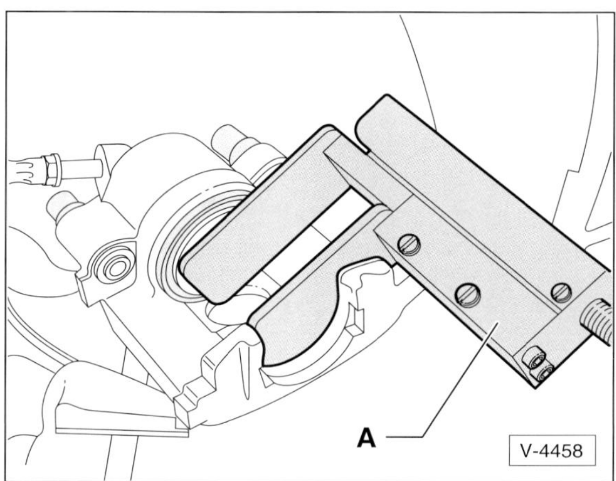

- Bremskolben mit Rücksetzwerkzeug –A–, zum Beispiel HAZET 4971-1, zurückdrücken. Es geht auch mit einem Hartholzstab, zum Beispiel einem Hammerstiel. Dabei jedoch besonders darauf achten, dass der Bremskolben nicht verkantet wird und Kolbenfläche sowie Staubkappe nicht beschädigt werden. **Hinweis:** Gegebenenfalls alten Bremsbelag als Auflagefläche zwischenlegen, und zwar vor den Bremskolben.

Achtung: Kolben nicht verkanten. Kolbenfläche und Staubkappe nicht beschädigen.

- Vor dem Einsetzen neuer Bremsbeläge Bremse gründlich reinigen und hitzebeständiges Schmierfett, zum Beispiel Bremsen-Antiquietschpaste von Liqui Moly, dünn auf die Belagführungsflächen auftragen.
- Äußeren Bremsbelag auf den Bremsträger aufsetzen.

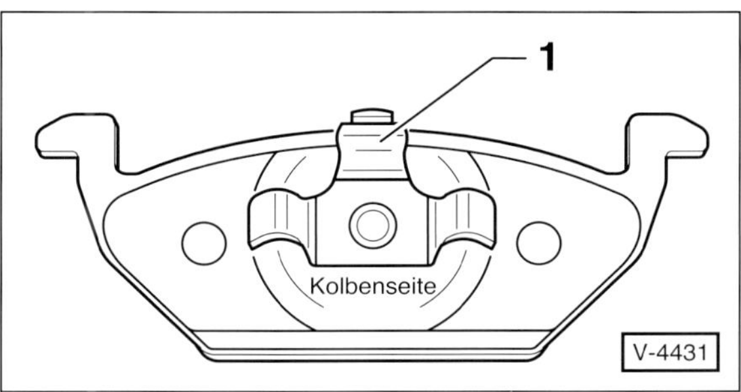

- Inneren Bremsbelag in den Bremssattel einsetzen, dabei Haltefeder –1– in den Bremskolben drücken.
- Bremssattel am Bremsträger aufsetzen.
- Beide Führungsbolzen für Bremssattel am Bremsträger einschrauben und mit **30 Nm** festziehen.
- Beide Abdeckkappen einsetzen.
- Haltefeder in den Bremssattel einsetzen.

Achtung: Nach dem Einsetzen in die beiden Bohrungen muss die Haltefeder hinter den Bremsträger gedrückt werden. Bei fehlerhafter Montage stellt sich trotz Verschleiß der äußere Bremsbelag nicht nach, so dass sich der Pedalweg vergrößert.

- Stecker für Bremsbelag-Verschleißanzeige verbinden. Steckverbindung in den Halter einsetzen, um 90° (¼ Umdrehung) verdrehen und dadurch sichern.
- Räder ansetzen und **mit 30 Nm** über Kreuz anschrauben, Fahrzeug ablassen, erst dann Radschrauben über Kreuz mit **120 Nm** festziehen. **Achtung:** Unbedingt Hinweise im Kapitel »Rad aus- und einbauen« beachten.

Achtung: Bremspedal im Stand mehrmals kräftig niedertreten, bis fester Widerstand spürbar ist. Dadurch legen sich die Bremsbeläge an die Bremsscheiben an und nehmen einen dem Betriebszustand entsprechenden Sitz ein.

- Bremsflüssigkeit im Bremsflüssigkeitsbehälter prüfen, gegebenenfalls bis zur MAX-Marke auffüllen. Deckel des Behälters zuschrauben.
- Neue Bremsbeläge vorsichtig einbremsen, dazu Fahrzeug mehrmals von ca. 80 km/h auf 40 km/h mit geringem Pedaldruck abbremsen. Dazwischen Bremse etwas abkühlen lassen.

Achtung: Nach dem Einbau neuer Bremsbeläge müssen diese eingebremst werden. Während einer Fahrtstrecke von rund 200 km sollten unnötige Vollbremsungen unterbleiben.

Hinweis: Bremsbeläge müssen in einigen Kommunen als Sondermüll entsorgt werden. Die örtlichen Behörden geben darüber Auskunft, ob auch eine Entsorgung über den hausmüllähnlichen Gewerbemüll zulässig ist.

Achtung, Sicherheitskontrolle durchführen:

Sind die Bremsschläuche festgezogen?
Befindet sich der Bremsschlauch in der Halterung?
Sind die Entlüftungsschrauben angezogen?
Ist genügend Bremsflüssigkeit eingefüllt?
Bei laufendem Motor Dichtheitskontrolle durchführen. Hierzu Bremspedal mit 200 bis 300 N (entspricht 20 bis 30 kg) etwa 10 Sekunden betätigen. Das Bremspedal darf nicht nachgeben. Sämtliche Anschlüsse auf Dichtheit kontrollieren.
Anschließend einige Sicherheitsbremsungen auf einer Straße ohne Verkehr durchführen.

Bremsträger/Bremssattel vorn aus- und einbauen

Ausbau

- Rad abbauen, siehe Seite 211.
- Gegebenenfalls Steckverbindung für Bremsbelagverschleißanzeige trennen.

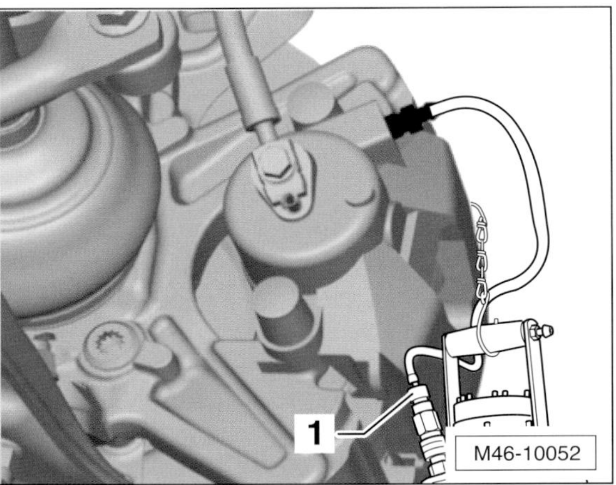

- Entlüfterschlauch der Bremsentlüfterflasche –1– auf das Entlüftungsventil des Bremssattels stecken.
- Entlüftungsventil mit Ringschlüssel vorsichtig öffnen.

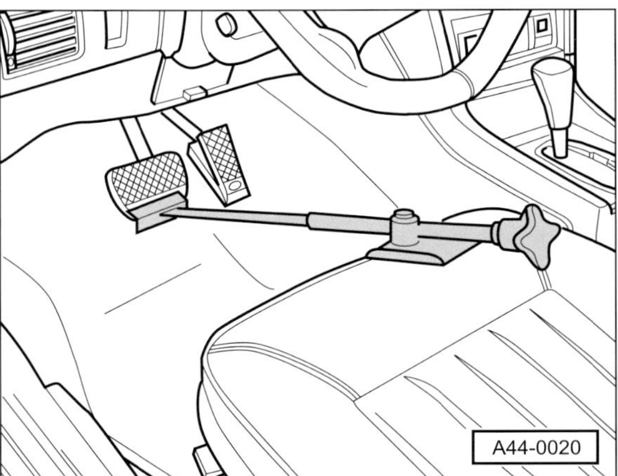

- Den Bremspedalbelaster, zum Beispiel V.A.G 1869/2, oder ein geeignetes Werkzeug, wie in der Abbildung gezeigt, einsetzen. **Hinweis:** Durch das Durchdrücken des Bremspedals wird im Bremskreislauf ein Ventil geschlossen, welches verhindert, dass bei geöffnetem Bremskreislauf Bremsflüssigkeit aus dem Vorratsbehälter nachläuft und somit das Bremssystem entleert wird.
- Etwas Bremsflüssigkeit in die Bremsentlüfterflasche aöblaufen lassen.
- Entlüftungsventil schließen und die Entlüfterflasche abnehmen.

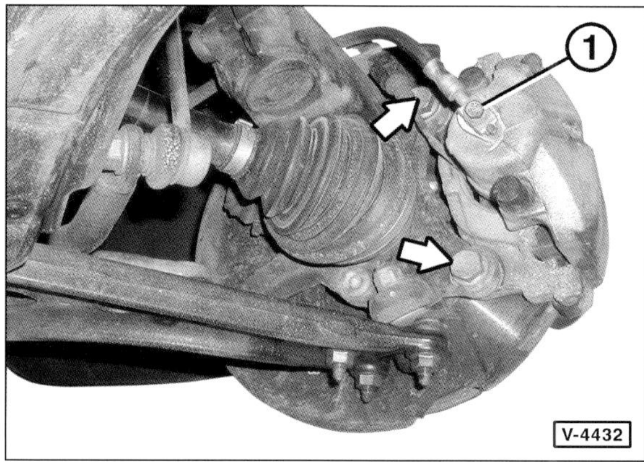

- Hohlschraube –1– für Bremsschlauch am Bremssattel abschrauben und Bremsschlauch abnehmen.
- 2 Schrauben –Pfeile– am Bremsträger herausdrehen.

Achtung: Hohes Löse- und Anzugsdrehmoment der Schrauben für den Bremsträger!

Achtung: Sicherstellen, dass das Fahrzeug sicher aufgebockt ist. Schraubenschlüssel waagerecht ansetzen und zum Lösen senkrecht nach unten drücken.

- Bremsträger mit Bremssattel und Bremsbelägen vom Radlagergehäuse abnehmen.

Einbau

- Sicherstellen, dass der Bremskolben zurückgedrückt ist.
- Bremsträger mit Bremssattel und Bremsbelägen über die Bremsscheibe schieben und am Radlagergehäuse ansetzen.

Achtung: Hohes Anzugsdrehmoment der Schrauben!

- Bremsträger am Radlagergehäuse ansetzen und mit **200 Nm** festschrauben.

Achtung: Schraubenschlüssel waagerecht ansetzen und zum Anziehen senkrecht nach unten drücken.

- Hohlschraube für Bremsschlauch mit **neuen Dichtringen** im Bremssattel eindrehen. Dabei darauf achten, dass der Bremsschlauch nicht verdreht wird. Hohlschraube mit **35 Nm** festziehen.
- Bremspedalbelaster herausnehmen.
- Gegebenenfalls Steckverbindung der Bremsbelagverschleißanzeige verbinden.
- **Bremsanlage entlüften, siehe entsprechendes Kapitel.**
- Rad anbauen, siehe Seite 211.
- Bremspedal im Stand mehrmals kräftig durchtreten, damit die Bremsbeläge ihren dem Betriebszustand entsprechenden Sitz einnehmen.
- Bremsflüssigkeitsstand prüfen.

Vorderrad-Scheibebremse C60

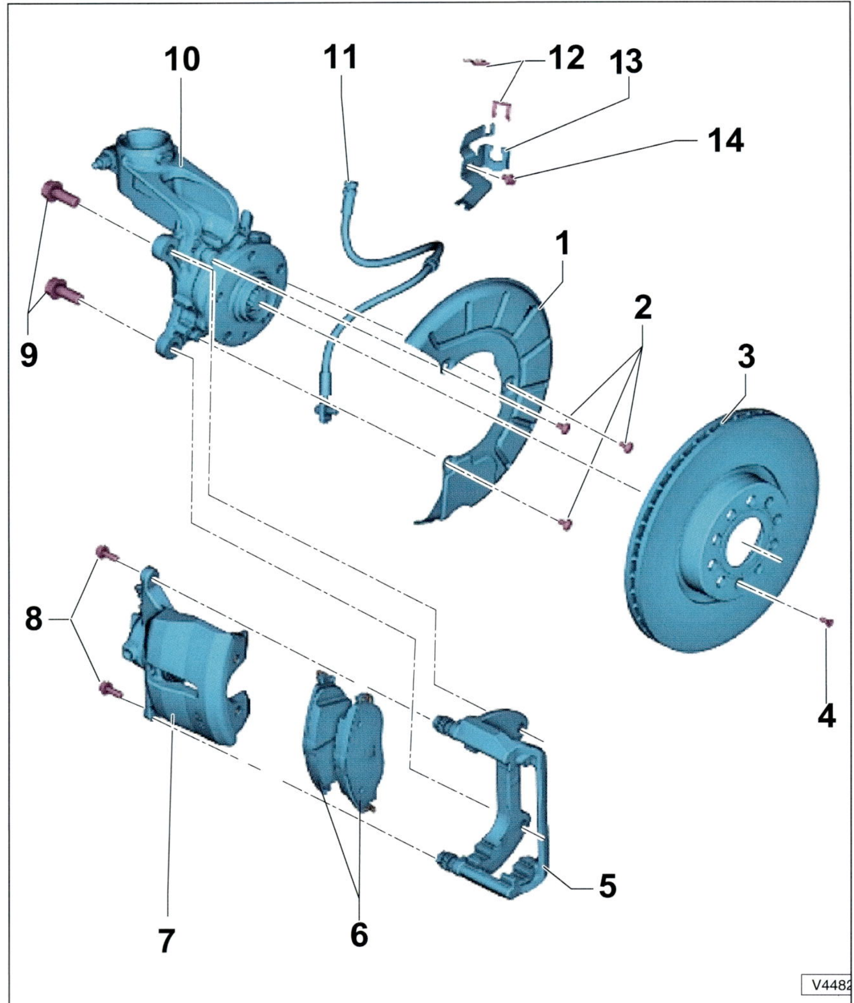

1 – Abdeckblech

2 – Torx-Schraube, 12 Nm

3 – Bremsscheibe
Innen belüftet. Grundsätzlich achsweise ersetzen. Zum Ausbau vorher Bremsträger und Bremssattel abschrauben.

4 – Torx-Schraube, 4 Nm

5 – Bremsträger
Am Radlagergehäuse angeschraubt. Die Belagführungsflächen mit Lithium-Schmierfett G 052150 A2 leicht fetten. Darauf achten, dass kein Schmierfett auf Bremsbeläge gelangt.

6 – Bremsbeläge
Dicke neu 14 mm ohne Rückenplatte.
Mit Bremsbelagverschleißanzeige vorn links.
Bei entsprechendem Verschleiß leuchtet bei ca. 4 mm Restbelagstärke im Kombiinstrument eine Kontrollleuchte auf.
Verschleißgrenze: 2 mm ohne Rückenplatte.
Grundsätzlich achsweise ersetzen.

7 – Bremssattel
Zum Bremsbelagwechsel den Bremsschlauch nicht abschrauben.

8 – Sechskantschraube, 35 Nm
Selbstsichernd, daher nach der Demontage grundsätzlich ersetzen.

9 – Rippschraube, 200 Nm
Bei Wiederverwendung reinigen.

10 – Radlagergehäuse
Mit geschraubtem Bremsträger.

11 – Bremsschlauch mit Ringstutzen und Hohlschraube, 35 Nm
Auf richtige Einbaulage achten.

12 – Halteklammer

13 – Halter

14 – Schraube, 8 Nm

Bremsbeläge vorn aus- und einbauen

Scheibenbremse C60

Ausbau

Achtung: Bremsbeläge sind Bestandteil der Allgemeinen Betriebserlaubnis (ABE) und vom Werk auf das jeweilige Modell abgestimmt. Es dürfen deshalb nur die vom Automobilhersteller freigegebenen Bremsbeläge verwendet werden.

Achtung: Sollen die Bremsbeläge wieder verwendet werden, müssen sie beim Ausbau gekennzeichnet werden. Ein Wechsel der Beläge von der Außen- zur Innenseite oder vom rechten zum linken Rad ist nicht zulässig.

Achtung: Grundsätzlich alle Scheibenbremsbeläge einer Achse gleichzeitig ersetzen, auch wenn nur ein Belag die Verschleißgrenze erreicht hat.

- Radschrauben lösen. Fahrzeug vorne aufbocken und Rad abnehmen. **Achtung:** Unbedingt Hinweise im Kapitel »Rad aus- und einbauen« beachten.

Sicherheitshinweis
Beim Aufbocken des Fahrzeugs besteht Unfallgefahr! Hinweise im Kapitel »Fahrzeug aufbocken« beachten.

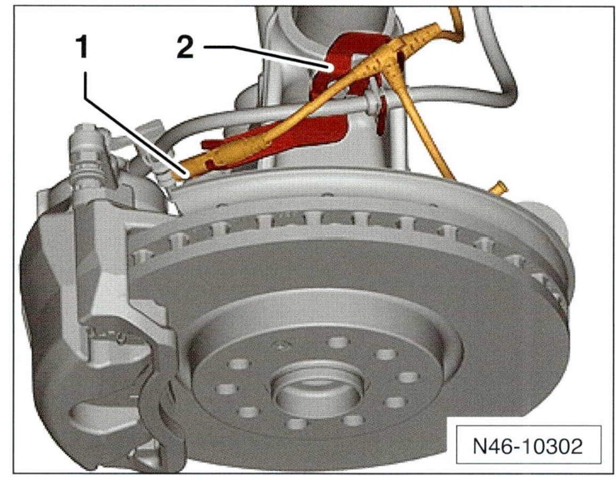

- Fahrerseite: Steckverbindung –1– für Bremsbelagverschleißanzeige trennen. 2 – Halter.

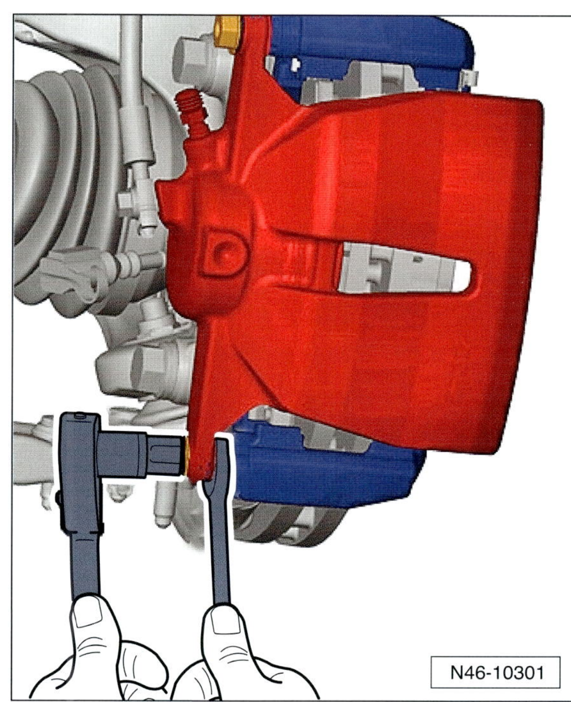

- Beide Befestigungsschrauben vom Bremssattel abschrauben, dabei am Führungsbolzen gegenhalten.

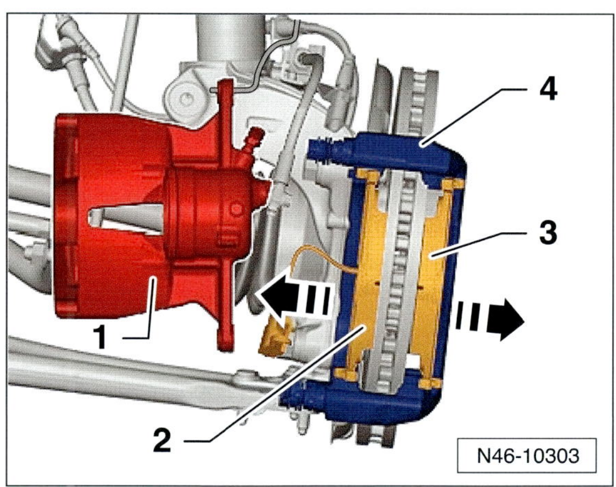

- Bremssattel –1– abnehmen und so mit Draht aufhängen, dass das Gewicht des Bremssattels den Bremsschlauch nicht belastet beziehungsweise beschädigt.
- Bremsbeläge –2– und –3– vom Bremsträger –4– abnehmen.

Einbau

Achtung: Bei ausgebauten Bremsbelägen nicht auf das Bremspedal treten, sonst wird der Kolben aus dem Gehäuse herausgedrückt. In diesem Fall Bremssattel komplett ausbauen und Kolben in der Werkstatt einsetzen lassen.

- Vor Einbau der Beläge ist die Bremsscheibe durch Abtasten mit den Fingern auf Riefen zu untersuchen. Riefige Bremsscheiben können abgedreht werden (Werkstattarbeit), sofern sie noch eine ausreichende Dicke aufweisen. Grundsätzlich beide Bremsscheiben einer Achse auf gleiches Maß abdrehen lassen.
- Bremsscheibendicke messen, siehe entsprechendes Kapitel.

Achtung: Zum Reinigen der Bremse **ausschließlich** Spiritus verwenden. Führungsfläche beziehungsweise Sitz der Beläge im Gehäuseschacht mit einem Lappen reinigen. Keine scharfkantigen Werkzeuge verwenden.

- Staubkappe für Bremskolben auf Anrisse prüfen. Eine beschädigte Staubkappe umgehend ersetzen lassen, da eingedrungener Schmutz schnell zu Undichtigkeiten des Bremssattels führt. Der Bremssattel muss hierzu zerlegt werden (Werkstattarbeit).
- Bei hohem Bremsbelagverschleiß Leichtgängigkeit des Kolbens prüfen. Dazu einen Holzklotz in den Bremssattel einsetzen und durch Helfer langsam auf das Bremspedal treten lassen. Der Bremskolben muss sich leicht heraus- und hineindrücken lassen. Zur Prüfung muss der andere Bremssattel eingebaut sein. Darauf achten, dass der Bremskolben nicht ganz herausgedrückt wird. Angerosteten Bremskolben nur mit Bremsflüssigkeit oder Spiritus reinigen. Bei schwergängigem Kolben Bremssattel ersetzen.

Achtung: Beim Zurückdrücken des Kolbens wird Bremsflüssigkeit aus dem Bremszylinder in den Vorratsbehälter gedrückt. Flüssigkeit im Behälter beobachten, eventuell Bremsflüssigkeit mit einem Saugheber absaugen.

Sicherheitshinweis

Zum Absaugen eine Entlüfter- oder Plastikflasche verwenden, die nur mit Bremsflüssigkeit in Berührung kommt. Keine Trinkflaschen verwenden! **Bremsflüssigkeit ist giftig und darf auf gar keinen Fall mit dem Mund über einen Schlauch abgesaugt werden. Saugheber verwenden.** Auch nach dem Belagwechsel darf die MAX-Marke am Bremsflüssigkeitsbehälter nicht überschritten werden, da sich die Flüssigkeit bei Erwärmung ausdehnt. Ausgelaufene Bremsflüssigkeit läuft am Hauptbremszylinder herunter, zerstört den Lack und führt zur Rostbildung.

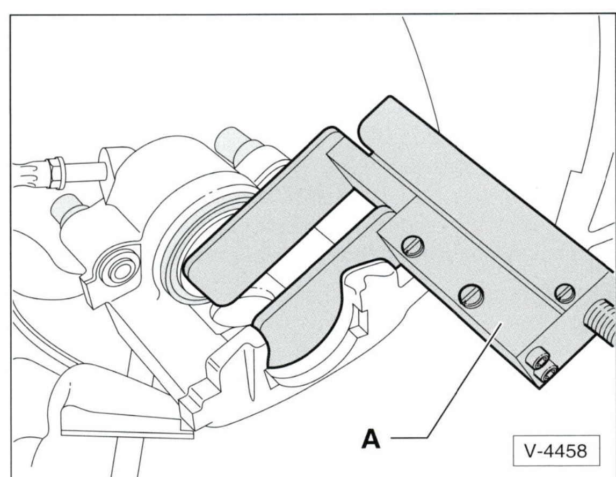

- Deckel des Bremsflüssigkeitsbehälters aufschrauben und Bremskolben mit Rücksetzwerkzeug –A–, zum Beispiel HAZET 4971-1- oder einem Hartholzstab, zurückdrücken.

Achtung: Darauf achten, dass der Kolben nicht verkantet wird und Kolbenfläche sowie Staubkappe nicht beschädigt werden. Beim Zurückdrücken des Kolbens wird Bremsflüssigkeit aus dem Bremszylinder in den Vorratsbehälter gedrückt. Flüssigkeit im Behälter beobachten, gegebenenfalls etwas Bremsflüssigkeit aus dem Vorratsbehälter mit einer Entlüfterflasche oder einem geeigneten Saugheber absaugen. Sonst kann, wenn zwischenzeitlich Bremsflüssigkeit nachgefüllt wurde, Bremsflüssigkeit auslaufen und umliegende Bauteile beschädigen.

Achtung: Bremsanlage nicht mit Druckluft ausblasen, der dabei entstehende Staub ist gesundheitsschädlich!

- Die Belagführungsflächen am Bremsträger mit Lithium–Schmierfett VW-G 052 150 A2 leicht fetten.

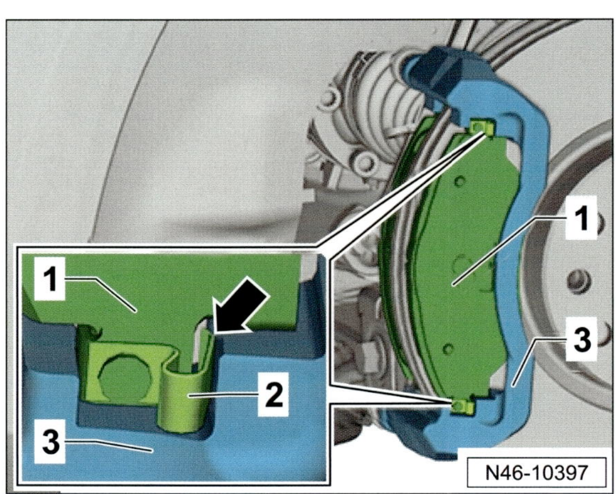

- Die Bremsbeläge –1– mit den Haltefedern –2– in die Aussparung des Bremsträgers –3– einsetzen.

Achtung: Nach dem Einbau aller Bremsbeläge den richtigen Sitz aller Haltefedern –2– prüfen –Pfeil–.

- Bremssattel vorsichtig auf den Bremsträger setzen.

- Bremssattel mit **neuen** selbstsichernden Schrauben und **35 Nm** am Bremsträger anschrauben, dabei am Führungsbolzen gegenhalten.
- Steckverbindung der Bremsbelagverschleißanzeige verbinden.
- Räder ansetzen und über Kreuz mit **30 Nm** anschrauben, Fahrzeug ablassen, erst dann Radschrauben über Kreuz mit **120 Nm** festziehen. **Achtung:** Unbedingt Hinweise im Kapitel »Rad aus- und einbauen« beachten.

Achtung: Bremspedal im Stand mehrmals kräftig niedertreten, bis fester Widerstand spürbar ist. Dadurch legen sich die Bremsbeläge an die Bremsscheiben an und nehmen einen dem Betriebszustand entsprechenden Sitz ein.

- Bremsflüssigkeit im Vorratsbehälter prüfen, gegebenenfalls bis zur MAX-Marke auffüllen. Deckel des Behälters festschrauben.
- Neue Bremsbeläge vorsichtig einbremsen, dazu Fahrzeug mehrmals von ca. 80 km/h auf 40 km/h mit geringem Pedaldruck abbremsen. Dazwischen Bremse etwas abkühlen lassen.

Achtung: Nach dem Einbau neuer Bremsbeläge müssen diese eingebremst werden. Während einer Fahrtstrecke von rund 200 km sollten unnötige Vollbremsungen unterbleiben.

Hinweis: Bremsbeläge müssen in einigen Kommunen als Sondermüll entsorgt werden. Die örtlichen Behörden geben darüber Auskunft, ob auch eine Entsorgung über den hausmüllähnlichen Gewerbemüll zulässig ist.

Achtung, Sicherheitskontrolle durchführen:

- Sind die Bremsschläuche festgezogen?
- Befindet sich der Bremsschlauch in der Halterung?
- Sind die Entlüftungsschrauben angezogen?
- Ist genügend Bremsflüssigkeit eingefüllt?
- Bei laufendem Motor Dichtheitskontrolle durchführen. Hierzu Bremspedal mit 200 bis 300 N (entspricht 20 bis 30 kg) etwa 10 Sekunden betätigen. Das Bremspedal darf nicht nachgeben. Sämtliche Anschlüsse auf Dichtheit kontrollieren.
- Anschließend einige Sicherheitsbremsungen auf einer Straße ohne Verkehr durchführen.

Hinterrad-Scheibenbremse CII 38

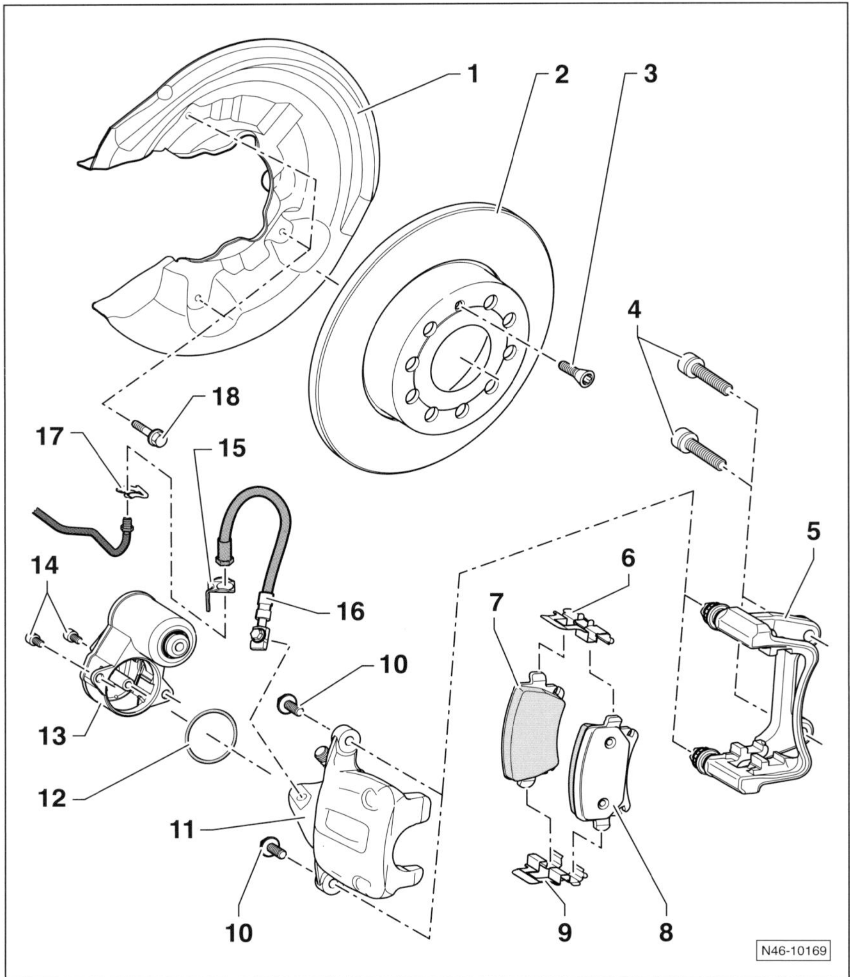

1 – **Abdeckblech**

2 – **Bremsscheibe**
Grundsätzlich achsweise ersetzen. Zum Ausbau vorher Bremsträger mit Bremssattel ausbauen.

3 – **Innentorxschraube, 4 Nm**
Für Bremsscheibe.

4 – **Innenvielzahnschrauben***
Anzugsmethode: **90 Nm + 90°.**
Für Bremsträger.

5 – **Bremsträger**
Mit Führungsbolzen und Schutzkappe. Am Radlagergehäuse angeschraubt.

6 – **Belaghalteblech oben**
Bei Belagwechsel immer ersetzen.

7 – **Bremsbelag innen**
Bremsbeläge grundsätzlich achsweise ersetzen.

8 – **Bremsbelag außen**
Bremsbeläge grundsätzlich achsweise ersetzen.

9 – **Belaghalteblech unten**
Bei Belagwechsel immer ersetzen.

10 – **Schrauben*, 35 Nm**
Selbstsichernd. Für Bremssattel.

11 – **Bremssattel**

12 – **Dichtring**

13 – **Feststellmotor**

14 – **Innentorxschrauben, 12 Nm**

15 – **Halter**

16 – **Bremsschlauch**
Mit Ringstutzen und Hohlschraube an Bremssattel: **35 Nm**.
An Bremsleitung: **14 Nm.**

17 – **Halteklammer**

18 – **Schraube, 12 Nm**

---

*) Nach jeder Demontage ersetzen.

Bremsbeläge hinten aus- und einbauen

Scheibenbremse CII 38

Der PASSAT ist mit einer **elektromechanischen Feststellbremse** ausgestattet. Dazu ist an den hinteren Bremssätteln jeweils ein Motor vorhanden, der die Bremskolben vor- und zurückfährt.

Achtung: Für den Ausbau der Bremsbeläge schreibt VW vor, die Bremskolben mit den Feststellmotoren zurückzufahren. Dazu wird ein Diagnosegerät benötigt.

Es ist ebenso möglich, den Feststellmotor für den jeweiligen Bremssattel auszubauen und den Bremskolben mechanisch zurückzufahren, siehe entsprechendes Kapitel. **Nach dem Einbau des Feststellmotors muss mit dem Diagnosegerät eine Grundeinstellung der Bremsanlage vorgenommen werden.**

Ausbau

Achtung: Bremsbeläge sind Bestandteil der Allgemeinen Betriebserlaubnis (ABE) und vom Werk auf das jeweilige Modell abgestimmt. Deshalb dürfen nur die vom Automobilhersteller freigegebenen Bremsbeläge verwendet werden.

Achtung: Sollen die Bremsbeläge wieder verwendet werden, müssen sie beim Ausbau gekennzeichnet werden. Ein Wechsel der Beläge von der Außen- zur Innenseite und umgekehrt oder auch vom rechten zum linken Rad ist nicht zulässig. **Grundsätzlich alle Scheibenbremsbeläge an einer Achse gleichzeitig ersetzen, auch wenn nur ein Belag die Verschleißgrenze erreicht hat.**

- Feststellbremse lösen.
- Radschrauben lösen. Fahrzeug hinten aufbocken und Räder abnehmen. **Achtung:** Unbedingt Hinweise im Kapitel »Rad aus- und einbauen« beachten.

Sicherheitshinweis
Beim Aufbocken des Fahrzeugs besteht Unfallgefahr! Hinweise im Kapitel »Fahrzeug aufbocken« beachten.

Hinweis: Stecker an den Feststellmotoren **nicht** abziehen.

- Diagnosegerät am Diagnosestecker in der oberen Abdeckung im Fahrerfußraum anschließen.
- Bremskolben der Feststellbremse an den hinteren Bremsen zurückfahren. Dazu Diagnosegerät einschalten und Funktion zum Vor- und Zurückstellen der Bremskolben wählen.

Achtung: Beim Zurückstellen des Kolbens wird Bremsflüssigkeit aus dem Bremszylinder in den Bremsflüssigkeitsbehälter gedrückt. Flüssigkeit im Behälter beobachten, eventuell Bremsflüssigkeit mit einem Saugheber absaugen. Siehe Hinweise im Kapitel für die Vorderradbremse, Seite 218.

Hinweis: Falls das Diagnosegerät nicht zur Verfügung steht, Feststellmotor ausbauen und Feststellbremskolben mit einem Torx-Steckeinsatz manuell zurückfahren, siehe entsprechendes Kapitel.

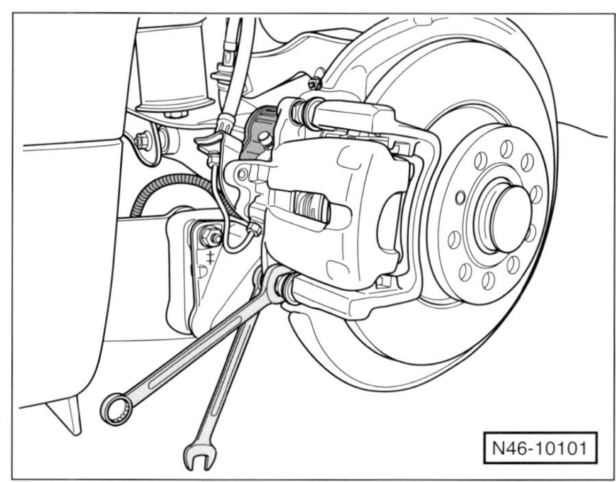

- Befestigungsschrauben für Bremssattel oben und unten herausdrehen, dabei jeweils am Führungsbolzen gegenhalten.
- Bremssattel vom Bremsträger abnehmen und mit Draht am Aufbau aufhängen. Der Bremsschlauch bleibt dabei angebaut. **Achtung:** Bremssattel nicht einfach nach unten hängen lassen; der Bremsschlauch darf nicht auf Zug beansprucht oder verdreht werden.

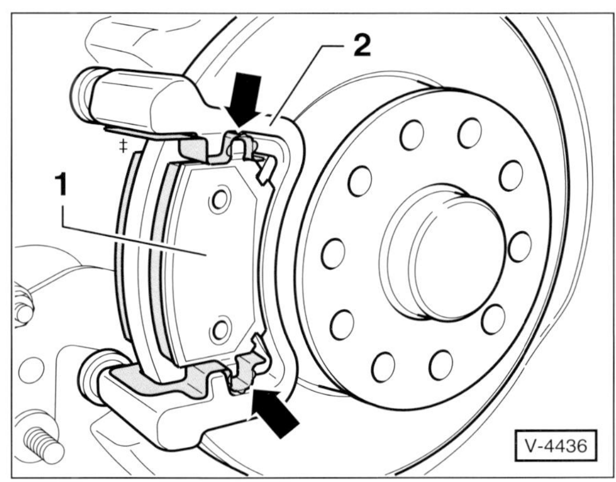

- Bremsbeläge –1– mit Belaghaltefedern –Pfeile– aus dem Bremsträger –2– herausnehmen.

Einbau

Achtung: Bei ausgebauten Bremsbelägen nicht auf das Bremspedal treten, sonst wird der Kolben aus dem Gehäuse herausgedrückt.

- Bremsscheibe auf Schäden und Verschleiß untersuchen. Bremssattel **ausschließlich** mit Spiritus reinigen. **Achtung:** Keine scharfkantigen Werkzeuge oder **Drahtbürste** verwenden. Siehe Anweisungen und Hinweise im Kapitel für die Vorderradbremse, Seite 218.
- Vor dem Einsetzen neuer Bremsbeläge hitzebeständiges Schmierfett, zum Beispiel Bremsen-Antiquietschpaste von Liqui Moly, dünn auf die Belagführungsflächen des Bremssattels auftragen.

- **Neue** Belaghaltefedern und **neue** Bremsbeläge im Bremsträger einsetzen. Dabei auf korrekten Sitz der Bremsbeläge in den Belaghaltefedern achten.
- Bremssattel aufsetzen.
- Bremssattel mit **neuen, selbstsichernden** Schrauben und mit **35 Nm** festschrauben, dabei jeweils am Führungsbolzen gegenhalten. **Achtung: Im Reparatursatz sind selbstsichernde Schrauben enthalten, die in jedem Fall einzubauen sind.**
- Bremskolben der Feststellbremse vorfahren. Dazu am Diagnosegerät Funktion zum Vor- und Zurückstellen der Bremskolben wählen.
- Am Diagnosegerät Grundeinstellung der Bremsanlage durchführen. Dabei wird der Bremskolben auf die exakte Nullstellung gefahren und das vorgeschriebene Lüftspiel zwischen Bremsbelägen und Bremsscheibe wird eingestellt.

Hinweis: War der Feststellmotor ausgebaut, Feststellbremskolben mit einem Torx-Steckeinsatz manuell vorfahren, siehe entsprechendes Kapitel.

- Rad ansetzen und über Kreuz mit **30 Nm** anschrauben, Fahrzeug ablassen, anschließend Radschrauben über Kreuz mit **120 Nm** festziehen. **Achtung:** Unbedingt Hinweise im Kapitel »Rad aus- und einbauen« beachten.
- Bremspedal im Stand mehrmals kräftig niedertreten, bis fester Widerstand spürbar ist. Dadurch legen sich die Bremsbeläge an die Bremsscheiben an.
- Bremsflüssigkeit im Bremsflüssigkeitsbehälter prüfen, gegebenenfalls bis zur MAX-Marke auffüllen.
- **Neue** Bremsbeläge vorsichtig einbremsen, dazu Fahrzeug mehrmals von ca. 80 km/h auf 40 km/h mit geringem Pedaldruck abbremsen. Dazwischen Bremse etwas abkühlen lassen. Während einer Fahrtstrecke von rund 200 km sollten unnötige Vollbremsungen unterbleiben.

Hinweis: Bremsbeläge müssen in einigen Kommunen als Sondermüll entsorgt werden. Die örtlichen Behörden geben darüber Auskunft, ob auch eine Entsorgung über den hausmüllähnlichen Gewerbemüll zulässig ist.

Achtung, Sicherheitskontrolle durchführen:

- Sind die Bremsschläuche festgezogen?
- Befindet sich der Bremsschlauch in der Halterung?
- Sind die Entlüftungsschrauben angezogen?
- Ist genügend Bremsflüssigkeit eingefüllt?
- Bei laufendem Motor Dichtheitskontrolle durchführen. Hierzu Bremspedal mit 200 bis 300 N (entspricht 20 bis 30 kg) etwa 10 Sekunden betätigen. Das Bremspedal darf nicht nachgeben. Sämtliche Anschlüsse auf Dichtheit kontrollieren.
- Anschließend einige Sicherheitsbremsungen auf einer Straße ohne Verkehr durchführen.

Feststellmotor am Bremssattel hinten aus- und einbauen

Achtung: Nach dem Einbau des Feststellmotors muss dieser über ein Diagnosegerät justiert werden.

Ausbau

- Zündung ausschalten, Zündschlüssel abziehen. **Achtung:** Die Zündung muss bis zum Trennen der Steckverbindung des Feststellmotors mindestens 30 Sekunden ausgeschaltet sein.
- Fahrzeug hinten aufbocken.

Sicherheitshinweis
Beim Aufbocken des Fahrzeugs besteht Unfallgefahr! Hinweise im Kapitel »Fahrzeug aufbocken« beachten.

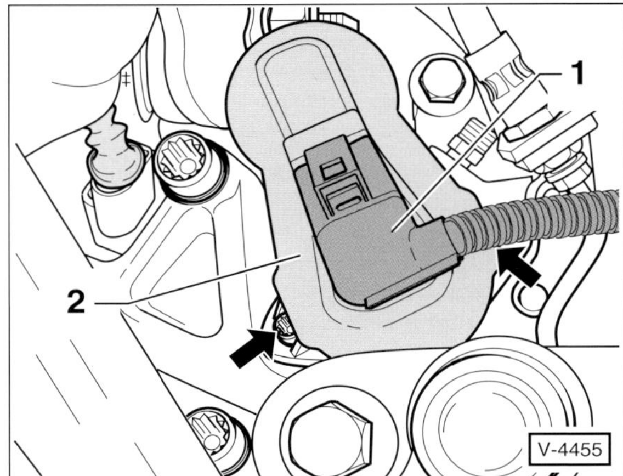

- Stecker –1– entriegeln und vom Feststellmotor –2– abziehen.
- 2 Innentorxschrauben –Pfeile– herausdrehen und Feststellmotor –2– vom Bremssattel abnehmen.

Einbau

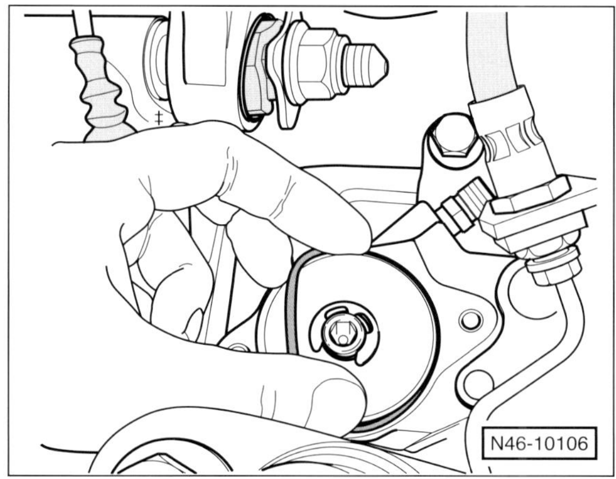

- Dichtring an der Anlagefläche des Stellmotors aus der Nut nehmen.
- Nut für Dichtring und Anlagefläche des Stellmotors reinigen. **Achtung:** Nut und Anlagefläche nicht beschädigen.
- **Neuen** Dichtring leicht mit Bremsflüssigkeit benetzen und dann in die Nut einlegen.

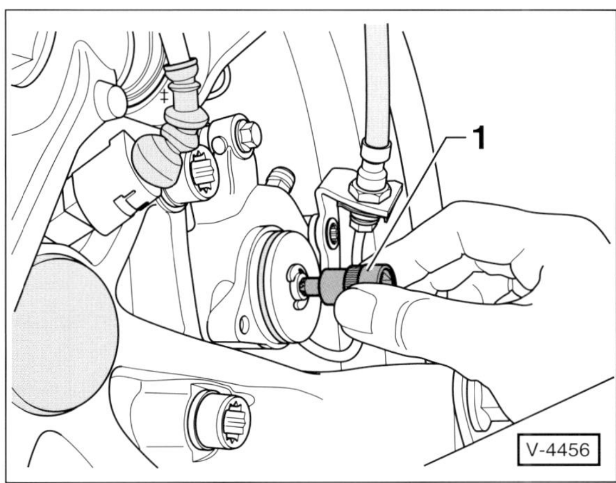

- Mit einem Innenvielzahneinsatz SW-8 –1– die Spindel des Feststellbremskolbens etwas zurückdrehen, bis der Feststellmotor angesetzt werden kann. Dabei auf korrekten Sitz des Dichtrings achten.
- Feststellmotor vorsichtig ansetzen, dabei auf den Sitz des Dichtringes achten. **Der Dichtring darf sich während der Montage des Feststellmotors nicht herausdrehen.**
- Feststellmotor so weit verdrehen, bis die Schrauben in die Gewindebohrungen greifen können.

Achtung: Der Feststellmotor muss bündig am Bremssattel anliegen und darf nicht durch die Schrauben gegen den Bremssattel gezogen werden.

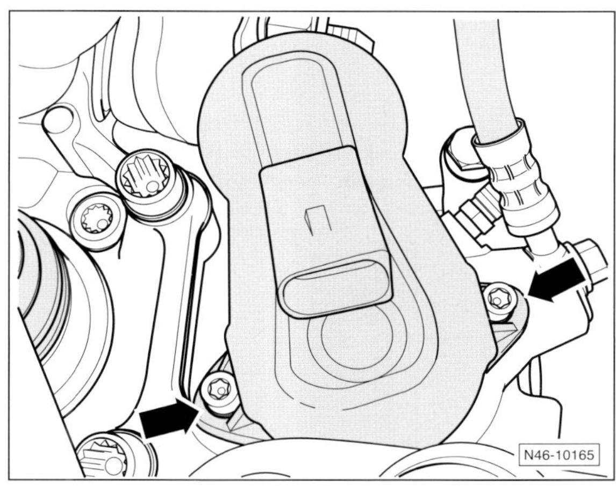

- Innentorxschrauben –Pfeile– von Hand ansetzen und mit **12 Nm** festziehen.
- Stecker am Feststellmotor aufschieben und einrasten.
- Mit dem Diagnosegerät Grundeinstellung der Bremsanlage durchführen. Dabei wird der Bremskolben auf die exakte Nullstellung gefahren und das vorgeschriebene Lüftspiel zwischen Bremsbelägen und Bremsscheibe wird eingestellt.
- Fahrzeug ablassen.

Bremsscheibendicke prüfen

Prüfen

- Radschrauben lösen. Fahrzeug aufbocken und Räder abnehmen. **Achtung:** Unbedingt Hinweise im Kapitel »Rad aus- und einbauen« beachten.

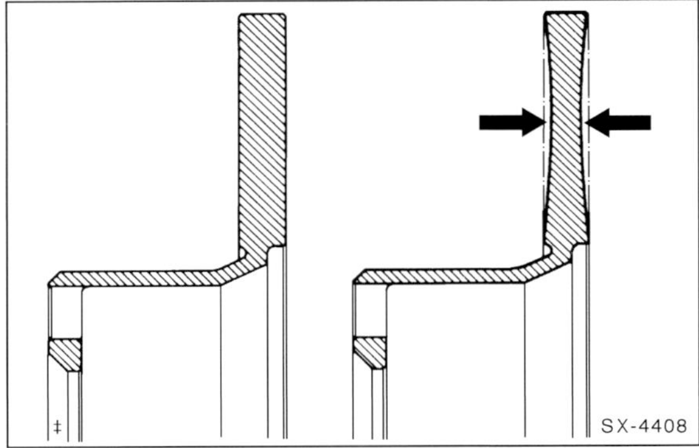

- Bremsscheibendicke immer an der dünnsten Stelle –Pfeile– messen. Die Werkstatt benutzt dazu einen speziellen Messschieber oder eine Mikrometer-Bügelmessschraube, da sich durch die Abnutzung der Bremsscheibe ein Rand bildet. Man kann die Bremsscheibendicke auch mit einer normalen Schieblehre messen, allerdings muss dann auf jeder Seite der Bremsscheibe eine entsprechend starke Unterlage zwischengelegt werden (beispielsweise 2 Münzen). Um das exakte Maß der Bremsscheibendicke zu ermitteln, müssen von dem gemessenen Wert die Dicke der Münzen beziehungsweise der Unterlage abgezogen werden. **Achtung:** Messung an mehreren Punkten der Bremsscheibe vornehmen.
- Soll- und Verschleißwerte für Bremsscheibe, siehe »Technische Daten Bremsanlage«.
- Wird die Verschleißgrenze erreicht, Bremsscheibe erneuern.
- Bei größeren Rissen oder bei Riefen, die tiefer als 0,5 mm sind, Bremsscheibe erneuern.
- Räder ansetzen und mit **30 Nm** über Kreuz anschrauben, Fahrzeug ablassen, erst dann Radschrauben über Kreuz mit **120 Nm** festziehen. **Achtung:** Unbedingt Hinweise im Kapitel »Rad aus- und einbauen« beachten.

Bremsscheibe aus- und einbauen

Bremsscheiben erneuern, wenn sie korrodiert sind oder die Verschleißgrenze erreicht haben.

Um beidseitig eine gleichmäßige Bremsverzögerung sicherzustellen, müssen alle Bremsscheiben die gleiche Oberfläche bezüglich Schliffbild und Rautiefe aufweisen. Deshalb **grundsätzlich beide** Bremsscheiben einer Achse ersetzen.

Achtung: Wenn die Bremsscheiben ersetzt werden, müssen gleichzeitig auch neue Bremsbeläge eingebaut werden.

Korrodierte Bremsscheiben erzeugen beim Abbremsen einen Rubbeleffekt, der sich auch durch längeres Bremsen nicht beseitigen lässt. In diesem Fall müssen die Bremsscheiben erneuert werden.

Ausbau

Sicherheitshinweis
Beim Aufbocken des Fahrzeugs besteht Unfallgefahr! Deshalb vorher das Kapitel »Fahrzeug aufbocken« durchlesen.

- Radschrauben lösen. Fahrzeug aufbocken und Räder abnehmen. **Achtung:** Unbedingt Hinweise im Kapitel »Rad aus- und einbauen« beachten.

Achtung: Hohes Löse- und Anzugsdrehmoment der Schrauben für den Bremsträger!

Achtung: Sicherstellen, dass das Fahrzeug sicher aufgebockt ist und der Schraubenschlüssel waagerecht angesetzt wird.

Achtung: Wenn der Bremsträger mit Bremssattel nur für den Bremsscheibenausbau ausgebaut wird, Bremskreislauf nicht öffnen.

- Bremsträger mit Bremssattel und Bremsbelägen ausbauen, siehe Seite 220.
- Um ein Herausgleiten des Bremskolbens zu verhindern, Holzstück zwischen Bremskolben und Bremssattel klemmen.
- Bremssattel und Bremsträger mit einem Drahthaken so am Aufbau oder an der Schraubenfeder aufhängen, dass der Bremsschlauch nicht verdreht oder auf Zug beansprucht wird.
- Sicherungsschraube für Bremsscheiben-Befestigung herausdrehen.
- Bremsscheibe von der Radnabe abnehmen.

Achtung: Die Bremsscheibe darf nicht durch Gewaltanwendung (Hammerschläge) von der Radnabe getrennt werden. Stattdessen handelsüblichen Rostlöser anwenden, um Schäden an der Bremsscheibe zu vermeiden. Falls der Ausbau nur durch kräftige Hammerschläge möglich ist, aus Sicherheitsgründen Bremsscheibe und Radlager erneuern. Auch wenn ein Abzieher verwendet wird, Bremsscheibe erneuern.

Einbau

Die Werkstatt kann die Bremsscheibe auf Schlag prüfen. Maximaler Scheibenschlag an der Bremsfläche gemessen: 0,05 mm. Maximal zulässige Dickentoleranz: 0,01 mm.

- Bremsscheibendicke messen, siehe entsprechendes Kapitel.
- Falls vorhanden, Rost am Flansch der Bremsscheibe und der Radnabe entfernen.
- Neue Bremsscheibe mit Verdünnung vom Schutzlack reinigen.
- Bremsscheibe auf Radnabe aufsetzen, Sicherungsschraube eindrehen und mit **4 Nm** festziehen.

Achtung: Hohes Anzugsdrehmoment der Schrauben! Schraubenschlüssel waagerecht ansetzen und zum Anziehen senkrecht nach unten drücken.

- Bremsträger mit Bremssattel und Bremsbelägen über die Bremsscheibe schieben und Bremsträger mit **200 Nm** festschrauben. **Achtung:** Wenn die bisherigen Rippschrauben wiederverwendet werden, Schrauben sorgfältig reinigen.

Achtung: War der Bremsschlauch demontiert, Bremsschlauch anschrauben und Bremsanlage entlüften, siehe entsprechendes Kapitel.

- Räder ansetzen und mit **30 Nm** über Kreuz anschrauben, Fahrzeug ablassen, erst dann Radschrauben über Kreuz mit **120 Nm** festziehen. **Achtung:** Unbedingt Hinweise im Kapitel »Rad aus- und einbauen« beachten.

Achtung: Bremspedal im Stand mehrmals kräftig niedertreten, bis fester Widerstand spürbar ist.

- Bremsflüssigkeitsstand im Bremsflüssigkeitsbehälter prüfen, gegebenenfalls auffüllen.

Achtung, Sicherheitskontrolle durchführen:

- ◆ Sind die Bremsschläuche festgezogen?
- ◆ Befindet sich der Bremsschlauch in der Halterung?
- ◆ Sind die Entlüftungsschrauben angezogen?
- ◆ Ist genügend Bremsflüssigkeit eingefüllt?
- ◆ Bei laufendem Motor Dichtheitskontrolle durchführen. Hierzu Bremspedal mit 200 bis 300 N (entspricht 20 bis 30 kg) etwa 10 Sekunden betätigen. Das Bremspedal darf nicht nachgeben. Sämtliche Anschlüsse auf Dichtheit kontrollieren.

- Neue Bremsscheiben vorsichtig einbremsen, dazu Fahrzeug mehrmals von ca. 80 km/h auf 40 km/h mit geringem Pedaldruck abbremsen. Dazwischen Bremse etwas abkühlen lassen.

Bremslichtschalter aus- und einbauen

Der Bremslichtschalter sitzt am Hauptbremszylinder vor dem Bremskraftverstärker. Beim Betätigen des Bremspedals verschiebt die Druckstange im Hauptbremszylinder den Kolben. Ein am Kolben angebrachter Magnetring steuert über einen Hallgeber den Schalter an. Der Bremslichtschalter erzeugt dabei eine Schaltspannung für das Bordnetz- und das Motor-Steuergerät.

Über den Bremslichtschalter wird das Bremslicht eingeschaltet. Außerdem dient der Bremslichtschalter dem ABS/EDS-Steuergerät als Signalgeber für den Beginn eines Bremsvorganges. Daher ist eine korrekte Funktion des Bremslichtschalters äußerst wichtig.

Ausbau

- 4-Zylinder-Motor: Batterie und Batterieträger ausbauen, siehe Seite 80/82.
- Ansaugschlauch und Luftfiltergehäuse ausbauen, siehe Seite 283.

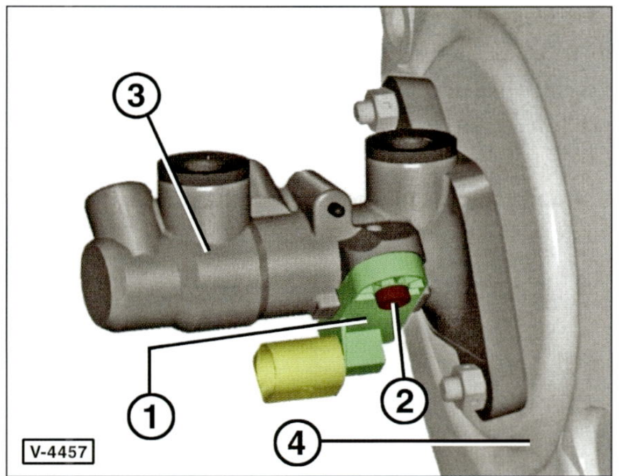

- Stecker vom Bremslichtschalter –1– abziehen.
- Schraube –2– herausdrehen und Bremslichtschalter vom Hauptbremszylinder –3– abnehmen. Dabei Bremslichtschalter unten ausrasten. 4 – Bremskraftverstärker.

Einbau

- Der Einbau erfolgt in umgekehrter Ausbaureihenfolge. Dabei Schraube mit **8 Nm** festziehen.

Bremsanlage entlüften

Beim Umgang mit Bremsflüssigkeit sind folgende Hinweise zu beachten:

Sicherheitshinweis
Bremsflüssigkeit ist giftig. Keinesfalls Bremsflüssigkeit mit dem Mund über einen Schlauch absaugen. Bremsflüssigkeit nur in Behälter füllen, bei denen ein versehentlicher Genuss ausgeschlossen ist.

- Bremsflüssigkeit ist ätzend und darf deshalb nicht mit dem Autolack in Berührung kommen, gegebenenfalls Bremsflüssigkeit sofort abwischen und mit viel Wasser abwaschen.
- Bremsflüssigkeit ist hygroskopisch, das heißt, sie nimmt aus der Luft Feuchtigkeit auf. Bremsflüssigkeit deshalb nur in geschlossenen Behältern aufbewahren.
- **Bremsflüssigkeit, die schon einmal im Bremssystem verwendet wurde, darf nicht wieder verwendet werden. Auch beim Entlüften der Bremsanlage nur neue Bremsflüssigkeit verwenden.**
- Bremsflüssigkeits-Spezifikation: **VW 501 14.**
- **Bremsflüssigkeit darf nicht mit Mineralöl in Berührung kommen.** Schon geringe Spuren von Mineralöl machen die Bremsflüssigkeit unbrauchbar, beziehungsweise führen zum Ausfall des Bremssystems. Stopfen und Manschetten der Bremsanlage werden beschädigt, wenn sie mit mineralölhaltigen Mitteln zusammenkommen. Zum Reinigen keine mineralölhaltigen Putzlappen verwenden.
- Bremsflüssigkeit erstmalig nach 3 Jahren, danach **alle 2 Jahre wechseln**, möglichst nach der kalten Jahreszeit.

Achtung: Bremsflüssigkeit ist ein Problemstoff und darf auf keinen Fall einfach weggeschüttet oder dem Hausmüll mitgegeben werden. Gemeinde- und Stadtverwaltungen informieren darüber, wo sich die nächste Problemstoff-Sammelstelle befindet.

Entlüften

Nach jeder Reparatur an der Bremse, bei der die Bremsanlage geöffnet wurde, kann Luft in die Druckleitungen eingedrungen sein. Dann muss das Bremssystem entlüftet werden. Luft ist auch dann in den Leitungen, wenn sich beim Treten des Bremspedals der Bremsdruck schwammig anfühlt. In diesem Fall muss die Undichtigkeit beseitigt und die Bremsanlage entlüftet werden.

In der Werkstatt wird die Bremse in der Regel mit einem Bremsentlüftungsgerät entlüftet. Im Normalfall geht es auch ohne das Bremsentlüftungsgerät. Die Bremsanlage wird dann durch Pumpen mit dem Bremspedal entlüftet, dazu ist eine zweite Person notwendig.

Muss die ganze Anlage entlüftet werden, jede Radbremse einzeln und den Kupplungsnehmerzylinder entlüften. Das ist immer dann der Fall, wenn Luft in jeden einzelnen Bremszylinder gedrungen ist. Falls nur ein Bremssattel erneuert bzw. überholt wurde, genügt in der Regel das Entlüften des betreffenden Bremszylinders.

Sicherheitshinweis
Ist eine Kammer des Bremsflüssigkeitbehälters komplett leergelaufen (zum Beispiel bei Undichtigkeiten im Bremssystem oder wenn beim Entlüften vergessen wurde, Bremsflüssigkeit nachzufüllen), wird Luft angesaugt, die in die ABS-Hydraulikpumpe gelangt. **Die Bremsanlage muss dann in der Werkstatt mit dem Diagnose- und Entlüftungsgerät vorentlüftet werden.** Außerdem muss eine Grundeinstellung der Hydraulikeinheit durchgeführt werden.

Die Reihenfolge der Entlüftung:
1. Bremssattel vorn links,
2. Bremssattel vorn rechts,
3. Bremssattel hinten links,
4. Bremssattel hinten rechts.

- Fahrzeug aufbocken.
- Radschrauben lösen. Fahrzeug aufbocken und Räder abnehmen. **Achtung:** Unbedingt Hinweise im Kapitel »Rad aus- und einbauen« beachten.
- Bremsflüssigkeitsbehälter bis MAX-Markierung auffüllen.

Achtung: Entlüfterventile reinigen und vorsichtig öffnen, damit sie nicht abgedreht werden.

Achtung: Während des Entlüftens den Bremsflüssigkeitsbehälter beobachten. Der Flüssigkeitsspiegel darf nicht zu weit sinken, sonst wird über den Bremsflüssigkeitsbehälter Luft angesaugt. **Immer nur neue Bremsflüssigkeit nachgießen!**

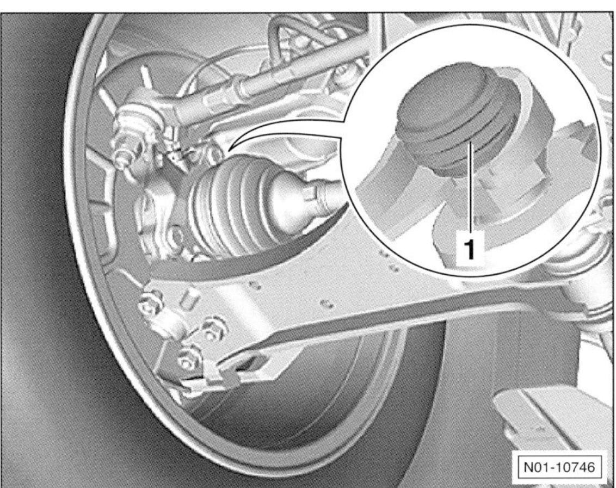

- Staubkappe –1– vom Entlüfterventil des Bremszylinders abnehmen.

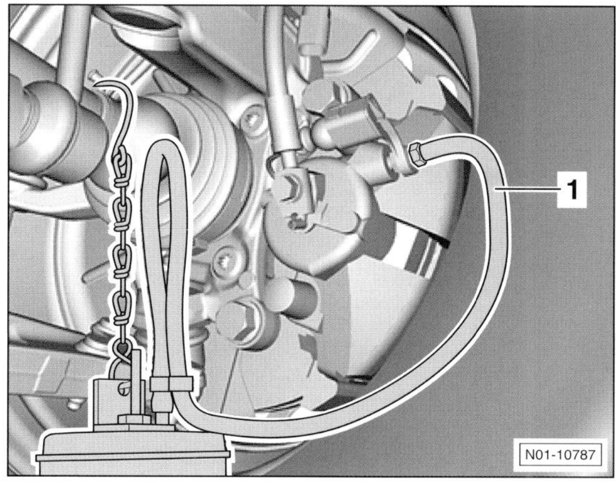

- Entlüfterventil reinigen, sauberen Schlauch –1– aufstecken, anderes Schlauchende in eine mit Bremsflüssigkeit halbvoll gefüllte Flasche stecken. **Achtung:** Der Schlauch muss straff auf dem Entlüftungsventil sitzen, damit keine Luft in die Bremsanlage eindringen kann. **Hinweis:** Einen geeigneten Schlauch und ein passendes Gefäß gibt es im Autozubehör-Handel.
- Von einem Helfer Bremspedal so oft niedertreten lassen, »pumpen«, bis sich im Bremssystem Druck aufgebaut hat – zu spüren am wachsenden Widerstand beim Betätigen des Pedals.
- Ist genügend Druck vorhanden, Bremspedal ganz durchtreten und Fuß auf dem Bremspedal halten.

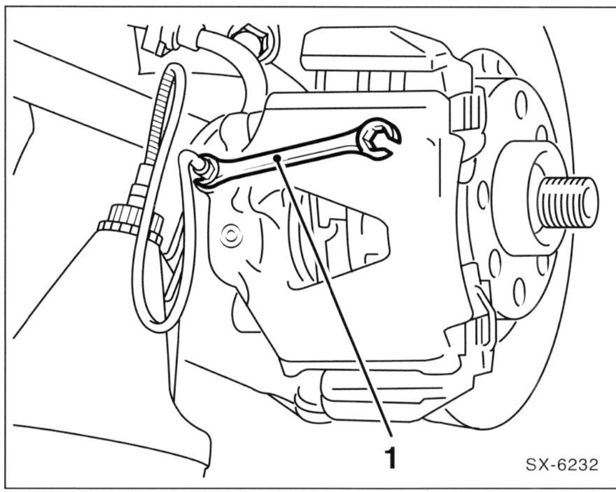

- Entlüfterventil am Bremssattel etwa ½ Umdrehung mit einem Ringschlüssel –1– öffnen. Zum Öffnen der Ventile gibt es spezielle Entlüftungsschlüssel, zum Beispiel HAZET 4968/5. **Hinweis:** Die Abbildung zeigt nicht den Bremssattel des PASSAT.
- Ausfließende Bremsflüssigkeit in der Flasche sammeln. Darauf achten, dass sich das Schlauchende in der Flasche ständig unterhalb des Flüssigkeitsspiegels befindet und dass die Flasche über dem Bremssattel steht.
- Sobald der Flüssigkeitsdruck nachlässt, Entlüfterventil bei weiterhin niedergetretenem Bremspedal schließen.
- Pumpvorgang wiederholen, bis sich Druck aufgebaut hat. Bremspedal niedertreten, Fuß auf dem Bremspedal lassen, Entlüfterventil öffnen, bis der Druck nachlässt. Entlüfterventil schließen.
- Entlüftungsvorgang an einem Bremszylinder so oft wiederholen, bis sich in der Bremsflüssigkeit, die in die Entlüfterflasche strömt, keine Luftblasen mehr zeigen.
- Nach dem Entlüften Schlauch vom Entlüfterventil abziehen, Entlüfterventil mit **10 Nm** festziehen und Staubkappe auf das Ventil stecken.
- Die Bremszylinder an den anderen Rädern auf die gleiche Weise entlüften, dabei Reihenfolge einhalten.
- Nach dem Entlüften den Bremsflüssigkeitsbehälter bis zur MAX-Markierung auffüllen.
- Räder ansetzen und mit **30 Nm** über Kreuz anschrauben, Fahrzeug ablassen, erst dann Radschrauben über Kreuz mit **120 Nm** festziehen. **Achtung:** Unbedingt Hinweise im Kapitel »Rad aus- und einbauen« beachten.

Achtung, Sicherheitskontrolle durchführen:

- Sind die Entlüftungsschrauben angezogen?
- Ist genügend Bremsflüssigkeit eingefüllt?
- Bei laufendem Motor Dichtheitskontrolle durchführen. Hierzu Bremspedal mit 200 bis 300 N (entspricht 20 bis 30 kg) etwa 10 Sekunden betätigen. Das Bremspedal darf nicht nachgeben. Sämtliche Anschlüsse auf Dichtheit kontrollieren.

- Nach dem Entlüften darf sich beim Treten auf das Bremspedal der Druck **nicht schwammig** anfühlen. Falls doch, Anlage nochmals entlüften.
- Anschließend einige Bremsungen auf einer Straße ohne Verkehr durchführen. Dabei sollte mindestens einmal die Bremsregelung des ABS-Systems geprüft werden, beispielsweise auf losem Untergrund. Dazu Bremse stark betätigen, bis am spürbaren Pulsieren des Bremspedals der Beginn der Bremsregelung erkennbar ist.

Achtung: Falls der Bremspedalweg nach der Probefahrt zu groß ist, obwohl er direkt nach dem Entlüften in Ordnung war, dann ist möglicherweise Luft in der ABS-Hydraulikeinheit. In diesem Fall Bremsanlage umgehend in der Fachwerkstatt entlüften lassen.

Störungsdiagnose Bremse

Störung	Ursache	Abhilfe
Leerweg des Bremspedals zu groß.	Ein Bremskreis ausgefallen.	■ Bremskreise auf Flüssigkeitsverlust prüfen.
Bremspedal lässt sich weit und federnd durchtreten.	Luft im Bremssystem.	■ Bremse entlüften.
	Zu wenig Bremsflüssigkeit im Bremsflüssigkeitsbehälter.	■ Neue Bremsflüssigkeit nachfüllen. Bremse entlüften.
	Dampfblasenbildung. Tritt meist nach starker Beanspruchung auf, z. B. Passabfahrt.	■ Bremsflüssigkeit wechseln. Bremse entlüften.
Bremswirkung lässt nach, und Bremspedal lässt sich durchtreten.	Undichte Leitung.	■ Leitungsanschlüsse nachziehen oder Leitung erneuern. Bremsanlage in der Werkstatt prüfen lassen.
Schlechte Bremswirkung trotz hohen Fußdrucks.	Bremsbeläge verölt.	■ Bremsbeläge erneuern.
	Ungeeigneter oder verhärteter Bremsbelag.	■ Beläge erneuern. Nur vom Automobilhersteller freigegebene Bremsbeläge verwenden.
	Bremsbeläge abgenutzt.	■ Bremsbeläge erneuern.
	Bremskraftverstärker defekt, Unterdruckleitung porös, defekt.	■ Bremskraftverstärker und Unterdruckleitung prüfen.
Bremse zieht einseitig.	Unvorschriftsmäßiger Reifendruck.	■ Reifendruck prüfen und berichtigen.
	Bereifung ungleichmäßig abgefahren.	■ Abgefahrene Reifen ersetzen.
	Bremsbeläge verölt.	■ Bremsbeläge erneuern.
	Verschiedene Bremsbelagsorten auf einer Achse.	■ Beläge erneuern. Nur vom Automobilhersteller freigegebene Bremsbeläge verwenden.
	Schlechtes Tragbild der Bremsbeläge.	■ Bremsbeläge austauschen.
	Verschmutzte Bremssattelschächte.	■ Sitz- und Führungsflächen der Bremsbeläge im Bremssattel reinigen.
	Korrosion in den Bremssattelzylindern.	■ Bremssattel erneuern.
	Bremsbelag ungleichmäßig verschlissen.	■ Bremsbeläge erneuern (an beiden Rädern), Bremssättel auf Leichtgängigkeit prüfen.
Bremse zieht von selbst an.	Hauptbremszylinder defekt.	■ Hauptbremszylinder ersetzen.
Bremsen erhitzen sich während der Fahrt.	Bremse schwergängig.	■ Bewegliche Teile der Bremse schmieren. Bremssattel überholen lassen (Werkstattarbeit).
	Bremsschlauch innen aufgequollen, dicht.	■ Bremsschlauch erneuern.
	Korrosion in den Bremsattelzylindern.	■ Bremssattel erneuern.
Bremsen rattern.	Ungeeigneter Bremsbelag.	■ Beläge erneuern. Nur vom Automobilhersteller freigegebene Bremsbeläge verwenden.
	Bremsscheibe stellenweise korrodiert.	■ Scheibe mit Schleifklötzen sorgfältig glätten oder ersetzen.
	Bremsscheibe hat Seitenschlag.	■ Scheibe nacharbeiten oder ersetzen.

Störung	Ursache	Abhilfe
Räder lassen sich schwer von Hand drehen.	Bremsbeläge lösen sich nicht von der Bremsscheibe, Korrosion in den Bremssattelzylindern.	■ Bremssattel überholen, eventuell austauschen.
Ungleichmäßiger Belagverschleiß.	Ungeeigneter Bremsbelag.	■ Beläge erneuern.
	Bremssattel verschmutzt.	■ Bremssattelschächte reinigen.
	Bremssattel klemmt.	■ Führungsbuchsen und -stifte gangbar machen.
	Kolben nicht leichtgängig.	■ Kolben gangbar machen (Werkstattarbeit).
	Bremssystem undicht.	■ Bremssystem auf Dichtigkeit prüfen.
Keilförmiger Bremsbelagverschleiß.	Bremsscheibe läuft nicht parallel zum Bremssattel.	■ Anlagefläche des Bremssattels prüfen.
	Korrosion in den Bremssätteln.	■ Verschmutzung beseitigen oder Bremssattel erneuern.
Bremsbeläge lösen sich nicht von der Bremsscheibe, Räder lassen sich schwer von Hand drehen.	Korrosion in den Bremssattelzylindern.	■ Bremssattel überholen, eventuell austauschen.
	Bremsschlauch innen aufgequollen, dicht.	■ Bremsschlauch erneuern.
Bremse quietscht.	Oft auf atmosphärische Einflüsse (Luftfeuchtigkeit) zurückzuführen.	■ Keine Abhilfe erforderlich, wenn Quietschen nach längerem Stillstand des Wagens bei hoher Luftfeuchtigkeit auftritt, sich dann aber nach den ersten Bremsungen nicht wiederholt.
	Ungeeigneter Bremsbelag.	■ Beläge erneuern. Rückenplatte mit Anti-Quietsch-Paste bestreichen.
	Bremsscheibe läuft nicht parallel zum Bremssattel.	■ Anlagefläche des Bremssattels prüfen.
	Verschmutzte Schächte im Bremssattel.	■ Bremssattelschächte reinigen.
Bremse pulsiert.	ABS bei Vollbremsung in Funktion.	■ Normal, keine Abhilfe.
	Seitenschlag oder Dickentoleranz der Bremsscheibe zu groß.	■ Schlag und Toleranz prüfen. Scheibe nacharbeiten oder ersetzen.
	Bremsscheibe läuft nicht parallel zum Bremssattel.	■ Anlagefläche des Bremssattels prüfen.
ABS-Kontrollleuchte leuchtet während der Fahrt.	Betriebsspannung zu niedrig (unter ca. 10 Volt).	■ Batteriespannung prüfen. Prüfen, ob Kontrolllampe für Generator nach dem Motorstart erlischt, andernfalls Keilrippenriemen und Generator prüfen. ■ Hinweise zu ABS/ESP/EDS beachten.
	ABS-Anlage defekt.	■ ABS-Anlage in der Fachwerkstatt prüfen lassen.

Motor-Mechanik

Aus dem Inhalt:

- **Motor-Steuertrieb**
- **Frostschutzmittel**
- **Kühler ausbauen**
- **Keilrippenriemen wechseln**
- **Kühlmittel wechseln**
- **Lüfter ausbauen**
- **Motor-Kühlung**

Hinweis zum Aus- und Einbau von Zahnriemen, Zylinderkopf, Steuerkette

Das Auswechseln dieser Bauteile ist so komplex, dass ich davon abrate, die Arbeiten selbst durchzuführen. Aus diesem Grund habe ich die einzelnen Arbeitsschritte auch nicht beschrieben. In den folgenden Kapiteln sind nur einige wichtige Hinweise aufgeführt, die bei der Überprüfung beziehungsweise bei der Montage dieser Bauteile auf jeden Fall beachtet werden müssen.

Motorabdeckung oben aus- und einbauen

1,4-l-Benzinmotor, 90 kW

Ausbau

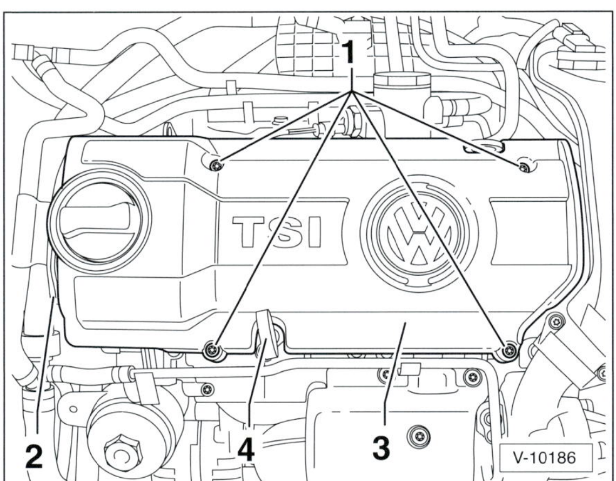

- Schrauben –1– herausdrehen.
- Ölmessstab –4– herausziehen.
- Kühlmittelschläuche –2– an der Motorabdeckung aushängen.
- Motorabdeckung –3– nach oben ziehen und abnehmen.
- Ölmessstab –4– einschieben.

Einbau

- Ölmessstab –4– herausziehen.
- Motorabdeckung am Nockenwellengehäuse ansetzen und nach unten drücken.
- Kühlmittelschläuche einhängen.
- 4 Befestigungsschrauben mit **8 Nm** festziehen.
- Ölmessstab –4– einschieben.

1,4-l-Benzinmotor 110/118 kW

Ausbau

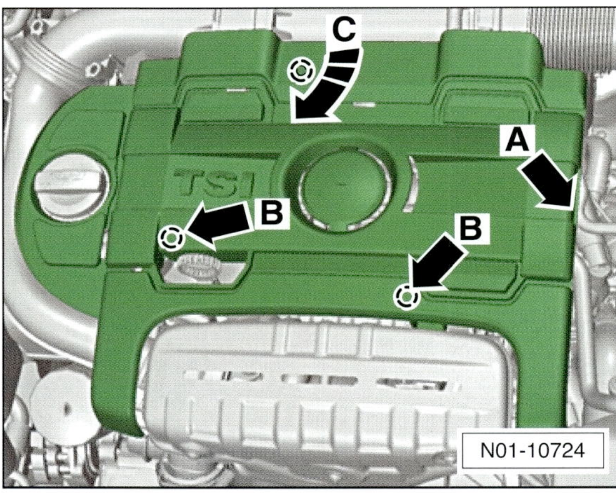

- Falls vorhanden, Unterdruckschlauch –Pfeil A– vom Stutzen abziehen.
- Motorabdeckung an den vorderen Befestigungspunkten –Pfeile B– ausrasten, etwas anheben und anschließend aus der Halterung –C– in Pfeilrichtung herausziehen.

Einbau

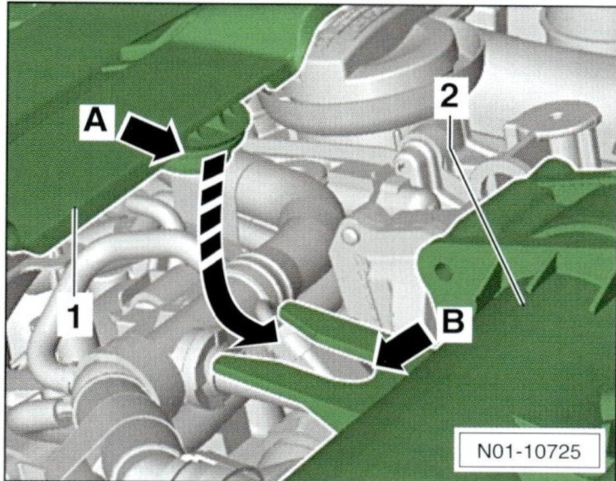

- Motorabdeckung –1– mit der Lasche –Pfeil A– in Pfeilrichtung am Befestigungspunkt –Pfeil B– in den Halter –2– einschieben.
- Motorabdeckung auf die anderen Befestigungspunkte aufsetzen, nach unten drücken und spürbar einrasten.

Achtung: Beim Einbau nicht mit der Faust oder einem Werkzeug auf die Motorabdeckung schlagen.

- Schlauch am Anschlussstutzen aufstecken und verriegeln.

Dieselmotor

Ausbau

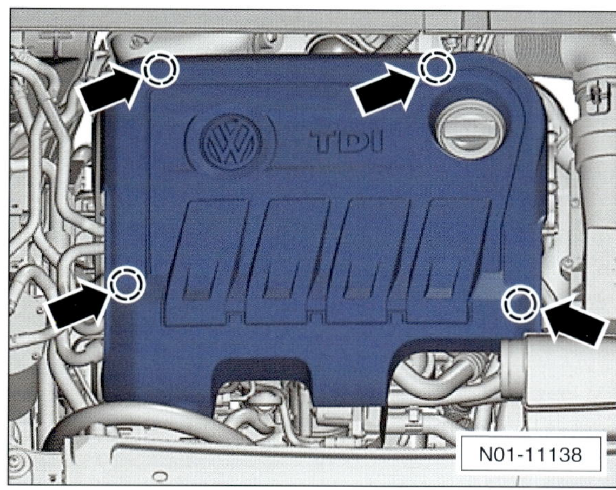

- Motorabdeckung an den Befestigungspunkten –Pfeile– etwas anheben, ausrasten und nach oben abnehmen.

Einbau

- Vor dem Einbau der Motorabdeckung unbedingt korrekte Einbaulage –A– der Kugelpfannen –1– prüfen. Gegebenenfalls Kugelpfannen aus Position –B– und –C– in Position –A– drücken, siehe Abbildung V-10187
- Motorabdeckung über den Befestigungspunkten ansetzen, an den Ecken nach unten drücken und einrasten.

Achtung: Beim Einbau nicht mit der Faust oder einem Werkzeug auf die Motorabdeckung schlagen.

1,8-/2,0-l-Benzinmotor

Ausbau

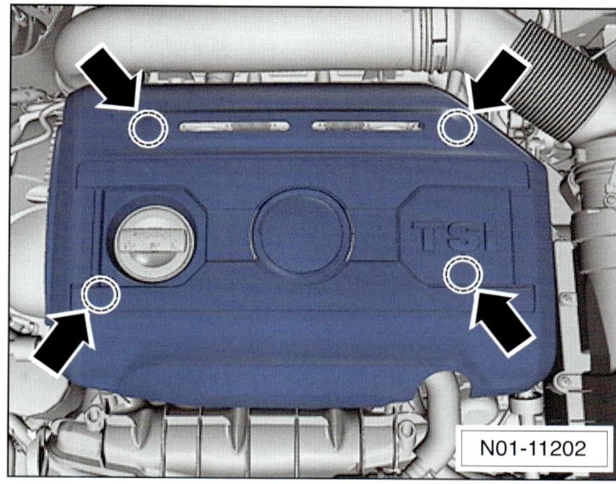

- Motorabdeckung an den Befestigungspunkten –Pfeile– etwas anheben, ausrasten und nach oben abnehmen.

Einbau

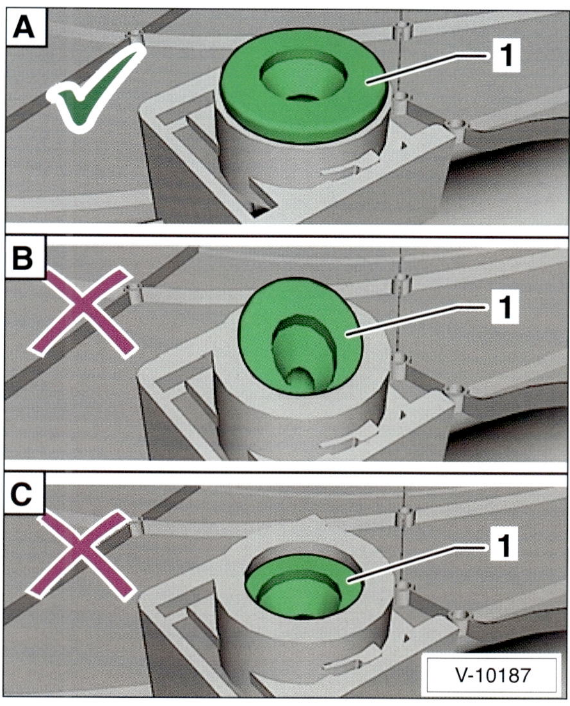

- Vor dem Einbau der Motorabdeckung unbedingt korrekte Einbaulage –A– der Kugelpfannen –1– prüfen. Gegebenenfalls Kugelpfannen aus Position –B– und –C– in Position –A– drücken.
- Motorabdeckung über den Befestigungspunkten ansetzen, an den Ecken nach unten drücken und einrasten.

Achtung: Beim Einbau nicht mit der Faust oder einem Werkzeug auf die Motorabdeckung schlagen.

1,4-l-Benzinmotor

Beim **1,4-l-Benzinmotor** gibt es in 3 Leistungsstufen mit 90, 110 und 118 kW. Die Leistungsunterschiede ergeben sich durch unterschiedliche Ausstattung des Motormanagements. Der Motor besitzt 2 Nockenwellen und 4 Ventile pro Zylinder. Die Ventile werden von den 2 Nockenwellen über Rollenschlepphebel und hydraulische Abstützelemente betätigt, wobei die Abstützelemente jegliches Ventilspiel ausgleichen. Einlass- und Auslass-Nockenwelle sind in einem Nockenwellengehäuse gelagert, das mit dem Zylinderkopf verschraubt ist. Angetrieben werden die Nockenwellen durch die Kurbelwelle über Zahnräder und eine wartungsfreie Steuerkette.

Motorsteuerung

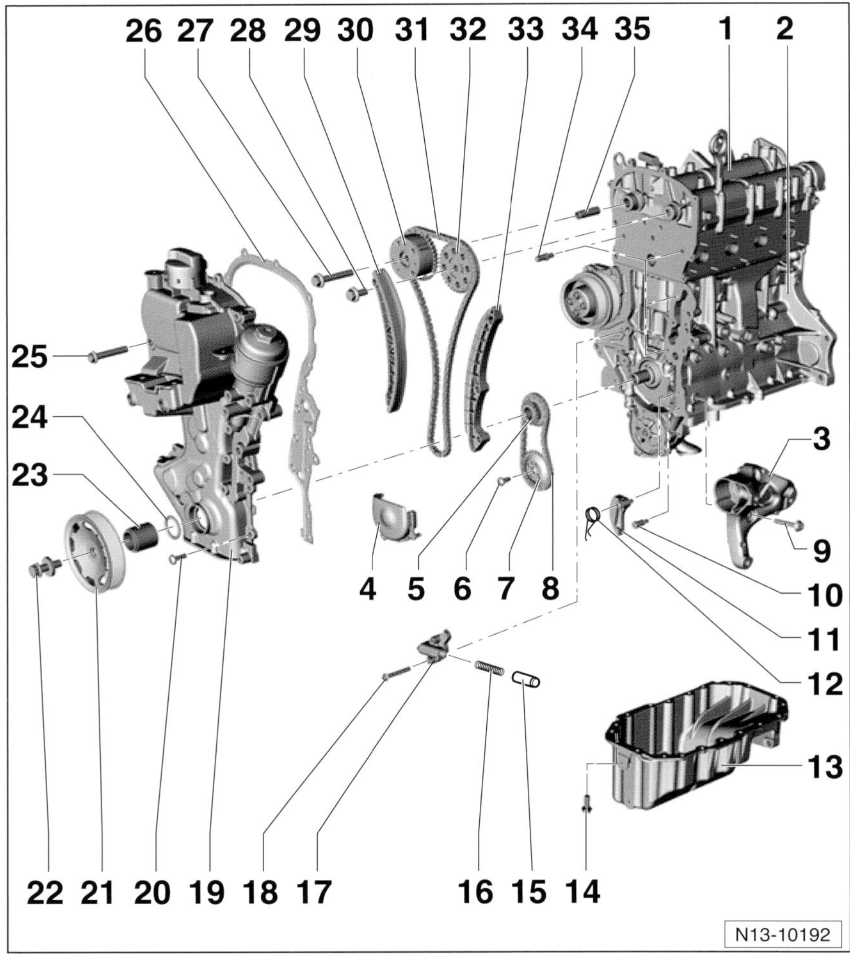

1 – Zylinderkopf mit Nockenwellengehäuse
Die Dichtfläche darf nicht bearbeitet werden. Alte Dichtmittelreste entfernen. Vor dem Auflegen mit Dichtmasse VW-AMV 188 001 02 bestreichen.

2 – Zylinderblock

3 – Halter für Nebenaggregate
Für Spannelement und Klimakompressor.

4 – Abdeckung

5 – Kettenrad
Für Antrieb Ölpumpe und Steuerkette. Anpressflächen müssen öl- und fettfrei sein.

6 – Schraube*, 20 Nm + ¼ Umdr. (90°)

7 – Kettenrad
Kettenrad mit Gegenhalter VW-T10172 arretieren.

8 – Antriebskette
Vor dem Ausbau Laufrichtung (Einbaulage) kennzeichnen.

9 – Schraube, 25 Nm

10 – Lagerbolzen für Kettenspanner, 8 Nm

11 – Kettenspanner mit Spannschiene, 8 Nm
Für Antrieb Ölpumpe.

12 – Spannfeder

13 – Ölwanne
Vor der Montage Dichtfläche sorgfältig reinigen. Mit Silikon-Dichtmittel VW-D 176 404 A2 einbauen. Dichtmittelraupe von 2 bis 3 mm. Nach Dichtmittelauftrag innerhalb von 5 Minuten einbauen. Nach der Montage Dichtmittel ca. 30 Minuten aushärten lassen, bevor Motoröl eingefüllt wird.

14 – Schraube, 13 Nm

15 – Kolben
Für Kettenspanner.

16 – Druckfeder

17 – Kettenspanner

18 – Schraube, 9 Nm

19 – Steuergehäuse
Mit Dichtmittel VW-D 176 501 A1 einbauen. Es empfiehlt sich beim Einbau zur besseren Führung 2 Stehbolzen M6x80 in Zylinderkopf und Motorblock einzuschrauben sowie die Ölwanne mit 2 Schrauben anzusetzen.

20 – Schraube, 10 Nm

21 – Riemenscheibe
Die Anpressflächen müssen öl- und fettfrei sein.
Riemenscheibe mit Gegenhalter VW-3415 gegen Verdrehen sichern.

22 – Schraube*, 150 Nm + ½ Umdr. (180°)
Die Anpressfläche der Befestigungsschraube muss öl- und fettfrei sein. Schraube am Gewinde geölt einsetzen. Beim Festziehen Riemenscheibe mit VW-3415 oder handelsüblichem Gegenhalter arretieren. Der Weiterdrehwinkel kann mit einer handelsüblichen Winkelmessscheibe gemessen werden.

23 – Lagerbuchse
Anpressflächen müssen öl- und fettfrei sein.

24 – O-Ring*

25 – Schraube, 50 Nm

26 – Dichtung

27 – Schraube*, 40 Nm + ¼ Umdr. (90°)
Kettenräder mit Gegenhalter VW-T10172 arretieren.
Achtung: Schraube hat **Linksgewinde**.

28 – Schraube*, 50 Nm + ¼ Umdr. (90°)

29 – Spannschiene

30 – Nockenwellenversteller
Darf nicht zerlegt werden.

31 – Steuerkette

32 – Kettenrad
Für Auslassnockenwelle.
Kettenräder mit Gegenhalter VW-T10172 arretieren.

33 – Gleitschiene
Für Steuerkette.

34 – Führungsbolzen, 20 Nm.

35 – Lagerbuchse

*) Nach jeder Demontage ersetzen.

Nockenwellen/Zylinderkopf – 1,4-l-Benzinmotor

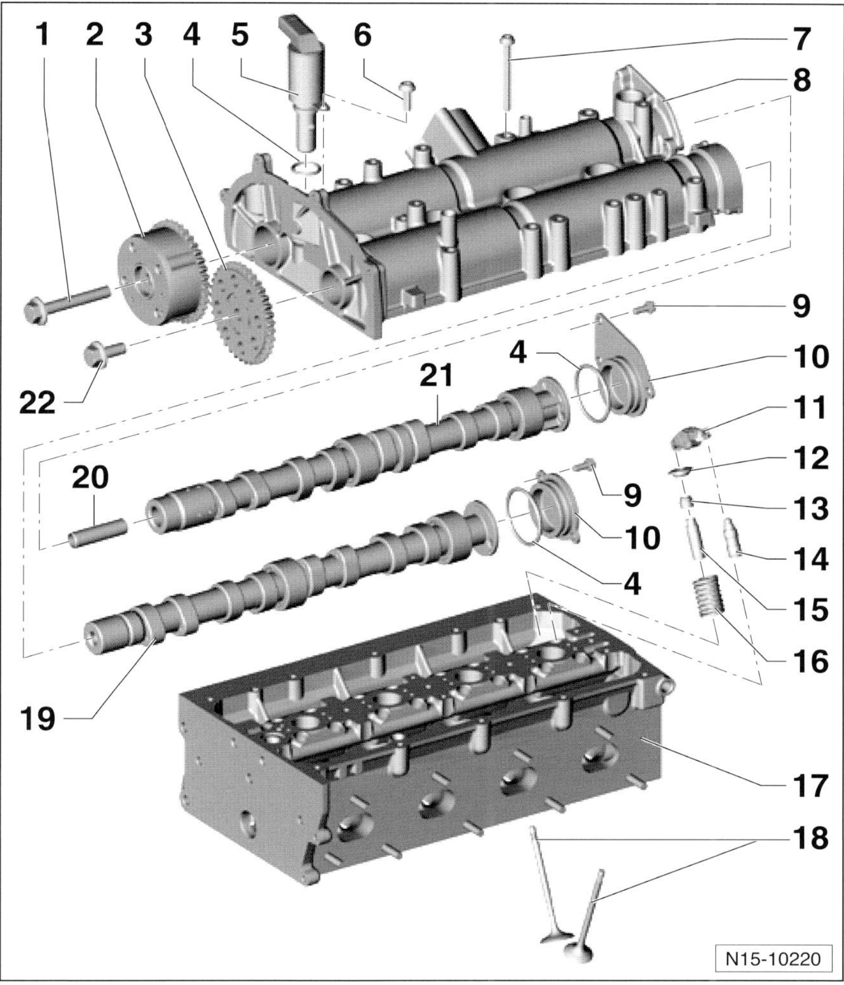

1 – **Schraube*, 40 Nm + ¼ Umdr. (90°)**
Achtung: Die Schraube hat **Linksgewinde**.

2 – **Nockenwellenversteller**
Darf nicht zerlegt werden.

3 – **Nockenwellenrad**
Stellung beim Einbau der Steuerkette beachten.

4 – **O-Ring**
Bei Beschädigung ersetzen.
Vor dem Einbau leicht mit Motoröl benetzen.

5 – **Ventil 1 für Nockenwellenverstellung**

6 – **Schraube, 10 Nm**

7 – **Schraube*, 10 Nm + ¼ Umdr. (90°)**
Über Kreuz von innen nach außen anziehen.

8 – **Nockenwellengehäuse**
Achtung: Vor dem Einbau des Nockenwellengehäuses müssen die Stiftschrauben (M 6 x 80) am Zylinderkopf eingeschraubt werden. Durch die Stiftschrauben wird das Nockenwellengehäuse geführt und ein Abrutschen der Rollenschlepphebel von den Abstützelementen verhindert.
Alte Dichtmittelreste entfernen .
Vor dem Auflegen mit Dichtmittel VW-D 154 103 A1 bestreichen.
Beim Einbau senkrecht von oben auf Stiftschrauben und Passstifte aufsetzen.

9 – **Schraube, 10 Nm**

10 – **Verschlussdeckel**
Für Einlass- beziehungsweise Auslassnockenwelle.

11 – **Rollenschlepphebel**
Rollenlager prüfen.
Lauffläche ölen.
Zur Montage mit der Sicherungsklammer auf dem Abstützelement aufclipsen.

12 – **Ventilkegelstücke**

13 – **Ventilschaftabdichtung***

14 – **Abstützelement**
Mit hydraulischem Ventilspielausgleich.
Nicht vertauschen.
Ölspritzbohrung prüfen.
Vor dem Einbau Axialspiel der Nockenwelle prüfen.
Lauffläche ölen.

15 – **Ventilführung**

16 – **Ventilfeder**

17 – **Zylinderkopf**

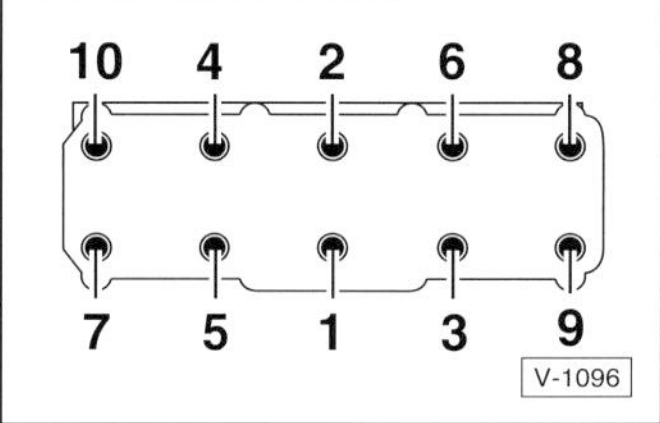

Zylinderkopfschrauben entgegen der Reihenfolge von 10 bis 1 lösen.
Zylinderkopfschrauben in 4 Stufen anziehen. In jeder Stufe die Reihenfolge von 1 bis 10 einhalten.
1. Stufe. . . . . . . 30 Nm
2. Stufe. . . . . . . 90° (¼ Umdr.)
3. Stufe. . . . . . . 90° (¼ Umdr.)
4. Stufe. . . . . . . 90° (¼ Umdr.)

18 – **Ventile**
Nicht nacharbeiten, nur einschleifen zulässig.

19 – **Auslassnockenwelle**
Nicht mit Einlassnockenwelle vertauschen.
Vor dem Einbau mit Öl benetzen, auch am Axiallagerbund.

20 – **Führungshülse**

21 – **Einlassnockenwelle**
Mit Nocken für Hochdruckpumpe –Pfeil–.
Vor dem Ausbau Tassenstößel der Hochdruckpumpe ausbauen und ersetzen.
Nicht mit Auslassnockenwelle vertauschen.
Vor dem Einbau mit Öl benetzen, auch am Axiallagerbund.

22 – **Schraube*, 50 Nm + ¼ Umdr. (90°)**

*) Nach jeder Demontage ersetzen.

1,8-/2,0-l-Benzinmotor

Die beiden Nockenwellen werden von einer wartungsfreien Steuerkette angetrieben. Dabei sind Einlass- und Auslass-Nockenwelle in einem separaten Nockenwellengehäuse gelagert, das mit dem Zylinderkopf verschraubt ist.

OT-Stellung – Abbildung V-10184

- Schwingungsdämpfer –2– mit dem Gegenhalter –A–, zum Beispiel VW/AUDI-T10355, so weit drehen, bis die Kerbe am Schwingungsdämpfer der OT-Marke an der unteren Steuerketten-Abdeckung gegenübersteht –Pfeil–.
- Gleichzeitig müssen die Markierungen –Pfeile– der Nockenwellen nach oben zeigen. Andernfalls Kurbelwelle um eine Umdrehung weiterdrehen.

Steuerkettentrieb

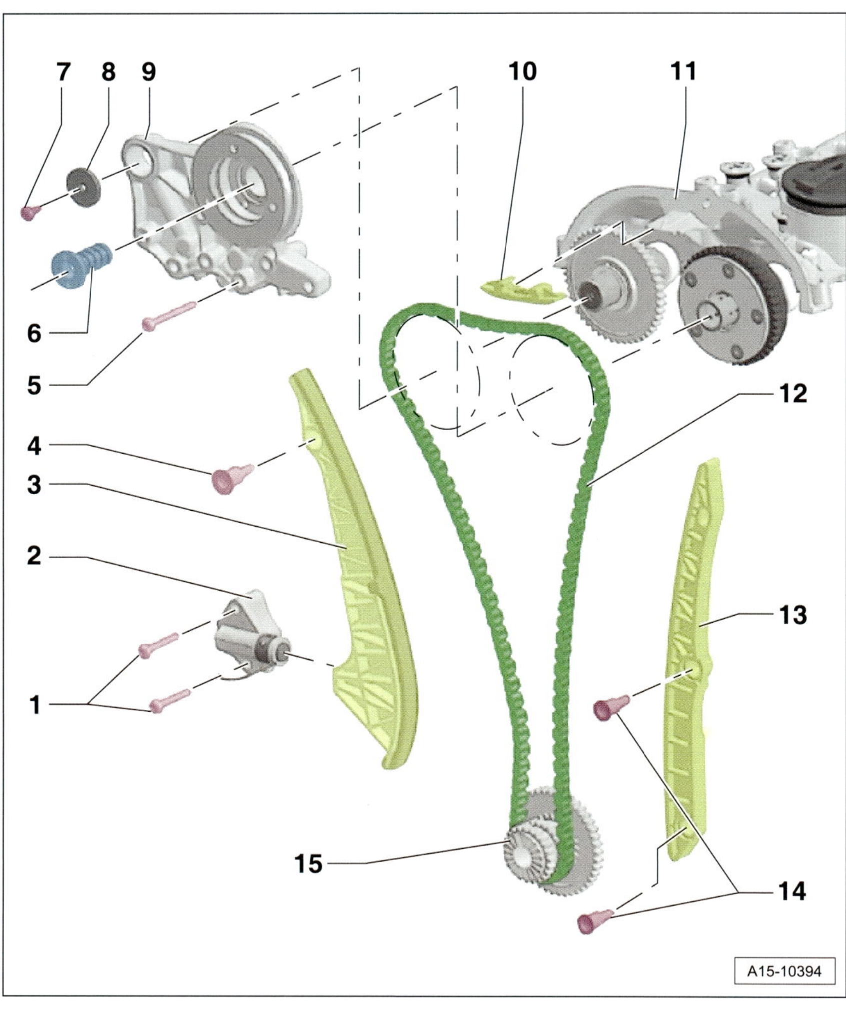

1 – Schrauben, 9 Nm

2 – Kettenspanner
Steht unter Federspannung.
Vor dem Ausbau mit geeignetem Absteckstift, zum Beispiel VW-T40011, abstecken.

3 – Spannschiene
Für Steuerkette.

4 – Führungsbolzen, 20 Nm

5 – Schraube, 9 Nm

6 – Steuerventil, 35 Nm
Achtung: Linksgewinde.
Mit Spezialwerkzeug VW/AUDI-T10352/1 ausbauen.

7 – Schraube
Nach jedem Ausbau ersetzen.
M6-Schraube: **8 Nm + 90°.**
M8-Schraube: **20 Nm + 90°.**

8 – Unterlegscheibe

9 – Lagerbrücke

10 – Gleitschiene
Für Nockenwellen-Steuerkette.

11 – Nockenwellengehäuse

12 – Nockenwellen-Steuerkette
Vor dem Ausbau Laufrichtung mit Farbe kennzeichnen.

13 – Gleitschiene
Für Nockenwellen-Steuerkette.

14 – Führungsbolzen, 20 Nm

15 – Kurbelwellen-Kettenrad
Beim Einbau müssen sich die beiden abgeflachten Stellen gegenüberstehen.

1,6-/2,0-l-Dieselmotor

Der **4-Ventil-Dieselmotor** hat einen Aluminium-Zylinderkopf mit 2 Auslass- und 2 Einlassventilen je Zylinder. Die Ventile sind senkrecht stehend angeordnet und werden von 2 obenliegenden Nockenwellen über Rollenschlepphebel betätigt. Die Schlepphebel stützen sich auf hydraulische Ausgleichselemente, die jegliches Ventilspiel ausgleichen.

Die Einlass-Nockenwelle wird ebenso wie auch die Hochdruckpumpe für die Common-Rail-Einspritzung über einen Zahnriemen von der Motor-Kurbelwelle angetrieben.

Die Einlass-Nockenwelle übernimmt neben der Steuerung der Einlassventile über eine Schrägverzahnung den Antrieb der Auslass-Nockenwelle, die ihrerseits die Vakuumpumpe antreibt. Die Vakuumpumpe ist an der hinteren Stirnseite des Zylinderkopfes angeflanscht und erzeugt den Unterdruck für den Bremskraftverstärker.

Zahnriementrieb

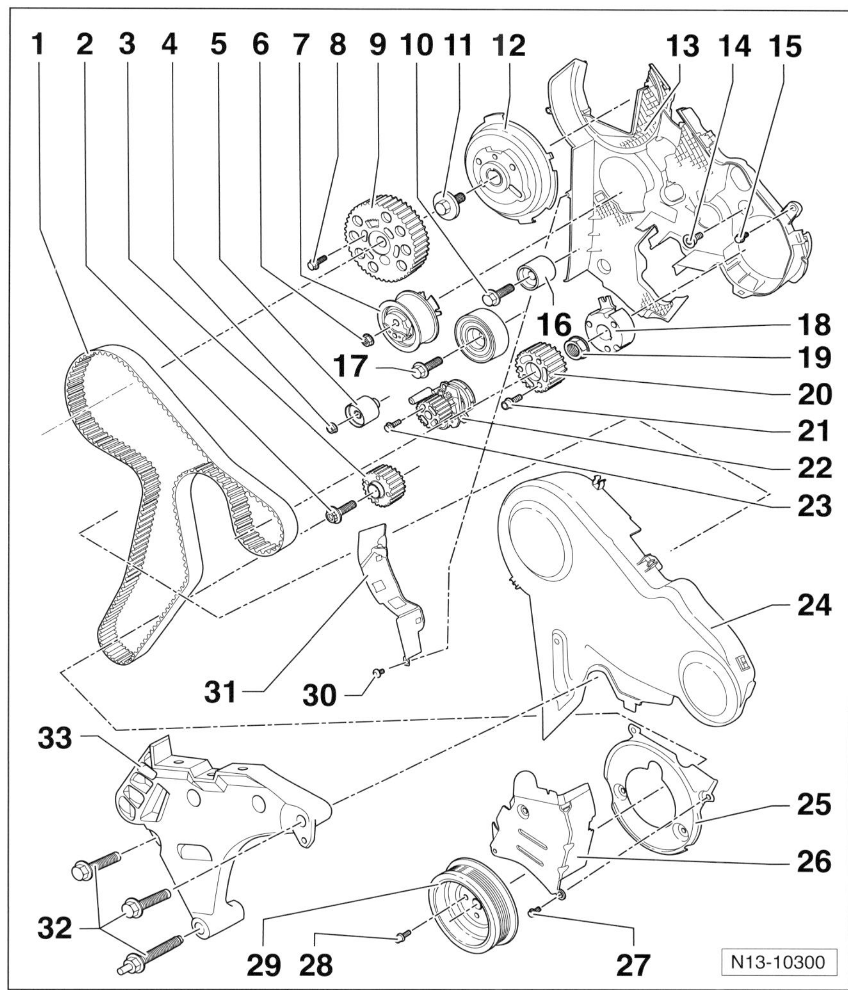

1 – Zahnriemen
Vor dem Ausbau Laufrichtung kennzeichnen.

2 – Schraube*, 120 Nm + 90°
Zum Lösen und Anziehen Gegenhalter VW-3415 verwenden.
Gewinde und Bund auf keinen Fall zusätzlich ölen oder fetten.
Das Weiterdrehen um 90° kann in mehreren Stufen erfolgen.

3 – Kurbelwellen-Zahnriemenrad

4 – Mutter, 20 Nm

5 – Umlenkrolle

6 – Mutter*, 20 Nm + 45°
In 2 Stufen festziehen.

7 – Spannrolle
Zum Ausbau muss zuvor der Motorhalter ausgebaut werden.

8 – Schraube*, 20 Nm + 45°
In 2 Stufen anziehen.

9 – Nockenwellenrad

10 – Schraube
1,6-l-Motor: **15 Nm**.
2,0-l-Motor: **20 Nm**.

11 – Schraube, 100 Nm

12 – Nabe
Zum Lösen und Anziehen Gegenhalter VW-T10051, zum Abziehen VW-T10052 verwenden.

13 – Zahnriemenabdeckung hinten

14 – Schraube, 20 Nm

15 – Schraube*, 10 Nm

16 – Umlenkrolle

17 – Schraube*, 50 Nm + 90°
Für Umlenkrolle.
In 2 Stufen festziehen.

18 – Nabe
Zum Lösen und Anziehen Gegenhalter VW-T10051, zum Abziehen VW-T40064 verwenden.

19 – Mutter, 95 Nm

20 – Zahnriemenrad Hochdruckpumpe

21 – Schraube*, 20 Nm

22 – Kühlmittelpumpe

23 – Schraube, 15 Nm

24 – Zahnriemen-Abdeckung oben

25 – Zahnriemen-Abdeckung unten
Hinweis: Beim 1,6-l-Motor sind die Positionen –25– und –26– zu einem Bauteil zusammengefasst.

26 – Zahnriemen-Abdeckung Mitte
Nur 2,0-l-Motor.

27 – Schraube*, 10 Nm

28 – Schraube*, 10 Nm + 90°

29 – Kurbelwellen-Riemenscheibe/ Schwingungsdämpfer
Die Montage ist nur in einer Stellung möglich.

30 – Schraube, 5 Nm

31 – Schutzblech

32 – Schrauben*, 40 Nm + 180°
Anzugsreihenfolge: Links, unten, rechts, siehe Abbildung.

33 – Motorhalter

---

*) Nach jeder Demontage ersetzen.

Keilrippenriemen – Detailübersicht

1,4-l-Benzinmotor 110/118 kW

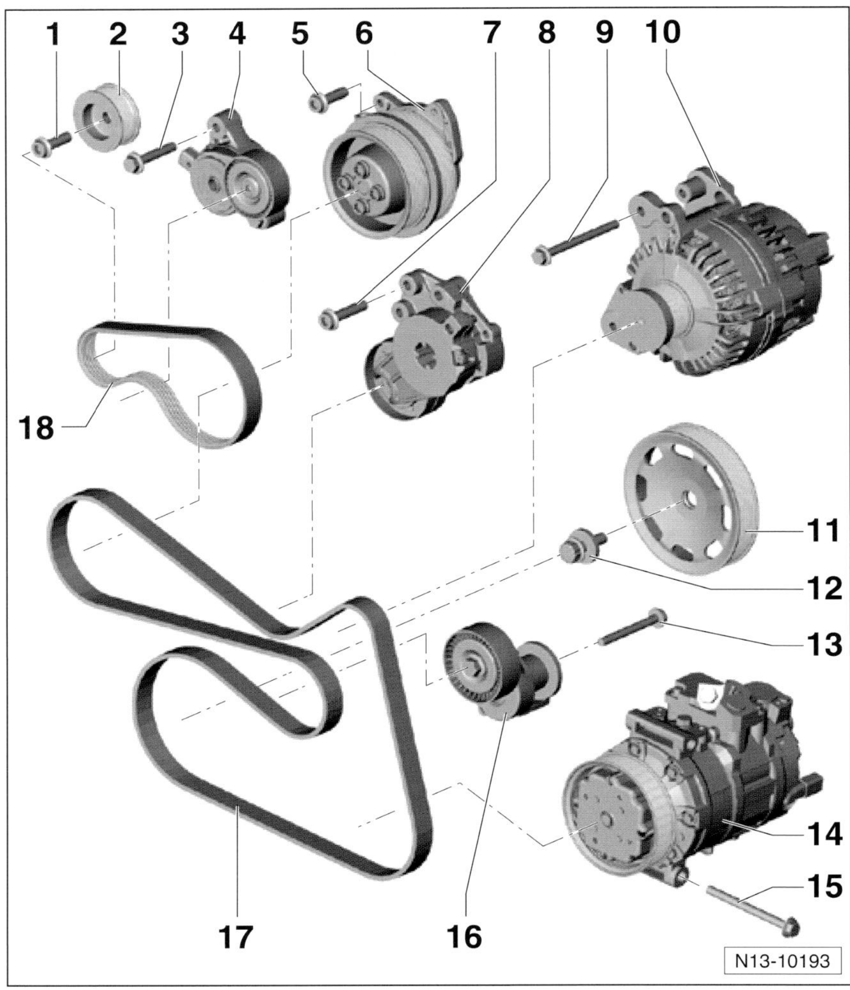

1 – Schraube*, 40 Nm + 90°
Zum Lösen und Festziehen der Befestigungsschraube die Welle des Kompressors mit einem Schraubenschlüssel der Schlüsselweite 16 mm festhalten.

2 – Riemenscheibe
Für Kompressor.

3 – Schraube, 23 Nm

4 – Spannelement
Für Kompressor-Keilrippenriemen.
Mit Schraubenschlüssel der Schlüsselweite 16 mm entspannen.
Mit Absteckdorn VW-T10060 A arretieren.

5 – Schraube, 8 Nm

6 – Kühlmittelpumpe
Mit Magnetkupplung für Kompressor.

7 – Schraube, 23 Nm

8 – Spannelement oben
Für Keilrippenriemen.
Mit Maulschlüssel der Schlüsselweite 16 mm entspannen.
Mit Absteckdorn VW-T10060 A arretieren.
Hinweis: Bei Fahrzeugen mit Schaltgetriebe ist anstelle des oberen Spannelements eine Umlenkrolle vorhanden.
Anzugsdrehmoment: **40 Nm.**

9 – Schraube, 23 Nm

10 – Drehstromgenerator

11 – Riemenscheibe
Mit diamantbeschichteter Scheibe.
Die Anpressflächen müssen öl- und fettfrei sein.

12 – Schraube*,150 Nm +180°
Anpressfläche der Befestigungsschraube muss öl- und fettfrei sein.
Schraube am Gewinde geölt einsetzen.
Riemenscheibe mit Gegenhalter VW-3415 gegen Verdrehen sichern.
Das Weiterdrehen kann in mehreren Stufen erfolgen.
Der Weiterdrehwinkel kann mit einer handelsüblichen Winkelmessscheibe gemessen werden.

13 – Schraube*, 40 Nm +90°

14 – Klimakompressor

15 – Schraube, 23 Nm

16 – Spannelement unten
Für Keilrippenriemen.
Mit einem Schraubenschlüssel entspannen.
Mit einem 4-mm-Innensechskantschlüssel arretieren.

17 – Keilrippenriemen
Vor dem Ausbau die Laufrichtung markieren.
Achtung: Beim Wiedereinbau des Keilrippenriemens auf gleiche Laufrichtung und den korrekten Sitz auf den Riemenscheiben und den Spannelementen achten.

18 – Keilrippenriemen
Vor dem Ausbau die Laufrichtung markieren.
Achtung: Beim Wiedereinbau des Keilrippenriemens auf gleiche Laufrichtung und den korrekten Sitz auf den Riemenscheiben und den Spannelementen achten.

---

*) Nach jeder Demontage ersetzen.

1,8-/2,0-l-Benzinmotor

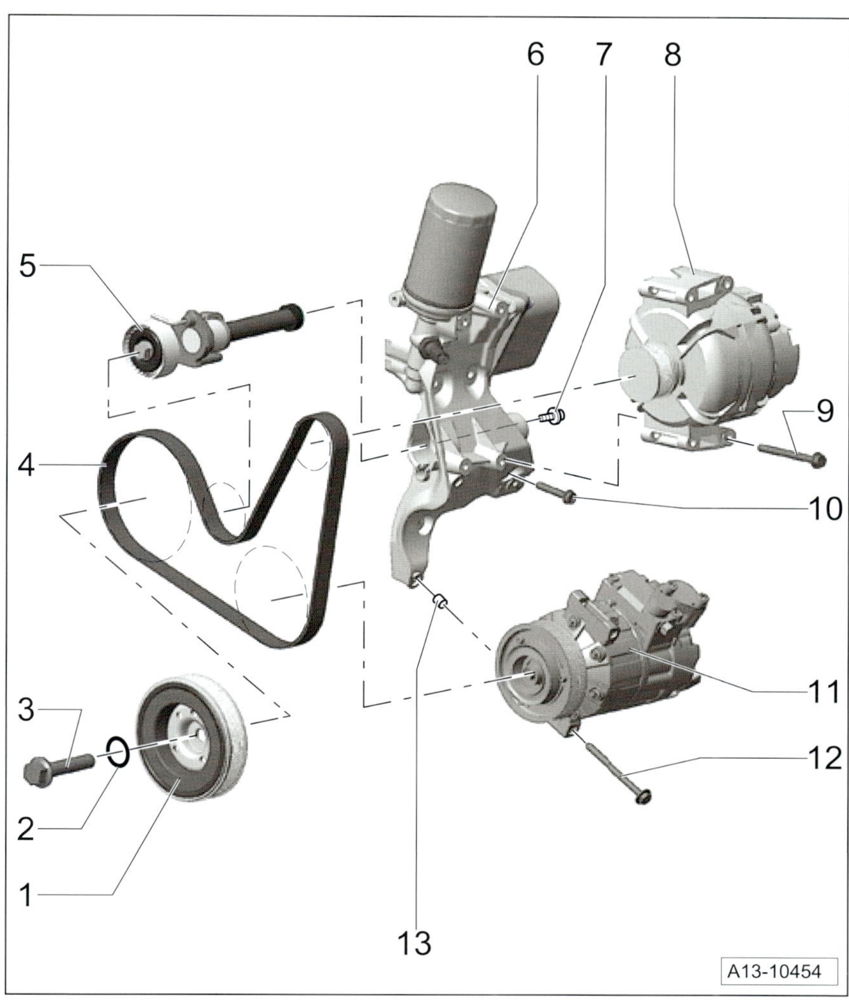

1 – Schwingungsdämpfer
Mit Keilrippenriemenscheibe.

2 – O-Ring*

3 – Schraube*, 150 Nm + 90°
Zum Lösen und Festziehen Gegenhalter VW-T10355 verwenden.

4 – Keilrippenriemen
Auf Verschleiß prüfen.
Nicht knicken.
Achtung: Vor Ausbau des Keilrippenriemens Laufrichtung mit Kreide oder Filzstift für den Wiedereinbau kennzeichnen. Durch umgekehrte Laufrichtung bei einem bereits gelaufenen Keilrippenriemen wird dieser im späteren Betrieb beschädigt.
Beim Einbauen auf korrekten Sitz auf den Riemenscheiben achten.

5 – Spannvorrichtung für Keilrippenriemen
Zum Entspannen des Keilrippenriemens Spannvorrichtung mit Maulschlüssel schwenken.
Mit Absteckdorn VW-T10060 A arretieren.

6 – Halter für Nebenaggregate
Mit Öldruckschalter, Ölfilter und Motorölkühler.
Anzugsmethode siehe unter Position –10–.

7 – Schraube, 10 Nm

8 – Generator

9 – Schraube, 23 Nm

10 – Schraube
Anzugsmethode:

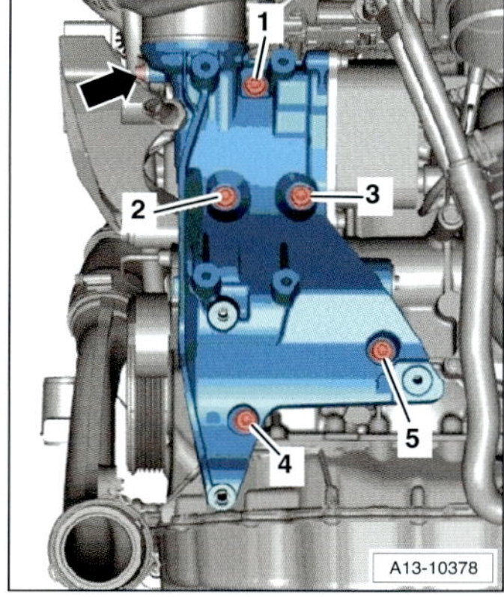

- Halter für Nebenaggregate ansetzen und zuerst Schraube –4– von Hand eindrehen.
- Schrauben in der Reihenfolge von –1– bis –5– in 3 Stufen festziehen.

1. Stufe . . . . **handfest** anziehen.
2. Stufe . . . . **20 Nm.**
3. Stufe . . . . . **90°** weiterdrehen.

11 – Klimakompressor
Kältemittelleitungen nicht abschrauben oder trennen.

12 – Schraube, 25 Nm

13 – Passhülse
Für Klimakompressor.

*) Nach jeder Demontage ersetzen.

2,0-l-Dieselmotor

Ausführung mit Klimakompressor und Umlenkrolle

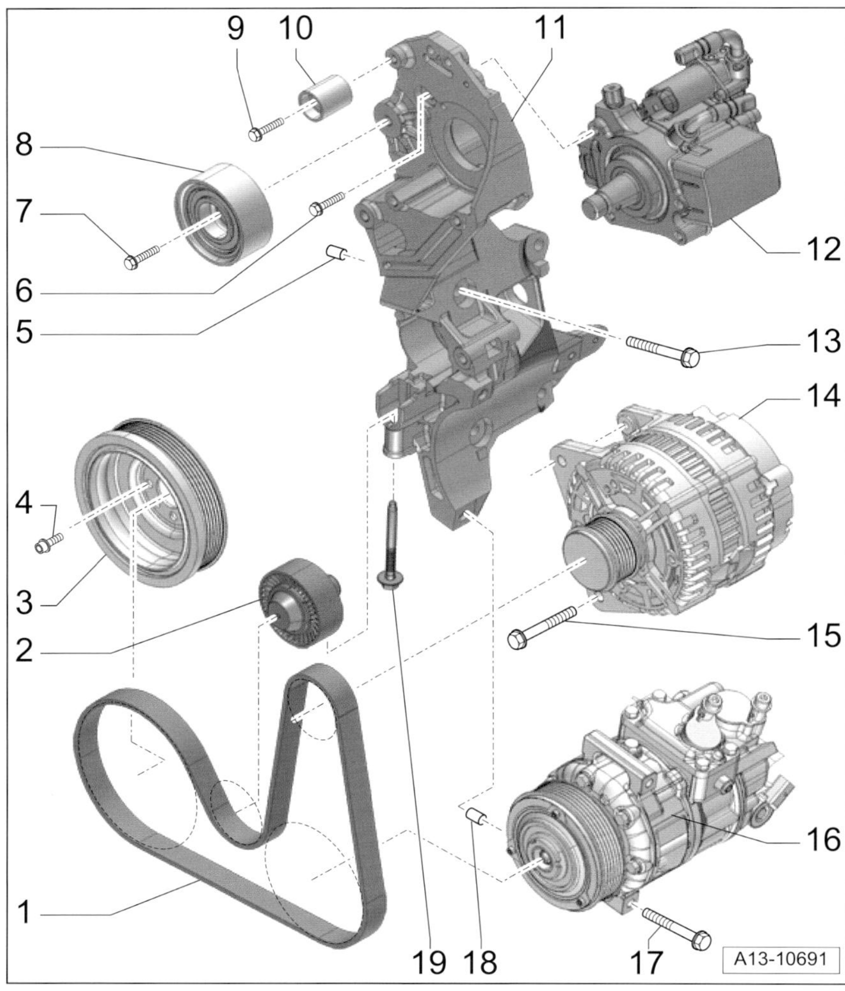

1 – Keilrippenriemen
Auf Verschleiß prüfen.
Vor dem Ausbau Laufrichtung mit Kreide oder Filzstift kennzeichnen.
Nicht knicken.
Beim Einbau auf korrekten Sitz auf den Keilrippenriemenscheiben achten.

2 – Umlenkrolle für Keilrippenriemen
Führungsflächen mit Festschmierstoffpaste, zum Beispiel VW-G052 751 A1, bestreichen.

3 – Schwingungsdämpfer
Mit Keilrippenriemenscheibe.
Durch versetzte Bohrungen ist der Einbau nur in einer Stellung möglich.
Einbaulage: Bohrung im Schwingungsdämpfer muss über der Erhebung am Kurbelwellen-Zahnriemenrad stehen.

4 – Schraube*, 10 Nm + 90°
Nur Originalschrauben verwenden.

5 – Passhülse
Auf richtigen Sitz im Halter für Nebenaggregate achten.

6 – Schraube*, 20 Nm + 90°

7 – Schraube*, 50 Nm + 90°

8 – Umlenkrolle
Für Zahnriemen.

9 – Schraube, 15 Nm

10 – Umlenkrolle
Für Zahnriemen.

11 – Halter für Nebenaggregate
Anzugsmethode sie unter Position –13–.

12 – Hochdruckpumpe

13 – Schraube
Anzugsmethode:

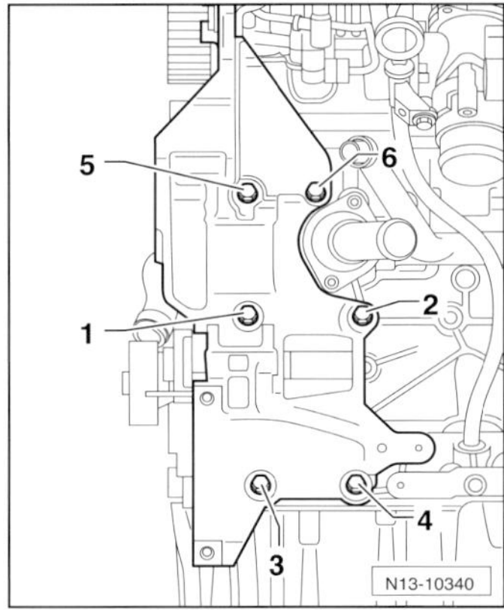

- Vor dem Einbau prüfen, ob die Passhülsen –5/18– im Halter vorhanden sind, gegebenenfalls einsetzen.
- Halter für Nebenaggregate ansetzen und die Schrauben von Hand eindrehen.
  Schrauben –1/2–: M10x52
  Schrauben –3/4–: M10x30
  Schrauben –5/6–: M10x60
- Schrauben in der Reihenfolge von –1– bis –6– in 3 Stufen festziehen.

1. Stufe: . . . . **handfest** anziehen
2. Stufe: . . . . **40 Nm**
3. Stufe: Schrauben –3/4–. . . **45°**
3. Stufe: Schrauben –1/2/5/6–. **90°**

14 – Generator

15 – Schraube, 20 Nm

16 – Klimakompressor

17 – Schraube, 45 Nm

18 – Passhülse
Auf richtigen Sitz im Halter für Nebenaggregate achten.

19 – Schraube

*) Nach jeder Demontage ersetzen.

Hinweis: Beim Dieselmotor können unterschiedliche Keilrippenriemen eingebaut sein:

- **Dehnbarer Riemen** bei Fahrzeugen **ohne Klimaanlage.**
- **Dehnbarer Riemen mit Umlenkrolle** bei Fahrzeugen **mit Klimaanlage.**
- **Keilrippenriemen mit Spannelement** bei Fahrzeugen **mit Klimaanlage.**

Keilrippenriemen aus- und einbauen

Der Keilrippenriemen treibt sämtliche Nebenaggregate an. Das sind je nach Ausstattung und Motor: Generator (Lichtmaschine), Kühlmittelpumpe und Klimakompressor. Der Keilrippenriemen wird durch eine Spannrolle gespannt. Die Spannung muss im Rahmen der Wartung nicht geprüft werden

Achtung: Wird der alte, gelaufene Keilrippenriemen wieder eingebaut, vor dem Ausbau Laufrichtung des Keilrippenriemens kennzeichnen. Dazu mit Filz- oder Fettstift auf dem Riemen einen Pfeil in Laufrichtung anbringen. **Der Motor dreht, von der Keilrippenriemenseite aus gesehen, rechtsherum, also im Uhrzeigersinn.** Ein Einbau entgegen der bisherigen Laufrichtung erhöht den Verschleiß des Riemens beziehungsweise kann diesen zerstören.

1,4-l-Benzinmotor CAXA, 90 kW

Ausbau

- Untere Motorraumabdeckung ausbauen, siehe Seite 331.
- Laufrichtung auf dem Keilrippenriemen markieren.

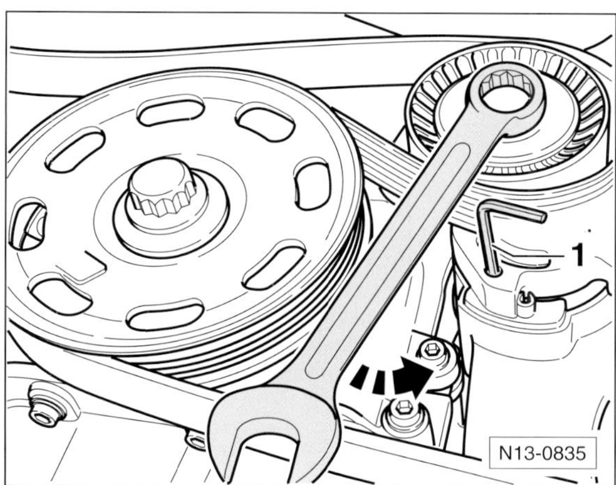

- Spannrolle mit Schraubenschlüssel SW-16 an der Befestigungsschraube im Gegenuhrzeigersinn –Pfeilrichtung– schwenken.
- Spannrolle mit einem 4-mm-Innensechskantschlüssel –1– arretieren.
- Keilrippenriemen abnehmen.
- Ein beschädigter Keilrippenriemen muss umgehend ersetzt werden.

Riemenverlauf mit Klimakompressor:

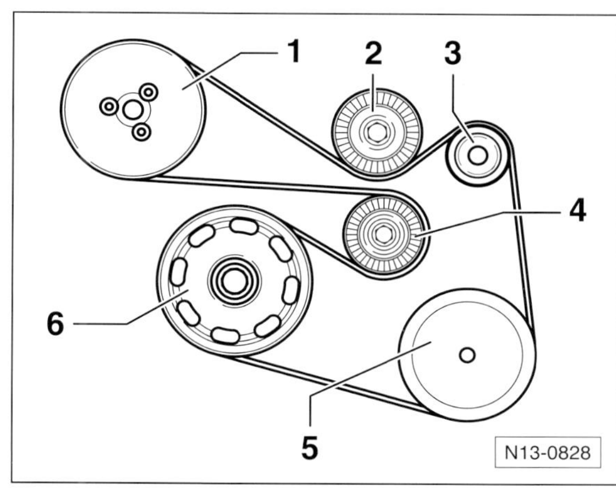

1 – Kühlmittelpumpen-Riemenscheibe
2 – Umlenkrolle
3 – Generator-/Lichtmaschinen-Riemenscheibe
4 – Spannrolle
5 – Klimakompressor-Riemenscheibe
6 – Kurbelwellen-Riemenscheibe

Riemenverlauf ohne Klimakompressor:

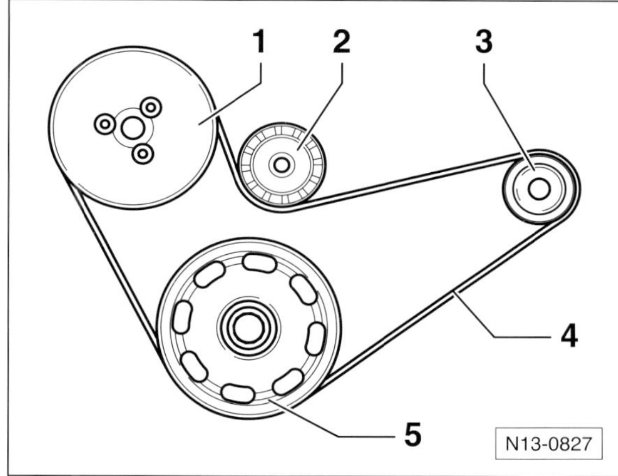

1 – Kühlmittelpumpen-Riemenscheibe
2 – Spannrolle
3 – Generator-/Lichtmaschinen-Riemenscheibe
4 – Keilrippenriemen
5 – Kurbelwellen-Riemenscheibe

Einbau

Achtung: Wird der bisherige Riemen wieder eingebaut, Markierung der Laufrichtung beachten.

- Keilrippenriemen auflegen, dabei an der Kurbelwellen-Riemenscheibe beginnen und Riemen zuletzt an der Spannrolle auflegen.
- Spannrolle mit Schraubenschlüssel etwas im Gegenuhrzeigersinn schwenken, Arretierstift herausnehmen und Spanner langsam zurückschwenken, siehe Abbildung N13-0835.

- Prüfen, ob der Keilrippenriemen in sämtlichen Riemenscheiben bündig sitzt. Andernfalls Keilrippenriemen entspannen und neu auflegen.
- Untere Motorraumabdeckung einbauen, siehe Seite 331.

1,4-l-Benzinmotor CDGA/CKMA, 110/118 kW

Ausbau

Hinweis: Bei Fahrzeugen mit Schaltgetriebe ist anstelle des oberen Spannelements eine Umlenkrolle vorhanden.

- Untere Motorraumabdeckung ausbauen, siehe Seite 331.
- Laufrichtung auf dem Keilrippenriemen markieren.

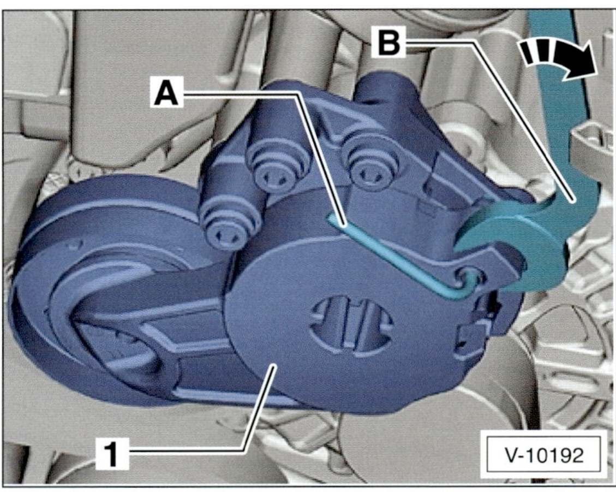

- **Fahrzeuge mit 2 Spannelementen:** Keilrippenriemen am oberen Spannelement entspannen. Dazu Spannelement –1– mit Maulschlüssel SW-16 –B– in Pfeilrichtung drehen und mit einem geeigneten Dorn –A– arretieren. **Hinweis:** In der Abbildung sind die VW-Werkzeuge A = T10060A und B = T10447 dargestellt.

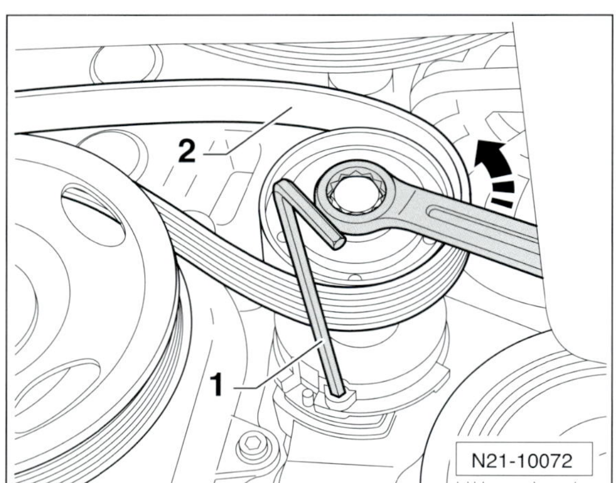

- Keilrippenriemen am unteren Spannelement entspannen. Dazu von unten mit einem Ringschlüssel, SW-16, das Spannelement in Pfeilrichtung schwenken und mit einem 4-mm-Innensechskantschlüssel –1– arretieren.
- Keilrippenriemen –2– abnehmen.

Einbau

Achtung: Wird der bisherige Riemen wieder eingebaut, Markierung der Laufrichtung beachten.

- Keilrippenriemen auflegen, dabei an der Kurbelwellen-Riemenscheibe beginnen. Keilrippenriemen zuletzt auf die obere Spannrolle beziehungsweise bei Fahrzeugen einer Spannrolle zuletzt auf die untere Spannrolle auflegen.
- Der weitere Einbau erfolgt in umgekehrter Ausbaureihenfolge.

Riemenverlauf mit Klimakompressor:

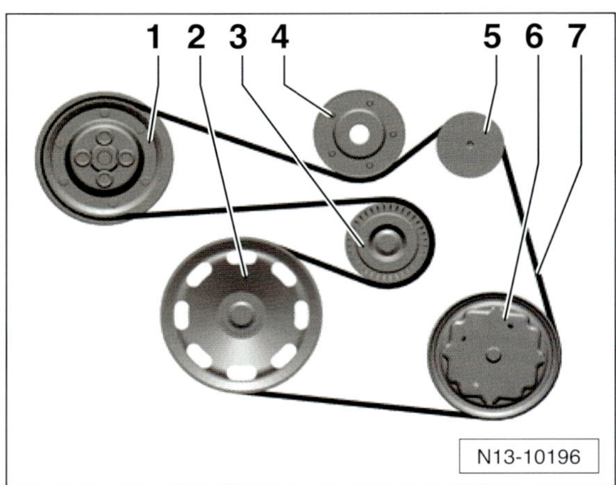

1 – Kühlmittelpumpen-Riemenscheibe
2 – Kurbelwellen-Riemenscheibe
3 – Spannrolle unten
4 – Spannrolle oben oder Umlenkrolle
5 – Generator-/Lichtmaschinen-Riemenscheibe
6 – Klimakompressor-Riemenscheibe
7 – Keilrippenriemen

Riementrieb für den Kompressor

Hinweis: Die Riemenscheibe der Kompressor-Magnetkupplung befindet sich hinter der Riemenscheibe der Kühlmittelpumpe. Der Keilrippenriemen des Kompressors läuft über diese Riemenscheibe.

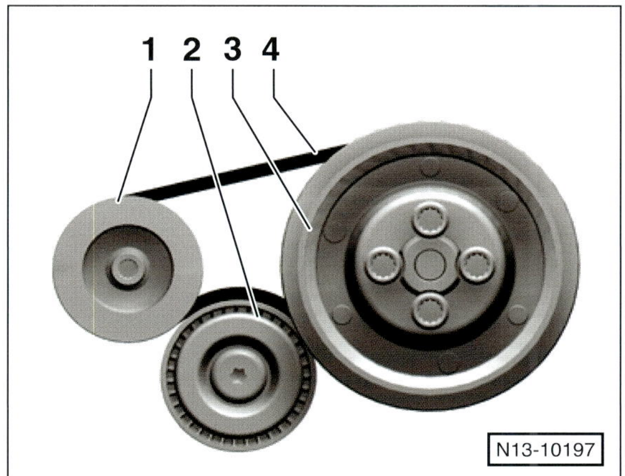

1 – Kompressor-Riemenscheibe
2 – Spannrolle
3 – Kühlmittelpumpen-Riemenscheibe und Riemenscheibe mit Magnetkupplung
4 – Keilrippenriemen
Wird auf die gleiche Weise entspannt wie der Keilrippenriemen beim 1,4-l-Benzinmotor CAXA.

1,8-/2,0-l-Benzinmotor

Ausbau

- Untere Motorraumabdeckung ausbauen, siehe Seite 331.

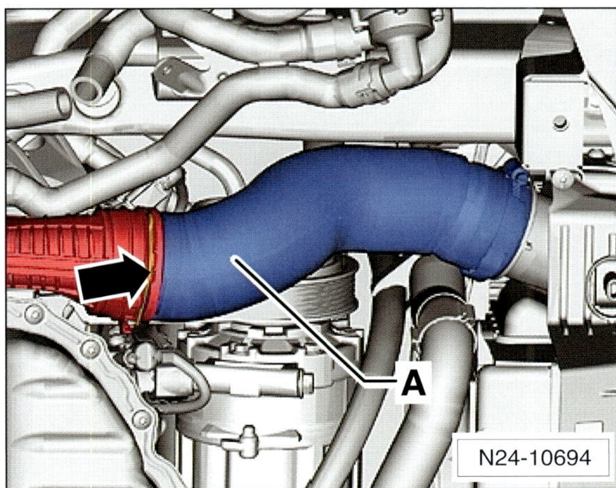

- Ladeluftschlauch an der Steckkupplung –Pfeil– trennen.

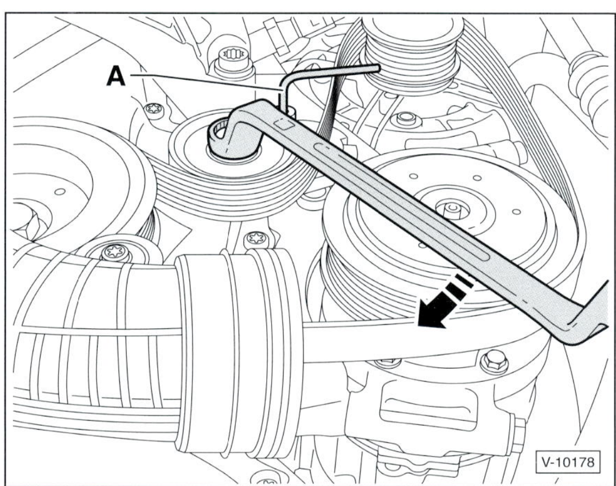

- Von unten einen tiefgekröpften Ringschlüssel an der Schraube der Spannrolle ansetzen und Spannrolle so weit in Pfeilrichtung drehen, bis die Arretierbohrungen übereinstimmen.
- Geeigneten Dorn –A–, zum Beispiel VW-T10060A, durch die Bohrungen stecken und damit Spannvorrichtung arretieren.
- Keilrippenriemen abnehmen.

Einbau

- Vor dem Einbau des Keilrippenriemens sicherstellen, dass Generator und Klimakompressor festgeschraubt sind.

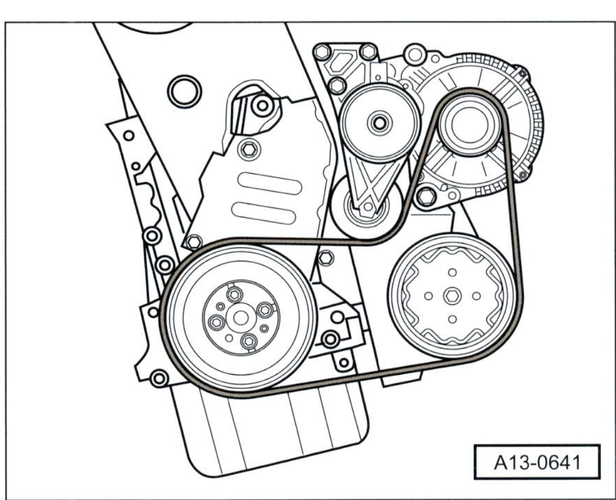

- Keilrippenriemen zuerst auf die Riemenscheibe der Kurbelwelle, dann auf Klimakompressor und Generator und zuletzt auf die Spannrolle auflegen.
- Spannvorrichtung mit Ringschlüssel etwas drehen und Absteckdorn herausziehen.
- Spannvorrichtung langsam entlasten und dadurch Keilrippenriemen spannen.
- Sichtprüfen, ob der Keilrippenriemen richtig aufgelegt ist.
- Ladeluftschlauch aufschieben und sichern.
- Motor starten und sichtprüfen, ob der Keilrippenriemen richtig läuft.

3,6-l-Benzinmotor

Ausbau

- Untere Motorraumabdeckung ausbauen, siehe Seite 331.
- Rechten Innenkotflügel ausbauen, siehe Seite 341.

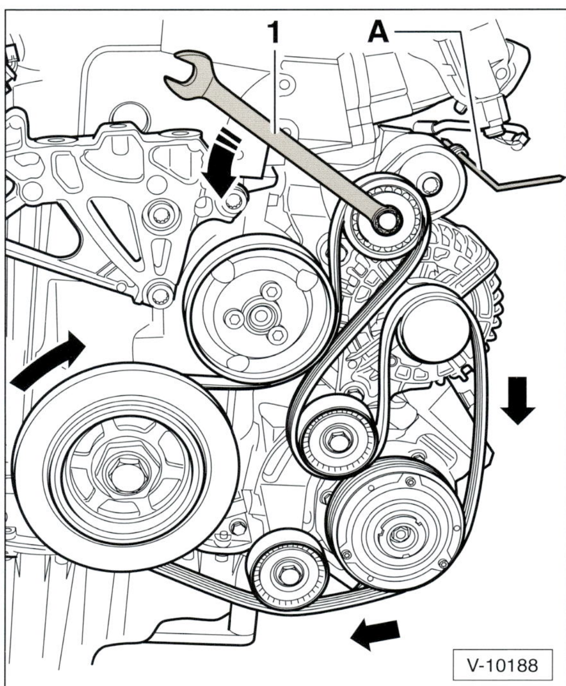

- Schraubenschlüssel –1– auf die Befestigungsschraube der Spannrolle stecken und so weit in Pfeilrichtung drehen, bis der Absteckstift –A–, zum Beispiel VW-T10027, an der Spannrolle eingesteckt werden kann. Als Absteckstift kann auch ein Bohrerschaft mit entsprechendem Durchmesser verwendet werden.
- Keilrippenriemen abnehmen.

Einbau

- Umlenkrollen auf leichten Lauf prüfen.
- Keilrippenriemen auf die Riemenscheiben auflegen.
- Mit dem Schraubenschlüssel die Spannrolle etwas in Pfeilrichtung drehen und den Absteckstift herausziehen.
- Spannrolle mit dem Schraubenschlüssel langsam entgegen der Pfeilrichtung drehen und Keilrippenriemen spannen.
- Der weitere Einbau erfolgt in umgekehrter Ausbaureihenfolge.

Dieselmotor

Beim Dieselmotor gibt es unterschiedliche Ausführungen des Keilriementriebs.

Ausbau, Fahrzeuge *ohne Klimakompressor*

Bei dieser Ausführung wird ein dehnbarer Riemen »Flexi-Belt« verwendet. Der Riementrieb kommt ohne Spannrolle aus. Beim Ausbau wird der Keilrippenriemen zerstört und muss ersetzt werden.

- Untere Motorraumabdeckung ausbauen, siehe Seite 331.
- Rechten Innenkotflügel im vorderen Bereich lösen und zurückklappen, siehe Seite 341.
- Keilrippenriemen durchschneiden und abnehmen.

Einbau

- Neuen Keilrippenriemen mit Hilfswerkzeug auf die Riemenscheiben aufziehen. Das Hilfwerkzeug liegt dem Ersatzteil-Keilrippenriemen bei, ebenso eine bebilderte Arbeitsanleitung.
- Rechten Innenkotflügel befestigen, siehe Seite 341.
- Untere Motorraumabdeckung einbauen, siehe Seite 331.

Ausbau, Fahrzeuge *mit Klimaanlage und Umlenkrolle*

- Untere Motorraumabdeckung ausbauen, siehe Seite 331.
- Rechten Innenkotflügel im vorderen Bereich lösen und zurückklappen, siehe Seite 341.

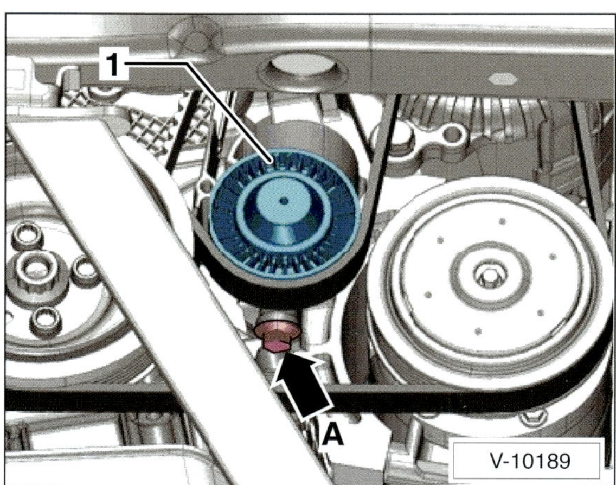

- Schraube –Pfeil A– für die Umlenkrolle –1– so weit lösen, bis sich der Keilrippenriemen leicht abnehmen lässt.

Einbau

- Neuen Keilrippenriemen auf die Riemenscheiben von Kurbelwelle, Generator und Klimakompressor auflegen.
- Führungsflächen der Umlenkrolle mit Festschmierstoffpaste, zum Beispiel VW-G052 751 A1, und einem Pinsel bestreichen.
- Umlenkrolle –1– mit seinem Bolzen in die Führung des Nebenaggregate-Halters einfädeln.
- Schraube –A– für Umlenkrolle –1– bis zur Kopfauflage handfest eindrehen. Dabei spannt sich der Keilrippenriemen etwas.
- Schraube –A– weiterdrehen, bis der Bolzen der Umlenkrolle am Anschlag ist. Dabei spannt sich der Keilrippenriemen weiter.
- Schraube –A– um ¼ Umdrehung lösen und mit **30 Nm** festziehen.
- Anschließend Schraube –1– um **90°** (¼ Umdrehung) weiterdrehen.

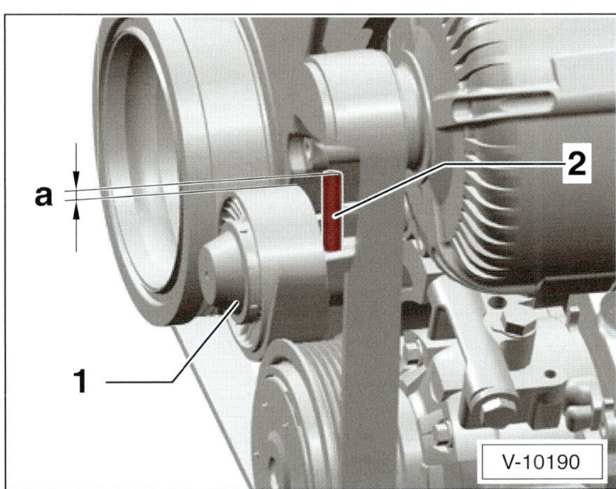

- Prüfen, ob das Ende der Schraube –2–, wie in der Abbildung gezeigt, um das Maß –a– von ca. 2,5 mm über die Lauffläche der Umlenkrolle –1– hinausragt. Dadurch ist sichergestellt, dass der Umlenkrollenbolzen bis in seinen Endanschlag gezogen wurde.
- Getriebe in Leerlaufstellung bringen. Stecknuss an der Zentralschraube der Kurbelwellen-Riemenscheibe ansetzen und Kurbelwelle mindestens eine Umdrehung in Motordrehrichtung, also im Uhrzeigersinn durchdrehen. Dadurch nimmt der Keilrippenriemen seinen richtigen Sitz auf den Riemenscheiben ein.
- Rechten Innenkotflügel einbauen, siehe Seite 341.
- Untere Motorraumabdeckung einbauen, siehe Seite 331.
- Motor starten und korrekten Riemenlauf sichtprüfen.

Ausbau, Fahrzeuge *mit Klimaanlage und Spannelement*

- Untere Motorraumabdeckung ausbauen, siehe Seite 331.

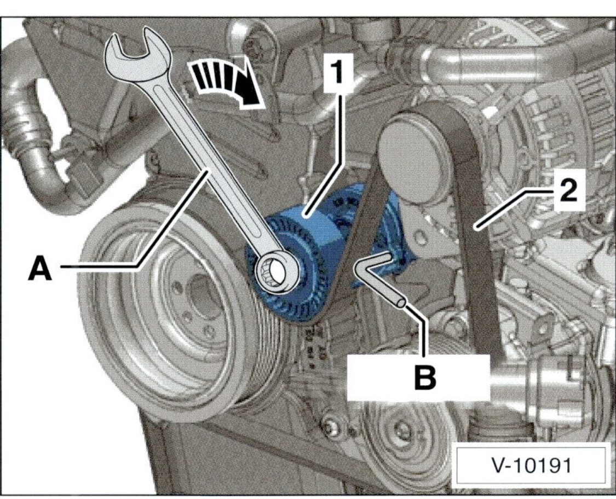

- Spannelement –1– mit einem Ringschlüssel –A– in Pfeilrichtung schwenken und dadurch Keilrippenriemen –2– entspannen.

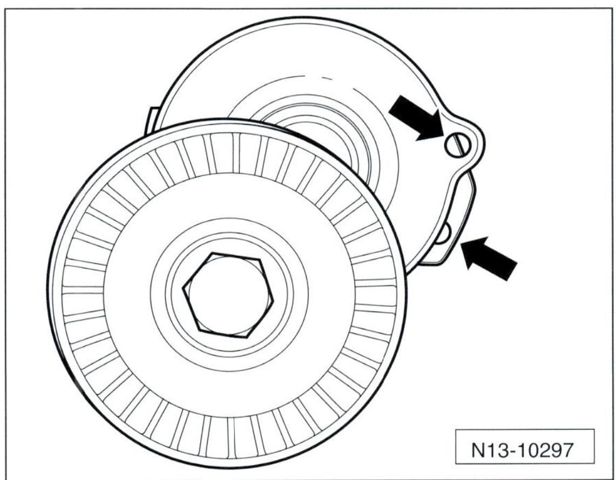

- Spannelement soweit schwenken, bis die Bohrungen –Pfeile– hintereinander liegen. In dieser Stellung den Absteckdorn –B– (Abbildung V-10191), zum Beispiel VW-T10060 A, durch die Bohrungen stecken und Spannelement arretieren.
- Keilrippenriemen abnehmen.

Einbau

- Der Einbau erfolgt in umgekehrter Reihenfolge.

Motor-Kühlung

Kühlmittelkreislauf

Zur Kühlung des Motors wird das Kühlmittel von der Kühlmittelpumpe ständig in Bewegung gehalten. Solange der Motor kalt ist, zirkuliert das Kühlmittel nur im Zylinderkopf, im Motorblock und im Wärmetauscher der Innenraumheizung. Mit zunehmender Erwärmung öffnet ein Thermostat (Kühlmittelregler) den großen Kühlmittelkreislauf. Die Kühlflüssigkeit durchströmt dann den Kühler und wird dabei durch die an den Kühlrippen vorbeistreichende Luft abgekühlt.

Der Kühlluftstrom wird durch einen hinter dem Kühler angebrachten Lüfter verstärkt. Der Lüfter wird durch einen Elektromotor angetrieben. Entsprechend der Kühlmitteltemperatur wird der Elektrolüfter zu- oder abgeschaltet.

Sicherheitshinweis
Der Elektrolüfter kann sich auch bei ausgeschalteter Zündung einschalten. Durch Stauwärme im Motorraum ist auch **mehrmaliges Einschalten möglich.** Abhilfe: **Stecker für Kühler-Lüfter abziehen.**

Achtung: Bei Arbeiten am Kühlsystem unbedingt darauf achten, dass **kein Kühlmittel** auf den **Keilrippenriemen** oder auf den **Zahnriemen**, wo vorhanden, gelangt. Der Glykolanteil des Kühlmittels kann das Gewebe des Riemens so schädigen, dass der Riemen nach einiger Betriebszeit reißt. Durch einen gerissenen Zahnriemen können schwer wiegende Motorschäden auftreten.

Hinweis: Kühlmittelschläuche beim Einbau spannungsfrei verlegen, ohne dass diese mit anderen Bauteilen in Berührung kommen. Falls an den Kühlmittelrohren und Kühlmittelschlauchenden Markierungen oder Pfeile angebracht sind, so müssen sich diese beim Einbau gegenüberstehen.

Zweikreis-Kühlsystem

Der PASSAT mit 1,4-l-Benzinmotor hat ein Zweikreis-Kühlsystem. Dabei erfolgt eine getrennte Kühlmittelführung mit unterschiedlichen Temperaturen durch den Motorblock und den Zylinderkopf. Gesteuert wird die Kühlmittelführung durch 2 Thermostate (Kühlmittelregler) im Kühlmittelregler-Gehäuse. Ein Thermostat ist für den Motorblock, der andere für den Zylinderkopf zuständig.

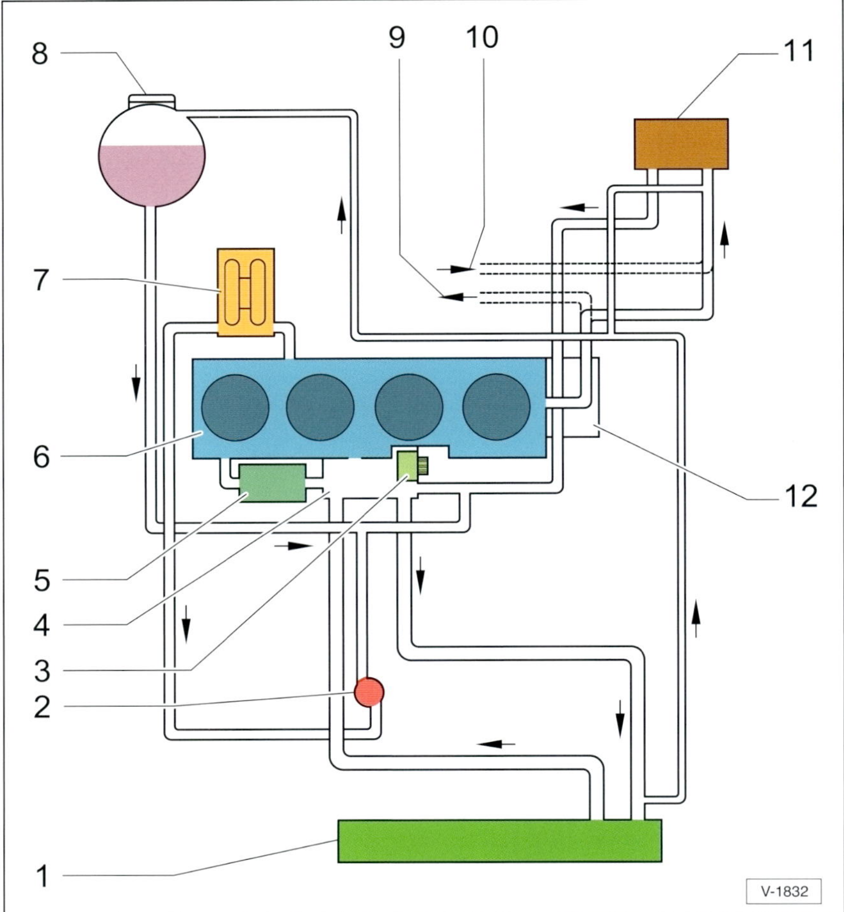

Anschlussplan für Kühlmittelschläuche

In der Abbildung ist der 1,8-/2,0-l-Benzinmotor dargestellt. **Hinweis:** Die Pfeile in der Abbildung zeigen in Fließrichtung des Kühlmittels.

1 – Kühler*
2 – Pumpe für Kühlmittelnachlauf
3 – Kühlmittelpumpe
4 – Kühlmittelregler
5 – Motorölkühler
6 – Zylinderkopf/Motorblock*
7 – Abgasturbolader
8 – Kühlmittelausgleichsbehälter Mit Verschlussdeckel und Überdruckventil.
9 – Zur Standheizung
10 – Von der Standheizung
11 – Wärmetauscher für Heizung*
12 – Kühlmittelstutzen

*) Nach dem Ersetzen Kühlmittel wechseln.

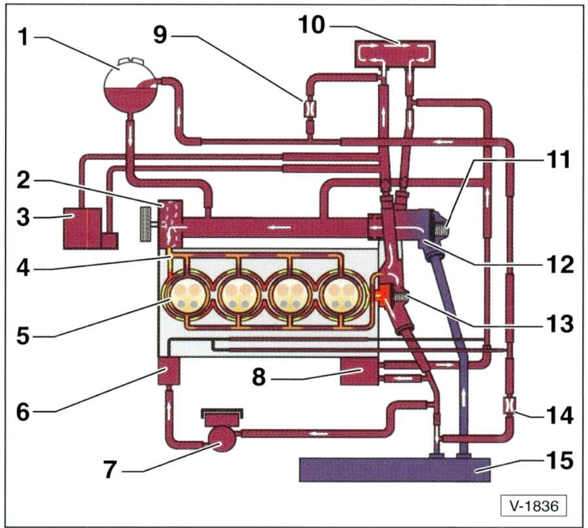

1 – Kühlmittel-Ausgleichbehälter
2 – Kühlmittelpumpe
3 – Standheizung
4 – Kühlmittelkreislauf »Motorblock«
5 – Kühlmittelkreislauf »Zylinderkopf«
6 – Abgas-Turbolader
7 – Kühlmittelumlaufpumpe
8 – Ölkühler
9 – Drossel
10 – Heizungs-Wärmetauscher
11 – Thermostat 1 vom Zylinderkopf, öffnet bei +80° C*
12 – Kühlmittel-Verteilergehäuse
13 – Thermostat 2 vom Motorblock, öffnet bei +96° C*
14 – Drossel
15 – Kühler
*) 1,4-l-Motor mit 110/118 kW

Das Zweikreis-Kühlsystem hat folgende Vorteile:

- Der Motorblock wird schneller aufgeheizt, weil das Kühlmittel bis zum Erreichen von +95° C im Motorblock bleibt.
- Durch das höhere Temperaturniveau im Motorblock vermindert sich die Reibung im Kurbeltrieb.
- Eine bessere Kühlung der Brennräume durch das geringere Temperaturniveau im Zylinderkopf. Dadurch wird eine bessere Füllung der Brennräume bei geringerer Klopfgefahr erreicht.

Kühler-Frostschutzmittel

Die Kühlanlage muss ganzjährig mit einer Mischung aus destilliertem Wasser und VW-Kühlerfrost- und Korrosions-Schutzmittel gefüllt sein. Dadurch werden Frost- und Korrosionsschäden sowie Kalkansatz vermieden und eine Siedepunkterhöhung der Kühlflüssigkeit erreicht. Erforderlich ist der höhere Siedepunkt der Kühlflüssigkeit für ein einwandfreies Funktionieren der Motorkühlung. Bei zu niedrigem Siedepunkt der Flüssigkeit kann es zu einem Hitzestau kommen, wodurch die Kühlung des Motors vermindert wird. Deshalb muss das Kühlsystem unbedingt ganzjährig mit einer Kühlkonzentrat-Mischung gefüllt sein.

Als Kühlmittelzusatz nur das VW-Kühlkonzentrat »**G13**« (Farbe **lila**) oder ein anderes Kühlkonzentrat mit dem Vermerk »gemäß VW-TL-774-**J**«, zum Beispiel »Glysantin GG 40« oder »MAINTAIN FRICOFIN V«. **Hinweis:** G13 ist mischbar mit dem älteren, ebenfalls lilafarbenen G12++ oder G12+.

Achtung: Zum Nachfüllen – auch in der warmen Jahreszeit – nur eine Mischung aus **G13 (lila)** und destilliertem Wasser verwenden. Auch im Sommer darf der Kühlerfrostschutzanteil im Kühlmittel nicht unter 40 % liegen. Deshalb beim Nachfüllen auch den Frostschutz ergänzen.

Hinweis: Wasser hat auf die die Effektivität der Kühlflüssigkeit einen großen Einfluss. Da die Inhaltsstoffe im Trinkwasser regional sehr unterschiedlich sind, ist zum Mischen der Kühlflüssigkeit nur noch destilliertes Wasser zu verwenden.

Kühlmittel-Mischungsverhältnis in Prozent

Frostschutz bis	G13	Destill. Wasser
–25° C	ca. 40 %	ca. 60 %
–36° C	ca. 50 %	ca. 50 %
–48° C	ca. 55 %	ca. 45 %

Der Frostschutz sollte in unseren Breiten bis –25° C, besser bis –36° C reichen. Der Anteil des Frostschutzmittels darf 55 % (Frostschutz dann bis –48° C) nicht überschreiten, sonst verringern sich Frostschutz und Kühlwirkung wieder.

Hinweis: Steht zum Nachfüllen das Frostschutzmittel G13 nicht zur Verfügung, kann auch G12++ und G12+ (Farbe ebenfalls lila) verwendet werden. **Andere Frostschutzmittel dürfen nicht dazugemischt werden.** In diesem Fall Kühlsystem nur mit destilliertem Wasser auffüllen und Frostschutz sobald wie möglich ergänzen.

Kühlmittel wechseln

Das Kühlmittel muss nur nach Reparaturen am Kühlsystem erneuert werden, wenn dabei das Kühlmittel abgelassen wurde. Ein Wechsel im Rahmen der Wartung ist nicht vorgesehen. Falls bei Reparaturen der Zylinderkopf, die Zylinderkopfdichtung, der Kühler, der Wärmetauscher oder der Motor ersetzt wurden, muss die Kühlflüssigkeit auf jeden Fall ersetzt werden. Das ist erforderlich, weil sich die Korrosionsschutzanteile in der Einlaufphase an den neuen Leichtmetallteilen absetzen und somit eine dauerhafte Korrosionsschutzschicht bilden. Bei gebrauchter Kühlflüssigkeit ist der Korrosionsschutzanteil in der Regel nicht mehr groß genug, um eine ausreichende Schutzschicht an den neuen Teilen zu bilden.

Achtung: Kühlmittel ist leicht giftig. Gemeinde- und Stadtverwaltungen informieren darüber, wie das alte Kühlmittel entsorgt werden soll.

Hinweis: In der Fachwerkstatt wird das Kühlsystem mit einer Unterdruck-Befüllanlage aufgefüllt, zum Beispiel VW-VAS-6096 oder HAZET 4801-1 mit Adaptern 4801-2/3. Hinweise zum Befüllen mit der Unterdruckanlage stehen am Ende des Kapitels.

Kühlmittel ablassen

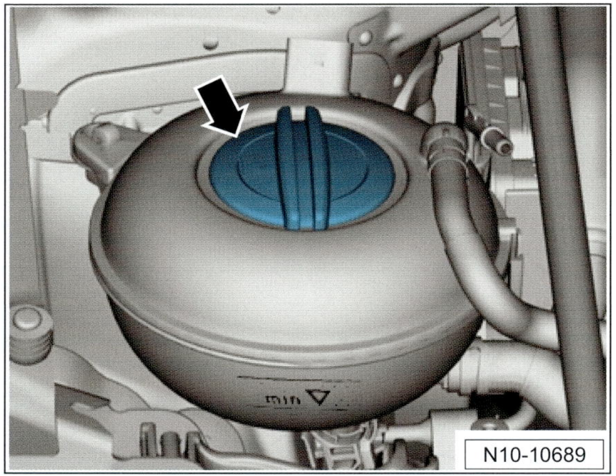

- Verschlussdeckel –Pfeil– am Ausgleichbehälter öffnen. Bei warmem Motor einen Lappen über den Verschlussdeckel legen. Deckel etwas nach links drehen und Überdruck im Kühlsystem entweichen lassen. Anschließend Deckel ganz abschrauben.
- Untere Motorraumabdeckung ausbauen, siehe Seite 331.
- Sauberes Auffanggefäß auf der linken Seite unter den Kühler stellen.

Hinweis: Wenn der Kühlmittelschlauch mit einer Federbandschelle gesichert ist, vor Abziehen des jeweiligen Kühlmittelschlauchs die Federbandschelle öffnen und über den Anschlussstutzen hinweg zurückschieben. Zum Öffnen der Schlauchschellen gibt es Spezialzangen, zum Beispiel HAZET 798-17.

Nach dem Ablassen Kühlmittelschlauch sofort wieder aufstecken und sichern.

1,4-l-Benzinmotor

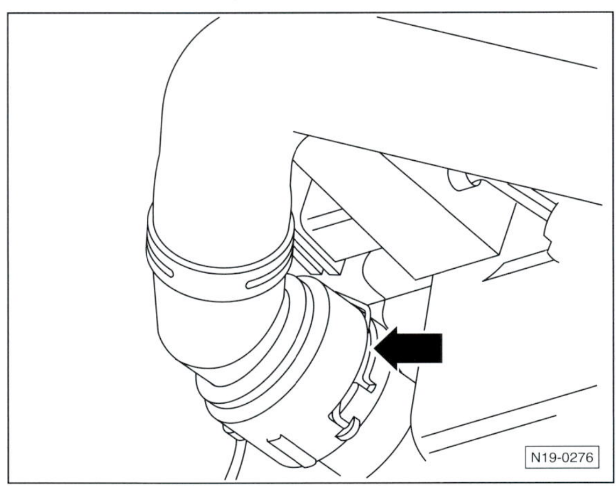

- Halteklammer –Pfeil– seitlich herausziehen und Kühlmittelschlauch vom Kühler abziehen
- Kühlmittel ablaufen lassen.

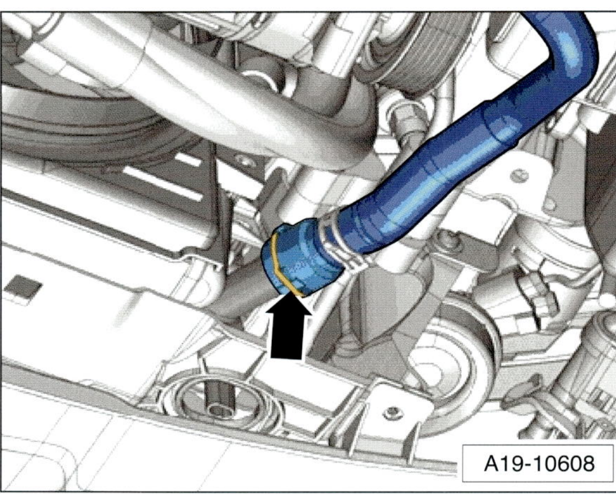

- **90-kW-Motor:** Kühlmittel aus dem Ladeluftkühler ablassen. Dazu Halteklammer –Pfeil– herausziehen und Schnellkupplung für Kühlmittelschlauch am unteren Anschlussstutzen des Zusatzkühlers für das Ladeluftsystem abziehen. Kühlmittel in die Auffangwanne ablaufen lassen.

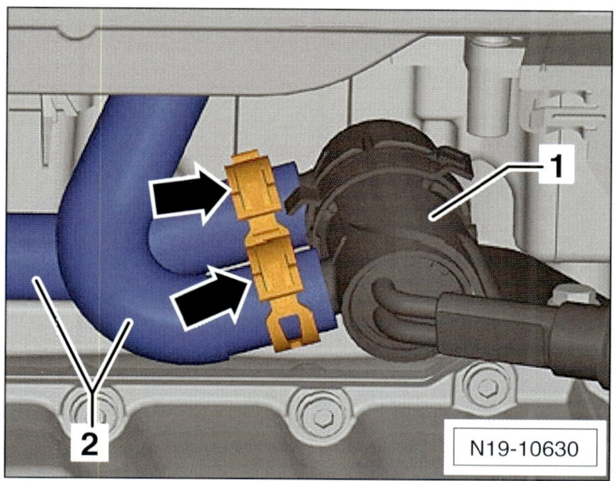

- **110-/118-kW-Motor mit Heizelement für Motorvorwärmung:** Federbandschellen –Pfeile– öffnen und zurückschieben. Kühlmittelschläuche –2– am Heizelement für Motorvorwärmung –1– abziehen und Kühlmittel ablaufen lassen.

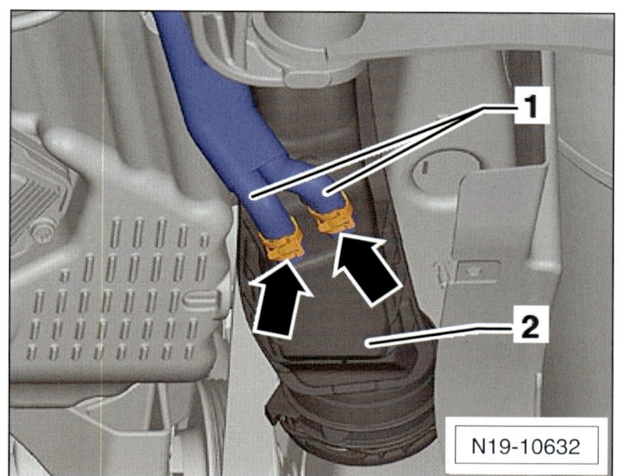

- **110-/118-kW-Motor mit Kondensatfalle:** Federbandschellen –Pfeile– öffnen und zurückschieben. Kühlmittelschläuche –1– vom Ladeluftrohr –2– abziehen und Kühlmittel ablaufen lassen.

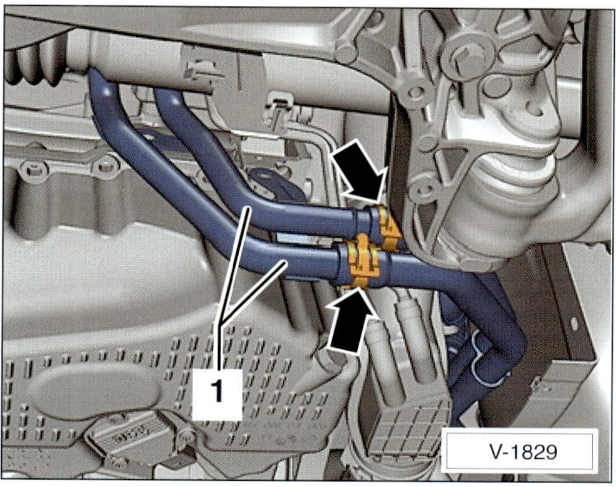

- **110-/118-kW-Motor mit Standheizung:** Federbandschellen –Pfeile– öffnen und zurückschieben. Kühlmittelschläuche für Standheizung von den Kühlmittelrohren –1– abziehen und Kühlmittel ablaufen lassen.

1,8-/2,0-l-Benzinmotor

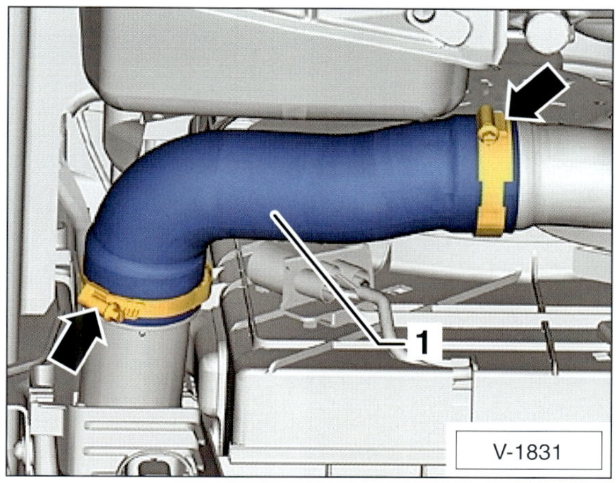

- Schellen –Pfeile– öffnen und zurückschieben.
- Ladeluftschlauch –1– von den Anschlüssen abziehen und herausnehmen.
- Öffnung am Ladeluftkühler mit einem sauberen Putzlappen verschließen.

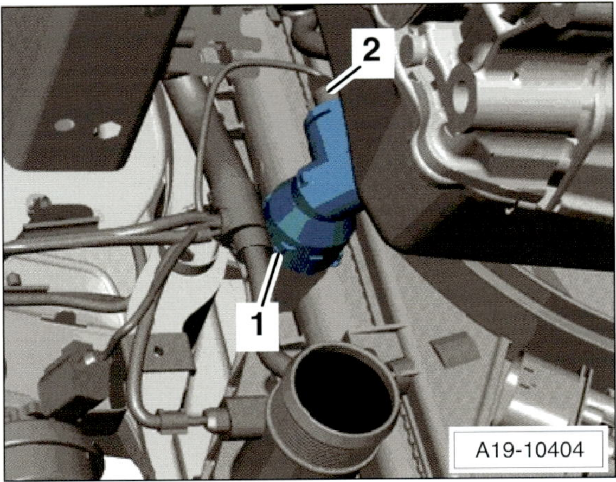

- Stecker –2– abziehen.
- Kühlmittelschlauch –1– unten vom Kühler abbauen und Kühlmittel ablaufen lassen.

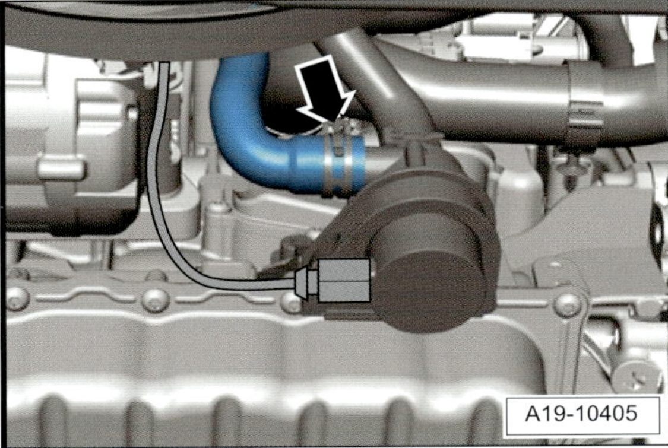

- Schelle –Pfeil– öffnen und zurückschieben.
- Kühlmittelschlauch unten zur Pumpe für Kühlmittelnachlauf abziehen und Kühlmittel ablaufen lassen.

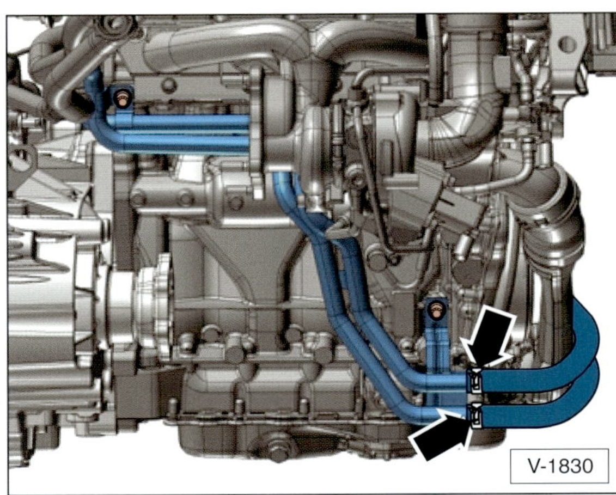

- **Fahrzeuge mit Standheizung:** Schellen –Pfeile– öffnen und zurückschieben. Kühlmittelschläuche von den Kühlmittelrohren abziehen und Kühlmittel ablaufen lassen.

Dieselmotor

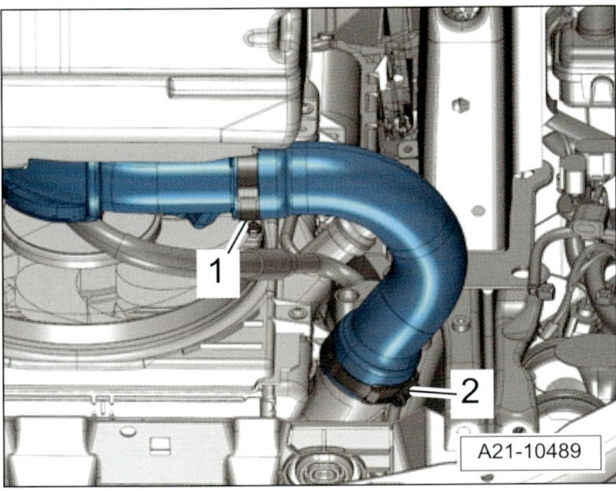

- Luftführungsschlauch ausbauen, dazu Schlauchschellen –1– und –2– öffnen und zurückschieben.

Achtung: Anschluss am Ladeluftkühler mit einem sauberen Lappen verschließen, damit kein Kühlmittel eindringen kann.

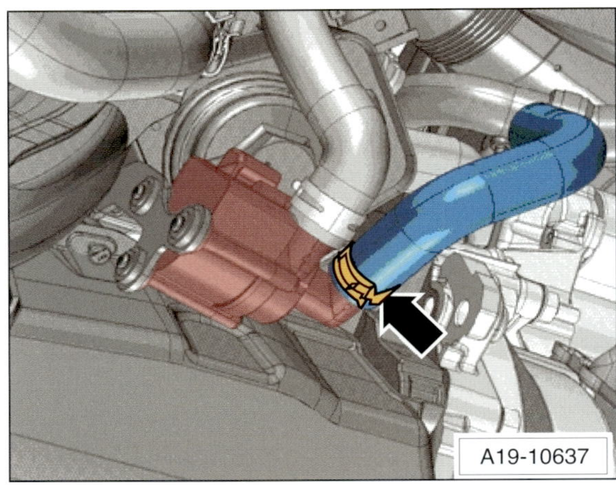

- **1,6-l-Dieselmotor:** Schelle –Pfeil– öffnen und zurückschieben. Kühlmittelschlauch an der Pumpe für Kühlmittelumlauf abziehen und Kühlmittel ablaufen lassen.
  Beim **2,0-l-Dieselmotor** beide Schläuche abzehen.

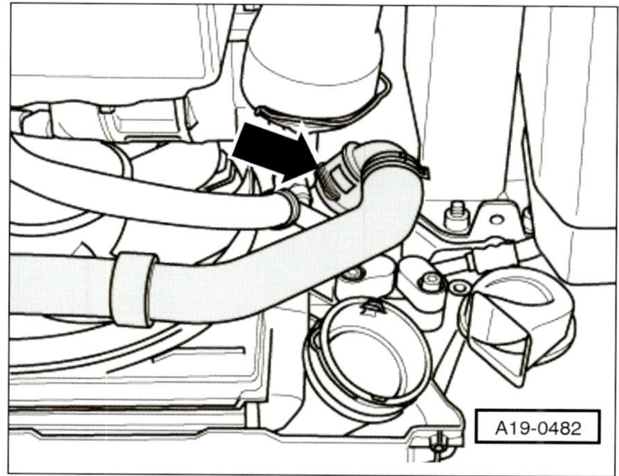

- Unteren Kühlmittelschlauch am Kühler abziehen, dazu Halteklammer –Pfeil– anheben.
- Kühlmittel ablaufen lassen.

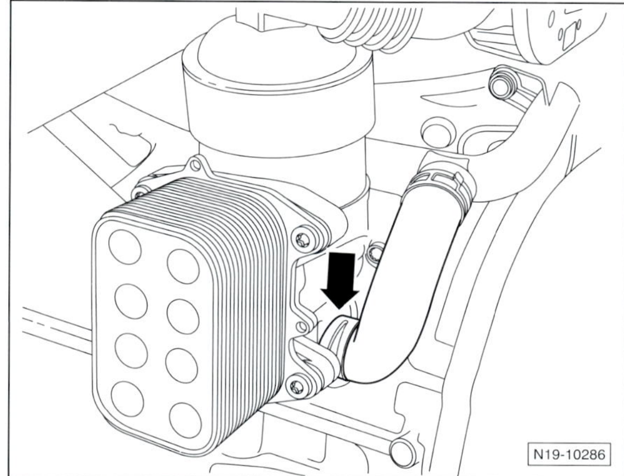

- Kühlmittelschlauch am Motorölkühler –Pfeil– abziehen und restliches Kühlmittel ablassen.

Kühlmittel einfüllen

Benzinmotor

- Kühlmittel aus 50% destilliertem Wasser und 50% VW-Kühlerfrost- und Korrosions-Schutzmittel mischen. Kühlmittel-Füllmenge siehe unter »Motordaten« auf Seite 14.

Achtung: Gebrauchtes Kühlmittel nicht wiederverwenden.

- Sicherstellen, dass sämtliche Schläuche aufgesteckt und mit Schellen oder Halteklammern gesichert wurden.
- Motorraumabdeckung unten einbauen, siehe Seite 331.
- Fahrzeug ablassen.

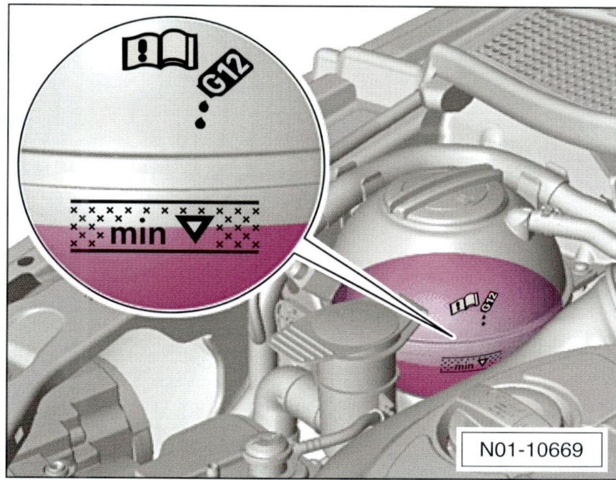

- Kühlmittelmischung über die Öffnung am Ausgleichbehälter langsam bis zur oberen Markierung des gerasterten Feldes (MAX-Markierung) auffüllen.

Kühlsystem entlüften

- Prüfen, ob der Ausgleichbehälter verschlossen ist.
- Motor starten und mit einer Drehzahl von 2000/min ca. 3 Minuten laufen lassen.
- Anschließend Motor mit Leerlaufdrehzahl laufen lassen, bis der Kühler-Lüfter einschaltet.
- Motor abstellen und abkühlen lassen.
- Kühlmittelstand prüfen. Bei kaltem Motor (Umgebungstemperatur) muss der Kühlmittelstand zwischen der »min«- und »max«-Markierung liegen.

Hinweis: Bei betriebswarmem Motor kann der Kühlmittelstand an oder über der »max«-Markierung liegen.

Speziell Kühlmittel einfüllen mit Unterdruck-Befüllsystem

Die Fachwerkstatt benutzt für das Auffüllen und Entlüften des Kühlsystems eine Unterdruckanlage. Dabei ist folgendermaßen vorzugehen:

- Kühlmittel aus 50% destilliertem Wasser und 50% VW-Kühlerfrost- und Korrosions-Schutzmittel mischen. Dabei sollte die Kühlflüssigkeitsmenge um ca. 2 Liter über der Kühlmittel-Füllmenge liegen, wie sie in der Tabelle »Motordaten« angegeben ist, siehe Seite 14.
- Sicherstellen, dass sämtliche Schläuche aufgesteckt und mit Schellen gesichert wurden.
- Motorraumabdeckung unten einbauen, siehe Seite 331.
- Fahrzeug ablassen.

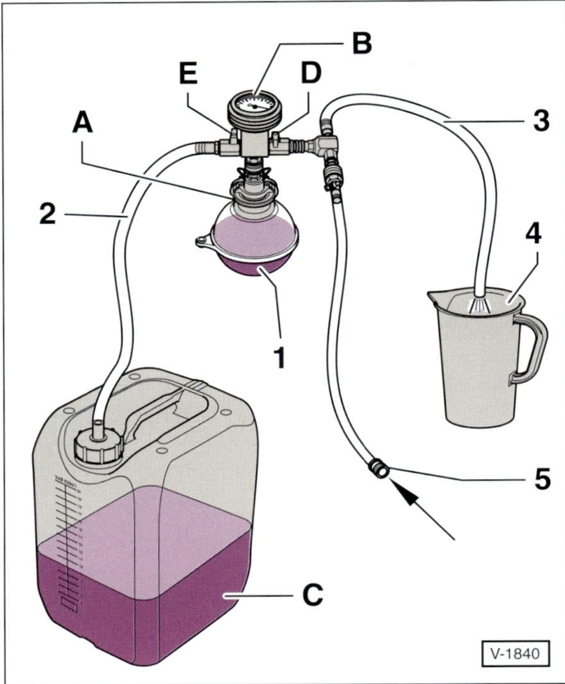

- Anschluss –A– (HAZET 4801-2/3) mit Befülleinheit –B– (HAZET 4801-1) an Kühlmittel-Ausgleichbehälter –1– aufsetzen. **Hinweis:** Der Anschluss-Konus wird durch den Unterdruck auf die Behälter-Öffnung gepresst.
- Zulaufschlauch –2– auf den gefüllten Kühlmittelbehälter –C– aufstecken. **Achtung:** Damit keine Luft angesaugt wird darauf achten, dass sich im Kühlmittelbehälter mehr Kühlflüssigkeit befindet, als für die maximale Füllmenge des Fahrzeuges erforderlich ist.
- Abluftschlauch –3– in einen leeren Behälter –4– führen. **Hinweis:** Die Abluft reißt eine geringe Menge Kühlmittel mit, die aufgefangen werden soll.
- Ventile –E– und –D– schließen, dazu Hebel quer zur Durchflussrichtung stellen.
- Druckluftschlauch –5– an Druckluft anschließen und mit 6 bis 10 bar Überdruck beaufschlagen –Pfeil–.

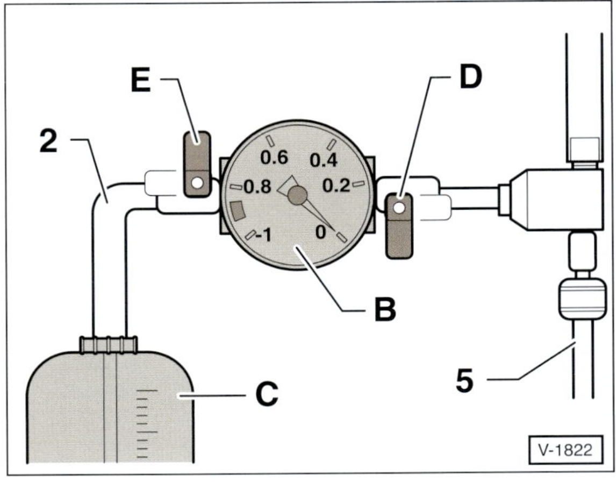

- Ablaufventil –D– öffnen. Dadurch wird im Kühlsystem Unterdruck erzeugt. Der Zeiger des Anzeigeinstruments muss in den grünen Bereich wandern. B – Befülleinheit, C – Kühlmittelbehälter.
- Zusätzlich Zulaufventil –E– so lange öffnen, bis sich der Zulaufschlauch –2– mit Kühlmittel gefüllt hat. Ventil –E– schließen.
- Ablaufventil –D– weitere 2 Minuten geöffnet lassen. Der Zeiger des Anzeigeinstruments muss weiterhin im grünen Bereich stehen.
- Ablaufventil –D– schließen. Der Zeiger des Anzeigeinstruments muss weiterhin im grünen Bereich stehen.

Hinweis: Wenn der Zeiger unterhalb des grünen Bereichs steht, Ablaufventil –D– erneut öffnen und Kühlsystem mit Unterdruck beaufschlagen. Wenn der Unterdruck abfällt, Kühlsystem auf undichte Stellen überprüfen.

- Druckluftschlauch –5– abziehen.
- Zulaufventil –E– öffnen und Kühlsystem befüllen. **Hinweis**: Indem die Venturidüse mit Druckluft beaufschlagt wird, erzeugt sie einen Unterdruck im Kühlsystem, so dass die Kühlflüssigkeit aus dem Vorratsbehälter in das Kühlsystem gesaugt wird.
- Ablaufventil –D– öffnen, wenn kein Kühlmittel mehr angesaugt wird.
- Kontrolleinheit –B– mit allen Anschlüssen vom Adapter –A– abbauen, siehe Abbildung U-1809.
- Kühlsystem entlüften.

Kühlmittelregler (Thermostate) – Detailansicht

1,4-l-Benzinmotor

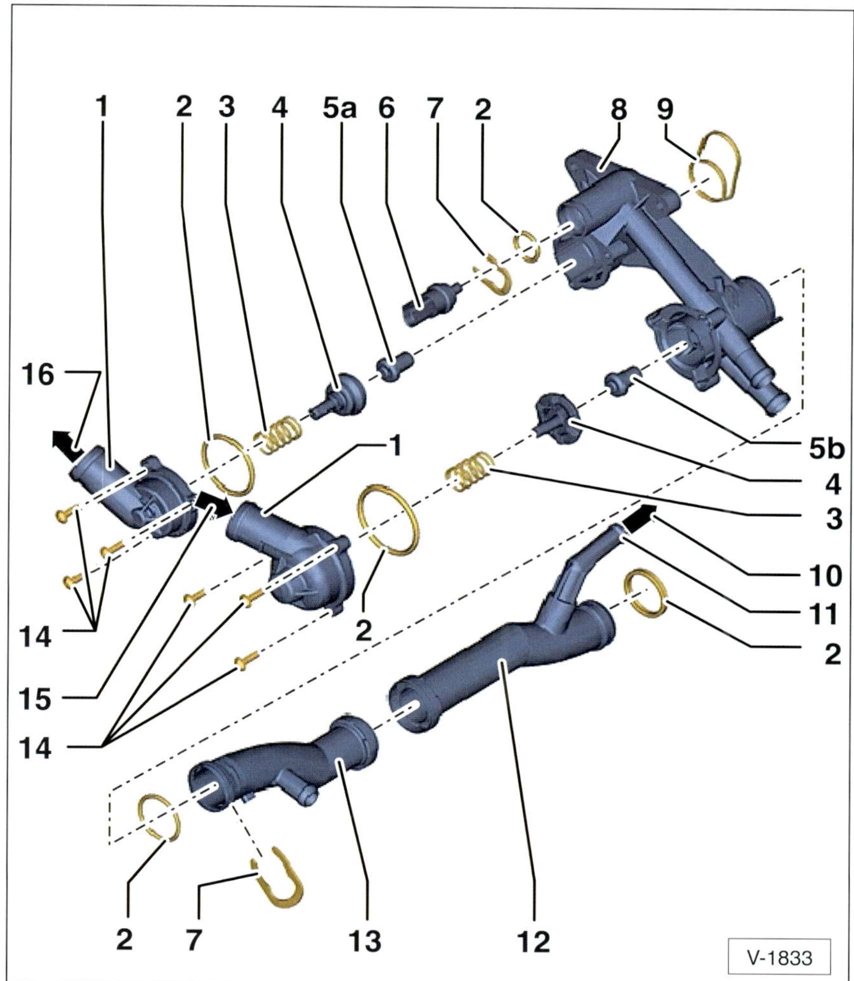

1 – **Anschlussstutzen**

2 – **O-Ring***

3 – **Druckfeder**

4 – **Stößel**
Beim Einbau nicht verkanten.

5 – **Kühlmittelregler (Thermostat)**
Motor CAXA (Öffnungsbeginn):
5a – Thermo-Element: +105° C
5b – Thermo-Element: +83° C
Motor CDGA/CTHD/CKMA (Öffnungsbeginn):
5a – Thermo-Element: +96° C
5b – Thermo-Element: +80° C

6 – **Geber für Kühlmitteltemperatur**

7 – **Halteklammern**
Auf festen Sitz prüfen.

8 – **Kühlmittelreglergehäuse**
Thermostatgehäuse.
Anzugsdrehmoment: **10 Nm.**

9 – **Dichtring***

10 – **Zum Ausgleichsbehälter**

11 – **Anschlussstutzen**

12 – **Kühlmittelrohr**
Zum Ausbau Kühlmittelreglergehäuse ausbauen.

13 – **Kühlmittelrohr**
Zum Ausbau Kühlmittelreglergehäuse ausbauen.

14 – **Schrauben, 5 Nm**

15 – **Vom Kühler unten**

16 – **Zum Kühler oben**

*) Nach jeder Demontage ersetzen.

Kühler aus- und einbauen

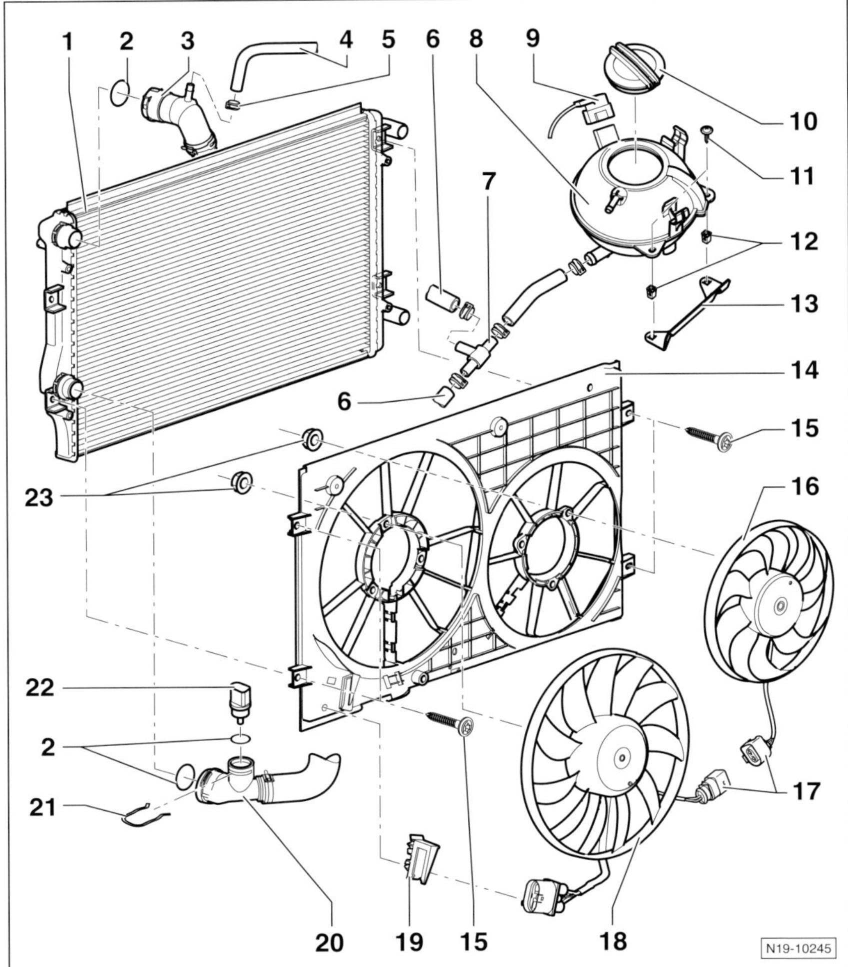

1 – **Kühler**
Nach dem Ersetzen Kühlmittel vollständig erneuern.

2 – **O-Ring**
Bei Beschädigung erneuern.

3 – **Kühlmittelschlauch oben**
Zum Anschlussstutzen am Zylinderkopf.

4 – **Kühlmittelschlauch**
Zum Ausgleichbehälter.

5 – **Federbandschelle**

6 – **Kühlmittelschlauch**
Zum Kühlmittelrohr für Zusatzwasserkühler des Ladeluftsystems

7 – **Verbindungsrohr**

8 – **Ausgleichbehälter**

9 – **Stecker**
Für Kühlmittelstandgeber.

10 – **Verschlussdeckel**
Bei einem Druck von 1,4 bis 1,6 bar muss das Überdruckventil öffnen.

11 – **Schrauben, 5 Nm**

12 – **Kunststoffeinsätze**
Für Befestigungsschrauben.

13 – **Halter**

14 – **Lüftergehäuse**

15 – **Schrauben, 5 Nm**

16 – **Kühler-Lüfter 2**

17 – **Stecker**

18 – **Kühler-Lüfter 1**
Mit Steuergerät für Kühler-Lüfter.

19 – **Halter**
Für Steckverbindung.

20 – **Kühlmittelschlauch unten**
Zum Anschlussstutzen für Kühlmittelregler (Thermostat).

21 – **Halteklammer**

22 – **Kühlmittel-Temperaturgeber**
Am Kühlerausgang.

23 – **Muttern, 10 Nm**

Sicherheitshinweis
Der **Kältemittelkreislauf der Klimaanlage darf nicht geöffnet** werden, da das Kältemittel bei Hautberührung Erfrierungen hervorrufen kann.
Bei versehentlichem Hautkontakt sofort mindestens 15 Minuten lang mit kaltem Wasser spülen. Kältemittel ist farb- und geruchlos sowie schwerer als Luft. Bei austretendem Kältemittel besteht am Boden beziehungsweise in unteren Räumen Erstickungsgefahr (nicht wahrnehmbar).

- Um Beschädigungen am Kondensator sowie an den Kältemittelleitungen/-schläuchen zu vermeiden, unbedingt darauf achten, dass die Leitungen und Schläuche nicht überdehnt, geknickt oder verbogen werden.
- Halteschellen der Kältemittelleitungen abschrauben.
- Kondensator vom Kühler abschrauben und am Schlossträger mit Draht befestigen.

Ausbau

Achtung: Es besteht Verletzungsgefahr durch selbsttätig anlaufende Kühler-Lüfter. Vor Arbeiten im Bereich des Lüftergehäuses elektrische Steckverbindungen trennen.

Hinweis: Der Ausbau wird für den 1,4-l-Benzinmotor mit 90 kW beschrieben. Für die anderen Motoren spezielle Hinweise beachten.

- Je nach Ausführung untere Motorraumabdeckung oder Unterfahrschutz ausbauen, siehe Seite 331.
- Kühlmittel ablassen, siehe Seite 252.

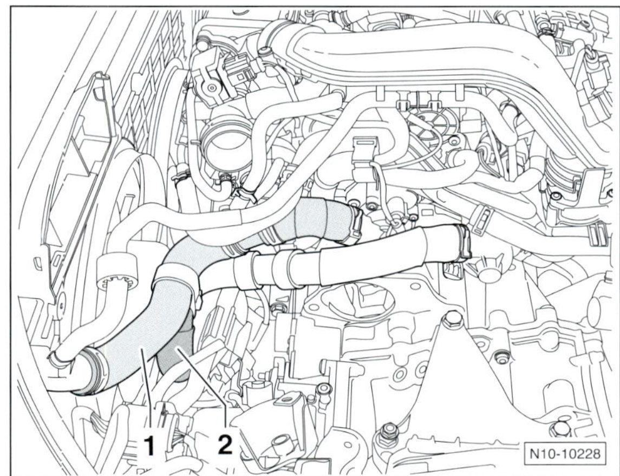

- Kühlmittelschläuche –1– und –2– vom Kühler abziehen. Vorher Schellen öffnen und ganz zurückschieben beziehungsweise Halteklammern seitlich herausziehen.

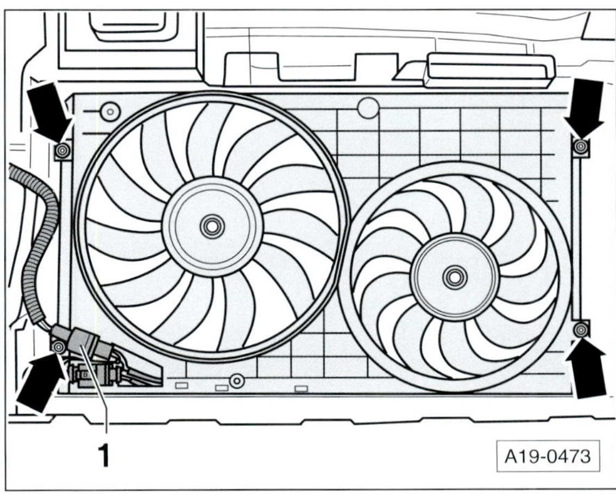

- Luftführungshutze abschrauben –Pfeile–.
- Steckverbindung –1– entriegeln und abziehen.
- Luftführungshutze nach unten abnehmen.

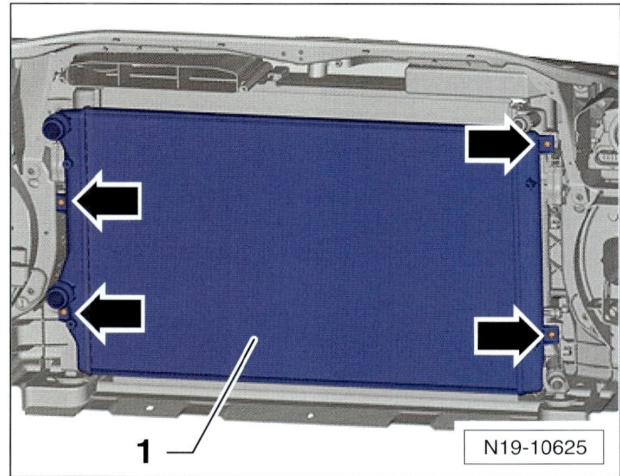

- Befestigungsschrauben –Pfeile– am Kühler –1– herausdrehen.
- Kühler –1– nach unten herausnehmen.

Einbau

Hinweis: Wenn der Kühler ersetzt wurde, muss das gesamte Kühlmittel gewechselt werden.

- Der Einbau erfolgt in umgekehrter Ausbaureihenfolge. Schrauben mit **5 Nm,** Muttern mit **10 Nm** anziehen.

Speziell 1,4-l-Benzinmotor mit 110/118 kW

Fahrzeuge mit gesteckten Ladeluftschläuchen

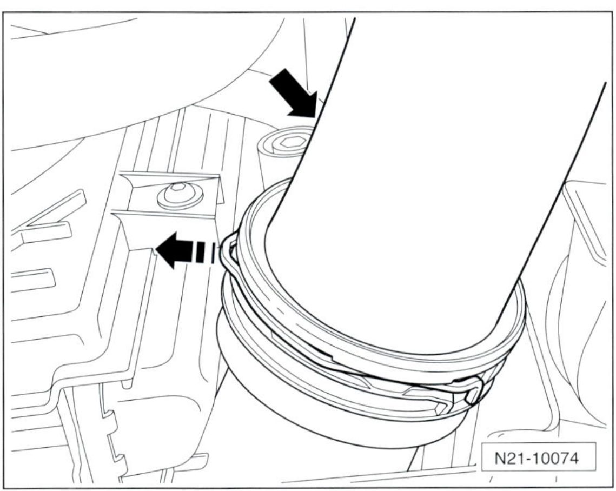

- Sicherungsklammer am Ladeluftkühler rechts in Pfeilrichtung entriegeln und den Schlauch –Pfeil– abziehen.
- Auf der linken Seite den Ladeluftschlauch ebenfalls entriegeln und abziehen.

Beim Einbau von gesteckten Ladeluftschläuchen ist Folgendes zu bachten:

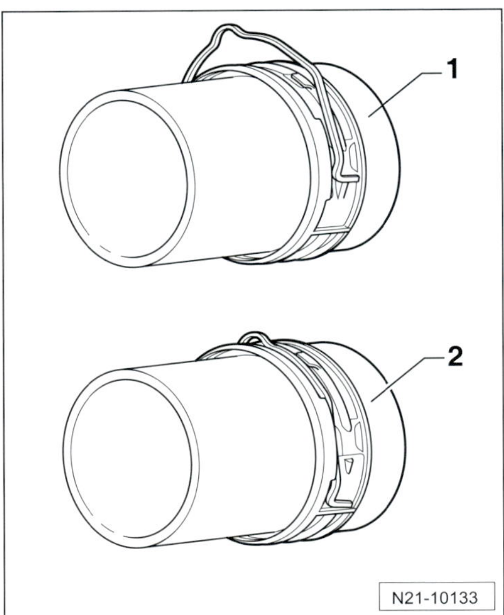

- Falls der Dichtring ersetzt wird, diesen in die Nut des Ladeluftschlauchs legen. Darauf achten, dass der Dichtring umlaufend vollständig in der Nut sitzt und nicht verdreht ist.
- Dichtfläche und Dichtring einölen.
- Sicherungsklammer in die Entriegelungsstellung –1– bringen.
- Ladeluftschlauch bis zum Anschlag in die Kupplung schieben.
- Sicherungsklammer in die Verriegelungsstellung –2– bringen und anschließend den Ladeluftschlauch nochmals nachdrücken.
- Anschließend am Schlauch ziehen. Dadurch sicheren Sitz und richtige Verrastung der Steckkupplung prüfen.

Fahrzeuge mit Schraubschellen an den Ladeluftschläuchen

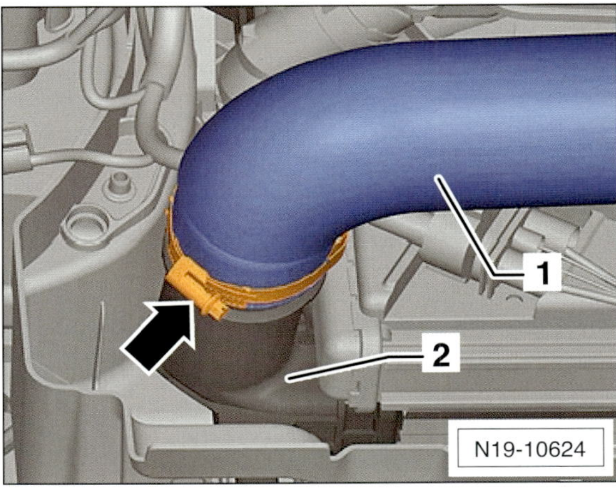

- Schraubschelle –Pfeil– lösen und zurückschieben.
- Ladeluftschlauch –1– links am Ladeluftkühler –2– abziehen.
- Schraubschelle auf der rechten Seite ebenfalls lösen und den Ladeluftschlauch abziehen.

Achtung: Bei Fahrzeuge mit Schraubschellen an den Ladeluftschläuchen müssen die Schraubschellen mit **5,5 Nm** festgezogen werden. Ein zu Geringes aber auch ein zu hohes Drehmoment kann dazu führen, dass im Fahrbetrieb der Ladeluftschlauch vom Ladeluftrohr abrutscht.

- Luftfilter ausbauen, siehe Seite 283.

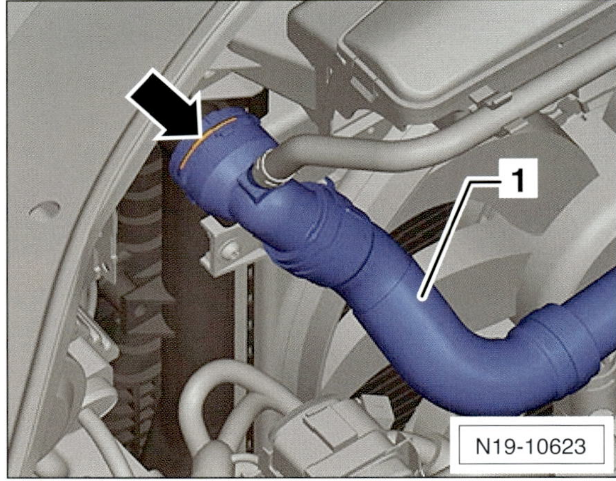

- Halteklammer –Pfeil– entriegeln.
- Kühlmittelschlauch –1– am Kühler oben abziehen.

1,8-/2,0-l-Benzinmotor mit 118/155 kW

Ausbau

- Kühlmittel ablassen, siehe Seite 252.

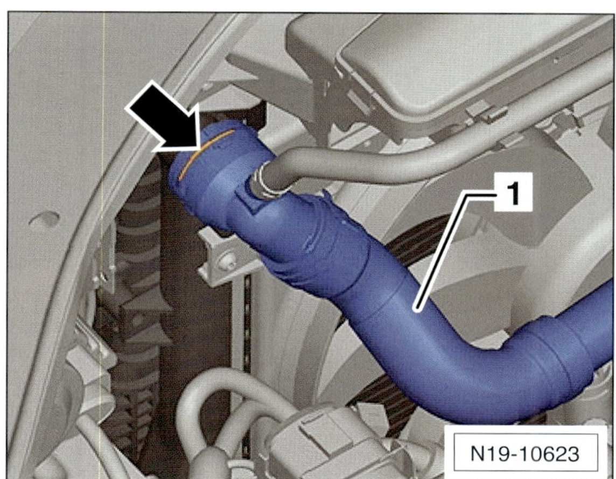

- Halteklammer –Pfeil– entriegeln.
- Kühlmittelschlauch –1– am Kühler oben abziehen.

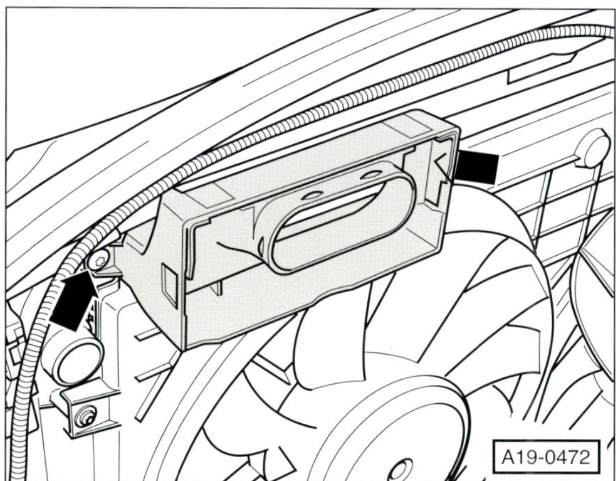

- Ansaughutze für Luftführung am Schlossträger abschrauben –Pfeile– und ausbauen.
- Lüfterzarge ausbauen, siehe entsprechendes Kapitel.

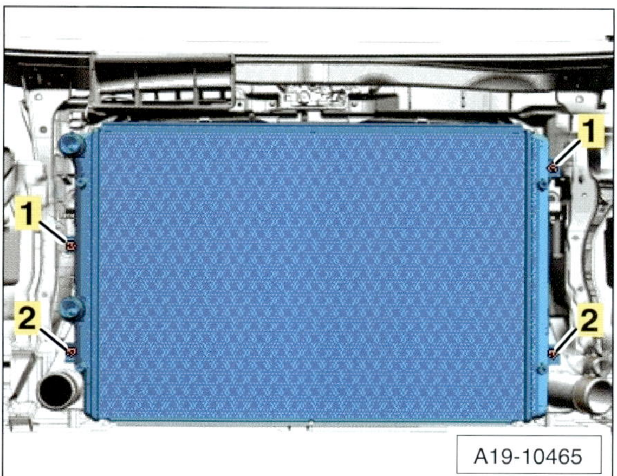

- Schrauben –1 und 2– herausdrehen und Kühler nach oben herausnehmen.

Einbau

- Der Einbau erfolgt in umgekehrter Ausbaureihenfolge.

Dieselmotor

Ausbau

- Untere Motorraumabdeckung ausbauen, siehe Seite 331.
- Kühlmittel ablassen und unteren Kühlerschlauch abgebaut lassen, siehe Seite 252.
- Kühler-Lüfter ausbauen, siehe entsprechendes Kapitel.
- Halteklammer entriegeln und oberen Kühlmittelschlauch am Kühler abziehen.
- Befestigungsschrauben des Kühlers herausschrauben.
- Kühler nach oben herausnehmen.

Einbau

- Der Einbau erfolgt in umgekehrter Ausbaureihenfolge. Schrauben mit **5 Nm** anziehen.

Kühler-Lüfter aus- und einbauen

Ausbau

Achtung: Es besteht Verletzungsgefahr durch selbsttätig anlaufende Kühler-Lüfter. Vor Arbeiten im Bereich des Lüftergehäuses elektrische Steckverbindungen trennen.

Hinweis: Der Ausbau wird für den 1,4-l-Benzinmotor beschrieben. Für die anderen Motoren spezielle Hinweise beachten.

- Motorabdeckung oben ausbauen, siehe Seite 236.

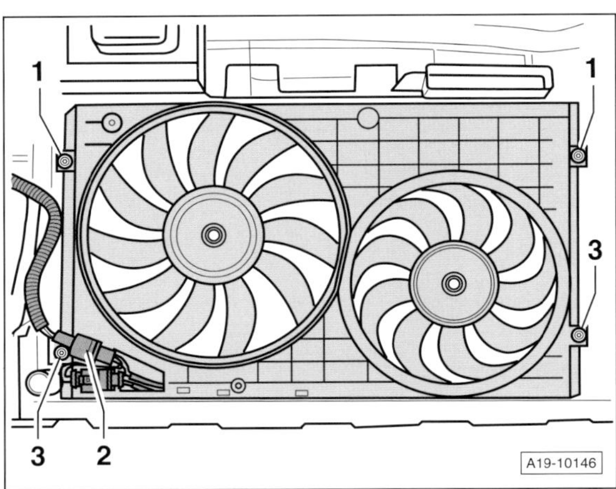

- Obere Schrauben –1– herausdrehen.
- Je nach Ausführung untere Motorraumabdeckung oder Unterfahrschutz ausbauen, siehe Seite 331.
- Steckverbindung –2– trennen.
- Untere Schrauben –3– herausdrehen.
- Lüftergehäuse (Luftführungshutze) mit den beiden Lüftern nach unten herausnehmen.

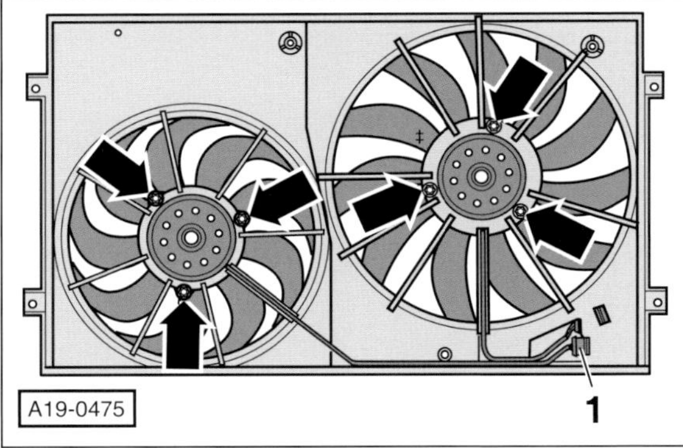

- Leitungen –1– freilegen.
- Muttern –Pfeile– herausdrehen und Lüfter vom Lüftergehäuse abnehmen.

Einbau

- Der Einbau erfolgt in umgekehrter Ausbaureihenfolge. Kühler-Lüfter an Luftführungshutze mit **10 Nm**, Luftführungshutze an Kühler mit **5 Nm** anschrauben.

Speziell 1,8-/2,0-l-Benzinmotor

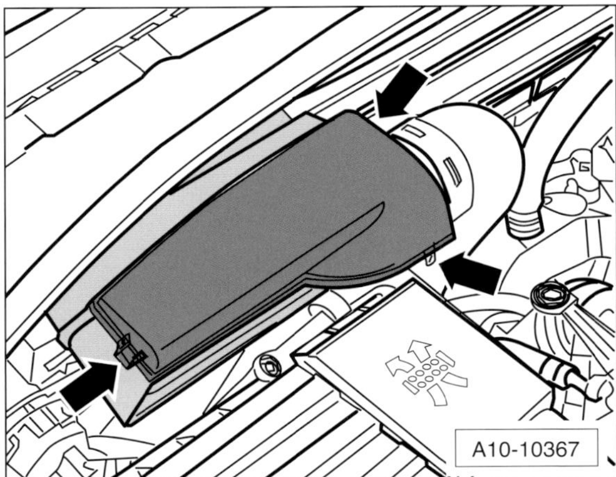

- Deckel für Luftführung abziehen, dazu seitliche Haltenasen –Pfeile– entriegeln.

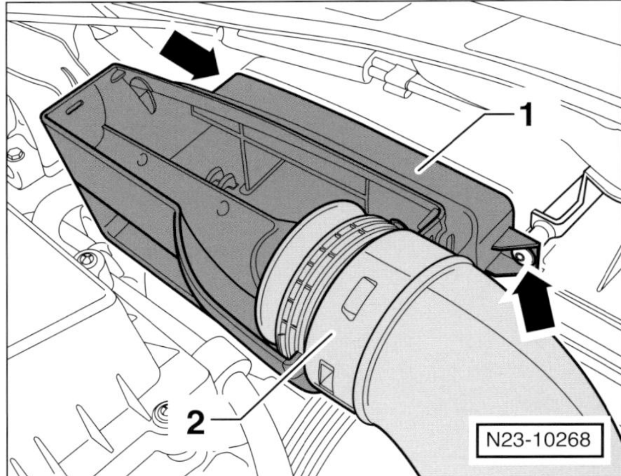

- Verbindungsschlauch –2– aus der Führung herausnehmen.
- Ansaughutze –1– für Luftführung am Schlossträger abschrauben –Pfeile– und abnehmen.

1,6-l-Dieselmotor

- Ansaughutze für Luftführung am Schlossträger abschrauben und abnehmen, wie beim 1,8-/2,0-l-Benzinmotor.
- Weiterer Ausbau wie beim 1,4-l-Benzinmotor bis zum Freilegen und Trennen der elektrischen Leitungen am Lüftergehäuse.

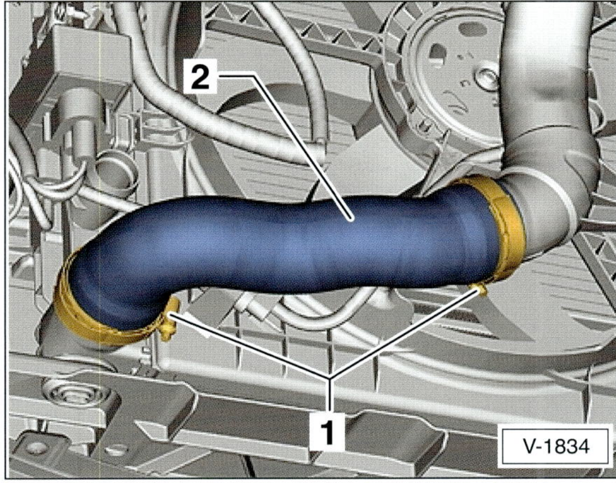

- Schlauchschellen –1– öffnen und zurückschieben.
- Linken Verbindungsschlauch –2– zum Ladeluftrohr abziehen.

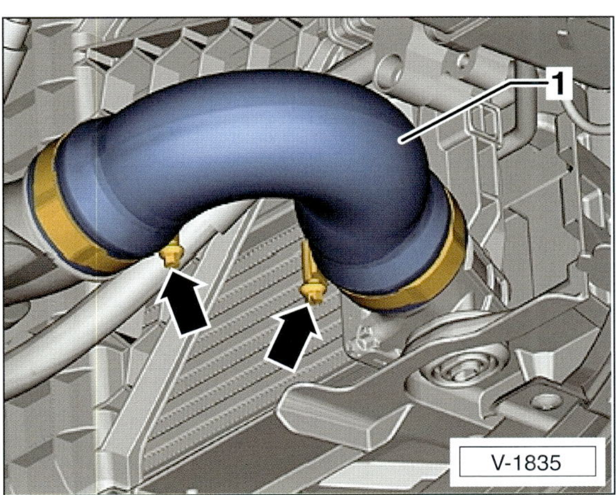

- Schlauchschellen –Pfeile– öffnen und zurückschieben.
- Rechten Verbindungsschlauch –1– zum Ladeluftrohr abziehen.
- Lüftergehäuse unten abschrauben und nach unten herausnehmen.

2,0-l-Dieselmotor

- Luftfilter mit Luftmassenmesser und Verbindungsrohr ausbauen, siehe Seite 283.
- Weiterer Ausbau wie beim 1,4-l-Benzinmotor.

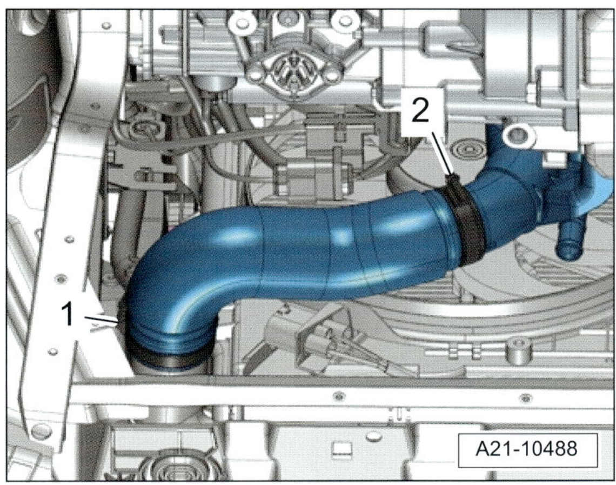

- Schlauchschellen –1– und –2– öffnen und zurückschieben.
- Linken Verbindungsschlauch zum Ladeluftrohr abziehen.

Motor-Management

Aus dem Inhalt:

- Benzin-Einspritzanlage
- Kraftstoffanlage
- Diesel-Einspritzanlage
- Luftfilter ausbauen

Im Kapitel »Motor-Management« sind die Themen »Benzin-Einspritzanlage« und »Diesel-Einspritzanlage« zusammengefasst.

Benzin-Einspritz- und Zündanlage

Das elektronische Motor-Management regelt die Kraftstoffzuteilung und das Zündsystem. Die Vorteile des elektronischen Motormanagements sind:

- Genau dosierte Kraftstoffmenge in jedem Betriebszustand des Motors, dadurch geringer Verbrauch bei guten Fahrleistungen.
- Reduzierung der Abgas-Schadstoffe durch exakte Kraftstoffzumessung und den Einsatz eines geregelten Katalysators.
- Die Eigendiagnose des Motor-Managements ermöglicht ein schnelleres Auffinden von Defekten. Das System ist mit einem Fehlerspeicher ausgestattet. Treten während des Betriebs Defekte auf, werden diese im Speicher abgelegt. Sollte der Motor nicht einwandfrei arbeiten, kann die Fachwerkstatt gegen Kostenerstattung eine Fehlerliste ausdrucken, damit gegebenenfalls der Defekt dann selbst behoben werden kann.

Das Steuergerät entspricht einem kleinen sehr schnell arbeitenden Computer. Es bestimmt den optimalen Zündzeitpunkt, den Einspritzzeitpunkt und die Kraftstoff-Einspritzmenge. Dabei erfolgt eine Abstimmung des Steuergeräts mit anderen Fahrzeugsystemen, beispielsweise der Getriebesteuerung oder der Wegfahrsperre.

Die Bauteile des Zünd- und Einspritzsystems sind langzeitstabil und praktisch wartungsfrei. Nur der Luftfiltereinsatz sowie die Zündkerzen müssen im Rahmen der Wartung gewechselt werden. Wesentliche Einstell- und Reparaturarbeiten können nur mit Hilfe von teuren Prüfgeräten durchgeführt werden, so dass diese Arbeiten nur noch von entsprechend ausgerüsteten Fachwerkstätten ausgeführt werden können.

Sicherheitsmaßnahmen bei Arbeiten am Benzin-Einspritzsystem

Das Kraftstoffsystem steht unter Druck! Vor dem Lösen der Schlauchverbindungen einen dicken Putzlappen um die Verbindungsstelle legen. Dann durch vorsichtiges Abziehen des Schlauches den Druck abbauen. **Achtung: Beim Direkteinspritz-Motor kann auf diese Weise nur der Druck im Niederdruckteil (bis ca. 6 bar) abgebaut werden. Zum Druckabbau im Hochdruckteil (bis ca. 120 bar) werden spezielle Werkstattgeräte benötigt.** Der Hochdruckteil reicht von der am Zylinderkopf angeflanschten Hochdruckpumpe bis zu den Einspritzventilen.

- **Kein offenes Feuer, nicht rauchen, keine glühenden oder sehr heißen Teile in die Nähe des Arbeitsplatzes bringen. Unfallgefahr! Feuerlöscher bereitstellen.**
- **Unbedingt für gute Belüftung des Arbeitsplatzes sorgen. Kraftstoffdämpfe sind giftig.**

Achtung: Bei Arbeiten am Einspritzteil des Systems sind auch die allgemeinen Sicherheits- und Sauberkeitsregeln zu befolgen, siehe Kapitel »Kraftstoffanlage«.

Diesel-Einspritzanlage

Die Dieseleinspritzung wird vollelektronisch durch das Motor-Management geregelt. Die Vorteile sind:

- Die Eigendiagnose des Motor-Managements ermöglicht ein schnelleres Auffinden von Defekten.
- Genau dosierte Kraftstoffmenge. Dadurch Reduzierung der Abgas-Schadstoffe und geringer Verbrauch.
- Das Einstellen von Leerlaufdrehzahl und Abregeldrehzahl ist nicht erforderlich.

Die Bauteile des Diesel-Einspritzsystems sind langzeitstabil und praktisch wartungsfrei. Nur der Motor-Luftfiltereinsatz und der Kraftstofffilter müssen im Rahmen der Wartung gewechselt werden.

Benzin-Einspritzanlage – Einbauübersicht

1,8-/2,0-l-Benzinmotor

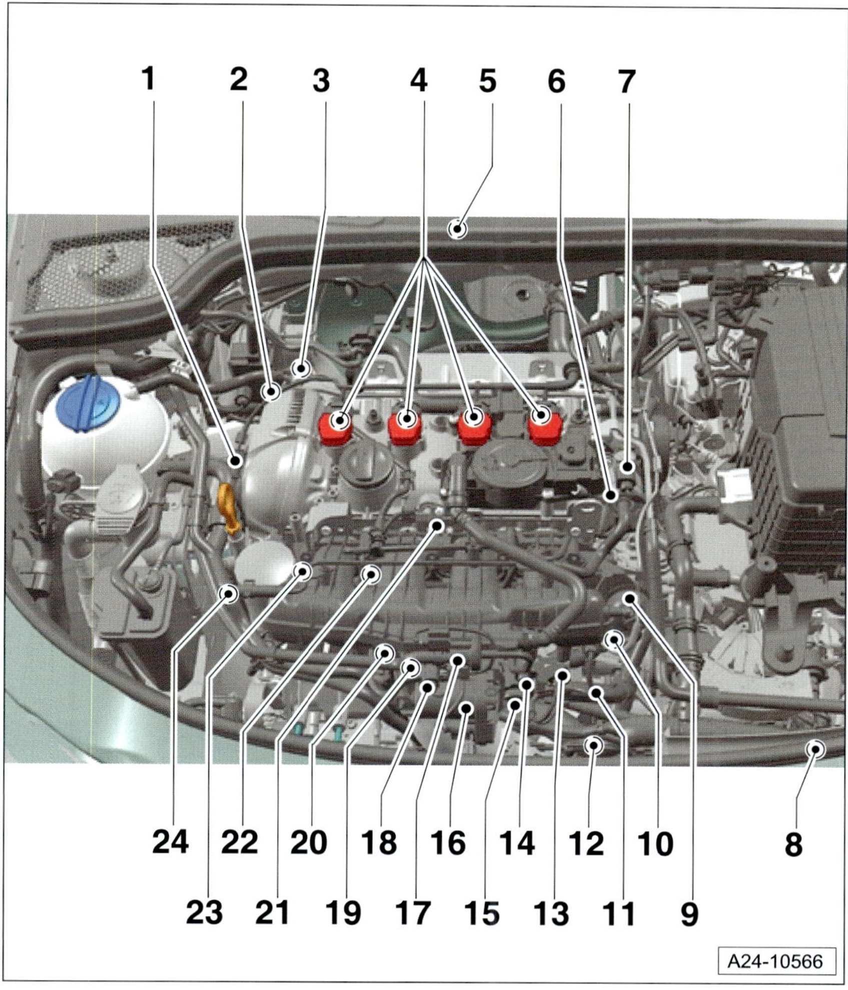

1 – **Ventil 1 für Nockenwellenverstellung**

2 – **Magnetventil für Ladedruckbegrenzung**
Sitzt direkt am Turbolader.

3 – **Umluftventil für Turbolader**
Sitzt direkt am Turbolader.

4 – **Zündspulen mit Leistungsendstufen**

5 – **Motorsteuergerät**

6 – **Hochdruckpumpe**
Mechanische Einkolbenpumpe mit Kraftstoffdruck-Regelventil.

7 – **Kraftstoffdruck-Regelventil**

8 – **Kühlmittel-Temperaturgeber**
Sitzt im Kühlmittelschlauch am Kühlmittelausgang des Kühlers.

9 – **Unterdruckdose**
Für Saugrohrklappen.

10 – **Ventil für Saugrohrklappe**

11 – **Motordrehzahlgeber**

12 – **Ladedruckgeber**

13 – **Steckverbindung für Klopfsensor 1**
Befindet sich unterhalb vom Saugrohr. **Hinweis:** Die Steckverbindungen –13/14/15– sitzen in einem gemeinsamen Halter. Anzugsdrehmoment für Klopfsensor: **20 Nm.**

14 – **Steckverbindung für Hallgeber**
Befindet sich unterhalb vom Saugrohr.

15 – **Steckverbindung für Einspritzventile**
Befindet sich unterhalb vom Saugrohr.

16 – **Drosselklappensteuereinheit**
Mit einem Stellmotor und 2 Winkelgebern.
Nach dem Erneuern an das Motorsteuergerät anpassen.

17 – **Magentventil 1 für Aktivkohlebehälter**

18 – **Ansaugluft-Temperaturgeber**
Vorn am Saugrohr angeschraubt.

19 – **Klopfsensor 1, 20 Nm**
Unterhalb vom Saugrohr in den Motorblock eingeschraubt.

20 – **Kühlmittel-Temperaturgeber**
Befindet sich im Gehäuse der Kühlmittelpumpe.

21 – **Hallgeber**
Vorn am Zylinderkopfdeckel in der Nähe des Öleinfülstutzens eingeschraubt.

22 – **Kraftstoff-Druckgeber**
Sitzt am Kraftstoffverteiler.

23 – **Potenziometer**
Für Saugrohrklappe.
Sitzt rechts im Saugrohr.

24 – **Öldruckschalter**
Sitzt im Halter für Negenaggregate, unterhalb vom Ölfilter.

Die folgenden Bauteile sind nicht abgebildet:

A – **Diagnosestecker**
Im Fußraum auf der Fahrerseite.

B – **Luftmassenmesser**

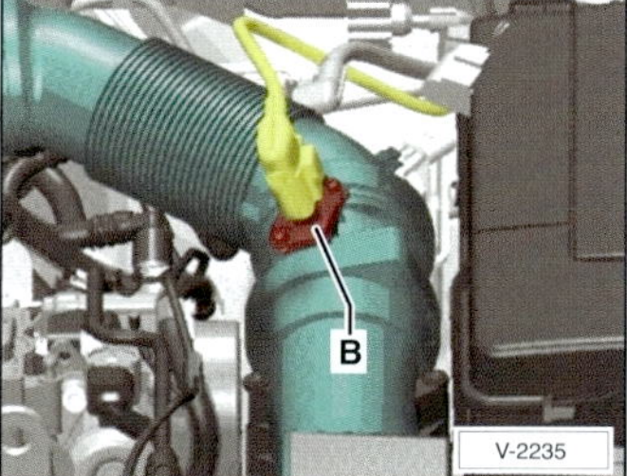

Sitzt zusammen mit dem Ansaugluft-Temperaturgeber 2 im Luftansaugschlauch in der Nähe des Luftfilters.

C – **Gaspedal-Stellungsgeber**
Sitzt am Gaspedal. Dabei sind 2 Geber in einem Gehäuse untergebracht.

D – **Steuergerät für Kühler-Lüfter**
Sitzt am Lüftergehäuse.

E – **Einspritzventile**
Sitzen im Kraftstoffverteilerrohr.

Saugrohr – Detailübersicht

1,8-/2,0-l-Benzinmotor

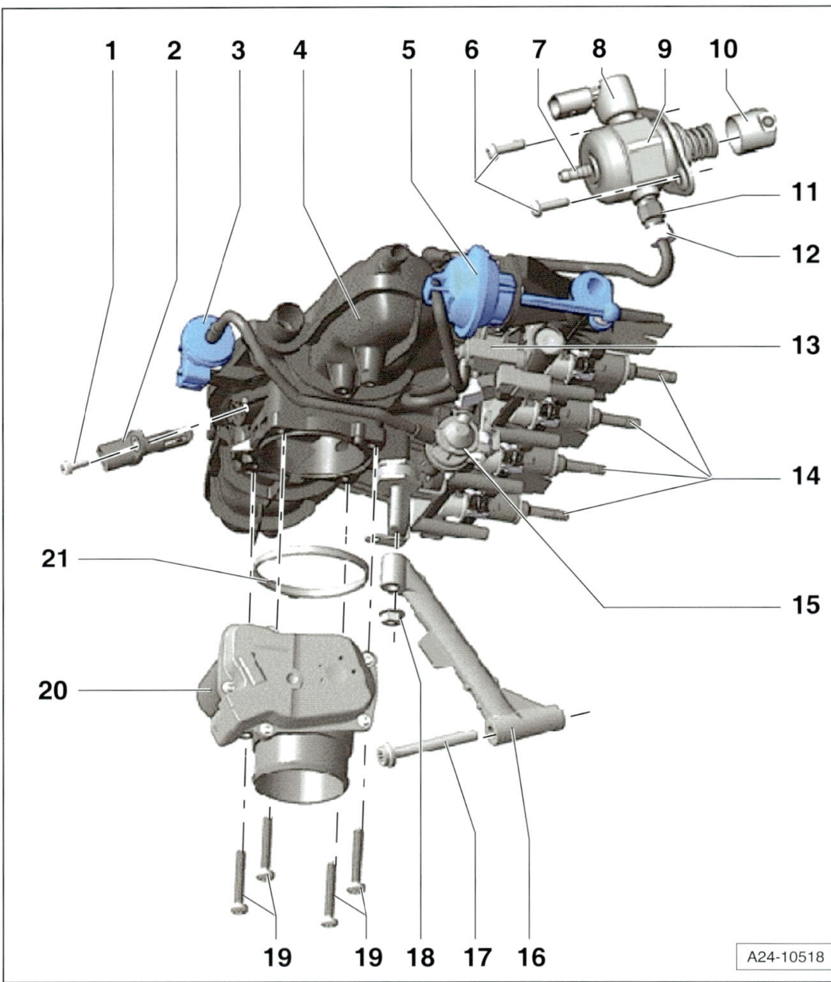

1 – Schraube, 5 Nm
Für Ansaugluft-Temperaturgeber.

2 – Ansaugluft-Temperaturgeber

3 – Magnetventil 1
Für Aktivkohlebehälter.

4 – Saugrohr

5 – Unterdruckdose
Für Saugrohrklappen.

6 – Schrauben [1)]
Für Hochdruckpumpe. M6-Gewinde: **8 Nm + 90°**; M8-Gew.: **20 Nm**.

7 – Anschlussstutzen
Für Kraftstoffvorlaufleitung. Vom Tank kommend.

8 – Regelventil für Kraftstoffdruck

9 – Einkolben-Hochdruckpumpe

10 – Rollenstößel
Bleibt unter Umständen nach Abbau der Hochdruckpumpe im Zylinderkopf stecken, herausnehmbar.

11 – Anschlussstutzen [1)]
Mit Innengewinde: **40 Nm**.
Mit Außengewinde: **25 Nm**

12 – Kraftstoff-Hochdruckleitung, 18 Nm
Nicht verspannt einbauen.

13 – Ventil für Saugrohrklappe

14 – Einspritzventile
O-Ring und Teflonring erneuern. Auf richtige Einbaulage achten.

15 – Doppelrückschlagventil

16 – Saugrohrstütze

17 – Schraube [2)]**, 23 Nm**

18 – Mutter [2)]**, 10 Nm**

19 – Schrauben, 5 Nm

20 – Drosselklappensteuereinheit
Nach dem Erneuern an das Motor-Steuergerät anpassen.

21 – Dichtring [1)]
Fahne des Dichtrings muss in der Nut des Saugrohrs sitzen.

[1)] Nach jeder Demontage ersetzen.
[2)] Für Saugrohrstütze.

Leerlaufdrehzahl/Zündzeitpunkt/ CO-Gehalt prüfen und einstellen

Im Rahmen der Wartung ist es nicht erforderlich, Leerlaufdrehzahl, Zündzeitpunkt und CO-Gehalt einzustellen, da die Werte permanent elektronisch nachgeregelt werden.

Falls die tatsächlichen Betriebswerte von den Sollwerten abweichen, liegt die Ursache in defekten Bauteilen, die ersetzt werden müssen. Eine fachgerechte Prüfung des Motormanagements ist nur mit speziellen Diagnosegeräten möglich.

Allgemeine Prüfung der Benzin-Einspritzanlage

Für eine systematische Fehlersuche beziehungsweise Fehlerbehebung sind markenspezifische Messgeräte erforderlich. Diese Messgeräte sind sehr teuer und in der Regel nur in der Fachwerkstatt vorhanden. Deshalb wird hier nur eine Grundprüfung beschrieben.

- Batterie prüfen, siehe Seite 83.
- Sicherungen prüfen, siehe Seite 72.
- Sämtliche Stecker und Steckverbindungen des betroffenen elektronischen Systems abziehen und aufstecken. Festen Sitz der Steckverbindungen und Fixierung der Kabel im Motorraum prüfen.
- Alle Masseverbindungen auf festen Sitz und einwandfreien Kontakt prüfen.
- Schläuche und Leitungen auf Undichtigkeiten prüfen. Dabei auf Porosität und Risse achten. Lockere Anschlüsse befestigen.

Achtung: Keine silikonhaltigen Dichtmittel verwenden. Vom Motor angesaugte Silikonspuren werden nicht verbrannt und schädigen die Lambdasonde.

Diesel-Einspritzanlage

Beim Dieselmotor wird reine Luft in die Zylinder angesaugt und dort sehr hoch verdichtet. Dadurch steigt die Temperatur in den Zylindern über die Zündtemperatur des Dieselöls an. Wenn der Kolben kurz vor dem Oberen Totpunkt steht, wird in die hoch verdichtete und etwa +600° C heiße Luft der Kraftstoff direkt in den Brennraum eingespritzt. Das Dieselöl zündet von selbst, Zündkerzen sind also nicht erforderlich.

Der Kraftstoff wird durch eine elektrische Kraftstoffpumpe aus dem Tank zur Hochdruckpumpe gefördert. Diese baut bereits bei niedrigen Motordrehzahlen einen sehr hohen Druck von ca. 1800 bar auf. Von der Hochdruckpumpe führt eine gemeinsame Kraftstoffleitung (Common Rail) zu den Einspritzventilen der einzelnen Zylinder. Die gemeinsame Kraftstoffleitung dient als Druckspeicher und verteilt den Kraftstoff mit konstantem Druck an die Einspritzventile. Die erforderliche Kraftstoff-Einspritzmenge wird vom Motor-Steuergerät über die Einspritzventile (Piezo-Injektoren) den einzelnen Zylindern exakt zugeteilt.

Bevor der Kraftstoff in die Hochdruckpumpe gelangt, durchfließt er den Kraftstofffilter. Dort werden Verunreinigungen und Wasser zurückgehalten. Es ist deshalb äußerst wichtig, den Kraftstofffilter entsprechend der Wartungsvorschrift auszuwechseln.

Achtung: Bei Arbeiten an der Kraftstoffanlage Sicherheits- und Sauberkeitsregeln beachten, siehe Seite 270.

Diesel-Vorglühanlage

Bei sehr kaltem Motor wird die Selbstzündungstemperatur für den Diesel-Kraftstoff durch die Verdichtung allein nicht erreicht, deshalb muss vorgeglüht werden. Dazu befindet sich in jedem Brennraum eine Glühkerze, die den Brennraum aufheizt. Die Glühkerze besteht im wesentlichen aus einem Gehäuse mit eingepresstem Heizstab. Die Dauer des Vorglühens ist abhängig von der Umgebungstemperatur und wird durch das Motor-Steuergerät über ein Vorglührelais gesteuert. **Hinweis:** Aufgrund der guten Kaltstarteigenschaften des Dieseldirekteinspritzmotors ist ein Vorglühen überwiegend erst bei Temperaturen unter ca. 0° C erforderlich.

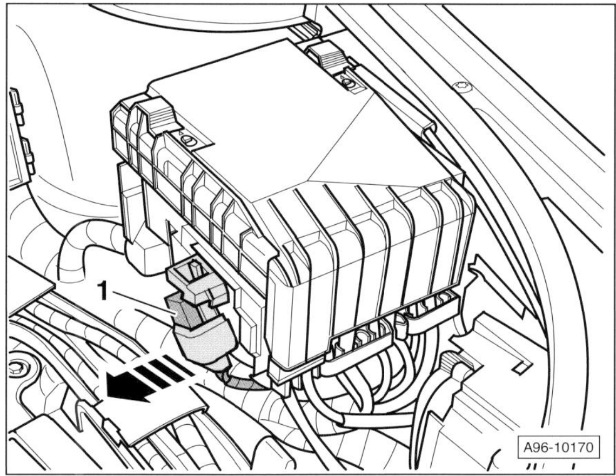

Die Vorglühanlage wird über ein Steuergerät für Glühzeitautomatik –1– angesteuert. Dieses Steuergerät befindet sich auf dem Zusatz-Relaisträger unter der E-Box im Motorraum, in Fahrtrichtung gesehen, links. Bei einem Fehler in der Vorglühanlage wird durch das Vorglüh-Steuergerät ein Fehler im Fehlerspeicher des Motorsteuergeräts abgelegt. Dabei wird jede Glühkerze einzeln angesteuert und überprüft.

Glühkerzen aus- und einbauen

Ausbau

- Zündung ausschalten.
- Obere Motorabdeckung ausbauen, siehe Seite 236.

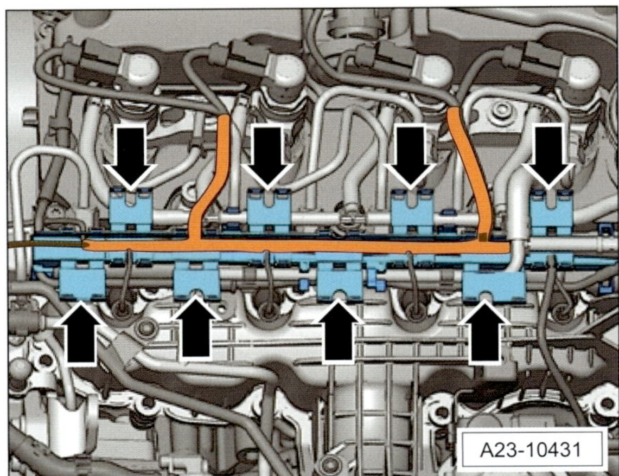

- Verrastungen –Pfeile– der Kabelführung für Glühkerzen öffnen und Leitungsstrang freilegen.

Achtung: Stecker für Glühkerzen mit geeigneter Zange abziehen. Darauf achten, dass keine Kabelverbindung beim Abziehen der Stecker beschädigt wird. Zange nicht zu fest zusammendrücken, sonst kann die Stützhülse des Steckers beschädigt werden. Wird dennoch ein Kabel oder ein Stecker beschädigt, muss der komplette Leitungsstrang erneuert werden.

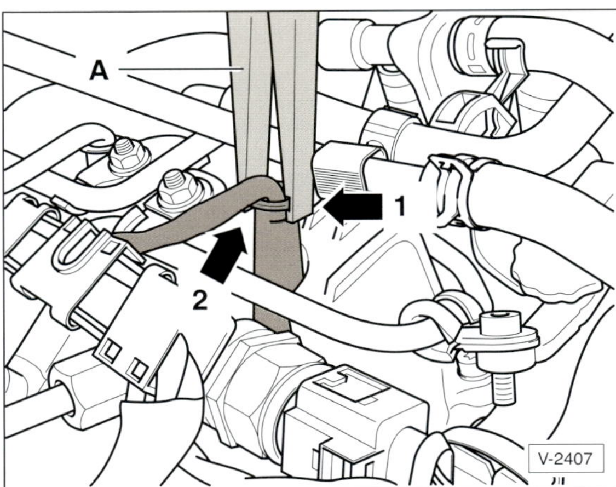

- Zange –A– mit der Zangennut –Pfeil 1– am Bund der Stützhülse –Pfeil 2– ansetzen. Zum Ausbau sind folgende Zangen geeignet: HAZET-4760-5 beziehungsweise VW-3314.

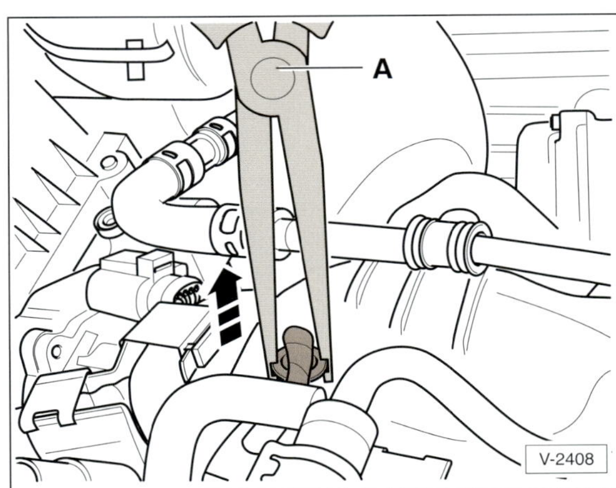

- Glühkerzenstecker mit Zange –A– vorsichtig in Pfeilrichtung abziehen.

Achtung: Beim Herausschrauben der Glühkerzen darf kein Schmutz in den Zylinder fallen. Daher unbedingt Glühkerzenkanal im Zylinderkopf sorgfältig reinigen.

- Dazu zuerst groben Schmutz aus dem Glühkerzenkanal mit einem Staubsauger aussaugen. Dann Bremsenreiniger oder geeigneten Reiniger in den Glühkerzenkanal sprühen und kurze Zeit einwirken lassen. Anschließend Glühkerzenkanal mit Pressluft ausblasen. Danach Glühkerzenkanal mit einem ölbenetzten Lappen reinigen.
- Glühkerzen mit Gelenkschlüssel SW-10, zum Beispiel HAZET 2530 oder VW/AUDI-3220, herausschrauben.

Einbau

- Glühkerzen mit Gelenkschlüssel einschrauben und mit **18 Nm** festziehen.

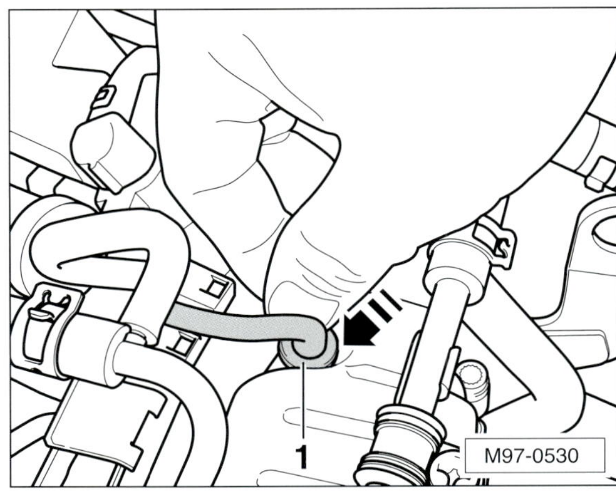

- Glühkerzenstecker –1– an den Glühkerzen aufstecken –Pfeil–. Durch leichtes Ziehen an den Kerzensteckern festen Sitz prüfen.
- Der weitere Einbau erfolgt in umgekehrter Ausbaureihenfolge.
- Falls erforderlich, Fehlerspeicher des Motorsteuergerätes löschen.

Diesel-Einspritzsystem

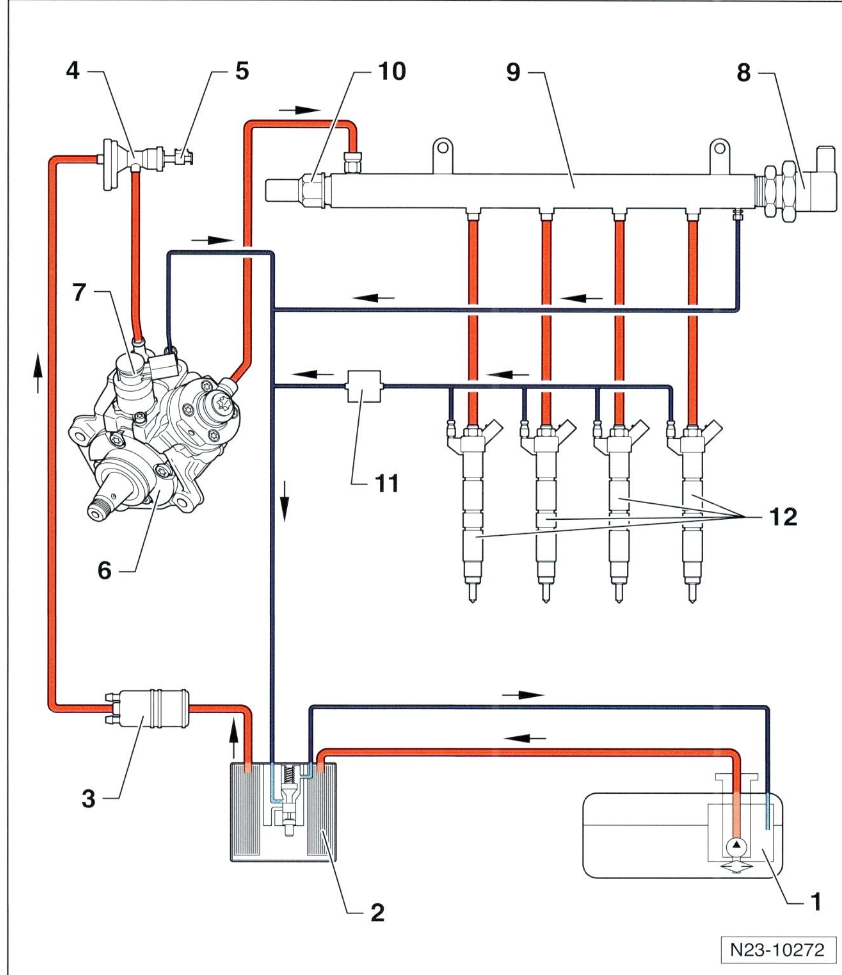

1 – **Kraftstofftank**
Mit elektrischer Kraftstoff-Vorförderpumpe.

2 – **Kraftstofffilter**
Mit Vorwärmmodul.

3 – **Zusatzkraftstoffpumpe**
Befindet sich im Motorraum unterhalb des Kühlmittel-Ausgleichbehälters.

4 – **Filtersieb**

5 – **Kraftstoff-Temperaturgeber**

6 – **Kraftstoff-Hochdruckpumpe**
Nach dem Erneuern muss eine Kraftstoff-Erstbefüllung vorgenommen werden. Durch »Trockenlauf« wird die Pumpe beschädigt.

7 – **Ventil für Kraftstoffdosierung**
Nicht öffnen, nicht ausbauen.

8 – **Regelventil, 80 Nm**
Für Kraftstoffdruck. Nicht wiederverwendbar.
Das Regelventil sorgt für konstanten Druck im Kraftstoffverteiler. Bei zu hohem Druck öffnet das Ventil und und ein Teil des Kraftstoffs gelangt über die Rücklaufleitung zurück in den Tank. Bei zu niedrigem Druck im Hochdruckkreis schließt das Ventil und dichtet die Kraftstoff-Hochdruckseite gegen die Niederdruckseite ab.

9 – **Rail-Element**
Hochdruckspeicher, Kraftstoffverteilerrohr.

10 – **Kraftstoff-Druckgeber, 100 Nm**

11 – **Druckhalteventil**
Das Druckhalteventil hat die Aufgabe, in den Kraftstoffrücklaufleitungen immer einen Restdruck (Steuermenge) von ca. 10 bar zu halten. Diese Steuermenge benötigen die Piezo-Injektoren (Einspritzventile) zur einwandfreien Funktion.
Das Druckhalteventil darf nur komplett mit den Krafstoffrücklaufleitungen erneuert werden.
Nach dem Austausch muss der Motor für ca. 2 Minuten im Leerlauf laufen, um das Kraftstoffsystem zu entlüften.

12 – **Piezo-Injektoren**
Einspritzventile.

- Rot = Kraftstoffvorlauf.
- Blau = Kraftstoffrücklauf.
- Die Pfeile zeigen in Fließrichtung des Kraftstoffs.

Kraftstoffanlage

Zur Kraftstoffanlage zählen der Kraftstoffvorratsbehälter (Kraftstofftank), Kraftstoffpumpe, Saugstrahlpumpe und Kraftstoffleitungen sowie Kraftstoff- und Luftfilter.

Der Kraftstoffvorratsbehälter des PASSAT ist vor der Hinterachse angeordnet. Der jeweilige Kraftstoffvorrat wird dem Fahrer im Kombiinstrument angezeigt. Über ein Entlüftungssystem wird der Tank belüftet. Die schädlichen Benzindämpfe der Tankentlüftung werden in einem Aktivkohlespeicher aufgefangen und dem Motor kontrolliert zur Verbrennung zugeführt.

Limousine/VARIANT mit	Inhalt Kraftstofftank
Frontantrieb	70 l davon 8 l Reserve
Allradantrieb	68 l davon 8 l Reserve
EcoFuel-Motor - Erdgas - Benzin	20 kg davon 3 kg Reserve 31 l davon 5 l Reserve

Kraftstoff sparen beim Fahren

Wesentlichen Einfluss auf den Kraftstoffverbrauch hat die Fahrweise des Fahrzeuglenkers. Hier einige Tipps für den intelligenten Umgang mit dem Gaspedal:

- Nach dem Motorstart gleich losfahren, auch bei Frost.
- Im höchstmöglichen Gang fahren.
- Möglichst gleichmäßige Geschwindigkeiten über längere Strecken fahren, hohe Geschwindigkeiten meiden. Vorausschauend fahren. Nicht unnötig bremsen.
- Keine unnötige Zuladung mitführen, Aufbauten am Fahrzeug, beispielsweise Dachgepäckträger, möglichst abbauen.
- Immer mit richtigem, nie mit zu niedrigem Reifendruck fahren.

Sicherheits- und Sauberkeitsregeln bei Arbeiten an der Kraftstoffversorgung

Bei Arbeiten an der Kraftstoffversorgung sind die folgenden Regeln zur Sicherheit und Sauberkeit sorgfältig zu beachten:

- Bei Arbeiten an der Kraftstoffanlage grundsätzlich die Fahrzeug-Batterie abklemmen. **Achtung:** Hinweise im Kapitel »Batterie aus- und einbauen« beachten.
- Verbindungsstellen und deren Umgebung vor dem Lösen gründlich reinigen.
- Ausgebaute Teile auf einer sauberen Unterlage ablegen und abdecken. Folie oder Papier verwenden. Keine fasernden Lappen benutzen!
- Geöffnete Bauteile sorgfältig abdecken beziehungsweise verschließen, wenn die Reparatur nicht umgehend ausgeführt wird.
- Ersatzteile erst unmittelbar vor dem Einbau aus der Verpackung nehmen. Nur saubere Teile einbauen.

Sicherheitsmaßnahmen bei Arbeiten am Kraftstoffsystem

Das Kraftstoffsystem steht unter Druck! Vor dem Lösen der Schlauchverbindungen den Druck abbauen. Dazu Tankdeckel kurz öffnen und wieder schließen. Einen dicken Putzlappen um die Verbindungsstelle legen. Schutzbrille aufsetzen und dann durch vorsichtiges Lösen der Verbindungsstelle den Druck abbauen. **Achtung:** Beim **Benzin-Direkteinspritz-Motor kann auf diese Weise nur der Druck im Niederdruckteil (bis ca. 4 – 6 bar) abgebaut werden. Zum Druckabbau im Hochdruckteil (bis ca. 120 bar) werden spezielle Werkstattgeräte benötigt.** Der Hochdruckteil reicht von der hinten am Zylinderkopf angeflanschten Hochdruckpumpe bis zu den Einspritzventilen. Beim **Dieselmotor** kann die Temperatur der Kraftstoffleitungen beziehungsweise des Kraftstoffes im Extremfall bis zu +100° C betragen. Vor dem Öffnen von Leitungsverbindungen Kraftstoff abkühlen lassen, da akute Verbrühungsgefahr besteht.

- **Kein offenes Feuer, nicht rauchen, keine glühenden oder sehr heißen Teile in die Nähe des Arbeitsplatzes bringen. Unfallgefahr! Feuerlöscher bereitstellen.**
- **Unbedingt für gute Belüftung des Arbeitsplatzes sorgen. Kraftstoffdämpfe sind giftig.**
- Schutzhandschuhe tragen.
- Schutzbrille tragen.

- Bei geöffneter Kraftstoffanlage möglichst nicht mit Druckluft arbeiten. Das Fahrzeug möglichst nicht bewegen.
- Keine silikonhaltigen Dichtmittel verwenden. Vom Motor angesaugte Spuren von Silikonbestandteilen werden im Motor nicht verbrannt und schädigen die Lambdasonden.
- Kraftstoffschläuche am Motor **nur** mit **Federbandschellen** sichern. **Klemm- oder Schraubschellen sind nicht zulässig.**
- Leitungen aller Art beim Einbau so verlegen, dass die ursprüngliche Leitungsführung wiederhergestellt ist. Auf ausreichenden Freigang zu beweglichen oder heißen Bauteilen achten.
- Darauf achten, dass kein Dieselkraftstoff auf die Kühlmittelschläuche läuft. Gegebenenfalls Schläuche sofort reinigen. Angegriffene Schläuche umgehend ersetzen.

Kraftstoffbehälter/Kraftstoffpumpe/Kraftstoffsieb

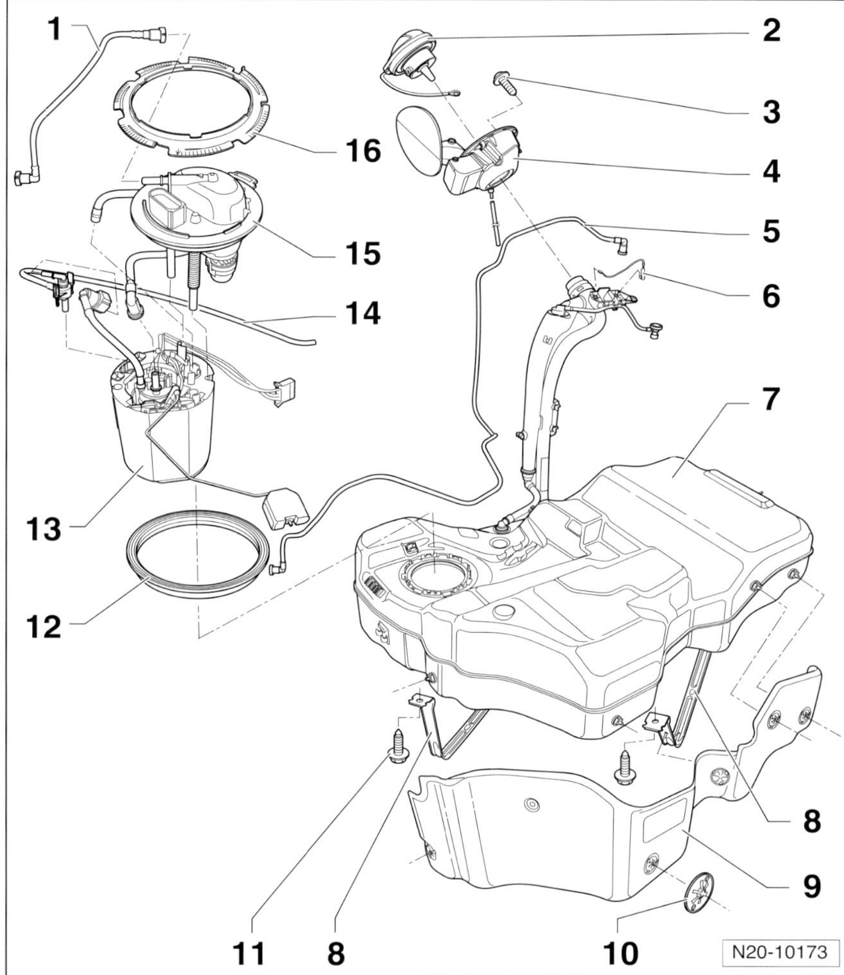

Hinweis: Die Abbildung zeigt den Kraftstoffbehälter (Tank) für den Benzinmotor mit Frontantrieb.

1 – **Kraftstoffleitung**
Auf festen Sitz achten.

2 – **Verschlussdeckel**
Dichtung bei Beschädigung ersetzen.

3 – **Befestigungsschraube, 2 Nm**

4 – **Tankklappeneinheit**
Mit Gummitopf.

5 – **Entlüftungsleitung**
Am Kraftstoffbehälter eingeclipst. Auf festen Sitz achten.

6 – **Masseverbindung**
Auf festen Sitz achten.

7 – **Kraftstoffbehälter**

8 – **Spannbänder**
Achtung: Nur Schrauben mit losen Unterlegscheiben verwenden.

9 – **Wärmeschutzblech**

10 – **Klemmscheibe**

11 – **Schrauben*, 25 Nm**
Es dürfen nur Schrauben mit losen Unterlegscheiben verwendet werden. Dadurch wird ein Verdrehen der Spannbänder beim Festziehen vermieden.

12 – **Dichtring***
Beim Einbau trocken in die Öffnung des Kraftstoffbehälters einsetzen. Nur zum Einbau des Flansches mit Kraftstoff benetzen.

13 – **Kraftstoff-Fördereinheit**
Mit Geber für Kraftstoffvorratsanzeige (Tankgeber) und Kraftstoffpumpe. Sieb bei Verschmutzung reinigen.

14 – **Leitung**
Zur Saugstrahlpumpe.

15 – **Flansch mit Kraftstofffilter**
Mit Druckbegrenzungsventil 6 bar.

16 – **Verschlussring, 110 Nm**
Auf festen Sitz achten.

---

*) Immer ersetzen.

Kraftstoff-Fördereinheit – Detailübersicht

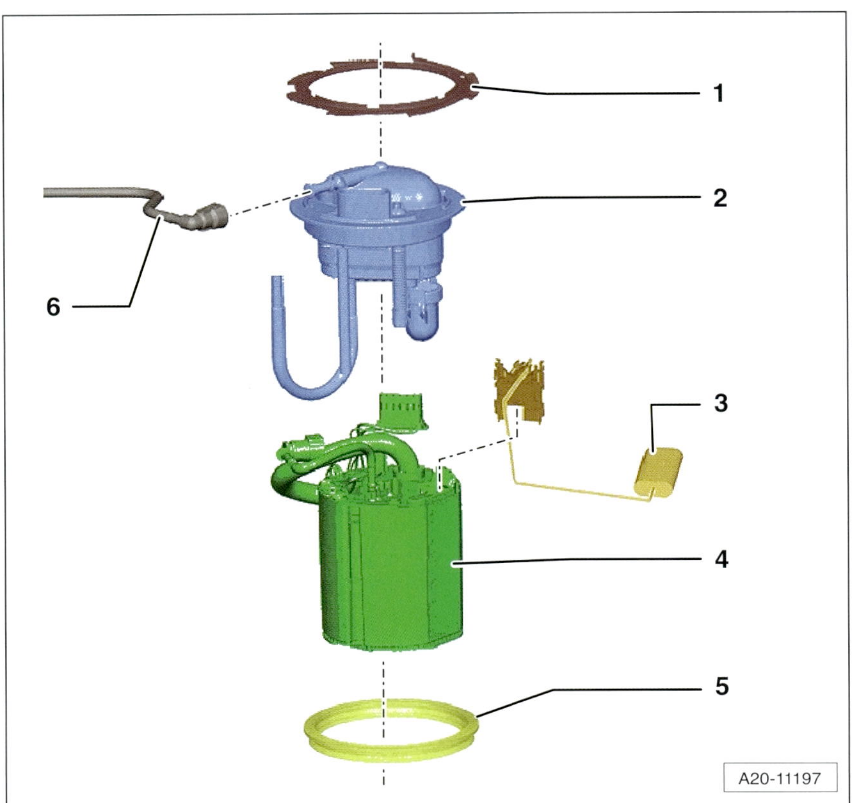

Benzinmotor

1 – **Verschlussring, 110 Nm**

2 – **Flansch**
Für Kraftstoff-Fördereinheit.
Kann von der Fördereinheit getrennt werden.
Einbaulage des Flansches am Kraftstoffbehälter beachten.
Mit Kraftstofffilter und Druckbegrenzungsventil.

3 – **Tankgeber**
(Geber für Kraftstoffvorratsanzeige).

4 – **Kraftstoff-Fördereinheit**
Mit Kraftstoffpumpe für Vorförderung.
Kann vom Flansch getrennt werde.

5 – **Dichtring**
Immer ersetzen. Trocken einbauen.

6 – **Kraftstoffleitung, schwarz**
Seitlich am Kraftstoffbehälter eingeclipst.
Zum Abziehen Entriegelungstaste am Anschlussstück drücken.
Steckkupplungen müssen beim Verriegeln »hörbar« einrasten.
Festen Sitz der Steckkupplung durch Gegenziehen prüfen.

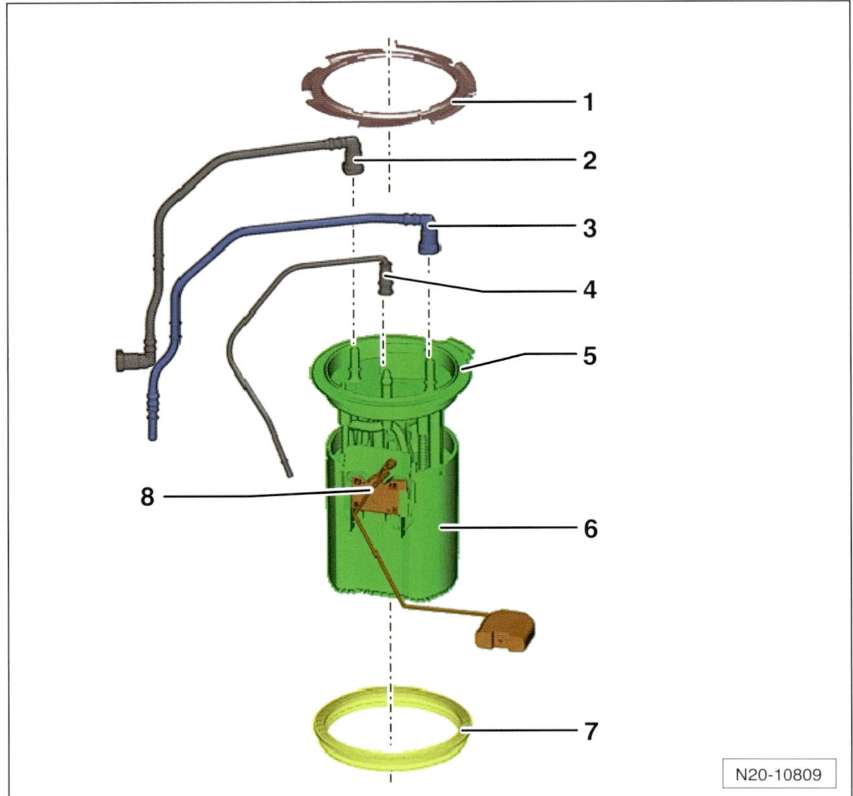

Dieselmotor

1 – **Verschlussring, 110 Nm**

2 – **Vorlaufleitung zum Kraftstofffilter**
Schwarz.
Am Kraftstoffbehälter eingeclipst.
Zum Abziehen vom Flansch Entriegelungstasten am Anschlussstück drücken.

3 – **Rücklaufleitung**
Blau beziehungsweise blaue Markierung.
Am Kraftstoffbehälter eingeclipst.
Zum Abziehen vom Flansch Entriegelungstasten am Anschlussstück drücken.

4 – **Vorlaufleitung für Zusatzheizung**
Fahrzeuge mit Zusatzheizung.
Zur Dosierpumpe.
Am Kraftstoffbehälter eingeclipst.
Zum Abziehen vom Flansch Entriegelungstasten am Anschlussstück drücken.

5 – **Flansch**
Für Kraftstoff-Fördereinheit.
Einbaulage des Flansches am Kraftstoffbehälter beachten.

6 – **Kraftstoff-Fördereinheit**
Mit Kraftstoffpumpe für Vorförderung und Tankgeber.

7 – **Dichtring**
Immer ersetzen. Trocken einsetzen.

8 – **Tankgeber**
(Geber für Kraftstoffvorrat).

Kraftstoff-Fördereinheit aus- und einbauen

Benzinmotor

Ausbau

Achtung: Es besteht eine Gefahr durch auslaufenden Kraftstoff. Der Kraftstoffbehälter darf maximal ¾ gefüllt sein. Damit ist sichergestellt, dass der Füllstand unterhalb des Flansches der Kraftstoff-Fördereinheit ist.

- Sicherheits- und Sauberkeitsregeln beachten, siehe Seite 270.
- Vordersitze ganz nach vorn fahren.
- Zündung ausschalten.
- Rücksitzbank ausbauen, siehe Seite 326.
- Falls vorhanden, Teppich ausfädeln und hochklappen.

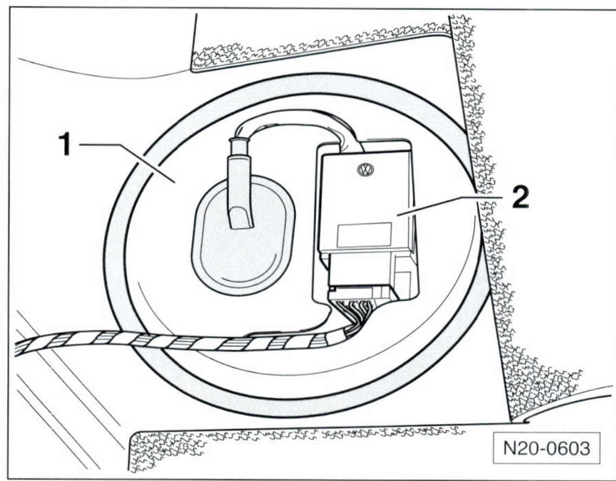

- Abdeckung –1– für Kraftstoff-Fördereinheit mit einem Kunststoffkeil ringsum an den Halterasten ausrasten. Abdeckung mit Steuergerät für Kraftstoffpumpe –2– abnehmen.

Achtung: Die Kraftstoffleitungen stehen unter Druck. Dadurch besteht Verletzungsgefahr der Augen und der Haut durch Kraftstoff. Deshalb unbedingt Schutzbrille und Schutzbekleidung tragen, um Verletzungen und Hautkontakt zu vermeiden. Vor dem Lösen von Schlauchverbindungen Putzlappen um die Verbindungsstelle legen. Dann durch vorsichtiges Öffnen der Verbindungsstelle Druck abbauen.

Fahrzeuge mit Standheizung

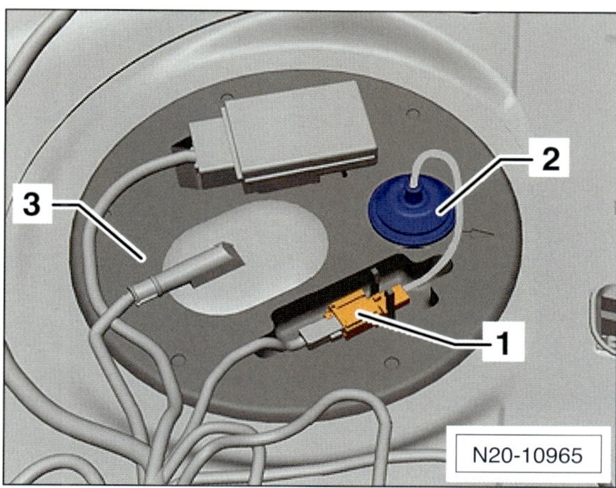

- Steckverbindung –1– von der Abdeckung –3– abnehmen.
- Steckverbindung –1– entriegeln und abziehen.
- Dichttülle –2– nach unten aus der Abdeckung –3– ausclipsen und elektrischen Leitungsstrang nach unten herausführen.

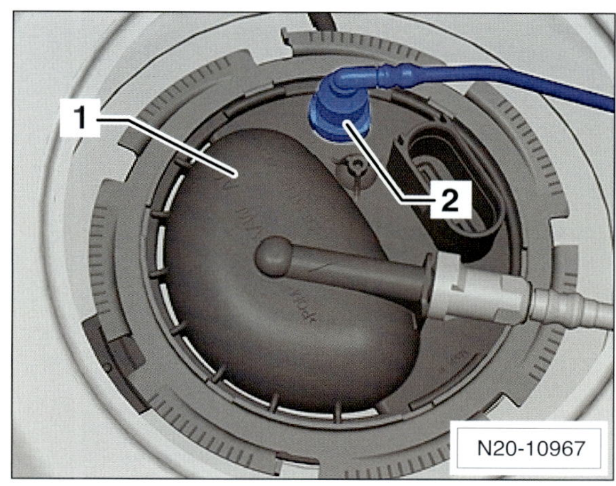

- Kraftstoffentnahme-Leitung –2– am Flansch –1– entriegeln und abziehen. Steckkupplungen trennen, siehe entsprechendes Kapitel.

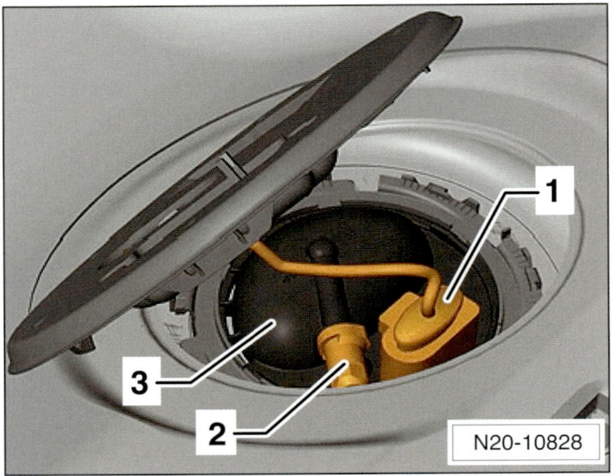

- Stecker –1– entriegeln und abziehen.
- Kraftstoffleitung –2– vom Flansch der Kraftstoff-Fördereinheit –3– entriegeln und abziehen.

Hinweis: Zum leichteren Einbau die Einbaulage aller Bauteile markieren. Zum Entriegeln der Kraftstoffleitungen den Sicherungsring eindrücken. Bei Fahrzeugen mit Zusatzheizung muss zusätzlich die Steckverbindung und die Kraftstoffleitung der Dosierpumpe getrennt werden.

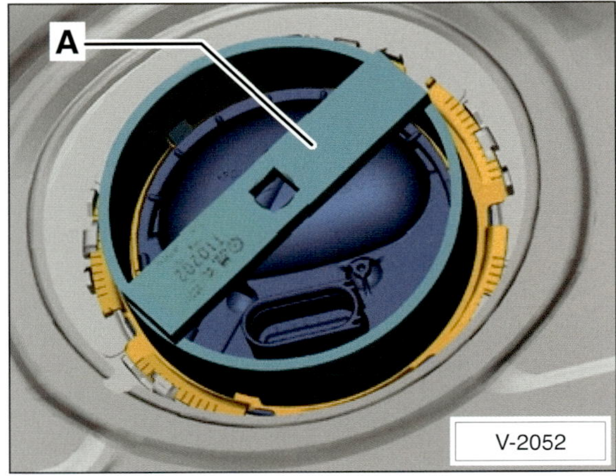

- Verschlussring mit einem Schlüssel –A–, zum Beispiel VW-T10202, öffnen und den Flansch etwas anheben.

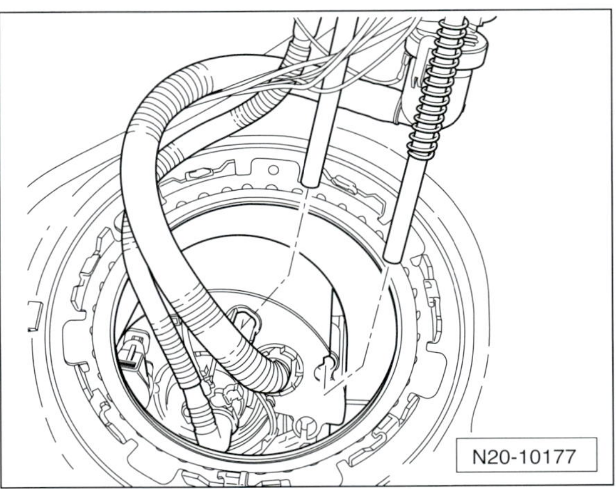

- Flansch der Kraftstoff-Fördereinheit so weit wie möglich aus der Öffnung des Kraftstoffbehälters herausnehmen.

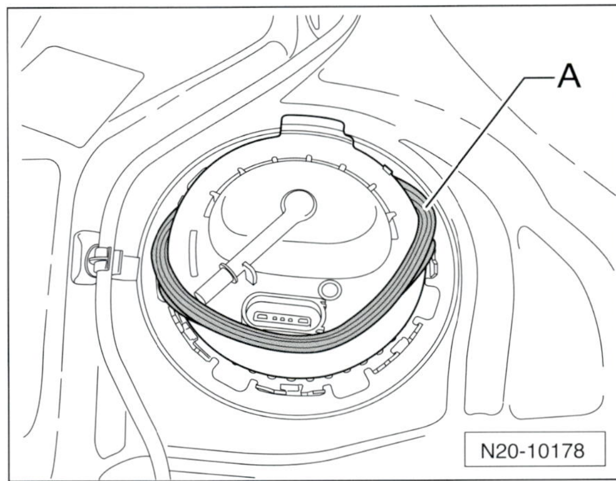

- Dichtring aus der Öffnung ziehen.

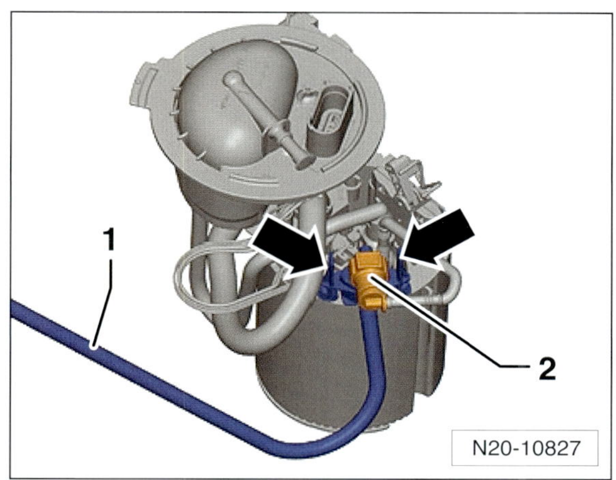

- Steckkupplung –2– entriegeln und abziehen.
- Ansaugleitung –1– entriegeln –Pfeile– und abziehen.
- Saugstrahlpumpe an den Rastnasen entriegeln und abziehen. Leitung entriegeln und abziehen. Steckkupplungen trennen.

Achtung: Es besteht eine Gefahr durch auslaufenden Kraftstoff aus der noch gefüllten Kraftstoff-Fördereinheit. Daher Lappen zum Auffangen von Kraftstoff unterlegen.

- Kraftstoff-Fördereinheit mit dem Tankgeber vorsichtig aus der Öffnung des Kraftstoffbehälters herausziehen.

Achtung: Beim Herausnehmen der Kraftstoff-Fördereinheit darauf achten, dass der Schwimmerarm des Tankgebers nicht verbogen wird.

Hinweis: Wenn die Fördereinheit ersetzen werden soll, muss die alte Fördereinheit vor dem Entsorgen entleert werden.

Einbau

Hinweis: Alle Bauteile in gleicher Lage wie vor dem Ausbau einbauen, dabei angebrachte Markierungen beachten.

- Dichtring ersetzen.
- Dichtring der Kraftstoff-Fördereinheit trocken in die Öffnung des Kraftstoffbehälters einsetzen.
- Dichtring auf der Innenseite mit Kraftstoff benetzen.
- Kraftstoff-Fördereinheit einsetzen, dabei darauf achten, dass der Tankgeber nicht verbogen wird.
- Ansaugleitung –1– aufstecken –Pfeile– und verrasten.
- Steckkupplung –2– anstecken.

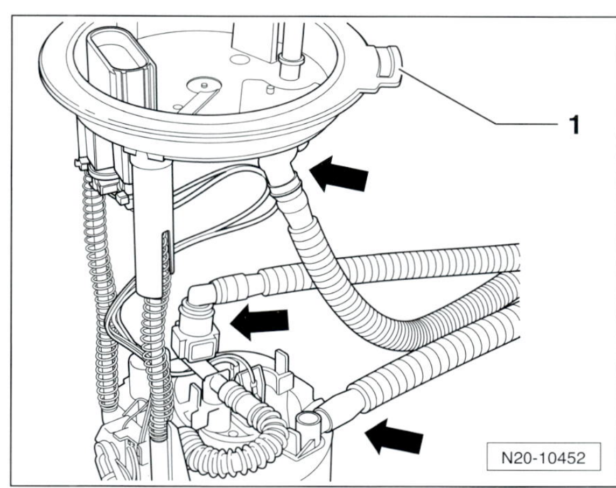

- Prüfen, ob der Flansch –1– richtig auf der Kraftstoff-Fördereinheit sitzt. Die Pfeile zeichen auf die Anschlüsse der Kraftstoffschläuche.

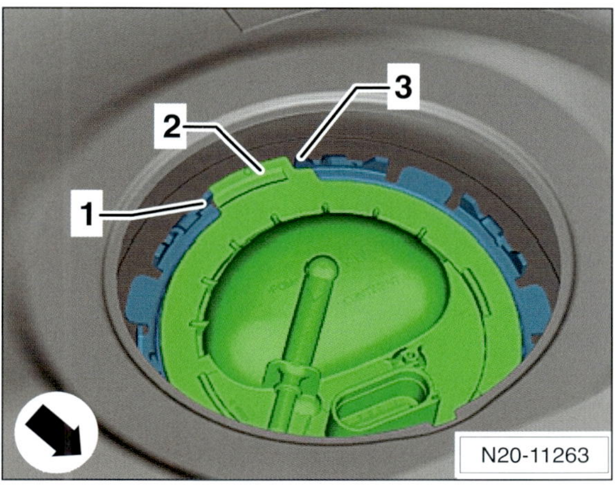

- Verschlussflansch gegen die Federkraft nach unten drücken und in Einbaulage bringen.
  - ◆ Die Lasche –2– am Verschlussflansch muss zwischen den Nasen –1– und –3– am Kraftstoffbehälter liegen.
  - ◆ Der Pfeil zeigt in Fahrtrichtung.

Achtung: Beim Einsetzen des Verschlussflansches darf der Dichtring nicht beschädigt oder verquetscht werden.

- Der weitere Einbau erfolgt in umgekehrter Ausbaureihenfolge. Verschlussring mit **110 Nm** festziehen.
- Festen Sitz der Steckkupplungen und des Steckers durch Gegenziehen prüfen!

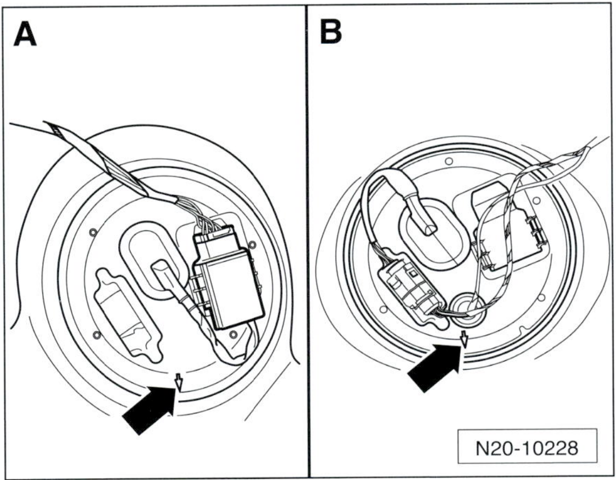

- Abdeckung mit dem Steuergerät für Kraftstoffpumpe so einsetzen, dass der Pfeil auf der Abdeckung in Fahrtrichtung zeigt.

  A – Abdeckung Kraftstoff-Fördereinheit mit Tankgeber 1.

  B – Abdeckung Tankgeber 2

Dieselmotor

Ausbau

Achtung: Es besteht eine Gefahr durch auslaufenden Kraftstoff. Der Kraftstoffbehälter darf maximal ½ gefüllt sein. Damit ist sichergestellt, dass der Füllstand unterhalb des Flansches der Kraftstoff-Fördereinheit ist.

- Sicherheits- und Sauberkeitsregeln beachten, siehe Seite 270.
- Vordersitze ganz nach vorn fahren.
- Zündung ausschalten.
- Rücksitzbank ausbauen, siehe Seite 326.
- Abdeckung für Kraftstoff-Fördereinheit mit einem Kunststoffkeil ringsum an den Halterasten ausrasten und abnehmen.

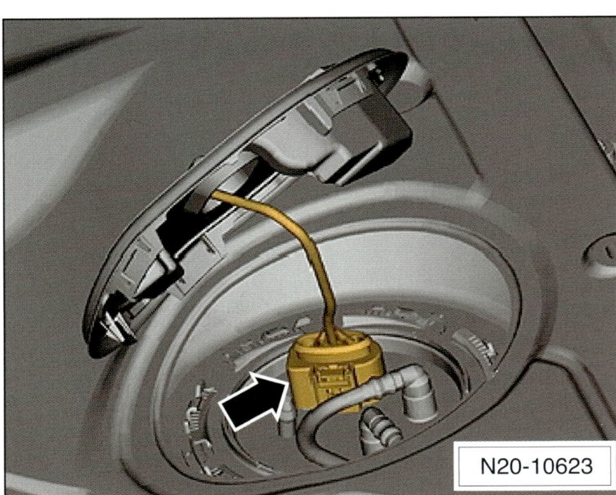

- Zuerst den Stecker –Pfeil– auf festen Sitz prüfen, dazu am Stecker ziehen, ohne die Verriegelung zu drücken. War der Stecker nicht richtig gesteckt, kann er einen Fehler verursacht haben.
- Stecker–Pfeil– zuerst nach unten drücken, dann die Verriegelung des Steckers nach oben ziehen und gleichzeitig den Stecker nach oben abnehmen.

Achtung: Die Kraftstoffleitungen stehen unter Druck. Daher besteht Verletzungsgefahr für Augen und Haut durch herausspritzenden Kraftstoff. Deshalb unbedingt Schutzbrille und Schutzbekleidung tragen, um Verletzungen und Hautkontakt zu vermeiden. Vor dem Lösen von Schlauchverbindungen Putzlappen um die Verbindungsstelle legen. Dann durch vorsichtiges Öffnen der Verbindungsstelle Druck abbauen.

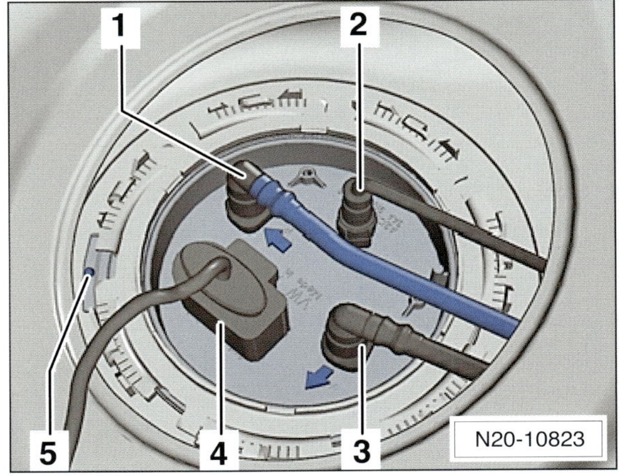

Hinweis: Zum Entriegeln der Kraftstoffleitungen den Sicherungsring eindrücken.

- Kraftstoffleitung –1– und –3– vom Flansch entriegeln und abziehen.
- Wenn vorhanden, Vorlaufleitung –2– zur Dosierpumpe abziehen. Steckkupplungen trennen, siehe entsprechendes Kapitel.

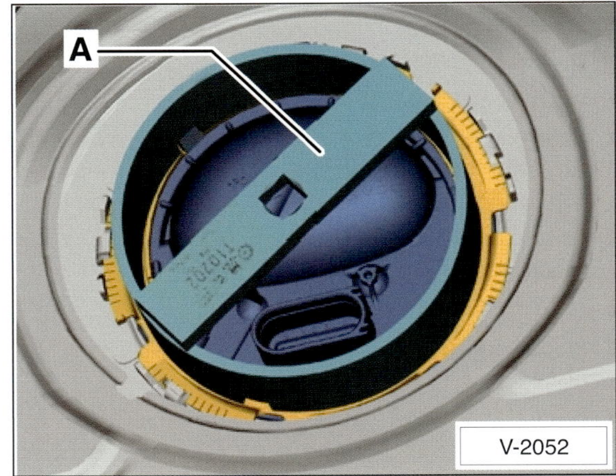

- Verschlussring mit einem Schlüssel –A–, zum Beispiel VW-T10202, öffnen und den Flansch etwas anheben.

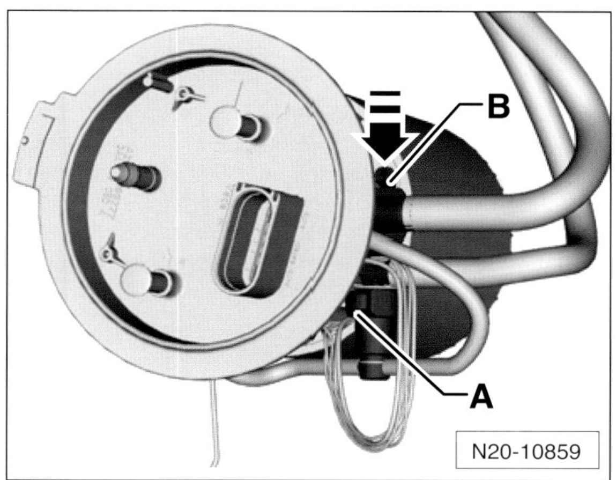

- Sicherungsring drücken und Kraftstoffleitung –A– für die Saugstrahlpumpe abziehen. Lasche –B– der Saugstrahlpumpe in Pfeilrichtung drücken und aus der Kraftstoff-Fördereinheit ausclipsen.
- Kraftstoff-Fördereinheit aus der Öffnung des Kraftstoffbehälters herausnehmen.

Einbau

- Der Einbau der Kraftstoff-Fördereinheit erfolgt in umgekehrter Ausbaureihenfolge, dabei ist Folgendes zu beachten:
  - Beim Einsetzen der Kraftstoff-Fördereinheit darauf achten, dass der Tankgeber nicht verbogen wird.
  - Dichtring der Kraftstoff-Fördereinheit trocken in die Öffnung des Kraftstoffbehälters einsetzen. Dichtring nur zum Einbau der Kraftstoff-Fördereinheit mit Kraftstoff benetzen.
  - Kraftstoffleitungen knickfrei verlegen.
  - Vorlaufleitung und Rücklaufleitung nicht vertauschen (Rücklaufleitung blau beziehungsweise mit blauer Markierung, Vorlaufleitung schwarz).
  - Auf festen Sitz der Kraftstoffschläuche achten.
  - Nach dem Einbau der Kraftstoff-Fördereinheit prüfen, ob die Kraftstoffleitungen noch am Kraftstoffbehälter eingeclipst sind.
  - Einbaulage des Flansches der Kraftstoff-Fördereinheit beachten, siehe Abbildung N20-11263.
  - Anzugsdrehmoment für Verschlussring: **110 Nm**.
  - Steckkupplungen müssen beim Verriegeln »hörbar« einrasten.
  - Beim Einbau der Steckkupplungen die Farbzuordnung beachten, siehe Seite 279.
  - Festen Sitz der Steckkupplung durch Gegenziehen prüfen.
  - Dichtring nur zur Montage der Flansche mit Kraftstoff benetzen.
  - Der Pfeil auf der Abdeckung muss in Fahrtrichtung zeigen.

Tankgeber aus- und einbauen

Tankgeber 1

Der Tankgeber 1 ist auf der rechten Seite des Tanks zusammen mit der Kraftstoff-Fördereinheit eingebaut.

Ausbau

- Kraftstoff-Fördereinheit ausbauen, siehe entsprechendes Kapitel

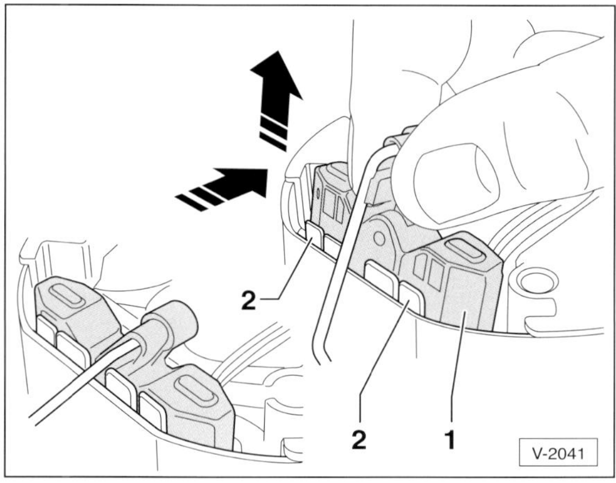

- Tankgeber –1– etwas zur Seite und gleichzeitig nach oben ziehen –Pfeile– und herausnehmen. Je nach Ausführung müssen die Befestigungslaschen zusammengedrückt werden, um den Tankgeber zu lösen.

Hinweis: Lässt der Geber sich so nicht entriegeln, zusätzlich die Haltelaschen –2– etwas zur Seite drücken.

- Farbzuordnung der Kabel für den Wiedereinbau notieren.
- Stecker der elektrischen Leitungen mit kleinem Schraubendreher entriegeln und abziehen. Danach Rasthaken der Stecker wieder zurückbiegen.

Einbau

- Stecker entsprechend der notierten Farbzuordnung in die Führungen einstecken und einrasten. Anschließend an den Steckern ziehen und dadurch festen Sitz prüfen.
- Tankgeber in die Führung an der Fördereinheit einsetzen, nach unten drücken und spürbar einrasten.
- Kraftstoff-Fördereinheit einbauen, siehe entsprechendes Kapitel.

Tankgeber 2

Der Tankgeber 2 ist auf der linken Seite des Tanks eingebaut.

Ausbau

- Abdeckung für Tankgeber mit einem Kunststoffkeil ringsum an den Halterasten ausrasten.

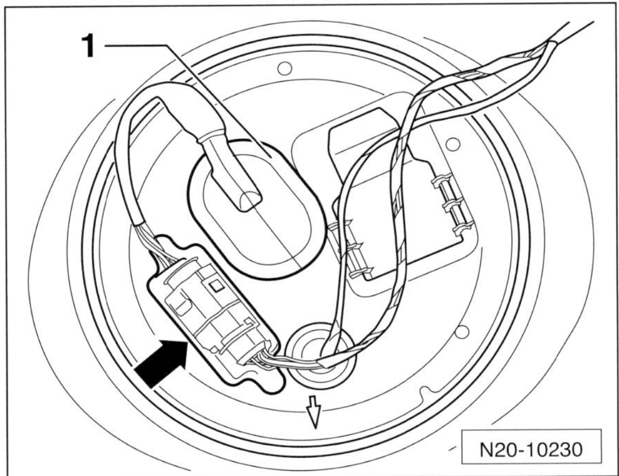

- Steckverbindung zum Steuergerät für Allradantrieb –Pfeil– trennen.
- Dichttülle –1– nach unten aus der Abdeckung ausclipsen.
- Elektrischen Leitungsstrang des Steuergeräts für Allradantrieb –Pfeil– nach unten herausführen.

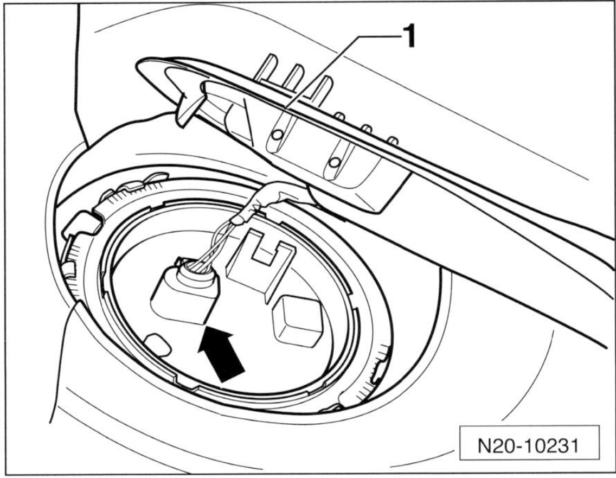

- Abdeckung –1– anheben und Stecker –Pfeil– am Flansch entriegeln und abziehen.
- Verschlussring –A– mit einem Schlüssel, zum Beispiel VW-T10202, öffnen und den Flansch etwas anheben, siehe Abbildung V-2052.

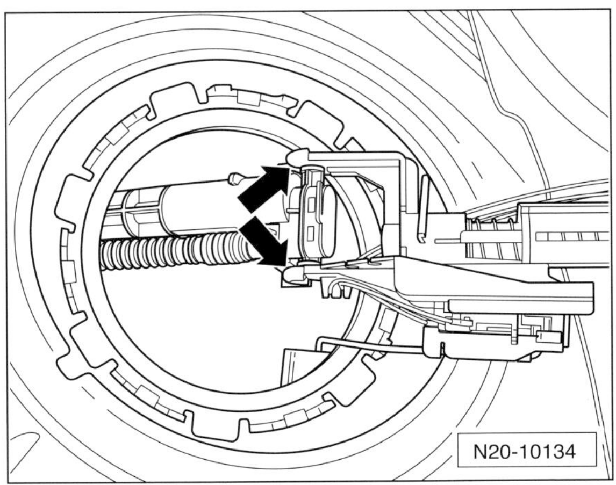

- Tankgeber ein Stück nach oben ziehen.
- Rastnasen der Saugstrahlpumpe –Pfeile– ausclipsen.

Einbau

- Der Einbau erfolgt in umgekehrter Ausbaureihenfolge. Dabei ist Folgendes zu beachten:
- Die Rastnasen der Saugstrahlpumpe müssen hörbar einrasten.
- Verschlussring mit **110 Nm** anziehen.

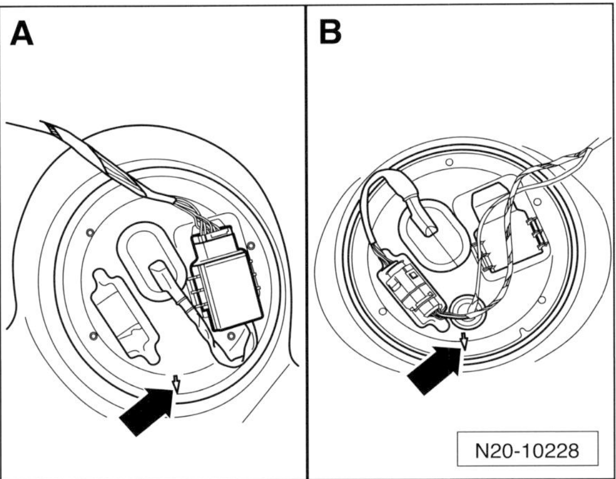

- Einbaulage der Abdeckung beachten. Der Pfeil auf der Abdeckung –Pfeil– muss in Fahrtrichtung zeigen.

  A – Abdeckung Kraftstoff-Fördereinheit mit Tankgeber 1.

  B – Abdeckung Tankgeber 2

Saugstrahlpumpe prüfen

Allradantrieb

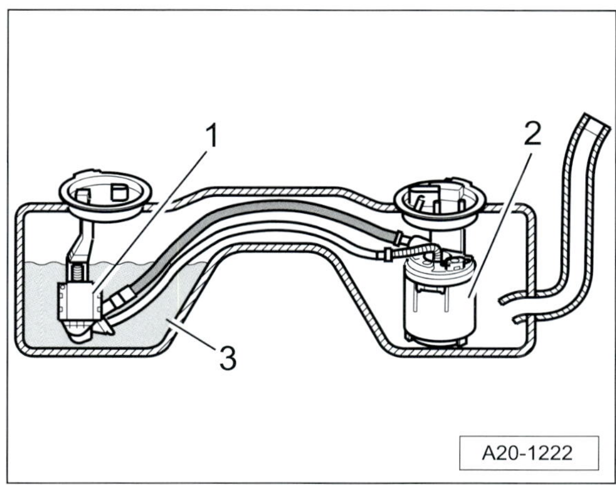

Der Kraftstoffbehälter ist bei Fahrzeugen mit Allradantrieb in eine linke und eine rechte Kammer unterteilt. Um das Kraftstoffvolumen aus der linken Kraftstoffbehälter-Hälfte –3– nach rechts zum Staugehäuse der Kraftstoff-Fördereinheit –2– zu transportieren, bedient man sich einer so genannten Saugstrahlpumpe –1–.

Funktion der Saugstrahlpumpe

Die Saugstrahlpumpe funktioniert nach einem einfachen physikalischen Prinzip: Ein Teil des von der elektrische Kraftstoffpumpe angesaugten Kraftstoffs wird zur Saugstrahlpumpe geleitet und dort durch eine Düse gedrückt. Dadurch wird der Kraftstoff beschleunigt, wodurch der umliegende Kraftstoff mitgerissen und zum Staugehäuse der Kraftstoff-Fördereinheit gedrückt wird.

Störungen durch defekte Saugstrahlpumpe:

Bei defekter Saugstrahlpumpe kann das Fahrzeug mit bis zu ¼ gefülltem Kraftstoffbehälter wegen Kraftstoffmangel liegen bleiben.

Bei defekter Saugstrahlpumpe verbleiben bis zu 15 Liter Kraftstoff (etwa ¼ Tankinhalt) im linken Teil des Kraftstoffbehälters.

Dieser Kraftstoff kann von der Kraftstoff-Fördereinheit nicht abgesaugt werden.

Prüfen

Wenn das Fahrzeug mit bis zu etwa ¼ gefülltem Kraftstoffbehälter wegen Kraftstoffmangel liegen bleibt, wie folgt verfahren:

- Etwa 5 Liter Kraftstoff nachtanken.
- Motor starten.

Wenn der Motor jetzt anspringt:

- Elektrische Kraftstoffpumpe beziehungsweise Tankgeber prüfen, gegebenenfalls Saugstrahlpumpe ersetzen.

Steckkupplungen trennen

Zuordnung der Steckkupplungen

- Die Steckkupplungen für Kraftstoff-, Unterdruck- und Entlüftungsleitungen sind farblich gekennzeichnet. Entweder ist ein Farbpunkt auf der Steckkupplung oder die Entriegelungstaste hat die entsprechende Farbe.
- Steckkupplungen müssen beim Verriegeln »hörbar« einrasten.
- Festen Sitz der Steckkupplung durch Gegenziehen prüfen!

Farbzuordnung

Steckkupplung	Farbkennzeichnung an der Steckkupplung
Kraftstoffvorlauf	schwarz
Kraftstoffrücklaufleitung	blau
Entlüftung	weiß, beige
Unterdruck	grün

Achtung: Die Kraftstoffleitung steht unter Druck! Verletzungsgefahr der Augen und der Haut durch Kraftstoff. Schutzbrille und Schutzbekleidung tragen, um Verletzungen und Hautkontakt zu vermeiden. Vor dem Lösen von Schlauchverbindungen Putzlappen um die Verbindungsstelle legen. Dann durch vorsichtiges Öffnen der Verbindungsstelle Druck abbauen.

Ausführung 1

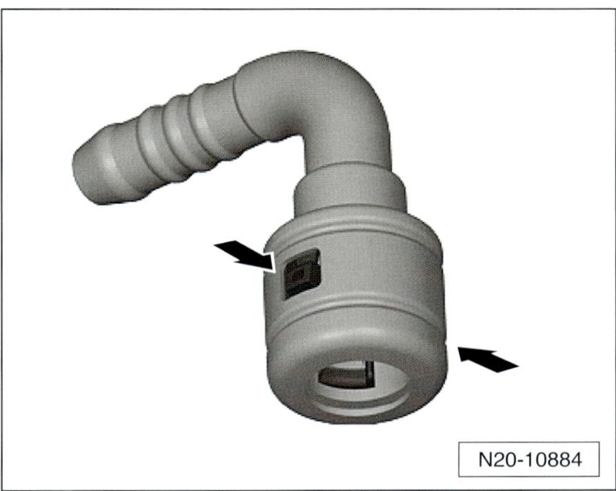

Steckkupplung mit Entriegelungstasten –Pfeile– rechts und links.

Öffnen

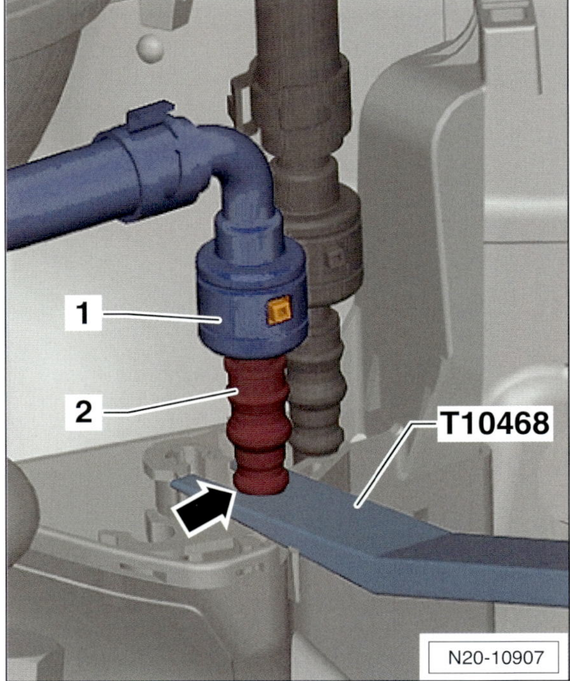

- Zum Öffnen muss die Trennstelle für Kraftstoff –1– im Motorraum gegengehalten werden. Dazu Hebel VW-T10468 zwischen Hitzeschutz und dem Anschlag –Pfeil– der Kraftstoffleitung –2– einsetzen und gegenhalten.

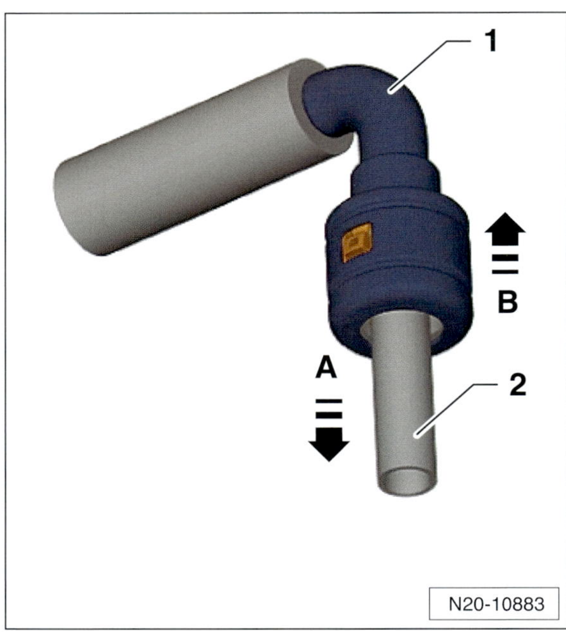

- Steckkupplung –1– in Pfeilrichtung –A– drücken.
- Entriegelungstasten drücken und gedrückt halten.
- Steckkupplung –1– in Pfeilrichtung –B– von der Kraftstoffleitung –2– abziehen.

Ausführung 2

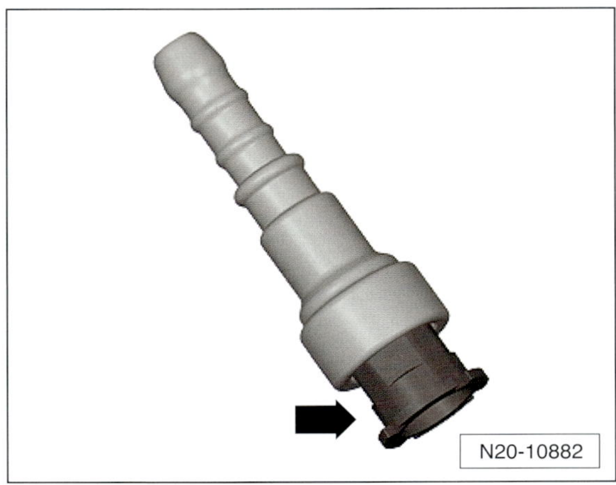

Steckkupplung mit Zugentriegelung –Pfeil–:

Öffnen

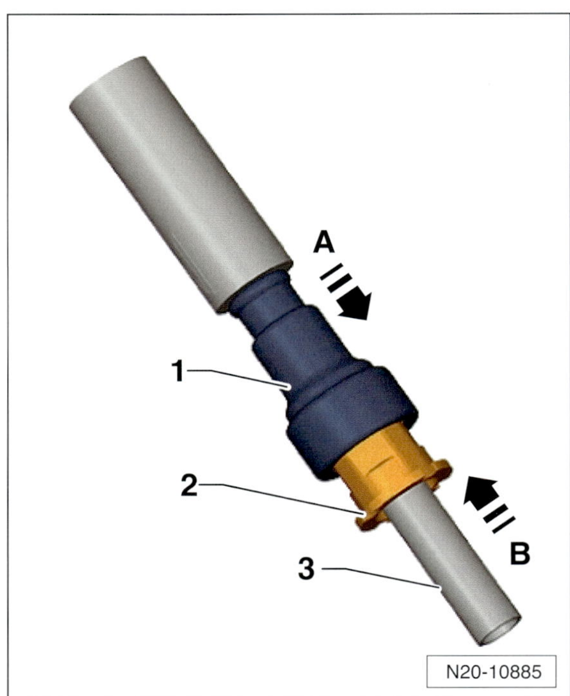

- Steckkupplung –1– in Pfeilrichtung –A– drücken.
- Zugentriegelung –2– in Pfeilrichtung –B– ziehen.
- Steckkupplung –1– in Pfeilrichtung –B– von der Kraftstoffleitung –3– abziehen.

Ausführung 3

Steckkupplung mit Taster vorn –Pfeil–:

Öffnen

- Entriegelungstaste –Pfeil– drücken und Steckkupplungen abziehen.

Ausführung 4

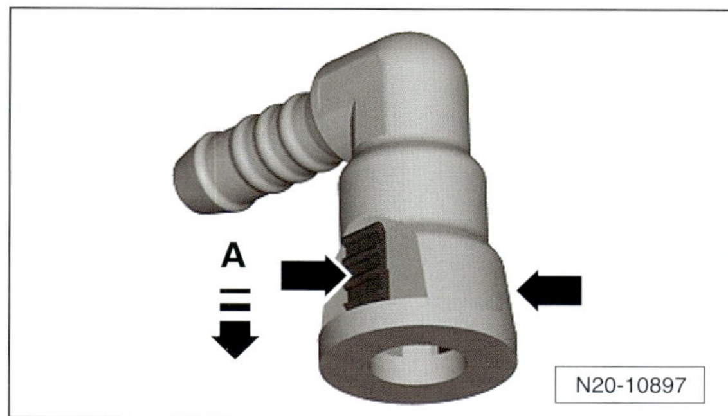

Steckkupplung mit Entriegelungstaste –Pfeile– rechts und links:

Öffnen

- Steckkupplung in Pfeilrichtung –A– drücken.
- Entriegelungstasten –Pfeile– drücken und Steckkupplung abziehen.

Ausführung 5

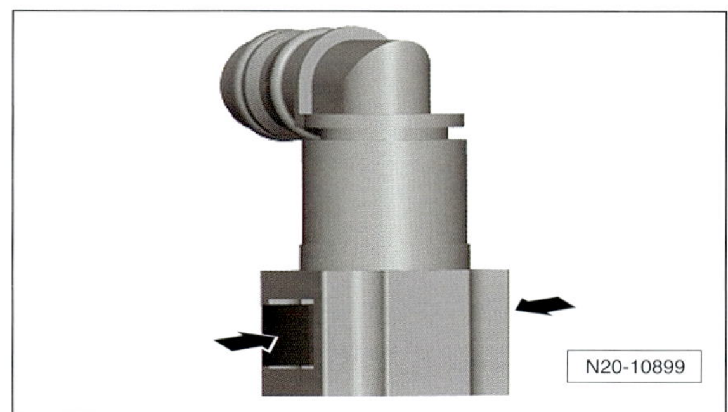

Steckkupplung mit Entriegelungstasten –Pfeile– rechts und links:

Öffnen

- Entriegelungstasten –Pfeile– drücken und Steckkupplung abziehen.

Ausführung 6

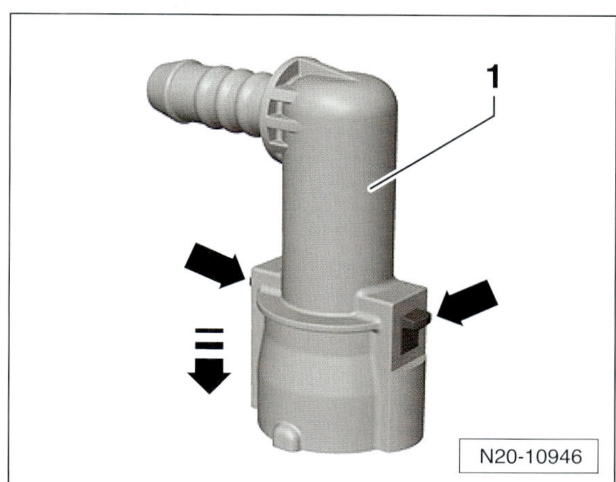

Steckkupplung mit Entriegelungstasten –Pfeile– rechts und links:

Öffnen

- Steckkupplung –1– in Pfeilrichtung drücken und gedrückt halten.
- Entriegelungstasten –Pfeile– drücken und Steckkupplung abziehen.

Ausführung 7

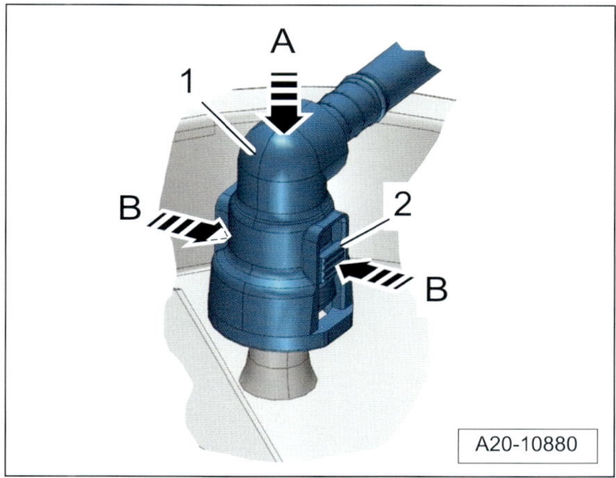

Steckkupplung –1– mit Entriegelungstasten –2– rechts und links:

Öffnen

- Steckkupplung –1– in Pfeilrichtung –A– drücken und gedrückt halten.
- Entriegelungstasten –2– in Pfeilrichtung –B– drücken und Steckkupplung –1– abziehen.

Kraftstofffilter Dieselmotor

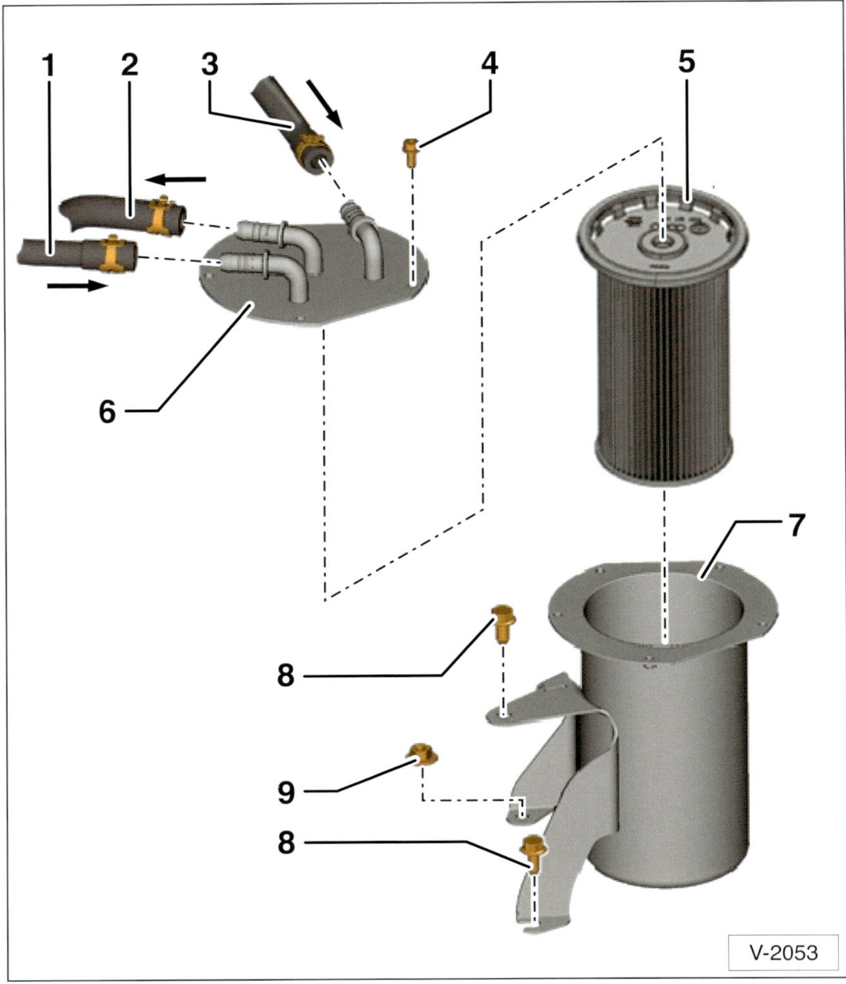

1 – **Kraftstoffvorlaufschlauch**
Vom Kraftstoffbehälter.

2 – **Kraftstoffvorlaufschlauch**
Zur Hochdruckpumpe.

3 – **Kraftstoffrücklaufschlauch**
Vom Regelventil für Kraftstoffdruck.

4 – **Schraube, 5 Nm**
5 Stück.

5 – **Filtereinsatz**

6 – **Kraftstofffilter-Oberteil**
Mit Anschlüssen.

7 – **Kraftstofffilter-Unterteil**
(Filtergehäuse).

8 – **Schraube, 10 Nm**

9 – **Mutter, 10 Nm.**

Hinweise zum Dieselkraftstoff:

- Das Fahrzeug muss mit dem der Jahreszeit entsprechenden Dieselkraftstoff betankt sein. Sommerdiesel kann bei tiefen Wintertemperaturen ausflocken.
- Der im Sommer verkaufte Dieselkraftstoff ist bis 0 °C garantiert filtrierbar.
- Der in der Übergangszeit verkaufte Dieselkraftstoff ist bis –10 °C garantiert filtrierbar.
- Der im Winter verkaufte Dieselkraftstoff ist bis –20 °C garantiert filtrierbar.
- Bei Unsicherheit im Winter gegebenenfalls eine Probe ziehen. Diese dann ca. 1 Stunde der tiefen Außentemperatur aussetzen. Flockt der Kraftstoff bei Temperaturen bis –20 °C aus, handelt es sich um für tiefe Temperaturen ungeeigneten Dieselkraftstoff. Diese Ausflockungen können das Sieb der Kraftstoff-Fördereinheit sowie den Kraftstofffilter verstopfen.

Luftfilter aus- und einbauen

1,4-l-Benzinmotor mit 90 kW

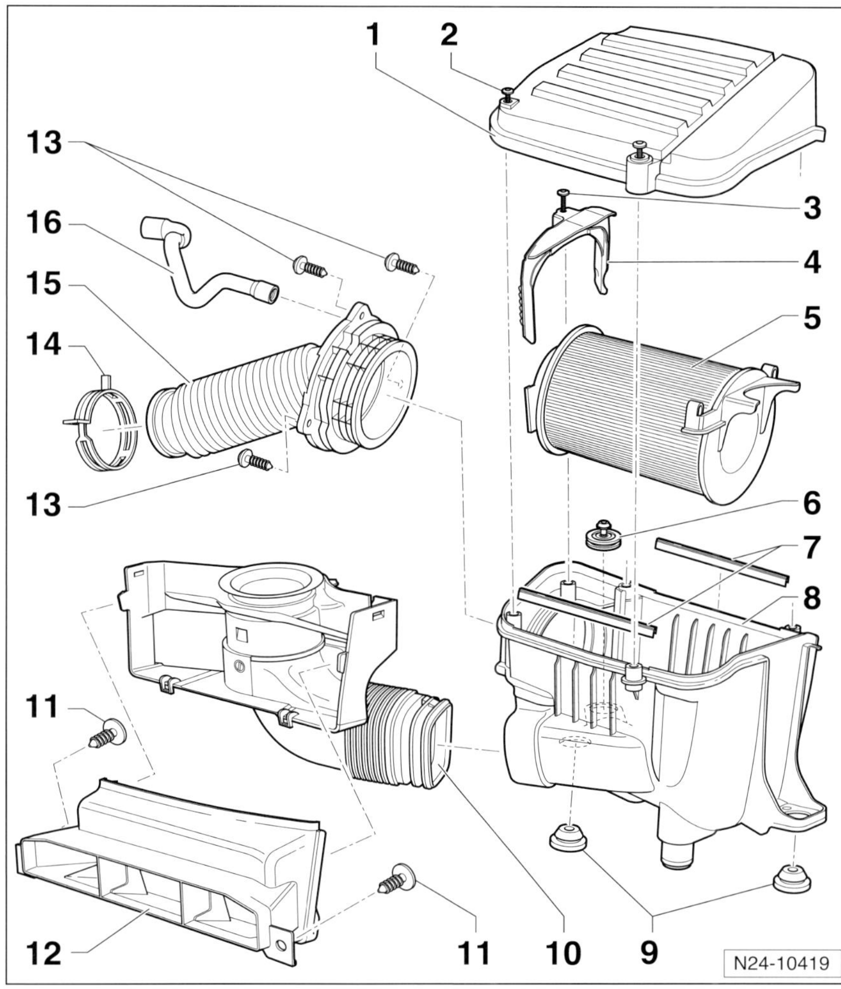

1 – **Luftfilter-Oberteil**

2 – **Schraube, 1,6 Nm**
Achtung: Schraube nur leicht festziehen.

3 – **Schraube, 1,6 Nm**
Achtung: Schraube nur leicht festziehen.

4 – **Halter**

5 – **Filtereinsatz**

6 – **Gummimetalllager, 8 Nm**
Mit unverlierbarer Schraube.

7 – **Dichtleisten**
Bei Beschädigung ersetzen.

8 – **Luftfilter-Unterteil**
(Luftfiltergehäuse).

9 – **Gummilager**

10 – **Ansaugstutzen**
Mit Abdeckung.

11 – **Schraube, 3 Nm**

12 – **Ansaugluftführung**

13 – **Schraube, 1,6 Nm**
Achtung: Schraube nur leicht festziehen.

14 – **Federbandschelle**

15 – **Ansaugschlauch**

16 – **Unterdruckschlauch**
Vom Nockenwellengehäuse.
Bei Beschädigung ersetzen.

Ausbau

- Abdeckung vom Ansaugstutzen –10– abnehmen, dazu seitliche Rastnasen drücken.
- Ansaugstutzen aus der Ansaugluftführung –12– herausziehen.
- Federbandschelle –14– öffnen und Ansaugschlauch vom Abgasturbolader abziehen.
- Unterdruckschlauch –16– am Luftfiltergehäuse abziehen.
- Befestigungsschraube für Gummimetalllager –6– herausdrehen und Luftfiltergehäuse –8– nach oben von den Gummilagern –9– abziehen.

Einbau

Hinweis: Falls der Luftfiltereinsatz –5– stark verschmutzt oder durchnässt ist, können Schmutzpartikel oder Feuchtigkeit an die unterschiedlichen Geber gelangen und die gemessenen Werte verfälschen. Dies führt zu Leistungsmangel, da eine geringere Einspritzmenge berechnet wird.

- Salzrückstände, Schmutz oder Blätter aus Ober- und Unterteil des Luftfilters absaugen.
- Beim eventuellen Ausblasen des Luftfiltergehäuses mit Druckluft, vorher die Luft führenden Bauteile wie Luftführungsrohre usw. mit einem sauberen Putzlappen abdecken, um Funktionsstörungen der Einspritzanlage zu vermeiden.
- Wasserablauf mit Druckluft ausblasen.
- Der Einbau erfolgt in umgekehrter Ausbaureihenfolge. Dabei ist Folgendes zu beachten:
- Luftfiltergehäuse von oben auf die Gummilager –9– aufdrücken.
- Befestigungsschraube am Gummimetalllager –6– mit **8 Nm** festziehen.
- Unterdruckschlauch –1– am Anschlussstutzen vom Luftfiltergehäuse aufstecken.

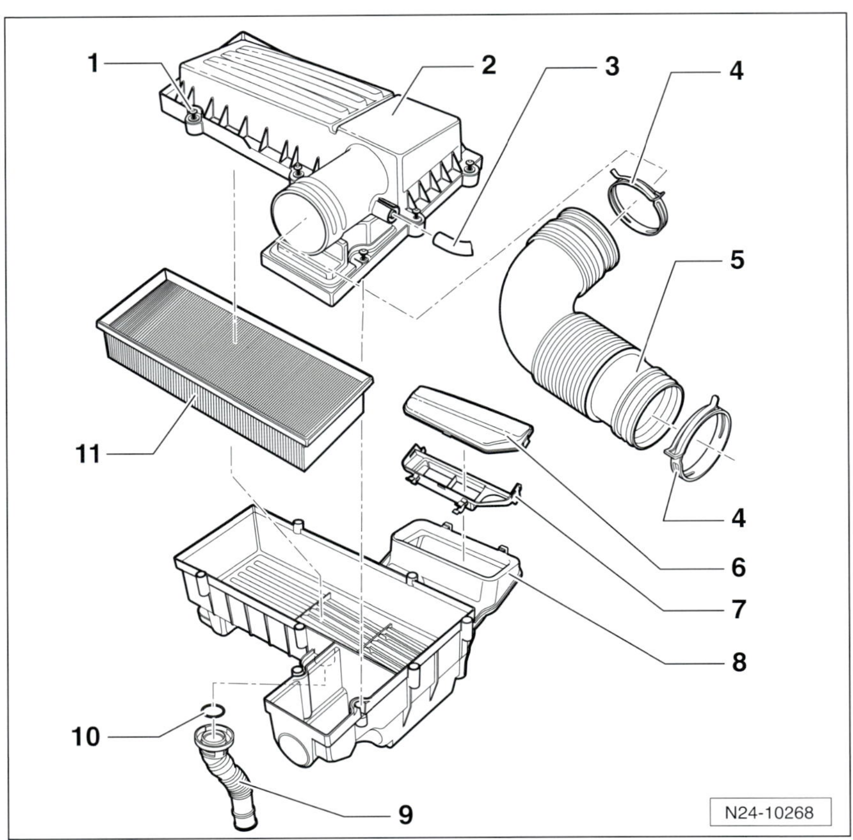

1,4-l-Benzinmotor 110/118 kW

1 – **Schraube, 1,6 Nm**

2 – **Luftfilter-Oberteil**

3 – **Unterdruckschlauch**
Vom Nockenwellengehäuse.
Bei Beschädigung ersetzen.
Um Beschädigungen zu vermeiden, keine scharfkantigen Werkzeuge zum Abziehen des Schlauches verwenden.

4 – **Federbandschelle**

5 – **Ansaugschlauch**

6 – **Abdeckung**
Verrastungen drücken und nach oben abziehen.

7 – **Ansaugluftführung**

8 – **Luftfilter-Unterteil**
(Luftfiltergehäuse).
Mit Ansaugstutzen und unverlierbarer Befestigungsschraube.
Anzugsdrehmoment der Befestigungsschraube: **8 Nm**.

9 – **Wasserablaufstutzen**
Beim Einbau müssen die Pfeile auf dem Luftfilter-Unterteil und dem Wasserablaufstutzen gegenüberstehen.

10 – **O-Ring**
Nach jedem Ausbau ersetzen.

11 – **Filtereinsatz**

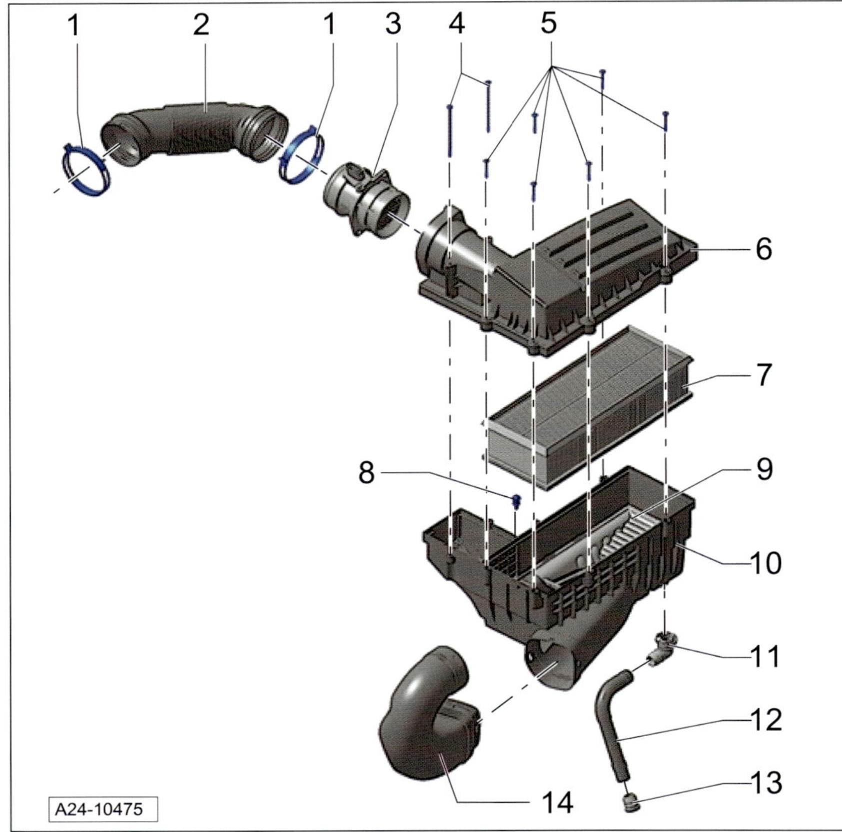

1,8-/2,0-l-Benzinmotor

1 – **Federbandschelle**

2 – **Luftführungsschlauch**
Zum Abgasturbolader.
Von Verschmutzung und Blättern reinigen.

3 – **Luftmassenmesser**

4 – **Schrauben, 1,5 Nm**
Für Luftfilter-Oberteil.

5 – **Schrauben, 1,5 Nm**
Für Luftfilter-Oberteil.

6 – **Luftfilter-Oberteil**
Von Salzrückständen, Schmutz und Blättern reinigen.

7 – **Filtereinsatz**

8 – **Schraube, 8 Nm**
Für Luftfilter-Unterteil.

9 – **Schneesieb**
Nur bei Fahrzeugen für kalte Klimazonen vorhanden.

10 – **Luftfilter-Unterteil**
(Luftfiltergehäuse).
Von Salzrückständen, Schmutz und Blättern reinigen.

11 – **Anschluss für den Wasserablaufschlauch**

12 – **Wasserablaufschlauch**

13 – **Flatterventil**

14 – **Ansaugluftführung**
Zum Schlossträger.
Ansaugluftführung von Verschmutzung und Blättern reinigen.

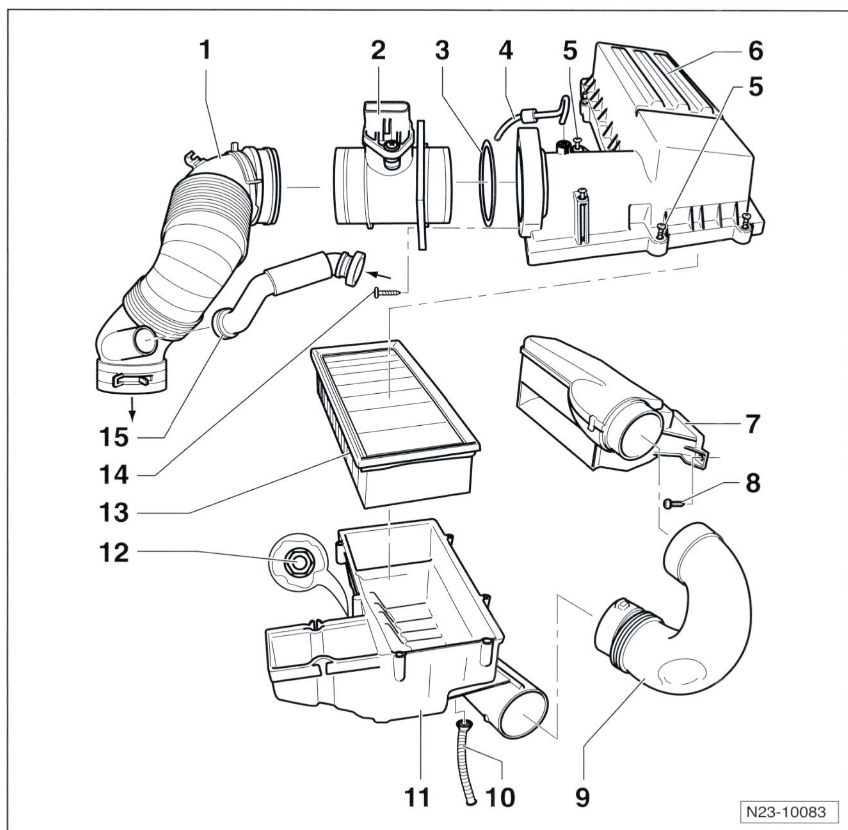

1,6-l-Dieselmotor

1 – **Ansaugschlauch**
Zum Abgasturbolader.

2 – **Luftmassenmesser**

3 – **O-Ring**
Bei Beschädigung ersetzen.

4 – **Unerdruckschlauch**
Zum Magnetventil für Ladedruckbegrenzung.

5 – **Schraube, 2 Nm**

6 – **Luftfilter-Oberteil**

7 – **Ansaugstutzen**
Am Schlossträger angeschraubt. 3 Verrastungen anheben und Deckel nach oben abziehen.

8 – **Schraube, 2 Nm**

9 – **Verbindungsschlauch**
Beim Abziehen die Rastnasen eindrücken.

10 – **Entwässerungsrohr**

11 – **Luftfilter-Unterteil**
(Luftfiltergehäuse).

12 – **Mutter, 8 Nm**

13 – **Filtereinsatz**

14 – **Schraube, 2 Nm**

15 – **Verbindungsrohr**
Vom Zylinderkopfdeckel.
Für Kurbelgehäuseentlüftung.

A23-10419

2,0-l-Dieselmotor

1 – **Schlauchverbindung**

2 – **Luftführungsschlauch***
Zum Abgasturbolader.

3 – **Schraube, 1,5 Nm**
2 Stück.

4 – **Luftmassenmesser**

5 – **O-Ring**
Nach jedem Ausbau ersetzen. Mit silikonfreiem Gleitmittel einbauen.

6 – **Schrauben, 1,5 Nm**
Für Luftfilter-Oberteil.

7 – **Schraube, 8 Nm**
Für Luftfilter-Unterteil.

8 – **Hülse**

9 – **Unterlegscheibe**

10 – **Luftfilter-Oberteil***

11 – **Luftfiltereinsatz**

12 – **Luftfilter-Unterteil***
(Luftfiltergehäuse).

13 – **Anschluss für den Wasserablaufschlauch**

14 – **Wasserablaufschlauch**

15 – **Flatterventil**

16 – **Ansaugluftführung***
Zum Schlossträger.

17 – **Federbandschellen**

18 – **Verbindungsschlauch**
Zum Abgasturbolader.

---

*) Von Schmutz, Blättern und Salzrückständen reinigen.

Abgasanlage

Aus dem Inhalt:

- Katalysator- und Filtersysteme
- Abgasturbolader
- SCR-System
- Abgasanlagen-Übersicht
- Abgasanlage demontieren

Die Abgasanlage besteht beim 4-Zylinder-Benzinmotor aus Abgaskrümmer, Abgas-Turbolader, vorderem Abgasrohr, mittlerem Abgasrohr mit Mittelschalldämpfer, Nachschalldämpfer und Endrohren. Zwei Lambdasonden, die direkt vor und hinter dem Katalysator eingeschraubt sind, dienen zur Abgasregelung. Die Abgasanlage des Dieselmotors ist zusätzlich mit einem Partikelfilter bestückt, der sich zusammen mit dem Katalysator in einem Gehäuse befindet. Der 2,0-l-Dieselmotor »Blue-TDI« ist zusätzlich mit einem SCR-Katalysator ausgerüstet.

Bei einer Reparatur lassen sich sämtliche Teile der Abgasanlage einzeln auswechseln.

Katalysatorschäden vermeiden

Um Beschädigungen am Katalysator zu vermeiden, sind folgende Hinweise unbedingt zu beachten:

Benzinmotor

- Grundsätzlich nur **bleifreies** Benzin tanken.
- Das Anlassen des Motors durch **Anschieben** oder Anschleppen darf nur in **einem** Versuch über eine Strecke von etwa 50 Metern erfolgen. Besser: Starthilfekabel verwenden. Unverbrannter Kraftstoff könnte bei einer Zündung zur Überhitzung des Katalysators und zu seiner Zerstörung führen. Ist der Motor **betriebswarm**, darf er **nicht** angeschoben oder angeschleppt werden.
- Treten Zündaussetzer auf, hohe Motordrehzahlen vermeiden und Fehler umgehend beheben.
- Nur die vorgeschriebenen Zündkerzen verwenden.
- Keine Funkenprüfung ohne ausreichende Masseverbindung durchführen.
- Es darf kein Zylindervergleich (Balancetest) durch Zündabschaltung eines Zylinders durchgeführt werden. Bei Zündabschaltung der einzelnen Zylinder – auch über Motortester – gelangt unverbrannter Kraftstoff in den Katalysator.

Benzin- und Dieselmotor

- Fahrzeug nicht über trockenem Laub oder Gras beziehungsweise auf einem Stoppelfeld abstellen. Die Abgasanlage wird im Bereich des Katalysators sehr heiß und strahlt die Wärme auch nach Abstellen des Motors noch ab.
- Keinen Unterbodenschutz auf Abgasrohre auftragen.
- Die Hitzeschilde der Abgasanlage nicht verändern.
- Bei Startschwierigkeiten nicht unnötig lange den Anlasser betätigen. Während des Anlassens wird permanent Kraftstoff eingespritzt. Fehlerursache ermitteln und beseitigen.
- Kraftstofftank nie ganz leer fahren.
- Beim Ein- oder Nachfüllen von Motoröl besonders darauf achten, dass auf keinen Fall die Maximum-Markierung am Ölmessstab (obere Markierung) überschritten wird. Das überschüssige Öl gelangt sonst aufgrund unvollständiger Verbrennung in den Katalysator und kann das Edelmetall beschädigen oder den Katalysator vollständig zerstören.

Aufbau des Oxidationskatalysators

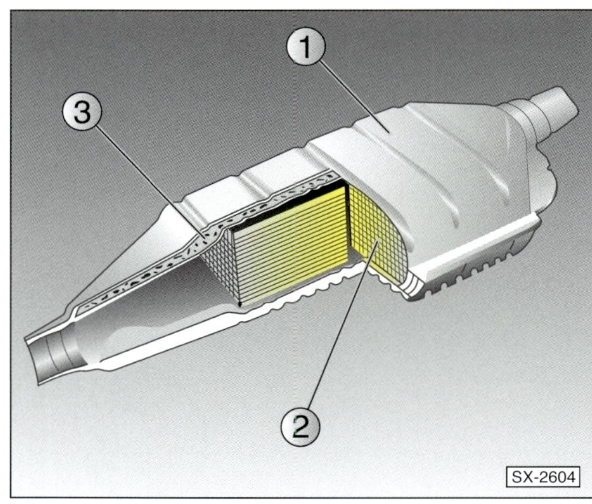

Der Katalysator dient zur Abgasumwandlung. Er besteht aus einem Keramik-Wabenkörper –2–, der mit einer Trägerschicht überzogen ist. Auf der Trägerschicht befinden sich

Edelmetallsalze, die den Umwandlungsprozess bewirken. Im Gehäuse –1– wird der Katalysator durch eine Isolations-Stützmatte –3– fixiert, die außerdem Wärmeausdehnungen ausgleicht.

In Verbindung mit der elektronischen Benzin-Einspritzanlage und der oder den Lambdasonde(n) wird die Kraftstoffmenge für die Verbrennung so dosiert, dass der Katalysator die Schadstoffe optimal reduzieren kann.

Der Diesel-Katalysator wandelt die im Abgas befindlichen giftigen Kohlenmonoxide und Kohlenwasserstoffverbindungen in Kohlendioxid (CO_2) und Wasser (H_2O) um. Außerdem vermindert sich der dieseltypische Abgasgeruch. Bei Fahrzeugen mit Diesel-Partikelfilter sind Oxidationskatalysator und Partikelfilter in einem gemeinsamen Gehäuse untergebracht.

Der höhere Anteil von Stickoxiden (NOX) im Abgas des Dieselmotors wird durch ein zusätzliches Abgas-Rückführungssystem (ARF) auf geringem Niveau gehalten. Beim »Blue-TDI« werden die Stickoxide durch einen nachgeschalteten SCR-Katalysator zu Wasser und Stickstoff reduziert.

Abgas-Turbolader

Alle Motoren des PASSAT sind mit einem Abgas-Turbolader ausgerüstet.

Beim Turbolader sitzen zwei Turbinenräder auf einer Welle, die in zwei voneinander getrennten Gehäusen untergebracht sind. Für den Antrieb der Turbinenräder sorgen die Abgase. Sie bringen die Laderwelle auf bis zu 300.000 Umdrehungen in der Minute. Und da Abgas- und Frischluftrotor auf gleicher Welle sitzen, wird mit gleicher Drehzahl Frischluft in die Zylinder gedrückt. Zur Schmierung ist der Lader an den Ölkreislauf des Motors angeschlossen, beim Benziner wird er zusätzlich durch das Kühlmittel gekühlt.

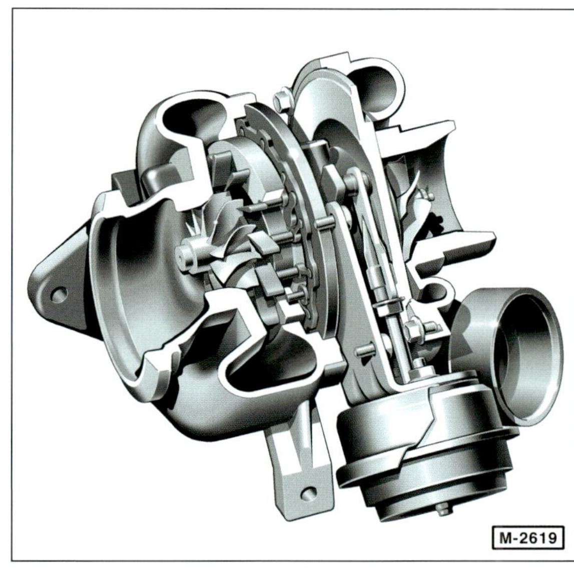

Der VTG-Turbolader (VTG = Variable Turbinen-Geometrie) besitzt verstellbare Leitschaufeln, die vom Motor-Steuergerät über ein Magnetventil und eine Unterdruckdose stufenlos geregelt werden. Dadurch kann bei allen Drehzahlen der optimale Ladedruck erzeugt werden, was zu einem höheren Drehmoment und auch zu mehr Leistung führt.

Zwischen Turbolader und Einlasskanal des Motors befindet sich ein Ladeluftkühler, der die vorverdichtete Luft abkühlt. Das erhöht die Motorleistung, weil kühle Luft durch die höhere Luftdichte einen höheren Sauerstoffanteil besitzt.

Der Lader ist ein äußerst präzise hergestelltes Bauteil. Daher wird er in der Regel bei einem Defekt komplett ausgetauscht.

Diesel-Partikelfilter

Der Diesel-Partikelfilter filtert die bei der Verbrennung im Motor entstehenden Rußpartikel aus dem Abgas heraus. Dabei werden die Rußpartikel zunächst im Wabensystem des Filters gesammelt und anschließend in einem separaten Vorgang rückstandslos verbrannt.

Achtung: Fahrzeuge mit Diesel-Partikelfilter dürfen nicht mit **Bio-Diesel** (RME nach DIN EN 14214) gefahren werden.

Für die PASSAT-Motoren wird ein »katalytisches Filtersystem« verwendet, das ohne zusätzliche Kraftstoff-Additive auskommt. Damit der Diesel-Partikelfilter durch die angelagerten Rußpartikel mit der Zeit nicht verstopft und dadurch in seiner Funktion beeinträchtigt wird, muss er regelmäßig regeneriert werden. Dabei wird zwischen passiver und aktiver Regeneration unterschieden.

Passive Regeneration: Die Rußpartikel werden während des normalen Motorbetriebes kontinuierlich verbrannt. Bei Abgastemperaturen von +350° – +500° C, beispielsweise bei Autobahnfahrten, werden die Rußpartikel durch chemische Reaktion mit dem im Abgas enthaltenen Stickstoffoxid (NO_X) zu Kohlendioxid (CO_2) umgewandelt. Dieser Vorgang erfolgt langsam und kontinuierlich und wird über die innere Platin-Beschichtung des Filters in Gang gesetzt.

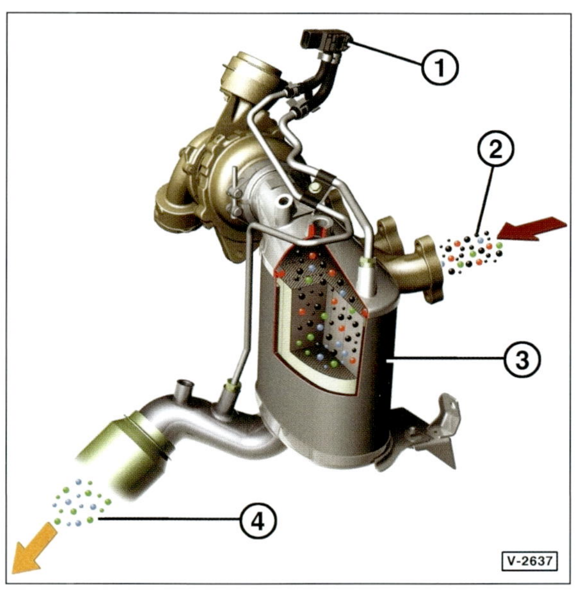

1 – Drucksensor
2 – Abgas mit Rußpartikeln
3 – Diesel-Partikelfilter
4 – Abgas ohne Rußpartikel

Aktive Regeneration: Der Drucksensor –1– vergleicht den Abgasdruck vor und nach dem Partikelfilter –3–. Hoher Druckunterschied deutet darauf hin, dass der Filter zum Verstopfen neigt. In diesem Fall wird die aktive Filter-Regeneration eingeleitet. In der Regel geschieht das dann, wenn die Abgastemperaturen für die passive Regeneration des Filters zu niedrig sind, zum Beispiel bei häufigem Stadtverkehr. Für die aktive Regeneration verändert das Motor-Steuergerät den Einspritzvorgang und erhöht dadurch die Abgastemperatur auf +600° – +650° C. Bei dieser Temperatur werden die Rußpartikel zu Kohlendioxid (CO_2) verbrannt. Der aktive Regenerationsvorgang dauert ca. 10 Minuten und wird vom Fahrer in der Regel nicht bemerkt.

SCR-System

Um bessere Abgaswerte zu erzielen, kommt beim 2,0-l-Dieselmotor »Blue-TDI« das SCR-System zum Einsatz. **SCR** = **s**elective **c**atalytic **r**eduction = selektive katalytische Reduktion. Selektiv bedeutet, es werden speziell die Stickoxide aus dem Abgas entfernt.

Das SCR-System besteht aus der AdBlue-Flüssigkeit, dem Vorratsbehälter, dem Dosierventil und dem SCR-Katalysator. Der SCR-Katalysator befindet sich in der Abgasanlage hinter dem Diesel-Partikelfilter.

AdBlue ist eine wässrige Harnstofflösung, die entsprechend der Abgasmenge durch eine Dosierpumpe in das Abgasrohr vor dem SCR-Katalysator eingespritzt wird. Dort wandelt sich die Flüssigkeit aufgrund der hohen Abgastemperatur in Ammoniak und CO_2 um. Durch die Zugabe von Ammoniak (NH_3) werden im SCR-Katalysator bei entsprechender Temperatur die Stickoxide (NO_x) im Abgas zu Stickstoff (N_2) und Wasser (H_2O) reduziert.

Das SCR-System hat zusätzlich den Vorteil, dass der Kraftstoffverbrauch je nach Fahrweise zwischen 3 und 8 % sinkt. Andrerseits wird ein zusätzlicher Tank für die AdBlue-Flüssigkeit benötigt.

Reduktionsmitteltank

Der Vorratsbehälter für die AdBlue-Flüssigkeit (32,5-prozentige, wässrige Harnstofflösung) befindet sich unter der Reserveradmulde. Über eine Intank-Fördereinheit wird die AdBlue-Flüssigkeit zum Dosierventil am Abgasrohr gefördert.

Beim PASSAT befindet sich der SCR-Katalysator im Abgasstrom hinter dem Dieselpartikelfilter. Je nach Betriebszustand des Motors wird durch das Dosierventil die entsprechende Menge AdBlue-Reduktionsmittel eingespritzt und im Mischer mit dem Abgasstrom vermischt. Die Einspritzmenge wird vom Motorsteuergerät bestimmt.

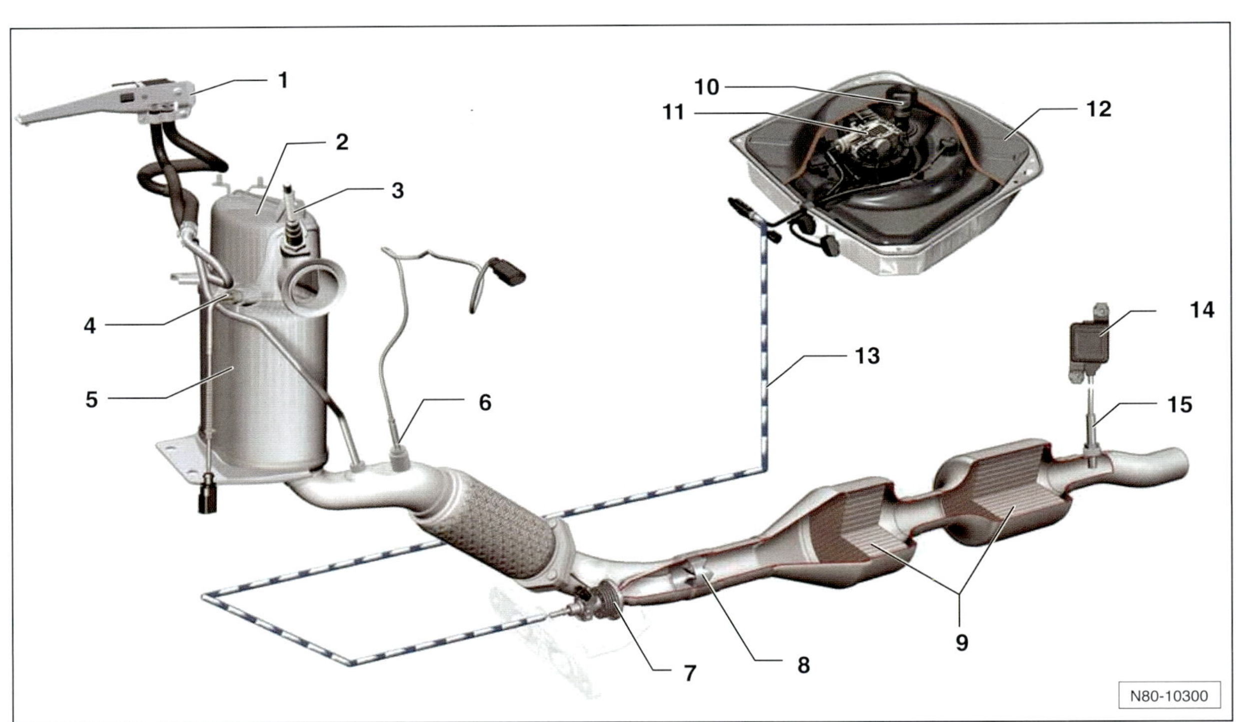

1 – Differenzdrucksensor
2 – Oxidationskatalysator
3 – Lambdasonde
4 – Abgas-Temperaturgeber 1
5 – Diesel-Partikelfilter
6 – Abgas-Temperaturgeber 2
7 – Dosierventil für Reduktionsmittel AdBlue
8 – Mischer
9 – SCR-Katalysator
10 – Einfülldeckel
11 – Fördereinheit für Reduktionsmittel AdBlue
12 – Reduktionsmittel-Tank
13 – Reduktionsmittelleitung
14 – Steuergerät für NO_X-Geber
15 – NO_X-Geber

Abgasanlagen-Übersicht

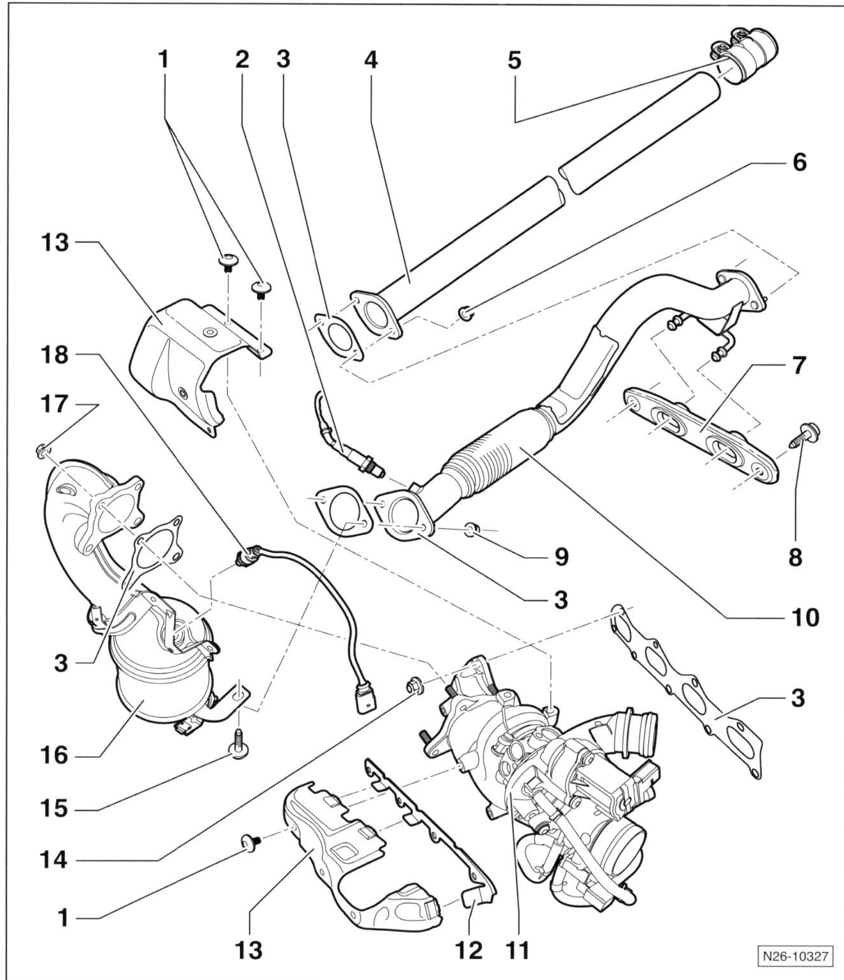

Abgasanlage vorn
1,4-l-Benzinmotor 90 kW

1 – **Schrauben, 10 Nm**
Beim Einbau zunächst handfest anziehen.

2 – **Lambdasonde 2 [2], 50 Nm**
Nach dem Katalysator.

3 – **Dichtung [1]**

4 – **Mittleres Abgasrohr**

5 – **Klemmhülse, 25 Nm**

6 – **Mutter [1], 25 Nm**

7 – **Aufhängung**
Bei Beschädigung ersetzen.

8 – **Schraube, 25 Nm**

9 – **Mutter [1], 25 Nm**

10 – **Vorderes Abgasrohr**
Mit Entkoppelungselement.

11 – **Abgasturbolader**
Kann nur zusammen mit dem Abgaskrümmer ersetzt werden.

12 – **Halter**

13 – **Wärmeschutzblech**
Ohne Vorspannung einbauen.

14 – **Mutter [1], 25 Nm**
Vor dem Einbau die Stiftschrauben des Abgaskrümmers mit Heißschraubenpaste einstreichen.

15 – **Schraube [1)3)], 25 Nm**

16 – **Katalysator [3]**

17 – **Mutter [1], 23 Nm**
Vor dem Einbau die Stiftschrauben des Turboladers mit Heißschraubenpaste einstreichen.

18 – **Lambdasonde 1 [2], 50 Nm**
Vor dem Katalysator.

---

[1]) Immer ersetzen.

[2]) Nur Gewinde mit VW-»G 052 112 A3« fetten. Das Fett darf nicht auf Schlitze kommen. Dichtring bei Undichtigkeiten aufkneifen und ersetzen.

[3]) Beim Einbau Clips verwenden. Anordnung der Clips, siehe Abbildung N26-10366.

Anordnung der Clips für den Katalysatoreinbau

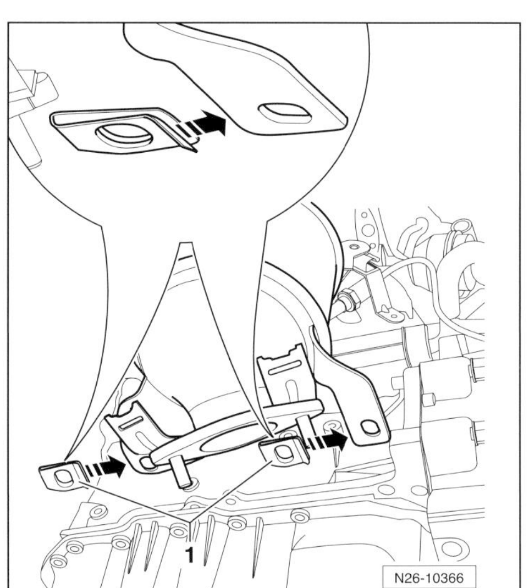

- Clips in Pfeilrichtung aufschieben. Darauf achten, dass die Lippen der Clips nach unten zeigen.

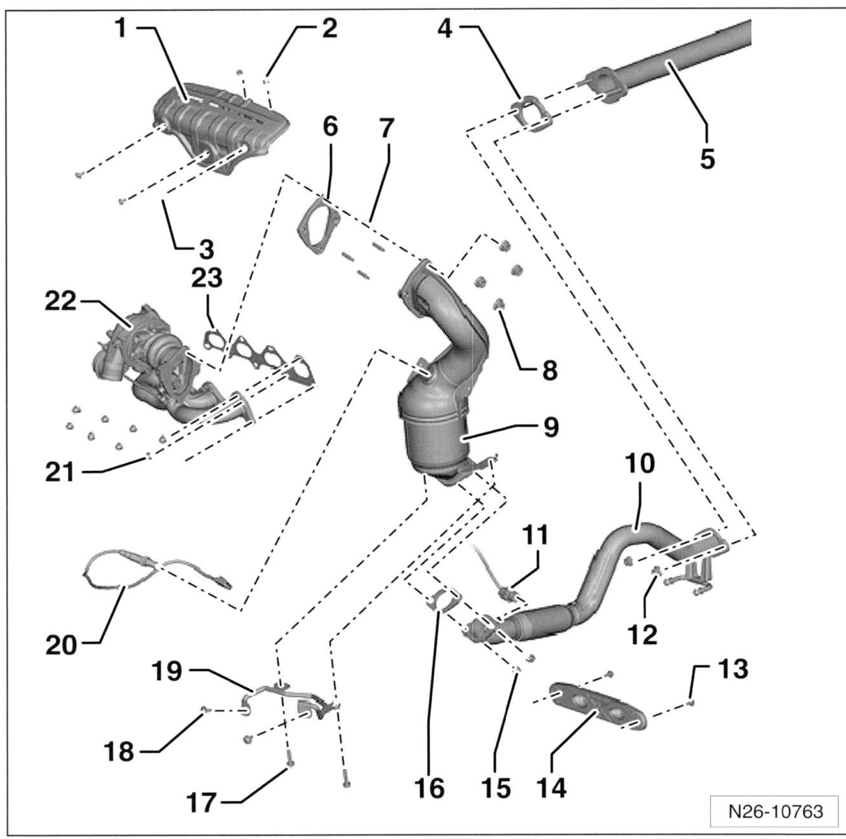

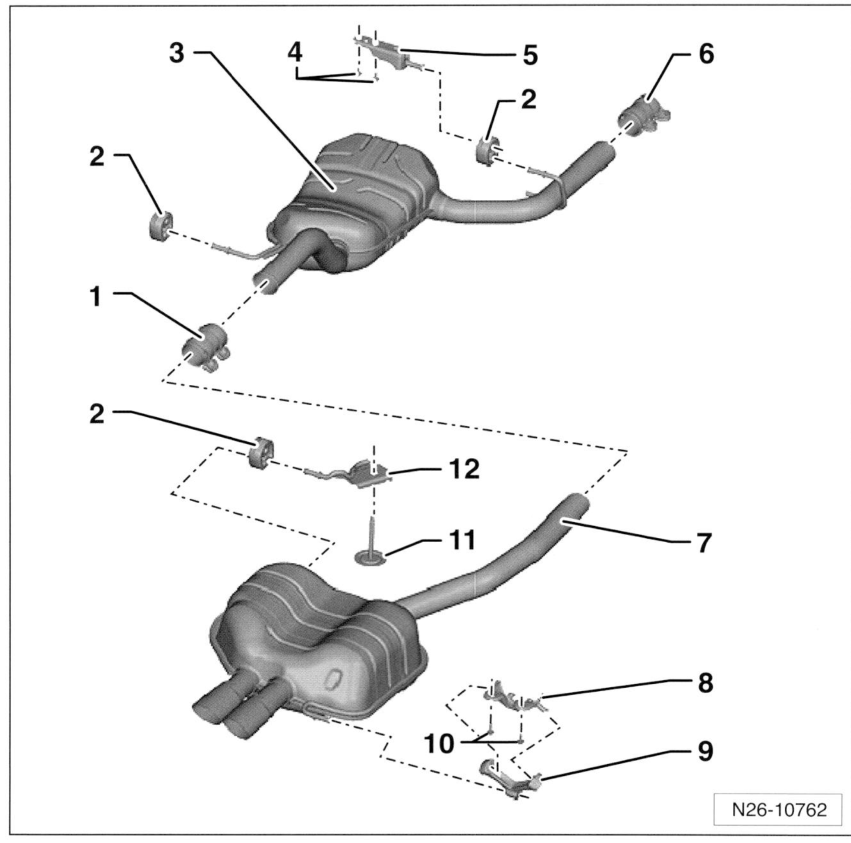

1,4-l-Benzinmotor 118 kW

1 – **Wärmeschutzblech**

2 – **Muttern, 10 Nm**

3 – **Schrauben, 10 Nm**

4 – **Dichtung**[1)]

5 – **Abgasrohr**

6 – **Dichtung**[1)]

7 – **Stiftschraube**

8 – **Muttern**[1)]**, 23 Nm**

9 – **Katalysator**

10 – **Abgasvorrohr**
Mit Entkopplungselement. Entkopplungselement nicht mehr als 10° abwinkeln.

11 – **Lambdasonde nach Katalysator**[2)]**, 50 Nm**

12 – **Muttern**[1)]**, 23 Nm**

13 – **Schrauben, 25 Nm**

14 – **Aufhängung**
Am Aggregateträger befestigt.

15 – **Muttern**[1)]**, 23 Nm**

16 – **Dichtung**[1)]

17 – **Schrauben, 25 Nm**

18 – **Schraube, 10 Nm**

19 – **Halter**

20 – **Lambdasonde**[2)]**, 50 Nm**

21 – **Muttern**[1]**, 25 Nm**
Stiftschrauben ersetzen. Anzugsreihenfolge über Kreuz von innen nach außen. Stiftschrauben müssen noch 25 mm herausragen.

22 – **Abgasturbolader**

23 – **Dichtung**[1)]

[1)] Nach jeder Demontage ersetzen.

[2)] Nur Gewinde mit VW-»G 052 112 A3« fetten. Das Fett darf nicht auf Schlitze kommen. Dichtring bei Undichtigkeiten aufkneifen und ersetzen.

Abgasanlage hinten

Hinweis: Die Abbildung zeigt die Schalldämpfer vom 1,4-l-118-kW-Motor. Die einzelnen Bauteile beim 90-kW-Motor unterscheiden sich lediglich in der Form.

1 – **Reparatur-Klemmhülse**

2 – **Aufhängung**

3 – **Mittelschalldämpfer**

4 – **Schraube, 25 Nm**
2 Stück.

5 – **Halter**
Einbaulage beachten.

6 – **Reparatur-Klemmhülse**

7 – **Nachschalldämpfer**

8 – **Halter**
Einbaulage beachten.

9 – **Aufhängung**

10 – **Schraube, 25 Nm**
2 Stück.

11 – **Schraube, 90 Nm + 90°.**
Nach jeder Demontage ersetzen. Größer M12 x 1,5 x 110.

12 – **Halter**

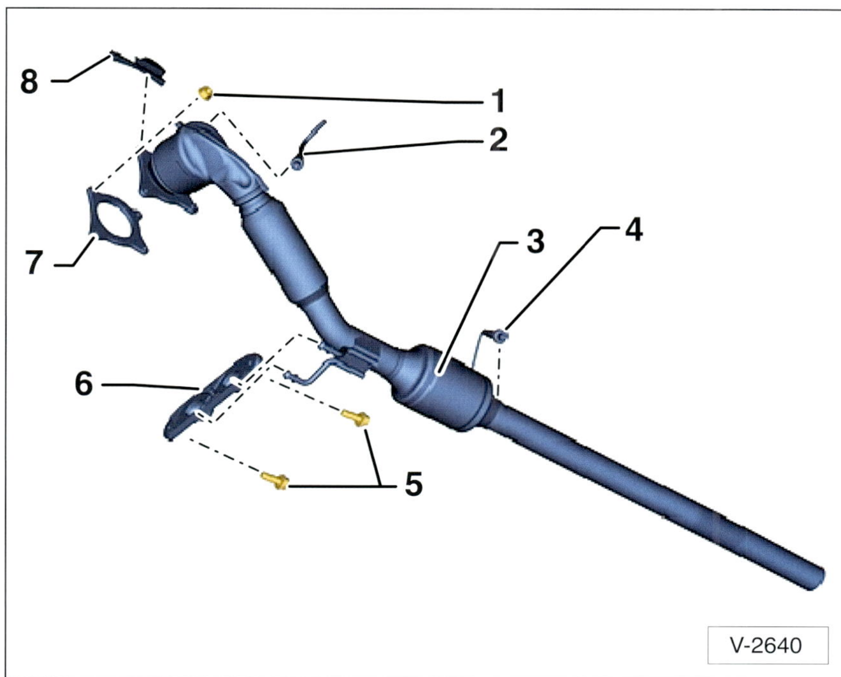

1,8-/2,0-l-Benzinmotor

1 – **Mutter**[1]**, 40 Nm**
Stiftschrauben des Abgaskrümmers mit Heißschraubenpaste, zum Beispiel VW-G 052 112 A3, einstreichen.

2 – **Lambdasonde** [2)]**, 55 Nm**

3 – **Abgasvorrohr mit Katalysatoren**
Mit Entkopplungselement. Entkopplungselement nicht mehr als 10° abwinkeln beziehungsweise auf Zug belasten. Drahtgeflecht am Entkopplungselement nicht beschädigen. Katalysator vor Stoß- und Schlagbeanspruchung schützen.

4 – **Lambdasonde nach Katalysator**[2)]**, 55 Nm**

5 – **Schrauben, 25 Nm**

6 – **Aufhängung**
Bei Beschädigung ersetzen.

7 – **Dichtung**[1)]

8 – **Wärmeschutzblech**

[1)] Nach jeder Demontage ersetzen.

[2)] Nur Gewinde mit VW-»G 052 112 A3« fetten. Das Fett darf nicht auf Schlitze kommen. Dichtring bei Undichtigkeiten aufkneifen und ersetzen.

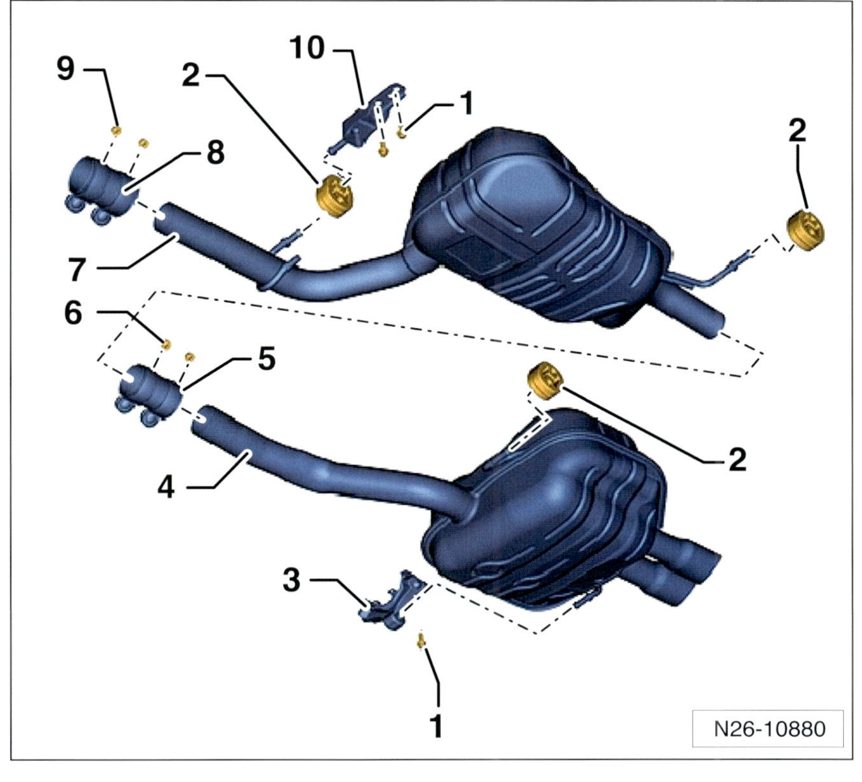

Abgasanlage hinten Frontantrieb

1 – **Schraube, 25 Nm**

2 – **Aufhängung**
Bei Beschädigung ersetzen.

3 – **Halteschlaufe**
Bei Beschädigung ersetzen.

4 – **Nachschalldämpfer**
Serienmäßig eine Baueinheit mit Mittelschalldämpfer. Kann im Reparaturfall einzeln ersetzt werden.

5 – **Reparatur-Klemmhülse hinten**

6 – **Verschraubung**

7 – **Mittelschalldämpfer**
Serienmäßig Baueinheit mit Nachschalldämpfer. Kann im Reparaturfall einzeln ersetzt werden.

8 – **Klemmhülse vorn**
Verschraubungen gleichmäßig anziehen.

9 – **Verschraubung**
Verschraubungen gleichmäßig anziehen.

10 – **Aufhängung**
Für Mittelschalldämpfer.

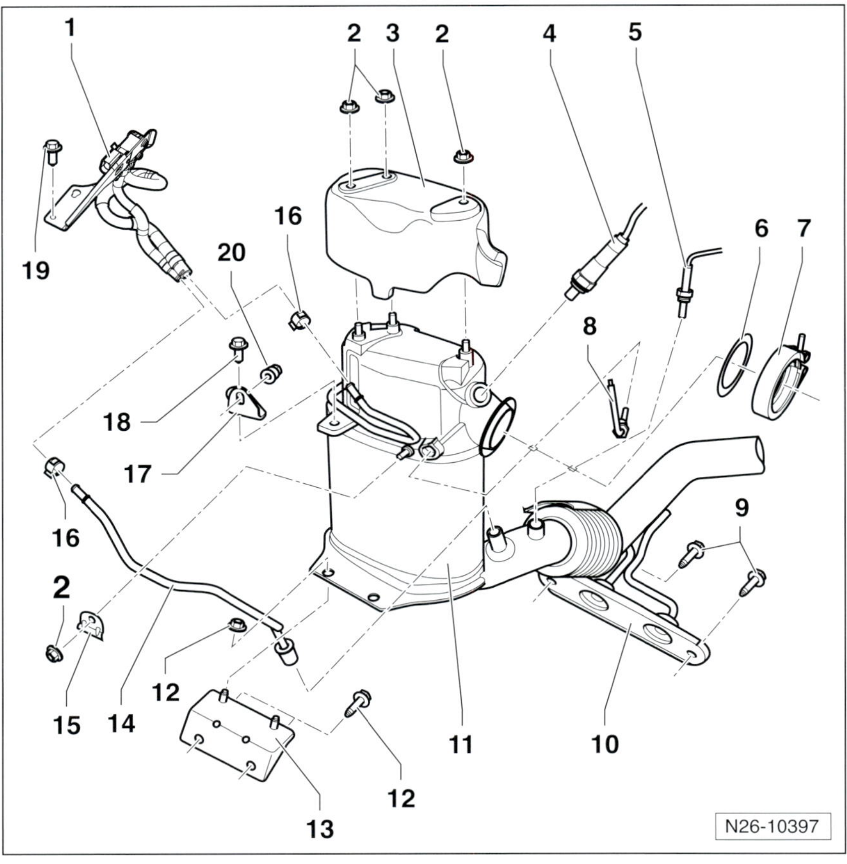

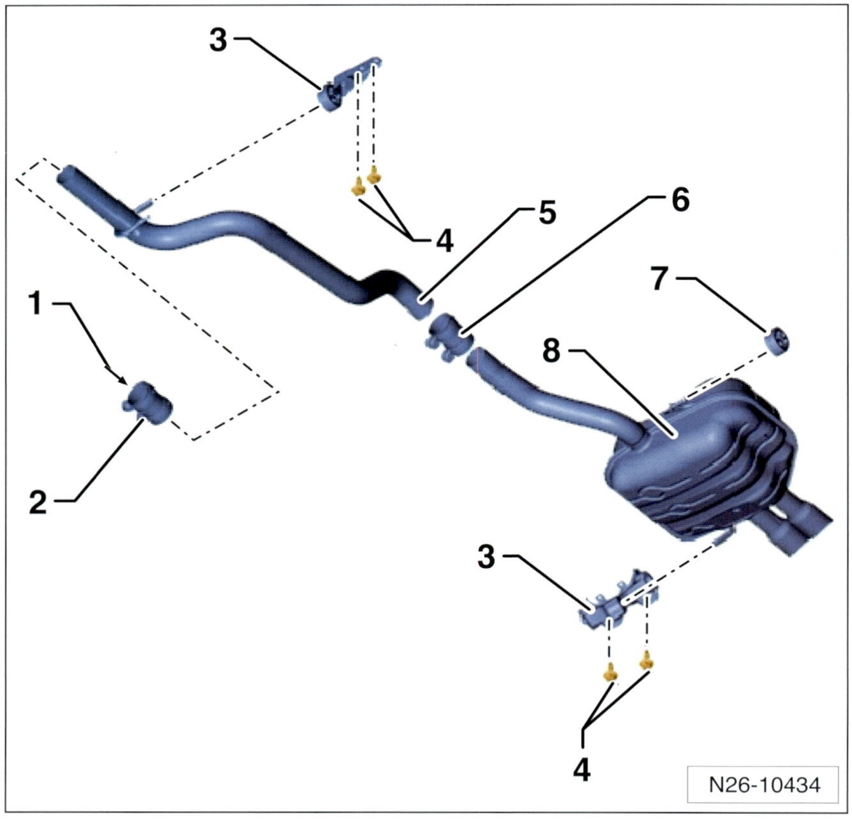

2,0-l-Dieselmotor

Hinweis: Die Abgasanlage des 1,6-l-Dieselmotors ist ähnlich.

1 – **Differenzdruckgeber**

2 – **Muttern, 10 Nm**

3 – **Abschirmung**

4 – **Lambdasonde** [1]**, 50 Nm**

5 – **Abgastemperaturgeber 4** [2]**, 60 Nm**

6 – **Dichtung** [3]
Einbaulage beachten.

7 – **Schelle, 7 Nm**

8 – **Abgastemperaturgeber 3** [2]**, 60 Nm**

9 – **Schrauben,25 Nm**

10 – **Aufhängung**
Bei Beschädigung ersetzen.

11 – **Partikelfilter**
Mit Oxidationskatalysator und Abgasvorrohr.
Muss nach dem Ersetzen mit dem Diagnosetester angepasst werden.

12 – **Muttern, 25 Nm**

13 – **Halter**
Am Motorblock festgeschraubt.

14 – **Steuerleitung, 45 Nm**
Bei Fahrzeugen ohne Steuerleitung ist die Öffnung mit einem Blindstopfen verschlossen.

15 – **Halter**
Am Partikelfilter festgeschraubt.

16 – **Klemmschelle** [3]

17 – **Halter**
Am Motorblock festgeschraubt.

18 – **Schraube, 25 Nm**

19 – **Schraube, 8 Nm**

20 – **Mutter, 25 Nm**

[1]) Nur Gewinde mit VW-»G 052 112 A3« fetten. Das Fett darf nicht auf Schlitze kommen. Dichtring bei Undichtigkeiten aufkneifen und ersetzen.

[2]) Das Gewinde eines neuen Gebers ist beschichtet. Nicht zusätzlich ölen oder fetten.

[3]) Immer ersetzen.

Abgasanlage hinten

Fahrzeuge mit SCR-System

1 – **Vom SCR-Katalysator**

2 – **Klemmhülse**[1]

3 – **Aufhängung**[2]

4 – **Schrauben**[3]**, 25 Nm**

5 – **Abgasrohr**

6 – **Klemmhülse**[1]

7 – **Haltering**[2]

8 – **Nachschalldämpfer**

[1]) Vor dem Anziehen Abgasanlage in kaltem Zustand spannungsfrei einrichten.

[2]) Bei Beschädigung ersetzen.

[3]) Nach jedem Ausbau ersetzen.

Mittel- und Nachschalldämpfer aus- und einbauen

Ab Werk sind Mittel- und Nachschalldämpfer als eine Einheit eingebaut; die Schalldämpfer können jedoch einzeln erneuert werden. Zum Trennen wird ein handelsüblicher Ketten-Abgasrohrschneider benötigt, zum Beispiel HAZET 4682. Steht das Werkzeug nicht zur Verfügung, Abgasanlage mit einer Eisensäge rechtwinklig zum Rohr durchsägen.

Ausbau bei einteiliger Mittel-/Nachschalldämpfer-Anlage

Sicherheitshinweis
Beim Aufbocken des Fahrzeugs besteht Unfallgefahr! Deshalb das Kapitel »Fahrzeug aufbocken« durchlesen.

- Fahrzeug aufbocken.

Zum einzelnen Ersetzen des Mittel- beziehungsweise Nachschalldämpfers ist im Verbindungsrohr eine Trennstelle vorgesehen.

Die Trennstelle ist durch eine Eindrückung auf dem Umfang des Abgasrohrs gekennzeichnet.

Achtung: Um Verletzungen durch Metallspäne zu vermeiden, Schutzbrille und Schutzbekleidung tragen.

- **BlueMotion-Fahrzeuge:** Verkleidung der Hinterachse sowie zusätzliche Unterbodenverkleidung links und rechts ausbauen.

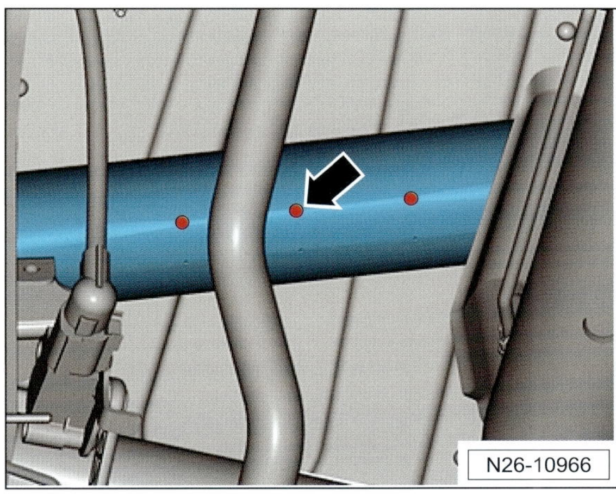
N26-10966

- Die Trennstelle ist durch Eindrückungen gekennzeichnet. An den mittleren Eindrückungen –Pfeil– wird das Abgasrohr getrennt. Die seitlichen Markierungen dienen als Markierung, damit die Abgasrohre gleich weit in die Klemmschelle (Klemmhülse) hineingeschoben werden.
- Kette des Abgasrohrschneiders an den mittleren Eindrückungen –Pfeil– um das Rohr herumlegen und spannen. Kette hin- und herrollen und dabei nachspannen, jedoch nicht zu stark, damit das Rohr beim Schneiden nicht verformt wird.
- Schalldämpfer aus den Gummihalterungen aushängen und herausnehmen.

Einbau

Achtung: Bereits montierte Klemmschellen immer erneuern, nicht wieder verwenden. Da je nach Fahrzeugmodell unterschiedliche Rohrdurchmesser verwendet werden, auf richtige Ersatzteilzuordnung der Reparatur-Klemmschellen achten.

- Schalldämpfer in die Gummihalterungen einhängen.
- **Neue** Reparatur-Klemmschelle so einsetzen, dass bei der vorderen Klemmschelle die Verschraubung nach rechts und bei der hinteren Klemmschelle die Verschraubung nach hinten zeigt.

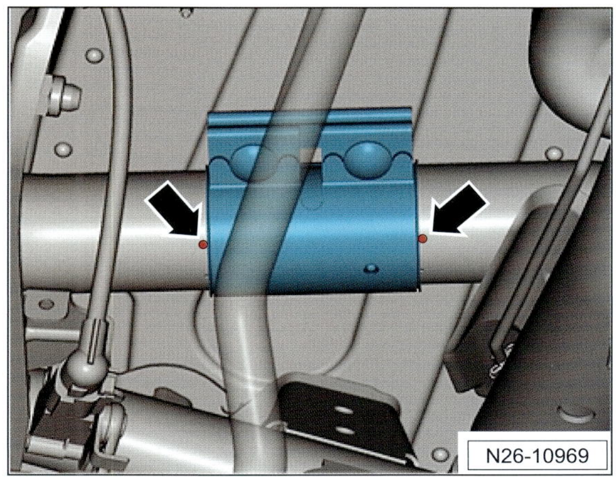
N26-10969

- Abgasrohre bis zu den Markierungspunkten –Pfeile– in die Reparatur-Klemmschelle einschieben.
- Befestigungsschrauben von oben in die Klemmschellen einsetzen und Muttern von unten aufschrauben.

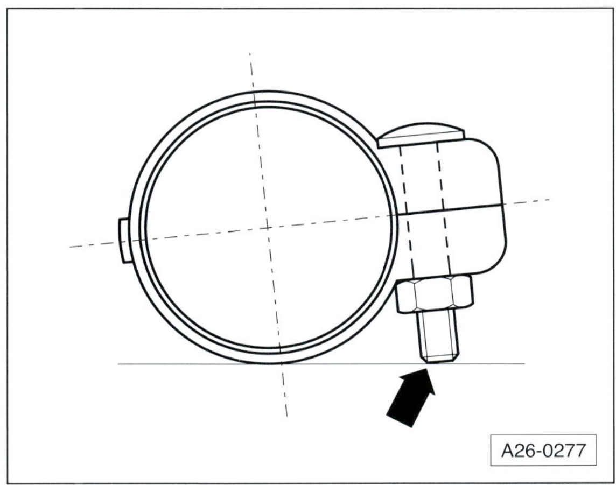
A26-0277

- Klemmschelle so drehen, dass das Schraubenende nicht über die Unterkante der Klemmhülse hinausragt –Pfeil–.
- Muttern für Klemmschelle beidrehen, nicht festziehen.
- Abgasanlage spannungsfrei einrichten und Klemmschelle festziehen, siehe entsprechendes Kapitel.

Abgasanlage spannungsfrei einrichten

Die Abgasanlage wird in kaltem Zustand (Umgebungstemperatur) eingerichtet.

- Schrauben der Verbindungsschelle(n) lockern und Schelle(n), wie bei den Übersichtsabbildungen gezeigt, ausrichten. Dabei darf das Schraubenende nicht über die Unterkante der Schelle hinausragen.
- Abgasanlage so ausrichten, dass sie spannungsfrei in den Aufhängungen sitzt. Dabei auf ausreichenden Abstand von mindestens 25 mm zum Aufbau achten. Gegebenenfalls Anlage verdrehen oder in Längsrichtung verschieben. Die Halterungen müssen gleichmäßig belastet werden. Darauf achten, dass die Rohre weit genug in die Schellen geschoben werden. Dafür sind als Markierungen in den Rohren Eindrückungen angebracht.

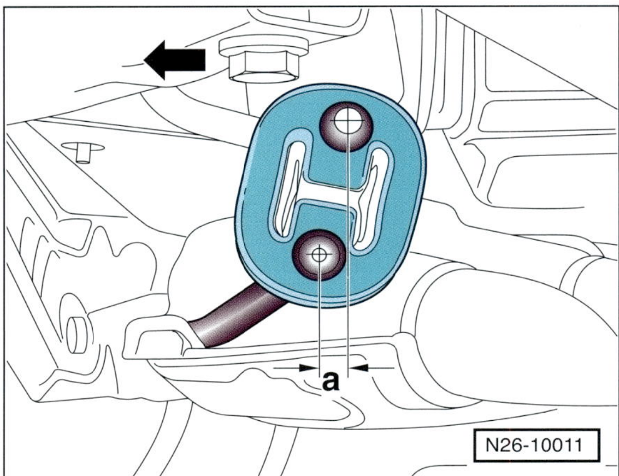

- **Alle außer 1,4-l-Benzinmotor mit 90 kW:** Abgasanlage so weit nach vorn drücken, bis die Vorspannung der Halteschlaufe am Abgasrohr a = 15 – 17 mm beträgt. Der Pfeil zeigt in Fahrtrichtung.

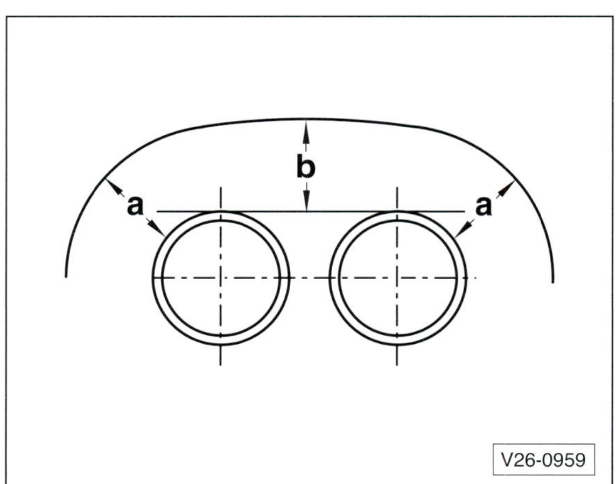

- Endrohr so ausrichten, dass der Abstand –a– rechts und links gleich groß ist und der Abstand –b– vom Stoßfängerausschnitt zu den Endrohren parallel verlaufen.

Reparatur-Klemmschelle festziehen

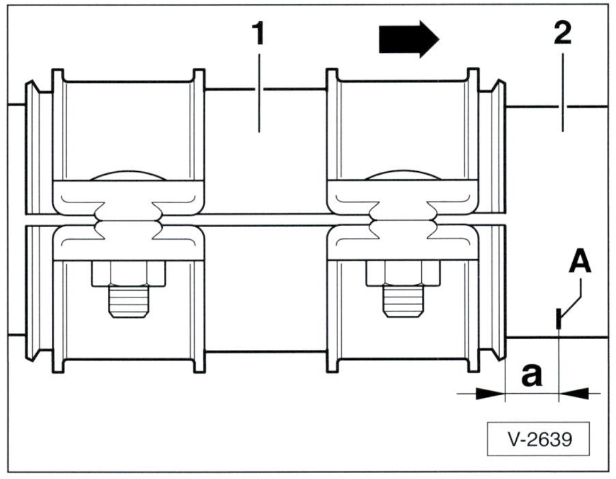

- Falls am Abgasvorrohr –2– die Markierung –A– vorhanden ist, die vordere Reparatur-Klemmschelle –1– so ausrichten, dass der Abstand zur Markierung –a– eingehalten wird. Der Pfeil zeigt in Fahrtrichtung. Das richtige Maß –a– steht unter Abbildung N26-10627.

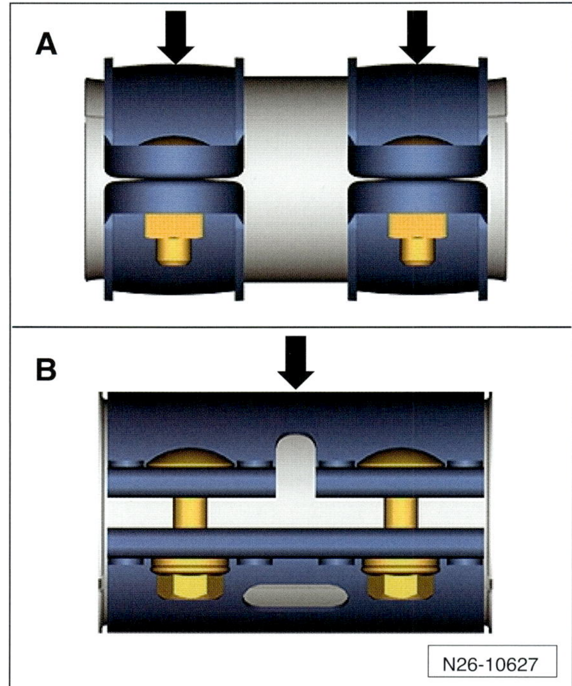

- Die Klemmschelle **–A–** mit 2 einzelnen Schellen hat eine Länge von 95 mm. Wird die Schelle vorn eingebaut, muss das Maß **a = 5 mm** (Abbildung N26-10302) eingehalten werden. Muttern mit **25 Nm** festziehen.
- Die Klemmschelle **–B–** mit einer durchgehenden Schelle hat eine Länge von 88 mm. Wird die Schelle vorn eingebaut, muss das Maß **a = 8,5 mm** (1,6-l-Dieselmotor: **a = 6,6 mm**) eingehalten werden.
  Muttern mit **35 Nm** festziehen.

Innenausstattung

Aus dem Inhalt:

- Konsolen demontieren
- Ablagefächer ausbauen
- Innenverkleidungen
- Innenspiegel ersetzen
- Türverkleidung erneuern
- Sitze ausbauen

Wichtige Arbeits- und Sicherheitshinweise

Werden Arbeiten an der Innenausstattung ausgeführt, sind folgende Hinweise unbedingt zu beachten:

- Zum Abhebeln von Kunststoffverkleidungen und -blenden Kunststoffkeil verwenden, zum Beispiel HAZET 1965-20, oder Lösehebel, zum Beispiel HAZET- 799-3.
- Bereiche, an denen ein Kunststoffkeil oder ein Schraubendreher angesetzt wird, zum Schutz mit Klebeband abkleben.
- Vor dem Einbau sämtliche Befestigungselemente auf Beschädigung prüfen und gegebenenfalls ersetzen.
- Clips, die beim Ausbau von Verkleidungen beschädigt werden, immer erneuern.
- Die Fenster- und Türsäulen der Karosserie werden von vorn nach hinten als A-, B-, C- und D-Säulen (nur VARIANT) bezeichnet.
- Sitze, Sicherheitsgurte und Airbags sind sicherheitsrelevante Bauteile. **Aus Sicherheitsgründen nur die hier beschriebenen Arbeiten durchführen. Komplexere Arbeiten nicht in Eigenregie vornehmen, sondern von einer Fachwerkstatt durchführen lassen.**

Achtung: Airbag-Sicherheitshinweise unbedingt befolgen, insbesondere bei Arbeiten an der Armaturentafel, **siehe Seite 204.**

Um ein Auslösen des Airbags zu verhindern, vor dem Trennen von Kabeln des Airbag-Systems, Batterie-Massekabel (–) bei eingeschalteter Zündung abklemmen. Anschließend **Minuspol isolieren**, um einen versehentlichen Kontakt zu vermeiden.

> **Achtung:** Wenn im Rahmen von Arbeiten an der Karosserie auch Arbeiten an der elektrischen Anlage durchgeführt werden, **grundsätzlich** Zündung ausschalten und Zündschlüssel abziehen. Als Arbeit an der elektrischen Anlage ist dabei schon zu betrachten, wenn eine elektrische Leitung vom Anschluss abgezogen beziehungsweise abgeklemmt wird.

Halteclips/Halteklammern aus- und einbauen

Zahlreiche Abdeckungen und Verkleidungen sind mit Halteclips und Halteklammern an der Karosserie befestigt.

Ausbau

- **Halteclip an der Rückseite der Verkleidung:** Geeignetes Werkzeug, zum Beispiel HAZET-Lösehebel 799-3, unter die Verkleidung schieben und Halteclip –2– aus der Bohrung herausziehen. **Hinweis:** Die Clips werden dabei häufig beschädigt und müssen ersetzt werden.
- **Halteklammer an der Rückseite der Verkleidung:** Verkleidung im Bereich der Halteklammer –1/3– von der Karosserie abziehen und dadurch die Halteklammer aus der Bohrung herausziehen.

Einbau

- Vor dem Einbau Halteclips oder Halteklammern auf Beschädigungen überprüfen, wenn nötig ersetzen. Richtigen Sitz an der Verkleidung überprüfen.
- Halteklammer –1– gegebenenfalls in die Führung an der Rückseite der Verkleidung schieben.
- Verkleidung so ansetzen, dass sich die Halteclips oder Halteklammern über den Bohrungen befinden. Verkleidung im Bereich der Clips fest andrücken und einrasten.

Innenspiegel aus- und einbauen

Spiegel automatisch abblendend mit Regen- und Lichtsensor

Der automatisch abblendende Innenspiegel dunkelt stufenlos ab, wenn der Fahrer von hinten geblendet wird. Der Spiegel besteht aus einem Spiegelelement und 2 Fotosensoren. Die Elektronik erkennt durch die Fotosensoren den Lichteinfall von vorn und hinten. Ist der Lichteinfall von hinten größer als von vorn wird durch die Elektronik eine Spannung an die leitfähige Beschichtung gelegt. Die angelegte Spannung verändert die Farbe des Elektrolyten. Je höher die Spannung ist desto dunkler wird der Elektrolyt. Das einfallende Licht wird nicht mehr so stark reflektiert. Beim Einlegen des Rückwärtsgangs wird die Abblendfunktion abgeschaltet. Dadurch kann mithilfe des Innenspiegels, zum Beispiel in einer dunklen Garage herausrangiert werden.

Ausbau

- Zündung ausschalten und Zündschlüssel abziehen.

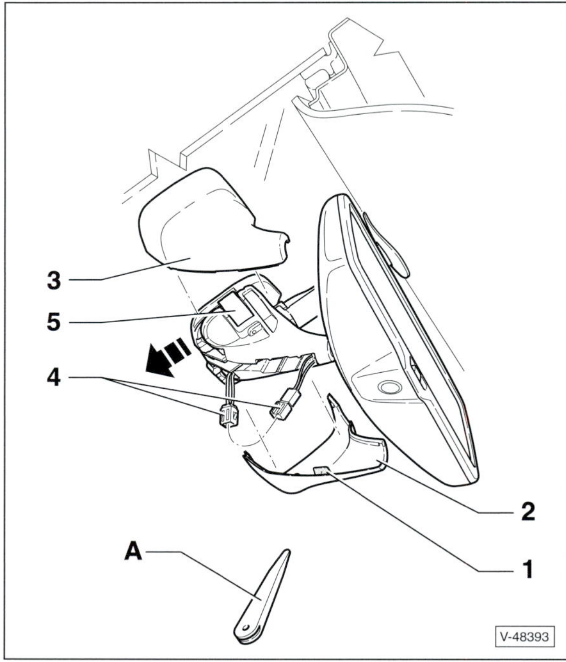

- Mit einem Kunststoffkeil –A– die Lasche –1– an der rechten Abdeckkappe –2– ausrasten.
- Abdeckkappen –2/3– auseinander drücken und vom Spiegelfuß abnehmen.
- Steckverbindung –4– aus dem Spiegelfuß herausziehen und trennen.
- Halteklammern –5– mit einem kleinen Schlitzschraubendreher auf beiden Seiten etwas lösen. **Hinweis:** In der Abbildung ist die gegenüberliegende Halteklammer verdeckt.
- Spiegelfuß mit Spiegel entlang der Frontscheibe in Pfeilrichtung nach unten aus der Halteplatte abziehen.

Einbau

- Der Einbau erfolgt in umgekehrter Ausbaureihenfolge.

Spiegel bei Fahrzeugen mit Frontkamera

Ausbau

- Zündung ausschalten und Zündschlüssel abziehen.

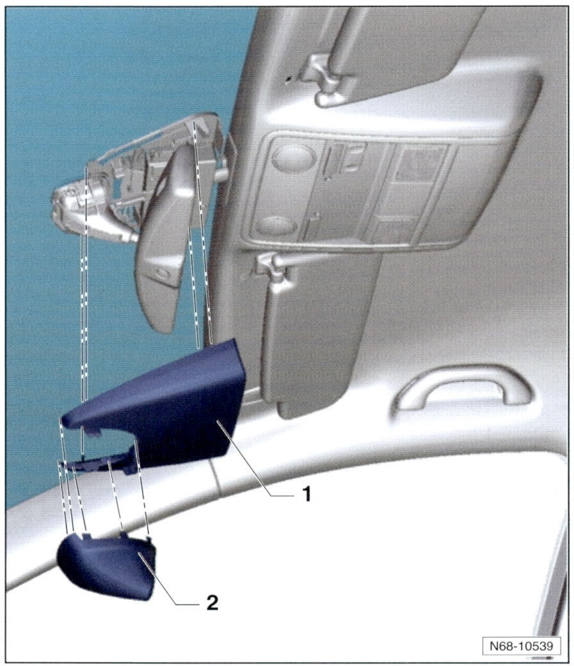

- Abdeckkappe –2– am Spiegelfuß an den Seiten, im Bereich der Verrastungen, leicht zusammendrücken und vorsichtig abziehen.
- Abdeckung –1– für Multifunktionskamera vorsichtig abziehen.
- Innenspiegel vorsichtig, entlang der Frontscheibe, nach unten aus der Aufnahme herausschieben.
- Steckverbindung vom Innenspiegel abziehen.

Einbau

- Der Einbau erfolgt in umgekehrter Ausbaureihenfolge.

Spiegel ohne Licht- und Regensensor sowie Frontkamera

Ausbau

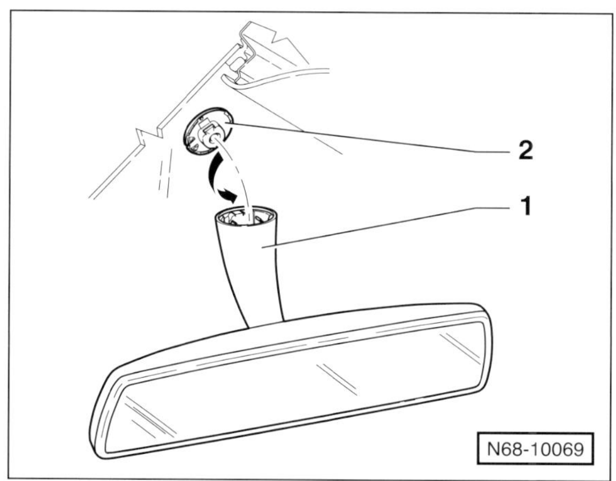

- Innenspiegel –1– um 90° gegen den Uhrzeigersinn drehen –Pfeil– und von der Halteplatte –2– abnehmen.

Einbau

- Der Einbau erfolgt in umgekehrter Ausbaureihenfolge.

Sonnenblende aus- und einbauen

Ausbau

- Zündung ausschalten.
- Innen- und Leseleuchte ausbauen, siehe Seite 144.
- Brillenfach ausbauen, siehe entsprechendes Kapitel.
- Dachkonsole ausbauen, siehe entsprechendes Kapitel.
- Obere A-Säulen-Verkleidung ausbauen siehe entsprechendes Kapitel.
- Vordere Dachhaltegriffe ausbauen siehe entsprechendes Kapitel.

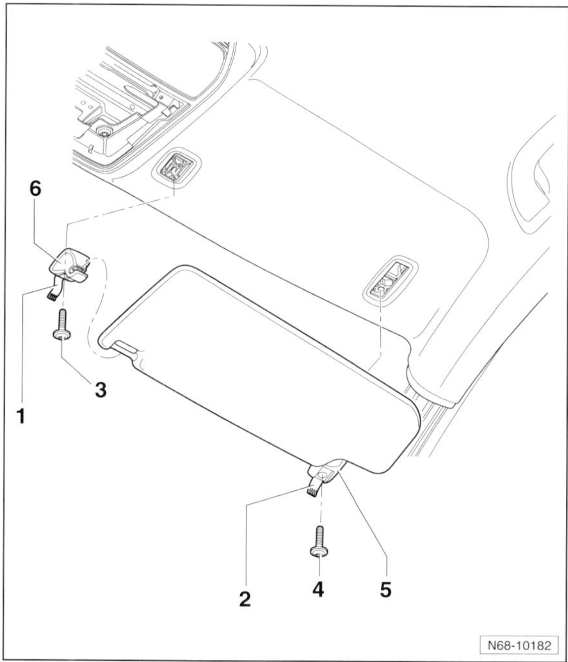

- Abdeckkappen –1– und –2– mit einem kleinen Schraubendreher aufhebeln.
- Schrauben –3– und –4– herausdrehen.
- Sonnenblendenlager –6– aus der Aufnahme herausziehen.
- Sonnenblendenlager –5– vorsichtig aus der Aufnahme herausziehen.
- Sonnenblende mit einer Hand festhalten und den Dachhimmel leicht absenken.
- Steckverbindung der Flachleitung aus der Halteklammer im Dachhimmel herausschieben.
- Steckverbindung vorsichtig durch die Öffnung im Dachhimmel schieben. **Achtung:** Dabei die Steckverbindung nur soweit herausschieben, bis sie sich dicht unterhalb vom Dachhimmel befindet. Steckverbindung nicht weiter herausziehen, da die Länge vom Leitungsstrang (Flachleitung) begrenzt ist und die Gefahr besteht, dass sie abreißt.
- Steckverbindung trennen.
- Sonnenblende abnehmen.

Einbau

- Der Einbau erfolgt in umgekehrter Ausbaureihenfolge. Dabei ist Folgendes zu beachten.

Hinweis: Beim Einbau der Sonnenblende muss ein Filzstreifen (Teilnummer: 533.863.288.A) über die Steckverbindung geklebt werden.

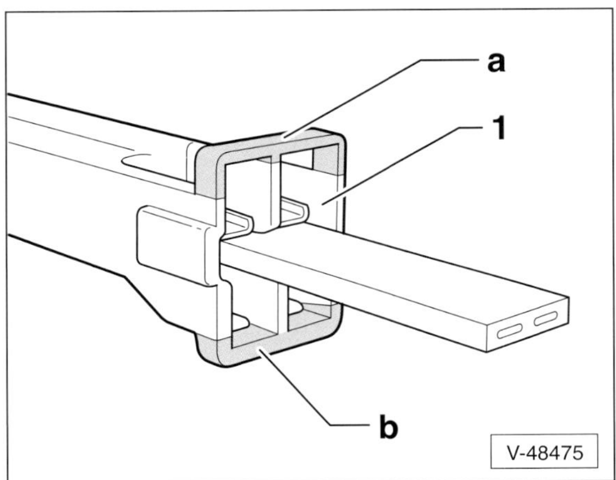

- Am Stecker –1– der Flachleitung, die aus der Öffnung im Dachquerträger heraustritt, die »grauen« Bereiche –a– und –b– mit einem Seitenschneider entfernen.

Achtung: Um einen möglichen Kurzschluss auszuschließen, darf dabei der mittlere, senkrechte Steg vom Stecker nicht beschädigt werden!

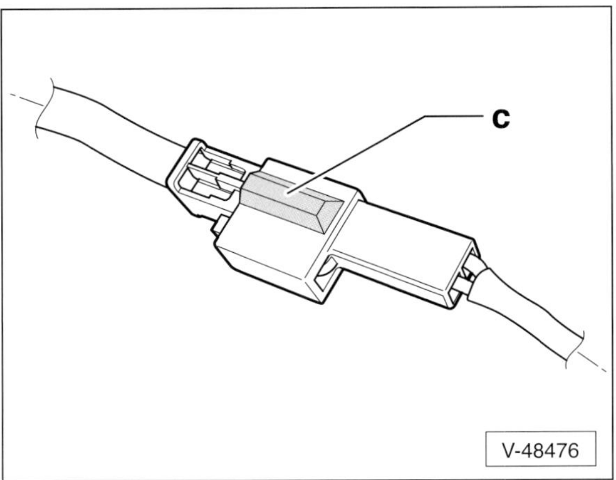

- Die beklebte Steckverbindung waagerecht, entgegen der Fahrtrichtung, zwischen Dachquerträger und Dachhimmel hineinschieben. Dabei zeigt die »graue« Fläche vom Stecker –c– nach oben.
- Schrauben mit **2 Nm** anziehen.

Dachhaltegriff aus- und einbauen

Ausbau

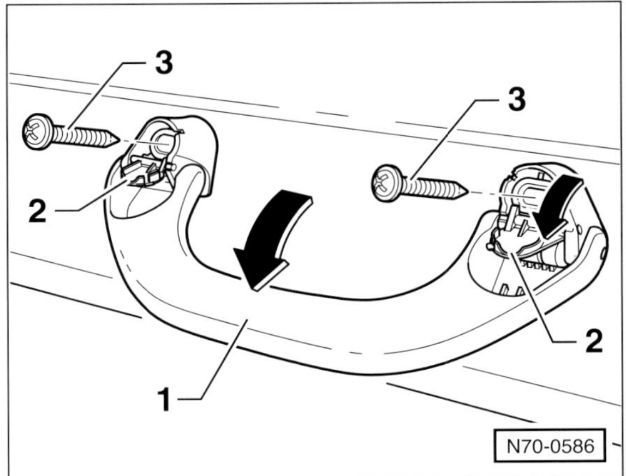

- Haltegriff –1– nach unten klappen.
- Abdeckkappen –2– mit Schraubendreher aufhebeln und herunterklappen.
- Schrauben –3– herausdrehen und Haltegriff –1– abnehmen.

Einbau

- Der Einbau erfolgt in umgekehrter Ausbaureihenfolge. Schrauben mit **2 Nm** anziehen.

Brillenfach aus- und einbauen

Ausbau

Hinweis: Zur besseren Übersicht ist das Brillenfach ausgebaut dargestellt.

Zum Ausbau vom Brillenfach müssen gleichzeitig 4 Rastlaschen mit einem kleinen Schraubendreher entriegelt werden.

- Brillenfach öffnen.

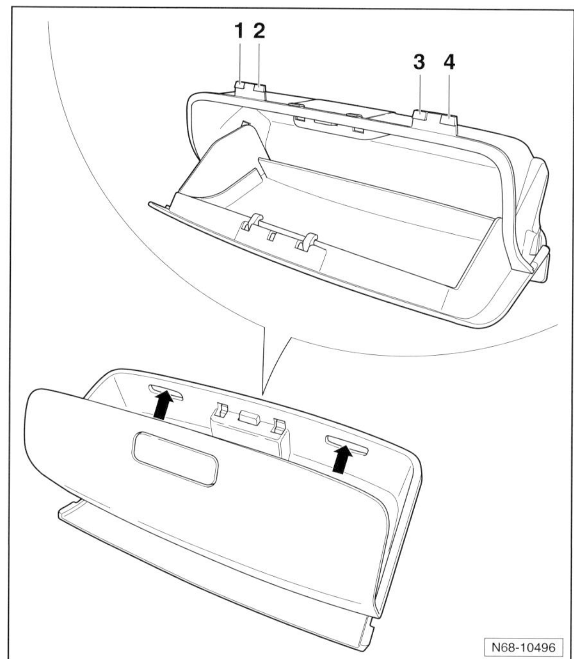

- An der Oberseite vom Brillenfach befinden sich 2 Schlitze –Pfeile–. Im linken Schlitz die Rastlaschen –1– und –2– entsichern.
- Im rechten Schlitz die Rastlaschen –3– und –4– entsichern.
- Brillenfach aus der Konsole herausnehmen.

Einbau

- Das Brillenfach in die Konsole einsetzen und einrasten.

Dachkonsole aus- und einbauen

Ausbau

- Deckenleuchte ausbauen, siehe Seite 144.

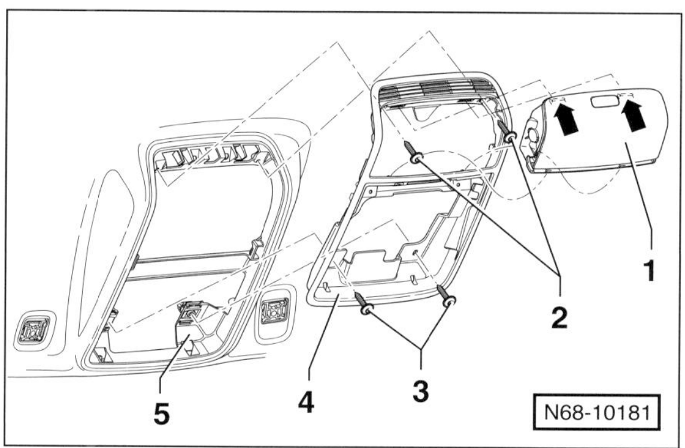

- Brillenfach –1– ausrasten –Pfeile– und aus der Konsole –4– herausziehen.

Hinweis: Beim VARIANT mit Panoramadach ist in der Konsole anstelle des Brillenfachs eine Abdeckung vorhanden, diese vorsichtig ausclipsen.

- 4 Schrauben –2/3– herausdrehen und Konsole –4– aus dem Einbaurahmen –5– im Dachhimmel herausziehen.

Einbau

- Der Einbau erfolgt in umgekehrter Ausbaureihenfolge.

Seitliche Abdeckung der Armaturentafel aus- und einbauen

Ausbau

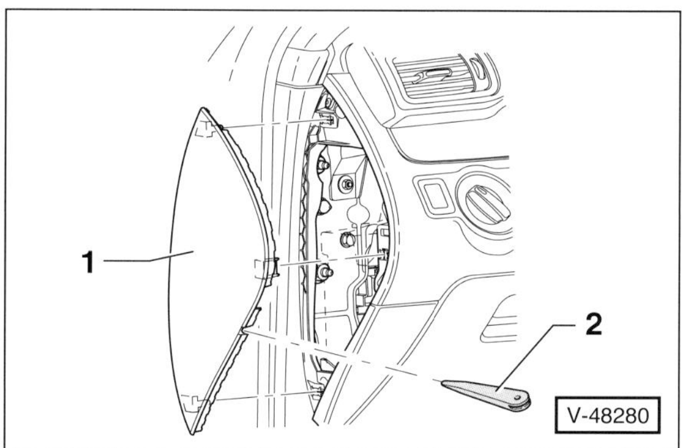

- Mit einem Kunststoffkeil –2– die Abdeckung –1– seitlich an der Armaturentafel heraushebeln und abnehmen.

Einbau

- Der Einbau erfolgt in umgekehrter Ausbaureihenfolge.

Parkscheinhalter aus- und einbauen

Ausbau

- Obere A-Säulen-Verkleidung auf der Fahrerseite, ausbauen siehe entsprechendes Kapitel.

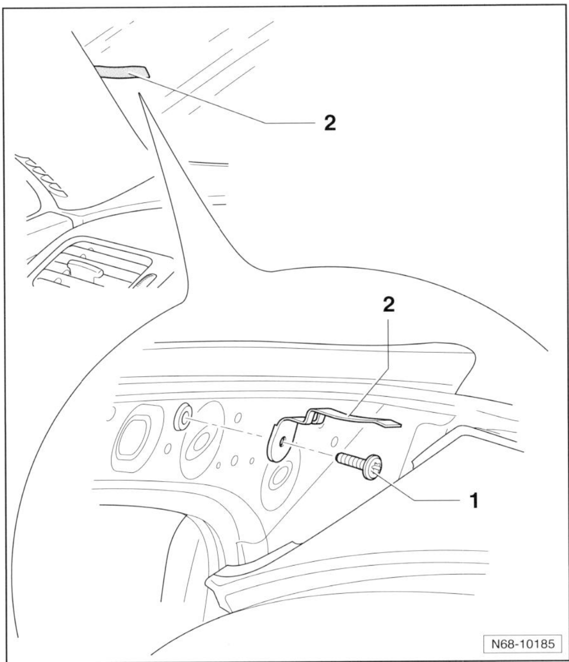

- Schraube –1– herausdrehen.
- Parkscheinhalter –2– von der Karosserie abnehmen.

Einbau

- Der Einbau erfolgt in umgekehrter Ausbaureihenfolge. Schraube mit **2 Nm** anziehen.

Lenksäulenverkleidung aus- und einbauen

Ausbau

- Batterie-Massekabel abklemmen, siehe Seite 79.

Sicherheitshinweis
Unbedingt Airbag-Sicherheitshinweise durchlesen, siehe Seite 204.

- Airbag-Einheit am Lenkrad ausbauen, siehe Seite 205.
- Lenkrad ausbauen, siehe Seite 206.

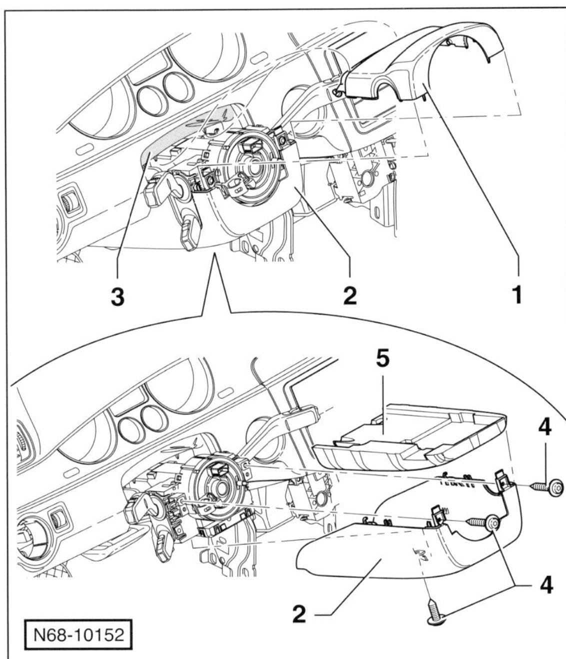

- Obere Lenksäulenverkleidung –1– an den Einraststellen aus den Aufnahmen der unteren Lenksäulenverkleidung –2– lösen und abnehmen.
- Obere Lenksäulenverkleidung –1– von der Abdeckung –3– über der Lenksäulenfuge lösen.
- 3 Schrauben –4– herausdrehen und untere Lenksäulenverkleidung –2– aus den Aufnahmen an der Lenksäule lösen.
- Je nach Ausstattung Schaumstoffeinlage –5– von der Lenksäule abnehmen.

Einbau

- Der Einbau erfolgt in umgekehrter Ausbaureihenfolge.

Handschuhfach aus- und einbauen

Ausbau

- Zündung ausschalten und Zündschlüssel abziehen.
- Handschuhfach öffnen.

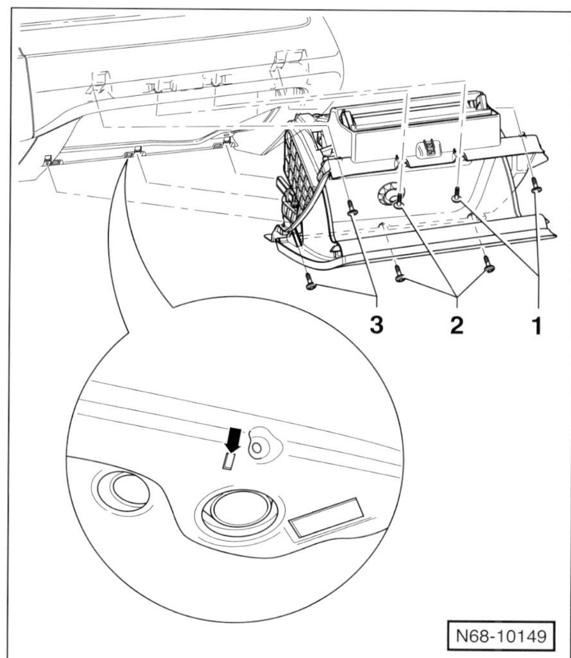

- 7 Schrauben –1/2/3– herausdrehen.
- Einen kleinen Schraubendreher unten in die Öffnung –Pfeil– einführen und Einraststelle entriegeln.
- Handschuhfach aus der Armaturentafel ziehen.
- Je nach Ausstattung Stecker für Handschuhfachleuchte, Fußraumleuchte und Schlüsselschalter für Airbagabschaltung abziehen.
- Gegebenenfalls Luftkanal für Handschuhfachkühlung abziehen.

Einbau

- Der Einbau erfolgt in umgekehrter Ausbaureihenfolge. Schrauben mit **1,5 Nm** anziehen.

Entriegelungstaste/Schließzylinder für Handschuhkasten aus- und einbauen

Ausbau

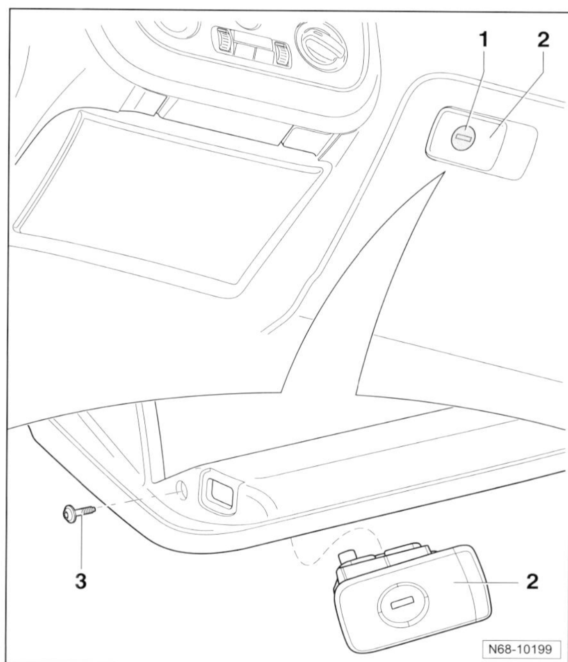

Hinweis: Ein separater Ausbau vom Schießzylinder –1– ist nicht möglich, gegebenenfalls muss die Entriegelungstaste –2– ersetzt werden.

- Handschuhkasten öffnen.
- Schraube –3– herausdrehen und Entriegelungstaste –2– aus der Handschuhkastenklappe herausziehen.

Einbau

- Der Einbau erfolgt in umgekehrter Ausbaureihenfolge.

Blenden und Zierleisten in der Armaturentafel aus- und einbauen

Die Blenden und Zierleisten werden mit einem Kunststoffkeil von der Armaturentafel abgehebelt. Beim Einbau Blende beziehungsweise Zierleiste an die Armaturentafel ansetzen und festdrücken.

Zierleiste auf der Beifahrerseite

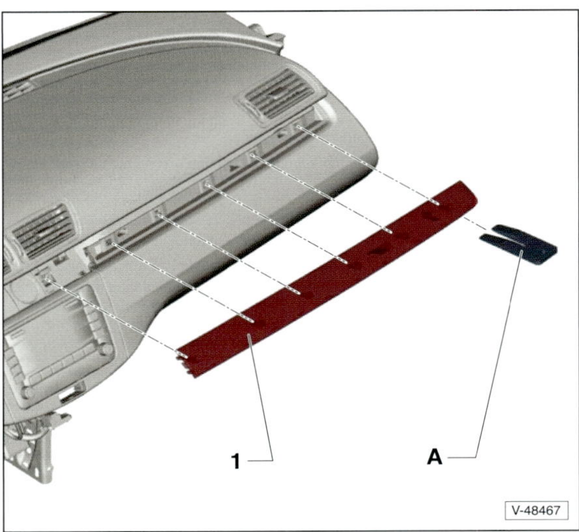

- Mit einem Kunststoffkeil –A– die Zierleiste –1– aus dem Aufnahmen der Armaturentafel heraushebeln.

Blende vor dem Kombiinstrument

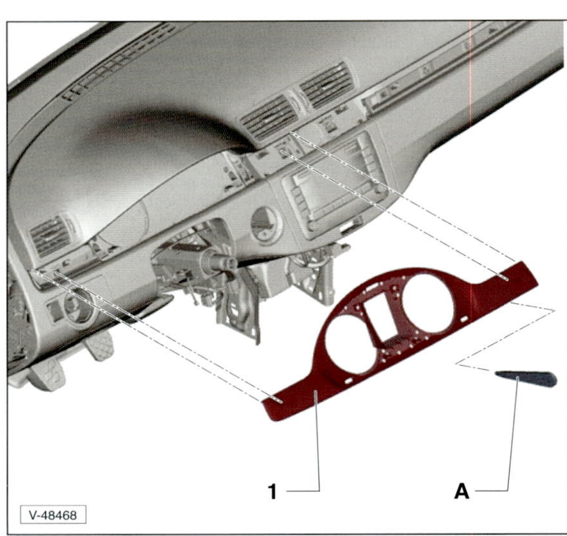

- Mit einem Kunststoffkeil –A– die Blende –1– vor dem Kombiinstrument an den Einraststellen aus dem Aufnahmen heraushebeln.

Hinweis: Das Lenkrad ist der besseren Übersichtlichkeit wegen in der Abbildung nicht dargestellt.

Analoguhr aus- und einbauen

Ausbau

- Zündung ausschalten.
- Blende für Radio ausbauen, siehe entsprechendes Kapitel.
- Blende für Kombiinstrument ausbauen, siehe entsprechendes Kapitel.
- Zierleiste auf der Beifahrerseite ausbauen, siehe entsprechendes Kapitel.

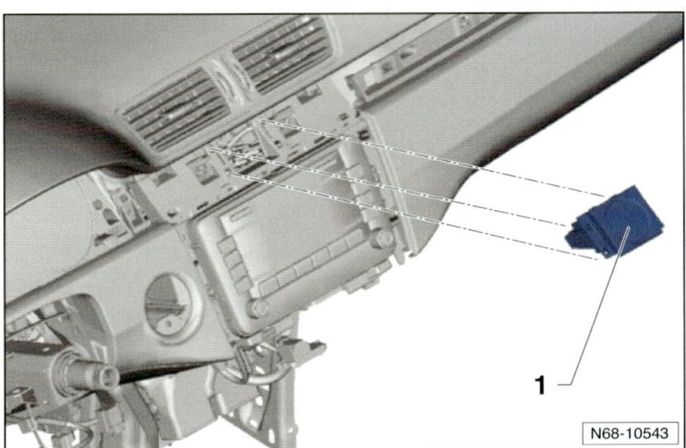

- Analoguhr –1– vorsichtig mit dem Kunststoffkeil aus der Armaturentafel heraushebeln und Steckverbindung an der Rückseite abziehen.

Träger für Analoguhr aus- und einbauen

Ausbau

- Analoguhr ausbauen, siehe entsprechendes Kapitel.

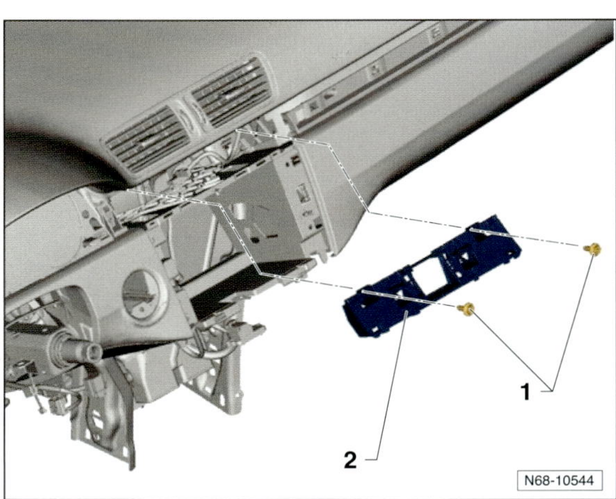

- Zwei Schrauben –1– herausdrehen.
- Träger für Analoguhr –2– aus der Armaturentafel herausziehen.

Hinweis: Angrenzende Bauteile sind in der Abbildung zur besseren Übersicht teilweise nicht dargestellt.

Verkleidung der Armaturentafel auf der Fahrerseite aus- und einbauen

Ausbau

- Batterie-Massekabel abklemmen, siehe Seite 79.

Sicherheitshinweis
Unbedingt Airbag-Sicherheitshinweise durchlesen, siehe Seite 204.

- Airbag-Einheit am Lenkrad ausbauen, siehe Seite 205.
- Lenkrad ausbauen, siehe Seite 206.
- Lichtschalter ausbauen, siehe Seite 152.
- Lenksäulenverkleidung ausbauen, siehe entsprechendes Kapitel.
- Seitliche Klappe an der Armaturentafel auf der Fahrerseite ausbauen, siehe entsprechendes Kapitel.
- Blende für Radio ausbauen, siehe entsprechendes Kapitel.
- Zierleiste in der Mitte ausbauen, siehe entsprechendes Kapitel.
- Blende vor dem Kombiinstrument ausbauen, siehe entsprechendes Kapitel.

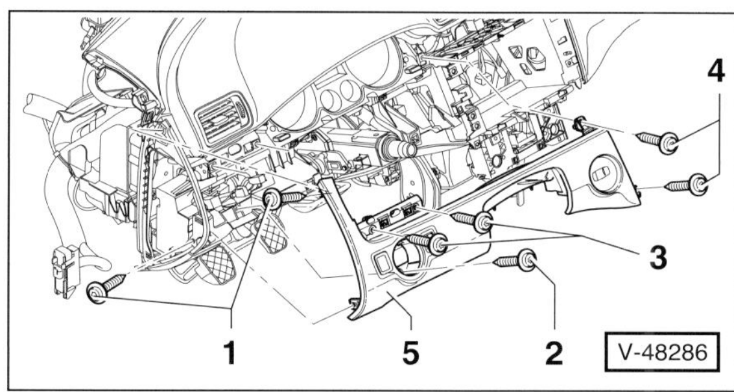

- 2 Schrauben –1– an der Seite herausdrehen.
- Schrauben –2/3/4– herausdrehen.
- Verkleidung –5– von der Armaturentafel ziehen.
- An der Rückseite Stecker vom Leuchtweitenregler sowie vom Handbremsschalter abziehen.
- Stecker vom Zündschloss abziehen.

Einbau

- Der Einbau erfolgt in umgekehrter Ausbaureihenfolge. Schrauben mit **1,5 Nm** anziehen.

Obere Abdeckung im Fahrerfußraum aus- und einbauen

Ausbau

- Zündung ausschalten und Zündschlüssel abziehen.

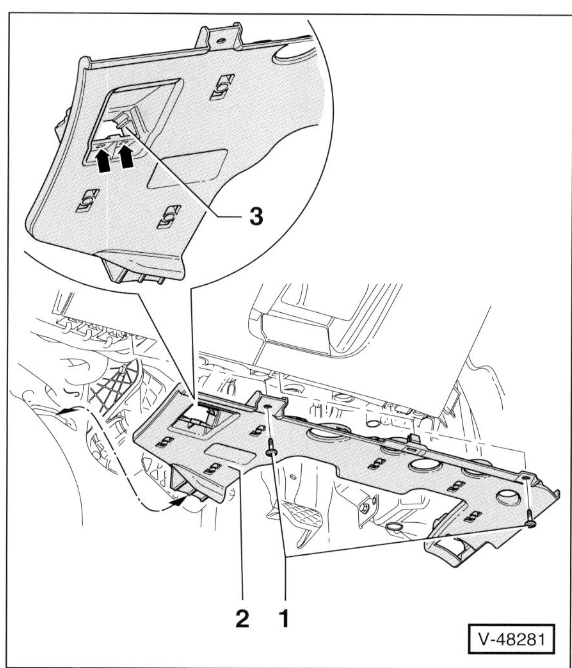

- 2 Schrauben –1– herausdrehen.
- Abdeckung –2– an den Einraststellen lösen und nach unten abnehmen.
- Stecker von der Fußraumleuchte abziehen.
- 2 Rastlaschen –Pfeile– entriegeln und Diagnosestecker –3– aus der Abdeckung herausziehen.

Einbau

- Der Einbau erfolgt in umgekehrter Ausbaureihenfolge. Schrauben mit **1,5 Nm** anziehen.

Mittelkonsole aus- und einbauen

Hinweis: Zur besseren Übersicht sind die Sitze in den folgenden Abbildungen nicht dargestellt, ein Ausbau der Sitze ist nicht erforderlich.

Ausbau

- Verkleidungen im Fußraum ausbauen, siehe entsprechendes Kapitel.
- Aschenbecher beziehungsweise vordere Ablage ausbauen, siehe entsprechendes Kapitel.
- Blende für Radio/Navigationsgerät ausbauen, siehe entsprechendes Kapitel.
- Abdeckung für Climatronic-/Climatic-Bedieneinheit ausbauen, siehe entsprechendes Kapitel.
- Climatronic-/Climatic-Bedieneinheit ausbauen, siehe Seite 176.
- Hintere Blende der Mittelkonsole ausbauen, siehe entsprechendes Kapitel.

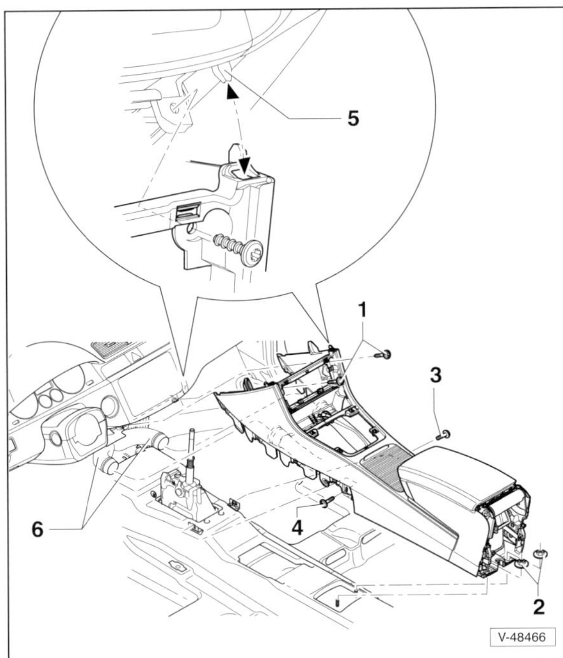

- Zwei Schrauben –1– herausdrehen.
- Zwei Muttern –2– abschrauben.
- Sitze nach hinten stellen und die Schrauben –3– und –4– herausdrehen.
- Mittelkonsole im hinteren Bereich anheben.
- Falls vorhanden, Aux-In-Buchse ausbauen, siehe Seite 168.
- Mittelkonsole aus den Zentrierungen –5– in der Armaturentafel lösen und herausnehmen.

Einbau

- Mittelkonsole in die zwei Zentrierungen –5– der Armaturentafel einetzen.

Hinweis: Prüfen, ob die Heizungs- und Klimakanäle –6– passgenau mit den Heizungs- und Klimakanälen in der Mittelkonsole verbunden sind.

- Falls ausgebaut, Aux-In-Buchse einbauen, siehe Seite 168.
- Zwei Schrauben –1– reindrehen und mit **1,5 Nm** anziehen.
- Mittelkonsole im hinteren Bereich mit den zwei Muttern –2– und **6 Nm** anschrauben.
- Zwei Schrauben –3– und –4– einschrauben und mit **1,5 Nm** anziehen.
- Der weitere Einbau der Mittelkonsole erfolgt sinngemäß in umgekehrter Ausbaureihenfolge.

Seitliche Verkleidung im Fußraum aus- und einbauen

Ausbau

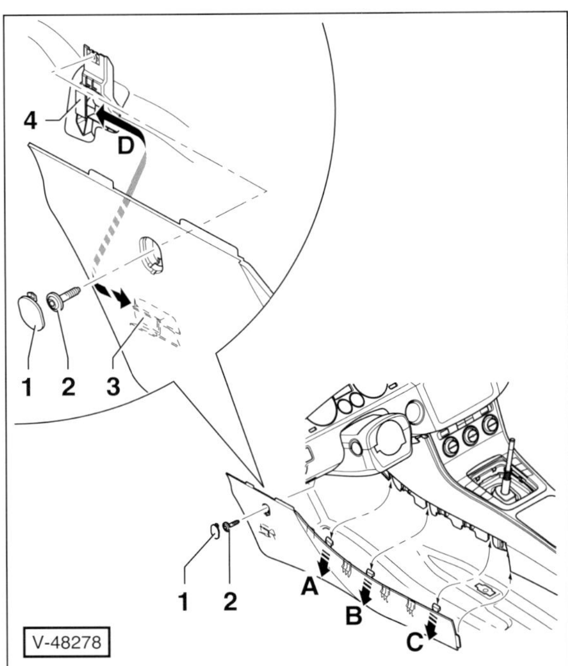

- Mit einem Schraubendreher Abdeckkappe –1– aus der Verkleidung heraushebeln und Schraube –2– herausdrehen.
- Verkleidung aus den Aufnahmen in der Mittelkonsole herausziehen –Pfeile A/B/C–.
- Verkleidung an der vorderen Führung –3– aus der Aufnahme –4– im Fußraum herausziehen –Pfeil D–.

Einbau

- Der Einbau erfolgt in umgekehrter Ausbaureihenfolge.

Aschenbecher/Ablagefach vorn aus- und einbauen

Ausbau

Hinweis: Es empfiehlt sich, Bereiche, an denen ein Hebelwerkzeug, wie Kunststoffkeil oder Schraubendreher, angesetzt wird, mit handelsüblichem Klebeband abzukleben.

- Zündung und alle elektrischen Verbraucher ausschalten. Zündschlüssel in Position 0 stellen.
- Schalthebelsack nach oben aus der Mittelkonsole ausclipsen und über den Schalthebelknauf stülpen.

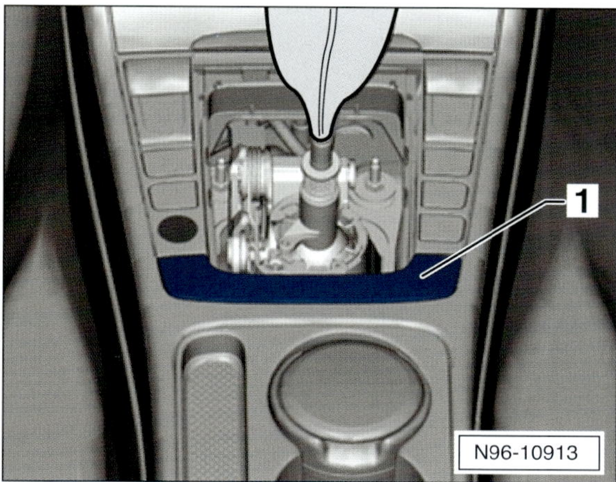

- Blende –1– vorsichtig nach oben abhebeln.

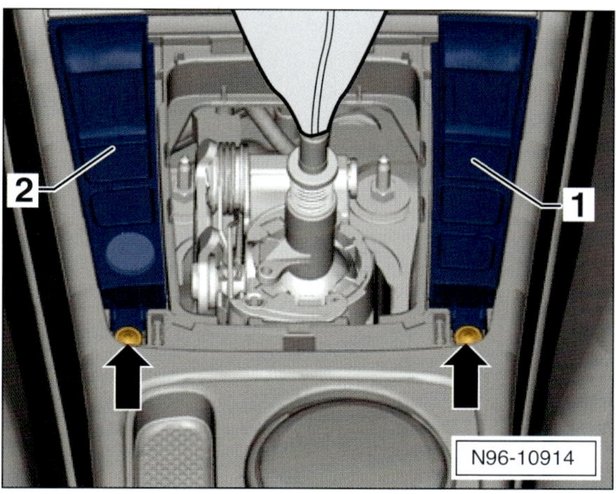

- Befestigungsschrauben –Pfeile– herausschrauben.
- Im Aufnahmebereich der Befestigungsschrauben –Pfeile–, jeweils die entsprechende Rastlasche nach hinten drücken.
- Tastermodul –1– auf der Beifahrerseite und Tastermodul –2– auf der Fahrerseite nach oben aus der Mittelkonsole heben und zur Seite schwenken.

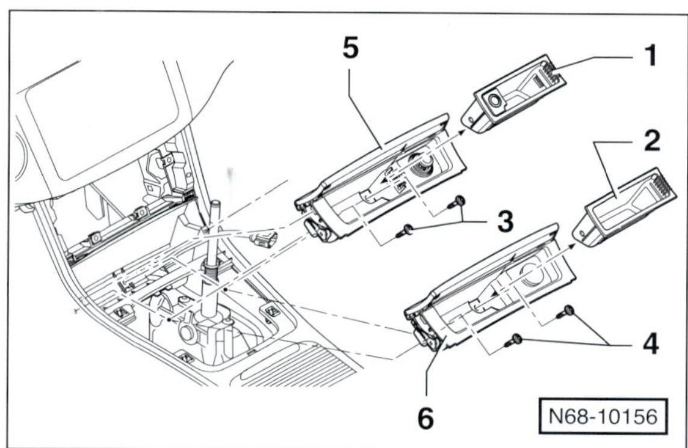

Hinweis: Die Heizungs- und Klimabetätigung ist nur zur besseren Übersicht in der Abbildung nicht dargestellt.

- Aschbechereinsatz –1– beziehungsweise Ablagefacheinsatz –2– herausziehen.
- Zwei Schrauben –3– und –4– herausdrehen.
- Aschenbecher –5– beziehungsweise Ablagefach –6– aus der Mittelkonsole herausziehen und gegebenenfalls den Leitungsstrang an der Rückseite abziehen.

Einbau

- Der Einbau erfolgt in umgekehrter Ausbaureihenfolge. Schrauben mit **1,5 Nm** anziehen.

Blende für Radio aus- und einbauen

Ausbau

- Zündung ausschalten.

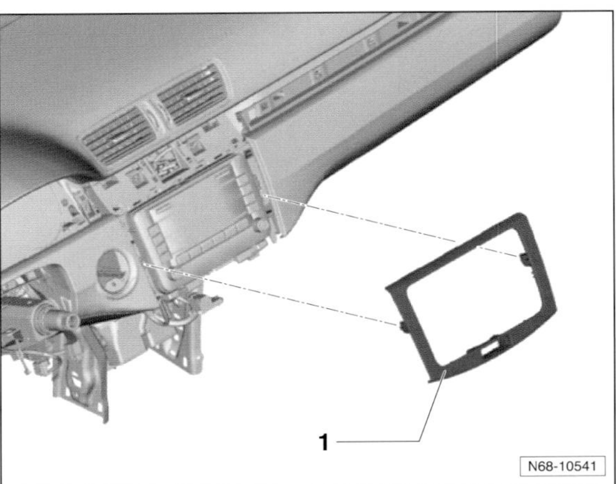

Hinweis: In der Abbildung sind angrenzende Bauteile teilweise nicht dargestellt. Deren Ausbau ist aber nicht erforderlich.

- Blende –1– mit einem Kunststoffkeil vorsichtig aus den Aufnahmen in der Armaturentafel heraushebeln.
- Elektrischen Stecker vom Taster für Warnlicht abziehen.

Einbau

- Der Einbau erfolgt in umgekehrter Ausbaureihenfolge.

Abdeckung für Klimabedieneinheit aus- und einbauen

Ausbau

Hinweis: Der Aus- und Einbau der Abdeckung wird für Fahrzeuge mit »Climatronic« beschrieben. Bei Fahrzeugen mit »Climatic« analog vorgehen. In der Abbildung sind angrenzende Bauteile teilweise nicht dargestellt.

- Zündung ausschalten.
- Blende für Radio ausbauen, siehe entsprechendes Kapitel.

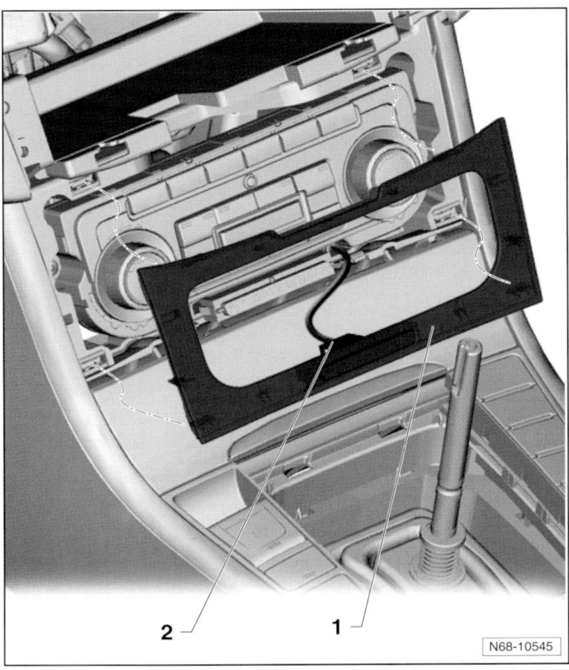

- Abdeckung –1– aus den Aufnahmen in der Armaturentafel herausziehen.
- Steckverbindung der Kontrollleuchte –2– für Beifahrerairbag (PASSENGER AIR BAG OFF) abziehen.

Einbau

- Der Einbau erfolgt in umgekehrter Ausbaureihenfolge.

Blende hinten an der Mittelkonsole aus- und einbauen

Ausbau

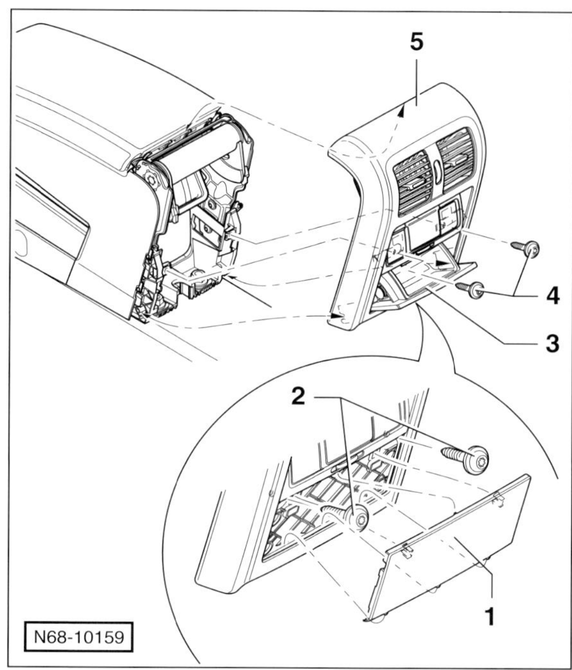

- **Fahrzeuge mit Steckdose hinten:** Mit einem Kunststoffkeil Blende –1– vorsichtig von der hinteren Mittelkonsole abhebeln und 2 Schrauben –2– herausdrehen.
- **Fahrzeuge mit Ablagefach hinten:** Ablagefach –3– an der hinteren Mittelkonsole öffnen und 2 Schrauben –4– herausdrehen.
- Blende –5– mit hinterer Luftaustrittsdüse aus den Aufnahmen herausziehen.
- Je nach Ausstattung Stecker an der Rückseite der Blende abziehen und Blende von der hinteren Mittelkonsole abnehmen.

Einbau

- Der Einbau erfolgt in umgekehrter Ausbaureihenfolge. Schrauben mit **1,5 Nm** anziehen.

Luftkanal der Mittelkonsole aus- und einbauen

Ausbau

- Mittelkonsole ausbauen, siehe entsprechendes Kapitel.

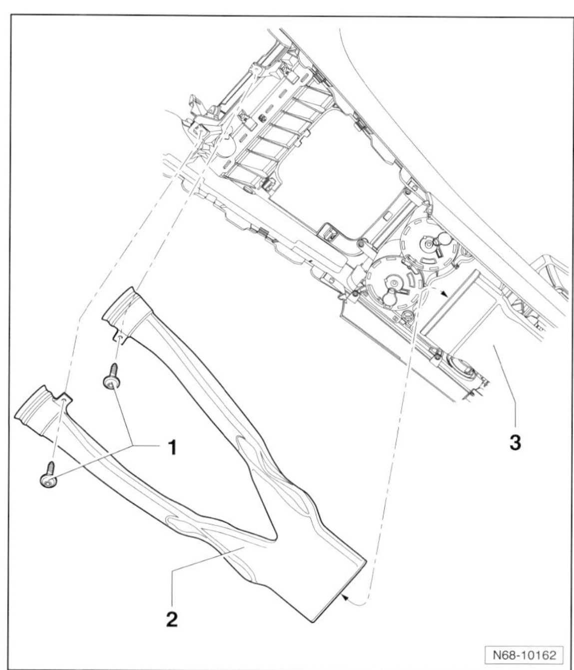

- Zwei Schrauben –1– herausdrehen und vorderen Luftkanal –2– aus dem hinteren Luftkanal –3– herausziehen.

Einbau

- Der Einbau erfolgt in umgekehrter Ausbaureihenfolge. Schrauben mit **1,5 Nm** anziehen.

Ablagefach der Mittelkonsole aus- und einbauen

Ausbau

- Mittelkonsole ausbauen, siehe entsprechendes Kapitel.
- Luftkanal der Mittelkonsole ausbauen, siehe entsprechendes Kapitel.

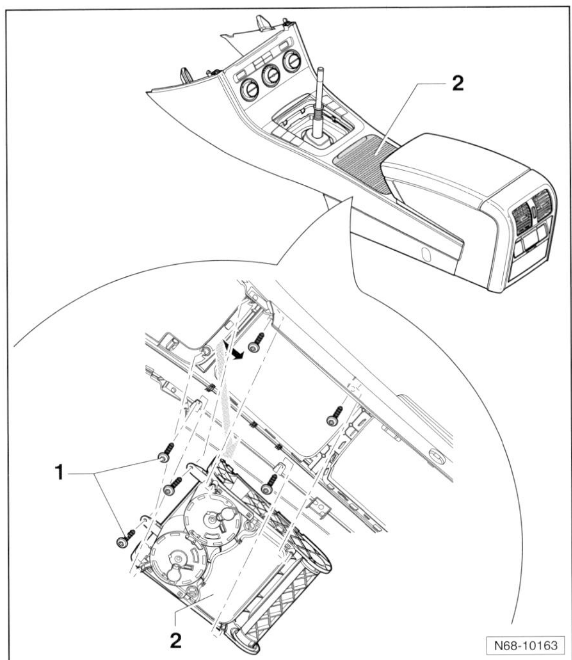

- 6 Schrauben –1– herausdrehen.
- Ablagefach –2– im vorderen Bereich etwas absenken.
- Anschließend Ablagefach nach vorn schieben und nach unten aus der Mittelkonsole herausnehmen –Pfeil–.

Einbau

- Der Einbau erfolgt in umgekehrter Ausbaureihenfolge. Schrauben mit **1,5 Nm** anziehen.

Verlängerung der Mittelkonsole aus- und einbauen

Ausbau

- Mittelkonsole ausbauen, siehe entsprechendes Kapitel.
- Luftkanal der Mittelkonsole ausbauen, siehe entsprechendes Kapitel.
- Ablagefach der Mittelkonsole ausbauen, siehe entsprechendes Kapitel.

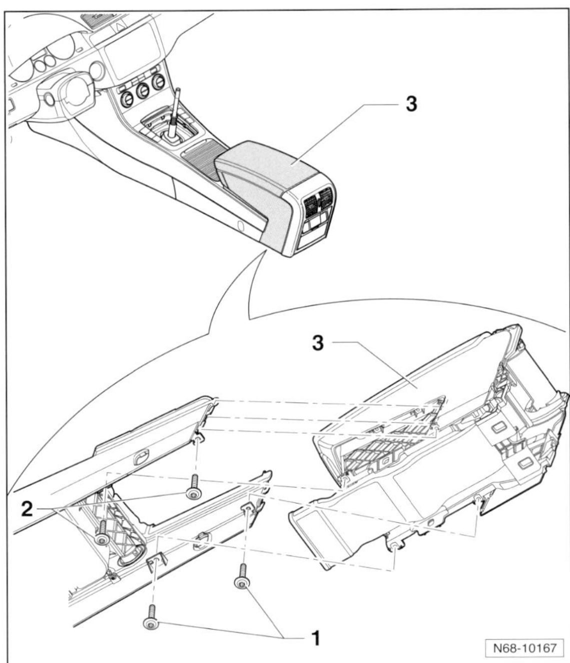

- Schrauben –1– und –2– herausdrehen.
- Verlängerung der Mittelkonsole –3– nach oben aus den Aufnahmen in der Mittelkonsole herausziehen.

Einbau

- Der Einbau erfolgt in umgekehrter Ausbaureihenfolge.

Armlehne der Mittelkonsole aus- und einbauen

Ausbau

- Hintere Blende ausbauen, siehe entsprechendes Kapitel.

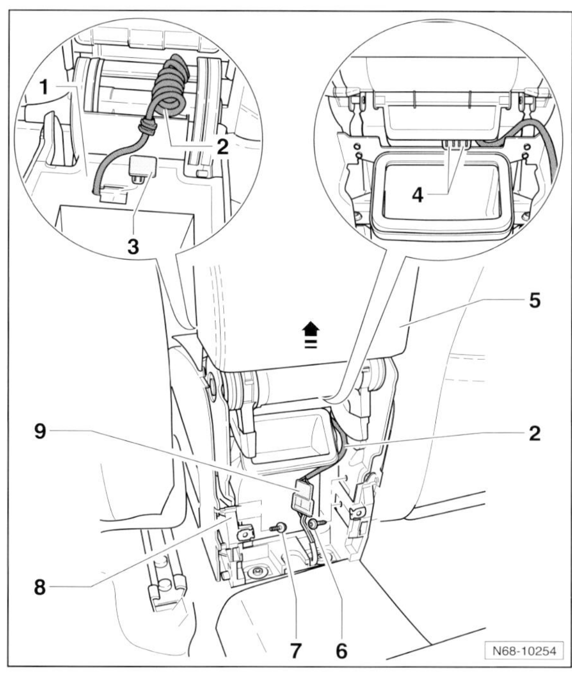

- 4 Schrauben –6– und –7– herausdrehen.

Fahrzeuge mit Telefonvorbereitung

- Steckverbindung –9– vom Träger der Armlehne –8– lösen und trennen.
- Beide Rasthaken –4– entriegeln und die Blende –3– ausclipsen.
- Armlehne –5– aus dem Träger –8– herausziehen –Pfeil–, bis der Leitungsstrang –2– zugänglich ist.
- Leitungsstrang –2– durch die Öffnung im Ablagefach der Mittelkonsole –1– herausfädeln.

Alle Fahrzeuge:

- Armlehne –5– aus dem Träger herausziehen –Pfeil–.

Einbau

- Der Einbau erfolgt in umgekehrter Ausbaureihenfolge. Schrauben mit **1,5 Nm** anziehen.

Ablagefach der Armlehne aus- und einbauen

Ausbau

- Hintere Blende der Mittelkonsole ausbauen, siehe entsprechendes Kapitel.
- Armlehne der Mittelkonsole ausbauen, siehe entsprechendes Kapitel.

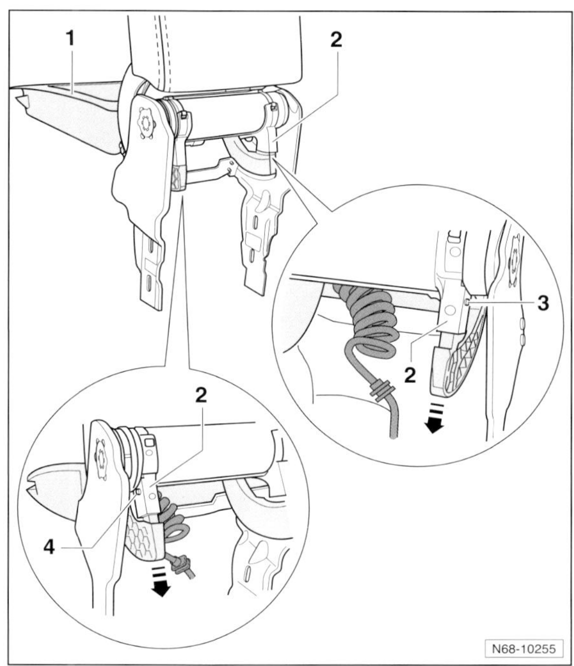

- Ablagefach –1– öffnen.
- Die Rasthaken –3– und –4– jeweils nach innen drücken und das Ablagefach aus der Aufnahme –2– herausziehen –Pfeile–.

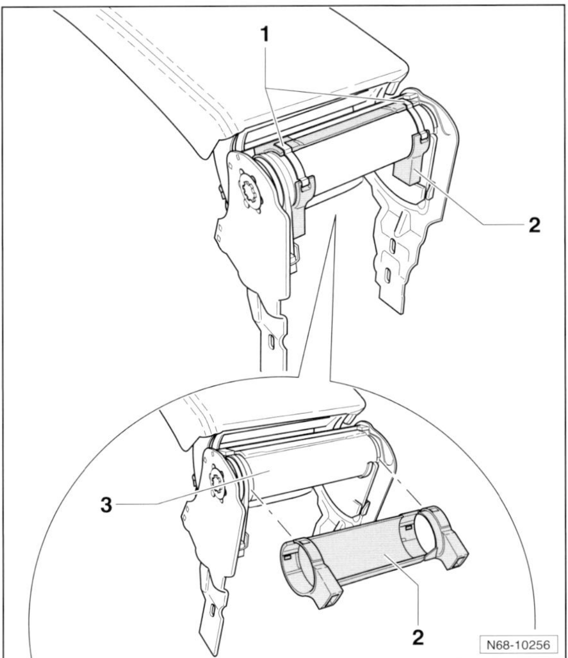

- Halteklammern –1– mit einem kleinen Schraubendreher von der Aufnahme –2– abhebeln.
- Aufnahme vom Gelenk –3– abziehen.

Einbau

- Der Einbau erfolgt in umgekehrter Ausbaureihenfolge.

Oberteil der Armlehne aus- und einbauen

Ausbau

- Hintere Blende ausbauen, siehe entsprechendes Kapitel.
- Armlehne der Mittelkonsole ausbauen, siehe entsprechendes Kapitel.
- **Fahrzeuge mit Telefonvorbereitung:** Ablagefach der Armlehne ausbauen, siehe entsprechendes Kapitel. **Hinweis:** Die Aufnahme für das Ablagefach muss dabei nicht ausgebaut werden.

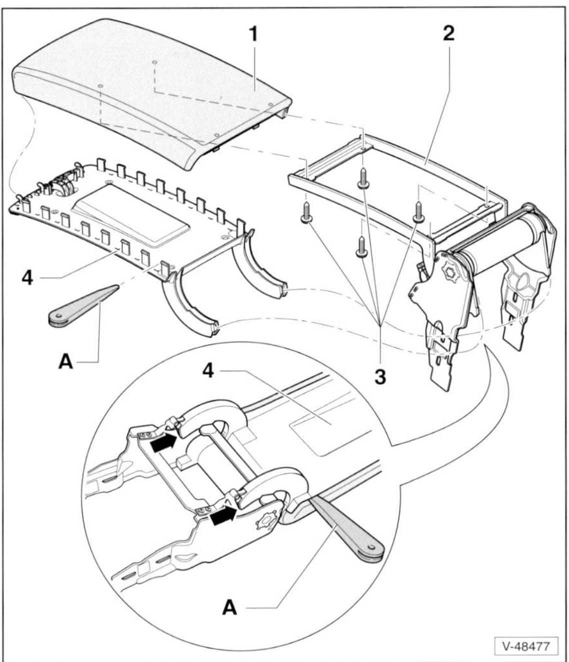

Hinweis: Die Abdeckung –4– wird beim Ausbau zerstört und muss daher beim Einbau ersetzt werden.

- Abdeckung –4– mit einem kleinen Schraubendreher von der Armlehne –2– lösen –Pfeile–.
- Abdeckung –4– mit einem Kunststoffkeil –A– aus den Verrastungen im Oberteil der Armlehne –1– heraushebeln. Dabei am Gelenk der Armlehne beginnen.
- Abdeckung –4–, nach vorn, aus dem Oberteil der Armlehne –1– herausschwenken.
- Schrauben –3– herausdrehen und das Oberteil der Armlehne abnehmen.

Einbau

- Der Einbau erfolgt in umgekehrter Ausbaureihenfolge.

Verkleidungen im Fahrzeug-Innenraum aus- und einbauen

Hinweis: Halteclips vor dem Einbau auf Beschädigungen und auf richtigen Sitz an der Verkleidung überprüfen, wenn nötig, ersetzen. An den Fahrzeugsäulen darauf achten, dass die Türdichtung über die jeweilige Verkleidung greift.

Obere Verkleidung A-Säule

Ausbau

Achtung: Bei Fahrzeugen mit Kopfairbag unbedingt Airbag-Sicherheitshinweise beachten, siehe Seite 204.

- **Um ein Auslösen des Kopfairbags zu verhindern, Batterie-Massekabel abklemmen, siehe Seite 79.**
- **Batteriepol isolieren.**

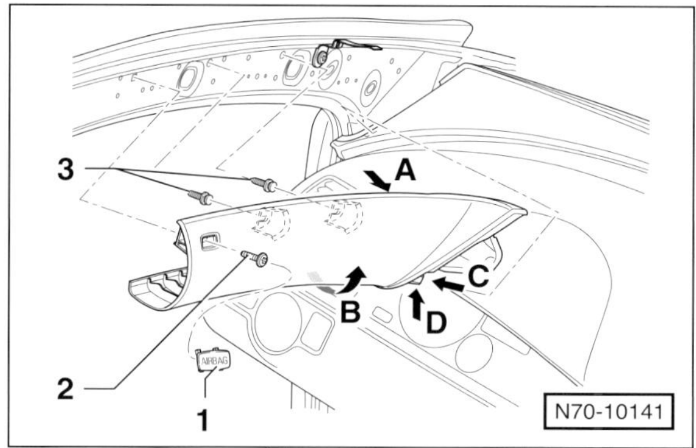

- »Airbag«-Blende –1– aus der Verkleidung an der A-Säule heraushebeln und Schraube –2– herausdrehen. **Achtung:** Die »Airbag«-Blende wird dabei beschädigt und muss ersetzt werden.
- Einen Kunststoffkeil unter die Verkleidung schieben und Verkleidung an den Halteclips –3– aus den Aufnahmen in der A-Säule herausziehen –Pfeil A–.
- Verkleidung aus der Türdichtung herausziehen –Pfeil B–.
- Verkleidung aus der vorderen Aufnahme in der Armaturentafel herausziehen –Pfeil C–.
- Verkleidung nach oben aus den Aufnahmen herausziehen –Pfeil D–.

Einbau

- Der Einbau erfolgt in umgekehrter Ausbaureihenfolge.

Achtung: Beim Anklemmen der Batterie darf sich keine Person im Innenraum des Fahrzeugs aufhalten.

Mittlere Verkleidung A-Säule

Ausbau

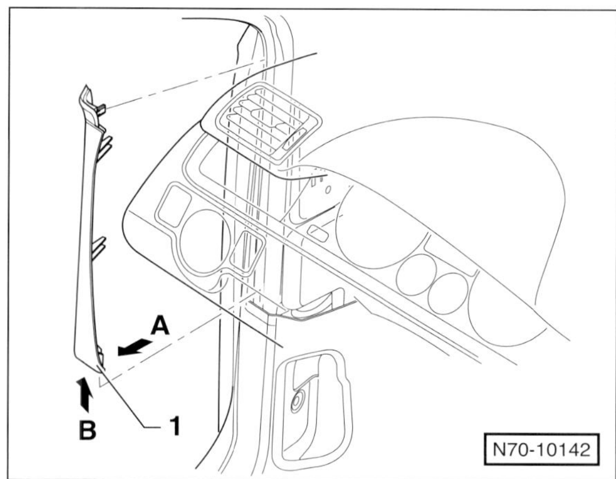

- Einen Kunststoffkeil unter die mittlere Verkleidung –1– schieben und Verkleidung aus den Aufnahmen in der A-Säule herausziehen –Pfeil A–.
- Mittlere Verkleidung unten aus der unteren Verkleidung herausziehen –Pfeil B– und von der A-Säule ziehen.

Einbau

- Der Einbau erfolgt in umgekehrter Ausbaureihenfolge.

Untere Verkleidung A-Säule

Ausbau

- Mittlere A-Säulen-Verkleidung ausbauen, siehe entsprechenden Abschnitt.
- Einstiegsleiste an den Stoßstellen zur unteren A-Säulen-Verkleidung vom Türschweller ablösen, siehe entsprechenden Abschnitt.
- **Fahrerseite:** Betätigungshebel für Motorhauben-Seilzug ausbauen, siehe Seite 349.

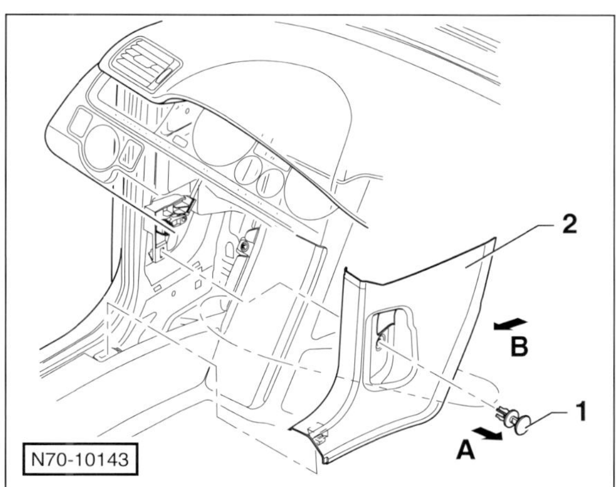

- **Fahrerseite:** Spreizclip –1– aus der Verkleidung herausziehen.

- Verkleidung aus den Aufnahmen in der A-Säule herausziehen –Pfeil A– und aus der Türdichtung herausziehen.
- Verkleidung nach hinten aus den Aufnahmen ziehen –Pfeil B– und abnehmen.

Einbau

- Spreizclip auf Beschädigungen überprüfen, wenn nötig, ersetzen.
- Der Einbau erfolgt in umgekehrter Ausbaureihenfolge.

Obere Verkleidung B-Säule

Ausbau

Achtung: Bei Fahrzeugen mit Kopf- und Seitenairbag unbedingt Airbag-Sicherheitshinweise beachten, siehe Seite 204.

- **Um ein Auslösen des Airbags zu verhindern, Batterie-Massekabel abklemmen, siehe Seite 79.**
- **Batteriepol isolieren.**
- Vordersitz in die vorderste Position stellen.

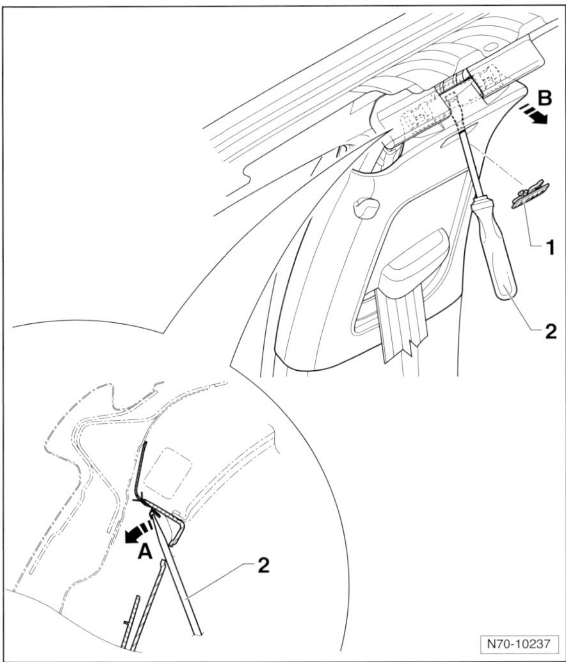

- Airbag-Emblem –1– heraushebeln.
- Schraubendreher –2– durch die Öffnung stecken und die Klammer nach unten drücken –Pfeil A–.
- Verkleidung, nach innen, von der B-Säule abziehen –Pfeil B–.

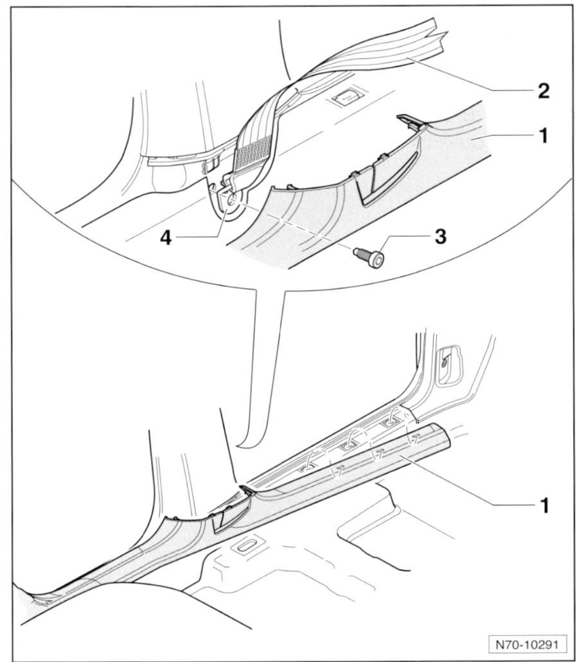

- Einstiegleiste –1– im Bereich der vorderen Tür aus den Aufnahmen im Schweller herausziehen.
- Einstiegleiste im Bereich der B-Säule aus den Aufnahmen herausziehen.
- Einstiegleiste im vorderen Bereich der hinteren Tür aus den Aufnahmen im Schweller herausziehen.
- Sicherheitsgurt –2– durch den Schlitz in der Einstiegleiste –1– herausfädeln.
- Schraube –3– herausdrehen und Gurtendbeschlag –4– von der Karosserie abnehmen.
- Gurtendbeschlag des Sicherheitsgurtes durch die Öffnung in der Verkleidung herausfädeln.

Einbau

- Gurthöhenverstellung in die oberste Position stellen.
- Schieber in der Verkleidung in die obersten Position stellen.
- Der weitere Einbau erfolgt sinngemäß in umgekehrter Ausbaureihenfolge. Dabei ist Folgendes zu beachten:
- Schraube für Gurtendbeschlag mit **40 Nm** festziehen.
- Nach dem Einbau folgende Funktionsprüfung der Gurthöhenverstellung durchführen:
- Schieber der Gurthöhenverstellung betätigen und in die oberste Position stellen.
- Sicherheitsgurt nach unten ziehen. Dabei muss die Gurthöhenverstellung in der obersten Rastposition einrasten.

Untere Verkleidung B-Säule

Ausbau

- Obere B-Säulen-Verkleidung ausbauen. **Hinweis:** Der Gurtendbeschlag muss nicht von der Karoserie gelöst werden.

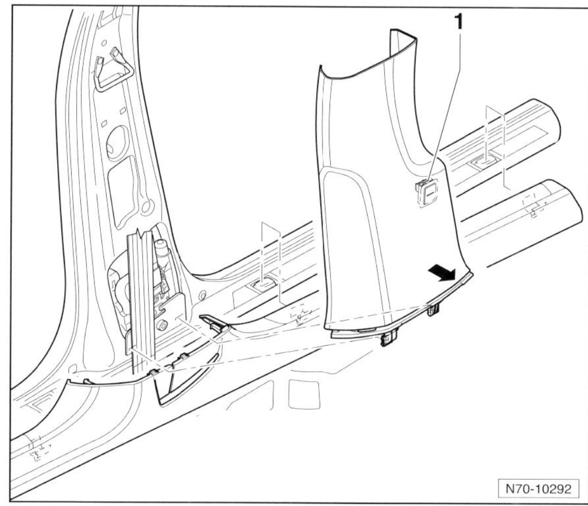

- Verkleidung, an den Seiten, aus den Kedern der Türdichtungen herausziehen.
- Verkleidung nach innen aus den Aufnahmen in der Karosserie herausziehen –Pfeil–.
- **Nur Fahrerseite:** Bei Fahrzeugen mit Innenraumüberwachung die Zündung ausschalten und den Leitungsstrang vom Schalter für Deaktivierung der Innenraumüberwachung –1– trennen.

Einbau

- Der Einbau erfolgt in umgekehrter Ausbaureihenfolge.

Verkleidung C-Säule Limousine ohne Sonnenrollo

Ausbau

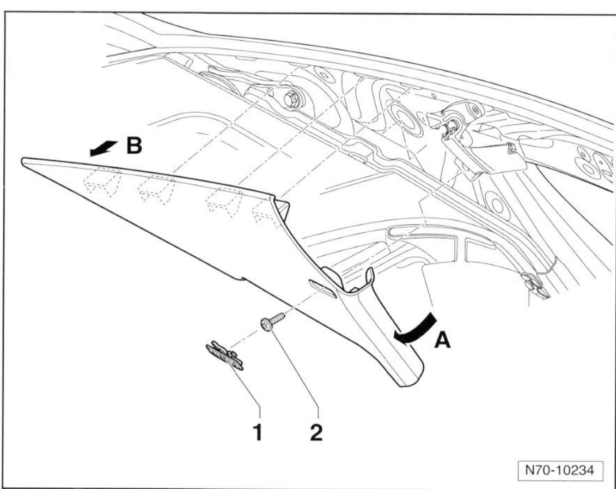

- »Airbag«-Blende –1– aus der Verkleidung an der C-Säule heraushebeln und Schraube –2– herausdrehen. **Achtung:** Die »Airbag«-Blende wird dabei beschädigt und muss ersetzt werden.
- Verkleidung aus dem Keder der Türdichtung lösen –Pfeil A–.
- Verkleidung nach innen aus den Aufnahmen herausziehen –Pfeil B–.

Einbau

- Der Einbau erfolgt in umgekehrter Ausbaureihenfolge. Schraube mit **2 Nm** anziehen.

Verkleidung C-Säule Limousine mit Sonnenrollo

Ausbau

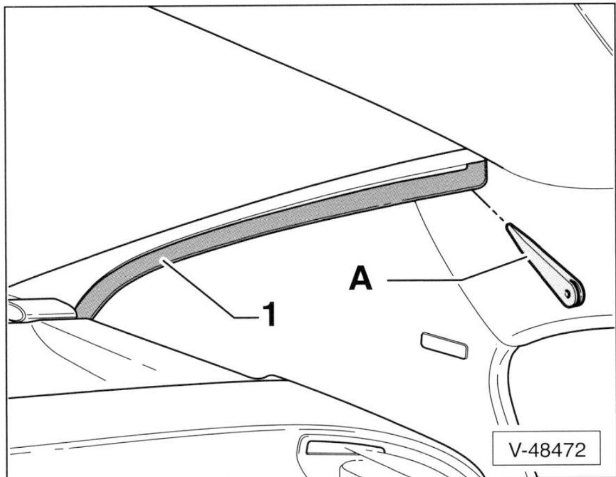

- Blende –1– mit einem Kunststoffkeil –A– aus den Aufnahmen heraushebeln.

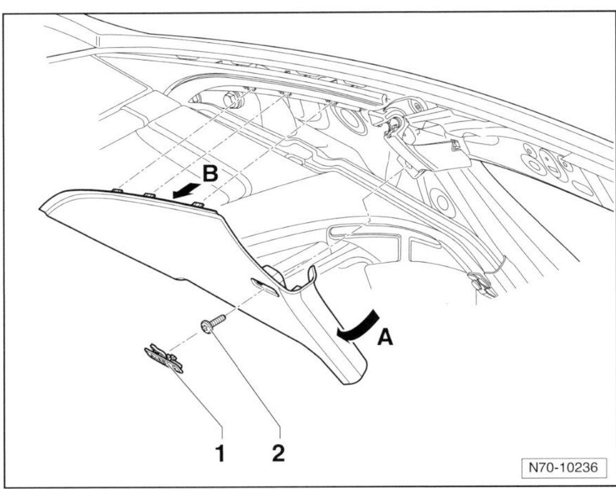

- »Airbag«-Blende –1– aus der Verkleidung an der C-Säule heraushebeln und Schraube –2– herausdrehen. **Achtung:** Die »Airbag«-Blende wird dabei beschädigt und muss ersetzt werden.
- Verkleidung aus dem Keder der Türdichtung lösen –Pfeil A–.
- Verkleidung nach innen aus den Aufnahmen herausziehen –Pfeil B–.

Einbau

- Der Einbau erfolgt in umgekehrter Ausbaureihenfolge. Schraube mit **2 Nm** anziehen.

Obere Verkleidung C-Säule VARIANT

Ausbau

Achtung: Bei Fahrzeugen mit Kopfairbag unbedingt Airbag-Sicherheitshinweise beachten, siehe Seite 204.

- **Um ein Auslösen des Kopfairbags zu verhindern, Batterie-Massekabel abklemmen, siehe Seite 79.**
- **Batteriepol isolieren.**

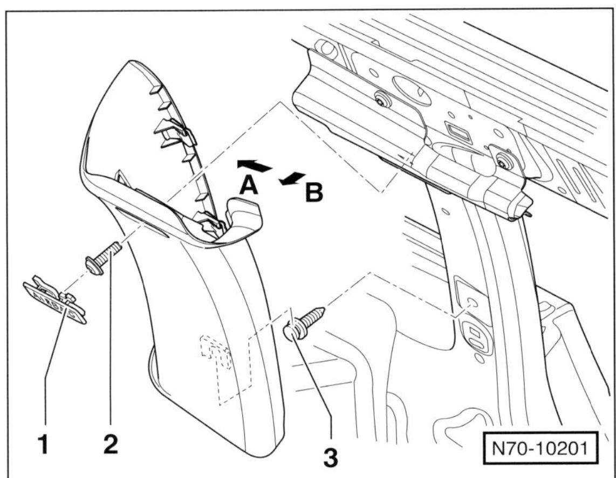

- »Airbag«-Blende –1– aus der Verkleidung an der C-Säule heraushebeln und Schraube –2– herausdrehen. **Achtung:** Die »Airbag«-Blende wird dabei beschädigt und muss ersetzt werden.
- Verkleidung aus der Türdichtung herausziehen.
- Verkleidung nach hinten aus den Halteklammern ziehen –Pfeil A–.
- Verkleidung am Halteclip –3– aus der Aufnahme in der C-Säule herausziehen –Pfeil B–.

Hinweis: Zur besseren Übersicht ist der Clip –3– in der Abbildung in ausgebautem Zustand dargestellt.

Einbau

- Der Einbau erfolgt in umgekehrter Ausbaureihenfolge. Schraube mit **2 Nm** anziehen.

Verkleidung D-Säule VARIANT

Ausbau

Achtung: Bei Fahrzeugen mit Kopfairbag unbedingt Airbag-Sicherheitshinweise beachten, siehe Seite 204.

- **Um ein Auslösen des Kopfairbags zu verhindern, Batterie-Massekabel abklemmen, siehe Seite 79.**
- **Batteriepol isolieren.**
- Dachabschlussleiste ausbauen, siehe entsprechenden Abschnitt.
- Verkleidung Heckabschluss ausbauen, siehe entsprechenden Abschnitt.
- Linke Sitzbank mit Lehne nach vorne umklappen.
- Seitenpolster ausbauen, siehe entsprechendes Kapitel.
- Seitenverkleidung im Laderaum ausbauen, siehe entsprechenden Abschnitt.

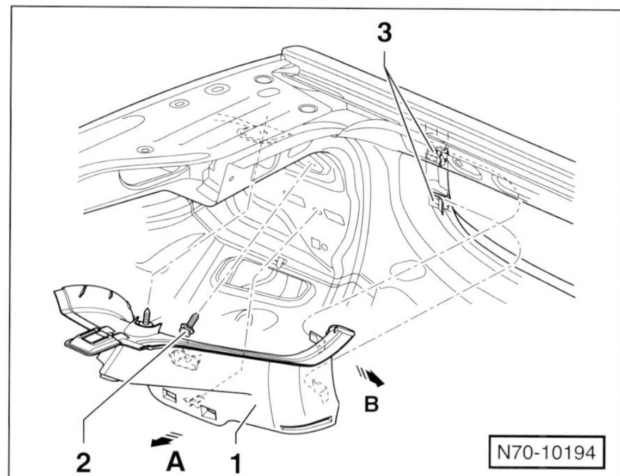

- Verkleidung –1– aus den Aufnahmen in der D-Säule und aus der Heckklappendichtung herausziehen –Pfeil A–. 2 – Halteclip.

Hinweis: Zur besseren Übersicht ist der Clip –2– in ausgebautem Zustand dargestellt.

- Verkleidung nach vorne aus den 2 Halteklammern –3– ziehen –Pfeil B–.

Einbau

- Der Einbau erfolgt in umgekehrter Ausbaureihenfolge.

Hutablage Limousine

Ausbau

- C-Säulen-Verkleidung ausbauen, siehe entsprechenden Abschnitt.
- Sitzbank ausbauen, siehe entsprechendes Kapitel.
- Seitenpolster ausbauen, siehe entsprechendes Kapitel.

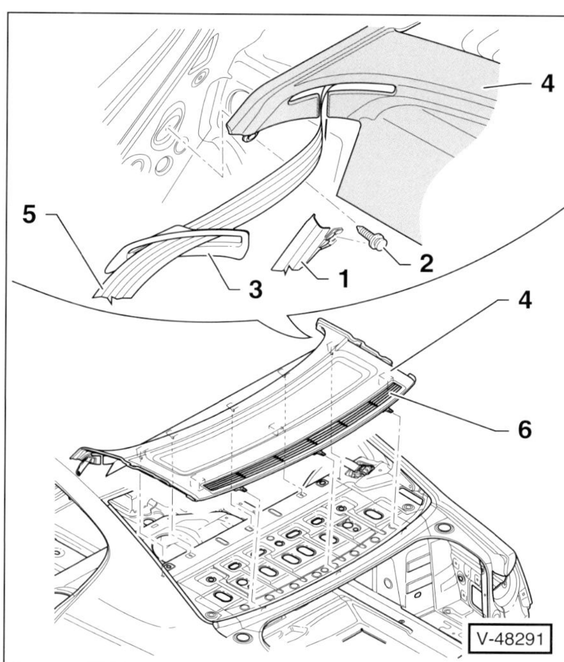

- Innenverkleidung am Radkasten –1– rechts und links im oberen Bereich vom Halteclip –2– lösen.
- Halteclip –2– aus der Aufnahme herausziehen.
- Hutablage –4– nach oben aus den Aufnahmen herausziehen.

Hinweis: Bei Fahrzeugen mit Sonnenschutzrollo an der Heckscheibe ist die hintere Ablage mit dem Lüftungsgitter –6– nicht Teil der Hutablage. Die Hutablage wird hier an 7 Einraststellen von der hinteren Ablage getrennt. Die hintere Ablage mit dem Lüftungsgitter wird nicht ausgebaut.

- Blende –3– rechts und links aus der Hutablage herausziehen und Sicherheitsgurt –5– durch die Öffnung in der Hutablage herausfädeln.
- Hutablage –4– aus dem Fahrzeug herausnehmen.

Einbau

- Der Einbau erfolgt in umgekehrter Ausbaureihenfolge.

Einstiegleisten aus- und einbauen

Ausbau

- **VARIANT:** Sitzbank nach vorn klappen.
- Seitenpolster ausbauen. **Achtung: Dabei Sicherheitshinweise für Seitenairbag beachten**, siehe Seite 204.
- Radhausverkleidung ausbauen, siehe entsprechendes Kapitel.

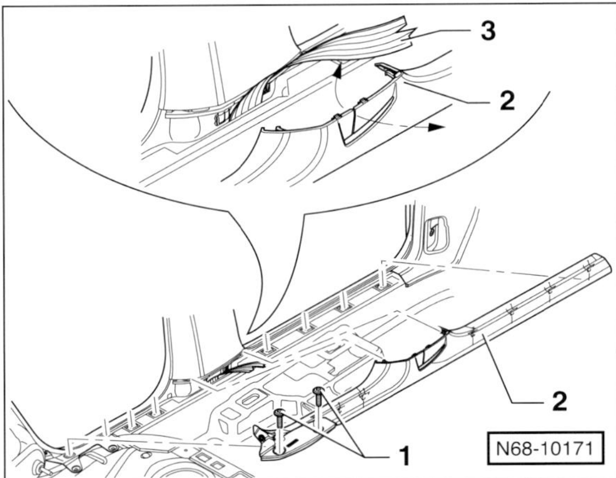

Hinweis: Zur besseren Übersicht ist der vordere Sitz in der Abbildung nicht dargestellt.

- 2 Schrauben –1– herausdrehen.
- Einstiegleiste –2– im Bereich der vorderen Tür aus den Verrastungen im Schweller herausziehen.
- Einstiegleiste im vorderen Bereich der B-Säule aus den Aufnahmen herausziehen.
- Einstiegleiste im Bereich der hinteren Tür aus den Verrastungen im Schweller herausziehen.
- Sicherheitsgurt –3– durch den Schlitz in der Einstiegleiste –2– hindurchfädeln.
- Einstiegleiste herausnehmen.

Einbau

- Sicherheitsgurt –3– durch den Schlitz in der Einstiegleiste –2– einfädeln.
- Einstiegleiste im hinteren Bereich der B-Säule nach außen biegen und im Bereich der hinteren Tür in die Aufnahmen im Schweller hineindrücken.
- Einstiegleiste im vorderen Bereich der B-Säule über den entsprechenden Aufnahmen ansetzen und hineindrücken.
- 2 Schrauben –1– mit **2 Nm** anschrauben.
- Prüfen, ob sich die Einstiegleiste in den Kedern der Türdichtungen befindet. Gegebenenfalls Dichtungen über die Einstiegleiste ziehen.

Radhausverkleidung aus- und einbauen

Ausbau

- **Limousine:** Sitzbank ausbauen, siehe entsprechendes Kapitel.
- **VARIANT:** Sitzbank nach vorn klappen.
- Seitenpolster ausbauen. **Achtung: Dabei Sicherheitshinweise für Seitenairbag beachten**, siehe Seite 204.

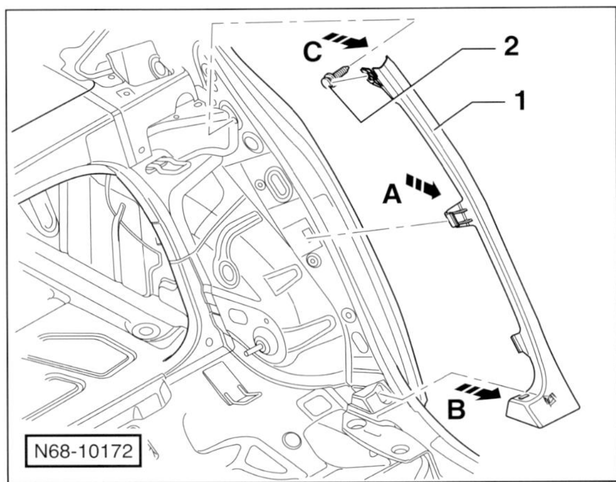

Hinweis: Zur besseren Übersicht ist die hintere Lehne in der Abbildung nicht dargestellt.

- Verkleidung –1– im mittleren Bereich aus der Aufnahme in der Karosserie und dem Keder der Türdichtung herausziehen –Pfeil A–.
- Verkleidung im unteren Bereich aus der Aufnahme in der Karosserie herausziehen –Pfeil B–.
- Verkleidung im oberen Bereich aus dem Clip –2– in der Karosserie herausziehen –Pfeil C–.

Hinweis: In der Abbildung ist der Clip –2–, zur besseren Übersicht, in ausgebautem Zustand dargestellt.

- Verkleidung –1– abnehmen.

Einbau

- Der Einbau erfolgt in umgekehrter Ausbaureihenfolge. Anschließend prüfen ob sich die Einstiegleiste im Keder der Türdichtung befindet. Gegebenenfalls Dichtung über die Einstiegleiste ziehen.

Dachabschlussleiste aus- und einbauen

Ausbau

Limousine

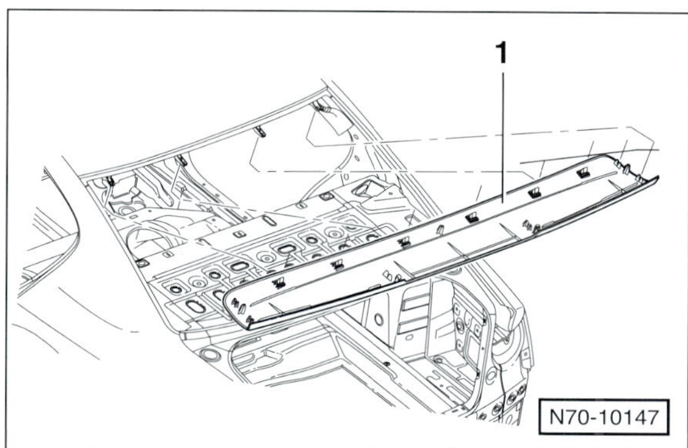

VARIANT

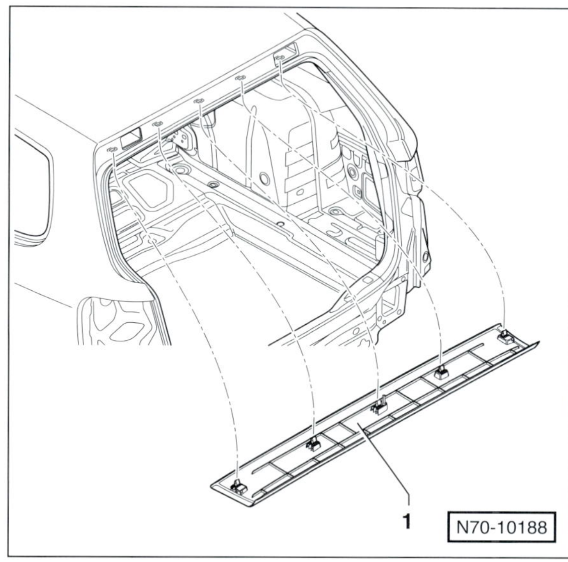

- Dachabschlussleiste –1– nach unten aus den Aufnahmen im Dachquerträger herausziehen.

Einbau

- Der Einbau erfolgt in umgekehrter Ausbaureihenfolge.

Hinweis: Vor dem Einbau die Befestigungsklammern auf Beschädigungen zu prüfen und gegebenenfalls erneuern.

Türverkleidung vorn aus- und einbauen

Ausbau

- Zündung ausschalten.

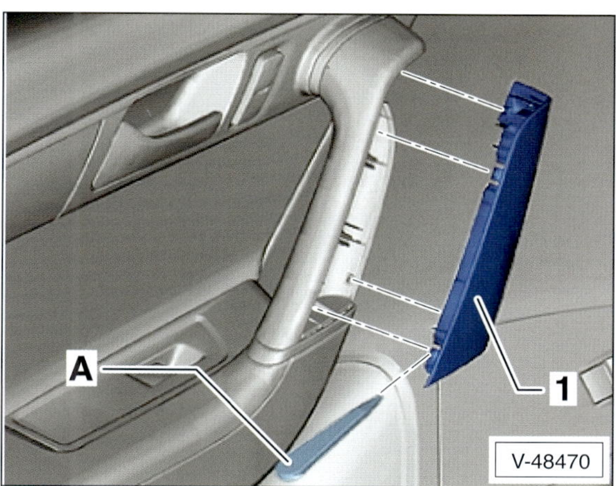

- Abdeckung –1– mit einem Kunststoffkeil –A– von unten nach oben ausclipsen.

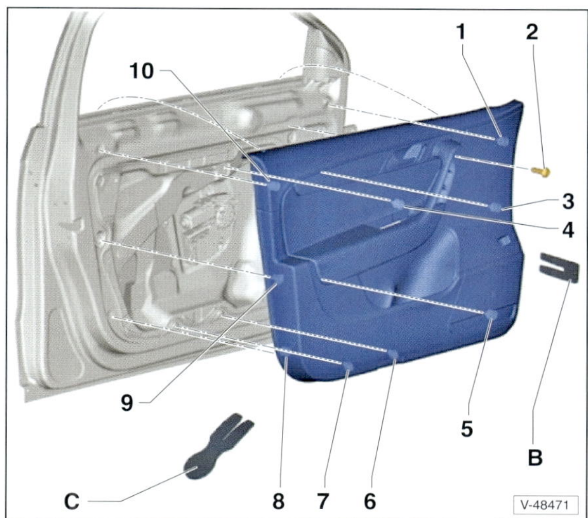

- Clips –6– und –7– um 90° verdrehen und Schraube –2– herausdrehen.
- Zuerst Clip –5–, dann die Clips –3– und –1– mit einem Kunststoffkeil –B– ausclipsen.
- Zuerst Clip –6–, dann die Clips –7– und –8– mit einem Kunststoffkeil –C– ausclipsen.

Achtung: Clip –9– kann ausschließlich durch seitliches Drücken entriegelt werden!

- Clip –10– mit einem Kunststoffkeil –C– ausclipsen.
- Clip –4– ausclipsen.
- Die Türverkleidung, senkrecht nach oben, aus dem Fensterschacht herausziehen und in dieser Position halten.

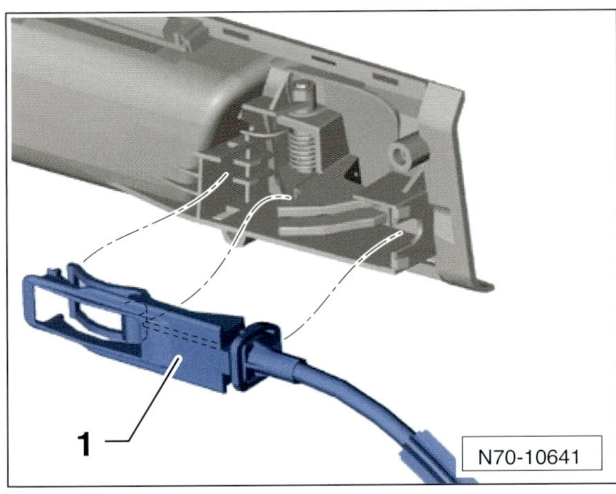

- Auf der Innenseite der Türverkleidung, den Bowdenzug –1– aus der Türinnenbetätigung aushängen.
- Leitungsstrang vom Türsteuergerät trennen.

Einbau

- Der Einbau erfolgt in umgekehrter Ausbaureihenfolge. Dabei ist Folgendes zu beachten:

Hinweis: Vor der Montage die Halteclips auf Beschädigungen prüfen und gegebenenfalls erneuern.

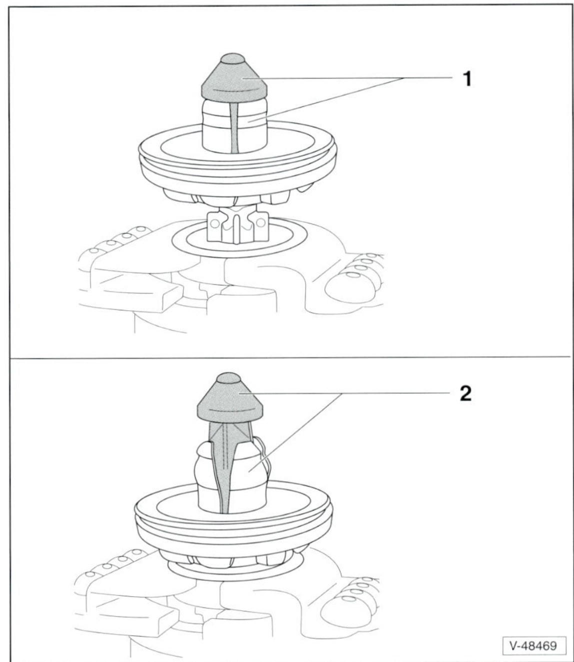

Achtung: Vor dem Einbau der Türverkleidung sicherstellen, dass sich der Verriegelungsmechanismus sämtlicher Clipverbindungen in –Position 1– befindet.

In der –Position 2– ist ein fehlerfreier Einbau der Türverkleidung nicht möglich!

Achtung: Beim Einsetzen der Türverkleidung in die Fensterschachtabdeckung muss die Winkelstellung der Türverkleidung zum Innenblech größer als 20° sein. Andernfalls können die Befestigungsclips verkantet werden.

- Clips in der Ausbaureihenfolge –4–, –10–, –9–, –8–, –7–, –6–, –5–, –3– und –1– einclipsen, siehe Abbildung V-48471.
- Schraube –2– mit **4,5 Nm** festziehen.
- Abdeckung –1– von oben nach unten im Zuziehgriff verrasten, siehe Abbildung V-48470.

Dreieckblende aus- und einbauen

Vordertür

Ausbau

- Türverkleidung ausbauen, siehe entsprechendes Kapitel.

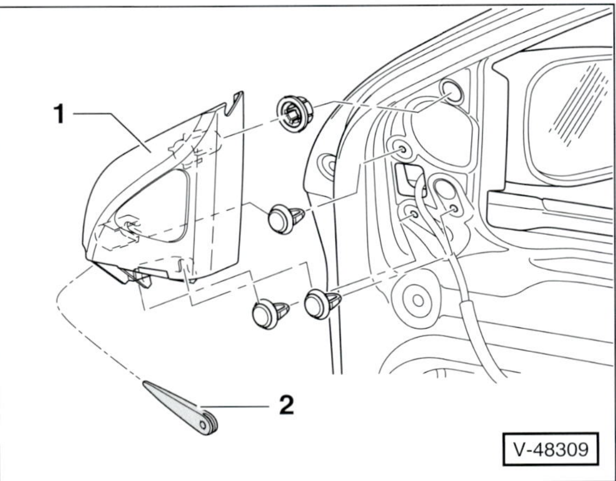

- Dreieckblende –1– mit einem Kunststoffkeil –2– aus den Aufnahmen im Türblech abdrücken.
- An der Rückseite Stecker für Hochtonlautsprecher abziehen.

Einbau

- Beschädigte Halteclips ersetzen.
- Stecker für Hochtonlautsprecher aufstecken.
- Dreieckblende so ansetzen, dass die Halteclips in die Aufnahmen im Türblech eingreifen. Dreieckblende festdrücken.

Sonnenschutzrollo in der hinteren Türverkleidung aus- und einbauen

Der Aus- und Einbau ist für die **Limousine** beschrieben, für den **VARIANT** erfolgen die Arbeiten sinngemäß.

Ausbau

- Hintere Türverkleidung ausbauen.

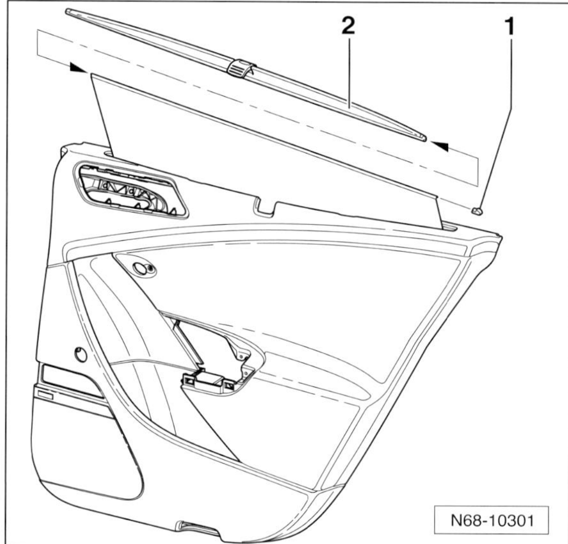

- Rollo etwas herausziehen und die Abdeckkappe –1– abnehmen.
- Abdeckung –1– vom Rollo –2– abziehen.

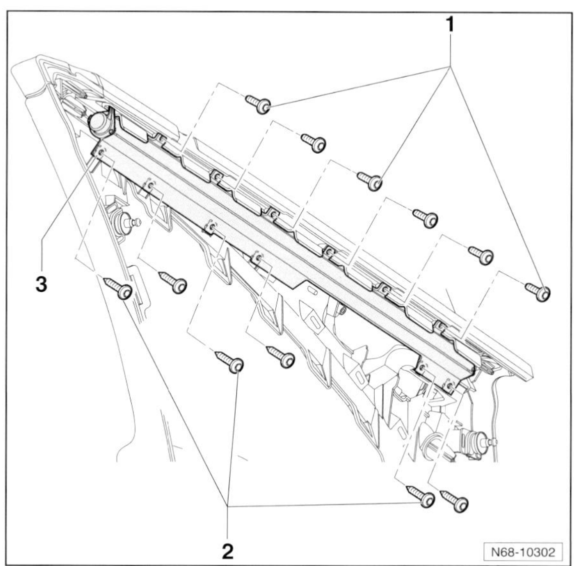

- 6 obere Schrauben –1– herausdrehen.
- 6 untere Schrauben –2– herausdrehen.

Hinweis: Beim **VARIANT** ist das Sonnenschutzrollo nur mit fünf unteren Schrauben befestigt.

- Sonnenschutzrollo –3– aus der Verkleidung herausnehmen.

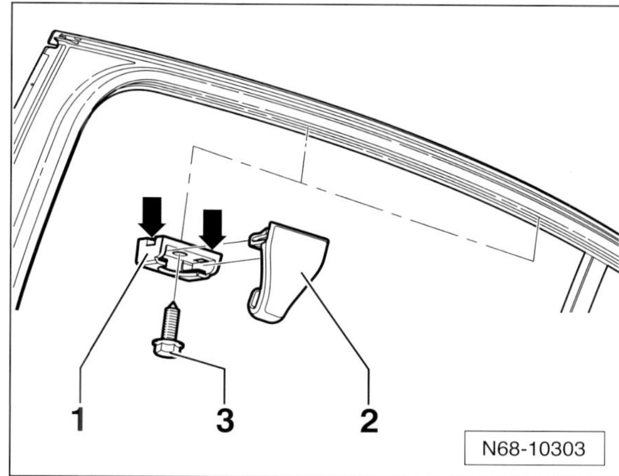

- 2 geeignete Spiralbohrer auf beiden Seiten in die Öffnungen am Aufnahmeteil –1– stecken –Pfeile– und die Verrastungen vom Befestigungshaken –2– betätigen.
- Befestigungshaken –2– vom Aufnahmeteil –1– abziehen.
- Schraube –3– herausdrehen.

Einbau

- Der Einbau erfolgt in umgekehrter Ausbaureihenfolge. Schraube für die Aufnahme des Befestigungshakens sowie die unteren Schrauben für das Rollo mit **2 Nm** festziehen. Obere Schrauben für das Rollo mit **0,8 Nm** festziehen.

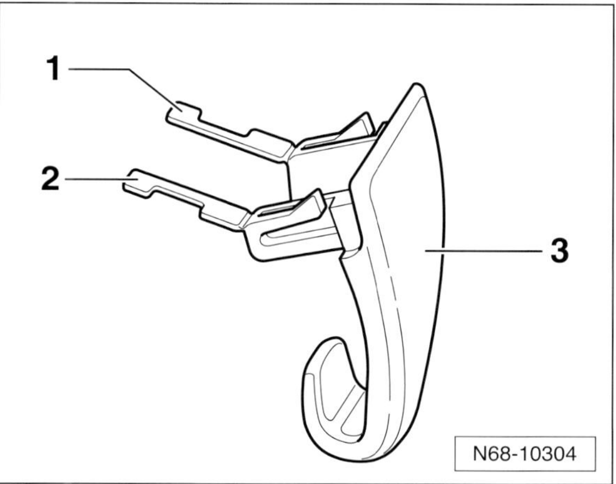

Hinweis: Durch Umlegen der Laschen –1– und –2–, nach oben oder unten, vor dem Verrasten des Hakens –3–, kann die Höhe eingestellt werden.

Heckklappenverkleidung aus- und einbauen

VARIANT

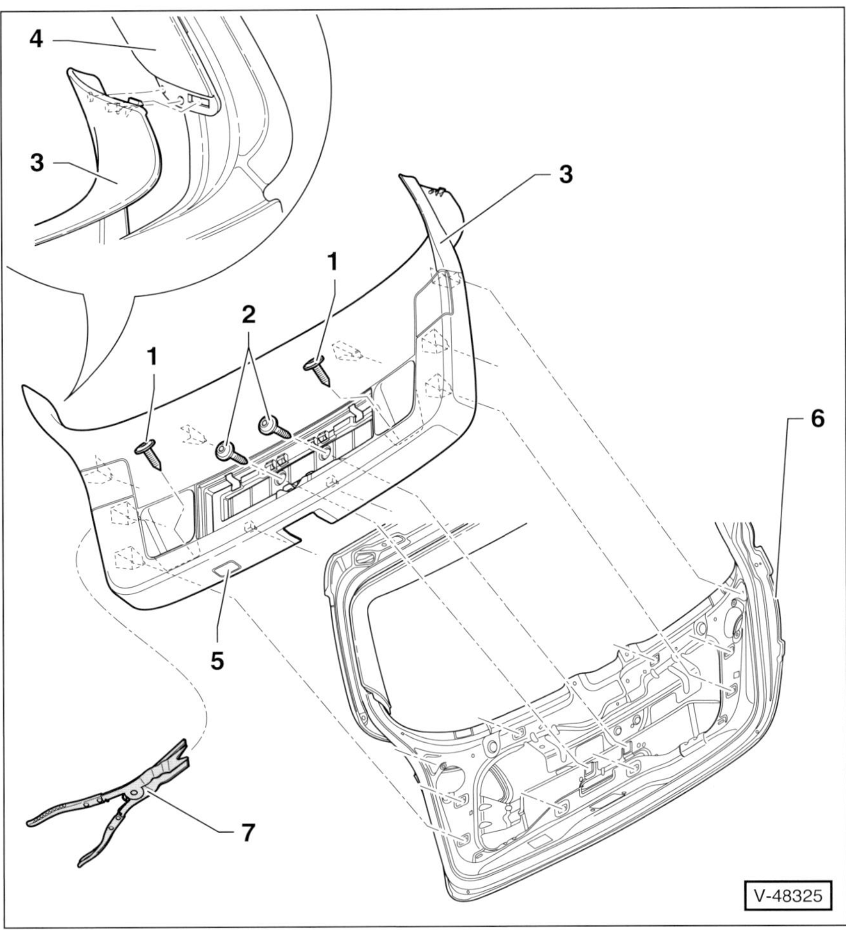

Heckklappenverkleidung unten

1 – 2 Schrauben

2 – 2 Schrauben

3 – Verkleidung unten

Ausbau

- 2 Schrauben –1– aus den Griffmulden herausdrehen.
- Drehverschlüsse drehen, Deckel in der Verkleidung aufklappen und Warndreieck aus dem Ablagefach herausnehmen.
- 2 Schrauben –2– herausdrehen.
- An den Griffmulden kräftig ziehen und Verkleidung von der Heckklappe –6– lösen.
- Lösezange –7– unter die Verkleidung schieben und übrige Halteklammern herausziehen.
- Verkleidung mit einem Kunststoffkeil an beiden Seiten von der Fensterrahmenverkleidung –4– ablösen.
- Gegebenenfalls Stecker vom Schalter –5– abziehen.
- Verkleidung von der Heckklappe –6– abnehmen.

Einbau

- Halteklammern auf Beschädigungen und auf richtigen Sitz an der Verkleidung überprüfen.
- Der Einbau erfolgt in umgekehrter Ausbaureihenfolge, dabei darauf achten, dass die Halteklammern korrekt in die Aufnahmen der Heckklappe eingreifen.

4 – Fensterrahmenverkleidung

5 – Schalter
Heckklappe mit Fernbetätigung.

6 – Heckklappe

7 – Lösezange
Zum Beispiel HAZET 799-4.

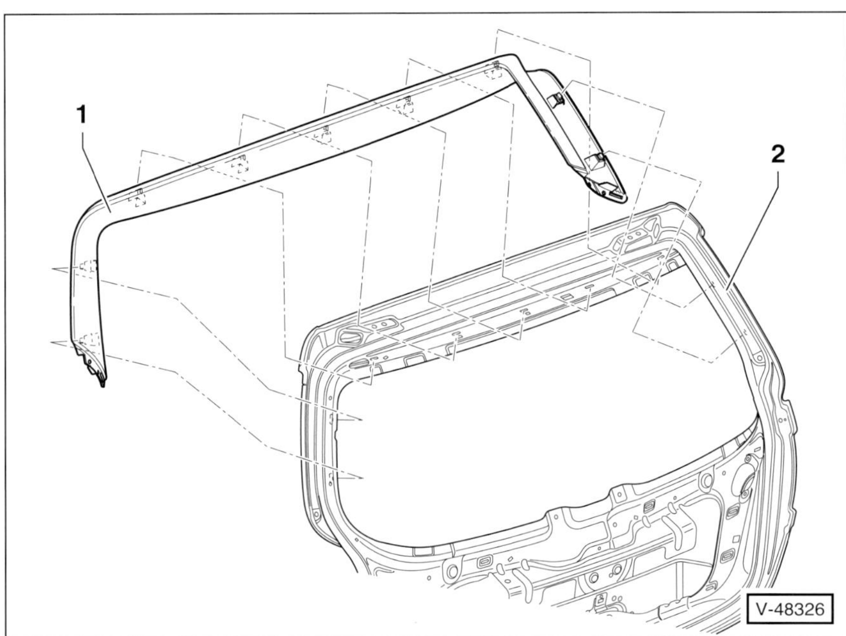

Fensterrahmenverkleidung

1 – Fensterrahmenverkleidung

Ausbau

- Heckklappenverkleidung unten ausbauen.
- Fensterrahmenverkleidung an den Seiten durch kräftigen Zug nach innen vom Fensterrahmen ablösen.
- Obere Halteklammern aus den Aufnahmen im Fensterrahmen herausziehen.
- Fensterrahmenverkleidung von der Heckklappe –2– abnehmen.

Einbau

- Halteklammern auf Beschädigungen und auf richtigen Sitz an der Verkleidung überprüfen, wenn nötig, ersetzen.
- Der Einbau erfolgt in umgekehrter Ausbaureihenfolge, dabei darauf achten, dass die Halteklammern korrekt in die Aufnahmen der Heckklappe eingreifen.

2 – Heckklappe

Halterung für Warndreieck aus- und einbauen

VARIANT

Ausbau

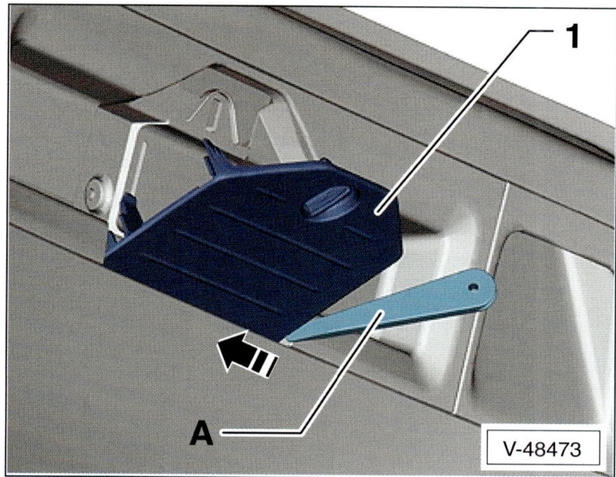

- Halterung für Warndreieck öffnen.

Hinweis: Für den Ausbau muss der Öffnungswinkel der Halterung ca. 45° betragen.

- Halterung für Warndreieck –1– mit einem Kunststoffkeil –A– auf der rechten Seite nach innen drücken und vom Aufnahmebolzen lösen.

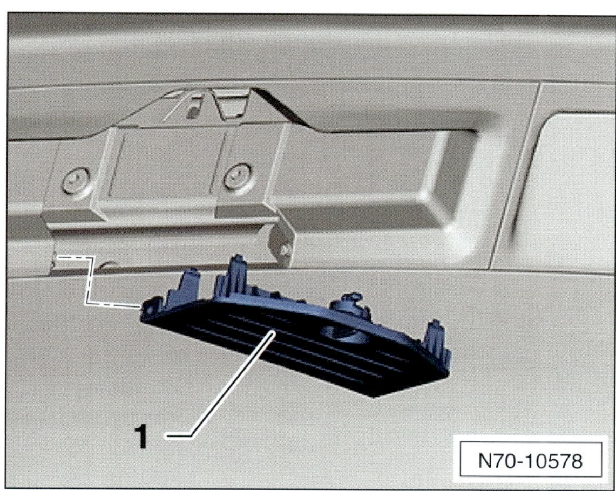

- Halterung für Warndreieck –1– vom linken Aufnahmebolzen abziehen.

Einbau

- Halterung für Warndreieck –1– im Winkel von 45° auf den linken Aufnahmebolzen schieben.
- Halterung für Warndreieck anschließend nach links drücken und auf den rechten Aufnahmebolzen schieben.
- Anschließend Halterung auf einwandfreie Funktion prüfen.

Kofferraumdeckelverkleidung aus- und einbauen

Limousine

Ausbau

- Kofferraum öffnen und Warndreieck aus der Halterung in der Verkleidung herausnehmen.

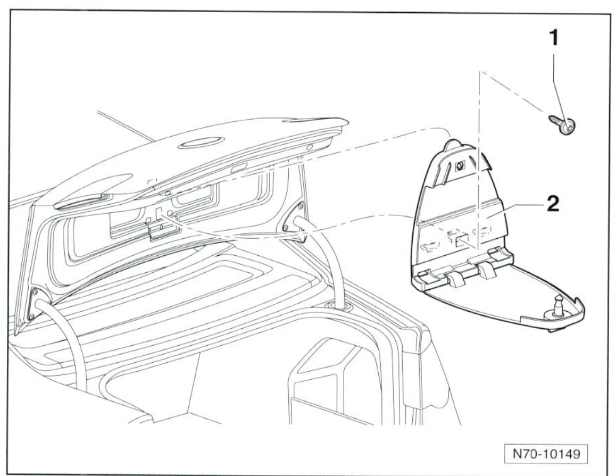

- Schraube –1– herausdrehen, Halterung für Warndreieck –2– nach unten aus den Aufnahmen herausziehen und abnehmen.

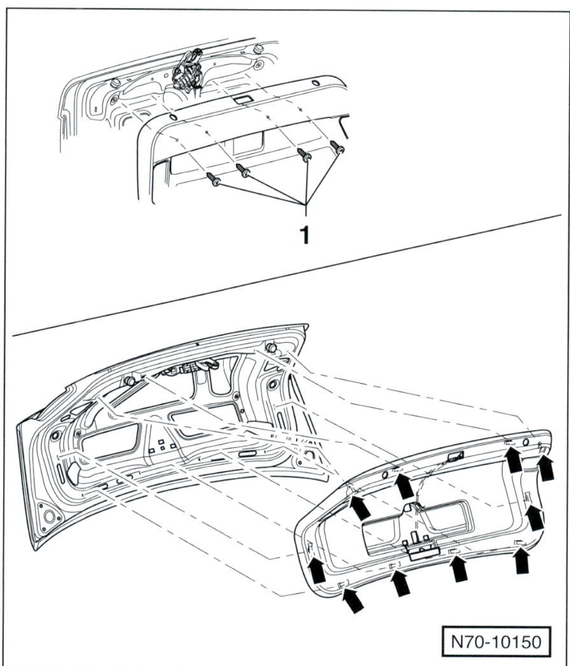

- 4 Schrauben –1– in den Griffmulden herausdrehen.
- Schraubendreher zwischen Verkleidung und Kofferraumdeckel führen und Verkleidung mit 10 Halteklammern –Pfeile– aus den Aufnahmen im Kofferraumdeckel herausziehen.

- Bowdenzug für Notöffner am Schloss für Kofferraumdeckel aushängen und Verkleidung abnehmen.

Einbau

- Der Einbau erfolgt in umgekehrter Ausbaureihenfolge. Beschädigte Halteklammern ersetzen.

Verkleidungen im Lade- und Kofferraum aus- und einbauen

Laderaum-Bodenabdeckung VARIANT

Ausbau

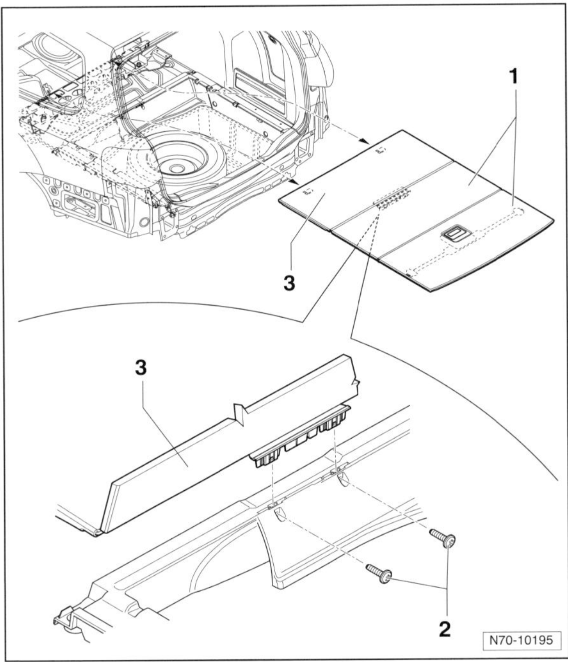

- Die beiden hinteren Elemente –1– der Abdeckung nach vorn klappen.
- Zwei Schrauben –2– herausdrehen.
- Abdeckung –3– aus dem Fahrzeug herausnehmen.

Einbau

- Der Einbau erfolgt in umgekehrter Ausbaureihenfolge. Schrauben mit **1,5 Nm** anziehen.

Verkleidung Heckabschluss Limousine

Ausbau

- Kofferraum öffnen, Bodenbelag am Kofferraumboden anheben und herausnehmen.
- Reserverad aus dem Fahrzeug herausnehmen.
- Fach für Bordwerkzeug herausnehmen.

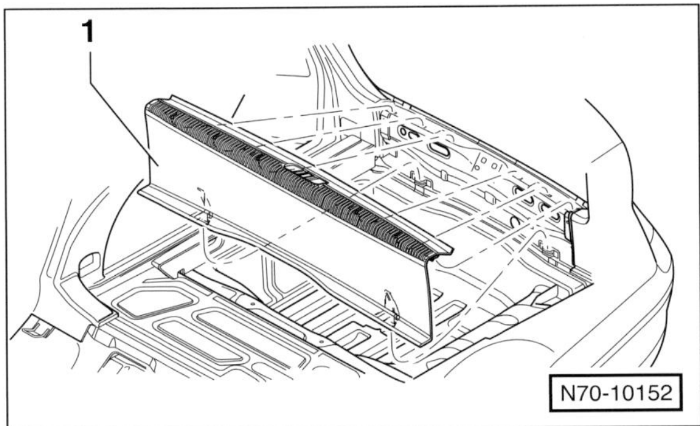

- Verkleidung –1– aus der Heckklappendichtung herausziehen.
- Einen Kunststoffkeil an der Abschlusskante unter die Verkleidung –1– schieben und Verkleidung an den Halteklammern vom Heckklappenrahmen lösen.
- Verkleidung –1– nach oben abziehen.

Einbau

- Der Einbau erfolgt in umgekehrter Ausbaureihenfolge.

Verkleidung Heckabschluss VARIANT

Ausbau

- Heckklappe öffnen und Bodenbelag nach vorne umklappen.
- Deckel vom Fach für Bordwerkzeug abnehmen.

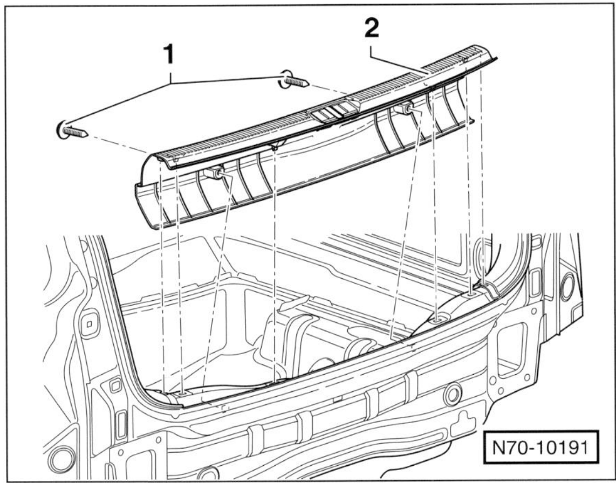

- 2 Schrauben –1– herausdrehen.

- Verkleidung –2– aus der Heckklappendichtung herausziehen.
- Einen Kunststoffkeil an der Abschlusskante unter die Verkleidung –2– schieben und Verkleidung an den Halteclips vom Heckklappenrahmen lösen.
- Verkleidung –2– nach oben vom Heckabschluss ziehen.

Hinweis: Die Stoßfängerabdeckung ist der besseren Übersichtlichkeit wegen in der Abbildung nicht dargestellt.

Einbau

- Der Einbau erfolgt in umgekehrter Ausbaureihenfolge.

Seitenverkleidung im Kofferraum Limousine

Ausbau

- Verkleidung Heckabschluss ausbauen, siehe entsprechenden Abschnitt.
- Sitzbank ausbauen, siehe entsprechendes Kapitel.
- Seitenpolster ausbauen, siehe entsprechendes Kapitel.
- Äußere Rücksitzlehne ausbauen, siehe entsprechendes Kapitel.

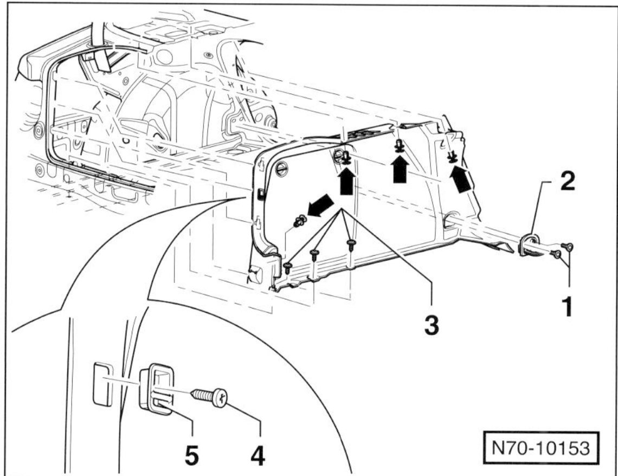

- 2 Schrauben –1– herausdrehen und Verzurröse –2– von der Seitenwand nehmen.
- Schrauben –3– herausdrehen. **Hinweis:** In der Abbildung ist die linke Seitenwand dargestellt. Auf der rechten Seite wird nur eine Schraube herausgedreht.
- Schraube –4– herausdrehen und Haken –5– abnehmen.
- Mit einem Lösehebel, zum Beispiel HAZET 799-3, 4 Druckknöpfe –Pfeile– herausziehen.
- Seitenverkleidung aus den Aufnahmen in der Seitenwand herausziehen.
- **Seitenverkleidung rechts:** An der Rückseite Stecker von der Kofferraumleuchte und der Steckdose abziehen.

Einbau

- Der Einbau erfolgt in umgekehrter Ausbaureihenfolge. Beschädigte Druckknöpfe ersetzen.

Seitenverkleidung im Laderaum VARIANT

Ausbau

Hinweis: Die Beschreibung erfolgt für die linke Verkleidung.

- Netztrennwand ausbauen.
- Laderaumabdeckung ausbauen.
- Zündung ausschalten.

Achtung: Bei Fahrzeugen mit Seitenairbag hinten unbedingt Airbag-Sicherheitshinweise beachten, siehe Seite 204.

- **Um ein Auslösen des Seitenairbags zu verhindern, Batterie-Massekabel abklemmen, siehe Seite 79.**
- **Batteriepol isolieren.**
- Heckabschlussverkleidung ausbauen.
- Linke Sitzbank nach vorn klappen.
- Bowdenzug der Hinterlehnenklappung trennen.
- Seitenpolster ausbauen.

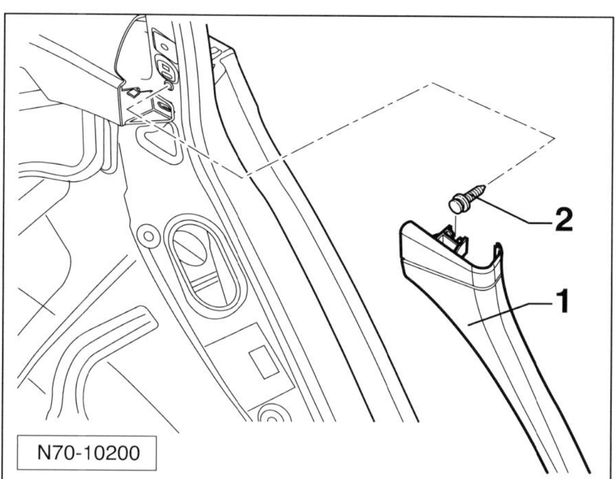

- Radhausverkleidung –1– im oberen Bereich aus der Aufnahme in der Karosserie herausziehen.

Hinweis: Zur besseren Übersicht sind die Radhausverkleidung –1– und der Clip –2– in ausgebautem Zustand dargestellt.

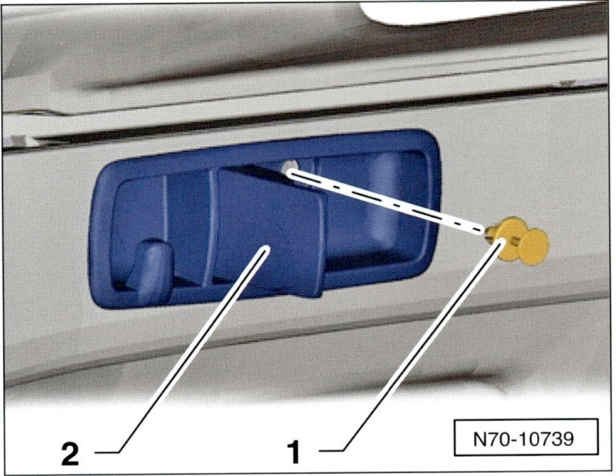

- Klappe –2– öffnen und Clip –1– ausbauen.

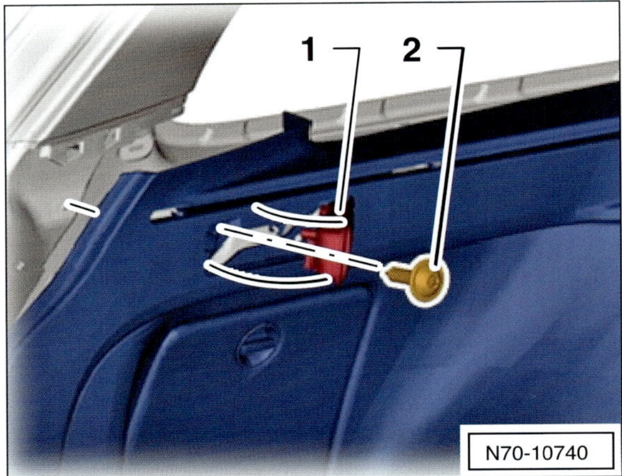

- Lehnenfernentriegelung –1– ausclipsen und Schraube –2– herausdrehen.

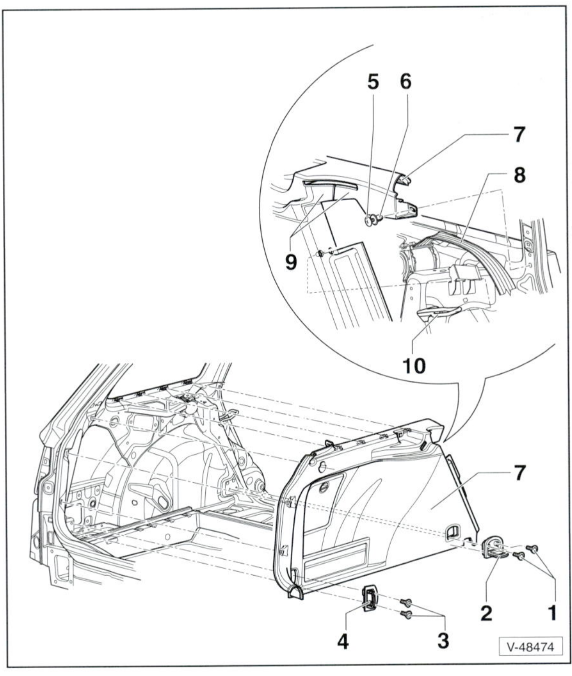

Fahrzeuge ohne Schienensystem:

- Zwei Schrauben –1– herausdrehen und Verzurröse –2– abnehmen.
- Zwei Schrauben –3– herausdrehen und Verzurröse –4– abnehmen

Alle Fahrzeuge:

- Klemmstift –5– mit einem Innensechskantschraubendreher, SW 3 mm, herausdrehen. Spreizniet –6– herausnehmen.
- Verkleidung –7– nach innen aus den Halterungen in der Karosserie herausziehen.
- Sicherheitsgurt –8– durch die beiden Laschen –9– der Verkleidung –7– herausfädeln.
- Verkleidung, nach vorn schieben und über den Bügel der Lehnenverriegelung –10– hinweg abnehmen.
- Verkleidung aus dem Fahrzeug herausnehmen.

Speziell rechte Verkleidung

- Falls vorhanden, Taster für elektrisch schwenkbare Anhängevorrichtung ausbauen.
- Rechte Sitzbank nach vorn klappen.

Einbau

- Der Einbau erfolgt in umgekehrter Ausbaureihenfolge.

Anzugsdrehmomente

Abbildung V-48474: Schrauben –1– und –3– . . . . . **6 Nm**
Abbildung N70-10740: Schraube –2– . . . . **2 Nm**

Vordersitz aus- und einbauen

Ausbau

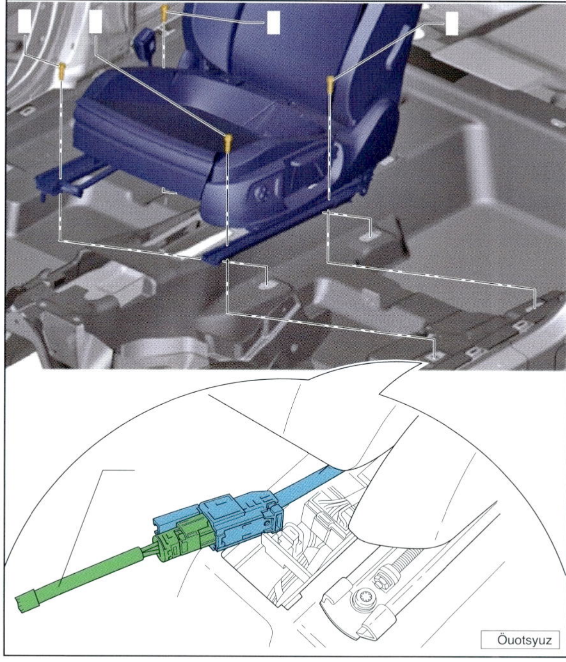

Hinweis: Zum Ausbau des Vordersitzes mit Seiten-Airbag wird der VW-Airbag-Adapter VAS 6282 –A– benötigt. Der Adapter sorgt für eine zusätzliche Absicherung gegen elektrostatische Aufladungen.

- Sitz ganz nach vorn stellen.
- Schrauben –3– und –4– herausdrehen.
- Sitz ganz nach hinten stellen.
- Sitz um ca. 4 cm wieder nach vorn stellen. Dies ist erforderlich, um bei folgenden Arbeiten das Gurtschloß demontieren zu können.
- **Um ein Auslösen des Seitenairbags zu verhindern, Batterie-Massekabel abklemmen, siehe Seite 79.**
- **Batteriepol isolieren.**
- Bodenbelag oberhalb der Kupplungsstation unter dem Sitz hochklappen.

Achtung: Eventuelle ektrostatische Aufladungen entladen, da sie eine ungewollte Auslösung vom Airbag zur Folge haben können. Deshalb, vor dem Trennen der Zünd- und Masseleitung vom Airbag, kurz die Karosserie oder den Schließkeil der Tür anfassen.

- Je nach Fahrzeugausstattung, die Leitungsstränge vom Sitz aus der Kupplungsstation trennen.
- Airbag-Adapter VAS 6282 –A– auf den Leitungsstrang vom Seitenairbag aufstecken. **Hinweis:** Der Adapter schließt die Zündleitung kurz und sorgt dadurch für eine zusätzliche Absicherung gegen ein Auslösen des Seiten-Airbags.
- Schrauben –1– und –2– herausdrehen.
- Leitungsstrang aus seiner Aufnahme im Fahrzeugboden lösen.
- Vordersitz zusammen mit Gleitschienen durch die Vordertür herausheben.

Achtung: Dabei beim linken Vordersitz mit der rechten Hand hinten zwischen Lehne und Sitzkissen greifen und mit der linken Hand vorne am Sitzkissen untergreifen. Entsprechend beim rechten Vordersitz vorgehen. Sitz **nicht** am Gurtschloss oder an den Verstellhebeln herausheben.

Einbau

- Sitz durch die vordere Tür in das Fahrzeug heben.
- Sitz über die tunnelseitigen Zentrierstifte in die entsprechenden Öffnungen im Fahrzeugboden einsetzen.
- Vordersitz nach hinten kippen, bis die Sitzlehne an der Rücksitzbank anliegt. Airbag-Adapter abziehen.
- Der weitere Einbau erfolgt in umgekehrter Ausbaureihenfolge.
- Schrauben für den Vordersitz mit **40 ± 4 Nm** festziehen. Dabei mit der Schraube –1– beginnen. Anschließend Schraube –2– festziehen.

Achtung: Beim Anklemmen der Batterie darf sich keine Person im Innenraum des Fahrzeugs aufhalten.

- Zündung einschalten und Batterie anklemmen, siehe Seite 79.
- Sitz ganz nach vorn stellen.
- Zuerst Schraube –3–, dann Schraube –4– mit **40 ± 4 Nm** festziehen.
- Falls die Airbag-Warnlampe im Kombiinstrument nach Einschalten der Zündung nicht erlischt, liegt eine Störung im Airbag-System vor. In diesem Fall muss eine Fachwerkstatt aufgesucht werden.

Rücksitzbank aus- und einbauen

Limousine

Ausbau

- Bei Fahrzeugen mit beheizter Rücksitzanlage die Zündung ausschalten.

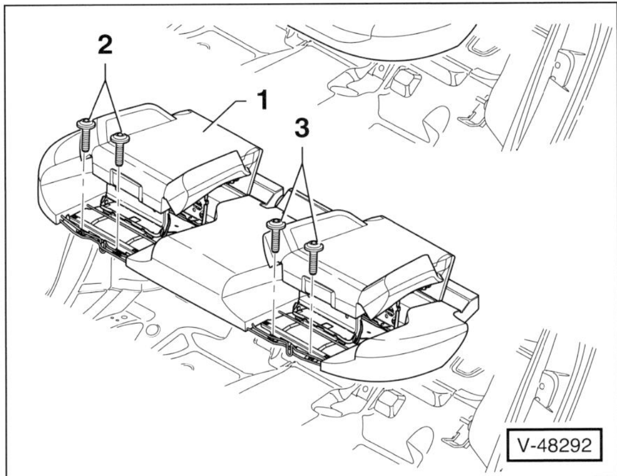

- **Rücksitz mit integriertem Kindersitz:** Kindersitz –1– nach oben schwenken und Fußauflage aus den Aufnahmen in der Sitzbank herausziehen.
- **Rücksitz mit integriertem Kindersitz:** Je nach Ausstattung mit einem oder mit zwei Sitzen, die Schrauben –2– oder –2– und –3– herausdrehen.

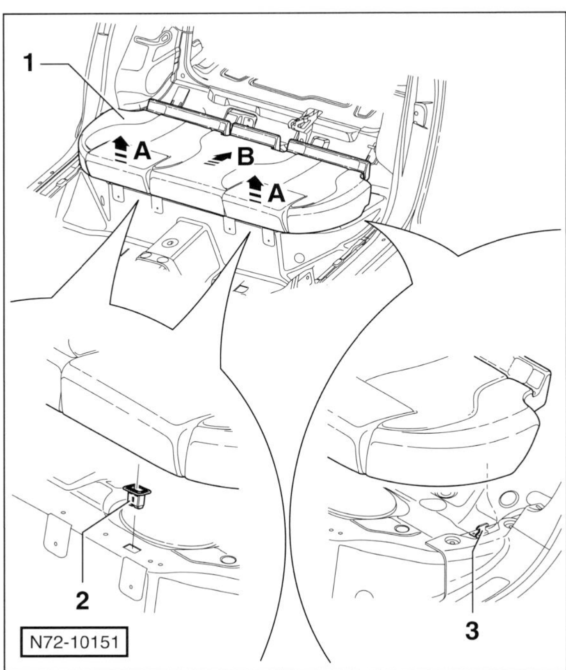

Hinweis: Zur besseren Übersicht ist die Rücksitzlehne in der Abbildung nicht dargestellt.

- Sitzbank –1– im vorderen Bereich nach oben aus den 2 Aufnahmen –2– herausziehen –Pfeile A–.
- Sitzbank nach hinten drücken –Pfeil B–.
- Sitzbank im hinteren Bereich nach oben aus den seitlichen Führungsblechen –3– herausziehen.
- Bei Fahrzeugen mit beheizter Rücksitzanlage den Leitungsstrang der Sitzheizung trennen.
- Sitzbank aus dem Fahrzeug herausnehmen.

Einbau

- Vor dem Einbau die beiden Aufnahmen –2– auf Beschädigungen prüfen und gegebenenfalls erneuern.
- Der Einbau erfolgt in umgekehrter Ausbaureihenfolge. Schrauben mit **8 Nm** anziehen.

Variant

Ausbau

- **Rücksitz mit Sitzheizung:** Zündung ausschalten.

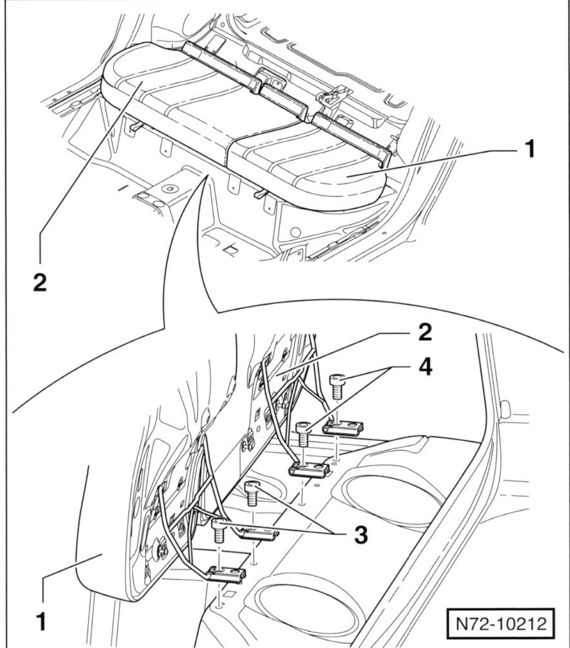

- Linke Sitzbank –1– beziehungsweise rechte Sitzbank –2– nach vorne umklappen.
- **Rücksitz mit Sitzheizung:** Steckverbindung trennen.
- Jeweils 2 Schrauben –3/4– am Fahrzeugboden herausdrehen und linke beziehungsweise rechte Sitzbank aus dem Fahrzeug herausheben.

Hinweis: In der Abbildung ist der besseren Übersichtlichkeit wegen die Rücksitzlehne nicht dargestellt.

Einbau

- Der Einbau erfolgt in umgekehrter Ausbaureihenfolge.
- Schrauben mit **8 Nm** festziehen.

Bowdenzüge der Rücksitzlehne trennen und verbinden

Trennen

- **VARIANT**: Sitzbank nach vorn klappen.
- **Limousine**: Sitzbank ausbauen, siehe entsprechendes Kapitel.

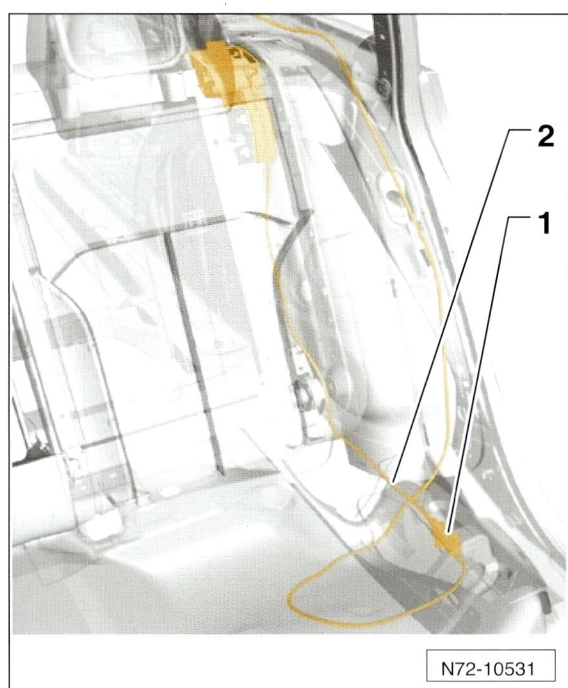

- Kupplungsgehäuse –1– öffnen und den Bowdenzug –2– aushängen.

Verbinden

- Bowdenzug einhängen und Kupplungsgehäuse schließen.
- Sitzbank einbauen beziehungsweise zurückklappen.

Rücksitzlehne aus- und einbauen

Linke Lehne

Ausbau

- **Limousine:** Sitzbank ausbauen, siehe entsprechendes Kapitel.
- **VARIANT:** Sitzbank nach vorn klappen.
- Bowdenzug für Rücksitzlehne trennen.

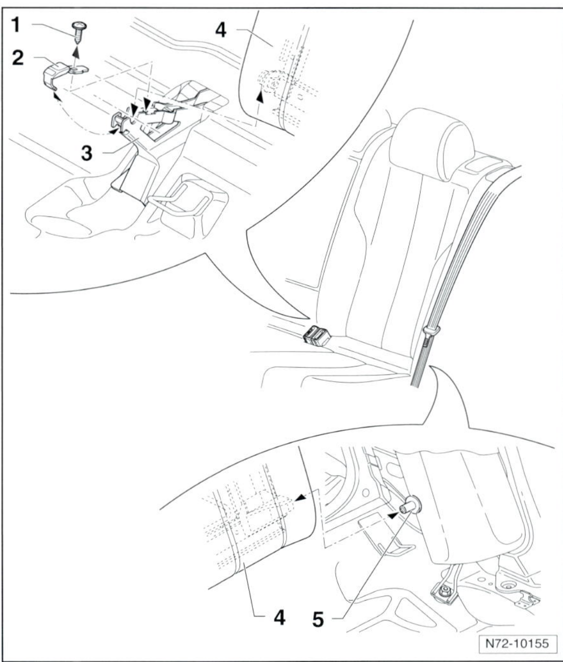

- Schraube –1– herausdrehen.
- Schelle –2– aus dem Lehnenmittellager –3– herausziehen.
- Linke Lehne –4– aus dem Lehnenmittellager herausheben und die Lehne vom Bolzen –5– abziehen.
- Bei Fahrzeugen mit beheizter Rücksitzanlage die Steckverbindung der Sitzheizung trennen.
- Linke Lehne aus dem Fahrzeug herausheben.

Einbau

- Der Einbau erfolgt in umgekehrter Ausbaureihenfolge. Schraube mit **8 Nm** anziehen.

Rechte Lehne

Ausbau

- Zündung ausschalten.
- **Limousine:** Sitzbank ausbauen, siehe entsprechendes Kapitel.
- **VARIANT:** Sitzbank nach vorn klappen.
- Bowdenzug für Rücksitzlehne trennen.

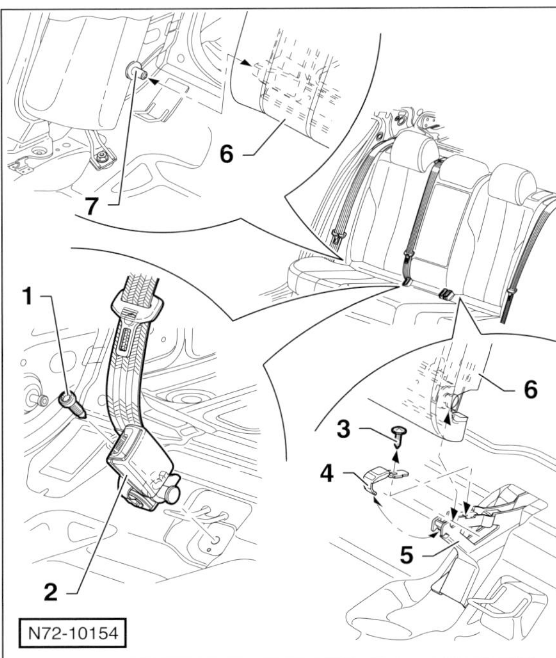

- Schraube –1– herausdrehen und Gurtschloss –2– vom Boden abnehmen.
- Falls vorhanden, Steckverbindung trennen.
- Schraube –3– herausdrehen.
- Schelle –4– aus dem Lehnenmittellager –5– herausziehen.
- Rechte Lehne –6– aus dem Lehnenmittellager herausheben und Lehne vom Bolzen –7– abziehen.
- Bei Fahrzeugen mit beheizter Rücksitzanlage den Leitungsstrang der Sitzheizung trennen.
- Rechte Lehne aus dem Fahrzeug herausnehmen.

Einbau

- Der Einbau erfolgt in umgekehrter Ausbaureihenfolge. Schraube für Schelle am Lehnenmittellager mit **8 Nm** , Schraube für Gurtschloss mit **40 Nm** anziehen.

Rücksitzseitenpolster aus- und einbauen

Ausbau

Achtung: Bei Fahrzeugen mit Seitenairbag hinten unbedingt Airbag-Sicherheitshinweise beachten, siehe Seite 204.

- **Um ein Auslösen des Seitenairbags zu verhindern, Batterie-Massekabel abklemmen, siehe Seite 79.**
- **Batteriepol isolieren.**
- **Limousine:** Rücksitzbank ausbauen, siehe entsprechendes Kapitel.
- **VARIANT:** Rücksitzbank nach vorne umklappen.

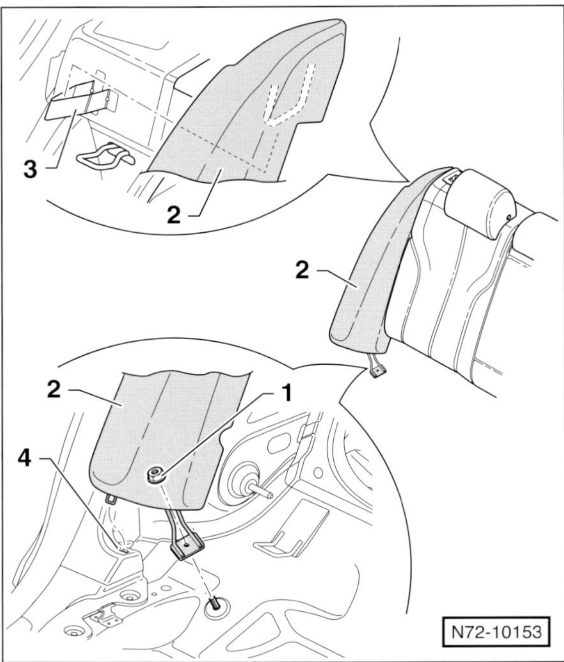

- Mutter –1– abschrauben.
- Seitenpolster –2– nach oben aus den Aufnahmen –3/4– herausziehen.

Achtung: Vor dem Trennen der Steckverbindung für Seiten-Airbag, elektrostatische Aufladung abbauen, dazu kurz den Schließbügel der Tür oder die Karosserie anfassen. Unbedingt **Airbag-Sicherheitshinweise** befolgen, siehe Seite 204.

- **Seitenpolster mit Seiten-Airbag:** Stecker vom Seiten-Airbag abziehen.

Hinweis: In der Abbildung ist das Seitenpolster an der rechten Seite dargestellt.

Einbau

- Der Einbau erfolgt in umgekehrter Ausbaureihenfolge. Mutter mit **8 Nm** anschrauben.

Achtung: Beim Anklemmen der Batterie darf sich keine Person im Innenraum des Fahrzeugs aufhalten.

- Zündung einschalten und Batterie-Massekabel anklemmen, siehe Seite 79.

Mittelarmlehne hinten aus- und einbauen

Ausbau

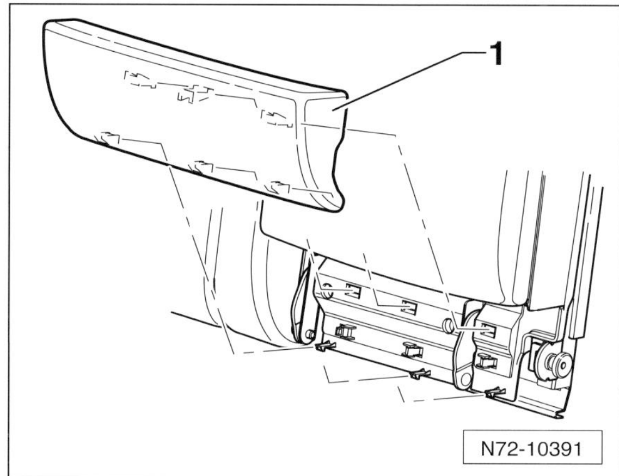

- Polstereinlage –1– ausclipsen und abnehmen.

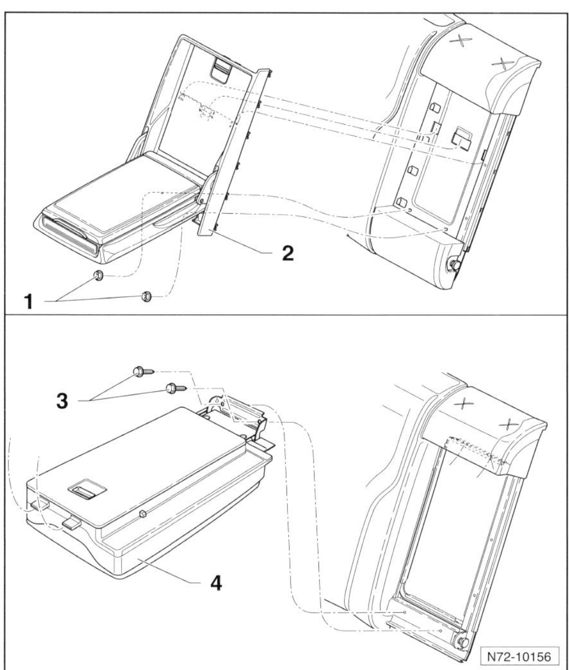

- Mittelarmlehne nach unten klappen und die Durchladeklappe öffnen.
- **Ausführung 1:** 2 Muttern –1– abschrauben und Mittelarmlehne –2– aus den Aufnahmen in der Lehne herausnehmen.
- **Ausführung 2:** 2 Schrauben –3– herausdrehen und Mittelarmlehne –4– aus den Aufnahmen in der Lehne herausnehmen.

Einbau

- Der Einbau erfolgt in umgekehrter Ausbaureihenfolge. Schrauben beziehungsweise Muttern mit **8 Nm** anziehen.

Getränkehalter in der Mittelarmlehne aus- und einbauen

Ausbau

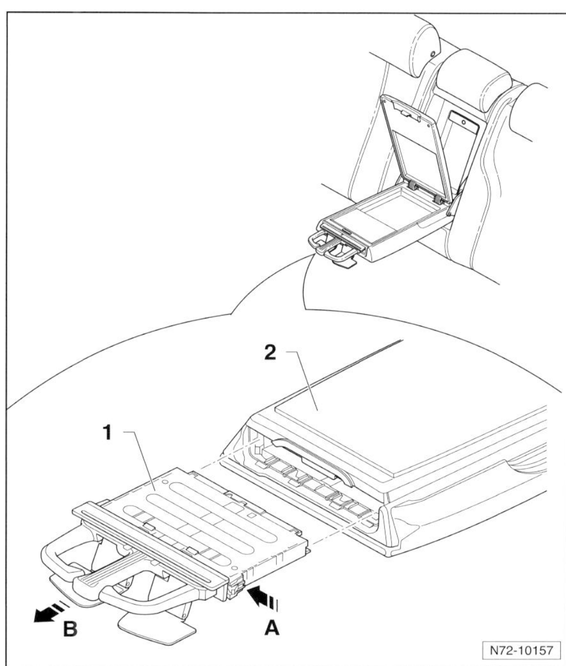

- Mittelarmlehne nach vorn klappen und Getränkehalter öffnen.
- Sicherungsklammer mit einem Schraubendreher auf beiden Seiten nach innen –Pfeil A– drücken und Getränkehalter –1– aus der Mittelarmlehne –2– herausziehen –Pfeil B–.

Einbau

- Der Einbau erfolgt in umgekehrter Ausbaureihenfolge.

Karosserie außen

Aus dem Inhalt:

- Kühlergrill
- Stoßfänger
- Schlossträger
- Kotflügel
- Motorhaube
- Heckklappe
- Tür zerlegen
- Außenspiegel

Bei der selbsttragenden Karosserie des PASSAT sind Bodengruppe, Seitenteile, Dach und die hinteren Kotflügel miteinander verschweißt. Die Reparatur größerer Karosserieschäden sowie das Auswechseln von Front- und Heckscheibe sollten von einer Fachwerkstatt durchgeführt werden

Motorhaube, Heckklappe, Türen und die vorderen Kotflügel sind angeschraubt und lassen sich leicht auswechseln. Beim Einbau ist dann unbedingt ein gleichmäßiger Luftspalt einzuhalten, sonst klappert beispielsweise die Tür, oder es können während der Fahrt erhöhte Windgeräusche auftreten. Der Luftspalt muss auf jeden Fall parallel verlaufen, das heißt, der Abstand zwischen den Karosserieteilen muss auf der gesamten Länge des Spaltes gleich groß sein. Abweichungen bis zu 1 mm sind zulässig.

Achtung: Wenn im Rahmen von Arbeiten an der Karosserie auch Arbeiten an der elektrischen Anlage durchgeführt werden, **grundsätzlich** die Zündung ausschalten und den Zündschlüssel abziehen. Als Arbeit an der elektrischen Anlage ist dabei schon zu betrachten, wenn eine elektrische Leitung vom Anschluss abgezogen beziehungsweise abgeklemmt wird.

Hinweis: Zum Lösen von Tür- und Heckklappenverkleidungen einen Kunststoffkeil verwenden, zum Beispiel HAZET 1965-20. Clips, die beim Ausbau von Verkleidungen beschädigt werden, immer erneuern.

Sicherheitshinweise bei Karosseriearbeiten

Sicherheitshinweis
Bei Karosseriearbeiten entstehen oft starke Erschütterungen, beispielsweise durch Hammerschläge. Batterie-Massekabel abklemmen, sonst kann der Airbag ausgelöst werden. Airbag-Sicherheitshinweise durchlesen, siehe Seite 79/204.

- Muss an der Karosserie geschweißt werden, soll dies grundsätzlich durch Widerstandspunktschweißen (RP) durchgeführt werden. Nur wenn sich die Schweißzange nicht ansetzen lässt, ist das Schutzgas-Schweißverfahren anzuwenden.
- So weit Schweißarbeiten oder andere funkenerzeugende Arbeiten durchgeführt werden, grundsätzlich die Batterie komplett abklemmen (Pluskabel und Massekabel) und beide Batteriepole (+) und (–) sorgfältig mit Klebeband isolieren. Bei Arbeiten in Batterienähe muss die Batterie ausgebaut werden. **Achtung:** Unbedingt Hinweise im Kapitel »Batterie aus- und einbauen« beachten.
- **Fahrzeuge mit Klimaanlage:** An Teilen der befüllten Klimaanlage darf weder geschweißt noch hart- oder weichgelötet werden. Das gilt auch für Schweiß- und Lötarbeiten am Fahrzeug, wenn die Gefahr besteht, dass sich Teile der Klimaanlage erwärmen.

Sicherheitshinweis
Der **Kältemittelkreislauf** der Klimaanlage darf **nicht geöffnet** werden, da das Kältemittel bei Hautberührung Erfrierungen hervorrufen kann.
Bei versehentlichem Hautkontakt, die Stelle sofort mindestens 15 Minuten lang mit kaltem Wasser spülen. Austretendes Kältemittel verdampft bei Umgebungstemperatur. Das Kältemittel ist farb- und geruchlos sowie schwerer als Luft. Da das Kältemittel nicht wahrnehmbar ist, besteht am Boden beziehungsweise in einer Montagegrube Erstickungsgefahr.

- **Lackierung trocknen:** Im Rahmen einer Reparatur-Lackierung darf das Fahrzeug im Trockenofen oder in der Vorwärmzone nicht über **+80° C** aufgeheizt werden. Sonst können elektronische Steuergeräte im Fahrzeug beschädigt werden. Außerdem kann dadurch in der Klimaanlage ein starker Überdruck entstehen, der möglicherweise zum Platzen der Anlage führt.

- **PVC-Unterbodenschutz entfernen:** Als Korrosionsschutz ist auf dem Unterboden ein PVC-Unterbodenschutz aufgetragen. Unterbodenschutz an der Reparaturstelle mit rotierender Drahtbürste entfernen oder mit einem Heißluftgebläse auf maximal +180° C erwärmen und mit einem Spachtel ablösen. **Achtung:** Durch Abbrennen beziehungsweise Erwärmen von PVC-Material über +180° C entsteht korrosionsfördernde Salzsäure, außerdem werden gesundheitsschädliche Dämpfe frei.

Steinschlagschäden an der Frontscheibe

Hinweis: Kleinere Schäden an der Frontscheibe, zum Beispiel durch Steinschlag verursacht oder Scheibenwischerstreifen, beeinträchtigen die Sicht und können zu Folgeschäden an der Scheibe (Risse) führen. Diese Schäden sollten so bald wie möglich behoben werden. Verschiedene Glas-Unternehmen sind auf Reparaturen an Auto-Scheiben spezialisiert. Der Austausch der Scheibe kann auf diese Weise vermieden werden. Überdies werden die Kosten für die Scheibenreparatur von der Kaskoversicherung übernommen.

Spreiznieten aus- und einbauen

Viele Abdeckungen und Verkleidungen sind mit Spreiznieten befestigt. Aus- und Einbau weiterer Halteclips, siehe Seite 295.

Ausbau

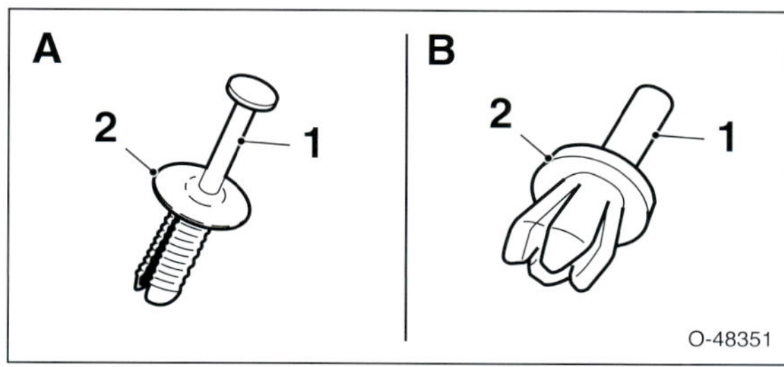

- A – Spreizniete mit Kappe: Bolzen –1– mit einem Schraubendreher herausziehen.
- B – Spreizniete ohne Kappe: Bolzen –1– mit einem geeigneten Dorn durchdrücken. **Hinweis:** Der Bolzen geht dabei unter Umständen verloren und muss ersetzt werden.
- Spreizniete –2– aus der Bohrung herausziehen.

Einbau

- Beschädigte oder fehlende Spreiznieten durch Neuteile ersetzen.
- Spreizniete –2– in die Bohrung setzen und Bolzen –1– eindrücken. **Hinweis:** Dadurch werden die Clipnasen gespreizt und die Spreizniete sitzt sicher in der Bohrung.

Blindnieten aus- und einbauen

Zum Entfernen von Blindnieten (Popnieten) zunächst nur den Nietkopf ausbohren und dann die Niete mit einem Dorn aus der Bohrung heraustreiben. Dadurch wird verhindert, dass die Bohrung ausgeweitet wird.

Neue Niete in die Bohrung einsetzen und mit einer Blindniet-Zange festquetschen, die Niethülse hat dabei denselben Durchmesser wie die Bohrung.

Häufig verwendete Nieten-Durchmesser: 2,4 mm, 3,2 mm, 4,0 mm und 4,8 mm.

Untere Motorraumabdeckung aus- und einbauen

Achtung: Je nach Motorvariante müssen beim Aus- und Einbau geringfügige Abweichungen berücksichtigt werden.

Kurze Abdeckung

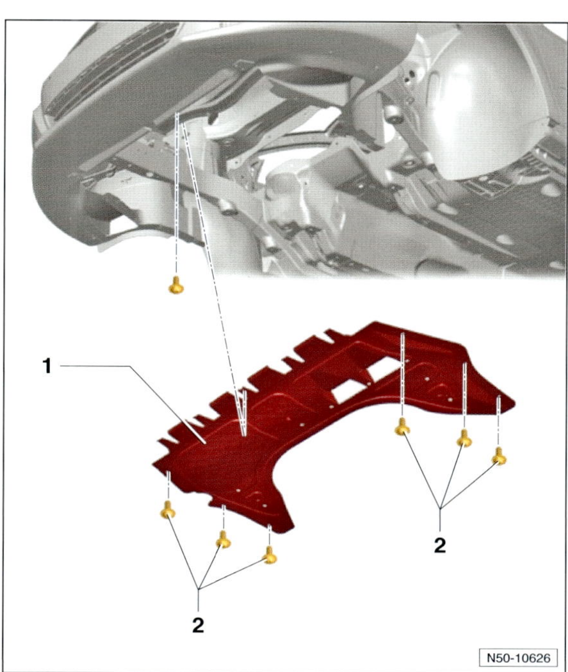

1 – Motorraumabdeckung unten
Ausbau:
- Schrauben –2– herausdrehen.
- Geräuschdämpfung nach hinten aus den Aufnahmen im Schlossträger herausziehen.

2 – Schraube, 2 Nm
7 Stück.

Lange Abdeckung

Hinweis: Zum Ausbau der Motorraumabdeckung müssen die abgebildeten Halter nicht ausgebaut werden.

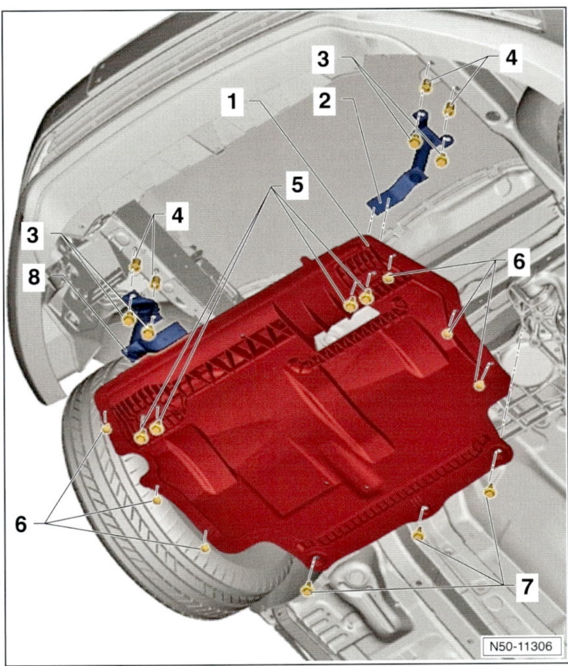

1 – **Motorraumabdeckung unten**
Ausbau:
- Drehen Sie die Schrauben –2– und –3– herausdrehen.
- Motorabdeckung –1– nach hinten aus den Aufnahmen im Schlossträger herausziehen.

2 – **Halter links**

3 – **Schraube, 35 Nm**
2 Stück je Seite.

4 – **Gewindeniet**
2 Stück je Seite.

5 – **Schraube, 20 Nm**
Achtung: Die Schrauben sind mikroverkapselt und müssen daher nach dem Lösen immer ersetzt werden.
4 Stück.

6 – **Schraube, 2 Nm**
6 Stück.

7 – **Schraube, 20 Nm**
Achtung: Die Schrauben sind mikroverkapselt und müssen daher nach dem Lösen immer ersetzt werden.
3 Stück.

8 – **Halter rechts**

Unterfahrschutz

Hinweis: Zum Ausbau des Unterfahrschutzes müssen die abgebildeten Halter nicht ausgebaut werden.

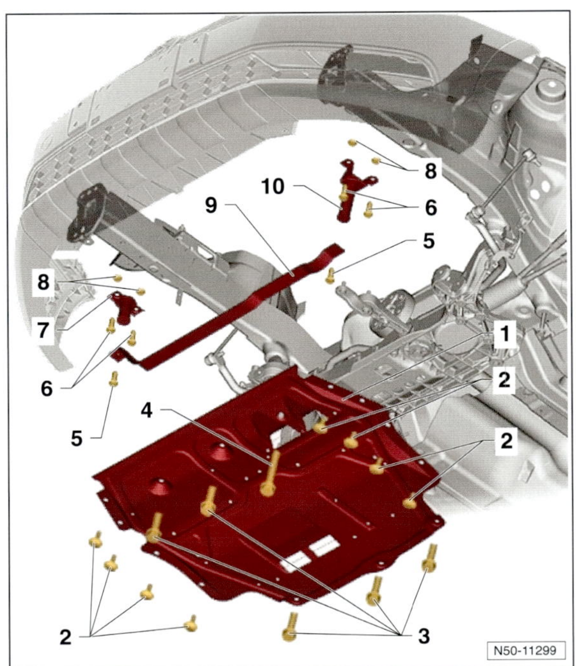

1 – **Unterfahrschutz**

2 – **Schraube, 2 Nm**
8 Stück.

3 – **Schraube, 20 Nm**
Achtung: Die Schrauben sind mikroverkapselt und müssen daher nach dem Lösen immer ersetzt werden.
5 Stück.

4 – **Schraube, 20 Nm**

5 – **Schraube, 20 Nm**
2 Stück.

6 – **Schraube, 35 Nm**
2 Stück je Seite.

7 – **Halter rechts für Querstrebe**

8 – **Gewindeniet**
2 Stück je Seite

9 – **Querstrebe**

10 – **Halter links für Querstrebe**

Wasserkastenabdeckung aus- und einbauen

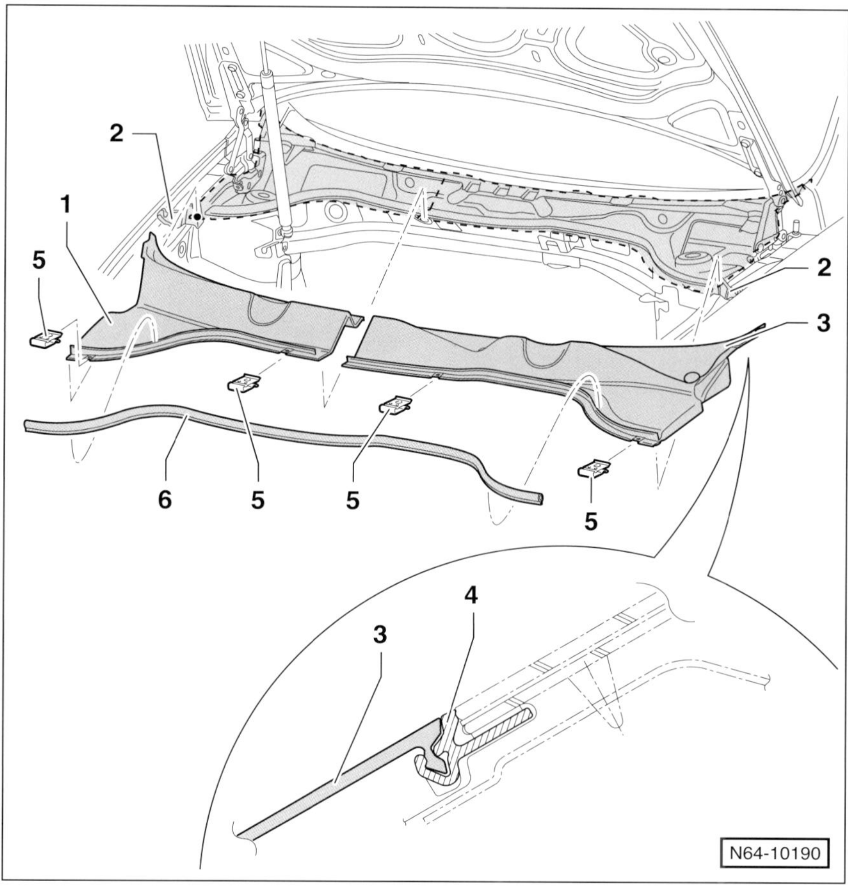

1 – **Wasserkastenabdeckung rechts**
2 – **Schaumformteil**
3 – **Wasserkastenabdeckung links**
4 – **Einfassprofil**
Bestandteil der Frontscheibe.
5 – **Halteklammer**
6 – **Dichtung**

Ausbau

- Wischerarme abschrauben, siehe Seite 107.
- Dichtung –6– auf der gesamten Länge von der Wasserkastenabdeckung –1– und –3– abziehen.
- Halteklammern –5– von der Wasserkastenabdeckung und der Wasserkasten-Stirnwand abziehen.
- Leitungen für Spritzdüsen aus dem Halter der Wasserkastenabdeckung rechts –1– ausclipsen.

Achtung: Die Wasserkastenabdeckungen –1– und –3– dürfen nicht mit einem Hebelwerkzeug (Schraubendreher, Keil) abgehebelt werden. Dabei kann die Frontscheibe beschädigt werden und später reißen.

- Wasserkastenabdeckungen –1– und –3– von der Mitte beginnend, vorsichtig nach oben aus dem Einfassprofil –4– herausziehen. Dabei immer mit der oben liegenden Wasserkastenabdeckung beginnen.

Einbau

Achtung: Durch Aufschlagen der Wasserkastenabdeckungen –1– und –3– in das Einfassprofil –4– der Frontscheibe kann es zum Anriss der Frontscheibe kommen.

Hinweis: Bei einer neuen Frontscheibe ist im Einfassprofil ein Einleger eingebaut. Vor dem Einbau der Wasserkastenabdeckung diesen Einleger entfernen.

- Wasserkastenabdeckung von Hand mit nur leichtem Druck in das Einfassprofil drücken, keinesfalls schlagen oder mithilfe eines Werkzeugs eindrücken. Zur Erleichterung Einfassprofil –4– mit Seifenlauge einsprühen, damit sich die Wasserkastenabdeckungen –1– und –3– leichter eindrücken lassen.
- Wasserkastenabdeckungen –1– und –3– mit leichtem Druck von der Mitte nach außen auf das Einfassprofil –4– clipsen. Dabei mit der unten liegenden Wasserkastenabdeckung beginnen.
- Wasserkastenabdeckung auf der Wasserkasten-Stirnwand mit den Halteklammern –5– befestigen.
- Leitungen für Spritzdüsen in den Halter der Wasserkastenabdeckung rechts –1– einclipsen.
- Dichtung –6– auf die Wasserkastenabdeckung aufdrücken.
- Wischerarme einbauen, siehe Seite 107.

Wasserfangleiste aus- und einbauen

Ausbau

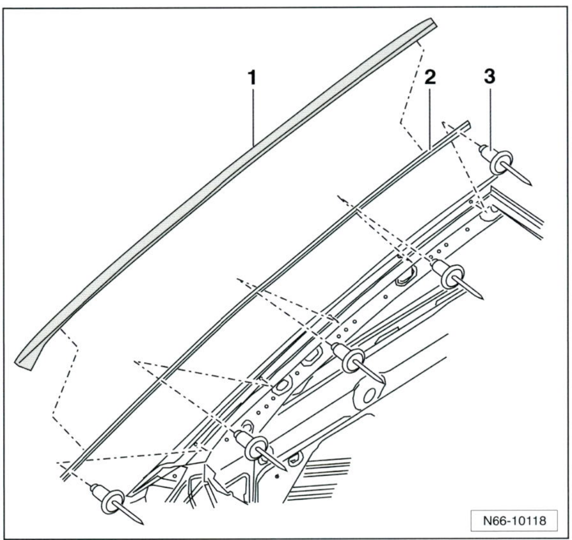

- Wasserfangleiste –1– aus der Halteleiste –2– herausheben. Dabei oben anfangen.
  3 – Blindnieten zur Befestigung der Halteleiste –2–.

Einbau

- Wasserfangleiste auf die Halteleiste aufsetzen und ausrichten.
- Wasserfangleiste aufdrücken, dabei unten beginnen und die Lippe der Wasserfangleiste hinter die Frontscheibe fädeln.

Schlossträger – Detailübersicht

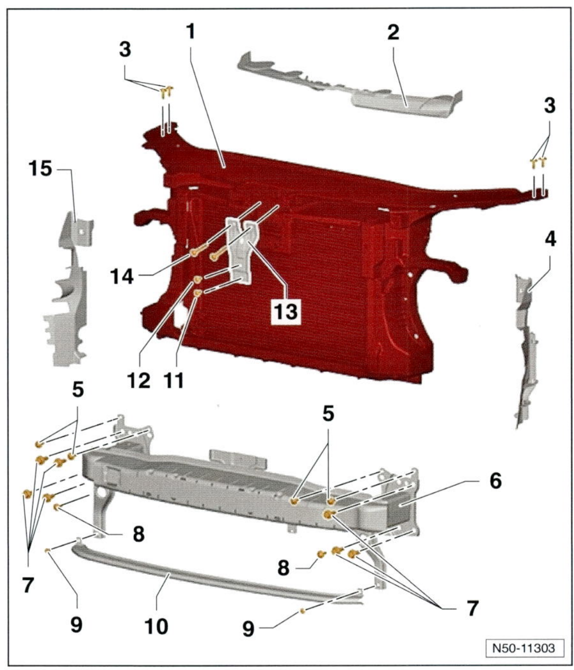

1 – Schlossträger mit Anbauteilen

2 – Luftführung oben
Im Schlossträger eingeclipst.

3 – Schraube, 8 Nm
2 Stück je Seite.

4 – Luftführung links
Im Schlossträger eingeclipst.

5 – Schraube, 8 Nm
2 Stück je Seite.
Zur Befestigung Stoßfängerträger an Schlossträger.

6 – Stoßfängerträger

7 – Schraube, 60 Nm
3 Stück auf der linken Seite.
4 Stück auf der rechten Seite.

8 – Schraube, 3,5 Nm
1 Stück je Seite.
Zur Befestigung Stoßfängerträger an Schlossträger.

9 – Schraube, 12 Nm
1 Stück je Seite.
Zur Befestigung Querträger Fußgängerschutz an Stoßfängerträger.

10 – Querträger Fußgängerschutz
Nicht immer vorhanden.

11 – Schraube, 12 Nm
1 Stück.
Zur Befestigung Schlossträger-Stütze.

12 – Schraube, 3,5 Nm
1 Stück.
Zur Befestigung Schlossträger-Stütze.

13 – Schlossträger-Stütze

14 – Schraube, 12 Nm
2 Stück.
Zur Befestigung von Schlossträger-Stütze und Motorhaubenschloss.

15 – Luftführung rechts
Im Schlossträger eingeclipst.

Schlossträger in Servicestellung bringen

Servicestellung durchführen

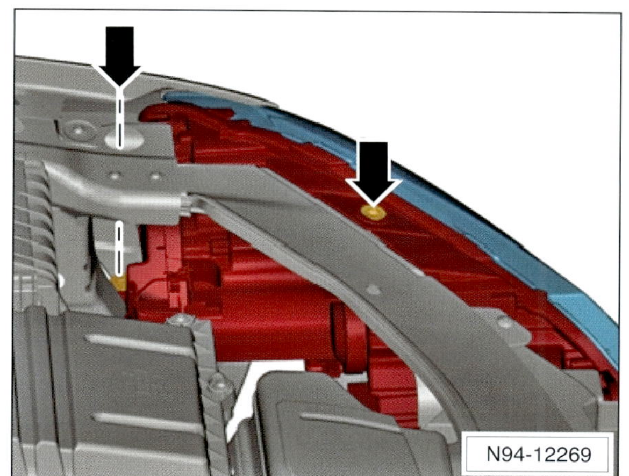

- Schraube –Pfeil links– hinten am Scheinwerfer auf der linken und rechten Seite herausdrehen.

Achtung: Die obere Befestigungsschraube für den Scheinwerfer –Pfeil rechts– nicht herausdrehen.

- Stoßfängerabdeckung vorn ausbauen, siehe Seite 336.
- Bowdenzug für Motorhaube an der Bowdenzugkupplung trennen, siehe Seite 349.

Fahrzeuge mit Ladeluftkühler:

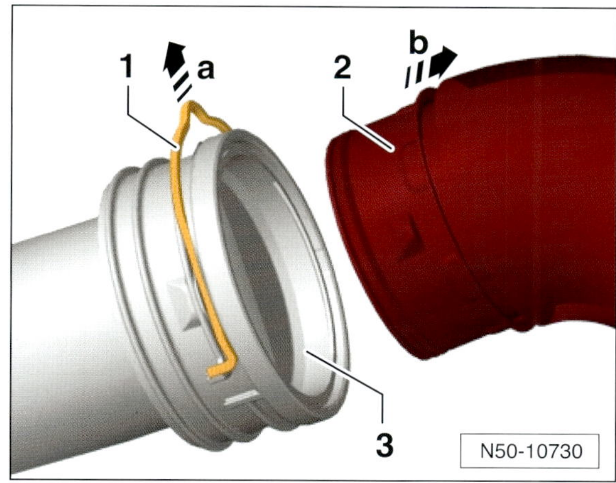

- Druckschläuche mit Steckkupplung lösen. Dazu Halteklammer –1– in Pfeilrichtung –a– entriegeln, dann Druckschlauch –2– in Pfeilrichtung –b– aus der Kupplung –3– ziehen.

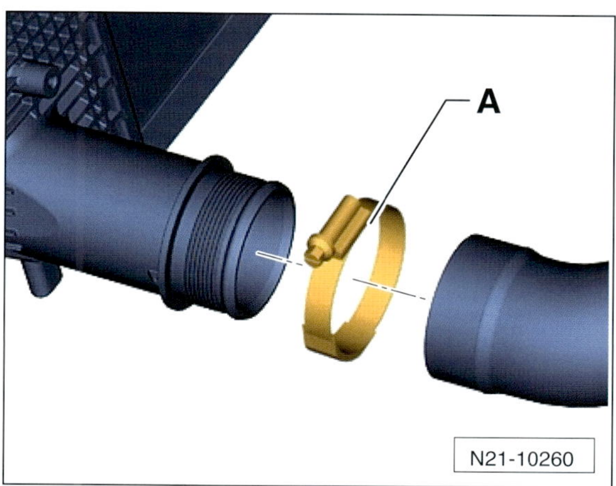

- Druckschläuche mit Schlauchschelle lösen. Dazu Schraube der Schlauchschelle –A– lösen und Schlauchschelle ganz zurückschieben. Anschließend Druckschlauch mit Schlauchschelle –A– vom Riffelstutzen abziehen.

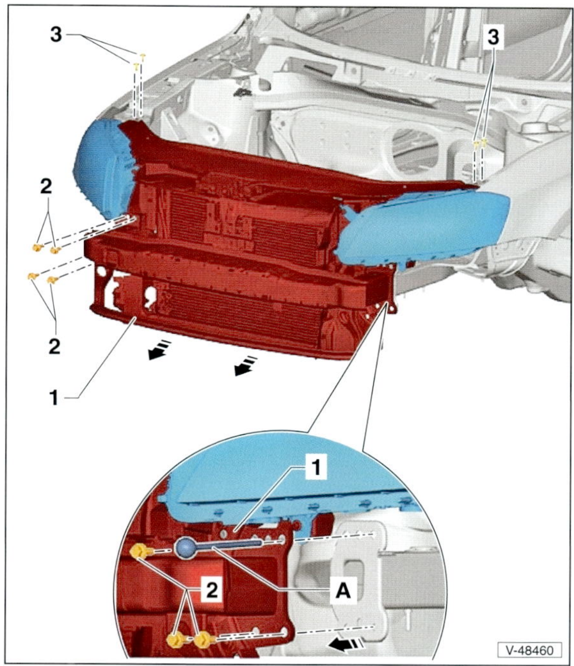

- Jeweils nur eine Schraube –2– an den Längsträgern links und rechts herausdrehen.
- Anstelle dieser Schrauben die Führungsstangen –A–, zum Beispiel VW-T10093, am linken und rechten Längsträger einschrauben.
- Restliche Schrauben –2– an den Längsträgern links und rechts herausdrehen.
- Schrauben –3– links und rechts oben herausdrehen.

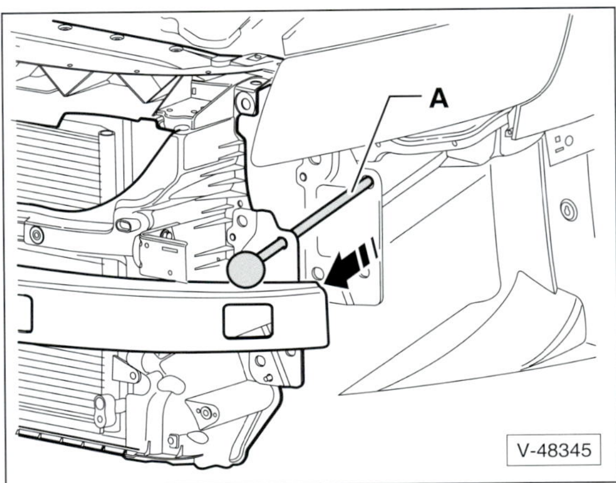

- Schlossträger mit Anbauteilen auf den Führungsstangen –A– etwa 10 cm nach vorne ziehen –Pfeil–. Dabei auf elektrische Leitungen zum Schlossträger achten, gegebenenfalls Steckverbindungen trennen.
- Zur Sicherung des Schlossträgers in der herausgezogenen Stellung schraubt die Fachwerkstatt links und rechts 2 Abstandhalter, zum Beispiel VW-T10467, zwischen Stoßfängerträger und Längsträger.

Servicestellung zurücksetzen

- Falls vorhanden, Abstandhalter herausschrauben.
- Schlossträger mit Anbauteilen auf den Führungsstangen an die Längsträger schieben.

Abbildung V-48460:

- Schrauben –3– und –2– ansetzen.
- Schlossträger mit Anbauteilen –1– an den Längsträgern und zwischen den Kotflügeln ausmitteln.
- Schrauben –3– mit **8 Nm** und Schrauben –2– mit **60 Nm** festziehen.
- Der weitere Einbau erfolgt in umgekehrter Ausbaureihenfolge. Dabei auf Folgendes achten:
- ■ Druckschläuche für die Ladeluftkühler müssen wieder richtig eingebaut werden, siehe Abbildungen unter »Servicestellung durchführen«:
- Sicher stellen, dass sich die Halteklammer –2– in der oberen Position befindet
- Abbildung N50-10730: Druckschlauch –2– in die Kupplung –3– einstecken. Halteklammer –1– ganz nach unten durchdrücken.

Achtung: Wenn sich die Halteklammer nicht ganz durchdrücken lässt, ist der Druckschlauch nicht ausreichend weit in die Kupplung gesteckt. In diesem Fall, Druckschlauch nochmal nachdrücken und die Halteklammer verriegeln.

- Steckkupplung durch Gegenziehen prüfen.
- Abbildung N21-10260: Druckschlauch mit Schlauchschelle –A– bis zum Anschlag auf den Riffelstutzen schieben. Schraube der Schlauchschelle mit richtigem Anzugsdrehmoment anziehen:
  Schlauchschelle mit 13 mm Breite: . . . . **5,5 Nm**
  Schlauchschelle mit 9 mm Breite: . . . . **3 Nm**

Achtung: Ein zu geringes, aber auch ein zu hohes Anzugsdrehmoment kann im Fahrbetrieb dazu führen, dass der Druckschlauch vom Riffelstutzen abrutscht.

- ■ Schläuche und Leitungen dürfen nicht eingeklemmt werden.
- ■ Bei Fahrzeugen mit Distanzregelung muss der Sensor für automatische Distanzregelung mit dem Fahrzeugdiagnosetester justiert werden (Werkstattarbeit).

Vordere Stoßfängerabdeckung aus- und einbauen

Ausbau

Je nach Modellvariante sind beim Aus- und Einbau der Stoßfängerabdeckung geringfügige Abweichungen möglich.

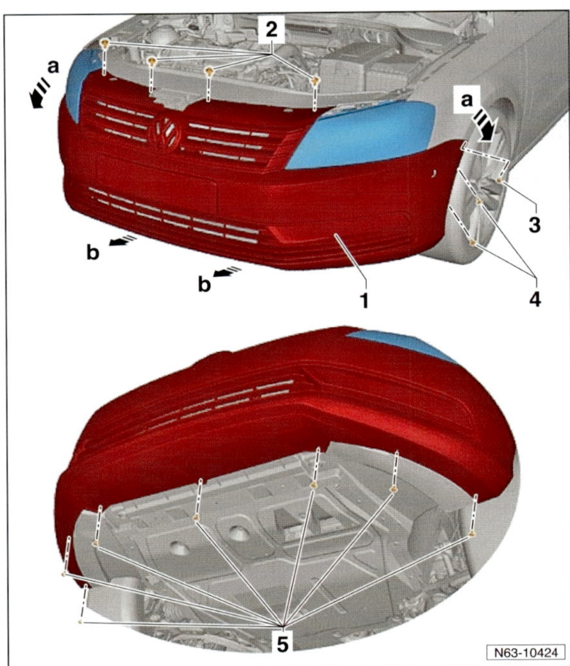

- Schrauben –4– zur Befestigung des Innenkotflügels links und rechts herausdrehen.
- Im Radhaus die nach oben gerichteten Schrauben –3– links und rechts herausdrehen.
- Schrauben –5– von unten herausdrehen.
- Schrauben –2– für Befestigung des Kühlergrills herausdrehen.
- Stoßfängerabdeckung –1– mit einem Helfer aus den Verrastungen der Führungsprofile links und rechts am Kotflügel ziehen –Pfeile a–.
- Stoßfängerabdeckung –1– mit dem Helfer parallel vom Fahrzeug aus den Verrastungen der mittleren Führung abziehen –Pfeile b–.
- Falls vorhanden, Stecker von den Gebern für Einparkhilfe oder Parklenkassistenten entriegeln und abziehen.
- Bei Fahrzeugen mit Scheinwerfer-Waschanlage: Schlauchkupplung der Waschwasserleitungen trennen.

Einbau

- Schlauchkupplung der Waschwasserleitungen verbinden, soweit vorhanden.
- Steckverbindungen für vorhandene elektrische Bauteile verbinden.
- Stoßfängerabdeckung –1– mit dem Helfer parallel auf die mittlere Führung am Schlossträger schieben, bis diese miteinander verrasten.
- Stoßfängerabdeckung –1– mit dem Helfer auf die Führungsprofile links und rechts am Kotflügel drücken und einrasten.
- Stoßfänger ausrichten, dabei auf Parallelität und Spaltmaße achten.
- Schrauben –2–, –3–, –4– und –5– ansetzen und festziehen.

  Anzugsdrehmomente:

  Schrauben –2–, –4–, –5– . . . . **2,0 ± 0,5 Nm**

  Schrauben –3– . . . . **3,0 ± 0,5 Nm**

Vorderer Stoßfängerträger

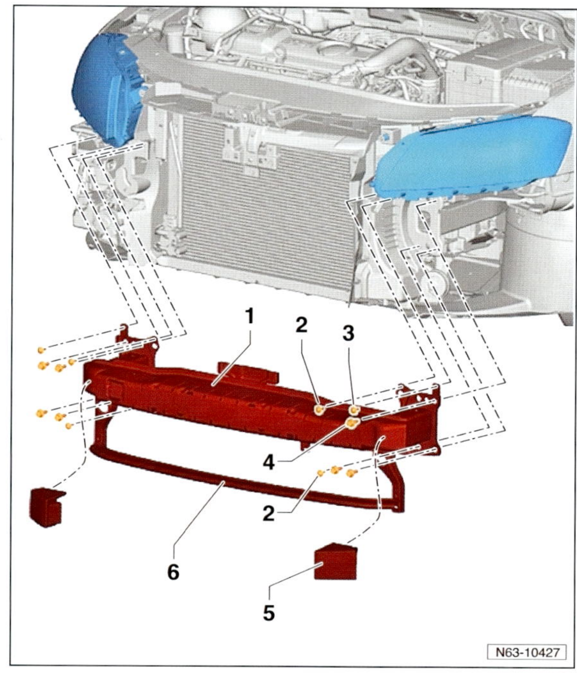

1 – Stoßfängerträger

2 – Schrauben, 8 Nm
2 Stück je Seite.
Zur Befestigung Stoßfängerträger an Schlossträger.

3 – Schraube, 3,5 Nm
1 Stück je Seite.
Zur Befestigung Stoßfängerträger an Schlossträger.

4 – Schrauben, 60 Nm
3 Stück auf der linken Seite.
4 Stück auf der rechten Seite.

5 – Schaumteil
Selbstklebend.

6 – Querträger Fußgängerschutz

Hintere Stoßfängerabdeckung aus- und einbauen

Je nach Modellvariante sind beim Aus- und Einbau der hinteren Stoßfängerabdeckung geringfügige Abweichungen möglich. Der Aus- und Einbau gilt für alle Modelle, je nach Modell gibt es nur optische Unterschiede.

Limousine

Ausbau

- Heckleuchten im Seitenteil ausbauen, siehe Seite 140.

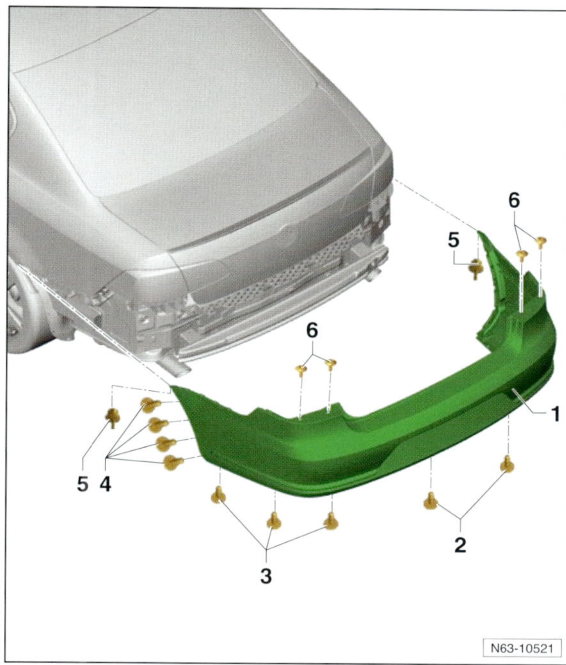

1 – Stoßfängerabdeckung hinten

2 – Schrauben, 2,0 ± 0,5 Nm
2 Stück.

3 – Schrauben, 2,0 ± 0,5 Nm
3 Stück je Seite.

4 – Schrauben, 2,0 ± 0,5 Nm
4 Stück je Seite.
Mit Innenkotflügel verschraubt.

5 – Spreizniet
Links und rechts.

6 – Schrauben, 2,0 ± 0,5 Nm
2 Stück je Seite.

- Schrauben –6– links und rechts herausdrehen.
- Schrauben –2–, –3– und –4– von unten links und rechts herausdrehen.
- Spreizniet –5– links und rechts entfernen.
- Stoßfängerabdeckung –1– zusammen mit einem Helfer aus den Verrastungen der Führungsprofile links und rechts am Seitenteil ziehen.
- Zusammen mit einem Helfer die Stoßfängerabdeckung –1– parallel nach hinten vom Fahrzeug abziehen.
- Sämtliche Steckverbindungen der elektrischen Bauteile trennen.

Einbau

- Sämtliche Steckverbindungen wieder verbinden.
- Stoßfängerabdeckung –1– mit einem Helfer parallel am Fahrzeug aufschieben.
- Stoßfängerabdeckung –1– mit einem Helfer auf die Führungsprofile links und rechts am Seitenteil aufdrücken, bis diese miteinander verrasten.
- Auf Parallelität und Spaltmaße achten, siehe Seite 343.
- Schrauben –2–, –3–, –4– und –6– ansetzen und mit **2 Nm** festziehen.
- Spreizniet –5– links und rechts einclipsen.
- Heckleuchten im Seitenteil einbauen, siehe Seite 140.

Führungen der hinteren Stoßfängerabdeckung

Hinweis: Je nach Modellvariante müssen bei den Führungen geringfügige Abweichungen berücksichtigt werden.

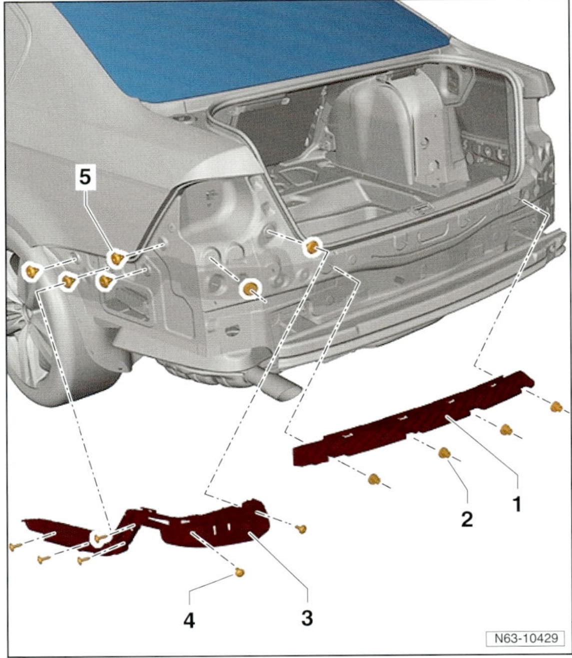

1 – **Führung**

2 – **Sechskantmuttern, 2,2 ± 0,4 Nm**
4 Stück.
Zur Befestigung der Führung.

3 – **Führungsprofil**
Links und rechts.

4 – **Schrauben, 3,0 ± 0,5 Nm**
6 Stück je Seite.
Zur Befestigung des Führungsprofils.

5 – **Spreizmutter**
6 Stück je Seite.

VARIANT

Ausbau

- Heckleuchten im Seitenteil ausbauen, siehe Seite 140.

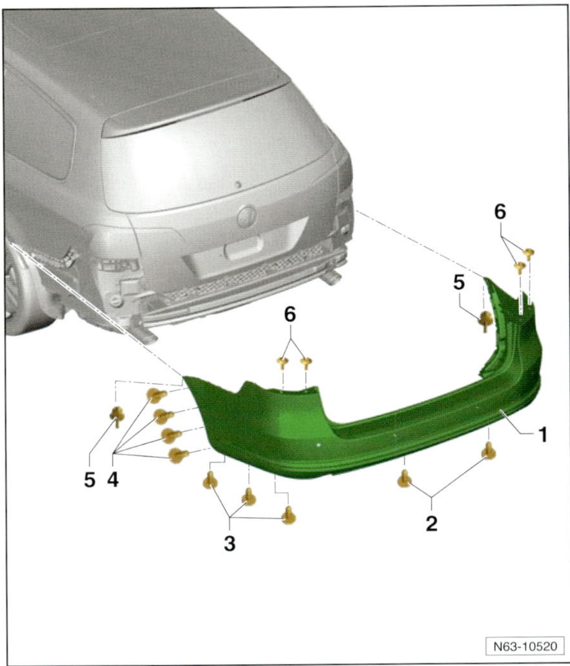

- Schrauben –6– links und rechts herausdrehen.
- Schrauben –2–, –3– und –4– von unten links und rechts herausdrehen.
- Spreizniet –5– links und rechts entfernen.
- Stoßfängerabdeckung hinten –1– zusammen mit einem Helfer aus den Verrastungen der Führungsprofile links und rechts am Seitenteil ziehen.
- Mit einem Helfer die Stoßfängerabdeckung hinten –1– parallel vom Fahrzeug abziehen.
- Steckverbindungen der vorhandenen elektrischen Bauteile trennen.

Einbau

- Der Einbau erfolgt in umgekehrter Ausbaureihenfolge. Dabei auf Parallelität und Spaltmaße achten. Schrauben mit **2,0 ± 0,5 Nm** festziehen.

Führungen der hinteren Stoßfängerabdeckung

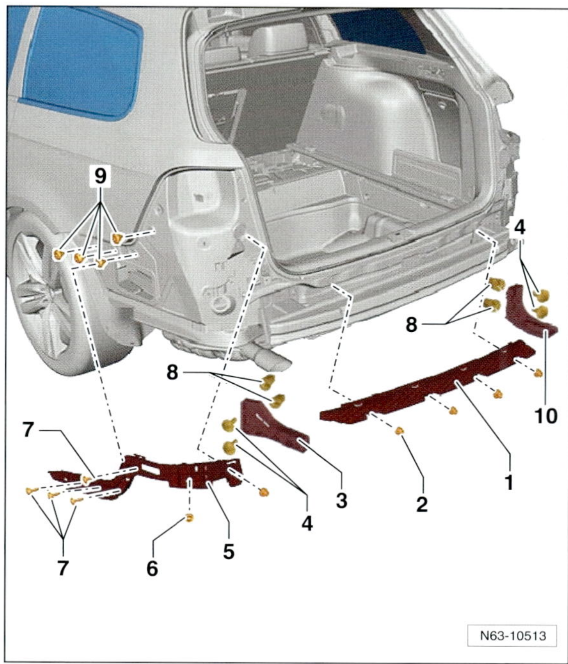

1 – **Führung Mitte**

2 – **Sechskantmutter, 2,2 ± 0,4 Nm**
4 Stück
Zur Befestigung der mittleren Führung.

3 – **Halter links**
Nur bei Fahrzeugen mit SCR- oder AdBlue-Tank eingebaut.
SCR = selective catalytic reduction = selektive katalytische Reduktion des Stickoxidausstoßes (NO_X).

4 – **Schrauben, 3,0 ± 0,5 Nm**
2 Stück je Seite.

5 – **Führungsprofil seitlich**
Links und rechts.

6 – **Sechskantmutter, 3,5 ± 0,5 Nm**
2 Stück je Seite.
Zur Befestigung des Führungsprofils.

7 – **Schrauben, 3,5 ± 0,5 Nm**
4 Stück je Seite.
Zur Befestigung des Führungsprofils.

8 – **Spreizmutter**
2 Stück je Seite.

9 – **Spreizmutter**
4 Stück je Seite.

10 – **Halter rechts**
Nur bei Fahrzeugen mit SCR- oder AdBlue-Tank eingebaut.

Hinterer Stoßfängerträger

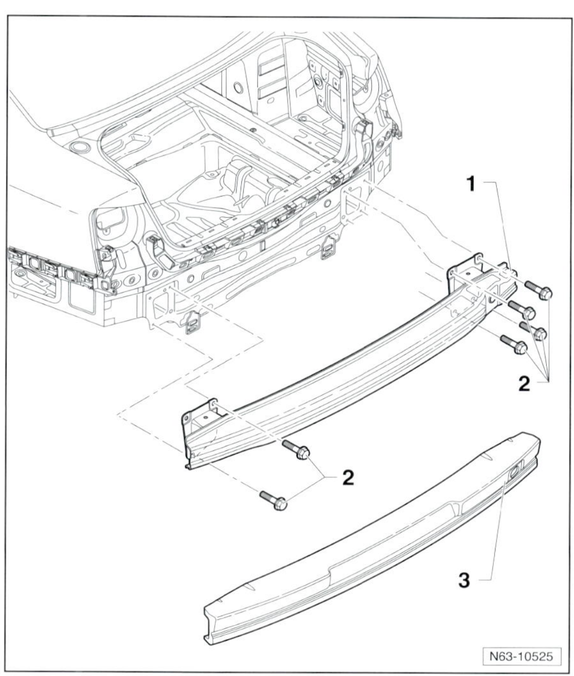

1 – **Stoßfängerträger hinten**

2 – **Schraube, 20 Nm + ¼ Umdr. (90°)**
2 Stück links (je nach Modelljahr auch 3 Stück), 4 Stück rechts.
Achtung: Schrauben –2– nach jedem Lösen grundsätzlich ersetzen.

3 – **Schaumteil**
Mit doppelseitigem Klebeband am Stoßfängerträger befestigt.
Nicht immer vorhanden.

Anhängevorrichtung – Detailübersicht

Hinweis: Die angegebenen Anzugsdrehmomente beziehen sich nur auf eine werksseitig verbaute Anhängevorrichtung. Anzugsdrehmomente von anderen Anhängevorrichtungen aus den entsprechenden Unterlagen entnehmen.

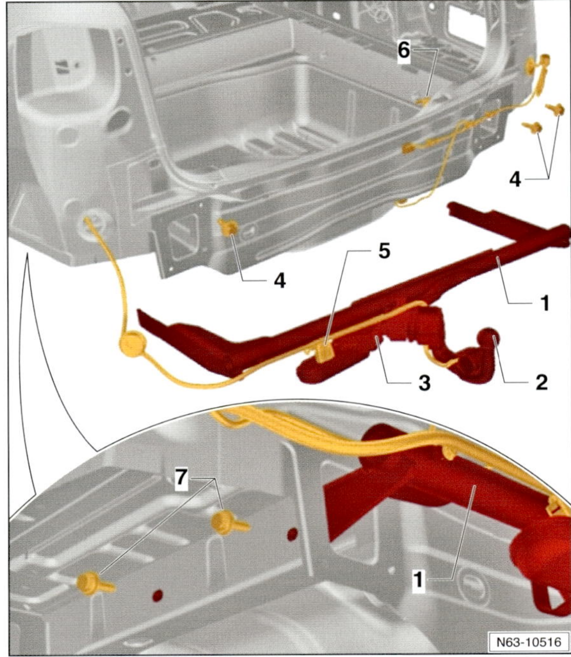

1 – Anhängevorrichtung
Zum Ausbau hintere Stoßfängerabdeckung ausbauen, siehe Seite 337.
Abgebildet ist die Anhängevorrichtung mit schwenkbarem Kugelkopf –2–.

2 – Kugelkopf
Elektrisch schwenkbar.

3 – Antrieb für schwenkbaren Kugelkopf
Zum Anlernen des Antriebs und des Steuergerätes wird der Fahrzeugdiagnosetester benötigt.

4 – Schrauben, 20 Nm
1 Stück links, 2 Stück rechts
Achtung: Die Schrauben –4– sind Blindverschraubungen. Sie dichten den Innenraum gegen Abgase ab und müssen auf jeden Fall montiert werden.

5 – Elektrische Leitung

6 – Elektrische Leitung

7 – Schrauben, 50 Nm + 120°
2 Stück je Seite.
Hinweis: Der Weiterdrehwinkel für den Anzug der Schrauben erfolgt abwechselnd in 2 Stufen (1. Stufe: 90° weiterdrehen, 2. Stufe: 30° weiterdrehen).
Achtung: Schrauben nach jedem Lösen grundsätzlich ersetzen.

Antrieb für schwenkbaren Kugelkopf aus- und einbauen

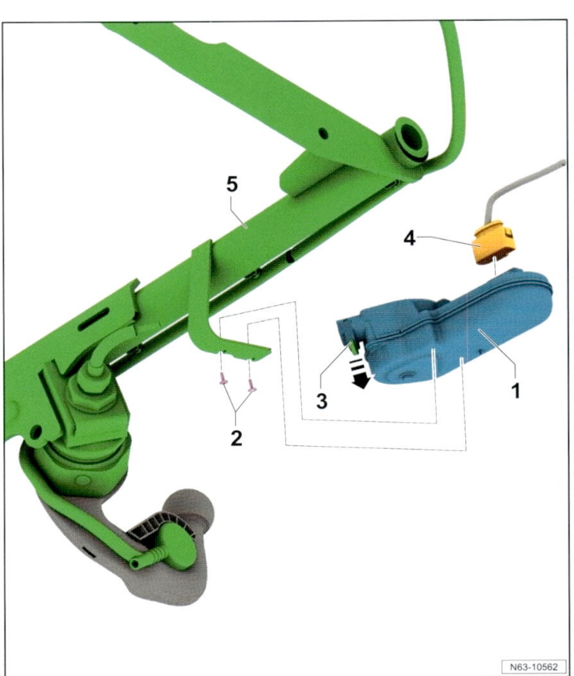

Ausbau

- Anhängevorrichtung ausbauen.
- Steckverbindung –4– trennen.
- Verriegelung –3– nach unten ziehen –Pfeil–.
- Schrauben –2– herausdrehen und Antrieb –1– abnehmen.

Einbau

- Antrieb –1– auf den Bowdenzug aufschieben.
- Verriegelung –3– hineindrücken. Verbindung auf festen Sitz prüfen.
- Schrauben –2– mit **1 Nm** festdrehen.
- Steckverbindung –4– aufstecken.
- Anhängevorrichtung einbauen.
- Zum Anlernen des Antriebs ist der VW-Fahrzeugdiagnosetester erforderlich (Werkstattarbeit).

Kühlergrill aus- und einbauen

Ausbau

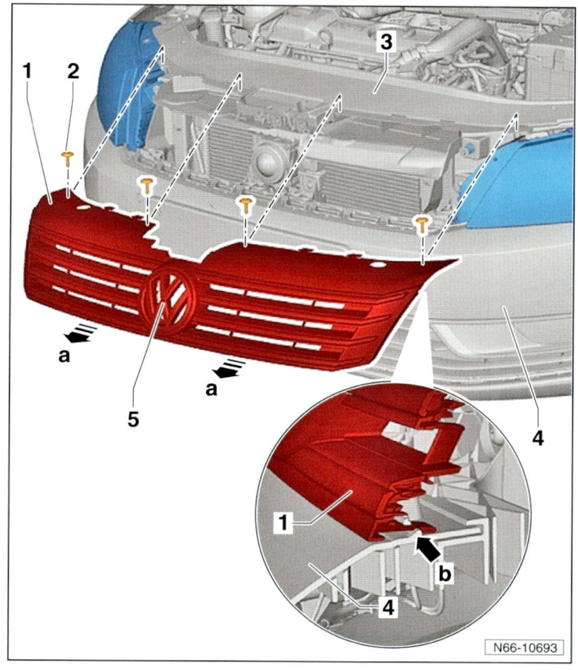

- Schrauben –2– herausdrehen.
- Kühlergrill –1– in Pfeilrichtung –a– aus den Rasthaken –Pfeil b– der Stoßfängerabdeckung vorn –4– herausziehen. 3 – Schlossträger.

Einbau

- Kühlergrill –1– in die Stoßfängerabdeckung –4– einführen.
- Mit leichtem Druck alle Rasthaken –Pfeil b– der Stoßfängerabdeckung –4– mit dem Kühlergrill –1– verrasten.
- Schrauben –2– eindrehen und mit **2 Nm** festschrauben.

Innenkotflügel aus- und einbauen

Hinweis: Je nach Modellvariante sind beim Ausbau des Innenkotflügels geringfügige Abweichungen möglich.

Innenkotflügel vorn

Ausbau

- Vorderrad ausbauen, siehe Seite 211.

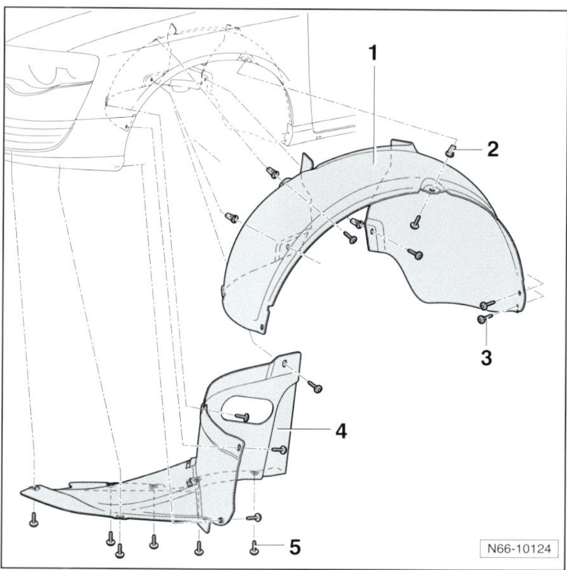

- 5 Schrauben –3– herausdrehen.
- Hinteren Teil des Innenkotflügels –1– abziehen.
- 9 Schrauben –5– herausdrehen.
- Vorderen Teil des Innenkotflügels –4– abziehen.

Einbau

- Der Einbau erfolgt in umgekehrter Ausbaureihenfolge. Schrauben mit **2 Nm** festziehen.

Innenkotflügel hinten

Ausbau

- Hinterrad ausbauen, siehe Seite 211.

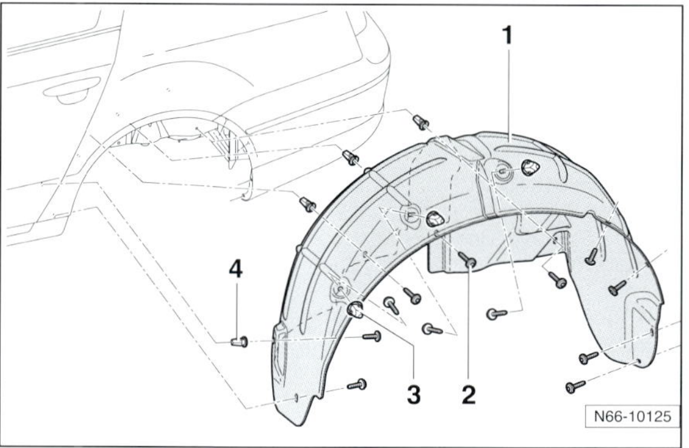

- 11 Schrauben –2– herausdrehen.

- 4 Schnappmuttern –4– abschrauben.
- Innenkotflügel –1– abziehen.

Einbau

- Der Einbau erfolgt in umgekehrter Ausbaureihenfolge. Schrauben mit **2 Nm** festziehen.

Achtung: Gasdichte Spreizmuttern –3– auf Beschädigungen kontrollieren und gegebenenfalls ersetzen. Die Spreizmuttern dichten den Innenraum gegen Abgase ab und müssen bei Beschädigungen auf jeden Fall ersetzt werden.

Kotflügel vorn aus- und einbauen

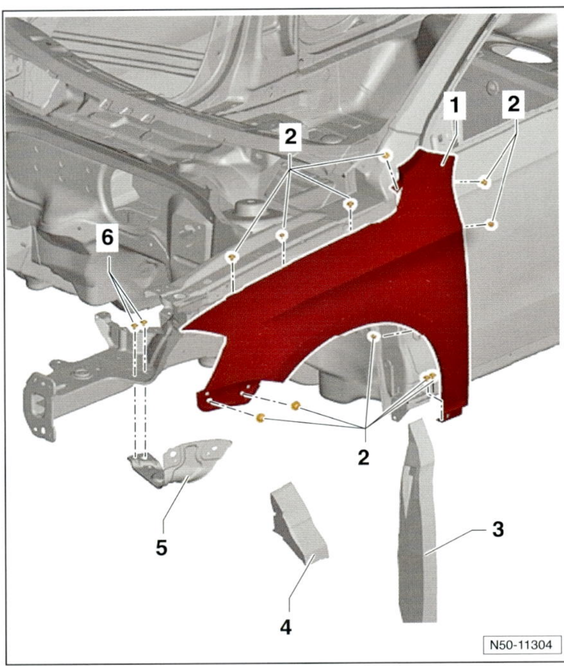

1 – Kotflügel

2 – Schrauben, 7,5 Nm
3 Stück A-Säule.
1 Stück Radhaus.
2 Stück Unterholm.
2 Stück Kotflügelstrebe.
3 Stück Kotflügel-Anschlussstück.

3 – Dämpfung Schließteil
Ausbau:
- Dämpfung unten von der A-Säule in Fahrtrichtung abziehen und nach unten herausziehen.

4 – Schaumteil
Zwischen Kotflügel und Längsträger im Radhaus oben eingesteckt. Zum Ausbau Schaumteil nach unten herausziehen.

5 – Kotflügelstrebe
Ausbau:
- Stoßfängerabdeckung vorn ausbauen, siehe Seite 336.
- Führungsprofil seitlich für Stoßfängerabdeckung vorn ausbauen.
- Schrauben –2– und –6– herausdrehen.

Einbau:
- Schrauben –2– und –6– mit **7,5 Nm** festziehen.
- Kotflügelstrebe zusammen mit dem Kotflügel an die Motorhaube und die Stoßfängerabdeckung vorn anpassen.

6 – Schrauben, 7,5 Nm
2 Stück.

Ausbau

- Innenkotflügel vorn ausbauen, siehe Seite 341.
- Schließteil-Dämpfung und Schaumteil herausziehen.
- Stoßfängerabdeckung vorn ausbauen, siehe Seite 336.
- Führungsprofil seitlich für Stoßfängerabdeckung vorn abbauen, dazu 2 Schrauben herausdrehen.
- Wasserfangleiste ausbauen, siehe Seite 334.
- Blindniet zur Befestigung der Halteleiste am Kotflügel vorn ausbauen, siehe Seite 334.

Achtung: Zum Ausbau vom Blindniet wird die Frontscheibe nicht ausgebaut. Dabei darauf achten, dass die Frontscheibe nicht beschädigt wird.

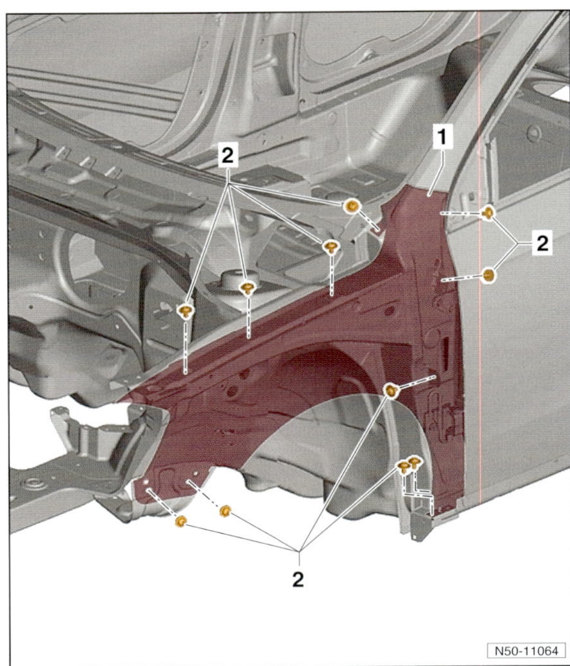

- Schrauben –2– herausdrehen.
- Kotflügel –1– vorsichtig abnehmen.

Einbau

- Kotflügel ansetzen, spannungsfrei ausrichten und anschrauben.
- Führungsprofil für Stoßfänger mit **8 Nm** anschrauben.
- Der weitere Einbau erfolgt in umgekehrter Ausbaureihenfolge. Dabei ist auf Parallelität und Spaltmaße zu achten, siehe Seite 343.

Karosserie-Spaltmaße

Karosserie vorn

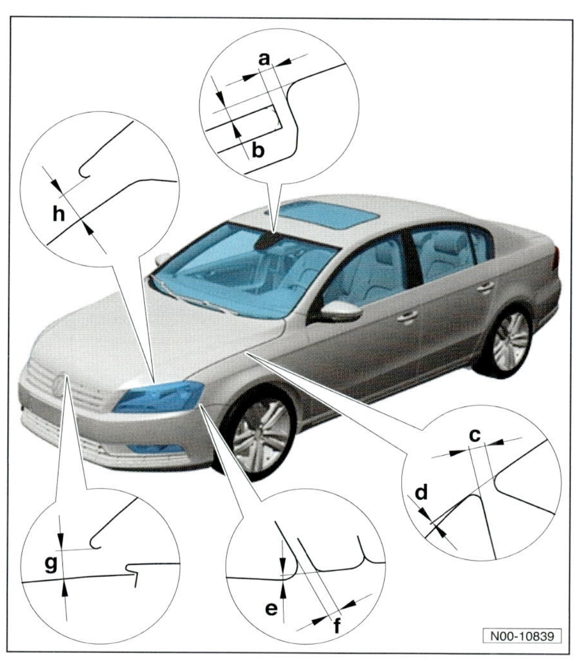

a – 2,5 mm ± 0,5 mm	e – 0,8 mm ± 0,5 mm
b – – 2,6 mm ± 0,8 mm	f – 2,0 mm ± 0,5 mm
c – 2,8 mm ± 0,5 mm	g – 5,0 mm ± 0,5 mm
d – – 0,1 mm ± 0,5 mm	h – 4,7 mm ± 0,5 mm

Karosserie Mitte

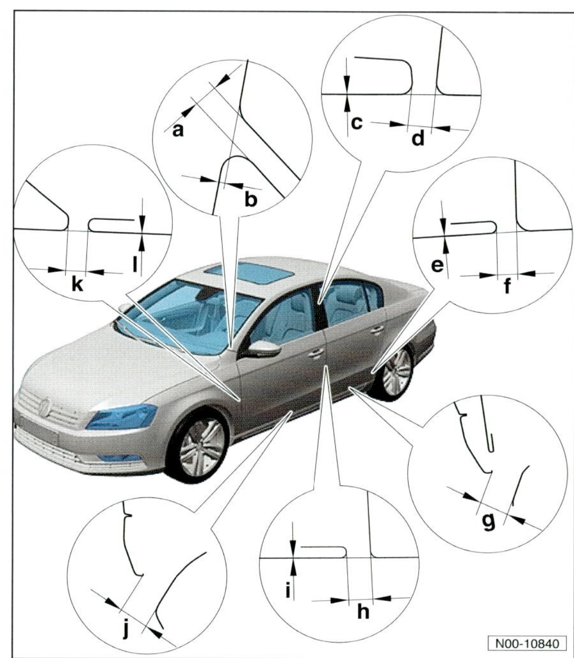

a – 2,0 mm ± 1,0mm	g – 12,7 mm ± 0,5 mm
b – 0,6 mm ± 0,5 mm	h – 4,2 mm – 0,5/+ 1,0 mm
c – 0,0 mm + 1,0 mm	i – 0,0 mm + 1,0 mm
d – 4,2 mm ± 1,5 mm	j – 12,7 mm ± 0,5 mm
e – 0,0 mm + 1,0 mm	k – 3,5 mm – 0,5/+ 1,0 mm
f – 3,2 mm – 0,5/+ 1,0 mm	l – 0,0 mm – 1,0 mm

Karosserie hinten Limousine

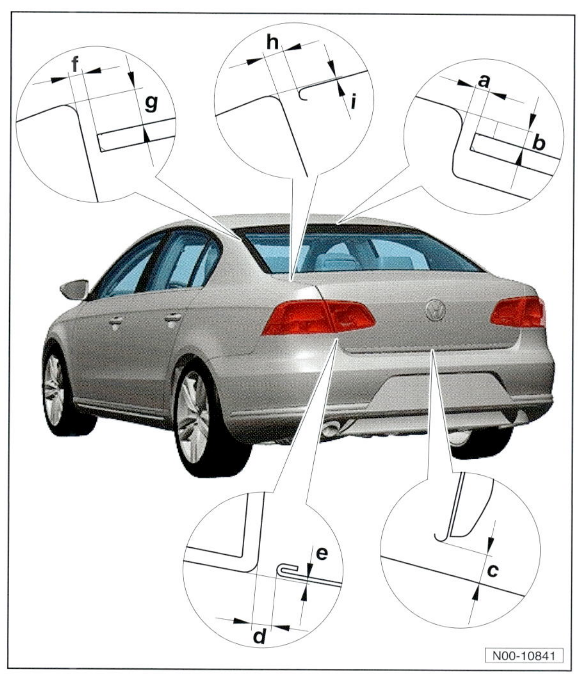

a – 2,5 mm ± 0,5 mm	f – 2,5 mm ± 1,0 mm
b – – 3,2 mm ± 0,5 mm	g – – 6,6 mm ± 0,5 mm
c – 5,5 mm ± 0,5 mm	h – 3,5 mm ± 0,5 mm
d – 3,5 mm ± 0,5 mm	i – – 0,5 mm ± 0,5 mm
e – – 0,7 mm ± 0,5 mm	

Karosserie hinten VARIANT

a – 5,0 mm ± 0,5 mm	f – – 0,6 mm ± 0,5 mm
b – – 0,8 mm – 1,0/+ 0,5 mm	g – 3,5 mm ± 0,5 mm
c – 5,0 mm ± 0,5 mm	h – 5,0 mm ± 0,5 mm
d – 3,5 mm ± 0,5 mm	i – – 4,3 mm ± 0,5 mm
e – – 1,1 mm ± 0,5 mm	

Motorhaube aus- und einbauen

Ausbau

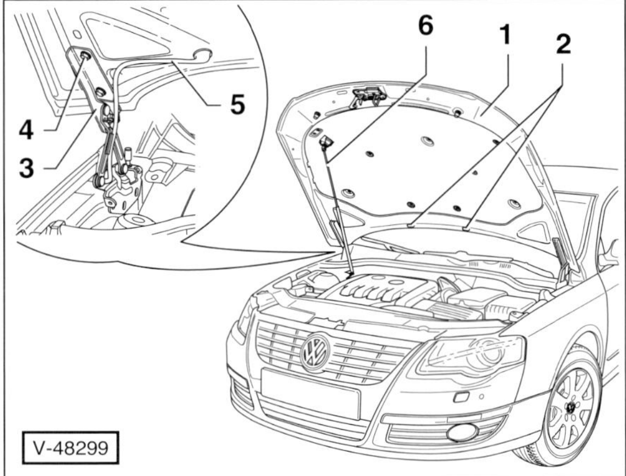

- Motorhaube –1– öffnen.
- Scheibenwaschdüsen –2– ausbauen, siehe Seite 117.
- Wasserschlauch –5– und Leitung für Düsenheizung an der Motorhaube sowie am Scharnier –3– ausclipsen und aus der Motorhaube herausziehen.

Hinweis: Soll die bisherige Motorhaube wieder eingebaut werden, an den Schlauchenden eine Schnur befestigen. Beim Herausziehen der Schläuche wird die Schnur eingezogen und bleibt anschließend in der Motorhaube.

- Für den Wiedereinbau Einbaulage der Scharniere –3– mit Filzstift an der Motorhaube markieren.
- Falls vorhanden, Abdeckkappen für Sechskantschrauben –4– abhebeln.
- Sechskantschrauben –4– links und rechts lockern, nicht abschrauben.
- Motorhaube von einem Helfer abstützen lassen. Gasdruckfeder –6– vom oberen Kugelzapfen abziehen, siehe Kapitel »Gasdruckfeder aus- und einbauen«.
- Sechskantschrauben –4– abschrauben, Motorhaube mit dem Helfer von den Scharnieren abnehmen und vorsichtig auf einer weichen und sauberen Unterlage ablegen.

Einbau

- Motorhaube mit dem Helfer am Scharnier ansetzen. Die alte Motorhaube dabei nach den Markierungen ausrichten. Scharnierschrauben –4– handfest aufschrauben.

Hinweis: Neue Motorhaube ohne Motorhaubenschloss einbauen und ausrichten.

- Gasdruckfeder auf Kugelzapfen aufdrücken und einrasten.
- Motorhaube schließen und auf korrekte Spaltmaße prüfen, gegebenenfalls einstellen siehe entsprechendes Kapitel.
- Scharnierschrauben mit **22 Nm** festziehen.
- Wasserschlauch –5– sowie Leitung für die Scheibenwaschdüse mithilfe der Schnur einziehen beziehungsweise bei einer neuen Motorhaube verlegen. Schlauch in einem Bogen verlegen wie in der Abbildung gezeigt. Schlauch nicht knicken.
- Scheibenwaschdüsen einbauen, siehe Seite 117.

Motorhaube einstellen

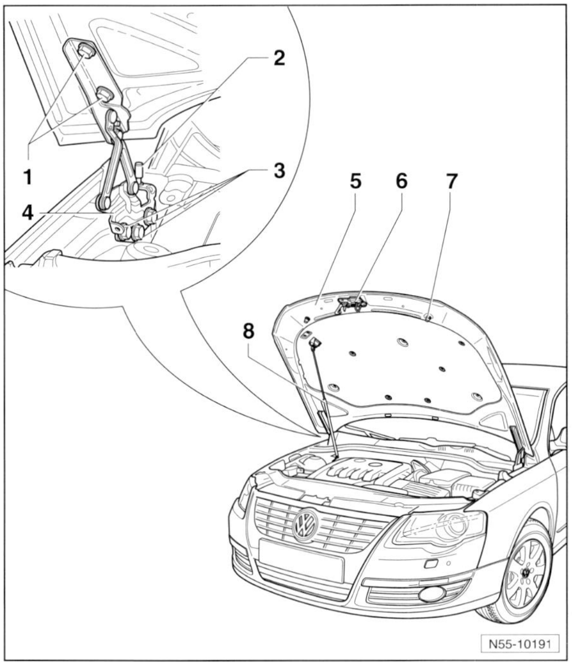

Einstellhinweise

- Für die Einstellung der Motorhaube –5– muss das Fahrzeug auf dem Boden stehen.
- Die Einstellpuffer links und rechts dienen nicht der Einstellung. Sie haben die Aufgabe, die Motorhaube –5– zu stabilisieren beziehungsweise zu dämpfen.
- Die Motorhaube –5– ist richtig eingestellt, wenn sie im geschlossenen Zustand überall ein gleichmäßiges Spaltmaß hat, nicht zu weit nach innen oder außen steht und die Konturen fluchten.
- Die Motorhaube –5– muss ohne größeren Kraftaufwand im Motorhaubenschloss einrasten.

Einstellen

- Schließbügel –6– ausbauen, siehe entsprechendes Kapitel.
- Gasdruckfeder –8– an der Motorhaube –5– abbauen, siehe entsprechendes Kapitel.
- Schrauben –1– und –3– links und rechts am Motorhaubenscharnier –4– lockern, nicht abschrauben.
- Motorhaube –5– zwischen den Kotflügeln ausmitteln.

- Motorhaube –5– im hinteren Bereich in der Höhe zu den Kotflügeln einstellen. Dazu jeweils die Einstellschraube –2– links und rechts verdrehen.

Hinweis: Darauf achten, dass die Spaltmaße gleichmäßig sind.

Falls nach dem Einstellen unlackierte Stellen sichtbar werden, diese Stellen grundieren und lackieren.

- Mit dem Motorhaubenschloss kann die Motorhaube –5– im vorderen Bereich in der Höhe zu den Kotflügeln eingestellt werden, siehe entsprechendes Kapitel.

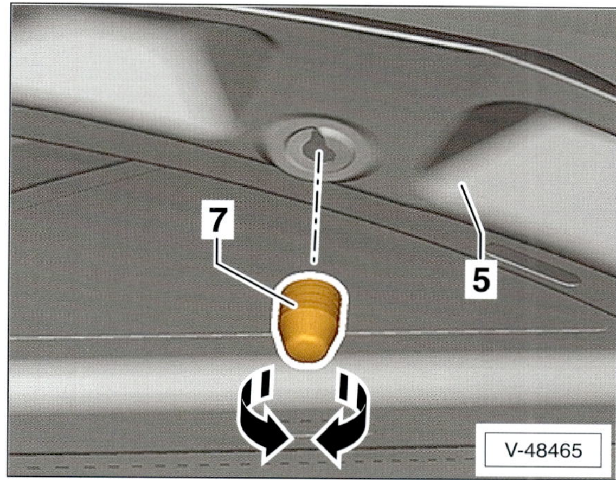

- Dämpfungspuffer –7– durch Links- oder Rechtsdrehen –Pfeile– in der Höhe einstellen.

Hinweis: Die Dämpfungspuffer –7– nicht zum Einstellen der Motorhaube –5– verwenden.

- Schließbügel einbauen und einstellen, siehe entsprechendes Kapitel.

Schließbügel der Motorhaube aus- und einbauen/einstellen

Ausbau

- Motorhaube öffnen.
- Für den Wiedereinbau Einbaulage des Schließbügels an der Motorhaube mit Filzstift markieren.

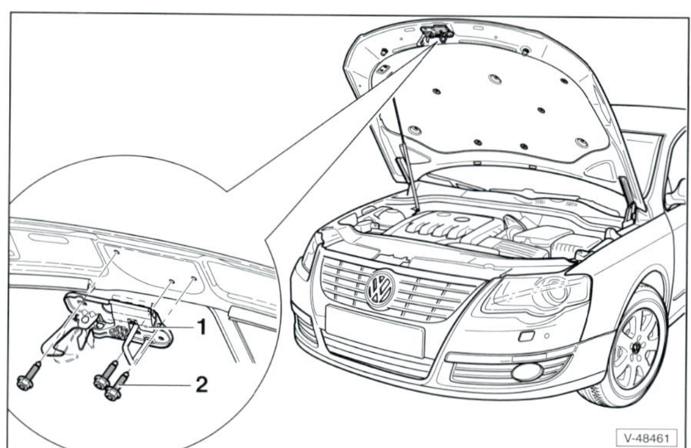

- 3 Schrauben –2– herausdrehen und Schließbügel –1– mit Fanghaken von der Motorhaube abnehmen.

Einbau

- Schließbügel an der Motorhaube einsetzen, nach den angebrachten Markierungen ausrichten und handfest anschrauben.

Schließbügel einstellen

- Schließbügel innerhalb der Bohrungen verschieben. Die Motorhaube muss sich problemlos schließen und öffnen lassen. Motorhaube auf korrekte Spaltmaße prüfen und gegebenenfalls einstellen, siehe entsprechendes Kapitel.
- Schrauben für Schließbügel mit **10 Nm** festziehen.

Motorhaubenschloss aus- und einbauen/einstellen

Ausbau

- Kühlergrill ausbauen, siehe Seite 341.
- Bowdenzug an der Bowdenzugkupplung trennen, siehe Seite 349.

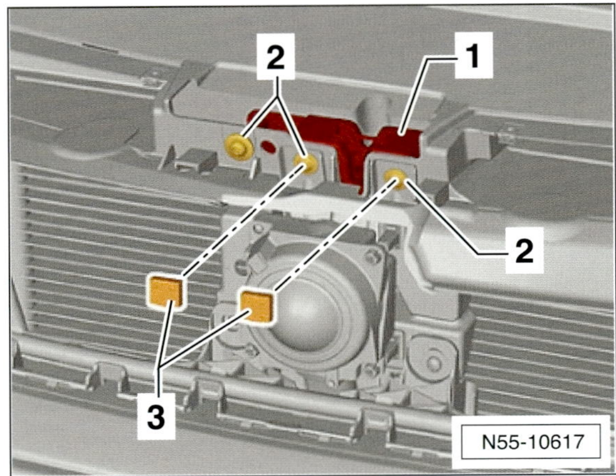

- Falls vorhanden, Abdeckungen –3– für die Schrauben am Motorhaubenschloss abbauen.
- Schrauben –2– für Motorhaubenschloss –1– herausdrehen.

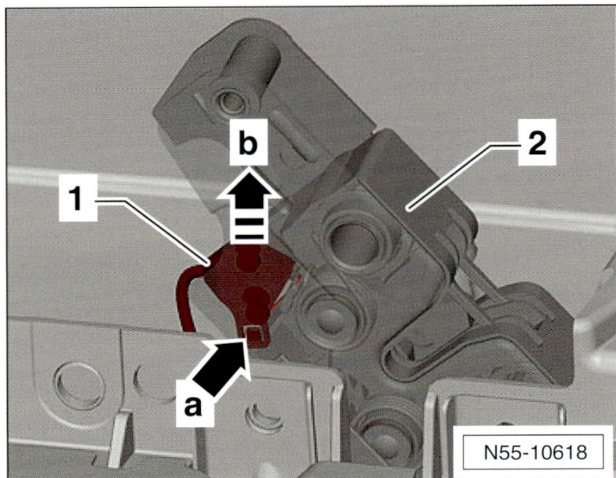

- Motorhaubenschloss –2– vorsichtig nach oben aus dem Schlossträger ziehen, bis der Kontaktschalter der Motorhaube –1– zugänglich ist.
- Rasthaken –Pfeil a– am Kontaktschalter der Motorhaube entriegeln.
- Kontaktschalter der Motorhaube –1– in Pfeilrichtung –b– schieben und aus dem Motorhaubenschloss –2– herausnehmen.
- Motorhaubenschloss nach oben aus dem Schlossträger herausziehen.

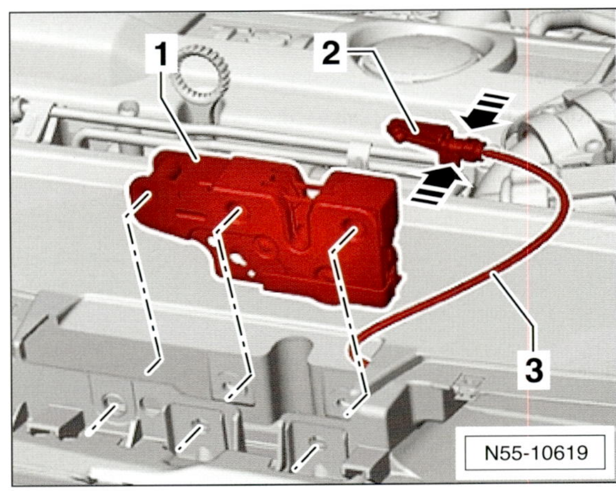

- Halter –2– am Motorhaubenschloss –1– ausclipsen, dazu die Lasche am Halter zusammendrücken –Pfeile–.
- Nach dem Lösen der Verrastung am Halter, den Bowdenzug –3– vom Motorhaubenschloss –1– abnehmen.

Einbau

- Bowdenzug und Halter am Motorhaubenschloss einclipsen.

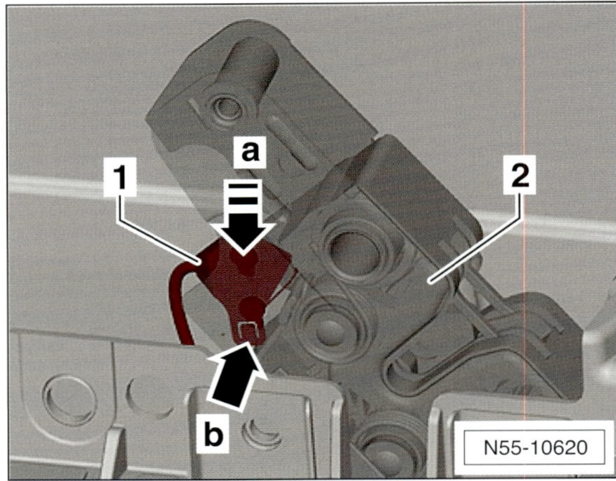

- Motorhaubenschloss so weit in den Schlossträger schieben, bis der Kontaktschalter –1– eingebaut werden kann.
- Kontaktschalter der Motorhaube –1– in das Motorhaubenschloss –2– einsetzen.
- Kontaktschalter –1– in Pfeilrichtung –a– schieben, bis der Rasthaken –Pfeil b– verriegelt.
- Motorhaubenschloss vollständig in den Schlossträger schieben.
- Schrauben für Motorhaubenschloss eindrehen.
- Bowdenzug an der Bowdenzugkupplung einbauen, siehe Seite 349.
- Motorhaubenschloss einstellen, siehe Seite 346.

Achtung: Bevor die Motorhaube geschlossen wird, Funktionsprüfung des Betätigungshebels und des Bowdenzugs durchführen.

- Motorhaubenschloss mit **10 Nm** festschrauben.

Einstellen

- Kühlergrill ausbauen, siehe Seite 341.

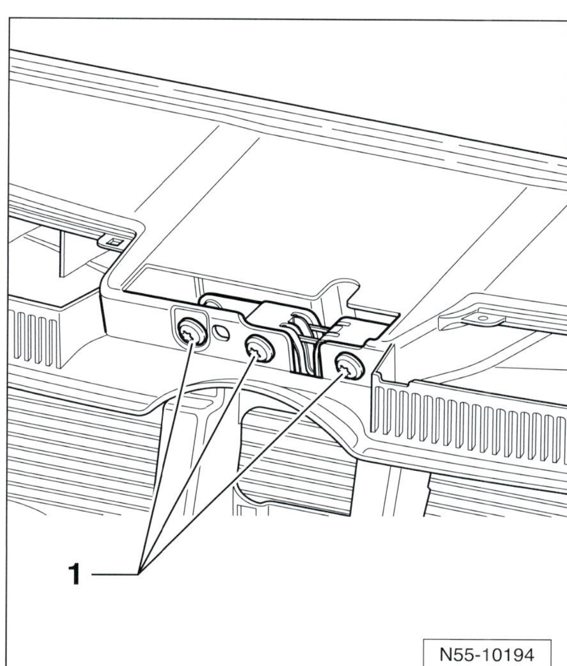

- Falls vorhanden, Abdeckungen für die Schrauben am Motorhaubenschloss abbauen.
- Schrauben –1– lösen, nicht abschrauben.
- Spaltmaße der Motorhaube einstellen.
- Schrauben –1– mit **12 Nm** festziehen.
- Schließbügel einstellen, siehe Seite 344.

Motorhaubenverkleidung aus- und einbauen

Ausbau

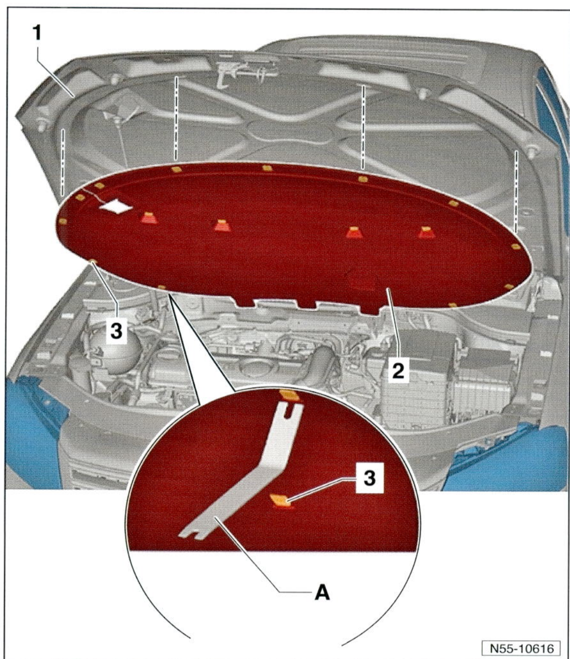

- 16 Halteklammern –3– mit dem Abdrückhebel –A–, zum Beispiel HAZET 1965-21, aus der Motorhaube –1– heraushebeln.
- Verkleidung –2– aus den Langlöchern der Motorhaube –1– herausziehen und an der Gasdruckfeder durchziehen und abnehmen.

Einbau

- Verkleidung –2– über die Gasdruckfeder schieben.
- Verkleidung –2– mit den Montagezungen in die Langlöcher der Motorhaube –1– schieben.
- 16 Halteklammern –3– einsetzen und einrasten. Dabei darauf achten, dass die Halteklammern –3– mit der breiten Seite nach außen eingesetzt werden.

Gasdruckfeder aus- und einbauen

Achtung: Bei Wiederverwendung der Gasdruckfeder vorsichtig vorgehen. Die Federklammer darf nicht ganz aus der Kugelpfanne herausgehebelt werden, sonst wird sie beschädigt. Die Gasdruckfeder kann dadurch später aus der Aufnahme springen und es kann zu Beschädigungen beziehungsweise Verletzungen kommen.

Ausbau

- Motorhaube beziehungsweise Heckklappe öffnen und durch einen Helfer abstützen lassen.

Sicherheitshinweis
Heckklappe unbedingt durch einen Helfer abstützen lassen, bevor eine Gasdruckfeder gelöst wird. Sonst fällt die Heckklappe herunter, da sie durch nur einen Dämpfer nicht gehalten werden kann.

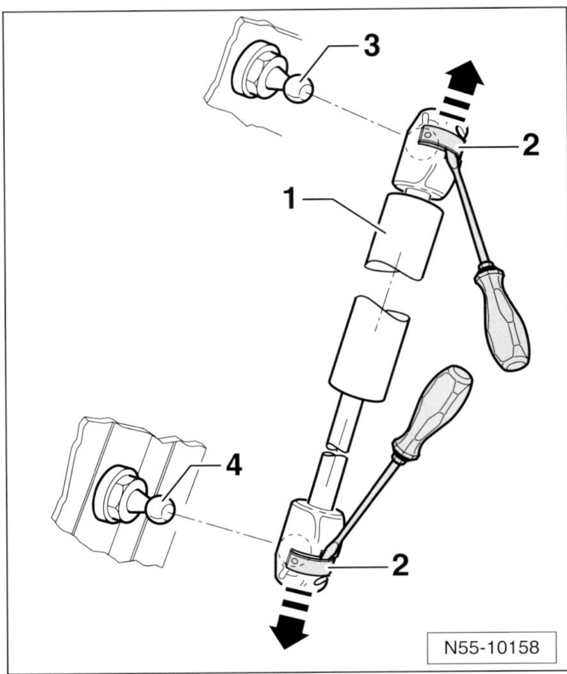

- Mit kleinem Schraubendreher Sicherungsbügel –2– etwas anheben und Gasdruckfeder –1– vom oberen Kugelzapfen –3– abziehen.

Achtung: Sicherungsbügel nicht vollständig abclipsen.

- Gasdruckfeder auf die gleiche Weise vom unteren Kugelzapfen –4– abziehen.
- Nach dem Ausbau der Gasdruckfeder –1– die Federklammern –2– sofort wieder zurückschieben.
- Wird die Gasdruckfeder ersetzt, alte Gasdruckfeder entgasen, siehe Abschnitt am Ende des Kapitels.

Einbau

- Heckklappe beziehungsweise Motorhaube durch einen Helfer abstützen lassen.
- Gasdruckfeder auf unteren und oberen Kugelzapfen aufdrücken und einrasten. Dabei auf korrekten Sitz der Sicherungsbügel achten.
- Motorhaube beziehungsweise Heckklappe schließen.

Gasdruckfeder entsorgen

Achtung: Falls die Gasdruckfeder ersetzt wird, muss die alte Feder entgast werden, bevor sie entsorgt wird.

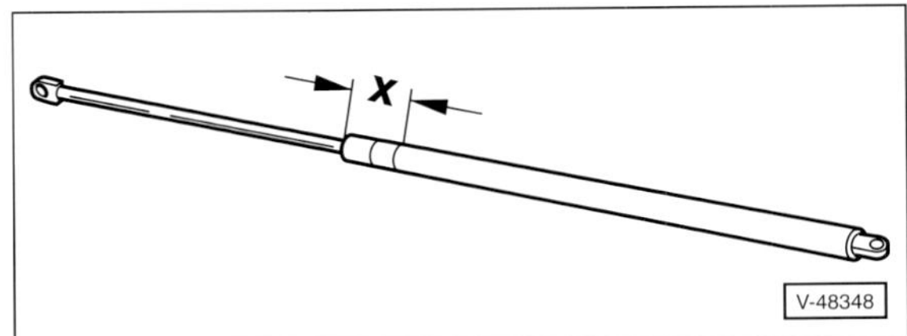

- Gasdruckfeder im **Bereich x = 50 mm** in den Schraubstock einspannen.

Achtung: Feder unbedingt **nur in diesem Bereich** einspannen, sonst besteht Unfallgefahr!

- Zylinder im ersten Drittel der Zylindergesamtlänge – ausgehend von der Bezugskante auf der Kolbenstangenseite – aufsägen. Um herausspritzendes Öl aufzufangen, Bereich des Sägetrennschnittes mit einem Lappen abdecken. **Achtung:** Während des Sägevorganges Schutzbrille tragen.

Speziell Gasdruckfeder für Kofferraumdeckel

Limousine

Ausbau

Achtung: Sicherheitshinweise beachten.

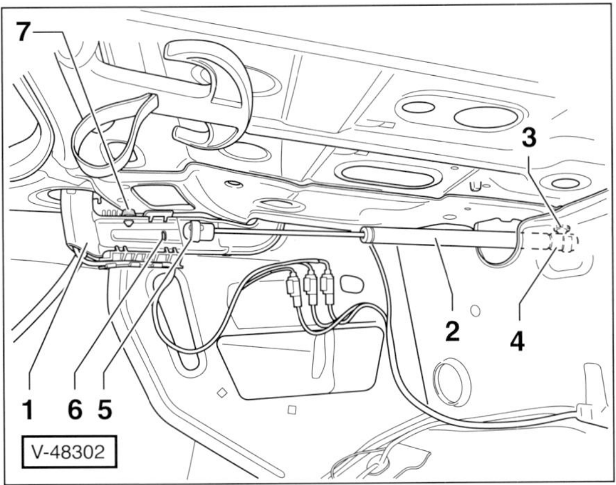

- Federklammern –4– und –5– anheben und Gasdruckfeder von den Kugelzapfen abziehen.

Einbau

- Gasdruckfeder auf den hinteren Kugelzapfen –3– auf drücken.

Bisherige Gasdruckfeder

- Einen Schraubendreher in den Montageschlitz –6– im Scharnier –1– des Kofferraumdeckels schieben.
- Mit der Klinge des Schraubendrehers die Gasdruckfeder so weit zusammendrücken, bis sich die Kugelpfanne –5– über den Kugelzapfen drücken lässt.

Neue Gasdruckfeder

Hinweis: Die neue Gasdruckfeder hat eine »innere« Montagesperre, die den Auszug der Kolbenstange für die Erstmontage begrenzt.

- Kofferraumdeckel so weit schließen, dass sich die Gasdruckfeder auf den vorderen Kugelzapfen –5– drücken lässt.
- Kofferraumdeckel von Hand öffnen, die »innere« Montagesperre bricht dadurch hörbar.
- Der Anschlagpuffer –7– liegt am Karosserieblech an.

Seilzug für Motorhaube/ Betätigungshebel aus- und einbauen/ Bowdenzug für Motorhaube trennen

Ausbau

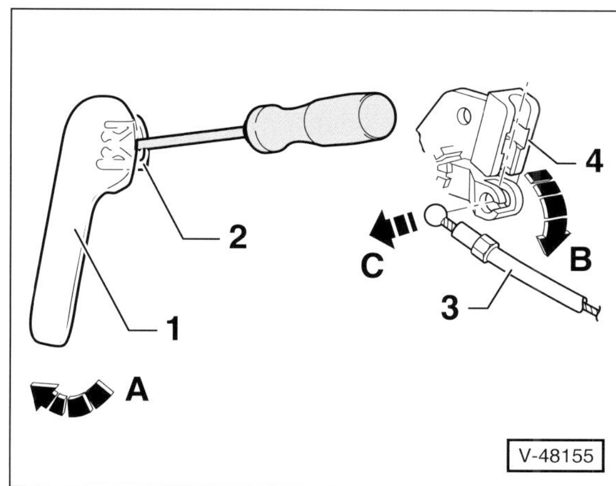

- Im Fahrerfußraum den Betätigungshebel –1– für Motorhauben-Seilzug nach hinten ziehen –Pfeil A–.
- Mit einem Schraubendreher Halteklammer –2– etwas herausziehen und entriegeln. Betätigungshebel abnehmen.
- Seilzug –3– aus dem Lagerbock –4– des Betätigungshebels aushängen –Pfeil B/C–.
- Seilzug am Motorhaubenschloss aushängen, siehe Kapitel »Motorhaubenschloss aus- und einbauen«.

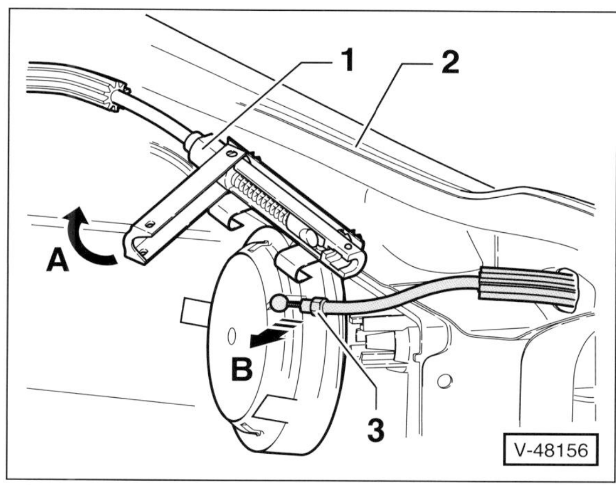

- Wenn vorhanden, Kabelbinder an der Bowdenzugkupplung –1– durchschneiden.
- Bowdenzugkupplung –1– über dem linken Scheinwerfer aus der Halterung am Schlossträger –2– ausclipsen.
- Kupplung aufklappen –Pfeil A– und Motorhauben-Seilzug –3– aus der Kupplung herausziehen –Pfeil B–.
- Seilzug aus den Halterungen am Schlossträger und Radkasten ausclipsen.
- Am Seilzugnippel des Betätigungshebels eine Schnur befestigen und Seilzug von der Motorraumseite aus dem Fahrzeuginnenraum herausziehen und ausbauen. **Hinweis:** Die Schnur dient beim Einbau als Einziehhilfe.

Einbau

- Seilzug in die Halterungen im Motorraum einclipsen.
- Seilzug in die Kupplung einlegen, dabei darauf achten, dass der Bowdenzugmantel korrekt eingelegt ist. Kupplung schließen und einrasten.
- Der weitere Einbau erfolgt in umgekehrter Ausbaureihenfolge.
- Zuletzt Halteklammer in den Betätigungshebel schieben und Betätigungshebel auf den Lagerbock drücken.
- Bowdenzugkupplung –1– mit neuem Kabelbinder sichern.
- Vor Schließen der Motorhaube Betätigungshebel und Seilzug auf Funktion prüfen.

Kofferraumdeckel aus- und einbauen

Limousine

Ausbau

- Kofferraum öffnen und Kofferraumdeckelverkleidung ausbauen, siehe Seite 321.
- Alle Steckverbindungen trennen.

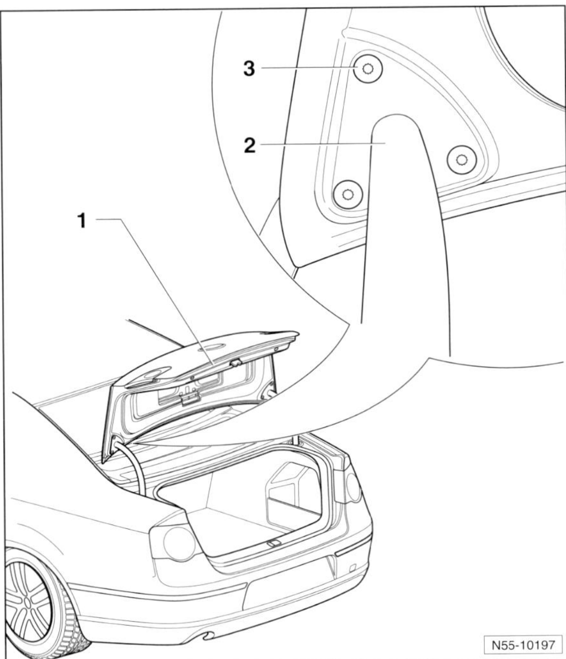

- Für den Wiedereinbau Einbaulage der Schwingen –2– mit Filzstift am Kofferraumdeckel markieren.
- Auf jeder Seite 3 Schrauben –3– am Kofferraumdeckel lockern, aber nicht abschrauben.
- Kofferraumdeckel –1– von einem Helfer abstützen lassen und Schrauben herausdrehen.
- Kabel durch die Öffnung unter dem linken Schwingenflansch herausziehen.
- Falls vorhanden, elektrische Leitungen durch die Öffnung unter dem rechten Scharnier des Kofferraumdeckes herausführen.
- Kofferraumdeckel mit Helfer abnehmen und vorsichtig ablegen.

Einbau

- Kofferraumdeckel mit Helfer ansetzen. Kabel durchziehen.
- Alten Kofferraumdeckel nach den Markierungen ausrichten. Schrauben –3– handfest aufschrauben.
- Kofferraumdeckel schließen und auf korrekte Spaltmaße einstellen, siehe entsprechenden Abschnitt.
- Schrauben mit **22 Nm** festziehen.
- Alle Stecker verbinden.
- Kofferraumdeckelverkleidung einbauen, siehe entsprechendes Kapitel.

Achtung: Bevor der Kofferraumdeckel –1– geschlossen wird, eine Funktionsprüfung der Entriegelungsbauteile durchführen.

Kofferraumdeckel prüfen/einstellen

- Kofferraumdeckel schließen und Spaltmaße prüfen, dabei soll der Spalt zum rechten und linken Kotflügel jeweils gleichmäßig breit sein und parallel verlaufen. Karosserie-Spaltmaße siehe Seite 343.
- Gegebenenfalls Kofferraumdeckel öffnen, Schrauben –3– an den Schwingen lockern und Kofferraumdeckel durch Verschieben nach links oder rechts ausrichten.

Hinweis: Durch Lockern der Befestigungsschrauben der Schwingen an der Karosserie lässt sich der Kofferraumdeckel geringfügig einstellen. Zuvor muss die Hutablage ausgebaut werden.

- Schrauben mit **22 Nm** festziehen.
- Verkleidung Heckabschluss ausbauen, siehe Seite 322.

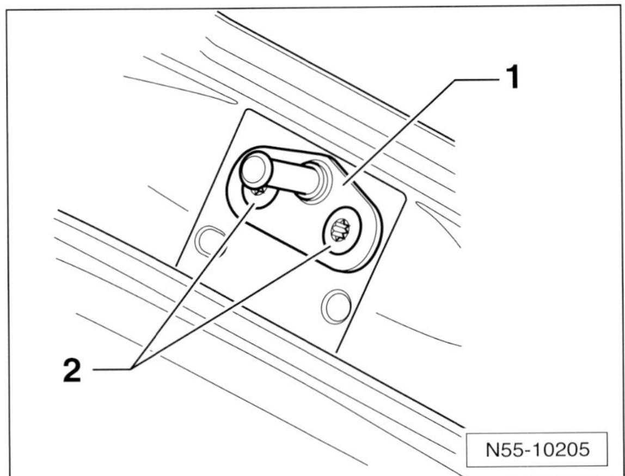

- 2 Schrauben –2– für Schließbügel –1– lockern.
- **Schließbügel einstellen**. Dazu Schließbügel innerhalb der Bohrungen so verschieben, dass die Aussparung des Kofferraumdeckelschlosses mit der Drehfalle mittig zum Schließbügel –1– einrastet. Der Kofferraumdeckel muss sich problemlos schließen und öffnen lassen. Kofferraumdeckel auf korrekte Spaltmaße prüfen.
- Schließbügel mit **18 Nm** festschrauben.
- Dämpfungspuffer am Kofferraumdeckel einstellen, siehe entsprechendes Kapitel.

Hinweis: Die Dämpfungspuffer nicht zum Einstellen des Kofferraumdeckels verwenden. Das Klappenschloss lässt sich nicht in den Bohrungen verschieben.

Dämpfungspuffer für Kofferraumdeckel/Heckklappe einstellen

Hinweis: Für Kofferraumdeckel/Heckklappe werden zum Stabilisieren und Dämpfen der Klappe Puffer verwendet.

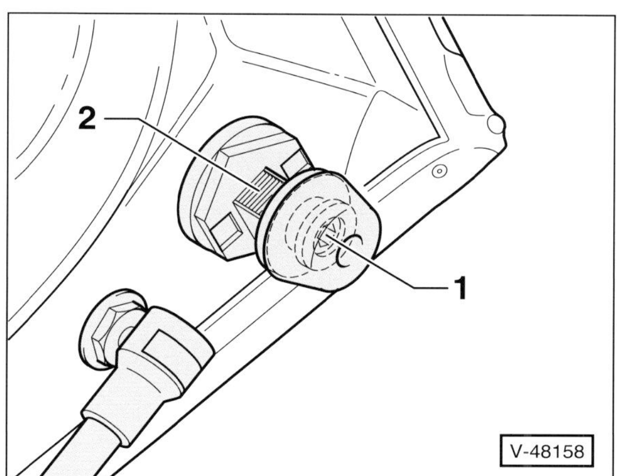

- Klemmschraube –1– mit Inbusschlüssel so weit lösen, bis sich der Rastschieber –2– des Dämpfungspuffers herausziehen lässt.

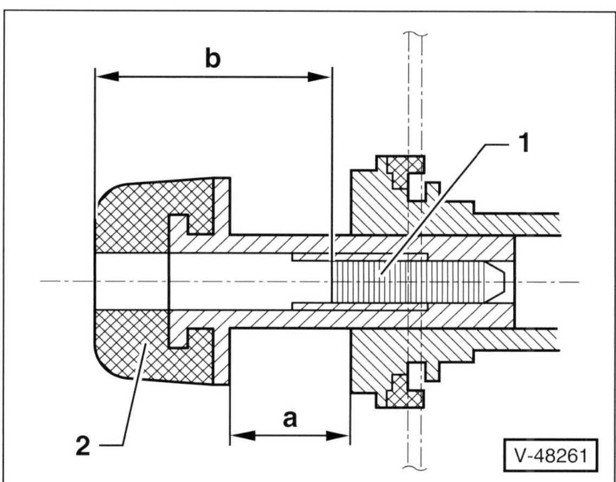

- Rastschieber auf das Maß a = 12,5 mm einstellen. 1 – Klemmschraube, 2 – Dämpfungspuffer.
- Kofferraumdeckel mit leichtem Druck schließen, Kofferraumdeckelöffner dabei betätigen. Der Rastschieber wird bei diesem Vorgang auf die korrekte Länge eingeschoben.
- Kofferraumdeckel wieder öffnen und Klemmschraube –1– eindrehen, maximal bis auf die Tiefe b = 25 mm, um Beschädigungen am Rastschieber zu vermeiden.
- Kofferraumdeckel auf einwandfreie Passung sowie Schließfunktion prüfen, gegebenenfalls nochmals einstellen.

Schloss für Kofferraumdeckel aus- und einbauen

Limousine

Ausbau

- Verkleidung des Kofferraumdeckels ausbauen, siehe entsprechendes Kapitel.

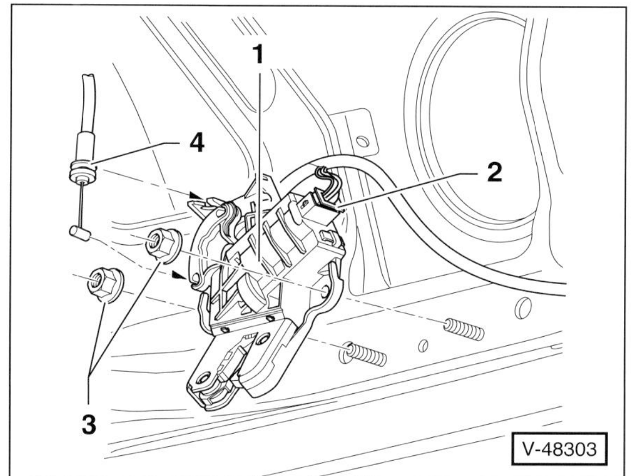

- Falls vorhanden, Bowdenzug –4– für Notöffner am Schloss aushängen.
- Stecker –2– am Schloss –1– entriegeln und abziehen.
- 2 Muttern –3– herausdrehen und Schloss –1– vom Kofferraumdeckel abnehmen.

Einbau

- Der Einbau erfolgt in umgekehrter Ausbaureihenfolge, Muttern dabei mit **8 Nm** festziehen.
- Schließfunktion des Schlosses prüfen.

Heckklappe aus- und einbauen

VARIANT

Ausbau

- Heckklappenverkleidung ausbauen, siehe Seite 320.

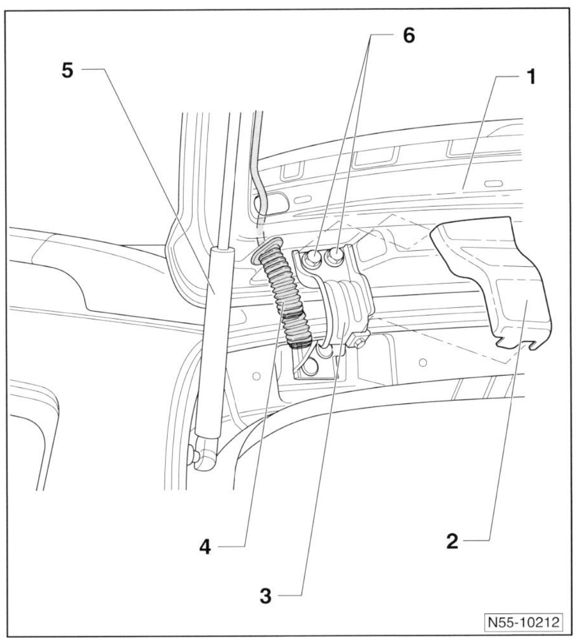

- Abdeckung –2– vorsichtig aus den Verrastungen am Scharnier ausclipsen.
- Sämtliche Steckverbindungen in der Heckklappe trennen.
- Faltenbalg –4– lösen und die elektrischen Leitungen durch die Öffnung aus der Heckklappe herausführen.
- Scharnierschrauben und Scharnier durch Umkreisen mit einem Filzstift in Einbaulage kennzeichnen.
- Heckklappe durch einen Helfer abstützen lassen
- Schrauben –6– links und rechts lösen, nicht abschrauben.
- Gasdruckfedern –5– ausbauen, siehe entsprechendes Kapitel.
- Schrauben –6– links und rechts herausdrehen.
- Heckklappe –1– mit einem Helfer von den Scharnieren –3– abnehmen.

Einbau

- Der Einbau der Heckklappe –1– erfolgt in umgekehrter Ausbaureihenfolge. Schrauben –6– leicht anziehen, nicht festziehen. **Achtung:** Heckklappe durch Helfer abstützen lassen, bis die Gasdruckfedern eingebaut sind.
- Elektrischen Leitungen durch die Öffnung in die Heckklappe einführen und Faltenbalg –4– einclipsen.
- Heckklappe einstellen und Schrauben –6– mit **10 Nm** festziehen.
- Gasdruckfedern –5– einbauen, siehe entsprechendes Kapitel.

Heckklappe einstellen

VARIANT

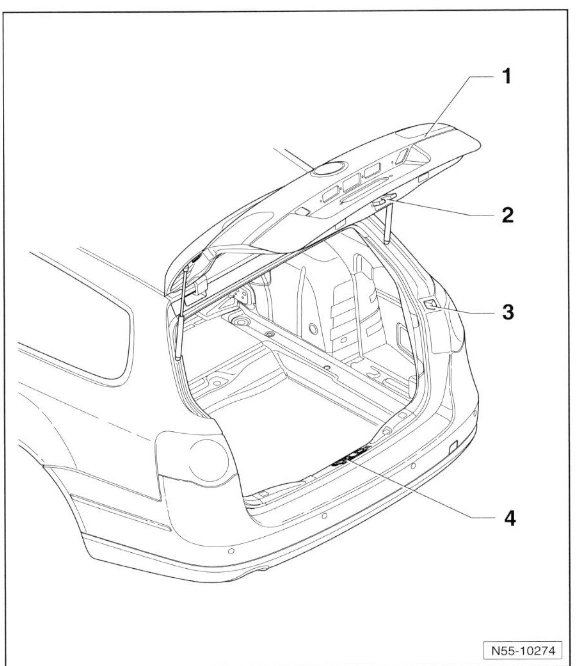

- Zur Einstellung der Heckklappe muss das Fahrzeug auf dem Boden stehen.
- Das Klappenschloss –2– ist direkt an die Heckklappe –1– angeschraubt. Es hat keine Langlöcher und kann somit nicht eingestellt werden.
- Die Anschlagpuffer –3– links und rechts dienen nicht der Einstellung. Sie haben die Aufgabe, die Heckklappe –1– zu stabilisieren beziehungsweise zu dämpfen.
- Die Heckklappe ist richtig eingestellt, wenn sie im geschlossenen Zustand überall ein gleichmäßiges Spaltmaß hat, nicht zu weit nach innen oder außen steht und die Konturen fluchten.
- Die Heckklappe muss ohne größeren Kraftaufwand im Schließbügel –4– einrasten.

Einstellen

- Schließbügel ausbauen, siehe entsprechendes Kapitel.
- Anschlagpuffer lösen.

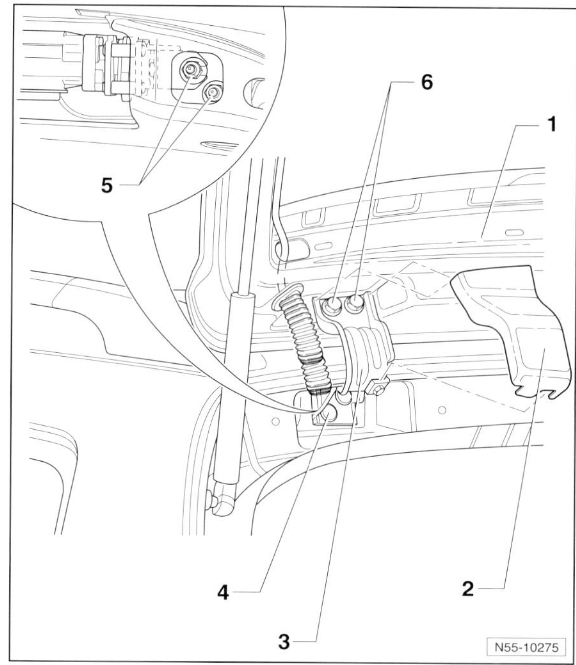

- Abdeckungen –2– links und rechts von den Scharnieren abnehmen.
- Schrauben –6– an den Heckklappenscharnieren –1– so weit lösen, dass sich die Heckklappe in den übergroßen Bohrungen an den Scharnieren –3– gerade verschieben lässt.
- Heckklappe –1– schließen und Heckklappe mithilfe kleiner Holzkeile so verschieben, dass die Spalte zu den umliegenden Bauteilen parallel sind und den Spaltmaß-Sollwerten entsprechen. Sollwerte, siehe Seite 343.
- Heckklappe –1– vorsichtig öffnen und Scharnierschrauben mit **10 Nm** festziehen.

Hinweis: Bei Bedarf kann das Scharnier –3– nach dem Lösen der Befestigungsmuttern –5– geringfügig an den Gewindebolzen –4– eingestellt werden.

- Heckklappe schließen und Spaltmaße nochmals überprüfen.
- Falls nach den Einstellarbeiten unlackierte Teile sichtbar sind, diese Stellen grundieren und lackieren.
- Schließbügel einbauen, siehe entsprechendes Kapitel.

Schließbügel ohne Motor einstellen

- Schlossträgerabdeckung ausbauen, siehe Seite 322.

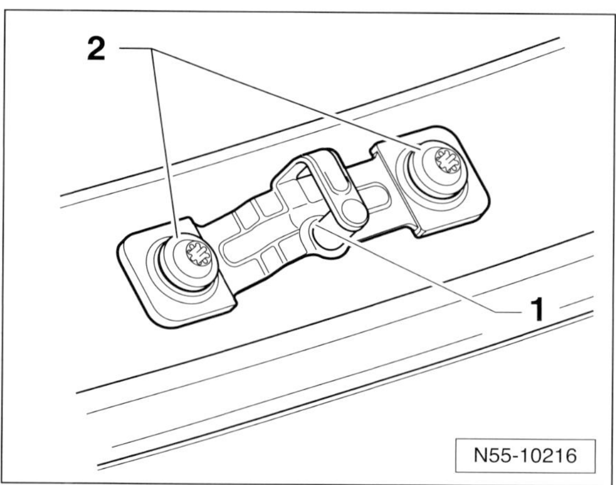

- Schrauben –2– so weit lösen, dass sich der Schließbügel –1– in den übergroßen Bohrungen verschieben lässt.
- Schließbügel so verschieben, dass die Aussparung des Heckklappenschlosses mit der Drehfalle mittig zum Schließbügel steht.
- Schließbügel –1– in die obere Position stellen und Schrauben –2– so weit anziehen, dass sich der Schließbügel gerade noch verschieben lässt.
- Schlossträgerabdeckung einbauen, siehe Seite 322.

Schließbügel mit Motor für Zuziehhilfe einstellen

- Schlossträgerabdeckung ausbauen, siehe Seite 322.

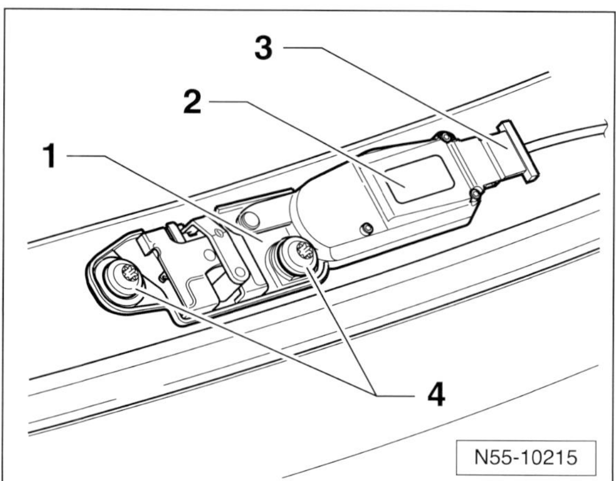

- Heckklappe öffnen und das Schloss in die Position „geschlossen“ bringen. Daraufhin bewegt sich der Schließbügel in die Position „geschlossen“.
- Stecker –3– vom Motor für Zuziehhilfe –2– abziehen.
- Anschlagpuffer lösen.
- Schrauben –4– so weit lösen, dass sich der Schließbügel –1– in den übergroßen Bohrungen verschieben lässt.

- Schließbügel so verschieben, dass die Aussparung des Heckklappenschlosses mit der Drehfalle mittig zum Schließbügel steht.
- Schließbügel –1– in die obere Position stellen und Schrauben –4– so weit anziehen, dass sich der Schließbügel gerade noch verschieben lässt.

Schließbügel mit und ohne Motor:

- Heckklappe vorsichtig so weit schließen, dass sie bündig zu den umliegenden Bauteilen ist.
- Heckklappe vorsichtig öffnen und Schrauben –4– für Schließbügel –1– mit **22 Nm** festziehen.
- Schlossträgerabdeckung einbauen, siehe Seite 322.

Anschlagpuffer einstellen

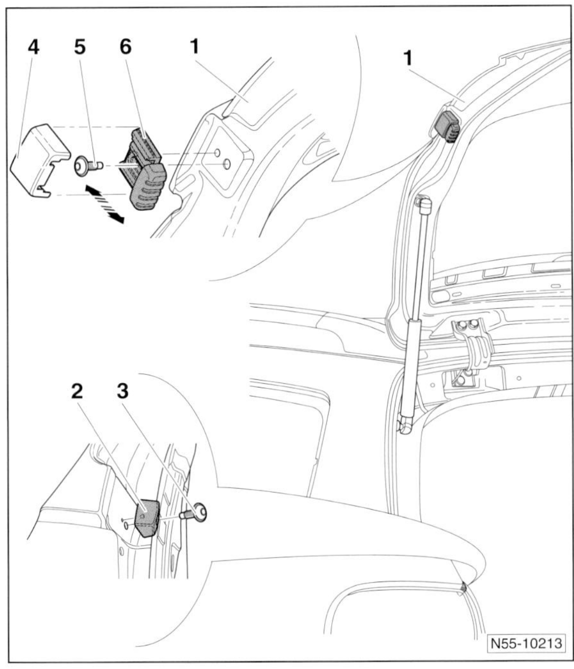

- Schraube –3– für Anschlag –2– mit **10 Nm** festziehen.
- Abdeckung –4– vom Anschlagpuffer –6– abheben.
- Schraube –5– am Anschlagpuffer –6– leicht lösen, bis sich der Anschlagpuffer in die oberste Stellung –Pfeil– schieben lässt.
- Heckklappe –1– mit leichtem Druck über die Mitte in Vorraststellung schließen.
- Heckklappe wieder öffnen.
- Schraube –5– mit **10 Nm** festziehen.
- Abdeckung –4– auf den Anschlagpuffer aufdrücken.

Heckklappenschloss aus- und einbauen

VARIANT

Ausbau

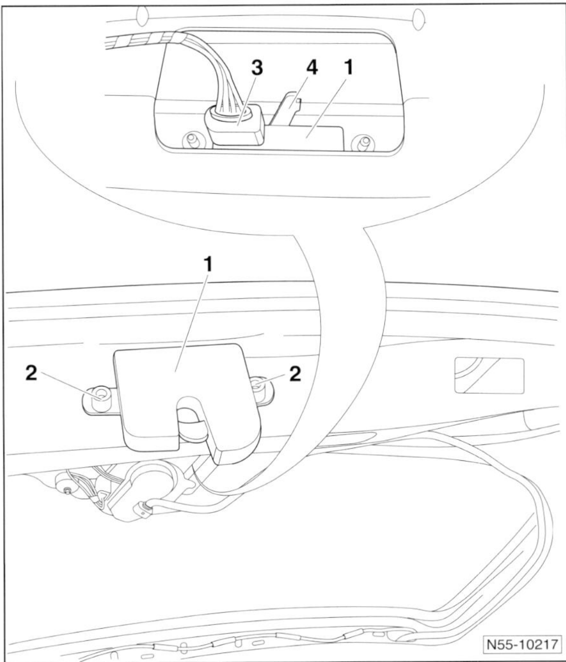

- Heckklappenverkleidung ausbauen, siehe Seite 320.
- Stecker –3– auf der Rückseite des Schlosses abziehen.
- Schrauben –2– herausdrehen und das Schloss –1– von der Heckklappe abnehmen.

Hinweis: Bei einer elektrischen Störung Heckklappe an der Notentriegelung –4– öffnen. Die Notentriegelung wird durch eine Öffnung in der Heckklappenverkleidung erreicht.

Einbau

- Der Einbau erfolgt in umgekehrter Ausbaureihenfolge, dabei ist Folgendes zu beachten.
- Schrauben –2– mit **22 Nm** festziehen.

Tür aus- und einbauen

Hinweis: Wird ein neues Scharnier eingebaut, muss dieses gefettet werden.

Ausbau

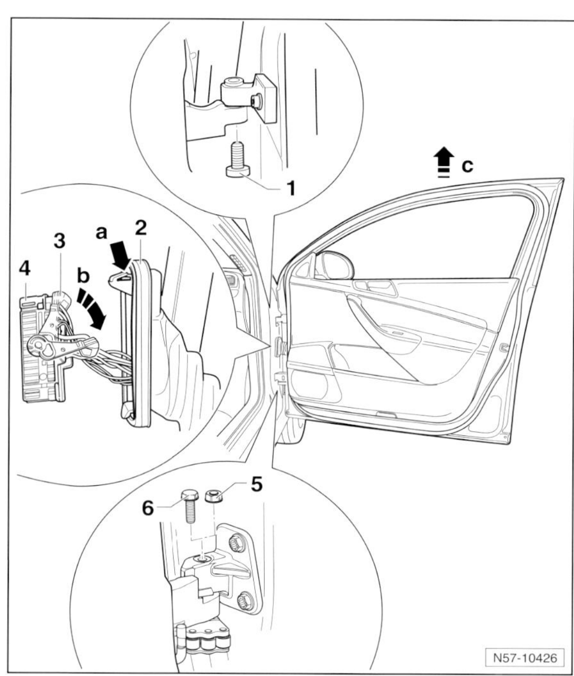

- Faltenbalg –2– von der A-Säule abziehen. Dazu mit einem kleinen Schraubendreher auf den Rasthaken –Pfeil a– drücken und Faltenbalg entriegeln.
- Verriegelungshebel –3– nach unten schwenken –Pfeil b– und die elektrische Steckverbindung –4– von der Kupplungsstation abziehen.
- Am oberen Scharnier die Schraube –1– herausdrehen.
- Am unteren Scharnier die Schraube –6– oder die Mutter –5– herausdrehen. **Hinweis:** Die Scharnierteile des unteren Scharniers können mit einer Schraube –6– oder einer Mutter –5– verbunden sein.
- Tür nach oben –Pfeil c– aus den Scharnieren herausheben.

Einbau

- Der Einbau erfolgt in umgekehrter Ausbaureihenfolge. Dabei am unteren Scharnier die unterschiedlichen Anzugsdrehmomente von Schraube –6– und Mutter –5– beachten.

  Anzugsdrehmomente:

  Schrauben –1– und –6– . . . . **28 Nm**

  Mutter –5–. . . . . **14 Nm**
- Tür einstellen, siehe entsprechendes Kapitel.

Tür einstellen

Einstellen

- Das Fahrzeug muss auf den Rädern stehen.

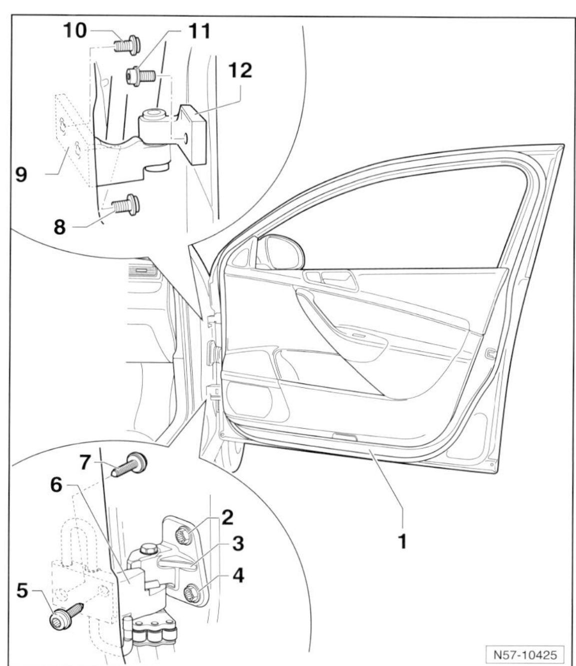

- Die Tür ist richtig eingestellt, wenn sie im geschlossenen Zustand überall ein gleichmäßiges Spaltmaß hat, nicht zu weit nach innen oder außen steht und die Konturen fluchten.
- Karosserie-Spaltmaße siehe Seite 343.
- Falls nach der Einstellung unlackierte Stellen sichtbar werden, diese grundieren und lackieren.
- Für eine korrekte Einstellung der Spaltmaße müssen die Schrauben –5–, –7–, –8– und –10– an der A-Säule gelöst werden. Für die Schraube –5– muss die untere A-Säulen-Verkleidung ausgebaut werden, siehe Seite 311.
- Für eine korrekte Einstellung der Bündigkeit müssen die Schrauben –2–, –4– und –11– gelöst werden.

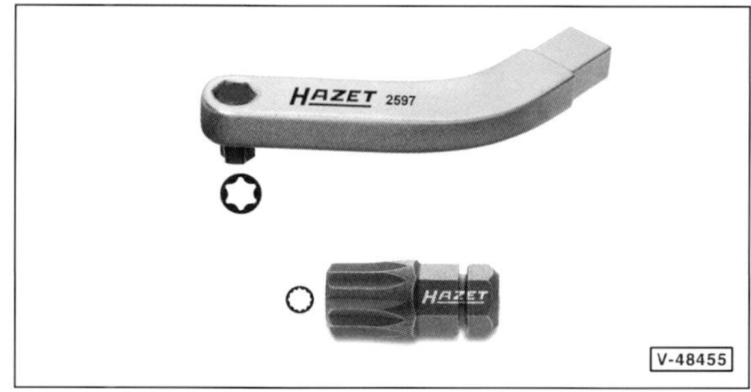

- Dazu wird ein Spezialschlüsseleinsatz für Türeinstellung benötigt, zum Beispiel VW-3320 mit Biteinsatz VW-3320/3 oder das HAZET-Werkzeug 2597.

- Sämtliche Schrauben müssen nach jedem Lösen grundsätzlich erneuert werden.
  Anzugsdrehmomente:
  Schrauben –5–, –7–, –8– und –10– . . . . **20 Nm + 90°**
  Schrauben –2–, –4– und –11–. . . . . **50 Nm**
- Andere Maßnahmen, wie Richten der Türen nach oben, sind wirkungslos. Beim nachfolgenden Überdrücken sackt die Tür wieder ab.
- Schließbügel einstellen, siehe entsprechendes Kapitel.

Schließbügel einstellen

Einstellen

- Die Tür vorn muss beim Schließen ohne zusätzlichen Kraftaufwand vollständig verriegeln und darf kein Spiel haben.
- Durch die Einstellung des Schließbügels darf die Tür vorn nicht nach oben oder nach unten gedrückt werden.
- Wenn die Türeinstellung vorn zur Tür hinten nicht fluchtet, ist eine Einstellung des Schließbügels erforderlich.

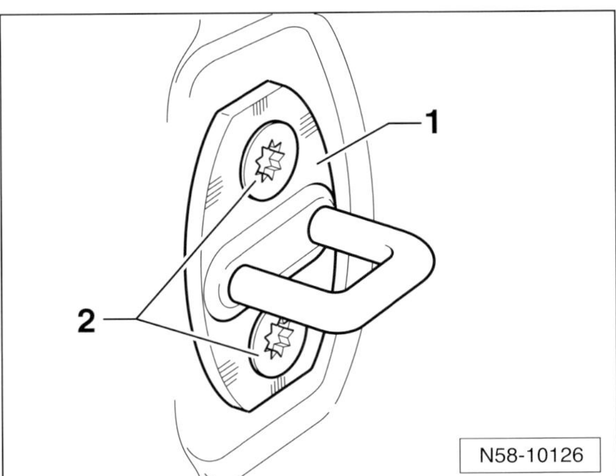

- Schrauben –2– lösen und dadurch den Schließbügel –1– an der B-Säule lockern.
- Tür vorn vorsichtig schließen, sodass die vordere Tür im geschlossenen Zustand zur hinteren Tür fluchtet. Dadurch wird der Schließbügel automatisch in die richtige Position geschoben. **Hinweis:** Wenn die vordere Tür zur hinteren Tür nicht fluchtet, können im Fahrbetrieb Windgeräusche auftreten.
- Vordere Tür vorsichtig öffnen und die Schrauben –2– des Schließbügels –1– mit **20 Nm** festziehen.

Aggregateträger aus- und einbauen

Am Aggregateträger sind der Fensterheber, das Türschloss und der Lautsprecher befestigt.

Das Türschloss kann nur in Verbindung mit dem Aggregateträger ausgebaut werden.

Der Aggregateträger kann nur ausgebaut werden, wenn die Türscheibe an den Klemmschrauben des Fensterhebers abgeschraubt ist. Dazu muss die Türscheibe bis auf die Höhe der Montagelöcher im Aggregateträger heruntergefahren und die Klemmschrauben gelöst werden.

Sollte bei elektrischen Fensterhebern das Herunterfahren der Türscheibe nicht möglich sein, weil ein elektrischer Fehler vorliegt, dann ist dieser Fehler zuerst zu beheben.

Liegt ein elektrischer Fehler durch den Fensterhebermotor vor, kann dieser vom Aggregateträger abgeschraubt werden und die Türscheibe kann von Hand in die notwendige Arbeitsposition geschoben werden.

Ausbau

- Türverkleidung ausbauen, siehe Seite 317.
- Türgriff ausbauen, siehe Seite 360.

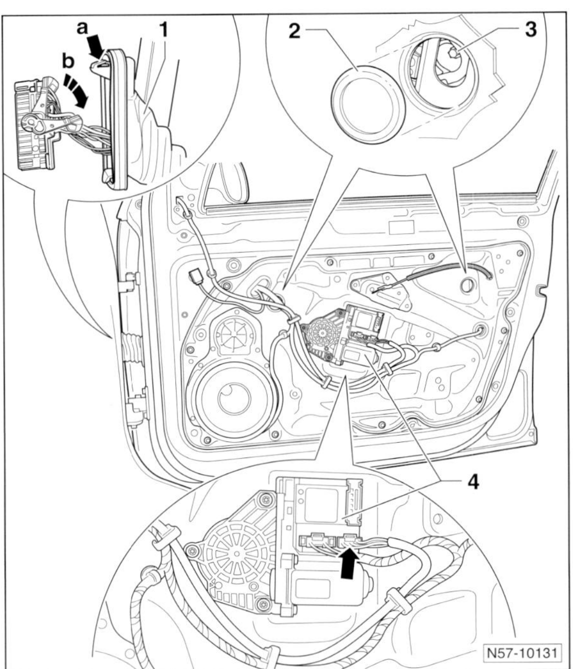

- Abdeckkappen –2– heraushebeln.
- Türscheibe soweit absenken, bis die Befestigungsschrauben –3– der Türscheibe zugänglich sind.
- Schrauben –3– lösen, nicht abschrauben. **Achtung:** Die Schrauben haben **Linksgewinde**.
- Klemmbacken auseinanderdrücken. Dazu auf die Schrauben drücken.
- Türscheibe nach oben schieben und mit einem Klebeband am Türrahmen befestigen.

- Faltenbalg –1– von der A-Säule abziehen. Dazu mit einem kleinen Schraubendreher auf den Rasthaken –Pfeil a– drücken und Faltenbalg entriegeln.
- Verriegelungshebel nach unten schwenken –Pfeil b– und die elektrische Steckverbindung von der Kupplungsstation abziehen.
- Steckverbindung für den Außenspiegel –Pfeil unten– am Fensterhebermotor –4– abziehen.

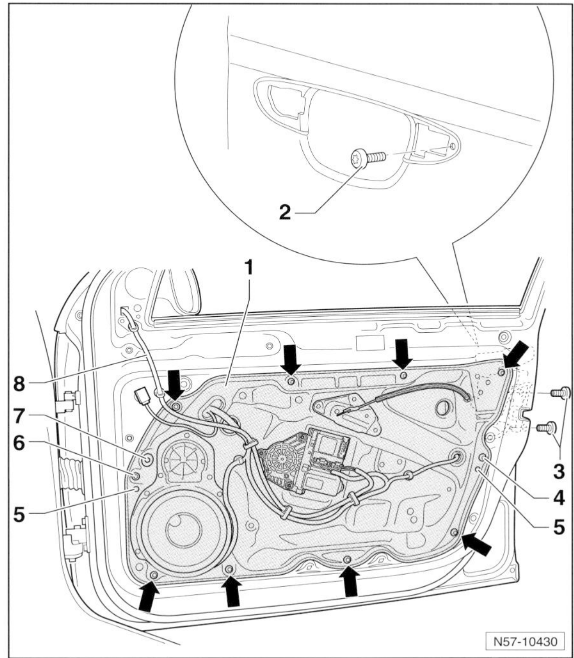

- Leitungsstrang zum Außenspiegel –8– aus den Leitungshaltern herausnehmen.
- Leitung von der A-Säule in die Tür führen und den Leitungshalter –7– abnehmen.
- Schraube –2– für den Lagerbügel herausdrehen.
- 2 Schrauben –3– für das Türschloss herausdrehen.
- Schrauben –4–, –6– und –Pfeile– herausdrehen.

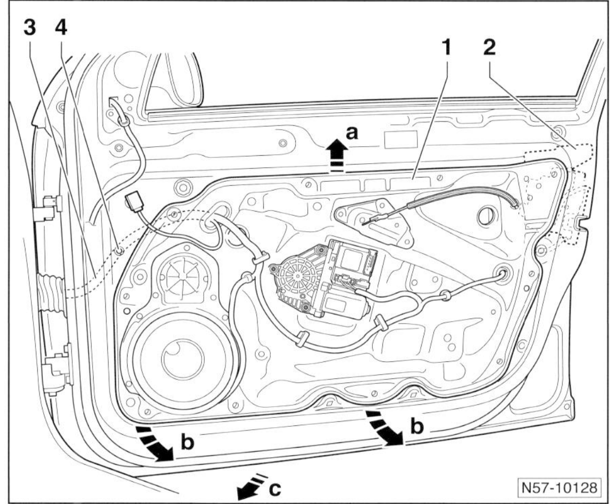

- Aggregateträger –1– gegen die Tür drücken und an der Tür anliegend nach oben schieben –Pfeil a–.
- Aggregateträger im unteren Bereich von der Tür abziehen –Pfeile b–. Dabei muss auch der untere Teil des Fensterhebers mit aus der Tür herausgeführt werden.
- Aggregateträger schräg nach unten –Pfeil c– zur Scharniersäule aus der Tür ziehen. Dabei zuerst den oberen Teil des Fensterhebers aus der Tür herausführen, danach das Türschloss –2–.
- Beim Herausziehen des Aggregateträgers –1– den Leitungsstrang –3– nachführen.

Einbau

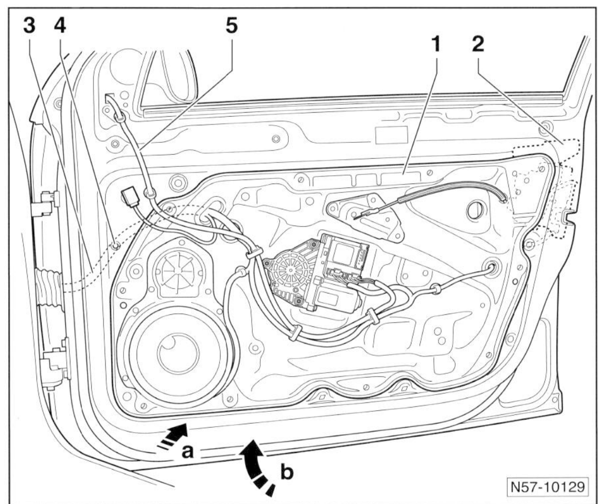

- Aggregateträger schräg nach oben –Pfeil a– in die Tür einsetzen.
- Türschloss –2– und Leitungsstrang –3– in der Tür nachführen und an die entsprechenden Einbauorte positionieren.
- Kabelhalter –4– im Aufnahmeloch der Tür eindrücken und einrasten.

Achtung: Wenn der Kabelhalter nicht im Aufnahmeloch der Tür verrastet ist, kann es zu Beschädigung des Leitungsstrangs und somit zum Ausfall aller elektrischen Bauteile in der Tür kommen.

- Aggregateträger an die Tür anlegen.

Hinweis: Die folgenden Bezeichnungen im Text beziehen sich auf Abbildung N57-10430.

- Aggregateträger –1– mit den Zentrierzapfen –5– im Ausschnitt der Tür zentrieren.
- Alle Schrauben –Pfeile– ansetzen.
- Zuerst die Schraube –6–, dann die Schraube –4– mit **8 Nm** festziehen.
- Anschließend die restlichen Schrauben –Pfeile– in beliebiger Reihenfolge mit **8 Nm** anziehen.
- Türscheibe einbauen, siehe Seite 364.
- Türschloss –4– anschrauben und mit **20 Nm** festziehen.
- Der weitere Einbau erfolgt in umgekehrter Ausbaureihenfolge.

Achtung: Vor Einbau der Türverkleidung Funktionsprüfung des Tür-Öffnungs- und Schließmechanismus durchführen.

Türgriff und Türschloss – Detailübersicht

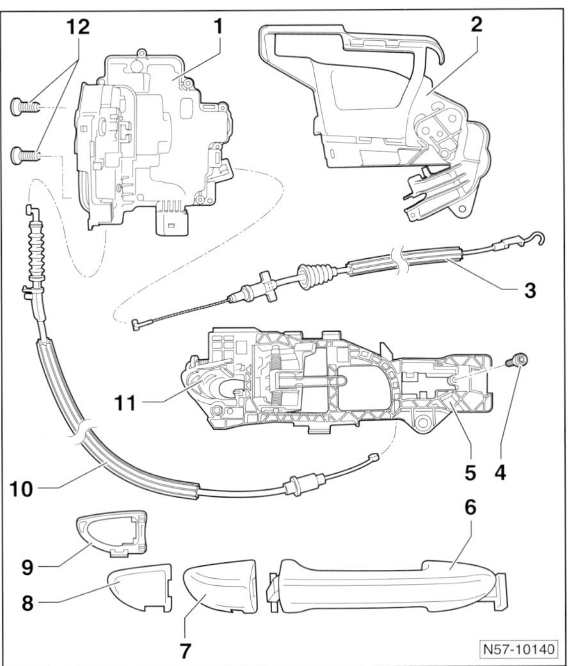

1 – Türschloss
Das Türschloss kann nur in Verbindung mit dem Aggregateträger ausgebaut werden.

2 – Haltewinkel
Am Türschloss aufgesteckt und verrastet.
Übernimmt auch die Funktion der Schloss-Abdeckung.

3 – Seilzug
Zur Schlossentriegelung von der Türinnenbetätigung.
Mit Tülle zur Durchführung am Aggregateträger.

4 – Schraube, 4,5 Nm
Durch Lösen dieser Schraube wird der Lagerbügel von der Tür gelöst.

5 – Lagerbügel
Ist in den Haltewinkel eingeschoben.

6 – Türgriff mit Unterlage
Türgriff für Zugang und Startberechtigung.

7 – Abdeckkappe
Für Schließzylindergehäuse.

8 – Schließzylindergehäuse
Nur an der Tür auf der Fahrerseite befindet sich ein Schließzylinder.

9 – Unterlage

10 – Seilzug
Zum Lagerbügel, zur Schlossentriegelung vom Türaußengriff.

11 – Schraube
Für den Schließzylinder.

12 – Schrauben, 20 Nm

Abdeckkappe für Schließzylindergehäuse aus- und einbauen

Ausbau

Achtung: Beim Ausbau der Abdeckkappe den Notschlüssel auf keinen Fall drehen oder damit hebeln.

- Notschlüssel aus dem Funkschlüssel herausnehmen.

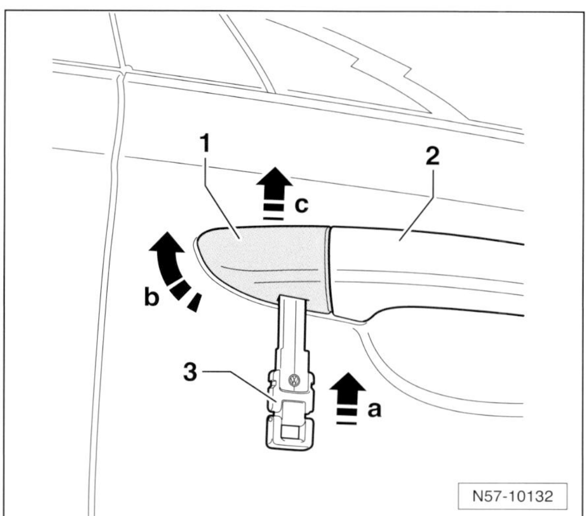

- Notschlüssel –3– leicht in die Öffnung unten an der Abdeckkappe –1– drücken –Pfeil a–.
- Abdeckkappe –1– zusammen mit dem Notschlüssel an der Unterseite leicht von der Tür abziehen –Pfeil b–.
- Abdeckkappe nach oben schieben –Pfeil c– und vom Schließzylindergehäuse abnehmen.

Einbau

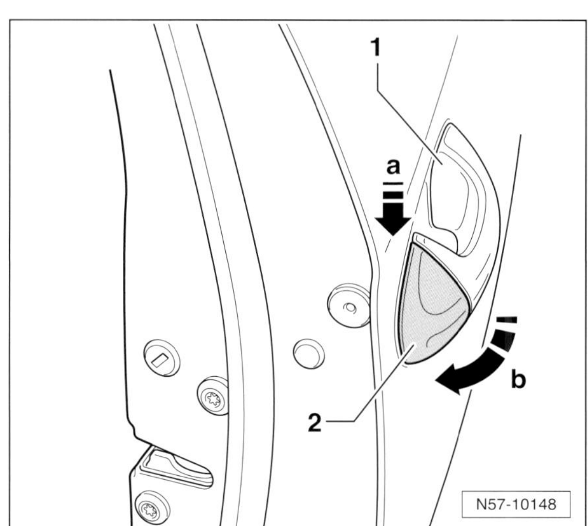

- Abdeckkappe –2– leicht abgewinkelt von oben –Pfeil a– auf das Schließzylindergehäuse aufsetzen.
- Abdeckkappe –2– an die Tür andrücken –Pfeil b–, bis die Abdeckkappe mit dem Schließzylindergehäuse verrastet.

Schließzylindergehäuse aus- und einbauen

Ein Schließzylinder wird nur noch an der Fahrertür eingebaut.

Ausbau

- Abdeckkappe für Schließzylindergehäuse ausbauen, siehe entsprechendes Kapitel.

Fahrertür:

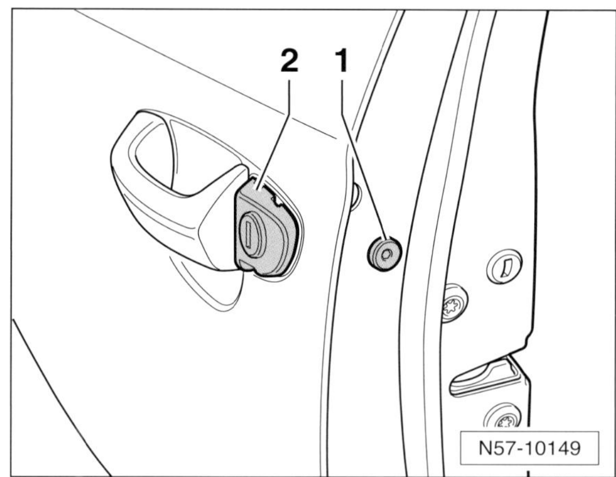

- Abdeckung von der Sicherungsschraube –1– abhebeln.
- Sicherungsschraube –1– für das Schließzylindergehäuse –2– herausdrehen.

Fahrertür und Beifahrertür:

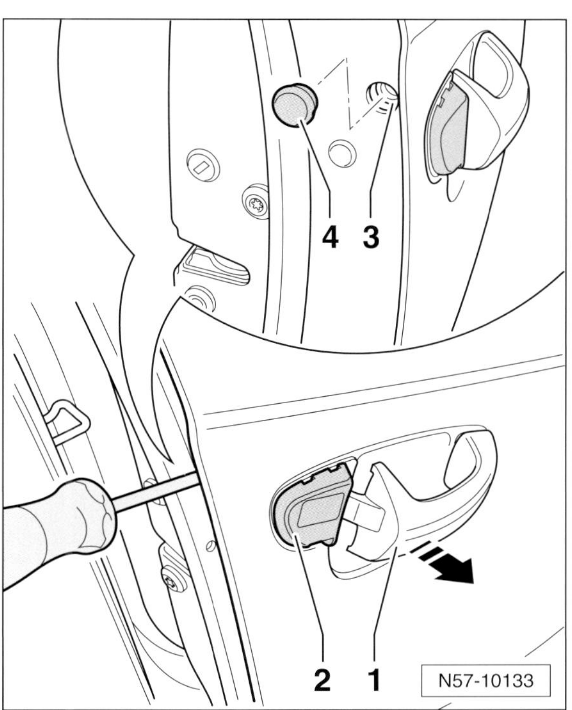

- Abdeckkappe –4– für Schraube –3– heraushebeln.

- Türgriff –1– in Pfeilrichtung bis zum Anschlag herausziehen und halten.
- In dieser Stellung die Schraube –3– so weit herausdrehen, bis sich das Schließzylindergehäuse –2– herausziehen lässt.
- Schließzylindergehäuse –2– im rechten Winkel zur Tür aus dem Lagerbügel des Türgriffes herausziehen.

Achtung: Der Türgriff bleibt im herausgezogenen Zustand stehen. Auf keinen Fall den Türgriff hineindrücken, da sonst die Haltenase am Lagerbügel abbricht und ein ausgebauter Türgriff nicht mehr eingebaut werden kann.

Einbau

Hinweis: Der Türgriff muss im herausgezogenen Zustand –Pfeil– von der Tür abstehen.

- Schließzylindergehäuse –2– im rechten Winkel in den Lagerbügel stecken.
- Schließzylindergehäuse an das Türaußenblech andrücken und gleichzeitig die Schraube –3– in den Lagerbügel hineindrehen. Dabei klappt der Türgriff –1– selbstständig an die Tür.
- Der weitere Einbau erfolgt in umgekehrter Ausbaureihenfolge.
- Anschließend ist bei geöffneter Tür unbedingt eine Funktionsprüfung des Türschließmechanismus durchzuführen.

Türgriff aus- und einbauen

Fahrzeuge mit und ohne Kessy

Kessy = Keyless Access System = Schlüsselloses Öffnungs- und Startsystem.

Ausbau

- Schließzylindergehäuse ausbauen, siehe entsprechendes Kapitel. Dabei bleibt der Türgriff im herausgezogenen Zustand stehen. **Achtung:** Auf keinen Fall den Türgriff hineindrücken, da sonst die Haltenase am Lagerbügel abbricht und ein ausgebauter Türgriff nicht mehr eingebaut werden kann.

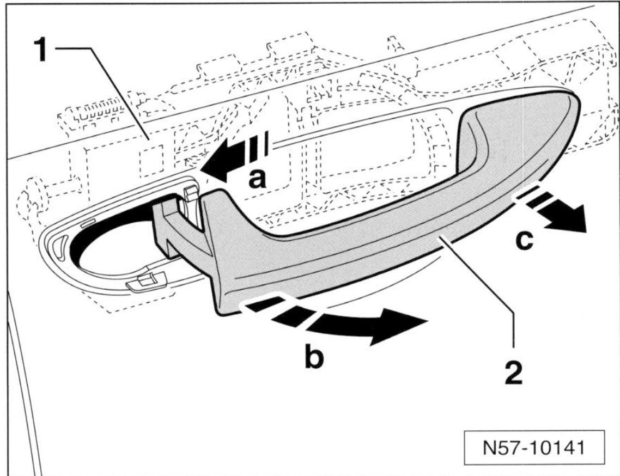

- Türgriff –2– etwas nach hinten ziehen –Pfeil a– und dadurch aus der Aufnahme des Lagerbügels –1– herausziehen.
- Türgriff in Pfeilrichtung –b– herumschwenken. **Kessy:** Dabei wird die Steckverbindung für Kessy im Lagerbügel mitgeführt.

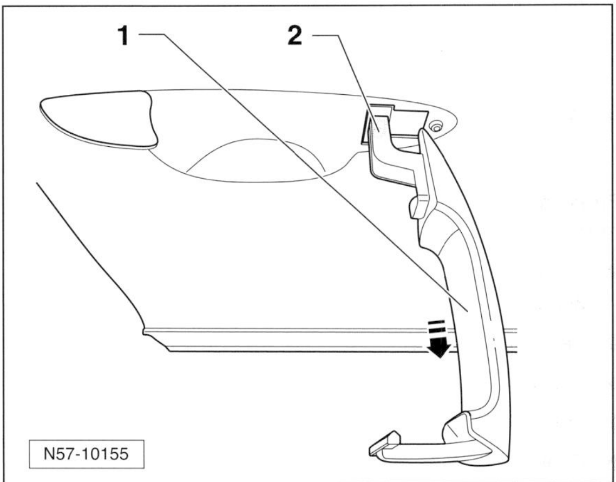

- **Kessy:** Steht der Türgriff im rechten Winkel zur Tür, dann befindet sich die Steckverbindung für Zugang und Startberechtigung in einer »Parkposition«.
- Türgriff im rechten Winkel –Pfeil c– aus dem Lagerbügel –1– herausnehmen (Abbildung N57-10141). **Kessy:** Gleichzeitig löst sich die Steckverbindung –2– für Kessy (Abbildung N57-10155).

Einbau

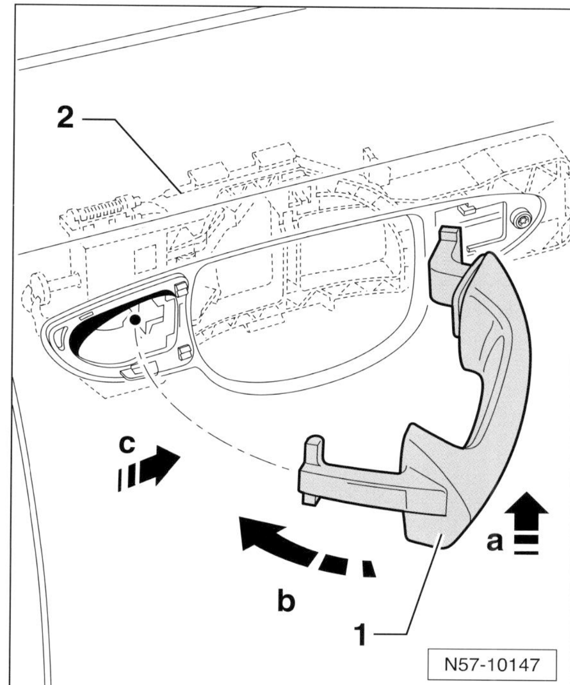

- Türgriff –1– im rechten Winkel –Pfeil a– in den Lagerbügel –2– einsetzen. **Kessy:** Dabei Steckverbindung für Zugang und Startberechtigung einrasten.
- Türgriff –1– in die Tür einschwenken –Pfeil b–.
- Türgriff etwas nach vorn schieben –Pfeil c– und in die Aufnahme im Lagerbügel einführen. Dabei bleibt der Türgriff im herausgezogenen Zustand stehen. **Achtung:** Auf keinen Fall den Türgriff hineindrücken, da sonst die Haltenase am Lagerbügel abbricht und ein ausgebauter Türgriff nicht mehr eingebaut werden kann.
- Schließzylindergehäuse einbauen, siehe entsprechendes Kapitel. Dabei legt sich der Türgriff an die Tür an.
- Anschließend ist bei geöffneter Tür unbedingt eine Funktionsprüfung des Türschließmechanismus durchzuführen.

Funktionsprüfung bei Fahrzeugen mit Kessy durchführen:

- Funkschlüssel aus dem Zündschloss und aus dem Fahrzeug herausnehmen.
- Fahrzeug über den Taster am Türgriff verriegeln.
- Fahrzeug über den Taster am Türgriff wieder entriegeln.
- Zündung einschalten.
- Fehlerspeicher mit Fahrzeugdiagnosetester abrufen und löschen (Werkstattarbeit).

Türschloss aus- und einbauen

Ausbau

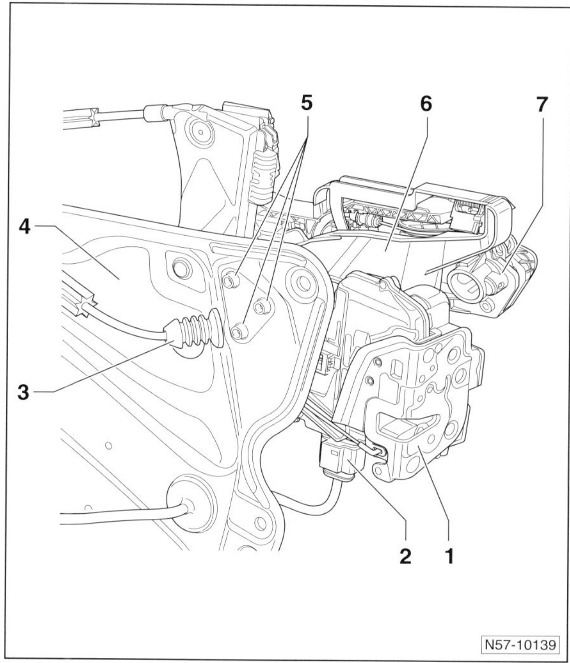

- Aggregateträger –4– ausbauen, siehe Seite 356.
- Aggregateträger –4– herumdrehen. Stecker –2– entriegeln und vom Türschloss –1– abziehen.
- Clips –5– mit einem geeigneten Dorn austreiben.
- Mit einem Schraubendreher das Türschloss –1– mit dem Haltewinkel –6– und dem Lagerbügel –7– vom Aggregateträger abhebeln. 3 – Tülle für Seilzugdurchführung der Türinnenbetätigung.
- Lagerbügel ausbauen, siehe Seite 362.
- Haltewinkel ausbauen, siehe Seite 363.

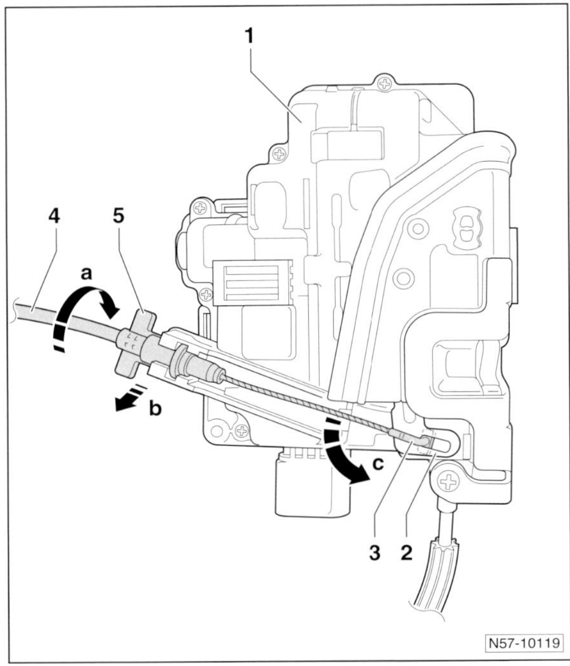

- Halterung –5– durch Drehen in Pfeilrichtung –a– entriegeln und aus der Aufnahme herausziehen –Pfeil b–.
- Seilzug –4– um 90° in Pfeilrichtung –c– schwenken und den Seilzugnippel –3– aus der Öse –2– herausnehmen.

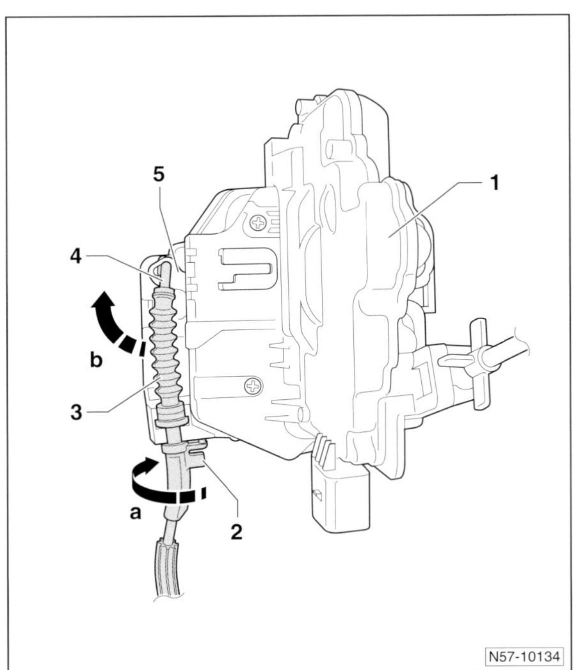

- Schloss –1– herumdrehen.
- Halterung –2– in Pfeilrichtung –a– drehen und dadurch entriegeln.
- Halterung –2– aus der Aufnahme herausnehmen.
- Seilzug –3– in Pfeilrichtung –b– schwenken und den Seilzugnippel –4– aus der Öse –5– herausnehmen.

Einbau

- Der Einbau erfolgt in umgekehrter Ausbaureihenfolge.

Achtung: Nach dem Einbau unbedingt Funktionsprüfung durchführen, da bei nicht korrekter Einstellung und Verriegelung der Bowdenzüge das Schloss nicht geöffnet werden kann.

Lagerbügel aus- und einbauen

Ausbau

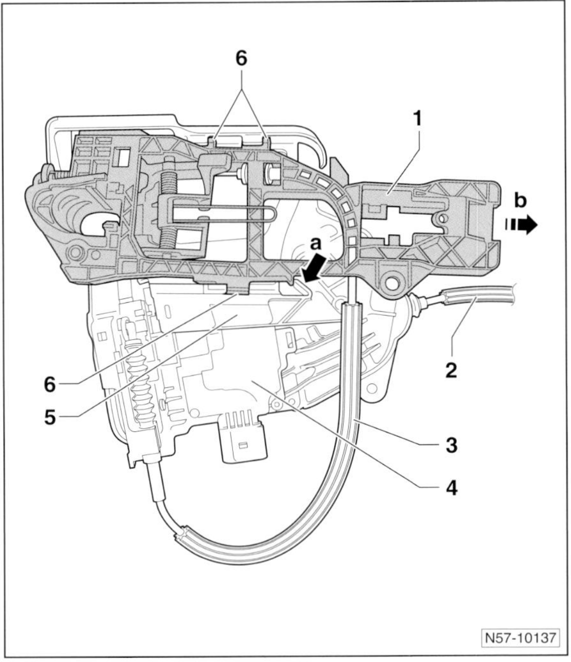

- Verriegelung –Pfeil a– am Lagerbügel –1– herunterdrücken.
- Lagerbügel –1– in Pfeilrichtung –b– verschieben, bis die Befestigungen –6– in der Führung des Haltewinkels –5– vollständig zu sehen sind.
- Lagerbügel –1– vom Haltewinkel –4– abnehmen.
  2 – Seilzug für Türinnenbetätigung, 3 – Seilzug für Türaußenbetätigung.

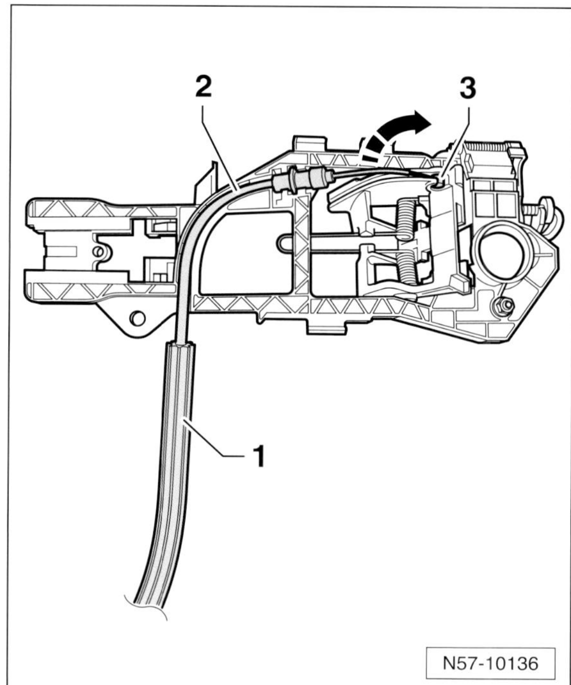

- Seilzug –1– aus der Führung im Lagerbügel –2– herausnehmen.
- Seilzug –1– in Pfeilrichtung schwenken und Seilzugnippel –3– aus der Öse herausnehmen.

Einbau

- Seilzugnippel –3– des Seilzuges in der Öse einhängen und Seilzug –1– entgegengesetzt der Pfeilrichtung an den Lagerbügel heranschwenken.
- Seilzug –1– in die Lagerbügelführung –2– einlegen.

Hinweis: Die Bezeichnungen im folgenden Text beziehen sich auf Abbildung N57-10137.

- Befestigungen –6– des Lagerbügels –1– in die Führungen des Haltewinkels –5– einführen.
- Lagerbügel im Haltewinkel verschieben, bis die Verriegelung –Pfeil a– verrastet.

Haltewinkel aus- und einbauen

Ausbau

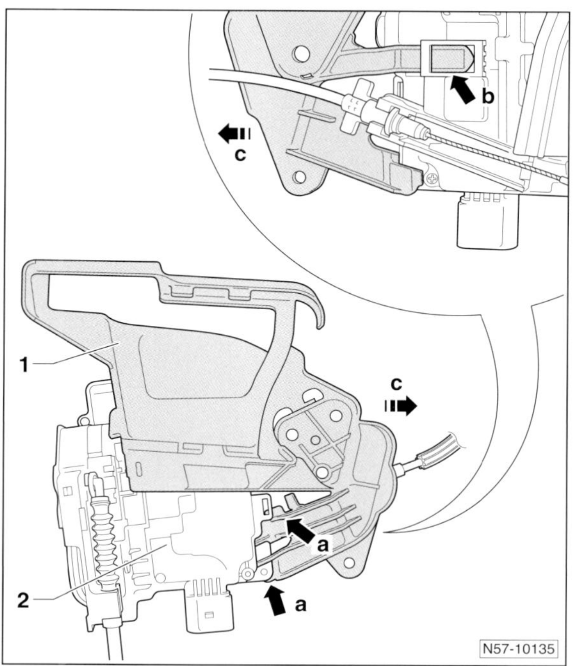

- 2 Rasthaken –Pfeile a– mit einem kleinen Schraubendreher entriegeln.
- Haltewinkel –1– vom Türschloss –2– abziehen –Pfeil c–.

Einbau

- Haltewinkel in die Aufnahme des Schlosses –Pfeil b– einschieben.
- Haltewinkel –1– und Türschloss –2– miteinander verrasten –Pfeile a–.

Türscheibe aus- und einbauen

Ausbau

- Türverkleidung ausbauen, siehe Seite 317.

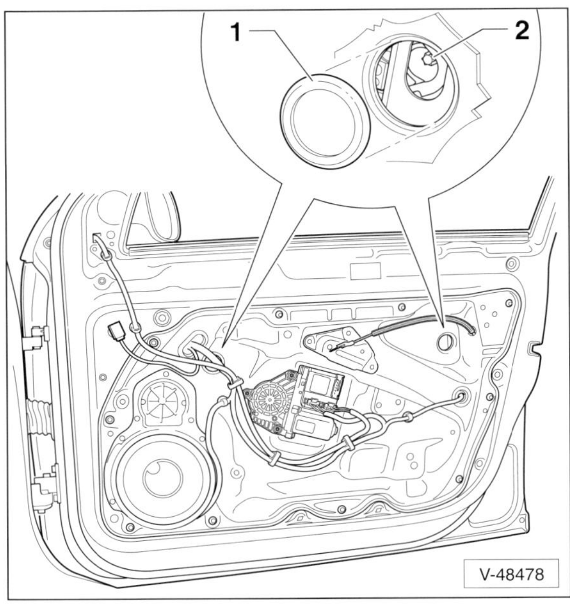

- Abdeckkappen –1– abhebeln.
- Türscheibe absenken, bis die Klemmschrauben –2– der Türscheibe zugänglich sind.
- Schrauben –2– durch Rechtsdrehen lösen, nicht abschrauben. **Achtung:** Die Schrauben –2– haben Linksgewinde.
- Klemmbacken auseinanderdrücken.

Achtung: Ist der Arbeitsschritt wegen einer Störung durch den elektrischen Fensterheber nicht möglich, Fensterhebermotor abschrauben und dann das Fenster herunterschieben.

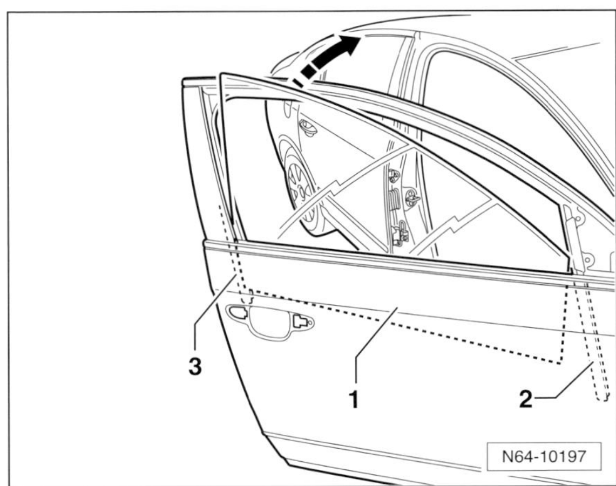

- Türscheibe hinten anheben und in Pfeilrichtung nach vorn aus der Tür herausschwenken.
  2 – Vordere Fensterführung.
  3 – Hintere Fensterführung.

Einbau

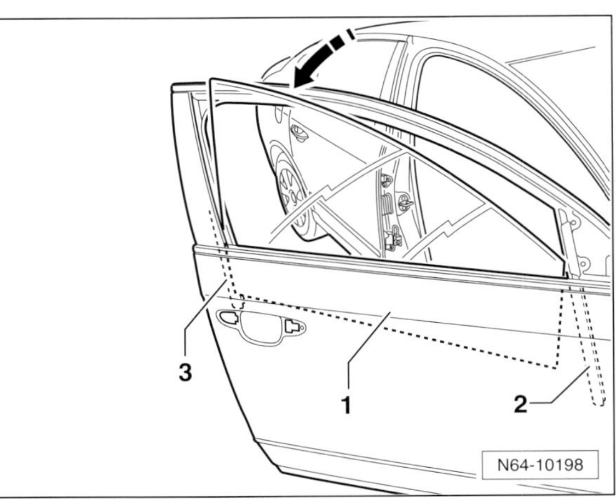

- Türscheibe –1– nach vorn gedreht in die Tür einsetzen und in Pfeilrichtung zurückschwenken. Dabei darauf achten, dass die Türscheibe in die Fensterführungen –2– und –3– eingreift.

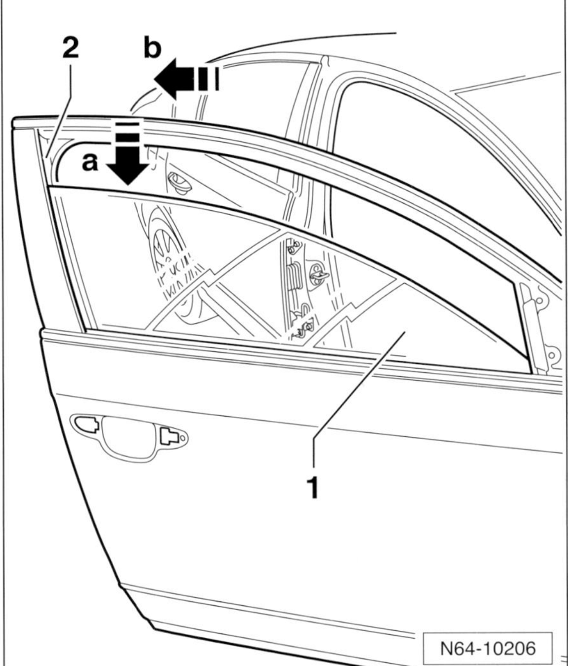

- Türscheibe –1– ohne Druck in die Klemmbacken einführen –Pfeil a–.
- Anschließend Türscheibe –1– gegen den hinteren Fensterrahmen –2– drücken –Pfeil b–.
- In dieser Stellung Klemmschrauben linksherum mit **8 Nm** festziehen.
- Abdeckkappen auf die Montageöffnungen aufdrücken.
- Fensterheberschalter anschließen und Türfenster hoch- und runterfahren. Dabei einwandfreien Lauf der Türscheibe prüfen.
- Türverkleidung einbauen, siehe Seite 317.

Fensterhebermotor aus- und einbauen

Ausbau

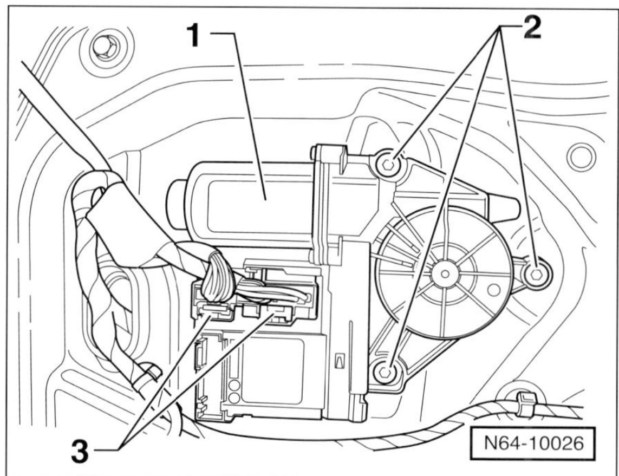

- Türverkleidung ausbauen, siehe Seite 317.
- Türscheibe mit Klebeband am Türrahmen festsetzen, damit sie nicht herunterrutscht.
- Stecker –3– entriegeln und abziehen.
- 3 Schrauben –2– herausdrehen.
- Fensterhebermotor mit Steuergerät –1– vom Aggregateträger abnehmen.

Einbau

Achtung: Bei einem neuen Fensterhebermotor (Türsteuergerät) müssen Zusatzfunktionen und die Überschusskraftbegrenzung codiert werden (Werkstattarbeit).

- Fensterhebermotor auf die Verzahnung des Fensterhebers aufstecken. Dabei die Türscheibe leicht auf und ab bewegen, damit die Verzahnung zwischen Motor und Seiltrommel besser ineinandergreift.
- Schrauben –2– mit **3,5 Nm** festziehen.
- Neuen Fensterhebermotor mit dem Fahrzeugdiagnosegerät codieren (Werkstattarbeit).
- Anschließend den Fensterheber im Automatiklauf einmal nach oben auf Anschlag fahren und dann den Schalter noch einmal für 2 Sekunden nach oben ziehen. Damit erkennt das Steuergerät den oberen Anschlag.
- Anschließend den Fensterheber ganz nach unten auf Anschlag fahren und dann den Schalter noch einmal für ca. 2 Sekunden nach unten drücken. Damit erkennt das Steuergerät den unteren Anschlag.

Fensterschachtabdichtung aus- und einbauen

Ausbau

Achtung: Die Fensterschachtabdichtung darf beim Ausbau nicht verbogen werden.

- Außenspiegel ausbauen, siehe Seite 370.

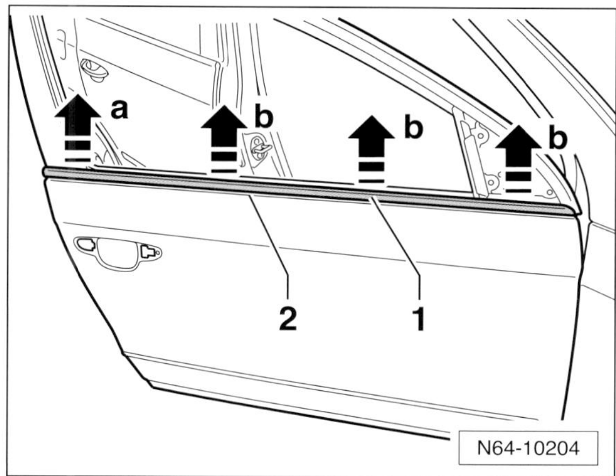

- Fensterschachtabdichtung –1– vorsichtig anheben. Dabei an der hinteren Fensterführung –Pfeil a– beginnen.
- Fensterschachtabdichtung –1– gleichmäßig vom Türflansch –2– abziehen –Pfeile b–.

Einbau

Achtung: Die Fensterschachtabdichtung darf **nicht** auf den Türflansch aufgeschlagen werden.

- Fensterschachtabdichtung gleichmäßig von Hand auf den Türflansch aufdrücken.
- Außenspiegel einbauen, siehe Seite 370.

Türblende ausbauen

Ausbau

- Außenspiegel ausbauen, siehe entsprechendes Kapitel.
- Fensterschachtabdichtung ausbauen, siehe entsprechendes Kapitel.
- Türscheibe ausbauen, siehe entsprechendes Kapitel.

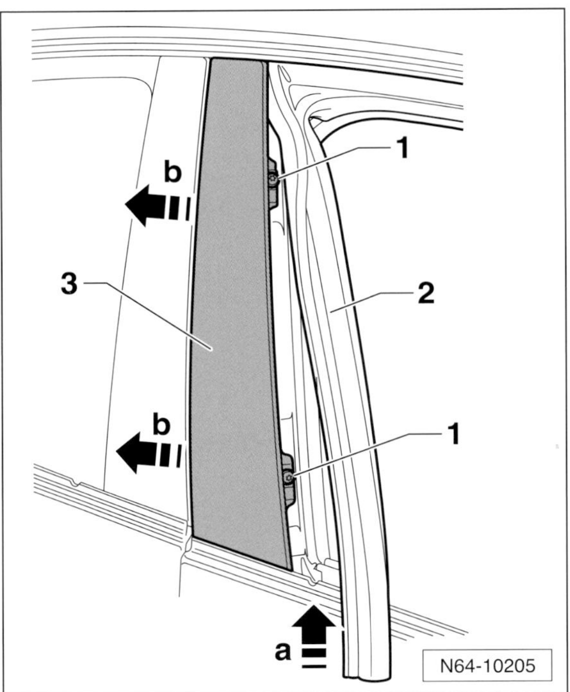

- Fensterführung –2– aus der Aufnahme herausziehen –Pfeil a–.
- Schrauben –1– herausdrehen und Blende –3– in Richtung B-Säule –Pfeil b– abziehen.

Einbau

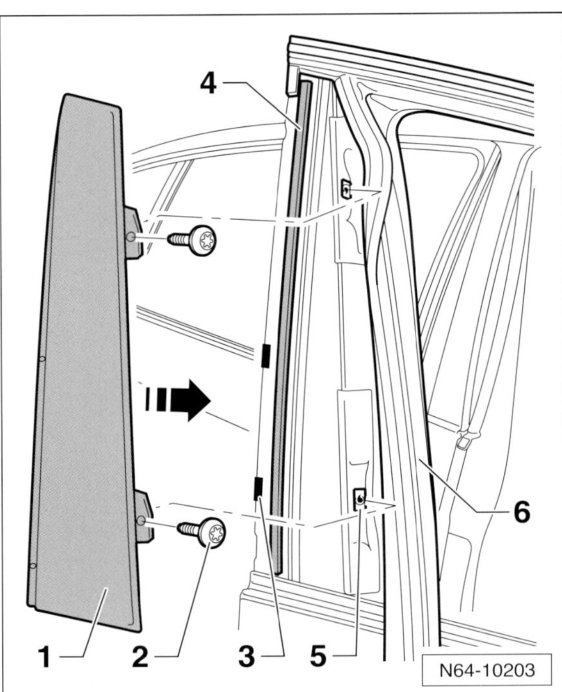

- Federklammern –5–, Dichtung –4– und Zwischenlagen –3– auf Beschädigungen und Vollständigkeit prüfen. Gegebenenfalls fehlende oder beschädigte Teile ersetzen.
- Blende –1– in Pfeilrichtung auf den Fensterrahmen schieben.
- Schrauben –2– mit **2 Nm** festziehen.
- Fensterführung –6– in die Aufnahme einschieben.
- Fensterschachtabdichtung einbauen, siehe entsprechendes Kapitel.
- Außenspiegel einbauen, siehe entsprechendes Kapitel.

Abdeckung für Tür vorn und hinten aus- und einbauen

Hinweise für geklebte Abdeckungen:

- Abdeckung vor dem Ausbau mit einem Heißluftgebläse erwärmen.
- Zum Entfernen der Klebstoffreste VW-D 002 000 10 verwenden.
- Darauf achten, dass die Klebeflächen staub- und fettfrei sind.
- Abdeckungen unmittelbar nach der Reinigung aufkleben.
- Schutzfolie der Klebeflächen erst unmittelbar vor der Montage abziehen.
- Die Verarbeitungstemperatur sollte ca. +21° C betragen. Auf keinen Fall aber darunter liegen.

Ausbau

Achtung: Die Abdeckungen lassen sich nicht beschädigungsfrei ausbauen.

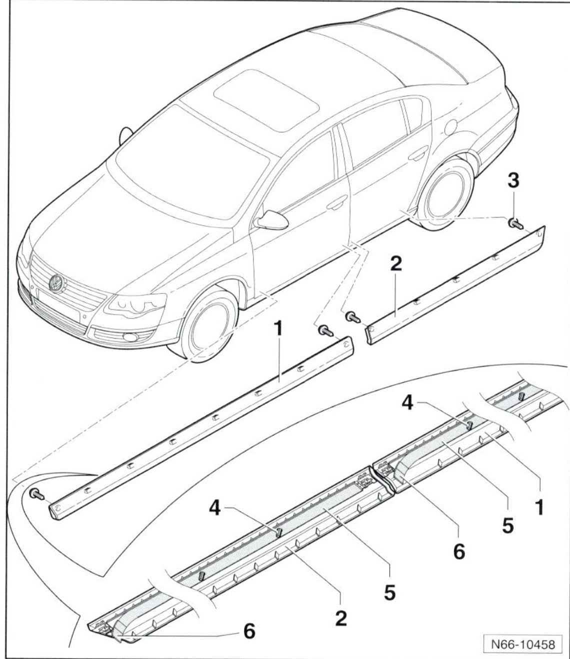

Abdeckung Tür vorn

- Schrauben –3– an der Innenseite der Tür herausdrehen.
- Abdeckung –1– kräftig von der Tür abziehen.

Abdeckung Tür hinten

- Schrauben –3– an der Innenseite der Tür herausdrehen.
- Abdeckung –2– kräftig von der Tür abziehen.

Einbau

Abdeckung Tür vorn

- Schutzfolie –6– vom Klebeband –5– abziehen.
- Abdeckung –1– mit den Fixierstiften –4– an der Tür ansetzen.
- Abdeckung kräftig an die Tür andrücken.
- Schrauben –3– mit **1,5 Nm** festziehen.

Abdeckung Tür hinten

- Schutzfolie –6– vom Klebeband –5– abziehen.
- Abdeckung –2– mit den Fixierstiften –4– an der Tür ansetzen.
- Abdeckung kräftig an die Tür andrücken.
- Schrauben –3– mit **1,5 Nm** festziehen.

Unterbodenverkleidungen – Detailübersicht

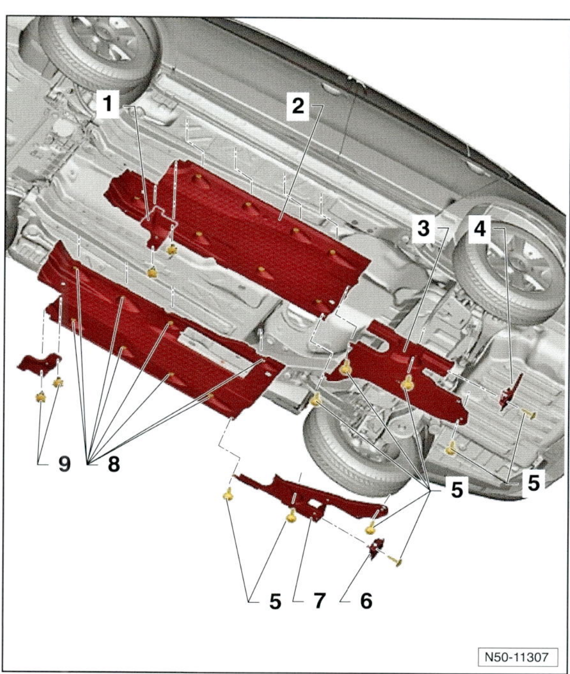

1 – Abdeckung links
Ausbau:
◆ Schrauben –9– herausdrehen.

2 – Bodenverkleidung rechts und links
Ausbau:
◆ Sechskantmuttern –3– abschrauben.

3 – Bodenverkleidung hinten links
Ausbau:
◆ Schrauben –5– herausdrehen.

4 – Schwellerabdeckung links

5 – Schraube, 2 Nm
5 Stück für die Bodenverkleidung hinten links.
4 Stück für die Bodenverkleidung hinten rechts.

6 – Schwellerabdeckung rechts

7 – Bodenverkleidung hinten rechts
Ausbau:
◆ Schrauben –5– herausdrehen.

8 – Sechskantmutter, 6 Nm
8 Stück je Seite.

9 – Schraube, 2 Nm
2 Stück je Seite.

Außenspiegel – Detailübersicht

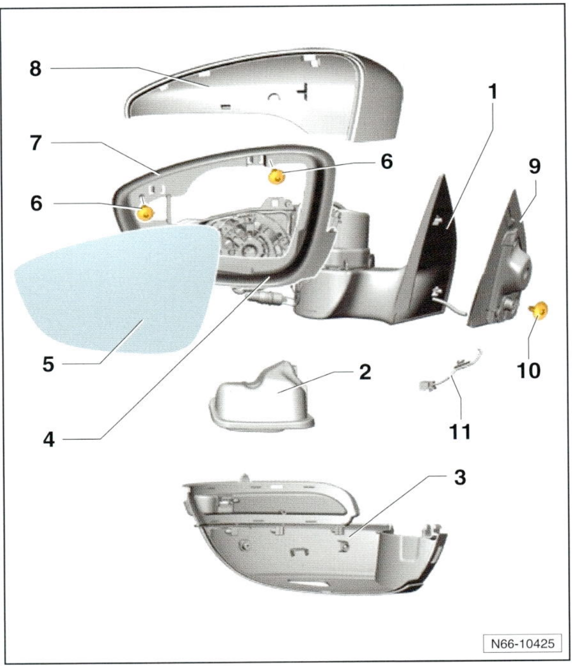

1 – **Spiegelgrundträger**
2 – **Einstiegsleuchte**
3 – **Gehäuse-Unterteil**
Mit Seitenblinkleuchte, Rahmen und Zwischenstück.
4 – **Lampe Einstiegsleuchte**
5 – **Spiegelglas**
6 – **Schrauben, 1 Nm**
7 – **Blende**
8 – **Spiegelgehäuse**
9 – **Dämpfung**
10 – **Schraube, 8 Nm**
3 Stück.
11 – **Steckverbindung**

Spiegelglas aus- und einbauen

Ausbau

Achtung: Bruchgefahr. Bei den Arbeiten Schutzbrille und Schutzhandschuhe tragen.

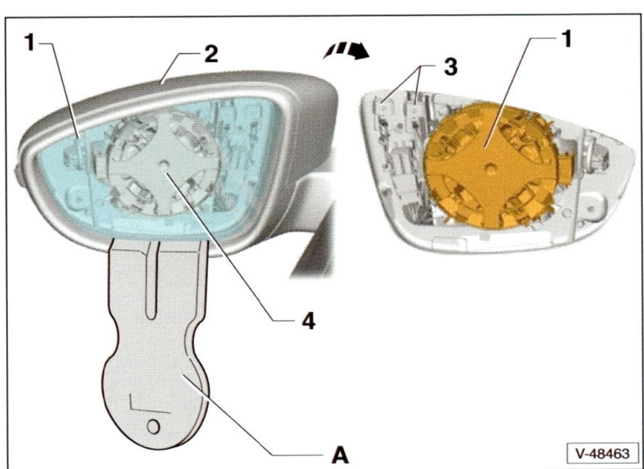

- Gehäusekante abkleben, zum Beispiel mit textilverstärktem Klebeband, und dadurch vor Lackbeschädigung schützen.
- Spiegelglas –1– oben ins Spiegelgehäuse –2– eindrücken.
- Spiegelglas –1– mit einem Kunststoffkeil –A– vom Halter –4– und vom Gehäuse –2– abdrücken.
- Spiegelglas –1– zur Seite schwenken –Pfeil– und die vorhandenen Steckkontakte –3– für elektrische Abblendfunktion und Spiegelheizung auf der Rückseite des Spiegelglases –1– abziehen.

Einbau

- Steckkontakte für Spiegelheizung und, falls vorhanden, elektrische Abblendfunktion hinten am Spiegelglas aufstecken.
- Spiegelglas mittig auf den Halter im Gehäuse aufdrücken und hörbar einrasten lassen.
- Funktionsprüfung der Spiegelbetätigung durchführen.

Spiegelgehäuse aus- und einbauen

Ausbau

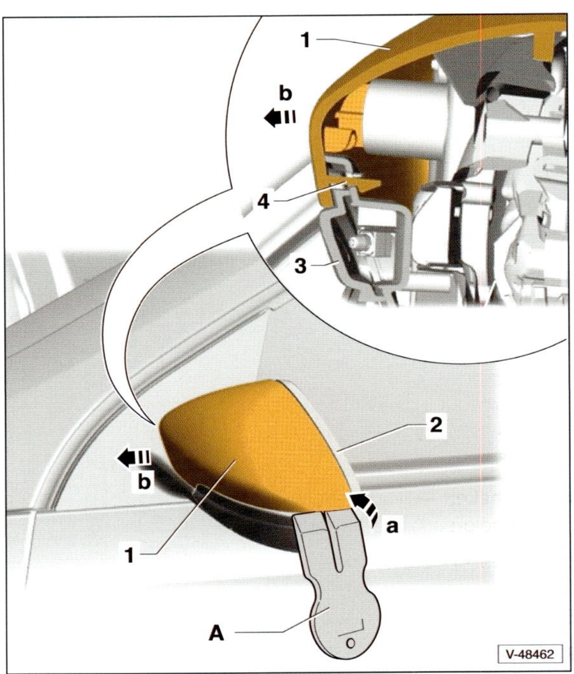

- Kunststoffkeil –A– zwischen Spiegelgehäuse –1– und Blinkleuchte –3– hineinschieben.
- Kunststoffkeil –A– in Pfeilrichtung –a– drehen, dadurch wird das Gehäuse –1– unter der Blende –2– hervorgezogen und die Rasthaken –4– werden entriegelt.
- Spiegelgehäuse –1– vom Spiegelgrundträger nach vorn abziehen –Pfeil b–.

Einbau

- Spiegelgehäuse –1– aufsetzen, über den Rasthaken ausrichten und aufdrücken, bis die Rasthaken –4– hörbar einrasten.
- Funktionsprüfung der Spiegelbetätigung durchführen.

Spiegelblende aus- und einbauen

Ausbau

- Spiegelglas ausbauen, siehe entsprechendes Kapitel.

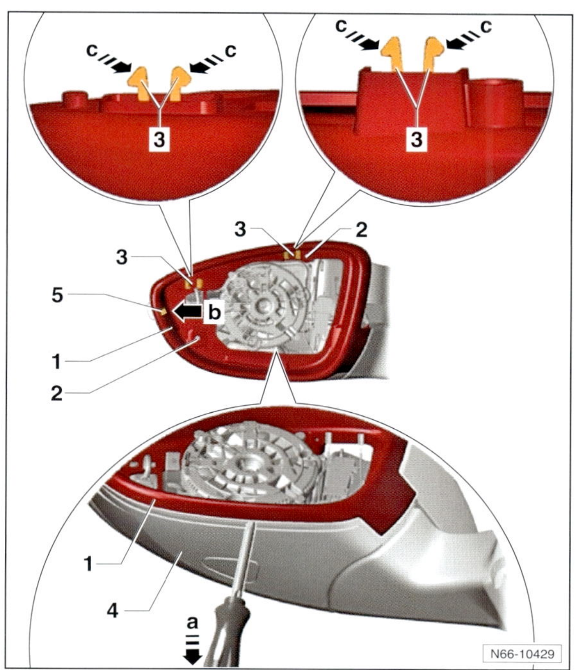

- Schrauben –2– herausdrehen.
- Blende –1– und Spiegelgrundträger –4– unten vorsichtig auseinanderdrücken –Pfeil a–.
- Blende vorsichtig über den Rasthaken –5– der Blinkleuchte hinwegheben –Pfeil b–. **Achtung:** Bricht der Rasthaken –5– an der Blinkleuchte ab, muss die Blinkleuchte mit Gehäuseteil ersetzt werden.
- Rasthaken –3– mit einem Schraubendreher aus dem Spiegelgrundträger –Pfeile c– lösen.
- Blende –1– abziehen.

Einbau

- Der Einbau erfolgt in umgekehrter Ausbaureihenfolge.
- Funktionsprüfung der Spiegelbetätigung durchführen.

Seitenblinkleuchte und Einstiegsleuchte im Außenspiegel aus- und einbauen

In den Seitenblinkleuchten sind keine herkömmlichen Glühlampen, sondern langlebige Leuchtdioden (LED) eingebaut. Ein Glühlampenwechsel ist deshalb nicht nötig. Bei einem Defekt muss die gesamte Blinkleuchte ersetzt werden.

Gehauseteil unten mit Blinkleuchte ausbauen

Hinweis: Gehäuseteil unten und Blinkleuchte sind ein Bauteil.

- Spiegelglas ausbauen, siehe entsprechendes Kapitel.
- Spiegelgehäuse ausbauen, siehe entsprechendes Kapitel.
- Spiegelblende ausbauen, siehe entsprechendes Kapitel.

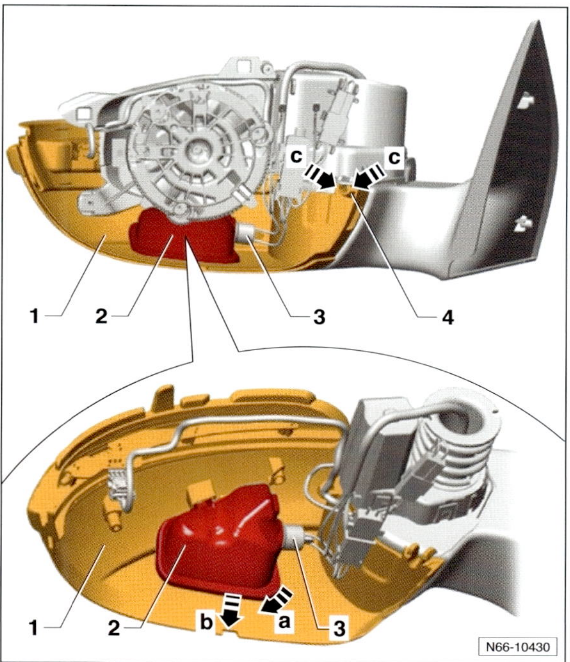

- Rasthaken –4– entriegeln –Pfeile c–.
- Fassung –3– mit Lampe für Einstiegsleuchte herausziehen.
- Gebäuseunterteil –1– mit Blinkleuchte und Einstiegsleuchte –2– vom Spiegelgrundträger abziehen.

Einstiegsleuchte ausbauen

Die Einstiegsleuchte kann erst ausgebaut werden, nachdem der untere Gehäuseteil abgebaut wurde.

- Einstiegsleuchte –2– etwas anheben –Pfeil a– und dann die Einstiegsleuchte vom unteren Gehäuseteil –1– abziehen –Pfeil b–.

Einbau

- Der Einbau erfolgt in umgekehrter Ausbaureihenfolge.
- Funktionsprüfung der Spiegelbetätigung durchführen.

Außenspiegel aus- und einbauen

Ausbau

- Türverkleidung ausbauen, siehe Seite 317.

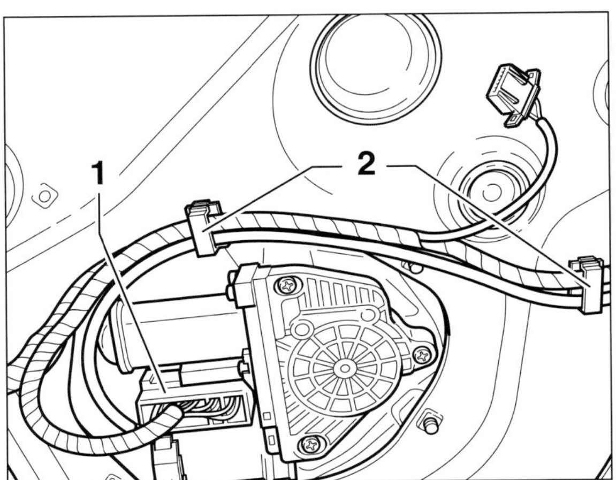

- Kabelhalter –2– öffnen und Stecker –1– abziehen.

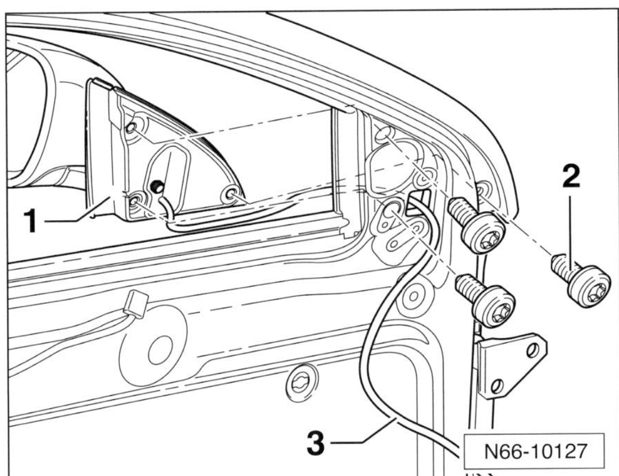

- Schrauben –2– herausdrehen.
- Außenspiegel –1– abnehmen und dabei die Leitung –3– durch die Öffnung der Tür herausziehen.

Einbau

- Der Einbau erfolgt in umgekehrter Ausbaureihenfolge. Schrauben –2– mit **8 Nm** anziehen.

Achtung: Vor Einbau der Türverkleidung Funktionsprüfung des Außenspiegels durchführen.

Stromlaufpläne

Aus dem Inhalt:

- **Zeichenerklärung**
- **Stromlaufplan-Übersicht**
- **Einzelpläne**

Der Umgang mit dem Stromlaufplan

In einem Personenwagen werden je nach Ausstattung bis über 1.000 Meter Leitungen verlegt, um alle elektrischen Verbraucher (Scheinwerfer, Radio usw.) mit Strom zu versorgen. Will man einen Fehler in der elektrischen Anlage aufspüren oder nachträglich ein elektrisches Zubehör montieren, kommt man nicht ohne Stromlaufplan aus; anhand dessen der Stromverlauf und damit die Kabelverbindungen aufgezeigt werden.

Die Kennbuchstaben der wichtigsten Bauteile sind:

Kennbuchstabe	Bauteil
A	Batterie
B	Anlasser
C	Drehstromgenerator
D	Zündanlassschalter
E	Schalter für Handbedienung
F	Mechanische Schalter
G	Geber, Kontrollgeräte
H	Horn, Doppeltonhorn, Fanfare
J	Relais, Steuergerät
K, L, M, W, X	Kontrolllampen, Lampen, Leuchten
N	Elektroventile, Widerstände, Schaltgeräte
O	Zündverteiler
P, Q	Zündkerzenstecker, Zündkerzen
R	Radio
S	Sicherungen
T	Steckverbindungen
V	Elektromotoren

Zur genaueren Unterscheidung werden den Kennbuchstaben noch Zahlen angefügt.

Relais und elektronische Steuergeräte sind in der Regel grau unterlegt. Die darin eingezeichneten Linien sind interne Verdrahtungen. Sie zeigen, wie Relais und andere elektrische/elektronische Bauteile sowohl zueinander als auch auf der Relaisplatte verschaltet sind.

Die Bezeichnung der Klemmen ist nach DIN genormt. **Die wichtigsten Klemmenbezeichnungen sind:**

Klemme 30. An dieser Klemme liegt immer die Batteriespannung an. Die Kabel sind meist rot oder rot mit Farbstreifen.

Klemme 31 führt zur Masse. Die Masse-Leitungen sind in der Regel braun.

Klemme 15 wird über das Zündschloss gespeist. Die Leitungen führen nur bei eingeschalteter Zündung Strom. Die Kabel sind meist grün oder grün mit farbigem Streifen.

Klemme X führt ebenfalls nur bei eingeschalteter Zündung Strom, dieser wird jedoch unterbrochen, wenn der Anlasser betätigt wird. Dadurch ist sichergestellt, dass während des Startvorganges der Zündanlage die volle Batterieleistung zur Verfügung steht. Alle größeren Stromaufnehmer liegen in diesem Stromkreis. Das Fernlicht wird ebenfalls über diese Klemme mit Strom versorgt. So wird bei eingeschaltetem Fernlicht und ausgeschalteter Zündung automatisch auf Standlicht umgeschaltet.

Im Stromlaufplan sind in den einzelnen Leitungen Ziffern und darunter Buchstabenkombinationen eingefügt.

Beispiel: **1,5**
ws/ge

Die Ziffern geben den Leitungsquerschnitt an; hier: 1,5 mm^2. Die Buchstaben weisen auf die Leitungsfarben hin. Besteht die Kennzeichnung aus zwei Buchstabengruppen, die durch einen Schrägstrich getrennt sind, dann wird zuerst die Leitungsgrundfarbe genannt; hier: ws = weiß. Die zweite Buchstabenfolge gibt die Zusatzfarbe an; hier: ge = gelb.

Zuordnung der Stromlaufpläne

VW PASSAT ab November 2010, Stand September 2013

Wegen des großen Umfangs können nicht alle Stromlaufpläne aus jedem Modelljahr berücksichtigt werden. Jedoch kann man sich auch an den vorliegenden Stromlaufplänen orientieren, wenn das eigene Fahrzeug einem anderen Modelljahr angehört, da die Änderungen in der Regel nur Teilbereiche betreffen.

Gebrauchsanleitung für Stromlaufpläne

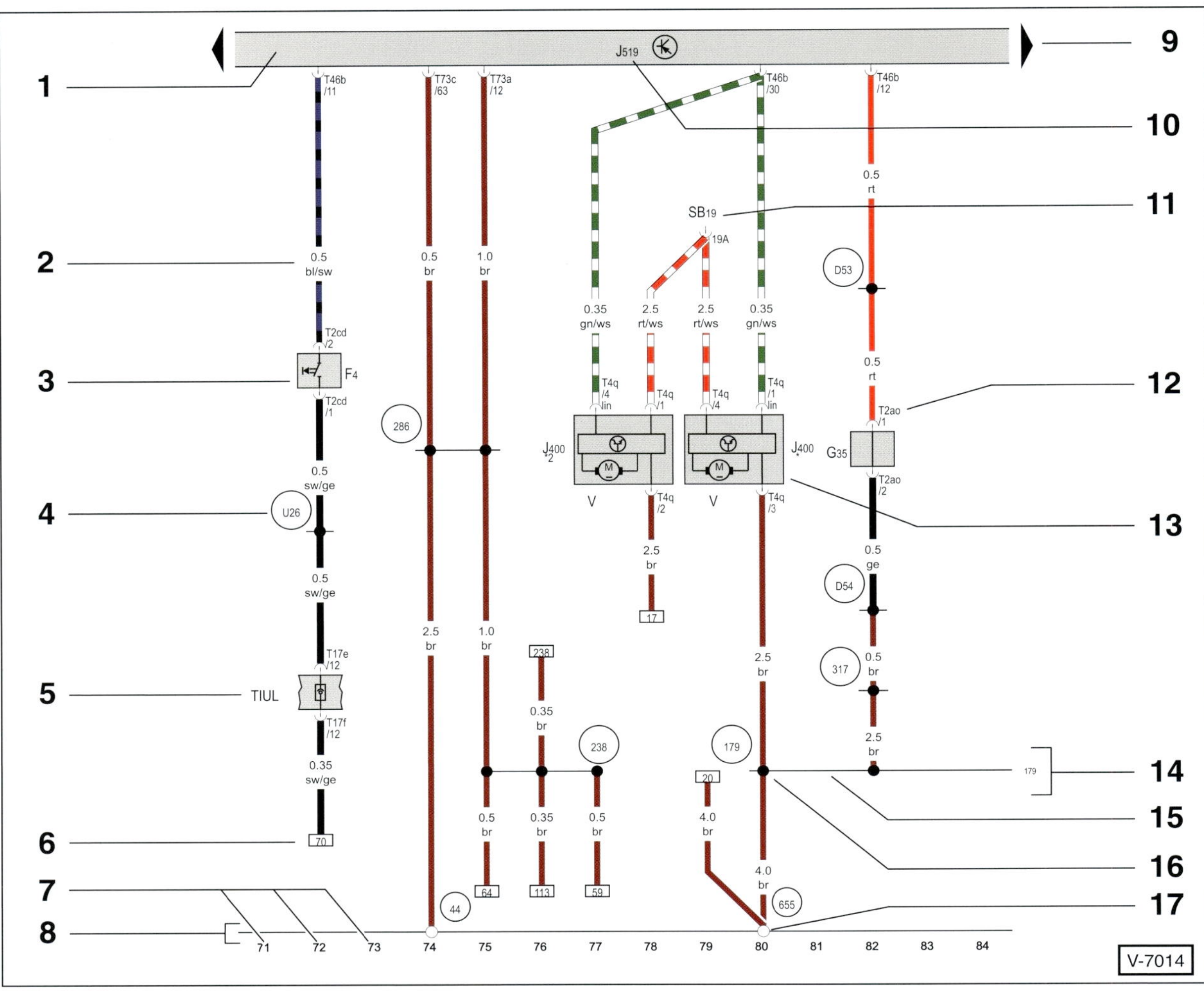

1 – Hauptsteuergerät
J519 = Bordnetz-Steuergerät. Durch ein graues Feld gekennzeichnet. Stellt die plusseitigen Anschlüsse dar.

2 – Leitungsquerschnitt in mm² und Leitungsfarbe
0,5 = 0,5 mm², bl/sw = blau/schwarz. Abkürzungen für die Leitungsfarben stehen neben jedem Stromlaufplan.

3 – Schaltzeichen für Bauteil
F4 = Schalter für Rückfahrleuchten.

4 – Verbindung im Leitungsstrang
Nicht lösbare Verbindung.

5 – Teile-Bezeichnung
TIUL = Koppelstelle im Innenraum unten links. Die gezackten seitlichen Linien weisen darauf hin, dass nur ein Teil des Bauteils dargestellt ist.

6 – Verweis auf Weiterführung der Leitung zu einem anderen Bauteil
Die Zahl im Rechteck kennzeichnet, in welchem Strompfad die Leitung weitergeführt wird; hier in Strompfad 70.

7 – Strompfad-Nummer

8 – Fahrzeugmasse

9 – Pfeil
Weist auf die Fortsetzung des Stromlaufplans auf der anschließenden Seite hin.

10 – Bezeichnung Hauptsteuergerät
J519 = Bordnetz-Steuergerät.

11 – Sicherung
SB19 = Sicherung Nr. 19, im Sicherungshalter B, im Motorraum.

12 – Steckverbindung T2ao/1
T2 = 2-fach-Steckverbindung, »/1« = Kontakt 1.

13 – Schaltzeichen für Bauteil
J400 = Wischermotor mit Steuereinheit.

14 – Verweis auf Weiterführung der Leitung im anschließenden Stromlaufplanteil
Die Zahl kennzeichnet, wo im nächsten Stromlaufplanteil die Leitung weitergeführt wird.

15 – Interne Verbindung (dünner Strich)
Diese Verbindung ist nicht als Leitung vorhanden.

16 – Massepunkt oder Masseverbindung im Leitungsstrang
In der Legende stehen Angaben zur Lage des Massepunktes im Fahrzeug.
Hier: 179 = Masseverbindung im Leitungsstrang des linken Scheinwerfers.

17 – Massepunkt
Der weiße Kreis zeigt an, dass es sich hier um eine lösbare Verbindung handelt.

Hinweis: In der Abbildung V-7014 ist nicht ein Stromlaufplan des PASSAT dargestellt.

Entlastungsrelais für X-Kontakt, Relais für Spannungsversorgung der Kl. 15, Bordnetzsteuergerät, Steckverbindung, 16-fach

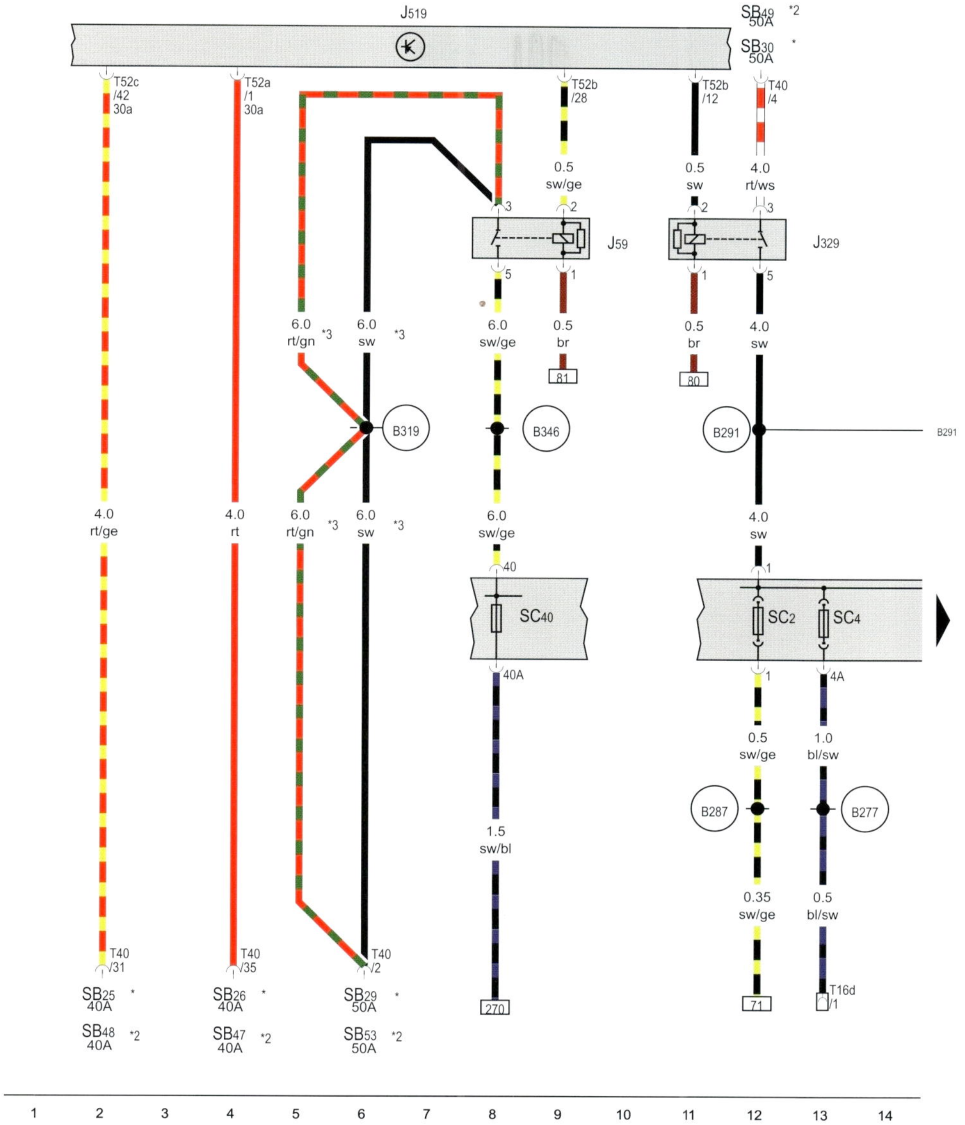

ws = weiss
sw = schwarz
ro = rot
rt = rot
br = braun
gn = grün
bl = blau
gr = grau
li = lila
vi = lila
ge = gelb
or = orange
rs = rosa

J59 - Entlastungsrelais für X-Kontakt
J329 - Relais für Spannungsversorgung der Kl. 15
J519 - Bordnetzsteuergerät
SC2 - Sicherung 2 auf Sicherungshalter C
SC4 - Sicherung 4 auf Sicherungshalter C
SB25 - Sicherung 25 auf Sicherungshalter B
SB26 - Sicherung 26 auf Sicherungshalter B
SB29 - Sicherung 29 auf Sicherungshalter B
SB30 - Sicherung 30 auf Sicherungshalter B
SC40 - Sicherung 40 auf Sicherungshalter C
SB47 - Sicherung 47 auf Sicherungshalter B
SB48 - Sicherung 48 auf Sicherungshalter B
SB49 - Sicherung 49 auf Sicherungshalter B
SB53 - Sicherung 53 auf Sicherungshalter B
T16d - Steckverbindung, 16fach
T40 - Steckverbindung, 40fach
T52a - Steckverbindung, 52fach
T52b - Steckverbindung, 52fach
T52c - Steckverbindung, 52fach

B277 - Plusverbindung 1 (15a) im Hauptleitungsstrang
B287 - Plusverbindung 11 (15a) im Hauptleitungsstrang
B291 - Plusverbindung 15 (15a) im Hauptleitungsstrang
B319 - Plusverbindung 5 (30a) im Hauptleitungsstrang
B346 - Verbindung 1 (75) im Hauptleitungsstrang

* - Sicherungen in E-Box, Low
*2 - Sicherungen in E-Box, High
*3 - gleitender Einsatz

Sicherung 5 auf Sicherungshalter C, Sicherung 39 auf Sicherungshalter C

1/3

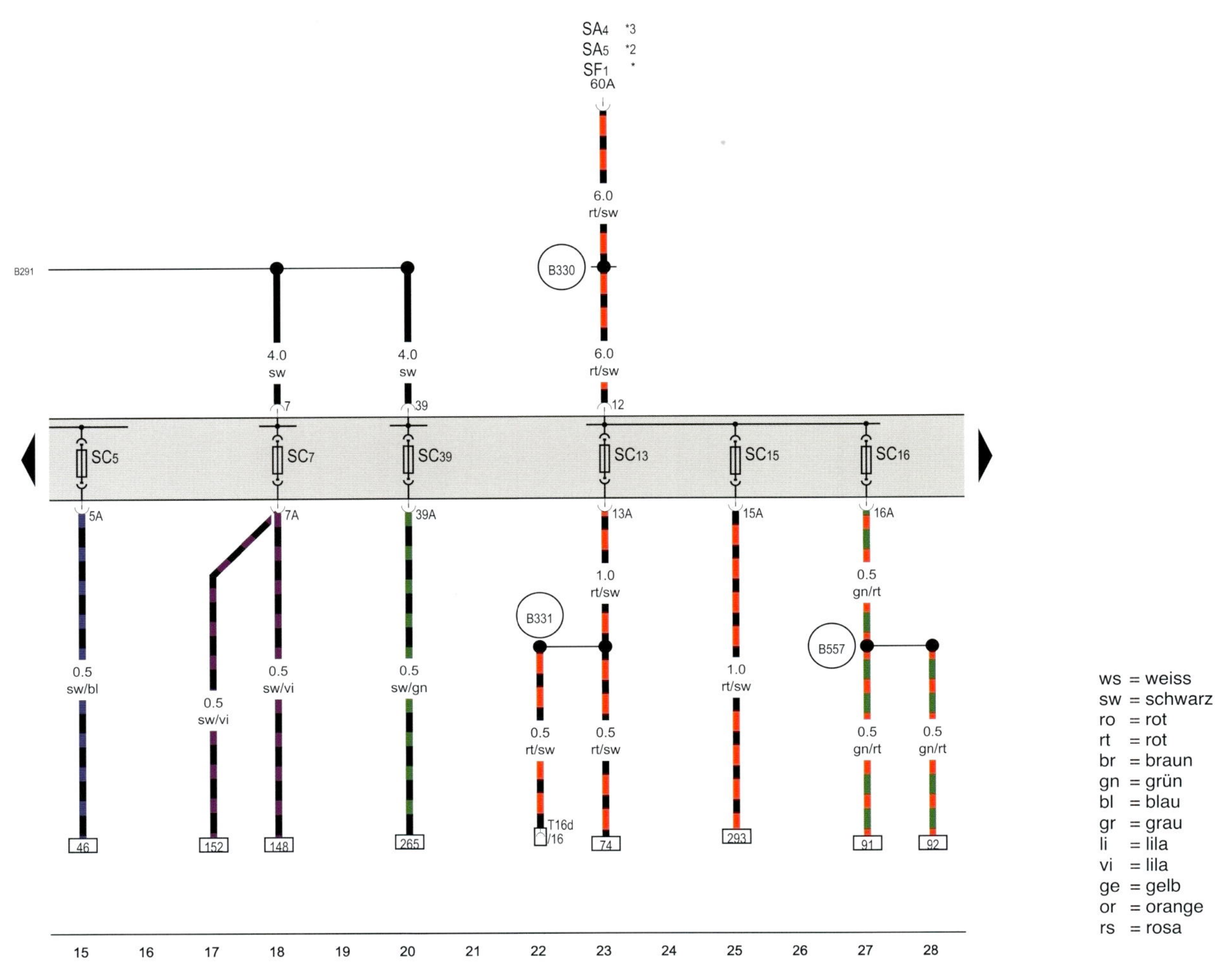

ws = weiss
sw = schwarz
ro = rot
rt = rot
br = braun
gn = grün
bl = blau
gr = grau
li = lila
vi = lila
ge = gelb
or = orange
rs = rosa

SF1 - Sicherung 1 auf Sicherungshalter F
SA4 - Sicherung 4 auf Sicherungshalter A
SC5 - Sicherung 5 auf Sicherungshalter C
SA5 - Sicherung 5 auf Sicherungshalter A
SC7 - Sicherung 7 auf Sicherungshalter C
SC13 - Sicherung 13 auf Sicherungshalter C
SC15 - Sicherung 15 auf Sicherungshalter C
SC16 - Sicherung 16 auf Sicherungshalter C
SC39 - Sicherung 39 auf Sicherungshalter C
T16d - Steckverbindung, 16fach

B291 - Plusverbindung 15 (15a) im Hauptleitungsstrang
B330 - Plusverbindung 16 (30a) im Hauptleitungsstrang
B331 - Plusverbindung 17 (30a) im Hauptleitungsstrang
B557 - Plusverbindung 21 (30a) im Hauptleitungsstrang

* - nur für Fahrzeuge mit Batterie im Kofferraum
*2 - Sicherungen in E-Box, High
*3 - Sicherungen in E-Box, Low

Kontaktschalter für Motorhaube, Hochtonhorn, Tieftonhorn, Relais für Doppeltonhorn, Bordnetzsteuergerät

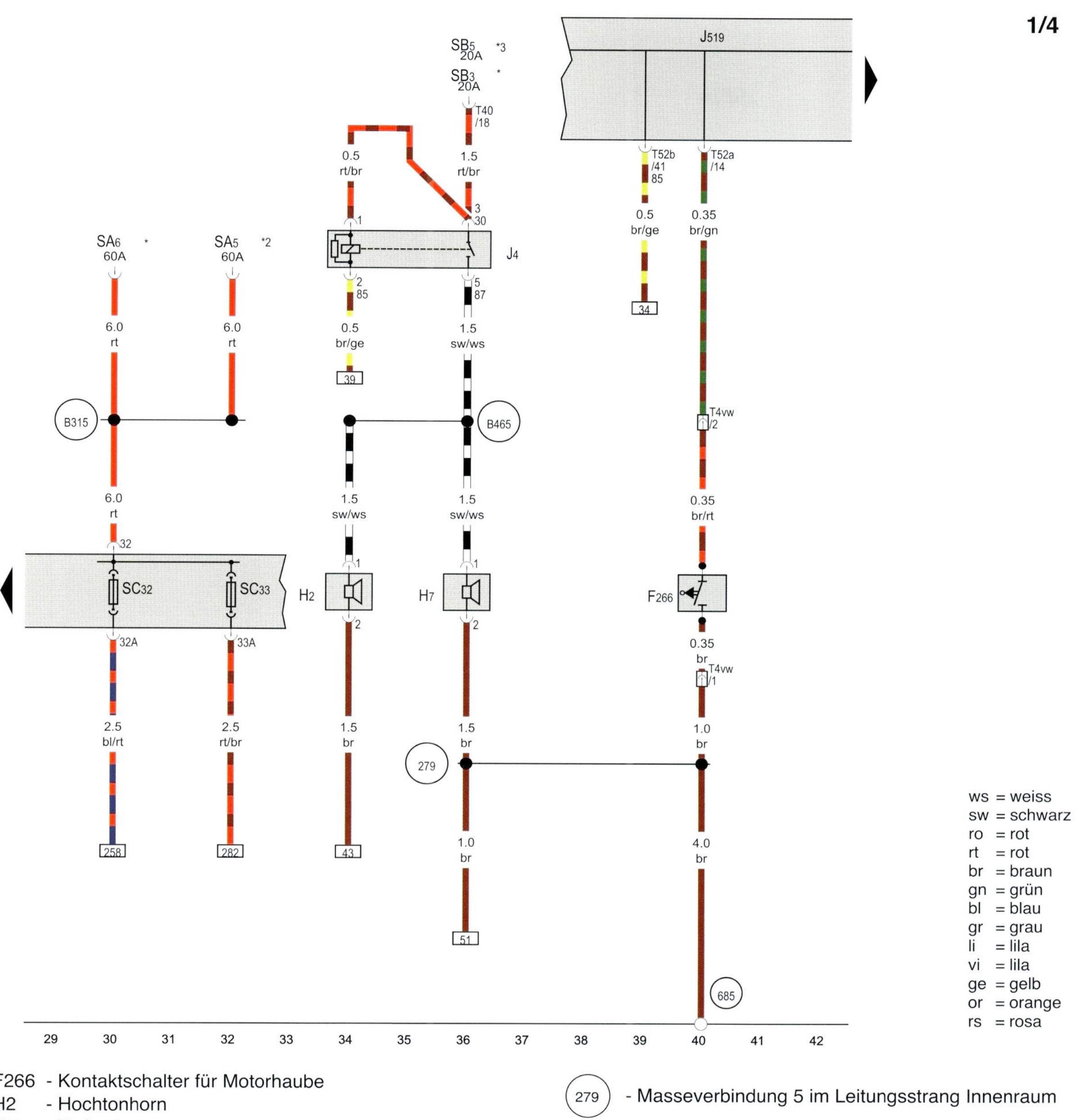

ws = weiss
sw = schwarz
ro = rot
rt = rot
br = braun
gn = grün
bl = blau
gr = grau
li = lila
vi = lila
ge = gelb
or = orange
rs = rosa

F266 - Kontaktschalter für Motorhaube
H2 - Hochtonhorn
H7 - Tieftonhorn
J4 - Relais für Doppeltonhorn
J519 - Bordnetzsteuergerät
SB3 - Sicherung 3 auf Sicherungshalter B
SB5 - Sicherung 5 auf Sicherungshalter B
SA5 - Sicherung 5 auf Sicherungshalter A
SA6 - Sicherung 6 auf Sicherungshalter A
SC32 - Sicherung 32 auf Sicherungshalter C
SC33 - Sicherung 33 auf Sicherungshalter C
T4vw - Steckverbindung, 4fach, hinter dem Scheinwerfer rechts
T40 - Steckverbindung, 40fach
T52a - Steckverbindung, 52fach
T52b - Steckverbindung, 52fach

279 - Masseverbindung 5 im Leitungsstrang Innenraum
685 - Massepunkt 1 am Längsträger vorn rechts
B315 - Plusverbindung 1 (30a) im Hauptleitungsstrang
B465 - Verbindung 1 im Hauptleitungsstrang

* - Sicherungen in E-Box, Low
*2 - nur für Fahrzeuge mit Batterie im Kofferraum
*3 - Sicherungen in E-Box, High

Bordnetzsteuergerät, Scheinwerfer vorn links, Scheinwerfer vorn rechts

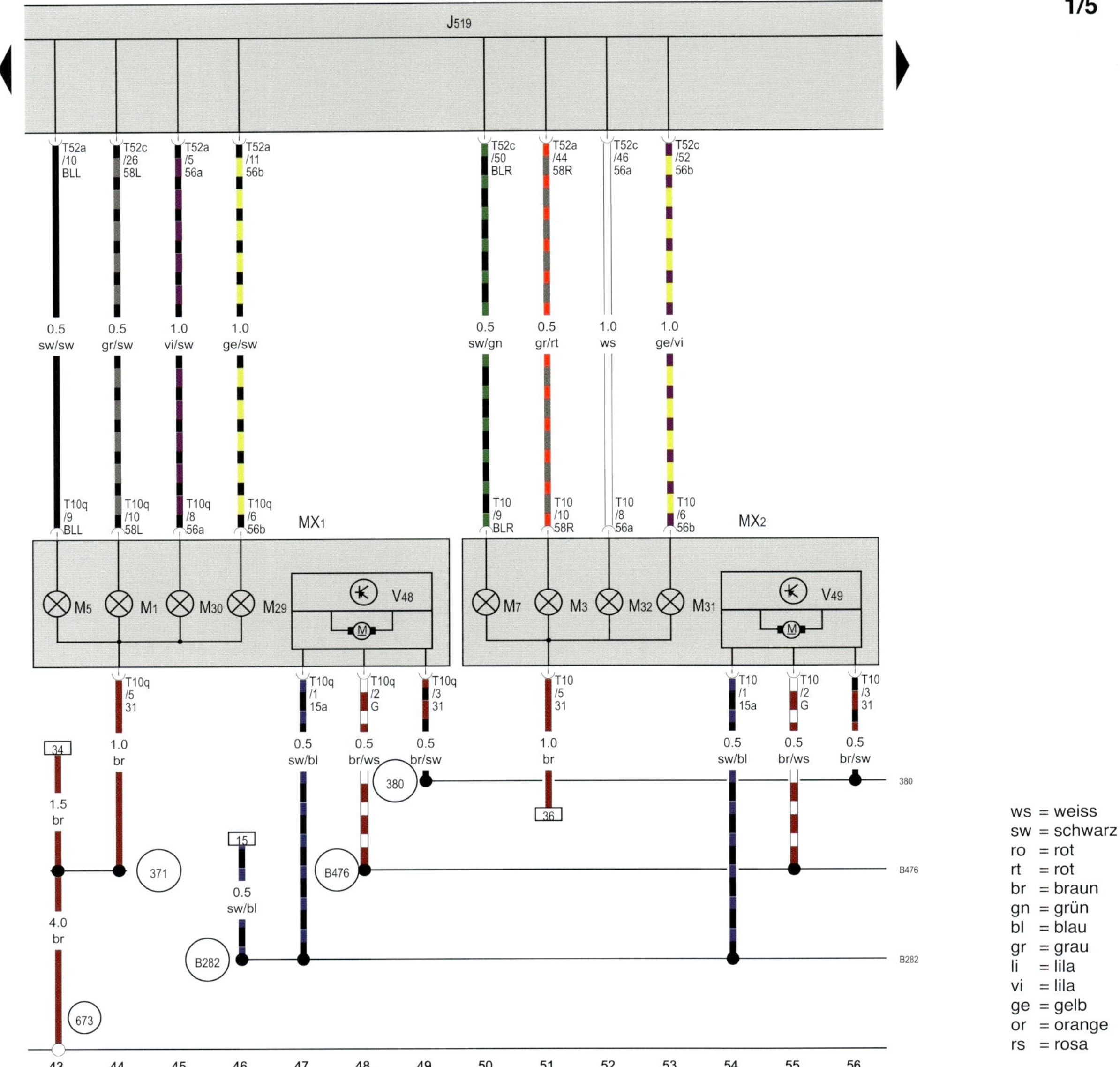

J519 - Bordnetzsteuergerät
M1 - Lampe für Standlicht links
MX1 - Scheinwerfer vorn links
MX2 - Scheinwerfer vorn rechts
M3 - Lampe für Standlicht rechts
M5 - Lampe für Blinklicht vorn links
M7 - Lampe für Blinklicht vorn rechts
M29 - Lampe für Abblendlichtscheinwerfer links
M30 - Lampe für Fernlichtscheinwerfer links
M31 - Lampe für Abblendlichtscheinwerfer rechts
M32 - Lampe für Fernlichtscheinwerfer rechts
T10 - Steckverbindung, 10fach
T10q - Steckverbindung, 10fach
T52a - Steckverbindung, 52fach
T52c - Steckverbindung, 52fach
V48 - Stellmotor links für Leuchtweitenregelung
V49 - Stellmotor rechts für Leuchtweitenregelung

(371) - Masseverbindung 6 im Hauptleitungsstrang
(380) - Masseverbindung 15 im Hauptleitungsstrang
(673) - Massepunkt 3 am Längsträger vorn links
(B282) - Plusverbindung 6 (15a) im Hauptleitungsstrang
(B476) - Verbindung 12 im Hauptleitungsstrang

Regler für Schalter- und Instrumentenbeleuchtung, Einsteller für Leuchtweitenregelung, Bordnetzsteuergerät

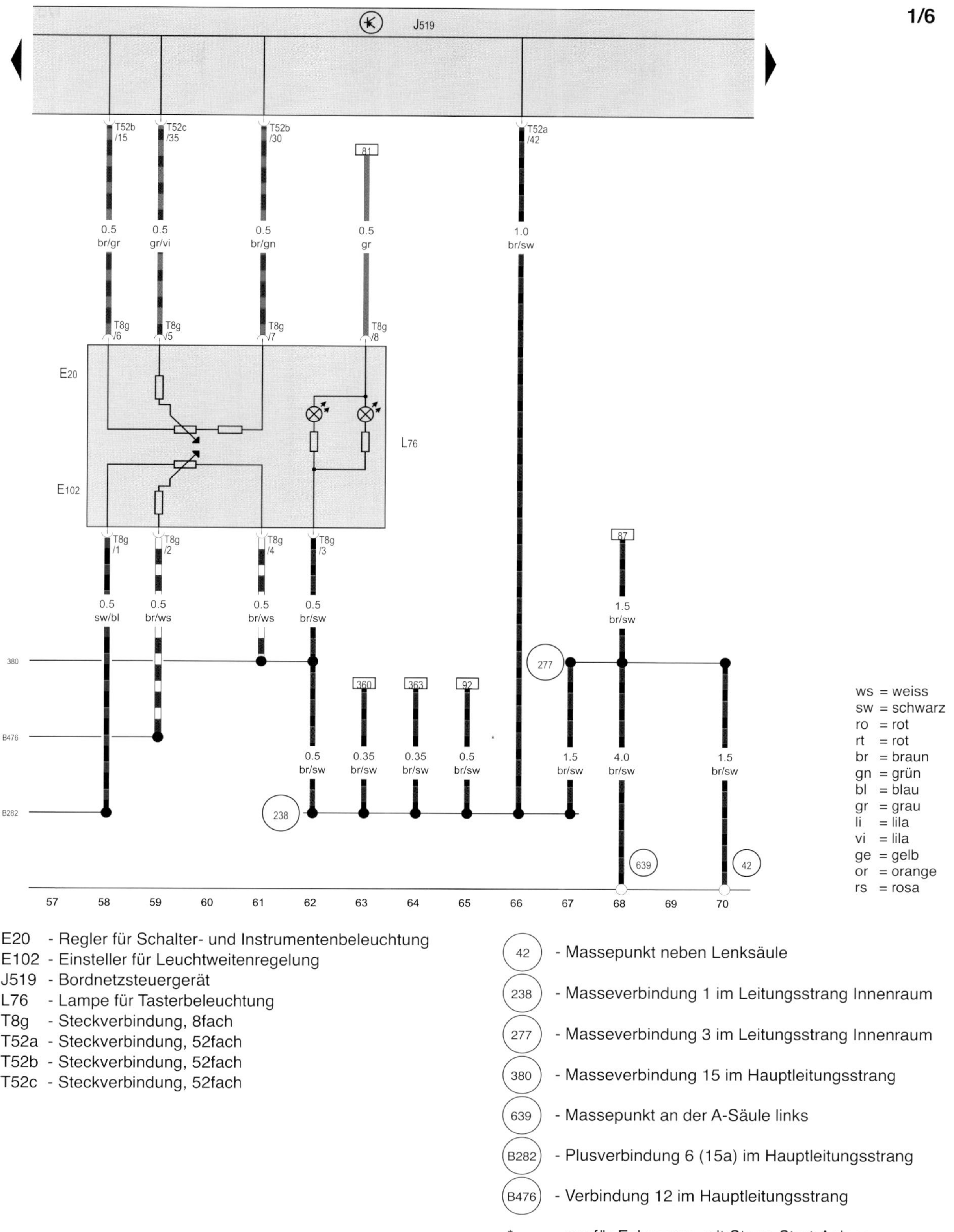

E20 - Regler für Schalter- und Instrumentenbeleuchtung
E102 - Einsteller für Leuchtweitenregelung
J519 - Bordnetzsteuergerät
L76 - Lampe für Tasterbeleuchtung
T8g - Steckverbindung, 8fach
T52a - Steckverbindung, 52fach
T52b - Steckverbindung, 52fach
T52c - Steckverbindung, 52fach

(42) - Massepunkt neben Lenksäule
(238) - Masseverbindung 1 im Leitungsstrang Innenraum
(277) - Masseverbindung 3 im Leitungsstrang Innenraum
(380) - Masseverbindung 15 im Hauptleitungsstrang
(639) - Massepunkt an der A-Säule links
(B282) - Plusverbindung 6 (15a) im Hauptleitungsstrang
(B476) - Verbindung 12 im Hauptleitungsstrang
* - nur für Fahrzeuge mit Stopp-Start-Anlage

Lichtschalter, Taster für Warnlicht, Bordnetzsteuergerät

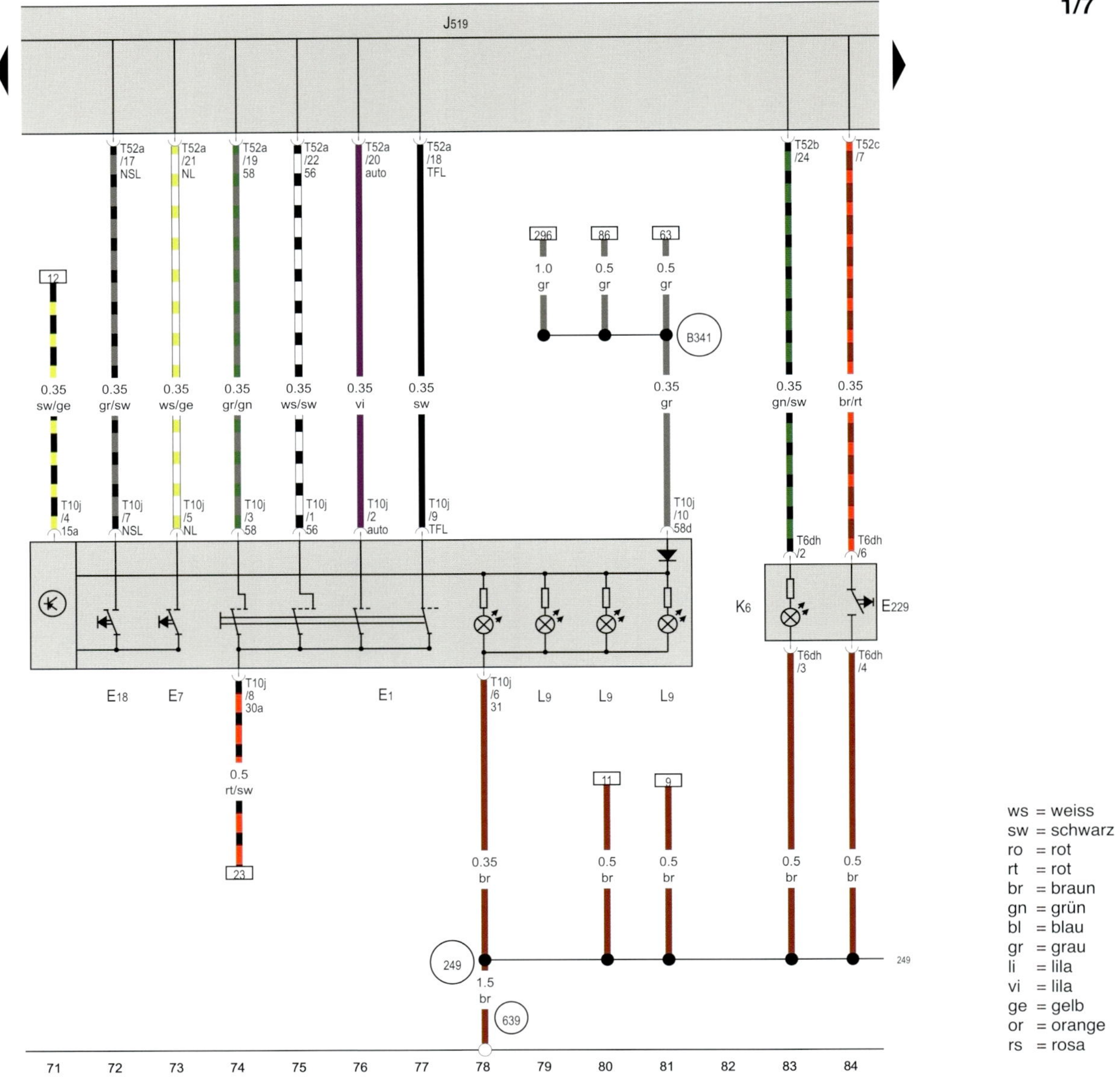

ws = weiss
sw = schwarz
ro = rot
rt = rot
br = braun
gn = grün
bl = blau
gr = grau
li = lila
vi = lila
ge = gelb
or = orange
rs = rosa

E1 - Lichtschalter
E7 - Schalter für Nebelscheinwerfer
E18 - Schalter für Nebelschlussleuchte
E229 - Taster für Warnlicht
J519 - Bordnetzsteuergerät
K6 - Kontrollleuchte für Warnblinkanlage
L9 - Lampe für Lichtschalterbeleuchtung
T6dh - Steckverbindung, 6fach
T10j - Steckverbindung, 10fach
T52a - Steckverbindung, 52fach
T52b - Steckverbindung, 52fach
T52c - Steckverbindung, 52fach

(249) - Masseverbindung 2 im Leitungsstrang Innenraum
(639) - Massepunkt an der A-Säule links
(B341) - Verbindung 2 (58d) im Hauptleitungsstrang

Elektronisches Zündschloss, Bordnetzsteuergerät, Steuergerät für Lenksäulenelektronik, Steuergerät für elektronische Lenksäulenverriegelung

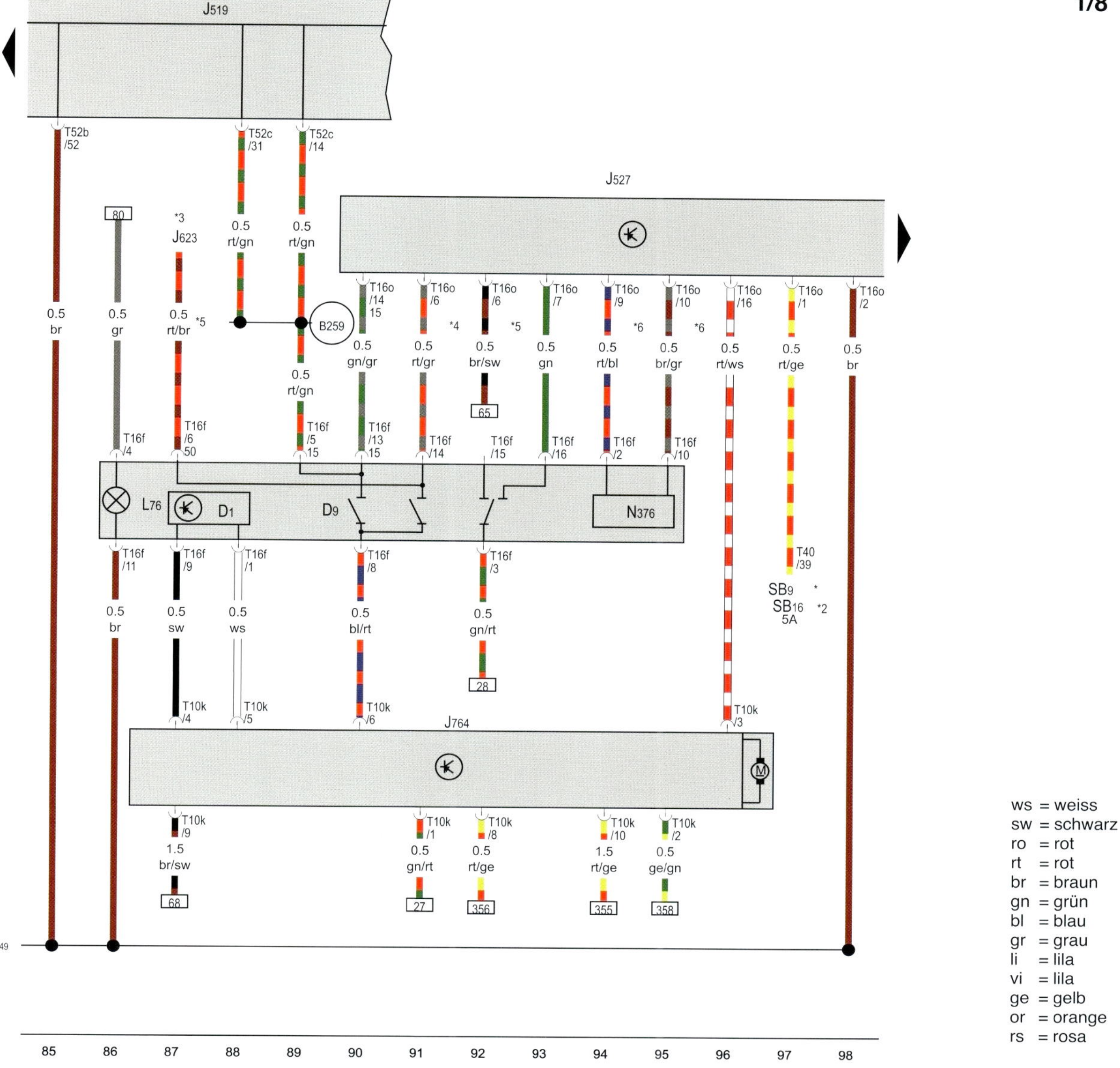

D1 - Leseeinheit für Wegfahrsperre
D9 - Elektronisches Zündschloss
J519 - Bordnetzsteuergerät
J527 - Steuergerät für Lenksäulenelektronik
J623 - Motorsteuergerät
J764 - Steuergerät für elektronische Lenksäulenverriegelung
L76 - Lampe für Tasterbeleuchtung
N376 - Magnet für Zündschlüsselabzugssperre
SB9 - Sicherung 9 auf Sicherungshalter B
SB16 - Sicherung 16 auf Sicherungshalter B
T10k - Steckverbindung, 10fach
T16f - Steckverbindung, 16fach
T16o - Steckverbindung, 16fach
T40 - Steckverbindung, 40fach
T52b - Steckverbindung, 52fach
T52c - Steckverbindung, 52fach
249 - Masseverbindung 2 im Leitungsstrang Innenraum
B259 - Verbindung (Start-Stopp-Signal) im Leitungsstrang Innenraum

* - Sicherungen in E-Box, Low
*2 - Sicherungen in E-Box, High
*3 - siehe gültigen Stromlaufplan für Motor
*4 - nur für Fahrzeuge ohne Start-Stopp-System
*5 - nur für Fahrzeuge mit Stopp-Start-Anlage
*6 - nur für Fahrzeuge mit Tiptronic

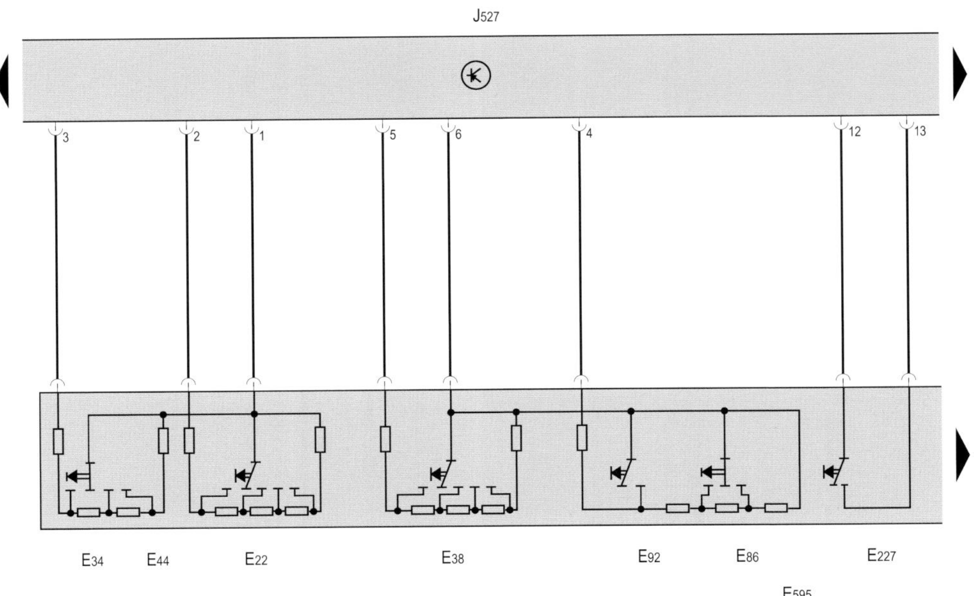

ws = weiss
sw = schwarz
ro = rot
rt = rot
br = braun
gn = grün
bl = blau
gr = grau
li = lila
vi = lila
ge = gelb
or = orange
rs = rosa

99 100 101 102 103 104 105 106 107 108 109 110 111 112

E22 - Scheibenwischerschalter für Intervallbetrieb
E34 - Schalter für Heckscheibenwischer
E38 - Regler für Scheibenwischer-Intervallschaltung
E44 - Schalter für Scheibenwaschpumpe (Wisch-Wasch-Automatik und Scheinwerferreinigungsanlage)
E86 - Abruftaste für Multifunktionsanzeige
E92 - Resettaste
E227 - SET-Taster für GRA
E595 - Lenkstockkombinationsschalter
J527 - Steuergerät für Lenksäulenelektronik

Lenkstockschalter, Wickelfeder für Airbag, Rückstellring mit Schleifring, Signalhornbetätigung, Steuergeräte für Multifunktionslenkrad und Lenksäulenelektronik, Zünder für Airbag Fahrerseite

1/10

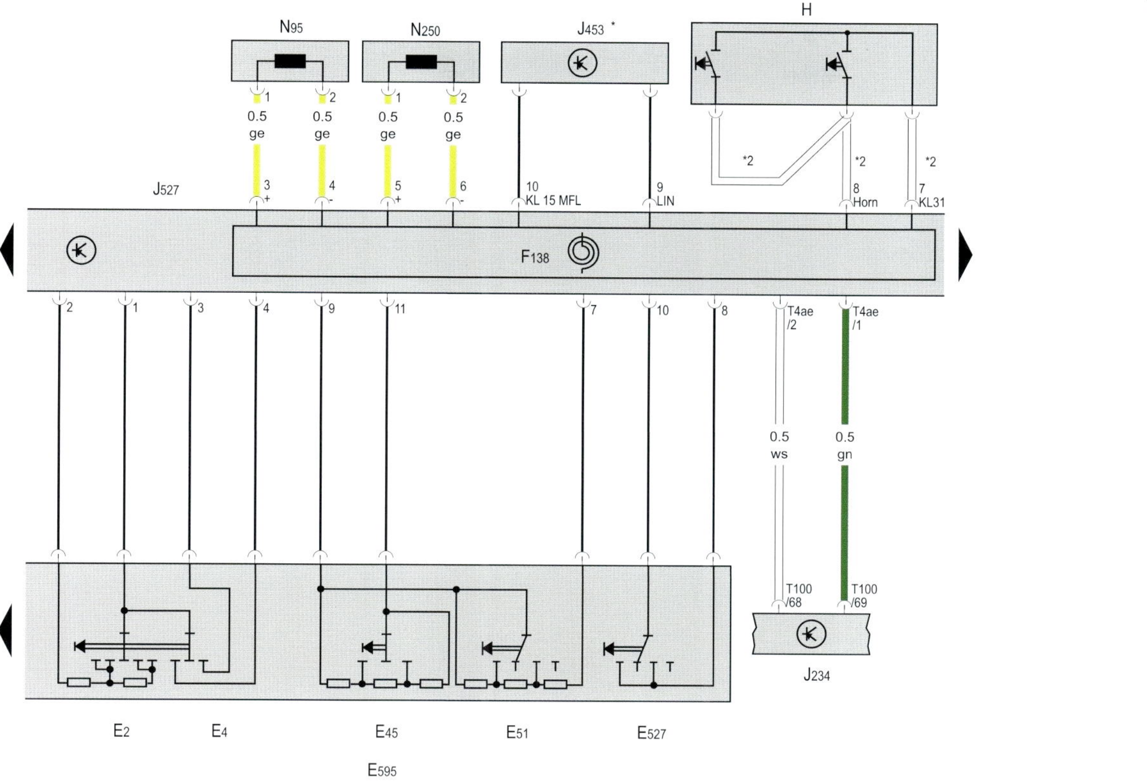

ws = weiss
sw = schwarz
ro = rot
rt = rot
br = braun
gn = grün
bl = blau
gr = grau
li = lila
vi = lila
ge = gelb
or = orange
rs = rosa

113 114 115 116 117 118 119 120 121 122 123 124 125 126

E2 - Blinklichtschalter
E4 - Schalter für Handabblendung und Lichthupe
E45 - Schalter für GRA
E51 - Hauptschalter für GRA
E527 - Taster zum vorübergehenden Ausschalten der GRA
E595 - Lenkstockkombinationsschalter
F138 - Wickelfeder für Airbag und Rückstellring mit Schleifring
H - Signalhornbetätigung
J234 - Steuergerät für Airbag
J453 - Steuergerät für Multifunktionslenkrad
J527 - Steuergerät für Lenksäulenelektronik
N95 - Zünder für Airbag Fahrerseite
N250 - Zünder 2 für Airbag Fahrerseite
T4ae - Steckverbindung, 4fach
T100 - Steckverbindung, 100fach

* - nur für Fahrzeuge mit Multifunktionslenkrad
*2 - Flachleiter

Türsteuergerät Fahrerseite, Türsteuergerät Beifahrerseite, Bordnetzsteuergerät, Steuergerät für Lenksäulenelektronik, Türwarnleuchte Fahrerseite, Türwarnleuchte Beifahrerseite, Einstiegsleuchte im Außenspiegel Fahrerseite, Einstiegsleuchte im Außenspiegel Beifahrerseite

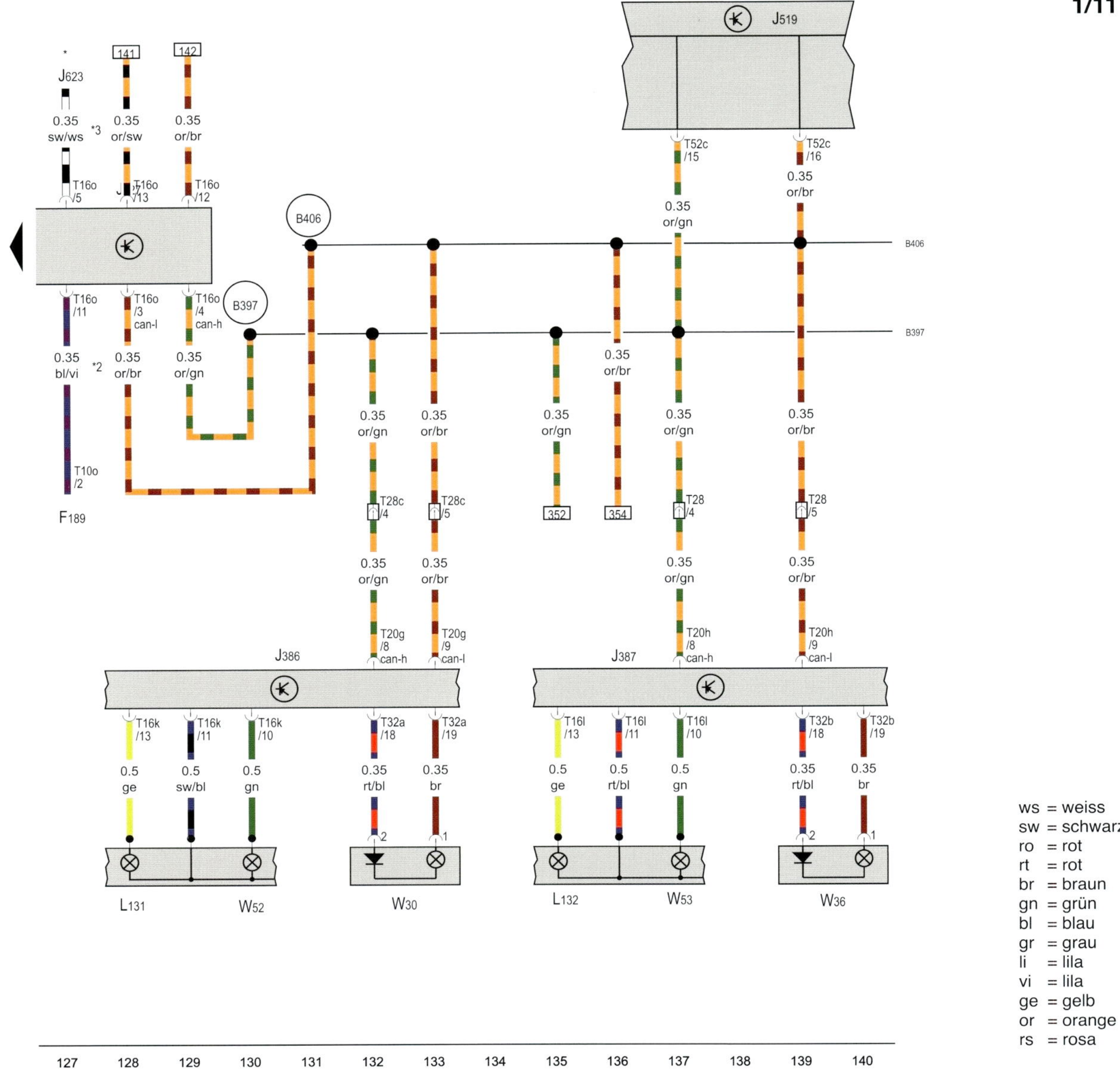

F189 - Schalter für Tiptronic
J386 - Türsteuergerät Fahrerseite
J387 - Türsteuergerät Beifahrerseite
J519 - Bordnetzsteuergerät
J527 - Steuergerät für Lenksäulenelektronik
J623 - Motorsteuergerät
L131 - Lampe für Blinkleuchte im Außenspiegel Fahrerseite
L132 - Lampe für Blinkleuchte Außenspiegel Beifahrerseite
T10o - Steckverbindung, 10fach
T16k - Steckverbindung, 16fach
T16l - Steckverbindung, 16fach
T16o - Steckverbindung, 16fach
T20g - Steckverbindung, 20fach
T20h - Steckverbindung, 20fach
T28 - Steckverbindung, 28fach, Kuppl.stat. A-Säule rechts
T28c - Steckverbindung, 28fach, Kuppl.stat. A-Säule links
T32a - Steckverbindung, 32fach
T32b - Steckverbindung, 32fach
T52c - Steckverbindung, 52fach
W30 - Türwarnleuchte Fahrerseite
W36 - Türwarnleuchte Beifahrerseite
W52 - Einstiegsleuchte im Außenspiegel Fahrerseite
W53 - Einstiegsleuchte im Außenspiegel Beifahrerseite

B397 - Verbindung 1 (CAN-Bus Komfort High) im Hauptleitungsstrang
B406 - Verbindung 1 (CAN-Bus Komfort Low) im Hauptleitungsstrang

* - siehe gültigen Stromlaufplan für Motor
*2 - nur für Fahrzeuge mit Tiptronic
*3 - nur mit Geschwindigkeitsregelanlage (GRA)

Steuergerät im Kombiinstrument (Schaltttafeleinsatz), Diagnose-Interface für Datenbus, Kombiinstrument (Schalttafeleinsatz)

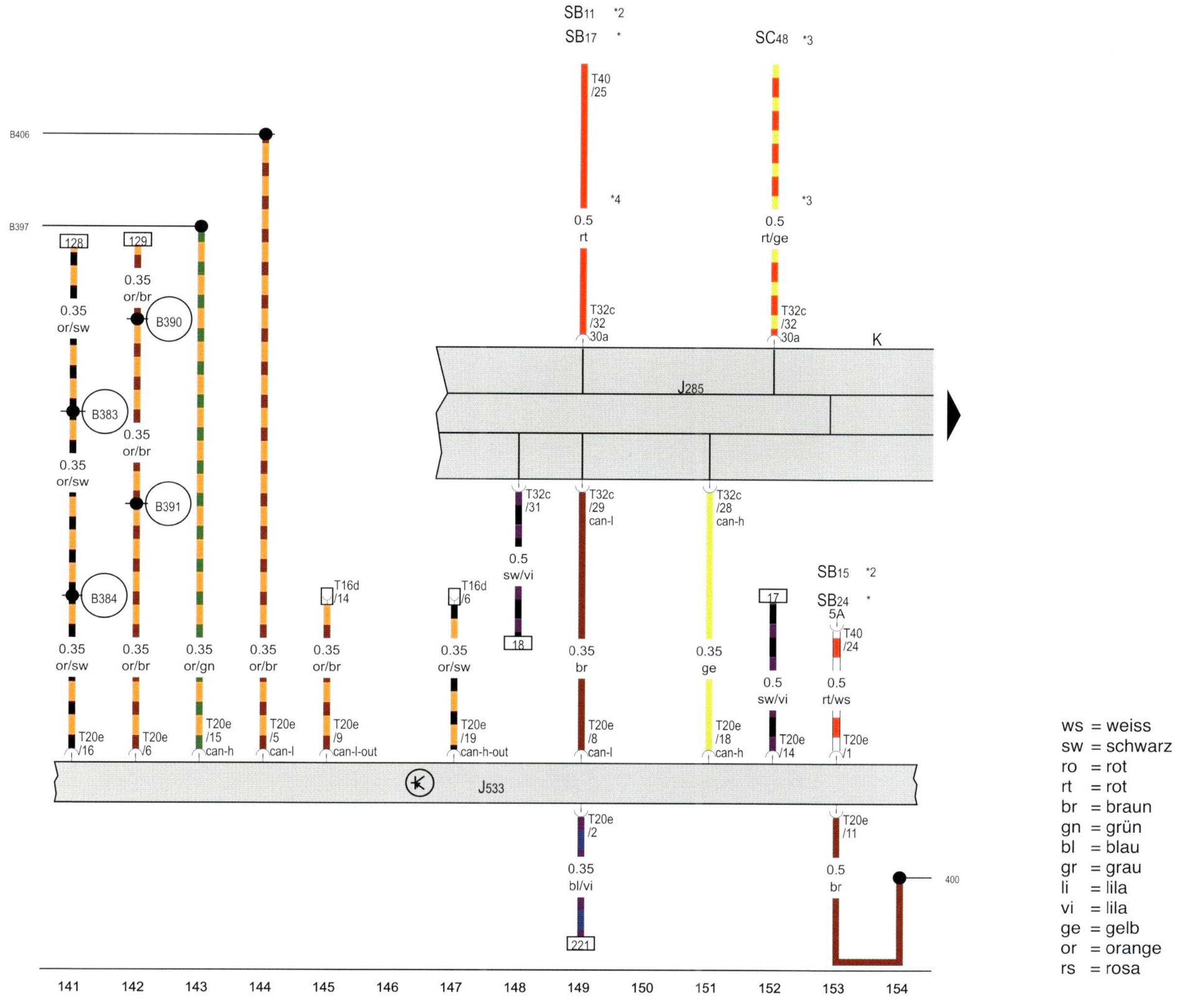

J285 - Steuergerät im Kombiinstrument (Schalttafeleinsatz)
J533 - Diagnose-Interface für Datenbus
K - Kombiinstrument (Schalttafeleinsatz)
SB11 - Sicherung 11 auf Sicherungshalter B
SB15 - Sicherung 15 auf Sicherungshalter B
SB17 - Sicherung 17 auf Sicherungshalter B
SB24 - Sicherung 24 auf Sicherungshalter B
SC48 - Sicherung 48 auf Sicherungshalter C
T16d - Steckverbindung, 16fach, am Diagnoseanschluss
T20e - Steckverbindung, 20fach
T32c - Steckverbindung, 32fach
T40 - Steckverbindung, 40fach

(400) - Masseverbindung 35 im Hauptleitungsstrang

(B383) - Verbindung 1 (CAN-Bus Antrieb High) im Hauptleitungsstrang

(B384) - Verbindung 2 (CAN-Bus Antrieb High) im Hauptleitungsstrang

(B390) - Verbindung 1 (CAN-Bus Antrieb Low) im Hauptleitungsstrang

(B391) - Verbindung 2 (CAN-Bus Antrieb Low) im Hauptleitungsstrang

(B397) - Verbindung 1 (CAN-Bus Komfort High) im Hauptleitungsstrang

(B406) - Verbindung 1 (CAN-Bus Komfort Low) im Hauptleitungsstrang

* - Sicherungen in E-Box, High
*2 - Sicherungen in E-Box, Low
*3 - nur für Fahrzeuge mit Stopp-Start-Anlage
*4 - nur für Fahrzeuge ohne Start-Stopp-System

Steuergerät im Kombiinstrument (Schalttafeleinsatz), Bordnetzsteuergerät, Kombiinstrument (Schalttafeleinsatz)

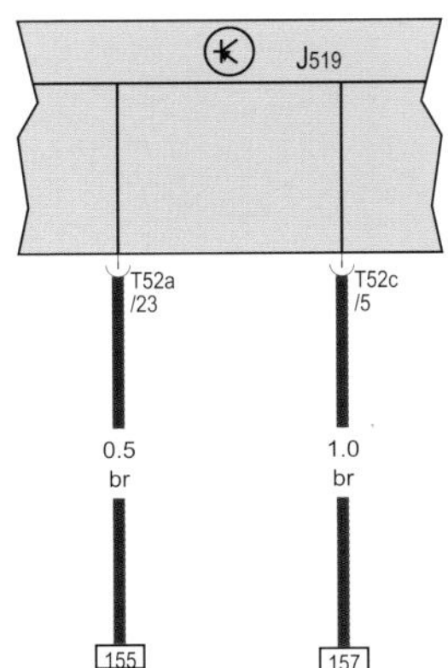

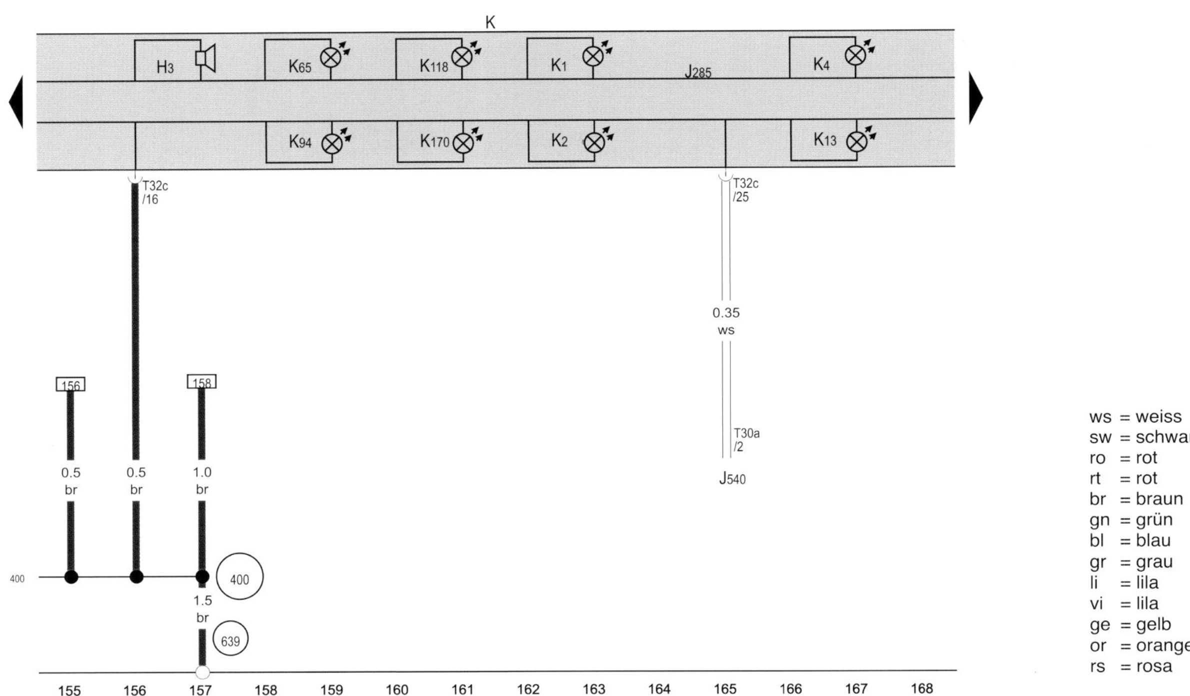

ws = weiss
sw = schwarz
ro = rot
rt = rot
br = braun
gn = grün
bl = blau
gr = grau
li = lila
vi = lila
ge = gelb
or = orange
rs = rosa

H3 - Summer und Gong
J285 - Steuergerät im Kombiinstrument (Schalttafeleinsatz)
J519 - Bordnetzsteuergerät
J540 - Steuergerät für elektromechanische Feststellbremse
K - Kombiinstrument (Schalttafeleinsatz)
K1 - Kontrollleuchte für Fernlicht
K2 - Kontrollleuchte für Generator
K4 - Kontrollleuchte für Standlicht
K13 - Kontrollleuchte für Nebelschlussleuchte
K65 - Kontrollleuchte für Blinklicht links
K94 - Kontrollleuchte für Blinklicht rechts
K118 - Kontrollleuchte für Bremsanlage
K170 - Kontrollleuchte für Lampenausfall
T30a - Steckverbindung, 30fach
T32c - Steckverbindung, 32fach
T52a - Steckverbindung, 52fach
T52c - Steckverbindung, 52fach

(400) - Masseverbindung 35 im Hauptleitungsstrang

(639) - Massepunkt an der A-Säule links

Warnkontakt für Bremsflüssigkeitsstand, Temperaturfühler für Außentemperatur, Geber für Kühlmittelmangelanzeige, Scheiben-Waschwasserstandsgeber, Steuergerät im Kombiinstrument (Schalttafeleinsatz), Kombiinstrument (Schalttafeleinsatz)

1/14

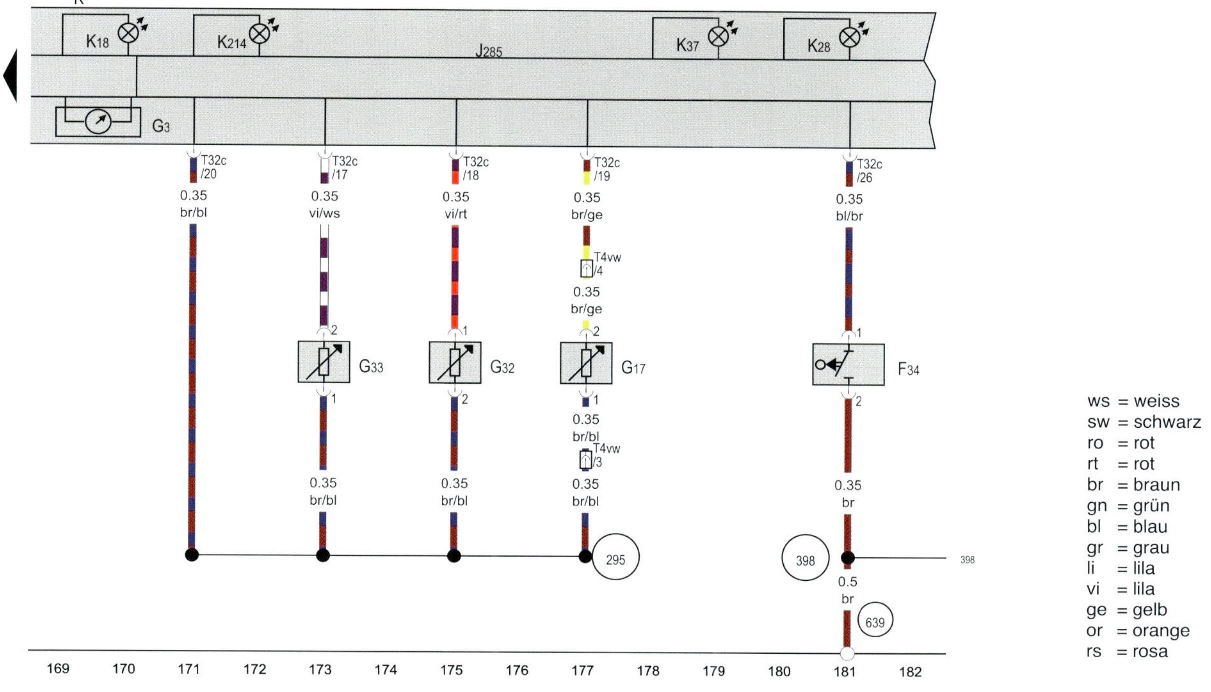

ws = weiss
sw = schwarz
ro = rot
rt = rot
br = braun
gn = grün
bl = blau
gr = grau
li = lila
vi = lila
ge = gelb
or = orange
rs = rosa

F34 - Warnkontakt für Bremsflüssigkeitsstand
G3 - Kühlmitteltemperaturanzeige
G17 - Temperaturfühler für Außentemperatur
G32 - Geber für Kühlmittelmangelanzeige
G33 - Scheiben-Waschwasserstandsgeber
J285 - Steuergerät im Kombiinstrument (Schalttafeleinsatz)
K - Kombiinstrument (Schalttafeleinsatz)
K18 - Kontrollleuchte für Anhängerbetrieb
K28 - Kontrollleuchte für Kühlmitteltemperatur und Kühlmittelmangelanzeige
K37 - Kontrollleuchte für Scheibenwaschwasserstand
K214 - Fehlerlampe für elektrische Park- und Handbremse
T4vw - Steckverbindung, 4fach
T32c - Steckverbindung, 32fach

295 - Masseverbindung 10 im Leitungsstrang Innenraum

398 - Masseverbindung 33 im Hauptleitungsstrang

639 - Massepunkt an der A-Säule links

Bremslichtschalter, Lampe für Nebelscheinwerfer links, Lampe für Nebelscheinwerfer rechts

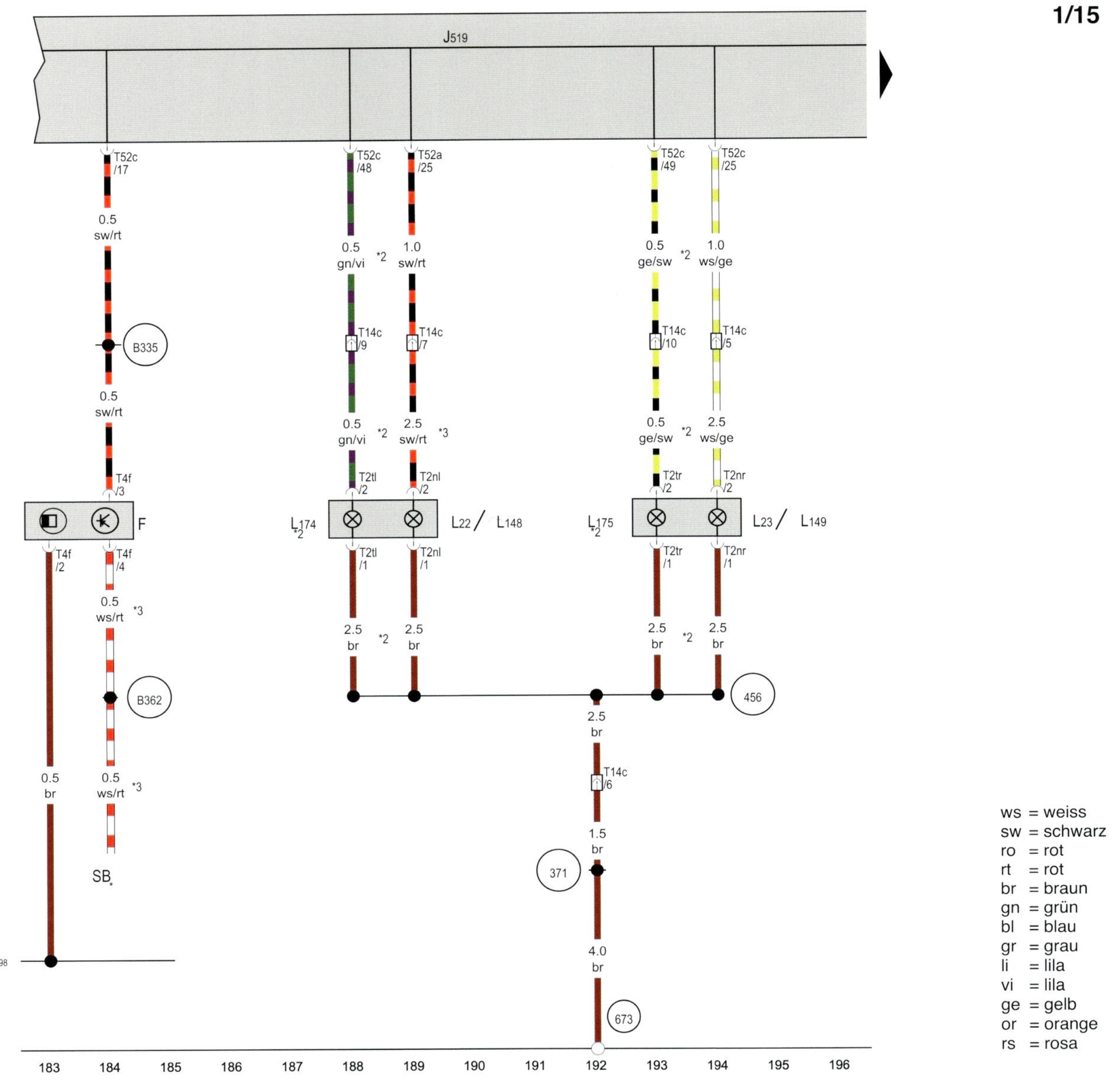

F - Bremslichtschalter
J519 - Bordnetzsteuergerät
L22 - Lampe für Nebelscheinwerfer links
L23 - Lampe für Nebelscheinwerfer rechts
L148 - Lampe für Kurvenlicht links
L149 - Lampe für Kurvenlicht rechts
L174 - Lampe für Tagesfahrlicht links
L175 - Lampe für Tagesfahrlicht rechts
SB - Sicherungshalter B
T2nl - Steckverbindung, 2fach
T2nr - Steckverbindung, 2fach
T2tl - Steckverbindung, 2fach
T2tr - Steckverbindung, 2fach
T4f - Steckverbindung, 4fach
T14c - Steckverbindung, 14fach, Nähe Stoßfänger vorn
T52a - Steckverbindung, 52fach
T52c - Steckverbindung, 52fach

371 - Masseverbindung 6 im Hauptleitungsstrang
398 - Masseverbindung 33 im Hauptleitungsstrang
456 - Masseverbindung 1 im Leitungsstrang Stoßfänger vorn
673 - Massepunkt 3 am Längsträger vorn links
B335 - Verbindung 1 (54) im Hauptleitungsstrang
B362 - Plusverbindung 13 (87a) im Hauptleitungsstrang

* - siehe gültigen Stromlaufplan für Motor
*2 - nur für Fahrzeuge mit Halogenscheinwerfern
*3 - Leitungsfarbe ist ausstattungsabhängig

Heckleuchte links, Heckleuchte rechts, Lampe für Blinklicht hinten links, Lampe für Blinklicht hinten rechts, Lampe für Rückfahrlicht links, Lampe für Rückfahrlicht rechts

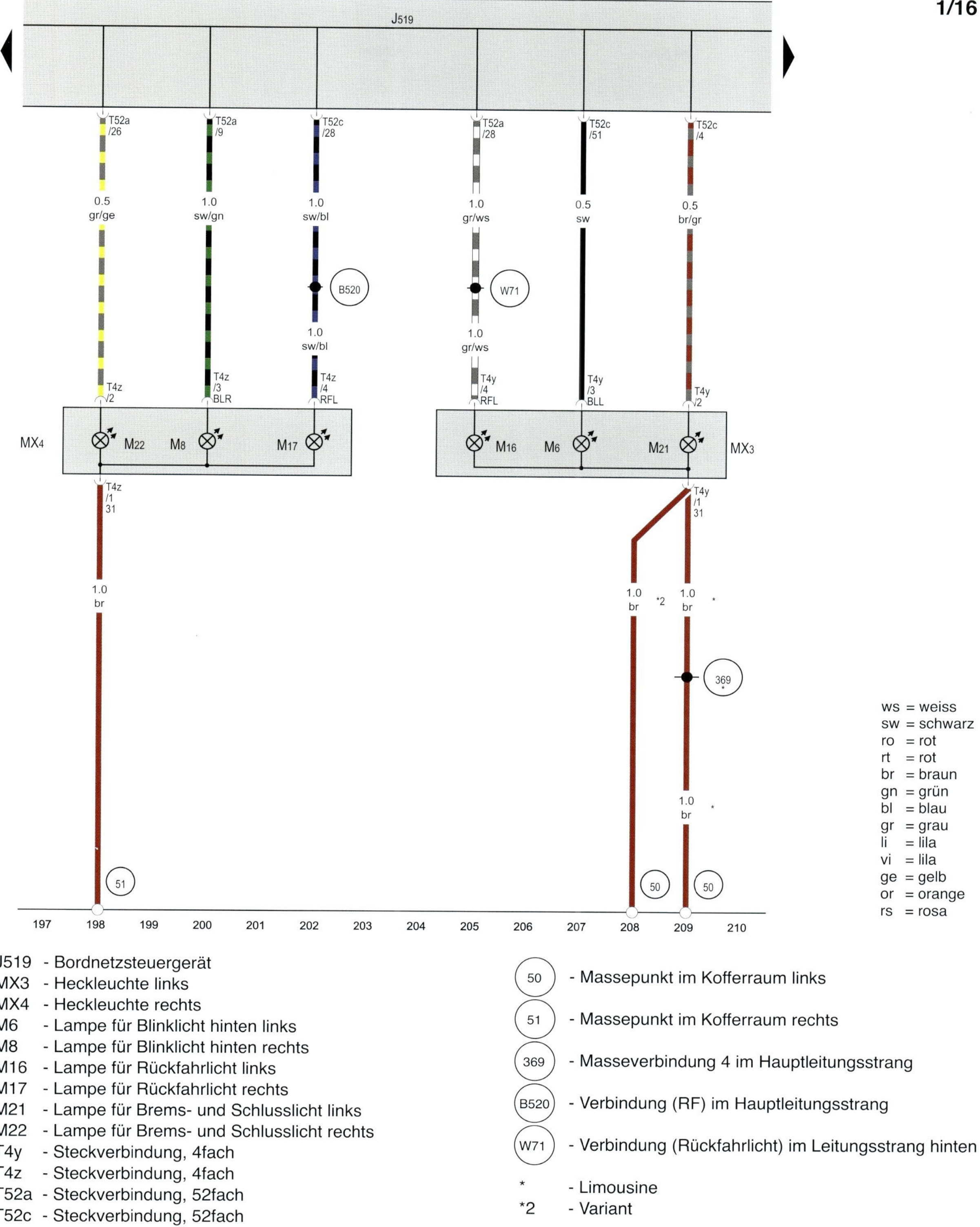

ws = weiss
sw = schwarz
ro = rot
rt = rot
br = braun
gn = grün
bl = blau
gr = grau
li = lila
vi = lila
ge = gelb
or = orange
rs = rosa

J519 - Bordnetzsteuergerät
MX3 - Heckleuchte links
MX4 - Heckleuchte rechts
M6 - Lampe für Blinklicht hinten links
M8 - Lampe für Blinklicht hinten rechts
M16 - Lampe für Rückfahrlicht links
M17 - Lampe für Rückfahrlicht rechts
M21 - Lampe für Brems- und Schlusslicht links
M22 - Lampe für Brems- und Schlusslicht rechts
T4y - Steckverbindung, 4fach
T4z - Steckverbindung, 4fach
T52a - Steckverbindung, 52fach
T52c - Steckverbindung, 52fach

50 - Massepunkt im Kofferraum links
51 - Massepunkt im Kofferraum rechts
369 - Masseverbindung 4 im Hauptleitungsstrang
B520 - Verbindung (RF) im Hauptleitungsstrang
W71 - Verbindung (Rückfahrlicht) im Leitungsstrang hinten
* - Limousine
*2 - Variant

Kennzeichenleuchte, Analoguhr

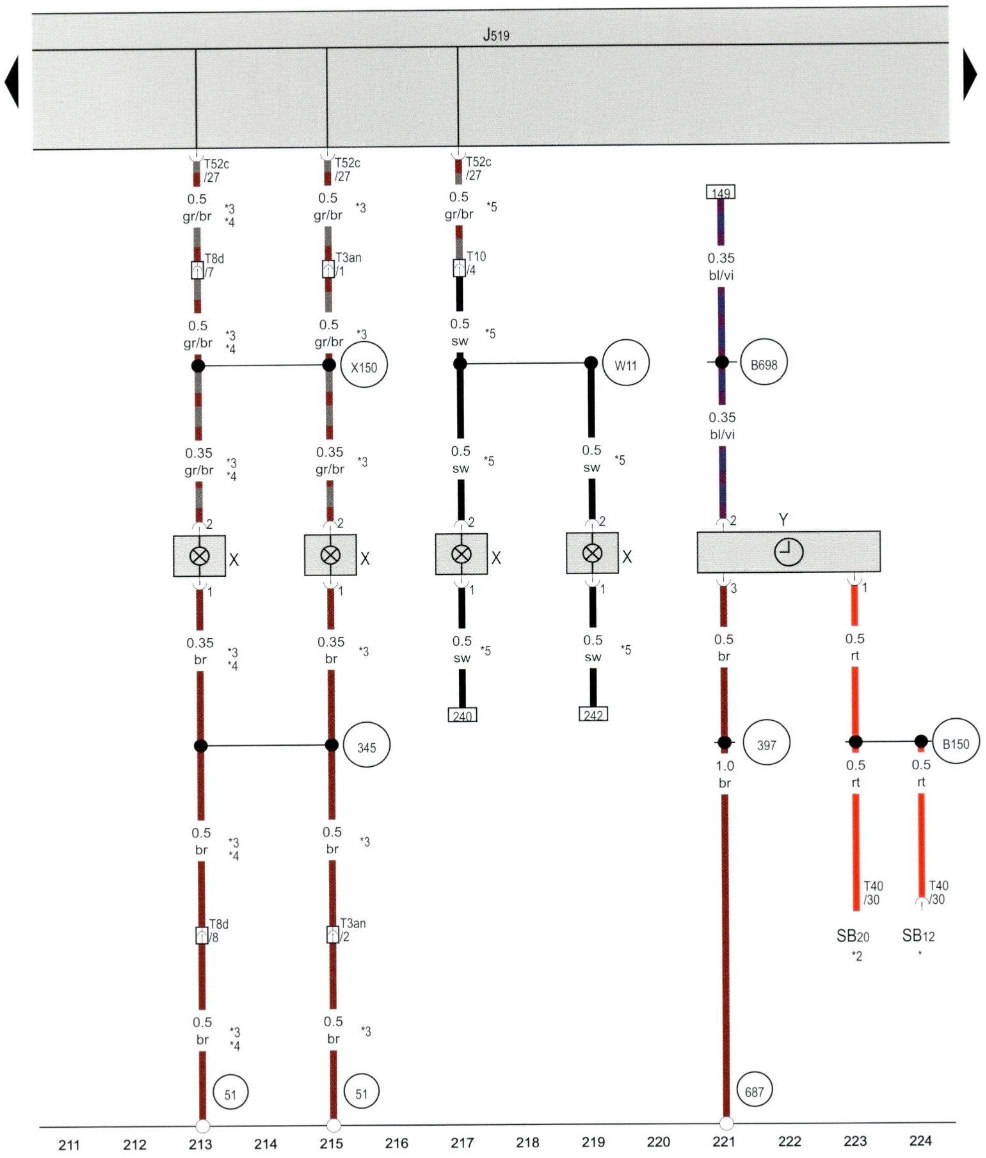

ws = weiss
sw = schwarz
ro = rot
rt = rot
br = braun
gn = grün
bl = blau
gr = grau
li = lila
vi = lila
ge = gelb
or = orange
rs = rosa

J519 - Bordnetzsteuergerät
SB12 - Sicherung 12 auf Sicherungshalter B
SB20 - Sicherung 20 auf Sicherungshalter B
T3an - Steckverbindung, 3fach, im Stoßfänger hinten
T8d - Steckverbindung, 8fach, im Stoßfänger hinten
T10 - Steckverbindung, 10fach, Koppelstelle für Heckklappe
T40 - Steckverbindung, 40fach
T52c - Steckverbindung, 52fach
X - Kennzeichenleuchte
Y - Analoguhr
(51) - Massepunkt im Kofferraum rechts
(345) - Masseverbindung im Leitungsstrang Stoßfänger
(397) - Masseverbindung 32 im Hauptleitungsstrang

(687) - Massepunkt 1 auf dem Mitteltunnel
(B150) - Plusverbindung 2 (30a) im Leitungsstrang Innenraum
(B698) - Verbindung 3 (LIN-Bus) im Hauptleitungsstrang
(W11) - Verbindung (58) im Leitungsstrang Heckklappe
(X150) - Verbindung (58) im Leitungsstrang Stoßfänger hinten

* - Sicherungen in E-Box, Low
*2 - Sicherungen in E-Box, High
*3 - Limousine
*4 - nur für Fahrzeuge mit Einparkhilfe (PDC)
*5 - Variant

Lampe für Nebelschlussleuchte links, Lampe für Nebelschlussleuchte rechts, Heckleuchte 2 links, Heckleuchte 2 rechts, Lampe für hochgesetzte Bremsleuchte

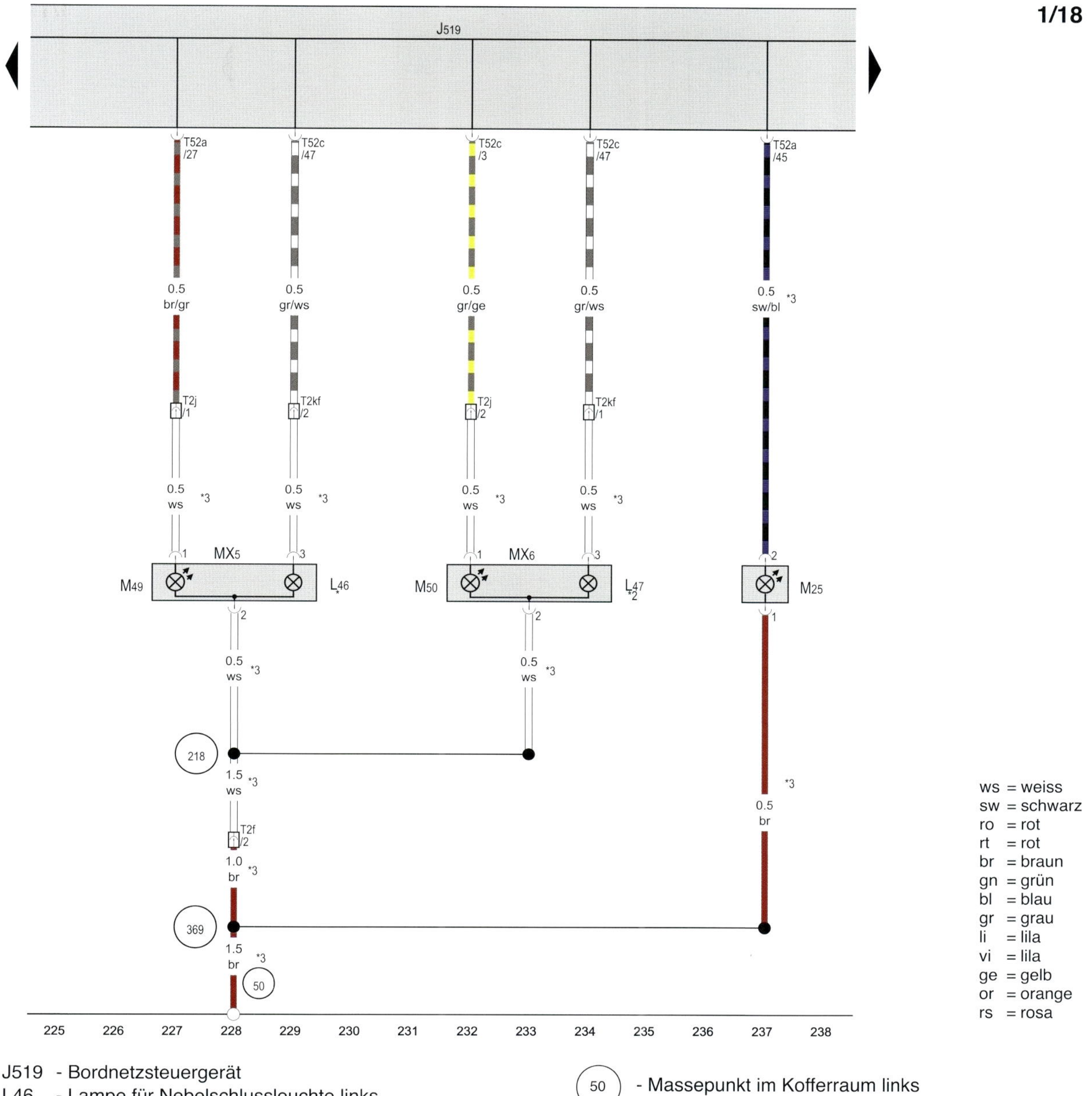

ws = weiss
sw = schwarz
ro = rot
rt = rot
br = braun
gn = grün
bl = blau
gr = grau
li = lila
vi = lila
ge = gelb
or = orange
rs = rosa

J519 - Bordnetzsteuergerät
L46 - Lampe für Nebelschlussleuchte links
L47 - Lampe für Nebelschlussleuchte rechts
MX5 - Heckleuchte 2 links
MX6 - Heckleuchte 2 rechts
M25 - Lampe für hochgesetzte Bremsleuchte
M49 - Lampe 2 für Schlusslicht links
M50 - Lampe 2 für Schlusslicht rechts
T2f - Steckverbindung, 2fach, Koppelstelle für Heckklappe
T2j - Steckverbindung, 2fach, Koppelstelle für Heckklappe
T2kf - Steckverbindung, 2fach, Koppelstelle für Heckklappe
T52a - Steckverbindung, 52fach
T52c - Steckverbindung, 52fach

50 - Massepunkt im Kofferraum links
218 - Masseverbindung 1 im Leitungsstrang Heckklappe
369 - Masseverbindung 4 im Hauptleitungsstrang
* - nur für Fahrzeuge mit Rechtslenker
*2 - nur für Fahrzeuge mit Linkslenker
*3 - Limousine

Lampe für Nebelschlussleuchte links, Lampe für Nebelschlussleuchte rechts, Heckleuchte 2 links, Heckleuchte 2 rechts, Lampe für hochgesetzte Bremsleuchte

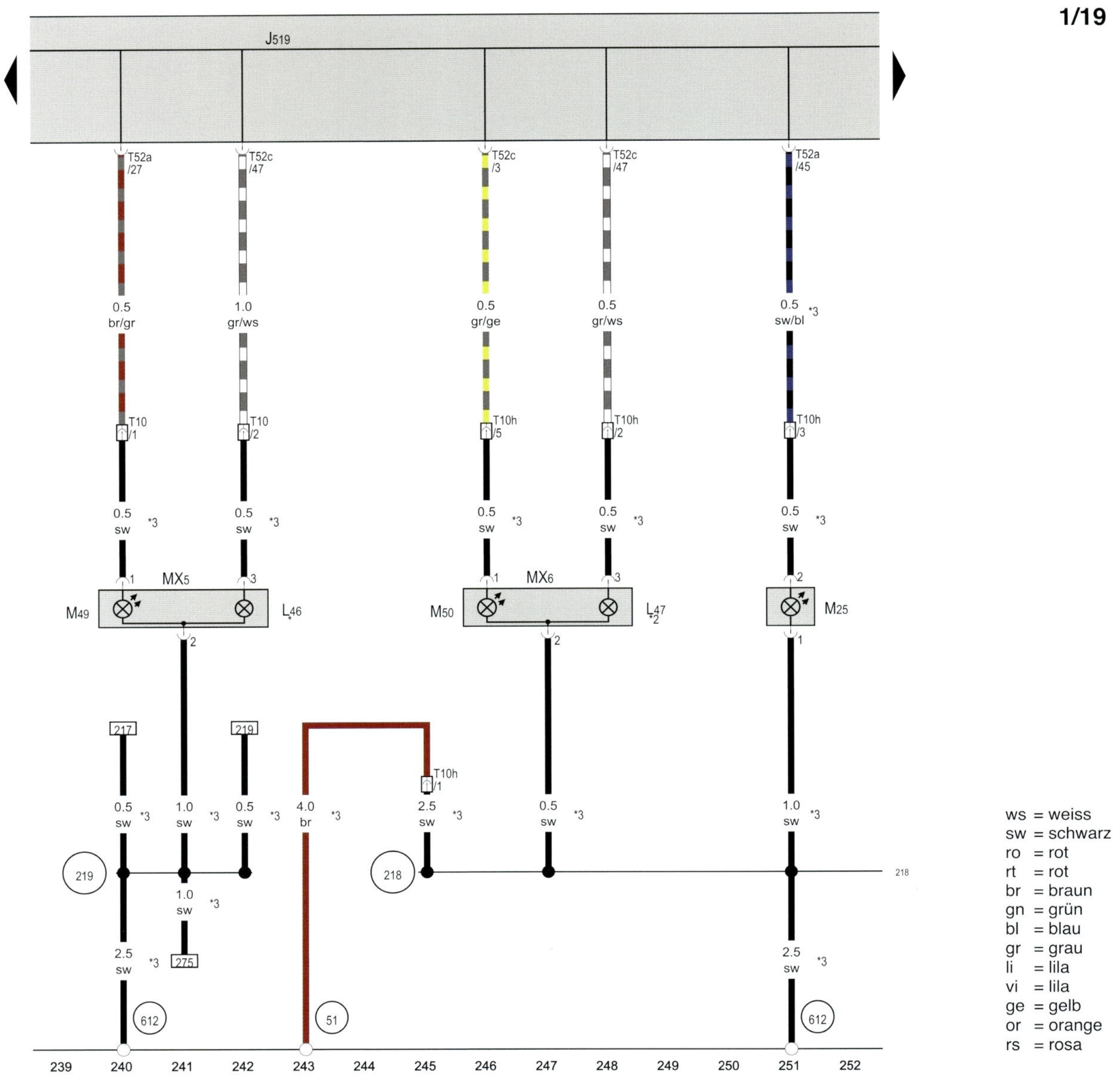

J519 - Bordnetzsteuergerät
L46 - Lampe für Nebelschlussleuchte links
L47 - Lampe für Nebelschlussleuchte rechts
MX5 - Heckleuchte 2 links
MX6 - Heckleuchte 2 rechts
M25 - Lampe für hochgesetzte Bremsleuchte
M49 - Lampe 2 für Schlusslicht links
M50 - Lampe 2 für Schlusslicht rechts
T10 - Steckverbindung, 10fach, Koppelstelle für Heckklappe
T10h - Steckverbindung, 10fach, Koppelstelle für Heckklappe
T52a - Steckverbindung, 52fach
T52c - Steckverbindung, 52fach

(51) - Massepunkt im Kofferraum rechts
(218) - Masseverbindung 1 im Leitungsstrang Heckklappe
(219) - Masseverbindung 2 im Leitungsstrang Heckklappe
(612) - Massepunkt an Heckklappe Mitte

* - nur für Fahrzeuge mit Rechtslenker
*2 - nur für Fahrzeuge mit Linkslenker
*3 - VARIANT

Schalter für Rückfahrleuchten, Relais für beheizbare Heckscheibe, beheizbare Heckscheibe, Heizwiderstand für Spritzdüse links, Heizwiderstand für Spritzdüse rechts

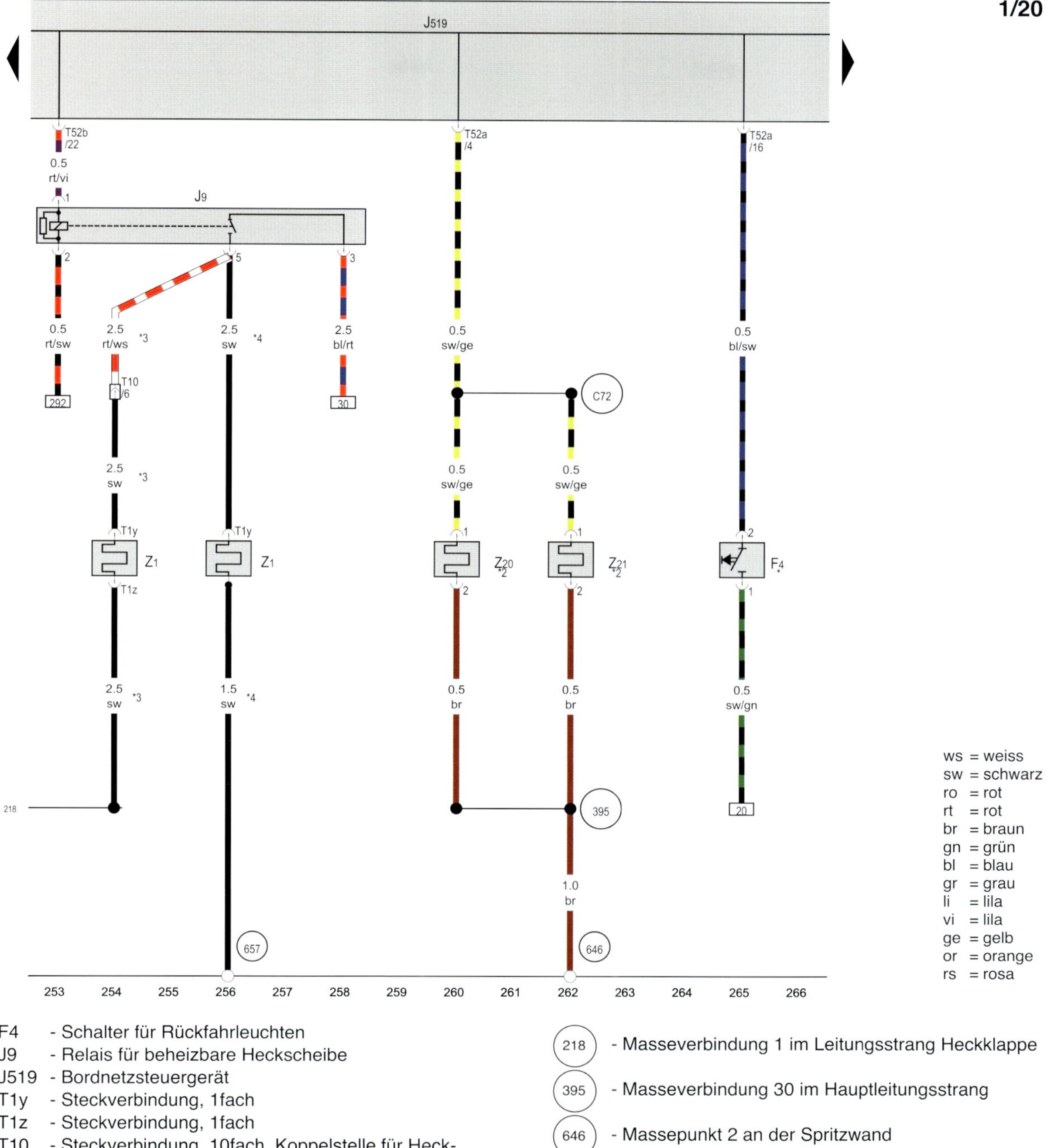

F4 - Schalter für Rückfahrleuchten
J9 - Relais für beheizbare Heckscheibe
J519 - Bordnetzsteuergerät
T1y - Steckverbindung, 1fach
T1z - Steckverbindung, 1fach
T10 - Steckverbindung, 10fach, Koppelstelle für Heckklappe
T52a - Steckverbindung, 52fach
T52b - Steckverbindung, 52fach
Z1 - beheizbare Heckscheibe
Z20 - Heizwiderstand für Spritzdüse links
Z21 - Heizwiderstand für Spritzdüse rechts

218 - Masseverbindung 1 im Leitungsstrang Heckklappe
395 - Masseverbindung 30 im Hauptleitungsstrang
646 - Massepunkt 2 an der Spritzwand
657 - Massepunkt 1 Nähe Heckscheibe links
C72 - Plusverbindung im Leitungsstrang beheizbare Spritzdüse

* - nicht für Fahrzeuge mit Doppelkupplungsgetriebe
*2 - nur für Fahrzeuge mit beheizbaren Spritzdüsen
*3 - VARIANT
*4 - Limousine

Relais 1 für Doppelwaschpumpe, Relais 2 für Doppelwaschpumpe, Scheibenwaschpumpe, Motor für Heckscheibenwischer, Frontscheibenwasch- und Heckscheibenwaschpumpe

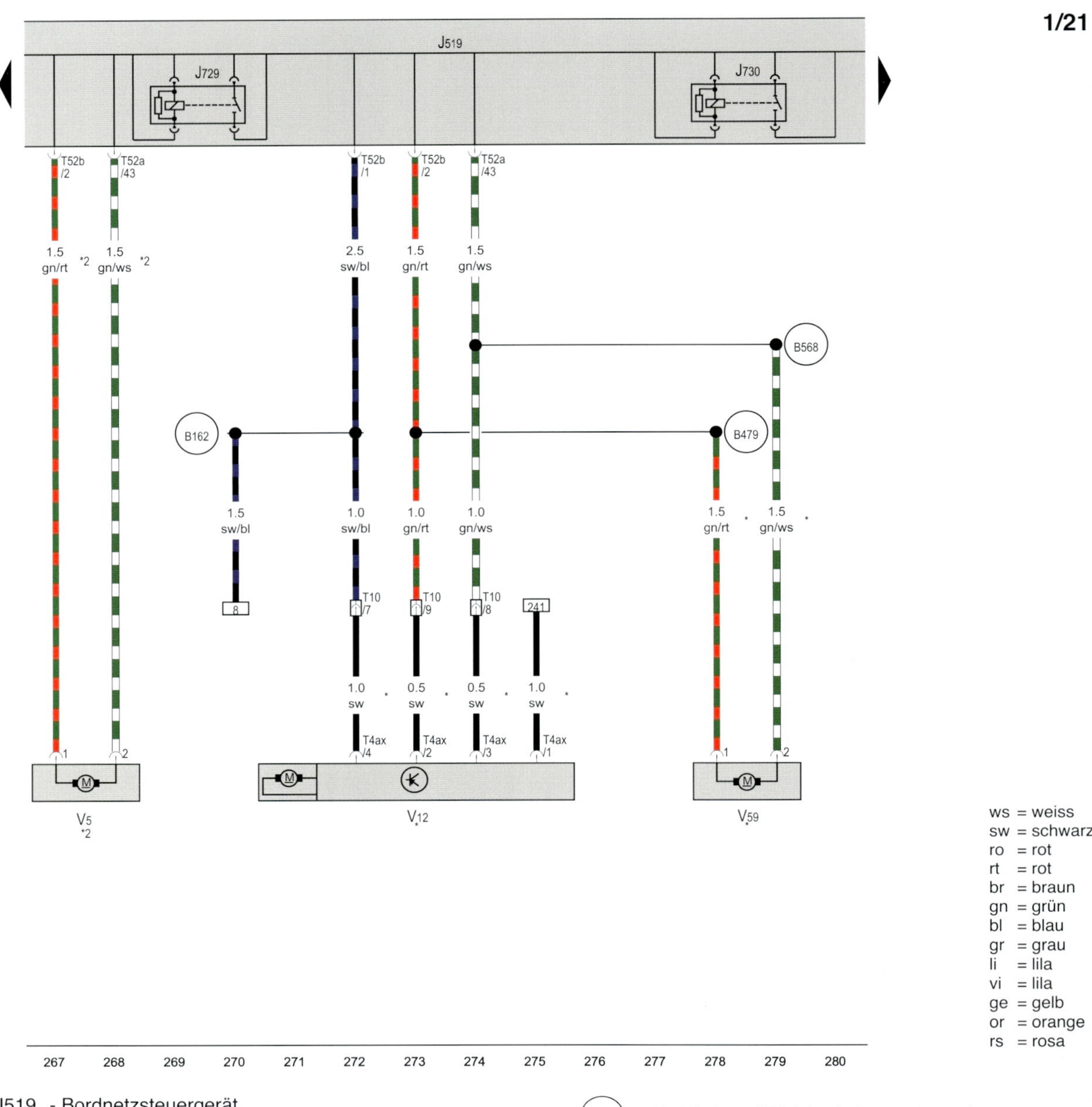

ws = weiss
sw = schwarz
ro = rot
rt = rot
br = braun
gn = grün
bl = blau
gr = grau
li = lila
vi = lila
ge = gelb
or = orange
rs = rosa

J519 - Bordnetzsteuergerät
J729 - Relais 1 für Doppelwaschpumpe
J730 - Relais 2 für Doppelwaschpumpe
T4ax - Steckverbindung, 4fach
T10 - Steckverbindung, 10fach, Koppelstelle für Heckklappe
T52a - Steckverbindung, 52fach
T52b - Steckverbindung, 52fach
V5 - Scheibenwaschpumpe
V12 - Motor für Heckscheibenwischer, schwarz
V59 - Frontscheibenwasch- und Heckscheibenwaschpumpe

B162 - Verbindung (75a) im Leitungsstrang Innenraum
B479 - Verbindung 15 im Hauptleitungsstrang
B568 - Verbindung 35 im Hauptleitungsstrang
* - VARIANT
*2 - Limousine

Sensor für Regen- und Lichterkennung, Relais für Scheinwerferreinigungsanlage, Steuergerät für Wischermotor, Scheibenwischermotor, Pumpe für Scheinwerferreinigungsanlage

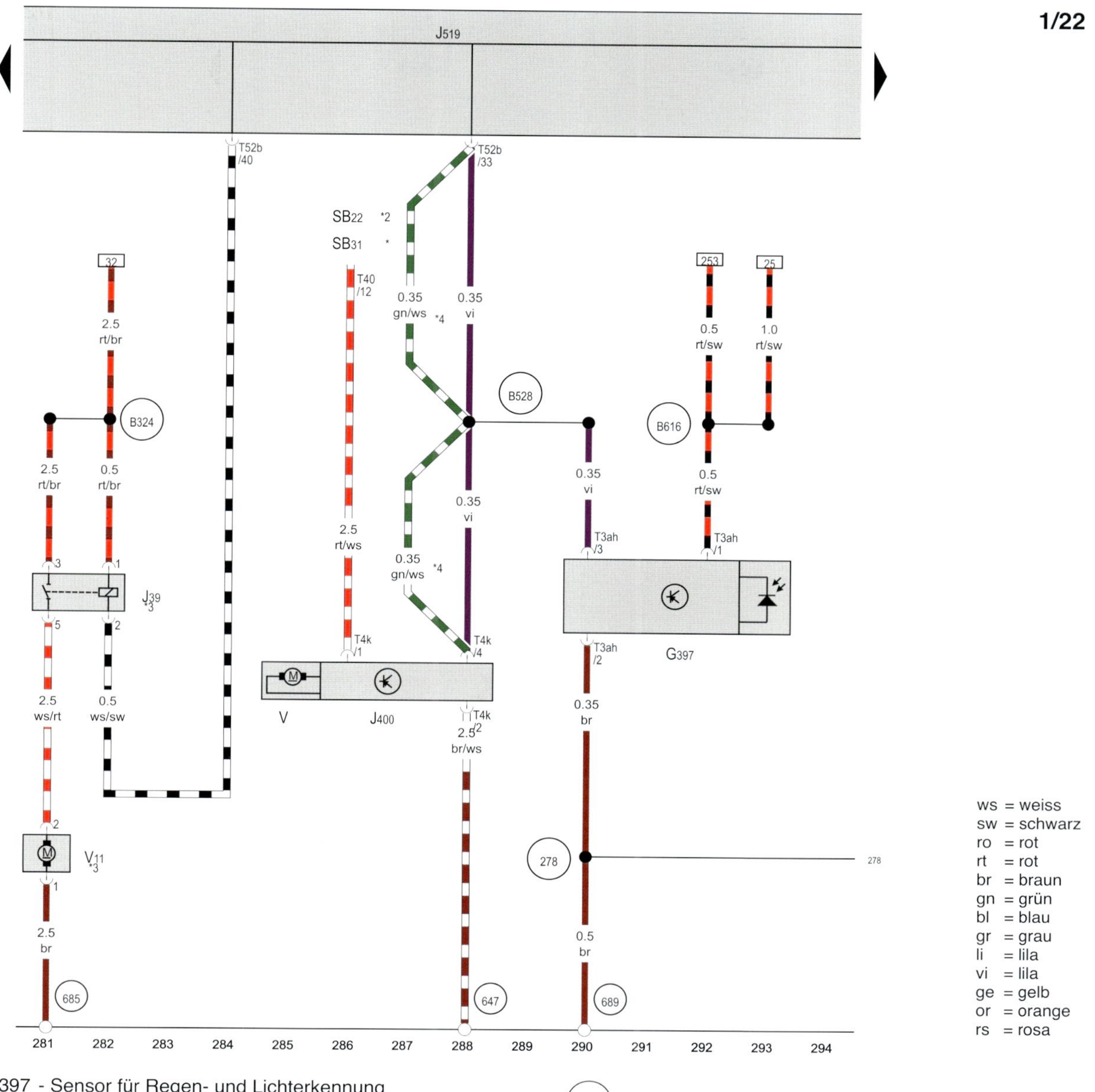

G397 - Sensor für Regen- und Lichterkennung
J39 - Relais für Scheinwerferreinigungsanlage
J400 - Steuergerät für Wischermotor
J519 - Bordnetzsteuergerät
SB22 - Sicherung 22 auf Sicherungshalter B
SB31 - Sicherung 31 auf Sicherungshalter B
T3ah - Steckverbindung, 3fach
T4k - Steckverbindung, 4fach
T40 - Steckverbindung, 40fach
T52b - Steckverbindung, 52fach
V - Scheibenwischermotor
V11 - Pumpe für Scheinwerferreinigungsanlage

(278) - Masseverbindung 4 im Leitungsstrang Innenraum

(647) - Massepunkt 3 an der Spritzwand

(685) - Massepunkt 1 am Längsträger vorn rechts

(689) - Massepunkt am Dach vorn Mitte

(B324) - Plusverbindung 10 (30a) im Hauptleitungsstrang

(B528) - Verbindung 1 (LIN-Bus) im Hauptleitungsstrang

(B616) - Plusverbindung 12 (30a) im Leitungsstrang Innenraum

* - Sicherungen in E-Box, High
*2 - Sicherungen in E-Box, Low
*3 - nur für Fahrzeuge mit Scheinwerferreinigungsanlage
*4 - ab November 2013

Taster für Innenleuchte vorn, Taster für Leselicht Fahrerseite, Taster für Leselicht Beifahrerseite, Relais 2 für Spannungsversorgung der Kl. 30, Innenleuchte vorn, Leseleuchte Mitte links, Leseleuchte Mitte rechts, Innenleuchte hinten

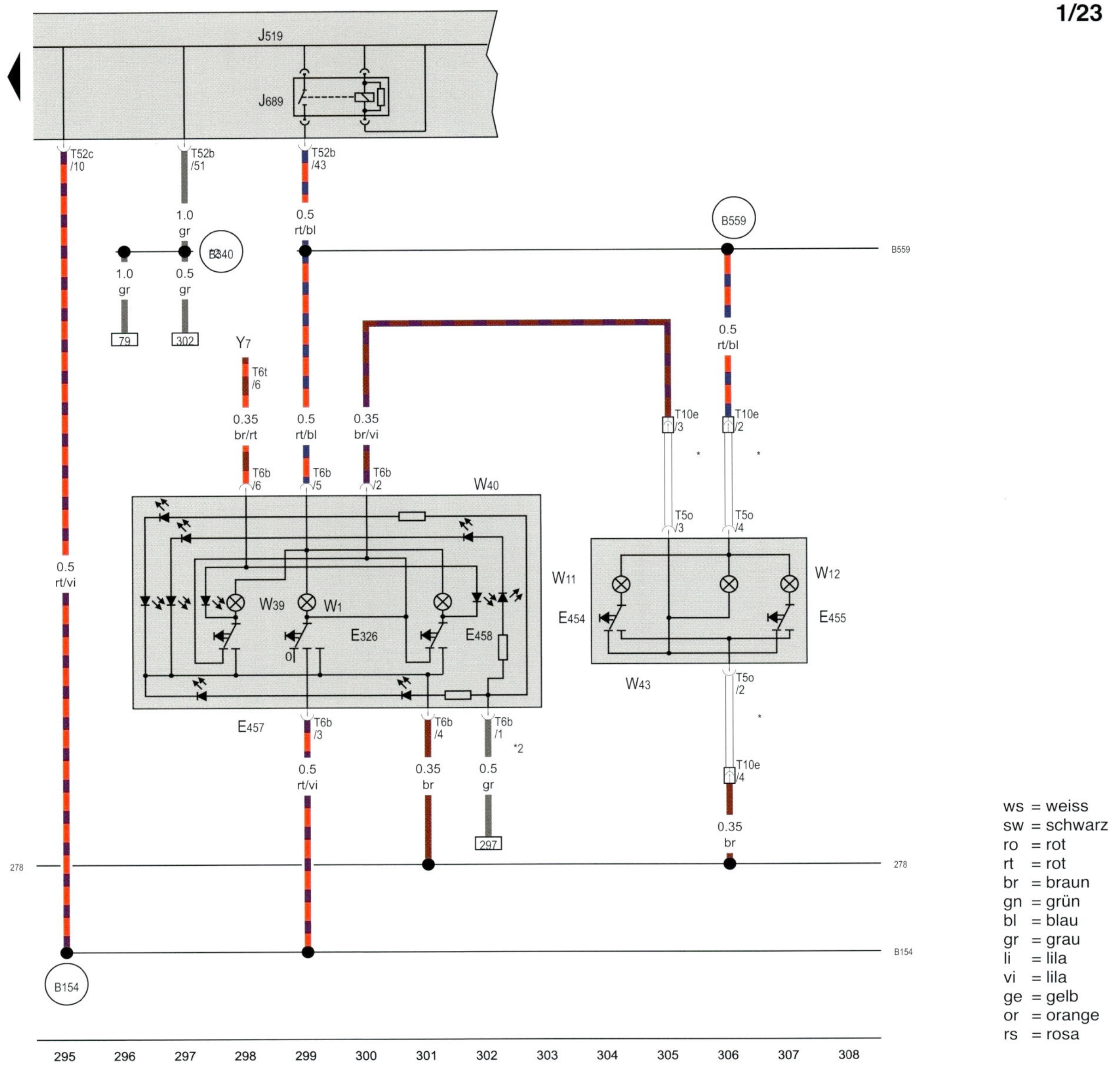

E326 - Taster für Innenleuchte vorn
E454 - Taster für Leselicht hinten links
E455 - Taster für Leselicht hinten rechts
E457 - Taster für Leselicht Fahrerseite
E458 - Taster für Leselicht Beifahrerseite
J519 - Bordnetzsteuergerät
J689 - Relais 2 für Spannungsversorgung der Kl. 30
T5o - Steckverbindung, 5fach
T6b - Steckverbindung, 6fach
T6t - Steckverbindung, 6fach
T10e - Steckverbindung, 10fach
T52b - Steckverbindung, 52fach
T52c - Steckverbindung, 52fach
W1 - Innenleuchte vorn
W11 - Leseleuchte hinten links
W12 - Leseleuchte hinten rechts
W39 - Leseleuchte Mitte links
W40 - Leseleuchte Mitte rechts
W43 - Innenleuchte hinten
Y7 - automatisch abblendbarer Innenspiegel
278 - Masseverbindung 4 im Leitungsstrang Innenraum
B154 - Verbindung 1 (TK) im Leitungsstrang Innenraum
B340 - Verbindung 1 (58d) im Hauptleitungsstrang
B559 - Plusverbindung 1 (30g) im Hauptleitungsstrang
* - Flachleiter
*2 - nur für Fahrzeuge mit Schiebe-/Ausstelldach

Schalter für Handschuhfachleuchte, Kontaktschalter für Make-up-Spiegel Fahrerseite, Handschuhfachleuchte, Leseleuchte hinten links, Leseleuchte hinten rechts, beleuchteter Make-up-Spiegel Beifahrerseite, beleuchteter Make-up-Spiegel Fahrerseite

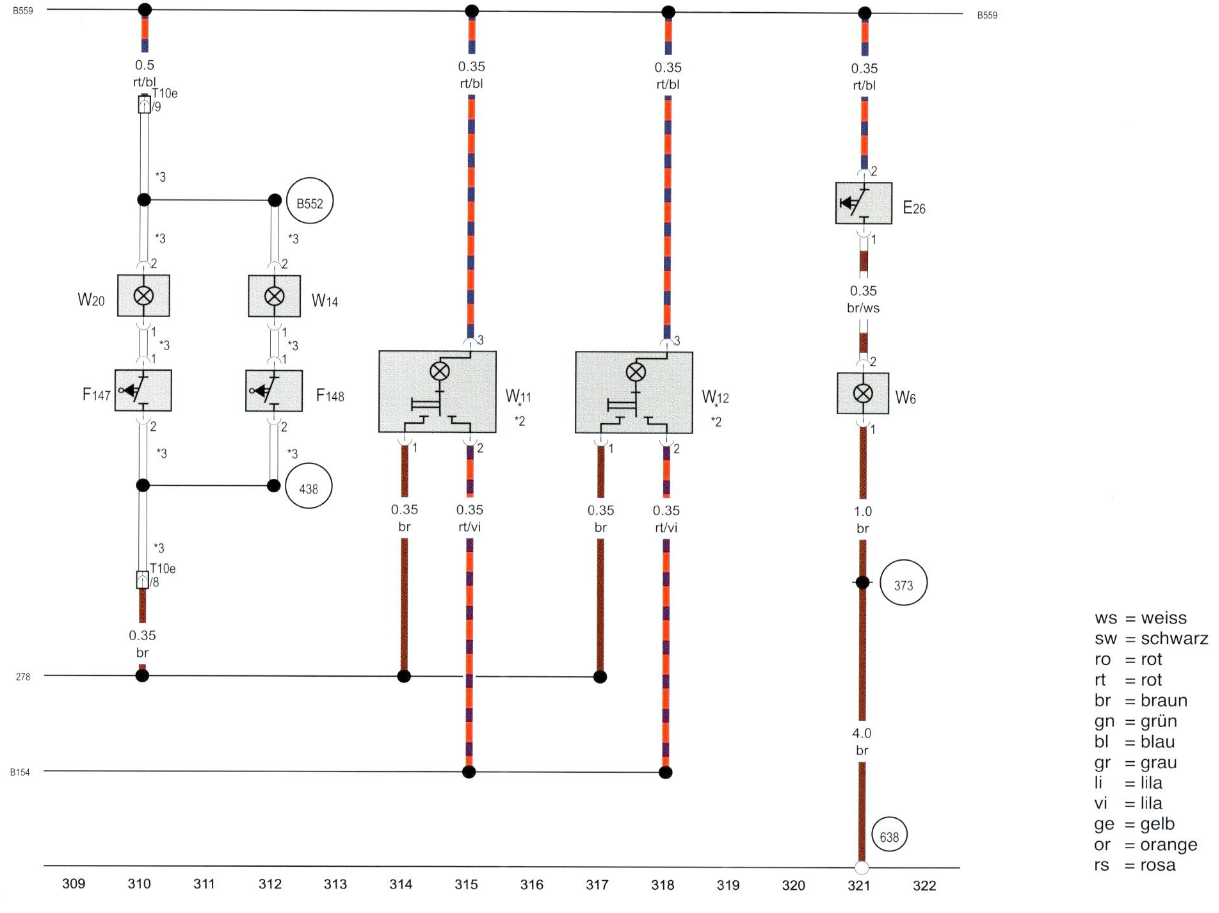

ws = weiss
sw = schwarz
ro = rot
rt = rot
br = braun
gn = grün
bl = blau
gr = grau
li = lila
vi = lila
ge = gelb
or = orange
rs = rosa

E26 - Schalter für Handschuhfachleuchte
F147 - Kontaktschalter für Make-up-Spiegel Fahrerseite
F148 - Kontaktschalter für Make-up-Spiegel Beifahrerseite
T10e - Steckverbindung, 10fach
W6 - Handschuhfachleuchte
W11 - Leseleuchte hinten links
W12 - Leseleuchte hinten rechts
W14 - beleuchteter Make-up-Spiegel Beifahrerseite
W20 - beleuchteter Make-up-Spiegel Fahrerseite
278 - Masseverbindung 4 im Leitungsstrang Innenraum
373 - Masseverbindung 8 im Hauptleitungsstrang
438 - Masseverbindung 3 im Leitungsstrang Dach

638 - Massepunkt an der A-Säule rechts
B154 - Verbindung 1 (TK) im Leitungsstrang Innenraum
B552 - Plusverbindung 2 im Leitungsstrang Dach
B559 - Plusverbindung 1 (30g) im Hauptleitungsstrang

* - nur für Fahrzeuge mit Panorama-Schiebedach
*2 - VARIANT
*3 - Flachleiter

Taster für Entriegelung in Heckklappengriff, Schalter für Kofferraumbeleuchtung, Zentralsteuergerät für Komfortsystem, Motor für Tankdeckelverriegelung, Kofferraumleuchte

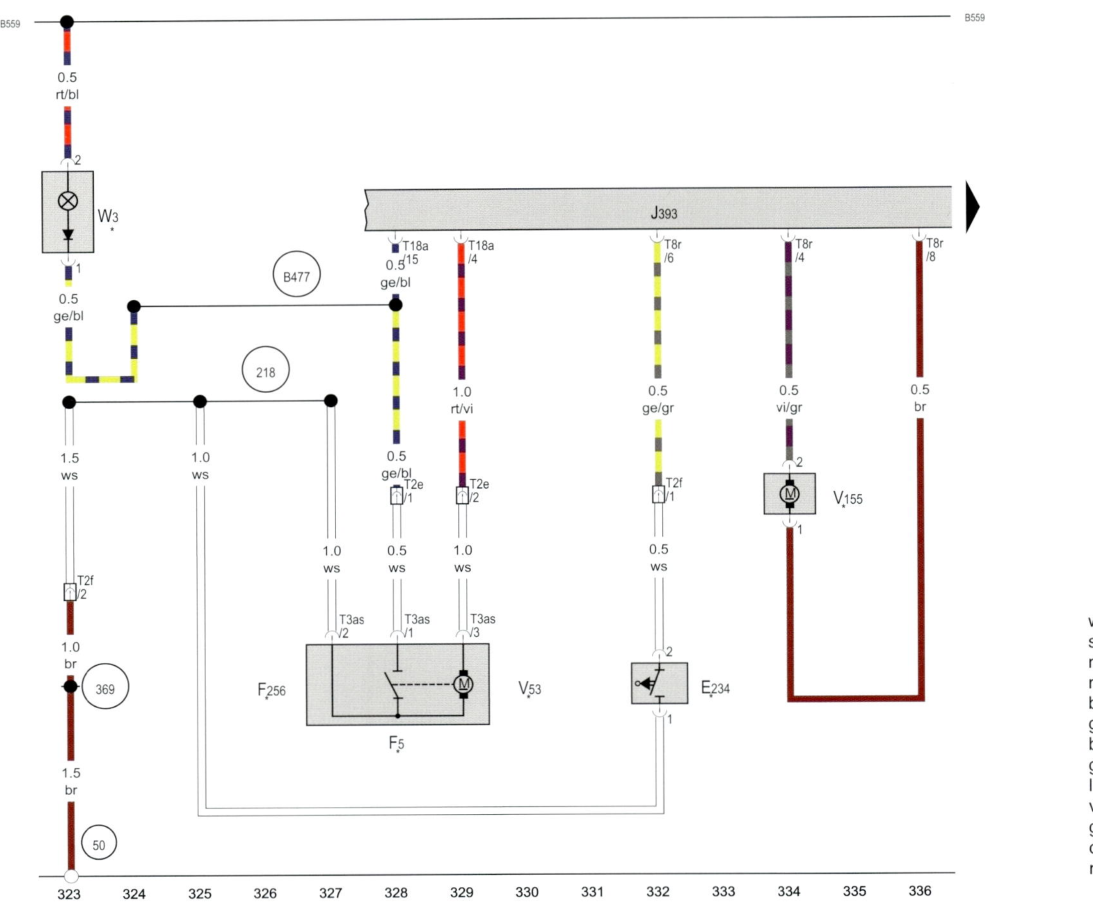

ws = weiss
sw = schwarz
ro = rot
rt = rot
br = braun
gn = grün
bl = blau
gr = grau
li = lila
vi = lila
ge = gelb
or = orange
rs = rosa

E234 - Taster für Entriegelung in Heckklappengriff
F5 - Schalter für Kofferraumbeleuchtung
F256 - Schließeinheit für Heckklappe
J393 - Zentralsteuergerät für Komfortsystem
T2e - Steckverbindung, 2fach, Koppelstelle für Heckklappe
T2f - Steckverbindung, 2fach, Koppelstelle für Heckklappe
T3as - Steckverbindung, 3fach
T8r - Steckverbindung, 8fach
T18a - Steckverbindung, 18fach
V53 - Motor für Zentralverriegelung in Heckklappe
V155 - Motor für Tankdeckelverriegelung
W3 - Kofferraumleuchte

(50) - Massepunkt im Kofferraum links
(218) - Masseverbindung 1 im Leitungsstrang Heckklappe
(369) - Masseverbindung 4 im Hauptleitungsstrang
(B477) - Verbindung 13 im Hauptleitungsstrang
(B559) - Plusverbindung 1 (30g) im Hauptleitungsstrang
* - Limousine

Taster für Entriegelung in Heckklappengriff, Schalter für Kofferraumbeleuchtung, Schließeinheit für Heckklappe, Zentralsteuergerät für Komfortsystem, Motor für Tankdeckelverriegelung, Motor für elektrische Heckklappenöffnung, Kofferraumleuchte

1/26

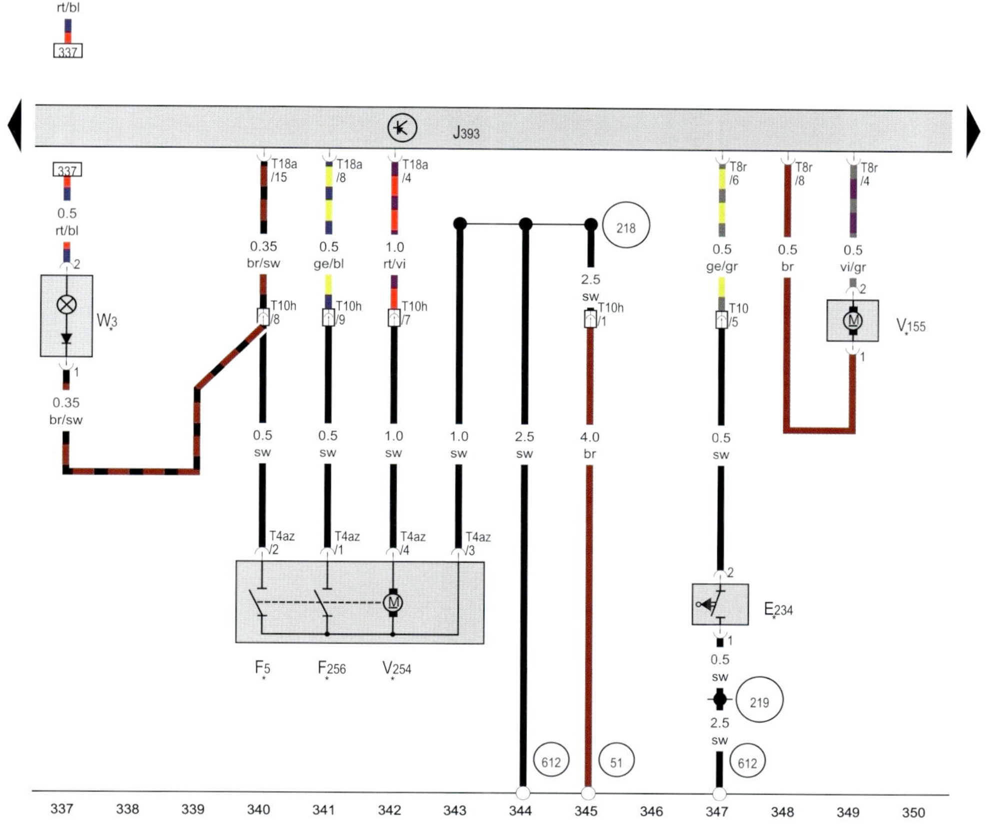

ws = weiss
sw = schwarz
ro = rot
rt = rot
br = braun
gn = grün
bl = blau
gr = grau
li = lila
vi = lila
ge = gelb
or = orange
rs = rosa

E234 - Taster für Entriegelung in Heckklappengriff
F5 - Schalter für Kofferraumbeleuchtung
F256 - Schließeinheit für Heckklappe
J393 - Zentralsteuergerät für Komfortsystem
T4az - Steckverbindung, 4fach
T8r - Steckverbindung, 8fach
T10 - Steckverbindung, 10fach
T10h - Steckverbindung, 10fach, Koppelstelle für Heckklappe
T18a - Steckverbindung, 18fach
V155 - Motor für Tankdeckelverriegelung
V254 - Motor für elektrische Heckklappenöffnung
W3 - Kofferraumleuchte

(51) - Massepunkt im Kofferraum rechts
(218) - Masseverbindung 1 im Leitungsstrang Heckklappe
(219) - Masseverbindung 2 im Leitungsstrang Heckklappe
(612) - Massepunkt an Heckklappe Mitte
(B559) - Plusverbindung 1 (30g) im Hauptleitungsstrang
* - VARIANT

Zentralsteuergerät für Komfortsystem, Fußraumleuchte links, Fußraumleuchte rechts

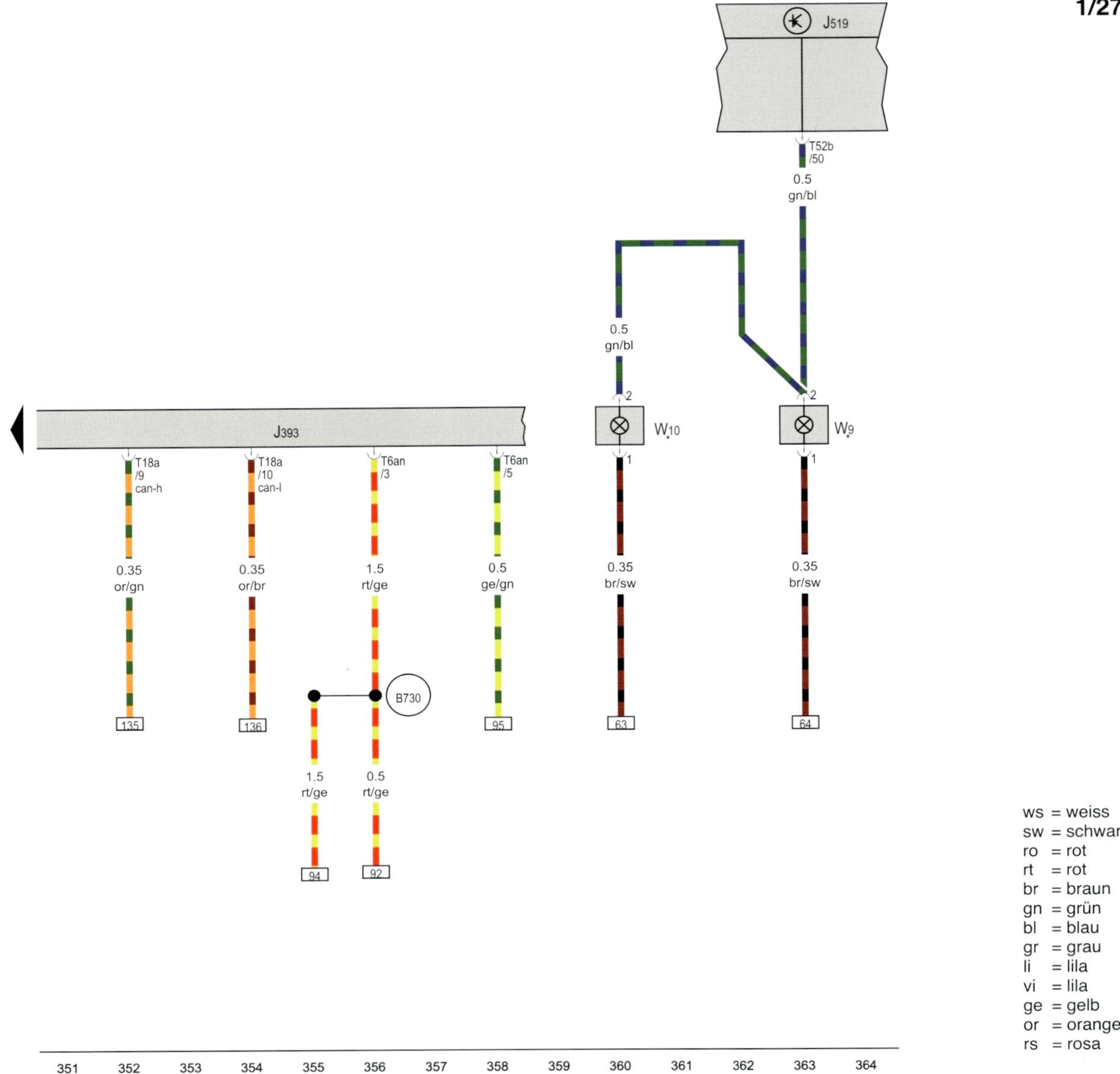

J393 - Zentralsteuergerät für Komfortsystem
J519 - Bordnetzsteuergerät
T6an - Steckverbindung, 6fach
T18a - Steckverbindung, 18fach
T52b - Steckverbindung, 52fach
W9 - Fußraumleuchte links
W10 - Fußraumleuchte rechts

(B730) - Verbindung im Leitungsstrang Lenksäulenverstellung

* - nur für Fahrzeuge mit Fußraumbeleuchtung